T0073977

TECHNOLOGIE

DER

GESPINNSTFASERN.

VOLLSTÄNDIGES HANDBUCH

DER SPINNEREI, WEBEREI UND APPRETUR

HERAUSGEGEBEN

VON

DR. HERMANN GROTHE

Ingenieur,

eh. Docent und Director,

Commandeur des kais. russ. Stanislaus-Ordens, Offizier des königl. ital. St. Maurice- und Lazarus-Ordens, Ritter des königl. holl. Löwenordens, des königl. württ. Friedrichsordens, des königl. portugisischen Militär-Christusordens, des königl. russ. St. Anna-Ordens III. Cl., des königl. württ. Kronenordens II. Cl. etc. Vicepräsident der Société internationale de Textils. Ehrenmitglied des Verbandes deutscher Industrieller zur Bef. nationaler Arbeit, des Centralvereins deutscher Wollenfabrikanten, des Vereins für deutsche Volkswirthschaft, der Associacao da Industria fabril in Lissabon, der Mechanical and Scientific Society zu Manchester. Corresp. Mitglied der technischen Gesellschaften zu Stockholm, Moskau, Lissabon, St. Petersburg, der Société géographique in Portugal, des Vereins der Leineninduştriellen Deutschlands. Reichstagsmitglied 1877/78 etc.

Band II.
Die Appretur der Gewebe.

Mit 551 Holzschnitten und 24 Tafeln.

Springer-Verlag Berlin Heidelberg GmbH
1882

DIE

APPRETUR DER GEWEBE

(METHODEN, MITTEL, MASCHINEN)

VON

DR. HERMANN GROTHE

INGENIEUR,

EHRENMITGLIED UND CORRESPONDIRENDES MITGLIED TECHNISCHER, VOLKSWIRTHSCHAFTLICHER UND WISSENSCHAFTLICHER VEREINE UND GESELLSCHAFTEN IN BERLIN, LISSABON, PETERSBURG, STOCKHOLM, MANCHESTER ETC.

Mit 551 Holzschnitten und 24 Tafeln.

Springer-Verlag Berlin Heidelberg GmbH
1882

Additional material to this book can be downloaded from http://extras.springer.com.

ISBN 978-3-642-50574-4   ISBN 978-3-642-50884-4 (eBook)
DOI 10.1007/978-3-642-50884-4
Softcover reprint of the hardcover 1st edition 1882

DIE

APPRETUR DER GEWEBE.

Vorrede.

Die Technik der Appretur, so wichtig für die Textilindustrie, hatte bisher keine systematische Behandlung in einem Lehrbuch gefunden, obwohl sich das Wünschenswerthe einer solchen recht sehr geltend gemacht hatte. Seit 22 Jahren nunmehr diesem Gebiete nahestehend und darin thätig habe ich sorgsam alle Publicationen hierfür gesammelt und in der Praxis aufmerksam beobachtet. Eine reichhaltige Sammlung von Prospecten und Preiscatalogen der Fabriken für den Bau und die Construction von Appreturmaschinen kam allmählig in meinen Besitz und Fachgenossen und Freunde theilten mir gern und freundlich ihre Beobachtungen und Erfahrungen mit. So häufte sich das Material und als auch in Deutschland der Appreturmaschinenbau in erfreuliche Blüthe kam und als die Einführung des Patentschutzes im Deutschen Reiche denselben noch mehr belebte und selbstständiger gestaltete, trat die Nothwendigkeit eines das Gebiet der Appretur in gewissem Grade erschöpfenden Lehrbuches sehr scharf hervor, — für die Erfinder, um einen Ueberblick über das Vorhandene zu haben und die Neuheit einer Construction etc. beurtheilen zu können, — für das Patentamt und die Patentanwalte, um die vorgelegten Neuerungen auf ihre Patentfähigkeit prüfen zu können. — Nach diesen Gesichtspunkten habe ich die Bearbeitung vorgenommen; ich habe sämmtliche Patente aus dem Gebiete der Appretur in England, Amerika und Deutschland eingesehen und benutzt und ebenso einen grossen Theil der französischen und österreichischen; ich habe ferner die journalistische Literatur erschöpfend herbeigezogen, ebenso die Buchliteratur, soweit sie hier in Rede kommt. Ich glaube daher mit voller Berechtigung aussprechen zu dürfen, dass das Werk Alles, was im Gebiete der Appretur in Patenten, Zeitschriften und Büchern seither erschienen ist, berücksichtigt, — ebenso aber die factischen Leistungen des Appreturmaschinenbaus Englands, Amerikas, Frankreichs, Belgiens und Deutschlands und die in den Fabriken dieser Industriestaaten gemachten Erfahrungen im Gebrauch der Appreturmethoden, -Mittel und -Maschinen. —

Eine Hauptaufgabe lag für mich in der systematischen Klassificirung der Maschinen- und Mittelgruppen vor. Wenn die Aufstellung der Klassen nicht überall befriedigen sollte, so wolle man bedenken, dass in diesem Gebiete sehr wenig vorgearbeitet und fast Alles zu thun nöthig war. Die Berücksichtigung der Theorie der Prozesse und Maschinenleistungen fand nicht viel Vorhandenes, sondern ich sah mich in dieser Hinsicht. wesentlich auf meine eigene Erfahrung und Kenntniss der Sache angewiesen, ebenso wie viele der Mittheilungen aus der Praxis lediglich der eigenen Beobachtung und Erfahrung entstammen.

Die Illustrationen sind mit besonderer Rücksicht auf die Deutlichkeit der Constructionen gegeben und mit der Absicht durch Anschauung zu wirken. Aus letzterem Grunde habe ich eine Anzahl perspectivischer Figuren eingereiht. Der Verkehr mit den praktischen Industriellen hat mich gelehrt, dass perspectivische Figuren ganz erheblich zum Verständniss der Sache beitragen, besonders dann, wenn sie begleitet sind von constructiven geometrischen Aufrissen, Durchschnitten etc.

Im Uebrigen mag das Buch sein eigener Anwalt sein und zeigen, ob die Bearbeitung die für dieses Gebiet gleichmässig erforderlichen Lehren der Mechanik, Chemie und Physik mit Erfolg zu Gute gebracht hat, ob sie der praktischen Ausführung der Appretur Nutzen gewähren und dem Maschinenconstructeur ein gewisses Fundament bieten kann, auf dem stehend er, fördernd und erneuernd und verbessernd, an der weiteren Entwicklung dieses höchst interessanten Zweiges der Textilindustrie mitwirke.

Meinen Freunden, besonders den Herren A. Lohren, A. Protzen, A. Hörmann sage ich für ihren Rath und Beitrag besten Dank, ebenso den vielen Maschinenfabrikanten des In- und Auslandes, welche freundlichst durch Uebersendung von Zeichnungen, Abbildungen und Clichés das Zustandekommen des Buches unterstützt haben.

Berlin, 15. August 1881.

Dr. H. Grothe.

Inhalt.

Inhalt.

Die Appretur.

Das Wort „Appretur", obwohl alt und aus dem Lateinischen „adparare" abgeleitet, ist erst in diesem Jahrhundert zu der Bedeutung gelangt, welche ihm heute beiwohnt. Beckmann gebraucht das Wort Appretur in seiner Technologie[1]) noch nicht als Begriff, welcher die verschiedenen Arbeiten und Operationen der Gewebezubereitung umfasst, während er an anderen Orten[2]): vestes expolire, polire mit Appretiren und politura, γναφις, mit Appretur übersetzt, also eine specielle Operation. Auch Poppe[3]) spricht von Appretiren im Sinne des Poliren. Hermbstädt[4]) indessen definirt bereits das Wort Appretur als die Handtierungen der Zubereitung allgemeiner umfassend. Seit jener Zeit hat sich in Deutschland und auch in Frankreich und Italien der Begriff Appretur, Apprêt, Apparatura (Apparamento), als alle zur Ausrüstung der Gewebe benöthigten und angeordneten Arbeiten umschliessend, festeingebürgert. In England dagegen ist dieser oder ein ähnlicher Collectivbegriff noch nicht gebräuchlich. Das Wort, welches ursprünglich im 17. Jahrhundert die Arbeiten zum Ausrüsten der Stoffe, damit sie für den Handel entsprechendes Aussehen erhalten, in England bezeichnete, war „beautifying". Dasselbe kommt in Patenten und anderen Schriften in dieser Bedeutung vor. Weniger umfassend erschienen später die Ausdrücke „finishing", „polishing", „lustrateing", „manufacturing", „preparing", „dressing", „improving the appearance of goods" etc. Der scheinbar am meisten allgemein gebrauchte Ausdruck ist „finishing". Er kommt wohl als Collectivbezeichnung vor und wird im Sprachgebrauch auch als allgemein die Appreturarbeiten umfassende Bezeichnung benutzt, indessen in der englischen Schriftsprache doch sehr selten. Da bedeutet „finishing" fast nur die Schlussarbeiten und man liest deshalb meistens: dressing and finishing; fulling, shearing and finishing, preparing and finishing u. s. w., aus welcher Zusammenstellung deutlich hervorgeht, dass das Wort finishing

---

[1]) Beckmann, Anleitung zur Technologie. 1809.
[2]) Beckmann, Beiträge zur Geschichte der Erfindungen. Band IV. 37. 1799.
[3]) Poppe, Geschichte der Erfindungen. I. 288. 1807.
[4]) Hermbstädt, Technologie. 1814.

nur theilweise die Gesammtheit der Appreturarbeiten trifft, vielmehr besonders die den einzelnen am meisten die Oberfläche der Gewebe umwandelnden Operationen vervollständigend (finishing) nachfolgenden Schlussoperationen. Ende des vorigen Jahrhunderts benutzte man zur Vollendung der Appretur der Baumwollgewebe eine Dressing- oder Dressirmaschine und finissirte dann die Gewebe zum Schluss durch Reiben mit Steinen und Wachs. Daher offenbar die Combination dressing and finishing. In dieser Hinsicht entspricht dieser Sprachgebrauch auch der deutschen Ausdrucksweise, die bis in die 40er Jahre hinein viel mehr im Gebrauch war, als der Ausdruck Appretur, welche nebeneinanderstellt: Scheren, Rauhen und Zurichten; Reinigen und Zurichten; Reinigen und Zubereiten der Oberfläche, etc. Naudin z. B. sagt ganz ausdrücklich (1838): „Wenn das Tuch gewalkt ist, erhält es durch die Appretur die letzte Zurichtung." Auch die Franzosen machen einige Aussonderungen von Operationen der Appretur und decken diese nicht mit dem Ausdruck Apprêt; z. B. das Walken, Filzen ist nicht unter dem Ausdruck Apprêt mitbegriffen. Ebenso ist es im Sprachgebrauch Italiens, in welchem man oftmals nebeneinandergestellt findet: gualchiere, scardassiere, apparamento, wie es im Mittelalter bereits Gebrauch war. Erst die neueste Zeit hat darin geändert, indem das Wort Apparatura, Apparamento eine allgemeine umfassende Bedeutung gewonnen hat. —

Es fragt sich nun, was man unter dem Ausdruck „Appretur", im Sinne des Sprachgebrauchs zu verstehen hat.

Hermbstädt[5] sagt darüber: „Die Stoffe werden appretirt, d. h. sie bekommen diejenige Zurichtung, welche sie zum Kaufmannsgut umschaffet." Er führt diese Definition an bei den baumwollenen Zeugen. Bei den leinenen sagt er ausdrücklich: „Die fertig gewebten leinenen Zeuge werden nun entschlichtet, dann gelaugt und endlich gebleicht, worauf sie die Appretur bekommen, nämlich sie werden gestärkt, gemangelt und geglättet, bis sie Kaufmannsgut sind." Für seidene Stoffe rechnet er zur Appretur das Hervorrufen des Glanzes, das Auftragen von Appreturmaterien, Spannen und Trocknen und gebraucht im Verlauf der Darstellung auch den Ausdruck Appretur für Appreturmasse.

Beckmann[6] definirt, wie bereits bemerkt: Vestes expolire, polire Tücher appretiren und sagt: „Das Rauhen und Appretiren der Tücher ist, nach Erfindung des Scherens und Pressens, so künstlich geworden, dass es nur von gelernten Tuchscherern und Tuchbereitern verrichtet werden kann."

Karmarsch[7] sagt: „Die Zurichtung oder Appretur (apprêt, finishing) begreift diejenige Operation, durch welche den vom Webstuhl genommenen Stoffen die ihnen als Handelswaare nöthige äussere Beschaffenheit gegeben wird. Nach der Art der Zeuge und nach dem Gebrauche, zu welchem sie bestimmt sind, ist die Appretur verschieden. Meist geht man indessen wenigstens auf die Hervorbringung einer ge-

---

[5] Beckmann, Grundriss der Technologie. 1814. Berlin, Maurer.

[6] Beckmann, Beiträge zur Geschichte der Erfindungen. I. 1799.

[7] Karmarsch, Handbuch der mechanischen Technologie. II., bearbeitet von Prof. Dr. Hartig. 1878.

wissen Glätte (die oft zum Glanze gesteigert wird) und eines mässigen Grades von Steifheit aus. Nimmt man den Ausdruck Appretur in seinem weitesten Sinne, so schliesst derselbe auch das Bleichen, Färben und Drucken ein: Arbeiten, welche fast gänzlich auf chemischen Grundsätzen beruhen."

Hoyer:[8] „Diejenigen Arbeiten, welche das vollendete Aussehen der Gewebe hervorbringen, heissen Appreturarbeiten im engeren Sinne und das Resultat derselben, die Appretur, Zurichtung (apprêt, finishing), obwohl auch die anderen Verschönerungsarbeiten zur Appretur dienen."

Alcan[9]): „Apprêter une étoffe quelconque c'est developper et mettre en évidence de la façon la plus avantageuse, les charactères de la substance ou des substances qui la composent, pour donner au tissu l'apparence la plus favorable et les qualités les mieux appropriées à l'usage auquel on le destine."

D. Käppelin[10]): „Einen Stoff appretiren heisst, denselben neu herstellen, ihm oft von der Natur desselben ganz abweichende Eigenschaften mittheilen, die gerade für die Benutzung des Stoffes geeignet sind."

G. Meissner[11]): „Durch die Appretur erhalten die Gewebe heut zu Tage zum grössten Theil ihren Werth als Handelswaare und weder die Verwendung des besten Materials noch die grösste Sorgfalt bei ihrer Herstellung vermag die Waare in dem Maasse marktfähiger zu machen, als eine schöne sorgfältige Appretur dies thut."

„Appretur nennt man die letzte Zubereitung der Gewebe vor ihrem Uebergang in den Handel und es hängt der Werth der Gewebe als Handelsartikel in hohem Grade von der Sorgfalt und zweckmässigen Wahl dieser Zubereitung ab.

Diese Abhängigkeit ist in der That eine so grosse, dass die ganze TextilIndustrie eines Landes unter einer mangelhaften Appreturmethode zu leiden hat.

Das beste und vorzüglichste Gewebe findet keinen Absatz, wenn nicht auch das äussere Aussehen desselben das Auge besticht."

C. Romen[12]: „Appretur von ad, zu, und parare, bereiten, rüsten, ausrüsten, ad-paratum, apparatum, Apparatur, Appretur bezeichnet im Allgemeinen die Herrichtung der gewebten Stoffe für den Handel, für den Gebrauch. Im Besonderen bezeichnet man mit dem Worte „Appretur" die zur Erreichung des obigen Zweckes nöthigen Arbeiten. Die Appretur bezweckt nur die Veredlung der Waare, sie soll die natürliche Beschaffenheit und die betreffende Webart des zu appretirenden Gewebes den Zwecken passender machen, zu welchen sie gebraucht, zu welchen sie angewendet werden sollen.

Es geschieht dies durch Veränderung der Oberfläche des Gewebes, durch Ertheilung eines besonderen Griffes, eines eigenthümlichen Anfühlens, wobei stets eine Täuschung in Bezug auf Qualität der Waare durch übermässige Füllung unter allen Umständen ausgeschlossen sein muss.

Der Werth einer Waare hängt somit zum grossen Theile von den Operationen ab, welche obengenannte Eigenschaften dem Gewebe ertheilen, von der Sorgfalt und richtigen Combination der Mittel, des diese Operationen leitenden Appreteurs.

Heute, wo der Schein die Welt regiert, wo Qualität des Stoffes durch Quantität im Stoffe ersetzt, wo nur billig alles gemacht werden soll, sind die Ansprüche an

---

[8]) Hoyer, Lehrbuch der mech. Technologie, Kreidel, Wiesbaden. 1879.

[9]) Alcan, Traité du Travail de laine. II.

[10]) Käpelin, Bleicherei u. Appretur der Wollen- und Baumwollen-Stoffe. Deutsch von Dr. M. Reimann. 1870.

[11]) G. Meissner, Die Maschinen zur Appretur, Färberei und Bleicherei. Berlin 1873. Julius Springer. Mit 40 grossen Tafeln.

[12]) Romen, Bleicherei, Färberei, Appretur der Baumwollstoffe und der Leinen. Berlin 1880. Burmeister & Stempel.

die Appretur weniger in der Durchführung und Ausbildung des Veredlungssystems, als in der möglichsten Ausdehnung des Füll- und Decksystems in Wucher-Procent-Sätzen ausgedrückt. Man hat es als eine Kunst hingestellt, in dieser Hinsicht zu arbeiten, nur recht viel Appretur-Stoff den mageren Geweben einzupressen, auch mit allen möglichen Beschwerungsmitteln zu decken und zu beschweren, ohne zu bedenken, dass eine solche Waare nie dauernd marktfähig sein kann, nie zu dem wirklichen Werthe im Vergleich mit einer besseren Waare angeboten resp. geliefert werden kann."

Kick[13]): „Appretur (apprêt — finishing) nennt man jene Zurichtung, welche eine Waare erhält, um dem Ansehen nach schöner, preiswürdiger zu erscheinen; im engeren Sinne und des Wortes gewöhnlicher Bedeutung ist unter Appretur die Zurichtung der Webwaaren oder Zeuge zu verstehen. — Im engsten Sinne bezeichnet Appretur die aus Kleb- und Ausfüllstoffen bestehende Masse, mit welcher viele Gewebe bestrichen werden. — Im Allgemeinen soll jeder Fabrikant bestrebt sein, seinen Waaren ein möglichst gefälliges Aussehen zu geben, und nicht allein hierauf, sondern selbst auf Unwesentliches, wie Verpackung und dgl. sehen, denn die Marktfähigkeit einer Waare hängt häufig von Umständen ab, welche mit dem inneren Werthe derselben nicht zusammenfallen. Was die Appretur im engeren Sinne oder die Appretur der Webwaaren betrifft, so ist ihre Aufgabe eine sehr verschiedene; sie soll je nach Bedarf der Waare Glätte, Glanz, Weichheit oder Sprödigkeit geben, sie soll den Baumwollwaaren zuweilen das Aussehen von Leinenwaaren, der Florettseide jenes von filirter Seide geben; sie ist also zur Veredlung des Fabrikates, zum Theile auch zur Täuschung des Käufers in Gebrauch."

H. Behnisch[14]): „Die Bezeichnung „Stoffappretur" fasst das Resultat aller Einrichtungen und Arbeiten in sich zusammen, welche den Zweck haben, den Wollenwaaren, gleichviel welcher Gattuug, ein geschmakvolles, gefälliges, ihrer Eigenart angepasstes Aussehen zu geben, so dass diese vom Publikum als schön, geschmackvoll oder modern gern gekauft werden. Der Begriff, ein Wollenstoff sei schön, geschmackvoll oder modern, ist nun keineswegs ein feststehender, sondern ein ebenso vielfältiger und veränderlicher, als das kaufende Publikum selbst. Aus diesem Grunde ist es daher nichts weniger als leicht, in der Stoffappretur stets das Rechte zu treffen, und kommt es leider häufig genug vor, wenn der Fabrikant, Anstrengungen und Kosten nicht scheuend, gerade etwas Ausserordentliches geleistet zu haben glaubt, dass sich das kaufende Publikum ablehnend und zurückweisend gegen die an den Markt gebrachten fertigen Stoffe verhält.

Dies Unberechenbare und Unzuverlässige im Geschmack der konsumirenden Käufer veranlasst seit einer Reihe von Jahren den Stofffabrikanten zu jenem kostspieliegen, den Preis der fertigen Waare nicht unbeträchtlich vertheuernden Vormustern in Weberei und Appretur, wodurch er sich mit den Forderungen des Publikums in Fühlung zu bringen sucht."

H. v. Kurrer[15]): „Nach dem vollkommenen Weissbleichen erfordern die verschiedenen Gespinnste und Gewebe sehr verschiedene Zurichtungen, um denselben, dem Geschmack der Mode entsprechend, ein gefälliges Aeussere für das Auge zu geben. —

Betrachtet man diese verschiedenen Definitionen des Begriffs Appretur, so wird man gewiss zugeben, dass darin eine grosse Anzahl von Bestim-

---

[13]) Karmarsch und Heeren, Technisches Wörterbuch bearbeitet von Kick und Gintl. Prag. Bohemia. 1878.

[14]) Behnisch, Handbuch der Appretur der Wollstoffe. 1879.

[15]) H. von Kurrer, Kunst alle Stoffe zu bleichen. Nürnberg, Schrag. 1831.

mungen enthalten sind neben den speciellen Hinweisen auf den Zweck
der Appretur. Der Zweck der Appretur ist darnach einmal, die Oberfläche der Gewebe überhaupt zuzurichten und zwar nach einem Theil der
obigen Ansichten zu dem Zwecke, die Gewebe „tragbar" zu machen, d. h.
doch sie so zuzubereiten, dass sie dem Körper durch Ebenheit, Glätte,
Biegsamkeit angenehm werden, oder aber sich dem Auge anziehend und
befriedigend, wohlthätig oder dasselbe entzückend darstellen. Es sind dies
bereits wesentliche Unterschiede, denn für die Appretur der ersten Kategorie,
also für Gewebe, die den Körper unmittelbar berühren oder doch demselben
näher liegen (Unterkleider), wird eine andere Appreturform gewünscht als
für diejenigen Stoffe, welche man zur oberen Bekleidung wählt, die also
nach aussen hin ihre Eigenschaften ausstrahlen sollen. Dieser Unterschied
ist in den obigen Definitionen nur von Alcan richtig erfasst, während sämmtliche andere Autoren nur das äussere Ansehen der Stoffe berühren.
Dagegen haben die meisten Definitionen den Passus aufgenommen: „Die
Appretur soll die Waare marktfähig machen", — und betrachtet man die
verschiedenen Auslassungen diesbezüglich, so fällt es auf, dass sich dieselben
in ihrer Ausdrucksweise steigern. Hermbstaedt betont nur die Marktfähigkeit, nur das Nothwendige, ebenso Karmarsch. Alcan verlangt schon das
möglichst schönste und vortheilhafteste Ansehen, während Meissner, Romen,
Kick die Bedeutung der Marktfähigkeit sehr steigern, so dass aus jenen
Definitionen die allerdings jetzt herrschende Ansicht hervorgeht, dass von
der Appretur die Marktfähigkeit fast allein abhänge und dass dieselbe
den Geweben eine künstlich hohe Marktfähigkeit zu geben beabsichtigen
müsse. Leider ist ein Theil der Appretur jetzt sogar dafür thätig,
die Qualität der Waare zu verdecken und zu verschleiern. Die eigentliche
Absicht der Appreturarbeiten ist aber unzweifelhaft stets gewesen: Die
Gewebeoberflächen so zu bearbeiten, dass sie die Qualität und Eigenschaften
der Gewebe in das rechte Licht setzten und sie für die Benutzung
passend machten. Dieser ursprünglichen Aufgabe steht nunmehr die
extremste Appreturmethode, — als ein bedauernswerther Auswuchs, — die,
ein Gewebe von bekannt und gefühlt schlechter Beschaffenheit durch Appreturmittel- und -methoden so umzuändern, dass
der Käufer über die Qualität desselben getäuscht wird, gegenüber.
Mit der Brille der Marktfähigkeit betrachtet, löst die Appretur auch
bei dieser letzten Methode allerdings eine sehr schwierige Aufgabe, — aber
nicht die Marktfähigkeit darf für die Appreturaufgabe in solcher Ausdehnung
allein berücksichtigt werden, — sondern die Marktfähigkeit muss stets der
Gebrauchsfähigkeit untergeordnet sein und bleiben. Deshalb scheint in
fast allen obigen Definitionen die Marktfähigkeit ungebührlich betont
und sollte als erste Hauptsache daraus verbannt sein. Eine strenge
Prüfung der eigentlichen Zwecke der Appreturoperationen führt vielmehr

zu folgender Definition[16]), die, wie wir glauben, die wahre Bedeutung der Appretur ausdrückt:

Die Appreturarbeiten und -Verfahren, ausgehend vom rohen Gewebe sollen diejenigen Eigenschaften zu denen, welche das Gewebe bereits hat, hinzufügen, welche das aus dem Webstuhl etc. kommende Gewebe nicht von selbst besitzt; sie sollen die vorhandenen Eigenschaften der Gewebe hervorheben und entwickeln und dem directen Gebrauch anpassend gestalten, das Aussehen der Gewebe verschönern, die Oberfläche und das Gefüge derselben für gewisse Zwecke geeignet zurichten resp. umformen.

Nach dieser Definition soll die Appreturoperation, ausgehend vom rohen aus dem Webstuhl kommenden Gewebe, zunächst dasselbe reinigen von allen durch die früheren Verarbeitungsstadien hineingelangten fremden Stoffen (Staub, Schlichte, Fette etc.), somit also die Qualität des betr. Gewebes hervorkehren. Ist nun dies Gewebe zunächst aus rohen Faserstoffen hergestellt, so soll durch die Bleiche oder durch Färberei oder Zeugdruck die Eigenschaft der Nüancirung und Färbung der Oberfläche den sonstigen Eigenschaften des Gewebes hinzugefügt werden. Ist das Gewebe durch die Stärke der Gespinnste oder durch die Dichtigkeit der Fadenstellung hart und unbiegsam, so soll man es für Zwecke, denen diese Eigenschaften nicht dienen können, waschen, dämpfen, schlagen etc. überhaupt so behandeln, dass es die Weichheit, Geschmeidigkeit, Sanftheit erlangt, welche gefordert ist. Hat die Oberfläche des rohen Gewebes keine Decke und kein wolliges Gefüge, wie man es für Zwecke erfordert, so bringt man diese durch Waschen, Walken, Rauhen, Scheren, Spannen, Trocknen etc. hervor und entwickelt so diejenigen Eigenschaften, die das Gewebe bereits in sich trägt, und fügt sie den natürlichen Qualitäten hinzu. Soll die Ebenheit des Gewebes eine dauernde sein, so sucht man die hierzu im Gewebe bereits vorhandene Eigenschaft durch zugefügte, leichte Mittel zu erhöhen (Anwendung von Appreturmitteln), ohne die natürlichen Eigenschaften zu beeinträchtigen, vielmehr mit der Absicht diese möglichst hervorzuheben. Soll das Gewebe Steifigkeit erhalten und zwar in grösserem Maasse, als den Fasern und Fäden an sich innewohnt, so wendet man Appreturmittel an, welche transparent die letzteren überziehen und die Lücken des Gewebes ausfüllen, ohne die natürliche Beweglichkeit und Form der Fäden wesentlich zu beeinträchtigen (glaçirte Waaren, gestärkte Gewebe etc.) Diese Methode darf auch so weit gehen, die Oberfläche des Gewebes umzugestalten, aber immer muss dabei die Qualität des Gewebes im Verhältniss zur Ausrüstung stehen. (Dies ist z. B. bei den beschwerten Calikos nicht mehr der Fall.) Es muss für

---

[16]) Grothe, Verhandlungen des Vereins für Gewerbefleiss 1880, S. 332.

den Gebrauchswerth die Gebrauchsfähigkeit des Gewebes an sich durch die Gewebqualität repräsentirt, nicht durch die Appreturzurichtung scheinbar erzeugt sein. Romen hat dies sehr richtig bezeichnet. Eine Zurichtung der Gewebe darf niemals den Handelswerth **allein bedingen,** weil sie **nicht dauernd** den Handelswerth des Gewebes repräsentiren kann, sondern eben nur momentan oder auf einige Zeit. —

Die weitere Betrachtung muss nun sein, nachdem wir die Absicht der Appretur kennen gelernt haben, wie die Absicht zu erreichen ist. Hierbei ist zunächst ins Auge zu fassen, für welche Gewebe man die betreffende Zurichtung anordnen will, welche Eigenschaften dieselben besitzen.

Zunächst unterscheidet man Gewebe aus thierischen Fasern (Wolle, Haare, Seide, Muschelbyssus), aus vegetabilischen Fasern (Flachs, Hanf, Jute, Nessel, Neuseelandhanf, Manillahanf, Sisalhanf, Apocynum und andere Bastfasern, — Baumwolle, Bombaxwolle, Asclepias und andere Samenwollen), aus mineralischen Stoffen (Eisendraht, Gold-, Silber-, Alumin- etc. Draht, — Asbest, Glas etc.). Von den mineralischen Geweben können wir von vornherein absehen; ihre Appretur besteht lediglich in lackartigen Ueberzügen, welche die Metallsubstanzen vor Oxydation schützen. Die thierischen Faser-Gewebe aber unterscheiden sich sehr wesentlich bezüglich des Appreturbedürfnisses.

a) Pferdehaargewebe erfordern nur eine gute Reinigung und etwas Spannung und Reibung um den Glanz kräftig hervortreten zu lassen, weil die Haarbildungen hierbei mehr einem Geflecht ähneln.

b) Kameelhaargewebe sowie andere Haargewebe haben eine rauhere Beschaffenheit und je nach ihrer Anordnung müssen sie, um von ihrer Härte und Starrheit befreit zu werden, gekocht, gefilzt, gedämpft werden.

c) Ziegen- und Schafhaargewebe, letztere aus der Kategorie der Kammwollhaare, besitzen die Eigenschaft zu filzen nur in geringem Grade. Es wird demnach für die Zwecke der Verbesserung der Gewebe durch Appretur von Filzung abgesehen werden müssen. Diese Fasern besitzen aber von Natur einen hohen Glanz und eine gewisse Härte. Ersterer soll im Gewebe meistens hervorgerufen und erhöht werden und dazu dienen besonders Operationen des Dämpfens, heissen Pressens, Trocknens bei hoher Temperatur, vorher aber gründliche Reinigung. Die Härte wird gebrochen durch Einwirkung der Wärme und gewisser Ingredienzien zum Waschen. Die Oberfläche der Gewebe muss, um den Glanz recht hervortreten zu lassen oder die Oberfläche glatt und sauber zu machen, gesengt oder geschoren werden. In Fällen, wo die Wollfäden und deren Gebilde stark und voll hervortreten sollen, bedient man sich des Dämpfens, weil unter dieser Einwirkung die Fäden aufquellen.

d) Schafwollgewebe mit kurzem Streichwollhaar erhalten meistens eine dichte, geschlossene Oberfläche, häufig mit wolliger weicher Decke. Um dieses zu erzielen wird immer eine intensive Waschung vorgenommen, sodann häufig das Walken, Rauhen, Scheren und endlich das Heisspressen und Decatiren.

e) Seidengewebe haben meistens eine genügende Dichtigkeit. Indessen ist nicht immer die verlangte Steifigkeit vorhanden, ebenso der Glanz. Oft fehlt es an Weichheit und Sanftheit. Um die Steifigkeit zu erzielen, benutzt man Lösungen von gummösen Substanzen, mit denen man die Rückseite des Stoffs präparirt. Der Glanz wird durch Reibung, Druck, Schlag oder Wärme, oder durch diese Einflüsse in Combination hervorgebracht. Weichheit und Sanftheit aber erzielt man durch Kochen und Dämpfen.

f) Muschelseidengewebe erfordern nur zur Erhöhung des Glanzes eine Anwendung von heissen Pressen oder des Dampfes und des Rauhens.

Von den vegetabilischen Fasergeweben und ihrer Appretur führen wir folgendes auf:

a) Leinengewebe beanspruchen zunächst die Bleichung, zuvor starke Waschung unter Druck und Schlag; diese auch während der weiteren Operationen wiederholt. Die Hervorrufung des Glanzes, der Ebenheit der Oberfläche und eine gewisse Weichheit wird durch Hämmern, Mangeln und Kalanderung erzielt. Appreturmassen.

b) Neuseelandhanfgewebe, Nessel-, Apocynum- etc. Gewebe wie Leinengewebe.

c) Manillahanfgewebe erfordern meistens keine besondere Zurichtung. Hin und wieder kommen leichte Appreturmassen und Druck hinzu.

d) Baumwollgewebe treten in ausserordentlich verschiedenen Formen auf und erfordern, besonders bei dichten Geweben dieselben Einwirkungen wie die Leinengewebe, bei anderen Geweben Waschen, Sengen, Spannen, Trocknen, Imprägnation mit Appreturmitteln, bei noch anderen Waschen, Stampfen oder Walken, Rauhen, Scheren, Trocknen, Bürsten etc. Bei dünnen Geweben: Strecken und Spannen, Appreturmittel, — oder letztere in grösserem Maasse mit folgendem Trocknen auf heissen Oberflächen, Pressen etc.

Bei diesen verschiedenen Operationen ist natürlich stets die Frage in Betracht zu ziehen: wie weit die Einwirkung auf Erzielung des Glanzes zu gehen habe, oder wie weit die Weichheit der Stoffe oder deren Steifheit etc. zu erzeugen sei. Diese Fragen lassen sich nur genau beantworten, bei Betrachtung der speciellen, bei jeder Sorte des Stoffs variirend auftretenden Anforderung. Im Allgemeinen lehrt die Prüfung der Stoffe vom Gesichtspunkt des Appreturbedürfnisses aus doch die ganze Serie der Operationen kennen, welche die Appretur ausmachen. Die Operationen derselben selbst sind im Laufe der Zeit im Grunde genommen nicht wesentlich andere geworden, wenn auch die Form und Methode ihrer Ausführung geändert ist; und ihre Zahl für bestimmte Gewebe gewachsen ist.

Die Römer und Griechen kannten als Appreturverfahren das Walken, Schwefeln, Rauhen, Waschen (mit Laugensalzen, Urin, Walkererde), Bürsten, Scheren, Pressen, Trocknen für die Wolle, — das Schlagen, Waschen, Glänzendmachen, vielleicht auch das Bleichen für Leinen[17]). Alle übrigen Gewebe waren ihnen unbekannt oder wurden doch nicht von ihnen gefertigt. Die Appretur war die Aufgabe der Fullonen, welche ein sehr angesehenes Gewerbe ausmachten.

Im Mittelalter trat insofern eine Aenderung ein, als die Arbeiten des Walkers (Walkari) von der übrigen Appretur getrennt wurden, sobald man das Walken durch Treten mit den Füssen oder Schlag mit Schlägeln theilweise durch Bearbeitung in Walkmühlen ersetzte. Letztere nannte man fullencium, fullericium molendinum oder molendinum cum fullone[18]). Es blieben die übrigen Gebiete den Tuchbereitern, Tuchscherern[19]).

Im byzantinischen Reiche traten die seidenen Gewebe hinzu, für deren besondere Bereitung Angaben fehlen. Die Araber bildeten die Weberei sehr aus. Sie scheinen indessen viel mehr auf die Ausstaffirung und Verschönerung der Gewebe durch Muster und Stickerei gegeben zu haben, als durch Appreturmethoden. Im 13. und 14. Jahrhundert blühete in Italien die Appretur auf. Florenz wurde der Sitz derselben, wo neben hochentwickelter Weberei und Spinnerei auch die Ausrüstung der Gewebe zur höchsten Vollendung gelangte[20]), so dass man aus Leonardo da Vinci's nachgelassenen Manuscripten auf eine frühe Aera des Maschinenwesens auch für diese Zwecke schliessen zu dürfen berechtigt ist[21]). Noch in späteren Zeiten erhielten sich eine Menge von Methoden der Stoffzubereitung durch Appretur und Färberei, die dann unter der Bezeichnung „Italienisch" sich nach anderen Gegenden hin verbreitete, besonders nach England. Uebrigens lehrt auch der Umstand, dass die ersten Schriften über Weberei, Färberei etc. in Italien verfasst sind [Muratori, Dissert. (750), Mariegola, dell'arte de Tentori (1429), F. Ruscelli, les secrêts of Maitre Alexis de Piemont (1535), Rosetti Plictho dell'arte di Tentori (1548) etc.] neben den vielfachen Anführungen der Schriftsteller des Mittelalters, dass Italien für die Zurichtung der Gewebe hoch bedeutend war. Garzoni beschreibt speziell die Thätigkeit des Tuchbereiters wie folgt: „Das Gewebe muss widerumb übersehen werden | ob auch irgend ein Knopff (Knoten) oder Webbbruch

---

[17]) Plinius, Julius Pollux etc.

[18]) Bereits im 12. Jahrhundert vorhanden.

[19]) Diese werden bereits 1217 in dem Strassburger Stadtrecht ausgenannt.

[20]) Guicciardini berichtet, dass die Holländer ihre Tuche zum Bereiten nach Florenz sandten. Bourquelot theilt mit, dass die Italiener auf den Messen der Champagne rohe Tuche kauften und nach Italien zum Bereiten nahmen, schon im 12. Jahrhundert.

[21]) Grothe, Leonardo da Vinci als Ingenieur und Philosoph. Berlin 1876. Nicolai.

oder sonsten einiger Mangel daran ist. Darnach wird es gestrichen oder gekardet | welches wie Polydorus Virgilius meldet | einer von Megara, Nicias genannt | erstlich hat erfunden. Wann solches geschehen | überantwortet man es dem Walker | welcher es vollendts muss gleich machen. Darnach wird es vff die Rame gezogen | vnd endlich dem Ferber überantwortet | dessen Kunst erstlich | wie vorgemeldeter Polydorus für giebt | bei den Lydiie ist erfunden worden. Wann es nun gefärbet vnd widerumb trucken | muss der Tuchscherer darüber | welcher es vollends bereitet | die übrige Wolle abscheret | es zerret vnd presset | dass es einen schönen Glantz vnd Ansehen bekompt | vnd ist als dann das Tuch gantz fertig. Dabey man abzunemmen | wie nützlich diese Handthierung sey | nicht allein für Verkauffer vnd Kauffer | sondern auch für so viel vnterschiedliche Personen | so daran arbeiten | welche | ob sie schon nicht so viel daran gewinnen | so haben sie doch so viel | dass sie sich darvon ernehren können | vnd müssen sonst vielleicht Noht leiden."

In Deutschland hatte Karl der Grosse bereits im 9. Jahrhundert zur Textilarbeit ermahnt und solche in seinen Frauenhäusern angeordnet, dazu für das Bereiten der Tuche den Anbau der Kardendisteln befohlen.

Seit dem 13. Jahrhundert gewann die deutsche Gewebeindustrie gewaltigen Aufschwung, besonders in Süddeutschland, am Rhein, in den Niederlanden und später in den norddeutschen Marken und in Sachsen. Ebenso hob sich die Webindustrie in Frankreich und in England.

Es ist indessen bei aufmerksamer Prüfung der bezüglichen Schriften nicht möglich, für die Appretur neue Materialien zu erlangen, es sei denn Meldungen, wie Tuchscherer und Tuchbereiter sich zu Zünften anordneten und Bestimmungen über ihre Arbeiten erliessen (Strassburg 1217 u. s. w.) oder dass die Walkmühlen sich verbesserten und in ihrer Construction variirt wurden und dass man die Tuchspannrahmen zweckentsprechender anordnete. Erst im 17. Jahrhundert zeigt sich eine wesentliche Erweiterung der Appreturoperationen und der Hülfsmittel, dieselben zu vollführen, und wir erfahren dabei auch Einiges über die Appretur anderer Stoffe als der wollenen. Sharpe & Wilton liessen sich 1620 eine Methode patentiren um „Chamblett oder chamlett" zu machen aus Grogram phillip and cheyney und aus anderen seidenen und Stoffen, wie sie in der Türkei gebräuchlich ist, mit heissem Wasser und kalter Presse, — während die Chambletting-Methode in England bis dahin sich der heissen Presse bedient hatte und natürlich nur falschen Glanz erzielte. Peter Ladore nahm 1639 ein Patent für Appretur der Sattens (Satins), wie sie bisher in England niemals, wohl aber in den Ländern jenseits der See ausgeübt wurde. Der Patentnehmer erzählt, dass er dies Verfahren nach England importirt und bei London eine Fabrik (fabricke) erbaut habe für den Zweck dasselbe auszuüben, wozu er auch die nöthigen Instrumente hergestellt hätte. Delabadie meldete 1684 eine Maschine zum Patent an for the

beautifying von Tuch, Friesen (freezes) und anderen Wollstoffen, nämlich
eine Rauhmaschine, wie sie niemals in England gesehen sei (hath beene seene
or used never in our dominions). Es kam 1684 hinzu R. Fuller mit der
Kunst und mistery um Pressspähne (never before practised in England)
zu machen. Clowdesley, Sherrard & Duclen patentirten eine Erfindung
zur Herstellung und Zurichtung (dressing and lustrateing) von schwarzen
Seiden (alamodes, ranforcees). Oliver liess sich 1695 ein Patent ertheilen
auf Appretur der Leinen, Calikos, Seiden und wollfreien Stoffe durch
Glänzendmachen (glazing, slicking and smoothing). Es folgten dann im
18. Jahrhundert einige Patente für Pressen zur Herstellung des italienischen
Kreps und Tiffany (welche Stoffe noch dazumal aus Italien importirt
wurden), zum Scheren (Everet 1750), zum Rauhen mit Karden oder
Kratzen, um blanket, duffil, coating nachzuahmen. Von 1783 an folgen
die Constructionen und Erfindungen für Appretur im mechanischen Betriebe häufiger und zahlreicher, anhebend mit Green's Trocken- und Spannmaschine, Harmars Schermaschine u. s. w. und leiten die neue Periode
der Appretur mit Maschinen ein.

Die angeführten ersten Patente lassen erkennen, dass England bis
dahin in der Appretur den anderen Ländern nicht voraus war und geben
Beleg, dass Italien eine bemerkenswerthe Höhe und Eigenthümlichkeit in
der Appretur erlangt hatte. Englands Wollindustrie, seit Eduard III.
begründet, von Elisabeth gepflegt und durch Einwanderung der Hugenotten
ausgedehnt und auf den Standpunkt des Auslandes gebracht, consoli-
dirte sich im 17. Jahrhundert. Die Baumwollindustrie begann aber erst
mit dem 18. Jahrhundert. London ward dann der Sitz der Färberei und
Appretur; neben ihm Coventry; später erst begannen Leeds, Halifax,
Bradford u. a. O. dieselbe heranzuziehen und auszuüben.

In Frankreich sind die Manufacturen durch die Mauren und die Italiener eingeführt. Man befolgte die Verfahren der Orientalen. Die Wollindustrie etablirte sich in Elbeuf, dessen braune Stoffe (brunets) bereits
um 800 bekannt waren. Um 1350 war die Normandie mit Wollindustrie erfüllt. Louviers war schon 1228 eine bedeutende Manufactur-
stadt. Von da an traten Pont-Andemer, Arras, Sédan, Chateauroux, Car-
cassonne, Castres, Mazamet u. s. w. in die Reihe der Woll-Weberei treibenden Städte ein, während Lyon, Etienne und das mittlere und südliche
Frankreich sich der Seide zuwendeten und das nordöstliche der Leinenindustrie. Im 17. Jahrhundert kam aber die Industrie sehr zurück, so
dass Colbert 1667 dem Könige meldete, dass mit Ausnahme der Seidenindustrie in Lyon und Tours eigentlich keine Manufactur mehr in Frankreich existire. Colbert schaffte dann durch sein nationales Industriesystem
neue Manufacturen und zwar unter directer Anregung seitens des Staates,
Herbeirufung bester Arbeiter und Werkführer. Es wurde sehr grosses Gewicht gelegt auf die Ausrüstung der Gewebe. Die Auswanderung der

Hugenotten erzeugte einen gewaltigen Rückschlag, der indessen schneller verwunden wurde, als man vermuthen sollte. Mitte des vorigen Jahrhunderts waren die Franzosen den Engländern in der Appretur zum Theil überlegen. —

Im Allgemeinen kann man den Standpunkt am Ende der älteren Aera des Manufacturwesens, eben bei Beginn der Manufacturen mit Maschinen in den meisten industriellen Völkern bezüglich der benutzten Apparate als gleich annehmen, während sich in der speziellen Ausführung der Appretur natürlich viele Verschiedenheiten zeigten. Wir wollen diesen Standpunkt kurz skizziren.

In der Wollappretur war die Walkmühle in der Construction der Hammerwalke und Stampfwalke verbreitet und eingebürgert, an abgelegeneren Orten noch immer durch Treten mit den Füssen ersetzt. Das Waschen der Tuche geschah meistens von Hand, oder mit zwei Quetschwalzen, zuweilen mit leichten Waschhämmern. Das Rauhen ward mit Karden oder mit Kratzen und zwar mit der Hand ausgeführt, das Scheren mit grossen Tuchscheren per Hand. Zum Pressen hatte man Schraub- oder Hebelpressen und um heiss zu pressen, legte man heisse Eisen zwischen die Tuchlagen. Alles Noppen, Stopfen, Falten, Legen waren Handarbeiten. Das Trocknen fand statt in langen Trockenrahmen mit Claviernadeln und beweglichem unteren Baum. Man bewischte auch hin und wieder die Wollstoffe mit Gummi oder laudirte sie, d. h. bestrich sie leicht mit Baumöl, um ihnen ein volles Ansehen zu geben. Auch benutzte man am Schluss dieser Periode den Kalander, besonders den Buntingkalander mit geheizter Walze. Durch das Kareyen (Etendoir), ein Einlaufen durch Wärme und Nässe, suchte man das heutige Decatiren und Krumpen zu erreichen. Die Kareymaschine bestand aus Holzwalzen, über welche der Stoff durch heisses Wasser hinlief. Das Frisiren, Ratiniren, Coutoniren, Crispiren wurde mit der Frisirmühle durchgeführt, indem das Gewebe unter einer mit Kitt und Sand, schmirgelartig, rauh gemachten Fläche, welche sich schüttelnd bewegte, hingezogen wurde.

Für die Baumwollindustrie machten folgende Operationen die Appretur aus: Man reinigte die Gewebe durch Waschen mit Waschmaschinen, auch mit Stampfwalken, sengte sie mit glühenden Eisen (Stabsengen, Cylindersengen), und glättete sie in Mangeln und Kalandern. Die Anwendung von Appreturmitteln war gering. Man benutzte Reiswasser, Gummi, Stärke, Leim, Kartoffelsaft u. a. an. Appreturmittel mit Zusatz von erdigen Substanzen, Thonerde, Gyps, Alaun, oder von Zucker, Mehl, oder von Pottasche und Soda wurden erst gegen 1800 wirklich benutzt. Eine besondere Maschine, welche in den letzten Jahren der Vorperiode bereits erschien, war die Dressirmaschine (dressing m.), welche eine Combination von Bürsten, Kratzen und Steinen enthielt und benutzt wurde, um der Fläche Festigkeit und Glätte zu geben. Ebenso existirte die Operation des Finissirens, bestehend in einem Reiben mit Steinen und Wachs. Hermbstädt führt als Appreturoperationen für Baumwollgewebe auf: Entschlichten, Waschen (Pantschen, Walken), Trocknen, Sengen oder Brennen, Bleichen, Dressiren, Finissiren, Färben und Drucken.

Für Leinenstoffe kannte man die Operationen: Entschlichten, Bäuchen, Bleichen, Stärken, Mangeln, Glätten. Für das Stärken benutzte man eine kleine Maschine. Die Mangeln wurden Mitte des vorigen Jahrhunderts mechanisch betrieben und grösser gebaut und für das Trocknen der Leinen wurden Trocken- oder Hängehäuser errichtet.

Für Seidenstoffe benutzte man fast allein ein Bestreichen der Rückseite mit Abkochungen von Flohsamen, Gummi, Traganth, Zucker, Hausenblase, Ochsengalle etc. unter Ausspannen der Gewebe auf Rahmen bei Wärmeanwendung. Es gab indessen auch Kalander- und Walzmaschinen, deren Walzen mit Bolzen geheizt wurden. Auch Mangeln benutzte man. Das Moiriren der Seidenstoffe wurde vielfach ausgeführt. Vor der Appretur wurde das Gewebe sorgsam nachgesehen und gepflückt oder genoppt, wozu man auch kleine Pflückmaschinen und Polirmaschinen erfunden hatte. —

Das war der Status der Appreturoperationen gegen Ende des vorigen Jahrhunderts. Bis dahin hatten die englischen Colonien in Amerika keinen Theil genommen an der Entwicklung der Textilindustrie, weil gegen das Aufkommen von Manufacturen sich die Hauptschärfe der englischen monopolistischen Verwaltungsdecrete in Amerika richtete. Als aber die Unabhängigkeit erklärt und erkämpft war, musste man in Amerika Textilindustrie in erster Linie treiben, und zwar blühte dieselbe schnell empor. Wie in allen Gewerben und Industrien fehlte es den Amerikanern auch hierfür an den nöthigen Arbeitskräften, und dies wies dieselben hin auf die Erfindung mechanischer Hülfsmittel, der Maschine. Während nun in England seit 1750 vereinzelt Maschinenconstructionen (Everett und Harmar Schermaschine, ferner Kalander, Dressirmaschine etc.) auftauchten, traten in Amerika Constructionen für Schermaschinen 1792 durch S. G. Dorr [22]) auf, welche ausreichend wirkten, und erst gegen 1815 in England von Price, Davis, Lewis nachgeahmt wurden. Für die Walke ging der Amerikaner Levy Osborn (1804) mit einer Doppelkurbelwalke voran, und 1833 erfand Dyer die Walzenwalke. Aber auch in der Rauherei hatten die Amerikaner bereits die Rauhmaschinen von Jessup, Christie, Olney u. a., als in England Lewis und Davis 1817 dafür thätig auftraten. Wir sehen also, dass in Amerika, durch die Noth an Arbeitskräften veranlasst, Maschinen construirt wurden, welche in Europa theils Nachahmung fanden, theils die Anregung gaben zu der weiteren Entwicklung des Maschinenwesens, an welcher

---

[22]) Siehe auch Briavonne, sur les inventions et perfectionnements dans l'industrie. Brüssel 1837.

England und Frankreich hervorragenden Antheil nahmen, sowie auch Deutschland und Belgien. Das Maschinenwesen für die Appretur bildete sich überraschend schnell aus und schuf dies ganze Gebiet total um, sodass die alten Gewerke der Tuchbereiter und Walker in dem früheren Zuschnitt entfielen und an deren Stelle die maschinelle Appretur trat.

Wir verfolgen hier die Specialgeschichte der Appreturmaschinen nicht weiter, sondern geben diese für jede Maschinengruppe besonders. Die Geschichte der Appretur kennt drei grosse Perioden:

1. Appretur des Alterthums bis zur Zeit Leonardo da Vinci's, also bis gegen 1450 oder 1480. Handarbeit im Hause und in den Gewerben der Fullonen oder Walker und der Tuchbereiter.

2. Appretur des Mittelalters von der Zeit Leonardo's bis etwa 1780. Versuche zur Construction von Appreturmaschinen (Walkmühlen, Dressirmaschinen, Waschmaschinen, Schermaschinen u. s. w.) und Anwendung derselben an Stelle der Handarbeit.

3. Appretur der neuesten Zeit von 1780 an. Totale Umwandlung der Handarbeit in Maschinenarbeit für die Appretur.

Es bleibt uns übrig, den Status der Appretur der Neuzeit zu scizziren. Man ist keineswegs einig, welche von den Verschönerungsarbeiten das Gebiet der Appretur ausmachen.

Karmarsch sagt: „Nimmt man den Ausdruck Appretur in seinem weitesten Sinne, so schliesst er auch das Bleichen, Färben und Drucken ein, Arbeiten, welche fast gänzlich auf chemischen Grundsätzen beruhen." Er rechnet dann zur Baumwollappretur: 1. Das Sengen, Rauhen, Scheren, Bleichen, Entschlichten, Waschen und Spülen, Prätschen oder Walken, Auswringen oder Ausquetschen, Trocknen und Aufhängen, Färben, Drucken, sämmtlich Operationen der Appretur im weiten Sinne; sodann als Operationen im eigentlichen Sinne: 2. Stärken, Bläuen, Klotzen, Kalandern, Mangen, Einsprengen, Wickeln oder Bäumen, Moiriren, Gauffriren, Glätten, Glänzen, Spannen, Aufwickeln, Messen, Legen, Dupliren; — zur Leinenappretur: Entschlichten, Waschen, Bleichen, Einseifen (Färben und Drucken), Stärken, Bäumen, Mangen, Kalandern, Stampfen, Trocknen, Messen, Legen; — zur Wollenappretur und zwar für Streichgarngewebe: Noppen, Waschen, Walken, Auswaschen, Rauhen, Scheren, Noppen, Stopfen, (Färben), Spannen, Trocknen, Decatiren, Bürsten, Pressen, Krumpfen, Legen, Messen; — für Kammwollgewebe: Sengen, Noppen, Waschen (Entschlichten), Creppen, (Färben, Drucken, Bleichen), Imprägniren (Padding), Dämpfen, Spannen, Trocknen, Pressen, Legen, Messen; — zur Seidenappretur: Spannen, Gummiren, Cylindriren, Moiriren, (Färben, Bleichen, Drucken), Gauffriren, Creppen, Pressen, Trocknen.

Kieck (Karmarsch und Heeren) sagt: „Manche rechnen zu den Appretur-Operationen: Bleichen und Färben, das Walken, Rauhen und Scheren des Tuches u. dgl. Wir wollen aber jene Operationen, welche bestimmt sind, die Farbe des Zeuges zu ändern, oder welche, wie das Walken und Rauhen, zu den Herstellungsoperationen des Tuches unbedingt gehören, denn ein nicht gewalktes, nicht gerauhtes Gewebe heisst nie Tuch, hier ausscheiden. Es bleiben noch eine grosse Reihe von Operationen zur Besprechung, welche bestimmt sind, die Gewebe zu reinigen, zu trocknen, zu glätten und deren Griff oder Glanz zu ändern.

Die Appreturverfahren sind je nach der Beschaffenheit des Gewebes und dem durch die Appretur erstrebten Zwecke ungemein verschieden, doch werden die Leinen-, Baumwoll- und Seiden-Gewebe zumeist gestärkt, getrocknet und durch Walzen auf dem Kalander oder der Mange geglättet; während die Schafwollgewebe ungestärkt bleiben, nur dem Sengen, Waschen, Dämpfen und Glätten unterworfen werden."

Alcan: „La série des opérations qui constituent les apprêts doit, par conséquent, être combinée, d'un part, en raison de la nature intime des fibres de la matière première, et, de l'autre, en vue de l'aspect recherché dans le produit. Ces considérations indiquent tout d'abord qu'il y a, pour les innombrables articles fournis par les fibres, un certain nombre de moyens qui leur sont communs comme leur origine, et un certain nombre d'autres qui diffèrent, suivant leur constitution définitive." (Im Uebrigen giebt Alcan die Appreturoperationen für eine Reihe von Stoffen aus Wolle an, die wir später näher berücksichtigen.)

Romen unterscheidet für Baumwollgewebe:
I. Arbeiten an der rohen Waare:
    a) Nach-Arbeiten;
    b) Reinigungs-Arbeiten;
    c) Bleich-Arbeiten.
II. Arbeiten an der gebleichten Waare:
    α) Trocken-Arbeiten; event. Füll-Arbeiten oder
    β) Beiz-Arbeiten;
    γ) Färb-Arbeiten.
III. Arbeiten an der gefärbten Waare:
    1. Füll- oder Imprägnir-Arbeiten;
    2. Trocken-Arbeiten.
IV. Arbeiten an der appretirten Waare:
    1. Glätt-Arbeiten;
    2. Schluss-Arbeiten.

H. R. Lack rechnet in seinen Abridgments of Specifications relating to dressing and finishing woven fabrics zur Appretur (dressing and finishing) Rauhen, Bürsten, Scheren, Spannen oder Breiten, Trocknen, Walken, Beateln, Waschen, Sengen, Poliren, Noppen, Dämpfen, Decatiren, Kalandern, Bäumen, Klotzen, Stärken, Ratiniren, Falten, Messen, Dupliren, Legen, Sengen, Glänzen, Glätten, Moiriren, Pressen, Mangeln, Noppen, Oeffnen, Dämpfen, Wachsen, Aufwickeln; ausserdem für Velourstoffe das Aufschneiden des Velours, Gauffriren etc.

Wie man sieht, weichen diese wenigen Angaben, die überhaupt aufzufinden sind, abgesehen von den für unsere Zeit sehr lückenhaften Unterscheidungen von Beckmann und Hermbstädt, von einander ab. Es erübrigt nun, eine strengere Eintheilung vorzunehmen.

Nach unserer bereits oben gegebenen Definition des Begriffs „Appretur" kann man unterscheiden — vom rohen Gewebe ausgehend:
1. Arbeiten zur Reinigung:
    α) von Unreinigkeiten, herrührend aus den vorgängigen Operationen (Spinnen, Weben, Waschen, Entstäuben, Entschlichten, Crappen);
    β) von Unebenheiten und Fehlern des Stoffes selbst (Noppen, Sengen, Scheren).

2. Arbeiten zur Umänderung der Oberfläche:

  α) in Farbe und Nuancen (Färben, Bleichen, Drucken, Blauen etc.);

  β) in Form und Character (Walken, Rauhen, Scheren, Moiriren, Gauffriren, Glätten, Kalandern, Mangen).

3. Arbeiten zur Hervorhebung der natürlichen Eigenschaften, auch unter Aenderung des Gefüges des Gewebes durch Eintreibung von Appreturmitteln:

  α) Weichmachen (Dämpfen, Kochen, Waschen);

  β) Steifmachen (Stärken, Imprägniren, Padden, Einreiben mit Firniss, Oel etc., Beschweren, Pressen);

  γ) Glänzendmachen (Mangen, Pressen, Kalandern, Cylindriren).

4. Arbeiten zur Beseitigung der für andere Operationen benutzten Hülfsstoffe (Waschen, Kochen, Ausquetschen, Entnässen).

5. Arbeiten und Vornahmen zur Hülfeleistung und Vollendung für die übrigen Operationen (Aufrollen, Bäumen, Trocknen).

6. Arbeiten und Vornahmen mit dem fertig appretirten Gewebe, ohne an ihm zu ändern:

  α) Falten, Wickeln, Legen, Doupliren;

  β) Messen.

Unter diese 6 Gesichtspunkte lassen sich sämmtliche Appreturoperationen unterordnen, wie wir das durch die Zufügung in Parenthesen bereits angedeutet haben. Die Untertheilung bietet dann für jede Sorte des Gewebes eine besondere Reihe von Operationen, sei es an sich von den anderen verschieden, sei es an Zahl und Reihenfolge der Anordnung, wie wir das in nebenstehender Uebersicht wiedergeben:

Arbeiten	Gewebe aus:					
			Wolle		Baumwolle	
	Seide	Leinen	Tuchgewebe	Kammgarn-gewebe	Lamaartige	Calico etc.
1.	Pflücken Noppen Reiben	Entschlichten Kochen Bäuchen Waschen Prätschen	Noppen Entfetten Carbonisiren Waschen	Noppen Waschen Carbonisiren Entfetten Crappen Sengen	Waschen Sengen	Waschen Sengen Scheren
2. α)	Bleichen Färben Bedrucken	Bleichen Färben Bedrucken (Bläuen)	Bleichen Färben Bedrucken (Kreiden) (Bläuen)	Bleichen Färben Bedrucken (Bläuen)	Bleichen Färben Bedrucken (Bläuen)	Bleichen Färben Bedrucken (Bläuen)
2. β)	Moiriren Gauffriren Spannen Glätten Pressen	Ausbreiten Mangen Kalandern Stampfen Beateln	Waschen Walken Rauhen Ratiniren Scheren Bürsten Spannen Klopfen Pressen	Sengen Scheren Klopfen Spannen	Waschen Walken Rauhen Kalandern Spannen	Waschen Breiten Kalandern Pressen Beateln Stampfen
3. α)	Kochen Dämpfen	Kochen	Dämpfen Kochen	Dämpfen		
3. β)	Gummiren	Stärken	(Beschweren)	Padden	Stärken	Stärken Beschweren Wachsen etc.
3. γ)	Pressen Cylindriren	Einsprengen Mangen Reiben (Frictioniren) Kalandern Beateln	Pressen Decatiren	Einsprengen Cylindriren Pressen Lüstriren	Einsprengen Pressen	Einsprengen Cylindriren Beateln Pressen
4.		Waschen Ausquetschen	Waschen Entnässen	Waschen Entnässen	Waschen Entnässen	Waschen Entnässen
5.	Aufrollen Trocknen	Aufrollen Trocknen Bäumen	Aufrollen Trocknen	Aufrollen Trocknen Bäumen	Aufrollen Trocknen Bäumen	Aufrollen Trocknen Bäumen
6.	Falten Legen Messen	Falten Legen Messen	Falten Legen Messen	Falten Legen Messen	Falten Legen Messen	Falten Legen Messen

Zu den eigentlich angreifenden Manipulationen gehören in hervorragender Weise also:

1. Das Waschen und Reinigen d. h. Entfernen nicht gewünschter Anhänge nebst Sengen.
2. Das Bleichen, Färben, Bedrucken, Bläuen.
3. Das Walken, Rauhen, Scheren, Ratiniren, Bürsten, Moiriren, Gauffriren, Kalandern, Mangen, Pressen.
4. Das Dämpfen.
5. Das Imprägniren mit Appreturmitteln.
6. Das Ausbreiten, Spannen, Recken, Pressen, Cylindriren, Lüstriren.

Dagegen lassen sich das Spülen, Entnässen, Einsprengen und Trocknen, sowie das Bäumen und Aufrollen als wiederholt vorkommende Hülfsoperationen, Zwischenoperationen, Begleitoperationen betrachten, die nicht eigentlich für sich einen Effect auf das Gewebe selbst im Sinne der Umänderung der Oberfläche, der eigentlichen Reinigung, der Hervorhebung der Eigenschaften u. s. w. ausüben, sondern einen solchen nur zuweilen in Combination mit anderen Operationen erlangen, wie z. B. durch das Spannen während des Trocknens.

Das mächtigste Hülfsmittel bei der Appretur ist unstreitig das **Wasser** als Träger der Waschmittel, der Imprägnationsmittel, als Lösungsmittel, als Doucirmittel beim Rauhen, Cylindriren etc. und in der Form von Dampf in vielfältiger Anwendung.

Die vorstehende Zergliederung lässt eine stattliche Reihe von Appreturoperationen erkennen. Betrachtet man die eigentlichen Mittel, durch welche dieselben wirksam werden, so kann man das Ganze leicht überschauen. Wir haben dann

a) Chemische Mittel,
b) Physikalische Mittel,
c) Mechanische Mittel.

Die chemischen Mittel kommen zur Geltung in der Färberei, Bleicherei und in den Druckprozeduren, — ferner auch in den Waschoperationen und in geringerem Masse bei der Imprägnation mit Appreturmitteln.

Die rein- physikalischen Mittel bestehen in der Anwendung von Wärme und Benutzung des Dampfes.

Die mechanischen Mittel sind Schlag, Stoss, Bewegung von Luftmassen, Druck, Reibung, Ausdehnung, Ausziehen.

Die physikalischen und mechanischen Mittel werden meistens combinirt angewendet. Viele der chemischen Vornahmen erfordern ebenfalls die Mithülfe der physikalischen Mittel, besonders der Wärme in ausgedehntem Masse und können der mechanischen Hülfsmittel, besonders des Druckes, nicht entbehren. Von diesem Gesichtspunkt aus lässt sich im weitesten Sinne trennen:

Die chemisch-physikalische Appretur.
Die mechanisch-physikalische Appretur.

Erstere umfasst die Operationen der Bleicherei, Färberei und des Zeugdruckes und ist hervorragend basirt auf der chemischen Wirkung und Einwirkung gegen die Gewebe, wobei die Oberflächen der Fasern selbst einer chemischen Umänderung resp. Einwirkung unterliegen. Letztere umfasst sämmtliche mechanischen Einwirkungen auf die Gewebe, welche die Fasern derselben äusserlich und zu einander in bestimmte Form und Lage versetzen. Beide grossen Klassen der Appretur unterscheiden sich demnach durchaus bestimmt.

Wir haben es in nachstehendem Texte nur mit der mechanisch-physikalischen Appretur zu thun.

Dieselbe hat also die Aufgabe, nach der Reinigung der Gewebe von fremden Anhängseln und Beimengungen die Oberfläche des Gewebes mechanisch zu bearbeiten, zu verschönern und dem Auge und dem Zwecke angenehm zu machen. Sie thut dies mit Hülfe des Druckes (Stosses, Schlages), der Reibung, Bewegung, der Anspannung und Ausdehnung, der Ausübung des Zugs unter Mithülfe von Wärme, Flüssigkeit, Dampf — sowohl wirksam am gereinigten Gewebe, als auch an den mit fremden Körpern imprägnirten Geweben, — und zwar in vielen Tausend Variationen, entsprechend der Qualität der Gewebe und den Erfordernissen der speciellen Zwecke, dem die Gewebe dienen sollen. Die speciellen Aufgaben, die durch das Gewebe und seinen Zweck gestellt werden, haben für die Ausübung jener mechanischen Mittel zahlreiche Maschinen geschaffen, deren jede wiederum Variationen in der Wirkung zulässt. Es ist dabei ebensowohl die Art der Ausübung jener Wirkungen dem Faserstoff anzupassen, als die Stärke derselben. Druck z. B. wird bei der Appretur ausgeübt durch die Presse, durch den Kalander, durch die Mange, — in allen drei Maschinen tritt der Druck in einer andern Form auf; in ersterer ist er dauernd über eine Fläche gleichmässig vertheilt, in der zweiten ist er momentan wirksam und immer nur auf einer ganz schmalen Fläche, in der dritten kehrt er für die einzelne Stelle in rascher Folge wieder. Es ist auch die Beschaffenheit der pressenden Fläche in jedem der Fälle verschieden und die Höhe des Druckes.

In solcher Weise finden sich die Anordnungen der mechanischen Mittel vielfach variirt, um den Ansprüchen für die verschiedenen Gewebe und Gewebformen zu genügen und die Variation des Appretureffectes zu erzielen, wie wir das aus den Specialbetrachtungen für jede der mechanisch-physikalischen Operationen ersehen werden. Die Anforderungen, welche der Gebrauch der Gewebe für die Zurichtung stellt, drücken sich am Besten aus in den zahlreichen Nuancirungen des Apprets selbst. Nehmen wir z. B. den Glanz. Man spricht in der Baumwollappretur von Hochglanz, Halbglanz und mattem Glanz und bezeichnet dadurch die

Hauptgrade des Glanzes, der nun ferner als Seidenglanz, Halbhochglanz, Halbmatt, Speckglanz, Moirèglanz, Naturellglanz u. s. w. auftritt. In dieser Weise giebt es für alle Appreturen eine Menge besonderer Effecte und Grade, die beobachtet werden sollen. Diese Ansprüche und Graduirungen wechseln aber mit der Mode und verschwinden vielfach nach kurzer Zeit wieder. Eine Systematisirung der Appretureigenschaften und Grade ist daher ohne bleibenden Werth. Dieselben schliessen sich vielmehr sehr eng an die Gewebe an, deren Formen und Eigenschaften ja so sehr wechseln, und richten sich danach. Wir werden am Schluss unseres Werkes, bei Beschreibung der Appretur und Apparate einzelner spezieller Gewebegenres auf die besseren und wichtigeren Spezialappreturen eingehen und dort auf die verschiedenen Grade hinreichende Rücksicht nehmen.

———

Wir fügen hier noch eine Notiz über die Literatur für Appretur an.

Die Literatur für den chemisch-physikalischen Theil der Appretur, also für Bleicherei, Färberei und Zeugdruck ist sehr reichhaltig und erschöpfend in speciellen Büchern, Broschüren, Encyclopädien und chemisch-technischen Lehrbüchern behandelt. Diese Literatur hebt mit Plinius an und zählt seit dem 16. Jahrhundert bis 1780 mehrere Hundert Werke. Von 1780 ab bis auf die Jetztzeit aber sind etwa 1200 Specialschriften für Bleicherei, Färberei und Zeugdruck erschienen. Unter den Autoren finden wir Mariegola, Ruscelli, Rosetti, Hackluyt, Sir W. Petty, Robert Boyle, Colbert, Hoope, Stahl, Reaumur, Dufay, Jean Hellot, Linné Macquer, Roland de la Platrière, Gmelin, Pörner, Bancroft, Fr. Henry, Berthollet, Watt, Damburney, Lavoisier, Baumé, Chaptal, Hermbstaedt, H. v. Kurrer, Dingler, Vitalis, Chevreuil, Duvoir, Schrader, Persoz, Dumas, Parnell, Ure, F. Crace Calvert, Schlossberger, Moyret, Love etc. etc.

Die Literatur für den mechanisch-physikalischen Theil der Appretur ist dagegen sehr mager und lückenhaft. Neben der meist kurzen Beschreibung der Appreturoperationen in technischen Lehrbüchern und Encyclopädien (besonders von Karmarsch, Hoyer und Karmarsch und Heeren) existirt ein Lehrbuch der gesammten Appretur überhaupt nicht und zwar in keiner Literatur irgend welcher Nation. Es sind nur einige Werke vorhanden über Spezialbranchen von Naudin über Tuchappretur, von Wedding, ebenso, und in neuerer Zeit solche von Behnisch und von Iwand und Fischer. Hierfür noch immer wichtig ist auch Jacobsons, Schauplatz der Zeugmanufacturen. Alcan hat der Appretur der Wollstoffe einen Theil seines Traité du travail de laine gewidmet. Heim schrieb ein Buch über die Appretur der Baumwollstoffe; Kaepelin ein solches über Appretur verschiedener Stoffe, welches indessen nur eine beschränkte Zahl von Maschinen und Methoden behandelt. G. Meissner liess 1872 ein mit sehr schönen Maschinentafeln ausgestattetes Werk bei Julius Springer in

Berlin erscheinen, welches ebenso wie das von ihm später (1875) bei
G. Weigel in Leipzig erschienene kleinere Buch: Der practische Appreteur, Färber und Bleicher etc. nur eine Anzahl Maschinen abbildet
und beschreibt. — Neuerdings erschien bei Burmester & Stempell in Berlin
ein Buch von C. Romen, Bleicherei, Färberei und Appretur der
Baumwoll- und Leinenstoffe mit vielen Proben.

Das ist aber mit Ausnahme einzelner unbedeutenderer Schriften,
Broschüren, Zeitschriften und Gelegenheitschriften Alles, was die Literatur
der Welt über Appretur aufzuweisen hat. — Die Abridgments of Specifications relating to dressing and finishing woven fabriks von H. Reader
Lack ist eine sehr interessante Zusammenstellung aller englischen Patente
von 1620 — 1866, welche aber hauptsächlich historischen Werth hat. —
Von grossem Werth sind endlich die Versuche über Kraftbedarf der
Maschinen in der Tuchfabrikation von Prof. Dr. Hartig, welche
sich auch auf die Appreturmaschinen erstrecken.

Das Reinigen der Stoffe.

Wenn die Gewebe vom Webstuhl genommen werden, haftet ihnen zumeist eine Quantität fremder Substanzen an. Theils bestehen diese in Fett, welches aus den mit Fett, Oel u. s. w. gesponnenen Garnen stammt, theils sind dieselben Staub, theils Schlichte, Leim, Stärke etc., welche Klebemittel der Kette imprägnirt wurden, um sie für die Verwebung widerstandsfähiger zu machen. Alle diese Stoffe, soweit sie absichtlich in den Bearbeitungsprozessen zugefügt wurden, müssen, nachdem sie ihren Zweck erfüllt haben, herausgelöst werden, weil sie nicht geeignet sind, die Verschönerung der Gewebe, wie sie in der Appretur beabsichtigt wird, zu erhöhen. Diese Herauslösung und Wegnahme dieser Stoffe geschieht in Operationen des Entfettens, Entstaubens, Entschlichtens, Waschens, die im Allgemeinen mit dem Namen „Waschprozess" begriffen werden. Diese reinigenden Arbeiten und Vornahmen des Waschprozesses vollziehen sich keineswegs immer in einer Manipulation; oftmals nimmt man sie in mehreren Perioden vor, die man etwa bezeichnen kann als Einweichen und Vorbereiten, als eigentliches Waschen mit Waschmitteln, um die fremden Stoffe herauszutreiben — und als Ausspülen, um die Hülfsstoffe, die beim Einweichen und Waschen benutzt sind, wieder zu entfernen. Es gesellt sich zu diesen Wascharbeiten für gewisse Stoffe noch das Carbonisiren, zum Wegschaffen vegetabilischer Anhängsel, wie Kletten, Hülsen, Stroh etc., welche nicht erst durch die Webereiansprüche in die Waare gekommen sind, sondern schon dem Gespinnst anhafteten; — andererseits für das Entstäuben wohl auch ein mechanischer Klopfprozess, der indessen nur selten Verwendung findet. Sodann ist der Walkprozess für einige Klassen von Geweben als Fortsetzung des Waschprozesses zu betrachten und endet wenigstens nach Erreichung der Hauptaufgabe des Walkens, des Filzens, wieder mit einem Waschen resp. Auswaschen, Ausspülen, um die Walkhülfsmittel aus dem Gewebe herauszuschaffen.

Der Waschprozess findet Anwendung für fast alle Stoffe aus allen Rohmaterien. Er besteht im Allgemeinen in der Behandlung der Gewebe mit Wasser, oder Wasser, dem solche Flüssigkeiten, Salze oder Substanzen gelöst oder suspendirt zugemischt sind, welche die Erweichung, Ablösung, Auflösung der dem Gewebe anhaftenden Stoffe beschleunigen, unterstützen oder überhaupt vermitteln. In erster Linie kommt es also auf das Wasser selbst an und seine Beschaffenheit ist für die Verwendbarkeit zur Wäsche keineswegs gleichgültig, sondern wichtig. Der Unterschied zwischen hartem und weichem Wasser ist hinreichend bekannt und zwar hauptsächlich durch die verschiedenartige Fähigkeit, Substanzen zu lösen. Diese Fähigkeit ist für die verschiedenen Wasser sehr verschieden und richtet sich meistens nach den Salzen, die schon im gewöhnlichen Zustande dem Wasser beigemischt sind, und vorzüglich nach der Beschaffenheit dieser Salze.

Wasser, welches viel Kalksalze enthält, ist nicht im Stande, den Waschprozess so gut zu fördern als davon freies Wasser, weil einmal ein Theil der Auflösungscapacität des Wassers durch die Kalksalze bereits engagirt ist, sodann weil diese Kalksalze für die Anwendung von Hülfs-mitteln zur Wäsche, wie Seife, störend wirken, ebenso für die Wegschaf-fung von Fett aus dem Gewebe, insofern sie Kalkfette, Kalkseifen bilden, die sich im Wasser unlöslich niederschlagen und die Stoffe auf's Neue verunreinigen. Man pflegt daher solche Wasser, die sehr kalkhaltig sind, abstehen zu lassen, oder durch Zuhülfenahme von andern chemischen Salzen (Chlorbaryum etc.) zu reinigen, d. h. man sucht die störenden Kalksalze ab-zuscheiden. Hierzu giebt es eine Reihe von Verfahrungsarten, unter denen die von E. de Haen, von Gebr. Möller-Brackewede u. A. ziemlich weitge-hende Einführung erfahren haben.

Das in der Natur vorkommende Wasser ist entweder Regenwasser, Quell- und Brunnenwasser oder Flusswasser.

Das Regenwasser wird gern für Wäscherei der Gewebe verwendet, weil es, frei von Salzen, nur Ammoniak bis zu 4 gr und Salpetersäure bis zu 36 gr in 1000 Kilo enthält, indessen auch oft Kohlensäure (1,77 Vol. pCt.).

Das Brunnen- und Quellwasser (abgesehen von den sog. Mineralquellen) enthält je nach Ort und Vorkommen verschiedene Bestandtheile. Der feste Rückstand beim Verdampfen bewegt sich in sehr weiten Grenzen, 22 bis 13000 gr pro Kubikmeter und besteht aus kohlensauren, schwefelsauren, kieselsauren Salzen und Chlormetallen. Seltener treten Phosphorsalze und Salpetersäuresalze auf. Kalk und Magnesia fehlen fast niemals; Alkalien kommen vor, mehr noch Eisenoxyd und Thonerde und sehr häufig Mangan-oxyd. Ausserdem sind noch organische Substanzen stets gegenwärtig, wenn auch nur in geringen Quanten. Wie schon bemerkt, spielen hierbei Kalk und Magnesia die Hauptrolle.

Das Bach- und Flusswasser wird um so kalkfreier, je länger es fort-fliesst, weil es durch Entweichen eines Theils der Kohlensäure einen Theil des gelösten kohlensauren Kalkes, überhaupt der nur durch überschüssige Kohlensäure in Lösung erhaltenen Salze verliert. Das Flusswasser ist deshalb meistens ärmer an Mineralbestandtheilen, besonders an Kalk, als das Quellwasser, indessen kann der Gehalt an organischer Substanz ein grösserer sein.

Für diese Wasser dreht es sich im gewerblichen Leben um Bestimmung des Härtegrades resp. ihres Gehalts an Kalksalzen und Magnesiasalzen. Beim Kochen werden kohlensaurer Kalk und Magnesia durch das Entweichen der überschüssigen Kohlensäure, welche ihre Lösung vermittelte, ausgeschieden. Schwefelsaurer Kalk etc. bleiben jedoch gelöst, auch etwas kohlensaurer Kalk (3,6 Th. pro 100,000 Th. Wasser). Dieser bleibende Gehalt an kohlensaurem Kalk und Magnesia macht die bleibende Härte, permanente Härte aus. Die Grade der Gesammthärte sind zuerst durch Clark festgestellt, und zwar entspricht nach ihm 1 Grad Härte einem Theile kohlensauren Kalkes etc. in 700,000 Th. Wasser (1 Grain per Gallone), oder einem Theile (an irgend welche Säure gebundenen) Kalkes auf 125,000 Th. Wasser. Diese Bestimmung ist in Deutschland dahin umgeändert, dass man setzt 1 Grad Härte = 1 Th. Calciumoxyd in 100,000 Th. Wasser. In Frankreich ist 1 Grad Härte = 1 Th. kohlensaurem Kalk in 100,000 Th. Wasser. Die Härte wird mit Hülfe von Seifenlösung ermittelt, die man zu einem kalkhaltigen Wasser zusetzt, unter Bildung unlöslicher Kalkseife, bis kein Kalk mehr in der Mischung vorhanden ist, was durch Schaumbildung beim Schütteln erkannt wird.

Die Seifenlösung wird erhalten durch Lösung von Kalium- oder Natrium-Oelseife in Spiritus von 56° Tralles. Es entsprach nun annähernd

3,4 cbcm Seiflösung dem Härtegrad				0,5
5,4 „	„	„	„	1,0
9,4 „	„	„	„	2
13,2 „	„	„	„	3
17,0 „	„	„	„	4
20,8 „	„	„	„	5
24,4 „	„	„	„	6
28,0 „	„	„	„	7
31,6 „	„	„	„	8
35,0 „	„	„	„	9
38,4 „	„	„	„	10
41,8 „	„	„	„	11
45,0 „	„	„	„	12

Diese Clark'sche Normallösung ist vielfach abgeändert worden durch Kubel, Wood, Liebig, Wilson u. A.

Jarmain giebt für die Ermittelung der Wasserhärte durch doppelkohlensaure Salze folgende Methode an: Man giesst 100 cbcm des zu untersuchenden Wassers in eine geeignete Flasche, die mit Stöpsel und einer langen, geraden Röhre versehen ist. Dieses Wasser wird eine Stunde lang gekocht, wobei man Sorge tragen muss, dass wenig oder gar kein

Dampf oben aus der Röhre entweicht, dann in eine in 100 cbcm getheilte Bürette filtrirt und, wenn nöthig, noch destillirtes Wasser hinzugefügt, damit es den hundertsten Theilstrich erreicht. Die Härte dieses Wassers wird dann mit Seife bestimmt. Die gefundene Härte rührt von andern Substanzen als den Bicarbonaten her und wird permanente Härte des Wassers genannt; der Verlust an Härte rührt von der Zersetzung der Bicarbonate her und wird mit dem Namen der temporären Härte bezeichnet.

Folgendes Beispiel möge zeigen, wie man aus den Resultaten der Untersuchung die Härte berechnet.

Eine Probe Wasser erfordert 29,6 cbcm Probeseife, um einen anhaltenden Schaum zu erzeugen; nach einstündigem Kochen bedarf es zu demselben Zwecke nur 7 cbcm.

Also: Totale Härte $= 28,5 = 14° = 1,1 = {}^{11}/_{18} = 14{}^{11}/_{18}$.

Permanente Härte $= 5,4 = 2° = 1,6 = {}^{16}/_{22} = 2{}^{8}/_{11}$.

Temporäre Härte \
Differenz oder Verlust $\Big\}= 12°$ ungefähr.

Boutron und Boudet haben in Frankreich ein Instrument construirt und eingeführt, um die Härte des Wassers mit Seifenlösung zu prüfen. Sie nennen dasselbe „Hydrotimeter". Eine andere Methode hat Fleck angegeben unter Anwendung von Gypswasser und Seifenlösung.

Ein unter 10° hartes Wasser gilt in Deutschland als weich. In England nennt man Wasser von 3—5° Härte weich, von 6—10° Härte ziemlich hart, von 10° Härte hart und über 10° Härte sehr hart. 10° Härte entspricht also einem Gehalt von 0,1 gr pro Liter an kohlensaurem Kalk und Magnesia.

Die nachtheilige Wirkung der Kalk- und Magnesiasalze beim Waschen äussert sich besonders bei Benutzung von Seife, insofern das harte Wasser einen viel grösseren Verbrauch von Seife bedingt als das weiche Wasser.

Donaldson erklärt, dass der Seifenverbrauch im geraden Verhältniss wachse mit der Härte des Wassers, d. h. also, dass man bei Wasser von 4° Härte 300 gr Seife, bei Wasser von 12° Härte 900 gr Seife verbrauche.

Nach Anderen stellt sich dieser Mehrverbrauch noch grösser heraus. Boutron und Boudet machen ganz richtig darauf aufmerksam, dass jeder Härtegrad (französ. am Hydrotimeter) 0,1 gr Seife pro Liter entspricht. Der Härtegrad dividirt durch 10 ergiebt dann die Menge der Seife in Grammen, welche durch die Kalkseife nutzlos zersetzt verloren geht. Bei allen Waschprozessen ist der Verbrauch an Wasser gross, — daher bei hartem Wasser der Verlust an Seife ausserordentlich bedeutend und steigt oft bis auf $^2/_3$ des benutzten Seifenquantums. Es wird hieraus ersichtlich eine, wie bedeutende Rolle die Härte und Weichheit des Wassers spielt, und dass jeder Fabrikant die Untersuchung des Wassers, welches er benutzen will, nicht verabsäumen und bei Benutzung von Zeit zu Zeit wiederholen lassen sollte. Ergiebt die Untersuchung eine bedeutende Härte über 8°, so sollte der Besitzer der Fabrik nicht unterlassen, durch geeignete Anlagen und Methoden das Wasser zu reinigen, resp. weicher zu machen.

Ein Beispiel möge die Wichtigkeit des Weichmachens illustriren. Enthalten 100,000 Liter Wasser 30 Kilo Kalk — eine ziemlich niedrige Annahme —, so macht dieser Kalkgehalt 145 Kilo Seife unbrauchbar. Zum Wegschaffen der 30 Kilo Kalk würden 63 Kilo 90 pCt= Soda gehören. Da der Preis der Seife das 16-fache der Soda etwa beträgt, so würde das Weichmachen des Wassers durch Soda vor Waschen mit Seife den 36-fachen Betrag der Kosten der Soda an Seife, die ohnedem verloren geht, ersparen! —

Unter den zum Waschen benutzten Hülfsstoffen nimmt die Seife[1]) den ersten Rang ein. Die Seifen unterscheidet man im Allgemeinen in harte und weiche, je nachdem Natrium oder Kalium zur Darstellung benutzt ist. Die wichtigeren Seifensorten sind:

1. Harte Seife wird aus Talg, Palmöl, Cocosöl, Olivenöl, Leinöl, Sesamöl, Baumwollsamenöl, Fette, Küchenabfälle etc. und Natrium dargestellt. Die Talgkernseife ist die verbreitetste. Bei der früheren Darstellung wurde anfangs mit Kalium verseift und dann mit Kochsalz die Kaliumseife zersetzt, — wobei ein Theil der Kaliumseife unzersetzt in die Kernseife überging und dieser eine weichere, geschmeidigere und sanftere Beschaffenheit zutheilte. Bei der jetzigen directen Darstellung der Seife mit Natriumlauge fällt diese sehr gute Eigenschaft durch Abwesenheit des Kalium fort. — Die Marseiller-Seife oder Baumölsodaseife enthält als Fettstoff meistens Baumöl, Olivenöl oder dieses mit anderen Oelen versetzt. — Die gefüllte Seife enthält einen künstlich beigebrachten höheren Wassergehalt. — Die Cocusnussölsodaseife hergestellt durch Verseifen von Cocosöl, welches sehr leicht verseifbar ist. — Palmölseife und Palmölharzseife hergestellt unter Anwendung von gebleichtem oder ungebleichtem Palmöl, ohne oder mit Harzzusatz. — Die Oelseife und Elainseife mit Hülfe von Olein oder Oelsäure hergestellt durch Mitwirkung von salpetriger Säure, welche die Oelsäure zu einer talgähnlichen Masse erstarren lässt. Eschweger Seife aus Palmöl und Cocosöl, auch Talg, Natriumcarbonat enthaltendes Product. — Diese Seifen haben für gewisse Zwecke der Wäscherei grosse Verbreitung gefunden. — Die Wasserglasseife wird durch Zusatz von kieselsäurereicher Wasserglaslösung zu Seifenlösung hergestellt und ersetzt die Harzseifen. — Die Thonerdeseife, von den Amerikanern vorzugsweise benutzt, wird hergestellt aus einer thonerdehaltigen Natriumlauge (aus Zersetzung von Kryolith mit Kalkmilch) und Fett, Oel etc. — oder auf anderem Wege

---

[1]) Knapp, Lehrbuch der chem. Technologie. — Deite, Industrie der Fette. 1878. Braunschweig, Vieweg. — Post, Chemische Technologie II. 1879 u. A. v. a. O.

unter Erhalt einer Thonerdelauge. Die Gallseife besteht aus Galle
(die man durch Essigäther desinficirt hat) gekocht und verseift mit kaustischem Alkali oder zusammengeschmolzen mit einer Harz- oder Talgseife.

2. Weiche Seifen. Die Kaliumseife bietet durch ihre grössere
Leichtlöslichkeit im Wasser für Grossbetrieb Vortheil, ist indessen, verglichen mit der Natriumseife, bezüglich ihres Gebrauchswerthes nicht so
billig als diese. Man wendet für ihre Fabrikation Leinöl, Mohnöl, Raps-
und Rüböl an, und da die Seifenmassen mit den erstgenannten im Sommer
sehr flüssig werden, so fügt man zweckmässig denselben etwas Thran zu
oder mischt gleich zu den trocknenden Oelen, wie Lein- und Mohnöl, Rüb-
und Rapsöl zu. Bei Talgzusatz erhält man eine dickere, krystallinische
Bildung, ein künstliches Korn. Die schwarze, grüne Seife ist lediglich eine Schmierseife unter Färbung mit Eisenvitriollösung und Blauholz-
und Galläpfelabkochung.

3. Schwefelseifen erhält man durch Verseifung der Fette mit
Schwefelverbindungen der Alkalien und alkalischen Erden (Schwefelnatrium,
Baryumsulfhydrat).

Für den Gebrauchswerth der Seifen sprechen mit: der Fettgehalt, der
Wassergehalt, der Alkaligehalt. Schon Berzelius erkannte, dass die
Wirkung der Seife beim Waschen darauf beruht, dass die Seife
durch vieles oder durch warmes Wasser leicht **zersetzt** wird.
Das dabei freiwerdende Alkali löst dann Fettstoffe, Leim-
stoffe etc. auf oder zersetzt sie, während die freiwerdenden
sauren Salze der Fettsäuren die Wirkung des Alkalis ab-
stumpfen, mildern und zugleich viele Stoffe, namentlich die
Fette suspendirt erhalten, so dass dieselben fortgespült
werden können. Diese letzteren Wirkungen kann man durch Anwendung reiner Alkalien nicht erreichen und deshalb können diese die
Wirkung der Seife nicht ersetzen. Ebensowenig haben andere Ersatz-
mittel wie Wasserglas, Bolus, Pfeifenthon, alkalische Pflanzenschleime etc.
die Seife verdrängen können. Hieraus geht hervor, dass die Seifen auch
nicht Ueberschuss an Alkali oder freies Alkali enthalten dürfen, auch nicht
Ueberschuss an Fett.

Die Seifen enthalten in Folge ihrer verschiedenen Zusammensetzung
verschiedenen Gehalt an Alkali. Steht dieser in der einzelnen Seife in
richtigem Verhältniss mit dem Fettgehalt, so entscheidet im Uebrigen wohl
der Gehalt an Alkali, als wirksamster, über die Leistungsfähigkeit und
Oekonomie der Seifen. Deshalb muss dem Fabrikanten, der viel Seife
benutzt, daran liegen, den Unterschied der Gehalte an Alkali in Betracht
zu ziehen. Dieser ist aber aus den Atomgewichten leicht zu ersehen.
Die Aequivalentgewichte der Hauptseifen im wasserfreien Zustande sind:

Elainseife . . . 3800,35
Palmölseife . . . 3588,85

Talgseife . . . 3300,95

Cocusseife . . . 3065,45

Berechnet man nun, wie viel Seife z. B. nöthig sei, um 1000 Pfd. Talgseife zu ersetzen, so hat man:

1151 Pfd. Elainseife d. h. 15,1 pCt. mehr als Talgseife

1087 „ Palmölseife „ 8,7 „ „ „ „

928 „ Cocosseife „ 7,2 „ weniger „. „

nöthig.

Für diese Bestimmung ist es natürlich nöthig, die Vergleichung noch auf die Preise der Sorten und auf den Wassergehalt der Sorten, wie sie im Handel vorliegen, auszudehnen. Es existiren eine Reihe Vorschriften und Angaben zur Seifenuntersuchung von Graeger, Pons, Wagner, Buchner, Caillet, Stein, Gottlieb, Lunge[2] u. A.

Wir führen hier einige Seifenanalysen[3] an:

	Fette Säuren.	Trocknes Kali.	Trocknes Natron.	Wasser.
Weisse Seife (Glasgow)	60	—	6,4	33,6
Talgseife (Hannover)	81,25	1,77	8,55	8,43
Braune Harzseife (Glasgow) . . .	70	—	6,5	23,5
Cocosnussölseife (London) . . .	22	—	4,5	73,5
Weisse Seife (Frankreich) . . .	50,2	—	4,6	45,2
Marseiller Seife (marmorirt) . . .	64	—	6	30
„ „ „ . . .	60	—	6	34
„ „ (weiss)	68,4	—	10,24	21,36
Weiche Seife (Frankreich) . . .	44	9,5	—	46,5
„ „ (London)	45	8,5	—	46,5
„ „ (Belgien)	36	7	—	57
„ „ (Schottland) . . .	47	8	—	45
„ „ (Walkseife, Verviers) .	62	11,5	—	26,5
Weisse Talgseife (Deutsch) . . .	61	—	7,5	23,8
Marmor „ „ . . .	72,3	—	8,8	14,8
Palmölseife „ . . .	61,2	—	8,0	24,8
Weisse Talgseife (gefüllt) . . .	42,8	—	5,8	39,1
Palmseife „ . . .	49,8	—	7,0	35,4

Von den übrigen Waschmitteln nennen wir die Thonerden, Wasserglas, Soda, Pottasche etc., über welche wir unter Walkerei das Nähere bringen, weil dieselben für die allgemeine Wäscherei keine specielle Be-

---

[2] Bolley, Handbuch der chemisch-technischen Untersuchungen. V. Aufl. 1880. Felix, Leipzig. — Muspratt, Chemie: Artikel Seife. — Perutz, Oele und Fette. Springer, Berlin.

[3] Wir behalten die ursprüngliche Form dieser Analysen ungeändert bei.

deutung haben. Vorgeschlagen und zum Theil patentirt sind folgende Waschmittel: Kartoffeln, Rostkastanien, Harz und Pottasche, japanisches Stärkemehl, Pfeifenthon, der Same von Parietaria off., Soda und Leim, Seifenwurzel etc. etc.

Die Reinigung der Gewebe, sowohl der neuen, wenn sie aus der Arbeit kommen, als der alten, wenn sie eine Zeit lang gebraucht worden sind, spielt im Leben aller Nationen seit Alters eine bedeutende Rolle. Nur uncivilisirte Völker kennen diese Vornahme nicht, welche ihre Herrschaft anfängt mit dem fortschreitenden Bildungsbeginn. Die Anwendung des Wassers zur Reinigung tritt naturgemäss stets zuerst auf, und erst die fortgeschrittenere Civilisation fügt seiner Wirkung eine auflösende Unterstützung durch Schlag, Stoss und Reibung und durch chemisch wirkende Körper zu. Nausicaa eilte an den Fluss zu den Waschgruben, um die Gewänder durch Treten im Wasser zu reinigen. Solcher Gebrauch übertrug sich auf alle Völker, die einen Grad der Entwicklung erreichten. Was dort das Treten und Stampfen der Gewebe im Wasser bewirken sollte, erreichten die Egypter durch Schlagen der durchgenässten und auf eine geneigte Fläche gelegten Gewebe mit einem flachen Brett oder Stein. Die heutigen Indier ergreifen die im Wasser durchfeuchteten Gewebstücke, zusammengelegt in handliche Pakete, an einem Ende und schlagen sie gegen flache Platten. (Fig. 1.) Die Römer stampften die Gewebe mit den Füssen

Fig. 1.

in den Wassergruben. Dem Wasser wurden Ingredienzien zugesetzt, wie wir aus Plinius, Aristophanes, Galenus u. a. ersehen. Diese Ingredienzien waren verschiedener Art: Holzasche, Galle, Walkererde, Seifenwurzel, Urin, Nitrum oder Litrum etc. Alle diese Ingredienzien und die Seifen, deren Ge-

brauch zum Theil, wie Plinius[4]) und Galen melden, aus Deutschland und
Gallien nach Rom kam, waren indessen von der heutigen Seife verschieden.
Sie waren Salben mit Alkalien versetzt und wurden zum Waschen
benutzt. Beckmann hat sehr hübsch nachgewiesen, dass das lateinische
Wort Sapo und das griechische σαπων dem altgermanischen Wort Sepe
entstamme. Zur Salbe Sapo wurde Asche und Thiertalg benutzt, besonders Ziegentalg. Plinius sagt, dass die deutsche Seife die reinste
sei, und dass ihr bezüglich der Reinheit die gallische folge. Galen fügt
hinzu, dass zur Verstärkung dieser Seife Kalk beigemischt werde. Diese
Zusammensetzung und Herstellung entspricht noch genau der bis in die
neueste Zeit in Deutschland erhalten gebliebenen Hausseife und ihrer Erzeugung. —

Ueber die mit der Zeit eingetretene Ersetzung der Handwäscherei
für Gewebe durch Waschmaschinen oder Waschapparate ist wenig Bestimmtes zu ermitteln. Es lässt sich annehmen, dass mit Einführung der
Walkerei wollene Gewebe maschinell gewaschen wurden, sei es in der
Walke selbst, sei es auf besonderen Maschinen. Bei der Leinenindustrie
hat sich freilich die alte Methode des Waschens im fliessenden Wasser
mit Waschschlägeln und Waschtafeln bis in unsere Zeit hinein erhalten.
Eine ganz bestimmte Angabe von einer Waschmaschine, erfunden von John
Tyzacke, finden wir im englischen Patentregister vom Jahre 1691. Dieselbe
scheint aber ganz einzeln dazustehen, da erst etwa ein Jahrhundert später
andere Patente auf Waschmaschinen entnommen sind. Indessen wird doch
im Jahre 1767 eine Waschmaschine von Schaeffer in Regensburg erwähnt.
Es ist schwerlich jemals festzustellen, wann und wo eine Waschmaschine
zuerst construirt sei. Dagegen sind die Bestrebungen für Construction
von Waschmaschinen seit Beginn des Jahrhunderts äusserst zahlreich.
Die neueren Waschmaschinen theilen sich nach zwei unterschiedenen Richtungen ein:

1. Waschmaschinen für die getragene Wäsche,
2. Waschmaschinen für neue Gewebe.

Die erste Klasse interessirt uns hier nicht, für die zweite Klasse er-
öffnen wir hier die nähere Betrachtung.

Die Prinzipien, welche den Waschmaschinen für Gewebe zu Grunde
liegen, concentriren sich im Wesentlichsten auf folgende Punkte:

Die Maschinen müssen die zu waschenden Flächen möglichst dem
Eindringen der Waschflüssigkeit öffnen, sie müssen durch Stoss, Schlag,
Reibung, Druck die Waschlaugen in die und durch die Poren des Gewebes
hindurchtreiben und die Flüssigkeiten sammt den von ihnen aufgenommenen

---

[4]) Plin. XVIII. 12. sevum caprinum. Prodest et sapo; Galliarum hoc inventum
rutilandis capillis. Fit ex sebo et cinere. Optimus Fagino et caprino; duobus modis,
spissus ac liquidus. Uterque apud Germanos majore in usu viris quam feminis.

Substanzen herauspressen, und so die Herauslösung der letzteren unterstützen und vollenden, stark festhaftende Substanzen durch Reibung zu entfernen suchen, im Uebrigen aber die abwechselnde Tränkung des Stoffes mit der agirenden Waschflüssigkeit und darauf die Actionswirkung durch Druck etc. als Hauptaufgabe durchführen. Diese Ziele sind seit Langem angestrebt worden. Die daraus entsprungenen Constructionen aber zeigen eine ungemeine Variation. —

Es sei, bevor wir diesen Einzelheiten nähertreten, darauf verwiesen, dass für gewisse Gewebe und Zwecke dem Waschprozess ein vorbereitendes Verfahren vorangehen kann, bestehend:

1. in einem Einweichen der zu reinigenden Stoffe in Wasser auf kürzere oder längere Zeit, um die zu entfernenden Substanzen zu erweichen;

2. in einem Einweichen unter Anwendung von Kochen in Wasser oder auch in Laugen zum Erweichen und theilweisen Fortschaffen der Substanzen, so dass der folgende Waschprozess nur noch als Abspülen, Herausschaffen der Waschmittel, zu betrachten ist;

3. in einem Einweichen und Fermentirenlassen zu gleichem Zwecke;

4. in einem Entfetten mittels flüchtiger Agentien, wie Benzin, Schwefelkohlenstoff etc., so dass auch in diesem Falle der Waschprozess nur als Spülprozess zur Entfernung der noch anhängenden Extractionsagentien wirkt;

5. in einem Behandeln mit Carbonisationsflüssigkeiten und Gasen zur Zerstörung der vegetabilischen Beimengungen, — worauf dann meistens der Waschprozess als Spülprozess wirkt;

6. in einer Combination des Imprägnirens mit solchen Entfettungsmaterialien, welche zugleich dem Filzprozess günstig sind, des Waschens und Walkens mit Seife oder andern Hülfsmitteln und in schliesslichem Auspülen zur Entfernung dieser Hülfsmittel und der von ihnen gelösten Materien;

7. in einem Behandeln mit Wasserbädern, auch versetzt mit sauren oder basischen Lösungen zur Entfernung der überschüssig anhängenden Beizen und Farbstoffe in der Färberei resp. zur Klärung und Schönung der Farben, — oder andrerseits bei gebleichten Stoffen zur Wegnahme der noch anhängenden Bleichmittel und Abtönung ev. der weissen Farbe der Stoffe.

Diese Uebersicht ergiebt schon die grosse Bedeutung und Ausdehnung des Waschprozesses, der in der That für das Gelingen der Appretur, für die Conservirung und Hervorhebung der Eigenschaften der Stoffe von ausserordentlicher Wichtigkeit ist. Es ergiebt sich ferner, dass ein und derselbe Stoff auch mehrfach wiederholt einem Waschprozess unterliegen muss und zwar in der Regel

1. vor dem Färben (Bedrucken), — während — und nach dem
   Färben (Bedrucken);
2. vor dem Bleichen, — nach dem Bleichen;
3. vor dem Walken, — nach dem Walken;
4. vor dem Rauhen, — während — und nach dem Rauhen.

Einfach erscheint der Waschprozess vorzugsweise bei solchen Stoffen,
welche mit gefärbten Gespinnsten gewebt werden und nicht fetthaltig
sind. Bei seidenen Stoffen tritt der Waschprozess seltener ein. Im
Allgemeinen kann man sagen, dass der Waschprozess überall da eine
wichtige Rolle spielt, wo es sich um die Appretur eines an sich noch
unvollkommeneren Zustandes des Gewebes handelt — im Vergleich
zu dem Zustande, in welchem es verkauft werden soll (Tuch, Druckcattun,
Futterstoffe). Es tritt auch hier die eigenthümliche Erscheinung auf, dass
die geringwerthigen, besonders die mittelwerthigen Stoffe eine viel
grössere Kette auch der Waschoperationen durchzumachen haben als die
hochwerthigen Zeuge.

1. Das Einweichen geschieht stets bei Geweben, welche zum Zwecke
besserer Haltbarkeit der Ketten von den Webern mit stark adhärirenden, klebenden, harzenden, incrustirenden Materialien geschlichtet,
geleimt sind. Besonders sind Beimischungen zur Schlichte wie Tischler-
leim, Talg, Harz, schwierig zu entfernen. Es ist einigermassen nöthig und
wichtig für den Appreteur, die Natur der Schlichten und anhängenden Substanzen zu kennen, um danach den Prozess der Wäsche auszuführen; denn
ein wirklich guter Appret gelingt nur bei ganz reinem Gewebe. Wir
lassen daher hier eine Uebersicht der Schlichten folgen[5]):

1. Seide: Traganthlösung, Zuckerlösung, Gummi arabicum, Absud von
   Quittenkernen.
2. Flachsgarn: Mehlkleister aus Weizenmehl; Reisstärke, Maisstärke,
   Weizenstärke, Kartoffelstärke, oft versetzt mit conservirenden und hygroskopischen Stoffen, bes. Chlormagnesium, — aber auch versetzt
   mit Butter, Talg, Talgseife, thierischem Leim, — Schmierseifen;
   — Decoct aus Tang- und Algenpflanzen; Mehl und Decoct aus
   isländischem Moos; Carraghenschlichte.
3. Baumwolle: Weizenmehl mit Talg, Soda, weicher Seife; Kartoffelstärke mit Glaubersalz, russ. Leim, Kupfervitriol; kaustisches Natrium und Palmöl verseift und versetzt mit Wasser und Glycerin;
   Stärke und Chlorcalcium; Leinsamenabkochung mit Weizenmehl.
4. Wolle: thier. Leim; solcher mit Harzzusatz, Seifenlösung etc.; Fett,
   Glycerin, Oele, Butter etc. Vielfach enthält die wollene Kette

---

[5]) Muspratt, Chemie: Artikel Textilindustrie von Dr. H. Grothe. —
Lembke, Vorbereitungsmaschinen etc. Leipzig, Felix. — Voigt, Weberei etc.
Weimar, B. J. Voigt. — Bedel & Bourcart, Parage et tissage mec. Basel,
Detloff. — Thomson, the Sizing of Cotton Goods. Manchester, J. Heywood.

Leim etc. über dem Gespinnstfett und der Einschlag wird fettig eingetragen.

5. **Wollstoffe mit Baumwollkette**: die Kette enthält Stoffe wie ad 3, der Schuss: Fett, Harz, Oel, Butter etc.

Die Betrachtung dieser eventuell auftretenden Beimengungen lehrt, dass die Manipulationen des Waschprozesses sich danach richten müssen. Beimischungen wie Leim, Gummi, Harz, Stärke, Mehlkleister etc. erfordern besonders ein vorhergehendes Einweichen, sei es in Bottichen oder stehendem Wasser (Teichen) auf Stunden, ja Tage, in letzterem Falle um eine Fermentation einzuleiten und die Schlichtmittel in Zersetzung übergehen zu lassen; — sei es in fliessenden Gewässern mit demselben Zweck in milderer Weise; — sei es unter Zuhülfenahme von Hülfsstoffen, welche geeignet sind, die zur Schlichte verwendeten Stoffe resp. Mischungen zu zersetzen. Meistens indessen soll der Einweichprozess nur die Schlichten weich machen, so dass sie sich von der Faser loslösen lassen durch Druck, Stoss, Schlag, Bewegung etc. und vom Wasser resp. der Waschflüssigkeit aufgenommen und weggespült werden können. Diese letztere Absicht waltet vor bei der Mehrzahl der Leinenstoffe, Baumwollstoffe und gemischten Stoffe. Die Wollstoffe, welche in Fett gewebt werden, erfordern dagegen die besondere Rücksichtnahme der Fettentfernung unter Anwendung von alkalischen Waschflüssigkeiten. Bei den Wollstoffen, welche gewalkt werden, wird der Waschprozess mit dem Walkprozess eng verbunden und als ein integrirender Theil desselben betrachtet.

In allen Fällen unterstützt die Wärme den Waschprozess sehr wesentlich.

Wenn wir nun gesehen, dass die lösenden und zertheilenden Kräfte des Wassers, die chemische Action der Alkalien und Säuren eine bedeutende Wirkung auf die Reinigung der Stoffe von genannten Verunreinigungen haben, so ist doch die mechanische Mithülfe fast niemals zu entbehren. Sie soll durch Druck, Schlag, Stoss etc. die im Wasser oder der Waschflüssigkeit bereits erweichten Substanzen quetschen, von den Fasern und Faden abdrücken und durch diese Verbreiterung der Massenfläche den Flüssigkeiten neue Angriffspunkte bieten; sie soll ferner die Flüssigkeit aus den Poren des Gewebes herausdrücken, damit diese die dann in ihr suspendirten oder gelösten Substanzen mit herausführe und neue frische Flüssigkeit in die Maschen eindringe; sie soll die Waschflüssigkeit gleichmässig im Gewebe vertheilen. Es liegt auf der Hand, dass diese mechanischen Aufgaben auf verschiedene Weise vollführt werden können. Die Construction der dazu nöthigen Apparate aber muss ebensowohl Rücksicht nehmen auf den Character des Gewebes als auf die Art der Verunreinigungen. Man wird offenbar ein feines Tüllgewebe nicht in die Walkmaschine bringen und ebensowenig ein dickes Wollgewebe, etwa Commistuch, in eine leichte Walzenmaschine. Im Allgemeinen lässt sich der Grundsatz auf-

stellen, dass die Waschapparate und Waschmaschinen um so leichter construirt werden können, je leichter, feiner und zarter das Gewebe ist. Der
Zufluss von Wasser und Waschflüssigkeit soll in allen Fällen ein möglichst reichlicher sein, damit die durch die mechanische Wirkung der Apparate bewirkte Zertheilung der Verunreinigungen durch sofortige Wegschaffung der Trümmer mittels der Waschflüssigkeit reichlich und vollständig
unterstützt wird. —

Der Bedingung, die einzelnen Punkte der Gewebe in intensive Berührung mit den Flüssigkeitsmassen zu bringen, entspricht eine möglichste
Entfaltung und Ausbreitung des Stoffes, um so mehr, je fester die Verunreinigungen im Gewebe sitzen. Die Ausbreitung würde indessen den Apparaten und Maschinen meistens grössere Dimensionen geben als wünschenswerth. Deshalb tritt sogar die Ausbreitung des Stoffes in der
Waschmaschine seltener auf (Breitwaschmaschine), und die Waschmaschinen, in denen die Stoffe in Strähnenform zusammengelegt, geschoben
oder gedreht sind, die sog. Strähnenwaschmaschinen oder Strang-
maschinen dominiren. — Endlich hebt sich noch eine Gruppe von Waschmaschinen ab, bei welchen der Stoff nicht in Längen durch die Maschinen
läuft, sondern in Ballenform, Packetform in die Maschine eingelegt durch
Schlag- oder Druckmechanismen bearbeitet wird, sich also selbst nicht
fortbewegt.

Waschmaschinen.

A. Breitwaschmaschinen.

Es ist zunächst zu beachten, dass die Apparate, welche den Stoff
im ausgebreiteten Zustande waschen sollen, nothwendig Organe haben
müssen, welche diese Ausbreitung erlauben oder bewirken. Die Walzen,
Streichbäume, Agitatoren, Haspeln etc., welche in den Breitwaschmaschinen
angewendet werden, haben daher der Breite des Stoffes entsprechende
Länge zu erhalten.

Man kann folgende Systeme der Breitwaschmaschinen unterscheiden:
a) Waschhaspel,
b) Rollenwaschmaschine mit Gegenströmung,
c) Presswalzenwaschmaschine,
d) Rahmenwaschmaschine,
e) Waschmaschine mit oscyllirenden Reib-, Druck- und Stampfap-
    paraten.

a) Die erste Gattung dieser Maschinen besteht im Wesentlichen aus
einem Bottich, über welchem in geeigneter Weise ein Drehhaspel angebracht ist. Der endlos verbundene Stoff wird über dem Haspel ausgebreitet und passirt im unteren Theile des Bottichs mehrere Leitwalzen.

Um in der Länge eine gewisse Spannung hervorzubringen, versieht man die Maschine vor dem Haspel auch wohl mit einem Streichbarren. —

b) Die Kategorie der Rollenwaschmaschine mit Gegenströmung wird durch die folgende Abbildung und Beschreibung gut charakterisirt. (Fig. 2.)

Der Trog a ist der Breite nach durch Scheidewände b, welche von oben nach unten immer niederer werden, in 6 bis 10 Abtheilungen getrennt. In jeder Abtheilung, die höchste ausgenommen, befinden sich 3 Walzen, 2 am Boden und eine oben c, welche das Zeug bei seinem

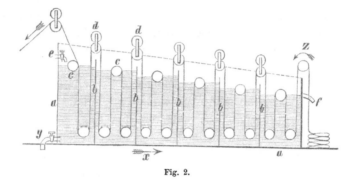

Fig. 2.

Durchgang durch den Trog leiten. Ueber jeder Scheidewand befinden sich zwei weitere Walzen d, welche sich beinahe berühren und die über dem oberen Ende des Trogs und über der ersten Scheidewand sind Quetschwalzen (Presswalzen, Ausringwalzen), welche einen bedeutenden Druck ausüben und durch eine Vorrichtung bewegt werden, die mit einer Triebwelle der Fabrik in Verbindung steht. Die zu waschenden Stücke Zeug gelangen am untern Ende in den Trog und gehen durch alle Abtheilungen nach einander, von den am obern Ende befindlichen Quetschwalzen durchgezogen. Ein Strahl reinen Wassers fliesst am oberen Ende in den Trog und am untern hinaus, während das Zeug in entgegengesetzter Richtung durchgeht, wodurch es nach und nach mit immer reinerem Wasser in Berührung und oben ganz rein herauskommt. Bei der in Fig. 2 abgebildeten Maschine fliesst das Wasser von einer Abtheilung in die andere durch Oeffnungen, welche oben an den Scheidewänden angebracht sind, nicht über diese selbst. Bei einer andern Form der Waschmaschine gelangt das Wasser von einer Abtheilung in die andere durch Oeffnungen, welche abwechslungsweise oben und unten an den Scheidewänden angebracht sind. Diese Maschine wird nur für Waaren gebraucht, welche eine sanfte Behandlung erfordern.

Sie ist 1828 von David Bentley[6]) zuerst angegeben und hat mit der

---

6) Spec. 5620.

Zeit mancherlei Variationen erfahren. John Cortrill schaltete 1855[7]) zwischen den Windungen sogenannte Agitatoren ein. Diese bestehen aus Holzrollen von dreieckigem Querschnitt, welche eine dem Zuge des Zeuges entgegengesetzte Bewegungsrichtung haben. Es ist ersichtlich, dass diese Agitatoren bei jeder Umdrehung dreimal gegen den Stoff anschlagen und denselben so in vibrirende Bewegung versetzen. Joseph Richardson[8]) hat 1851 die Cylinderrollen überhaupt ersetzt durch Rollen von quadratischem Querschnitt. Diese erzeugen eine ähnliche Agitation.

Dugdale Kay[9]) componirte eine Breitwaschmaschine unter denselben Prinzipien der Gegenströmung des Wassers gegen die Gangrichtung des Stoffs. Er fügte indessen noch hinzu auf der Höhe der ersten Kufen Schlägerwalzen und am Ende des Systems eine Accumulationskufe und Pressrollen.

Dies System der Breitwaschmaschinen mit Kufen und Walzen hat übrigens viel Nachahmung und Anwendung gefunden auch für andere Zwecke, besonders zum Stückfärben. Eine sehr vollkommene Breitwaschmaschine dieses Systems und in neuester Ausführung stellt die nachstehende Abbildung (Fig. 3) und Beschreibung[10]) dar. Sie ist von der Zittauer Maschinenfabrik (vorm. A. Kiesler) ausgeführt.

Das zu waschende (und zu färbende) Gewebe gelangt von einem hölzernen Tisch zunächst zu dem Spannapparate m, n mit regulirbarer Spannung und gelangt über eine Leitwalze p in den ersten, mit Beize gefüllten Kasten 1; bewegt sich in demselben über die Leitrollen 9 und 9 1 auf und nieder, gelangt zwischen das erste Quetschwalzenpaar N, M, wird dort ausgedrückt, passirt nun in den zweiten und in ähnlicher Weise in den dritten und vierten Kasten (2, 3, 4), um durch das letzte Quetschwalzenpaar gründlich ausgequetscht zu werden und über eine Leitrolle i zu dem Fachapparate B zu gelangen, von welchem es auf den Tisch niedergefaltet wird.

Der zweite und dritte Kasten (2, 3) ist mit der Färbeflotte gefüllt, der vierte (4) aber mit Wasser, so dass die Waare in bereits gespültem Zustande zum Fachen gelangt. Die über den Kasten angebrachten Leitwalzen haben den Zweck, das Gewebe möglichst oft mit dem Sauerstoffe der Luft in Berührung zu bringen. Das Ausquetschen hat einerseits den Zweck, zu verhindern, dass von der Flüssigkeit eines Kastens etwas in den nächstfolgenden gelangt, anderseits wird die Flüssigkeit besser ins Innere der Waare hineingepresst und dann wird dem Sauerstoff der Luft ein besserer Zutritt zu den Fasern gestattet, als wenn dieselben immer mit einer

---

[7]) Spec. 2448.
[8]) Heim, Appretur etc. Stuttgart, Mäken. S. 145. Tafel XVIII. Fig. 59.
[9]) Engl. Pat. 1856 No. 1895.
[10]) Siehe Meissner, Maschine für Appretur etc. Springer, Berlin.

Flüssigkeitsschichte überzogen wären und das Gewebe nicht abwechselnd ausgepresst würde.

Um das Abspülen der gefärbten Waare nach dem Durchgange durch den vierten Kasten zu vervollständigen, ist vor dem letzten Quetschwalzen-

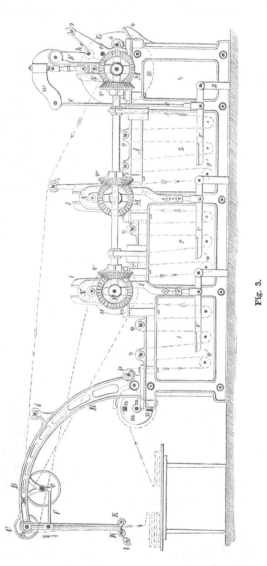

Fig. 3.

paare noch ein Spritzrohr, d. h. ein mit einer Reihe Löchern versehenes Wasserzuflussrohr 10 angebracht, durch welches das Gewebe vor dem Durchgange zwischen den Walzen noch einmal abgespritzt wird.

Der Antrieb der untern Walzen eines jeden Walzenpaares geschieht durch die conischen Räder u und v von der Vorgelegewelle aus, welche ihre Bewegung durch die Räder u und o von der Walze M des letzten

Walzenpaares aus erhält, auf deren Achse auf der Rückseite die beiden (losen und festen) Antriebscheiben G sitzen.

Die Belastung der obern Quetschwalzen erfolgt durch die an ihre Zapfen gehängten Zugstangen t, die Hebel r und die auf die vordern Enden der letztern gelegten Gewichte, die in verschiedener Grösse vorhanden sind.

Soll die gefärbte Waare nicht gefacht, sondern auf eine Rolle aufgewickelt werden, so lässt man sie nach dem Durchgange durch das letzte Quetschwalzenpaar statt nach der Leitrolle i, um die obere Walze N herumgehen und auf die Aufwindwelle h_2 auflaufen, welche lose in ihr Lager gelegt, aber an den Zapfen mit Gewichten beschwert ist, so dass die Rolle in Folge der Reibung die Umfangsgeschwindigkeit der Walze N annimmt, gegen welche sie gepresst wird. Nach Maassgabe, als die Aufwicklung der Waare stattfindet, hebt sich die Aufwindrolle in ihren Lagern in die Höhe. Ein Ansatz 4 des letzten Kastens verhindert, dass das Wasser vom Gewebe an der Aussenseite des Kastens herunterläuft.

Der Fachapparat besteht aus den gusseisernen Bogen B, welche an das Hauptgestelle A der Maschine geschraubt sind und an ihren vordern Enden die hölzerne Walze h und die schwingenden Hebel g tragen. Diese letztern werden durch eine Schubstange f von der Kurbel e aus in schwingende Bewegung versetzt. Die Walze h erhält ihre etwas voreilende Bewegung durch die Riemenscheibe C von der Scheibe u aus, welche auf der Achse der ersten Quetschwalze M aufgekeilt ist. Die Achse der Fächerkurbel e wird durch die Riemenscheibe D und C in Bewegung gesetzt. An den untern Enden der schwingenden Hebel g sind die Leitwalzen h angebracht, und damit die Waare zwischen denselben in den seitlichen Stellungen sich nicht stauchen kann, erhalten dieselben eine einwärtsgerichtete, etwas voreilende drehende Bewegung mittelst einer Schnur von der obern Walze h aus. Dieser Schnur dient die Rolle l als Führung. Soll die Maschine nur zum Waschen der Gewebe benutzt werden, so werden die sämmtlichen Kasten mit Wasser gefüllt und es geht das Gewebe in der aus der Zeichnung ersichtlichen Weise so oft im Kreislaufe durch die Maschine, bis es rein genug geworden ist. —

c) Das dritte angegebene System dürfte am weitesten verbreitet sein. Die Hauptsache an demselben sind zwei grössere Walzen, deren obere auf der unteren aufliegt und eine pressende Wirkung ausübt. Zwischen beiden Walzen geht der Stoff durch, möglichst faltenlos ausgebreitet. Als Beispiel für diese Kategorie führen wir die Breitwaschmaschine von C. G. Hauboldt jr. in Chemnitz vor. (Fig. 4.)

Sie besteht aus zwei starken hölzernen, mit Cattun überzogenen Walzen o und p, welche zwischen zwei starken eisernen Seitengestellen über einem in den Boden versenkten hölzernen Kasten F angebracht sind.

Die untere Walze, welche vortheilhaft mit einem Messingmantel überzogen wird, wird durch eine auf ihrer Achse festgekeilte Riemenscheibe in Umdrehung gesetzt, während die obere Walze in ihren Lagern verschiebbar ist und auf der untern Walze aufliegt.

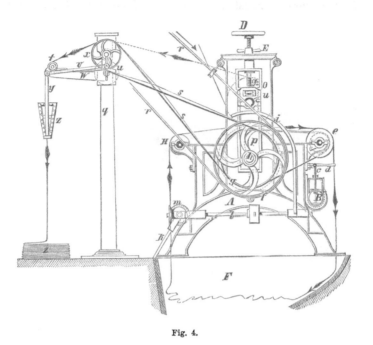

Fig. 4.

Das zu waschende Gewebe wird zu einem endlosen Stücke zusammengenäht, so in die Maschine eingebracht, wie dies aus der Zeichnung ersichtlich ist, nämlich so, dass es aus dem Kasten F über eine Leitwalze K zwischen das Quetschwalzenpaar o, p gelangt, dessen obere Walze dabei vorläufig noch nicht gegen die untere drückt, sondern nur lose auf derselben aufliegt. Ueber eine zweite Leitwalze e gelangt die Waare wieder in den Kasten F und passirt auf diese Weise ohne Unterbrechung eine Zeit lang durch die Maschine, bis das Waschen unter beständigem Zufliessen frischen Wassers beendigt ist.

Nun wird das zusammengeheftete Gewebe bei e getrennt, über den Fachapparat t, y, z genommen, welcher dasselbe bei z niederlegt, während die obere Presswalze des Quetschwalzenpaares o, p fest gegen die untere gedrückt wird und zwar mittelst der Schraube D und Gegenmutter E.

Um in der Nähe von z die Maschine leicht in und ausser Betrieb setzen zu können, ist eine Abstellung k, m, l, i angebracht, welche durch Drehen des Hebels k gehandhabt wird.

Bei dem Fachen geht die Waare um die obere Walze o herum über die Leitrollen u und t nach z und z[1].

Wir führen ferner eine Breitwaschmaschine von C. H. Weisbach aus Chemnitz vor. Fig. 5 zeigt dieselbe in perspectivischer Ansicht. Dieselbe ist mit 3 Kasten construirt und für leichte Wollstoffe, besonders für Damenkleiderstoffe bestimmt. Die 3 Bottiche sind von Holz und in das eiserne Maschinenrahmengestell eingesetzt. Jeder Bottich enthält 3 Rollen

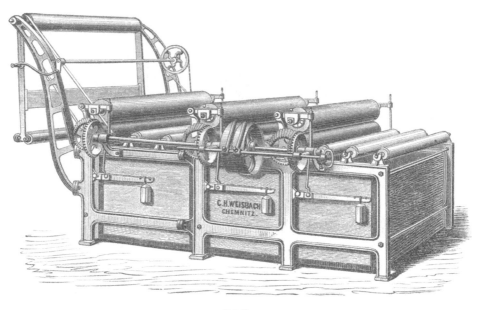

Fig. 5.

am Boden und 3 Rollen über dem Rande zur Leitung des Stoffes und für die Ausführung des Stoffes 2 Presswalzen aus Eisen oder Holz. Die obere Presswalze kann durch Hebel und Gewicht belastet und gegen die untere gepresst werden. Ein Fachapparat nimmt die austretende Waare auf und legt sie in Falten.

Die von uns unter d) aufgeführte Waschmaschinenconstruction wird in verschiedener Weise ausgeführt, ohne indessen eine wesentlichere Verbreitung gefunden zu haben. Die Construction von W. Parson (1856), Fig. 6, enthält auf einer Axe zwei Rahmenscheiben, zwischen denen Rollen eingelagert sind und zwar zunächst die Waarenrolle b, sodann die Leitrollen d, d, d. Die Waare wickelt sich von b ab, wird über die Rolle d herumgeführt und von der auf der Axe aufgesteckten, selbstständig sich drehenden Aufwickelrolle a aufgewickelt. Der Rahmen taucht zu $\frac{1}{2}$ seiner Höhe in die Waschflüssigkeit ein. In den Seitenflächen des Rahmens sind Indiarubberrollen oder -Streichleisten oder Bürstenrollen c, c, c, c angebracht, welche gegen den Stoff arbeiten.

H. Grothe hat (1879) eine ähnliche Maschine (Fig 7) mit oscyllirender Bewegung hergestellt. Dieselbe enthält einen Cylinder a, an dessen Axe

der Arm h befestigt ist, welcher durch Zugstange i und Kurbel eine hin-
und hergehende Bewegung erhält. Ueber den Cylinder a, ihn nicht berührend, sind die Waarenrolle b und die Aufwinderolle c aufgestellt, durch
Zahngetriebe in gleichmässige Umdrehung versetzt. Das Zeug wird von b

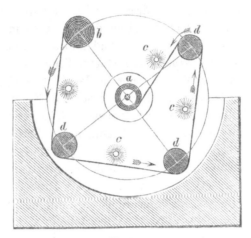

Fig. 6.

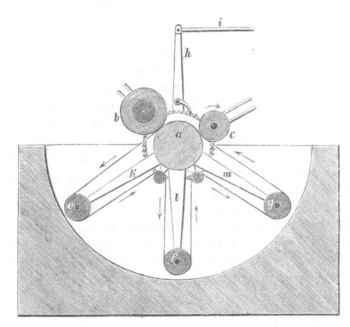

Fig. 7.

herab um die Rollen e, f, g an den Armen k, l, m und die Zwischenrollen geführt. Diese Arme und Rollen nehmen an der oscyllirenden Bewegung von a Theil. Die Gewebe unterliegen dabei der Reibung durch die

Rollen e, f, g und werden in der Waschflüssigkeit, so dass dieselbe durch den Stoff hindurchgetrieben wird, lebhaft hin- und hergeführt, und dabei von den verunreinigenden Substanzen befreit.

Eine sehr hübsche Maschine zum Fixiren d. h. Entschlichten und Breitwaschen der Gewebe, rührt von A. H. Blanche in Puteaux her[11]). Man begreift unter diesem Ausdruck Fixiren meistens folgende vier Operationen: Aufrollen und Einweichen des Gewebes in einem mit heissem Wasser gefüllten Bottich. Aufrollen und Einweichen des Gewebes in einem anderen Bottich, welcher Wasser von höherer Temperatur erhält. Abkühlen des Gewebes in kaltem Wasser oder in der Luft. Glätten des Gewebes. Diese Operationen besorgt die Maschine sämmtlich gleichmässig. Dieselbe besteht im wesentlichen aus zwei Bottichen, welche je ein rotirendes Walzensystem C zum Aufrollen des Stoffes D enthalten. Letzteres wird durch zwei durchbrochene Scheiben a, welche auf einer Welle sitzen und auf ihrem Umfang in besonderen Lagern die Axen der Zeugwalzen b^1, b^2, b^3 etc. tragen gebildet. Von jeder Zeugwalze, welche bei der Drehung des Walzensystems die Stellung b^6 erreicht, wird der Stoff abgerollt und über die Walze i auf die Walze b^1 des zweiten Bottichs A übertragen. Bevor der Stoff auf die Walze b^1 des ersten Bottichs B aufgerollt wird, passirt er die Spannvorrichtung c. Nach jedem Aufrollen dreht man das Walzensystem C mittelst der Handgriffe d um $^1/_6$, an Stelle von b^1 tritt alsdann die leere Walze b^6 und so fort. Die Lager der Walzen sind mit Klemmschrauben versehen, um ihr Drehen zu verhüten und um beim Abrollen des Stoffes eine Spannung auszuüben. Der Bottich A enthält heisseres Wasser als der Bottich B, und zwar wird das Speisewasser durch Dampf stärker erhitzt. Ein Dampfrohr k mündet in das Speiserohr l; der Dampf tritt durch viele feine Löcher in das Speiserohr, um im Bottich keine Wallung zu erzeugen. Ein Communicationsrohr m, Fig. 8, lässt das Wasser aus einem Bottich in den anderen treten. Am Boden der Bottiche befinden sich die Ablasshähne n, n. Nach dem Verlassen des zweiten Bottichs A passirt der Stoff die Presswalzen F, F, nachdem er vorher mit kaltem Wasser durchein fein durchlochtes Rohr G besprengt worden ist. Die Spannung zwischen den Presswalzen wird durch eine Trittvorrichtung H erzeugt. Der Stoff geht von hier aus entweder nach einer Falzvorrichtung und einem Ablegetisch, oder er wird auf eine Walze L aufgerollt. Vor den Walzen b kann auch eine gewöhnliche Reckvorrichtung angebracht sein, welche den Stoff in seiner Breite erhält. —

Mehrfach werden auch Apparate benutzt, welche aus zwei Scheiben auf einer Axe bestehen, an deren inneren Seiten Haken in Spiralgängen angebracht sind. Der Stoff wird mit seinen Kanten auf diese Haken an beiden Seiten angehakt. Nachdem dann durch Entfernen der Scheiben von

---

[11]) D. R. P. No. 9856. Blanche.

einander der Stoff ein wenig angespannt ist, senkt man die so hergestellte Trommel in den die Waschflüssigkeit enthaltenden Bottich und beginnt zu drehen und zwar mit der Oeffnung der Spirale gegen die Flüssigkeit. In Folge dessen tritt letztere in die Spiralgänge, die das Gewebe bildet, ein und es entsteht so ein Strom, der sämmtliche Spiralen lebhaft durchläuft[12]).

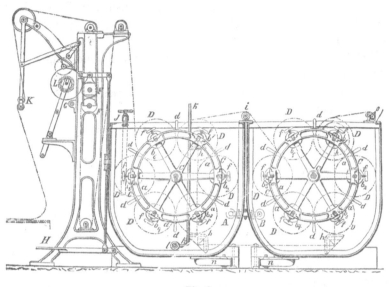

Fig. 8.

e) Schon 1822 hat Alfred Flint[13]) Breitwaschmaschinen construirt, bei welchen die Walzen eine alternirende, oscyllirende, reibende Bewegung erhielten. Ebenso hat W. Baylis 1821 eine Reihe Hämmer über einen Cylinder aufgestellt, über den der ausgebreitete Stoff, durch zwei berührende Leitrollen gehalten, hinweggeht, während leichte Hämmer darauf schlagen. Diese Idee ist später in den Prätschhämmern besonders in der Leinenindustrie zu weiterer Ausbildung gelangt. John Moseley[14]) ersetzte den einen Cylinder durch zwei und stellte eine doppelte Reihe Hämmer auf, deren Köpfe mit Kautschukkissen garnirt sind. John Cottrill brachte an Stelle der Hämmer einen Cylinder an, der an den Zugstangen zweier Kurbeln befestigt ist, die durch je zwei Rollen geführt werden. Die Rotation der Kurbel drückt die Stange mit dem Cylinder zurück und vor, während der Cylinder selbst am vorbeipassirenden Stoff eine Reibungs-

---

[12]) Diese Apparate werden für die Färberei mehrfach angewendet und sodann für das Ausspülen. Siehe Grothe, Spinnerei, Weberei und Appretur auf der Pariser Ausstellung 1867. Tafel X. Julius Springer, Berlin.

[13]) Flint, 1822. Sp. No. 4721, Dingler XV. 48.

[14]) Moseley, Engl. Pat. 1855. No. 2294. 1859. No. 2863.

arbeit vollzieht. Weiter gehen nun Hardcastle (1857) und Kirkham
und Ensom (1864). Sie lassen zwei oscyllirende Walzen gegen die Flächen
des die Waschkufe passirenden Stoffes arbeiten.

B. Strangwaschmaschinen.

Zu dieser Abtheilung von Waschmaschinen rechnen wir alle Waschmaschinen, bei welchen der Stoff ohne Rücksicht auf Faltenbildung in
mehr oder minder zusammengeschobenen, bandartigen, oftmals um sich
gedrehten, meist endlosem Strange (boyau) durch die Apparate läuft.
Diese Maschinen lassen sich unter folgende Klassen unterordnen:
Walzenwaschmaschinen:

a) Der Stoff bewegt sich in einer Art Kreislinie um den Waschcylinder;

b) Der Stoff bewegt sich in einer Spirallinie um den oder die
Waschcylinder;

c) Der Stoff passirt die Quetschwalzen und wird in der Waschflüssigkeit in Windungen über Rollen hin- und hergeführt.

a) Die Walzenwaschmaschinen für Stränge sind unzweifelhaft die weit-
verbreitetsten und zwar für alle Arten Gewebe. Die Variationen der Construction bestehen lediglich in der verschiedenen Dimensionirung der Walzen
selbst und in Zufügung von weiteren Organen, um die Druckwirkung zu
unterstützen, wie z. B. Hämmer, Presshebel und -platten, Ringe etc. Die
heutige Gestalt der Waschmaschine wurde schon durch Davis in den zwanziger Jahren unseres Jahrhunderts angegeben, in Nachfolge amerikanischer
und englischer Vorbilder besonders von Baylis[15]). Die sehr passende
Einrichtung zog besonders die Aufmerksamkeit Beuth's[16]) auf sich, so
dass derselbe 1828 diese Maschine ausführlich beschrieb und besprach und
sie zur Einführung in Deutschland sehr empfahl. In Folge dessen verbreitete sich diese Maschine sehr und zwar allgemein unter dem Namen
Beuth's Waschmaschine, auch im Auslande[17]).

Diese Maschine besteht aus einem Bottich A mit abgerundetem Boden,
über welchem zwei Holzwalzen a und b übereinander aufgestellt sind, deren
untere getrieben wird, deren obere aber durch Friction umläuft. Das endlose Gewebe in Strangform passirt die Walzen und wird dahinter über
eine Leitrolle c nach unten geführt. Unter der unteren Rolle a ist der
Trog d mit Waschflüssigkeit aufgestellt, in welchen die untere Walze
eintaucht. F, g sind Schau- und Eintragöffnungen. (Fig. 9.)

Zu dieser ersten Anordnung traten später einige zweckmässige Zu-
fügungen, als z. B. das Wasserrohr h, um auf das Zeug nach Austritt

---

[15]) London. journ. V. III. p. 75. Baylis, Engl. Pat. No. 4266. 1821.
[16]) Verhandlungen des Vereins für Gewerbfleiss 1828. 132.
[17]) Siehe z. B. Fontenelle, Blanchissage etc. Vol. II. p. 75.

aus den Walzen einen Wasserregen auszubrausen, die Streichwalze e mit einem Loch (meistens durch Porzellanring eingefasst), um den Stoff hindurchzustreifen und etwas auszuringen.

Diese Waschmaschine kann je nach der Breite der Walzen 2—4 Strähnen Gewebe aufnehmen und gleichzeitig bearbeiten. Indessen ist ersichtlich, dass bei zwei Strängen die Wirkung für jeden einzelnen am intensivsten

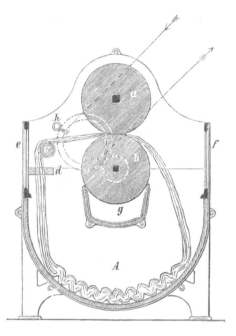

Fig. 9.

ausfallen muss, während bei mehreren die zwischenliegenden Stränge leicht ohne Pressung bleiben, wenn die äusseren oder überhaupt zwei derselben stärker sind und daher die obere Walze höher tragen. An Stelle der vollen Presswalzen werden auch Flanschenrollen (ähnlich wie bei der Walke) angewendet. James Hunter in N. Adams, Mass. stellt solche mit Bronzeflanschen her und bringt den Druck der oberen Walzen durch Federdruck hervor. In der Kufe wird in einiger Entfernung vom Boden ein perforirter Boden eingelegt.

An Stelle runder Löcher oder Ringe im Streichbrett können auch die Ferrabee'schen Streichbretter oder Walzen mit Curvenausschnitten oder auch Gitter von Stäben eingelegt werden. Die Walzen der Beuth-Maschinen sind glatt. Es sind indessen mehrfach geriffelte Walzen zum Ersatz der einen oder beider glatter Walzen angewendet, z. B. von Alfred Flint (1822), von Bousfield-Mayall (1863). Eine solche Waschmaschine, die 1814 von

Demaury angegeben, in den dreissiger Jahren nach der Construction von Alfred Flint[18]) in Gebrauch kam, geben wir hier wieder.

In einem Gestell D (Fig. 10) ruhen zwei grosse geriefte, eiserne Walzen A und B, von denen A durch eine Riemenscheibe und durch einen Riemen von der Betriebswelle aus in Bewegung gesetzt wird, während die andere B frei auf A ruht und sich durch Friction dreht. Die Walze A geht mit der unteren Hälfte in einem Troge C, welcher sich wieder in dem Troge E befindet. Man näht nun das Gewebe mit seinen beiden Enden zusammen, nachdem man es über die Einführwalze F zwischen den Walzen A und B

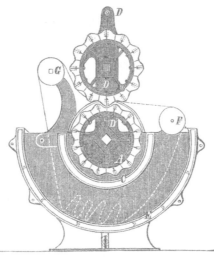

Fig. 10.

hindurch und über die Ausführwalze G und schliesslich durch den grossen Trog geleitet hat, und lässt den Loden als Tuch ohne Ende fortwährend den eben beschriebenen Weg machen. Den grossen Trog füllt man mit einer Walkflüssigkeit, während der kleine Trog C für die durch die Walzen herausgepresste Flüssigkeit, welche die Unreinigkeiten des Zuges mitenthält, zur Aufnahme und Abführung bestimmt ist.

Die Walzen können neben der rotirenden eine alternirende Bewegung haben. —

Wenn diese Walzenwaschmaschinen intensivere Wirkung geben sollen, so verbindet man mit ihnen auch wohl — wie bereits bemerkt — Hammer- oder Pressvorrichtungen. Eine besonders verbreitete Anwendung hat in diesem Sinne die sogen. Waschwalke erlangt, welche neben der Wasch-

---

[18]) Pat. 1822. 4721. Verhandlungen des Vereins für Gewerbfleiss 1837 durch Wedding beschrieben, von Hummel gebaut. Dingler, pol. Journal XV. p. 48. — Grothe, Katechismus der Weberei. 1860. Fig. 88.

operation eine leichte Verfilzung, ein leichtes Walken der Stoffe bewirkt. Diese Maschine dient in vielen Fällen als Vollendungsmaschine — überall da, wo die Waschoperation eine gründliche Reinigung und ein leichtes Filzen oder Verdichten des Stoffes hervorbringen soll, z. B. bei halbwollenen Kleiderstoffen, Kammwollstoffen, leichten Streichwollstoffen, dichten Baumwollstoffen etc.

Eine solche Waschwalke von H. Thomas (Kühne & Rudolf) in Berlin hat folgende Construction (Fig. 11). Der Stoff passirt endlos den Ring e und die Leitwalze d und wird durch den Canal c zwischen die

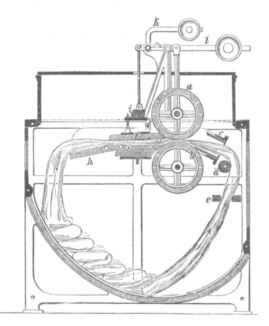

Fig. 11.

Walzen a, b geleitet. Nach dem Austritt aus denselben kommt der Stoff zwischen die stabile Platte g und die bewegliche, mit Gewichten und Hebeldruck k belastete Platte f und entgleitet über die Platte h in den Bottich. —

Bei einer Construction der Walzenwaschmaschinen für Baumwollstoffe, welche im Etablissement zu Wesserling[19] in den vierziger Jahren aufkam, ist ein Prätschhebel zugefügt, welcher, durch ein Daumenrad bewegt, auf den Gewebestrang schlägt, wenn er die Presswalzen eben verlassen hat. Es wird also hier der Walzendruck durch den Schlag des Hebels vermehrt. Einen besonderen Platz unter diesen Walzenwaschmaschinen nimmt die Waschmaschine von W. Mather, C. Mather und Kaselowsky ein

[19] Perzoz, Traité de l'impression des tissus. Vol. II. p. 40. — Muspratt, Chemie II. Aufl. —

(1850). In derselben ist die untere Walzc von hexagonalem Querschnitt genommen und die obere von quadratischem. Ein Wasserrohr begiesst die Waare reichlich. Die Bewegung der Walzen ist intermittirend. Diese Maschine ist vorzugsweise für Leinengewebe sehr günstig wirkend.

b) Bei dünneren Stoffen von grosser Länge empfiehlt es sich, die Gewebestränge spiralförmig über die Waschcylinder hinlaufen zu lassen und sie so länger unter Pression durch Druck und durch Zug zu halten. Die erste Idee zu solcher Maschine ging 1828 von David Bentley[20]) aus. Er setzt zwei aufeinanderlagernde Walzen über eine Kufe oder Cisterne mit zwei Abtheilungen, deren eine die Waschflüssigkeit, deren andere das Spülwasser aufnimmt. Das zu einem Bande oder Strange vereinigte Gewebe geht spiralartig um die untere Walze und die Walze in der Cisterne und zwar in einigen 30 Windungen. Ein Gitter, welches in der Mitte des Bandzuges eingeschaltet ist, separirt die einzelnen Bandlinien und bewirkt eine gewisse Regelmässigkeit und Sicherheit der Windungen[21]). Schon frühzeitig verstärkte man die Wirkung der Pression durch die Schlagwirkung des Schlägers c auf das austretende Ende des Gewebes über b (Fig. 12). Ch. R. Robinson und Fr. Bowden gaben dieser Maschine

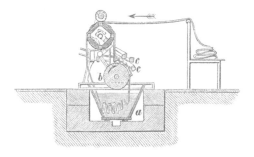

Fig. 12.

eine wirksamere Einrichtung. Dieselbe (Fig. 13) besteht aus den Cylindern b und c, über welche der Strang spiralig herumgeleitet wird, geführt durch die Gitterstäbe g. c ist im Bottich A aufgestellt. Das Gewebe kommt von a her und während es von h nach der Walze b geht, trifft der starke Wasserstrahl aus e gegen das Gewebe. Im Moment der Berührung des Gewebes an b schlägt ein flexibler Arm von d auf das Gewebe und die Schläge anderer Arme folgen. Die Schläger an d sind von Büffelleder oder aus Rubber. Die Axe von d hat eine grosse Umdrehungsgeschwindigkeit. Die viereckige Trommel f dient dazu, den Strangenden zwischen c und b eine stete schwin-

---

[20]) 1828. Sp. No. 5620. Bentley.
[21]) Diese Maschine, auch mit geriffeltem Untercylinder, war sehr lange und viel im Gebrauch. In der Normandie hiess sie Sauteur oder Clapeau Rouennaise.

gende Bewegung zu geben und durch Friction die Falten zu öffnen, den Strang zu wenden etc., um dem Wasser und Schläger neue Flächen darzubieten. Die Wasserstrahlen werden durch das Brett i ausgebreitet. Die Walzen k, l dienen zum Abpressen und Vorziehen[22]).

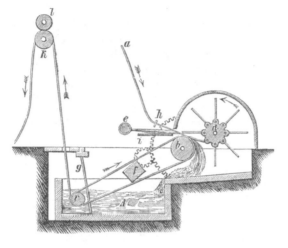

Fig. 13.

Diese Maschinen erhielten vielfach den Namen Clappet, Clapeau, Clapotte und sind auch unter dem Namen des Erfinders Robinson sehr bekannt. A. Nagles suchte 1843 die Maschine dadurch zu verbessern, dass er die Walze b (Fig. 13) in einem Bassin und c in einem andern Bassin einlagerte und für jede Walze ein Schlagrad anordnete. Seine Maschine fand indessen nur als Breitwaschmaschine Anwendung, ebenso wie die von Kay.

Fr. Hardcastle hat 1857 eine eigenthümliche Trockentrommel projectirt, bei welcher das Prinzip der Spiralwindungen des Gewebes ebenfalls zur Anwendung kommt. Den Mantel einer Trommel auf hohlen Axen bilden leicht bewegliche Rollen. Man nimmt das Ende des Stoffstranges durch die eine hohle Axe und sodann um die Rollen des Tambourmantels in Spiralen herum und lässt es durch die zweite hohle Axe wieder austreten, wo zwei Quetschwalzen die Flüssigkeit auspressen. Der Tambour taucht in das Bassin mit Waschflüssigkeit ein. —

Eine sehr schöne Ausführung der Robinson'schen Maschine mit eigener Dampfmaschine, aber auch mit Riemen zu betreiben, ist von Brown & Witz 1860 patentirt[23]). (Fig. 14, 15). Die aus den Presswalzen C, B

[22]) Robinson, Engl. Spec. 1846. No. 11132. Repertory of Arts Vol. VIII. p. 374. — Parnell, Färberei und Kattundruck S. 123. St. Gallen, Renger 1853. — Dinglers Journ. V. 103. p. 169.
[23]) Brown & Witz, Eng. Sp. 1860. No. 1499. — Schweiz. polyt. Zeitung B. VII. — Dingl. Journ. 173. p. 260. — Pol. Centr.-Bl. 1860. 1499. — Bull. de Mulhouse 1864. 49.

nach dem unten liegenden Bassin streichenden Gewebestränge werden
auf diesen freien Bahnen von 4 schwingenden Flügel - Armen D, D′
bearbeitet und in steter Vibration erhalten, während dieselben in der

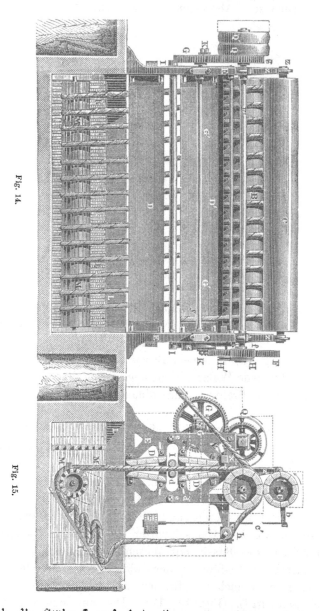

Fig. 14.

Fig. 15.

Mitte durch die Stäbe I und d in ihrem Ausschlag gehalten werden.
Die Stränge gehen im Bassin um die Walze M herum und zwar durch
Holzgitter L von einander getrennt und auf der schrägen Fläche I′ auf-
ruhend.   E, Z ist der Gestellrahmen, Q, G, K, H, H′ sind Bewegungsmechanismen, b, c′ Hebel und Belastungskette.

H. L. Wilson & J. Clegg in Clayton-le-Mooy[24]) haben ein Patent erhalten auf eine Waschmaschine, welche unterhalb der Presscylinder
eine Walze mit kurzen Schlagarmen enthält, die gegen das Gewebe
schlagen. Durch einen Hebel kann man diese Spillenwalze in Bewegung
setzen.

Eine moderne und bereits vielverbreitete Waschmaschine für Strang-
waschen ohne Schlagrad ist die nachstehend beschriebene von der Aktien-
Gesellschaft für Stückfärberei und Maschinenfabrikation vorm. Fr. Gebauer
in Charlottenburg. (Fig. 16, 17). Die Maschine enthält die Presswalzen A, B.
Die untere B ruht fest in ihren Lagern; A ist verstellbar. Der Gewebestrang

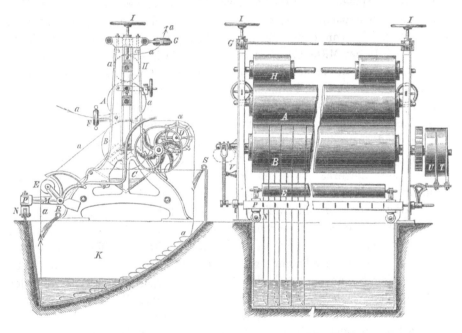

Fig. 16.   Fig. 17.

wird durch den Porzellanring F in die Maschine eingeführt und geht zwischen
den Walzen A und B durch, über den Haspel D nach unten zum Bassin K.
Auf diesem Wege wird es durch einen heftigen Wasserstrahl aus S getroffen. Im Bassin ordnet sich das Gewebe in Falten an und steigt dann
empor zur Rolle E. Während des Aufsteigens trifft ein neuer Wasserstrahl
gegen die Strähne aus R. Der Strang wird durch die erste Gitteröffnung
des durch eine Hebelanordnung V hin und her bewegten Gitters P, M,
welches auf Rollen N fährt, geleitet und kehrt dann zu den Walzen A, B
zurück, um denselben Weg nochmals zurückzulegen und durch die zweite
Gitteröffnung emporzusteigen etc. Nachdem das Ende des Stoffes die n-te

---

24) D. R. P. No. 7442.

Gitteröffnung passirt hat, tritt er aus den Walzen A, B um A und zwischen der Rolle H und A empor nach dem Führungsring G, um entweder, nach F zurückgeführt, nochmals den Weg durch die Maschine zu machen etc. oder aber einer anderen Bestimmung entgegenzugehen. — Derartige Maschinen werden auch von der Zittauer Maschinenfabrik vorm. Albert Kiesler vorzüglich ausgeführt. —

Eine Strang-Walzenwaschmaschine von grössester Leistungsfähigkeit wurde von Mather & Platt in Salford[25]) construirt und ist in Fig. 18 und Fig. 19 dargestellt. Bei dieser Maschine wird das zu einem endlosen Bande zusammengenähte Zeug mehrere Male durch Wasser genommen, zwischen jedem neuen Spülen aber zwischen zwei Walzen gepresst, um durch die Reibung die Schmutzpartikelchen abzulösen. Die Maschine besteht aus den zwei Walzen a und b, von denen die erstere 47 cm im Durchmesser und 2,59 m Länge hat. In der Mitte bei a' ist eine Lage starkes Leinenzeug um sie gewickelt, um die Stoffe dort, ehe sie die Maschine verlassen, noch einmal einem stärkeren Drucke zu unterwerfen. Die Walze b hat 63 cm Durchmesser und ist ebenso lang wie a, sie ist mit der Kurbelstange der Dampfmaschine g verbunden und macht 100 Umdrehungen pro Minute. Beide Walzen sind entweder aus Tannenholz angefertigt, oder man macht besser nur die obere von Tannen-, die untere aber von einem härteren Holze. c, d ist eine hölzerne Latte, in welcher Pflöcke befestigt sind, die das Zeug in Spirallinien von den oberen Walzen zu der Walze R und von dieser wieder den oberen zuführen. h, h ist der Wassertrog, in dem die Walze R liegt. p ein Wasserrohr mit dem Ventil t. Zwei Ringe m, m von Glas oder hartem Holz sind an den beiden Seiten der Maschine an beweglichen Haltern angebracht, nach deren Stellung das Zeug mit mehr oder weniger Spannung durch den Apparat gezogen wird. Zwei an jeder Seite befestigte Hebel w drücken die Walze a gegen die Walze b; je nach der Beschwerung dieser Hebel erleidet das Zeug bei seinem Durchgange einen grösseren oder geringeren Druck; mittelst der Schraube s kann die Wirkung der Hebel verstärkt werden. Das Zeug wird durch das Auge m zunächst über die Walze a geführt, schlingt sich um diese, geht dann zwischen den beiden Walzen a und b hindurch, wird über die Latte c, d geleitet, geht durch das Wasser um die Walze R, gelangt an die andere Seite der Latte, von dort wieder zwischen die Walzen und wiederholt diesen Weg in der Richtung der Pfeile, bis es endlich bei a' die Maschine verlässt. Aus der Zeichnung ist verständlich, dass in dem Apparate zwei Partien Zeug zu gleicher Zeit gewaschen werden können, von denen die eine an der linken und die andere an der rechten Seite eingeführt und in der Mitte der Walzen bei a' beide ausgeführt werden.

Diese Maschine wäscht stündlich 800 Stücke oder täglich 8000 und

---

[25]) Muspratt, Chemie, II. Aufl.

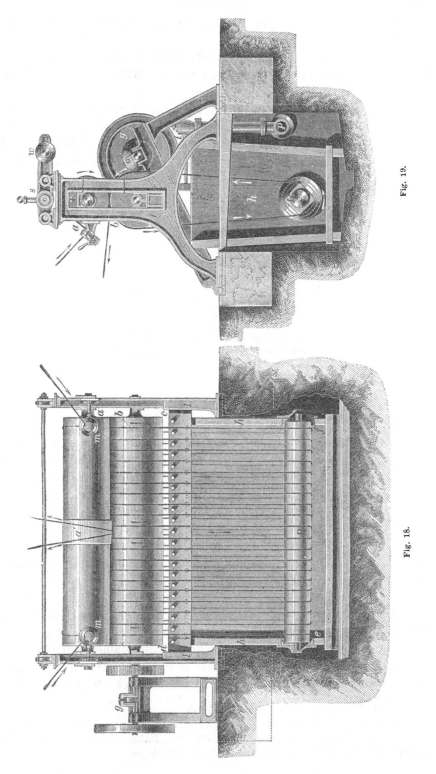

Fig. 19.

Fig. 18.

gebraucht· 2 cbm Wasser pro Minute, 600 cbm täglich, mithin pro Stück 100 l.

Der Robinson'schen Maschine sehr ähnlich, aber ohne Schlägerrad, ist die von Dr. Spirk construirte und von der Wilhelmshütte bei Sprottau ausgeführte Strangwaschmaschine[26]. —

c) Diese Kategorie der Maschinen, bei denen die Stränge nach Eintritt in die Waschkufen in derselben mehrere Windungen durchlaufen, ist durch die Maschine von Henry Bridson 1852[27] eröffnet (Fig. 20). Die Maschine besteht aus der Kufe A, welche am Ende durch eine Scheide-

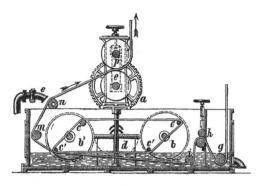

Fig. 20.

wand in zwei Compartimente getrennt ist. Der Stoff tritt in das kleinere ein unter einer Leitrolle g und durch die Pressrollen h in die grössere Abtheilung und dort unter Rolle i durch an die Trommel b', welche lediglich aus zwei Endscheiben besteht, welche durch 2 Parallelstangen c und c' verbunden sind. Der Strang geht um c', c herum und dann an die Stangen c, c' der Trommel b hin. Von c' läuft der Strang zurück nach c, c' auf b' und sofort in Spiralen um die Trommeln b, b', bis er über m, n nach den grossen Presswalzen o, p aus der Maschine tritt. Zwischen den Trommeln b, b' ist eine Art Tisch aufgestellt, welcher unterhalb Gitterstäbe trägt, um die einzelnen Stränge auseinander zu halten. Bei Rotation der Stabtrommeln oder Zweistabhaspeln schlagen die Stränge abwechselnd ober- und unterhalb dieses Tisches gegen die Fläche. Beim Austritt aus der Maschine, bei n, trifft das Zeug ein tüchtiger Wasserstrahl aus e. Das Wasser strömt, der Richtung des Stoffes entgegen, bei f ab. Aehnliche Einrichtungen haben Cocksey, Fulton, Leese, Mather, Kaselowski u. A. angegeben. Die von Mather & Platt in Salford als Dye House Washing-Machine bezeichnete Waschmaschine gehört hierher als das Beispiel der

[26] D. Industrie-Zeitung 1869. 238. Spirk.

[27] Pat. Spec. 1852 No. 96. — Knight, Mech. Dictionary Bd. III. Washing. — P. C. Bl., 1853. 1089. — Diese Maschine wird von Jackson & Bro in Bolton gebaut. Agenten für den Continent Baerlein & Co. in Manchester.

einfachsten Construction. Die Gewebestränge passiren hierbei spiralig um die untere Presswalze, um eine prismatische Walze an der entgegengesetzten Seite des Wassertroges und um einen Leithaspel unter dem Presswalzenpaare.

Die am meisten bekannte und anerkannte Maschine dieser Kategorie ist die von William Fulton[28]). Dieselbe ist sehr schwer und stark gebaut und in ihren Wirkungen kräftig angreifend, so dass sie nur für stärkere Gewebe Anwendung finden kann.

Ihre Hauptbestandtheile (Fig. 21) sind zwei senkrechte Seitenständer,

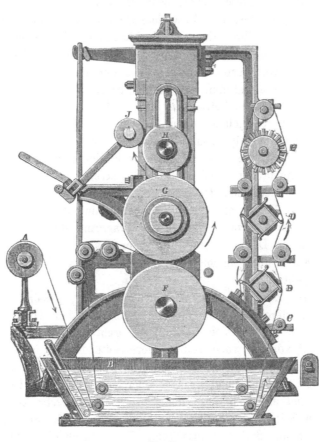

Fig. 21.

welche auf dem Boden mit Grundflanschen festgebolzt und oben durch eine Querstange verbunden sind. Diese Ständer sind, wie bei den gewöhnlichen Waschmaschinen, in der Mitte eingeschlitzt, um die Zapfenlager der drei Walzen F, G, H aufzunehmen. Die Welle (Axe) der unteren Walze F ist nach beiden Seiten verlängert; auf der einen Seite steht sie mit dem

28) W. Fulton, Spec. Engl. 1853. No. 1244. — Muspratt, Chemie, II. Aufl.

Motor in Verbindung und auf der anderen Seite trägt sie ein grosses Stirnrad und eine Riemenscheibe, um die übrigen Theile der Maschine in Umtrieb zu setzen. An der Vorderseite der Maschine, wo die Zeuge eintreten, ist an jeden Ständer ein vorspringender Arm gegossen, und auf diese beiden Arme wird ein geschlitzter Träger zur Aufnahme zweier senkrechten mit Zapfenlagern versehenen Ständer aufgeschraubt. Diese kann man in beliebiger Entfernung von einander befestigen, zur Aufnahme von Zeugbäumen oder Walzen A von verschiedener Länge, um welche das zu reinigende Zeug gewickelt wird. Zwischen den beiden Ständern, aber etwas tiefer als ihr unteres Ende, befindet sich ein hölzerner Trog oder Wasserkasten B, welcher die Waschflüssigkeit enthält, die nach Belieben mittelst einer Dampfröhre erhitzt werden kann; an der Innenwand dieses Troges sind die Zapfenlager für vier darin befindliche Leitwalzen angebracht. Das zu waschende Zeug geht von der Walze A in der Richtung des Pfeils nach unten und läuft, wie bei den gewöhnlichen Waschmaschinen, unter den beiden unteren Leitwalzen hin, so dass es gut in die Flüssigkeit eingetaucht wird; es gelangt dann zu dem auf der Hinterseite der Maschine befindlichen Reinigungsapparat hinauf, welcher von verticalen Ständern getragen wird, die oben mit einem rechtwinkligen Arm an den oberen Theil der Hauptständer und unten mit gekrümmten Flanschen an die krummen Füsse desselben festgeschraubt sind. An diese Nebenständer sind horizontale Träger angegossen, zur Aufnahme der stellbaren Zapfenlager für die vier Leitwalzen, sowie der Tragarme für die beiden Klopf- oder Rüttelwalzen D, die obere Bürst- oder Kratzwalze E und endlich die obere Leitwalze, über welche das Zeug zur weiteren Behandlung wieder nach unten geht.

Wenn das Zeug aus dem Waschtroge kommt, passirt es zuerst die Leitwalze C, deren Zapfenlager auf zwei an den Hauptträgern befestigten Armen ruhen. Von dieser Walze geht das Zeug bei der unteren Rüttelwalze D vorbei, wobei seine innere Seite der reinigenden Wirkung der rotirenden Flügel ausgesetzt ist. Die Holzwalze D, welche diese Flügel trägt, hat einen quadratischen Querschnitt, und die Flügel, welche von Metall sind und sich längs der ganzen Walze erstrecken, sind, auf jeder flachen Seite einer, aufgeschraubt; die äussere Kante der Flügel ist abgerundet, damit das vorbeipassirende Zeug durch die Schläge weniger angegriffen wird. Von dieser Rüttelwalze gelangt das Zeug über eine zweite Leitrolle zu einer zweiten ähnlichen Rüttelwalze, welche die Wirkung der unteren D vervollständigt. Vermittelst einer dritten Leitrolle wird dann das Zeug mehr oder weniger gegen die obere Walze E gedrückt, welche mit einer Reihe schmaler Flügel oder Kratzbleche versehen ist; diese Kratzbleche haben scharfe Kanten, so dass sie auf die schon vorbereitete Seite des Zeuges eine kräftigere reinigende Wirkung ausüben. Die oberste Leitrolle dient dazu, das Zeug auf der anderen Seite desselben

Reinigungsapparates wieder hinabzuführen. Von der untersten Rüttelwalze D geht das Zeug dann unter einer festen Leitrolle horizontal durch den Waschtrog B zur entsprechenden vorderen Leitrolle hin, von welcher es nach einer (mit rechtem und linkem Schraubengewinde versehenen) Ausbreitwalze hinaufsteigt, deren Zapfenlager in zwei an die Hauptständer angeschraubten Trägern befestigt sind. Das Zeug gelangt dann über eine andere Leitwalze zu einer zweiten Ausbreitwalze, und von dieser geht es zwischen den beiden Hauptwalzen F und G und dann zwischen der letzteren und der Presswalze H durch, um endlich bei J auf einen Zeugbaum gewickelt zu werden. Dieser Zeugbaum ruht mit seinen Zapfen frei in den Schlitzen zweier vibrirenden Hebel, deren untere Enden ebenfalls weit eingeschlitzt sind, um sie an den vier Ecken einer horizontalen Welle befestigen zu können, deren Zapfenlager in Armen angebracht sind, welche an die Hauptständer angeschraubt sind. Diese offenen Enden der Schlitze werden durch einen Keil verschlossen, so dass sie die Welle fest umfassen. In der Mitte der Welle befindet sich ein doppelarmiger Hebel, ungefähr unter einem rechten Winkel mit den genannten Hebeln. An seinem unteren Ende ist er mit einem Gewicht beschwert, so dass er das aufgewundene Zeug J gegen die oberste Walze H presst; soll hingegen das Zeug abgewickelt werden, so drückt man den äusseren Hebelarm unter ein Querstück, welches ihn festhält, hinab, so dass das aufgebäumte Zeug nicht mehr gegen die Walze H gepresst wird. — Auf diese Weise ist eine Seite des Zeuges gereinigt, man lässt es dann noch einmal mit der anderen Seite durch die Maschine gehen.

C. Paketwaschmaschinen.

Wie schon bemerkt, umfasst diese Abtheilung alle Waschmaschinen und Waschapparate, in welche der Stoff in Paketform, Haufenform eingelegt wird, also nicht in endloser Band- oder Breitenform sich durch die Maschine bewegt.

Diese Waschmaschinen lassen sich unterordnen in folgende Klassen:
a) Waschtrommeln mit Abtheilungen auf horizontaler Axe. Dashwell.
b) Waschtrommeln auf verticaler Axe; Centrifugen.
c) Drehende Waschplatte, Waschkufe, mit Schlägern, Stampfen, Hämmern etc.
d) Feststehende Waschplatte, Tröge etc. mit Hämmern, Stampfen, Schlägern etc.
e) Kolbendruckwaschmaschinen.
f) Waschcylinder mit Wasserdruck.

Die Apparate zum Waschen folgten im vorigen Jahrhundert wesentlich anderen Gesichtspunkten als heute. Man konnte, ausgehend von der Wascharbeit mit der Hand, sich von der Imitation der Druckwirkung und des Knetens nicht trennen. Die Waschapparate der Kategorie e), welche sämmtlich heute vergessen sind, suchten die Waare, in einem Cylinder liegend, durch einen Kolben, welcher Alternativbewegung besass, zu bearbeiten. Die Maschinen von Jos. Creswell (1790), E. Thunder u. A. waren einfache Kolbendruckwaschmaschinen, bestehend aus Cylinder und auf- und abgehendem Kolben. Die Maschinen von W. Kendall (1790), von Shotwell (1807) enthielten einen Cylinder mit Kolben, der nach beiden Seiten wirkte. Der Cylinder enthielt also zwei Räume zum Beschicken.

Diese Constructionen kamen niemals zu umfassenderer Anwendung.

Zeitlich folgte die Construction der obigen Kategorien c) und d). Feststehende Waschplatten, Tröge, Kufen etc., mit Stampfen, Hämmern und Schlägern ausgerüstet, wurden in grösserer Zahl hergerichtet. Th. Todd[29]) erfand 1787 eine Kufe mit nach Innen zu geneigten Seitenwänden, in welcher eine um Zapfen drehbare schwingende Platte so arbeitete, dass sie den eingelegten Stoff abwechselnd mit der einen und der anderen Seite gegen die entsprechenden Wandungen presste. Dieselbe Idee verfolgte James Wood (1790) u. A. W. Warcup[30]) nahm noch 1821 ein Patent auf den gleichen Apparat, in dem er die Gegenseiten stellbar und mit Nasen (Knuckles) ausstattete. In gewisser Hinsicht bilden die jetzigen sogenannten Doppelkurbel- und Kurbelwaschmaschinen (Walken) die Fortsetzung des Toddschen Strebens. Dieselben enthalten am Ende der schwingenden Platte nur jene stufenförmige Garnitur, welche für den Arbeitseffect von Wichtigkeit ist, und eine entsprechende Anordnung der betreffenden Kufe. Wir verweisen hierbei auf die unter den Walken beschriebene Kurbelwaschmaschine von Oscar Schimmel & Co. in Chemnitz.

Statt der senkrechten Anordnung der Druckplatte wendeten G. Coates (1789) und später Jos. Hancock (1790) Maschinen mit horizontaler Druck- und Schlagplatte an, welche mittelst Kurbel und Zugstange angehoben und gesenkt wurde und mehr schlagend auf das Zeug wirkte.

Kufen, in denen Stampfen (hammers, maids, dollys) gehoben und fallend den Stoff bearbeiteten, sind vielfach versucht bis zur neuesten Zeit. 1793 hatte N. Bentley eine solche Maschine sich patentiren lassen; vor ihm Jos. Hancock bereits 1790. Von da ab erschien diese Maschine immer wieder von Neuem, bis 1849 Th. Coksey und F. Nightingale, 1850 Mc. Alpine und 1855 Shipley neue Constructionen brachten. Bald wurde die feststehende Kufe verlassen und die rotirende, wie sie auch von Bentley schon 1793 projectirt war, angewendet. Diesem Prinzip folgen die Constructionen von Theodor Bell in Luzern, C. G. Hauboldt in Chemnitz, W. St. Parkes in Lowell, Mass., J. Hargreave, Greenwood und Batley in Leeds u. a.

---

[29]) Engl. Spec. 1787. No. 1605. Todd.
[30]) Dingl. p. J. B. XI. 209. Warcup.

Die Stampfen- oder Hammerwaschmaschinen mit beweglicher Waschtafel haben eine nicht unbedeutende Rolle gespielt. Wir geben die Abbildung[31]) (Fig. 22) eines solchen grossen rotirenden Waschplateaus b, b, welches durch die Zugstange y an Kurbel z der Welle r mittelst Klinkhebel herumbewegt wird. Auf dem Kranze des Plateaus werden die Stoffe aufgelegt. Sie passiren dann unter den Schlägern M, M, M durch, die als

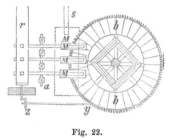

Fig. 22.

zweiarmige Hebel durch Daumen der Daumenwelle r gehoben werden und beim Abgleiten derselben auf das Plateau niederschlagen. Durch die Rinne s wird Wasser hinzugeführt.

Eine neuere Construction der rotirenden Stampfkufe[32]) ist in der nachstehenden Abbildung (Fig. 23) vorgeführt. Auf der Scheibe o steht die Kufe S mit dem Doppelboden t, u. Die Scheibe o ist unterhalb mit einem Zahnkranz versehen, in den die Zähne des Triebes m an Axe e eingreifen und die Scheibe, die fest auf der Axe r sitzt, umdrehen. Auf t wird die Waare aufgelegt. In die Kufe herab hängen die Stampfen p an den Excenterstangen g, die durch die Excenter d, d', d'', d''' ihre Bewegung erhalten.

Es ist sehr merkwürdig, dass, nachdem im Anfang des Jahrhunderts die Nothwendigkeit gründlicher Reinigung für alle Gewebe, die zu anderen Operationen vorbereitet oder aber gänzlich vollendet werden sollten, richtig erkannt war, die Mittel dazu von den Nationen verschieden gewählt wurden. Ausgehend von dem Schlagen der Gewebe mit Handschlägeln ging man in England für Leinen- und Baumwollwaaren und leichte Wollwaaren schnell über zum Waschrad (Dashwell), in Frankreich zur Walzenwaschmaschine (Rouleaux) und Walzenwalke, in Deutschland zur Prätschmaschine, Pantschmaschine, in der Schweiz zur Hammerwalke. In den zwanziger Jahren aber begann die Prätschmaschine den anderen Systemen vorzueilen und besonders in Frankreich benutzte man das drehbare Waschtableau mit den Schlaghebeln, wie vorher beschrieben. Als Grund dafür wird in den Schriften jener Zeit angegeben, dass das Waschwalze nur

---

[31]) Perzoz, Traité de l'impression des Tissus giebt auf Tafel I eine Abbildung derselben Maschine mit 5 Schlaghebeln.

[32]) Grothe, Spinnerei etc. auf den Ausstellungen seit 1867. p. 84. Polyt. Zeit. 1872. —

stellenweis reinwasche und die Prätsche durch den Schlag intensiver wirke als die Walze durch Druck. Freilich führt Büttner[33]) von 1823 aus: dass die Walke auch für Baumwoll- und Leinenstoffe die beste Wirkung habe und dass die Prätschmaschine mehr leiste als die Walzen-

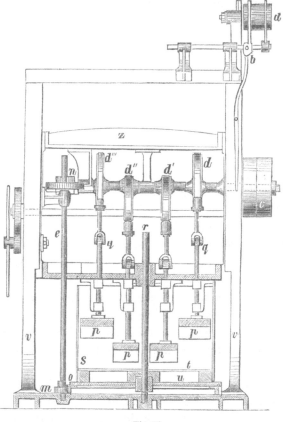

Fig. 23.

quetsche, diese mehr als das Waschrad, die Walke aber das dreifache der Prätsche. —

Fr. Büttner beschreibt eine Prätschmaschine, welche die Walzenpresse mit der Prätsche vereinigt. Es ist ein Tisch a hergestellt über dem Wasser. Der Stoff wird endlos zu einem Bande vereinigt und durch die Walzen b, c (Fig. 24) vorgezogen, wobei die Rolle d unterstützt. Auf die auf den Tisch a liegende Waare schlägt der Prätschschlägel e durch die Daumen des rotirenden Dreiecks f, am Arm g gehoben. Es ist also hier die rotirende Tafel erspart und zur Schlagarbeit der Walzendruck hinzugefügt. Diese Maschine leistete bedeutend mehr als die Prätsche mit rotirender Tafel. —

[33]) Büttner, Beschreibung einer neuen Prätschmaschine oder Waschmaschine. Berlin 1823.

Während dieser Apparat eine Maschine darstellt, bei welcher der Stoff continuirlich durch die Maschine läuft und daher eigentlich der Abtheilung B der Waschmaschinen angehört, so durften wir ihn hier des Zusammenhanges wegen umsomehr anreihen, als er auch so Benutzung findet, dass man das Gewebepaket auf den Tisch unter die Schlagplatte bringt, deren Drehpunkt natürlich nach oben verlegt wird.

Was nun die walkenartigen Apparate und Maschinen zum Waschen anlangt, so haben wir oben bereits diejenigen erwähnt, bei welchen der

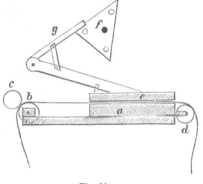

Fig. 24.

Stoff als endloses Band durch die Organe (Walzen) der Maschine geht, ebenso die der Kurbelwalke ähnlichen Waschmaschinen und es bleibt uns hier übrig, kurz auf die Walken für Baumwoll- und Leinenstoff einzugehen, welche, mit Hämmern resp. Stampfen ausgerüstet, lediglich Waschmaschinen sind. Diese Art Walken haben zuerst ihre Ausbildung erfahren in der Schweiz. Sie hiessen daher Jahrzehnte lang Schweizer Walken. Bald hat sich aber auch Schottland besonders dieser Art Walken bedient und sie sehr viel in die Baumwoll- und Leinenindustrie eingeführt. Man nannte diese Walken sodann schottische Waschhämmer. Wir geben in der Abbildung (Fig. 25) solche Waschhämmer nach der Ausführung von Gebr. Möller in Brackewede bei Bielefeld. Die Aufgabe solcher Walke ist also, durch den momentanen Schlag das Wasser aus der im Walkloch befindlichen, paketförmig zusammengelegten Waare herauszutreiben und damit die unreinen Stoffe herauszuspülen. Frisches Wasser läuft sofort wieder zu, weil reichlich Wasser nöthig ist, sollen sich nicht kahle Stellen, sog. Scheinsichtigkeit bilden. Die Waare muss „schwimmen", wie der Walker sagt. Ist dies aber der Fall, so kann man alle Leinen- und Baumwollgewebe selbst feinster Art, Musselin und Tüll in den Waschhämmern behandeln.

a und b sind die Waschhämmer, die in ein Walkloch r hineinarbeiten. Dieselben sind an den Armen c, d befestigt und diese in Zapfen aufgehängt, die im oberen Gerüsttheil einlagern. Die Hämmer a und b tragen nach unten gerichtete Nasen f, e, gegen welche die Arme h, i der Welle g abwechselnd stossen und den betreffenden Hammer so lange zurückführen nach links, bis die Nase f oder e von h oder i abgleitet. Der Stoff wird zusammengebündelt in r eingelegt. Das Wasser gelangt nach s und über-

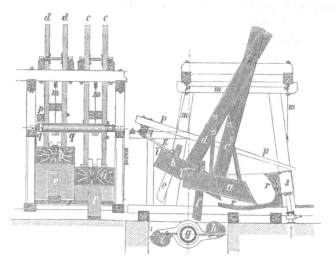

Fig. 25.

giesst von da aus den Stoff. An jedem Hammer ist eine Klinke l befestigt, über welche ein Haken k greift, wenn die Schnur m ihn frei herabfallen lässt. Hat der Daumen i den Hammer b soweit zurückgedrückt, dass e von i im nächsten Moment abgleiten würde und lässt die Schnur m, m den Haken fallen, so legt sich der Haken hinter die Klinke l und hält den Hammer b fest. k ist an der Axe q befestigt und diese ist mit der Stange p verbunden, die bis vor den Trog r reicht. Wird p erhoben, so klinkt k aus und der Hammer b fällt in den Trog zurück[34]).

Sehr zahlreich ist der Kreis der sogenannten Waschräder (Dashwell). Die Waschräder sind in England bereits seit Ende des vorigen Jahrhunderts bekannt als Betham's Maschinen. 1807 verbesserte W. Shotwell dieselben, indem er im Innern der Trommel stärkere Rippen anbrachte und Dampf einleitete. Junius Smith war es indessen, der 1823 das Innere der Waschtrommel durch Wände in Abtheilungen theilte. Die Waschtrommel dreht sich in einem Cylinder, der sie umschliesst und die Waschflüssigkeit enthält, welche durch Seitenöffnungen in den innern Cylinder eintreten kann. A. A. J. de Herrypon ordnete flexible, sich

[34]) Siehe über Leinen- und Baumwollwaschmaschinen noch Annal. de l'industrie III. 195. — Dingler XXII. 59. — Dingler Vol. 116 p. 389. — Mechan. Magaz. LI. 379. — P. C. Bl. 1860. 618. — Verhandlungen des Vereins für Gewerbfleiss 1854. 157.

zusammenschiebende Abtheilungen im Innern der Trommel an (1839). Er bedeckte die obere Seite der Trommel mit einem abschliessenden Gehäuse, in welches Luft und Dampf eingeleitet ward, während das untere Gehäuse die Waschflüssigkeit enthielt. Erst Samuel Knight redet 1845 von der „ordinary dash wheel" als einen hohlen Cylinder mit 4 Abtheilungen, in welche die Stoffe eingegeben werden. Wenn der Cylinder langsam rotirt, so werden die Stoffe herumgeworfen (dashed or agitated) gegen die Seitenwände der Abtheilungen, und diese Bewegung und der dabei geübte Druck reinigen die Stoffe. Soll aber der Stoff mit Seifenwasser behandelt werden, so genügen die 4 Kammern nicht und Knight construirt deshalb nur 2, weil bei der Drehung sich das Seifenwasser schnell in eine Ecke ansammelt und sodann das Zeug dahineinfällt u. s. f.

Die nachstehende Abbildung zeigt eine Waschtrommel, wie sie schon 1830 im Gebrauch war. Der Durchschnitt gibt die 4 Abtheilungen b, b. Das Innere der Trommel zeigt kleine Ribben a. Die Ansicht ergibt 4 grössere Seitenöffnungen d. Die Trommeln werden durch Zahnräder h bewegt. i ist das Wasserrohr. (Fig. 26.)

In den 50er Jahren, seit 1854 John Chambery in einem Provisional

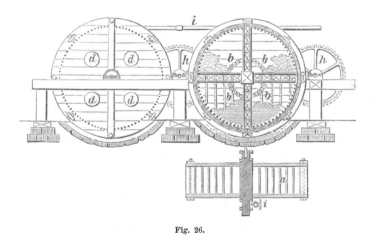

Fig. 26.

sich die abwechselnde Einleitung von Dampf, Wasser und Luft in das Innere der Trommel und die Benutzung der schnell rotirenden Trommel zum Trocknen hatte patentiren lassen, erfuhr die Waschtrommel eine hervorragende Pflege durch Agnes Wallace, John Wallace, James Wallace jun., James Fleming, John Armour, E. T. Bellhouse, William Oxley, John Ormerod, Arthur Dobson u. A. und zwar ganz plötzlich, und diese Verbesserungen haben in der That die Benutzung des Waschrades wesentlich vermehrt. Die Wallace's[35]) ordneten die Trommeln an mit doppelten

[35]) Engl. Spec. 1855: 2837, 2878, 1856: 540, 1108. — Dingl. B. 143, 88 u. 90. — Artizan 1857. 104. — I. G. Zeit. 1858. 324.

Böden und Mänteln und erwärmten diese durch Dampf oder heisse Luft, oder sie leiteten heisse Luft in die Trommel selbst ein. Sobald dann der Waschprozess beendigt ist, wird die Waschflüssigkeit abgelassen und nun wird die Trommel schnell umgedreht, um das Wasser aus den Geweben auszuquetschen und herauszuschleudern. Ist dies geschehen, wird wieder heisse Luft eingeleitet und die Gewebe trocknen dann, oder es wird der Trommelraum mit einen Exhaustor in Verbindung gesetzt und so die Feuchtigkeit abgezogen.

Armour leitet durch die hohle Axe abwechselnd und nach Bedarf Dampf, heisse Luft, alkalische Waschflüssigkeit etc. in die Trommel. Ormerod sucht durch Einlegen von Gittern und Stäben die Massirung und Zusammenklumpung der Stoffe zu hindern.

Die Waschtrommel auf horizontaler Axe kann selbstverständlich nur eine sanftere Wirkung äussern und die Bearbeitung muss deshalb mehr Zeit in Anspruch nehmen als in Maschinen, bei denen die Stoffe durch Pressen und Druck, Schlag oder Stoss behandelt werden. Um diesen Mangel zu ersetzen, ging das Bestreben dahin, durch Einleiten von Dampf, heisser Luft etc. die Temperatur der Waschflüssigkeit hoch zu halten. Solche Einrichtungen wurden an T. F. King, Fourdrinier, de Chateauneuf, Chambery u. A. patentirt.

Die Benutzung der Centrifugalmaschine oder der Trommel auf verticaler Axe als Waschmaschine wurde 1844 von A. Alliot und 1845 von J. G. Seyrig durchgeführt, wie es scheint, ohne Erfolg. Alliot's Patent umfasste sowohl die Einleitung von Waschflüssigkeit und Wasser in ein inneres Compartiment der Centrifuge, als auch die Einleitung von Dampf, heisser Luft etc., welche dann aus dem Centralcylinder durch die zwischen diesem und der Korbwand lagernde Waare hindurchgetrieben wird, sobald die Centrifuge in Gang kommt. James Wallace jun. versuchte 1856 diese Idee von Neuem. 1869 construirte H. Grothe eine Centrifuge zum Zwecke der Färberei mit nachträglichem Waschen und Trocknen. Neuerdings ist Aehnliches in Deutschland patentirt an Aimé Baboin in Lyon zum Ausziehen von löslichen Stoffen aus thierischen oder vegetabilischen Gespinnstfasern oder aus daraus fabricirten Geweben, zum Auswaschen, Kochen, Entschweissen und Degummiren, Färben, Beizen und Bleichen derselben und schliesslich zum Ausschleudern. Der Zweck der Construction geht also über das Waschen und Entnässen hinaus.

Die Centrifuge wird mittelst Riemen, Hand oder auf sonstige Weise in Betrieb gesetzt. Der Mantel derselben ist im Gegensatz zu den gewöhnlichen Centrifugen doppelwandig von Kupfer oder anderem Metall verfertigt und wird mit Hülfe von Dampf oder anderweitig erwärmt.

Die Seihtrommel, welche auf der Welle befestigt ist, kann gehoben und dadurch das Reinigen des doppelwandigen Behälters erleichtert werden.

Zu diesem Zweck ruht die Welle frei auf dem Spurzapfen und ist an ihrem oberen Ende mit einem Ringe versehen.

Die Bäder, deren Einwirkung die Stoffe (Faser oder Gewebe) unterworfen werden sollen, werden nach entsprechender Zubereitung in den doppelwandigen Behälter gegossen, worin sie durch den umgebenden Dampfmantel auf die nöthige Temperatur gebracht werden. Die Stoffe kommen nachher in die innere Seihtrommel, durch deren Löcher die Flüssigkeit zu dem Stoffe gelangt. Die Trommel wird sodann mit beliebig veränderlicher Geschwindigkeit in Bewegung gesetzt und dadurch die Bäder umgerührt und deren gleichmässige Wirkung erzielt.

Das Waschen und Ausschleudern geschieht, nachdem der doppelwandige Behälter mittelst eines Hahnes, der während der folgenden Operation nicht mehr geschlossen zu werden braucht, entleert worden ist.

Sollen die Bäder mehrmals benutzt werden, so fängt man dieselben in einem beliebigen Gefäss auf, wenn nicht, so lässt man sie weglaufen. Demnächst richtet man einen Wasserstrahl gegen die Mitte der Seihtrommel, die eine genügende Anzahl von Umdrehungen macht, damit das Wasser in demselben Verhältnisse, als es zuläuft, aus der Seihtrommel geschleudert wird, wobei dasselbe die darin befindlichen Stoffe durchdringt. Die Umfangsgeschwindigkeit der Seihtrommel ändert sich übrigens nach der Beschaffenheit der zu behandelnden Stoffe. Nachdem das Auswaschen vollendet ist, hat man nur den Wasserstrahl zu unterbrechen und das Ausschleudern des den Stoffen anhängenden Wassers unter vermehrter Geschwindigkeit der Centrifuge zu bewirken.

Ist eine Reinigung des doppelwandigen Behälters nöthig, bevor man ein anderes Bad darin zubereitet, so kann dies mit Leichtigkeit geschehen, indem man einfach die Seihtrommel hoch genug aufzieht, um bequem in den Kessel zu gelangen. —

Es bleibt noch übrig, über eine Maschine zu berichten, welche eine gewisse Berühmtheit erlangt hatte, die Waschmaschine von John Patterson[36] 1854. Dieselbe besteht aus einem Cylinder oder Kasten, dessen Deckel und Boden perforirt sind. Die Löcher des Deckels stehen im Versatz zu denen des Bodens. In diesen Kasten wird die Waare eingelegt und nun wird der Kasten senkrecht in ein Gefäss mit Waschflüssigkeit eingetaucht und untergetaucht. Dabei dringt die Flüssigkeit mit Gewalt durch die Perforationen in den Kasten und sucht bei weiterem Untertauchen oben wieder herauszuquellen. Dabei entsteht eine heftige Strömung des Wassers durch die Waare, welche die Reinigung bewirkt. Auf ähnlichem Princip beruht der Waschapparat von Th. N. Kirkham & V. F. Ensom (1864). Die Waare wird auf einen perforirten Cylinder aufgewickelt und

---

[36] Engl. Spec. No. 586. — Dingler B. 136. p. 38. — Pract. Mech. Journ. II. V. II. p. 263.

nun wird durch Kolbendruck die Waschflüssigkeit aus dem Cylinder durch die Waare gepresst. Andererseits legt man den mit dem Gewebe bewickelten Cylinder in die mit Waschflüssigkeit gefüllte Kufe und saugt die Flüssigkeit durch das Gewebe hin an oder, wenn die Kufe druckfest und dicht ist, presst man die Flüssigkeit durch das Gewebe in den Cylinder.

In ähnlicher Weise unter Benutzung von geschlossenen Kasten mit doppeltem (perforirtem) Boden wirken auch die Apparate von Emil Weber (1853), H. Potter und J. Worrall.

Solche Apparate erlauben die abwechselnde Benutzung von Flüssigkeiten, heisser Luft und Dampf und sind meistens bezeichnet als Wasch-, Färb- und Trockenapparate.

Crabbingmaschinen.

Eine eigenthümliche Operation hat sich unter dem Namen Crabbing process herausgebildet. John Smith gab 1836 in der Erläuterung der Crabs, Crabbing machines etc. an, dass dieselben Gewebe in rohem Zustande waschen, reinigen, im Zwischenzustande bei der Fabrikation ebenfalls reinigen und waschen und die fertigen Waaren trocknen sollen. Seit jener Zeit hat sich die Crabbingmaschine besonders in der Halbwollappretur (Orleans, Zanella etc.) eingebürgert und dient in erster Linie dazu, die vom Webstuhl kommenden Gewebe von der Schlichte und dem aus dem Spinnen herrührenden Fette und Oele zu befreien und zwar dies in möglichst gründlichster Weise, weil die Güte der im Laufe der Appretur gegebenen Färbungen wesentlich von der Reinheit des Gewebes abhängt. —

Die Crabbingmaschinen haben von vornherein eine bestimmte Gestaltung bekommen. Sie vereinigen starken Druck und Wärme mit den Bädern, denen die Stoffe ausgesetzt werden sollen.

Die Maschine (Fig. 27) besteht aus drei Kästen a, b und c, die die betreffenden Flüssigkeiten und Lösungen enthalten, und 3 in soliden Ständern montirten gusseisernen Quetschwalzenpaaren d, d, e, e und f, f, die über den Kästen liegen. Auf die unteren dieser Walzen können die Waaren auf jede einzelne aufgewunden und unter dem Druck der oberen Walzen beliebig lange in der kochenden Flüssigkeit der Kästen gespült werden, oder man kann sie auch blos durch die Flüssigkeit und zwischen den Quetschwalzenpaaren durchlaufen lassen, was aber von der Art und Beschaffenheit der Waare abhängt. Durch die Rädermechanismen g, h an dem höchsten Theile des Gestelles und den damit verbundenen Zahnstangen können die oberen Walzen behufs Aufwickeln der Waare auf die unteren beliebig gehoben und festgehalten, ebenso aber auch beliebig wieder losgelassen werden und durch an die Kettenhaken i angehängte Gewichte beliebig stark gegen die unteren gepresst werden. Die Segmente k und die Vorgelege g vermitteln dabei die Uebersetzung.

Fig. 27.

Der Einlass der Waare kann an beiden Enden erfolgen, ebenso das Auskrappen. Nach dem Krappen werden die Gewebe auf kupferne Dampfcylinder aufgekault, und zwar geschieht dies durch ebenfalls an beiden Enden angebrachte Planscheibenvorgelege l, m, die ein genaues Justiren und Verstellen der Geschwindigkeit durch Vor- und Zurückschieben des Würtels m auf der Planscheibe l gestatten. Durch einen Fusstritt n mit daran angebrachter Zugstange o und Hebelvorgelege p ist der an der Maschine beschäftigte Arbeiter jederzeit in der Lage, die Aufwicklung durch plötzliches Ausrücken zum Stillstand zu bringen.

Der Antrieb der Maschine geschieht durch solide konische Räderübersetzungen q, q, und es kann jedes Walzenpaar durch Auslöskuppelungen beliebig für sich, oder die ganze Maschine ins Gesammt in Betrieb gesetzt werden. Zur Aufhebung der durch dieses plötzliche Einrücken entstehenden Stösse haben die Räder q eigens dazu construirte und in der Praxis gut bewährte Stosskuppelungen r, die überhaupt auch den ganzen Gang der Maschine zu einem sehr ruhigen machen.

Durch die Spannhölzer s gelangt die Waare beim Einlass vollständig faltenfrei in die Maschine. t, t sind Leitwalzen, v, v Spannstäbe für die entsprechenden Kasten.

Diese vorbeschriebene Maschine ist von der Zittauer[37]) A. G. für Maschinenfabrikation ausgeführt.

Wie schon bemerkt, variiren die Constructionen der Crabbingmaschine wenig. D. Edleston hat 1858 vorgeschlagen, die aufeinanderfolgenden Walzen von verschiedenem und zwar gegen das Ende der Maschinen hin wachsendem Durchmesser zu nehmen und die Geschwindigkeit somit auch wachsen zu lassen. J. Holdsworth hat noch eine Vorrichtung mit der Maschine verbunden, um nach dem letzten Cylinder einen Luftstrom auf das Gewebe wirken zu lassen.

Eine andere gute Construction der Crabbingmaschinen ist die von C. H. Weisbach in Chemnitz, welche wir in der perspectivischen Ansicht (Fig. 28) vorführen. Sie besteht aus 4 oder 6 starken eisernen Lagerständern, welche durch einen gusseisernen Rahmen und schmiedeeiserne Stäbe unter einander verbunden sind und welche zur Lagerung von 2 oder 3 Paar eisernen Walzen dienen; diese Walzen haben einen Durchmesser von 370—380 mm, sind genau rund gedreht, äusserst exact geschmirgelt und sehr genau justirt. Von den unteren, in den Gestellwänden fest gelagerten Walzen ist bei der Krappmaschine mit 2 Walzenpaaren die eine zum Rück- und Vorwärtsarbeiten eingerichtet, während die auf den Spindeln sitzenden Räder beider unteren Walzen mit Vorrichtung zum

---

[37]) Beschreibung von Grothe, Engineering (London) 1874, Polyt. Zeitung. 1874. S. 34. Mehrere sehr schöne Abbildungen von Crabbingmaschinen sind enthalten in Meissner, Appreturmaschinen. Berlin. Julius Springer.

Ein- und Ausrücken versehen sind; bei der Krappmaschine mit 3 Walzenpaaren sind jedoch die beiden unteren Walzen des ersten und letzten
Walzenpaares zum Rück- und Vorwärtsarbeiten und die auf den Spindeln
aller 3 unteren Walzen befestigten Antriebsräder zum Ein- und Ausrücken

Fig. 28.

eingerichtet. Die oberen Walzen sind sowohl bei den Maschinen mit 2,
als auch mit 3 Walzenpaaren in Zahnstangen gelagert, deren Zähne mit
den auf einer über jedem Walzenpaare gelagerten Welle befestigten Rädern in Eingriff stehen; auf diesen Wellen befindet sich ferner je ein Seg-
ment mit Haken zur Befestigung eines Seils, welch letzteres, über eine in

die Decke geschraubte Leitrolle geführt, am anderen Ende ein Gewicht trägt, wodurch ein steter und elastischer Druck, der durch Anbringung von mehr oder weniger Gewichten erhöht oder vermindert werden kann, auf die Walzen ausgeübt wird. Zum Herausarbeiten der auf die eisernen Walzen gewickelten Waare ist bei der Maschine mit 2 Walzenpaaren ein durch an- und abstellbare Friction angetriebener Quadratstab angeordnet, auf welchen Holzwalzen oder Dampfcylinder gesteckt werden können; die Krappmaschine mit 3 Walzenpaaren ist mit 2 derartigen Quadratstäben ausgestattet, um die Waare auf beiden Seiten der Maschine heraus arbeiten zu können. Zu jedem Walzenpaare gehört ein starker Holzkasten mit eisernen Stirnwänden und 2 im Kasten befindlichen eisernen Mitlaufwalzen.

Das Entfernen fremder Anhänge und Knoten aus den Geweben.

Die Appreturoperationen können für eine Reihe von Geweben nicht gut eher begonnen werden, bevor diese nicht von Knoten, Fadenenden und fremden, den Garnen anhängenden, oder aber durch die Weberei hineingekommenen Körpern befreit sind. Es gehört hierher ferner im weiteren Sinne das Fortschaffen der Schlichte und des Fettes. Letztere werden durch Waschproceduren hinweggenommen, erstere können nur durch besondere Verfahrungsarten entfernt werden, welche zum Theil chemischer, zum Theil mechanischer Natur sind. Die Operationen, welche diesem Zwecke dienen, werden indessen nicht immer und nicht nur vor den Appreturoperationen begonnen, sondern vielfach auch zwischen den einzelnen Operationen und an manchen Stoffen in mehrfacher Wiederholung.

Es handelt sich dabei zunächst also um die Fortschaffung von Kletten und anderen vegetabilischen Anhängseln bei Wollstoffen und bei Seidengeweben aus gesponnener Seide; ferner um die Wegnahme der Gespinnstflöckchen, die kleine Knoten und Klümpchen bilden, theils eingewebt, theils halb oder ganz obenaufliegend; ferner um die durch den Weber beim Weben hergestellten Knoten beim Anknüpfen von Fäden und losen Enden der Fäden. Die Operationen zur Entfernung dieser Anhängsel zerfallen in:

    A. Chemische und chemisch-mechanische Verfahren, Carbonisiren;

    B. Mechanische Verfahren, Noppen mit der Hand und mit Maschine.

A. Das Carbonisiren.

Die Operation des Carbonisirens hat Anwendung zur Trennung thierischer und pflanzlicher Stoffe und zwar unter Zerstörung der vegetabilischen Substanzen. Bekanntlich benutzt man das Carbonisiren auch in der Kunstwollfabrikation, um die halbwollenen Lumpen von den vegetabilischen Fadentheilen zu befreien und die Wolle ohne viele Umstände isolirt zu erhalten. Die meisten dieser Verfahren bedienen sich der Salzsäure oder der Schwefelsäure oder beider in Vermischung. Diese Säuren werden sowohl in flüssigem als auch in dampfförmigem Zustande angewendet resp. als Gas.

Beide Säuren zerstören die Vegetabilien, greifen aber die animalische Faser wenig an und die Hauptaufmerksamkeit bei Ausführung dieses chemischen Entklettungsprozesses muss darauf gerichtet sein, die Medien nur in solcher Concentration anzuwenden, in welcher sie am wenigsten disponirt sind, dem Wollhaar zu schaden, — sowie darauf, die Säure nach genügender Andauer des Prozesses schnellstens und gründlichst zu entfernen. — Für diese Prozesse, in einfachster Weise durchgeführt, würden an Apparaten nöthig sein: Kufen zum Einweichen, Kufen mit Bleifütterung, Centrifuge von Kupfer mit Blei belegt, Carbonisirofen resp. Trockenraum, Walzenpresse, Klopfmaschine, Spülmaschine. Es existiren bereits specielle Entklettungsanstalten, und die Technik des Carbonisirens hat in neuerer Zeit viel Förderung erfahren sowohl in chemischer Beziehung als auch in mechanischer (Carbonisirmaschinen). Zunächst ist bei der Frage des Carbonisirens der Gewebe in Betracht zu ziehen, welcher Art die vegetabilischen Anhängsel sind, wie sie zerstört werden können, ohne der mitbetheiligten Wollfaser zu schaden. Da, wie soeben bereits gesagt, starke Mineralsäuren eine wesentliche Rolle dabei spielen, so liegt es natürlich nahe, genau zu beachten, welche Einwirkung diese Säuren auch auf die Wollfasern haben. Man hat darüber zu einer Zeit, als das österreichische Montirungsdepot die carbonisirten Stoffe als mit Schwefelsäure verbrannt zurückweisen wollte, sehr viel discutirt und verhandelt und endlich von Prof. Wiesner in Wien und von Dr. H. Grothe in Berlin Gutachten eingeholt, die, obwohl gleichzeitig und unabhängig von einander verfasst, dennoch in allen Punkten gleich und dem Carbonisiren günstig lauteten.

Zu den in Geweben enthaltenen vegetabilischen Stoffen gehören:

1. Sogenannte Kletten, nämlich verschiedene, mit Stacheln versehene Früchte. Es sind dies die Früchte von Xanthium spinosum, Echinospermum lappula, Galium aparine, Medicago minima und Daucus Carota. Es werden die kleinen dieser aus der Wolle mechanisch ausserordentlich schwer zu entfernenden, stachlichen Früchte bekanntlich auch als „Wollläuse" bezeichnet.

2. Stroh- und Grastheile, namentlich Spindeln der Blüthen und Fruchtähren.

3. Grobe Gewebsfasern, besonders Jute; zweifellos von den Emballagen herrührend.

4. Blatt- und Stengelfragmente der verschiedensten krautartigen Gewächse.

Um den Einfluss des Carbonisirens auf die genannten vegetabilischen
Stoffe kennen zu lernen, ist es nach Wiesner nothwendig, zu untersuchen,
wie sich bei diesem Prozesse verhält: die reine Cellulose, die verholzte
und die mit einer Cuticula überzogene Zellwand. Auf die im Zellinhalte
dieser Vegetabilien auftretenden Stoffe hat man nicht nöthig Rücksicht zu nehmen, und zwar aus zweierlei Gründen. Erstens weil die Zellinhaltsstoffe wie Stärke, Chlorophyllkörner, Protoplasmareste bei dem Prozesse des Carbonisirens gewiss zerstört werden, und zweitens, weil die
Zellinhaltsstoffe, welche Beschaffenheit sie auch immer besitzen mögen,
bei der Zerstörung der sie umhüllenden Zellenmembran eine aus losen
Theilchen bestehende Masse bilden müssen, welche schon beim Waschen
der Wolle, beziehentlich des Tuches abging. Die Cellulose findet sich
in ziemlich reinem Zustande in einzelnen Bast- und Markgeweben der oben
genannten vegetabilischen Verunreinigungen der Wolle vor, ferner im
Schafkoth. Verholzte Cellulose bildet die Hauptmasse des festen Zellge-
rüstes jener Pflanzenstoffe. Die mit Cuticula überzogene Zellwand tritt in
allen Hautgeweben der oben genannten Früchte, der Blätter- und Stengelfragmente auf.

Verholzte Pflanzenfasern werden schon bei Behandlung mit ein- bis
zweiprocentiger Schwefelsäure und hierauf folgendes Erwärmen bei 45 bis
50° nach Ablauf von drei Viertel bis einer Stunde brüchig und nehmen
eine dunkle, bräunliche Farbe an. Auf 55° erhitzt, zeigen diese Fasern
bereits einen kohligen Charakter.

Reine Cellulose verhält sich etwas resistenter. Mit ein- bis zweiprocentiger Schwefelsäure behandelt, wird sie bei Erhitzung auf 50 bis
55° nach Ablauf von etwa einer Stunde brüchig, beginnt sich bei 60° zu
bräunen und verkohlt erst bei 65°.

Eine noch grössere Widerstandskraft zeigt bei diesem Prozesse
die Baumwolle, da dieselbe bei Behandlung mit ein - bis zweiprocentiger Schwefelsäure erst bei 60 bis 62° brüchig wird, und die
Bräunung erst bei 70 bis 72° beginnt. Erst einige Grade darüber tritt
Verkohlung ein.

Rascher als mit ein- bis zweiprocentiger Schwefelsäure gelingt der
mechanische Zerfall und die Verkohlung der drei genannten Arten von
vegetabilischen Fasern bei Behandlung mit höherprocentiger Schwefelsäure
und bei Anwendung noch höherer, als den oben genannten Temperaturen.
Immer ist es aber die verholzte Faser, welche unter gleichen Verhältnissen
der Behandlung zuerst, die mit Cuticula versehene Zellwand, welche zuletzt
verkohlt, während die reine Cellulose ein intermediäres Verhalten zeigt.
Noch bevor die Anzeichen beginnender Verkohlung sich einstellen und die
angesäuerte und erwärmte Faser noch ihre ursprüngliche Farbe besitzt,
wird dieselbe so brüchig, dass sie bei dem leisesten Druck in eine stau-
bige Masse zerfällt. Für die Beseitigung der vegetabilischen Verunreini-

gungen aus der Wolle (oder dem Tuche) ist es also gar nicht nöthig, die Bräunung oder gar die Verkohlung der Pflanzenstoffe abzuwarten.

Während somit also die Pflanzenfaser zerstört wird, gewinnt bei richtiger Behandlung die Thierfaser an Festigkeit[38]). Die Zunahme der absoluten Festigkeit von Thierhaaren beim Carbonisiren unter Anwendung niedrigprocentiger Schwefelsäure und nicht zu hohen Temperaturen dürfte wahrscheinlich darauf beruhen, dass die Säure, ohne die Substanz der Faser merklich chemisch zu verändern, die histologischen Elemente zum schwachen Aufquellen bringt und hierdurch das Gefüge des Haares an Dichtigkeit gewinnt. Es ist nicht unberechtigt, sich vorzustellen, dass beim Carbonisiren des thierischen Haares die Festigkeit des letztern in ähnlicher Weise, wie dies beim vegetabilischen Pergament der Fall ist, gewinnt, nämlich durch Dichterwerden des Gefüges: hier in Folge des Aufquellens der Fasern des Papiers, dort in Folge des Quellens der Elementarorgane des Haares, in erster Linie wohl der Zellen der substantia fibrosa.

Für ein regelrechtes Carbonisiren erscheint es nothwendig, die Faser, in welcher Form immer sie diesem Prozesse unterworfen wurde, mit schwach alkalischen Flüssigkeiten und hierauf mit Wasser zu behandeln, um etwa noch der Faser anhaftende Schwefelsäure, welche in der Folge vielleicht schädigend auf die Faser einwirken könnte, zu entfernen. Bei Versuchen in der Weise, dass die regelrecht carbonisirte Faser mit schwacher Sodalösung und hierauf mit Wasser behandelt wurde, hat sich, wie auch nicht anders zu erwarten stand, keine Verminderung der absoluten Festigkeit der Faser ergeben.

Die Eigenschaft der Salzsäure, die vegetabilische Faser zu zerstören, ist aus dem Salzsäuregas resp. den salzsauren Dämpfen herzuleiten. Man hat daher eine Reihe Verfahren eingeführt, welche sich auf die Wirkung der Salzsäuredämpfe beziehen und wendet eine Reihe Materialien dabei an, welche bei und durch Einwirkung der Wärme salzsaure Dämpfe zur unmittelbaren Action auf die vegetabilischen Fasern bringen.

Man benutzt folgende verschiedene Methoden des Carbonisirens:

1. Anwendung der Salzsäure, Schwefelsäure oder beider in wässrigem, flüssigem Zustande.
2. Anwendung des Chlormagnesiums, Chloraluminiums u. a. in Lösung und unter Wirkung hoher Temperatur.
3. Imprägnirung mit Gasen.
4. Behandlung mit Säure, Gasen und Flüssigkeiten.
5. Behandlung mit überhitztem Wasserdampf.

Zu den Verfahren mit Säurelösungen gehören die folgenden:

---

[38]) Diese Beobachtung hat Grothe bereits 1861 gemacht und in seiner Inaugural-Dissertation: „Untersuchungen über die Wolle" wiedergegeben.

Fenton's Methode bedient sich der Salzsäure oder der Schwefelsäure (18°) in verdünntem Zustande. Er lässt die Laugen mit der Säure in Bleigefässen 12 Stunden in Berührung, trocknet stark und wäscht in Alkalien aus. Bromann wendet Schwefelsäure von 60° B. zu 3 Th. und 97 Wasser an. 12 Stunden Einwirkung. Trocknung bei 140—160°.

Schaller bringt Stoffe aus Wolle mit der vegetabilischen Faser 12 Stunden lang in ein Bad, aus 7 pCt. Schwefelsäure von 66° B. und 97 pCt. Wasser bestehend und trocknet dieselben sodann. Sollte diese Flüssigkeit noch nicht genügend gewirkt haben, so werden die Abfälle 4 bis 5 Stunden lang einer Wärme von 60—70° C. ausgesetzt, wodurch die Vegetabilien zerreiblich werden.

E. Kopp[39]) hält die Methode für die beste und billigste, welche ein Säurebad anwendet von 100 Th. Säure auf 300—500 Th. Wasser, dann abpresst und bei einer allmälig auf 70° C. erhöhten Temperatur trocknet.

Böttcher und Bode[40]) empfehlen folgendes Verfahren: Auf 100 Pfd. Tuch wird eine reine, mit einem Haspel versehene Holzbütte mit reinem kaltem Wasser, 1½ Pfd. Borax, 5 Pfd. Alaun und 3 Pfd. schwefelsaurer Thonerde, welche zuvor in heissem Wasser gelöst werden, gefüllt; hierauf wird englische Schwefelsäure beigegeben, bis das Bad eine Stärke von 6° nach dem 100theiligen Aräometer zeigt. Die Tuche, selbstverständlich nur weisse, später zum Färben bestimmte, werden nach dem letzten Auswaschen in dieses Bad genommen, 20 Minuten gedreht, herausgenommen, 4 Stunden glatt liegen gelassen, nachher in grosser Hitze getrocknet, dann in Soda ausgewaschen und gewalkt wie gewöhnlich.

Bourry[41]) taucht die Wolle ein in ein Bad von 4 Th. Schwefelsäure und 100 Th. Wasser auf 20 Minuten. Darauf wird die Wolle herausgenommen und ausgeschwenkt, bei einer Temperatur von 110—120° etwa 10 Minuten carbonisirt und in kaltem Wasser gewaschen oder auch in einem kalten Bade mit geringem Zusatz von Alkali oder Kalk behandelt und dann gewaschen.

Das geheimgehaltene Albert'sche[42]) Verfahren ist wohl nichts anderes als die geeignete Benutzung der Säurewirkung etc, ebenso wie das Cliff'-sche[43]) Verfahren, ferner die Methoden von Saville[44]), Gray[45]), Wildsmith & Carter, Julion, Ruttre u. A.

Der Säure-Prozess ist 1853 von Fenton & Crone, Körber[46])

---

[39]) Moniteur scient. 1871.

[40]) Siehe auch das Verfahren von Lix. Musterzeitung 1876 No. 3. — Deutsche Industrie-Zeitung 1870. p. 409. — Dingler's Journ. B. 198. p. 263.

[41]) Moniteur des tissus 1872.

[42]) Wollengewerbe von Söderström. Grüneberg.

[43]) Dingler's pol. Journ. Bd. 158 p. 443.

[44]) London Journ. XIII. p. 24.

[45]) Repert. of pat. Journ. XXX. 322.

[46]) Körber macht Ansprüche auf die Priorität dieses Verfahrens und das

zuerst öffentlich benutzt und von Izart & Lecoup, von Schaller, Julion, Sheerwod und vielen andern abgeändert und quasi verbessert. Die Tendenz dieses Prozesses Fenton beruhte auf Gebrauch verdünnter Mineralsäuren und der Wärme. Beide wirken auf schnelle Zerstörung der Vegetabilien hin. Duclaux, Lechartier & Raulin haben gegen 1866 über diesen Prozess gleichzeitig mit Violette Versuche angestellt und die Resultate wie folgt veröffentlicht[47]).

Das Verfahren selbst begreift im Wesentlichen drei Operationen:

1. Einlegen der verwebten Wolle in ein Schwefelsäurebad von 3 bis 4° B. 2. Ausschleudern in einer Centrifuge und 3. Aussetzen einer Temperatur von circa 100°. Durch die Einwirkung der Säure erleiden die Kletten eine Art Verkohlung und werden so brüchig, dass sie bei der weiteren Verarbeitung der Wolle (nach vorausgegangenem Ausspülen der Säure) als Staub herausfallen. Uebrigens darf nicht übersehen werden, dass die Behandlung organischer Materien durch Säuren und Wärme, wobei die vegetabilische Substanz zerstört und die animalische unverändert bleiben soll, immerhin etwas delicater Natur ist und daher Vorsicht erforderlich macht. Ueber Stärke der Säure, Temperatur etc. ist man noch keineswegs so im Reinen, dass nicht auch Misserfolge stattgefunden hätten, und aus diesem Grunde sind zahlreiche Versuche angestellt worden, um dem Industriellen feste und sichere Anhaltspunkte bei der Anwendung des Verfahrens zu geben.

Man hat, um die wollenen Stoffe vor der Einwirkung der Säure — wie man voraussetzte — sicher zu schützen, empfohlen, dieselben erst in eine Lösung verschiedener Salze, wie Sulfate, metallische Chloride und ganz besonders Zink- Alaunerde-, Zinnsalze zu beizen. Um darüber ein entscheidendes Urtheil fällen zu können, behandelte Violette einige Wollstoffe gleich oder erst nach dem Eintauchen in Lösungen von Alaun oder Zinnsalz mit Schwefelsäure von verschiedener Stärke. Der Erfolg war stets der gleiche, d. h. durch die vorherige Behandlung mit einem solchen Salze ging die Waare aus dem Säurebade nicht besser hervor als aus letzterem allein, und wenn sie eine Veränderung erlitten hatte, so zeigte sich dieselbe in beiden Fällen gleich gross.

Ja Violette meint sogar, dass jene Stoffe schädlich wirken.

Um die Wirkung derjenigen Agentien weiter zu klären, welche die Fähigkeit besitzen, die vegetabilische Materie zu zerstören, ohne die Wolle anzugreifen, heben mehrere Patente als solche die organischen und mine-

---

„Wollengewerbe“ hat 1880 diesem Anspruche viel Aufmerksamkeit geschenkt. Jedenfalls ist die Feststellung der Thatsache, wer zuerst Carbonisation benutzt hat, sehr schwer, nachdem längst bekannt war, dass man mittelst Mineralsäuren vegetabilische Fasern verkohlen konnte, nicht aber die thierische Faser.

[47]) Bulletin de la Société chimique de Paris XXI. 337. Dingler's pol. Journ. Bd. 213. pg. 65.

ralischen Säuren, das Chlor und dessen Verbindungen etc. hervor. Aber die Zahl solcher Agentien ist nur klein; so greift der Chlorkalk z. B. die Wolle stark an, während er die Kletten nicht zerstört, und die organischen Säuren wirken weder auf die Wolle, noch auf die Kletten ein. Der Prozess, auf das Verhalten der Schwefelsäure allein beschränkt, bietet stets gute Resultate.

Taucht man ein Stück Stoff kalt in verdünnte Schwefelsäure, so erfolgt damit noch keine Einwirkung; wenn man das eingetauchte Stück aber nachher in einen bis auf 100° geheizten Raum bringt, so werden die darin vorhandenen Kletten in wenigen Minuten verkohlt. Violette behandelte drei Proben Wollstoffe mit Schwefelsäure von verschiedener Verdünnung und mehr oder weniger lange verschiedenen Temperaturen ausgesetzt. Nach dem Herausnehmen aus der Säure waren die Proben der ersten Reihe dem blossen Abtropfen überlassen worden. Die Proben der zweiten Reihe hatte man in der Hand so weit ausgedrückt, dass sie nur noch ein ihrem eigenen gleiches Gewicht Flüssigkeit enthielten; die Proben der dritten Reihe endlich hatte man in einer Centrifugalmaschine ausgeschleudert, und betrug die darin zurückgebliebene Flüssigkeit kaum die Hälfte vom Gewichte des Stoffes.

In sämmtlichen blos abgetropften Proben war die Wolle augenscheinlich verändert; sie besass eine geringere Festigkeit als die der ausgedrückten Proben. Die Veränderung erschien übrigens an den verschiedenen Stellen der Zeugfläche ungleich, stärker an den Rändern, namentlich den unteren. Die Proben der zweiten Reihe waren innerhalb passender Grenzen der Säureverdünnung und Temperaturhöhe ziemlich unversehrt und von ziemlich gleichförmigem Ansehen; aber innerhalb derselben Grenzen übertrafen die Proben der dritten Reihe die übrigen hinsichtlich der Unversehrtheit der Wolle.

Diese Differenzen kamen noch mehr zum Vorschein, als man die Proben in ebensolche Färbebäder, als zur Ermittelung des Einflusses der sogen. schützenden Bäder gedient hatten, brachte; denn die Nüancen sämmtlicher Proben der ersten Reihe waren mehr oder weniger unregelmässig und verschieden von denen der ursprünglichen Proben, jene der zweiten Reihe wiederum ziemlich und die der dritten Reihe vollkommen befriedigend. Mithin ist das Ausschleudern eine zur Erzielung untadelhafter Fabrikate nothwendige Bedingung, namentlich bei ganzen Tuchstücken, bei welchen das gleichförmige Ausringen kaum möglich wäre.

Die ungünstigen Resultate mit den blos abgetropften Proben sind eine unmittelbare Folge des Einflusses der Säuremenge auf die Conservirung der Wolle und der ungleichen Vertheilung der Säure auf den Stoff während der Verdunstung der Flüssigkeit unter dem Einflusse der Schwere und der Capillarität.

Es wurden viele Versuche angestellt, um den Einfluss der Säuremenge, der Temperatur des Heizlokales und der Dauer des Verweilens in diesem auf die Resultate der Entklettung der Wollstoffe kennen zu lernen. Es ergab sich dabei u. a., dass — wenn man den Stoff zwei Stunden lang bei 110° aussetzte — 2 Liter Säure auf 100 Liter Wasser ein passendes Verhältniss sind, während bei $\frac{1}{4}$ Liter Säure die Kletten kaum angegriffen werden, und bei 17 Liter Säure die Wolle eine derartige Veränderung erleidet, dass der Stoff an den Rändern verkohlt wird und beim Waschen in Fetzen zerfällt.

Man erhält im Allgemeinen bei gleicher Temperatur und gleich langem Verweilen in dem Trockenraum innerhalb gewisser Säure-Grenzen gute Resultate; unterhalb der Minimal-Grenze werden die Kletten nicht genügend zerstört, und oberhalb der Maximal-Grenze wird die Wolle beschädigt. Der geeignete mittlere Säure-Zusatz variirt übrigens im umgekehrten Sinne mit der Temperatur und der Dauer des Verweilens im Trockenlokale.

Die so behandelten Stoffe wurden erst mit warmem Wasser, dann mit alkalischem Wasser gewaschen, in fliessendem Wasser gespült, in mehrere Reihen getheilt und gleichzeitig mit nicht entkletteten Proben gefärbt und zwar hellgrau, stahlgrau, graublau, scharlachroth, goldgelb, grün und kastanienbraun.

Im Allgemeinen näherte sich die Farbe der entkletteten Proben um so mehr derjenigen der nicht entkletteten, als die Säuremenge geringer, die Temperatur des Trockenlokales weniger hoch und die Dauer des Verweilens darin kürzer war; sie zeigte sich übrigens unter gewissen Grenzen normal und gleichmässig. Oberhalb dieser Grenzen erschien die Farbe mit blassem Ton und glanzlos, weniger gleichmässig, und mit einer der ursprünglichen Musterprobe fremden Nüance, jedoch bei den verschiedenen Farben in ungleichem Masse.

Die nachfolgende Tabelle giebt eine bestimmte Grenze an, welche der Fabrikant nicht überschreiten darf, wenn er mit dem Schwefelsäureverfahren befriedigende Resultate erzielen will.

Temperatur des Trockenlokals.	Säuremenge für 2 stünd. Verweilen im Trockenlokale.	Säuremenge für halbstünd. Verweilen im Trockenlokale.
80°	$1\frac{1}{2}$ bis $4\frac{1}{2}$ Liter	3 bis 7 Liter
110°	1 „ 3 „	$1\frac{1}{2}$ „ $4\frac{1}{2}$ „
150°	$\frac{1}{2}$ „ 1 „	1 „ $1\frac{1}{2}$ „

Das Frézon'sche Verfahren schliesst sich diesen Ermittelungen Violette's gut an. Ueber dasselbe stellte J. Delong[48]) Versuche an, um gerade jene von Violette in Abrede gestellte günstige Wirkung der verwendeten

---

[48]) Le Jacquard 1877. — Musterzeitung 1877. S. 354. — Jetzt Wittwe Romain Joly in Elboeuf D. Patent No. 9263.

Salze zu ergründen, die inzwischen bei dem Verfahren von Joly hervorgetreten waren.

Bei Joly's Verfahren werden wie beim Säureprozess die Wolle oder
wollenen Stoffe eine gewisse Zeit lang einer Temperatur von 120—130°
ausgesetzt. Bei dieser Temperatur wird die Wolle etwas gelblich, was für
die zu färbenden Stücke von keinem Nachtheil ist, wohl aber für diejenigen, die weiss verkauft werden sollen. Diesem Uebelstand war bald abgeholfen. Man verminderte einfach die Temperatur der Trockenstube und
liess die Stücke länger darin. Nach Joly entklettete Stücke, die einer
Temperatur von höchstens 90° ausgesetzt waren, zeigten ein blendendes
Weiss.

Was einen zweiten Vorwurf anbetrifft, so gilt derselbe, wenn er überhaupt anzuerkennen ist, sowohl für das System Frézon als das Joly's.
Es handelt sich nämlich um die Schwierigkeit des Filzens, auf die man
bei der Walke stossen kann.

Dies kann in Folge schlechten Auswaschens des Stückes nach dem
Entkletten eintreten; es ist klar, dass, wenn die Stoffe nicht gehörig gereinigt worden sind, ein Thonerdehydrat zurückbleibt, das sich mit der
Seife verbindet und diese unlöslich macht. Es bleibt demnach in dem
Zeug eine schädliche, schwer zu entfernende Substanz zurück. Doch soll
noch besonders darauf aufmerksam gemacht werden, dass, wenn das Waschen recht gründlich vorgenommen worden ist, dieser Uebelstand nie eintreten kann. Im Gegentheil behaupten verschiedene Fabrikanten, von
denen wir Bertrand aus Louviers anführen wollen, dass sie bei den entkletteten Zeugen ein besseres und schnelleres Filzen erzielen als bei den
nicht entkletteten.

Im Uebrigen bedient sich Joly eines Bades von Aluminiumchlorür
(6—7° B.), in welchem das Gewebe tüchtig hantirt wird und längere
Zeit belassen. Die Concentration des Bades und die Zeitdauer der Einwirkung richtet sich nach den Geweben und Farben des Gewebes.

Nachdem die Stücke das Bad verlassen haben, werden sie in eine
Centrifuge gebracht, die sich mit einer Geschwindigkeit von circa 600 Umdrehungen in der Minute bewegt, um die überschüssige Flüssigkeit weg-
zuschleudern, was ungefähr 20—25 Minuten erfordert. Die aus der Centrifuge geschleuderte Flüssigkeit wird in das Bad zurückgebracht, welches
3 Tage lang nutzbar bleibt, wenn man jeden Morgen etwas Aluminiumchlorür zusetzt.

Die Stücke werden nun bei 50° vorgetrocknet; dies nimmt mehrere
Stunden in Anspruch. Von hier aus lässt man sie in einem Trockenraum
bei 145° C. circuliren.

Salvetat und Barral haben ausgesagt, dass das Aluminiumchlorhydrat
keinerlei Beziehungen zu den vegetabilischen oder Mineralsäuren habe;
dass das Entkletten, welches durch dieses Salz bewirkt wird, nur einer

ganz besonderen Eigenschaft desselben zuzuschreiben ist, welche von dem
Einfluss der Salzsäure weit verschieden ist und der Industrie bis zur Entdeckung Joly's vollständig unbekannt war. Diese Angabe constatirt also
einen wesentlichen Unterschied zwischen den Säuren und den Salzen, sowie zwischen deren Wirkungen; sie spricht aber nicht weiter von dieser
besonderen Eigenschaft. Delong möchte auf Grund einer Thatsache,
nämlich der Sprödigkeit des Strohes, der Kletten etc., die Ursache in einer
Krystallbildung des Salzes suchen. Hierdurch wäre die Brüchigkeit der
Verunreinigung ganz gut erklärt. Dies ist eine Hypothese, die jedoch
durch die Art und Weise, wie z. B. das Haus Bellott, Douine & Co. arbeitet, noch an Wahrscheinlichkeit gewinnt. Bei diesem Hause werden
die Tücher aus dem Trockenraum, der nur 90° warm ist, unmittelbar in
eine trockene Walke gebracht; nach zwei Stunden ist in den Stoffen keine
Spur der pflanzlichen Verunreinigungen zu entdecken. Schliesslich spricht
noch eine Thatsache für diese Ansicht. Lässt man die mit Salzen entkletteten Verunreinigungen einen Tag lang der Feuchtigkeit ausgesetzt
sein, so lassen sie sich auf den Zerreibungsmaschinen nicht mehr zerkleinern.

Als Vorläufer des Joly'schen Verfahrens sind R. Böttger und besonders Newman zu betrachten.

Um die Wolle im Gewebe vor der Einwirkung der trennenden Säure
zu schützen, wird dieselbe nach Newman mit schwefelsaurer Thonerde-
oder Alaunlösung (1 bis 5 Th. : 100 Th. Wasser) imprägnirt und dann in
eine warme Seifenlösung getaucht, mit $1\frac{1}{2}$ bis $7\frac{1}{2}$ Th. auf 100 Th. Wasser.
Nun bringt man das zu trennende Zeug so vorbereitet in Schwefelsäure,
mit Wasser (zu 100 Th. auf 1 bis 5 Th.) verdünnt, und imprägnirt es
damit. Darauf setzt man das feuchte Zeug einer Temperatur von 95°
aus. Die vegetabilische Faser wird dann gänzlich zerstört und kann
durch Reiben oder Auswaschen in heissem Wasser entfernt werden, die
Wollfaser aber bleibt wohlerhalten zurück.

An Stelle des Chloraluminiums hat Dr. Ad Frank[49]) Chlormagnesium
angewendet. Chlormagnesium, welches in grosser Menge in Stassfurth gewonnen wird und sehr geringen Preis hat, wird in Lösungen von 5—6° B. angewendet. Es genügt, die Wollenstoffe eine halbe Stunde darin gut durch-
zuhantiren, so dass sie von der Lösung überall kräftig und gleichmässig
durchdrungen sind. Nachdem man die Wolle herausgeschlagen, wird dieselbe in einer Centrifuge gut ausgespritzt und in den Trockenraum resp.
die Trockenmaschine gebracht. Es finden hierzu dieselben Vorrichtungen
Anwendung, welche bei dem Carbonisiren mit Chloraluminium im Gebrauche
sind. Zum Carbonisirtrocknen der Wollenstoffe empfiehlt Dr. Frank, einen
Kessel mit einer starken Salzlösung so zu füllen, dass in derselben eine

---

[49]) Ad. Frank, D. R. P. 1877.

Blechtrommel, welche die gut vorgetrocknete Wolle resp. Wollenstoffe aufnimmt, hineingehängt werden kann. Der Kessel mit der Salzlösung wird
dann mit direktem Feuer so geheizt, dass in der Blechtrommel eine Hitze
von 125 bis 130° C. auf die Dauer 1 Stunde erreicht wird. Die Wolle ist
dann carbonisirt und geht den Weg wie beim Chloraluminium-Verfahren.
Es ist mit Wasser gut zu spülen, wodurch das zurückgebliebene Chlormagnesium aufgelöst und entfernt wird.

Durch die von Dr. Frank angewendete Methode ist der sonst gebräuchliche Carbonisirofen mit freiem Feuer vermieden, durch welchen häufig
genug die unteren Wolllagen der jedesmaligen Beschickung des Ofens
einer so grossen Hitze ausgesetzt werden, dass sie an Elasticität und
Haltbarkeit beträchtlich verlieren, d. h. mürbe werden.

Jedenfalls ist eine Carbonisirmaschine mit Dampfheizung von zweckmässiger Construction vorzuziehen.

Ueber die zweckmässigste Trocknung ist man noch nicht ganz entschieden. Einige schlagen heisse Luftströme vor, die durch die Waare
hindurch gesaugt werden mittelst Ventilators, andere wollen Plattenheizung
oder Contact mit heissen Röhren, Cylindern[50]) etc. vorziehen. Wir halten
das Trocknen mit heisser Luft[51]) für zweckmässiger.

Für die Anwendung von Gasen zur Carbonisation ist das Patent von
Godefroy Sirtaine[52]) in Verviers von grosser Bedeutung. Dasselbe enthält gleichzeitig einen zweckmässig construirten Apparat. Der Apparat
soll folgenden Zwecken im Verfahren dienen:

Die vollständige und rasche Imprägnirung solcher Stoffe oder Körper
mit Gasen bewirken, welche sonst nur langsam und schwer zu durchdringen sind, so dass die Gase in innige Berührung mit allen Theilchen
gelangen. Diese Imprägnirung mit dem möglich geringsten Aufwand an
Gas vollbringen. Nach der Imprägnirung den im Körper vorhandenen
Ueberschuss an Gas durch die das Gas aufsaugenden Stoffe aus dem
Körper entfernen, ohne die Nachbarschaft zu belästigen.

Durch die Anwendung dieses Apparates lassen sich alle diese Operationen schnell, vollständig, billig und wenig gesundheitsschädlich ausführen. (Fig. 29—31.)

Eine Kammer A ist in horizontaler Richtung in einer gewissen Entfernung über dem Boden durch Hürden, Rahmen etc. in zwei Theile getheilt. a¹, a¹ sind Oeffnungen mit hermetischem Verschluss, durch welche
die Arbeiter einsteigen, um die in der Folge von dem Gas zu durchdrin-
genden Stoffe auf den Rahmen auszubreiten oder anzuhaken.

B ist eine Vorkammer, in die man je nach der Zusammensetzung der
angewendeten Gase verschiedene Körper bringt, deren Eigenschaften sie

---

[50]) Iwand & Fischer, Behnisch.
[51]) Thomas, Sirtaine.
[52]) Sirtaine, D. R. P. No. 3211. Polyt. Zeitung 1879. S. 310.

befähigen, diese Gase einzusaugen. Die Vorkammer grenzt an die
Kammer A und ist mit ihr durch das Bogenrohr b in Verbindung gesetzt.
C ist ein Ventilator, dessen Saugrohrmündung je nach Belieben entweder

Fig. 29.

mit der Kammer A oder der Vorkammer B durch das Bogenrohr c in
Verbindung gesetzt werden kann. Ein Stück D ist an der Ausgangsmün-
dung des Ventilators angebracht und dient dazu, je nach Belieben den

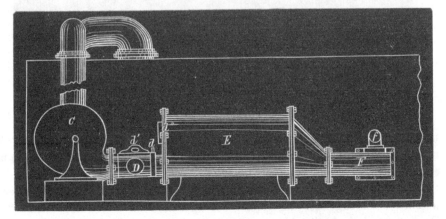

Fig. 30.

durch den Ventilator hervorgerufenen Strom zu einem beständigen Kreislauf zu machen, oder diesen Kreislauf zu unterbrechen. Zu diesem Zweck
ist dieses Stück D durch einen verticalen Schieber d in zwei Theile ge-

theilt, wovon jeder mit einer von aussen hermetiseh verschliessbaren Oeffnung versehen ist. Die eine vor dem Schieber d befindliche Oeffnung d'
steht mit einem Kamin oder Abzugscanal in Verbindung und lässt sich
mittelst eines Schiebers schliessen. Die andere d'' (hinter dem Schieber d
angebracht) gestattet, Luft von aussen einzulassen, und wird mittelst eines
Deckels geschlossen. E ist ein, an das Stück D befestigter und mit ihm in
Verbindung gesetzter Kasten, zur Aufnahme eines Kühl- oder Heiz- oder
Trockenapparates bestimmt, je nachdem das Gas abgekühlt bezw. geheizt oder getrocknet werden soll. F stellt eine an dem Kasten E ange-

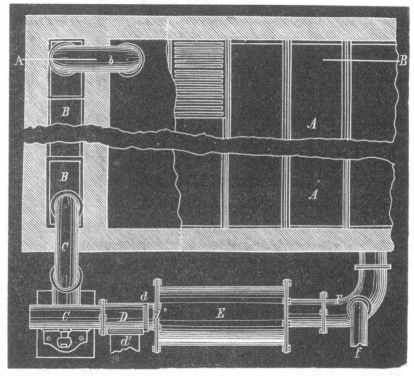

Fig. 31.

brachte Leitungsröhre dar, welche unterhalb der Hürden in die Kammer A
mündet. In diese Leitungsröhre wird durch eine Röhre f das Gas aus
einem Gasentwicklungsapparat eingeführt.

Der Imprägnirungsapparat kann in allen Grössen ausgeführt werden,
je nach der Menge der auf einmal der Operation zu unterwerfenden Stoffe.
Es müssen jedoch die Abmessungen seiner verschiedenen Theile in demselben Verhältniss zur Fläche der Kammer A stehen, wie es in der Zeichnung angenommen wurde[53].

[53] An Stelle dieses Trockenapparates hat Sirtaine neuerdings einen andern

Ein anderes Gasverfahren und Apparat rührt von C. F. Gademann aus Biebrich her.

Der Apparat besteht aus einem Eisenblech-Cylinder, dessen beide Enden mit zwei luftdichten Deckeln verschlossen sind. Im Innern des Cylinders befindet sich eine Röhrenwindung, welche es ermöglicht, den inneren Raum desselben auf 110 bis 130° C. durch überhitzten Wasserdampf zu erwärmen. Der zur Heizung nöthige Dampf geht im Mittelpunkte des Deckels durch eine Röhrenwindung und entweicht, nachdem er seine Wärme abgegeben, durch einen Hahn. Durch die an einem Deckel des Cylinders angebrachte Oeffnung werden die zu carbonisirenden Stoffe hineingebracht und alsdann der Deckel dieser Oeffnung luftdicht verschlossen. Durch die hohle Achse des Deckels geht ein Zweigrohr, dessen Oeffnung in Verbindung mit einem Luftverdünnungsapparate steht, welcher ein Vacuum von ungefähr 45 cm Quecksilbersäule im Innern des Carbonisationsraumes hervorbringt. Durch das Zweigrohr geht ferner ein Rohr, welches zum beliebigen Einlassen von Luft dient. Die Oeffnung im Zweigrohre ist durch ein weiteres Rohr mit einer Retorte in Verbindung gebracht, in welcher Salzsäuregas aus Kochsalz und Schwefelsäure entwickelt wird. Alle Rohrabzweigungen können durch Hähne geöffnet oder geschlossen werden. Das Salzsäuregas geht, bevor es durch die Oeffnung in den Carbonisationscylinder gelangt, durch eine Woulff'sche Flasche, in welcher sich Schwefelsäure befindet, die den Zweck hat, das noch in dem Gase sich befindende Wasser aufzunehmen. Das Gas geht dann, ohne leicht zu condensiren, in den erhitzten Carbonisationscylinder, in welchem sich dasselbe um so weniger condensiren kann, als darin eine Temperatur von 110° C. herrscht. Hitze und Salzsäuregas bringen in Gemeinschaft die Zersetzung der vegetabilischen Stoffe hervor, welche der Wolle beigemischt sind.

Eine ähnliche Idee spricht sich bereits in dem älteren Verfahren von G. Martin[54]) aus.

Der Apparat, in welchem diese Methode ausgeführt wird, besteht aus folgenden Theilen. In einem Gehäuse mit Eintrag- und Abführöffnung dreht sich eine Trommel (etwa $\frac{2}{3}$ so gross als das Gehäuse), deren Mantel aus feinem Drahtsieb oder perforirtem Blech resp. von anderem Material gebildet ist. Auch diese Trommel enthält eine Eintragöffnung. Diese Trommel ruht und ist beweglich auf Zapfen, die durchbohrt als Zuleitungsrohr und Ableitungsrohr dienen. Man giebt die Materien in die Siebtrommel ein, setzt sie in Bewegung und lässt nun das Gas oder gespannten Dampf eintreten. Nachdem die Einwirkung der Gase oder Dämpfe genug angedauert hat, lässt man kalte Luft durch die Axe hindurch eintreten

---

patentiren lassen. Das Gewebe circulirt in einem von Schlangenwindungen der Heizrohre gebildeten Trockenraum. D. R. P. No. 11376.

[54]) Martin, Engl. P. Spec. 1869. 1540.

und treibt so die angreifenden Gase aus. Es ist ersichtlich, dass die Centrifugalkraft die Gase intensiv durch die Fasern hindurchtreibt. Die Temperatur steigt in dem Apparat ziemlich hoch. Man kann diesen Apparat mit gespanntem Dampf beschicken und dadurch die Vegetabilien zersetzen, oder aber auch zum Bleichen etc. benutzen.

Für einen anderen Prozess, der sich auch des Säuregases bedient, ist ein Granitofen ausgeführt. Das Wollgewebe wird auf einen Wagen gelegt, dessen Kasten aus Siebgeflecht besteht. Der Wagen wird in den Ofen geschoben und nun wird Salzsäure in einer Pfanne am Boden erhitzt, so dass die salzsauren Dämpfe die Waare durchziehen. Nach Vollendung des Prozesses wird die Waare entsäuert in einem Wasserbade mit Schlemmkreide, alkalischen Bädern und schliesslich ausgespült und bei 40—50° C. getrocknet.

Th. Aug. Leclerq[55]) (Paris) wendet, um fertige Gewebe möglichst wenig zu alteriren, Säuregase, stark mit Luft vermischt, an und treibt sie durch die Gewebe, spült und quetscht aus. Er benutzt eine etwas geneigte horizontale Trommel dazu.

Gebr. Boyron & Co.[56]) in Barr (Elsass) liessen sich ein sehr bemerkenswerthes Verfahren patentiren, welches dem Wollfaserstoff seine natürliche Weichheit bewahren soll und bei dem wasserfreie Dämpfe von Säuren benutzt werden. Zur Erzeugung der Dämpfe dienen Salpetersäure, Schwefelsäure, Salzsäure oder Chloraluminium, zum Trocknen derselben Manganchlorür in trockenem Zustande oder Chlorcalcium oder ungelöschter Aetzkalk oder concentrirte Schwefelsäure.

Die Apparate bestehen in einem Gasentwickler und einem Gastrockner. Der erstere ist ein gusseiserner, ziemlich starkwandiger Cylinder mit gewölbtem Boden; unter letzterem befindet sich eine Rostfeuerung. Diese sowie, in einem entsprechenden Abstand von seiner Aussenseite, der Cylinder sind mit einem Mauerwerk umgeben, auf dessen Oberfläche der Cylinder mit einer ringförmigen Flansche aufruht. Der Cylinderdeckel, der unter Zwischenlage eines Gummiringes aufgeschraubt wird und der ebenso wie der obere Theil des Cylinders innen emailllrt ist, ist mit zwei Oeffnungen versehen, deren eine zur Aufnahme des Speiserohres dient, während aus der andern durch ein Bogenrohr das entwickelte Gas nach dem Gastrockner austritt. Die Säure träufelt im Gasentwickler auf Porzellan- oder Glaskörper auf, die den untern Theil desselben füllen und von der Rostfeuerung aus erhitzt werden. Man hat so die Verdampfung vollständig in der Hand und kann sie augenblicklich unterbrechen, indem man den Zufluss hemmt, was bei dem Kochen der Säure in ihrer ganzen Masse, ohne Anwendung der erhitzten Glas- oder Porzellankörper, nicht möglich ist.

---

[55]) Polyt. Zeitung 1879. Seite 232. u. 1880.
[56]) Polyt. Zeitung 1879. S. 230.

Der Zufluss der Säure, am besten Salzsäure, erfolgt aus seitlich über dem Gasentwickler stehenden Säureflaschen; diese Flaschen werden aufgestellt, wie sie von der chemischen Fabrik kommen, um das Umfüllen der Säure zu vermeiden. Jede Flasche ist mit einem Heber von Blei oder Guttapercha versehen, an dem ein Hahn von demselben Material angebracht ist, womit man den Auslauf der Flüssigkeit regeln kann, sobald der Heber einmal im Gange ist. Durch den Heber fliesst die Säure in den Trichter des U-förmig gekrümmten Speiserohrs des Gasentwicklers ein, welches gleichzeitig als Sicherheitsrohr dient. Die in der Krümmung eingeschlossene Flüssigkeit verhindert den Austritt des Gases aus dem Entwickler. Der Gastrockner, in welchen die Salzsäuredämpfe durch eine Steingutröhre aus dem Entwickler treten, ist ein cylindrisches Gefäss von Steinzeug, Porzellan oder Glas, in welchem sich concentrirte Schwefelsäure befindet; die Steingutröhre reicht bis auf 2 bis 3 cm vom Boden und taucht ca. 15 bis 20 cm tief in die Säure. Die aus dem Entwickler zutretenden Säuredämpfe besitzen eine gelinde Pressung, welche die Sperrflüssigkeit aus der Steingutröhre zurückdrängt und das Gas in Blasen aus letzterer austreten lässt. In dieser Weise geht das Gas durch die Schwefelsäure, um darin alle Wassertheile zurückzulassen. Aus dem Trockner selbst entweicht es durch eine in dessen Deckel mündende Röhre nach dem Carbonisationsapparat. Der Gastrockenapparat ist auf einer Seite mit einer Tubulatur versehen, in welcher ein cylinderförmiges Glas befestigt ist, mittelst dessen man die Grade der Säure durch eine Säurewaage prüfen kann, und das auch dazu dient, die Schwefelsäure einzugiessen und den Stand derselben im Gefässe zu erkennen. Auf der andern Seite und in der Höhe des Bodens des Gefässes befindet sich eine Oeffnung, durch welche dasselbe entleert wird, wenn die Säure zu viel Wasser aufgenommen hat.

Die beiden Röhren, welche in den Gastrockner münden, die eine zum Zuführen, die andere zum Abführen des Gases, besitzen an der Stelle, wo sie auf dem Deckel des Gefässes aufsitzen, einen Rand oder eine Flansche, durch welche sie getragen werden und unter welcher man einen Kitt streicht, um Gasverlust zu verhindern. Das Gewicht derselben ist hinreichend, um die Dichtung zu bewerkstelligen.

Einen weiteren Theil der Einrichtung bildet die Carbonisationskammer, welche die zu carbonisirende Wolle enthält. Die Wände derselben bestehen aus Platten von gebranntem, glasirten Steinzeug. In ihr befinden sich in gewissen Abständen kleine, der Länge nach durchbohrte Holzwalzen, welche an jedem Ende eine mit einer centralen Oeffnung versehene Metallzwinge besitzen. Jede Walze sitzt auf einer festen eisernen Axe, auf welcher sie sich dreht; diese Axen sind in den Steinzeugwänden befestigt, ohne sie jedoch zu durchdringen. Die Holzwalzen sind mit einem Anstrich versehen, der aus Wasserblei besteht, das mit dem sogen. Givet'schen thierischen Leim gemischt ist. Sie sind ferner mit einem Ueberzug von Filz

umgeben, um sie der Einwirkung der wasserfreien Säure zu entziehen.
Sie dienen zum Tragen eines Metalltuches ohne Ende, das auf der einen
Seite aus der Carbonisirkammer herausgeführt ist und auf welches die zu
behandelnde Waare etc. gelegt wird; es erhält eine langsame Bewegung,
die, wenn keine Triebkraft vorhanden ist, eine intermittirende sein kann.
Das Ableitungsrohr, in welches das wasserfreie Gas aus dem Gastrockner
eintritt, ist auf der Oberseite mit mehreren Ausgangsstutzen versehen,
denen entsprechende Stutzen auf der Unterseite der Carbonisirkammer
gegenüber stehen. Die einander gegenüberliegenden Stutzen sind durch
übergestreifte Kautschukröhren verbunden. 40 bis 45 Minuten genügen,
um die härtesten in der Wolle enthaltenen vegetabilischen Stoffe zu carbonisiren. Beim Austritt aus dem Apparate müssen die behandelten Stoffe
auf einem Metalltuch ohne Ende eine hölzerne Kammer passiren, welche
mit dünnem Eisenblech ausgeschlagen und mässig geheizt ist. Es hat dies
den Zweck, den grössten Theil des wasserfreien Gases, welches die Stoffe
oder die Wolle enthält, auszutreiben und die Zeit der Entsäuerung zu ver-
kürzen und letztere zu erleichtern. —

Andere Verfahren sind noch die folgenden:

F. Gedge benutzt Dämpfe von Salzsäure und hochgradige Trocken-
hitze. Sherwood behandelt die Gewebe in einer Kohlensäureluft mit
wasserfreier Schwefelsäure oder Salzsäure. —

Die bei diesen Prozessen verkohlte zerreiblich gewordene Substanz
wurde bisher mit verschiedenen Operationen beseitigt. Man betrachtete
die mechanische Zerkleinerung der Substanz als eine Mitaufgabe des Carbonisationsprozesses und, um den Effect des chemischen Prozesses zu erhöhen, hat S. Berenger zuerst einen Apparat construirt, bestehend aus
2 Gusscylindern, zwischen welchen die chemisch behandelte Waare hindurchgeht. Der Walzendruck pulverisirt die bereits zersetzte vegetabilische Masse.

Dieser Apparat eröffnete die Serie der Carbonisirmaschinen mit Walzen,
unter denen wir die von Eduard Esser in Görlitz auswählen und beschreiben (Fig. 32). Die Maschine von Esser & Iwand[57]) besteht aus einem
starken Gestell, in welchem fünf untereinander durch Gusseisenrohre verbundene Cylinder liegen, zwischen welchen vier Röhrencylinder, von Kessel-
blech hergestellt, eingelagert sind. Die festliegenden Cylinder und die rotirenden berühren sich. Erstere werden durch Dampf geheizt und übertragen
die Wärme durch Berührung auf die letzteren. Zugwalzen bewegen das zu
carbonisirende Tuch unter Mithülfe der rotirenden Cylinder. Das Tuch
passirt einen Breithalter und Leitwalzen. Zugwalzen und rotirende Cylinder
werden von der Hauptwelle mittelst Schnecken und Schneckenräder betrieben. (Ein oberhalb der Maschine angebrachtes Gestell dient zur Aufnahme von Horden, auf welche zu carbonisirende Wolle gelegt wird.)

---

57) Esser & Iwand, D. R. P. No. 6645.

Die in einer Chloraluminiumlösung von nur 5° B. oder in irgend einer anderen schwachen Carbonisationslösung behandelten Tuche gehen ohne Vortrocknung in voller Breite über die heissen Cylinder und zwar in straffer Spannung, so dass die Flächen des Tuches mit den heissen Cylinderflächen in innige Berührung kommen und eine Reibung entsteht, die

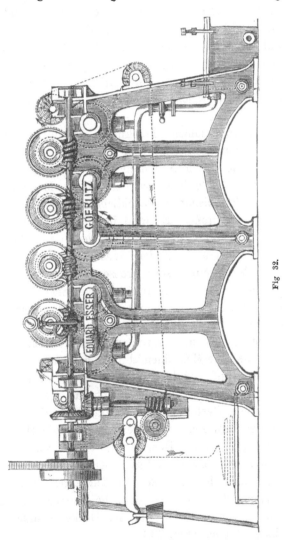

Fig 32.

auf die Zerstörung der Kletten und anderer anhängender Vegetabilien vernichtend wirkt. Die Flächen werden hierbei etwa 65° R. heiss. Die Maschine carbonisirt pro 12 Stunden ca. 40 Stück gewalkte Tuche oder 50 Stück Loden.

Die Carbonisir- und Rahmmaschine von Behnisch[58]) enthält ´zwei

---

[58]) Behnisch, D. R. P. No. 7396.

grosse Cylinder mit Dampfmantel. Zur Carbonisation werden die Wollenstoffe, losen Wollen und Lumpen vorher mit einer Lösung von Chloraluminium oder Chlormagnesium von 5—6° C. imprägnirt, wozu man sich
einer Holzkufe, welche die Lösung enthält, bedient. Nach dem Imprägniren wird das zu carbonisirende Material auf einer Centrifuge lufttrocken
ausgeschleudert und dann in die Maschine gebracht, und zwar werden
Lumpen und lose Wolle in den Innenraum der Cylinder, welche bis auf
130° C. erwärmt werden, dagegen Stoffe auf die äusseren Wandungen der
Cylinder, welche denselben Wärmegrad haben, geführt. Zum Zusammenhalten der Wärme und zum Schutze der Arbeiter wird die ganze Maschine
mit einer Holzgarnitur, welche an den Gestellwänden angebracht wird,
umkleidet.

Nachdem eine vollkommene Trocknung erreicht ist, welche übrigens
bei einmaligem Passiren des Stoffes über die Maschine erzielt und für verschieden starke Stoffe durch Stufenscheiben an einem besonderen Vorgelege regulirt wird, unterliegt das carbonisirte Material derselben Behandlung wie auf den bisher gebräuchlichen Carbonisireinrichtungen für
carbonisirte Wolle und Stoffe. Es wird in Walkererde ausgewaschen und
mit Wasser gespült, wodurch sich der Rückstand des Chloraluminiums und
Chlormagnesiums auflöst und mit dem Wasser abfliesst.

Die Erfinder legen einen sehr grossen Werth darauf, dass sie die
Trockencylinder mit einer Rahmvorrichtung versehen haben und dass sie
die Röhren des Carbonisators auch mit Gas heizen können, und dass sie
die Cylindertrocknung für Wolle, Lumpen und Gewebe benutzen können.
Die letzte Behauptung scheint uns von einigem Gewicht zu sein.

Die H. Thomas'sche Maschinenfabrik [59]) baut Apparate für das Carbonisiren von Geweben und von loser Wolle u. s. w. Thomas benutzt nur
geringe Temperatur, etwa 45° R. Der Apparat besteht aus 2 Kammern
in einem gusseisernen Gestell, dessen Wände mit Holz oder Mauerwerk
gefüllt sind. Unter dem Fussboden vertieft liegt ein Heizrohrsystem von
patentgeschweissten, eisernen Heizrohren, die durch einen gemauerten
Kanal nach aussen mit einem geräuschlosen Flügel-Ventilator in Verbindung stehen. In dem Kanal sind Drosselklappen zur Regulirung des
Windstromes angebracht, so dass derselbe beliebig in Kammer I oder
Kammer II geleitet werden kann; in der Decke befindet sich eine verschliessbare Abzugsklappe. (Fig. 33.)

Die beiden Stirnwände erhalten oben in der Breite des Ofens eine
Schlitzöffnung zum Ein- bezw. Ausführen der Waare; die Trennungswand
einen solchen unmittelbar über dem Fussboden zur Ueberführung der Waare
aus der ersten in die zweite Kammer. In jeder derselben sind von oben

---

[59]) Thomas, D. R. P. No. 6905. Polyt. Zeitung 1880. — Verhandl. des Vereins
für Gewerbfleiss 1880. Seite 339. Grothe etc.

nach unten an den Stirnwänden 200 mm starke Leitwalzen mit aufge-
schraubtem Pappelholz angebracht, die zur Hälfte betrieben werden. Ueber
diese Walzen wird das zu carbonisirende Gewebe geleitet, nachdem es ge-

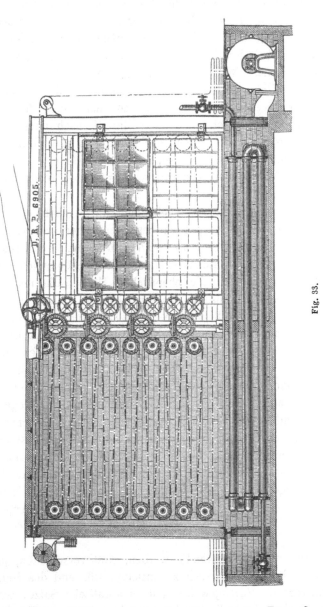

Fig. 33.

hörig entnässt ist, z. B. zuerst in der Kammer I. Darauf werden in
dieser die Luftklappen geöffnet und der Ventilator in Betrieb gesetzt, so
dass er beständig Luft, die sich an den Heizrohrsystemen erwärmt, von
unten aus durch die Waare bläst. Die warme trockene Luft hat das Bestreben,

Feuchtigkeit aufzunehmen, entzieht dieselbe dem nassen Gewebe und trocknet es in verhältnissmässig kurzer Zeit bei einer Temperatur von etwa 45° R. Die sich dabei bildenden Wasserdämpfe und Säure-Gase werden durch die Abzugsklappe in der Decke entfernt. Ist die Waare derartig getrocknet, so werden die sämmtlichen Luftklappen geschlossen. Es steigt in Folge dessen die Temperatur in dem hermetisch abgeschlossenen Raume, da Ventilation jetzt nicht mehr stattfindet, bald auf 70—80° R., wobei das im Ofen befindliche Gewebe schnell und vollkommen carbonisirt. Während in Kammer I derartig carbonisirt wird, ist in Kammer II ein zweites Gewebe angeordnet und der Windstrom des Ventilators in diese geleitet worden, so dass auch hier die Waare durch Luft-Ventilation getrocknet und darauf nach dem Schliessen der Klappen carbonisirt wird. Durch regelmässige Wiederholung dieses Verfahrens lässt sich ein continuirlicher Betrieb herstellen.

Aehnliche Constructionen rühren von Weisbach (Chemnitz), M. Jahr (Gera) u. A. her.

Wir müssen endlich noch eingehen auf die Versuche, die Fasern während des Carbonisirprozesses, ganz besonders aber halbwollene Gewebe, vor der Einwirkung der Säure zu schützen. In dieser Beziehung giebt A. A. Plantrou in Reims ein ziemlich erschöpfendes Verfahren an, das Beachtung verdient. Alle chemischen Mittel, die man bis jetzt zu dem Zwecke der Carbonisation angewendet hat, leiden an dem Uebelstande, dass sie nicht allein jene Knötchen und das Stroh etc. zerstören, sondern auch die Gespinnst-Fasern vegetabilischen Ursprungs, wie Baumwolle, Flachs etc. in halbwollenen Geweben angreifen. Es war daher unmöglich, gemischte Webestoffe, d. h. die aus Wolle und Baumwolle bestehenden, und namentlich die Stoffe, deren Ränder oder Theile ganz oder theilweise aus Baumwolle bestehen, auf chemischem Wege von anhängenden· Vegetabilien zu befreien. Es musste daher ein chemisches Verfahren gesucht werden, durch welches diese entfernt werden können, welches aber auf vegetabilische Spinnfasern, sei es Flachs, Baumwolle oder Hanf, so wenig nachtheiligen Einfluss, als auf die Wolle oder Seide hat. Ausser den hier angegebenen Hauptzweck erfüllt vorliegendes Verfahren noch einen anderen, es bewirkt gleichzeitig auch die Entfettung der so behandelten Stoffe, wodurch eine grosse Kostenersparniss in der Fabrikation erzielt wird.

Die Stoffe, welche verwendet werden, sind verschieden, je nach dem es sich darum handelt, gänzlich zu entfetten während des Reinigens oder blos zu reinigen. Vorzugsweise sind es alkalische Salze, welche hinzukommen, um die vegetabilischen Fasern, als Baumwolle, Flachs oder Hanf der zerstörenden Action zu entziehen, welche sich nur auf die Kletten etc. erstrecken darf. Die conservirende Rolle, welche die alkalischen Salze in diesem Verfahren spielen, ist das wesentliche und allgemeine Charakteristicum desselben. Das Verfahren gründet sich auf die Wirkung des Natronwasserglases mit Ausschluss aller Säuren. Dieses Salz hat die doppelte Fähigkeit, zu entfetten und die vegetabilischen Stoffe, wie Stroh, Kletten zu zerstören, ohne indessen den Flachs, den Hanf oder die Baumwolle — anzugreifen. Es lässt sich anwenden auf Rohstoffe, wie Wolle, Baumwolle, Flachs etc., sowie auch auf Gespinnste und Gewebe daraus, welche Seide enthalten.

Die Ausführung des Verfahrens zerfällt in zwei Operationen. Die Zeuge kommen nacheinander in folgende Bäder: das erste Bad, genannt das „Aufweichungsbad", wird in einem Carcère'schen oder anderen Apparate angewandt, der ungefähr 600 Liter auf 45° C. erhitztes Wasser enthält. Das genannte Bad besteht aus folgenden Stoffen:

Natronwasserglas . . . . . 3 kg

Ammoniak oder Kali . . . . 0,200 „

Das zweite Bad, welches auf 45 bis 50° erwärmt wird, besteht aus:

Natronwasserglas . . . . . 2 kg

Ammoniak . . . . 0,100 „

Das dritte Bad, genannt „Reinigungs- und Zerkleinerungsbad", besteht aus einer concentrirten Lösung von Natronwasserglas von 18 bis 25° (nach der Säurewaage), welches nur lau sein darf. In die beiden ersten Bäder kann man 200 g Seife thun, um ihnen mehr Weichheit und den Zeugen mehr Geschmeidigkeit zu geben.

Als vierte Operation erfolgt das Trocknen in irgend einem Trockenraum. Als fünfte Operation die Passage durch eine Cylindermaschine, eine Walzenwalke mit gusseisernen Cylindern, oder durch einen anderen Apparat, der den Zweck des Schlagens oder Reibens erfüllt. Der Grad der Concentration der Bäder zum Entfetten und Auflösen hängt von der Natur der zu behandelnden Textilstoffe ab.

Die nacheinander in die beiden ersten Bäder gebrachten Zeuge erfahren eine vorläufige Entfettung. Eines dieser Bäder genügt schon, wenn man mit weniger fetten Zeugen zu thun hat.

Durch das dritte, aus sehr concentrirter Natronwasserglas-Lösung bestehende Bad werden die strohigen Theile und die Kletten so weit gelockert, dass sie später nach dem Trocknen bei der Passage der Zeuge durch die Walzenmaschine als Staub zu Boden fallen. Die Wolle, die Baumwolle, der Flachs oder der Hanf werden von dieser Lösung nicht angegriffen. Die Zeuge verlassen die Walzenmaschine vollständig entfettet und gereinigt. Dieses Verfahren ist gegen die gebräuchlichen sehr ökonomisch und erleichtert das Färben der Zeuge in allen Farben. Statt des Natronwasserglases kann man zur Erreichung des angegebenen Zweckes auch das Kaliwasserglas anwenden. Im dritten Bade kann man sich aller derjenigen Alkali-Salze bedienen, welche die Eigenschaft besitzen, Stroh und Kletten zu zerstören. Wenn man die

Spinnstoffe im rohen Zustande dem Verfahren unterzieht, so kann man statt der Walzenwalke eine Schlagmaschine geeigneter Construction anwenden, um die im Bade aufgelockerten und desorganisirten Strohtheile nach dem Trocknen in staubförmigem Zustande aus den Stoffen zu entfernen.

Versuche haben dargethan, dass dies Reinigungsverfahren auf alle Textilstoffe allgemein anwendbar ist, ebenso gut, so lange dieselben noch unbearbeitet sind, als nachdem sie gefärbt sind, einerlei, ob sie stark oder schwach gefärbt sind, oder aber die Farbe auf dem Material im rohen Zustand aufgebracht ist, oder nachdem dasselbe gesponnen oder gewebt ist. Auch zeigte sich, dass es sich ebenso verhielt, mochte das Bedrucken der Materialien im rohen Zustand derselben oder nach ihrer Verarbeitung in Fäden und Gewebe stattgefunden haben.

Mit besonderem Vortheil ist das Verfahren auf Gewebe von gemischten Farben, z. B. mit weissem Einschlag angewendet. Nach dem Reinigungsverfahren bleibt bei ihnen das Weiss vollständig rein, ebenso wie die Farbe. In diesem Punkt unterscheidet sich das Verfahren vortheilhaft von allen anderen Reinigungsmethoden, welche für Fäden und Gewebe seither vorgeschlagen worden sind.

Es wirkt das Lösungsmittel (vorzugsweise Natronwasserglas), um die Strohtheilchen und Kletten zu carbonisiren, nicht chemisch; die Kruste oder der krystallinische Ueberzug[60]), mit welchem diese Körperchen sich bedecken, zerstört dieselben nicht; sie werden dadurch nur spröde gemacht und lösen sich dadurch leichter in Staub auf, wenn die letzte Operation, das sogenannte Ausstäuben, mit der Wolle oder den sonstigen Stoffen maschinell vorgenommen wird. Das Lösungsmittel hat den Vortheil, die vegetabilische Faser in den Textilstoffen, wie Baumwolle, Leinenfaser etc. nicht anzugreifen, und selbst dann, wenn das Entfetten der Stoffe nach einem anderen Verfahren stattgefunden hat, wird das Auflösungs- und Reinigungsverfahren die angeführten Stoffe im rohen, wie im bearbeiteten Zustand vollständig von den Ueberbleibseln der Kletten, von Strohtheilchen und anderen fremden Körperchen befreien. Während man also bei allen bekannten Reinigungsarten Agentien zur Anwendung bringt, welche die Zerstörung der zu entfernenden vegetabilischen Verunreinigungen erst möglich machen, nachdem dieselben verkohlt sind, lässt dies Verfahren im Gegentheil die Strohstückchen und Kletten in ihrer chemischen Zusammensetzung unversehrt und beschränkt sich darauf, sie mit einer Art von Kruste zu bedecken, welche dieselben spröde und zerreibbar macht.

Man kann auch statt des Natron- oder Kaliwasserglases, oder irgend eines anderen krystallinischen Salzes jede andere mineralische Substanz, wie z. B. Kreide, oder organische Substanzen, wie z. B. Leim, an-

---

[60]) Diesen Vorgang vermuthete bereits Delong viel früher!

wenden, mit einem Worte, jedes Mittel, das die Eigenschaft hat, an den
zu entfernenden vegetabilischen Verunreinigungen anzuhaften, sie ein-
zuhüllen, spröde zu machen und zu trocknen, sie von der Faser
des Webstoffes zu sondern und pulverisirbar zu machen. Nach
den vorher beschriebenen Anwendungen begreift man leicht, wie die Farbe
während dieser Behandlung geschützt wird, weil die Wirksamkeit des anzuwendenden Einhüllungsmittels nicht chemisch, sondern nur rein mechanisch ist. — —

Man hat Carbonisirmittel auch in die Form von Tincturen gebracht
und benutzt solche, um die leinenen und baumwollenen Fäden in den dunkel-
farbigen Geweben zu betupfen und so zu carbonisiren. Es gelingt dies
auch ganz gut, es wird aber kostspieliger, wenn das Gewebe viel Vegetabilien enthält, und bringt stets Inconvenienzen mit sich für die Waare
selbst, weil die Nopptincturen die Carbonisirmittel in concentrirtem Zustande enthalten müssen. Uebrigens bietet auch die Form der Tinctur
Gelegenheit zur Uebertheuerung und zum Schwindel. — —

Endlich hat man das Carbonisiren zu umgehen und zu ersparen
versucht, indem man sich bemüht hat, die betr. Vegetabilien genau so
zu färben als den Wollstoff, in welchem sie sitzen. Das ist das Noppenfärben. Auch hierzu benutzt man färbende Nopptincturen, denen dasselbe
nachgesagt werden kann als den carbonisirenden Tincturen. Dagegen ist
das Mitfärben der Noppen im Färbeprozess unzweifelhaft einfacher und
rationeller, weil dabei die Wollfärbung selbst auch nur gewinnen kann.
Für schwarze Wollstoffe[61] führen wir die folgenden Behandlungsweisen
speciell an, welche gute Resultate lieferten.

Diese Verfahren können beim Färben der losen Wolle oder des Stückes
benutzt werden, je nachdem man vorzieht. Ersteres ist jedoch erfolgreicher.
Die Beize dazu kann organische oder unorganische sein, nach Wahl und
Menge, wie sie der Qualität des Stoffes entspricht. Für die Operation benutzt man eine gerbstoffhaltige Lösung und eine eisenhaltige, je in
einer Kufe.

1. Methode — auf 200 Pfund Waare. Im ersten Fass gibt man
15 Pfund gemahlenen und abgekochten Sumach, rührt um und geht mit der
Waare ein, nach 4 Stunden darin Liegen nimmt man die Tuche heraus
und geht damit in das zweite Gefäss, in welches 10 Pfund holzessig-
saures Eisen gegeben wurde, über.

2. Methode — auf dasselbe Gewicht berechnet. Im ersten Fass 4 Pfund
Knoppernextract, in dem zweiten Fass 5 Pfund Eisenvitriol und lässt die
Waare in jeder dieser Beizen 4 Stunden liegen.

3. Methode — dasselbe Gewicht. Im ersten Fass 6 Pfund Kastanienextract mit 6 Pfund Blauholzextract, im zweiten Fass 6 Pfund Eisenvitriol.
— Manipulation wie bei vorhergehender Methode.

---

61) Wollengewerbe, Musterzeitung S. 67.

4. Methode. Das erste Bad mit 4 Pfund Knoppernextract, das zweite mit 10 Pfund holzessigsaurem Eisen. Die Manipulation bleibt bei allen 4 Methoden dieselbe, die gerbstoffhaltigen Stoffe werden früher abgekocht, während Extract und Eisenvitriol zuvor aufgelöst sind; die Waare braucht nicht gespült werden, sondern kommt aus einem Bade direct in das andere, nachdem die überflüssige, in dem Zeuge haftende Flüssigkeit abgelaufen ist. Es wird ferner als selbstverständlich angenommen, dass die betreffenden Gefässe mit reinem Wasser entsprechend gefüllt sind, und die oben angegebenen Materialien in dieses Wasser gegeben werden; bevor man mit der Waare eingeht, wird stets gut aufgerührt.

Hat man von diesen 4 Methoden eine gewählt, so lässt man dann die Waare, gut getafelt, 12 Stunden auf der Trage liegen und färbt am andern Tage, nachdem dieselben aus dem Eisen gut gespült wurden, wie gewöhnlich.

Sämmtliche oben angeführte Bäder lassen sich für längere Zeit gebrauchen, indem man, sobald eine Partie gebeizt wurde, der Flotte entsprechend Sumach, Knoppern- oder Kastanienextract zusetzt.

Es ist darauf zu achten, dass die Waaren immer gut gedreht und breitgehalten werden, besonders im Blauholzbade, damit sich die Farbpigmente vollständig mit jeder Faser vereinigen können.

5. Methode — 200 Pfund Waare. Eine von allen diesen abweichende Operation ist die mit chromsaurem Kalium und Kupfervitriol. Man erhitzt einen mit reinem Wasser gefüllten Kessel auf ca. 40° R., setzt demselben $1\frac{1}{2}$ Pfund chromsaures Kalium und $4\frac{1}{2}$ Pfund Vitriol (vollständig gelöst) zu, und geht mit den bereits gefärbten und gut gespülten nassen Geweben in dieses Bad ein. Nachdem dieselben durch ungefähr 30 Minuten darin, unter gehörigem Breithalten hantirt wurden, kommen sie in ein kaltes Blauholzbad unter Zusatz von $1\frac{1}{2}$ Pfund Soda, und bleiben bei gehörigem Durcharbeiten wieder 30 Minuten darin.

Aehnlich wird auch zum Noppenfärben bei anderen Farben verfahren.

B. Das Noppen und die Noppmaschinen.

Eine besondere Klasse von Maschinen und Apparaten ist bestimmt, um von den Geweben die Knoten, Noppen, Fadenenden etc. abzunehmen. Die Aufgabe des Noppens war seither dieselbe. Sie geschah früher ausschliesslich mit der Hand und einem kleinen Werkzeug, dem Noppeisen, einer Art Pincette, durch Frauen, Beleserinnen, Nopperinnen. Die Engländer nannten diese Arbeit: Rubbing of knots, knobbing, napping, taking out the knots, burling, — die Franzosen: Epincetage et rentrayage, épentissage, épilage. Das Noppen wurde stets für eine sehr wichtige Arbeit gehalten und demselben im Bull. d'Encouragement z. B. 1826 ein längerer Artikel gewidmet, der weite Verbreitung genossen hat. Auch Wolcott schrieb in Mech. Magazine XXV. 125 ausführlich über neue Methoden zu noppen, später 1872 das Wollengewerbe. — Die Arbeiten der Beleserin erstreckten sich allgemein auf die Wegnahme eingewebter Fäden, Knoten, Kletten, Stroh-, Holz- etc. Theilchen, Entfernung von sog. Nestern, gebildet durch Einweben von Fadenzingeln, Herausnahme von schlechten, dicken oder ungleichen Fäden und Einziehen besserer Fäden, Reparatur der Webefehler — und wurden ausgeführt, indem der Stoff über eine Art Pult mit schräger Tafel gezogen wurde vor dem Waschen, Walken, Färben etc. und zum 2. Mal nach Vollendung dieser Operationen. Das Handnoppen findet auch jetzt noch statt, weil sich die Maschinen für die Nopparbeiten lediglich darauf beschränken müssen, die auf der Oberfläche des Stoffes hervorragenden, wegzuschaffenden Theile zu erfassen, dagegen die übrigen, besonders die Reparaturarbeiten (rentrayage) durch eine Maschine nicht besorgt werden können und die Wegnahme der vegetabilischen Körper (Kletten, Stroh etc.) in Wollstoffen mit Hülfe des Carbonisationsprozesses geschieht, der wieder Webeknoten nicht zu entfernen vermag. Die Aufgabe der Noppmaschine, soweit sie das Entfernen der Knoten betrifft, ist noch keineswegs befriedigend gelöst. Man hat dazu bisher folgende Wege eingeschlagen:

a) man suchte die Knoten zu zerreiben, abzuscheuern;

b) man suchte sie abzukämmen;

c) man suchte sie abzuscheren;

[d) man suchte sie abzusengen].

Zur Erreichung des ersten Zweckes benutzten Vizard, Slater, Ackroyd, Harris, de Wardin, Ormerod, Waddington, Weerts u. A. mit Bimstein, Schmirgel, Emery, Glasschmirgel u. s. w. ausgerüstete Cylinder, welche auf die darüber oder darunter mit ihnen in Contact gestellten Stoffe reibend einwirkten.

Das Abkämmen der Knoten geschah früher mit Handkämmen, welche, etwa 40—50 cm breit, aus Metall hergestellt waren und sehr feine kurze Zähne enthielten. Diese Kämme wurden auf der Oberfläche des Stoffes (besonders leichte Wollstoffe, Merinos etc.) hingeführt und sie griffen die hervorragenden Knoten, sodass dieselben entfernt werden konnten. Ein derartiger Kamm war 1852 Jean Louis David patentirt und zwar für Bewegung desselben per Hand oder Maschine. 1855 nahm Ripley ein Patent auf dieselbe Sache und 1859 J. B. Duval. Indessen brachte es erst C. H. J. P. Damaye [62]) zu einer einigermassen rationellen und brauchbaren Maschine, welche denn auch seitdem im Gebrauch geblieben ist. Diese Maschine (Fig. 34) enthält in einem einfachen Gestell die Leit-

---

[62]) Engl. Pat. 1865. No. 517. Der Franzose Westermann versuchte die Construction einer solchen Maschine bereits 1825. Bull. d'Encour. 1829. p. 166. Andere Versuche rühren her von Paturle Lupin & Co. (Brev. XXI. 129), David (Dingl. p. Journ. Bd. 123. 74 u. 131. 18.). und von Howarth, Rep. of Pat. civ. XVIII. 19. — von Simonet & Roberton 1872 No. 2038.

schienen und Leitrollen a', b, c, über welche der Stoff a nach den Cylindern d, e geht und emporsteigt nach der Stange f, die festgestellt ist durch Schrauben, und von da nach g streicht. Auf diesem Wege trifft sie auf die Leisten p, getragen von vertikalen, schwingenden Armen r und bekleidet mit dachförmig gegen einander gestellte feinen Zahnkämmen. Der

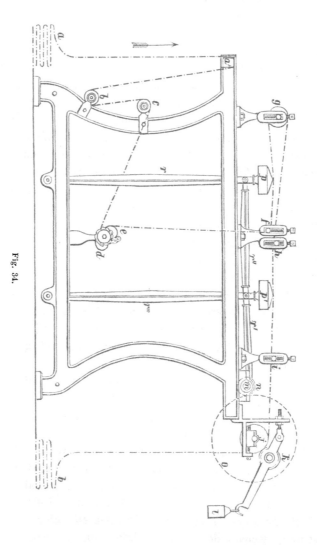

Fig. 34.

Stoff geht dann von g aus unter h und i durch nach der Abführwalze j, geleitet durch die Presswalze k mit Hebel und Gewicht l und fällt endlich nach b herab. Wie man aus der Zeichnung ersieht, bearbeitet ein dachförmiges Kammpaar auf p' am schwingenden Arm r die andere Seite des Stoffes zwischen h und i. Die beiden Arme r, r werden durch die an einer Kurbel m, n sitzende Zugstange r' und Verbindungsstange r" in eine schwingende Bewegung versetzt. Die, die eigentliche Arbeit ausübenden Kämme sind in den nachfolgenden Figuren näher dargestellt (Fig. 35—44).

Die Methode, die Knoten etc. abzuscheren, benutzt die Schermaschine mit Spiralmessercylinder. Die Construction derselben kann eine sehr einfache sein. Derartige Maschinen (wie von A. Nagles 1855, Louis N. Dupont 1855 u. A.) bieten wenig Abweichendes. Lacroix[63]) wendet

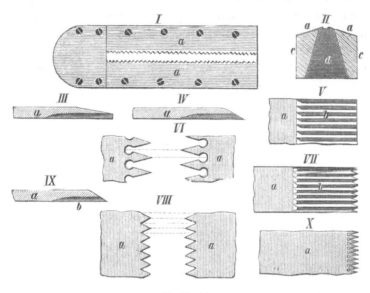

Fig. 35—44.

schwingende Stahlmesser an Excentern an für Merinos, Musselins, Satins. Der Damay'schen Construction ähnlich sind die Constructionen der Noppmaschinen von Schneider, Legrand & Martinot in Sedan, David Labbay Fils in St. Gobert und Dauphinot Freres in Reims[64]).

Benj. Thackrah in Amsterdam, N. Y., stellte 1875 eine Noppmaschine her mit 2 Cylindern, die mit feinen Kämmen in Zwischenräumen besetzt sind. A. Brown in Springfield benutzt Karden.

Interessant ist jedenfalls die in Figur 45 dargestellte amerikanische Noppmaschine mit einer Kette C von eigenthümlich lamellenartig gestalteten Messern, welche über 2 Spannrollen rotirt und von unten her gegen die Fläche des gespannt darüber gleitenden Gewebes angreift. Ein Schläger entfernt die Knötchen aus den Messern und eine Bürste bürstet den Stoff vor Angriff der Messer auf.

---

[63]) Spec. No. 1856.
[64]) Sämmtlich 1867 in Paris ausgestellt.

Anhang: Behandlung der Waschwässer.

Die Wiedergewinnung der Fette etc. aus der Schlichte hat Char-
bonneaux in Reims angestrebt. Sein Verfahren bezweckt, Fette, Schlichte,
Leim, mineralische Salze und Säuren, mit welchen die Textilstoffe
in rohem, gesponnenem oder gewebtem Zustande während der verschiedenen Phasen ihrer Bearbeitung imprägnirt werden, vor Ablieferung in den Handel zu entfernen. Die von dem Entfettungsprozess
der geleimten Kammwollengarne, sowie der ungefärbten und gefärbten
Gewebe herrührenden Flüssigkeiten enthalten Klebstoffe (Leim, Gummi),

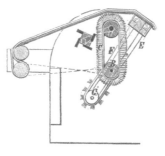

Fig. 45.

welche die Zersetzung dieser Flüssigkeiten durch Säuren hindern
Wenn trotzdem dennoch diese Zersetzung zuweilen stattfindet, so trennt
sich das Oel nicht von der andern Flüssigkeit und die Extraction
findet nicht in ökonomischer Weise statt. Die Abspülwasser der auf
chemischem Wege von Strohpartikelchen, Kletten und andern fremd-
artigen Körpern befreiten carbonisirten Garne und Gewebe, welches
letztere entweder mit mineralischen Säuren, Salzen oder Chlormagnesium
oder Chloraluminium, kieselsaurem Kalium und Natrium erfolgte, gehen
gleichfalls verloren.

Das Verfahren besteht nun darin: Die Klebstoffe den Geweben zu
entziehen, bevor die letzteren entfettet werden, um sie wieder zu gewinnen
und hierauf das Oel aus dem beim Entfettungsprozess gebrauchten Wasser
ausscheiden zu können, indem man das von Klebstoffen befreite Wasser
mit Säuren behandelt, um aus den mittelst Säuren, behufs Entfernen des
Strohes etc. behandelten Wollengarnen und Geweben die Säure wieder
zu gewinnen und hierbei die Kosten der Neutralisation zu vermeiden.

Das vom Webstuhl kommende Gewebe wird durch mehrere mit Wasser
angefüllte Bassins geleitet, dessen Temperatur je nach der Beschaffenheit
und Quantität des in dem Gewebe enthaltenen Klebstoffes verschieden ist;
in demselben wird es methodisch einem Waschprozess unterzogen.

Es sind in Fig. 46 drei Bassins M, M¹, M², angenommen, jedoch kann die Anzahl grösser oder kleiner sein, je nach dem verschiedenen Charakter der behandelten Stoffe. Das auf die Walze T

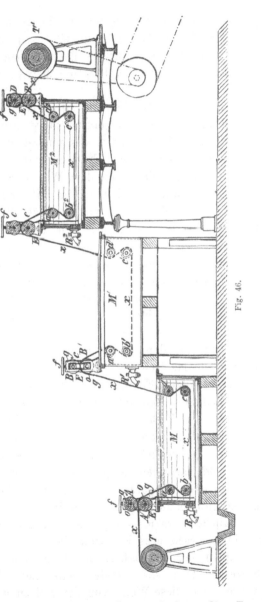

Fig. 46.

gewickelte Gewebe x wird zunächst zwischen die Zugwalzen A, A¹ geleitet, deren Zapfen O in den auf dem Bassin M befestigten Ständern E gelagert sind. Diese Walzen lassen sich mittelst der mit Handrad versehenen Schrauben f nach Erforderniss nähern, während zugleich eine unter dem Lager der unteren Walze befindliche Kautschuk-

7*

platte g eine elastische Unterlage bildet. Das von den Walzen kommende Gewebe x wird in das Wasser des Bassins M getaucht, indem es vor die Führungswalze a, hinter die beiden Walzen b und c und vor die Walze d geführt wird.

Hierauf passirt das Gewebe ein zweites Paar Druckwalzen B, B', deren Lager auf dem Bassin M¹ befestigt sind, sowie das Wasser in letzterem, und geht dann durch ein drittes Paar Walzen C und C¹ in das dritte Bassin und das Walzenpaar D, D¹; endlich wird es auf den Cylinder T¹ gewickelt.

Beim Beginn der Arbeit werden die drei Bassins M, M¹, M² mit warmem Wasser gefüllt, dessen Temperatur meist auf 60° C. erhalten wird. Nach kurzer Zeit wird das Wasser des unteren Bassins eine grosse Menge Klebstoff aufgenommen haben. Man entleert dasselbe dann vermittelst des Hahnes R und füllt es mit dem Wasser aus dem Bassin M¹ mittelst des Hahnes R¹, während das Bassin M¹ seinerseits mit dem Wasser des Bassins M² mittelst des Hahnes R² angefüllt wird. Auf diese Weise sammelt man nun das Wasser aus dem Bassin M, während das Bassin M² immer mit frischem, reinem Wasser angefüllt wird. Wenn das Klebstoffe enthaltende Wasser aus dem Bassin M geringe Mengen des in dem Gewebe befindlichen Fettes mitnimmt, so befreit man dasselbe von letzterem durch Behandeln mit Schwefelkohlenstoff oder Petroleumäther, oder Aether, welche Stoffe leichter sind als das fetthaltige Wasser und das Fett an die Oberfläche der Flüssigkeit führen. Man lässt das klebstoffhaltige Wasser nun ab, dampft es ein und gewinnt so die Schlichte, den Leim etc. Nachdem das Gewebe den Apparat verlassen hat, wird es entfettet; die dabei erhaltene Flüssigkeit enthält dann keine Klebstoffe, so dass bei der Behandlung mit Säuren die Zersetzung sehr leicht vor sich geht und das Oel sich leicht von der übrigen Flüssigkeit trennt. Um die Trennung der Säuren und Salze etc. aus den behufs Entfernung des Strohes etc. mit diesen Stoffen behandelten Textil-Materialien zu bewirken, wird das Gewebe bald nach dem angedeuteten Prozess in einem, dem vorbeschriebenen analogen Apparat einem methodischen Waschprozess unterworfen, und erhält man auf diese Weise im Wasser aufgelöst: Schwefelsäure, Salzsäure, Salpetersäure u. s. w., sowie die Salze: Chloraluminium oder Chlormagnesium, kieselsaures Kali und Natron.

Durch Abdampfen der Flüssigkeit des Bassins M erhält man die Säuren und Salze, welche sich wieder aufs neue benutzen lassen. Nachdem das Gewebe auf diese Weise von den Salzen und Säuren befreit ist, wird es nach der gewöhnlichen Methode mit vielem Wasser gereinigt, so dass alle Spuren von Säuren oder Salzen entfernt werden. Für die vor dem Verspinnen oder Verweben von Stroh etc. befreite Wolle genügt es, die letztere in einem besonderen Bottich mit Wasser zu behandeln, welches für die Säuren kalt, für die Salze, besonders für die im kalten

Wasser schwer löslichen Silikate warm sein kann. Das Gewebe wird hierauf in einer Centrifuge getrocknet und das abfliessende Wasser, wie oben beschrieben, verdampft.

Was die Behandlung der Merino-Kammwollgewebe nach obigem Verfahren betrifft, bei welchen die Operation des Auswaschens die zu behandelnde Flüssigkeit liefert, so genügt es, dieselben einem methodischen Waschprozess zu unterziehen, um die mit den betr. Stoffen gesättigte Flüssigkeit zu erhalten. Man kann in allen Fällen die vorherige Trennung des Wassers von den Fetten vermeiden, wenn bei der Verdampfung diese Fette einen obenschwimmenden Schaum bilden und die unten verbleibende Flüssigkeit sich vollkommen klärt[65].

---

[65] D. R. P. No. 2963. — Grothe, Verhandlungen des Vereins für Gewerbfleiss 1880. S. 344—346. — Moniteur des fils 1880. —

Das Sengen der Gewebe.

Um die hervorstehenden Härchen von der Oberfläche der Gewebe zu entfernen, hat man schon seit Langem zum Mittel des Absengens gegriffen. Im Allgemeinen unterscheidet man zwei verschiedene Arten dieser Operation, die der Franzose bestimmter bezeichnet mit den Ausdrücken Grillage und Flambage, (Singeing). Für diese Bezeichnungen schlagen wir die deutschen Worte „Absengen" und „Abflammen" vor. Beide Operationen, welche lediglich denselben Zweck haben und denselben Zweck erreichen, werden ausgeführt, — die erste mit einer glühenden, sengenden Metallplatte, über welche der zu sengende Stoff schnell hinweggezogen wird; — die zweite mit offenen brennenden Flammen von Oel, Alkohol, Gas u. a., an oder durch welche der Stoff gezogen wird. Dass solche Operation ohne Schaden für das Zeug vorgenommen werden kann, ist einleuchtend, sobald man sich erinnern wird, dass die Textilfasern, welche das Gewebe zusammensetzen, eine sehr hohe Temperatur aushalten können, ohne sich zu zersetzen, und dass sie schlechte Wärmeleiter sind, daher eine gewisse Zeit gebrauchen, um sich zu entzünden. Im Anschluss an Letzteres stellt sich das Gelingen der Operation heraus als mehr oder weniger abhängig von der Schnelligkeit, mit welcher sie vollbracht wird. Das Gewebe muss so schnell bewegt werden, dass die rothglühenden Metallplatten oder die Flammen nicht im Stande sind, das Gewebe zu entzünden, wohl aber, die hervorstehenden Einzelfasern abzubrennen. —

Betrachten wir die für diese Operationen des Absengens und Abflammens erdachten Apparate näher, so finden wir die folgenden Varietäten:

I. Absengen mit glühenden Metallkörpern:

a) Eisenstab, der periodisch in einem Ofen erhitzt, sodann herausgenommen und glühend in einen Apparat eingelegt wird, der geeignete Vorrichtungen besitzt, um das Gewebe über die glühende Fläche fortzuziehen (Stabsengerei).

b) Eisenhalbcylinder oder -Platte oder Kupferhalbcylinder oder -Platte, aufgestellt über einer Feuerung zur genügenden Erhitzung (Plattensengerei).

c) Eisen- resp. Kupferwalze, die, halb im Feuer liegend, langsam rotirt und eine glühende Hälfte über die Ofendecke heraushebt (Cylindersengerei).

d) Eisencylinder und Eisenplatte mit innerer Feuerung.

e) Anwendung von zwei Halbcylindern für doppelseitiges Sengen auf einmal.

f) Platte mit indirecter Heizung.

II. Abflammen mit offener Flamme:

a) Apparate mit Oelflamme.

b) mit Alkoholflamme.

c) mit Leuchtgas

    1. unter Ansaugung der Verbrennungsluft oberhalb der Flamme (saugender Ventilator, Esse),

    2. mit Zublasen von Luft zur Gasflamme mittelst Ventilators etc.,

    3. mit rotirendem Gasbrennercylinder.

d) mit heisser Luft (Brenngase).

III. Sengen mit Anwendung von überhitztem Dampf.

Gehen wir näher auf die in dieser Aufstellung charakterisirten Vorrichtungen ein, so finden wir schnell, dass das Sengen mit einem temporär glühend gemachten Metallstab[1]) nur sehr unvollkommene Resultate geben kann, weil mit der Abnahme der Stabtemperatur das Absengen der Fasern fortgesetzt sich verlangsamen muss. Neben ungleichmässiger Arbeit ist also auch noch ein grosser Zeitverlust damit verknüpft. Man hat diese Methode denn auch bereits im Anfang dieses Jahrhunderts mehr und mehr verlassen und hat sich zunächst der zweckmässigeren Einrichtung eines continuirlich beheizbaren Halbcylinders aus Eisen oder Kupfer zugewendet. Die Beheizung gelang anfangs bei den damals vorhandenen Kenntnissen über die Verbrennungsvorgänge nur unvollkommen, insofern als eine stetige Glut des Halbcylinders unter Festhaltung einer bestimmten Temperatur nicht immer zu erzielen war. Um diese Ungleichmässigkeit in ihrer Wirkung gegen das Gewebe abzuschwächen, schlug z. B. Delhougue 1810 vor, den direct durch Beheizung glühend gemachten Cylinder mit einem zweiten Kupfercylinder zu überdecken, der dann durch die strahlende Wärme glühend wurde und zum Sengen benutzt werden konnte. Dieser Vorschlag war zweckmässig. — Eine andere Abhülfe wurde in der Form gesucht. Man stellte den Kupferhalbcylinder her mit 4—6 radialen Längsrippen von prismatischem Querschnitt, Fig. 47 C[1], — eine Form, welche ausser einer gleichmässigeren Hitzevertheilung noch den Vortheil hatte, dass der Stoff mathematisch genau mit der glühenden Fläche in Berührung gebracht werden konnte. — In neuerer Zeit ist an Stelle des Halbcylinders eine schwachgewölbte Platte getreten. — Die Anwendung der Kupferwalze hat man schnell und gänzlich verlassen. —

---

[1]) Sprengels Handwerke und Künste. XII. Berlin 1774. S. 440.

Die gewöhnliche, auch jetzt noch vielfach gebräuchliche Anordnung stellt die Fig. 47 dar. B ist der gemauerte Ofen mit Rost G, über welchem sich die Halbcylinderplatte C wölbt. A, A sind Gestelle, in denen bei F die Walze eingelegt ist zum Abwickeln in Richtung des Pfeils über die Rolle M und den glühenden Cylinder C nach N und zur Aufwickel-

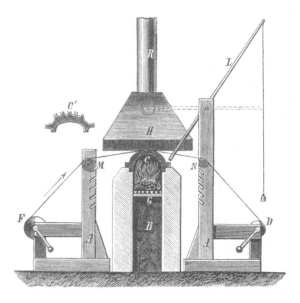

Fig. 47.

walze D. Eine Querstange unter dem Zeuge an den Hebeln L dient zum Abheben des Stoffes. Ein Rauchfang H leitet die Gase nach R.

Ein nicht unrationelles System war das von R. Fryer und J. Bennett (in ihrem Patent von 1800) vorgeschlagene, einen eisernen Cylinder anzuwenden, in welchem sich die Feuerung befindet.

Es sei gleich angeführt, dass Alex. Miller (engl. Pat. Spec. 1852 No. 187) die Stoffe auf einer dampfgeheizten Kupfertrommel vortrocknet, um sie zum Sengprozess geeigneter zu machen, und dass er zwei Halbcylinder anordnet, um das Gewebe oberhalb und unterhalb, also auf beiden Seiten in einem Durchgang durch die Maschine zu sengen. Leck und Miller haben dann 1856 weiter combinirt 3 Sengplatten (1 von Eisen, 2 von Kupfer) und Sengplatte mit Gasflamme in Verbindung.

In neuerer Zeit haben die Sengapparate mit Halbcylinder unter Festhaltung der Grundidee mancherlei Vervollkommnungen erhalten. Wir geben eine der mustergültigen Anordnungen, ausgeführt von der Zittauer Maschinenfabrik (vorm. Alb. Kiesler). (Fig. 48—50.)

Auf einem Mauerwerk im Boden des Locals erheben sich zwei Seiten-

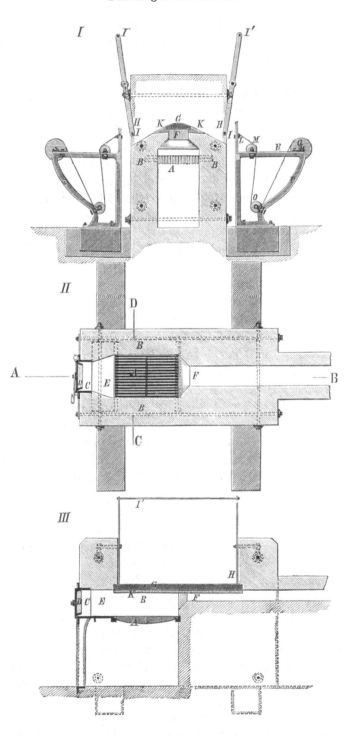

Fig. 48—50.

mauern B (von ca. 300 mm Stärke), die sich (in ca. 880 mm Höhe) zu
einer Art Gewölbe zusammenzuziehen, auf welchem der Rahmen K aus Eisen
liegt, der die convexe Kupferplatte G (von 64 mm Höhe, 260 mm Breite
und 1400 mm Breite) trägt. Unterhalb der Platte G (in 264 mm Abstand)
ist der Rost A angebracht, dessen Balken im Mauerwerk der Backen B
ruhen. Die Distanz dieses Rostes von der Platte wechselt, je nachdem
man mit Holz, Torf, Steinkohle etc. feuert, und zwar ist die geringere Entfernung des Rostes von der Platte geeignet für Steinkohlenbeheizung, die
grössere Entfernung für Holzbrand. Wie aus der Figur II ersichtlich, ist
die Feuerthür D schmäler als der Rost und mit einem festen Gussrahmen C
(352 mm Breite und 284 mm Höhe) hergestellt. Die Feuerplatte E (240 mm
Länge) bildet den Uebergang zwischen Rahmen D und Rost A. Der Rost
(700 mm Länge, 450 mm Breite) endigt an der schräg aufsteigenden und
sich stark zusammenziehenden Feuerbrücke, über welche die Verbrennungsgase in einem Canal (220 mm Breite, 120 mm Höhe) unterhalb der Platte G
fortstreichen in den Schornstein. Da die Hitze im Ofen eine bedeutende
sein muss, um das Glühen der Platte G zu bewirken, so ist es nöthig,
das Mauerwerk durch Zugstangen und Verankerungen möglichst zu verstärken. Das Mauerwerk wird an den beiden Enden der Platte G pfeiler-
artig emporgezogen und in diesen Pfeilern werden die Scharnierhalter
befestigt für die drehbaren Stangen H, welche die Leitrollen für das Gewebe zwischen sich tragen. Am anderen Ende der Stange H wird eine
Schnur befestigt. Das Gewebe wird auf den Rollen Q aufgewickelt und
auf dem Seitengestell R eingelegt. Der Stoff wird um O herumgenommen,
über die Rolle M geleitet, über die verstellbare Streichschiene L geführt
und sodann über die Stange I an H geleitet, endlich über die Platte G
hinweg nach der anderen Gestellseite. Hierbei verfährt man so, dass
durch Neigung von H, H die Stangen I den Stoff von der Platte G
abgehoben erhalten. Soll das Absengen beginnen, so wird mittelst
Kurbel und Hand oder Motor die Aufwickelrolle Q^1 in geeignete Umdrehung versetzt; es wird dann durch Einstellung von I der Stoff
herabgelassen, so dass er über die glühende Fläche von G gleitet. Tritt
irgend eine Stockung ein, so genügt ein Zug der Schnur an I^1 um das
Gewebe sofort von dem glühenden Cylinder abzuheben.

Die Details dieser Sengapparate bieten noch mancherlei Variationen.

Um die durch das Sengen erzeugten beweglichen Stoffe, Rauch und
Funken aufzufangen, überdeckt man den glühenden Cylinder oder die
glühende Platte mit einem Deckel von Halbkreisform, in welchem an
beiden Seiten Schlitze längs eingeschnitten sind, um das Gewebe durch-
zulassen. Solches Dach kann aber auch mit Hülfe von Ketten und
Hebeln abgehoben werden. Uebrigens benutzt man solches Dach auch
dazu, die Hitze für das Glühendmachen der Platten zusammenzuhalten.
Um vom Stoff die etwa anhangenden Funken zu entfernen, genügt

die Streichschiene meistens. Man sieht aber auch Vorrichtungen mit Bürstenwalzen. Zuweilen feuchtet man auf der Maschine den Stoff etwas an vor Eintritt des Contactes mit der Platte, wenn nicht der Stoff überhaupt feucht gemacht wird vor dem Absengen. Dadurch entwickelt sich dann immer
lebhaft Wasserdampf, zu dessen Abzug es zweckmässig ist, über der
Platte einen Rauch- oder Dunstfang mit starkem Abzug einzurichten.

Um die Fasern gut emporgerichtet zur Platte zu bringen, schaltet
man Bürstenwalzen ein, welche die Faserchen aufbürsten und aufrichten.

Um die Handarbeit zu ersparen und besonders eine constante Geschwindigkeit für den Durchzug der Waare zu haben, hat man am Gestell der Maschine kleine Dampfmaschinen angebracht, welche die Aufwickelwalze in Umdrehung bringen. Solche Constructionen bieten keinerlei
Schwierigkeiten. Sie werden von der Zittauer[2] A. G. für Eisengiesserei
und Maschinenfabrikation gebaut. Eine andere sehr gute Einrichtung hat
auch C. H. Weisbach in Chemnitz geliefert.

Zu den Neuerungen an den Plattensengmaschinen gehören die Constructionen von John Musgrave (1858), J. Stordy & Hampson. Es liegt ja
auf der Hand, dass, da zur Glühendmachung der Platte ein lebhaftes
Feuer gehört, die Hitze aber aus der Oberfläche der Platte frei ausströmen
kann, bei der Plattensengerei sehr viel Wärme verschwendet wird. Ebenso
kommt die auf dem Roste erzeugte Hitze nur zu kleinem Theile zur Verwendung, und man kann wohl annehmen, dass nur $1/10$ der aus dem Brennstoff erzeugten Wärme wirklich in der glühenden Platte nutzbar wird.
Um einen Theil dieser verlorenen Wärme zu benutzen, haben Stordy &
Hampson Einrichtungen getroffen, welche die durch Strahlung und Transmission ausströmende Wärme zur Erwärmung von Wasser und von Luft
nutzbar machen. Sie legen hinter der Platte einen Dampfkessel ein und
leiten die Feuergase um denselben in längeren Canalzügen herum. Dieser
Dampfkessel kann zur Erzeugung von Dampf z. B. für die kleine
Betriebsdampfmaschine der Sengmaschine benutzt werden. In ähnlicher Weise
können Wasserbassins zur Seite des Rostes bis in Höhe der Platte angebracht
werden, oder Kammern zur Erhitzung der Luft[3]. Grothe hat bei einer Anlage
in Italien die abgehenden Verbrennungsgase direct in eine Trockenstube
geleitet und sie hier in zahlreichen Canalwindungen auf dem Boden herumgeführt. Sie erwärmen hier noch einen Raum von ca. 80 ☐ m Bodenfläche
und 3,50 m Höhe. — Isaac Holroyd hatte dagegen vorgeschlagen, die
Sengplatte mit einen Dampfkessel zu combiniren, um beide von einem
Feuer erhitzen zu lassen.

Erwähnen wollen wir noch, dass ein Patent von Godard existirte,
welches sich auf eine Sengmaschine besonderer Construction erstreckte.

---

[2] Grothe in Engineering (London) 1873.
[3] Le Jacquard 1879. No. 17. pag. 258.

Der Ofen mit der doppelten Hufeisenplatte steht seitlich von einer Maschine, in welche die Stoffrolle eingelegt wird. Der Stoff wird über eine Reihe Spann- und Leitrollen geführt, während eine Bürstenscheibe die Oberfläche aufrauht. Der Stoff wird sodann über eine Rolle geleitet, die in zwei weitausladenden Armen eingelegt ist und über die Platte hinausreicht. Dieser Armrahmen kann so gesenkt werden, dass der Stoff mit den glühenden Flächen der doppelten Hufeisenplatte in Berührung kommt und darüber hingleitet. Bei Fortgang des gesagten Stoffes passirt derselbe Walzen und Schlagflügel und wickelt sich endlich auf eine Walze auf. Diese Maschine enthält manche gute Momente.

Um die Sengeplatte selbst möglichst vor Einwirkung des directen Feuers zu schützen, sind mehrfach Einrichtungen ersonnen. Die einen benutzen überhitzte Dämpfe, die gegen die Platte strömen und diese erhitzen, die andern wenden eine Luftschicht an, die unmittelbar die Platte berührt, und sie von dem eigentlichen Erhitzungsraum aussondert. — Fr. Sampson schlug 1856 vor, die Feuerung zu überwölben und in der Spitze des Bogens einen Schlitz zu machen, durch welchen die Hitze unter und an die Platte treten könne.

J. W. Crossley[4]) construirt die Sengeplatte hohl und zwar mit Zügen durch den ganzen Körper und zwingt das Feuer, durch diese Züge zu circuliren. Die Heizung der Platte wird so eine gleichmässigere und intensivere, — aber das Metall selbst wird dabei sehr leiden.

Jean L. A. Huillard benutzte überhitzten Dampf zum Erhitzen. Summner & Waldenström[5]) richteten neuerdings Kupfersengeplatten von besonderer Construction ein. —

Eine ältere Schrift aus dem Anfang dieses Jahrhunderts nennt es einen natürlichen Gedanken, eine Flamme zum Sengen anzuwenden. Der Gedanke fand aber erst im Anfang dieses Jahrhunderts Ausführung und zwar durch Scheibler mit Oelflamme unter Anwendung eines breiten Dochtes, der über die ganze Gewebebreite reichte, und durch Jarois Boot[6]) in Nottingham für Alkohol (Pat. 13. Dec. 1823). Letzteres Maschine ist in einem älteren Werke[6a]) wie folgt beschrieben:

Diese Maschine besteht aus einem Gestelle mit zwei horizontalen Walzen, vor welchen die Lampe mit den dazu gehörigen Theilen angebracht ist. Zur Linken des Gestelles befindet sich ein urnenförmiges Gefäss mit kaltem Wasser, und im Innern dieses ersten Gefässes ist ein zweites, kleineres, mit Weingeist gefülltes angebracht. Durch eine Röhre, welche vom untern Ende des Gefässes horizontal

---

[4]) Crossley, Repert. of Pat. 37. S. 52. — Bull. d'Encour. 1859. 65.

[5]) Engl. Spec. 1874 No. 3812. Summner.

[6]) Dingl. pol. J. XVI. 203. Boot.

[6a]) Em. Klinghorn, Beschr. u. Abb. der neuesten verb. Web-, Spinn-, Scher- so wie ähnlicher Maschinen etc. 1828. Basse, Quedlinburg.

ausgeht, fliesst der Weingeist in ein zweites, horizontal liegendes Rohr, welches vor der untern Walze, und etwas tiefer, als diese, sich befindet. Ist auf diesem Wage die untere Abtheilung des zweiten Rohres angefüllt, so steigt der Weingeist, um zu den Dochten zu gelangen, durch den hydrostatischen Druck in engen senkrechten Röhrchen auf, welche noch im Innern des zweiten Rohres enthalten sind. Die Dochte bestehen aus Asbestfasern, welche zwischen dünnen Silberplatten ausgebreitet sind. Sie werden in einer 32 Zoll breiten Spalte eingesetzt, welche oben in dem zweiten Rohre, nach der ganzen Länge desselben, sich befindet; und solchergestalt erhält man eine Flamme, welche so lang als das Rohr und die Walzen ist, mithin ein Stück Zeug über die ganze Breite zu sengen vermag. Die Hitze dieser Flamme würde den Weingeist in den oberen Theilen des zweiten Rohres zur Entzündung bringen, wenn nicht das kalte Wasser der früher erwähnten Urne, welches durch eine besondere Röhre zugeleitet wird, die Röhrchen, in welchen der Weingeist aufsteigt, umgäbe und abkühlte. Der Stoff wird endlos zusammengenäht. Die Vorziehwalzen sind mit Parchent benäht, um sie tüchtig fringirend zu machen, und eine Bürstwalze sorgt für Entfernung der anhängenden Funken.

1824 liess sich John Burn[6b]) in Manchester gleichfalls eine Sengemaschine patentiren, welche er für Oel, Weingeist und aber hauptsächlich für Gas benutzbar schilderte. Der Stoff wird hierbei parallel den Flammen a und b geführt, wie die Skizze zeigt. Im Uebrigen ist diese Maschine recht vollkommen eingerichtet. Sie enthält eine Reihe Leitwalzen f, k, e, j, d, Streichrollen n, n und Bürstenwalzen m, m. — (Fig. 51.)

1829 nahm Caroline Descroizilles[7]) ein Patent auf eine Alkoholsengmaschine, bei welcher vor einer Metallwalze, über welche der Stoff geführt wird, aus einem geeigneten Gefäss heraus Alkohol brennt. Paul Descroizilles[8]) hat diese Construction verbessert und daraus die nachstehend beschriebene Maschine entwickelt. In dem Gestell A, A ist auf dem Quersteg S das Stück C mit zwei Bleiröhren D gelagert. Diese Bleiröhren haben auf der Oberseite eine Reihe Perforationen und jedes Loch ist mit einem Asbestdocht versehen. Ein Alkoholreservoir ist so angebracht, dass sich der Alkohol in den Rohren D, D stets auf gleichem Niveau erhält. Ueber den Alkoholbrenner sind die Rohre B gelagert, welche in einen Raum münden, der durch P mit einem Aspirator in Verbindung steht. Es kommt hier somit das Hall'sche System der Flammenansaugung auch für die Alkoholflammen zur Anwendung. Die Maschine enthält ferner die Streichbürsten K', K', die Walzen K, L, Kurbel und Schwungrad N. Das Gewebe M gleitet zuerst über das Streichbrett K' unter Walze K, über

---

[6b]) Burn, engl. Spec. No. 4941. 1824. London. Journal IX. p. 4.

[7]) De Fontenelle, Manuel du Blanchissement Vol. I. Paris 1834.

[8]) Bulletin de la Société ind. de Mulhouse. Vol. I. p. 259. Engl. Specification No. 5856, 1829. Dingl. p. J. Bd. 29. 114. Descroizilles.

Streichlineal K′ und unter den Streichkanten des Gehäuses um B herum über K′ nach L, L. (Fig. 52.)

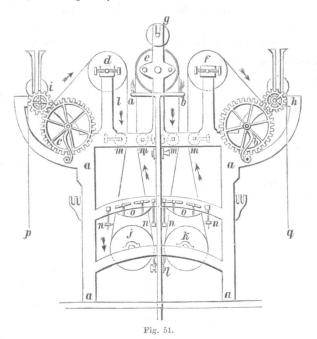

Fig. 51.

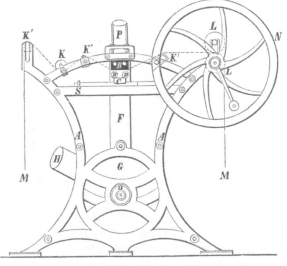

Fig. 52.

Einen entschiedenen Fortschritt für die Benutzung von Alkohol für das Abflammen bezeichnet die Construction von Florian Liebelt & Co.[9]

---

[9] Dinglers pol. Journal Bd. 181. p. 258. — Deutsche Industrie-Zeitung 1866. S. 152. Liebelt.

in Chemnitz, welche 1866 erschien. Liebelt ordnet unter dem Gestell einen ballonartigen Metallkessel an für die Aufnahme des Alkohols. In diesen Ballon leitet man Wasserdampf und verdampft dadurch den Weingeist. Die Weingeistdämpfe steigen empor und ziehen in einer Röhre unterhalb des Gewebes entlang, welche auf ihrer Oberfläche eine Reihe feiner Bohrungen enthält. Der durch diese Perforationen durchdringende Alkoholdampf wird entzündet. Der Wasserdampf erzeugt im Ballon eine gewisse Pression, unter welcher der Alkoholdampf ausströmt. Mit 3 Kannen sächsischen 80grädigen Spiritus kann man 30—60 Stück Waare zweimal abflammen.

Das Sengen mit hocherhitzter Luft ist von Bryan Donkin[10]) vorgeschlagen worden. Er verbrennt in einem Ofen Holzkohle oder ähnliche Brennstoffe, welche nicht stark rauchen, und bringt über dem Ofen resp. über der Gluht ein Dach an, welches oben in einem schmalen Schlitz endet, der in Breite der des Gewebes entspricht. Durch diesen Schlitz tritt die an den glühenden Kohlen erhitzte und von ihnen ausströmende Luft aus und gegen das Gewebe, welches man über den Schlitz wegzieht. Dickinson Edleston und Henry Gledhill haben 1862 ein englisches Patent (No. 197) entnommen, welches jenen Gedanken Donkin's aufnimmt, jedoch unter der Modification, dass Luft durch die Feuerung geblasen wird. Robertson[11]) benutzte 1873 comprimirte Luft zu gleichem Zwecke.

Das Sengen oder Abflammen mit Gas (griller par le gaz, flamber, gas-singeing) hat zuerst der Director des Conservatoriums des arts et metiers zu Paris Molard vorgeschlagen. Schon 1817 nahm Samuel Hall[12]) in Basford, England, ein Patent (3. November 1817) auf eine Gassengevorrichtung, indem er dieselbe besonders für grosslöcherige Gewebe bestimmte. Er brachte, um die Flamme mittelst des natürlichen Luftzuges zum Durchgange zwischen den Fäden dieser Gewebe zu zwingen, oberhalb des Zeuges, senkrecht über der Flamme, eine Zugröhre an. Allein konnte die Zugröhre ihren Zweck nicht erfüllen und dies scheint sich dem Erfinder durch Erfahrung wirklich ergeben zu haben. Wenigstens muss man dieses aus dem Umstande schliessen, dass er im Jahre 1823 (18. April) ein neues Patent sich ertheilen liess und zwar auf einen Apparat zur Hervorbringung eines künstlichen Luftzuges, der die Gasflamme durch die Oeffnungen des Gewebes mit sich reissen und so das vollkommene Sengen jedes einzelnen Fadens bewirken sollte. Das Uebrige der Sengemaschine blieb ungeändert; nur der Rauchfang oder die Zugröhre über dem Zeuge und der Flamme war beseitigt und durch nachfolgende Theile ersetzt. Parallel mit jener Röhre, aus welcher das Gas durch seine Oeffnungen hervorströmt, und über derselben ist ein anderes Rohr angebracht, welches

---

[10]) Dingl. pol. J. XVI. S. 20. Engl. Spec. 1823. No. 4842. Donkin.

[11]) Engl. Spec. 1873. No. 3445. Robertson.

[12]) Brev. d'inv. XXV. 71. Hall. Spec. No. 4779. 1823.

der ganzen Länge nach einen Einschnitt oder Spalt besitzt, der der Gasflamme gegenüber sich befindet. Dieses Rohr ist, sowie die Gasröhre, in
mehrere Theile getrennt, deren jeder durch ein senkrechtes Rohr mit einem
weiten und langen Rohre in Verbindung steht. Dieses letztere communicirt mit einem pneumatischen Apparate oder Gebläse. Durch den Boden
des Wassergefässes geht eine einzige Röhre, welche in das erwähnte weite
Rohr mündet und oben mit einem aufwärts sich öffnenden Ventile versehen
ist. Der obere Boden des beweglichen Cylinders hat ein ebenfalls nach
oben aufgehendes Ventil. Wenn daher dieser Cylinder gehoben wird, so
dringt Luft aus dem zweiten Rohre unter ihm ein, welche bei seinem
Niedergange wieder ausgetrieben wird, aber nicht mehr durch das Rohr
zurück, sondern durch das Ventil im Cylinder. Zwei solche Gebläse,
welche gemeinschaftlich wirken, dienen somit als eine Art Luftpumpe zum
Ausziehen der Luft aus dem Rohre und bewirken in dem letztern einen
beständigen Windstrom, der die Gasflamme nach sich reisst und zum
Durchgange zwischen den Fäden des Gewebes zwingt.

Diese Hall'sche Construction hat sich später wesentlich verbessert,
als man die ansaugende Wirkung im Gegenrohr mit einfacheren Mitteln
als anfangs ausführte. Der nachstehende Holzschnitt (Fig. 53) giebt ein
Bild des Prinzips. A ist die Hauptgasröhre mit seitlichen Armen d, d.

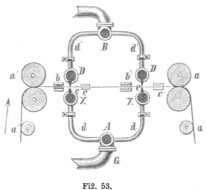

Fig. 53.

Sie wird durch G mit Gas gespeist. Die Röhren d, d münden in die Gasröhre e, e, deren Oberfläche in einer Längslinie perforirt ist. Durch diese
Perforation tritt das Gas nach Aussen und wird entzündet. Ueber e, e
liegen die Rohre D, D, welche auf der Unterseite einen Längsschlitz erhalten haben. D, D stehen durch die Arme d[1], d[1] mit dem Rohr B in
Verbindung. B aber communicirt mit einem Apparat, welcher Luft durch
d[1], D ansaugt. Diesem Zuge folgen dann alle die durch die Löcher heraus-
brennenden Gasflammen. Wird nun Gewebe von a[1], a[1] durch die Bürsten
b über die Gasflammen e hinweggezogen, so schlägt die Flamme bei
nicht zu dichtem Gewebe durch dasselbe hierdurch, angesaugt durch D.

Die Streichschienen c löschen die Funken vollständig aus und das Gewebe gelangt dann nochmals durch die Bürsten b¹, Flamme e, Streichschienen c¹ nach den Walzen a, a.

Die Construction der Gassengemaschine nach 1823 (Hall's Patent) ruhte längere Zeit ohne wesentliche Verbesserungen[13]), erst gegen 1850 begann ein regeres Streben, welches theilweise auf dem Hall'schen Prinzip beharrte, theilweise sich bemühte, durch andere Mittel das Gassengen effectvoller zu machen.

John Campbell schlug 1853 ein System vor, bei welchem die Action der Gasflamme unterstützt wurde durch die Action zugeblasener Luft, direct zu jeder Flamme einzeln. Die Flamme sollte aus einer Spiralröhre mit scharfen Kanten, die gleich als Abstreifmesser dienen könnten, herausbrennen. Diese Röhre sollte geheizt sein, damit das Gas bei Zuführung der nöthigen Luft die möglichst vollkommenste Verbrennung liefere. Die Flammen werden dann unterhalb direct und oberhalb des Zeuges durch die starke Hitze die Fasern absengen. Ein Luftstrom aus einem Ventilator sollte die verkohlten Partikel fortnehmen und den Stoff abkühlen.

Leck und Miller construirten 1856 eine Sengmaschine mit Gasflammen in Reihen, welche nach unten brannten mit Hülfe einer Exhaustanordnung. Dieselben projectirten auch Combination von Gasflammen und Platten.

John R. R. Humfrys liess sich 1857 ein provisorisches Patent geben auf eine Gassengerei, bei welcher mit Hülfe und nach dem Prinzip des Blaserohrs Luft zur Gasausströmung zugeblasen wurde. Um die Mischung inniger zu erzielen, schlug er vor, die Flammen durch kleine Platten etc. zu zwingen, in Curven auszubiegen.

James Mallison jr. formte mit derselben Absicht einen eigenen Gasbrenner in Form einer conischen oder pyramidalen Metallhülse, durch welche die Flamme geleitet wird und an deren Spitze sie aus einem schmalen Schlitz austritt. — Thomas Kay[14]) construirte 1858 (12. April) eine Gassengemaschine, welche einen Behälter enthält, in welchem Gas und atmosphärische Luft gemischt und dann unter Druck nach den Brenneröffnungen getrieben wird. James Cooke (1858) leitet genau auf den Punkt hin, wo die Gasflammen den Stoff berühren, einen Strom erwärmter Luft. Oberhalb des Gewebes saugt ein Ventilator die Gase ab. — Später benutzte Cooke Gase (verschiedener Art), gemischt mit Luft, Dampf etc. unter Druck durch einen Ventilator, sodass die Flammen der Gasmischung gegen das Gewebe getrieben werden.

E. K. Dutton (1860) sucht den Einfluss des Luftstromes, der durch die schnelle Bewegung des Gewebes entsteht und der die Gasflammen

[13]) Bayer. Kunst- und Gew.-Bl. 1827. 70.
[14]) Rep. of pat. XXXIII. 94. Kay.

schwanken macht, dadurch zu beseitigen, dass er zwei Gasflammenreihen hintereinander anwendet, zwischen denen er die Luft emporsteigen lässt, während er vor und hinter den Reihen den Luftstrom in Richtung des Gewebes durch Vorhänge etc. abfängt. — John Summerscales fand, dass die durch die zugeblasene Luft in das Gewebe hineingetriebene Flamme dasselbe zu vieler Fasern beraube. Um dies zu vermeiden, bringt er über der Flammenreihe eine Platte an, welche hohl ist und immer durch Wasser gekühlt wird. Unterhalb dieser Platte gleitet das Gewebe, fest anliegend an derselben. Die Flammen treffen gegen die Oberfläche des Gewebes, können aber nicht durch dasselbe hindurch und breiten sich nun auf derselben aus.

Henry Ambler (1864) benutzt zwei Rohre, um Gas und Gebläseluft zum Brenner zuzuleiten. Die Rohre stecken ineinander. Die beiden Gase treffen erst hinter dem Brenner zusammen.

Eine zweiseitige Sengmaschine, besonders für kleinere Verhältnisse, ist die amerikanische von Mc. Ewen und Mc. Kenzie[15]) in Fig. 54 dargestellt. Das Gas wird in den Gasometer h geleitet. Aus demselben führt die Röhre e,

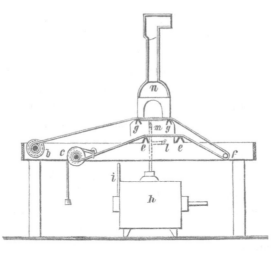

Fig. 54.

mit Rohr m und mit rechtwinkliger Abzweigung l empor, welche beide, je am Ende umbiegend, horizontale Rohrstäbe bilden mit Perforationen auf der Oberfläche, aus welcher das Gas austritt und entzündet wird. Das Gewebe wird von c abgewickelt und über die Dreieckvorsprünge e, e, dann um f herumgeleitet, und schreitet sodann über die dreieckige Auflage g, g nach der Aufwickelwalze b fort. Es ist ersichtlich, dass so der Stoff auf beiden Seiten gesengt wird. Der Schornstein n zieht den Rauch und die Gase ab.

---

15) American. Patent Spec. No. 83395. Mc. Ewen.

Die sorgfältigsten Untersuchungen über und mit Gasabflammmaschinen hat nach dem Vorgang von A. Miller Colin Mather in Salford
angestellt von etwa 1858 an bis 1870[16]). Mather erachtet es für nöthig,
dass das Gewebe vollkommen trocken zur Gasflamme gelange. Er lässt
daher den Stoff nach dem Ablauf vom Waarenbaum über einen geheizten
Kupfercylinder von 0,60—1 m Diameter gehen. Nun erst geht der Stoff
in den Theil der Maschine über, welcher das Abflammen vollführt. Dieser
besteht, wie Fig. 55 zeigt, aus den Leitrollen d, j, e, f. Zwischen den
Rollen d, j schlägt die Gasflammenreihe aus der Röhre K herauf, angesaugt

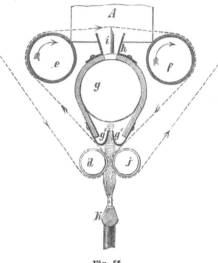

Fig. 55.

durch den Luftzug eines Ventilators, welcher sich oben in der Esse A
befindet. Die Rollen sind so eng gestellt, dass sich die Flamme durch-
quetschen muss. Sie tritt oben durch einen verengten Schlitz g¹, g¹, der
unterhalb des Rohres g angebracht ist. Der gesengte Stoff von d geht
hinauf und über d nach f hinüber. Während dieses Weges streift er über
eine oder mehrere scharfe Leisten i im trichterartigen Schlitz h, h oberhalb der Röhre g. Diese Leisten (Doctors) streifen alle verkohlten Partikelchen von der Oberfläche des Stoffes ab. Dieselben fallen in g hinein
und werden vom Zug des Ventilators in die Esse gezogen.

Das Hall'sche Prinzip, die Flammen anzusaugen und so zu strecken
und kräftiger zu machen, hat sich auch später als wichtig erwiesen und
ist in der Gasabflammemaschine beibehalten, welche zunächst für die
neuere Construction von derartigen Maschinen seit den Bemühungen von
Cooke[17]) in Manchester 1858 massgebend geworden ist, auch für die Gas-

---

[16]) Engl. Pat. Spec. No. 2070 (1860), No. 2388 (1860) u. No. 248 (1869). Mather.
[17]) Pol. C.-Bl. 1859. 982.

sengemaschinen von Tulpin frères[18]) in Rouen.   Diese letztere Maschine
kam 1867 auf der Ausstellung zu Paris zur Geltung und hat seitdem
durchgreifend eingewirkt.   Die ausgestellte Maschine war mit 4 Flammen
ausgerüstet und erlaubte durch eigenthümliche Führung des Zeuges dasselbe

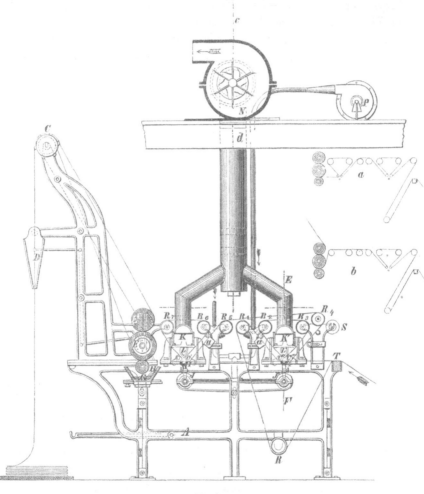

Fig. 56.

[18]) Reimann, Färberzeitung 1867. — Grothe, Spinnerei etc. auf der Ausstellung
zu Paris 1867. — Deutsche Industrie-Zeitung 1869. S. 65. — Kronauer, Atlas zur
mechanischen Technologie II. Aufl. Taf. XLII. giebt eine Tulpin'sche Sengemaschine
mit 4 Apparaten. — Meissner, der practische Appreteur. Seite 81. — Zeitschr. des
Vereins d. Ing. 1874 p. 60. — Dinglers Journ. Bd. 168 p. 113, Bd. 191. p. 354. 441.
— Maschinenconstructeur 1869. 203. — Pol. C.-Bl. 1869. 497. — Annal. ind. 1876.
I. 203. — Bull. de la Soc. de Mulhouse 1867. 533. — Pol. C.-Bl. 1875. 220. — Karmarsch & Heeren, Tech. Handwörterbuch, III. Aufl. Prag. — Grüne & Grothe, Musterzeitung 1869. Grieben, Berlin.

auf der einen Seite 4 mal und auf der andern Seite 2 mal bei einem Durchgange durch die Maschine zu sengen. Diese Maschine ist vorstehend abgebildet (Fig. 56).

Das zu sengende Zeug tritt bei der Barre T in die Maschine ein — es wird von einer Rolle etc. abgewickelt — und läuft über die Leitrollen R und R_1 fort, bevor es zum ersten Mal mit der Sengvorrichtung in Berührung kommt. Diese besteht aus einer Anzahl Gasbrenner J, welche auf einem horizontalen Gasrohr in solcher Entfernung von einander aufsitzen, dass beim Entzünden des ihnen beim Oeffnen der Hähne entströmenden Gases nur eine einzige in horizontaler Linie regelmässig verlaufende Flamme gebildet wird. Es versteht sich von selbst, dass das Zeug vor seinem Eintritt in die Maschine genässt werden kann.

Das durch die nachfolgenden Vorrichtungen immer gespannt erhaltene Gewebe läuft nun von R_1 auf die Metallwalze U'', um auf die Walze R_2 zu gelangen. Unterhalb U'' ist — wie aus der Figur ersichtlich — die Brennerreihe J angebracht, deren Flamme das auf U'' gespannte Zeug seitlich trifft und die überstehenden Härchen absengt. Bevor die gesengten Stellen aber auf die folgende Walze R_2 gelangen, werden sie gegen ein an K angebrachtes Messer gedrückt, das die etwa weiter glimmenden Zeugfasern löscht. Von R_2 geht das Zeug über R_3 auf die Metallwalze U''', wo die nämliche Seite des Gewebes durch die nämliche der Brennerreihe J entströmende Flamme gesengt wird. Eine Vorrichtung zwischen U''' und R_4 vertilgt auch dieses Mal die etwa noch vorhandenen Funken.

Um den beim Sengen der Gewebe entstehenden brandigen Geruch mit den Verbrennungsproducten des Gases schnell zu entfernen, ist direct über den Brennern J das Rohr O angebracht, welches durch eine eigenthümliche Einrichtung die Producte der Verbrennung fast momentan fortschafft, wozu ein Ventilator N mit Nutzen in Anwendung gebracht werden kann.

Wenn das Zeug von der Walze U''' auf R_4 gegangen ist, so ist es zweimal auf derselben Seite gesengt. Je nachdem es nun nochmals auf derselben oder auf der andern Seite oder aber gar nicht weiter gesengt werden soll, hat es verschiedene Gänge zu machen. Nehmen wir an, es soll, von R_4 kommend, ebenfalls zweimal auf der andern Seite gesengt werden, so passirt es, indem es zwischen den beiden Röhren O und O' hindurchgeht und die Gassengevorrichtungen unter sich lässt, zunächst die Leitrollen R und begiebt sich direct von dieser auf eine Metallwalze U'. Es tritt das schon für die erste Seite der Maschine erwähnte Sengverfahren auch hier ein, nur mit dem Unterschiede, dass nun die andere vorher nicht gesengte Seite des Gewebes von den Gasflammen berührt wird. Das Gewebe passirt wieder ein Messer, läuft über R_6 und R_5, um nochmals bei U den Gasflammen zu begegnen. Von hier geht es zwischen die beiden Walzen F, G, zwischen welchen die von U etwa mitgenommenen

Funken gelöscht werden, und zugleich das ganze in der Maschine befindliche Zeug die genügende Spannung erhält. Das Zeug passirt dann zwischen
den Walzen E und F hindurch und begiebt sich auf C, um von hier in
den Legetrichter D zu gelangen, durch welchen es in Lagen von beliebiger
Breite gebracht wird.

Will man das Zeug, statt zweimal auf beiden Seiten, viermal auf der
nämlichen Seite sengen, so lässt man es von der Barre T und der Leitrolle R über die Metallwalzen U''', die Leitrollen R_8 und R_2 laufen und
die Walze U'' passiren. Von hier geht das Zeug bei der Löschvorrichtung
Q vorbei über R_1, R_7 auf die Walze U', läuft über R_6 und R_5 und gelangt
zur letzten Sengung auf U, von wo es direct zwischen die Walzen G, F
und E kommt. Dieser Gang ist durch die Skizze a veranschaulicht.

Will man nur zweimal auf einer Seite sengen, so lässt man das
Zeug wie eben angegeben laufen, bis es R_7 passirt hat, und führt es von
hier direct über die Leitrollen R_6 und R_5 zwischen die Walzen G, F
und E. Dies ist in Scizze b dargestellt.

Die Figuren I und II (57 und 58) zeigen für eine Vierflammenma-
schine Zeugführung für einseitige und zweiseitiges Sengen.

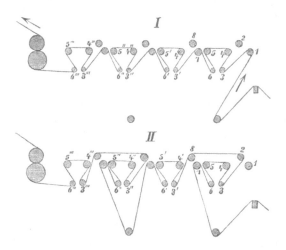

Fig. 57—58,

Die Walze G läuft mit ihrer unteren Hälfte im Reservoir H, welches
mit Wasser gefüllt ist. Die Walze wird also stets feucht erhalten und so
ein Ablöschen der vom Zeug etwa mitgenommenen Funken erwirkt.

Um die in der grossen Abbildung nur undeutlich erkennbare Flam-
menführung genauer deutlich zu machen, sei Fig. 59 beigebracht. Hierin
sind die Flammen f, f deutlich sichtbar, welche aus den Brennern I, I'
hervortreten und sich in Folge des Zuges aus K durch die Kanäle i, i
um den Stoff auf den Walzen U'', U''' gleichsam herumlegen. Hier ist

auch die Bürste a sichtbar, welche in der Fig. 56 nur undeutlich zu erkennen ist.

Es sei hier ausdrücklich darauf hingewiesen, dass Tulpin sich von
vornherein nicht auf Anwendung des Leuchtgases allein beschränkte, sondern auch solches Gas anwenden wollte, welches schon, mit atmosphärischer Luft gemischt, mit höherem Druck aus den Brennern austritt. Zu

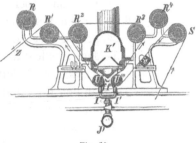

Fig. 59.

diesem Zweck ist der Ventilator P angebracht, der den Brennern Luft
von höherer Spannung zutreibt. Die Erfahrung lehrte, dass nicht die blau-
brennende Flamme, sondern die weisse Flamme besser sengt.

In Deutschland war es die Stückfärberei und Maschinenfabrik A. G.
vorm. Gebauer in Charlottenburg[19]), welche diese Gasabflammmaschine
in vorzüglicher Weise nachbaute und bald zweckmässig verbesserte.

In neuester Zeit hat A. H. Blanche in Puteaux[20]) die Idee der Anwendung von Gas- und Luftgemenge als Brenngas wieder aufgegriffen,
dieselbe bestens zur Ausführung gebracht in einem sehr wirksamen Apparate und zwar, indem er in die Gasflamme einen Strom comprimirter
Luft einbläst (Fig. 60 und 61).

Die Brenner bestehen in einer Reihe nebeneinander stehender, an
einer Platte b befestigter Röhren d mit sich nach oben konisch verengender
Ausflussmündung v, welche letztere senkrecht gegen das vorbeiziehende
Gewebe gerichtet ist und zwar so, dass das Centrum der Ausflussöffnung,
die Achse des Rohres und das Mittel der Leitwalze t in einer geraden
Linie liegt. Die Röhren d sind unten vollständig offen und es münden in
dieselben von unten die beiden Brennerröhrchen e und i ein, welche aus
den Hauptspeiseröhren r und m abzweigen und deren jedes mit einem
Hähnchen versehen ist (Fig. 60).

---

[19]) Musterzeitung 1872. D. I. Zeit. 1869. 197.

[20]) Die Maschine erschien zuerst auf der Ausstellung zu Philadelphia 1876 und
wurde beschrieben von Dr. Grothe in Spinnerei, Weberei und Appretur auf
den Ausstellungen seit 1867. — Maschinenconstructeur 1879. p. 116. — Polyt. Zeitung
1879. S. 229. — Deutsches Reichspatent No. 1701. — Dingl. pol. J. 1874. 215. S. 386.
— Revue ind. 1874. S. 250.

Aus dem kleinen Rohr i fliesst das Gas und aus demjenigen e atmosphärische Luft aus und zwar ersteres unter einem Drucke von 20 mm Wassersäulenhöhe, letztere dagegen unter stärkerer Pressung aus einem Windkessel, welcher durch eine Luftpumpe gespeist wird.

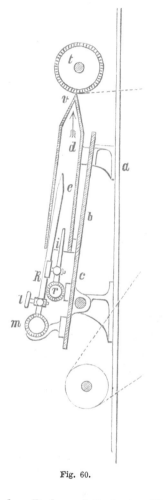

Fig. 60.

Das Gas tritt in die 25 cm langen Röhren d in einer Höhe von 10 mm über dem unteren Rande, die Luft dagegen in einer solchen von 50 mm über dem unteren Rande ein und haben die Versuche ergeben, dass weder die Länge der Röhren d noch die Höhenlage der beiden Ausflussdüsen für Luft und Gas ohne Nachtheil verändert werden dürfen.

Das in den Röhren d entstehende Gemenge von Luft und Gas wird durch den Strom der Luftdüse e aus der Oeffnung v geblasen und verbrennt dort als eine intensive, rechtwinklig gegen das Gewebe gerichtete Flamme.

Der beste Effect wird erreicht, wenn die Flamme wenig leuchtend und blau erscheint und ist es bezeichnend, dass die Intensität der letzteren abnimmt, wenn der Gashahn k mehr geöffnet wird.

Was die allgemeine Anordnung der Maschine anbelangt, so ist die neue Maschine äusserst einfach gehalten. Die Brennerröhren d sind an der Vorderseite der Maschine in passender Höhe für die Bedienung angebracht und es gelangt die zu sengende Waare vom Boden unmittelbar hinter dem Maschinengestelle über wenige Leitwalzen zu den Brennern und von hier wiederum über einige in der Höhe angebrachte Leitwalzen zu einem Fachapparat, welcher das Gewebe wieder auf dem Boden niederlegt. Unmittelbar vor dem Fachapparat ist eine rotirende Bürstenwalze zur Reinigung des Gewebes angebracht.

Bei der Blanche'schen Maschine vollzieht sich also der Abflammprozess unmittelbar unter den Augen des Arbeiters an leicht zugänglicher Stelle, und wenn aus irgend einer Ursache im Laufe des Gewebes eine Stockung eintritt, kann der Führer von jeder Stelle der Maschine aus durch Fusstritt und Hebel rasch die Brennerröhren d nach aussen drehen, sodass die Flamme ausser Berührung mit dem Gewebe kommt.

Der ganze Brennerkopf ist an der Platte b befestigt und diese um eine Achse c drehbar.

Die Leistungsfähigkeit einer $2-2^{1}/_{2}$ m breiten Maschine beim Sengen von zwei Stücken nebeneinander beträgt zwischen 35—40 Stücken à 100 m per Stunde beim normalen Gange der Arbeiten in den Fabriken. Bei einer Versuchsreihe von 2670 gesengten 100 metrigen Stücken ergab sich ein durchschnittlicher Gasverbrauch von 247—225 Liter per 1 Stück für einmaliges Sengen.

Die Stücke müssen je nach der Stärke des Gewebes ein- bis zweimal gesengt werden. Für einmaliges Sengen ist die Intensität der Flamme bei der Blanche-Maschine grösser als bei der Tulpin'schen und wohl hauptsächlich deshalb, weil die Flamme nicht nur das Gewebe streift, sondern senkrecht in dessen Fläche eindringt. Ein Theil der bessern Wirkung der Flamme muss allerdings auch in der vollständigeren Verbrennung des Gases begründet sein, denn sonst könnte der Unterschied in der Leistung der Maschine nicht so bedeutend sein, dass der Gasverbrauch nur etwas über die Hälfte desjenigen der Tulpin'schen Maschine beträgt. Es geht dies ferner daraus hervor, dass keine so übelriechenden Verbrennungsproducte entstehen, wie bei der Tulpin'schen Maschine. —

Von Interesse wird es sein, die Leistungen verschiedener Gasabflammmaschinen zu vergleichen.

Nach den Mittheilungen von Clement Desorme (1831) sind bei der Hall'schen Maschine durchschnittlich 6000 Liter Gas nöthig, um 600 m Gewebe zu sengen.

Nach Poirrier[21]) in Reims sind folgende Leistungen mit den dabei genannten drei Systemen erhalten:

Art des Gewebes.	Stärke-Nummer.	Länge in m.	Breite vor dem Sengen in ctm.	Breite nach dem Sengen in cm.	Verlust an Breite in ctm.	Gewicht vor dem Sengen in kg.	Gewicht nach dem Sengen in kg.	Gewichtsverlust in kg.
Sengen mit der Platte.								
Merinos	12	93	106	102—103	3—4	14,500	13,40	1,10
„	13	99	105	101,5	3 ½	14,80	13,60	1,20
„	14	107	104	102	2	16,50	15,10	1,40
„	15	100	130	125	5	23,50	19,70	2,00
„	16	93	130	125	5	21,50	21,50	1,80
„	17	96	126	121	5	17,20	15,90	1,30
Double-Chaîne . . .	14	62	133	129	4	18,60	17,60	1,00
„ . . .	17	61	134	129	5	19,50	18,30	1,02

---

[21]) Es sei hier bemerkt, dass die Franzosen für Sengmaschinen frühzeitig und fortgesetzt sehr viel geleistet haben (Delhouze, Godard, Andrieux, Dupuis & Leroux, Boulfray, Crosnier & Cote, Benoit, Tulpin, Blanche, Pierron & Dehaitre u. s. w.).

Art des Gewebes.	Stärke-Nummern.	Länge in m.	Breite vor dem Sengen in ctm.	Breite nach dem Sengen in cm.	Verlust an Breite in ctm.	Gewicht vor dem Sengen in kg.	Gewicht nach dem Sengen in kg.	Gewichtsverlust in kg.

Sengen mit Maschine Tulpin.

Art des Gewebes.	Stärke-Nummern.	Länge in m.	Breite vor dem Sengen in ctm.	Breite nach dem Sengen in cm.	Verlust an Breite in ctm.	Gewicht vor dem Sengen in kg.	Gewicht nach dem Sengen in kg.	Gewichtsverlust in kg.
Merinos	12	94	106	102,5	3½	14,60	13,20	1,40
„	13	96	106	102	4	14,00	12,55	1,45
„	14	90	107	102,5	4½	14,80	13,10	1,70
„	15	94	127	122,5	4½	17,75	16,10	1,65
„	16	94	·128	122	6	20,10	18,05	2,05
„	17	93	126	122,5	3½	19,50	18,15	1,35
Double - Chaîne . . .	14	65	133	130	3	20,00	18,50	1,50
„ . . .	17	64	132	129	3	19,75	18,35	1,40

Sengen mit Maschine Blanche.

Art des Gewebes.	Stärke-Nummern.	Länge in m.	Breite vor dem Sengen in ctm.	Breite nach dem Sengen in cm.	Verlust an Breite in ctm.	Gewicht vor dem Sengen in kg.	Gewicht nach dem Sengen in kg.	Gewichtsverlust in kg.
Merinos	12	94	106	103,5	2½	14,05	13,50	0,550
„	13	96	106	103,5	2¼	14,00	13,90	0,100
„	14	90	108	105	3	14,00	13,85	0,150
„	15	101	127	123	4	20,80	19,50	1,300
„	16	85	130	125,5	4,5	18,35	16,75	1,600
„	17	91	128	124,5	5,5	18,45	17,05	1,400

Bei diesen Versuchen war der Gasverbrauch per Stück auf 100 m
Länge reducirt; im Mittel 250 Liter bei der Blanche-Maschine gegenüber
450 Liter bei der Tulpin'schen Maschine, in beiden Fällen für einmaliges
Sengen berechnet. Hinsichtlich der Gewichtsverminderung durch das
Sengen ist noch zu bemerken, dass diese bedeutenden, aus der Tabelle
ersichtlichen Gewichtsabnahmen nicht etwa durch die abgesengten Fasern
erklärlich sind, sondern vielmehr in Austrocknung der Waare durch die
Flamme ihre Ursache haben.

A n t o n H a m e r s in Crefeld[21a]) hat einen Abflammapparat gebaut,
dessen Brenn-Apparat aus zwei sphärischen Dreiecken, deren Seiten dicht
aneinander schliessen und deren Spitze nach innen gekehrt ist, gebildet
wird. Duch diese Spitze tritt das Gas und der durch eine Gebläsevor-
richtung erzeugte Luftstrom in den durch die Dreiecke gebildeten Behälter
und soll, da dessen oberer Theil sich ganz verengt und den raschen Austritt zum Brenner verhindert, gehörig vermischt werden. Der obere Theil
des Apparates hat einen feinen, angehobelten Schlitz, welcher, um eine
feinere oder gröbere Flamme zu erzeugen, durch Schrauben enger oder
weiter gestellt werden kann und durch den das austretende Gemisch von
Gas und Luft zur vollkommenen Verbrennung kommen soll. Die Wandstärke des Behälters ist an der Stelle, wo sich die die Flammen reguli-

---

21a) Hamers, D. R. P. No. 7962

renden Schrauben befinden, dünn und hat dadurch eine gewisse Elasticität. Der oberste Theil ist schwalbenschwanzförmig ausgehoben; in ihn werden Schieber eingesetzt, so dass die Breite der Flammen nach der Breite des Stoffes regulirt werden kann. Um für manche Stoffe eine noch erhöhte Mischung von Gas und Luft und demgemäss eine erhöhte Verbrennungstemperatur zu erzeugen, befindet sich auf der einen Seite des Behälters eine verschliessbare Klappe, durch welche ein Drahtgitter eingesetzt werden kann. An den beiden spitzzulaufenden oberen Enden des Apparates befinden sich Zapfen zum Einhängen desselben in die Sengevorrichtung. —

Descat-Leleux in Lille und die Association Pierron & Dehaitre haben die Röhrengassengmaschine verbessert dadurch, dass sie an Stelle der feinen Perforationen in der Röhre schmale Schlitze von 1 mm Breite herstellen. Es strömt nun das Gas ruhig aus und gibt eine gleichmässige Flamme. Dieser Gasbrenner R, Fig. 62, aus Gusseisen besteht aus zwei symmetrischen Hälften, welche durch Bolzen b, b[1] verbunden sind. Der Brennerschlitz reicht über die ganze Länge des Brenners und ist höchstens 1 mm breit. Das Gemenge von Gas und Luft wird durch die hohlen Axen des Brenners eingeführt, und zwar wird die Luft einem besonderen Reservoir entnommen, in welchem sich etwa 30 mm Wasserdruck befindet; auf ihrem Wege nach dem Brenner wird sie vermittelst eines Injectors mit dem Gase gemischt. Der Brenner kann durch Umdrehen um seine Axe vom Zeug entfernt werden, wodurch gleichzeitig die Gaszuleitung abgesperrt wird.

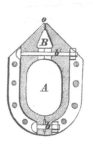

Fig. 62.

Im Uebrigen combiniren die Erfinder die Sengmaschine mit einem Trocken- und Appreturcylinder, damit die im Gewebe enthaltene Feuchtigkeit nicht den Effect des Gases beeinträchtigen kann.

Bekanntlich nehmen die Stoffe bei ihrer Lagerung am Aufbewahrungsort einen Theil der Feuchtigkeit der Luft auf; bei dem Abflammen des Stoffes verwandelt sich diese über der Flamme sogleich in Dampf, welcher die gewünschte Wirkung der Flamme auf den Stoff beschränkt. Stoffe von doppelter Breite, welche in der Mitte auf ihrer ganzen Länge eine Falte erhalten, werden an dieser Stelle auf der Innen- und Aussenseite von der Flamme ebenfalls nicht gleichmässig gesengt, deshalb hat man beim Sengen auf der Platte die Stoffe vorher stets ein wenig appretirt. Dies wird nun von Descat-Leleux auch auf die Gassengerei übertragen[22]).

Die A. G. für Stückfärberei und Maschinenfabrikation (früher Fr. Gebauer) in Charlottenburg hat auf dem System Blanche weitergebaut und besonders die Führung des Stoffes verbessert und vereinfacht, ebenso die Gasführung. Aus den Figuren 63 u. 64 gehen die Arrangements

[22]) D. R. P. 6743. Verhandlungen des Vereins für Gewerbfleiss. 1880.

der Brenner h hervor.   Dieselben empfangen im Canal i den Zusammenfluss des Gases und der comprinirten Luft durch die Canälchen n, w, aus den resp. Rohren o, m.   Diese Rohre m und o giesst Gebauer, wie die Zeichnung auch erkennen lässt, aus einem Stück und verlegt für das eine den Gas-eintritt an ein Ende, für das andere den Lufteintritt an das entgegengesetzte Ende.   Jeder einzelne Gasluftbrenner besteht aus einem doppelten Hahnge-häuse, in welchem zwei Hähne angebracht sind, von denen der eine zur Gas-, der andere zur Luftregulirung dient.   Die Durchgangsöffnungen dieser Hähne stehen unter einem Winkel von 60° gegen einander geneigt und münden in eine cylindrische Kammer i, welche in dem doppelten Hahn-gehäuse gebildet wird, während auf das Gehäuse eine Düse h, welche die Brenneröffnung trägt, geschraubt ist.   Die Brenneröffnung der Düse wird durch einen feinen Schnitt, wie solcher in einem gewöhnlichen Schmetterlings-Gasbrenner zur Anwendung kommt, hergestellt.   Vermittelst der Hähne kann man dem sich in der Kammer i und Düse h bildenden Gasgemisch soviel Luft zuführen, als zur vollständigen Verbrennung des Gases nö-thig ist.   Man erhält durch diese Construction des Gasluftbrenners eine sehr heisse, nicht russende, gleichmässig brennende und stetige Flamme, die mit Leichtigkeit regulirt werden kann.

Betreffs der Anordnung der Führungswalzen zu den Gasluftbrennern, zeigt die Figur 63 den Lauf der zu sengenden Gewebe an, wenn diese

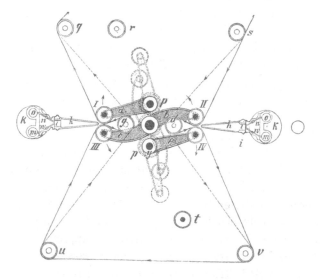

Fig. 63.

vier mal auf einer Seite von den Flammen berührt werden.   Es sind ferner andere Einstellungen möglich, wenn dieselben zwei mal rechts, zwei mal links die Flammen passiren sollen.   Die in Figur mit I, II, III, IV bezeichneten Walzen sind verstellbar, während die übrigen r, d, g, u, q, s, t im Gestell festgelagert sind. Die Verstellung der Walzen wird auf folgende Weise bewirkt. Die Hebel a, c, e, welche im Gestell drehbar angebracht sind, dienen zur Lagerung dieser Walzen und sind durch Zahnräder s, z, Welle und Zapfen x, y mit einander verbunden, sie lassen sich mittelst des dreiarmigen Hebels von der Stirnseite der Maschine bewegen und durch ein Sperrrad A mit Sperrklinke B feststellen. Die zweiarmigen

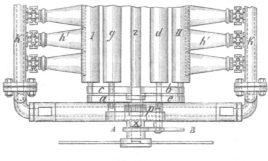

Fig. 64.

Hebel c, b, in welchen die Walzen II, III lagern, sind auf eine gemeinschaftliche Welle z gekeilt, während die einarmigen Lagerhebel a, e der Walzen I, IV nur auf Leitzapfen befestigt sind; ausserdem sind mit der Welle z und den Leitzapfen x, y die Stirnräder p fest verbunden. Wird nun der zweiarmige Hebel a durch einen dreitheiligen Stern gedreht, so werden durch die Räderverbindung die einarmigen Hebel a, e gleichzeitig mithewegt. In allen Fällen sind, sobald die Walzen I, II, III, IV in den durch die punktirten Linien angedeuteten Stellungen angelangt, die zu sengenden Gewebe von der Flammenreihe selbst und auch von den durch diese sehr stark erhitzten Walzen I, II, III, IV entfernt, so dass eine Zerstörung der Gewebe unmöglich ist. Die Feststellung dieser Walzen geschieht in der Arbeits- wie in der Ruhestellung durch das Sperrrad A, in welches die Sperrklinke B eingreift. Die stark punktirten Linien geben den Gang der Gewebe in der Ruhestellung der Walzen I, II, III, IV an und ist leicht ersichtlich, in welcher Weise durch Zurückdrehen der Walzen der richtige Gang der Waare je nach Bedürfniss bedingt ist. Schliesslich zeigt die Figur, auf welche Weise mittelst einer Flammenreihe eine zweimalige Berührung der Gewebe mit den Flammen erzielt wird. Durch diese Anordnung der vier leicht verstellbaren Walzen ist das Einziehen der Gewebe bedeutend erleichtert und geschieht dies, ohne die Flamme auszulöschen.

Von einem separaten Vorgelege, welches jede Geschwindigkeit der Maschine zulässt, erfolgt der Antrieb. Dieses Vorgelege treibt gleichzeitig eine Luftcompressionspumpe, welche die zum Gasgemisch nöthige Luft liefert. Letztere gelangt vermittelst Rohrleitung durch die eine hohle Gestellwand in ein Doppelrohr und von hier zu den Brennern. Aus der anderen Gestellwand wird das Gas auf dieselbe Weise in die Brenner geleitet. Diese Einrichtungen lassen eine grosse Raumersparniss zu, weil sie die eigentliche Operationsbasis eng zusammenlegen.

Das besagte Vorgelege von Fr. Gebauer und O. Stegmeyer ist ein Wechselgetriebe, welches die Stufenscheiben an Einfachheit und wegen der stetig veränderlichen Geschwindigkeitsverhältnisse, die bei jenen nur sprungweise veränderlich sind, übertrifft. Weiter gestattet es, das Deckenvorgelege ganz zu beseitigen, indem man gleich direct von der Hauptwelle treiben kann, sowie die Geschwindigkeit der Maschine während des Ganges zu verändern, wobei das mit so vieler Gefahr für den Arbeiter verknüpfte Umlegen der Riemen auf den Stufenscheiben zur Aenderung der Gangart der betreffenden Arbeitsmaschine beseitigt ist. Es beruht auf dem Prinzip der conischen Riementrommeln, welche, auf parallelen Wellen gelagert, mit ihren Kegelspitzen nach entgegengesetzter Richtung stehen. Nur geschieht die Bewegungsübertragung von einer Welle zur andern nicht durch Riemen, sondern durch eine verstellbare Reibungsrolle C, welche durch ein Belastungsgewicht an die gusseisernen Kegelräder A und B angepresst wird. Die Reibungsrolle ist aus zwei abgestumpften Kegeln gebildet, welche mit ihren Grundflächen zusammenfallen und denselben Spitzenwinkel haben, wie die beiden Betriebskegelräder; sie kann aber auch die Form einer Kugel haben. Die Verstellung der Reibungsrolle erfolgt durch eine Schraubenspindel, welche parallel zur Achse der Kegelräder angeordnet ist. Um den Contact der Reibungsrolle in allen Stellungen zu ermöglichen, ist letztere nicht direct auf der Schraubenspindel angebracht, sondern in einem schwingenden Gabelstück auf dem Ende eines kurzen Hebels gelagert, dessen Nabe erst das Mutterngewinde für jene Spindel enthält. (Fig. 65 u. 66.)

Kegelrad A erhält den Antrieb, während B, welches mit einem Triebrad zum weitern Betrieb versehen ist, durch die Reibungsrolle C in Bewegung gesetzt wird. In dem mit Handgriff G versehenen Gussstück D ist eine Schraubenspindel excentrisch gelagert, die vermittelst des Handrades E zu drehen ist. Dadurch wird die Reibungsrolle C, welche in der mit Mutter versehenen Gabel F lagert, auf den beiden Kegelrädern A und B hin und her bewegt, wodurch die verschiedenen Geschwindigkeitsverhältnisse erzielt werden. Bei einer Drehung des Gussstückes D mittelst des Handhebels G wird infolge der excentrischen Lagerung der Spindel durch die mit Mutter versehene Gabel F die in ihr gelagerte Reibungsrolle gehoben und dadurch ausser Thätigkeit gesetzt. Vermittelst Anhebens oder Senkens der Reibungsrolle ist also der Betrieb mit Leichtigkeit zu unterbrechen, bez. wieder herzustellen, und durch eine Verstellung derselben vermittelst des Handrades

werden die verschiedenen Geschwindigkeitsverhältnisse erzielt[23]). Es ergiebt sich bei der abgebildeten Construction die Möglichkeit der Umdrehungsgeschwindigkeit von 40 auf 300 Touren p. M.

In der Art des Aufbaues und Einrichtung der Maschine ähnelt der Ge-

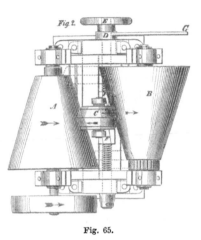

Fig. 65.

bauerschen die Maschine von C. H. Weisbach in Chemnitz. Wir geben davon
eine perspectivische Abbildung (Fig. 67). Das Mischungsverhältniss des Gases
und der Luft ist auch bei dieser Maschine genau zu regeln, ebenso die

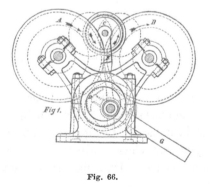

Fig. 66.

Breite der Flammen. Jede Brennerreihe ist leicht und sicher abzustellen.
Jede Flamme hat 2 Brennpunkte, und die Waare wird in Folge dessen bei

---

[23]) Industrie-Zeitung 1879. — Polyt. Zeitung 1880. — Ein ähnliches Wechselgetriebe ist von Barnhurst in Erie, Pa., construirt (1880). Hierbei liegt die Axe
zur Verschiebung des Kegeltriebes in der Diagonale des Quadrates, welches die
beiden Kegelaxen mit dem Lagerrahmen bilden; in Folge dessen kann C eine einfache
cylindrische Scheibe sein.

einem einmaligen Durchlaufe durch die Maschine entweder auf einer Seite
vier mal oder auf beiden Seiten zwei mal gesengt.

Ein wesentlicher Vortheil dieser Gasabflammmaschine gegen die früheren
Constructionen ist, dass die Waare bei einem Durchlasse zugleich auf

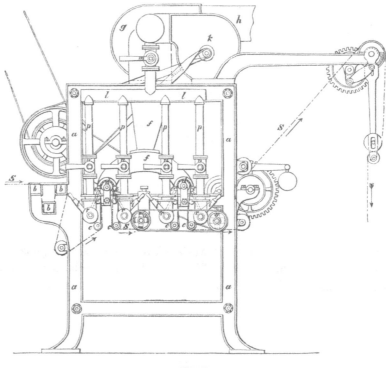

Fig. 68.

beiden Seiten gesengt werden kann. Die Waare passirt nach dem Abflammen
zwei Bürsten, die sie möglichst vom Sengstaub befreien, und wird durch
den an der Maschine befindlichen Legapparat sauber in Falten gelegt.

Die Bewegung geht von einem Scheibenfrictionsgetriebe an der
unteren Seite des Gestells aus. Dasselbe erlaubt schnelle Aenderung der
Geschwindigkeit. —

Wie oben bereits bemerkt, ging das Bestreben vieler englischer Constructeure dahin, das Gewebe vor unverbrannten Kohlentheilen etc. zu
schützen. Dieser Zweck ist in Felber's Abflammmaschine[24]) ebenfalls verfolgt,
zugleich aber strebt Felber die Kühlhaltung des Gewebes an durch Einschaltung einer Wasserröhre als Auflager für die Waare.

Auf der beistehenden Zeichnung 68 ist a das Gestell der Maschine, b, b, b

————————
    24) J. Felber & Co. in Manchester. Maschinen-Constructeur 1871. S. 9.

sind hölzerne Streckstäbe, c, c, c, c Leitwalzen und d, d die eisernen Cylinder, an denen gesengt wird. Der Stoff — durch die punktirte Linie S bezeichnet — tritt in der Richtung des Pfeiles in die Maschine. Fig. 69 und 70 stellen die Sengwalzen d und die Gasbrenner e in grösserem Massstabe dar. Das Gas tritt aus den Röhren e, e, welche beim Anlassen

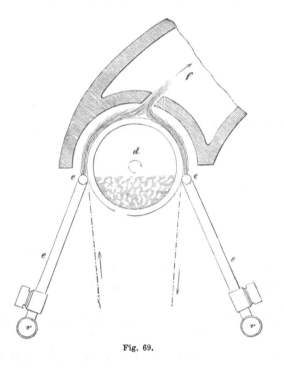

Fig. 69.

und Abstellen durch die Handgriffe i, i, i, i dem Stoffe näher oder ferner gerückt werden können. Nachdem die Flammen sich in Folge des Saugwindes über die ganze Fläche des Stoffes verbreitet haben, werden die verbrannten Gase und Staubtheile durch den Abzugskanal f und Ventilator g abgeführt. Infolge der Leitwalzen c, c, c legt sich der Stoff fest an den mit Wasser gefüllten Cylinder d an und wird dadurch auf der unteren Fläche kühl erhalten, während die Oberfläche den Flammen ausgesetzt ist. Die Bürsten O, O dienen dazu, die etwa noch vorhandenen Fasern zu heben und beim nächsten Sengen desto sicherer der Verbrennung zu überliefern.

Das Gas tritt aus den Röhren b und p durch die Hähne n, n, n in die Brennröhren r, r, r, in welchen letzteren die Brenner e, e, e in einer Entfernung von je 3 Zoll angebracht sind und durch Hähne abgeschlossen werden können, je nachdem es die Breite des Stoffes erfordert. Der Ventilator k schafft die zum Vermischen mit dem Gase erforderliche reine Luft herbei. Diese atmosphärische Luft tritt durch den Hahn m in die

Gasröhre 1 und erhöht den Hitzegrad der Flamme derart, dass 1 Cubikfuss Gas zum vollständigen Abflammen von 1 Stück Cattun (25—27 Yards
engl.) hinreicht; — während zugleich der Stoff durch diesen Luftzug ab-
gestäubt wird, so dass selbst ganz feine Gewebe auf dieser Maschine mit
Vortheil gesengt werden können.

Gewöhnlich wird der Hahn m soweit geöffnet, bis das Gas in schwach-

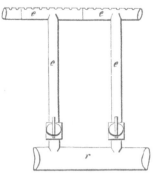

Fig. 70.

blauen Flammen brennt und die Ausmündungen der beiden Ventilatoren g
und k werden soweit als möglich von einander placirt, damit der aus dem
Rohr b ausfliegende Russ von dem Ventilator k nicht wieder eingesogen
werden kann.

Neuere englische Sengmaschinen sind noch die von Briggs & Stead
und von Crabtree Worrall[25]).

Bemerkenswerth ist auch die Construction der Sengmaschine von
Moritz Jahr in Gera. Die Geschwindigkeit des Gewebes ist leicht
verstellbar, da der Antrieb mittelst Frictionsscheiben geschieht. Die
comprimirte Luft wird durch Roots Gebläse erzeugt und durch die
messingene Führungswelle geleitet, wodurch diese abgekühlt, dagegen
die Luft erwärmt wird. Der Gasverbrauch ist in Folge dessen geringer,
als an jeder andern Maschine. Die Brenner sind derartig construirt, dass
eine innige Vermengung von Luft und Gas und dadurch der grösste Effect
erzielt wird. Sie lassen sich sofort während des Ganges von dem Gewebe
entfernen. Jeder Brenner ist zur Regulirung des Gemenges mit 2 Hähnchen
versehen, eins für die Luft und eins für die Gaszuführung. Die Flamme
ist gleichmässig und die Breite derselben lässt sich nach der Breite des
Gewebes einstellen. Das sogenannte Strichsengen ist vollständig ausgeschlossen. Für diese Gassengmaschine lässt sich auch Gasolingas verwenden[25a]) (Fig. 71).

25) Patente 1870 No. 2787. 3289. 1873 No. 3969. Pol. C.-Bl. 1872. 88.
25a) Jahr, D. R. P. Polyt. Zeit. 1880. S. 462.

Wir müssen hier noch der Gassengmaschine von Gustav Lindemann (Manchester) Erwähnung thun. Dieselbe enthält einen Cylinder d, in dessen Mantel 6 Längsreihen von Brennern e eingeschraubt sind. Das Gas tritt durch den einen hohlen Zapfen dieses Cylinders in denselben ein und durch die Brenner aus. Der Cylinder rotirt, und dadurch wird dem Gase und den Gasflammen mehr Energie ertheilt. Der Stoff bewegt sich über f g c — b c, b' b'' c — b''' c, h h. An Stelle der eingezeichneten Durchschnittsform kann der Gascylinder auch die skizzirte Form haben, in welcher e die Mündungen der Gasbrenner bedeuten[26]). (Fig. 72.)

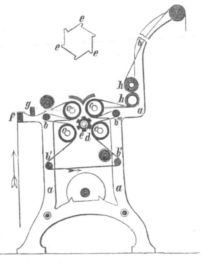

Fig. 72.

Die amerikanischen Abflammmaschinen benutzen Bunsen'sche Brenner, welche in Reihen aufgestellt sind. So enthält die Sengmaschine von Curtis & Marble mehrere Walzenpaare in einem horizontalen Gestell, und zwischen jedem Walzenpaar, durch welche das Gewebe passirt, sind Reihen von Bunsen'schen Brennern aufgestellt, denen ein Ventilator Luft zubläst. Man stellt diese einfach construirte Maschine her mit 1 bis zu 6 Reihen Brenner und überdeckt die Maschine mit einem Rauchfang aus Blech.

Für Wollgewebe resp. Halbwollgewebe stellt man auch in Deutschland kleine Sengmaschinen her mit einer Reihe Brenner (Bunsen-Brenner), welchen ein Ventilator Luft zubläst. Wir nennen besonders die zweckmässige Anwendung solcher Maschine von der H. Thomas'schen Maschinenfabrik (F. Kühn) in Berlin. Diese Maschine wird auch so construirt, dass sich die Sengmaschine mit einer Bürstmaschine oder mit

---

[26]) Lond. Journ. 1862. Nov. p. 268. Pol. C.-Bl. 1863. S. 44.

einer Schermaschine combinirt vorfindet, sodass das gesengte Zeug direct zum Bürstcylinder resp. Schercylinder fortschreitet. Eine mit einer Schere combinirte Sengmaschine hatten auch Charnelet Père & Fils in Paris 1867 ausgestellt. Andere Combinationen zum Appretiren unmittelbar anschliessend an das Sengen sind von Engländern projectirt.

Die Benutzung der Sengmaschine hat sich seit 1867 in einem überraschenden Masse ausgedehnt. Während das Sengen und Abflammen bis dahin nur in wenigen Zweigen der Textilindustrie eingeführt und gebräuchlich war, findet es jetzt Stellung in einer ausgedehnten Anzahl Fabrikationen.

Der Walkprozess.

Karmarsch[1]) sagt: „Durch das Walken beabsichtigt man eine Verfilzung der Wollhärchen auf beiden Oberflächen des Tuches, welche dadurch die das Gewebe selbst versteckende Filzbekleidung erhalten. Bei stark gewalkter Waare ist neben der äusserlichen Filzbildung auch mehr oder weniger eine Zusammenfilzung der Ketten- und Schussfäden im Innern des Gewebes eingetreten, so dass man aus solchen Tuchen die Fäden sehr schwer einzeln lostrennen kann. Die lockere, weiche Beschaffenheit des Garnes, die unregelmässige, nicht gerade ausgestreckte Lage der Haare in dem Faden, die Kürze der Streichwolle, wovon im Faden viel mehr oder weniger hervorstehende Haarenden die Folge sind, endlich die natürliche Kräuselung und grössere Filzfähigkeit — alle diese Umstände (? Eigenschaften und Vorkommnisse) begünstigen die Filzbildung in bedeutendem Grade. Ein lang anhaltendes Kneten (Drücken und Schieben) verbunden mit Nässe und einem gewissen Grade von Wärme sind Bedingungen des Filzens."

Diese Definition des Walkens umgeht sorgfältig den Kern der Sache, der in der Frage enthalten ist: „Was ist das Filzen?" Man hat sich gewöhnt, als eine Eigenschaft einer gewissen Kategorie der Wolle die Filzbarkeit zu nennen — ohne dabei die Eigenschaft erklären zu können und ohne dabei besonders correct zu sein, — denn sämmtliche Wollen haben die Eigenschaft des Filzens bei Erfüllung gewisser Vorbedingungen, wenn auch der Filz der langhaarigen Wolle für Gewebe kein sehr brauchbares Gefüge, keine schöne Decke etc. ergiebt.

Man ist in der That über den Walkprozess selbst wenig aufgeklärt und über sein Wesen variiren die Ansichten so sehr, als sie in ihrer Ausdrucksgebung selbst immer wieder auf undefinirte Bezeichnungen zurückkehren. Wir wollen hier einige dieser Ansichten des Näheren betrachten.

Der Erfinder der Walzenwalke, John Dyer[2]), sagt: „Man nennt den Prozess, um die losen Fasern der Wollgewebe in engen Contact zu bringen, sie zu veranlassen, sich untereinander zu mengen und sich umeinander herumzulegen und dadurch einen filzenden, dichtenden Effect zu erreichen, mit dem Namen Walkprozess."

---

[1]) Karmarsch - Hartig, Lehrbuch der mechan. Technologie, Bd. II., V. Aufl. S. 1267. 1878.

[2]) Engl. Spec. 1833. Dyer.

Naudin[3]) sagt: „Das Walken bewirkt ein Zusammendrücken, Einschalten, Filzen und das, dass das leinwandartige Tuch, dessen Kette und Schuss sich in Fadenform kreuzen, aufgebläht wird und sich verdichtet, dass es Weichheit annimmt, sich mit einem zarten, das Gewebe gänzlich verbergenden Flaum bedeckt und sich zu einem eigentlichen Tuche gestaltet."

Jacobson[4]) sagt: „(Trotzdem die Stoffe in der Walke viel gerieben und gestampft werden, so erhöht doch die Walke die Dauerhaftigkeit und Festigkeit). Die Walke macht das Gewebe viel fester und stärker, ohne dass es hart wird; es ist nicht so weich und schlaff, aber auch desto wollichter; es ist weit dichter, obschon die Fäden an ihrem innerlichen Wesen verloren haben. Um dieses recht begreiflich zu machen, wie die Wirkung der Walke eigentlich zugehe, muss man jeden einzelnen Faden pp. betrachten etc. Durch das Schlagen in der Walke öffnet sich das Gewebe und man reinigt es zuerst von ihrem Fett; auch trägt die Wärme das ihrige dazu bei, dass alles verlangter Maassen gut wirket. Es ist wahrscheinlich, dass die Ingredienzien (Urin, Seife, Walkerde, Soda) nicht blos das Fett auflösen, sondern auch dass sie auf das Haar selbst wirken und es kraus machen und dass sie verursachen, dass sie sich in sich selbst mit einander vereinigen, um sich zu filzen. Man kann sich bei der Wolle also vorstellen, dass die Fäden des Tuchs aufgeschwollen und locker geworden sind, dass sich die Haare der Kette mit den Haaren des Einschlags, zumal da sie eine gegen einander gesetzte Richtung beim Spinnen erhalten, verwickeln und daraus ein Filz entstehe (Ineinanderschlingung der Fasern). Diese Wirkung der Walke zeigt sich blos bei den Thierhaaren und einigen vegetabilischen Flaumfedern. Seide, Flachs, Hanf und Baumwolle taugen nicht dazu, weil die Haare zu weich werden, als dass sie sich ineinander schlingen könnten, denn dazu gehört zwar eine Geschmeidigkeit, die aber doch Kräfte hat, sich zu vereinigen, welches aber eine allzugrosse Weichheit nicht im Stande ist auszurichten. Ich glaube, dass, da der Filz nicht anders entstehen kann als bis die Fäden sich aufgedreht haben, die Einschlagsfäden, da sie viel weniger gedreht sind, als die Kette, sich eher müssen filzen lassen. Die Hitze erleichtert das Walken auch sehr."

F. C. Morel[5]) sagt: „On peut dire, absolument parlant, que toutes les sortes de poils ou lainages provenant de la tonte d'animaux quadrupedes sont plus ou moins propres à fabriquer des feutres, parce qu'il n'y en a aucune qui soit totalement privée de ce que nous appellerons principe feutrant ou qualité feutrante; c. à d. de cette propriété par laquelle, au moyen d'une pression plus ou moins prolongée les poils se lient et s'unissent en s'entrelaçant de manière à ne faire qu'un corps et à devenir même inséparables, si la pression à laquelle on les a soumis a été aidée d'un certain degré de chaleur humide."

H. Grothe[6]): „Die Gewebe, welchen man tuchartiges Gefüge verleihen will, werden gewaschen und gewalkt. Das Walken besteht aus einer combinirten Operation, die sowohl durch chemischen als mechanischen Einfluss wirkt. Das Walken beabsichtigt eine Verfilzung der Wollhärchen auf den Oberflächen des Tuches, wodurch die eigentliche Webeverbindung verdeckt wird. Dieser Vorgang erfordert mehrere Manipulationen.

Bei dem Walkprozess kommen als die drei Hauptmomente die Action der mechanischen Kraft, die Wärme und die Flüssigkeiten in Betracht. Die mechanische Kraft bewirkt durch Stoss, Druck oder Schlag die Näherung der Fäden und Fasern

---

[3]) Naudin, Handbuch der practischen Tuchappretur. 1839. Quedlinburg.
[4]) Jacobson, Schauplatz der Künste und Handwerke, Bd. II. 1774. Berlin.
[5]) Morel, Fabrication des feutres. Paris 1826.
[6]) Musspratt, Chemie, Bd. 5. 1872.

und ein Eindrücken in einander. Die Geschwindigkeit, mit welcher die Walke diese Thätigkeit ausübt, ist nicht zu gross zu bemessen, höchstens auf ca. 60 bis 66 Touren in der Minute, weil bei der Arbeit Wärme in den sich reibenden Fasern erzeugt wird, von deren Wirkungsgrad wesentlich das Gelingen des Prozesses abhängt. — Die Flüssigkeiten haben den Zweck, die Fasern etwas zu erweichen und dieselben gegen die Einwirkung des Schlages, Stosses, Druckes dadurch zu schützen, dass sie dieselbe mit einer gleitenden Schicht überziehen. Aus diesem Grunde soll die Walkflüssigkeit niemals Aetzalkali enthalten und überhaupt keinen grossen Ueberschuss an Alkali. Man darf zunächst beim Waschprozess das Lodenfett überhaupt nicht ganz herausschaffen, weil die Walke sonst schlecht von Statten geht. — Die Wärme erhöht die Elasticität und Geschmeidigkeit der Faser und ist deshalb von äusserst günstiger Wirkung. Die beste Temperatur scheint 20 bis 30° C. zu sein.

Die Elasticität, die Contractionskraft und die Geschmeidigkeit spielen beim Verfilzen der Wolle eine grosse Rolle. Man kann das dadurch klar legen, dass man mit einer und derselben Wollsorte Filzversuche vornimmt, welche nach verschiedenen Methoden ausgeführt werden. Wendet man z. B. Mittel an, welche der Faser jeden Fettgehalt rauben, so erweist dieselbe sich ganz unverfilzbar. Die Filzfähigkeit steigt aber bis zu einer gewissen Grenze mit dem geringeren Angriff alkalischer Agentien. Aehnlich verhält sich Wolle, die zuvor mit Säure behandelt wurde. Auch diese Wolle verfilzt sich je nach dem höheren oder geringeren Grade der Säureeinwirkung weniger oder mehr.

Die Verfilzung darf durch das Walken nur bis zu einem gewissen Grade fortgesetzt werden, der dann erfüllt ist, wenn die Wollfasern in ihrer ganzen Länge angespannt sind. Ueber diesen Punkt hinaus die Operation fortzusetzen, kann nur verderblich wirken. Es bilden sich dann entweder harte, brettähnliche oder in Einzelfasern aufgelöste Stellen, bei denen also die Structur der Fäden und des Gewebes gänzlich gelöst und Stärke und Haltbarkeit verschwunden ist.

Bei der Verfilzung scheinen also sowohl chemische Vorgänge, als physikalische und mechanische statt zu haben. Die chemische Action, abgesehen davon, dass sie die Entfettung begreift, wird sich vielleicht auf die Umänderung der Faseroberhaut erstrecken. Dass sie in den meisten Fällen nicht bis in die Fasern hinein wirkt, möchte wohl klar sein aus der Verfilzung gefärbter Stoffe. Die physikalische Action wird hauptsächlich repräsentirt durch die Wirkung der erzeugten Electricität und der Wärme. Die Electricität spielt bei den Textilarbeiten eine noch wenig ergründete, aber jedenfalls bedeutsame Rolle, nicht minder die Wärme. Endlich bringt die mechanische Operation die Fasern in die Lage, dass sich jene chemischen und physikalischen Vorgänge wirksam erweisen können."

Beckmann[7]): „Die vornehmsten Wirkungen der Walke sind: 1. die Bedeckung des Gewebes mit einem Filz; 2. die Verdichtung des Tuchs in Länge und Breite, indem durch das Stampfen die Theile näher an einander gebracht werden; 3. die Reinigung von Fett, Leim und anderem Schmutz." (An einer anderen Stelle redet B. auch von dem Aufdrehen der Fäden.)

Hermbstädt nach Monge[8]): „Das Filzen erfolgt durch ein Ineinandergreifen und Verschlingen der Wollfasern und ihr näheres Zusammentreiben aneinander. Diese Vereinigung wird besonders durch die Schussfäden verrichtet, welche die Kettfäden bedecken und mit Filz überziehen."

---

[7]) Beckmann, Anleitung zur Technologie. Göttingen 1809.

[8]) Monge, Beobachtungen über den Mechanismus des Filzens bei der Wolle und den Thierhaaren überhaupt. Siehe Hermbstaedt, Magazin für Färber etc., Bd. VI., p. 155. — Hermbstaedt, Grundriss der Technologie 1814. p. 55.

Behnisch[9]): „Bekanntlich sind für den Walkprozess Wärme, Reibung und Feuchtigkeit die drei unerlässlichen Vorbedingungen und zwar walkt eine Waare um so schneller, je mehr Wärme und Reibung und je weniger Feuchtigkeit hierzu aufgewendet wird. Trockene Wollstoffe walken garnicht. Wird die Feuchtigkeit in dem Stoffe zu gering oder ist dieselbe ungleich in demselben vertheilt, so walkt er auch ungleichmässig. Der Filz der Waare wird bei wenig vorhandener Feuchtigkeit, aber starker Reibung und dadurch erhöhter Wärme hart, steif und brüchig. Je feuchter dagegen gewalkt wird, desto mehr schwächen sich Reibung und Wärme ab, der Walkprozess schreitet langsamer vorwärts, aber die Tuche bleiben elastisch, weich und der Filz wird kernig, aber weich und leicht entwirrbar.

Alcan[10]) unterzieht die Frage des Walkprozesses einer sehr eingehenden Betrachtung. Er erklärt ihn als erzeugt durch 3 Hauptactionen: 1. mechanische Wirkung, 2. Einwirkung der Flüssigkeit und 3. der Wärme. Er erklärt, dass die electrische Wirkung, welche wohl nirgend zu leugnen sei, wo Reibung und Wärme auftreten, vorhanden sei; aber die Action des Walkens finde in Flüssigkeit statt und diese verhindere die Electricität sich zu äussern. Die 3 Actionen seien modifiable und darin liege auch die Möglichkeit, den Walkprozess den verschiedenen Stoffen anzupassen und ihn in verschiedenen Graden auszuüben. Der beste Grad der Wärme beim Walken sei zwischen 25—35° C. zu suchen. Alcan sagt dann: „Feutrer, c'est produire l'agrégation intime des filaments isolés et sans adhérence d'une nappe pour en former, soit des fils, soit des surfaces ou étoffes flexibles et solides, sous le concours des moyens ordinaires qui transforment les fils et les tissus.

Fouler, c'est feutrer des fils tissés, ou terminer le feutrage des surfaces qui ont subi un commencement d'agrégation."

Hausner[11]) definirt: „Der Prozess des Walkens besteht darin, dass der Loden unter Zuhülfenahme von Nässe und Wärme eine Zeitlang geknetet wird. Auf den beiden Flächen desselben, der Ober- und Unterfläche, ragen die unzähligen Haarendchen der rauhen Garnfäden, aus welchen er gewebt wurde, namentlich die Haarendchen des losen Schussgarns hervor. Vermöge der der Streichwolle eigenthümlichen hohen Kräuselung stehen diese Haarendchen aber nicht in grader spiessiger Form hervor, sondern krümmen sich als kleine Häkchen (Kräuselungsbogen) schon in einander. Durch Wärme und Nässe werden diese Haarendchen erweicht, die Krumpkraft (die Elasticität der Zusammenschnürung) dadurch in höherem Grade freigemacht; die Haarendchen werden sich jetzt noch in einander krümmen, sich noch inniger in einander verbinden, in einander fügen. Doch nicht nur die Haarenden werden vielleicht erweicht, sondern, so weit irgend Wärme und Feuchtigkeit eindringen kann, auch das Innere des Gewebes; auch hier wird daher die Krumpkraft mehr frei; es erfolgt auch hier eine grössere Entwicklung der Elasticität der Zusammenschnürung, die Garnfäden ziehen sich dadurch mehr zusammen, werden kürzer, laufen ein, das Gewebe wird fester, dichter, verliert aber an quadratischer Fläche. Erweichte Wollhaare sind formbar. Durch das anhaltende Kneten werden die Haarenden fest in sich verschlingende, sich verfilzende Formen gedrückt, welche sie eben in Folge der freigewordenen Eigenschaft der Krumpkraft angenommen hatten."

Hoyer[12]) definirt: „Manche Fasern, besonders das thierische Haar besitzen durch ihre Oberflächenbeschaffenheit die Eigenschaft, in Folge einer knetenden Einwirkung unter Zuhülfenahme von feuchter Wärme, sich zu einer zusammenhängenden Masse so zu verschlingen, dass man nicht im Stande ist, aus dieser Masse Haar herauszu-

---

[9]) Behnisch's Handbuch der Appretur. 1879. Grünberg i. S.
[10]) Alcan, Traité du travail de laine. Vol. II.
[11]) Hausner, Textil- und Lederindustrie. Wien 1876.
[12]) Hoyer, Lehrbuch der mechan. Technologie, pag. 760. Kreidel, Wiesbaden 1878.

ziehen, ohne sie abzureissen, eine Eigenschaft, welche Verfilzungsfähigkeit genannt wird und offenbar in hohem Grade zur Vermehrung der Dichtigkeit geeignet ist. Namentlich ist sie der Schafwolle eigen, weshalb diese denn auch die Hauptmenge der verfilzten Stoffe liefert, wenngleich auch in geringem Grade Baumwollgewebe durch Filzen gedichtet werden können. Da hauptsächlich die rauhe schuppige Oberfläche und die Schmierfähigkeit der Wolle neben der Kräuselung die Ursache der Verfilzungsfähigkeit derselben sind, so tritt letztere selbst bei der Wolle in sehr verschiedenen Graden auf. Die mechanische Behandlung der Zeuge, durch welche das Filzen bewirkt werden soll und das Walken genannt wird, muss darauf hinausgehen, durch gehöriges Drücken, Schieben, Stossen die Ineinander- und Durcheinanderlegung der Fasern zu veranlassen und zwar mit mehr oder weniger starkem Erfolg, je nach der Dauer der Einwirkung, nach der Beschaffenheit des Gewebes, nach den zu Hülfe genommenen Unterstützungsmitteln, so dass entweder nur eine Filzdecke oder eine durchgehende Filzbildung entsteht. Die Unterstützungsmittel für die Erleichterung der Filzbildung beruhen grösstentheils auf der Erscheinung, dass die thierischen Haare durch Feuchtigkeit erweichen, namentlich wenn dieser Alkalien, fauler Urin und Seifenlösung zugesetzt werden, die ausserdem die Beseitigung etwaiger fettiger Ueberzüge und eine erhöhte Schlüpfrigkeit herbeiführen. Plötzlicher Stoss ist nicht nothwendig zur Verschiebung der Fasern, sondern mit allmäligem Druck kann dasselbe erreicht werden etc."

Zambonini[13]: „Una machina da follare, gualchiere, qualunque sia la sua costruttura, deve produrre i seguenti effetti: 1. ritenere il panno in un piccolo spagio ripiegato irregolarmente sopra se stesso; 2. volgerlo e rivolgerlo; 3. comprimerlo, affinchè bagnato già e riscaldato in tutte le sue parti da un acqua saponata gli stami tanto della catena, quanto della trama possano insieme confondersi."

Knight[14]: „The Fulling process is a process by which cloth made of a felting fiber is condensed, strengthened and thickened, with a loss of width and length. In felting the fibers slip past each other, and their toothed edges interlock, so that a continuation of the process causes them to be more and more intimately associated huddling together and holding tight. Each milling or fulling thickens and solidifies the cloth, while diminishing the area.

Société ind. de Verviers[15]. Die Verfilzung geschieht ohne irgend einen chemischen Einfluss; sie ist nichts weiter als ein Untereinanderverwickeln der Wollenfasern in Folge des abwechselnden Druckes, den das Zeug erleidet, und erleichtert durch die Erweichung der Wolle in Folge der Wärme und gewisser Flüssigkeiten. Diese Flüssigkeiten wirken überdem entfettend und gewissermassen als Schmiermittel, indem sie den Stoff widerstandfähig machen müssen gegen die vielen Reibungen, die er erleidet. Während aber das Filzen eine ganz mechanische Operation ist, so ist dies nicht der Fall mit dem Entfetten, das fehlerhaft sein kann, ohne dass man sich die Gründe des Misslingens mit Gewissheit erklären kann. Man ist auf Vermuthungen beschränkt und täuscht sich in der Beurtheilung der Ursache des Uebels. Hier kann die Chemie helfen, indem sie Mittel liefert, die Güte der Oele, Seifen, der Soda, Walkerde etc. zu prüfen und den Einfluss der schädlichen Substanzen, welche diese Körper enthalten können, zu bekämpfen.

Vergleichen wir die vorstehend gegebenen Erklärungen und Definitionen, so erhellt daraus zur Genüge, dass etwas Bestimmtes über den Walkprozess nicht bekannt ist, sondern sämmtliche Angaben Annahmen und

---

[13]) Raccolta dei Disegni etc. 1829. p. 21.

[14]) Knight, Mechanical Dictionary. 1876.

[15]) 1866. Bulletin de la Société ind. de Verviers.

Hypothesen sind, welche auf Beobachtungen, Speculationen, Schlussfolge-
rungen etc. beruhen, sich aber nicht auf Positives, experimentell etwa
Festgestelltes beziehen. Dieselbe Unvollkommenheit haftet auch den übrigen
ziemlich zahlreichen Arbeiten an, die sich theils im Allgemeinen, theils im
Speciellen mit dem Walkprozess befassen, so z. B. den Arbeiten von van
der Maesen, Hoffmann, Wedding, Beuth u. A. Am meisten Klarheit hat
die von der Société ind. et. comm. de Verviers 1865 aufgestellte
Frage: ob die Filzbildung beim Walken das Resultat einer mechanischen
oder chemischen Wirkung oder beider zugleich sei — wie sich die Wolle,
wenn die Verfilzung eine chemische und physikalische Operation ist, nach
dem Walken in Bezug auf ihre chemische und physikalische Beschaffenheit zu ihrem frühern Zustand verhalte und welche Rolle die Seifen beim
Walken spielen, gebracht. Die Beantwortung sagt, wie folgt:

„Die alkalischen Flüssigkeiten würden beim Waschen und Walken des
Tuches schädlich wirken, wenn man sie im concentrirten Zustand anwendete. Die Alkalien sollen beim Walken die Oelsäure, mit der die Wolle
vor dem Verspinnen gefettet war, verseifen und so ein wirksames und
billiges Waschmittel liefern. Bei Anwendung einer zu starken Lauge aber
wird das überschüssige Alkali mehr oder weniger merklich verändernd auf
die Wollfaser und somit auf die Farben einwirken, um so mehr, in je
grösserer Menge es vorhanden ist und je länger das Walken dauert.

Die Sodalösungen sollen nie über 2° B. haben, sie werden dann
stets stark genug sein, wenn man nur zum Fetten der Wollen ganz reine,
namentlich ganz schwefelsäurefreie Oelsäure angewendet hat. Beim Fetten
der Wolle wird meistens Olëin und Olivenöl angewendet; diese wirken
ganz mechanisch auf die Wolle, sie geben derselben Geschmeidigkeit
und Schlüpfrigkeit und bewirken ein gewisses Zusammenhaften der Fasern,
welches dazu beiträgt, dass dieselben die ihnen auf der Krempel gegebene
Lage bewahren, und ihre Zerstreuung durch den Luftzug, den die Maschine
bewirkt, verhindern. Aber wenn auch die Oele selbst keine chemische
Einwirkung auf die Wolle ausüben, so können sie doch schädliche Substanzen enthalten; so enthält das Olëin oft genug Schwefelsäure,
welche die Farben angreift. Ausserdem kommen in den Oelen Harz und
andere Körper vor, die beim Waschen, Walken und Färben unlösliche
Verbindungen bilden können, welche so fest an den Zeugen anhaften, dass
diese sich nur sehr schwer oder gar nicht davon reinigen lassen. Das
Olivenöl kann durch Zusatz von Fetten oder schlechteren Oelen verfälscht
sein, von denen die trocknenden Oele die schädlichsten sind, weil sie
das Waschen sehr erschweren. Die Verwendung dieses Oeles nimmt
übrigens immer mehr ab und wird wahrscheinlich ganz aufhören, sobald
man einfache Mittel haben wird, die Reinheit der Oelsäure zu prüfen.
Die Sodalösungen sollten nur beim Walken der mit Olëin gefetteten Stoffe,
die man fett walken will, angewendet werden. Die gewaschenen Stoffe

werden mit Seife gewalkt, die man unmittelbar auf ihnen erzeugen kann, indem man sie erst mit Olëin fettet und dann mit einer alkalischen Lauge befeuchtet. Während des Walkens tritt eine Temperaturerhöhung ein, die unentbehrlich oder wenigstens höchst günstig zu sein scheint, wenn sie nicht übertrieben ist. Am geeignetsten scheint eine Temperatur von 20—30° C. zu sein.

Beim Fettwalken sind die alkalischen Flüssigkeiten offenbar unentbehrlich, beim Walken vorher gewaschener Stoffe scheinen sie nicht durchaus nöthig zu sein; im ersten Fall verbinden sie sich mit dem Oele zu einer Seife, die das Zeug reinigt, im zweiten Fall aber braucht der reine Stoff nur noch gefilzt, nicht gereinigt zu werden. Warum sollte reines Wasser dabei nicht ebenso wirksam sein als Seifenwasser? Die Fettigkeit der Flüssigkeiten erleichtert vielleicht die Verfilzung und ermöglicht dem Stoffe die vielfachen Reibungen in den Maschinen ohne Schaden zu ertragen. Viele Farbenüancen, und darunter sehr schöne, können bei gefilzten Stoffen nicht angewendet werden, weil sie durch die Soda und die Seife leiden. Eine praktische Verfilzungsmethode, welche diese beiden Agentien beseitigt, wäre jedenfalls ein grosser Fortschritt. Die vorgeschlagene Verwendung von Dampf beim Filzen gewaschener Tuche hat sich bei den Versuchen nicht als vortheilhaft bewiesen. Die Tuche wurden zu weich und der Flockenabfall sehr beträchtlich. Man kann nur mit Seife gewaschene Stoffe filzen, die mit Walkerde gewaschenen filzen sich nicht.

Etwas Aehnliches bemerkt man bei dem gewöhnlichen Walken gewaschener Tuche; ist das Auswaschen vor dem Walken mit Erde vorgenommen worden, so erfordert das Walken viel mehr Seife, als wenn der Stoff mit Seife gewaschen war. Es steht nicht fest, ob alle Walkerden so wirken. Ist die erwähnte Thatsache vielleicht der schlechten Beschaffenheit der Erde zuzuschreiben, welche Substanzen enthält, die die Seife zersetzen, und, wenn dem so ist, wie sind diese Substanzen in der Erde nachzuweisen? Nach dem Obigen scheint die Walkerde das Verfilzen zu hindern, dennoch walkt man wollene Decken .etc., deren Farben man nicht angreifen lassen will, mit Walkerde, der man eine gewisse Menge Urin oder Soda zusetzt, und dieses Gemisch scheint vollständig zu entfetten, ein genügendes Verfilzen der Stoffe zu gestatten und greift selbst die zartesten Nüancen nicht an, die durch Soda oder Urin ohne Zusatz von Erde sofort verändert werden würden.

Das Gelingen des Walkens hängt nicht allein vom vollständigen Entfetten, von der Reinheit der Oele und der richtigen Verwendung der Laugen ab, sondern auch von der Reinheit des Wassers; ist dieses hart und kalkreich, so ist es fast unmöglich, die Stoffe ganz zu reinigen. Dieselben bleiben oft fett im Griff, haben einen mehr oder minder merklichen unangenehmen Geruch, die Farben bleiben matt, das Färben, Rauhen

und Scheren gelingt nur unvollständig; versucht man diese Stoffe nochmals zu waschen, so misslingt dies gewöhnlich oder wenn es mit grossem
Sodaaufwand gelingt, so leiden die Farben und die Qualität der Waare.

Alle Wollen lassen sich walken, aber in verschiedenen
Graden; der Grund dieser Verschiedenheit ist nicht leicht zu finden; die
Form der Fasern, ihre Länge, Geschmeidigkeit und Elasticität bedingt
wahrscheinlich ihr mehr oder weniger leichtes Verfilzen. Im Allgemeinen
filzen sich die feinen, kurzen und elastischen Wollen am leichtesten und
schnellsten, aber diese Regel hat Ausnahmen; so filzen sich die sehr
groben Wollen von Sanghai (China) so leicht, dass diese Eigenschaft bei
ihnen ein Fehler wird. Die Elasticität und Geschmeidigkeit der Wolle
spielt jedenfalls eine wichtige Rolle bei der Verfilzung, denn man braucht
nur diese Eigenschaften zu ändern, um ein schlechteres Walken der Wolle
zu bewirken. Alte Wolle, Wolle, die beim Färben oder Bleichen mit
Säuren behandelt oder gekocht worden ist, Wolle, die durch Gährung
erwärmt worden etc., widerstrebt mehr oder weniger dem Walken. Auch
die Lage der Wollenfasern in den Stoffen hat einen bedeutenden Einfluss
auf die Dauer und Beschaffenheit des Filzens. Je weicher und lockerer
das Zeug ist und je weniger Drehung das Garn hat, desto leichter ist
das Filzen. Die genaue parallele Lage der Wollenfasern in den Garnen
hindert das Walken, namentlich wenn das Garn gut gedreht ist. Wenn
Kammgarnstoffe sich nicht walken lassen, so liegt das nicht
an der Beschaffenheit der Wolle, aus der sie bestehen, sondern an den Operationen, denen dieselbe bei der Verarbeitung
unterworfen worden ist."

Diese auf praktischen Beobachtungen beruhenden Fingerzeige sind
von grossem Werth und besonders der Nachsatz verdient alle Aufmerksamkeit.

Wir glauben, dass die vorstehenden Angaben richtig sind. So darf man
sagen, dass das Spinnsystem auf das Walken grossen Einfluss hat. Von
zwei Fäden mit gleichem Umfang wird derjenige sich am besten verfilzen, der die meisten Fasern enthält. Sobald die Fasern so weit unter
einander verwickelt sind, dass sie auf ihre ganze Länge gespannt sind,
so ist das Filzen vollständig; ein längerer Aufenthalt in der Maschine
würde den Stoff nur verschlechtern und ihn an Länge und Breite ausdehnen, weil die übermässig angespannten Fasern zerreissen und den Zusammenhang des Gewebes lösen; es ist sogar sehr fehlerhaft, das Verfilzen bis zur äussersten Grenze zu treiben, da das Zeug dadurch an Geschmeidigkeit und Elasticität, also an Stärke und Haltbarkeit verliert.

Aus alledem geht hervor, dass der Walkprozess abhängt in erster
Linie, von der Beschaffenheit des Fasermaterial, sodann von
der Art der Fadenbildung und der dabei benutzten Hülfsmaterien
(Oléin, Baumöl etc.), und dass bei dem Walkprozess die Entfettung die

Hauptrolle spielt, resp. die Seifenbildung und Gegenwart der Seifenlösung. Die mechanische Operation des Druckes und Stosses hat erst indirect eine Bedeutung für den Ausfall des Walkens, ebenso wie die Wärmewirkung eine Nebenrolle spielt. Dass die beiden letzten Bedingungen wirklich von secundärem Effect sind, geht schon aus dem Umstande hervor, dass die fetthaltige Wolle im trockenen und selbst erwärmten Zustande selbst unter fortgesetztem Schlagen und Drücken nicht filzt, — aber schon bei Einwirkung von Dampf und Schlag[16]) filzt und ebenso auch bei Gegenwart von kaltem Wasser. Die Grade des Filzens aber nehmen zu, wenn neben der Temperaturerhöhung bis ca. 30° C. die Walkflüssigkeit, die Seifen-, Urin-, Erden-Emulsion in einem richtigen Verhältniss angewendet wird, — resp. die Entfettung den Grad nicht überschritten hat, dass bei Fertigwalken die Fasern ihre natürliche Geschmeidigkeit bewahren und die Walkflüssigkeit dieselbe schützt und erhöht. Ein Studium des Walkprozesses hat also in der Hauptsache auf diese letztgenannten Umstände das Hauptaugenmerk zu richten und die besten Walkmittel neben dem richtigen Gebrauch derselben zu erforschen! Der richtige Gebrauch aber hängt von der genauen Untersuchung der Waarenbeschaffenheit ab, und dieser vorher genau untersuchten und festgestellten Beschaffenheit (Qualität der Fasern, Länge, Kräuselung und Compositionen des Gespinnstes und dessen Einfettung) sind die Abmessung und Bestimmung der Walkmittel und Walkflüssigkeit, sowie die Prozesse des Entfettens und Walkens anzupassen.

Die Erzielung der nöthigen Reibung, Druckes etc., um die durch die Walkflüssigkeiten präparirten Fasern zu filzen, ist dann eine zweite Sache, deren Hauptaufgabe darin liegt, diese Reibung gleichmässig auf und zwischen allen Fäden des Gewebes hervorzurufen und wirken zu lassen. Da bei dem Walkprozess die hervorstehenden Haarenden mit einander verfilzt werden sollen, sodann die in den Lücken der rechtwinkligen Fadenkreuzungen hervorstehenden Haarendchen, so liegt die Aufgabe der mechanischen Apparate zu dem Zwecke ziemlich nahe: es kommt darauf an, die einzelnen und zwar nebeneinanderliegenden Fäden des Schusses und der Kette einander zu nähern, denn nur so können die Faserenden derselben mit einander Verschlingungen bilden oder überhaupt sich in einander schieben.

Einige der obigen Erklärer sind auch der Ansicht, dass eine Lockerung des Gespinnstes d. h. des Drahtes durch die Walkoperation statthabe. Wenn dies kaum in diesem Sinne angenommen werden darf, so ist doch klar, dass der ausgeübte Druck die Gespinnste breit quetscht, die Fasern, die im Querschnitt des Fadens enthalten sind, mehr nebeneinander ausbreitet und so Gelegenheit giebt, dass mehr Haarenden aus dem Faden-

---

[16]) Nicht aber entfettete.

körper heraustreten und nun Fasern des nebenliegenden Fadens begegnen können. Dies wird sich in vollkommner Weise bei den Geweben vollziehen, welche aus weniger scharf gedrehten Fäden bestehen, und dabei werden wieder die Fäden am besten sich eignen, welche eine grösstmögliche Anzahl nicht zu langer Fasern enthalten. Wollen von 30 bis 60 mm Faserlänge eignen sich für den Walkprozess am besten und liefern eine schöne Decke auf der Oberfläche der Gewebe.

Haben wir z. B. ein Gewebe von 3000 Fäden in der Breite und 20 m Länge, so haben diese 3000 Fäden also 60,000 m Länge in der Kette und, nehmen wir an ebensoviele Meter Länge im Einschlag, zusammen also 120,000 m Länge Faden. Enthält der Faden im Durchschnitt 50 Fasern von 50 mm Länge, so sind in dem ganzen Gewebe enthalten: 120 Millionen Fasern, von denen etwa die Hälfte, also 60 Millionen, eins ihrer Enden aus dem Gewebe hervorstehen, während das andere Ende im Zusammenhange des Fadens verbleibt. Würde man Fasern von 100 mm Länge im Faden haben, so würde sich die Zahl der Fasern auf 60 Millionen reduciren, also die angenommene Zahl hervorstehender Enden ca. 30 Millionen betragen. Würde man Fasern von 10 mm im Faden haben, so würde sich ja die Zahl der hervorstehenden Enden bedeutend vermehren, aber die kurzen Fasern würden in dem ohnehin durch den Druck gelockerten Faden ihren Halt und Verbindung verlieren und im Laufe des Prozesses, besonders später beim Rauhen vielfach verloren gehen oder doch nach kurzer Zeit des Gebrauchs im Tragen ihren Halt am Stoffe verlieren. In diesen kurzfaserigen Gespinnsten muss daher stets eine Partie längerer Fasern einen Halt für die kürzeren bieten, ebenso wie es möglich ist, auf den Grund eines festeren Gewebes kurze Fasern (Scherhaare etc.) auf und fest zu walken, mit der übrigens ausgesprochenen Absicht, das Aussehen des Stoffes dadurch zu verbessern.

Das Anwalken der Scherhaare ist schon eine ziemlich alte Sache. Schon 1840 erschien ein Patent von W. Hirst[17]), um Scherhaare auf gewisse Weise mit Wollstoff und anderen Geweben zu verfilzen. Später folgten Patente von Cresswell & Lister[18]) und von Fr. S. Brittan[19]), — ferner Methoden von Dolne[20]) und von Gouty[21]) und von Slater[22]). Wir betrachten später diese Methode des Näheren.

Also im Walkprozess ist die Aufgabe, durch mechanische Hülfsmittel die nebeneinanderliegenden Fäden in Contact zu bringen, damit ihre aus ihnen hervorstehenden Fasern sich ineinanderschieben und verschlingen,

[17]) Spec. No. 8642. 1840.
[18]) 1860 Spec. No. 1350.
[19]) 1810 Spec. No. 2031.
[20]) Génie ind. XXVI. 261.
[21]) Génie ind. XXVIII. 124, engl. Pat. 1863.
[22]) Spec. 1876 No. 29.

verbinden können auf irgend eine Art. Die Aufgabe würde z. B. durch cannelirte Walzen, welche stets zwei Faden im Hohlcannelé fassten und zusammen drängten, zu lösen sein, wenn man es nur in einer Richtung hin mit Fäden zu thun hätte. Aber das Gewebe enthält rechtwinklig gekreuzte Fäden und deshalb ist die Aufgabe nicht so bequem zu lösen. Es handelt sich vielmehr bei der Walkoperation in Folge dessen darum, die nebeneinanderliegenden Fäden gegeneinander zu schieben sowohl bei Kette als bei Einschlag und zugleich diese Fäden an ihren Kreuzungspunkten fest auf einanderzudrücken und sie so mit einander zu verfilzen. Dadurch würde die Bewegung ziemlich complicirt, welche dem walkenden Apparat zu ertheilen ist, so dass eine Construction nach diesen theoretischen Erwägungen eine äusserst schwierige und complicirte werden müsste. Man hat daher die Wirkung des mechanischen Stosses und Druckes in den im Gebrauch stehenden Apparaten einfacher aufgefasst und sucht die grösstmöglichste Reibung· und Schiebuug der Faden und Fasern hervorzurufen durch die eigenthümliche Form und Gestalt des durchlaufenden Stoffes, indem man denselben in den einen Apparat in Falten zusammenlegt und Flächen gegen Flächen bringt, so dass jeder Stoss oder Druck zwischen denselben Friction und Verschiebungen hervorbringt, — in dem andern Apparate den mittelst verengender Führungscanäle zusammengeschobenen Stoff dem Druck unter Fortbewegung aussetzt und zwar Faltenbildung in Richtung des Schusses hervorruft, neben Faltenbildung in Richtung der Kette durch Stauchapparate etc., welche den Stoff aufhalten, in seinem Fortschritt zurückhalten und dabei besonders Gelegenheit geben, dass die Einschlagfäden sich näher berühren.

Die mechanische Kraft nähert die Fäden unter sich in beiden Richtungen; die durch die Kreuzung der Fäden gelassenen leeren Räume verschwinden nach und nach derart, dass sich die einzelnen Fäden zuletzt dicht zusammengedrängt finden, und erst von diesem Augenblicke an beginnt sich der Filz zu bilden, d. h. die Wollfasern fangen an, sich unter einander zu vermengen, sich durch einander zu kreuzen, und, so zu sagen, allmälig in einander zu verwachsen.

Es ist nicht wunderbar, dass der Walkprozess mit den Waaren und Orten wechselt, abgesehen von der Vorliebe, die sich hier und da für gewisse Methoden und Apparate herausbildet oder von dem Festhalten an dem Hergebrachten, Gewohnten. Wenn wir demnach die folgende Beschreibung des Elbeufer-Walkverfahrens[23]) hier anführen, so gilt dasselbe lediglich als ein Beispiel, das in anderen Orten und Gegenden viele Modificationen aufzeigen wird.

In der Fabrikation gibt es viele Artikel, die wohl gewalkt aber nicht gefilzt, und andere, die gefilzt, aber verhältnissmässig nicht viel gewalkt werden sollen. Um ein erwünschtes Resultat zu erzielen, ist es nothwendig, dass die Geschwindig-

---

[23]) Württ. Gewerbeblatt 1866. D. I. G. Zeit. 1866. 318 u. a. O.

keit eine gegebene Grenze von 60—65 Touren in der Minute nicht überschreitet; andernfalls läuft man Gefahr, dass die Waare sich zu sehr erhitzt und empfindlichen Schaden leidet.

Die Flüssigkeiten haben einen doppelten Zweck: einerseits die Waare gegen Wirkungen der mechanischen Kraft zu schützen, und andererseits die Wollfibern zu erweichen und dadurch ihre Filzbarkeit zu erhöhen. Die Wärme endlich erhöht die Geschmeidigkeit und Elasticität der Wollfasern und begünstigt aus diesem Grunde die Operation des Filzens.

In Elbeuf, sowie in Louviers, einem ca. 3 Stunden von dort entfernten Orte, wo Nouveautés-Fabrikation ebenfalls ziemlich stark betrieben wird, wird alle Waare ohne Ausnahme nach der Ablieferung von der Weberei, nachdem die bedeutendsten etwa darin befindlichen Fehler ausgebessert sind, in den gewöhnlichen Waschmaschinen mit einer Auflösung von Walkerde ausgewaschen und so von dem darin enthaltenen Staub, Leim und andern Unreinigkeiten, sowie von einem grossen Theil des in der Spinnerei erhaltenen Fettes befreit. Dann erst wird die Waare einer zweiten, genaueren Untersuchung unterworfen, indem kleinere Fehler jetzt leichter zu entdecken und auszubessern sind; aus diesem Grunde muss aber eine Verfilzung des Stoffes thunlichst vermieden werden. Nach der sorgfältigen Ausbesserung der Fehler wird nun das Stück, gereinigt und ausgewaschen, der eigentlichen Operation des Walkens unterworfen.

Beim Beginne wird dasselbe aus den oben angegebenen Gründen entweder mit Urin, leichtem Seifenwasser oder in Wasser aufgelösten alkalischen Salzen angefeuchtet, je nachdem die Waare kernig, oder aber weich und geschmeidig sein soll. Es ist passend, dass man im Anfange die mechanische Kraft, beziehungsweise Pressung nicht so stark einwirken lässt, indem das noch schwache Gewebe empfindlich darunter leidet und man eine ungleiche harte und spröde Waare erzielt, die jeder Weichheit und Elasticität entbehrt. Nachdem die Waare ca. $1^{1}/_{2}$—2 Stunden im Gange ist, werden ihr gewisse chemische Substanzen (es wird hier durchgängig ohne Seife gewalkt) zugesetzt, die sich mit dem noch in der Waare befindlichen Fett zu einem seifenartigen Schaum vereinigen, der dieselbe vollkommen vor jeden nachtheiligen Wirkungen der Reibung schützt und den Prozess des Walkens möglichst beschleunigt. Ist die Waare nun auf dem Punkte angekommen, dass die Fasern sich zu verfilzen beginnen, und soll dies, wie bei einem grossen Theil der kahl geschorenen Stoffe (étoffes rasés) der Fall ist, vermieden werden, so muss dieselbe jetzt zum Schlusse durch den Prozess des Abläuterns von etwaigen noch darin befindlichen Unreinigkeiten befreit werden, im entgegengesetzten Falle wird die Operation fortgesetzt.

Wird gewünscht, dass die Waare gut verfilzt und kernig sein soll, so ist es jetzt nothwendig, auf dieselbe einen energischen Druck auszuüben, welcher macht, dass die Wollfasern sich so intim wie möglich in einander verschlingen und verbinden und die Waare hierdurch das, was man einen „kernigen Griff" heisst, erhält, wie dies bei Tuchen, Satins, Tricots u. s. w. der Fall sein muss.

Soll dagegen der Stoff etwas, jedoch wenig gefilzt sein, wie bei einem grossen Theile der Nouveautés, so darf während der Operation nur ein schwacher, spielender Druck ausgeübt werden, wodurch der Stoff eine vollkommene Geschmeidigkeit erhält.

Ist in einem wie im andern Falle die Waare derart in der Breite eingegangen, dass sie noch 3 cm über die fertige Breite hält, so wird auf die in dem oben besprochenen Schaume arbeitende Waare ein ganz dünner Wasserzufluss geleitet. Nach und nach wird das Wasser etwas stärker zugelassen und endigt man die Operation mit dem Waschen im vollen Wasser. Wird von Anfang an das Wasser zu stark herbeigelassen, so kühlt sich die Temperatur der Waare zu schnell ab und

bleibt in derselben eine Fettkruste zurück, ein Umstand, dem selbst durch wiederholtes Waschen in den meisten Fällen nicht mehr abzuhelfen ist, um so mehr, da
derselbe gewöhnlich erst in den folgenden Abtheilungen der Appretur erkannt wird.

Das Ganze wird nun mit einer Auswaschung in den gewöhnlichen Waschmaschinen, in einer Auflösung von Walkerde während ca. 2 Stunden und in anfangs
ebenfalls allmälig und zuletzt stark herbei gelassenem Wasser beendigt.

Naudin giebt in seinem praktischen Handbuch der Tuchfabrikation
eine schätzenswerthe Beschreibung des Verfahrens der Tuchwalke in Ham-
mer- und Stampfwalken nach dem Gebrauch in Sedan und in Joala (Russland) und in Deutschland. Wir geben diese Abhandlung als auch heute
noch zeitgemäss und vortrefflich für die Tuchwalkerei wieder.

Zu Sedan und in Joala in Russland entfettet man das Tuch mit Erde und walkt
es mit Seife. Man theilt daselbst das Entfetten in drei Abtheilungen und verschiedene Arbeiten ab. Das erste Mal entfettet man das Tuch mit Erde nur oberflächlich;
das zweite Mal entfettet man gründlich; das dritte Mal wird es vollkommen auf das
Walken vorbereitet. In den beiden ersteren Fällen gebraucht man nur Walkerde.

Wenn das Tuch mit Erde gewalkt wird, so muss es zuerst tüchtig mit Wasser
eingenässt werden, um den Leim zu erweichen und es zur Aufnahme der Erde ge-
schickt zu machen. Zu diesem Zwecke rollt man es auf, faltet es wieder, drückt es
zusammen und dreht es der Länge nach in den Kumpen; verstopft die Löcher, giesst
einen oder zwei Eimer Wasser zu und fährt mit dem Zugiessen so lange fort, bis
das Tuch ganz durchdrungen ist. Nach Verlauf einer halben Stunde zieht man es
aus dem Kumpen, setzt es zum Abtropfen auf den Bock, und wenn es so weit ab-
getropft ist, dass es nur noch das zum Verdünnen der Erde nöthige Wasser enthält,
so bringt man es wieder rund in den Kumpen, dessen Löcher in dem Masse verstopft werden.

Man giebt demselben ungefähr zwei Eimer gut aufgelöste und gereinigte Erde,
hierauf lässt man es ¾ Stunde unaufhörlich stampfen, bis zu dem Augenblick, wo
es sich überall gleichmässig unter den Hämmern dreht. Man nimmt hierauf das
Tuch aus dem Kumpen und untersucht, ob es überall Erde hat, um ihm solche zu
geben, wo sie fehlt. Dann lässt man es wieder ungefähr eine Stunde lang stampfen,
bis man an einem Theile des Tuches, woraus man das Wasser windet, es als rein
erkennt. Hierauf spült man es aus, indem mit dem Stampfen fortgefahren, nach
und nach Wasser zugegeben wird und man die Löcher der Stampfen verstopft.

Wenn der Walker sieht, dass die Erde gut zergangen, überall von dem Wasser
durchdrungen und im Begriff ist, die Fettigkeit aufzunehmen und aus dem Tuche
zu führen, so muss er dasselbe zurückziehen, ausdehnen, die Falten wechseln, wieder
falten, demselben Wasser im Ueberflusse geben und es in demselben so lange bearbeiten lassen, bis es klar abläuft, dann nimmt er das Tuch heraus und bringt es zum
Abtropfen auf den Bock.

Muss das Tuch mit Urin gewaschen werden, so darf man es nur mit einer hinreichenden Quantität Urin rund in die Stampfe bringen, um es recht zu durchnässen,
dann lässt man es drehen und beobachtet hierbei, sowie auch bei dem Untersuchen
ganz die Regeln, wie sie bei dem soeben beschriebenen Verfahren angegeben sind;
man versichert sich dadurch der guten Wirkung, dass, wenn man einen Zipfel des
Tuchs ausdrückt, eine klebrige fette Flüssigkeit abläuft. Findet dieses statt, so ist
der Leim aufgelöst, das Oel hat sich losgemacht und beide schicken sich dazu an,
durch das Wasser ausgeflözt zu werden.

Die vorzüglichsten Vorsichtsmassregeln, welche der Walker beim Waschen der
Tücher zu beobachten hat, bestehen darin, dass er dieselben gut abtropfen lässt,

bevor er ihnen Erde gibt. Ohne diese Vorsichtsmassregel würden sie zusammenkleben, sich schwer drehen, ungleich rollen und blatterig werden. Er muss ferner die Tücher stets langsam stampfen lassen, damit sie sich nicht erhitzen und nicht filzen; auch muss er das Wasser zuerst nur in sehr kleiner Quantität zugiessen, weil die Erde sich sonst schlecht zertheilen würde.

Das Tuch ist vollkommen entfettet, wenn, nachdem man eine Ecke des Tuchs gewaschen hat und dasselbe an der Helle besieht, man an demselben keine schwarzen, gelbe oder graue Flecke wahrnimmt und es ganz rein erscheint. Alsdann spült man die Stampfe aus, indem man zwei Stunden lang unter Zuschütten von Wasser stampfen lässt und allmälig mit dem Zuschütten fortfährt. Nun zieht man das Tuch heraus und lässt es abtropfen. Man bearbeitet das Tuch noch einmal, eben so lange und auf dieselbe Weise, wie das erste Mal, nur mit dem Unterschiede, dass man demselben, da es bei dem Einstampfen schon hinlänglich eingenässt ist, um sich leicht drehen zu können, nicht mehr so viel Wasser geben darf. Endlich spült man es stufenweise aus, um es von seiner Fettigkeit gänzlich zu befreien. Der Walker muss das Tuch von Stunde zu Stunde ausziehen, indem er es aus der Stampfe nimmt, auszieht und an den Leisten ergreift. Hierdurch wird das Tuch ausgeschüttelt, verliert die Hitze, welche dasselbe in der Stampfe angenommen hat, und kommt aus den falschen Falten, die besonders gegen die Leisten hin erscheinen, welche durch die Wirkung der Erde sehr eingehen. Ohne diese Vorsicht erhielte das Tuch so viele gefilzte Falten, dass es beinahe unmöglich wäre, dieselben auszudehnen, wenn man nicht sehr oft faltet, und das Tuch wäre dem Uebelstande ausgesetzt, theilweise gewalkt zu werden, bevor es entfettet ist.

Man muss wissen, dass, jemehr man ein Tuch bei dem Walken mit Erde faltet, es desto besser entfettet wird, dass es besser dazu geeignet ist, beim Färben eine gleiche und haltbare Farbe anzunehmen, und dass das Walken desto besser von Statten geht.

Bei dem Walken mit Seife muss der Walker seine Sorgfalt und Aufmerksamkeit verdoppeln, weil die vorhergehenden Arbeiten nur Vorbereitungen auf diese sind. Sie ist es, die ein Zusammendrücken, Einschalten, Filzen und das bewirkt, dass das leinwandartige Tuch, dessen Kette und Einschlag sich in Fadenform kreuzen, aufgebläht wird und sich verdichtet, dass es Weichheit annimmt, sich mit einem zarten, das Gewebe gänzlich verbergenden Flaume bedeckt und sich zu einem eigentlichen Tuche gestaltet.

Er lässt, wie oben gesagt, die Seife zergehen, mehr oder weniger, je nach dem Umfange des Tuchs; er stellt die Hälfte dieser Auflösung bei Seite und bringt in dieselbe ein zweites heisses Wasser, wodurch man ungefähr zwei Eimer eines seifigen und leichten Bades erhält, das man weisses Wasser nennt.

Das vollkommen ausgeflözte und bis auf den Feuchtigkeitsgrad abgetropfte Tuch wird rund in die Stampfe gebracht, man begiesst es mit dem Bade, welches man hat erkalten lassen, und lässt es langsam, stufenweise 6, 8, 10 bis 12 Stunden und sogar länger stampfen, je nachdem es durch seine Qualität und Zubereitung mehr oder weniger zum Walken geeignet ist und verloren hat. Von zwei zu zwei Stunden zieht man es aus der Stampfe, um es zu falten, ihm, wo es nöthig ist, eine mehr oder weniger dicke Seife zu geben und seine verschiedenen Fortschritte durch Befühlen zu untersuchen; auch muss man die Breite von Abstand zu Abstand messen.

So oft es der Walker wieder einstampft, muss er es auf die zuträglichste Art in die Stampfe bringen, damit es gleichmässig eingeht und Dichtheit genug erhält. Zu diesem Zwecke dreht er es mehr oder weniger der Länge nach, je nachdem es leichter oder schwerer einläuft; scheint es zu schnell einzulaufen, so legt er es platt, oder er dreht nur diejenigen Stellen, welche zu breit sind, und legt die zu stark eingegangenen platt. Man lässt das Tuch gedreht oder platt walken, indem man es nach der Breite zusammenlegt und während dem Einschmieren der Länge nach im Zickzack faltet. Es ist sehr nützlich, das Tuch, wenn dasselbe genug eingelaufen ist, platt stampfen zu lassen, um dadurch die Falten zu vertilgen, welche nicht mehr getilgt werden können, wenn das Stück erkaltet ist, wodurch Ungleichheiten entstünden und das Tuch dem Uebelstande ausgesetzt würde, durch die Tuchscheren beschädigt zu werden. Das Wasser, in welches man einen Theil der Seifenauflösung bringt, um das Walken anzufangen, ist dazu nöthig, dass die Flüssigkeit dieser Auflösung vermehrt wird, das Tuch in der Stampfe sich besser dreht, und das Walken langsamer, weniger theilweise und allgemein vor sich geht.

Diejenigen, welche das erste Seifenbad vernachlässigen und aus Sparsamkeit dieses Wasser durch das in dem Tuche befindliche, welches sie dann nicht gehörig abtropfen lassen, vermehren wollen, können ein stufenweises und gleichmässiges Walken niemals hoffen. Das Tuch dreht sich mühsam, die Seife breitet sich langsam und schlecht aus, es bilden sich Platten, einige Theile werden schneller gewalkt, als die andern, welche letztere dann ungleich und blatterig werden. Wenn man, satt das Seifenwasser kalt anzuwenden, dasselbe warm in Anwendung bringt, so hat man zu befürchten, dass das Walken beschleunigt wird, bevor der Faden geöffnet ist; statt geschmeidig und weich, wird dann der Filz des Tuches trocken und rauh.

Da das Tuch die Eigenschaft hat, sich früher oder später zu walken, je nach dem Zwirn des Gespinnstes, der Anzahl der Fäden und dem mehr oder minder dichten Weben, so muss der Walker auf die angegebenen Ursachen und ihre Wirkungen ein wachsames Auge haben. Ist das Tuch gewalkt, so muss der Fabrikant es über die Stange laufen lassen, um zu sehen, ob es Stärke und Qualität genug hat, die Appretur ertragen zu können, und um zu untersuchen, ob das Tuch keine Fehler hat, welche Folgen der Unaufmerksamkeit des Walkers sein können, ob das Tuch rein und überall gleich breit ist, ob es keine Seifen- oder andere Flecke, Risse oder Hitzplatten hat, welches alle Fehler des Walkens sind. Ferner, ob er das Tuch hat einen Zoll mehr einlaufen lassen, als dessen Breite nach der Appretur beträgt, weil alle Tücher während der Appretur, die sie nach dem Walken erhalten, breiter werden.

Ueber die Wirkung der beiden herrschenden Systeme um den mechanischen Stoss oder Druck hervorzubringen sind die verschiedensten Ansichten laut geworden, wie sich in Folgendem kundgiebt:

Ein allbekanntes Uebel der Stampf- oder Stockwalke war deren stossweises Arbeiten. Dadurch wurde, weil die Hämmer durch eine Daumenwelle gehoben werden mussten und diese Arbeit eine bedeutende Kraft erforderte, ein etwas unregelmässiger und stossender Gang des treibenden Zeuges bewirkt, der für die Transmission an und für sich, sowie auch für die übrigen Maschinentheile sehr nachtheilig war. Dem Uebel ist mit der Kurbelwalke abgeholfen, weil diese ganz ruhig und gleichmässig arbeitet; auch wird die Gefahr eines Räderbruches oder die Nothwendigkeit kolossaler Formen dadurch vermieden.

Der Walkprozess der Stockwalke wird dadurch vollzogen, dass die Hämmer mit ihrer eigenen Schwere gegen die Waare schlagen und auf diese Weise der Waare jedesmal nur in einer Linie einen scharfen Druck geben. Die Kurbelwalke dagegen drückt stets gleichmässig auf die Waare, löst dabei den Faden regelmässig auf und bewirkt eine richtigere und gleichmässigere Walke, mit einem Worte eine wolligere Waare.

Neben der Stock- oder Lochwalke wendet man Walzenwalken an, doch haben sich diese mehr für Tuche bewährt, während die Kurbelwalke ausser für Tuche ganz vorzüglich auch für andere wollene Stoffe und für Strumpfwaaren zweckerfüllend ist. Die bisher übliche Stockwalke arbeitete nur gut, wenn das richtig berechnete Quantum Waare im Kumpe war. Die Kurbelwalke hat bei den vorgenommenen Versuchen gegen 36 Pfd. ebenso gut als gegen 55 Pfd. gearbeitet, ja sogar bei nur

25 Pfd. ist die Waare gut gewalkt worden, und alle diese Prozesse geschahen in gleichen Zeitabschnitten.

Es sei dabei erwähnt, dass die Kurbelwalke bedeutend schneller arbeitet, als die Stockwalke. Dieselbe macht per Minute 200 Touren, während die Stockwalke in derselben Zeit nur 120 Spiele macht.

Andere Berichte geben den Stampf- und Hammerwalken einen unersetzlichen Werth und empfehlen die Walzenwalke nur als Walke zum Fertigwalken. Wieder andere Auslassungen erklären, dass die Walzenwalke jeden Stoff vollständig zu walken im Stande sei. — Ein sehr verständig geschriebener Aufsatz des Wollengewerbe (1872) empfiehlt Anwalken auf der Lochwalke oder Kurbelwalke und Fertigwalken auf der Walzenwalke u. s. w. Uebereinstimmend wird indessen zugestanden, dass die Walzenwalke besser geeignet ist, in Richtung des Schusses einzuwalken, — die Loch- oder Kurbelwalke aber mehr zum Einwalken in Richtung der Kette. Hiernach scheint es, als ob einige Constructeure wie Porritt & Pristly, Benoit, Pflaumer u. A., welche Walken construirten, bei welchen der Walzendruck und das Stauchwerk mit einem Hammerwerk oder Schlagwerk combinirt war, in der That eine vollkommen rationelle Walkmaschine anstrebten. — Von irgend einer Walke zu sagen, sie sei für alle Stoffe gleich tauglich, ist ein Unsinn, ein Humbug, — jeder Stoff in seiner Qualität, Verbindung, Materie erfordert möglicherweise und zwar ganz berechtigt, wenn das Walken in vollkommener Weise durchgeführt werden soll, eine der Beschaffenheit des Stoffes angepasste besondere Construction. In diesem Sinne sind die Walzenwalken schon mit weitreichenden Hülfsapparaten versehen, durch welche ein Anpassen des Druckes u. s. w. der Walzen auf den Stoff der Qualität in ziemlich weiten Grenzen geschehen kann.

Was nun die Walkmittel anlangt, so treten als die drei ältesten und bewährtesten auf Walkererde, Urin, Soda (Nitron).

Die Walkererde ist, wie bemerkt, seit undenklichen Zeiten als Walk- und Waschmittel bekannt. Die in Pompeji gefundene Walkererde hatte nach Prof. de Luca folgende Bestandtheile: Alkali, Silicat, Thonerde, Magnesia, Chlorverbindungen und Spuren von Sulphaten des Kaliums und Natriums. — Nach W. Thomson ist die Zusammensetzung einer von ihm in Pompeji aufgefundenen Walkererde: 67 Kieselerde, 12,9 Thonerde, 2 Eisenoxyd, 6,4 Kalkerde, 1,8 Talkerde, 3,5 Kohlensäure, 2,2 Alkalien, 4 Wasser.

Die Walkererde von Cilly in Steiermark enthält nach Jordan: 51,21 Kieselerde, 12,25 Thonerde, 2,07 Eisenoxyd, 4,89 Talkerde, 2,13 Kalkerde, 27,89 Wasser.

Die Walkererde von Hampshire enthält nach Bergmann: 51,8 Kieselerde, 25 Thonerde, 15,5 Wasser, 3,7 Eisenoxyd, 3,3 Kalkerde, 0,7 Talkerde.

Walkererde von Schlesien: 48,50 Silicate, 15,50 Thonerde, 1,50 Magnesia, 7 Eisenoxyd, 25,50 Wasser.

Walkererde von Riegate (Surry): 53 Silicium, 10 Thonerde, 0,50 Kalk, 1,25 Magnesia, 9,75 Eisenoxyd, 24 Wasser.

Walkererde von Montereau (Frankreich): 70 Silicium, 15 Thonerde, 15 Wasser.

Walkererde von Montmartre: 66,25 Silicium, 19 Thonerde, 6,75 Kalk, 7,50 Eisenoxyd.

Bekannt sind auch die Walkererden von Gross-Almerode, Schmarcy bei Sternberg, Haynau (Schlesien), Eupen, Halle, Reppen, Luckenwalde etc. Im Allgemeinen betrachtete man alle Thonerden für gute Walkererden, welche frei waren von Sand und möglichst frei von Eisen, im Wasser unter Schäumen leicht zergehen und einen fein getheilten homogenen Schlamm absetzen. Man gräbt sie im Frühjahr und lässt sie den Sommer hindurch auswittern.

Die Walkererde wirkt nach Hermbstädts Ansicht durch ihre fettaufsaugende Kraft, wie viele Thone. Beckmann zählt zu den Eigenschaften der guten Walkererde noch einen Gehalt an feinem brennbaren Wesen und schreibt die Wirksamkeit der Walkererde auf Conto ihrer fettaufsaugenden Kraft und der Beweglichkeit und reibenden Kraft der Thonerdepartikelchen. Naudin schreibt, dass je trockener die Walkererde sei, um so besser löse sie auf. Sie müsse daher auch trocken aufbewahrt werden.

Der menschliche Urin (oldlant) wird bei der Walke lediglich in gefaultem Zustande benutzt und ist um so brauchbarer, je älter er ist. Er bildet in diesem Zustande mit dem Fett eine lösliche ammoniakalische Seife. Er darf nicht mit Wasser vermengt werden, besonders nicht nach vollendeter Gährung. Gefaulter Urin hat ein spec. Gew. = 1,0125. Urin enthält frisch neben Harnstoff, Harnsäure etc. diverse kohlensaure, salzsaure, schwefelsaure und phosphorsaure Alkalien. Im gefaulten Zustande enthält er viel kohlensaures Ammoniak und reagirt alkalisch.

Schweinekoth ist mit warmem Urin gemengt im Gebrauch, besonders in Leeds, — ebenso diente Schafkoth mit Oelzusatz als Walkmittel und als Nachhülfemittel für Stellen, die sich schwer filzten.

Schleimige Massen aus Gersten-, Hafer-, Bohnen-Mehl oder Kleie wurden oftmals verwendet, um das Walken zu verzögern.

Besonders zur Wegschaffung des Weberleims benutzte man eine Methode der Gährung, indem man das Zeugstück flach in einem Graben ausspannte unter Wasser. Nach einigen Tagen legte man das Stück zusammen und liess es liegen, bis es sich im Innern erwärmte. Diese Methode ergab ausgezeichnete Resultate in Hinsicht auf die Filzung, musste aber sehr vorsichtig gehandhabt werden.

Während die Alten das Nitron, eine sodaartige Substanz, zum Entfetten der Stoffe benutzten, ist der Gebrauch der freien Alkalien in späterer Zeit abgekommen und besonders die Neuzeit erachtet deren Gebrauch nur als zulässig, wenn die Gewebe durch harzige, ranzige Oele und Fette verunreinigt sind (siehe Seite 33).

Sodalösungen, bei Oelen zur Verseifung angewendet, erheischen die allergrössteste Vorsicht; noch mehr als die Kalilaugen.

Uebrigens kann man zur Verseifung des Lodenfettes auch andere Salze anwenden, z. B. Barytsalze, Magnesiasalze, aber nicht Kalksalze. Die Seifen der Kalksalze sind unlöslich und behindern den Walkprozess in hohem Grade.

Da die Alkalien auf die Fette im Stoffe energisch lösend wirken, so werden fort und fort Versuche gemacht, um die Salze derselben unter irgend welchen Namen in den Walkprozess einzubürgern. So ist z. B. der „Waschextract" nichts anderes als eine eingedickte Masse, bestehend aus Seifensiederunterlaugen, Abfällen etc., die mit vielem Wasser, bis auf 3—5° B. gelöst, verwendet wird, aber sehr schädlich wirken kann, selbst wenn sie mit Seife gemischt wird.

L. J. Bouchardt empfiehlt eine Lösung von Mineral-Soda in Wasser zum Walken. Ein neuerdings viel angepriesenes Mittel, um die Seife beim Walken zu ersparen, ist ein Gemenge von Sodalauge, Olëin und Salmiakgeist.

Abgeschwächt wird die Schädlichkeit der Anwendung von alkalischen Lösungen durch Beimischung von Seife. Die Mischung bietet auch den Vorschlägen zu Walk- resp. Waschmitteln die breiteste Grundlage. Ein derartiges Mittel, bestehend aus flüssigem Ammoniak und Seife schlugen Hirst & Storey bereits 1829 vor; Bentley empfahl 1837 Sodaasche mit Urin und Seife; S. Fauçon setzte seine Walkmittel aus Talgöl und Pottaschelösung zusammen; Wilson schlug vor: Oelsäure und Alkali; Mottet jr. (1855): Ammoniak und Wasser; Prentiss: kieselsaures Natron mit Seife; Fawkett: Abkochung von isländischem Moos und Alkali; und daneben erschienen sogenannte Walkseifen in Menge, wie die von Lampadius u. A.

Das wichtigste Wasch- und Walkmittel sind und bleibt die Seife. Die verschiedenen Seifen wirken natürlich ganz verschieden, je nachdem sie zusammengesetzt sind, und es muss daher darauf besondere Sorgsamkeit verwendet werden. Am besten erweisen sich die Kaliumschmierseifen, besonders halbharte von der Zusammensetzung: 26,5 Wasser, 10,5 trocknem Kalium, 62,0 Fettsäure und 2,53 Th. Wasser auf 1 Th. Kalium, sobald sie neutral sind oder doch nur geringen Alkaliüberschuss haben. Die Kaliumseifen haben eben den Vorzug, dass sie Glycerin enthalten, welches durch seine auflösenden Eigenschaften die Wirksamkeit der Seife erhöht, ferner aber eine zu grosse Zersetzung der Seife zu hindern, somit dahin wirken, das Freiwerden einer grösseren Menge Alkalis zu verhüten. Die harten Natriumseifen werden seltener zum Walkprozess benutzt. Die Wirksamkeit der Seife beim Waschen und Walken lässt sich darauf zurückführen, dass sich die Seife beim Auflösen in Wasser in freies Alkali und doppeltfettsaures Natrium oder Kalium zersetzt. Dadurch kann das freie Alkali nun die Fetttheile des Gewebes binden und die übrigen Unreinigkeiten auflösen, während wieder das doppeltfettsaure Alkali sich auf den Fasern niedersetzt und diese so vor dem schärferen Angriff des freien ätzenden Alkalis schützt. Alle diese Körper und Verbindungen ballen sich dann emulsionsartig zusammen und können durch Wasser weggespült werden. Für feinere Stoffe nimmt man auch Talg-, Palmöl-, Harzseifen oder venetianische Seife, jedoch seltener.

Die Mitwirkung des Dampfes im Walkprozess unter directer Einleitung hat sich nicht als günstig für einen regelmässigen Verlauf des Prozesses zu erkennen gegeben. Der Dampf, besonders der überhitzte, der auch zu diesem Zwecke benutzt wurde, löst Fette auf, besonders neutrale Fette, — allein beim Einleiten des Dampfes wird eine zu hohe Temperatur erzielt, welche den Erfordernissen des Walkprozesses nicht entspricht. Die Stoffe verfilzen wohl, aber in ungünstiger Weise, sie bleiben lappig und weich. Wenn Stoffe erst gewaschen, dann aber gewalkt werden unter Dampfzuleitung, so zeigen sich die mit Walkerde gewaschenen, also entfetteten Stoffe nicht filzfähig.

Wir betrachten nunmehr das sogenannte Anwalkon der Scherhaare an Stoffe näher. Wir haben bereits auf Seite 142 angegeben, welche Versuche mit dieser Procedur schon zeitig gemacht wurden.

Anfangs der fünfziger Jahre trat plötzlich eine grössere Nachfrage nach Scherhaaren auf, für welche bis dahin eine solche nur in ganz kleinem, kaum zu bemerkendem Umfange stattgefunden hatte. Man verwendete bis dahin Scherhaare nur zum Futtern der Kratzen der Krempelmaschinen für die Streichgarnspinnerei und ausserdem in der Tapetenfabrikation. Der Verbrauch war ein sehr beschränkter. Die grössere Menge der Scherhaare wurde, als nicht verwendbar, weggeworfen. Die oben erwähnte stärkere Nachfrage stellte sich als von Nordamerika ausgehend heraus. Es wurde bald bekannt, dass die Scherhaare dort in gewisse Tuchwaaren eingefilzt wurden. Nach und nach vergrösserte sich diese Nachfrage sehr und der Artikel, früher fast werthlos, erlangte einen immer steigenden Preis. Händler, welche dieses Geschäft nach Amerika in die Hand nahmen, haben fast alle sehr gute Geschäfte gemacht. Im Jahre 1870 aber legte die Regierung der Vereinigten Staaten von Nordamerika in richtiger Erkenntniss des zweifelhaften Werthes solcher Industrie einen sehr hohen Zoll auf die Scherhaare, wodurch der Handel damit nach dorthin schnell lahm gelegt wurde. Man hatte aber diesseits des Oceans die Sache auch aufgefasst, besonders in einigen Gegenden von Deutsch-Oesterreich und in Russland (namentlich in den Fabrikstädten Klinzi und Moskau). In Russland erlangte dies Verfahren eine Ausdehnung von solchem Umfang, dass zumal unter der Industrielage der jüngsten Zeit der Bedarf in Scherhaaren gar nicht mehr zu beschaffen war. Dieselben haben in Folge dessen einen Preis von nie gekannter Höhe erlangt und ist man sogar auch darauf gekommen, Scherhaare auf künstlichem Wege aus Abfällen der Kunstwollfabriken etc zu erzeugen[24]).

Das Verfahren, die Scherhaare in die Tuche einzuwalken, ist an und für sich ein einfaches. Man unterscheidet dreierlei Wege:

1. Einfilzen der einzelnen Scherhaare in die Fäden des gewöhnlichen Gewebes selbst, 2. Einfüllen derselben in die Maschen des Gewebes, 3. Einfilzen in die Filz-

---

[24]) Also etwas Unwerthigeres wird aus Unwerthigem künstlich erzeugt, d. h. die Arbeit wird systematisch vergeudet zur Erreichung schlechter Zwecke.

decke, welche sich auf beiden Seiten des Gewebes durch Walken und Rauhen gebildet hat.

Sobald das Tuch auf der Walke die Seife gehörig in sich aufgenommen hat, so
dass das Tuch gleichmässig allenthalben davon durchdrungen ist, giebt der Walker
das für das Tuch bestimmte Quantum Scherhaare in kleinen Portionen nach und nach
zu. Das Tuch muss währenddem zum Oefteren gerichtet werden, damit sich die
Scherhaare gleichmässig vertheilen können. Je dicker die Seife in das Tuch kommt,
so dass dasselbe weniger nass, sondern mehr klebriger Natur wird und je trockner die Scherhaare sind, um so besser gelingt die ganze Operation. Ist das Tuch
recht klebriger Natur, so haften die Scherhaare um so besser an, und sind die Scherhaare recht trocken, so klumpen sie nicht so leicht zusammen, sondern bleiben um so eher
an dem Tuche haften, während feuchte und fettige Scherhaare gern zusammenballen
und nicht leicht an dem Tuche anhaften. Die Waare muss in letzterem Falle viel
längere Zeit gehen, ehe sie die eingestreute Portion Scherhaare angenommen hat.

Hat man demgemäss rationell verfahren, so wird das Tuch die für dasselbe
bestimmte Portion Scherhaare bald aufgenommen haben und das Walkverfahren hat
wie gewöhnlich seinen Fortgang zu nehmen. Die Scherhaare vertheilen sich gleichmässig und wenn man sie stets nur in kleinen Portionen zugiebt und das Tuch
dabei fleissig richtet, so werden sie auch ganz gleichmässig eingewalken werden.
Weisse Tuche z. B., in welche dunkle Scherhaare eingewalken wurden, erschienen
von ganz gleichmässig grauer Farbe ohne Streifen oder Flecke.

In einigen Etablissements beobachtet man noch ein anderes Verfahren, indem
man das Tuch erst ein gutes Theil walken lässt und dann erst die Scherhaare zugiebt. Dies ist aber nicht so zweckmässig, denn das schon zum Theil gewalkte
Tuch kann die Scherhaare vermöge des bereits vorhandenen dichteren Filzes wohl
leichter aufnehmen, dieselben können aber nicht mehr gut in die Fäden des Gewebes
eindringen, sondern sie bleiben mehr in dem Filze hängen und haften nicht fest in
der Waare. Sie fallen daher später leichter wieder aus, sei es bei den späteren
Manipulationen in der Fabrikation, sei es beim Tragen der aus solchen Tuchen gefertigten Kleider.

Einige Fabrikanten nähen das Tuch, wenn dasselbe später gerauht werden soll,
mit den Leisten zusammen, die linke Seite nach innen, und schütten die ganze, für das
Tuch bestimmte Portion Scherhaare auf einmal hinein und lassen dann das Tuch durch
die Walkmaschine gehen. Es ist diese Methode nicht nur sehr kostspielig, sondern
sie hat auch mancherlei Uebelstände im Gefolge, da man das Tuch nicht richten kann
und jeder Controle über das gleichmässige Anhaften der Scherhaare entbehrt.

Ueber die Einstellung der Kette, welche man den mit Scherhaaren zu verfil-
zenden Tuchen in der Weberei zu geben hat, findet man verschiedene Verfahren.
Einige weben das Tuch in der gewöhnlichen Fädenzahl, Garnstärke und Breite der
Kette, mitunter nur etwas loser im Einschlag. In diesem Falle muss, wenn die
sonst übliche Breite und Schwere der Waare eingehalten werden soll, das Tuch aus
der Walke mit Scherflocken um so länger bleiben, als das Quantum der eingefilzten
Scherhaare ein grösseres war. Hiernach ist auch die Angabe zu erklären, welche
man von so manchen Manipulanten vernommen hat, dass das mit Scherhaaren ver-
filzte Tuch ebenso lang, nach Manchen sogar länger aus der Walke gekommen ist,
als es ungewalken gemessen hat.

Andere lassen in der Weberei unter entsprechend schmälerer Einstellung eine
dem einzufilzenden Quantum Scherhaare entsprechende Menge Kettenfäden wegfallen,
dagegen das Tuch möglichst dicht weben. Solches Tuch muss natürlich in der
Walke, sobald es die Scherhaare sämmtlich aufgenommen hat, sehr breit gehalten
werden, damit es bei entsprechender Schwere auch die nöthige Breite behält. Es
muss dann in der Länge, je nach der Einstellung und dem zugegebenen Quantum

Scherhaare, ziemlich ebenso viel eingewalken werden, als es unter anderen Verhältnissen, ohne Scherhaare, der Fall wäre.

Welchem von diesen Verfahren eventuell der Vorzug zu geben ist, darüber
wird der erfahrene Fabrikant je nach vorliegenden Umständen nicht unschlüssig
bleiben. Bei Tuchen ohne Rauherei ist es für die Qualität derselben, soweit solche
das Ansehen und die Verkäuflichkeit betrifft, wohl ziemlich gleichgültig, welches
Verfahren befolgt wurde. Bei der Benutzung des Tuches aber, beim Tragen der
Kleider wird sich sehr bald ein grosser Unterschied herausstellen. Die nach dem
ersteren Verfahren behandelten Stoffe lassen die Scherhaare leichter ausfallen als
die Stoffe aus dem zweiten Verfahren, denn dieselben sind in ersterem Falle mehr
in die Maschen als in die Fäden des Gewebes eingedrungen, wo sie nicht so festgehalten werden. Für Rauhwaare aber ist das erstere Verfahren gar nicht geeignet;
es würde dem Appreteur schwer fallen, solchem Tuche ein gutes Ansehen zu geben.

Man kann die Manipulation des Einwalkens von Scherhaaren wohl so ziemlich
auf allen Arten von Walkmaschinen vornehmen. Es sind die gewöhnlichen Walzen-
walkmaschinen gut geeignet, bei welchen da, wo die Tuche den Walzen zugeführt
werden, eine Vorrichtung zum beliebigen Hemmen des Tuches und da, wo dasselbe
die Walzen verlässt, Stauklappen zum beliebigen Stopfen des Tuches, je nachdem die
Breite und Länge des Tuches es erfordert, angebracht sind. Obgleich diese Maschinen von beiden Seiten, d. i. von vorn und von hinten zugänglich sind, hantirt
man die Tuche mehr von der hintern Seite der Maschine, da, wo Tuche die Walzen
resp. die Stauklappen verlassen. Man gibt die Scherhaare auch auf dieser Seite
zu. Dies hat den Vortheil, dass das Tuch, welches ja hier nach unten fällt und
dann sich nach dem vordern Theile der Maschine zu bewegen hat, die Scherhaare
stets nach dem innern Theile der Maschine mit fortzunehmen bestrebt sein wird.
Man kann bei andern Systemen von Walkmaschinen übrigens dasselbe erreichen,
wenn man nur die Scherhaare durch die hintere, bei dem betr. Stauapparate befindliche Klappe zugibt. Sollte man dies bei der vorderen Thür thun, so würde das Tuch,
wenn die Maschine im Gange, immer einen Theil der Scherhaare nach aussen zurück-
schleudern, zumal das Zugeben der Scherhaare geschehen muss, während die Maschine
im Gange, denn, wie oben gesagt, geschieht dies am zweckmässigsten in kleinen
Portionen, wozu man offenbar die Maschine nicht immer ausser Gang setzen kann.

Ueber das Quantum der Scherhaare, welches man den Tuchen zugeben kann,
lässt sich etwas Bestimmtes nicht angeben; es ist dabei in Betracht zu ziehen,
welcher Art das Gewebe ist und welchem Anspruche das Quantum der Scherhaare
angepasst wird. Das grösste Quantum, das in der Praxis vorgekommen ist, waren
20 Pfund Scherhaare auf ein Stück Tuch, zu welchem 28 Pfund Garn (Kette und
Schuss) verwendet waren. Das Garn selbst bestand aber nicht aus reiner gesunder
Wolle, sondern es waren der Kette noch 25 pCt. auf dem Endenreisser gelöste
Enden, dem Eintrag aber 20 pCt. dergl. Enden und 20 pCt. Rauhhaare beigemischt.
Es waren dann die sämmtlichen 20 Pfund Scherhaare von dem Stück Tuch aus
28 Pfund Garn, welches in gewaschenem Zustande doch höchstens zu 25 Pfund Gewicht anzunehmen war, eingefilzt. Man würde aber sehr irren, wenn man nun annehmen wollte, dass dieses Stück Tuch (nicht gerauht) entsprechend mit vollem Gewicht, also etwa annähernd mit 45 Pfund aus der Presse kommen könnte. Es findet
bis dahin noch mancherlei Verlust statt. Schon beim Auswaschen des Tuches nach
der Walke entweicht ja wieder ein Theil der Scherhaare; beim Rauhen und Trocknen,
wie überhaupt bei jeder Manipulation, bei welcher das Tuch bewegt wird, verliert
es noch mehr. Bei der Schau solcher Tuche, dem Ueberziehen über die Stange,
regnet es förmlich Scherhaare, so dass man nicht 20 Stück überziehen kann, ohne
dass die dabei beschäftigten Personen genöthigt wären, sich mehrmals Gesicht und
Hände zu säubern. Es verliert ein solches Stück Tuch bis aus der Presse durch

Ausfallen der Scherhaare wieder reichlich 3—4 Pfund an Gewicht. Um dies zu verhindern, ist man darauf gekommen, solche Waare gleich nach dem Auswaschen durch
eine schwache Lösung von gebrannter Stärke (Dextrin) zu passiren, wodurch ein zu
zeitiges und zu starkes Ausfallen der Scherhaare verhindert und für die Waare ein
guter Griff erzielt wird.

In wie weit das Einfilzen von Scherhaaren sich innerhalb der Grenzen der
Solidität und Reellität bewegt, kann Jedermann nach dem Gesagten selbst beurtheilen. Das Einwalken von Scherhaaren muss im Allgemeinen als eine grobe
Täuschung für das kaufende Publikum angesehen werden, denn die Scherhaare
fallen beim Tragen von Kleidern aus solcher Waare bald mehr oder weniger schnell
aus, die Maschen des Gewebes werden dann leer, das Tuch fängt in Folge dessen
an nachzuwalken und die ganze vorher ebene Fläche desselben wird faltig, so dass
das Kleidungsstück sehr bald sowohl das gute Ansehen verliert, aber auch seine
Haltbarkeit sehr stark beeinträchtigt wird. Schliesslich wird das Tuch auch
immer kürzer, so dass z. B. das nicht mitwalkende Rockfutter, länger bleibend, anfängt hervorzustehen.

Dagegen lässt sich nicht verkennen, dass, wenn das Einfilzen von Scherhaaren
in sehr mässigem Verhältniss und in solcher Weise geschieht, dass die Scherhaare
mehr in die Fäden des sonst schon soliden und vollen Gewebes, nicht also in die
Maschen des bereits lose hergestellten Gewebes bewirkt ist, das Tuch in billiger
Weise verstärkt werden kann. Besonders gewinnen die Tuche, welche aus geringeren Sorten Wolle fabricirt und mit Strichappretur versehen werden, wesentlich
an Ansehen; man kann solche Tuche dann viel kürzer scheren, ohne dass sie, wie
dies sonst oft der Fall ist, grundsichtig werden. 15 pCt. von dem Gewicht des
rohen Tuches an Scherhaaren dürfte hier wohl das Zweckmässigste und vielleicht
Zulässige sein; es werden dann ca. 10 pCt. davon in dem Tuche verbleiben und dasselbe wird bei besserem Griff an Ansehen gewonnen haben. Viel besser ist es
gewiss, den Gebrauch der Scherhaare aus den Geweben zu verbannen;
derselbe kann doch immer nur dazu dienen, eine Waare herzustellen, welche den
berechtigten Erwartungen nicht entspricht, die sich an ihr gutes Aussehen, ihr
Gewicht und ihren Griff knüpfen. Scherhaare können den wirklichen Gebrauchswerth der Waare niemals erhöhen! —

Walkapparate.

Das Walken der Stoffe war im Alterthum bekannt und angewendet.
Die Eigenschaft des Filzens trat bei den schafwollenen Gewändern bei
Einwirkung von Wäsche, Feuchtigkeit, Wärme, Druck u. s. w. zu häufig
hervor, als dass der menschliche Geist sie nicht hätte systematisch benutzen lernen sollen. Die alten Tuchwalker besorgten dann das Filzen
selbst, ebenso wie das Waschen schmutzig gewordener Kleider. Später son-
derten sich diese Beschäftigungen in ebenso viele einzelne Gewerbe. Der
Walker hiess: φαιδϱυντικός, κναφεῦς, πλυνεῦς, fullonarius, lavator, lotor.
Bei den Griechen, wo Nikias von Megara als der erste Walker genannt wird,
wurde das Walken mit γναφεῖς oder κναφεῖς, und bei den Römern mit ars
fullonica, ars fullonia bezeichnet, die Thätigkeit des Walkens mit κνα-
φευτική, πλυντική. Letztere bestand im Waschen πλύνειν, lavare, Schlagen,
sodann im Stampfen der Gewebe mit den Füssen in Walkergruben (πλυννοί,
lacunae) oder Walkentrögen (pilae fullonicae) (λακτιζειν, συμπατῆσαι).

Es wurden als Ingredienzien des Walkwassers und als Hülfsmittel des Wasch- und Walkprozesses benutzt das Nitron (Natron) (νίτρον, λίτρον), der Urin, für dessen Aufsammlung die Walker in den Strassen Gefässe aufstellen durften gegen eine Staatsabgabe, und Walkerde (γῆ πλυντρίς oder σμηκτρίς, creta fullonia, creta Cimola), deren beste Sorte von der Insel Cimolus kam, während auch die terra Umbrica und Sarda, von Lemnos und Samos vielfach benutzt wurden. Auch das Klopfen und Schlagen der Stoffe mit Schlägel, Stöcken etc. zum Zweck des Verfilzens (πιλεῖς-θαι, cogi, conciliari) geschah nach den übrigen Arbeiten, und endlich folgte ein Ausspülen in reinem Wasser. —

Diese Methoden erhielten sich auch später im römischen Reiche. Sie waren aber auch anderen Völkern bekannt, so seit uralter Zeit den Egyptern, in deren Hieroglyphen Beine vom Wasser umspült den Walker bedeuten. Ferner enthalten die Papyros die folgende Abbildung (Fig. 73), bei

Fig. 73.

welcher die Gewebe auf schräger Fläche liegend mit dem Handstein bearbeitet dargestellt werden.

In Pompeji ist uns eine Walkerwerkstatt erhalten geblieben, dazu Wandgemälde, welche die Thätigkeiten und Einrichtungen der Fullonica darstellen (Fig. 74). Aus der späteren Zeit gibt es mannigfaltige Notizen und Nachrichten über das Walkergewerbe. Unter den ersten Zünften traten die Walker auf. Die schwere Arbeit des Tretens ist unzweifelhaft schon sehr frühzeitig durch mechanische Vorrichtungen erleichtert und allmälig ersetzt worden. Es ist freilich nicht mit Bestimmtheit anzugeben, wann Walkmühlen oder Walkmaschinen aufgekommen sind. Viel einfacher ist es, fortgesetzt das Vorhandensein des Walkergewerbes zu verfolgen, weil seit Kaiser Vespasian unter dem Namen urinae vectigal eine Steuer auf Urin, die der Fullone bezahlen musste, gelegt war. Anastasius nannte sie vectigal pro urinae jumentorum et canum und liess sie auch von jedem, der Vieh halten wollte und hielt, zahlen. Diese Steuer hat immer fortgedauert; in Deutschland erhielt sie den Namen türkische Steuer und Ludwig XIV führte sie 1695 unter dem Namen „la capitation" nochmals ein. In Frankreich ist das Walken offenbar frühzeitig ausgebildet. Die französischen Verordnungen gedenken der Walkmühlen schon im 12. Jahrhundert vielfach, am ausgedehntesten aber in der Verordnung für Färbereien vom Jahre 1669.

In England arbeitete bereits 1322 eine Walkmühle in Manchester. In Deutschland wird sie 1430 zuerst angeführt als in Augsburg bestehend.

Fig. 74.

In Amerika gab es schon 1643 zu Rowley die Walkmühle des Parson. Indessen bestand bis Ende des vorigen Jahrhunderts der Walkprozess der Ansiedler doch in einem Treten mit den Füssen und in Ohio geschah dies gemeinschaftlich in den Familien und bei den Nachbarn. Man lud alle jungen Männer und Mädchen zusammen zum Kicking frolic, legte die hausgewebten Stoffe in einen Kreis, begoss sie mit Seifenlauge und nun begann das junge Volk in hochgeschürzter Toilette darauf herumzuspringen, bis der Walkprozess vollendet[25]).

Alcan gibt uns in seinem Werk über die Wollarbeit eine Abbildung einer in Algier vorgefundenen arabischen Walkmühle. Dieselbe scheint der Blüthenperiode des Maurenvolkes zu entstammen und enthält, wie auch Alcan richtig bemerkt, alle Fundamentalgrundlagen der heutigen durch Schlag und Stoss wirkenden Walken. Diese Maschine enthält einen an einem drehbaren Hebelarm hängenden, fast horizontal gestellten Walk- klotz mit treppenartig angeschnittenem Kopf, dessen Bewegung durch ein Rad mit 4 Armen erwirkt wird, die abwechselnd hinter einem Daumen am Walkklotz fassen und diesen zurückdrücken, bis der Daumen abgleitet und nun in den Walktrog einschlägt, in welchem sich das Tuch befindet. Diese Einrichtung ist im Prinzip in allen späteren Walken herrschend, bis zur Neuzeit, wenn auch die Form abweicht, der Walkklotz bald schräg, bald senkrecht steht und mittels Daumens und Daumenwelle gehoben und fallen gemacht wird. Daher bieten die Abbildungen in älteren Schriften im Prinzip keine Variation. Diese Abbildungen sind zum grössten Theil den seit dem 15. Jahrhundert in allen Städten mit Tuchfabrikation eingerichteten Walkmühlen entnommen, theils auch mit Variationen Vielleicht die älteste Abbildung und Beschreibung einer Walkmühle

---

[25]) Johnston Adress, before the Society of Cincinnati 1870.

ist in J. Bessoni[26]), Theatrum instrumentorum et machinarum von 1578 enthalten. Es folgt dann eine Abbildung in A. Ramelli, le diverse ed artificiose machine 1588 (deutsch 1620 in Leipzig von H. Grossen). In dem Theatrum machinarum — Dritter Theil — von H. Zeising ist gleichfalls von Walkmühlen die Rede. In das Theatrum machinarum novum von G. Andr. Böckler (Nürnberg 1661) ist die Abbildung[27]) aus Ramelli als Tafel LXXII eingestellt, ein Zeichen, dass diese Walkmühle nach ³/₄ Jahrhundert nicht veraltet war. Die Böcklersche Schrift erlebte viele Bearbeitungen und Auflagen und hat zur Verbreitung und Anregung der Kenntniss der Maschinen viel beigetragen. Eine andere Publication einer Walkmühle rührt von Jacob von Strada in Rosberg in seinem Werke: „Künstlicher Abriss, allerhand Wasser-, Wind-, Stoss- und Hand-Mühlen" etc. 1617, 1618 und 1629 aufgelegt. Die späteren Schriftsteller über Mühlen wie J. van Zyl, J. G. Scopp, Ayrer, Behrens, Schlegel, Schwahn, L. Chr. Sturm, Benoit, Langsdorf[28]) u. s. w. rechnen die Walkmühle als integrirend zum Mühlenbau.

Wenn die sämmtlichen erwähnten älteren Werke auch ausschliesslich dieselbe Art Walken — Hammerwalken — abbilden, so existirte doch, seit Anfang 1700 etwa, eine andere Art Walke unter dem Namen Stampfwalke, holländische Walke[29]). Wer der Erfinder derselben war, ist nicht zu ermitteln. Wahrscheinlich ist die in Holland im 17. Jahrhundert aufgekommene Stampfen-Oelmühle gleichzeitig mit der Stampfenwalkmühle in Gebrauch genommen worden, worüber J. van Zyl berichtet. Diese beiden Sorten von Walken standen lange Zeit unverändert im Gebrauch und noch die Abbildung, die Jacobson (1774) in seinem Schauplatz gibt und die eine Berliner Walkmühle (welche mit einer Mahlmühle verbunden war) darstellt, gibt nur ein wenig anderes Bild als die früheren.

Ein Beweis, dass diese Walken ihren Zweck sehr gut erfüllten und ziemlich vollkommen arbeiteten, liegt wohl in dem Umstande, dass Verbesserungen an Walken bis 1816 in England überhaupt nicht patentirt sind, auch in Frankreich nur spärliche Brevets ertheilt wurden, und dass

---

[26]) Es ist bemerkenswerth, dass Bessoni, ein Italiener, der erste war, welcher über Maschinen berichtete, die in der That in Frankreich und Deutschland zum grössten Theil nicht bekannt waren. Uebrigens erschien Bessoni's Werk 1578 in lateinischer Sprache, 1582 in italienischer und französischer Sprache.

[27]) Alcan ist ungenau in seinem Citat, — wo er als Ausgeber einen Herrn Schmit und als Erscheinungsort Köln nennt. Richtig ist nur, dass der Rector H. Schmitz in Schwelm eine lateinische Ausgabe der Böckler'schen Schrift in Köln 1622 veranstaltete. — Es ist auch hier wieder auf den Umstand hinzuweisen, dass der Italiener Ramelli der zweite Autor über Maschinen war.

[28]) Erläuterungen höchst wichtiger Lehren der Technologie. Bd. I. 238. Walkmühlen. — Otto, Hülfsbuch für Walkgeschäft treibende Individuen. 1836. Neuhaus.

[29]) Fast nur in Holland und Deutschland bekannt, in Frankreich und England fast gar nicht angewendet.

sämmtliche Patente in diesen Staaten bis 1833 sich lediglich mit den bekannten Systemen befassten. —

Dies darf freilich nicht von Amerika behauptet werden, wo Levi Osborn 1804 die Doppelkurbelwalke erfand und damit eine neue Bahn auf
dem Gebiete der Hammerwalke eröffnete. —

1833 erschien John Dyers' Patent einer Presswalzenwalke, und
damit begann eine neue Methode des Walkens, insofern der Stoss und
Schlag, durch Pressen und Drücken abgelöst wurde. Dyers Maschine
richtete eine Revolution im Walkfache an, indessen weniger schnell in
England als in Frankreich, wo Vouret schon 1831 in einem Brevet
Bd. 45, 65 die Idee der Walzenwalke andeutete, und nun Hall, Powell
und Scott in Rouen sich die Dyers'sche Maschine patentiren liessen (Br. 67.
214 und 83. 495) und darauf die Folgenden für Ausbildung des Systems
sehr und zwar äusserst gründlich und tonangebend thätig waren: Benoit
(1839), Vallery & Lacroix (1840), Malteau (1841), Collette (1844), De
Pambour-Warin (1844), Desplas (1844), Lambotte (Verviers 1846), Renard
(1855), Schneider, Legrand, Martinot & Co. (1864). In England folgte
man dieser Bahn sogar langsam und mit wenig Talent und Glück. Bemerkenswerth sind nur die Verbesserungen von L. Herbert (1841), S. Archer
(1843), John Whitehead (1856), Apperley & Clissold (1859), Ferabee
(1861), Cogswell & Wilkins (1872). Deutschland wirkte auch für die
Walzenwalke sehr hervorragend durch die Systeme E. Wiede & Th. Presprich, Hemmer, Gessner u. A. schloss sich aber dann für das Walzensystem mehr an die Franzosen Benoit, Lacroix, Desplas u. A. an Amerika
entschied sich für die Walzenwalke nur in geringem Masse und ausser den
Constructionen von J. Hunter, von S. M. Pike, von M. D. Whipple existiren
nennenswerthe Walzenwalkconstructionen dort nicht.

Die Walzenwalke hat indessen nicht vermocht, die Hammerwalke zu
verdrängen. Bis Ende der 50er Jahre konnte vielmehr die Walzenwalke
noch zu keiner nennenswerthen Herrschaft kommen, seitdem hat sie allerdings in Europa, nicht aber in Amerika dies Uebergewicht errungen.
Auch in Europa ist dies nur bedingt eingetreten, denn für eine Menge
Waaren zieht man noch immer Hammerwalken vor. Die Erfindung der
Walzenwalke und ihre Concurrenz hat die Verbesserung und Ausbildung
des Hammerwalksystems in Europa wesentlich befördert; in Amerika war
dies System ohnehin das leitende, hat aber auch erst in den letzten Jahrzehnten sehr bedeutende Fortschritte gemacht, so dass dort selbst die Osborn'sche Doppelkurbelwalke keinen Einfluss gewinnen konnte. Unter
den amerikanischen Erfindern dieser Richtung nennen wir D. Dean (1804),
John Kennion (1806), M. Lee (1817), Ross Winans (1821), H. Stayton
(1829), Northrup & Dilling (1823), J. M. Brown (1850), R. Hunt &
J. R. Waite (1846), S. Husey (1875), B. Lodge (1869), J. Baldwin (1876),
R. Eickmeyer (1876), Mase & Terwilliger (1876), J. Draper (1876),

Ch. T. Colby (1877), C. P. Ladd (1873), Storm & Wood (1879), Yule (1879) u. A. Es ist zu constatiren, dass sich in Amerika augenblicklich die Ausbildung des Walksystems mit Hämmern unter. Anwendung von Kurbeln oder anderer Bewegungsübertragung vollzieht.

In Deutschland hatte sich besonders die Kurbelwalke grosser Aufmerksamkeit zu erfreuen. Hierfür war Ernst Gessner (1867) bahnbrechend. Es folgten Schwalbe & Sohn und Spranger & Schimmel, jeder mit anderen modificirten Constructionen, die ihre besonderen Vorzüge bis heute bewährt haben.

In England hatten Austin & Dutton (1816), besonders W. Lewis (1816), Hirst & Wood (1825), A. Bernon (1825), Willars & Ogle (1825), J. Daniell (1828), John Smith (1863) interessante Ideen zur Verbesserung der älteren Systeme herzugetragen. B. L. Shaw trat mit einem neuen Gedanken auf (1838), indem er vorschlug, den Walkraum selbst in einen Cylinder zwischen zwei Kolben zu verlegen und diesen Raum dann beim Walken luftleer zu machen. W. Hirst aber lehrte 1843, wie man Scherflocken etc. anwalken könne, um die Oberfläche des Zeuges im Aussehen zu verbessern.

In Frankreich waren für das Hammersystem thätig: Harmillier, Lenoir & Maillet, Englerth & Reuleaux, Rotch, Hall, Chardon, Hervieu u. a.

Hammerwalken.

Wir gehen für diese Kategorie der Walken zurück auf die Construction der althergebrachten Hammerwalke, wie sie in Fig. 75 abgebildet ist. Die

Fig 75.

Walke besteht aus dem Walktrog u, über welchen eine Wasserrinne hinläuft. In jedem Walkloch (Theil des Trogs) arbeiten 2 Hämmer, mit den Hammerköpfen f. Diese sitzen an den Leitstielen h, welche als einarmige Hebel um k drehbar sind. Der verlängerte Hammerstiel geht durch den Kopf f hindurch und ragt aus demselben an der anderen Seite hervor als Daumen i. Unter diese Daumen greifen die Daumen e der Daumwelle c, heben sie, bis dieselben abgleiten und nun der Hammerkopf mit der Kraft seines Gewichtes herabfällt auf das im Trog eingelegte Zeug. Die Daumenwelle wurde meistens direct oder durch einige Zwischenräder von einem Wasserrade umgedreht, denn die Walkmühlen waren sämmtlich Wassermühlen.

Die Verhältnisse dieser Hammerwalke wurden natürlich modificirt[30]), indem man bald die Hämmer vergrösserte, ebenso den Hebelarm und die Daumen anders anordnete, den Walktrog grösser oder kleiner nahm u. s. w., — aber die Fundamentaldisposition blieb dieselbe. Die Verbesserungen bezogen sich zumeist auf die Form des Trogs und Form des wirksamen Hammerkopfes, der, wie die Fig. 75 zeigt, terrassenförmig abgestuft ist, während das Walkloch eine ausgerundete (oft ebenfalls treppenartig abgestufte) Wandung hat. Die Hämmer wurden an den Seiten in durch Leisten begrenzter Bahn geführt und konnten mit Holzstangen, welche man unter die Stiele h stellte, sobald der Hammer durch den Daumen die höchste Stellung erreicht hatte, aufgefangen und ausser Thätigkeit gesetzt werden. Die Daumenwelle war von grossem Umfang (oder enthielt lange Daumen), um die Hebung des Hammers möglichst gross zu machen. Je mehr man den Hammerstiel von der horizontalen der verticalen Lage näherte, trat eine mehr pendelartige Schwingung ein und die Wucht des Schlages wurde eine sanftere. Die wirklich pendelartige Aufhängung der Kurbelwalken (siehe Seite 167—173) erfordert sodann eine künstliche Druckwirkung durch die Kurbel und rechnet nicht mehr auf die Wirkung der Schwere des herabfallenden Hammerklotzes.

Unter den älteren Hammerwalken tritt 1816 als sehr originell und interessant das System von William Lewis auf, bei welchem eine Art Tonne, die auf Rollen in steter Umdrehung sich befindet, den Stoff enthält. Zwei Hämmer, einer zu jeder Seite, schlagen zu gleicher Zeit in die Tonne hinein und quetschen den Stoff zwischen sich. Die Hebung der Hämmer geschieht hierbei mittelst Zapfens am Hammer und einer zweiarmigen Daumenwelle, deren Daumen halbkreisförmig sind. Lewis reinigt vor dem Walken die Stoffe durch Waschen und Ausquetschen zwischen zwei Waschwalzen von grossem Kaliber. Die Daumenwelle dieser Form hat sich auch später erhalten und wird heute[31]) noch angewendet. J. C. Daniel suchte (1828) den Fall der Hämmer noch durch Federzug zu verstärken, eine Anordnung, die 1863 John Smith wiederholte.

C. P. Ladd[32]) suchte 1873 die Inconvenienz der Beschickung bei Hammerwalken zu beseitigen und ordnete eine Hammerwalke an mit con-

---

[30]) Alcan, Traité du travail de laine Vol. II. — Borguis, des machines à degraisser et à degorger les draps: als Erfindung von Démaury. — Zambonini, Raccolta dei disegni etc. p. 21, verbesserte Walke von Luigi Veronesi.

[31]) Ch. F. Colby, Americ. Pat. No. 187 820. — Wood & Storm, Americ. Patent No. 212 640.

[32]) Amer. Pat. No. 127 489.

tinuirlicher Zuführung und Abführung des Stoffes, welcher ausserdem unter den Walkhämmern auf dem Boden des Troges eine vibrirende Bewegung annimmt. Die Abführung ist mit Spülvorrichtung und Presswalzen versehen, um das Zeug auszuspülen und zu reinigen.

Eine andere Idee befolgte J. Hargreave[33]). Derselbe ordnet einen drehenden Tisch als Grundplatte an, lässt auf das darauf gelegte Zeug eine Reihe Stampfen mittelst Daumen bewegt oder mittelst Excenter wirken, eine Anordnung, die heute noch Anwendung findet für Waschen der Cocons und der Wäsche. (Siehe Seite 60.)

Der Walktrog bei der Lochwalke war gleichfalls Gegenstand vielfacher Aenderungen im Material, Profil, Grösse etc. Austin & Dutton schlugen bereits 1816 vor, den Walktrog mindestens in seiner Oberfläche, seinen Kanten etc. in Metallguss herzustellen und hatte dafür Kupfer, Zinn, Zink und Blei im Auge. J. Willan & J. Ogle wollten ihn 1825 von Gusseisen machen, hatten aber dabei die Absicht nach Vorbild von Hirst & Wood das Walkloch mit Dampf zu heizen. Hirst & Wood hatten indessen die Anordnung von Dampf im Walkloch vorgeschlagen mit der Ansicht, dass dadurch die Seife nicht mehr nothwendig sei. Der Gebrauch des Dampfes für das Walken ist niemals ganz abgekommen, wenn er auch zu grösserer Einführung nicht gelangt ist. Noch neuerdings hat Webster[34]) ein englisches Patent auf eine Dampfwalke entnommen. In Frankreich hat sich Rotch damit viel beschäftigt 1825[35]).

Das Patent von J. P. Willan und Jac. Ogle erscheint uns der näheren Betrachtung werth und führen wir seine Beschreibung hier an. Die Walke selbst arbeitet wie die gewöhnlichen Walkerstöcke, in welchen Tücher gewaschen und verdichtet werden; das Neue an ihr besteht darin, dass das Gestell und das Lager der Stöcke aus Eisen statt aus Holz ist, dass unter dem Lager ein Dampfkessel angebracht ist, wodurch das Tuch während des Walkens gehitzt werden kann „und dass die Brust des Walkerstockes beweglich ist" was dem Tuch ein besseres Ansehen gewährt.

Fig. 76 ist ein Durchschnitt dieser Walkmaschine oder Walkerstockes. a ist ein Pfeiler aus Gusseisen, der, der grösseren Leichtigkeit wegen hohl gegossen ist. b ist das Lager des Stockes, gleichfalls aus Gusseisen und glatt polirt; die Seite des Stockes ist hier weggenommen, um das Innere zu zeigen. c ist der Hebel, der den Hammer d führt. Die Tücher kommen auf das Lager b und in den Stock wird Wasser zugelassen, wo dann auf die gewöhnliche Weise durch die Schläge der Hämmer das Tuch gereinigt und gewalkt wird.

---

[33]) Engl. Pat. 1854.
[34]) Pat. Spec. 1875. No. 2256.
[35]) Brev. d'inv. XXX. 316. Alcan, Traité du travail de laine. T. II.

Ein Theil des Lagers bei e ist hohl, um eine Dampfbüchse zu bilden, in welche der Dampf aus dem Kessel mittelst einer mit einem Sperrhahne versehenen Röhre eingelassen wird. Dieser Dampf hitzt das Lager des Stockes, und erleichtert und verbessert das Reinigen und Walken des Tuches. Die Glätte der Oberfläche des polirten Metalles, aus welchem das Lager des Stockes verfertigt ist, wird hier der Rauhigkeit des Holzes weit vorgezogen, aus welchem die gewöhnlichen Walkerstöcke gemacht werden. Das Tuch verliert dadurch weniger von seinem Haare oder von seiner Decke und bekommt am Ende ein weit schöneres Ansehen, als wenn es in den gewöhnlichen Stöcken gewalkt wird.

Während des Walkens wird das Tuch durch die niederfallenden Hämmer und Stampfen umgekehrt; dieses Umkehren hängt aber grossentheils von

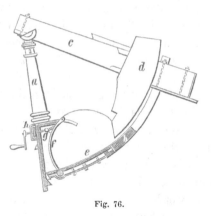

Fig. 76.

der Form des Vordertheiles oder der Brust des Walkerstockes ab. An diesen Walkerstöcken ist daher eine Vorrichtung angebracht, durch welche die Form des Vordertheiles oder der Brust des Walkerstockes nach Belieben und nach Art des zu walkenden Tuches geändert werden kann. f ist eine bewegliche gekrümmte Platte, welche das Vordertheil des Stockes bildet. Der untere Theil derselben ist eine cylindrische Stange, die nach der ganzen Breite des Lagers hinläuft und in einer Vertiefung ruht, so dass sie eine Art von Angel bildet, um welche die gekrümmte Platte sich dreht. g ist eine Stange an dem Hintertheile der gekrümmten Platte f, die in eine Schraubenspindel ausgeschnitten ist und durch ein Schraubenniet h läuft, mittelst dessen dieselbe, je nachdem man das Niet dreht, vor- oder rückwärts geschoben werden kann, so dass die Lage der gekrümmten Platte immer gewechselt werden kann.

Dieses Niet h ist zugleich ein Zahnrad, welches in zwei andere ähnliche Zahnräder eingreift, wovon zu jeder Zeit eins steht, welche gleichfalls wieder Niete für ähnliche Stangen, f, an der gekrümmten Platte sind. Wenn man daher das mittlere Niet oder Rad f dreht, werden die beiden andern auch gedreht, und die gekrümmte Platte wird dadurch vorwärts

und zurück geschoben. Oben an der gekrümmten Platte befinden sich
Stifte, welche durch gekrümmte Ausschnitte laufen, die während der Bewegung der Platte als Leiter dienen.

Es ist nun leicht ersichtlich, dass, wenn der Hammer sehr schwer
genommen wurde, um für schwere Stoffe die Wucht des Schlages und
Stoffes beim Herabfall zu vermehren, der Stiel h (Fig. 75) allmälig nur noch die
Rolle einer Leitstange erfüllte und sehr schwach genommen werden konnte.
Es kam also dann lediglich auf den Hammer an, der schwer und lang
die Form der Stampfe erhielt. Derselbe konnte am besten geführt werden,
wenn die Leitstange am oberen Ende befestigt wurde und die Knagge
oder der Daumen unmittelbar am Hammer oder an der Stampfe, welche in
Leisten geführt wurde, angesetzt ward. So entwickelte sich die Stampfwalke (Fig. 77) mit Stampfe C, Trog D, Knagge B und Daumenwelle A.

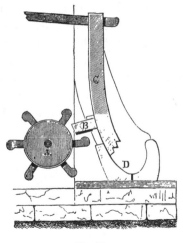

Diese Stampfe ist also oben durch einen Hebelarm geführt. Dieser aber
konnte fortfallen, sobald man die Stampfe in Coulissen gleiten liess; sie
ist aber selten fortgeblieben, weil sie die Führung erleichterte und be-
quemste Gelegenheit bot, durch untergestellte Stütze die Stampfe ausser
Arbeit zu setzen.

Es stellt sich bei dieser Betrachtung also heraus, dass ein prinzipieller
Unterschied zwischen Hammerwalke und Stampfwalke eigentlich nicht
existirt, man kann wohl so definiren, dass man von Hammerwalken
redet, sobald der Stiel h auch der Träger des Hammerkörpers ist, von
Stampfwalken aber, sobald der Stiel entweder nur als Lenkstange dient
oder ganz fortfällt. Die (bis zu 3 und 4 Ctr.) schweren Walkstampfen
würden übrigens ja auch entsprechend sehr starke Stiele erfordert haben,
welche den ganzen Bau unnöthig erschweren müssten.

Betrachten wir nun die Hammerwalke aufmerksam weiter, so ergiebt
sich schnell, dass die Hebung der Hämmer durch Daumen und der schwere
Fall derselben nothwendig für die Dauerhaftigkeit und den Betrieb grosse
Inconvenienzen haben musste. Die kräftigen Erschütterungen, die sich pro
Minute 5—50 mal wiederholten, mussten schnelle und starke Abnutzung
verursachen. Es würde daher sehr wunderbar erscheinen, dass man diese
Einrichtung nicht durch sanftere Bewegungsübertragungen ersetzte, — aber
es ist ja bekannt, wie die Kurbel, trotzdem dieselbe längst bekannt und
benutzt war, bei Leonardo da Vinci sogar eine grosse Rolle spielte, doch
in dem 16., 17., 18. Jahrhundert merkwürdig vernachlässigt wurde und
für schwere Uebertragungen kaum Anwendung fand, bis die Erfindung und
Verbesserung der Dampfmaschine diese Vorurtheile brach. Was Demaury aus Incarville bei Louviers 1812 in seiner Walkconstruction suchte,
aber nicht anwandte, war die Bewegung des Hammers am Winkelhebel
durch Kurbel. Er begnügte sich mit Daumen, die auf den Arm h wirkten,
ihn abwechselnd niederdrückten und freiliessen. Es war zuerst der Amerikaner Levi Osborn, der die Kurbel bei Walken anwendete, — aber diese
Erfindung blieb in Europa ganz unbekannt. Dort begann man erst in den
20er Jahren die Kurbel an Stelle der Daumenwelle anzuwenden und zwar war
es zuerst der Franzose Bernon, welcher 1825 eine Kurbelwalke sich patentiren liess. Diese Walke (Fig. 78) enthält die Stampfen b, ein Walk-

Fig. 78.

loch a, drehbar an ungleicharmigen Hebeln c, die um eine Achse im
Pfosten d gelagert sind. Die Hebelarme c sind durch Zugstangen e mit
dem Zapfen einer Doppelkurbel f verbunden. Die Stampfen selbst werden
gerade geführt durch die Hebel g g. — Noch freier entwickelt sich die
Neuerung in der zweiten Construction (Fig. 79) von Bernon (welche er für
das Waschen der Tuche bestimmte, weil ihm die Wirkung zu sanft vor-
kam). Hier geschieht die Bewegung der Hämmer c direct durch die Zugstangen d d der Kurbel. Man beachte dabei die Form der Hammerköpfe b b, in welcher die späteren Constructionen anticipirt erscheinen.

Noch weiter geht Jobbins mit seiner Construction (Fig. 80). Derselbe bringt an den Enden der Hämmer b, c Gelenkstangen f, e als Zugstangen für

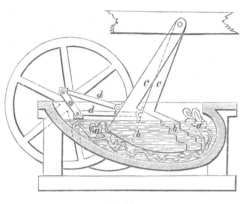

Fig. 79.

die Doppelkurbel d an. Diese Stangen heben die Hämmer und knicken dann bei weiterer Drehung ein und lassen die Hämmer fallen.

Eine der Jobbins'schen Construction ähnliche Walke ist George Yule[36]) in Newark (N. J.) 1879 in Amerika patentirt worden und schliessen

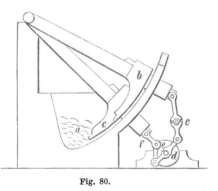

Fig. 80.

wir diese hier unmittelbar an als Beispiel, dass auch diese Richtung der Construction nicht ohne Nachfolge bis in unsere Zeit geblieben ist. Diese Walke (Fig. 81) enthält die geneigt liegenden Hämmer D mit Hammerklotz. Die durch diesen gehenden Stiele D werden ausserhalb des Walktroggestells durch Ansätze D² fortgesetzt, welche die Axe der Zugstangen a aufnehmen, welche von der Doppelkurbel E, E', E'' herkommen. Die Verbindung von D² mit D ist federnd und elastisch angeordnet. Als Besonderheit ist nun eine Einrichtung angebracht, um die Härte des Stosses bei jedem Kurbelschlag zu

³⁶) Sp. No. 219 562. 1879.

mildern. Die Zapfen, welche von den Lagern der Arme D^1 umfasst
werden, sind mit hohlen Cylindern verbunden und in diesen bewegen
sich Kolben. Die Cylinder sind mit Ventilen a^2, a^1 versehen, welche Ein-
und Ausströmung der Luft regeln. Ist die Kurbel E, E', E" in
tiefster Stellung angelangt, so dass der Hammer aufschlägt, so fängt das
zwischen dem Cylinderboden und dem Kolben befindliche Luftkissen den
Stoss auf, so dass er nicht auf die Kurbel rückwirkt. Ferner vermittelt
solcher Luftcylinder ein verlangsamtes Emporsteigen der Hämmer, indem die
durch die Kurbelumdrehung gegebene Aufwärtsbewegung reducirt wird um
die Bewegung des Kolbens im Luftcylinder. Diese Einrichtung ist sehr

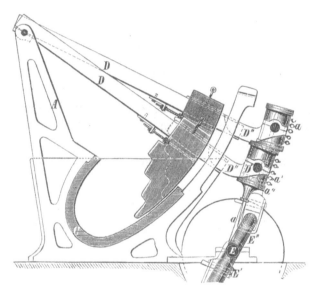

Fig. 81.

sinnreich. Endlich erwähnen wir noch die Stellbarkeit der Hämmer
am Stiel D.

Die Kurbelbewegung der Bernon'schen Walke (Fig. 79) tritt in unver-
kennbarer Aehnlichkeit bei der Walke von J. S. Schwalbe & Sohn[37]) in
Chemnitz auf. Die letztere enthält, abgesehen von der eleganteren Form
und Construction, keine neuen Momente, und es ist in der That
wunderbar, dass, als diese Maschine auf dem Kampfplatz der Industrie erschien, Niemand der Bernon'schen Walke[38]) gedachte, obgleich dieselbe
keineswegs unbeachtet geblieben war.

Die In Deutschland erschien inzwischen die Doppelkurbelwalke von

[37]) D. Ind.-Zeitung 1862. 87. — Pol. C.-Bl. 1862. 591. — Dingler, p. J. Bd. 168. 7.
[38]) Dingl., p. J. XXIII. 211. — Russell, der vollk. Tuchappreteur 1831. p. 3. —
Engl. Pat. Sp. 1825. 5181.

Ernst Gessner[39]) in Aue, welche einen sehr wesentlichen Fortschritt bezeichnet.

Diese (Fig. 82 und 83) in vielen Staaten patentirte Hammerwalke

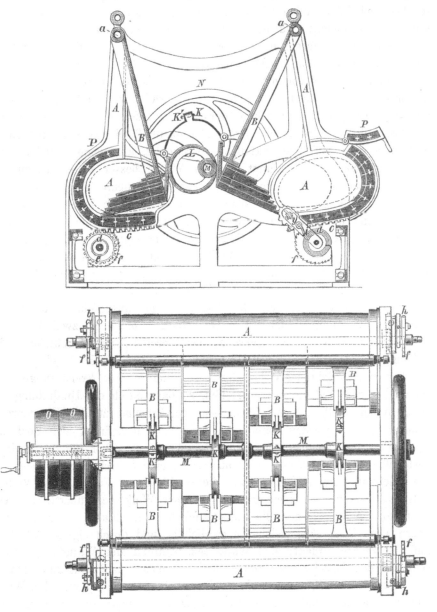

Fig. 82—83.

zeichnet sich durch verschiedene Eigenthümlichkeiten aus. Zunächst ist

[39]) D. I.-Ztg. 1868. p. 452.

bei ihr der Walkstock verstellbar, so dass er entfernter oder näher zu den Walkhämmern gestellt werden kann, wie es die oft verschiedene Quantität der Waare verlangt. Dieser verstellbare Walkstock drückt gleichzeitig mit Feder- oder Gewichtsdruck elastisch gegen die Hämmer, so dass bei differirenden Waarenmassen, die während des Walkens zwischen den Hämmern und dem Stocke vorkommen, der Walkstock nachgiebt und diese Differenzen somit weder der Waare noch dem Walkstocke nachtheilig sein können. Der Walkstock ist bei Anwendung mehrerer Walkhämmer in der vollen Waarenbreite ausgeführt, damit die Waare auch in ihrer vollen Breite in ihn gelegt und gewalkt werden kann, wodurch alle nachtheiligen Längenfalten der Waaren beseitigt und der Walkprozess bedeutend gesteigert wird. Der obere Theil des Walkstockes ist beweglich, zum Auf- und Zuklappen eingerichtet, um, wenn derselbe während des Walkens zugeklappt ist, die Waare besser zu erwärmen und gleichmässiger zu walken, hingegen, wenn dieser obere Theil aufgeklappt ist, die Waare bequem aus dem und in den Stock legen zu können. Endlich sind je zwei sich gegenüberliegende Walkhämmer mit einander verbunden, werden von einer Excenterwelle bewegt und wirken wechselweise entgegengesetzt auf zwei Walkstücke ein, so dass hierdurch eine combinirte Doppelwalke entsteht, die ausser den ihr eigenthümlichen Vortheilen auch alle Vorzüge einer einfachen Walke besitzt.

Die Art und Weise, wie die Verbesserungen ausgeführt sind, ist aus den Abbildungen ersichtlich. Der Walkstock A hängt an zwei Armen A^1 und ist beweglich um die Achse a; um dieselbe Achse a schwingen die Hämmer B. Unterhalb des Walkstockes A ist eine Welle d gelagert, auf welcher zwei Triebräder e befestigt sind, die in eine kreisförmige Verzahnung c des Walkstockes eingreifen, so dass durch die Umdrehung der Welle d der Walkstock A gleichmässig geführt und zu den Hämmern B beliebig gestellt werden kann. Auf der Welle d befindet sich noch ein Sperrrad f und daneben ein beweglicher Arm g, welcher mit der Feder i verbunden ist. Der Arm g trägt ausserdem eine Sperrklinke h, welche in das Sperrrad f eingreift und dann die Wirkung der Feder i der Welle d mittheilt, welche sie gleichmässig auf den Walkstock überträgt. Der Walkstock A hat ferner die eigenthümliche Einrichtung, dass er einen obern Theil P enthält, welcher beweglich ist und durch eigene Belastung auf die Waare drückt, den Walkstock während des Walkens gut verschliesst, dem Drucke der Hämmer und der Waare nachgiebt und während des Ganges der Hämmer sich auch aufklappen lässt, um die Waare leichter aus dem und in den Stock legen zu können; dieser obere Theil ist in zwei Hälften ausgeführt, kann aber auch aus einem oder mehreren Theilen bestehen. Der Walkstock ist in Tuchbreite ausgeführt, daher auch 8 Hämmer B, anstatt der gewöhnlichen 2 Hämmer, in Anwendung gebracht sind, wodurch ein gleichmässiger Gang der Walke und egaleres

Walken der Waare erreicht wird. Die Breite des Walkstockes und die Anzahl der Hämmer kann beliebig vermehrt und vermindert werden. Bei mehr als zwei Hämmern vertheilt sich die Ungleichheit der Arbeitskraft besser und die Walke arbeitet dann auch ruhiger. Zwei sich gegenüber liegende Hämmer sind durch eine eigenthümliche Feder K verbunden. Dieselbe besteht aus zwei Theilen, deren jeder einen der sich gegenüber liegenden Hämmer B hält; eine Schraube K¹ verbindet die beiden Theile der Feder derart, dass ein Excenter L auf der Triebwelle M zugleich zwei Hämmer für zwei Walzstöcke bewegt; mittelst dieser Schraube K¹ lassen sich die Federn und die daran befindlichen Hämmer B beliebig stellen, so dass die Führung der letzteren an den Excentern L immer dicht und gut passend erhalten werden kann. Auf der Hauptwelle M befinden sich noch die Schwungräder N und die Fest- und Losscheibe O, mittelst welcher die Walke ihre Bewegung erhält. — Die Walke kann natürlich auch einfach ausgeführt werden, so dass nur zwei Hämmer und ein Walkstock in Anwendung kommen.

Gleichzeitig mit Gessners Walke erschien in Amerika die Patentwalke von J. M. Brown[40]) (Muldoon & Bramble in Manayunk). Dieselbe enthält Hämmer f, g mit 2 Köpfen im Trog h, i, die an den vertical hängenden Armen d, e befestigt sind. Diese Arme sind nach untenhin verlängert und werden dort von den Zugstangen a, b der Doppelkurbel c gezogen. (Fig. 84).

Gegen 1862 kam auch eine Doppelkurbelwalke von Spranger &

Fig. 84.

Schimmel in Chemnitz, welche in ihrer trefflichen Construction vielleicht den meisten Erfolg unter den ähnlichen Walken gehabt hat. (Fig. 85 u. 86.) Die Maschine besteht aus den zwei Seitenwänden a und b, worauf die Böcke c und d geschraubt sind, in welchen die Hämmer e und f

---

[40]) Pat. No. 66294.

hängen; letztere sind in Verbindung mit den Armen g durch die Gleise h; diese Verbindung i ist leicht aus einander zu nehmen. Auf den Hammer-kasten k sind die hölzernen Hammerschuhe l und m aufgeschraubt, jedoch kann mit wenig Zeitverlust durch Wechsel der eingelegten Platten n die Grösse des Loches verändert werden. Durch die oberen Lagerschrauben x der Querwelle sind die Hämmer auf leichte Weise auf- und niederzu-stellen. Die Walklöcher o und p sind nun begrenzt durch den Wender-Regulirapparat q, welcher vermöge Feder- oder Gewichtsdruck eine ela-stische Gegenwand gibt und beim Herausnehmen der Waare nur umge-klappt wird.

Ueber den Hämmern befinden sich die Fangbrettchen r und s, welche zugleich ein Verdeck über die versetzte Kurbel t bilden. Unten im Kasten

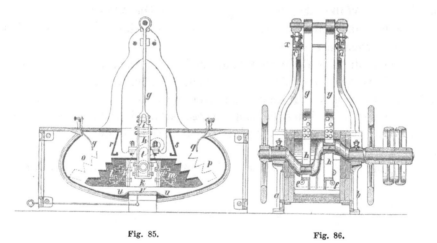

Fig. 85.   Fig. 86.

befindet sich die Böschung u zum Halten der Seifenlösung, welche durch Oeffnen der Klappe v abgelassen werden kann. Zur Ausgleichung der Walkpunkte befinden sich auf beiden Seiten der Welle Schwungräder.

Als Vortheile dieser Doppelkurbelwalke werden angegeben: Geringer Raumbedarf, geringer Kraftbedarf, grosse Production, leichte Bedienung. Wie besonders erwähnt wird, erfolgt das Einlegen und Herausnehmen der Waare während des Ganges der Maschine, was bei der einfachen Kurbel-walke nicht möglich ist.

Der letztgenannte Vortheil trägt gewiss wesentlich zur Vermehrung der Production bei; leider unterliegt er aber einiger Beschränkung, weil er nur für sehr starke Waare gilt und dann auch noch das Bedie-nungspersonal vermehrt werden muss. Wenn aber mehrere Stücke leichter Waare bearbeitet werden, so muss die Doppelkurbelwalke, ebenso wie die einfache, angehalten werden.

Dass der Kraftbedarf der Doppelkurbelwalke nicht erheblich grösser ist, als der der einfachen, ist einleuchtend, und der Doppelkurbelwalke bleibt daher, der einfachen gegenüber, immer der Vortheil, dass die Production eines gleichen Waarengewichts mit einem geringeren Kraftaufwand erreicht wird. Dagegen steht der einfachen Kurbelwalke der Vortheil der grösseren Einfachheit, vermöge welcher sie weniger Brüchen ausgesetzt ist, zur Seite.

Diese Walke ist in späterer Zeit umconstruirt und von Oscar Schimmel & Co.[41]) in Chemnitz sehr rationell ausgeführt und für das bekannte Waschsystem zur Verwendung gebracht.

Diese neue Maschine, wie dieselbe in Fig. 87 und 88 dargestellt ist, besteht aus zwei Seitenwänden a, die einen Holzbottich b halten, in

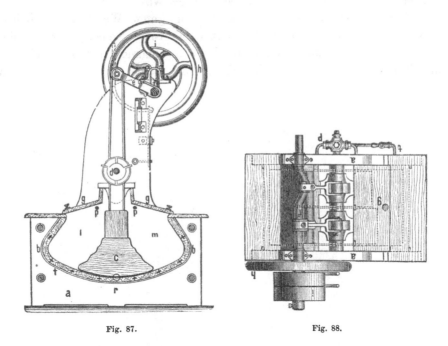

Fig. 87.   Fig. 88.

welchem zwei nebeneinanderhängende Walkhämmer c um die Achse d schwingend sich bewegen, wenn die durch Zugstangen e damit verbundene Kurbel f in Umdrehung versetzt wird. Die von den Holzwänden b und den ebenfalls mit Holz belegten Hämmern c umschlossenen Räume l und m sind die Walkräume, durch deren mit Deckeln abgeschlossene Oeffnungen g das Gewebe eingebracht wird.

Beim Beginn der Arbeit lässt man durch Wasserrohre mit durchlöcherter Wand p regenartig Wasser auf die Gewebe laufen, welches durch das Dampfrohr t bei Bedarf kochend gemacht werden kann. Die

[41]) Polyt. Zeitung 1879. — Muspratt, Chemie. III. Aufl. Art. Textilindustrie. — D. R. P. No. 117. — Deutsche Bauzeitung 1875. No. 11. u. a. v. a. O.

Maschine ist, wie ersichtlich, doppelt wirkend, d. h. die Hämmer c wirken
sowohl bei ihrem Rück - als Vorgang, wodurch eine doppelte Production
erzielt wird, so dass, da auf jeder Seite gewöhnlich circa 12 kg Gewebe
eingelegt werden, zusammen auf einmal circa 24 kg Gewebe gewaschen
werden.

Die Maschine geht, da die Uebertragung der Kraft durch Hebel geschieht, leicht.   Der grösseren Gleichheit des Ganges wegen ist ein
Schwungrad h angebracht, vor welchem die Antriebsscheiben i liegen.
Diese Antriebsscheiben machen etwa 1000 Umdrehungen pro Minute und
da zwei Hämmer neben einander gehen und jeder doppeltwirkend ist, so
entstehen 400 Druckmomente pro Minute, in Folge wovon eine grosse
Schnelligkeit der Arbeit des Waschens erzielt wird.

Eine neueste Abänderung dieser sehr guten Waschwalken haben
Oscar Schimmel & Co. in Chemnitz dahin vorgenommen, dass sie die
beiden grösseren Hämmer durch die drei Einzelhämmer ersetzten (Fig. 89
und 90).   Die neue Maschine besteht aus den beiden Seitenwänden a, den

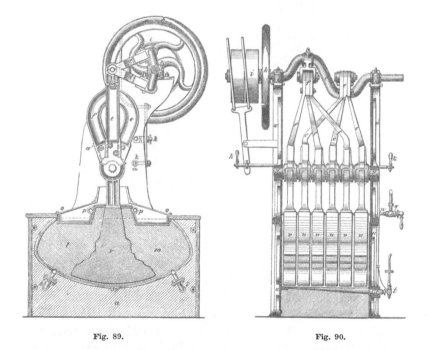

Fig. 89.   Fig. 90.

Aufsätzen a¹ mit den Lagern b für die Kurbel c. Von der Kurbel c
werden vermittelst der beiden Zugstangen d die 6 Hebelarme e und f hin
und her bewegt und dadurch die am untern Ende dieser Hebelarme befindlichen Hämmer u und v um die Welle g in schwingende Bewegung
gesetzt.   Auf der Kurbel c befindet sich ein Schwungrad h und die Antriebsscheiben i (fest und los), wozu das Ausrückzeug k gehört.

Die Walkräume l und m dienen zur Aufnahme der Walken und sind abgeschlossen durch die Deckel o, um das Herausspritzen von Seifenschaum und Wasser zu vermeiden. Der gleichförmig regenartige Zufluss von Warm- und Kaltwasser geschieht durch die feindurchlöcherten Rohre p und kann mittelst der Hähne q regulirt werden. Um mit kochendem Wasser zu waschen, ist die durch Hahn t regulirbare Dampfeinströmung s für jeden der beiden Waschräume einzeln vorhanden. — Der Wasserabfluss geschieht durch Oeffnen des Pfropfens r.

Eine Umänderung der Bewegungsanordnung hat J. M. Baldwin in Evansmill N.-Y. gemacht, insofern er innerhalb jedes zweiseitigen Hammers, der am senkrechten Hebelarm aufgehängt ist, ein grosses Excenter anbringt auf der Treibaxe, welches die alternirende schwingende Bewegung des Hammerklotzes hervorbringt. Die Excenter zwei neben einander liegender Hämmer sind um 160° gegeneinander verstellt. Rudolf Eickemeyer in Yonkers N.-Y. ordnete 1876 diesen schwingenden Doppelhammer noch anders an (Fig. 91). Er verbindet die senkrechte Hebelstange e

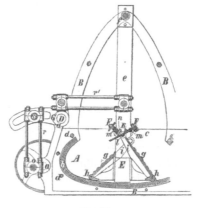

Fig. 91.

mit einem Winkelhebel G durch Parallelstangen, die zwei Lager enthalten, welche einerseits einen Zapfen an e, andererseits einen solchen am kleinen Arm von G umfassen. Der längere Hebelarm des Winkelhebels ist ein Kreisbogen mit Schlitz, in welchem ein verschiebbarer und feststellbarer Zapfen eingestellt werden kann, dessen Lager mit Parallelstangen mit einem Lager am Kurbelzapfen o verbunden ist. Ausserdem sind die Druckflächen g des Hammers E verstellbar. Sie enthalten zu diesem Behufe Cannelirungen und bestehen aus Platten auf starken Querstangen, die durch Schraubenbolzen und Muttern entsprechend der gewünschten Stärke des Drucks eingestellt werden. Auf den Wänden b des Troges A setzen sich die Seitenstreben B der Lager f für die Axe von E auf. F F sind Stellapparate für die um h drehbaren Walkflächen g, mit Schrauben n m.

Wir knüpfen nun an die obige Herleitung der Hammerwalken wieder an. Wir haben gesehen, dass die Hammerwalken durch die Anwendung der Kurbel in eine ganz neue Constructionsrichtung geführt wurden. Dasselbe geschah auch bald mit den Stampfwalken. Die Stampfen wurden an einen starken Leithebel befestigt und durch Kurbel und Pleyelstange gehoben. Wir geben eine typische, neuere Construction einer Stampfwalke in folgender Abbildung (Fig. 92). A ist die Stampfe, aus gutem trocknen Rothbuchenholz gefertigt, von ca. 200 Pfd. Schwere. Der Kopf desselben ist treppenartig ausgeschnitten. Geführt wird die Stampfe durch den am Gestell

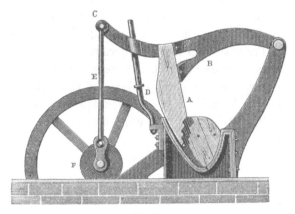

Fig. 92.

schwingenden Hebel B. Eine Fortsetzung desselben ist der Arm C, der mit einer Schlitzführung über die Führungsstange D fasst, am Ende aber mit der Triebstange E, welche an der Kurbel der Achse F sitzt, in Verbindung steht und die Bewegung der Stampfe vermittelt. Die Stampfe macht 50 Schläge pro Minute und das Zeug fällt beständig über, so dass jeder Schlag der Stampfe eine neue Stelle trifft.

Es sind nun stets 2 Stampfen in einem Loch angeordnet und durch Anwendung einer Doppelkurbel bewegt man die beiden, unter sich verstellt, abwechselnd auf und nieder. Solche Walken werden vielfach ausgeführt z. B. auch von der Brünner ersten Maschinenfabrik A. G. in Brünn, von Esser in Görlitz. Wie man sieht, ist auch diese Construction eine Doppelkurbelwalke[42]).

Die Franzosen haben aus dieser Construction noch etwas Anderes, sehr compendiöses gemacht. Ihre Fouleuses a maillets, wie die Fig. 93 sie darstellt, sind Stampfwalken, bei denen die in einer geneigten Bahn gleitenden Stampfen direct an die Kurbelstange der Treibwelle angehängt sind und so bei Drehung der Welle ihre auf und abgehende Bewegung erhalten zur Ausübung ihrer Druckwirkung, während geeignet angebrachte

---

[42]) Diese Construction ist unter der Angabe und Bezeichnung „System Dobs" seit etwa 1830, zuerst in Aachen, in Deutschland vielfach gebaut und eingeführt.

Lenkerstangen dafür sorgen, dass die Stampfen selbst ihre Bahnen nicht verlassen können. Solche Walken werden, für Kleiderstoffe, Moltons, Lamas etc., im Allgemeinen für leichtere Gewebe bestimmt, in vorzüglicher Weise hergestellt z. B. von J. Leclere & Daumzeaux père & fils[43]) in Sedan, G. Hertzog in Rheims.

Um die Stosswirkung bei den Stampfwalken und Hammerwalken,

Fig. 93.

welche für schwerere Stoffe besonders unentbehrlich erscheint, zu erhalten, dafür den Hub höher zu erzielen und die Inconvenienzen einer Daumenwelle zu vermeiden, haben die Amerikaner besondere Sorgfalt auf die Combination von Walken gelegt, welche man wegen Anordnung der Stossorgane wohl Hammerwalken nennen kann, in Anbetracht der

---

43) Grothe, Spinnerei, Weberei, Appretur auf den Ausstellungen seit 1867. Burmester & Stempell 1879.

Grösse und Schwere der Hammerköpfe, welche als Stampfen angesprochen
werden können, auch zu den Stampfwalken zählt. Um die Hebung der
schweren Stampfen zu bewirken, lassen sie die Hebemechanismen an den
Stampfen selbst, also an dem längsten Hebel, angreifen. Die hebenden
Mechanismen bestehen mit Vorliebe aus Frictions-Mechanismen. Die
Friction wirkt zur Hebung der Stampfe und wird dann plötzlich aufgehoben, sodass die Stampfe frei herabfallen kann. Eine der frühesten Constructionen dieser Art rührt von W. B. Lodge her (1867, Pat. 66095). In
derselben ist der Hammer B (Fig. 94) an seinem Körper mit einer rahmen-
artigen Bahn M versehen, gegen welche der Frictionssector C, durch die

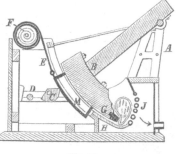

Fig. 94.

Betriebswelle bewegt, drückt und so den Hammer emporhebt, unterstützt
von der Welle F, die ein an M befestigtes Seil aufwindet. Ist der Sector
abgerollt an M, so entgleitet M und fällt nieder, während das Seil sich
abwickelt. Mit Hülfe des Seils kann man den Fall abmässigen. Der
Hammerkopf ist mit einem auswechselbaren Schlagstück G [44]) versehen.
Der Walktrog enthält in der Rückwand J Röhren, die das Wasser ein-
spritzen.

Eine vortreffliche Construction dieser Art hat George Draper [45]) in
Middletown N. Y. geliefert (Fig. 95).

Die einarmigen Hebel, die um eine Axe D der Hinterwand des Walk-
gestells sich drehen, gehen durch einen Schlitz der Walk- oder Hammerköpfe nach vorn durch und sind hier mit einer Gleitbahn B vereinigt,
gegen welche die Frictionssectoren A andrücken und die Hebung der
Hammerköpfe bewirken. In jedem Walkloch sind zwei Hämmer aufgestellt, die abwechselnd gehoben und gesenkt werden. Die Hammerköpfe
tragen oben einen Sector mit versenkten Sperrzähnen, in welche die
sichtbaren federnden Sperrklinken eingelegt werden können, um den betr.
Hammer emporzuhalten resp. ausser Action zu versetzen.

---

[44]) Hussey hat 1875 vorgeschlagen, den ganzen Kopf mit abnehmbaren Vor-
schuhen aus Metall zu versehen.

[45]) Spec. 1876. No. 181 256. — Polyt. Zeit. 1877. 337. — Scient. Qu. XXXII. 319.

Während bei diesen Anordnungen eine Frictions-Fläche unmittelbar am Hammer befestigt ist, und von Arnold & Aiken 1878 ein Zahn-sector und Zahnrad gebraucht wird, welches in den Sector ein-greift und den Hammer bis zum höchsten Punkt hebt, dann aber ausrückt und den Hammer fallen lässt, — ist eine Anzahl Constructionen darauf verfallen, den Hammer mit einer flachen Zugstange zu verbinden, welche durch Frictionsräder emporgezogen wird, bis die Ausschaltung der letzteren erfolgt und der Hammer herabfällt[46]). Eine solche Construction ist z. B. die von W. H. Mase & S. Terwilliger[47]) in Matteawan N. Y. (Fig. 96). An den

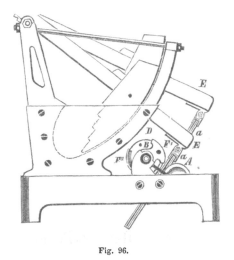

Fig. 96.

durch den Hammerkopf hindurchgehenden Stangen E sind die Zugstangen a angebracht. Dieselben werden zwischen die Rollen A und B durchgeleitet und legen sich in die Nuthen des Mantels ein. Die Rolle B hat einen Sector F^1 angeschraubt erhalten, von etwas grösserem Diameter als B. Ebenso B^1 den Sector F^2. Sobald sich B soweit gedreht hat, dass F^1 auf a sich legt und abrollt, so wird die Stange a durch Friction empor-geschoben und mit ihr der Hammer E gehoben. Hat sich F^1 abgewälzt, so hört die Friction auf und E fällt herab. Die Rolle A dient dabei als Leitrolle für a und ist frei beweglich. — Rudolf Eickemayer[48]) in Yonkers N.Y. hat die Zugstange L nach oben gerichtet. Dieselbe (Fig. 97) besteht aus einem breiteren Brett, befestigt am Arm c, welcher den Hammer D im Trog A trägt. Dieses Brett wird von den Frictions-walzen B, B^1 gezogen. Ist es soweit gehoben, dass der Hammerstiel c

---

[46]) Diese Einrichtung ist bekanntlich bei den Fallhämmern der Eisenindustrie benutzt.

[47]) Spec. No. 176 023. 1875 und No. 203 355. 1878.

[48]) Sp. 1877. No. 195 810 und 1877 No. 173 922. Eikemeyer.

die Rolle a berührt und ein wenig herausdrückt, so wirkt diese auf die Rolle b an einer Stange F, welche an einem Ende am Hebel g befestigt ist, am andern aber durch die doppelte Sicherung e, d mit g in Verbindung steht. Der Hebel g trägt oben die eine der Frictionsrollen B¹ und lenkt diese im gegebenen Momente ab, so dass die Friction aufhört und das Brett herabgleitet, resp. der Hammer fällt. Hierbei ist noch zu bemerken, dass das Emporziehen des Hammers anfangs in schnellem Tempo dann aber gleichmässig abnehmend langsamer vor sich geht, und beim Abgleiten die Aufwärtsbewegung schon aufgehört hatte.

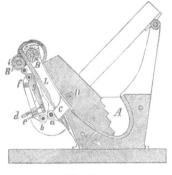

Fig. 97.

Die Walzenwalken.

John Dyers Patent einer Walzenwalke 1833[49]) besagt als Haupttheil: „Adoption von Presswalzen an Stelle der Hämmer, um die losen Fasern der Wollgewebe in engen Contact zu bringen, sie zu veranlassen sich zu vermischen (intermingle) und sich umeinander herumzulegen, damit sie einen filzenden, dichtenden Effect produziren, gewöhnlich bezeichnet mit fulling, felting, milling." Die Maschine enthielt zwei Paar Walkrollen, deren untere Rolle mit überstehenden Seitenflantschen versehen war. Ferner waren zwei verticale doppelconische Cylinder aufgestellt, die mittels Hebel an ihren Lagern zusammengepresst werden konnten. Die oberen Cylinder a wurden durch Hebelbelastung gegen die untern angepresst. — Diese Erfindung hat schnell gerechtes Aufsehen gemacht, — ohne selbst grössere Verbreitung zu finden, weil sie ebenso schnell als sie erschien, auch variirt wurde, besonders in Frankreich, und zwar aus dem Grunde, dass die ersten Maschinen viele Inconvenienzen zeigten und sie nach kurzer Probe als untauglich stehen blieben. Erst der Fleiss der französischen Constructeure brachte es dahin, diesem Systeme gang-

[49]) Spec. 1833. No. 6460. — Bull. d'Encour. 1852. 830 — Dingler p. J. Bd. 54. 35. — London. Journ. Vol. V. 1. Dyer.

barere Maschinen zu entlocken. Während der 40er Jahre bis etwa Mitte der 50er Jahre dauerte die Entwicklung dieser Walkmaschine, bis sie im Allgemeinen als fest abgeschlossen betrachtet werden konnte. Als hervorragend und typisch standen für den Continent dann die Systeme Lacroix, Desplas, Benoit, Wiede-Presprich, Hemmer, Schneider-Legrand da, während in diesem Gebiete England nur weniger selbstständige Constructionen zu Tage förderte, wie die von L. Herbert, John Whitehead, Apperley & Clissold, Ferrabee, Bates, — Amerika aber ganz den deutschen und französischen Walken folgte.

Als Vertreterin des Lacroix-Systems[50]) führen wir hier eine Walzenwalke von der H. Thomas'schen Maschinenfabrik vor. (Fig. 98). Ueber dem

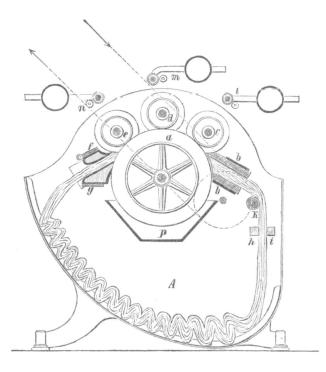

Fig. 98.

Walkbottich ist der Walkcylinder a, bestehend aus einem auf Armen aufgebrachten Mantel, seitlich mit hervorragenden Flantschen versehen, eingelegt. Ueber diesem Cylinder drehen sich innerhalb der Flantschscheibe die drei Druckwalzen c, d, e, belastet durch die Druckhebel l, m, n. Das Zeug tritt, mit den Enden endlos zusammengelegt, aus der Kufe A zwischen den Streichstangen h, i durch über die Leitwalze k, durch den flachen Kanal b, b in die Rinne der Walkwalze und wird hier unter dem Druck

---

50) Patent: Wallery & Lacroix 1840.

der Druckwalzen fortbewegt zur schwingenden Platte f über g, worauf der Stoff wieder in die Kufe A hineinfällt. Die Walkflüssigkeit wird in den Trog h eingegeben.

Das System Desplas wird durch die abgebildete Walke von Houget, Teston & Demeuse in Verviers sehr gut repräsentirt. Die Fig. 99—101

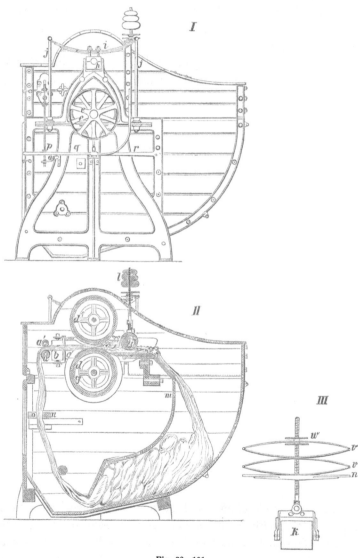

Fig. 99—101.

stellen sie in der Seitenansicht und im Durchschnitte dar. Das in die Walke gebrachte Tuch passirt die beiden horizontalen cannelirten Walzen a, a' und gelangt zwischen die gegeneinander verstellbaren verticalen

Rollen b, b, welche ein Ausbreiten verhindern und den Stoff zwingen, sich in Falten zu legen. Die beiden hölzernen oder bronzenen Backenstücke c dienen ebenfalls zur Führung des Tuches gegen die beiden Cylinder d, d'; diese walken dasselbe der Breite nach. An dem einen Ende der Axe von d (Fig. II) befindet sich eine feste und eine lose Scheibe, am andern Ende ist ein Zahnrad aufgekeilt, welches in ein anderes eingreifend die Bewegung auf d' überträgt. Der Cylinder d ist an beiden Seiten mit vorstehenden bronzenen Scheiben g (Fig. II) versehen, zwischen welchen der Obercylinder d' liegt. Die Zapfen von d' drehen sich in den Lagern k (Fig. III), die an Federn i befestigt sind; letztere stehen durch die in Schrauben endigenden Stangen j mit dem Gestelle der Maschine in fester Verbindung und üben, wie ersichtlich, den zum Walken in die Breite erforderlichen Druck auf den Obercylinder d' aus.

Von diesem Cylinderpaare kommend, wird das Tuch in dem Canal bis zur Pressionswalze k (Fig. II) fortgeschoben, welche das Walken der Länge nach bewirkt. Die Zapfen der Walze k ruhen in den Stäben eines Gussstückes, welches in Führungen gleitet, die an den Seitenwänden des Canals angebracht sind. Eine mit diesem Gussstücke verbundene, zum Theil mit Schraubengängen versehene Spindel trägt zwei Scheibenmuttern w, zwischen welchen der oberste Theil der Feder v eingeklemmt ist, während deren unterer Theil auf der mit der Maschine verbundenen Platte aufliegt. Genügt der auf diese Weise auf k ausgeübte Druck nicht, was beim Walken von schweren Stoffen mitunter eintritt, so verstärkt man ihn durch Auflegen von Gewichten l. Das neu eintretende Tuch schiebt die bereits gewalkte Waare vorwärts, bis sie in den Trog gleitet, der, um ein Verwickeln des Stoffes zu vermeiden, mit einem zweiten Boden m versehen ist.

Um zu verhindern, dass etwa sich bildende Wickeln und Aufhäufungen zwischen die Cylinder eintreten, lässt man das Tuch den behufs des gleichzeitigen Walkens von mehreren Stücken mit gläsernen Trennungsstangen o versehenen Ziehrahmen n (Fig. II) passiren. Dieser steht an seinem äussersten Ende in Verbindung mit der Stange p, welche den zur Auslösung der Riemengabel q bestimmten Hebel o führt. Tritt durch den Rahmen ein Tuchknoten ein, so erfährt n eine Verschiebung, welche sich p und o mittheilt.

Die Bewegung von o gestattet der Feder r ihre Wirkung auf q geltend zu machen, und der Riemenleiter wird auf die lose Scheibe geschoben. Dasselbe geschieht, wenn zwischen a und a' verwickelte Tuchmassen eintreten; a' wird gehoben, mit ihm die Stange p, in deren ringförmigen Schlitz der Zapfen von a läuft, und die Abstellung erfolgt in der vorher genannten Weise.

Dieses System hat in Belgien und Frankreich zahlreiche Nachahmung gefunden. Es wurde durch Houget & Teston insofern geändert, als der-

selbe die Construction der Druckwalze k durch die beschriebene Feder-
druckanordnung verbesserte, die ursprünglich bei Desplas' Maschine lediglich im Lager durch Herab- und Heraufschrauben verstellbar war, somit
den momentanen Anhäufungen von Stoffen sich nicht anpassen oder denselben nicht ausweichen konnte. Diese Verbesserung ist sehr wichtig
geworden und fehlt seitdem bei keiner Walzenwalke, die eine derartige
Pressionswalze anwendet. Das System Desplas ist in Deutschland vorzugsweise durch Richard Hartmann in Chemnitz eingeführt und verbreitet.

Das System Benoit[51]) ist 1839 aufgekommen und zeichnet sich besonders aus durch ein schwingendes Cylinderpaar. (Fig. 102 u. 103.) Der Stoff

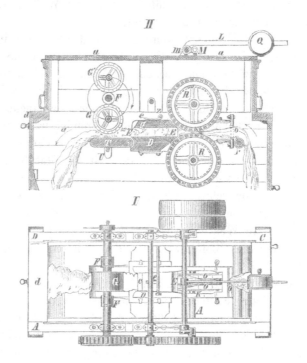

Fig. 102—103.

wird über die Rolle r in den Kanal O geleitet und tritt sodann zwischen die
Cylinder R, R, dessen oberer durch Hebel und Gewicht belastet ist. Hinter
dem Cylinderpaar läuft das Tuch durch das Stauwerk E mit der Grundplatte D und schwingendem Deckel g, das durch eine Feder e niedergedrückt wird. Der Kanal von E verengt sich also eventuell in der Höhe,
wie er bereits gegen den Austritt hin sich in der Breite verengt. Nun
tritt der Stoff über eine bewegliche Platte T, über welcher an der Axe F

---

51) Alcan, Traité du travail de laine. Vol. II. p. 214 mit Abb. auf Pl. XLI. Benoit.

zwei in grader Linie verbundene Arme, an denen Walkrollen G, G' sitzen, rotiren. Bei jeder Drehung von F schlagen nacheinander die Rollen G, G' auf den Stoff, der auf T ausgebreitet ist.

Richard Hartmann in Chemnitz führte an Stelle der Benoit'schen schwingenden Walzen ein Hammersystem ein.

Die Walke von E. Wiede & Th. Presprich[52]) hat mit Recht gegenüber den französchen Systemen grosses Aufsehen erregt, als sie gegen 1855 erschien.

Dieselbe leistet vorzugsweise für feine Tuche, die leicht bleiben und lederartig gefilzt werden müssen, das Beste. Fortgesetzt verbessert hat diese Walzenwalke jetzt folgende Gestalt. In Fig. 104 u. 105 sind fünf Paar Walzen angeordnet. Davon sind die ersten, dritten und fünften Paare liegende Walzen, die zweiten und vierten Paare aber vertical stehende. Die zweiten bis fünften Paare werden durch Zahnräder betrieben, das erste durch Riemen. Die Geschwindigkeit der Walzen aber nimmt vom ersten Paar an bis zum letzten in gleichem Verhältniss ab. Der Staumechanismus besteht als wesentlicher Unterschied von gewöhnlichen Walzenwalken bei der Wiede'schen Maschine aus Walzenpaaren. Der Druck vertheilt sich durch die Anordnung der liegenden und stehenden Walzenpaare bald auf die obere, bald auf die untere Seite des Gewebes und wird auch von den Seiten her ausgeübt. Der Stauchapparat ist aus zwei liegenden und zwei verticalen Walzen hergerichtet, welche erstere durch Zahnräder und Wechsel rascher oder langsamer getrieben werden können. Die verticalen Stauchwalzen aber sind passiv und in Hebel gestellt, die mit Gewichten beschwert sind, und haben den Zweck, das Gewebe seitwärts zusammenzuhalten und so das Einwalken auf die Länge zu befördern. Durch die grössere oder geringere Belastung der Hebel an den Stauchwalzen kann man das Walken modificiren, d. h. weicher und härter machen.

Die Walzenwalke von Schneider, Legrand, Martinôt & Co.[53]) in Sedan, von welcher die Fig. 106 einen Durchschnitt, Fig. 107 einen Querschnitt gibt, besitzt zwei Walzenpaare A, A' und B, B', welche gleichzeitig, jedes für sich, arbeiten können, auf derselben Axe. Die unteren Walzen B und B werden von dem Motor aus mittelst Fest- und Losscheiben betrieben und übertragen ihre Bewegung durch die Stirnräder D, C an die Oberwalzen. Vor und hinter den Walzen liegen Kanäle E, F, durch welche das Tuch passirt. Die Stopfkanäle F sind durch Klappendeckel f verschlossen, welche letztere durch Spiralfedern niedergedrückt werden, die an einem Ende mit einer Schrauben-

[52]) Gew.-Zeit. 1856. 282. 1858. 407. — Pol. C.-Bl. 1856. 1217 und 1859. 105. 1857. 1324. — Muster-Zeitung 1868. 205. — Masch.-Constr. 1868. 212. — Monit. ind. 1857 No. 2177. — Engl. Spec. 1856. — Wiede.

[53]) Spec. 1857 No. 1945. Schneider.

stange verbunden sind, so dass sie beliebig gespannt werden können. Aehnliche Federn drücken die Hebel L auf die Oberwalzen. G ist ein Kanal, durch welchen das Tuch passirt, H und J sind zwei Walzen zum Oeffnen der Falten, deren Zapfen in Falzen i des Gestelles liegen und von denen die Walzen l durch die Federn R fortwährend gegen das Tuch angedrückt werden.

Diese Walke arbeitet also mit zwei Walzenpaaren, zwischen welchen

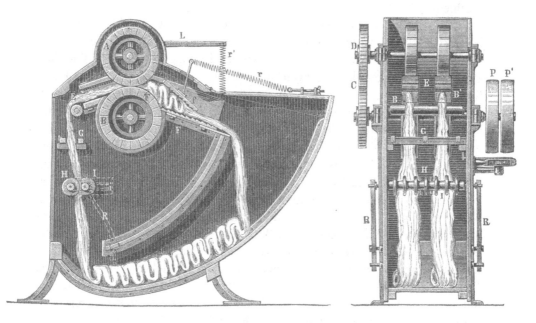

Fig. 106.   Fig. 107.

neben einander zwei Stück Tuch in verschiedener Weise gewalkt werden, so dass man im Stande ist, ein fertig gewalktes Stück durch ein frisches zu ersetzen, ohne dass bei dem daneben befindlichen Stück der Walkprozess beeinträchtigt wird.

Dieses System ist in England von J. H. Witehead 1857 imitirt, der die schwingende Pressklappe f viel länger nimmt und die Walkcylinder mit Pressionsfedern, verstellbar, versieht zur Ausübung variablen Drucks.

Das System von Philipp Hemmer[54] in Aachen ist eine Vervollkommnung des Systems von Benoit-Desplas in einer recht bemerkenswerthen

---

[54] Hemmer: 1866: D. J. G. Z. 70. — Polyt. C.-Bl. 470. — Dingler, p. J. 175. S. 186. — 1869: D. Ind.-Zeit. 316. — Maschinen-Constructeur S. 331. — 1871: D. Ind.-Zeit. 235. — 1873: Polyt. C.-Bl. 873. — 1874 und später im Wollengewerbe, Muspratt, Chemie. — Meissner, der practische Appreteur etc. — 1879: D. R. Pat. No. 7852, 1879. No. 8088. — 1880: Verhandl. des Vereins für Gew. Seite 354.

Construction. Sie besitzt als arbeitende Theile zwei Walkscheiben mit regulirbarer Federbelastung, vor denselben ein Paar senkrecht stehende Einführungswalzen und hinter denselben eine Druckwalze, letztere mit combinirter Feder- und Gewichtsbelastung versehen.

Eigenthümlich sind dieser Maschine drei selbstthätig wirkende Ausrückvorrichtungen, welche das sofortige Verschieben des Treibriemens von der Fest- auf die Losscheibe herbeiführen, wenn in der den Walkscheiben zulaufenden Tuchpartie ein Knoten oder eine Verschlingung sich gebildet haben sollte. Das aus dem untern Theil des Walkkastens aufsteigende Tuch passirt zuerst einen horizontal liegenden Rahmen, welcher beim Eintritt eines Knotens sich hebt und dadurch das Ausrücken der Maschine veranlasst. Hierauf läuft das Tuch zwischen zwei horizontal liegenden, mit wellenförmigen Oberflächen versehenen Walzen, den sogenannten Streckwalzen, durch, von denen die eine sich verschiebt, wenn eine ungewöhnlich dicke Stelle im Tuch vorkommt und dadurch wieder Veranlassung zum Ausrücken giebt. Eine dritte Ausrückung kann noch weiter oben herbeigeführt werden, ehe das Tuch an die vor den Walkscheiben befindlichen senkrechten Walzen gelangt.

Die nachfolgenden Holzschnitte zeigen die direct auf das Gewebe einwirkenden Theile der Maschine im Durchschnitt.

2 horizontale Walzen a und b (Fig. 108) sind in 2 starken gusseisernen

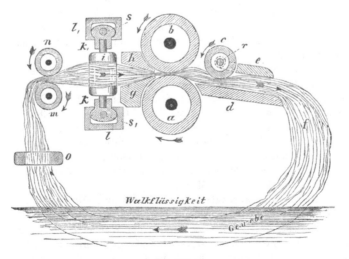

Fig. 108.

Gestellen gelagert und zwar ruht die untere a fest in ihren Lagern auf, während die obere b mit Hilfe einer mit Federn versehenen Regulirung beliebig stark gegen die untere Walze gepresst werden kann. In einiger Entfernung vor diesen Druckwalzen sind zwei verticale Leitwalzen i aus hartem Holze in der Mittelebene der Maschine angebracht, deren horizontale Distanz nach Erforderniss verändert werden kann die Zapfen dieser Leitwellen drehen sich zu diesem

Behufe in den Lagern k und k¹, welche durch die Schraubengewinde S und S¹ in den Führungen l und l¹ verschoben werden können. Die Schraubengewinde S u. S¹ sind an der Stelle der Lager der dem Auge zugekehrten Leitwalze mit linkem Gewinde, dagegen an der Stelle der Lager der hinteren Leitwalze mit rechtem Gewinde versehen, so dass durch die Drehung der Spindel die beiden an derselben laufenden Lager einander genähert oder von einander entfernt werden.

Unmittelbar vor den beiden Druckwalzen sind die beiden mit Glas gefütterten Einlaufstücke g und h angebracht, welche einen Kanal bilden, der sich im Aufrisse gegen die Druckwalzen zu verengt, im Grundrisse dagegen auf circa 15 Centimeter Breite erweitert. Die beiden Druckwalzen a u. b sind (Fig. 109) aus Gusseisen angefertigt und mit möglichst hartem Holze überzogen.

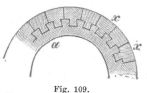

Fig. 109.

Die Walze ist zu dem Zwecke mit schwalbenschwanzförmigen Einschnitten versehen, in welche die entsprechend geformten, gut ausgetrockneten Holzstäbe von der Seite eingeschlagen werden. Beim nachherigen Nasswerden dehnen sich die Holzsegmente aus und bilden dadurch einen Cylinder von ausserordentlicher Festigkeit, in welchem weder Fugen noch Risse erkennbar sind. Die Walzen werden in nassem Zustande abgedreht. Hinter den Druckwalzen befindet sich der hölzerne Ablauftisch d mit dem darüber liegenden Quetscher e und der Walze c; der Raum zwischen Tisch und Quetscher ist zu beiden Seiten so begrenzt, dass er einen Kanal bildet, dessen Breite sich von der Druckwalze weg bis zum äusseren Rande des Tisches von 15 Centimetern auf 30 Centimeter erweitert, der hintere Theil des Quetschers e wird durch ein regulirbares Gewicht auf das Gewebe niedergedrückt, während das der Druckwalze zugekehrte Ende um die Axe r der Walze c drehbar ist. Vor den verticalen Leitwellen i befinden sich 2 kleinere horizontale Druckwalzen m und n, von denen die untere wiederum fest gelagert ist, während die obere durch regulirbaren Federdruck gegen die untere niedergedrückt wird. Vor dem Einlauf in diese Druckwalzen m und n passirt das Gewebe durch einen hölzernen Rahmen o, dessen innere Ränder mit Glas oder Porzellan ausgefüttert sind, und welcher in verticaler Richtung beweglich ist, dagegen durch ein veränderliches Gewicht in seiner ursprünglichen Höhenlage erhalten wird, während der Druck des durchziehenden Gewebes ihn nach oben zu drücken sucht. Mit Hilfe dieses Rahmens kehrt sich die Maschine selbst aus, wenn durch irgend eine Ursache eine Verwicklung des Gewebes stattfinden würde, welch letztere beim ununterbrochenen Fortlaufe der Maschine mit dem gänzlichen Ruine des Gewebes verbunden seine müsste. Das Gewebe wird vor dem Walken mit seinen beiden Enden zusammengeheftet und circulirt sodann als endloses Stück durch die Maschine.

Sowohl die beiden Hauptwalzen a und b als auch die beiden Druckwalzen m und n nebst Walze c werden durch Räder und Riemen in der Richtung der Pfeile in Umdrehung gesetzt und zwar eilen die Walzen m, n denjenigen a und b etwas vor (haben etwas weniger grössere Umfangsgeschwindigkeit), während die Walze c den mittleren Walzen a und b im Gegentheil etwas nacheilt. Es folgt daraus, dass das Gewebe sich zwischen m, n und a, b, sowie zwischen a, b und d, c etwas anstaut, was für eine schnelle Verdichtung des Gewebes vortheilhaft ist.

Die verticalen Leitwalzen i dagegen werden vom Gewebe selbst in Bewegung gesetzt und haben den Zweck, das Gewebe auch in seitlicher Richtung zusammenzudrücken. Das Walken hat zum Zwecke, die Verfilzung des glatt gewebten wollenen Gewebes durch Drücken oder Quetschen desselben nach allen Richtungen, wobei sich die einzelnen Wollfasern ineinanderschieben.

Zwischen dem ersten Druckwalzenpaare m, n wird nun das Gewebe zuerst von oben nach unten, zwischen den beiden verticalen Walzen i aber in seitlicher Richtung, von den Hauptdruckwalzen a, b und c wieder in verticaler Richtung zusammengepresst. Die Walze c hat ausser der nicht sehr wesentlichen Quetschung der Waare noch (wie auch die Walzen m und n) den Zweck, das Gewebe zu liefern.

Der Quetscher e hat hauptsächlich die Bestimmung, die Waare zu stauen und zwar noch nach ihrem Durchgange zwischen den Tisch und die Walze c.

Von der Stärke dieser Stauung hängt ganz besonders eine schleunige Verfilzung der Waare ab, welche indessen nicht bei jeder Gewebeart gleich rasch eintreten darf, weil das Walken, das bekanntlich mit Seifenwasser, gefaultem Harn und dergleichen alkalischen Flüssigkeiten in Verbindung mit Walkererde geschieht, ausser der Verfilzung des Gewebes noch eine gründliche Reinigung.

Nach den neuesten Verbesserungen hat die Hemmer'sche Walke einen sehr hohen Grad der Vollkommenheit erlangt. Wir lassen diese Neuerungen hier folgen. H e m m e r giebt den beiden Walkcylindern D i f f e r e n t i a l g e s c h w i n d i g k e i t und ist besorgt dabei, den Zähnen der Verbindungsräder stets g l e i c h t i e f e n Eingriff zu ertheilen. An Stelle der Zahnräder auf den Walkcylindern mit g l e i c h e r Zahnzahl wendet er für die Oberwalze ein solches von einem Zahn mehr oder minder, als für das Zahnrad der Unterwalze eingerichtet, an. Diese dadurch entstehende Differenzgeschwindigkeit erzeugt eine leichte Reibung auf den Stoff für jede Umdrehung beider Cylinder und erhöht die filzende Kraft der Cylinder. Um den Eingriff des Transporteurrades zwischen den Zahnrädern der unteren und der oberen Walze stets gleich tief zu bewirken, ist dasselbe in ein mit Excenter versehenes Lager befestigt, durch dessen Verstellung bezw. Einstellung der Zweck in sehr einfacher und zweckentsprechender Weise erzielt wird. Hemmer hat ferner eine Anordnung getroffen, um einen vierfachen Spiralfederdruck auf den Obercylinder auszuüben, der von einem Punkte aus regulirbar ist, mit Hülfe von Axen, auf welchen die Federn sitzen. Diese Axen sind mit Rädern versehen, in welche conische Triebe auf durchgehenden Horizontalaxen eingreifen. Sämmtliche vier conische Triebe werden von einem Handrade aus bewegt und spannen den Federdruck oder lassen nach, je nachdem man die Bewegung rechts oder links herum nimmt.

Zur Erzielung eines auf der rechten wie linken Seite gleichmässigen horizontalen Druckes des Obercylinders ist eine Uebertragungsvorrichtung (Parallelogramm) angebracht. Dieselbe besteht aus einer an beiden Seiten der Maschine in schiebbaren Lagerpfannen liegenden Axe, an deren äussersten Enden zwei Hebel parallel aufgekeilt sind. Diese Hebel greifen an jeder der Seiten der Maschine in einen Zapfen der Oberlager und halten dieselben und mit ihnen den Obercylinder stets in wagerechter Lage.

Eine Z u f ü h r e r l e i c h t e r u n g und H e m m v o r r i c h t u n g besteht hauptsächlich aus zwei aufeinander rotirenden kurvenartig (auch geradlinig) geformten Walzen, von welchen die untere getrieben und die obere mitgenommen wird; zwischen diesen wird der zu walkende Stoff den Cylindern zugeführt. Es ist hierbei eine Riemenführung so eingerichtet, dass der untern Walze Voreilung oder Nachbleiben ertheilt wird. Die obere Walze kann durch eine Vorrichtung hoch und tief gestellt und durch Spiralfederdruck veränderlich belastet werden. Wenn die Stoffe stark in der Länge einzuwalken sind, so muss der unteren Walze die grössere Geschwindigkeit gegeben werden, damit die Stoffe in möglichst ungespanntem (lockerem) Zustande zugeführt werden; soll jedoch die Länge der Stoffe möglichst erhalten bleiben, so wird der unteren Walze die kleinere Geschwindigkeit ertheilt und in letzterem Falle der Druck auf die Oberwalze erhöht, wodurch dann die Stoffe zwischen beiden zurückgehalten und durch den Zug der Cylinder in die Länge gestreckt bezw. in solcher erhalten werden. Die curvenartige Form der Walzen ist auch beim Zugleichwalken von drei und mehr Stücken von Vortheil.

Als Ausbreitvorrichtung wendet Hemmer eine besondere Vorrichtung an. Dieselbe hat zwei gegen einander verstellbare, mit Gewinde versehene Rollen, von denen die an der rechten Seite befindlichen Rechts-, die an der linken Seite befindlichen Linksgewinde hat. Diese Rollen laufen in Lagern, welche auf mit rechtem und linkem Gewinde versehenen Schraubenspindeln sitzen. Durch die Drehung eines Stellrades wird eine Axe mit conischen Rädern gedreht; letztere übertragen die Drehung auf die Schraubenspindeln, wodurch die Rollen näher zusammenkommen oder sich von einander entfernen.

Eine Vorrichtung mit Hülfe von Differenzgeschwindigkeit zweier Walzen arbeitend verhütet die Entstehung von Anstauungen des Stoffes. Es wird dieser Apparat in Thätigkeit gesetzt, wenn der Stoff auf den Ausgangstisch nicht gehörig fortgehen will.

Eine fernere selbstthätig wirkende Einrichtung verhindert das Knotenbilden durch Abstellung der Walke. Die Stücke, welche auf der Maschine gewalkt werden, müssen einen in Zwischenräumen durch Glasstäbe getheilten und um eine Axe sich drehenden Rost passiren; treten Verschlingungen der Stücke unter sich im Bottich der Maschine ein, so wird der Druck des verschlungenen Stoffes gegen die Glasstäbe und den sie umgebenden Rahmen der Rost gehoben, derselbe gelangt in eine Lage, wodurch die Abstellung bezw. Stillstand der Maschine erfolgt. Um zu vermeiden, dass nach Lösung der Knoten der Rahmen sich nicht selbstthätig wieder zu schnell einstellt und die Maschine dabei eingerückt wird, so ist auch hierfür eine sinnreiche Construction angewendet. Beim Ausrücken wirkt ein selbstthätig bewegter Riemenentspanner bestehend in einer bewegten Rolle, die auf den Riemen drückt, mit. Auch dann, wenn die Geschwindigkeit des Stoffes im Verhältniss zu dem transportirenden Umfange des Untercylinders zu gering ist, hilft eine selbstthätige Stellvorrichtung der Brille zur Vermeidung dieses Uebelstandes. Endlich ist zu erwähnen eine Vorrichtung zum Messen des Tuches im Verhältniss zum Umfang des Untercylinders und durch die Rotation desselben, wobei die Anordnung getroffen, dass durch Frictionssteuerung spätere entstehende Differenz in der Umfangsgeschwindigkeit des Cylinders durch Abnutzung u. s. w. auf der Zeigeraxe ausgeglichen werden kann.

Die Walzenwalke von T. Mayall[55]) in London wendet sich gegen die Unzuträglichkeit der Walzenwalken, dass die Stoffe einer sehr angreifenden Quetsch- und Druckwirkung ausgesetzt werden und in Folge der ungleichmässigen Spannung, welcher sie an verschiedenen Punkten ausgesetzt sind, verschieden dick ausfallen, was selbst bei der grössten Vorsicht nicht vermieden werden kann. Es bilden sich Knoten, die den Gang der Maschine hemmen und zu Zeitverlusten Anlass geben. Durch Versuche ist nachzuweisen, dass zum Walken von Stoffen sowohl eine reibende, als eine quetschende Wirkung gehört, kein einzelner Theil des Stoffes aber einer übermässigen Kraftanstrengung ausgesetzt werden darf, sondern vielmehr die Spannung in allen Theilen desselben durchaus gleichförmig sein muss. Die Mittel, welche zum Reiben und Quetschen angewendet werden, müssen also so gewählt sein, dass sie selbstthätig den

---

[55]) Pat. Spec. No. 3149. — Mech. Mag. Aug. 1865 p. 95. — D. I. G. Z. 1865. 20., Grothe, Jahresber. der mech. Techn. V. p. 427. u. a. a. O. Thomas Mayall; Bousfield war nur der Patentagent. —

Stoff in gleichmässiger Spannung erhalten und dadurch die Bildung der Quetschfalten verhindern.

Bei der Mayall-Bousfield'schen Walke wird der zu walkende Stoff zwischen zwei oder mehreren gewellten oder geriffelten elastischen Walzen aus vulkanisirtem Kautschuk oder Guttapercha durchgeführt, nachdem er den Trog, der die Walkflüssigkeit enthält, passirt hat, und hierauf zwei oder mehr elastischen Walzen mit glatter Oberfläche übergeben, welche die Flüssigkeit, mit der der Stoff vorher gesättigt worden ist, ausquetschen. Alle diese Operationen werden so lange wiederholt, bis der Stoff vollständig gewalkt ist. Durch die geriffelten Walzen wird die reibende Wirkung hervorgebracht, und das elastische Material, aus welchem dieselben bestehen, verhindert, dass hierbei Verstopfungen vorkommen können. Erfolgt hierbei eine gleichmässige Einführung, so wird auch die Abführung durch Quetschwalzen gleichmässig sein, und der Stoff wird mithin bei seinem Durchgang durch die Maschine immer in gleichmässiger Spannung erhalten.

In der betreffenden Abbildung (Fig. 110), welche diese Walke im Vertical-

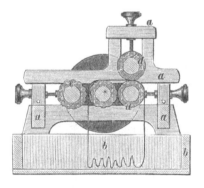

Fig. 110.

durchschnitt zeigt, bezeichnet a das Gestell der Maschine, b den Walktrog, c die beiden gewellten oder geriffelten Walzen aus vulkanisirtem Kautschuk oder Guttapercha. Diese beiden Walzen liegen in stellbaren Lagern, deren Stellung gegen einander mittelst Stellschrauben regulirt und der Dicke der zu bearbeitenden Stoffe angepasst werden kann. d sind die beiden glatten elastischen Walzen, deren Lager ebenfalls gegen einander stellbar sind. Nachdem das zu walkende Zeug durch die Flüssigkeit im Troge b gezogen worden ist, wird es nach einander zwischen den geriffelten und den glatten Walzen durchgeführt, dann mit den Enden zusammengenäht und geht nun so lange denselben Weg in der Maschine fort, bis es vollständig gewalkt ist. —

Eine sehr ähnliche Idee verfolgt die Walke von Moritz Fürth[56]) in Strakonitz, welche für leichte, lose Gewebe und für Wirkwaaren bestimmt ist, welche weder die Wirkung der Reibung der gewöhnlichen Walzenwalke, noch des Druckes und Stosses in Hammer- und Stampfwalken ertragen können. Die Figur 111 zeigt diese Walkeneinrichtung im Durchschnitt.

a, a ist der die Cylinder einschliessende Kasten, welcher zwischen einem Gestelle b, b von Holz oder Gusseisen montirt ist und bei o und d

Fig. 111.

mit Thüren zum Einfüllen und Entleeren der zu walkenden Waare versehen ist. Am Boden und längs den Seiten des Kastens a sind halbrunde oder anders geformte Riffelstäbe e, e angebracht, welche auf den Bohlen f, f aufliegen und befestigt sind. g und h sind Cylinder, welche ihrer ganzen Länge nach mit Cannelirungen von der aus der Zeichnung ersichtlichen Form versehen sind und von der Hauptwelle i aus in der durch die Pfeile angedeuteten Richtung gedreht werden. k ist ein Brett,

[56]) Techn. Blätter 1876 S. 32. — Dingl. pol. Journ. Bd. 221. S. 119. — Polyt. Zeit. 1880. S. 539.

welches längs der ganzen Breite des Cylinders angebracht ist und mittelst Schrauben an den beiden Enden nach Bedarf gehoben oder gesenkt werden kann.

Die Waare wird gleichmässig vertheilt, durch die Thüre c eingeführt und erfolgt das Walken selbst beim Durchgange der Waare zwischen dem Cylinder g und den Riffelstäben e, e, indem dieselbe durch die eigenthümlich geformten Cannelirungen des ersteren gegen die Riffelstäbe gedrückt, dadurch geknetet und gleichzeitig weiter geführt wird, bis sie an den sich schneller als g bewegenden Cylinder h gelangt, von welchem sie übergeworfen wird, worauf sie zwischen g und dem Brette k wieder an die Riffelstäbe gelangt, durch welchen sich wiederholenden Vorgang dieselbe fertig gewalkt wird. —

Die Construction von B o s a r d & M a s o n [57] enthält einen neuen Entfaltungsapparat. Dieser Apparat besteht aus einem Holzcylinder, der mit den Walzen gleiche Länge hat und an seiner Oberfläche mit kleinen, in gleichen Entfernungen von einander abstehenden pyramidalen Erhöhungen von verschiedener Grösse besetzt ist. Dieser Holzcylinder hat eine kreisförmige Bewegung, (seine Oberflächengeschwindigkeit ist etwas grösser als die fortschreitende Geschwindigkeit des Tuchs), und ausserdem eine Bewegung in der Richtung der Axe, die sich bei jeder Umdrehung der Walze ein Mal wiederholt. Durch die bei dieser letzteren Bewegung von den Pyramiden auf das Tuch ausgeübte Reibung und die gleichzeitige Drehung der Walze wird das Tuch in eine beständige wellenförmige Bewegung versetzt, die die Bildung von Falten verhindert.

M a r t i n construirte ebenfalls einige Verbesserungen an der Zuleitung und Spannung des Stoffes.

M a l t e a u (Elbeuf) versah die Wände des Austrittskanals der Benoit-Walke mit Canneluren, um die Reibung zu erhöhen.

C o l e t t e (Ardennes) wählte cannelirte Cylinder, um die Friction zu erhöhen.

A l l i o t [59] suchte die Friction zu steigern mit Hülfe einer Kette von halbrunden Stäben, welche durch eine Walze beständig gegen die unterhalb dieser Stabkette über die in der Rinne des Walkcylinders sich befindende Waare presst. (Die I d e e dieser Construction ist nicht unzweckmässig, indessen bietet die gegebene Abbildung keine Aussicht auf praktische Verwerthung.)

Die aus dem französischen und deutschen System combinirten englischen Walzenwalken aus neuerer Zeit sind repräsentirt durch die Walken von J a m e s

---

[57] Génie ind. 1864. p. 278. — P. C.-Bl. 1865. 201. — Grothe, Jahresber. der mech. Techn. p. 427. Bosard.

[58] P. C. Bl. 1858. 243.

[59] Al. Alliott aus Lenton Sp. 1844. No. 10059.

Ferrabee[60]) in Stroud. (Fig. 112 u. 113). In dieser Walke passirt der Stoff den Ring E und die Vorziehwalzen B, D, welche verstellt werden können, und

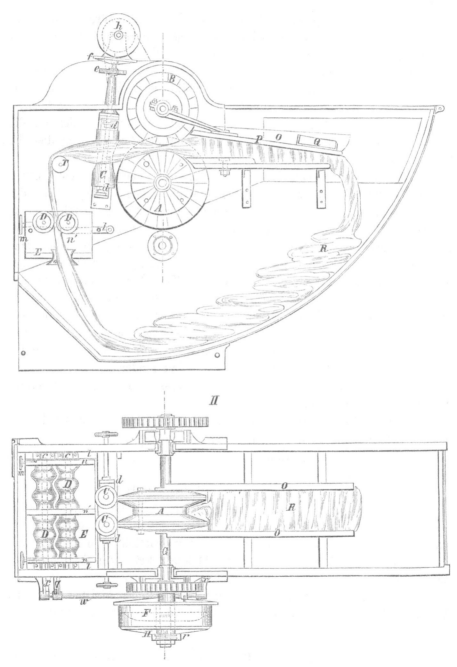

Fig. 112—113.

[60]) Pat. Spec. 1861. No. 1615. Ferrabee.

geht über die Leitrolle T und durch die stehenden Walzen C, die in Lagern so verstellbar aufgestellt sind, dass sie einander genähert, aber auch in ihrer verticalen Richtung verstellt werden können, nach dem Walkcylinderpaar, dessen obere Walze B mit dem pyramidal zulaufenden Mantelrand in die gleiche Nuthe des Cylinders A eindringt und läuft. Der Stoff tritt aus den Walkcylindern aus, um über eine Platte weiter zu gehen. Hieran wird er aber durch die an einem um die Axe von B sich drehenden Arm befestigte Druckplatte P gehindert. Diese oscyllirende Platte ist sehr lang (circa 1,25 m), genommen und wird durch Gewichte, in Q eingelegt, beschwert. In dieser Ferrabee'schen Maschine verdienen zunächst die Walkcylinder in ihrer Construction Aufmerksamkeit, welche aus einzelnen Stücken von Holz componirt sind, umfasst von einem eisernen Gestell und gehalten von Schrauben — oder aber im eisernen Gestell nur kleine Auflageflächen von Guttapercha oder Kupfer haben. Ebenso interessant sind die von Ferrabee construirten „Knuckle rolls", die auf ihren Zapfen sehr leicht rotiren, aber durch ihre eigenthümliche Gestalt sowohl ausbreitend als schonend auf den Stoff wirkend.

Eine nach diesem System in Deutschland zuerst von Gottlieb Schramm & Dill in Hersfeld ausgeführte Walzenwalke enthält indessen noch andere Combinationen, so dass wir hier darauf einzugehen haben. (Fig. 114 u. 115). Der Stoff tritt durch den Ring a nach oben, passirt dann die Knuckelwalzen b, b und geht über die Walze c durch zwei Verticalwalzen d, d, zwei horizontale glatte Cylinder e, e und durch den Führungsring f nach den Walkwalzen g, g. Er tritt aus über den Tisch h mit Stauchplatte i. Die Walze c hat eine cylindrische Gestalt, die sich gerade in der Mitte zur Kugel verstärkt. Der Stauchapparat enthält in der Deckplatte die Walze k an federnden Armen, deren Wirkung durch den Hebelarm n mit Gewicht äusserst empfindlich gemacht wird, während er sich auch durch einen Arm um die Axe von g schwingen kann.

Eine andere englische Construction von gewisser Originalität ist die von W. Bates & Fr. Bates[61] in Sowerby Bridge. Dieselbe hat eine gewisse Bedeutung gewonnen für die Walkerei der Kunstwollstoffe. (Fig. 116). Der Stoff steigt durch einen Ring M auf und wird durch die Führungsrolle A nach den verticalen Presswalzen N geleitet. Von hieraus tritt er in den Walkcylinder D, C ein und kommt dann in den langen Stauchapparat E, dessen obere Platte F beweglich ist und nach aufwärts geschlagen werden kann, aber durch den Querriegel O in dieser Bewegung begrenzt ist. Die Walzen G, H, welche sodann den Stoff erfassen und vorziehen, sind Quetschrollen und mit Cannelés versehen. Sie haben die gleiche Umdrehungsgeschwindigkeit wie die Walkcylinder C, D. Der Stoff tritt aus diesen Quetschrollen in den zweiten Stauchapparat L, I, dessen Platte I um B

---

[61] Spec. No. 785. 1866. Wollengewebe 1872. 202. Bates.

drehbar ist und mit Gewichten beschwert wird. Bates glauben, dass die cannelirten zweiten Cylinder die Walkfehler der ersten auflösen und verbessern und vice versa.

W. Bottomley[62]) will die enthaarende Wirkung des Stauchwerks

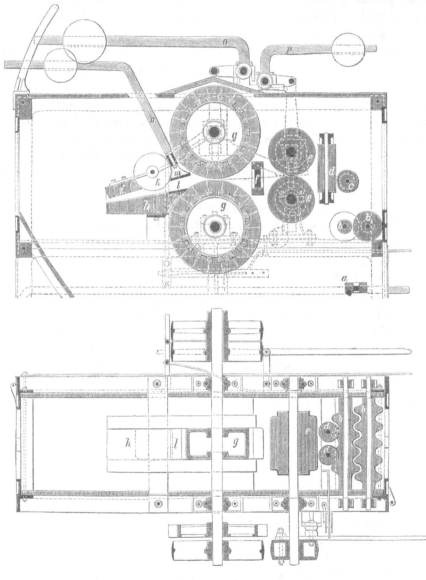

Fig. 114—115.

vermeiden durch zwei Paar Walkcylinder, bei denen die obere Walze Flantschen hat, und durch einen trichterähnlichen Ring vor einem recht-

62) Spec. No. 2031. 1866. Bottomley.

eckigen Raum, in welchem ein beweglicher Arm arbeitet. Der Ring ist eng genommen und drückt das Zeug kräftig zusammen.

William Clissold[63]) sucht Faltenbildung zwischen den Cylindern dadurch zu verhindern, dass er das Zeug dicht vor Eintritt zwischen dieselben durch einen Ring leitet, welcher abwechselnd nach entgegengesetzter Richtung rotirt und so abwechselnd in kurzen Zwischenräumen dem Stoff eine Art Rechts- oder Linksdraht giebt, der sich natürlich nach Durchgang durch die Cylinder sofort wieder auflöst.

Unter den amerikanischen Walzenwalken zeichnen sich die von

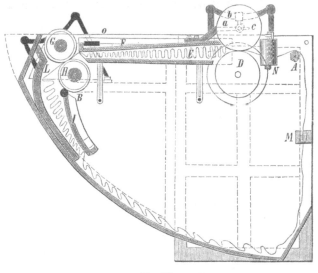

Fig. 116.

Ch. P. Colidge[64]) in Orange, Mass., aus durch sorgfältige Construction. In denselben sind die Zuführungstrichter von rechteckiger Form. Die oberen Deckplatten derselben sind beweglich und können niederklappen, um den Stoff zu pressen, was automatisch dann geschieht, wenn die Cylinder zu voll arbeiten.

Die Walzenwalke von S. M. Pike & Walton[65]) schliesst sich dem Schneider-System an. Es folgt aber hinter der schwingenden Stauchklappe noch ein Paar verticaler Pressrollen.

Die Walke von R. Hunter in North-Adams (Mass.) hat die weiteste Verbreitung. Sie ist eine Benoitwalke mit Gusseisenwalzen, die mit Eichenholz bekleidet sind. Die unteren Walzen haben bronzene Flanschen, zwischen denen der Holzmantel der oberen Walze auf dem Stoff rollt, herab-

[63]) Spec. No. 1097. 1863. Clissold.

[64]) Am. Pat. No. 178 599. 1876. Colidge.

[65]) Amer. Pat. 127 267. 1873. Pike.

13*

gepresst durch eliptische Federn. Die Zuführrollen sind ausziehbar und von Bronze gefertigt. Ebenso ist die Oberfläche des Stauchwerks (cramping Box) mit bronzenen Platten ausgerüstet. Die Ausrückvorrichtungen sind sehr sinnreich angeordnet und wirken im Moment.

Die Walke von R. D. Nesmith[66] in Johnstown (Pa.) ist insofern interessant, als darin die Walkflüssigkeit mit Hülfe eines Injectors gleichmässig und fein vertheilt gegen die Breite des Stoffes ausgesprengt wird.

Die ersten Walzenwalken der Amerikaner zeigten übrigens eine durchaus abweichende Form gegenüber den europäischen. So ist bei Walkmaschinen von M. D. Whipple die Einrichtung nach folgendem Schema getroffen. (Fig. 117) Der Stoff wickelt sich von einer Zeugrolle a ab und läuft

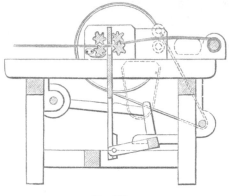

Fig. 117.

nach b, vorgezogen durch die Leitungswalzen c, c. Die cannelirten Walzen d, d bearbeiten den Stoff zwischen sich und während er nach dem zweiten Canneléwalzenpaar f, f weiter fortschreitet, passirt er durch einen Schlitz in der Leiste e, die an einer oscyllirenden Stange befestigt ist. — —

In Bezug auf die **Details der Walzenwalke** fügen wir, hinweisend auf die bereits im Vorstehenden gegebenen Beschreibungen hier noch an:

Die Einführung und Anwendung der Glas- oder Porzellanringe und Glaswalzen zur Führung des Stoffs verdanken wir den Engländern Marly & Apperley, welche dieselbe Ende der 50er Jahre zuerst brachten. Diese Verbessserung war für die schonende Führung des Stoffes von sehr grosser Wichtigkeit.

Die Construction der Cylinder erlebte mancherlei Umänderungen in den Dimensionen, wie in der Form, wie wir bereits gesehen haben. Der Diameter der Cylinder schwankt zwischen 0,25—1,25 m, hält sich indessen meistens in dem Masse von 0,40 m. — Mehr noch variirt das Material.

---

[66] Am. Pat. 1877. 186 363. Nesmith.

Es wurden nach einander verwendet: Holz, Metall mit Holz bekleidet, Kupfer, Bronze, Kautschuk.

Die Herstellung der Walkcylinder, Roulettes, erfordert besondere Aufmerksamkeit, da von ihrer exacten Form und glatten Oberfläche der Walkprozess wesentlich in seiner Wirkung abhängt. Diese aber werden wesentlich bedingt durch die Festigkeit, Dauerhaftigkeit und Stabilität der Materie, welche zu den Roulettes verwendet wird. Zuerst verwendete man lediglich Holz, und auch jetzt hat das Holz hierfür noch die weiteste Anwendung. Die Herstellung guter Roulettes geschieht etwa wie folgt: Man fügt vorher sorgsam geschnittene, keilförmige Holzstücke zu einem Kranze so zusammen, dass an der Aussenseite das Hirnholz zu liegen kommt, lässt dann das Holz des Kranzes im Wasser quellen, wodurch eine Verrückung der einzelnen Theile, sowie die Bildung von Spalten zwischen ihnen verhindert wird, und dreht auf der Drehbank oder in der Walkmaschine selbst alle Ecken und Unebenheiten ab[67]).

Es leuchtet ein, dass das Roulette nunmehr während der ganzen Dauer seiner Brauchbarkeit, die man durchschnittlich auf zwei Jahre veranschlagt, in jenem feuchten Zustande gehalten werden muss, will man es nicht einem nothwendigen Verderben preisgeben. Bleibt die Walkmaschine unausgesetzt im Betriebe, so ist selbstverständlich ein Austrocknen des Roulettes nicht zu befürchten; anders, und zwar im äussersten Grade ungünstig gestalten sich die Verhältnisse, sobald die Maschine stehen bleibt. Alsdann wird es nöthig, das Roulette anzufeuchten, ohne dass jedoch das Verfaulen des Holzes durch die wohlthätige Reibung und Bewegung während des Betriebes abgehalten würde.

Leider verfaulen gerade diejenigen Holzarten, die sich vermöge der gleichmässigen Structur ihrer Faser am besten zum Belag der Roulettes eignen z. B. Birnbaum, Apfelbaum, Cornelkirschbaum, am ehesten. Es liegt dies an der chemischen Beschaffenheit der darin enthaltenen Säfte, die in der feuchtwarmen Ruhe nur zu leicht sich umbilden, Schimmel- und Pilzformationen verursachen und das Holz zerstören, oder der Hirnseite die glatte Oberfläche rauben, von welcher zum grössten Theil die Lieferung einer fehlerfreien oder tadellosen Waare abhängt. Man benützt auch andere Hölzer und ist es namentlich die Eiche, die sich einer besonderen Bevorzugung zu erfreuen hat. Ihr Holz wird seiner Härte wegen geschätzt, ein Grund, den Andere gerade gegen den Gebrauch des Eichenholzes anführen. Die Gerbsäure, die es enthält, wirkt anfangs als ein Fäulniss hinderndes Mittel, allein nach kurzem Gebrauche zeigen auch hier sich Missstände. Selbst wenn man bei der Wahl des Holzes mit grösstmöglicher Vorsicht diejenigen Stämme bevorzugt hat, welche die engsten Sommerringe zeigen, ist der Unterschied zwischen der Härte dieser

---

[67]) S. Centralblatt der Textilindustrie 1880.

und der sogenannten Winterringe doch ein so bedeutender, dass sich der weichere Theil des Holzes bald abarbeitet und dadurch die Oberfläche des Belages rauh und uneben wird.

Eine recht glatte und ebene Oberfläche des Roulettes verbürgt aber am besten eine gleichmässige und glatte Waare und daher kommt es denn, dass schon seit längerer Zeit Walker und Maschinentechniker sich bemühen, das Holz durch einen Stoff zu ersetzen, dem alle schlechten Eigenschaften des ersteren abgehen, der aber alle guten in sich vereinigt.

Zunächst sind die Bestrebungen zu verzeichnen, einen Holzkranz in ein Eisengestell einzusetzen. In dieser Richtung hat Ferrabee massgebende Versuche angestellt. Seine Roulettes, welche sich übrigens der Kanalform seiner Walkroulettes anschliessen, sind in Fig. 118—120 dargestellt. Die

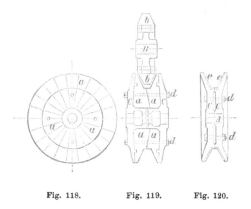

Fig. 118.   Fig. 119.   Fig. 120.

Theile c, c sind eiserne Scheiben, zwischen denen die radialen Holzstücke a, a eingesetzt und festgehalten werden und zwar durch das feste Zusammenschrauben mittelst der Schraubenbolzen d, d. Wie in der Fig. 119 ausgeführt, stossen die Holzstücke mit schrägen Flächen zusammen. Das obere Roulette auf Axe B enthält die Holzkeile b, die ähnlich zwischen eiserne Scheiben eingefügt sind. Ferabee schlug auch gleichzeitig Roulettes in Form von Fig. 120 vor, bei welchen auf den Eisenflächen nur dünne Arbeitsflächen von Holz, Kautschuk etc. aufgelegt sind.

In dieser Richtung sind dann eine grosse Menge Neuerungen erschienen. Hemmer z. B. fügte für cylindrische Roulettes die Hartholzstücke in Schwalbenschwanzschlitzen der Gusseisenwalze ein (s. Fig. 109). Man hat indessen auch Roulettes ganz aus Eisen hergestellt, diese aber des Rostes wegen bald verlassen und dagegen das Messing, Rothguss, Bronce etc. benutzt. Allein die Messingcylinder zeigten geringe Dauer, während die Bronceroulettes z. B. in Amerika allgemeine Anwendung gefunden haben. Die mehrfachen Versuche Roulettes aus erhärtenden Massen zu giessen, scheiterten ziemlich allgemein, indessen ist diese Versuchsreihe keineswegs abgeschlossen und dürfte noch genügende Resultate ergeben.

Ein viel versprechendes Material war das Ebonit oder der Hartgummi. Derselbe wird durch Vulkanisiren des Kautschuks unter Zusatz von bis 80 pCt. Guttapercha und Schellack, oder von Kreide, Gips, Thon, gebrannter Magnesia, Baryt, Schwerspath, Farberden, Schwefelantimon, Schwefelblei, Theerasphalt u. s. w. hergestellt, je nachdem man das Produkt von grösserer oder geringerer Elasticität zu haben wünscht. Ihre eigenthümlichen Eigenschaften bekommt die richtig gemengte Masse aber erst durch Behandlung mit hochgespannten Wasserdämpfen von 4 bis 5 Atmosphären Druck in einem hermetisch verschlossenen Kessel. Sie erhält dadurch ihre schwarze Farbe und die gewünschte Elasticität, wenn auch niemals in so hohem Grade wie reiner Kautschuk, allein dieser Horngummi ist dann unempfindlich gegen heisses Wasser und Säure und nimmt eine glänzende Politur an. Er lässt sich sägen, feilen, drehen, ganz wie Horn und entspricht daher dem Ideal eines Materials zum Belag der Walkroulettes.

Unrichtige Behandlung bei Herstellung dieser Gummiroulettes hat indessen lange auch dieses Material ohne Erfolg sein lassen, bis die Franzosen sich eifrigst bemühten, Kautschuk, Guttapercha und Hartgummi für Walkcylinder benutzbar zu machen.

Die Cylinder werden theils massiv aus Guttapercha oder, da dies zu theuer ist, aus Metall hergestellt mit Kautschuküberzug von wechselnder Dicke. Man nennt die dazu benutzte Hartgummi- resp. Kautschukmasse „Caoutchouc durci". Derartige Walzen werden hergestellt von C. Thouroude fils in Elbeuf, Le Tellier & Verstraet in Paris, Torillon, Verdier & Co. in Chamalières u. A. Auf der Pariser Ausstellung 1878 hatten besonders H. Desplace fils aus Elbeuf Walzenwalken mit Kautschukcylinder ausgestellt. Diese Cylinder sind offenbar von guter Wirkung; — wie es mit ihrer Haltbarkeit steht, darüber liegen freilich noch zu kurzreichende Beobachtungen vor, aber in Frankreich haben diese Cylinder bereits eine sehr umfassende Verbreitung erzielt.

Die Benutzung von Porzellan- und Glasswalzen als Walkwalzen ist neuerdings wieder mehrfach versucht. Künstliche Steinmassen wurden ebenfalls in Vorschlag gebracht, unter Aneeren auch von Ph. Hemmer in Aachen. —

Wie wir bereits gesehen, sind auch die schwingenden Platten und Klappen der Stauchwerke häufig mit Kupfer oder Bronce und neuerdings mit Gummiplatten ausgekleidet.

Was die Bewegungsmechanismen der Walzenwalke anbelangt, so weichen darin die einzelnen Constructionen weniger ab, als man erwarten sollte. Die Walkcylinder, welche horizontal angeordnet sind und fast stets den Haupttheil der Maschine ausmachen, erhalten auf ihren Axen Zahnräder im Eingriff. Die Verzahnung ist dabei etwas tief zu nehmen wegen der sich wiederholenden Erhebungen und Senkungen der Oberwalze. Die Antriebscheiben sitzen auf der Axe des unteren Cylinders, und andere bewegte Theile werden von dieser Axe aus, wie gewöhnlich, übertragen.

Wichtig ist es, dass, wenn irgend welche Knoten oder Unregelmässigkeiten im Stoff entstehen, der Walker im Stande ist, möglichst schnell und bequem die Maschine zum Stillstand zu bringen oder diejenigen Theile der Maschine, welche in solchem Falle dem Stoff gefährlich werden müssen, ausser Contact und Gang zu bringen. Diese Constructionen zeigen an sich keine Schwierigkeiten oder Eigenheiten, sind meist einfach und erfordern lediglich einen mit der Praxis vertrauten Blick des Constructeurs. Man hat es auch versucht, automatisch wirkende Ausrückvorrichtungen an Walken herzustellen, — indessen nicht ganz mit günstigem Erfolg. Besser gelang es Constructionen zu erfinden, um Stockungen etc. dem Walker zur Anzeige zu bringen. Wir führen einen solchen Apparat von J. S. Romey in Pont Authon (Eure) vor.[68])

Romey sucht seine Aufgabe zu lösen durch die Benutzung des Stillstandes oder der Geschwindigkeitsabnahme einer kleinen losen Walze, die ihre Bewegung nur vom Stoffe erhält.

Er legt in den Vordertheil der Walzenwalke (Fig. 121—125) eine kleine

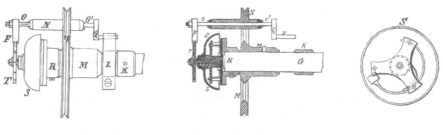

Fig. 121.   Fig. 122.   Fig. 123.

lose Walze C, D, die unter der Wirkung des Stoffes sich dreht und an dessen Bewegung theilnimmt. Wenn das Tuch, während die Walkwalze weiter dreht, stille steht, so steht auch die Walze C, D still. Um jede Beschädigung des Stoffes zu vermeiden, genügt es, dass der Arbeiter von diesem Stillstande in Kenntniss gesetzt wird. Die eiserne Welle G, H der kleinen Walze ist bei ihrem Austritt aus der Hülse I, J mit einem Stellring K versehen. Nach diesem Ringe ist die Welle durch eine Art Ring L, der mit einem Bügel versehen ist und sich leicht auf der Welle G, H drehen kann, umfasst. Hinter diesem Ringe kommt ein kleines Rad M mit eingedrehter Nuth, das lose auf der Welle G, H sitzt. Dieses ist an

————————
    68) Romey: D. R. P. 1877. N. 1716. — Verhandl. des Vereins für Gew. 1880. S. 356. — Bull. du musée de l'industrie (Bruxelles). 1879.

irgend einer Stelle der Stirnfläche mit einem Rohr N versehen, durch welches eine kleine Welle o, o¹ geht, die sich frei drehen, aber nicht in der Längsrichtung verschieben kann, weil sie durch zwei in den Ausschnitten der angrenzenden Scheiben befindlichen Stifte zurückgehalten wird. Diese kleine Welle endigt bei o¹ in einer Art Kurbel Q, deren Warze v in dem Bügel des Ringes L, und bei o in einer auf das Sperrrad T wirkenden Klinke P. Das Sperrrad T steckt auf der centralen Welle einer Tischglocke S mit Repetirwerk, welche mit ihrer Platte auf der Wange einer Hülse angebracht ist, die auf der Welle G, H mittelst einer Druckschraube befestigt ist. An derselben Seite der Walkmaschine,

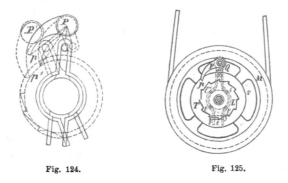

Fig. 124.   Fig. 125.

am Ende der Hauptwalzenwelle, ist eine kleine Scheibe mit aufgedrehter Nuth aufgekeilt, und zwar muss die Nuthenebene dieselbe sein, wie in der Scheibe M. Die Geschwindigkeit des Rades M ist constant, so lange die Schnur sich auf der Triebscheibe befindet; die Geschwindigkeit des Glockenwerkes dagegen ist veränderlich, je nach dem grösseren oder geringeren Anstauen des Stoffes. Wenn das Zeug eine geringere Geschwindigkeit annimmt, wird die Geschwindigkeit des Glockenwerkes kleiner, wenn der Stoff still steht, so steht das Glockenwerk auch still. Der Ring M besteht aus einem gebogenen Metallband, das zwei Theile bildet. Jeder dieser Theile nimmt auf etwas über $1/4$ ihres Umfanges die Form der Welle der kleinen Walze an. Durch die Enden der beiden Theile geht eine Schraube t, durch welche das Anspannen regulirt wird. Obwohl der Theil s mit Gewinde versehen ist, ist noch eine Mutter x vorhanden, die den Zweck hat, die Schraube während des Ganges der Maschine am Drehen zu verhindern. Statt den Bogen jedes Theiles direct auf der Welle aufsitzen zu lassen, ist jeder Theil mit zwei Lederbögen versehen, die durch kupferne Nieten l, l¹, l², l³ befestigt sind, damit sie sich sanft drehen können. Diese Art Bremse soll auf die Welle G, H nur eine sehr geringe Reibung ausüben; es genügt, dass sie von selbst auf der Welle nicht gleitet, sich aber leicht mit der Hand drehen lässt. Der Bügel u umfasst die Warze v der Kurbel Q. Die Ebene durch die Spitze p der Sperrklinke P und die Axe der Welle o, o¹ bildet mit der Mittellinie der Kurbel Q einen Winkel, der in allen Fällen so gross sein muss, dass, wenn der Bügel U die Warze von rechts nach links schiebt, die Spitze p sich aus den Zähnen des Sperrrades hebt oder entfernt.

Es ist nothwendig, dass die Entfernung vom höchsten Punkte des Bügels u zur Axe der Welle o, o¹ kleiner ist, als die Seite des rechtwinkligen Dreiecks, das zur Hypothenuse die Entfernung von der Axe o, o¹ zur Axe G, H, und zur anderen Seite die Entfernung von der Kurbelwarzenaxe bis zur Axe o, o¹ haben würde, sonst würde häufig ein Zurückdrehen der Klinke stattfinden. Die beste Länge für den Bügel u ist diejenige, die nur am 1 mm die Warze v übersteigt, wenn die Mittelpunkte der Wellen o, o¹, G, H und des Kurbelzapfens sich in einer Ebene befinden.

Wäre keine Warze an der Kurbel Q vorhanden, so würde der Bremsring durch die Welle G, H, worauf er festgespannt ist, mitgenommen werden, und hätte dieselben Schwankungen in der Geschwindigkeit wie diese. Wenn die kleine Walze schneller läuft als das Rad H, treibt der Ring die Warze v fortwährend und hält die Klinke ausser Eingriff mit dem Sperrrade. Wenn die kleine Walze langsamer geht wie das Rad M, so wird der Ring vom Rade M mitgenommen, durch den Widerstand jedoch, den der Ring ihm darbietet, wird die Warze nachgezogen und bleibt zurück, und die Klinke legt sich in das Sperrrad ein. In diesem Falle wird, da die Geschwindigkeit der kleinen Walze kleiner geworden ist als die des Rades M, das Läutewerk läuten, und zwar sehr langsam, wenn die Geschwindigkeit des Rades und der kleinen Walze wenig verschieden sind, und schneller, wenn dieser Unterschied sich vergrössert. Auf diese Weise ist die Heftigkeit des Läutens dem Gange des Stoffes entsprechend und infolge dessen der Grösse der Beschädigung.

Ueberblicken wir diese Constructionen von Walken, so werden wir finden, dass sie sich in folgende Klassen unterordnen lassen:

A. Hammerwalken.

I. 1. Stosswalken mit Hammer am freien Ende eines schwingenden Hebels,
   a) gehoben durch Daumen und Daumwelle, Fig. 75;
   b) gehoben durch Frictionsmechanismen, Fig. 94, 95, 97, 98;
   c) gehoben durch Zahnrad und Zahnsector (Seite 177).

2. Stosswalken mit Stampfen an Leithebeln oben befestigt, in Coulissen gleitend, bewegt durch Daumen, Fig. 77.

II. 1. Druckwalken mit Hammer am freien Ende eines schwingenden Hebels, bewegt durch Kurbel- und Excentermechanismen,
   a) einfache, Fig. 79, 80, 81;
   b) doppelte, Fig. 82, 84, 85, 87, 88, 89.

2. Druckwalken mit Stampfen an Leithebeln oben befestigt, in Coulissen gleitend, durch Kurbelmechanismen bewegt, Fig. 78, 92, 93.

B. Walzenwalken.

I. Für Gewebe in faltiger Bandform.

    1. Walzenwalken mit horizontal und senkrecht aufgestellten Presswalzen, Fig. 108, 104;

    2. Walzenwalken mit einer grösseren Walze und mehreren Druckwalzen auf derselben wirksam, Fig. 98;

    3. Walzenwalken mit Presswalzen und Stauchapparaten, letztere
        a) mit Tisch und schwingender Deckklappe, Fig. 106, 112, 115,
        b) mit Tisch und schwingenden Walzen, Fig. 102,
        c) mit Tisch und schwingendem Deckel mit Walze, Fig. 113.

II. Für Gewebe in ausgebreitetem Zustande.

    1. Walzenwalken mit geriffelten Walzen, Fig. 110;

    2. Walzenwalken mit geriffelten Walzen und Vibrationsapparat, Fig. 110;

    3. Walzenwalken mit einer Unterwalze und einer Stabkette als Pressorgan, Seite 191.

Wir geben nun noch specielle Dimensionen einzelner Walzenwalken hier an:

System oder Erbauer	Diameter Haupt-Cylinder	Geschwindigkeit Cylinder	Länge des U. Stauchw.	Lieferung p. m.	Betriebskraft
Orlamünde in Luckenwalde . .	450 mm	100	—	141,00 m	3,40 Pk.
R. Hartmann, Chemnitz	690 -	45	—	97,80 -	3,26 -
Wiede & Presprich, Chemnitz . .	230 -	110	—	66,60 -	2,74 -
Benoit, Montpellier	460 -	83(—90)	—	120 -	— -
Ferabee, Stroud	400 -	90	1,25	75 -	— -
Wallery & Lacroix	650 -	50	—	122,4 -	— -
Ph. Hemmer, Aachen	—	80—120	—	—	2 -
Benoit, Montpellier	450 -	90—110	—	120—150 m	— -

Anhang:

Wiedergewinnung des Fettes und anderer Körper aus den Walkwässern.

Seit längerer Zeit schon spielt die Frage der Wiedergewinnung, besonders der Fette, aus den Waschwässern der Wollwaarenfabriken eine hervorragende Rolle.

Rougelet & Mauméné waren wohl die Ersten, welche auf den Werth der Waschwässer und zwar der beim Entschweissen und Waschen der Wolle fallenden hinwiesen und praktische Versuche anstellten, die Alkalien und Fette aus den Wollabwässern zurückzugewinnen.

Ihr Verfahren wurde ganz besonders auf der Ausstellung in London 1862 eingehend gewürdigt und der Belgier Chandelon führte die Wichtigkeit dieser Bestrebungen seinen Landsleuten ernst vor und wies darauf hin, dass man bestrebt sein solle, sowohl die Wollwasch- als auch die Walkwässer zu verarbeiten. Es begann nun ein sehr lebendiges Streben, diese Aufgabe zu lösen, welches wesentlich unterstützt ward durch die allmälig eintretenden behördlichen Verordnungen gegen das Abfliessen solcher Fabrikwässer in die Flussläufe. Man begann nun dahin zu arbeiten, die Fette, die Alkalien[69]) und auch Farbstoffe (Indigo: Emil Bouhon u. A.) wiederzugewinnen. Unter den angewendeten Verfahren treten das sogen. Säureverfahren und das Kalkverfahren am charakteristischsten auf; in neuester Zeit kommt das mechanische Verfahren, welches noch vor 6—7 Jahren für unmöglich[70]) gehalten ward, hinzu.

Das Säureverfahren ist trotz seiner Mängel und Uebelstände das am meisten verbreitete und hat in früheren Jahren den Fabrikanten, welche dasselbe in den Tuch-Industriestädten einführten, einen guten Gewinn abgeworfen.

Nach diesem Verfahren werden die Walkwaschwässer in eigens dazu errichtete Fabriken zusammengefahren, hier mit Schwefel- oder Salzsäure bei erhöhter Temperatur behandelt und die ausgeschiedenen Fettsäuren durch kaltes oder warmes Pressen von mechanisch mitgeführten Verunreinigungen möglichst befreit. Das gewonnene Fett ist aber dunkelbraun und übelriechend und gibt diesen Eigenschaften entsprechend eine dunkle, unansehnliche Seife, welche nur zu untergeordneten Zwecken verwendet werden kann. Berücksichtigt man, dass der Fabrikant nur die gehaltreichsten Wässer aus der Walke wird abfahren lassen, und dass in den Presskuchen fast die Hälfte des Fettgehaltes zurückbleibt, so dürfte die Mangelhaftigkeit dieses Verfahrens wohl klar sein. Die dabei auftretenden Uebelstände sind der überaus belästigende Geruch und die event. Zuführung

---

[69]) Besonders aus Wollwaschwasser. Siehe hierüber Grothe, Streichgarnspinnerei S. 80 cf. und 764. Verfahren von H. Fischer in Hannover.

[70]) Schwammborn, Wollengewerbe 1875. No. 1. — Polyt. Zeitung 1874. No. 47 etc· Grothe, Streichgarnspinnerei Seite 80. —

der den Fischen sehr schädlichen freien Säuren in die öffentlichen Wasserläufe.

Etwas mehr leistet das Kalkverfahren insofern, als durch dasselbe auch die wenig fetthaltigen Wasser ausgenützt werden. — Nach diesem Verfahren werden die Walkwässer in grossen, wasserdichten Bassins aufgefangen und hierin, nachdem sie sich schon von selbst zu klären angefangen haben, d. h. nachdem sie bereits begonnen haben, in Fäulniss überzugehen, mit grossen Mengen Kalkmilch behandelt und der Klärung überlassen. Das klare Wasser wird nach einigen Tagen durch in den Wänden des Bassins angebrachte Zapflöcher abgelassen oder filtrirt zum Theil durch den hohlen Boden des Bassins. Nachdem der Niederschlag fest geworden, wird er mit dem Spaten ausgestochen. Aus dieser Masse wird durch Säuren und Pressen das Fett gewonnen, welches aber nicht werthvoller ist als das nach dem Säureverfahren hergestellte. Es wird also im zweiten Theil dieser Methode der erste vortheilhafte wieder aufgehoben. Ausserdem aber sind viele und grosse wasserdichte Bassins erforderlich in einer Fabrik, die täglich mehrere Tausend Centner Abfallwasser zu reinigen gezwungen ist, wodurch selbstverständlich die Anlage kostspielig und der Betrieb durch das sehr umständliche Ausstechen des Niederschlages beschwerlich wird.

In neuester Zeit sind nun mehrfach verbesserte Verfahren aufgekommen, unter denen das von E. Neumann[71]) in Rosswein (Sachsen) sich am meisten empfiehlt. Andere Verfahren sind von Gawalowski & Kusy[72]) in Brünn, von K. & Th. Möller[73]) in Brackewede u. A. angegeben. Neumanns Verfahren besteht in Folgendem:

Behufs Fällung resp. Neutralisation vermischt man die frischen Abfallwässer mit Kalkmilch ($\frac{1}{2}$—1 pCt. Kalkhydrat ist schon ein sehr hoher Procentsatz) und giebt nach dem Umrühren Lösungen von schwefelsaurem Magnesium (Kieserit), schwefelsaurem Eisenoxydul oder von einem ähnlichen Salze hinzu. Durch das Umsetzen des Kalkes mit dem schwefelsauren Salz etc. in Gyps und Magnesiumoxydhydrat etc. erfolgt eine sofortige Klärung des Wassers, indem das Magnesiumoxydhydrat etc. im Entstehungszustande sich mit den gelösten Stoffen verbindet und im Vereine mit dem schweren Gyps ein mechanisches Niederreissen der suspendirten Stoffe und der neugebildeten, unlöslichen Verbindungen bewirkt und dabei durch die unendlich feine Vertheilung in dem Niederschlag diesen filtrirfähig macht, also gewissermassen die Stelle eines anorganischen Filters vertritt, eine sehr nothwendige Vorbedingung für die gleich darauf folgende weitere Behandlung der Wässer.

Hat man die Ausscheidung der suspendirten und neugebildeten, festen

---

[71]) D. R. P. No. 277.

[72]) D. R. P. No. 7338.

[73]) D. R. P. No. 7014.

Bestandtheile mit Kalk und schwefelsaurem Magnesium etc. bewirkt, so bedarf es nur noch einer schnellen Trennung derselben vom Wasser, um das nun klare und gereinigte Abfallwasser aus der Fabrik entfernen zu können. Hierzu bietet die Technik einen äusserst brauchbaren Apparat in der Filterpresse. Die wie angegeben behandelten, leicht filtrirbaren Abfallwässer werden durch die Presse gepumpt, aus deren Auslaufhähnen das Wasser krystallklar abläuft, während der Niederschlag in Form von festen Kuchen gewonnen wird. In manchen Fällen könnte ein noch höherer Grad der Reinheit der Abfallwasser verlangt werden; dieser lässt sich leicht erreichen, wenn die aus der Presse ablaufenden Wässer intermittirende Sandfilter passiren.

Mittheilungen aus der Praxis bestätigen die gute Leistung dieses Verfahrens. Bei 4 □ m Raumanspruch können täglich 2—300 Ctr. Walkwasser gereinigt werden. Den Grad der Reinigung stellen nachstehende Analysen von Walkwässern dar. Dieselben enthielten

> vor der Reinigung im Liter:
> 28,185 gr 100° trockenen Rückstand,
> wovon 12,405 gr Mineralbestandtheile (Asche),
> 15,708 gr organische und flüchtige Substanzen;
> nach der Reinigung im Liter:
> 7,600 gr 100° trockenen Rückstand,
> wovon 6,760 gr Mineralbestandtheile,
> 0,840 gr organische und flüchtige Substanzen.

Von den im ursprünglichen Abfallwasser enthaltenen 15,708 pCt. organischen und flüchtigen Substanzen wurden also 92,62 pCt. niedergeschlagen und entfernt. Die Beschaffung des Kalkes, des schwefelsauren Magnesiums, des schwefelsauren Eisenoxydes bietet keine Schwierigkeiten, und ist namentlich schwefelsaures Magnesium (Kieserit) in Stassfurt zu einem äusserst geringen Preise (20—25 Pf. pro 50 kg franco Bahn) zu haben; aber auch für Gegenden, die weit von diesem Bezugsort entfernt liegen, findet man in den Abfällen der Mineralwasserfabriken, welche die nöthige Kohlensäure aus Magnesit und Schwefelsäure herstellen, reichliches und billiges Material (50 Pf. pro 50 kg).

Die in Walkereien so gewonnenen Presskuchen lassen sich mit Laugen durch Kochen mit überhitztem Dampfe direct verseifen, ohne dass eine Ausscheidung des Fettes mittelst Säuren vorhergeht. Die Vortheile dieser, mit Umgehung des Säureprozesses statthabenden, directen Verseifung sind höchst wesentliche. Die resultirende Seife ist hellgelb und steht in keiner Weise einer aus reinen Fetten dargestellten Seife nach, lässt sich daher sofort wieder zum Waschen und Walken benutzen; die Fette werden mit sehr geringen Kosten in Form von Seife nahezu vollständig wieder gewonnen, so dass dem Walker hieraus ein bedeutender

Nebengewinn erwächst, und ist die Vermeidung jedes üblen Geruches eine grosse Annehmlichkeit.

Neumann stellt ganz richtig folgende Ansprüche, denen ein rationelles Verfahren der Reinigung der Walkwässer genügen müsse, als gerechtfertigt hin:

a) Die Abfallwässer müssen schnell, d. h. Schritt haltend mit ihrem Entstehen gereinigt werden;

b) die Einrichtung hierzu muss so billig und compendiös sein, dass die Möglichkeit der Anwendung selbst für weniger bemittelte und im Raum beschränkte Fabrikanten nicht ausgeschlossen ist;

c) der Preis der anzuwendenden Chemikalien darf kein hoher sein, und schliesslich

d) die Beschaffenheit der gewonnenen Niederschläge darf einer etwaigen Weiterverarbeitung keine Schwierigkeiten entgegensetzen.

Das Gawalowski'sche[74]) Verfahren richtet sich auf Gewinnung von Extractölen aus den Walkwässern. Das Möller'sche Verfahren bedient sich des Kalkes und der Kohlensäure. —

Die aus dem Walkwasser abgeschiedenen Fette werden theils weiter verarbeitet auf Seifen, theils auf Oele und Schmierfette, theils aber ohne weitere Reinigung zur Darstellung von Leuchtgas. Gerade über Letzteres liegen interessante Berichte vor. Es werden z. B. mit Neumann's Verfahren bei A. F. Dinglinger in Hirschberg aus 100 Kilo Walkwasser ca. 40 Kilo Walkschlamm (von 30—40 pCt. Wassergehalt) abgeschieden. Die Kosten für 12 Ctr. Tagesproduction betragen 6 M. oder 50 Pf. pro Ctr. trockenen Walkschlamm für die Vergasung in Oelgasapparaten z. B. von R. Drescher in Chemnitz, 1 Ctr. Walkschlamm wird mit $1^1/_2$ Ctr. Steinkohlen in die Retorte eingegeben und liefert 12—14 cbm Gas, sodass 1 cbm Gas etwa 12 Pf. zu stehen kommt. Die Leuchtkraft dieses Gases ist sehr hoch.

Diese ganze Verwendung[75]) des Walkschlamms ist sehr zu empfehlen und sehr vortheilhaft.

Der mechanische Prozess zur Ausscheidung der Substanzen aus den Walkwässern geht mit Hilfe der Centrifuge vor sich. Die Construction derselben ist so, wie für ihre Verwendung zum Abrahmen der Milch u. s. w. Die in den Walkwässern enthaltenen Substanzen ordnen sich durch das Schleudern schichtenweise an und können dann leicht von einander getrennt werden. Hierfür hat Dr. O. Braun in Berlin viele erfolgreiche Versuche gemacht, so dass dies Verfahren für die Zukunft von Bedeutung werden wird. —

---

[74]) Polyt. Zeitung 1880.

[75]) Soweit uns bekannt, beschäftigt sich Herr F. Kyll in Döbeln (Sachsen) mit Anlagen nach Neumann und R. Drescher und hat deren bereits eine grössere Anzahl mit vollem Erfolg ausgeführt. Polyt. Zeit. 1879. No. 40.

Rauhmaschinen.

Das Rauhen der Stoffe ist eine Operation, die bereits im Alterthum den Völkern bekannt war. Die Griechen nannten es κνάπτειν oder γνάπτειν, die Römer pectere oder polire. Julius Pollux[1]) giebt die einzelnen Thätigkeiten des Walkers an und rechnet dazu das Rauhen. Die Alten schätzten die vestes defloccatae, vestes tritae und vestes interpolatae d. h. zwischen gerauhten flockigen Stoffes, — abgetragenen Stoffen und — wiederaufgerauhten Stoffen. Zum Rauhen benutzte man die Spina fullonica, γναφικὴ ἀκάνθη, eine andere Species der Distel als die heute gebrauchte. Ja von den heutigen Kardendisteln sagt noch Seren. Sammon 842[2]): Carduus et nondum doctis fullonibus aptus. Plinius kennt nur Spina als zum Rauhen gebraucht. Ausser Spina waren künstliche Karden aus den Igelstacheln und aus Eisen im Gebrauch, jene erinacei, diese κτεὶς γναφικός geheissen.

Die Distelköpfe der Spina wurden ähnlich wie jetzt an dem Kreuz mit Griff befestigt und solche Handkarden hiessen dann κναφος, aena und das Arbeiten mit denselben ἐπὶ κνάφον ἕλκειν.

Poppe hat keine grosse Idee von der Wirksamkeit dieses Rauhprozesses der Alten und meint, erst später nach Erfindung des Scherens sei das Appretiren so künstlich geworden, dass es nur noch von gelernten Tuchbereitern oder Tuchscherern verrichtet werden konnte. Nichts destoweniger zeigt doch die nachstehende Abbildung (Fig. 126.) aus Pompeji[3]), dass das Rauhen der Stoffe mit der Handkarde vorgenommen wurde und zwar in einer Weise, welche der späteren Handierung sehr ähnlich ist. (Die

---

[1]) Poll. Onomasticon Lib. VII. 11.

[2]) Dass die Alten Carduus nicht kannten, wurde erst wieder Ende des vorigen Jahrhunderts aufgedeckt. Ameilhon machte dem Institut national des Sciences et Arts im Jahre IV davon Mittheilung. Bekanntlich eignet sich auch der Kopf der Dipsacus fullonum im wilden Zustande nicht zum Rauhen, weil die Haken nicht gebogen sind.

[3]) Blümner, Technologie und Terminologie der Gewerbe und Künste der Griechen und Römer. Bd. I. S. 176.

Abbildung enthält ferner einen Korb für das Schwefeln.) Erst seit dem
12. Jahrhundert war die Raubkarde Dipsacus fullonum allgemein in Gebrauch
gekommen und das Handkreuz war solider gestaltet. Diese Rauharbeit mit
diesem Instrument hat bis auf unsere Tage angedauert. Wir geben hier
eine Abhandlung über das Rauhen von Naudin aus der besten Zeit der
Tuchschererei, 1838, als die Concurrenz der Maschine schon die Hand-

Fig. 126.

arbeit zwang, mit Anstrengung und Ausbildung aller Mittel zu arbeiten,
um sich noch behaupten zu können.

Um ein Tuch zu rauhen, breitet man es auf zwei Stangen aus, welche 6—7 Fuss
vom Fussboden entfernt, in der Höhe quer angebracht sind. Diese zwei Stangen
stehen 4—5 Fuss weit von einander ab und befinden sich oberhalb eines grossen
Bocks aus Holz, welcher eine viereckige Form und 8 Zoll Höhe hat; dieser Bock
dient dazu, um die beiden Tuchenden, welche von den Stangen herabhängen, aufzunehmen und sie mittelst des in ihm befindlichen Wassers eingenässt zu erhalten.
Haben die beiden Rauher eines der Enden des Stücks, welches an den Stangen hängt,
bearbeitet, so ziehen sie dasselbe abwärts in den Bock, damit eine weitere Portion
Tuch dessen Platz einnehmen kann. Die Quantität Tuch, welche man zum Bearbeiten
gerade vor sich an den Stangen hängen sieht, nennt man eine Falte, die ungefähr
zwei bis drei Ellen beträgt.

Die Rauher müssen dem Tuche so viele Kardentrachten geben, als ihnen von
den Fabrikanten vorgeschrieben ist. Damit das Rauhen gut von Statten geht, muss
das Tuch tüchtig mit Wasser eingenetzt werden; im Allgemeinen lässt sich die
nasse Wolle, ohne zu zerreissen, bearbeiten; da sie weit geschmeidiger ist, so legt
sie sich besser, indessen hängt dieses Einnetzen von verschiedenen Umständen ab.

Die feinen, und selbst die gewöhnlichen Tücher, besonders wenn sie schlecht
gewalkt wurden, müssen stets durchnässt werden, damit die Karden die Wolle nicht
ausreissen; ohne diese Vorsicht würde man an dem Tuche zuletzt nur noch die
blossen Fäden erblicken.

Die durch das Walken sehr hart gewordenen, oder auch die sehr langwolligen Tücher, müssen mehr trocken bearbeitet werden, damit die Karden wirksamer sind. — Das beste Wasser zum Rauhen ist Fluss- oder auch stehendes Wasser; Brunnenwasser ist nicht zu empfehlen. Will man sich überzeugen, ob die Arbeiter beim Rauhen ihre Schuldigkeit gethan haben, so hält man das Tuch gegen die Helle und streicht mit der Hand die Wolle aufwärts, dass sie in die Höhe stehet, so kann man sehen, ob sich überall gleichviel Haare befinden und ob nicht hie und da Stellen sind, auf denen wenig oder gar kein Haar hervorgebracht wurde, welches ein grosser Fehler wäre.

Feinen Tüchern gibt man gewöhnlich 40, 50 bis 60 Trachten mit den Karden, wobei man sich nach der Stärke des Tuches richtet.

Die Rauher müssen ihre Karden gut ansetzen und dieselben mit Nachdruck, aber schonend führen; durch Stösse leidet das Gewebe. Sie müssen die Wassermenge in dem Verhältniss, als sie sich stärkerer Karden bedienen, vermehren, und dürfen das Wasser nicht sparen, wenn sie verhüten wollen, dass sich die Karden mit Wolle überladen. So fährt man mit dem Rauhen des Tuches bis an dessen Ende fort, welches man dann eine Tracht nennt. Man wiederholt das Rauhen noch dreimal mehr oder weniger stark, und wenn diese Trachten gemacht sind, so heisst es: das Tuch ist im ersten Wasser gerauhet.

Die Benennung erstes Wasser kommt daher, weil man das Tuch, so oft man es rauhet, jedesmal wieder in Wasser taucht, ausgenommen das erste Mal, wenn das Tuch von der Walke aus noch nass genug ist. Eine Tracht nennt man ein von Anfang bis zum Ende eines Tuches vorgenommenes Rauhen.

1. Nach vorgenommener Besichtigung des Tuchs, wenn es aus der Walke kommt, lässt man es durch den Rauher 2, 3 bis 4 Trachten mit weichen Karden geben. Hierauf wird dasselbe mit wenig schneidenden Scheren geschoren, welches man den Hermannschnitt[3]) nennt. Diese Arbeit hat zum Zwecke, diejenigen struppigen Haare abzuschneiden, welche durch das Walken zum Vorschein gekommen sind.

2. Um dasselbe gut zu verrichten, muss das Tuch sehr nass gemacht werden; man rauht es zuerst mit den weichsten Karden, mit denen man ihm 6 Trachten gibt, hierauf gibt man ihm noch sechs mit schärfern Karden. Es ist gut, wenn man mit den Absätzen, die man beim Rauhen machen muss, wechselt, weil der Rauher die vor ihm hängende Falte in der Mitte immer stärker bearbeitet, als oben und unten; man muss also, damit das Tuch überall gleichmässig gerauhet wird, darauf sehen, dass derjenige Theil einer Falte, der sich bei der ersten oder zweiten Tracht am Kopfe oder an den Füssen befand, bei der dritten oder vierten Tracht in der Mitte zu hängen kommt. Wenn die zweiten 6 Trachten, welche rückwärts oder gegen den Strich der 6 ersten gegeben werden, beendigt sind, so ertheilt man dem Tuche 6 weitere Kardentrachten, die ebenfalls dem Striche der zweiten 6 entgegen gegeben werden. Es folgen nun zum vierten und fünften Mal 6 Trachten, welche aber abwechselungsweise bald vor-, bald rückwärts stattfinden. Man rauhet auf diese Art 24 bis 30 Trachten, mehr oder weniger, je nach der Qualität und Stärke des Tuchs. Man muss sich sehr in Acht nehmen, dass man das Gewebe nicht zerreist, denn es giebt Tücher, die nicht alle diese Trachten aushalten können. Dagegen gibt es wieder solche, welche 50 bis 60 erfordern. Man hat sehr darauf zu achten, dass bei Beendigung des Rauhens im zweiten Wasser das Tuch noch Kraft genug besitzt, das Rauhen im dritten Wasser auszuhalten.

Zu bemerken ist, dass das im zweiten Wasser übliche Vor- und Rückwärtsrauhen für solche Tücher, welche schwarz gefärbt werden sollen, besonders gut ist,

---

[3]) Haarmann. Jacobson.

weil dadurch die Haare nicht ganz niedergelegt werden und so das Tuch sammt-
artig aussieht. Für farbige Tücher taugt das Rückwärtsrauhen nicht, weil die
Schönheit derselben in einem seidenartigen Glanze besteht, und also die Haare
schön liegend sein müssen; farbige Tücher rauhet man erst im dritten Wasser
rückwärts. Das Rauhen ist weit besser und vollkommener, wenn man die Haare
nach und nach und mit nicht zu scharfen Karden hervorbringt, und um bis in das
Herz des Tuches einzudringen, wendet man im steigenden Verhältniss schärfere
Karden an. Ist das Tuch gut getrocknet, alsdann wird es mit sehr scharfen Scheren
zweimal geschoren.

3. Wenn das Tuch im zweiten Wasser nicht so sehr angestrengt worden ist,
so muss es Dichtheit annehmen; fängt es dann an, sich mit Wolle zu bekleiden, so
verstärkt man die Schärfe der Karden nach und nach, bis es etwas weich anzu-
fühlen ist; man muss dasselbe aber nicht zu stark angreifen. Dieses dritte Rauhen
hat zum Zweck, das Haar vollkommen nieder- und nach dem Striche zu legen. Bei
diesem Rauhen, welches immer nach dem Striche geschieht, fangen die Rauher damit
an, dass sie die beiden Enden des Tuchs zusammenheften; sie müssen aber die
Leisten, oder vielmehr den Platz, nach jedesmaliger Beendigung von vier Trachten
wechseln, weil sonst, wenn ein Rauher stärker wäre als der andere, eine Seite mehr
gerauhet würde als die andere. Das Rauhen in diesem Wasser muss sehr nass geschehen.

Da in den Fabriken die Karden gewöhnlich in fünf Sorten abgetheilt sind, so
rauhet man im dritten Wasser, indem man 3 oder 4 Trachten von der ersten,
2 Trachten von der zweiten, 2 Trachten von der dritten, 2 Trachten von der vierten
und 2 Trachten von der fünften Kardensorte gibt. Wenn die Rauher damit fertig
sind, dass sie die letzte Tracht mit der fünften Kardensorte geben, so zertrennen
sie vorher die Naht, und statt die Falte bei dieser letzten Tracht vorwärts zu ziehen,
ziehen sie dieselbe nach hinten und rauhen gegen das Ende des Tuches zu. Das
Rauhen im dritten Wasser besteht aus 34 Kardentrachten und wird ebenso wie die
vorhergehenden verrichtet, wobei das Tuch 36 Kardentrachten erhielt und gegen
das Ende immer schärfere Karden verwendet wurden; ist dieses geschehen, so
stellen die Rauher das Tuch zum Abtropfen auf und lassen es trocknen, um hierauf drei-
bis viermal geschoren werden zu können, je nachdem es die Stärke des Tuchs erlaubt.

Die in vorstehender Beschreibung ausgesprochenen Grundsätze müssen
auch gegenüber der Maschinenrauherei geltend gemacht werden.

Wir fügen hier ein älteres Bild einer Tuchschererwerkstatt ein
(Fig. 127). Jacobson's Schauplatz enthält ein ganz ähnliches Bild der
Handrauherei, wie solche Werkstatt noch Ende des 18. Jahrh. be-
standen hat. — Das Rauhhaus der damaligen Zeit enthielt auch stets eine
Cisterne zum Auffangen des Regenwassers, „denn das faule Regenwasser
ist am besten zu der Bearbeitung der Tücher"[4].

Im Allgemeinen stimmen alle Schriftsteller darin überein, dass der
Endzweck des Rauhens sei, die Stoffe mit feinem kurzen Wollhaar zu bedecken, dass dafür gute Karden gewählt werden müssten, dass das Tuch
recht nass gemacht werden müsse und zwar müsse sich das Wasser
durchaus recht in das Tuch gezogen haben, sonst würden die Karden
zum Nachtheil des Tuchs die Wolle herausziehen[5].

---

[4] Die feine Tuchmanufactur zu Eupen. 1793. p. 114.
[5] Du Hamel, Tuchmacherkunst Vol. V. pag. 250.

Ein Bericht über die Rauherei in Elbeuf giebt einen guten Ueberblick über die neueren Ansichten und Gebräuche des Rauhens. Er sagt:

Die zu rauhenden Stoffe werden in Elbeuf in drei Klassen eingetheilt: 1. Stoffe, auf deren Oberfläche möglichst viele dicht auf einander liegende Haarenden hervorgebracht werden müssen, als Tücher, Satin, Croisé etc.; 2. Stoffe, deren Oberfläche mit Haarenden bedeckt wird, welche nach der Ausrüstung vertical auf der Oberfläche des Tuches erscheinen, als: Velour, Frisé, sowie Déchiré und Boutonné, bei welchen ein Theil des Schusses

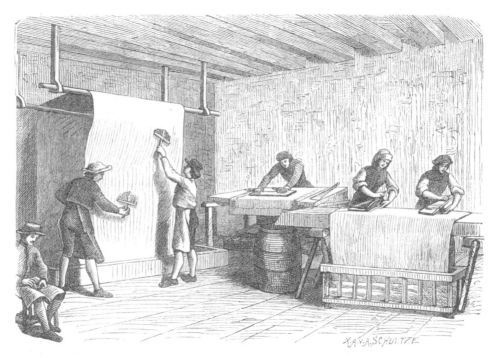

Fig. 127.

auf der Rauhmaschine zerrissen wird; 3. Stoffe, auf deren Oberfläche möglichst wenig Haarenden erscheinen sollen und bei welchen das Gewebe oder Dessin nach der Appretur sichtbar bleiben soll, als Reps, Natté, auch oft bei Diagonalen (étoffes rasées).

Die Rauherei in Elbeuf wird sorgfältig ausgeführt und sehr viel Fleiss darauf verwendet. Die Werkmeister haben den Grundsatz, bei den ersten oben genannten Stoffen, überhaupt bei Beginn der Rauherei so leicht wie möglich anzugreifen, wobei ganz schwache Karden für das erste Wasser oder die erste Tracht angewendet werden, und es werden hiermit blos die bei der Walke auf der Oberfläche des Tuches in einander gemengten Haare entwirrt und in gleiche Richtung gezogen, das Stück hernach getrocknet und die gröbsten oder längsten Haare ganz leicht abgeschoren, welche bei stärkerem Angriffe ab- oder gänzlich ausgerissen würden, auch erschweren, den Grund des Tuches mit den Karden zu erreichen. Dieser ersten Operation folgt die zweite unter gleichen Bedingungen, jedoch wird diese ein wenig stärker angreifend ausgeführt, aber jedes einzelne Stück nach Eigenschaft der dabei verwendeten Wolle oder Feinheit derselben behandelt. Bei feineren Tüchern und Satin wird diese Wiederholung oft 8 bis 10 Mal angewendet, auf welche Weise zuletzt ein schöner weicher, dicht aufeinander liegender Flaum auf der Oberfläche des Tuches erzeugt wird, ohne verhältnissmässig viele Haare auszureissen.

Die zweite Abtheilung von Stoffen wird mit dem ersten Wasser kräftiger behandelt, und erhalten die Stoffe selten mehr denn zwei Trachten; Frisé und Déchiré werden noch stärker, aber hauptsächlich letztere mit den ersten Karden angegriffen, indem es bei diesen Stoffen der Zweck ist, mit den Karden einen Theil des Schusses gänzlich zu zerreissen, ohne auf dem Grunde des Gewebes einen Flaum zu erzeugen. Bei diesen Stoffen ist nun hauptsächlich die Art des Gewebes zu beobachten und darnach das Rauhen zu behandeln.

Bei den Stoffen der dritten Abtheilung wird die Rauherei so leicht wie möglich ausgeführt und hat eigentlich blos den Zweck, die in der Walke in einander verschlungenen und vermengten Haare zu entwirren und in gleichmässige Lage zu bringen; da die Haare bei diesen Stoffen gänzlich abgeschoren werden müssen, würde eine stärkere Rauherei verhältnissmässigen Verlust der Qualität des Stoffes herbeiführen.

Sämmtliche Stoffe werden vor dem ersten Angriffe der Rauherei, wie nach jedem gegebenen Schnitte, gut eingeweicht; auch wird während des Rauhens viel Wasser beigelassen, weshalb der Name Wasser in der Rechnung gebraucht wird, z. B. man gibt einem Stoffe 2, 3, 4, 5 oder mehrere Wasser. — —

Was nun die Kardendistel anlangt, so stellte die Handrauherei bereits die grössten Anforderungen an sie.

Beckmann spricht aus, dass die Weberdistel entschieden im Lande gebaut werden müsse, damit die Tuchscherer nicht in Verlegenheit geriethen. Der Eupener Rathgeber ist der Ansicht, dass die in Brabant gezogenen für Europa ausreichten. Dieselben werden dort von Ostern bis Johannistag gesäet. Man setzt die Pflanze im August oder September um. Im August oder September des folgenden Jahres geben sie die erste Ernte. Man soll die Köpfe einsammeln, ehe alle Blüthen verblüht sind, weil später die Spitzen vertrocknen und ihre Kraft verlieren. Die älter gesammelten und trockenen werden den frischen stets vorgezogen. Ueber die Cultur findet man in den Werken über Landwirthschaft selten etwas Genaues [6]). Jetzt ist dieselbe auf einige Districte beschränkt.

---

[6]) Mittheilungen über die Kardendistel findet man in den Mitth. des hannov.

Den ersten Platz unter den Rauhkarden der heutigen Zeit nehmen die französischen ein. In Frankreich [Vaucluse, Normandie (Rouen, Mezieres), Bouches de Rhone, Herault etc., ganz besonders Gegend bei Avignon, Tarascon, Cavaillon, Carcassonne] bebaut man jährlich gegen 25,000 Hectaren mit Dipsacus. Frankreich exportirt pro Jahr davon ca. für 12 Millionen Frcs. oder 60,000 Tonnen und verbraucht selbst für ca. 8 Millionen Frcs. Eine Hectare producirt etwa für 800—1200 Frcs. Karden. Der Boden für den Kardenbau muss gut sein. Der Anbau ist sehr rentabel, weil der Preis der französichen Karden ein verhältnissmässig hoher ist. Jede Pflanze liefert in Frankreich ca. 30—40 Köpfe von 10—60 fr. Linien Grösse. Leider hat sich in Frankreich ein der Reblaus ähnliches Insect eingestellt, welches auf die junge Pflanze sehr schädlich einwirkt.

In Steiermark und Ober-Oesterreich baut man die Rauhkarde ebenfalls in grossem Massstabe. 1875 wurden dort 98,9 Millionen, dagegen 1876 nur 45 Millionen Karden gewonnen.

In Deutschland[7]) wird der Kardenbau nicht in genügendem Masse getrieben und zwar hat derselbe beständig abgenommen, so dass (1867) jährlich ca. 10,000 Ctr. Karden vom Auslande für den Bedarf des Zoll-vereins herbeigeschafft werden müssen. Er ergibt ca. 300 Millionen Köpfe Ertrag. Am meisten widmen sich Baiern, Württemberg und Sachsen (Lommatscher Gegend) dem Kardenbau.

Für den Anbau dieser Pflanze hat man in Deutschland folgende Bedingungen als wichtig beobachtet. Die Kardendistel verlangt ein mildes Klima, geschützte Lage, grosse Sorgfalt bei der Cultur und einen Boden mit feuchtem Untergrund. Charakteristisch ist, dass die Kardendistel im mittleren Europa, auch in Süddeutsch-land wild wachsend gefunden wird, aber dann keine brauchbaren Distelköpfe treibt, d. h. dass die Spitzen sich nicht hakenförmig abrunden. Diese Eigenschaft tritt erst bei rationeller Cultur ein. In Preussen betheiligen sich an den Kardendistelanbau die Gemeinden nordöstlich von Aachen, ferner um Euskirchen, Zülpich, Düren, Halle a. S. Nur in Schlesien wird der Anbau auf grösseren Flächen bewirkt, so um Cauth herum auf Flächen von 200 Morgen. Der Same wird im Frühjahr (Mai) ge-säet. Die Pflanzen werden im ersten Jahr ca. 6—8'' hoch. Die kräftigsten Pflanzen werden dann ausgesucht in ca. 35 cm Weite im August verpflanzt. Eine starke Schneedecke ist für den Winter erwünscht. Im zweiten Jahre erreicht die Pflanze 1,25—1,80 Höhe und nachdem die Köpfe fast abgeblüht haben (August-September), werden sie abgeschnitten. Die Pflanze wird dann gut verschnitten. Im ersten Anbaujahr ist die Erndte Null. Im zweiten Jahre aber werden per Morgen von 1 Pfd. Saat mit 6000—7000 Pflanzen je nach Ausfall der Ernte 30 000—80 000 Stck. Karden erzielt, neben 6—12 Ctr. Stengel. Dieser Ertrag enthält alle Grössen. Im dritten Jahre aber muss das Land auswintern und ein Jahr fällt mit dem Ertrag aus, so dass eine reichliche Ernte die Kosten dreier Jahre decken muss[8]).

Gew.-Vereins 1835 S. 77 und 222, in Dingler's Journal LXVIII 474 und im Scient. American XII 195.

[7]) Lengerke, Der Kardenbau in Preussen. — Meyers Conversationslexicon. III. Aufl.

[8]) Meitzen, Boden- und die landwirthschaftlichen Verhältnisse des Preussischen Staates. II. Bd. Berlin 1869.

In England werden ebenfalls Karden gebaut; dieselben kommen nicht in den Aussenhandel, sondern werden nur dort verbraucht. Besonders ist Yorkshire am Anbau betheiligt.

In Belgien bauen die Gegenden an der Maas Karden an.

Russland baut Karden in Polen ziemlich bedeutend, ferner in der Krimm und im Kaukasus.

Von andern Ländern ist leider nicht bekannt, ob sie Kardendisteln bauen und wo und wie viel.

Die abgeschnittenen Köpfe gehen meistens direct in die Hände der Händler über. Schon Ende Juli bereisen in Frankreich die Grosshändler die Districte des Anbaus und kaufen je nach Schätzung die Ernte in Bruttogewicht auf. Die Preise richten sich nach der Reichlichkeit der Ernten und betragen zwischen 30—80 Frs. pro Ctr. Der Händler reinigt die Waare und sortirt krumme, dickballige und wurmstichige Exemplare heraus, schneidet die Hülsen ab, kürzt die Stiele auf gleiche Länge, scheidet die sortirten Köpfe in I. und II. Waare und klassificirt diese je in 8—10 Dimensionen, nach französischen Linien beziffert, und lässt sie in ca. $7' = 2^1/_3$ Meter hohe Fässer einlegen. Die Fässer enthalten je nach Dimension der Köpfe natürlich verschiedene Mengen Köpfe. Man schätzt z. B. ein Fass zum Preise per Tausend.

I. Qual. ca. 3 Frs. 10—12 franz. Linien lang 150 Tausend Köpfe

5	-	12—15	-	- 90	- -
9	-	15—18	-	- - 70	- -
$10\frac{1}{2}$	-	19—21	-	- - 50	- -
10	-	21—24	-	- - 40	- -
13	-	24—30	-	- - 30	- -
18	-	30—36	-	- - 20	- -
25	-	36—48	-	- . - 15	- -
30	-	48—60	-	- - 10	- -

Der Fassinhalt beträgt durchschnittlich 4 Ctr. Kardengewicht. II. Qualität Karden kostet ca. 25 pCt. weniger als I. Qualität. Der Verkauf an die Tuchfabriken geschieht am Rhein, in Holland, Belgien, Frankreich stets nach Gewicht, in Russland per Fass[9]).

In Deutschland verhält sich die beschriebene Methode des Ankaufs etc. ähnlich. Man sortirt aber die deutschen Karden nicht so genau, weil sie an sich schon ein weniger werthvolles Product bilden. Die beste Sorte Deutschlands kommt aus Württemberg. Im Allgemeinen ist die deutsche Sortirung und Preis wie folgt:

12/15	15/18	18/24	24/30	30/50	
3—5	6	6	$5^3/_4$	6	Mark pro Tausend.

Die steierischen Karden werden in Kisten verkauft und nach Spitzkarden 10/15, Mittelkarden 16/30 und Feinkarden 30/50 sortirt. Die Kisten mit erstern enthalten ca. 68/70 Tausend zu ca. M. 3 pro Tausend, die letzteren 40—50 Tausend zu ca. M. $5^1/_2$—6. Im Uebrigen werden auch sie noch nach Linien klassificirt, z. B.:

12/15	. . .	3,50 M.
15/18	. . .	6 -
18/21	. . .	6,25 -
18/24	. . .	9,75 -

Was nun die Eigenschaften der Rauhkarden anbelangt, so ist zu bemerken,

---

[9]) Viele dieser werthvollen Angaben verdanken wir dem Herrn A. Clarenbach, Kardenhändler in Bonn, — ferner den Herren Fr. Granier & Cie in Avignon, Spitzner & Co. in Rothenkirchen (Sachsen), Ed. Eberlin in Dresden, F. W. Jaeger in Lommatzsch (Sachsen).

dass in den verschiedenen Sorten diese wechseln. Je sorgfältiger der Anbau getrieben wird, je bessere Eigenschaften erhalten die Karden. Die Distelpflanze enthält an den Blüthenköpfen einen Hüllkelch von mehreren sternförmig ausgebreiteten Blättern. Der besondere Kelch ist doppelt: ein äusserer, gleichsam aus verwachsenen Nebenblättchen hergestellt, ist unterständig und umgibt den Fruchtknoten; der zweite steht auf dem Fruchtknoten fast hakenförmig. Die Spindel ist kegelförmig, mit stachelspitzigen Spreuschuppen bedeckt, wovon jede eine Blüthe unterstützt. Diese Schuppen stehen, von oben nach unten gerechnet, in versetzten Reihen, bei einigen Karden, besonders bei den französischen, in Spirallinien und zwar im unteren Theile des Kopfes dichter, im oberen Theile weitläufiger und häufig locker und unregelmässig. Jede dieser Schuppen besteht aus einem gleichsam halb zusammengedrückten Blatt, dessen Hauptribbe sehr steif und elastisch ist, während die Lappen auf dem Blüthenboden festgewachsen sind. So entsteht gleichsam ein von der Spindel her ausladender Arm, der in eine nach unten gerichtete Spitze ausläuft und durch zwei Seitenstreben gehalten wird. Die gefässartige Vertiefung, welche so entsteht, bildet eine Art Feder und wirkt dahin, dass der Haken nach seiner Abbiegung stets wieder in seine Lage zurückkehrt. Um den elastischen Widerstand zu vermehren, stützt sich die eine Gefässwand gegen die in dem Kopf darüber liegende Schuppe, so dass eine seitliche Drehung des Hakens entsteht, wenn der drückende, ziehende Gegenstand kräftiger angreift, so dass der erfasste Gegenstand abgleiten kann. Gegen diese wichtige und hervorragende Eigenschaft, durch welche die natürliche Karde verhältnissmässig schonend auf die Faserstoffe wirkt, ist leider fast stets gefehlt in den Nachahmungen der Karde in Metall. Die Schuppen stehen bei gutgezogenen Karden meistens horizontal und senkrecht zur Spindel, während sie bei den schlechter gezogenen und bei den wilden Karden bis unter 40° gegen die Spindel geneigt stehen. Die eigentliche Spitze senkt sich in Folge der Horizontallage der Schuppe auch tiefer als bei den mehr geneigt stehenden. (Siehe Fig. 128 u. 129.)

Bei deutschen Herz-, Kron- und Stammkarden von 7—10 cm. Länge wechselt der Diameter für die Kegelgestalt so: am unteren Theil von ca. 1,50 cm Länge: 3,15 cm D., — am mittleren Theil von 5 cm Länge bis 3,50 cm D., — am oberen Theil von ca. 1 cm bis 2,50 cm. Etwa 24 Haken liegen in den Reihen übereinander; nebeneinander stehen pro cm in den Spiralreihen 4 Haken im mittleren Theil, 5 im unteren und 2 im oberen. Die Tragfähigkeit der Spitzen stellt sich bei diesen Karden an der oberen Partie auf 110—120 gr, an der mittleren Partie auf 120—200 gr und an der unteren Partie 150—170 gr. Bei den regelmässigeren Köpfen ist die Tragfähigkeit durchschnittlich für die mittlere Partie mit 150 gr anzunehmen; bei kleineren Köpfen aber sinkt die Tragfähigkeit wesentlich und beträgt bei 12/15 linigen ca. 50—100 gr. Einzelne Karden gerathen sehr unregelmässig. So hatte eine Partie von 15/18 linigen Karden in der Mitte 5 Haken, oben 4 Haken, unten bis 8 Haken per cm Spirale. Die Haken haben bei den deutschen Karden Bogen von 0,50—2 mm, sehr selten mehr und eine Länge (von den beiden Seitenstreben an gemessen) oben von 8 mm, in der Mitte von 4—5 mm und unten von 5 mm.

Bei den französischen Karden sind diese Verhältnisse wie folgt:

Die einzelnen Schuppen sind ausgebildeter, regelmässiger und dichter gestellt und stehen in einer links- oder rechtsgewundenen Spirale um die Spindel herum. Die einzelne Schuppe ist grösser, horizontaler und mit einer Spitze versehen, deren Bogen durchschnittlich 2,50 mm Höhe hat, oft aber bis zu 3 und selbst 4 mm anwächst. Die ganze Schuppe hat bei 18/24 linig ca. 1,3—1,5 cm Länge, der Haken selbst hat in der Mitte 5—6 mm, oben bis zu 8 mm, unten 6—7 mm Länge. In der Spiralreihe stehen in der Mitte 4 Haken neben einander, oben 3 und unten 5 Haken. Die Tragfähigkeit der Haken beträgt in der Mitte 140—200 gr, in der Fusspartie 120—140 gr und in der Spitze bis zu 220 gr.

Die österreichische Karde (Linzer) zeigt folgende Verhältnisse: 30/36. Der Haken ist durchschnittlich 5—10 mm lang mit 2 mm Bogenhöhe und trägt in der Mittelpartie 140—160 gr, oben 100—120 gr, unten 140 gr. Die Spiralen sind ziemlich regelmässig, viel besser als bei den deutschen Karden. Folgende Zusammenstellung, nur auf die Mitte bezogen, dürfte einen Ueberblick über die Unterschiede geben:

Fig. 128.   Fig. 129.

	Haken- länge	Tragkraft	Haken- bogen	Haken- zahl	Linien
a) Französische K.	5— 6 mm	140—200 gr	2,50—4 mm	4	18/24
„	9—10 -	180 -	2,50 -	4	36
b) Deutsche K. . .	5— 6 -	150 -	1,40 -	6	18/24
„ . .	4— 5 -	50—100 -	1 -	5—6	12/15
„ . .	5 -	80—100 -	2 -	5	15/18
„ . .	5— 6 -	90—130 -	1—1,50 -	5	24/30
c) Linzer K. . . .	7—10 -	140—160 -	2 -	5	30/36
„ . . .	5— 6 -	120—140 -	2 -	5	18/24

Im Allgemeinen kann man sagen, dass die französische Karde regelmässig und dicht aufgebaut ist, eine bedeutende Hakenlänge und Höhe des Hakenbogens enthält, dass jede Schuppe stärker und kräftiger ausgebildet ist und mehr durch das

Trocknen verhärtet, ohne an Elasticität einzubüssen, und dass in Folge die Kraft der Haken eine wesentlich höhere wird. Die Linzer Karde ist regelmässig gebaut; ihr Bogen ist aber flacher und die Schuppe erhärtet nicht in dem Masse wie bei der französischen Karde. Die deutsche Karde ist meistens unregelmässig, der Haken flach und schlechter gestützt.

Die Tuchfabrikation wählt mit Vorliebe für mittelfeine und geringe Waare deutsche Karden, weil deren Zahn nicht so hart ist, als der der französischen Karde und daher bei geringerem Widerstand der Faser schon abgleitet.

Die Karden werden durch Feuchtigkeit stark angegriffen und sind sehr geneigt zu schimmeln, wenn man sie feucht liegen lässt. Durch den Einfluss der Feuchtigkeit verlieren die Haken an Widerstandskraft je nach Dauer des Zustandes oft sehr bedeutend. 48 Stunden lang eingeweichte Karden zeigten für die Tragkraft der Haken 15—25 pCt. Abnahme. —

Wir fahren nun fort in der geschichtlichen Uebersicht für die Rauherei, und wenden uns nach Erledigung der Betrachtungen über die Handrauherei zu den Anfängen und der Entwicklung der maschinellen Rauherei.

Die Geschichte der Rauhmaschinen hebt mit James Delabadie's Patent No. 237 von 1684 an. Dies englische Patent enthält den Hinweis auf eine neue Maschine (an engine very usefull for the beautifying of cloathes etc. in napping the same), welche in dem Königreiche vorher niemals gesehen oder gebraucht war. Dieselbe ist nicht näher beschrieben. Der Name lässt vermuthen, dass Delabadie ein flüchtiger Hugenotte war und dass er in Frankreich eine derartige Maschine gesehen oder in den Niederlanden oder in Italien. Die Muthmassung auf die Importation der Maschine dürfte im Sprachgebrauch Unterstützung finden. Die englische Sprache behielt nämlich das ϰναπτειν bei in napping, knapping und das polire in polishing, später traten die Ausdrücke teaseling, easeling, raising, gigging u. a. auf und erhielten allmälig specielle Bedeutung. Das knapping als Bezeichnung für Rauhen ging auch nach Amerika hinüber, wo Walter Burt 1797 eine Rauhmaschine patentirt erhielt, von der wir leider nichts mehr ermitteln können. —

Alcan schreibt die Construction der ersten Rauhmaschine an Douglas zu. Die Patentlisten Englands und Amerikas geben indessen Aufschluss über frühere Constructionen. Douglas hat wahrscheinlich nur in England in Betrieb gesehene Rauhmaschinen in Frankreich nachgeahmt. Als man begann Appreturmaschinen zu bauen, combinirte man Scheren und Rauhen. So enthält die 1794 patentirte Harmar'sche Schermaschine einen Rauhmechanismus. Eine Rauhmaschine ist indessen schon 1801 die von Thomas Fotham. Sie enthält ein oder zwei Cylinder, ausgerüstet (faced) auf der Oberfläche mit Karden oder Drahtbürsten oder Haarbürsten, um aus dem berührenden Stoff die Fasern herauszukämmen und zu kratzen und zu reinigen. Das Patent von W. H. Lassalle (1816) spricht bereits von Verbesserungen an sogenannten Gig- oder Rauhmaschinen und an Rauhinstrumenten. Auch das Patent Price (1817) redet von den bekannten Rauhmaschinen (giggmills) und erklärt, dass der Cylinder oder die Trommel (barrel) sehr schnell rotire. Price schlägt als neu vor, die Einfügung von Apparaten, um in Alternativbewegungen als Postirapparate zu wirken. Price ordnet übrigens um den Cylinder einzelne bewegliche, künstliche Kardensätze (Fig. 130) an. Diesem Vorgange folgen Lewis & Davis 1817 (Fig. 131). Sie arrangiren um den Rauhcylinder Stäbe N, welche die Drähte K und die Polirkämme M enthalten, erstere in Drahtgewebe vereinigt und in N fest-

Fig. 130.   Fig. 131.

gestellt, letztere mit stumpfer Sägenverzahnung. Durch Bewegung von N von der Axe des Cylinders aus ist die Verstellung der Zähne möglich. Die Maschine hat 2 Cylinder zum Rauhen. Dazu tritt wenige Wochen nachher das Patent John Collier (1818 Februar), welches den Rauhcylinder ersetzt durch 2 oder mehr endlose Kardenbänder, welche durch geeignete Mechanismen eine semielliptische Bewegung annehmen, — daneben aber auch die Rauhmaschine mit Trommel cultivirt. Vor ihm hatten allerdings schon Kütgens, Henraux, Dubois-Anjoux, Merrick Brevets entnommen, indessen fast lediglich auf Ersatz der Karden durch Metallkarden. Der von Collier eröffneten Bahn französischer Erfindung folgten mit Rauhmaschinen Taurin, Cartier, Leroy-Barré, Baudouin-Caurenne, Granger, Pradel, Galleux, Poupart, Fayard, Drew, Fouard, Bourges, Marchaud, Antoine, Beck, Malteau u. A. Für Herstellung künstlicher Rauhkarden geschah in Frankreich bis auf den heutigen Tag sehr viel und dies führte zur Construction von Specialmaschinen für diesen Zweck, welche Perrin & Gross (Brevet 61. p. 403) erfanden. Das Vertrauen hierzu war so gross, dass man auch ausserhalb Frankreichs die Distelkarde für ersetzt hielt. Im A. Zambonini, Raccolta dei Disegni pp. Bologna 1829 Seite 21 heisst es ganz ausdrücklich, dass die cardi metallici 1818 in Paris erfunden seien, sich durch Dauerhaftigkeit auszeichneten etc. Auf Grund dieser Karden, die übrigens schräg zur Längsrichtung der Stoffbewegung in den Rahmen aufgestellt sind, schlägt Zambonini eine hydraulische Rauhmaschine, d. h. eine solche direct vom Wasserrad bewegt, vor, mit einem Rauhcylinder von 1 m Diameter (Scardassiere hydraulico).

Zugleich tritt auch John Jones auf, dessen Einfluss eine Zeitlang für die Tuchbereitung sehr gross war, und construirt Cylinder mit Rauhstäben, die bedeckt sind mit Drahtspitzen und Borsten. Wir bemerken, dass die ersten Erfinder in diesem Gebiete eine ihrer Hauptaufgaben zugleich in der Ersetzung der Rauhkarden suchten. Eins der ersten Patente 1772 Williams ersetzte sie durch Drahtkarden;

Harmars Karden waren auch von Metall; Sanford und Price (1807) gossen Spitzen an Metallkörper, die als Karden dienen sollten.

Wir müssen hier ferner anführen, dass zur Zeit, wo Price, Lewis, Davis und Collier ihre Maschinen an die Oeffentlichkeit brachten, in Amerika bereits die Rauhmaschinen von John Jessup (1813), A. Christie (1816), James Olney (1817), Jos. Bryent (1818), B. N. Bursons (1817), John Beckwith (1817) erschienen waren, denen dann die von Byram & Fuller (1820), Aaron Foster (1821), St. Marsh (1825), S. Duncan (1828), Hurd & Fox (1829), Norris & Phillips (1829) folgten. Leider sind die Specificationen dieser Patente durch Brand verloren oder nur lückenhaft ergänzt, sodass etwas Bestimmtes nicht ermittelt werden kann.

1823 trat dann William Davis mit einer patentirten Rauhmaschine auf, deren Construction höchst bemerkenswerth ist. Es heisst in der Beschreibung[10]): „Die Zurichtmaschine ist eine Abänderung der gewöhnlichen sogenannten Gigmühle und dient sowohl zum Rauhen oder Aufrichten des Haares vor dem Scheren, als zum Niederlegen desselben nach dieser Operation, und besteht aus einer Reihe von Kardenwalzen, die schnell gegen die Oberfläche des Tuches hinlaufen, um das Haar niederzulegen und die Oberfläche des Tuches glatt zu machen.

Fig. 132 zeigt die Maschine zum Rauhen vor dem Scheren. Die Verbesserung besteht darin, dass statt der feststehenden Karden

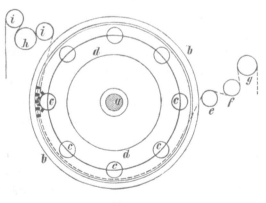

Fig. 132.

(teasels) an der gewöhnlichen Gigtrommel eine Reihe sich umdrehender Kardenwalzen gebraucht wird. a ist die Hauptaxe der Maschine, welche durch eine Dampfmaschine oder durch irgend eine andere Triebkraft in Bewegung gesetzt wird. Nahe an den beiden Enden dieser Hauptaxe sind die zwei kreisförmigen Platten d angebracht, welche die Achsen der verschiedenen Walzen c, c, c führen, die mit den

---

[10]) Klinghorn etc. S. 126.

Karden bedeckt sind. An den Enden dieser Walzen befinden sich die Zahnräder, die in die Zähne eingreifen, mit welchen der innere Umfang des Ringes b besetzt ist. So wie die Hauptaxe mit den Endplatten sich dreht, werden die Walzen c herumgeführt, und da der gezahnte Ring b fest steht, werden dadurch die Walzen c um ihre Axen gedreht. e und f sind zwei Aufhaltwalzen (retarding-rollers) in einem Gestelle, zwischen welchen das Tuch durchläuft. Die Lage dieser Aufhaltwalzen kann mittelst Triebstockes und des Zahnstockes, an welchem das Gestell befestigt ist, nach Belieben verändert werden.

Von diesen Aufhaltwalzen steigt das Tuch abwärts unter die Gigtrommel herab, wo die Oberfläche desselben von den Kardenwalzen bearbeitet wird; dann aufwärts zur Walze h, unter welcher dasselbe durchläuft, und von den zwei kleinen Walzen i, i daran angedrückt wird. Ueber diese wird das Tuch geleitet, und von dort hinter der Maschine auf den Boden fallen gelassen, oder auf eine Aufnahmewalze gerollt.

Auf der Hauptaxe befindet sich ein Trommelrad, von welchem ein Band über das Rad k läuft, welches mittelst eines Triebstockes auf seiner Axe das Zahnrad b treibt, das an der Axe des Cylinders h befestigt ist. Das über diese Walze geführte Tuch wird an dem Umfange desselben mittelst der Druckwalze i, i gespannt erhalten und langsam durch die Umdrehung der Walze vorgezogen, während der Gig durch sein Umdrehen die Kardenwalzen sich schnell in entgegengesetzter Richtung drehen und das Haar des Tuches aufrichten lässt, so wie letzteres vorwärts kommt.

Das Umdrehen der Kardenwalzen kann durch Reibung, statt durch Triebstöcke, bewirkt werden, die in den gezahnten Ring eingreifen. Um die Flocken und andere Unreinigkeiten aus dem Tuche wegzunehmen, ist bei m eine Bürstenwalze angebracht, die durch einen Riemen von dem Trommelrade her auf die Hauptaxe in Thätigkeit gesetzt wird. Glättungs- oder Polirwalzen oder Flächen können abwechselnd mit den Kardenwalzen angebracht werden, oder das Tuch kann auch durch eine besondere Maschine nach dem Aufrauhen oder durch entgegengesetztes Treiben der obigen Maschine geglättet werden."

Die Walzen c wurden, als mit Karden bedeckt, beschrieben. Der Patentträger hatte jedoch im Sinne, sie aus kreisförmigen Metallplatten verfertigen zu lassen, die an ihren äussern Kanten mit feinen krummen Zähnen versehen sind. Diese Platten müssen mit einem durch ihre Mitte laufenden Loche zur Aufnahme einer Stange versehen sein, welche mit Halsbändern, hervorstehenden Ringen oder Nieten an jedem Ende ausgestattet sind, und durch dieselben an ihrer Stelle und dicht an einander gedrängt erhalten werden. Bei dem Aufrauhen des Tuchs müssen sie so gedreht werden, dass sie mit ihren Zähnen in dasselbe eindringen können; wenn das Haar aber niedergelegt werden soll, müssen sie in entgegengesetzter Richtung und sehr schnell laufen. Der Durchmesser dieser Walzen muss klein sein, indem sie sonst nicht kräftig genug wirken.

Man hält es für räthlich, der Gigtrommel eine abwechselnd nach den Seiten hinlaufende Bewegung mitzutheilen, damit die Wirkung der Spitzen mehr gleichförmig über das Tuch verbreitet wird, als bisher bei den sogenannten Gigmaschinen während des Rauhens und Zurichtens des Tuches möglich war. Um diese seitliche Verschiebung hervorzubringen, sind schiefe Flächen und andere geeignete Mechanismen angebracht. — —

Um 1829 waren die englischen Rauhmaschinen im Allgemeinen so construirt, dass auf einer grossen Rauhtrommel (gig barrel) die Kardendisteln (oder zuweilen Kratzenbürsten) reihenweise in Längsreihen aufgebracht sind. Der Cylinder dreht sich schnell. Zwischen den Kardenreihen bleiben leere Räume stehen. Diese hat man, um Reibung des Tuches an den leeren Strecken zu vermeiden, mit Bürsten besetzt (Daniell 1829). Indessen war dies eine nicht günstige Abhülfe, weil die Bürsten das durch die Karden gehobene Haar sofort wieder niederlegten. Es wurde daher versucht, die leeren Zwischenräume kleiner, oder die Karden concentrisch um die Trommel anzuordnen. Um ferner die Wirkung der Kardenspitzen elastischer, sanfter zu gestalten, wurden verschiedene Mittel versucht, worunter besonders dasjenige Erwähnung verdient (Fig. 133), welches die Kardenstäbe mit Hülfe von Federn und Charnieren elastischer an der Trommel befestigt (Daniell 1829). Diese Aufgabe suchte Daniell auch zu erreichen durch Anwendung von Kratzenbeschlag, in welchem der Grund mit steifen starren Drähten besetzt war, aus denen zerstreute längere Drähte von dünnem Draht und mit Häkchen versehen hervorragten. Letztere

Fig. 133.

hakten in die Fasern des Stoffes ein, um die Fasern auszuziehen, während die steiferen Drähte für das Tuch einen Gegenhalt boten.

Bei der damals befolgten Methode, die Karden in flache Holzleisten einzusetzen, die auf der Trommel festgenagelt wurden, nutzten sich die Karden schnell ab. Auch um diesem Uebelstande zu begegnen, erschienen eine Anzahl Erfindungen. Bemerkenswerth ist die Methode von Ed. Sheppard und Alfred Flint in Uley (Patent 1825).

Die Patentträger haben leider keine Abbildung beigefügt.

Sie haben verschiedene Methoden vorgeschlagen, die Disteln in ihre Rahmen einzusetzen; eine derselben besteht in parallelen durchlöcherten Platten, durch deren Löcher die Disteln zum Theil hervorstechen. Wenn ein Theil dieser Disteln abgenutzt ist, wird die Platte, die sie einsperrt, abgenommen und die Lage derselben mittelst des Daumens und des Fingers gewechselt, so dass jetzt andere Theile derselben in Thätigkeit kommen. Man kann kleine Zapfen auf dem Umfange des Rauh-Cylinders anbringen, und auf jeden einen Distelkopf stecken, oder kleine Axen

auf der Oberfläche der Walzen aufziehen, deren Enden in parallelen
Platten ruhen, und auf diesen Axen die Distelköpfe so anfassen, dass sie
sich umdrehen können. Diese Axen müssen schiefstehende Reihen bilden,
so dass die Distelköpfe sich drehen müssen, während sie über das Tuch
laufen, wodurch das Strecken des Tuches vermieden wird und alle Theile
der Distel in Thätigkeit gesetzt werden. (Siehe weiter unten Seite 237.)

Die Patentträger wollten auch dadurch Zeit gewinnen, dass sie die
abgenutzten Disteln aus dem Rauh Cylinder nehmen und frische dafür einsetzen, ohne den Gang der Maschine zu unterbrechen. Sie wollen dies
dadurch erreichen, dass sie mehrere Rauh-Cylinder für eine und dieselbe
Maschine vorräthig haben, und sie auf Arme aufziehen, die aus einem gemeinschaftlichen Mittelpunkte auslaufen, oder in Ringen stehen, so dass,
wenn ein Cylinder abgenutzt ist, der nächste in Thätigkeit gesetzt und
der abgenutzte ausgebessert werden kann, ohne dass die Maschine still
zu stehen braucht. Zwischen den verschiedenen Walzen sind Brustbretter
oder Walzen angebracht, die den Druck des Tuches auf die Rauhwalzen
reguliren und nach Belieben gestellt werden können. Diese Walzen sind
mit schiefen Furchen versehen, um das Tuch gespannt zu halten. Bürsten
aus Haaren oder Borsten sind, sowohl zur Reinigung der Disteln als des
Tuches, sowie auch Cylinder-Bürsten zum Legen des Haares in der Maschine angebracht. Auch fehlt es nicht an den gewöhnlichen heissen
Metall-Cylindern, die mit Dampf geheizt werden.

Uebrigens wiederholen sich diese Vorschläge zur Verbesserung der
Rauhmaschine fortgesetzt. Die Idee des Reservecylinders zum Auswechseln der Karden ist in demselben Jahre 1825 auch an Lord, Robinson &
Forster patentirt. W. Wells schlägt 1831 Rauhcylinder mit hohlen Armen
vor, in denen die Tragzapfen der Kardensätze gleiten und durch Excenter
vor und zurückgehoben werden u. s. f.

Die Stoffführung wurde ebenfalls Gegenstand der Verbesserung.
Man glaubte das Schwanken des Zeuges durch den Gegenschlag der
Kardensätze verhindern zu sollen, dadurch, dass man das Zeug über
elastische Betten als Hinterlage führte. Charlesworth & Mellor
construirten 1828 ein solches Kissen und Hirst gab 1834 eine Vorrichtung an, um den Platz des Zeuges genau während des Prozesses
zu beschränken. — Eine Idee wurde ferner 1828 von G. D. Harris
entwickelt. Derselbe schlug vor, Kautschuk nach Hancock's Methode
aufzulösen, dann mit Glassplittern, Emerypulver, Feilspänen von Stahl
und andern granulirten Substanzen zu mischen und erstarren zu
lassen; sodann diese so hergestellten Streifen auf die Kardentrommel zu
nageln und als Rauhmaterial zu benutzen.

Wie wir bereits oben gesehen, hatte Collier Rauhkarden oder
-Kratzen in endlosen Bändern vereinigt und zum Querrauhen benutzt,
ebenso Davis. Diese Idee folgte zunächst Papps (1830) mit einem

Kardenbande, welches über 2 Rollen quer über den Stoff läuft; ferner Ferrabee (1830) mit 2 Kardenbändern, deren jedes vom Saum bis in die Mitte reicht und die entgegengesetzt umlaufen; Haliley (1840), Dokray und Dawson (1854), R. Howarth (1866) mit 2 Kardenbändern, die in entgegegesetzter Richtung quer über den Stoff laufen — andere Erfinder suchten die Absicht, welche dieser Idee zu Grunde lag, auf andere Weise zu erreichen, so Walton (1834), indem er den Stoff schräg zur Rauhtrommel führte; Beard (1834), indem er hinter 2 Rauhtrommeln noch 2 Trommeln in schräger Richtung aufstellte, so dass sie in der Mitte des Stoffes in einem Winkel sich berührten; Joseph Webb (1839), indem er zwei Rauhtrommeln anwandte, zwischen beiden aber einen „crossraising apparatus" aufstellte; Oldland (1832), welcher den Stoff in verticaler Richtung gegen die transversal sich bewegenden Rauhcylinder führte; Mellor (1861), indem er einen Cylinder schräg zur Längsrichtung anordnete und den andern rechtwinklig dazu, eine Einrichtung, welche 1865 von Nos d'Argence in Rouen insoweit nachgeahmt wurde, als in dessen Maschine zwischen den beiden Rauhtrommeln zwei Rauhcylinder in zur Längsrichtung des Stoffes geneigter Lage und gegen einander im Winkel angeordnet sind. Hierher gehört auch die Combination der rotirenden Bewegung des Rauhcylinders mit der alternirenden, wie sie von Davis schon angegeben war und später von Tillmann-Esser wieder aufgenommen ward. Es fehlt auch nicht an Versuchen, oscyllirende Bewegung für den Rauhcylinder anzuwenden [Duncan (Amerika) 1828, C. A. Herrmann 1853], oder den Stoff in geeignete Bewegung zu bringen, um eine Art Stellenrauhen zu erzielen. Dazu tritt das Bestreben, durch aufgelegte Schablonen Muster durch Rauhen auf dem Stoff zu erzielen (Hollroyd 1859).

Zwei Richtungen indessen heben sich· erst in den letzten Jahren bestimmt ab:

1. Durch geeignete Reversirvorrichtungen die Rauhtrommel rück- und vorwärts laufen lassen zu können und entsprechend den Stoff gegen und mit der Bewegungsrichtung der Trommel zu bewegen,

2. mit einer oder mit Hülfe zweier Trommeln das Zeug mehrfach zu bearbeiten, indem man die Trommel mehrfach das Zeug touchiren lässt.

Daneben zeigen sich fortgesetzt hervorragend die Bestrebungen:

a) Durch geeignete Einrichtungen das Kreuzrauhen oder Postiren in anderer Richtung als durch Wirkung der Trommel auf dem Haar zur Geltung zu bringen.

b) Durch geeignete Apparate den Stoff während des Rauhprozesses nach der Breite gut glatt auszustrecken und in der Länge gut gespannt zu halten.

c) Die Garnitur der Rauhtrommeln möglichst zu schonen und den Verbrauch an Karden zu verringern, eventuell die Wirkung der

Karden durch rationelle Vertheilung auf der Trommel zu erhöhen.

d) Die Karden auf der Rauhtrommel geeignet zu reinigen und zu
conserviren.

e) Die vegetabilische Karde durch metallische Imitationen oder
Surrogate zu ersetzen, mit welchem Bestreben dann natürlich
eine specielle Modification der Maschinenconstruction selbst Hand
in Hand geht, um so mehr, als die Zerlegung des Rauhcylinders gewissermassen in einzelne kleinere Rauhorgane mit diver-
girender Wirkung der Anwendung von Surrogaten die meiste
Chance bietet.

f) Durch geeignete Vorrichtungen mit Hülfe der Rauhmaschine
Muster und besondere Effecte auf dem Stoff zu erzeugen.

Hiernach wollen wir die neueren Rauhmaschinen näher betrachten.

Wir bemerken ausdrücklich, dass wir die Construction der Rauhmaschine noch nicht für abgeschlossen halten, in der typischen Weise,
wie z. B. die Schermaschine einen hinreichenden Grad der Vollkommenheit erreicht hat und seit fast 30 Jahren nicht mehr erheblich umgeändert
wird, — vielmehr scheint uns der Erfindungsgeist für Rauhmaschinen noch
recht unstet herumzutappen, wie denn das neuerdings durch Giacomini,
Jahr, Grosselin u. A. erfolgte Zurückgreifen auf die alte Davis'sche Construction in ihrem Arrangement ein sehr merkwürdiger Beleg für unsere
Behauptung ist.

Die neuere Richtung des Rauhmaschinenbaues ist ganz wesentlich
durch deutsche und französische Erfinder seit etwa 1850 gegeben worden,
besonders wirkte die Gessner'sche Doppelcylinder-Rauhmaschine, mit
Ausbreitzeug und allen Führungsmechanismen auf das beste ausgestattet,
durchschlagend und gab den Anlass zur Ausbildung des Doppelcylinder-
systems, welches allerdings schon von Jotham geplant, von Hirst & Wood
(1824 und 1825), Robinson & Forster (1825), Webb (1839), Antoine
(Sedan 1846), Beard (1834) u. A. später ausgeführt worden war. Die
exacte und sichere Wirkung der Gessner'schen Maschine (Ernst Gessner
in Aue, Sachsen) erbaut durch R. Hartmann in Chemnitz erregte 1855
auf der Pariser Ausstellung grosses Aufsehen und das vorzüglich ausgeführte Rauhen mit und gegen den Strich (lainer à poil et contre poil)
machte Epoche[11]. Seitdem ging die Construction der Doppelrauhmaschine
neben dem Bau der einfachen constant einher. Wir gehen zunächst auf
die einfache Rauhmaschine ein und benutzen hierzu die gewöhnliche einfache H. Thomas'sche Maschine (Fig. 134). Dieselbe besteht aus dem
Tambour b mit Karden besetzt. Der Stoff kommt von d herab und

---

[11]) Alcan, Traité du travail de laine II. 273. „Lainerie Allemande à double effet."
Beschreibung und Abbildung der Gessnerschen Maschine.

wickelt sich auf c auf. Die Axen von c und d haben grosse Zahnräder, in welche je nach Bewegungsrichtung ein Trieb eingreift. Das Gewebe geht über die Rollen f, g an der Trommel vorüber und wird dort von den Karden gerauht. Die einfache Rauhmaschine von C. W. Tomlinson

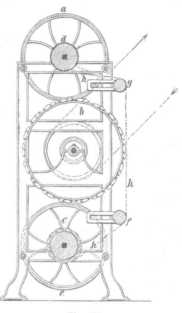

Fig. 134.

in Huddersfield (Fig. 135) möge hier als Beispiel der am Rhein, in England u. a. O. am meisten gebräuchlichen Form der Maschine eingereiht werden. Wir machen dabei auf den endlosen Tisch aufmerksam, der an die Rauhmaschine herangeschoben wird und von dem Legapparat die Waare empfängt. Die Construction ist an sich aus der Figur klar. Der endlose Tisch erhält seine Bewegung von dem Legapparat her.

Für die Kardengarnitur der einfachen als auch für die Doppelrauhmaschine benutzte man eiserne Rauhstäbe, bestehend aus 2 flachen Schienen, welche mittelst zerstreut zwischengelegter und mitvernieteter Plättchen zwischen sich eine offene Nuth bilden, in die die Stiele der Rauhkarden eingesteckt werden. Der Kopf der oberen Karden wird aufgefangen durch eine halbkreisförmige Mulde in der parallelen Gegenleiste, die mit den Nuthenstäben durch einige rechtwinklige Verbindungsstücke vereint sind, so dass ein fester Rahmen entsteht. Vor dem Einsetzen werden die Karden in heissem Wasser etwas erweicht; dann setzt man die erste Reihe im Rahmen ein, mit den Stielen in die Nuth und bringt die zweite Reihe so darauf, dass die Stiele derselben in die Berührungsstellen der Karden erster Reihe zu stehen kommen. Die dritte Reihe ist mit ihren Stielen zwischen die Karden der

zweiten Reihe placirt und wird durch die Muldenschiene am Kopfe festgehalten. Bei sorgfältigem und gleichmässigem Einsetzen der Karden in die
Stäbe erhält das Gefüge grosse Festigkeit. Das Kardensetzen erfordert
Uebung. Die Breite des Stabes wechselt je nachdem man grössere oder
kleinere Karden zur Verwendung bringt. Wesentlich ist darauf zu sehen,
dass die eingesetzten Karden möglichst von einer Grösse sind, sowohl
was Länge als was Diameter anlangt, damit die rauhende Fläche des
Stabes gerade bleibt und gleichmässig das Zeug berührt und angreift[12]).

Fig. 135.

Die gewöhnliche Rauhtrommel enthält 18 Rauhstäbe und diese bilden
den Rauhstabsatz. Die Stäbe des Satzes hält man gut bei einander,
um nicht ungleichmässige Sätze zu erhalten. Die Rauhstäbe werden auf
der Trommel eingesetzt. Die Methode der Befestigung ist vielfach variirt
worden. Anfangs befestigte man den Stab direct auf der Trommel durch
Schrauben, sodann richtete man Lager an der Trommel ein, in welche die
Axen des Rauhstabes eingelegt wurden; später wurden diese Lager selbst
beweglich an der Trommel befestigt u. s. w. Indessen sind solche bewegliche Vorrichtungen nicht sehr zur Anerkennung gekommen, wie sie denn
auch früher schon sich nicht bewährten.

Der Stoff wird vom Waarenbaum nach einem andern, der aufwickelt,
geführt, und zwar mittelst Leitrollen. Die Bewegungsgeschwindigkeit der
Rauhtrommel ist grösser als die des Stoffes. Man hat allerdings mehr-

---

[12]) Eine gute Beschreibung des Einsetzens der Karden findet man auch bei
Iwand & Fischer, Appretur der glatten Tuche. Grünberg 1876, Weiss, Nachfolger.

fach versucht, den Stoff schneller zu führen als die Rauhkarden, ist aber
davon zurückgekommen.

Hat man grössere Mengen Tuch mehrmals zu rauhen, so stellt man
auch durch Zusammennähen der Enden ein endloses Tuch her und bringt
dann oberhalb und unterhalb des Rauhcylinders in geeigneter Weise Leitwalzen mit Pressrollen an, um das Zeug gespannt zu halten.

Betrachten wir nun die Rauhmaschine weiter, so sehen wir, dass,
wenn man durch Ausschalten und Einschalten eines der in das Zahnrad
auf der Trommelwelle eingreifenden Räder die Umdrehungsrichtung der
Rauhtrommel ändert, — ebenso die des Zeuges, — dieses in entgegengesetztem Sinne gerauht wird wie zuvor. Diese Wirkung ist indessen noch besser
zu erreichen, wenn man das Zeug vor und hinter der Trommel bei a und b
„touchiren" lässt, weil die Wirkung der Kardenspitzen dann in Richtung
entgegengesetzt ist. (Fig. 136). Man kann also mit der einfachen Rauh-

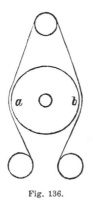

Fig. 136.

maschine zwei oder auch mehrere Touchements hervorbringen im entgegengesetzten Sinne, — natürlich auch in
gleichem Sinne, wenn man die Leitung des Stoffes so
herstellt, dass derselbe in gleicher Richtung getroffen
wird.

Die mehrmalige Berührung der Kardensätze auf der
Tuchfläche hat den Zweck, die Rauharbeit zu beschleunigen. Auch beim Maschinenrauhen wird in mehreren
Trachten gerauht und zwar beginnt man meistens mit
dem Vorrauhen mittelst stumpfer Karden und lässt dann
erst die besseren Karden wirken. Um dieses Vorrauhen
mit stumpfen Karden zu ersetzen, hat Ed. Hardtmann
in Esslingen[13]) eine **Vorrauhmaschine** construirt, in
welcher der Cylinder mit knaggenähnlichen Vorsprüngen a garnirt ist.

Die Nasen sind schief zur Trommelaxe (Fig. 137) gestellt, und zwar so,

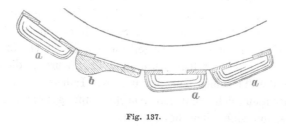

Fig. 137.

dass sie von der Mitte aus nach beiden Seiten divergiren und ausserdem je
zwei übereinanderliegende Reihen die zwischen den einzelnen Nasen vorhandenen Zwischenräume gegenseitig decken. Die schiefe Stellung der

---

[13]) D. R. P. 5358. 1878.

Nasen hat den Zweck, die über die Trommel laufenden Tuche breit zu halten. Ausser den mit oben beschriebenen Nasen versehenen Reihen sind in gleichmässigen Zwischenräumen wiederkehrende, durchgehende Leisten b. Dieselben werden ebenfalls aus einem festen Material hergestellt und je nach Erforderniss in grösseren oder kleineren Intervallen auf der Trommel befestigt. Zweck des ganzen Apparats soll also sein: Entbehrlichmachen der Vorrauherei, Ersatz für die seither üblichen stumpfen Karden, die Vermeidung der sogenannten Rauhstreifen, welche durch Anwendung der vorbezeichneten stumpfen Karden entstehen, die Entfernung der in jedem Tuch oder Stoff mehr oder weniger enthaltenen Webstreifen oder Walkrunzeln, die Glättung der Stoffe vor dem eigentlichen Rauhen, das Appretiren von nicht zu scherenden (sogenannten englischen) Stoffen. Bei H. Thomas' grosser Doppelcylinderrauhmaschine ist eine Vorrauhmaschine mit rotirenden Karden eingestellt, also ebenfalls von sanfterer Wirkung.

Je nachdem der zu rauhende Stoff stark oder schwächer, resp. dicker oder dünner ist, wird er stärker oder weniger kräftig gerauht. Ganz feine Stoffe rauht man auch jetzt noch mit der Hand, weil die starre Wirkung der Rauhmaschine die Fadenverschlingungen verzerren würde. Bei anderen Stoffen bewirkt man nur das Fertigrauhen mit der Hand. Die gebräuchliche Umgangsgeschwindigkeit der einfachen Rauhmaschinentrommel ist 60—100 Umgänge per Minute, während der Stoff 40—100 mm fortschreitet pro Trommelumgang. Hat also die Trommel 900 mm Durchmesser, so verhält sich die Umgangsgeschwindigkeit derselben zur Fortschreitung des Stoffes wie 2826 mm zu 40—100 mm. In jeder der 18 Kardensätze werden in der Linie der Trommelperipherie etwa 20 Kardenhäkchen wirksam, bei jeder Umdrehung also 360 Häkchen für den Längsraum von z. B. 50 mm des Gewebes. Auf diesem Raum liegen z. B. 80 Schussfäden und da in diesen die Häkchen am schnellsten wirksam werden, so werden diese 80 Schussfäden also durch 360 Häkchen oder jeder Schussfaden durch 4,5 Häkchen ev. gefasst und aufgerauht. Nun wiederholt man das Rauhen mehrfach und giebt bei groben Waaren 50—60 Trachten, bei mittleren Waaren 100—150, bei feinen dichten Waaren bis zu 500 Trachten oder Durchgänge durch die Maschine, bis der Zweck erreicht ist. Es wird demnach derselbe Schussfaden ziemlich an derselben Stelle im Maximo durch $4,5 \times 50$, resp. $4,5 \times 100$, resp. $4,5 \times 500$ Häkchen erfasst. Das Häkchen versucht dabei von den den Faden bildenden Fasern einige an die Oberfläche des Gewebes zu ziehen, so dass die Faserspitzen aus derselben emporragen. Vergegenwärtigt man sich nun, dass gleichzeitig auf der ganzen Länge des Schussfadens, also auf der Breite des Gewebes, noch Hunderte von Häkchen in der Längsrichtung der Trommel thätig werden, so ergibt sich, dass Tausende von Faserchen bei jedem Durchgang des Stoffes herausgehoben werden, so dass ihre Enden auf die Oberfläche des Stoffes gelangen und daraus hervorragen.

Für diese Operation ist es beim Maschinenrauhen noch viel nothwendiger nass zu rauhen, als beim Handrauhen, um dem scharf und starr angreifenden Häkchen den Widerstand der Faser zu verringern. Dieses Nässen des Stoffs vor dem Rauhen muss möglichst gleichmässig geschehen, um den Widerstand der Fasern überall im Stoff gleich zu haben. Deshalb hat man mehrfach versucht, Apparate zum Nässen mit der Rauhmaschine zu verbinden. Harris (1818) nagelte zwischen den Rauhschienen entlang Schwämme auf, um den Stoff zu netzen. Davis u. A. dämpften den Stoff vor dem Rauhen. Diese speciellen Einrichtungen sind heute nicht mehr im Gebrauch, dagegen aber benutzt man Vorrichtungen zum Dämpfen des Stoffes während des Rauhens. Man hat hierzu Dampfkasten hergerichtet, durch welche der Stoff läuft, oder bedient sich kupferner Leitwalzen, welche hohl den Dampf aufnehmen und durch feine Perforationen auf das Zeug senden. Ferner verfährt man so: Man stellt die beiden Aufwickelwalzen in der Maschine hohl her zur Aufnahme des Dampfes und perforirt sie und überzieht sie mit einer Flanellhose. Auf die eine dieser Walzen wickelt man den Stoff auf, umhüllt ihn dann mit einem Tuch und lässt nun Dampf in die Walze eintreten. Nachdem dieser hinreichend das Zeug durchdrungen hat, nimmt man nach Abstellung des Dampfes die Decke ab und lässt das Zeug durch die Rauhmaschine gehen, während es auf der zweiten Walze sich aufwickelt. Nachdem es durchgezogen und auf der letzteren aufgerollt ist, dämpft man es mit dieser Walze und lässt den Stoff dann umgekehrt durch die Maschine gehen und so fort. Dies Verfahren lässt sich natürlich sehr modificiren. Die Einwirkung des Wasserdampfes ist dem Rauhprozess sehr günstig. Die feuchte Wärme macht das Haar geschmeidig und gleitend, gibt ihm Glanz und Glätte. Wie bemerkt, war die Anwendung von Wasserdampf beim Rauhen schon Davis, Sheppard u. A. frühzeitig bekannt. In Frankreich hat Fayard zuerst ein Patent darauf entnommen. In M. Gladbach führte Carl M. May 1862 die Idee der Dampfrauherei für Baumwoll- und andere Stoffe in eigenthümlicher Weise durch, indem er eine Rauhmaschine aus 2—4mal 2 Rauhcylindern mit Kratzen construirte, in welcher der feuchte Stoff vor Eintritt zum Rauhcylinder um einen geheizten Kupfercylinder herum genommen wurde. Es entwickelte sich dabei im Gewebe Dampf. In Amerika werden die Dampfrauhmaschinen fast überall benutzt. Die Cleveland M. Works baut dieselben vorzüglich und ebenso Davis & Furber in North Andover (Mass.).

Letztere ist in der Figur 138 abgebildet. Sie enthält den Rauhtambour (38″ Diam.) A, der auf eisernem Gestell mit 20 Lagen harten Holzes bekleidet ist, von den 10 mit Rauhbürsten oder Kratzen, bezogen sind. Die Rolle B mit dem Gewebe wird oben im Hebelarm eingelegt. Das Gewebe bewegt sich unter Stab C über die kupferne perforirte Dampfwalze D, sodann über E, F, G am Tambour vorüber, um unten auf T aufgewickelt zu werden. Wenn der Stoff zurückarbeitet, wird die untere Dampfwalze H eingeschaltet, die obere D abgestellt. Die Trommel macht 130—160 Umdrehungen.

Aus der obigen Betrachtung der Rauherei in Wiederholungen geht hervor, dass damit ein ziemlicher Zeitaufwand verbunden ist. Um diesen zu ermässigen, hat man sowohl dahin gestrebt, das Zeug mehrmals hinter einander mit dem Rauhcylinder touchiren zu lassen oder aber mehrere Rauhcylinder in einer Maschine aufzustellen und so die Berührungs- oder

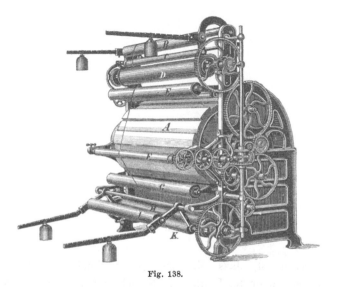

Fig. 138.

Arbeitspunkte zu vermehren. Wir erwähnten bereits, dass dieses Bestreben zur Construction der Gessner'schen Maschine mit 2 Cylindern geführt habe, wir fügen hier hinzu, dass dieses Bestreben auch durch Gessners Eincylinder-Rauhmaschine auf eine treffliche Weise gelöst wurde. Gessner führte in seiner 1854 in vielen Staaten patentirten Rauhmaschine mit einem Cylinder den Stoff, wie in der Abbildung Fig. 139 einer von Moser in Aachen nach Gessners Plan mit 2 Rauhtrommeln und 8 Anstrichen gebauten und 1867 (Paris) ausgestellten Maschine vorgeführt ist. A u. A' sind die Rauhcylinder. Der Stoff ist zu einem endlosen Bande vereinigt. Er geht über die Rolle B und C nach den Streichschienen D, E, F über Rollen G, H zur Ausbreitwalze I', welche aus einzelnen schräg zur Axe gestellten Scheiben besteht, die von der Mitte der Walze aus divergirend nach beiden Walzenenden zugehen. Der Stoff geht von I' nach K und hat auf dieser Strecke für eine gewisse Ausdehnung die Einwirkung des Rauhcylinders zu ertragen. Ueber K, L, M geführt nach K', L', N' nach O wird der Stoff zum zweiten Mal gerauht und über O, P, Q geführt nach der am Bogen Z stellbaren Rolle R und wird zum dritten Mal bearbeitet. Er geht dann

über den zweiten Cylinder A in derselben Weise herum und kehrt von R
über S, T, U nach V, B zurück.   An Stelle der Rollen L, N, K′ können
auch 4 Rollen wie punktirt angewendet werden.   Die Rollen L, M, K, N
sind dann in zwei Schlitten gelagert, die auf Axen stecken, die von ihrer
Mitte aus mit resp. Rechts- und Linksgewinde versehen sind.   Werden
diese Axen umgedreht, so bewegen sich diese Walzenpaare K, L und N,
M auseinander und können bis zu der punktirten Stellung gerückt werden.

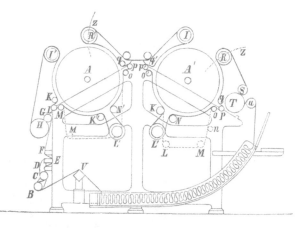

Fig. 139.

Die Folge davon ist, dass die touchirende Fläche des Stoffes um so
kleiner wird, je weiter K, L und M, N sich von einander entfernt haben.
R ist in Lagern eingelegt, welche in Sectoren Z befestigt sind.   Will man
die berührende Fläche der Strecke Q, R verringern, so erhebt man mittelst
Handrad, Welle, Zahnrad und dem gezahnten Sector Z die Rolle R entsprechend.   Dieser Einrichtung entsprechend eine doppelte Anzahl Touchements enthält die Doppelrauhmaschine Gessners, welche fast identisch
ist mit der abgebildeten.

     Auf dieser Bahn fortschreitend entwickelte sich ein lebhaftes Streben,
die Zahl der Touchements möglichst zu vergrössern.   Damit wuchs allerdings die Schwierigkeit, den Stoff gut zu führen und Ausbreitapparate
wurden unerlässlich.   Ausserdem musste Sorge getragen werden, dass mit
Hülfe leicht zu handhabender Mechanismen der Stoff von der Cylinder-
fläche abgehoben werden konnte.   Bemerkenswerthe Constructionen mit
mehreren Touchements sind die von Joseph Vasset sen. in Paris, der
1863 [14]) einen Rauhcylinder von 3′ 7″ engl. Diameter construirte, mit 22
Rauhstäben garnirt und 5 Touchements, welche er herstellt mit Hülfe von
Rollen, die in einem Bogengestell über der Trommel gelagert sind und

---

[14]) Pat. Spec. 3298. 1863 für W. E. Gedge.

über welche der Stoff geführt wird. Er touchirt dann 5mal den Cylinder (Fig. 140).

Bei den Doppelrauhmaschinen von Peyre & Dolques, A. Zschille, Gessner u. A. umfasst der Stoff den unteren Theil der Cylinder in 4 Touchements. Es hat das den Nachtheil, dass die Rauflocken nicht abfallen können, sondern in die Haare der Oberfläche eingewirbelt werden. Houget & Teston[15]) in Verviers haben diesen Uebelstand zu vermeiden gesucht. Der Stoff wird in ein Gefäss eingelegt, welches entfernt von den bewegten Theilen der Maschine steht; von hier geht er über den Arbeiter weg nach dem ersten Tambour und dann nach dem zweiten. Die beiden Tambours können nach Belieben durch offene oder geschränkte Riemen unter einander verbunden sein, so dass man ebensowohl im Strich als gegen den Strich rauhen kann. Vom zweiten Tambour aus erhebt sich der Stoff über die Maschine und fällt darauf in das Gefäss nieder, wo er dem Blick des Arbeiters vollständig ausgesetzt ist. Die grosse Länge abgewickelten Stoffes, welche man bei diesem Verfahren erhält, gewährt die Möglichkeit, Stoffe von viel grösseren Längen, als bisher, auf einmal zu rauhen. Etwas anderes muss die Anordnung werden, wenn der Stoff bezüglich des Rauhens in dem Zustande bleiben soll, in den er durch den zweiten Tambour gebracht worden ist.

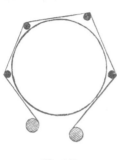

Fig. 140.

Sehr ähnlich ist auch die Construction von Neubarth & Longtain in Verviers.

Um die Touchements bei 2 Cylindern möglichst seitlich zu haben, ist auch die Rauhmaschine mit 2 übereinanderliegenden Cylindern angeordnet und zwar ebenfalls von Houget & Teston. (Fig. 141.) Hierbei gestaltet sich der vierfache Anstrich sehr einfach. Diese Maschine ist von H. Thomas für zweifachen Anstrich benutzt und mit Postirapparat versehen, der sehr leicht an Stelle der mittleren Leitwalzen eingefügt werden kann.

Ganz besonders weit ausgedehnt ist die Zahl der Touchements und ihre Variabilität bei den Rauhmaschinen von Moser in Aachen, wie sie bereits 1867 in Paris ausgestellt waren. Die Maschine in Fig. 142 ist eine mit vierfachem Anstrich und 2 Breithaltern, Fig. 143

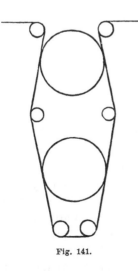

Fig. 141.

---

[15]) Génie ind. 1862. Mai p. 265.

mit sechsfachem Anstrich und 4 Breithaltern, Fig. 139 mit achtfachem
Anstrich und 6 Breithaltern. Die Rauhcylinder machen 115 Touren. Die
Führungsrollen und Breithalter sind verstellbar und die Tambours entgegen-
gesetzt oder gleichgerichtet umdrehbar.

In ähnlicher Weise wie die bisher beschriebenen sind viele der ein- und

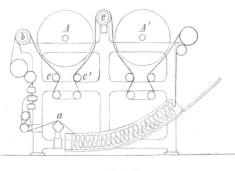

Fig. 142.

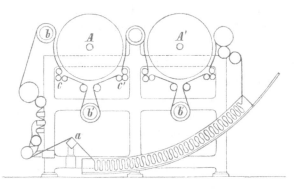

Fig. 143.

zweicylindrigen Rauhmaschinen construirt, — von Weisbach, Kempe, Prollius,
Robinson, Henderson, Strakosch, Schneider-Legrand-Martinot, Caplain u. s. w.
Die H. Thomas'sche Rauhmaschine mit doppeltem Anstrich benutzt seitliche Anstriche. Wir führen ihre Construction des Näheren vor (Fig 144).
A ist der Rauhcylinder mit rotirenden Karden. Das Gewebe wird endlos
zusammengenäht oder in K eingelegt, dann über c, h, a geführt und ausgebreitet und geht dann am Rauhcylinder vorüber nach g, von da zum
zweiten Anstrich nach b und passirt hier die Leitrollen b, c, d, e, f. Als
eine normale vortreffliche Construction führen wir ferner die Doppelrauhmaschine von Thomas vor. Dieselbe arbeitet mit 4 Anstrichen. Der Stoff
wird endlos zusammengenäht und befindet sich im Trog A. Von dort
zieht ihn die Walze a, am mit Gewichte belasteten Hebel q, vor. Er geht

über b, c nach d. d ist eine Ausbreitwalze mit expandirbaren Stäben. Zwischen d und e touchirt die Rauhwalze C einmal; zum zweiten Male zwischen f und g. g ist verstellbar mit Handrad und Schraubenaxe. Nun eilt der Stoff über die Leitrolle h, i zur Ausbreitrolle k und touchirt an B zwischen k und l und m und n. n ist die getriebene Vorziehrolle, gegen welche die Walze o am Winkelhebel p presst. Ueber o fällt der Stoff in den Korb A. Die Rollen f, l und m, e an den schiebbaren Muttern u und v sind durch die links- und rechtsgängigen Schraubenaxen t, s mittelst Räder e, x verstellbar (Fig. 145).

Die Eincylinderrauhmaschine von Tillmann Esser[16]) in Burtscheid hat eine eigenthümliche Construction mit 4 Anstrichen. Der Cylinder liegt ziemlich tief unten im Gestell. Derselbe ist gross. Er hat bei seiner rotirenden Bewegung eine alternative Bewegung. Ruffieux & Cie. in Aachen wählt den Rauhtambour sehr gross, bekleidet ihn mit rotirenden Karden und lässt den Stoff dreimal touchiren, zweimal an der Seite, einmal oben.

An denjenigen Rauhmaschinen, welche zum Rauhen gewisser baumwollener Waaren, als Moleskins, Beavertins etc., verwendet werden und mit 1, 2 oder 3 Rauhcylindern in horizontaler Richtung versehen sind, hat Ulbricht eine Verbesserung angebracht, welche darin besteht, dass man den Apparat mit den Leitrollen, über welche die zu rauhende Waare geht, den sämmtlichen mit Kratzen beschlagenen Rauhwalzen oder jeder einzelnen Rauhwalze beliebig nähern kann. Dadurch erlangt man den Vortheil, der ersten Walze einen sehr geringen, der zweiten einen etwas stärkeren und der dritten einen noch kräftigeren Rauhstrich zu ertheilen und demnach die Waare mehr oder weniger stark anzugreifen.

Als interessant für die Hervorbringung möglichst vielfachen Touchements erwähnen wir die Rauhmaschine von Dockray & Dawson (1854). Bei derselben ist der obere Theil der Kardentrommel mit einer Art Gitter aus dünnen Metallstreifen (guards, shields) bekleidet, über welches der Stoff streicht. Zwischen je zwei Streifen bleibt den Kardenspitzen ein Zwischenraum zum Hindurchgreifen und Rauhen. Dieser Gedanke scheint nicht unwichtig, — obgleich er bisher nicht in die Praxis übergegangen ist.

Wir haben oben das Einsetzen der Karden beschrieben. Da die Karden in den Rahmen oder Stäben feststehen, so wird zunächst beim Rauhen nur eine Seite der Karde in Anspruch genommen und abgenutzt. Um die andern Seiten gleichfalls zu benutzen, muss man die Stäbe umsetzen, d. h. die Kardenreihen herausnehmen und von Neuem einsetzen, so dass nun eine brauchbare Fläche nach aussen steht. Sind alle Flächen schon im Gebrauch gewesen, so wirft man die Karden in heisses Wasser

---

[16]) Engl. Pat. 1861. Esser. Aehnlich Fig. 135.

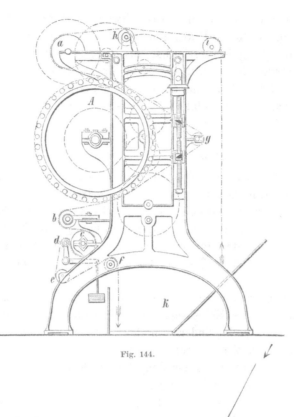

Fig. 144.

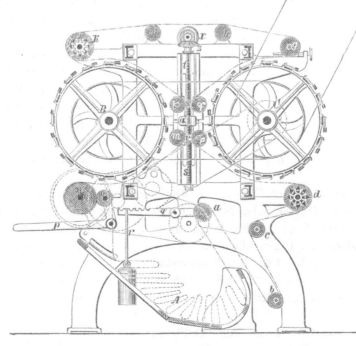

Fig. 145.

und erzielt dadurch, dass sich viele von den Häkchen wieder brauchbar emporrichten, zumal wenn dem Heisswasserbade ein scharfes Trocknen folgt.

Das Umsetzen zu ersparen und die Karde so zu sagen als neue Karde vollständig auszunützen, verwendet man dieselbe in Rauhstäben, in denen viele kleine Spindeln in schräger Richtung angebracht sind. Die Karden a werden zu diesem Zwecke der Länge nach durchbohrt, Stiel und Spitze abgeschnitten und so auf die Spindel b geschoben, dass diese kleinen Walzen von 12—15 cm Länge gleichen, welche ringsum mit Kardenzähnen besetzt sind. Die Spindeln stehen zur Axe der Rauhtrommel schräg und drehen sich beim Rauhen um ihre eigene Axe. Am zweckmässigsten werden dieselben so angeordnet, dass die Spindeln eines Stabes von Rechts nach Links, die des nächstfolgenden in umgekehrter Richtung, wie Fig. 146 zeigt, stehen. Auf diese Weise wird der Stoff bei der Umdrehung der Rauhtrommel nicht nur der Kette nach, sondern auch seit-

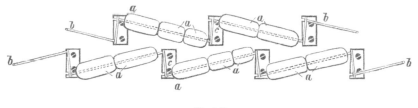

Fig. 146.

wärts schräg nach Recht und nach Links über den Einschlag gerauht. Hierdurch wird aber nicht nur die Auflockerung des Filzes beschleunigt, sondern auch eine dichtere Haardecke erzeugt. Besonders vortheilhaft sind diese rollenden Kardenspindeln daher bei allen Waaren zu verwenden, welche eine sehr dichte Haardecke erhalten sollen, dagegen werden Stoffe, wie z. B. Kahlscherer, bei denen ein klarer Grund gewünscht wird, zweckmässiger mit gewöhnlichen Rauhstäben behandelt.

Bei der schnellen Bewegung der Rauhtrommel sowohl einfacher als auch Doppel-Rauhmaschinen zerplatzen die durchbohrten Karden allerdings leicht und dürfte dadurch ein grösserer Kardenverbrauch herbeigeführt werden als bei gewöhnlichen Kardenstäben[17]). Es muss deshalb für eine lockere Spannung des Stoffes auf diesen Maschinen gesorgt werden, damit die Karden möglichst elastisch arbeiten können.

Diese Neuerung ist sehr schnell in Aufnahme gekommen. Wir gaben die obige Garnitur eines solchen Rauhcylinders in Ansicht nach der Ausführung von Rouffieux & Cie. in Aachen. Durch die eigenthümliche Lage der

---

[17]) H. Behnisch, Handbuch der Appretur. p. 30. III.

Spindelchen muss diese Karde gleichmässiger wirken. I. M. J. Fecken[18])
in Aachen wendet sie deshalb auf endlosem Filz für Papierfabrikation an.
Die Erfindung ist indessen nicht so neu, als man anfangs annehmen wollte;
Mr. Dastis[19]) hat in Frankreich bereits 1850 ein Brevet für rotirende
Karden genommen.

Man glaubt, dass bei diesen rotirenden Kardengarnituren der Stoff
schneller bewegt werden könne und solle als die Kardentrommel. Die
Praxis scheint hierfür Beweise geliefert zu haben. Deshalb kann die
Construction der tambourlosen Rauhmaschine von R. Erselius und
H. Behnisch in Luckenwalde[20]) nicht mehr auffallen (Fig. 147).

Diese Constructeure ordnen die Rotationskarden in festen, ebenen Ge-

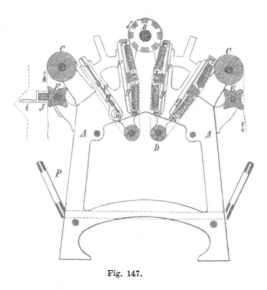

Fig. 147.

stellen g, g, g, g an und lassen den Stoff von der Ausbreitleiste J und
Prisma E her über C, D, B, D¹, C¹ vor den Karden vorbei sich bewegen mit
150 Touren der Vorziehwalze. Zur Regulirung des Anstriches an den Rauhkarden dient eine Stellvorrichtung, durch welche nicht nur ein beliebiger, sondern durchweg gleichmässiger Angriff der Karden schnell und sicher herbeigeführt werden soll, und sind zu diesem Behufe die Rahmenhalter mit einer
Skala versehen. Das Auswechseln und Wenden der Rauhstäbe kann auch
geschehen, wenn die Maschine mit einem Stück Stoff besetzt ist. Ausserdem sind die Rauhstäbe mit den rollenden Karden so eingerichtet, dass
durch Auswechseln der hölzernen Schienen, die zur Lagerung der Spin-

18) D. R. P. 1878. 3618.
19) Alcan, Traite du travail de laine II. 277.
20) D. R. P. 633.

deln dienen, Kardenspindeln in jeder beliebigen Winkelstellung eingesetzt
werden können, je nachdem es die Stoffe erfordern. Diese Rauhmaschine
weicht von allen bisher bekannten Systemen hauptsächlich darin ab, dass
dieselbe mittelst einzelnen feststehender Kardenstäbe rauht, während die
früheren Maschinen ohne Unterschied zur Aufnahme der Rauhstäbe mit
einer rotirenden Trommel versehen sind, auf welcher sie befestigt werden.
Kardenspindeln mit rotirender Bewegung werden zwar auch auf den Maschinen der Trommel-Systeme angewendet, doch wird jede Spindel in je
einer besonderen Lagerung auf der Trommel befestigt, ohne dass man den
Neigungswinkel nach Belieben verändern kann. Es bietet ferner diese
Rauhmaschine dem Stoffe eine viel grössere Angriffsfläche dar. Zu
einem vollen Besatze dieser Maschine werden 1000 Stück Karden
gebraucht, womit man für eine Maschine alter Construction nur einen
halben Satz herzustellen vermag, und es kommt jede einzelne Karde
durch die drehende Bewegung vollständig zur Ausnutzung. Nach etwa
vierwöchentlichem Gebrauch ist eine Erneuerung der Karden nothwendig,
während dies bei anderen Maschinen etwa wöchentlich erfolgen muss. Es
ist aber sehr fraglich, ob die stillstehenden Rauhkarden eine genügende Wirkung ausüben, wenn sie durch das Zeug plötzlich gedreht werden. Von
einem Angriff der Karden gegen das Zeug kann keine Rede sein. Das
Verhältniss dieser Bewegungen ist in dieser Maschine vollständig anders, als bei den bis jetzt benutzten Rauhprozessen. Der in Crimmitschau
(1877) ausgestellt gewesenen Maschine dieser Construction nach zu urtheilen,
glauben wir nicht, dass sie eine wirkliche Verbesserung des Rauhprozesses
bietet. Zum Strichrauhen müssen auch bei ihr übrigens Rauhstäbe nach
alter Construction eingesetzt werden. —

Sehr ähnlich der Anwendung der rotirenden Karde ist die Benutzung
der künstlichen metallischen Karden. Unter allen Versuchen, solche
darzustellen in Imitation der Gestalt und Eigenschaften der natürlichen vegetabilischen Karde ist nur ein einziger von Erfolg begleitet gewesen: es ist
dies die Fürth'sche Rauhkarde[21]). Dieselbe wird hergestellt aus einzelnen feinen Blechscheiben, welche in der Mitte durchbohrt und tellerförmig
vertieft werden, während der Rand derselben strahlenförmig ausgezackt
wird. Viele solcher Tellerchen werden auf einer Axe über einander angeordnet, bis die Höhe der Schicht 4—5 cm beträgt. Sodann wird diese
Schicht zwischen zwei Scheiben festgeschraubt und die Axe wird eingelagert in zwei kleinen Lagern auf Stielen, die in einer Grundplatte stehen.
Unter den Lagern wurden anfangs, wie Fig. 148 zeigt, Federn angebracht.
Dies hat sich später als überflüssig erwiesen und wird nur dann noch
ausgeführt, wenn es sich um sehr zarte Rauharbeit handelt. Die feinen

---

[21]) Grothe, Polyt. Zeitung 1877. No. 19. — Spec. Engl. 1875. No. 1860. —
Dingler, p. J. Bd. 219. 121. — Masch.-Constr. 1876. 423.

Häkchen der so hergestellten Metallkarde ähneln den Häkchen der Pflanzen-
karde. Um den Angriff dieser Metallkarde beim Rauhen geeignet zu
regeln, befestigt man dieselbe mit der Grundplatte auf der Rauhtrommel
unter entsprechenden Winkeln zur Längsaxe der Trommel. Unter der
Trommel wird dann eine Putzwalze angebracht, welche nicht sowohl
reinigt als auch schärft, denn die Erhaltung der feinen Spitzen ist
wichtig. —

Für eine ähnliche Karde haben Zipser & Klein[22]) eine Rauhmaschine
construirt, welche eine Reihe von Umwandlungen durchgemacht hat, im
Uebrigen heute zu einer sehr brauchbaren Maschine geworden ist, sobald
es sich um Rauhen von leichteren und weicheren Waaren (Flanell etc.)
handelt, — nachdem sie die Fürth'schen Metallkarden angenommen haben.

Fig. 148.

Dasselbe System bauen auch Sternickel & Gülcher in Biala-Bielitz.
(Fig. 149.)

Ein wesentlicher Uebelstand für die Metallkarde ist, dass der Rauhprozess damit am trockenen Stoff vor sich gehen muss, soll nicht die Metallkarde einer schnellen Vernichtung entgegengehen. Es wird dabei der
grosse Vortheil, den die Nässung der Faser für den Rauhprozess bietet,
verloren und es erfordert die trockene Faser eine ungleich sanftere Behandlung als die benetzte. Aus diesen Gründen hat sich auch ergeben,
dass bei solchen Rauhmaschinen dem Stoff eine schnellere Bewegung als
der Kardentrommel ertheilt werden muss. Dies ist denn auch der Fall
bei den mit Fürth'schen Karden ausgerüsteten Maschinen. Der Fürth'schen
Metallkarde kommt die Karde von Jules St. Manchon[23]) am nächsten.
Diese enthält auf der Kardentrommel Blechstreifen radial befestigt, parallel
zur Axe, deren äussere Kante muldenförmig eingedrückt und ausgezackt
ist zu feinen Zähnen. — (Siehe Fig. 133.)

---

[22]) Dingler, p. J. Bd. 154. 350. — Pol. Centr.-Blatt 1860. 300 u. 628. — Wieck,
D. I. G. Z. 1860 p. 283. — Monit. de l'ind. 1861. No. 2592.
    [23]) Spec. Engl. No. 1872. 1862.

Im Allgemeinen ist man von diesen künstlichen, kammartigen Be-
schlägen zurückgekommen, doch tauchen sie immer wieder auf seit Price,
Davis und Lewis. Dagegen hat sich der Gebrauch der Kratzen aus
Metall nach wie vor erhalten, zumal für das Vorrauhen. Indessen ist
man davon abgekommen, die ganze Rauhtrommel etwa mit Kratzen zu
beziehen, vielmehr hat sich die Construction von Rauhcylindern für Kratzen

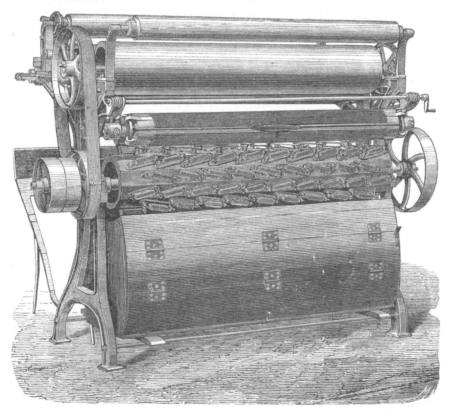

Fig. 149.

in der Form eingebürgert, wie sie bereits von Davis gegeben ist. Es
werden um die Trommel herum in Lagern kleine rotirende mit Kratzen
bezogene Cylinder angeordnet. Bei Rotation der Trommel können die
gegen den Stoff streichenden kleinen rotirenden Cylinder frei oder gebremst rotiren um ihre eigene Axe. Diese Einrichtung löst in glücklicherer
Form den Gebrauch der metallischen Kratzen, ohne das Zeug kräftiger
als zulässig anzugreifen. — In dieser Richtung hat die neueste Zeit zahlreiche Arbeiten gebracht. Grosselin pere & fils in Sedan[24]) haben

---

[24]) D. R. P. No. 8360.

eine ziemlich gleiche Rauhtrommel angeordnet. Bei der Maschine von
Luigi Giacomini[25]) in Turin ist die Einrichtung die folgende:

Die Maschine ist in Fig. 150 dargestellt. Der Stoff bewegt sich endlos
über G³, G², G¹, M, x, v, x, M, G¹, G², G³ und hinter T hindurch. Die Trommel
enthält die 12 Rauhcylinder x, C bezogen mit Metallkarden, Hundezahn,
Wallfischbarten u. s. w. Die Rauhwalzen C tragen Zahntriebe D, die sich
auf E abkämmen. Die Rauhwalzen machen etwa 600 Umdrehungen p. M.
Die Walzen x, x sind an verzahnten Rahmen W, W stellbar. Die Klinge R

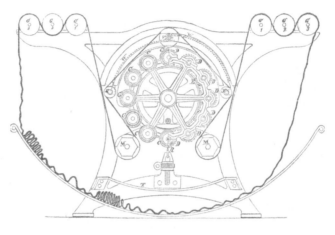

Fig. 150.

wird in geeignete Distanz zu den Rauhcylindern eingestellt zum Abschlagen
der Unreinigkeit. Die Rauhcylinder drehen sich entgegen der Stoffbewegung.

Moritz Jahr[26]) in Gera hat eine ähnliche Cylinderanordnung. Jeder
kleine Cylinder trägt ein Zahnrad und alle diese kleinen Zahnräder wälzen sich
auf einem feststehenden Zahnkranz ab, wenn die Trommel gedreht wird
und mit ihr die daransitzenden kleinen Cylinder. Die Rotation und Wirksamkeit der kleinen Cylinder wird nun davon abhängen, wie verschieden
in Grösse der Diameter der Zahnräder und der Kratzencylinder selbst ist.
Die Kratzenhäkchen treten senkrecht in das Gewebe ein und heben dann
die Fasern in die Höhe. Die Bewegung des einzelnen Zahnes von Anstrich
zu Anstrich stellt sich als eine hypocycloidische Curve dar. —

Von einer anderen Seite hat nun noch Nos d'Argence in Rouen
den Rauhprozess aufgefasst und ebenso die Aufgabe der Construction der
Rauhmaschine. Nos d'Argence arbeitete seit fast 30 Jahren an derselben

---

[25]) D. R. P. No. 1725. Siehe auch Grothe, Spinnerei etc. auf den Ausstellungen
seit 1867. pag. 228.
[26]) D. R. P. 4949.

und gelangte zuerst gegen 1855[27]) zu einer Construction des Cylinders, welche bedeutenderen Erfolg hatte. Unter Anwendung von mit Kratzen garnirten Rauhwalzen quer über dem Stoff und Einstellung zweier anderer Lainircylinder in diagonaler einander entgegengesetzter Lage, quer über dem Stoff, richtete Nos d'Argence seine erste vollständige Rauhmaschine her, welche 1865 in Frankreich und England patentirt wurde und, in Elbeuf eingeführt, leidliche Resultate ergab. Die Diagonalcylinder wurden später 1867 durch 2 Kratzenbänder b, b ersetzt, welche über Leitscheiben geführt, transversal über das Gewebe rauhen und zwar in

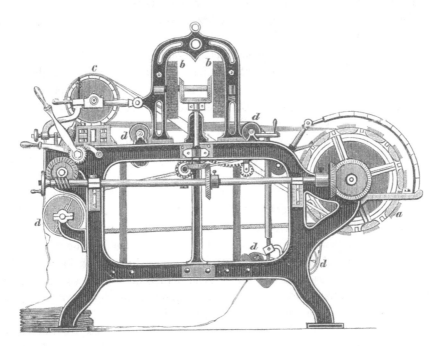

Fig. 151.

einander entgegengesetzter Richtung, während vorher ein rotirender Kratzentambour a das Rauhen im longitudinalem Sinne vollzieht. Ein Lainircylinder c am anderen Ende der Maschine, also hinter den Transversalbändern, streicht mit Hülfe eines mitarbeitenden Messers die aufgerauhten Haare in die gewünschte, geordnete Lage. d, d sind Leitrollen. Das Stellzeug ist sehr sinnreich und zweckmässig angeordnet. Die Chardons metalliques von Nos d'Argence bestehen im Allgemeinen aus feinem Messingdraht von 10—25 mm Länge in Kunsttuch etc. eingelassen, ähnlich wie bei den Spinnereikarden. Der Draht ist fein und elastisch und

<hr />

[27]) Ausstellung zu Paris 1855 gab an Nos d'Argence die goldene Medaille. Angoux Dubois in Louviers verfolgte 1860 dieselbe Aufgabe.

mit einem Knie versehen. Die Länge und Schärfe des Knies wechselt mit den Zwecken. Unter dem Namen Chardon Mortiage wird eine Kratze hergestellt, welche im Anstrich etwa halbgebrauchten Karden entspricht. Mit diesem Beschlag kann man also die Rauharbeit, das Vorrauhen beginnen. Die Chardon vif mit kürzerem Draht und 5 mm langen Knieschenkeln ist bestimmt zum Aufrauhen und schärferen Angriff. Die Chardon gitage-vif dient zum Rauhen leichter Stoffe. Sie ist sehr elastisch im Knie mit 5 mm Knieschenkel an der Spitze. Die Chardon gitage-brosse dient als Bürste bei Longitudinalschermaschinen, aber auch für Zwecke des Lüstrirens, Ebenens, Vertheilens in vollem Wasser.

Ein neuerer Beschlag enthält Kratzen von nachfolgend abgebildeter Gestalt (Fig. 152).

Fig. 152.

Diese sämmtlichen Metall-Beschläge können für nasses und trocknes Zeug benutzt werden. Im ersten Falle wendet man sie in Form von Beschlagblättern an, im zweiten Falle als Beschlagbänder zum Umwinden der Walzen. Ausser diesen Metallkratzenbeschlägen hat Nos d'Argence auch eine der natürlichen Karde nachgebildete Chardon roulant hergerichtet (wie die Fürth'sche Karde), empfiehlt sie aber nur für weiche, leichtere Stoffe und für Plüsche und Tricotagen.

Nos d'Argence[28]) hat sein System consequent verfolgt und auch theilweise zur Einführung gebracht. Mehrere Maschinenfabrikanten in Elbeuf u. a. O. haben diese metallischen Beschläge ebenfalls in den Kreis ihrer Fabrikation gezogen, so z. B. Chandelier & Delamare in Rouen, Camille Ledrau in Elbeuf, J. Longtain in Verviers, Grosselin père & fils in Sedan u. s. w. Zweifellos kann der metallische Kratzenbeschlag von Nos d'Argence den Specialzwecken sehr genau angepasst werden, was mit den vegetabilischen Karden viel weniger möglich ist.

Nach Angaben von Nos d'Argence soll die Ersparniss für die Rauharbeit mit diesen metallischen Karden sehr bedeutend sein. Indessen hängt die Erzielung einer solchen von verschiedenen Umständen ab, die sich im Voraus nicht bestimmen lassen.

Wir fügen noch an, dass B. Dickinson[29]) und John Platts 1855 versuchten, Drahtkratzen auf dem Rauhcylinder in diagonal zur Längsachse gerichteten Feldern aufzubringen, um dadurch die Wirkung zu erhöhen.

In neuerer Zeit ist die Anwendung von Kratzenrauhmaschinen nicht selten. Die Trommeln werden dann kleiner genommen als bei den Kardenrauhmaschinen und die Mechanismen danach bemessen. Fig. 153 stellt eine Doppelrauhmaschine mit Kratzen von H. Thomas dar. Der

---

[28]) Gestorben 1879.
[29]) Engl. Spec. 1855. No. 471.

Stoff tritt über das Streichprisma a ein, geht über b und c und den Leitrollen d, e an dem ersten Streichentambour k, zu ihm gestellt durch die verstellbaren Rollen f, g und h. Es folgt dann die zweite Trommel l mit den Rollen m, n. Ueber die Rollen o, p, q, r geht das Gewebe aus der Maschine. s und t sind Schleifbretter für die Kratzen.

Wir haben bereits oben berührt, dass man den Rauhprozess durch Vorrauhen unterstützen kann. Dasselbe geschieht auch dadurch, dass man durch geeignete Apparate den Stoff in transversaler Richtung rauht, während er in longitudinaler Richtung durch die Rauhtrommel etc. gerauht wird. Die Wichtigkeit und die Vorzüge solchen gemischten Rauhens sind sehr bald erkannt worden. Sie liegen darin, dass beim Transversalrauhen besonders die Fasern der Kette hervorgerichtet werden, beim Longitudinalrauhen aber vorzugsweise die des Schusses im Gewebe. Bei Combination beider Rauhrichtungen aber vertheilt sich der Prozess gleichartiger und

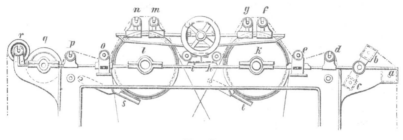

Fig. 153.

besser auf beide Gewebtheile. Das Handrauhen verrichtete beide Arbeiten. Indem die Hand das Rauhkreuz führte, griff sie in gleichmässiger Weise Kette und Schuss an. Die Imitation auch dieser Handarbeit, die in ihrem Zusammenhange so viel leistete, durch Mazeline in Louviers (1805) missglückte vollständig und seitdem sann man nur nach, wie der Arbeit des longitudinalrauhenden Cylinders in transversaler Richtung zu Hülfe zu kommen sei.

Derartige Vorrichtungen nun, welche das Transversalrauhen, sei es in rechtwinkliger Bewegungsrichtung, sei es in diagonaler Richtung oder in Curvenbahnen gegen die Längsrichtung der Bewegung des Stoffes und des Rauhcylinders vollziehen, haben den Namen Postirvorrichtungen erhalten. Sie sind sehr frühzeitig erdacht und niemals ausser Acht gelassen worden. Sie sind als Postirstäbe schon enthalten in Price's Maschine (1817), ferner bei Dawis-Daniell (1829), Jos. Webb (1839), Schroers & Rost (1855) u. A. — als Postirbänder (cross raising bands) bei Collier (1818), Papps (1830), Ferrabee (1830), Haliley (1840), Dockray & Dawson (1854), Nos d'Argence (1865) u. s. w. Eine neue Anordnung trat gegen 1840 hinzu in den Scheibenrauhmaschinen, bei welchen die Karden

nicht auf Trommeln, sondern auf Scheibenflächen, resp. den Flächen zweier
Scheibenringe (von ca. 1,25 m äusserem und 260 mm Breite, [radial ge-
messen]) angebracht sind. Die eine der Scheibenaxen liegt unterhalb der
anderen und seitwärts gegen dieselbe verschoben, jedoch so, dass die
mit Karden besetzten Ringflächen beider Scheiben in gemeinsamer Vertical-
ebene sich befinden. Gegenüber den Kardenscheiben befinden sich Flächen-
bürsten, gegen welche (als Kissen) der Stoff sich anlegt, wenn er vor den
Kardenscheiben vorbeigleitet. Die Rauhscheiben drehen sich nach derselben Richtung und machen 36—40 Umdrehungen pro Minute, während
das Zeug sich mit etwa 250 mm Geschwindigkeit pro Minute bewegt.

Eine andere Postiranordnung erschien zuerst in Paris 1867 von
A. Beranger in Elbeuf. Dieselbe besteht in einer Axe mit 2 sich ent-
gegenlaufenden Schraubengängen, auf welcher eine kleine Trommel gleitet,
von der ein Stift durch einen Schlitz der Axe in den Schraubengang eingreift[30]).

Die Postirstäbe werden vor der Rauhmaschine aufgestellt 1, 2 oder
3. Sie erhalten durch Excenter ihre alternirende Bewegung, öfter durch
Excenter und Curvenführung eine curvenförmige Bewegungsbahn. Die
folgende Figur giebt einen dreifachen Postirapparat von A. Zschille in
Grossenhayn (1867) vor einer Doppelrauhmaschine derselben Firma. Die
stehende Axe E enthält die Excenter der Postirstäbe a, b, c, die nach
einander wirksam werden. Diese Postiranordnung wird von allen Maschinenfabriken in ähnlicher Weise zu 1—4 Postirstäben ausgeführt. —
Fig. 154.

Abweichend von dieser Construction ist der Apparat von F. H. Schroer
& C. E. Rost. Diese ertheilen dem Kardentambour neben der rotirenden
Bewegung, die also in der longitudinalen Richtung das Gewebe bearbeitet,
noch eine besondere Curvenbewegung. Die Kardentrommel besteht aus
3 Scheiben auf der Axe. Die Kardenstäbe gleiten in Führungen dieser
Scheiben. Sie stossen mit dem einen Ende gegen die Gänge einer Spirale
und erhalten dabei eine seitliche Verschiebung während der Rotation,
welche sich auf den Stoff als eine mehr oder weniger scharfe Curve darstellt in ihrem Effect, je nachdem sich das Zeug mit grösserer oder geringerer Geschwindigkeit bewegt. Bei der Maschine von Tillmanns Esser
in Burtscheid wird das Postiren durch die Ertheilung einer seitlichen
Verschiebung an den Rauhcylinder während des Rotirens ersetzt. Was
die Postirapparate mit endlosen Bändern anlangt, so haben wir diese
bereits früher näher besprochen (siehe oben Seite 243). Malteau in Elbeuf
benutzt zum Postiren einen horizontalen Rauhstab, dessen Kardenfläche
gegen den Stoff gerichtet ist. Dieser Rauhstab wird durch Kurbeln auf

---

[30]) Diese Construction ähnelt ganz der bekannten wandernden Schleifscheibe für
Karden der Spinnerei. Siehe Grothe, Technologie. Bd. I. S. 337.

dem darunter liegenden Stoff hin bewegt. Diese Construction hat viel
Aehnlichkeit mit der Maschine zum Ratiniren[31]). H. Thomas combinirt
mit seiner mehrberührenden Rauhmaschine entweder einen Postirapparat
mit 2—4 Stäben oder eine kleine Vorrauhtrommel mit rotirenden Karden. —

Die Oscyllationsbewegung des Kardencylinders zum Rauhen anzuwenden ist nach den Versuchen von S. Duncan (Amerika) 1828 und
E. A. Herrmann 1853 nicht wieder für das Längsrauhen aufgenommen,
wohl aber für das Transversalrauhen. Maschinen für das Transversal-

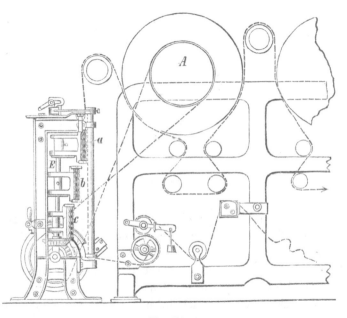

Fig. 154.

rauhen sind selten zur Anwendung gekommen. George Oldland[32])
schlug 1830 eine Transversalrauhmaschine vor, welche sich, aus einem
Wagen mit Karden bestehend, über das auf einem Tisch ausgespannte
Zeug von Leiste zu Leiste (list to list) bewegte oder von der Mitte zur
Kante. In Frankreich versuchte Caplain (1855) Aehnliches. Neuerdings
indessen haben François Delamare und Pierre Désiré Chandelier in
Rouen[33]) diese Aufgaben wieder aufgegriffen und zu einer geschickten
Construction benutzt, welche 1878 in Paris auf der Ausstellung fungirte.
Diese Maschine enthält recht interessante Punkte. Die Figur 155 zeigt die
Stoffführung von K her unter der Vorziehwalze L durch nach M. Zwischen

---

[31]) Alcan, Traité du travail de laine T. II. p. 278 mit Abb.
[32]) Engl. Spec. 1830 No. 5960 und 1832. No. 6236.
[33]) Grothe, Spinnerei etc. auf den Ausstellungen seit 1867 pag. 227. (1878). —
D. R. P. No. 5281.

M, M' ist Rauhfläche für den Angriff des Rauhcylinders J. Der Stoff geht dann
unter einer Spiralwalze durch nach M'' und M''', zwischen welchen Walzen
wieder Angriff für f' ist. Er verlässt die Maschine über Q. Die Figuren
geben einen Durchschnitt und Seitenansicht. Man sieht also die Anwendung
von 8 Rauhcylindern zu beiden Seiten des Schlittens H. Ueber je zwei
derselben liegen die Reinigungswalzen X, X. Es haben die Rauhwalzen
eine continuirliche drehende Bewegung. Die Rauhwalzen lagern an beiden
Seiten des Rahmens H. Die Haken der Zähne der einen Hälfte dieser

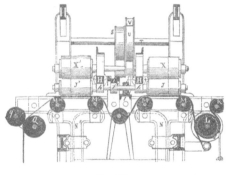

Fig. 155.

Rauhwalzen sind denjenigen der Zähne der anderen Hälfte entgegengesetzt
gestellt und die Walzen erhalten ihre Bewegung in der Richtung dieser
Haken. Auf diese Weise wird der Stoff unter der Wirkung der Rauhwalzen beständig gespannt gehalten. Die Rauhwalzen erhalten ihre Bewegung durch die Welle T, welche in dem Rahmen H lagert. Die Welle T
ist bei T' von viereckigem Querschnitt und steckt mit diesem Theile lose
in der Riemenscheibe S, welche ihr eine drehende Bewegung ertheilt, ohne

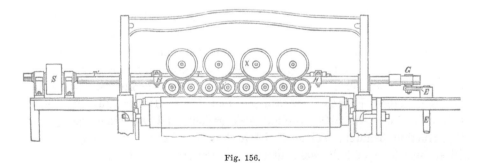

Fig. 156.

sie zu verhindern, dem Rahmen H bei seiner Hin- und Herbewegung zu
folgen. Auf der Welle T sitzen die konischen Getriebe U, U', V, V',
welche in die konischen Getriebe u, u' und v, v' eingreifen. (Fig. 155
und 156.) Letztere sind mit Stirnrädern verbunden, welche ihrerseits

in Getriebe der Rauhwalze eingreifen. An Stelle der continuirlichen Bewegung der Rauhwalzen kann denselben auch eine abwechselnd rotirende und zurückrotirende Bewegung ertheilt werden durch Zahnstangen, die in Triebe der Rauhaxen eingreifen. Ferner können diese Axen gegen die Stoffrichtung in Winkeln verstellt werden, so dass sie den Strich schräg zur Richtung der Bewegung ausüben. Bezieht man die Walzen X nicht mit Kratzen, sondern mit Schmirgelbändern oder Felpel u. s. w., so kann man verschiedene Rauhwirkungen ausüben.

Viel weiter mit der Postirung und zwar als vollkommener Rauhprozess gehen die Amerikaner Woelfel & Massey[34]).

Die ersten Patente, welche die Constructeure Gerber & Woelfel 1876 entnahmen, betrafen eine Anordnung, wie sie in Fig. 157 abgebildet ist.

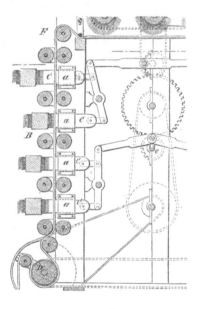

Fig. 157.

An Armen C, welche horizontal in Coulissen a^1 geführt werden, sitzen Prismen B, welche auf zwei Flächen mit metallischen Rauhkratzen bezogen sind. Das Tuch wird von oben her über Leitrollen straff geführt, durch Leitrollen, wovon sich zwischen je zwei Kratzenarmpaaren ein Paar befindet, gehalten und so dem Angriff der Kratzen dargeboten. Die Prismen berühren, durch Hebel und Excenter von den Betriebsmechanismen aus bewegt, abwechselnd den Stoff, so dass der Angriff der Kratzenspitzen immer nur kurz dauert und sich fortgesetzt erneuert. Ist die eine Kardenfläche mit Rauhhaar vollgesetzt, so dreht sich das Prisma und die zweite Kratz-

[34]) Grothe, Polyt. Zeitung 1880. No. 22.

fläche greift an, während die andere gereinigt wird. Bei Rolle E tritt der
Stoff in eine horizontale Lage ein und unterliegt nun noch der Einwirkung
von Rauhcylindern mit Kratzen.

Weitere Patente haben diese Construction gereift, so dass sie sich nun,
wie Figuren 158—161 zeigen, darstellt.

Im Gestell A sind Prismen B mit Drahtkratzen aufgestellt, deren
Zahl je nach Erforderniss variiren kann. Diese Prismen werden in je
zwei Lagern eingelagert, die an den Armen C befestigt sind, — oder

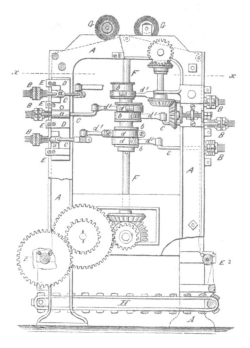

Fig. 158.

können auch direct an diese Arme C angeschraubt sein. Die Arme C
gleiten und schieben sich in Lagern a, welche mit den drehbaren Platten D
verbunden sind. Zwischen je zwei Kratzenprismen B sind in D Leitrollen
E gelagert. Die Arme C sind durch Zugstangen d^1 und Excenter d, b
auf Wellen F, F bewegt. In Folge dessen bewegen sich die Kratzenprismen horizontal im rechten Winkel alternirend an dem Gewebe, welches
selbst eine verticale Richtung der Bewegung einhält. Die Alternativbewegung der Kratzenbürste kann indessen auch abgeändert werden, so dass
sie unter einem anderen Winkel als einem rechten das Zeug gegen seine
Bewegungsrichtung bearbeitet, indem man, wie Fig. 158 zeigt, die Excenter-
arme arrangirt wie d^1. Die drehbaren Stücke D sind geführt (Fig. 160)
in Coulissen e^1 am Gestell A und Rippe e an D, die verstellbar sind, um

die Kratzenprismen näher oder weiter vom Zeug einzustellen, wonach sich
die Rauhwirkung modificirt. Bei Einstellung der Kratzen unter anderen
Winkeln als dem rechten werden die Kettfäden des Stoffes sanfter angegriffen und doch mehr zur Bildung der Filzoberfläche herangezogen. Der
Stoff wird auf das endlose Lattentuch A gelegt, welches eine durch aus-
wechselbare Räder (Fig. 159) variable Geschwindigkeit erhält, für gewöhn-

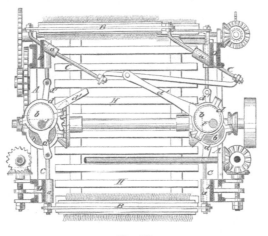

Fig. 159.

lich langsam. Er wird dann durch die Vorziehrolle E¹ emporgeführt und
durch die Leitrollen E, E, E ... nach oben gebracht und über eine Leitrolle, wie angegeben, fortgeleitet. Im oberen Theile der Maschine arbeiten
die beiden Rauhcylinder G, G, — also entgegen der Wirkung des Seiten-
satzes von Kratzenflächen. Sodann steigt der Stoff an der anderen Seite

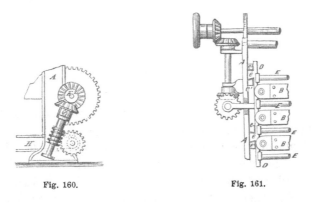

Fig. 160. Fig. 161.

der Maschine zwischen Leitrolle E und unter Einwirkung der alternirenden
Kratzenprismen herab, zu den Leitrollen E² und auf das endlose Tuch H.
Nun werden die Enden zusammengeheftet und das Tuch geht endlos durch

die Maschine. Die Rollen E^1 und E^2 sorgen für die Straffhaltung und
Spannung des Stoffes. Figur 161 giebt endlich eine volle Ansicht der
Maschine mit allen ihren Theilen und Hülfsapparaten, unter denen wir besonders noch die etwas höher gelegenen Zuführwalzen und den Fachapparat nennen. Ebenso machen wir auf die Transmission in der Maschine aufmerksam.

In einem Prozess zweiseitig zu rauhen, ist nicht unversucht ge-

Fig. 162.

blieben (1825, Hirst), indessen hat dies keinen wesentlichen Werth oder
nur einen Werth für bestimmte specielle Fälle.

Viel bedeutender und wichtiger ist aber die Methode mit Hülfe des
Rauhprozesses, besondere Effecte und Muster auf dem Stoffe hervorzubringen. Diese Idee ist zuerst in England aufgetaucht, wo James Holroyd
1859 (Febr.) ein Patent nahm, um mit Hülfe auf den Stoff gelegter und
fest angedrückter Schablonen und eines mit Kratzen bezogenen Cylinders
Muster herzustellen durch Rauhen. (Er hat später die Idee, durch Scheren
mit Musterschablonen auf den fertig gerauhten Zeugen Muster zu erzielen,

sehr sorgfältig weiter verfolgt.) In demselben Jahre (Juli) erhielten Th. Curtis und J. Heigh ein gleiches Patent und 1860 im Januar ein verbessertes. 1867 auf der Pariser Ausstellung erschienen Fabrikate, welche mit Hülfe solcher Verfahren hergestellt waren. Seitdem tauchten dieselben erst wieder etwa um 1875 auf, nachdem Nos d'Argence[35]) Patente auf eine verbesserte Maschine mit Anwendung seiner Lainircylinder entnahm. Gleichzeitig hatte L. Anest in Elbeuf eine ähnliche Maschine construirt. Nach dem Tode von Nos d'Argence übernahm F. Delamare-Debouteville in Rouen den Bau seiner Maschine.

Um Streifenwaare herzustellen, ist es nöthig zwischen Rauhcylinder a (Fig. 163) mit metallischem Bezug und dem Stoff c eine Art Gitter b aus feinem Metallblech einzulegen und durch Walze e gegen den Stoff zu drücken, so dass die Kratzenspitzen nur in die offenen Zwischenräume zwischen zwei Stäben eingreifen können und den darin freiliegenden Stoff rauhen. Für andere Muster stellt man aus Schablonen Cylinder d her, welche den Kratzencylinder a in sich aufnehmen und selbst fest auf dem Zeug b aufliegend rotiren. Die Mustercylinder werden dabei zwischen den 3 Walzenrollen c, c, c und der Walze e geführt. (Fig. 164.)

Die Maschine von L. Anest hat keine Cylinder, sondern, besonders für grössere Muster, endlose Schablonenhosen, die über 4 Walzen c, c, c, c geleitet und auseinander gestreckt werden. (Fig. 165.) (Ausgestellt hatte übrigens Anest 1878 auch Mustercylinder.)

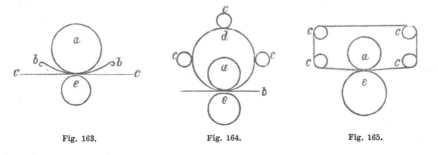

Fig. 163.   Fig. 164.   Fig. 165.

1877 erhielt auch C. A. M. Schulze in Crimmitschau ein Patent auf eine Musterrauhmaschine, welche für das Streifrauhen eine Art Blechstreifenkamm zwischen das Zeug und die Drahtkratzenwalze einschiebt, (Fig. 166) für grössere Muster aber eine endlose Blechhose herstellt (Eig. 167), welche durch die Führungswalzen c, c fest über einen Theil der Peripherie des Presscylinders e angedrückt wird. Ein späteres Patent 1878 sucht diese Einrichtungen zu verbessern. Die Verbesserung besteht in der Anbringung einer quer rotirenden Schablone zur Erzeugung von Diagonal-, Längs-, Zickzack-, schlangen- und treppenförmigen Streifen, sowie durch Combination mehrerer solcher miteinander oder gegeneinander laufender

---

[35]) Bull. de la soc. ind. de Rouen 1877.

Schablonen zur Erzeugung von unterbrochenen oder nicht unterbrochenen Figuren in dem Stapel dazu sich eignender Waaren, sowie in der Zulässigkeit cylindrischer Rotationsschablonen vom kleinsten Durchmesser. Die Querschablonen laufen unter der Draht- oder Borstenbürste und über dem schmalen Rücken eines eisernen Tisches, während die Waare zwischen Tisch und Schablone durch eine mit Kratzen beschlagene Transportwalze langsam hindurchgezogen wird, wobei, je nach der verschiedenen

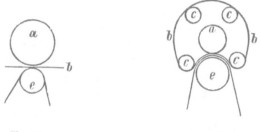

Fig. 166.   Fig. 167.

gleichmässig oder ungleichmässig fortschreitenden, hin- und hergehenden, zeitweilig oder ganz unterbrochenen Bewegung der Schablone, unter den Musteröffnungen der letzteren das Muster entsteht.

Für das Streifenmustern ist das Verfahren das folgende:

Die fertig gewalkte und in Strich geraubte Waare wird mit dem nach dem Strich laufenden Ende zuerst zwischen die Schablone b und die Transportwalze c eingeführt. Diejenigen Stellen an der zu musternden Waare nun, welche von dem Muster der Schablone nicht gedeckt werden (also an den durchbrochenen Stellen der letzteren), werden von dem Rauhcylinder, welche so fest aufliegen muss, dass sie mit den Kratzen durch die Oeffnungen der Schablone durchgreift, aufgeraubt und dadurch der Strich des Stapels in eine entgegengesetzte Richtung gebracht, während an den verdeckten Stellen der Stapel noch in seiner ursprünglichen Beschaffenheit liegen bleibt und das Muster bildet. Die rotirenden Schablonen ohne Ende lassen sich ganz verschieden ausschneiden und in den beliebigsten Mustern herstellen. Um Längenstreifen in die Waare zu rauhen, stellt man die Schablone d fest, und es rauht der Kratzencylinder an denjenigen Stellen, an welchen die Schablone Zwischenräume lässt, Streifen ein, wie dies Fig. 168 darstellt. Der Rauhcylinder wird oben mit einem Gehäusedeckel bedeckt. Beim Einlauf der Waare in die Maschine befindet

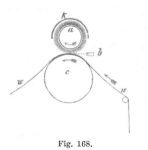

Fig. 168.

sich ein Wassertrog a angebracht, in dem sich eine mit Plüsch beschlagene ausrückbare Walze b gegen die Waare bewegt und auf diese Weise letztere auf der Stapelseite nässt, was zur Haltbarkeit des Musters bei verschiedenen Stoffen beiträgt; nunmehr geht die Waare um eine mit einer Bremsvorrichtung versehene, mit Kratzen, beschlagene Walze c und läuft endlich über die Kante des Tisches d unter der Schablone weg, wobei die Bürstwalze das Muster erzeugt, wird darauf von der Transportwalze e und der Flügelwalze f abgenommen und vom Legeapparat g und h auf der Linkseite berührt und auf ein darunter liegendes Brett getafelt. (Fig. 169.)

Ganz anders ist das Prinzip bei der Maschine von Strakosch. Bei

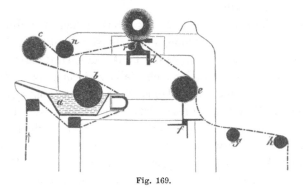

Fig. 169.

dieser passirt das Zeug mit einer Walze A unter der zwischen b, b ausgespannten Schablone durch, d. h. die Walze A führt ein Stück des Stoffes unter die Schablone und nun beginnt die Rauhwalze D zu rauhen, während sie mit dem Arm N ausschlägt. Sie trifft auf diesem Wege alle Punkte des von der Schablone nicht bedeckten Stoffes. Nachdem sie an das Ende der Schablone gelangt ist, rotirt die Walze A weiter um das bestimmte von Muster entsprechende Stück und die Rauhwalze D stellt sich wieder ein, indem der Arm N in die Anfangstellung zurückgeht. (Fig. 170.)

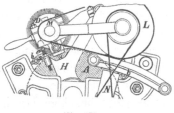

Fig. 170.

Von Demeuse & Co.[36]) in Aachen hat die Musterrauhmaschine eine weitere Modification erfahren.

Diese Maschine weicht von der vorher genannten Construction ab in der Anordnung der feststehenden Schablone und dadurch, dass die Drahtbürste neben der rotirenden auch eine über die Schablone vor- und

---

[36]) D. R. P. No. 1676 für Max Strakosch in Brünn.

zurückschreitende Bewegung hat, während welcher der Stoff still steht und
fest gegen die Schablone gedrückt wird. Der Stoff hat also eine ruck-
weise erfolgende Bewegung, welche von eben solchen Zeiträumen unterbrochen ist, als zur Vor- und Rückwärts-Bewegung der Drahtbürste oder
Rauhwalze erforderlich ist. Diese Anordnung lässt ein besseres Aufrauhen des auf dem Stoffe befindlichen Filzes zu, als der continuirliche
Gang des Stoffes bei der Maschine von Nos d'Argence, welche sich zur
Bildung einer voll besetzten Haardecke bei Stoffen mit festem Filze als
unzulänglich zeigen dürfte.

Demeuse verbesserte die in einem Kreissegment um die Drahtbürste
angeordnete feststehende Schablone, deren tiefster Punkt mit der Peripherie
der Pressionswalze und dem tiefsten Punkt der Drahtbürste zusammenfällt, dahin, dass er die Schablone ebenfalls zwischen zwei starken Eisenstangen, und zwar in einem Kreisbogen über die Pressionswalze ausspannt,
welcher sich der Peripherie dieser letzteren anschliesst. Die Schablone
besteht aus einer Blechtafel ohne Naht, in welcher vertical über der Axe
der Pressionswelze ein etwa 10—12 cm breiter Streifen in der Länge der
Letzteren durch Ausstanzen zu einem in sich aufgehenden Muster (Dessin)
ausgearbeitet ist. Die Pressionswalze kann durch eine Excentrik- und
Hebelverbindung auf und nieder bewegt und sehr fest gegen die Schablone
gedrückt werden. Durch einen besonderen Mechanismus wird dieselbe
periodisch in bestimmt abgemessenen Unterbrechungen um ihre Axe gedreht. Die Drahtbürste bewegt sich rotirend von einer Seite des Dessins
bis zur andern fortschreitend nach dem Cirkel der Pressionswalze und
dabei fest auf die Schablone aufliegend über die Letztere hin und zurück.

Wird nun der Stoff zwischen der Pressionswalze und die Schablone
eingeführt, so wird derselbe in eben solchen Zeiträumen und Unterbrechungen, wie sie die Pressionswalze macht, von dieser unter der Schablone weiter befördert, wobei selbstverständlich jedesmal die Pressionswalze mit dem Stoffe mittelst der Excenter von der Schablone entfernt
wird und genau darauf zu achten ist, dass das Muster im Stoffe bei dem
gegenüberliegenden Dessin der Schablone genau wieder anschliesst. Der
Pressionscylinder drückt nun von Neuem den Stoff gegen die Schablone,
und die Drahtbürste geht rotirend über diese hin. Durch diese Einrichtung
ist es nun möglich, erstens jedes beliebige Dessin zu erzeugen, und zwar
können durch Fortbewegung des Stoffes über nur einen Theil des ausge-
stanzten Musters in der Schablone mit einer solchen sogar verschiedene
Muster hergestellt werden; zweitens durch längere Dauer der Einwirkung
der Drahtbürste kann auch der festeste Filz zu einer vollen Haardecke
aufgelockert werden, während an den von der Schablone bedeckten Stellen
der Filz auf dem Gewebe in seiner ursprünglichen Gestalt bleibt. Nachtheile derselben sind, die durch die in kurzen Zwischenräumen sich wiederholenden Unterbrechungen der Fortbewegung des Stoffes, verringerte

Leistungsfähigkeit, und die durch eine geringe Störung im Mechanismus oder durch Unachtsamkeit des die Maschine bedienenden Arbeiters mögliche Ungenauigkeit im Anschluss der streifenweise erzeugten Dessins.

In Amerika, wo das Strakosch'sche Patent[37]) ebenfalls entnommen ist, hat J. H. Smith in Sommerville N. J. 1877 ein Patent[38]) erhalten für einen verbesserten Mustercylinder. Derselbe ist hergestellt aus Drahtgeflecht. Der so gebildete Cylinder ist seitlich durch Ringe von Metall stabil gehalten, die für den Angriff der Bewegungsrollen dienen[39]).

Die Uebersicht über die im Vorstehenden beschriebenen Rauhmaschinen lehrt uns, dass die diversen Constructionen sich in folgende Klassen unterordnen lassen:

I. Rauhmaschinen für Flächenrauhen:
    A. in Richtung der Kette des bewegten Gewebes mit rotirender Trommel
        a) mit einer Trommel
            1. mit einfachem Anstrich,
            2. mit zwei- und mehrfachem Anstrich,
            für 1 und 2:
                α) mit festen Rauhstäben von vegetabilischen Karden, Fig. 134—136, 138, 140, 141;
                β) mit rotirenden vegetabilischen Karden, Fig. 144, 146;
                γ) mit rotirenden metallischen Karden, Fig. 148, 149;
                δ) mit Metallkratzen, Fig. 150;
                ε) mit Knaggen, Fig. 137;
        b) mit zwei Trommeln und mehrfachem Anstrich für die Garnituren wie a, 1 und 2, $\alpha - \delta$, Fig. 139, 142, 143, 145, 153;
    B. in Richtung von Kette und von Schuss des bewegten Gewebes mit bewegten rotirenden Trommeln, Walzen und Bändern
        a) mit einer Trommel und Postirapparaten (siehe oben A, a) bestehend in
            α) alternirenden Rauhstäben,
            β) schräg zur Gewebebewegung gerichteten Rauhwalzen,
            γ) querwandernden Rauhscheiben,
            δ) quer zur Richtung des Gewebes bewegten Kratzenbändern,
            ε) in Curvenbahnen bewegten Rauhflächen,

---

[37]) No. 205 815. Amer. Pat.
[38]) No. 194 057. Amer. Pat.
[39]) Benoit & Bouvier (Vienne) erzielen Muster in parallelen und gewellten Rippen mit Hülfe des Rauhcylinders und einer vor demselben alternirenden oder feststehenden Schneide mit Ausschnitten. D. R. P. 1880. Polyt. Zeit. 1881. No. 1.

b) mit zwei Trommeln und Postirapparaten (siehe oben A, b, α—ε, I) Fig. 154;

c) mit mehreren rotirenden Rauhcylindern von kleinem Diameter mit Kratzen bezogen,

1. mit oscyllirender Bewegung, Fig. 155, 156;

2. mit zur Kettrichtung diagonaler Aufstellung der Postirrollen;

d) mit Rauhcylindern und mit Postirrauhbändern, Fig. 151;

C. in Richtung der Kette mit feststehenden Rauhflächen besetzt mit rotirenden Karden, Fig. 147;

D. in Richtung des Schusses mit oscyllirenden Rauhflächen besetzt mit Metallkratzen, Fig. 157—162.

II. Rauhmaschinen für Musterrauhen:

A. Muster nach der Länge des Gewebes

a) mit feststehender Schablone

1. für Streifen, Fig. 166, 168, 169;

2. für Dessins, Fig. 170;

b) mit beweglicher rotirender Schablone, Fig. 163—165, 167;

B. Muster nach der Breite des Gewebes. —

Der **Kraftbedarf** der Rauhmaschinen variirt sehr. Nach Hartig's Versuchen über den Kraftbedarf der Maschinen zur Tuchfabrikation erforderte eine Doppelrauhmaschine, Gessner's System, mit 100 Trommel-Umdrehungen in der Minute, bei einen Diameter der Trommel von 880 mm, Trommel garnirt mit 18 Kardenstäben, und 0,059 m per Sec. Tuchgeschwindigkeit:

bei Leergang   0,20 Pferdekraft,

„   „   0,20   „

„ Arbeitsgang 1,38   „   bei stumpfen Karden und schwachem Anstrich,

„   „   4,04   „   bei ziemlich scharfen Karden und starkem Anstrich.

Durchschnittliche Betriebskraft **1,27** resp. **3,71** Pferdekraft.

Eine einfache Rauhmaschine (Mohl's System) mit Trommel-Durchmesser von 770 mm, 18 Kardenstäben, 90 Umdrehungen der Trommel erforderte bei Leergang und scharfen Karden 0,19, bei Arbeitsgang 0,73 Pferdekraft. Tuchgeschwindigkeit = 0,155 m per Sec. Durchschnittliche Betriebskraft **0,67** Pferdekraft.

Eine doppelte Rauhmaschine mit Walzenpostirapparat (Gessner). Trommel d = 700 mm und 100 Umdrehungen, Postirwalzen d = 335 mm und 48 Umdrehungen, Tuchgeschwindigkeit 0,077 m per Sec.:

bei Leergang   0,11 Pferdekraft ohne Postirapparat,

„   „   0,13   „   mit   „

„ Arbeitsgang 2,03   „   (durchschnittl. **1,865**) ohne Postirapparat,

„   „   2,05   „   „   **1,885**) mit   „

Karden ziemlich scharf, Anstrich gewöhnlich; Postirkarden scharf mit schwachem Anstrich.

Eine doppelte Rauhmaschine mit Excenter-Postirplatten mit 135,58 Spielen per Minute und 855 mm Länge und 200 mm Breite. Trommeldiameter 630 mm mit 100 Umdrehungen, Tuchgeschwindigkeit = 0,093 m per Sec.:

bei Leergang   0,17 Pferdekraft ohne Postirapparat,

   „   „   0,47   „   mit   „

   „ Arbeitsgang 2,45   „   (durchschnittl. **2,25**) ohne Postirapparat,

   „   „   3,35   „   „   **3,08**) mit   „

bei scharfen Karden und starkem Anstrich der Postirapparate und halbscharfen Karden der Trommel mit mittlerem Anstrich.

Alle übrigen Angaben, den Kraftbedarf der Rauhmaschinen betreffend, welche existiren, haben wenig Werth und können hier nicht in Rücksicht gezogen werden. —

Es erübrigt noch, der Apparate zu gedenken, welche für die Reinigung der Rauhkarden benutzt werden. Apparate hierzu sind mehrfach schon früher ersonnen und benutzt, so von Asquith (1853), Dickinson & Platt (1858), Balmford (1862), Mellor (1861), Miller (1869) u. s. w. Diese Apparate bestehen meist in schnell rotirenden Walzen, die mit Bürsten oder ähnlichen Stoffen bekleidet sind. Es handelt sich auch nur darum die Wollhärchen und Flöckchen, die meistens feucht sich um die Kardenspitze herumlagern, möglichst gründlich zu entfernen.

Die beste Vorrichtung zum Reinigen der Kardentrommel der Rauhmaschinen von E. Schwammborn[40]) in Aachen besteht in der Anwendung einer permanenten Fegewalze an der Kardentrommel einer Rauhmaschine, behufs steter Entfernung der Rauhhaare aus den Karden, welche sie während des Rauhens in sich aufnehmen, um dadurch das Anhäufen und Festsetzen zu verhindern und die Wirksamkeit der Karden länger zu erhalten.

In der Abbildung Fig. 171 ist diese Vorrichtung an einer doppelten Gessner'schen Rauhmaschine angebracht. Sie kann jedoch auch bei jeder anderen Construction angewendet werden, wo auf der Kardentrommel genügender Raum dafür vorhanden ist, gleichviel ob dieser oben, unten oder an der Seite sich befindet.

Fig. 171 ist ein transversaler Durchschnitt der besagten Rauhmaschine, deren Construction bekannt und deshalb in der Zeichnung nicht vollständig ausgeführt ist.

A, A sind die beiden Kardentrommeln, die um dieselben gezeichneten Ringe bedeuten die Karden. B, B sind zwei mit Reisstroh oder anderem geeigneten Material bekleidete Fegewalzen; dieselben werden so gestellt,

---

[40]) Schwammborn, Polyt. Zeitung 1875. No. 13. — Pol. C.-Bl. 1875. 609. — Dingl. p. Journ. Bd. 216. p. 417.

dass sie nur wenig die Karden berühren, und müssen stets in entgegengesetzter Richtung der respectiven Kardentrommel, von welcher sie mittelst
gekreuzter Riemen getrieben werden. Die Umfangsgeschwindigkeit der
Fegewalze muss erheblich grösser sein als diejenige der Kardentrommel.

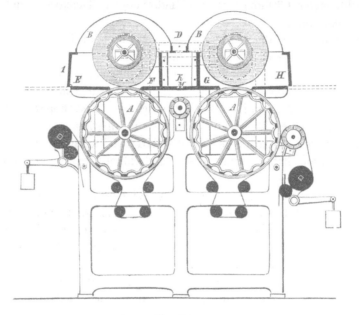

Fig. 171.

Die Fegewalzen, deren Lager verstellbar sind, um sie nach der Abnutzung resp. Verminderung ihres Durchmessers nachstellen zu können,
sind zur Aufnahme der Haare mit Kasten umgeben, aus welchen diese
mittelst Thüren oder Klappen J, H, L von Zeit zu Zeit entfernt werden.
Das Ganze ruht auf zwei eisernen Rahmen C, C, welche an den innern
Seiten des Gestells der Rauhmaschine befestigt, durch die Stange D und die
Bretter E, F, G, H mit einander verbunden sind. Das Brett M kann herausgenommen werden, um an die darunter liegenden Bretthalter gelangen zu
können. Die ganze Einrichtung wird natürlich je nach der Construction
der Maschinen modificirt, jedenfalls aber immer so angebracht werden
müssen, dass das Auswechseln der Kardenstäbe nicht behindert wird.
Bei der bisherigen Rauhweise werden die zuerst sich ansetzenden Rauhhaare von den nachfolgenden so lange eingedrückt, bis die Karde
angefüllt, nass und ohne Elasticität ihre Wirksamkeit zum Rauhen verloren hat. Besonders bei langhaarigen Winterstoffen ist dieser Umstand
so störend und nachtheilig, dass ein einziges Stück dieser Waare von
gewöhnlicher Länge mit einem Aufsatz Karden nicht bis an das andere Ende durchgerauht werden kann, weil die Karden wegen Ueber-
füllung mit feuchten Rauhhaaren ihre Elasticität sehr bald verlieren, den

Filz des Tuches successive nicht mehr erreichen, und folglich das Stück
sehr unregelmässig oder gar nicht gerauht wird. So lange die Karden
noch nicht mit feuchten Haaren angefüllt sind, greifen sie anfänglich
kräftig, bei der fortschreitenden Füllung aber immer schwächer in das
Tuch, bis zuletzt statt des Rauhens ein sehr schadendes Schleifen entsteht. Bei der bisherigen Art der Reinigung werden die mit Karden besetzten Stäbe nach der Abnahme von der Kardentrommel, einzeln strenge
gegen eine Fegewalze angedrückt und dazwischen wird noch, um die tief-
liegenden, zusammengedrückten Haare aus dem Grunde herauszuholen,
mit einer Fegegabel nachgeholfen — beides zum eigentlichen Ruin der
Karde. Diese Manipulation fällt aber durch Schwammborn's Vorrichtung,
welche die nur in den Spitzen der Karden von einmaliger Umdrehung der
Rauhwalze angesetzten Haare durch nur geringe Berührung unter grösster
Schonung der Karde jedesmal wegnimmt, fort. Durch den Umstand, dass
die Karden immer rein, folglich auch trockner gehalten werden, bedürfen
sie natürlich bei Weitem nicht so oft des Umlegens, Wechselns und
Trocknens. Demnach bietet die Vorrichtung sehr wichtige Vortheile. —

Man hat, um die Rauhkarden möglichst zu conserviren, danach gestrebt, sie gegen den Einfluss der Feuchtigkeit zu schützen. Gohin[41]) in
Elbeuf ist dafür auf die Idee gekommen, auf die vegetabilische Karde dieselben Mittel zu übertragen, welche man zur Conservation der Hölzer anwendet. Er mineralisirt dieselben nämlich dadurch, dass er sie mehr oder
weniger lange Zeit im heissen oder kalten Zustande der Einwirkung einer
Kupfervitriollösung unterwirft. Die Karde gewinnt dadurch, ohne an ihrer
Elasticität einzubüssen, mehrere schätzbare Eigenschaften; sie widersteht
der Fäulniss, arbeitet gleich gut im trocknen und im feuchten Zustande
und kann sofort nach der Ernte in Gebrauch genommen werden. Diese
Methode der Mineralisirung hat sich trotzdem nicht sehr verbreitet.

Als Verbesserung dieser Methode[42]) wird empfohlen, die Karden mit
einer Auflösung von Kupfervitriol, die 6 Gewichtstheile Kupfervitriol auf
250 Gewichtstheile Wasser enthält, oder mit schwefelsaurem Zinkoxyd zu
imprägniren. Die Karden sollen durch diese Behandlung mehr Zähigkeit
und Elasticität erhalten und unter Wasser eben so gut als trocken arbeiten.

Mehr als durch solche Mittel conservirt sich die Karde, wenn sie,
soweit dies möglich, stets gut getrocknet wird.

Für den Appreteur ist eine bequeme Vorrichtung zum Trocknen
von Rauhstäben von grosser Wichtigkeit, da von jedem im Betrieb
befindlichen Tambour in durchschnittlich 1—2 Stunden die nassen Stäbe
entfernt und trockene dafür eingesetzt werden müssen. Es ist also klar,
dass der Trockenraum der Rauherei möglichst nahe liegen muss, wenn

---

41) Bull. de la Soc. d'Enc. 1865. Oct. p. 594. — Pol. Cent.-Bl. 1866. p. 68. —
Dingl. p. Journ. No. 179. p. 167. — Brevet d'invention T. 25. p. 79.
42) Württ. Gewerbeblatt 1866.

nicht schon das Hin- und Hertragen der Stäbe einen bedeutenden Arbeitsaufwand erfordern soll, und dass die Vorrichtungen, die innerhalb des
Raumes zum Aufstapeln vorhanden sind, in einer Weise angeordnet sein
müssen, welche dem Arbeiter jeden Satz Stäbe leicht zugänglich macht.
Die Karde selbst bleibt um so länger brauchbar, je schneller beim
jedesmaligen Trocknen die Feuchtigkeit entfernt wird und je niedriger
und gleichmässiger die dabei angewendete Temperatur ist. Diesen Anforderungen genügen viele der gebräuchlichen Trockenvorrichtungen, —
in gewöhnlich sehr niedrigen, mit Dampf oder Luftheizung versehenen,
theilweise dunklen Räumen mit wenig oder gar keiner Ventilation,
— durchaus nicht; häufig sogar ist der Trockenraum über die Kessel gelegt, wo sich dann grosse Wärme mit dem Staube der Kohlenheizung vereinigt, die Karden zu ruiniren. Aber selbst gut geheizte und mit aus-
reichender Ventilation versehene derartige Räume erschweren, wenn sie zu
klein angelegt werden, um nicht zu viel Wärme zu verbrauchen, das Ein-
und Ausbringen der Stäbe; die einzelnen Sätze kommen leicht untereinander und die, wenn auch noch so schmalen Gänge, welche den Zugang
zu den Gerüsten bilden, werden nutzlos erwärmt. Ueberdies tritt durch
das häufige Oeffnen der Thüre jedesmal eine starke Abkühlung ein,
welche die Leistung der aufgewendeten Wärme beeinträchtigt. Die in
Anwendung gebrachten Centrifugaltrockenmaschinen, bei denen die
nassen Stäbe auf einem vertical stehenden, schnell rotirenden Tambour
befestigt werden, welcher sich in einem geheizten Blechcylinder befindet,
aus dem oben durch einen Exhaustor die nasse Luft entfernt wird, haben
keinen Anklang gefunden, weil die Maschine selbst sehr theuer ist und
mehrere Pferdestärken Betriebskraft in Anspruch nimmt. Ausserdem ist
sie auch häufigen Reparaturen unterworfen, weil der Spurzapfen der mit
einigen hundert Rauhstäben belasteten stehenden Welle bei 600 — 800
Touren pro Minute sich sehr schnell abnutzen muss. — R. Mager[43]) hat
nun eine Trockenvorrichtung eingerichtet, welche den oben erwähnten Anforderungen entspricht. Die ganze Vorrichtung besteht im Wesentlichen
aus einem hölzernen, von 5 Seiten geschlossenen, vorn offenen Kasten von
2,25 m Höhe, 2,13 m Tiefe und 5,66 m Breite, an dessen Boden sich in
der Längsrichtung 6 Stränge geschweisster schmiedeeiserner Heizrohre von
150 mm Durchmesser und 5 mm Wandstärke befinden, die in zwei Reihen über-
einanderliegen und an ihren Enden durch U förmige Stücke mit einander
verbunden sind. Mit den drei unteren Strängen correspondirend befinden
sich in der ganzen Länge des gemauerten Kastenbodens drei Luftzuführungs-
schlitze von 22,5 mm oberer Breite, welche vor ihrem Eintritt in den Kasten
sich in einem gemeinschaftlichen Canal vereinigen, dessen Querschnitt durch
einen dicht am Kasten angebrachten Blechschieber beliebig verändert

---

[43]) Deutsches Wollengewerbe, D. I.-Zeitung 1866. — Schweiz. pol. Z. 1869. p 20.

werden kann. Unmittelbar über dem Rohrsystem liegen in Abständen von 450 mm in der Richtung der Kastentiefe schwache schmiedeeiserne Schienen, auf welchen die zwei unteren Rollen der 12 fahrbaren Stabgerüste laufen. Jedes dieser Stabgerüste besteht aus zwei horizontalen und zwei verticalen Gussstücken von doppelt Tförmigem Querschnitt (|—|), welche zusammen einen Rahmen von 1,45 m lichter Höhe und 2 m Tiefe bilden. Das untere horizontale Querstück trägt die Lagereinschnitte für die beiden schon erwähnten verticalen Rollen, welche die Führung des Gerüstes auf den Schienen vermitteln, während in dem entsprechenden obern Rahmenstücke zwei horizontale Rollen gelagert sind, welche ihre Führung in zwei an der Decke des Kastens befindlichen Holzlatten finden und so das Umfallen der Gerüste verhindern. An den inneren Flächen der beiden Seitentheile sind in gleichen Abständen von 2,33 m je 9 Quersprossen von 450 mm Länge befestigt, von denen jede wiederum 9 Einschnitte zur Aufnahme der Kardenstäbe hat, so dass ein gefülltes Gerüst 81 Stäbe enthält. An die äusseren Seiten der Sprossen ist auf beiden Enden des Rahmens ein Holzbelag von 450 mm Breite angeschraubt, welcher die vordere Wand des Kastens bildet, sobald alle Gerüste eingefahren sind. Auf der Decke des Kastens endlich befindet sich zur Entfernung der feuchten Luft ein mit Stufenscheibe versehener Exhaustor von 0,85 m Durchmesser und 1,66 m Flügelbreite, dessen Geschwindigkeit von 150—300 Touren pro Minute variiren kann. Soll nun der Apparat in Gebrauch genommen werden, so lässt man zunächst Dampf in die Heizungsrohre treten. Darauf zieht der Arbeiter ein Gerüst heraus, belegt dieses mit Stäben, fährt es wieder hinein, setzt den Exhaustor in Betrieb und öffnet den Luftschieber so weit, dass man durch die vorn zwischen den einzelnen Gerüsten vorhandenen schwachen Ritzen noch Luft einströmen hört. Jedes folgende Gerüst wird nun zur Füllung, resp. Entleerung immer so weit herausgezogen, dass seine hintere verticale Wand, durch den an den Sprossen befestigten Holzbelag gebildet, die Oeffnung genau wieder verschliesst, welche durch das Herausziehen in der vordern ganzen Kastenwand entstanden ist. Der Arbeiter steht also beim Füllen und Entleeren nicht in dem geheizten Raume und kann von beiden Seiten bequem die Stäbe wegnehmen und wieder aufgeben. Je nachdem nun das Ventil zur Dampfeinströmung und der Schieber des Luftzutrittes mehr oder weniger geöffnet wird, kann man die Temperatur im Kasten beliebig steigern und die bei grösserer Wärme mehr sich entwickelnden Wasserdünste kann der Exhaustor durch seine variable Geschwindigkeit immer vollständig bewältigen, so dass man also die Geschwindigkeit des Trocknens vollständig in der Hand hat. — Mit diesem Apparat, welcher in ganz gefülltem Zustand, das eine herausgezogene Gerüst abgerechnet, 49 Sätze à 18 Rauhstäbe enthält, kann man in 2 Stunden vollständig nasse Verstreichkarden trocknen. Es kann also ein Apparat dieses Umfanges für 20—24 Rauhtambours genügen, wenn er auch nur regelmässig zu $^2/_3$ gefüllt ist. Die Durchschnittstemperatur im Apparat soll nicht 40—50° zu übersteigen haben. Die Hauptsache ist die Anwendung continuirlicher Ströme mässig erwärmter Luft.

Uebrigens, wie auch bereits vorstehend berührt, hat man mehrfach versucht, Maschinen für das Trocknen der Rauhstäbe zu construiren. Eine solche Maschine ist die von Carl Körner in Görlitz[44]). Dieselbe erfordert für ihre Aufstellung und den zur Bedienung nöthigen Raum eine Bodenfläche von ca. 3,66 m Länge und 2,66 m Breite und werden in ihr stündlich mindestens 160 Kardenstäbe getrocknet, so dass sich die Menge der bis jetzt für eine Rauhmaschine nothwendigen Stäbe um mehr als die Hälfte reduciren lässt. Ausserdem soll diese Maschine den Vortheil gewähren, dass die in den Stäben befindlichen Karden keiner Reibung und Berührung mit harten Gegenständen während des Trocknens ausgesetzt sind und sich deshalb viel länger conserviren. Ihre Einrichtung ist im Wesentlichen folgende: In einem achteckigen Gehäuse befindet sich eine stehende Welle, die an ihrem obern und untern Ende je eine gusseiserne Scheibe von ca. 1,33 m Durchmesser trägt. Die nassen Stäbe werden nach dem Oeffnen einer Thür des Gehäuses in verticaler Richtung in die Maschine hineingestellt und zwar so, dass dieselben in Vertiefungen der untern Scheibe gehalten und durch die obere Scheibe am Fallen verhindert werden. Hat man die Maschine mit Stäben gefüllt, so wird die Thür, durch deren guten Schluss der Zutritt der äussern Luft ganz verhindert ist, geschlossen und durch Einrücken des zur Maschine gehörigen Vorgeleges diese in Thätigkeit versetzt. Am obern Ende der stehenden Welle befindet sich eine konische Scheibe, die von zwei anderen konischen Lederscheiben betrieben wird; letztere sitzen mit zwei Riemenscheiben auf einer Welle, durch welche die konischen Scheiben und somit auch die stehende Welle und die in der Maschine befindlichen Kardenstäbe in Rotation versetzt werden. Oberhalb der obern Scheibe der stehenden Welle befindet sich ein Blechkasten, an dessen mit einer kegelförmigen Oeffnung versehenen Seite ein Exhaustorrad in schnelle Umdrehung versetzt wird. Hierdurch wird durch einen Canal in die Maschine Luft eingezogen, welche vorher in einem einfachen Heizapparat stark erwärmt worden ist. In der Maschine verdampft diese warme Luft das in den Karden enthaltene Wasser und wird mit dem Wasserdampfe zusammen durch den Exhaustor abgeführt. Nach einer halben Stunde werden die getrockneten Kardenstäbe aus der Maschine herausgenommen und dem Kardenfeger zur Reinigung übergeben.

Die Rauhkarden durch Dampf zu trocken, hatten bereits Sheppard & Flint 1825[45]) empfohlen. G. Oldland schlug heisse Luftströme vor (1832)[46]).

[44]) Dingl. p. Journ. Bd. 185 H. 2. Mit Abb.
[45]) Bair. K.- und Gew.-Bl. 1827 S. 428. — Dingl. p. Journ. Bd. 24. S. 514.
[46]) Dingl. p. Journ. Bd. 52. S. 175.

Die Ratinirmaschinen.

———

Das Frisiren oder Ratiniren der Wollgewebe (whirlpool finishing, witney finishing) (friezing, curling, friser, ratiner) ist eine ziemlich alte Kunst. Die Ausdrücke Fries, Ratin, Rattin, Ratine, Frisaten sind aus dem Mittelalter her bekannt. Schon die Lateiner hatten Pannus frissatus. Es waren dies starke Köpergewebe aus Wolle, welche stark gerauht ungeschoren blieben. Diese Stoffe erhielten beim Tragen ein zottiges Ansehen, die Haarspitzen drehten sich stellenweise zu Locken, Flocken, Zotten zusammen. Dieses Zusammendrehen bei langgerauhten, dickwolligen Zeugen kunstgemäss herzustellen, ist in neuerer Zeit versucht und ausgebildet.

Dominique Beck, ein Franzose, nahm 1855 ein englisches Patent[1]), in welchem er neben einer Methode zum Rauhen und Velourheben das Verfahren und eine Maschine for brushing and curling or disposing the fibres of the fabric, so as to produce variegated surfaces thereon beschrieb. Diese Maschine besteht in einer Dampfplatte mit feinen Perforationen. Ueber diese Tafel wird das Gewebe gezogen. Ueber derselben hängt schwebend eine bewegliche Tafel, der man verschiedene (excentric) Bewegungen ertheilen kann. Dieselbe wird auf ihrer Unterseite mit Bürsten oder mit Plüsch oder anderen Stoffen, geeignet für den Zweck, bezogen. Diese Platte wird mit einem gewissen Druck auf das Zeug herabgestellt. Ihre Curvenbewegung verursacht das Zusammenrollen und Kräuseln der Fasern auf der wolligen Oberfläche des Gewebes. Der Stoff wird während der Operation straff ausgespannt.

Mit diesem Patent ist eigentlich das ganze Prinzip und die Construction des Ratinirens und der Ratineuse festgestellt.

Isaac Beardsell[2]) hatte indessen schon kurz vorher ein Muster von ratinirtem Stoff hinterlegt und entnahm denn auch 1855 Dec. ein Patent darauf. Beardsell bezog die Ratinirplatte mit Kratzenstücken und hing sie

---

[1]) 1855. Pat. Spec. No. 1900. August 22.
[2]) Spec. Engl. 1855. No. 2807.

an Stricken auf. William Morphet (1856) benutzte zur Herstellung des Witney finish Drahtkratzen und Kautschukflächen. Weiss & Lister suchten die Ratinéfiguren regelmässig zu gestalten. G. Davies strebte dahin, die Effecte als Muster zu gestalten. Er schlug vor, die Stoffe zuvor mit Mustern zu pressen und dann zu ratiniren und dämpfte dieselben nachher, um den Ratiné zu befestigen. Th. Campbell benutzte Kautschukwalzen, die er in bestimmter Weise über die Zeugoberfläche bewegte unter starker Erhitzung der letzteren u. s. w.

Die Ratinirmaschinen der Neuzeit bestehen im wesentlichen aus folgenden Theilen (Fig. 172). a ist der Zeugtisch, überspannt mit einem

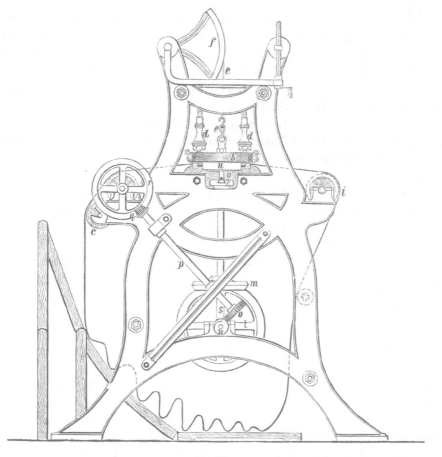

Fig. 172.

durchlässigen Stoff. Derselbe kann mit Dampf beheizt werden oder auch nicht. Das Gewebe c breitet sich auf dem Tisch aus und wird straff vorgezogen durch i, einer mit Kratzen bezogenen Walze. b ist die Ratinirtafel. Dieselbe hängt in Ketten e an Hebeexcentern mit Griffen und

Hebeln. Diese Platte e erhält durch Excenter, Curvenführung etc. u eine
alternativ-oscyllirende Bewegung, deren Bahn für die Erzeugung verschie-
dener Dessins des Ratinés wichtig und ausschlaggebend ist. Im Uebrigen
hat die Construction zur Hervorbringung der Bewegung nichts schwieriges.
Von der im unteren Theil des Gestelles gelagerten Axe wird die stehende
Welle s durch l, m bewegt. Sie trägt oben das Excenter u oder die Ex-
center t, u, je nachdem man auch die Tischplatte event. beweglich macht.
Der Trieb n überträgt die Bewegung auf o auf der geneigt liegenden
Welle p und bewirkt so die Einleitung des Stoffes über c. d begrenzt die
Oscyllation. Die abgebildete Maschine ist von Ed. Esser in Görlitz gebaut.

In dieser Weise sind die Maschinen von Tillmann Esser in Aachen,
Ruffieux & Cie. in Aachen, Esser in Görlitz, H. Thomas in Berlin etc.
construirt. Tillmanns Esser hat eine Doppelratineuse construirt, welche
also 2 Ratinirapparate in einem Gestell enthält und auf welcher der Stoff
zweimal ratinirt wird. Strakosch in Brünn verlegt die Excenter auf die
Welle im unteren Theil des Gestells (Fig 173—176).

Die Maschine von Max Strakosch ist in Fig. 173 im Durchschnitt

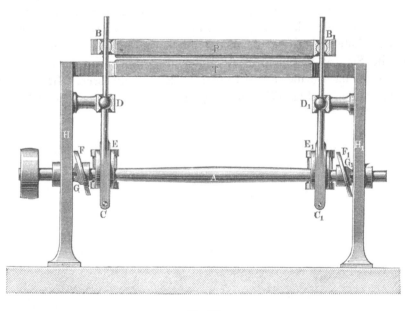

Fig. 173.

dargestellt. Dieselbe enthält die Tischplatte T, welche fest auf dem Gerüst H, H' liegt. Ueber diese Tischplatte wird das Gewebe langsam vorgezogen und fortbewegt. Oberhalb des Tisches und Gewebes wirkt die bewegliche Platte P, die mit gewissem Gewicht auf dem Tuch lastet und in
Vibration versetzt wird. Diese Vibration richtet sich nach der Form der

herzustellenden Löckchen oder Kräuselungen. Sollen diese z. B. gleichmässig gedrehte Zöpfchen werden, so muss diese Vibration als kreisförmige
Bewegungen der Platte erscheinen; sollen die Löckchen weniger regelmässig
in Form und Lage sein, so wird die Vibration in gewissen Curvenbewe-
gungen geführt; soll die Ratinirung mehr wellenförmig erscheinen, so tritt
die Rotationsbewegung gegen die Alternativbewegung wesentlich zurück.
Für die Kreisbewegung der Platte dient die Einrichtung, welche die
Figur 173 zeigt. Die Tafel P wird durch zwei Stangen B, C und B,, C,
bewegt, welche in D und D, um feste Kugelgelenke drehbar sind und
welche an ihren unteren gabelförmig gestalteten Enden C (Fig. 174) durch
Kreisexcenter E der Welle A in Schwingungen in der zur Axe A senkrechten Ebene versetzt werden. Dieser Mechanismus erzeugt Schwingungen
der Platte P in der zur Länge B, B' senkrechten Richtung, nach welcher
auch das Zeug sich bewegt. Diese Schwingungen allein bringen auf dem
Gewebe nur Gruppen von Löckchen in Anordnung von Querstreifen hervor.
Wird aber gleichzeitig eine Verschiebung der Axe hervorgerufen, so erreicht
man den oben beregten Zweck. Zu diesem Ende sind auf der Axe A
zwei schräg gestellte Scheiben F, F' parallel zu einander aufgeschoben,
welche gegen zwei Anstossknaggen G, G' anlehnen, die in einer zur Axe A
parallelen Geraden liegend gelenkartig am Gestelle H, H' sich befinden.
Bei jeder Rotation der Axe A, die in ihren Lagern verschiebbar ist, werden
auch die Stangen B, C und B', C' durch diese Längsverschiebung hin und
herbewegt, da sie die Kreisexcenter E, E' umschliessen. Beachtet man
nun einen Punkt (Fig. 175), der regelmässig von a nach b und zurück-

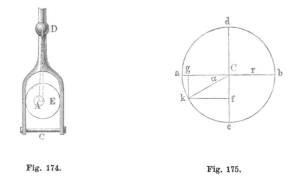

Fig. 174.   Fig. 175.

schwingt durch einen Kreisexcenter E, so hat dieser Punkt, wenn die Triebscheibe von dem todten Punkte aus um einen Winkel α gedreht ist, sich
von der äussersten Lage a um die Grösse a, g = r (1 — cos α) bewegt.
Wird nun gleichzeitig dieser Punkt durch eine schräge Scheibe um die
Grösse d, e = 2 r nach demselben Gesetz der Schleifkurbel in einer zu
a, b senkrechten Richtung in Schwingungen von derselben Dauer mit jenen

nach a, b bewegt und nimmt man an, dass der Punkt vermöge dieser Schwingungen in der Mitte C des Hubes sich befindet, während er vermöge der Schwingungen nach a, b in einer äussersten Lage a steht, so entspricht einem Drehungswinkel α der schrägen Scheibe eine Bewegung von der Mitte von c, f = r sin α. In Folge beider Bewegungen gelangt daher durch Drehung der Axe um α der betreffende Punkt von a nach k und da diese Betrachtung für jeden beliebigen Drehungswinkel α gilt, so folgt bei der Gleichheit der Schwingungen a, b und d, e die Bahn des Punktes als ein Kreis um C mit dem Halbmesser C, a = C, d = r. Bei ungleicher Grösse der beiden Bewegungen dagegen ergibt sich eine elliptische Bahn des Punktes, welche in die Gerade a, b resp. d, e übergeht, wenn man die eine oder andere der beiden Bewegungen zu Null übergehen lässt.

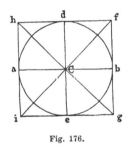

Fig. 176.

Wollte man andererseits annehmen, dass der Punkt vermöge beider Schwingungen gleichzeitig die mittlere oder eine äusserste Lage einnehme, so findet man die resultirende Bewegung durch die Diagonale i, f resp. h, g (Fig. 176) dargestellt.

Es ist also möglich in dieser Ratinirmaschine durch entsprechende Veränderung der beiden Schwingungen hinsichtlich ihrer Grösse und gegenseitigen Stellung eine grosse Mannigfaltigkeit in der Bewegung der Frottirplatte P zu erzeugen. Die Grösse der Schwingungen kann dadurch verändert werden, dass man die Excentricität der Kreisexcenter und bezw. den Abstand der Knaggen G von der Axe A veränderlich macht[3]).

Eine Ratinirmaschine mit Bürsten hat A. J. Elwell[4]) in Woonsocket R. J. patentirt erhalten. Bei derselben wird die Ratinirplatte unterhalb mit starken, längeren Borsten, bürstenartig besetzt. Die Platte erhält, ebenso wie die übrigen Ratinirmaschinen eine oscyllirende Bewegung und die Bürsten besorgen das Ratiniren.

Eine rein physikalische Methode des Ratinirens verfolgte E. Schwammborn in Aachen mit seiner durch H. Grothe 1870 in Preussen patentirten Maschine. Hierbei wurde von der Eigenschaft der Schafwolle sich bei höheren Temperaturgraden spirallockig zu kräuseln Gebrauch gemacht. Das Gewebe wurde mit der zu ratinirenden Seite nach unten gerichtet über einer durch Dampf beheizten Platte ausgespannt. Nach einige Zeit andauernder Wirksamkeit der strahlenden Wärme (100—105° C.) hat sich

[3]) G. Hermann, Weisbachs Ingenieur- und Maschinenmechanik. Bd. III. Abth. 1. Seite 835 cf.

[4]) Am. Pat. 173 398. 1875. Aehnlich den Grundirbürsten der Buntpapierfabrikation. Siehe später unter Stärkmaschinen.

die ganze Oberfläche des Stoffes mit Locken bedeckt. Dies Verfahren ist natürlich beschränkt im Effect und langsam in der Ausführung. —

Um den Effect des Ratinirens etwas zu vergegenwärtigen, lassen wir hier einige Abbildungen (Fig. 177—180) ratinirter Stoffe folgen.

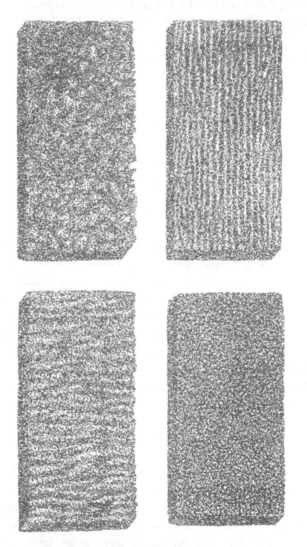

Fig. 177—180.

Das Scheren, Scherapparate und Schermaschinen.

Um die Wirkung der verschiedenartigen Operationen, welche zur Appretur d. h. zu der Vollendung des Gewebes für den Verkauf vorgenommen werden, zu vervollständigen, pflegt man bei denjenigen Geweben, welche eine mehr glatte, ebene und kurzhaarige Oberfläche erhalten und bewahren sollen, die auf der Fläche hervorstehenden Härchen in möglichst gleicher Höhe, von der Bindefläche an gerechnet, abzuschneiden. Diese Operation der Herstellung der gleichmässigen Oberfläche nennt man das Scheren, weil sie seit Jahrhunderten mit Scheren oder scherenartigen Instrumenten vorgenommen wurde. Schon die Alten kannten das Scheren der Gewebe, welches die Griechen κείρειν, ἀποκείρειν, die Römer aber tondere nannten und es ist auf die Kenntniss und Benutzung dieser Manipulation die Verschiedenheit der Gewebe im Alterthum, nämlich zwischen flockigen, rauhen, zottigen Geweben (αμφίμαλλος, αμφίταπος, amphimalla, amphitapa) zurückzuführen. Es gab ferner einseitig zottige Gewebe (ψιλά, psila), endlich das Paduanische Gewebe Gausape und die veronesischen Stoffe Lodices. Freilich haben wir keine Nachrichten über das im Alterthum zum Scheren benutzte Instrument. Man glaubt annehmen zu dürfen, dass es der Schafschere ähnlich war. In Frankreich wurde die Tondage, genannt: Tondaige, seit dem 14. Jahrhundert benutzt nach Monteil, Hist. des Francais. I. XIV. Die Panni Tonsores stehen im Bürgerbuch zu Augsburg aber bereits 1288 eingetragen. Aus dem Mittelalter sind uns Abbildungen der grossen Tuchschere überkommen, so auch in dem Schauplatz der Künste und Handwerke von dem Italiener Th. Garzoni. Wir besitzen indessen Nachrichten von Tuchscherern seit dem 8. Jahrhundert in Verbindung mit den Tuchmachern sowohl in Friesland, als später in den Niederlanden, Norddeutschland und Süddeutschland.

Das Scheren mit der Tuchschere geschah damals und in unserem Jahrhundert wie folgt:[1]

---

[1] Man sehe die Abbildung der Tuchbereiterwerkstatt Fig. 127 auf Seite 212.

Das Scheren ist eins der schwersten Geschäfte bei der Tuchfabrikation. Die stufenweise stattfindenden Schnitte sind deswegen nothwendig, weil, wenn man alle Rauhtrachten, ohne dazwischen zu scheren, verrichten wollte, die Oberfläche des Stoffs nur mit Haaren von der oberen Wollenlage bedeckt, und die Karde keine Wirkung auf den Grund des Tuchs ausüben würde; dagegen bekleidet die Karde, wenn zwischen jedesmaligem Rauhen auch wieder geschoren wird, das Gewebe mit einer neuen Wolle; jeder Schnitt muss schön gleichmässig sein, denn die Furchen, welche man Schmitzen nennt, verhindern es, dass die Karde neue Wolle herzieht, und dieser Fehler ist, wenn er im hohen Grade stattfindet, schwer zu verbessern, deswegen ist auch das Scheren in mehrere Abtheilungen eingetheilt.

Der Tuchscherer befestigt das Tuch auf dem Schertisch an beiden Leisten mit 8 bis 10 Haken; er muss es aber sorgfältig vermeiden, dass dasselbe keine Falten bekommt, weil sonst die darüberlaufende Schere es unfehlbar durchschneiden würde. Bei dem auf diese Weise angespannten Tuche richtet er zuerst die Haare mit einem eisernen Kamme in die Höhe, worauf er es schert; ist er mit einem Tisch zu Ende, so legt er das Haar wieder mit einer alten Kardätsche nieder und fängt dann wieder einen andern Tisch an: es ist höchst nothwendig, dass das Tuch recht sorgfältig geschoren wird und weder Schmitzen noch Rattenschwänze entstehen, besonders bei den letzten Schnitten.

I. Abtheilung des Scherens. Das, was man Hermannschnitt nennt, besteht in einem einzigen Schnitte, den man den Tüchern mit wenig schneidenden Scheren gibt.

II. Abtheilung des Scherens. Ist der halbwollige Schnitt. Nachdem das Tuch halbwollig gerauht worden ist, wird es nach Beschaffenheit seiner Qualität mehr oder weniger und zwar mit sehr scharfen Scheren 2 bis 3 Mal geschoren; dieses Scheren nennt man das halbwollige oder das im zweiten Wasser. Das Tuch wird hierauf im dritten Wasser gerauht.

III. Abtheilung des Scherens. Nachdem das Tuch gut ausgetrocknet ist, erhält es 5 bis 6 Schnitt, je nach dessen Qualität, und nach Beendigung jedes Tisches nehmen sie eine alte Kardätsche, um die Haare zu legen und zu ordnen, welche sie vorher mit dem Kratzer aufrichten mussten; dieses Scheren nennt man das Scheren im dritten Wasser, oder das der letzten Appretur. Die Scherer dürfen aber bei den letzten Schnitten die Haare nicht zu sehr aufrichten.

Zum Scheren im dritten Wasser verwendet man gewöhnlich diejenigen Scheren, welche zum Scheren im zweiten Wasser gebraucht wurden; wären sie zu scharf, so werden sie die Haare nicht so gleichmässig abschneiden, doch müssen sie schärfer, als jene zum Hermannschnitt sein; die neu geschliffenen Scheren braucht man zuerst zum Scheren im zweiten Wasser, dann im dritten und hierauf zum Hermannschnitt.

Die Rückseiten erhalten einen einzigen, möglichst gleichmässigen Schnitt.

Untersuchung der geschornen Tücher. Hat ein Tuch seine 2 bis 3 halbwolligen Schnitte erhalten, so untersucht man es, um zu sehen, ob es keine Schmitzen, Riemen, nicht kurz genug geschorene Streifen, Platten oder Katzenschwänze hat; die Schmitzen sind zu starke Schnitte oder Furchen; sie entstehen, wenn der Tuchscherer zu viel Wolle auf einmal in die Schere nimmt.

Die erhabenen Streifen rühren daher, wenn man zu viel auftafelt, wodurch ein kleiner Theil ungeschoren bleibt.

Die Katzenschwänze entstehen, wenn auf falschen Falten geschoren wird.

Die Riemen entstehen, wenn sich die Wolle, statt abgeschnitten zu werden, kammartig emporsträubt.

Platten nennt man solche Stellen, die von der Schere garnicht berührt wurden.

Um die Untersuchung, von welcher gegenwärtig die Rede ist, vorzunehmen, legt man das Tuch auf einen an der Helle stehenden Tisch; man fährt mit der Hand gegen den Strich, um die Wolle an verschiedenen Stellen des Tuchs zu erheben; durch dieses Mittel erfährt man, ob das Tuch gleichmässig geschoren worden ist, oder ob es einen oder mehrere der so eben angegebenen Fehler hat. Sie müssen mit einer kurzen Wolle stark bekleidet sein, das Haar muss schön abgeschnitten, möglichst nahe und gleichmässig geschoren sein. Richtet man das Haar auf, so darf man das Gewebe nur sehr wenig und muss dagegen einen klaren Boden sehen. Die Substanz des Stoffes muss weich und geschmeidig, ohne schlaff zu sein, gefunden werden, und diese Weichheit muss im Verhältniss zur Feinheit der Wolle stehen, aus welcher man das Tuch bereitete.

Die Tuchschererschere besteht aus folgenden Theilen: 1. dem festliegenden Blatt oder Lieger, welcher mit Gewichten (40—80 Pfd.), dem Sattel, gegen das Zeug gedrückt wurde; 2. dem Läufer oder dem beweglichen Blatt. Beide Blätter sind durch den federnden Bogen vereinigt. 3. der Wanke, ein am Rücken des Liegers mit Haken und Schrauben befestigtes Holz; 4. dem Zapfen (Krücke, Stengel), ein Griff am Rücken des Läufers; 5. der Leyer (Bille, Bilge), einer am Stiel des Liegers angesetzten Handhabe. Diese letzten Theile dienen, um die ca. $1^1/_3$ Meter lange Schere mit einem Riemen in Bewegung zu setzen[2]). Es kommt dazu der mit Scherhaaren gepolsterte Tisch, auf dem das Zeug gebreitet und die Schere sodann aufgelegt wird. Jacobson beschreibt nun weiter, dass der Arbeiter sich vor dem Lieger aufstellt und mit der linken Hand den Zapfen des Stengels fasst und mit der rechten Hand die Bille. Er bewegt den Zapfen des Stengels auf dem Rücken des Läufers gegen den Lieger und bringt so den Läufer zum Schnitt. Mit der rechten Hand rückt er mit der Bille die Schere ein Haar breit weiter. Zwei Arbeiter arbeiten stets mit 2 Scheren an einem Stück. Wenn jeder seine Hälfte fertig hat, so werden die Scheren gehoben und das Zeug losgemacht und weiter aufgezogen. Man legt dann die Scheren umgekehrt als beim vorigen Schnitt, damit sich die Schnitte, die aufeinanderfolgen, ausgleichen. Bei jedem Tisch werden die Schneiden mit Baumöl angestrichen[3]). Der Schertisch war 10 Fuss lang, $3^3/_4$ Ellen breit und zwar gegen das eine Ende hin geneigt. Die Scheren wurden vorzüglich gut in Eupen, Estin, Mühlheim a. Rh., Görlitz gefertigt; Beckmann rühmte die englischen und die von der Provence. Das Schleifen derselben erforderte grosse Sorgfalt. Stumpfe Scheren hiessen Butten. Ein Mann konnte in einer Stunde von $8/_4$ breitem Tuch 5—8 Tische oder $2^1/_2$—$3^1/_2$ Elle scheren. Zwei Mann scherten pro Stunde von $8/_4$ Tuch 10—16 Tische[4]). Der Scherverlust war 1—3 % des Gewichtes.

Die Gestalt der Schere ist ziemlich constant dieselbe geblieben, wie schon erwähnt. Einer ihrer letzten Verbesserer war der Engländer Wilh. Clutterbuck aus Oglebrook bei Stroud. Er erhielt 1829 sein Patent und

---

[2]) Beckmann, Technologie S. 87. — Hermbstädt, Technologie S. 62.
[3]) Schauplatz der Künste und Handwerke etc. II. Bd. p. 248.
[4]) Die feine Tuchmanufactur zu Eupen etc. 1796. Gotha.

sagt darin: „Meine Verbesserungen an den Scheren zum Scheren der
Tücher und anderer Zeuge, die des Scherens bedürfen, beziehen sich auf
die alte Einrichtung der Handscheren und auf jene Maschinenscheren,
die man Harmers nennt. Sie bestehen in einer neuen Form, die man der
Kante des obersten Blattes der Schere, dem sogenannten Läufer, giebt;
1. in einem verbesserten Baue und in einer verbesserten Anbringung der
Federn, welche die beiden Scherenblätter verbinden, statt des gewöhnlichen sogenannten Bogens der Schere (bow of the shears), und 2. in einer
neuen Art, die Schneiden der Blätter der Schere gegeneinander zu stellen.

Die oben erwähnte neue Form des Läufers soll den Nachtheil beseitigen, der so häufig durch das Kratzen oder Schaben (scraping) der
Schneide des Läufers der alten Scheren auf dem Tuche (durch das sogenannte Schlagen, beating) dadurch entsteht, dass die Schneide des Läufers
(die beinahe senkrecht auf dem Schertische steht) die Oberfläche des
Tuches, nachdem sie geschnitten hat und im Zurückspringen begriffen ist,
drückt oder reibt.

An meinen verbesserten Scheren mache ich die Schneide des Läufers,
die man (in englischen Fabriken) das Brett nennt (plank), beinahe horizontal und mit dem Schertische, auf welchem das Tuch gespannt ist, so
nahe zusammentreffend, als es füglich geschehen kann, so dass folglich,
wenn das Blatt des Läufers von dem Blatte des Liegers zurückspringt,
es dem Tuche eine vollkommen glatte und ebene Oberfläche darbietet,
und nicht, wie ehedem, die Schneide.

Meine zweite Verbesserung besteht in einer neuen Weise, die Federn
zu bauen und an der Schere anzubringen. Eine dieser Federn ist schnecken-
förmig gewunden und an dem Schenkel oder Ende des Blattes angebracht,
und die andern Federn sind bogenförmig an den oberen Seiten der Blätter
befestigt, und dienen statt der gewöhnlichen, an den Schenkeln angebrachten
Federn oder Bogen. Durch diese verbesserte Einrichtung der Federn bin
ich im Stande, die Blätter nöthigen Falles auseinander zu nehmen, um
sie ausbessern und schleifen zu können, ohne dass die Federn dabei zu
leiden haben, und ohne dass der Bogen gehitzt werden muss, wie dies
beim Schleifen der gewöhnlichen Scheren geschieht." —

Obwohl Clutterbuck's Patent so ziemlich das letzte ist, welches in
England auf Tuch- und Zeug-Scheren ertheilt ist, so hat doch der Gebrauch derselben noch bis in die 50er Jahre hinein bestanden und dürfte
heute noch an abgelegenen Plätzen existiren, — indessen vereinzelt und
bedeutungslos. Das Handwerk des Tuchscherens ist durch die Schermaschine gänzlich überflüssig geworden.

Die erste Notiz einer Schermaschine, d. h. einer mit Elementarkraft
bewegten Schere, findet sich im Jahre 1684, in welchem ein James
Delabadie ein Patent nahm auf eine Maschine zur Verschönung der
Tuche, Friese und anderer Wollstoffe, indem sie dieselbe besser auf der

Oberfläche bearbeitete durch napping. Unter Napping ward in früherer Zeit fast immer napping and shearing verstanden und es dürfte anzunehmen sein, dass jene Maschine auch eine Schere enthielt. Von Everet hat uns die Geschichte die Erzählung der Thatsache aufbewahrt, dass er 1758 in England eine von Wasser getriebene Schermühle angab und bauen liess, — indessen durch dieselbe den Hass der Tuchscherer erregte, welche die Mühle 1759 verbrannten. Die Regierung gab ihm aber 15,000 Pfd. St. Schadenersatz und Everet baute diese Mühle von Neuem auf und nun setzt die Chronik hinzu: „Seit jener Zeit ist die Anwendung solcher Maschinen in England immer allgemeiner geworden." Dieses letztere ist indessen doch wohl nur langsam geschehen und erst dann, als die Schermühle wesentlich verbessert wurde. Unter den Verbesserern dominirte John Harmer mit einem Patente von 1787 und einem zweiten von 1794. —

Dies ist die bisherige Annahme der Geschichte der Schermaschine. Indessen ist diese Annahme lückenhaft. Alcan machte zuerst 1869 aufmerksam auf die Skizze einer Longitudinalschere von Leonardo da Vinci, welche er in den Manuscripten des letzteren, die sich in Paris befinden, entdeckt haben wollte. Er gab diese Skizze auch in seinem Traité du travail de laine. H. Grothe wies indessen auf Grund seiner Studien in den Manuscripten des Leonardo in Mailand und Paris nach, dass Alcan sich gänzlich getäuscht und eine Maschine zum Ziehen der Uhrenfedern als Schermaschine angesehen habe[5]). Grothe übergab nun aber die wirklich in Leonardo's Manuscript enthaltenen Schermaschinzeichnungen der Oeffentlichkeit. Danach ist entweder Leonardo da Vinci als der erste Erfinder einer Schermaschine zu betrachten — oder er hat uns eine Zeichnung von etwa in Florenz ausgeführten und in Anwendung gestandenen Schermaschinen reproducirt, mit deren Vervollkommnung er sich beschäftigt haben möchte. Die letztere Auffassung ist ebenso berechtigt als die erste. Leonardo, wie dies von Grothe durch Publicationen vieler seiner Zeichnungen bestätigt ist, hat sich mit mechanisch-technischen Problemen und Constructionen viel beschäftigt und uns eine Serie von Ma-

---

[5]) Es gehörte in der That sehr viel guter Wille seitens Alcan dazu, diese Skizze als überhaupt verwandt mit den Details einer Schermaschine zu betrachten. Es findet sich eigentlich nichts darin, was derselben ähnelt. Der „Stoff" ist wie eine Feder steif gerollt. Wie konnte man dem auch in seiner flüchtigsten Skizze so wahr zeichnenden Leonardo diese Albernheit zutrauen. Der Stoff wird durch eine Zange an einem langen Tau gezogen! — Die einzige Entschuldigung für diesen Fautpas des Alcan existirt in dem heissen Wunsch desselben, die Schermaschine des Leonardo, von der Venturi gesprochen, aufzufinden, und in der Weigerung des Gelehrten, den A. um Uebersetzung des nebenstehenden Textes bat, diese zu übernehmen mit der Ausflucht, dies könne Monate dauern! — Grothe, Leonardo da Vinci als Ingenieur und Philosoph. 1875, Berlin Nicolai. — Verh. des Vereins für Gewerbfleiss. 1874. — Zeitschrift des Vereins der Wollinteressenten 1869. Grieben, Berlin.

schinenconstructionen hinterlassen. 1340 gab es in Florenz aber mehr als 200 Tuchfabriken. Zu jener Zeit war in Italien und speciell in Florenz die Appretur der wollenen Stoffe so hoch ausgebildet, dass, wie viele Schriftsteller (Guiccardini u. A.) melden, die Niederländer u. A. ihre Tuche roh nach Florenz sendeten, um sie dort appretiren zu lassen. Da der Lehrer des Leonardo, Verocchio, ein in allen Künsten erfahrener und in Florenz überall zu Rathe gezogener Mann war, Leonardo ferner selbst eine Vorliebe an mechanischen Studien hatte, so ist es leicht möglich, dass jene Skizzen mit wirklich ausgeführten Maschinen in Connex stehen. Wie dem auch sei — so viel steht fest, dass Leonardo da Vinci uns eine Anzahl Skizzen zur Tuchschermaschine hinterlassen hat, und deshalb seine Systeme in erster Reihe hier besprochen werden müssen. Wir geben eine Facsimile-Skizze der grösseren Combination[6]) auf der autographirten Tafel VI[7]), Fig. I. In derselben sehen wir neben einander 4 einzelne Schertische A, B, C, D. Diese Schertische hat Leonardo in mehreren Detailconstructionen vorgeführt (Fig. II). a ist die Rolle mit dem zu scherenden Tuche, b ist der etwas gewölbte Schertisch, c die Walze, auf welche das geschorene Zeug sich aufwickelt. Um letzteres an dieser Walze gleichmässig zu befestigen, wird das Tuchstück an seinen Enden mit kleinen Ringen (magliette) versehen, die an Häkchen der Walze angehakt werden. Wie aus Fig. I hervorgeht, hängen beide Walzen, sammt dem Zwischenrädchen mit Kurbel, welches in Zähne auf beiden Walzen eingreift und diese umtreibt, in einem Hängelager am Schlitten des Tisches. Die Schertische sind also in dem Gerüst eingesetzt und zwar auf Schlitten, an deren Querverbindungen auch die Walzen hängen. Die Bahnen für die Schlitten sind doppelt so lang als der Schertisch, weil während des Scherens die Schlitten sich von einer Seite zur anderen bewegen.

In der Mitte der Bahn befinden sich die Scheren und zwar für jeden Tisch eine, somit E, F, G, H. Die Lagerblätter sind auf dem Gestell befestigt, während die Schneidblätter durch die Zugstangen I, K, L bewegt werden. Leonardo hat dabei durch entgegengesetzte Lagerung von F, G ermöglicht, dass beide Scherblätter dieser Scheren durch eine Zugstange erfasst werden. Die Zugstangen erhalten eine alternirende Bewegung durch Zurückdrücken und Losschnellen mittelst eines in derartiger Zeit viel angewendeten Bewegungsmechanismus. Das Kammrad M drückt den Hebelarm N so lange zurück, bis er von dem Zahn abgleitet. Die Welle des Kammrades M wird mit Eingriff von Zahnrädern durch ein Wasserrad bewegt. — Diese Anordnung der Bewegung des Scherblattes ist indessen

---

[6]) Codex Atlanticus in der Ambrosiana zu Mailand fogl. 389.

[7]) Es sei hier bemerkt, dass die Tafel VI alle für die Geschichte der Schermaschine wichtigen Constructionen in Skizzen [theilweise Facsimile-Scizzen (I—VI und XX)] enthält, in denen der Schertisch mit a, das liegende Scherblatt mit b und das bewegliche Scherblatt, resp. der Schercylinder mit c bezeichnet ist.

nicht die einzige von Leonardo entworfene. Er hat auch versucht, dieselbe durch Schnüre und Bänder (Fig. VI) zu bewirken und beschreibt eine solche
Anordnung ausführlicher. Eine fernere Anordnung (Fig. V) bringt beide Scherblätter durch Zugstangen mit entgegengesetzt gerichteten Kurbeln in Verbindung, so dass beide Blätter beim Schneiden bewegt werden. — Eine Construction (Fig. IV) legt das eine Blatt fest, nimmt das bewegliche als zweiarmigen Hebel und lässt die Zugstange der Kurbel an dem nicht schneidenden
Hebelarm wirken. Etwas undeutlich ist eine Skizze, welche zwei entgegengesetzt gerichtete Scheren auf einen Wagen oder Schlitten bringt, sodass
sie auf der Maschine entlang geschoben werden können. Eine weitere
Anordnung ist so gegeben, dass die Schere quer über das über Rollen
geführte Zeug von Leiste zu Leiste liegt. Endlich müssen wir noch jene
Skizze anführen, welche den Stoff über einen Cylinder leitet, die Schere
aber etwas seitlich an demselben in Thätigkeit setzt, also so dass dieselbe
querüber von Leiste zu Leiste reicht (Fig. III).

Man wird zugeben müssen, dass diese Studien und Betrachtungen und
Entwürfe des Leonardo da Vinci an sich höchst merkwürdig und interessant sind. Sie enthalten aber auch anticipando sämmtliche Ideen, die
sich für die Construction einer Schermaschine, anschliessend an die Tuchschererschere, finden liessen, erschöpft. Deshalb geben alle englischen
und französischen Patente und Erfindungen, soweit sie sich auf Schermaschinen unter Benutzung der Tuchschere erstrecken, factisch nichts
Neues. Von Everet's Schermühle ist nichts Näheres bekannt[8]), aber
Harmars Construction (Fig. VII), welche für England massgebend wurde,
sowie die Constructionen von Frycr, Douglas, Sanford etc. erweisen sich
diesen italienischen Constructionen gegenüber als wenig originell.

Neben Harmars Maschine trat, als wirklich eine neue Richtung der
Schermaschinen-Construction anbahnend, die Schermaschine des Amerika-
ners Samuel Grissould Dorr (Pat. 20 Oct. 1792) auf. Sie wurde patentirt
als „a machine called „the wheel of knives" for shearing and raising the
nap of cloths" (Fig. XII). Dorr's Maschine enthält einen Messercylinder
mit beiläufig 14 Messern. Diese Messer sind tangential zum Cylindermantel aufgestellt und durch Federn in ihrer Stellung erhalten. Diese
Messer c sind parallel zur Längsaxe des Schercylinders angebracht an
radialen Armen und durch Spiralfedern gehalten. Der Stoff bewegt
sich über einen Streichbalken a von dreieckigem Querschnitt, über dessen
Oberkante die Schneide des stationären Messers b liegt. Betrachtet man
diese Combination, so wird man finden, dass dieselbe die Momente der
Cylinderschermaschine enthält, welche daher als eine amerikanische Erfindung anzusprechen ist. Wir fügen hinzu, dass Dorr in seiner Patent-
specification für dieses System eine Skizze gibt mit 4 einzelnen Schertischen,

---

[8]) Nur Beckmann, Technologie pag. 89, gibt an, dass das Zeug unter den festliegenden Scheren fortgezogen wurde; also ebenso wie bei L. da Vinci.

um den Schercylinder herum gruppirt, dass er ferner die Bürste d anwendet zum Aufbürsten der Haare.

Diese Maschine konnte keine günstigen Resultate geben, wenn die Geschwindigkeit (über welche Angaben indessen nicht vorliegen) des Cylinders eine geringe war und daher sich das Schneiden auf der ganzen Breite als ein intermittirtes Hacken darstellte[9]). Diese Wirkung wurde beseitigt dadurch, dass Dorr 1793 die Messer direct radial auf dem Cylinder aufsetzte und dieselben spiralförmig um denselben herumwand. Es ist uns keine amerikanische Abbildung von den ersten solchen Constructionen aufbewahrt. Wir wissen aber, dass solche Maschinen nach England kamen und dort nachgebaut wurden. Die ersten, die die Messer des Cylinders in einer schwachen Spirale aufstellten und befestigten, waren in England Price und John Lewis[10]) aus Briscomb 1815 (Fig. XV). Lewis setzt den Grund dafür ganz richtig auseinander: „Every such bar carrying a set of cutters is twisted one quarter of a revolution, in order that when the said bar is made to revolve in the machine with its axis of motion parallel to the front edge of the ledger blade, the cut of each runner blade against the edge of the ledger blade shall proceed regularly from one end of the blade to the other end, for each cut will occupy the thime taken up by the fourth part of revolution of the cylinder, and the instant that the first runner blade ceases to act the second blade begins its action and so on with the others." Es ist hiermit also klar ausgedrückt, dass man die intermittirenden Schnitte vermeiden und die Schneidoperation gleichmässig auf die ganze Revolution vertheilen wollte. Im Uebrigen enthält das Patent Mechanismen zur Ausbreitung der Gewebe während des Scherens, mit 2 Conen und mit Nadeln, — ferner eine eigene Anordnung des Scherbettes u. s. w.[11]).

Stephan Price aus Stroud liess sich 1815 ein Patent (Fig. XIV) geben für eine Schermaschine mit Schercylinder mit aufrechtstehenden (etwas geneigten) Messern, die den Mantel des Cylinders in schwachen Spiralgängen bekleiden[12]). Die Streichleiste ist aus kleinen, neben einanderliegenden und durch einen Cylinder emporgehaltenen Lamellen hergestellt und kann genau der Breite des Stoffes entsprechend eingestellt werden.

Mit dem Patent Price begann in Europa die Serie der Cylinderschermaschinen mit radialen Messern. J. Lewis im Verein mit William

---

[9]) Es ist unklar, wie diese wichtige Construction dem Verfasser der Geschichte der Technologie, Karmarsch, verborgen geblieben ist, da sie doch auch in England patentirt ist. In Folge davon ist die Darstellung dieses Abschnitts bei K. vollständig verfehlt.

[10]) Es muss hier ganz ausdrücklich daran erinnert werden, dass die Spiralmesser in Amerika zuerst angewendet wurden.

[11]) Dieses Patent ist von Karmarsch unrichtig dem des Price zeitlich nachgestellt.

[12]) Die Specification sagt: „Blades placed obliquely to the axis of the cylinder or as to form a portion of a spiral."

Davis war es, der diesen rotirenden Spiralmesser-Cylinder sowohl auf einen Wagen setzte und über die Breite des Stoffes fahren liess[13] — und ihn benutzt, um den Stoff in der Breite zu scheren. Diese Einrichtung war indessen bereits vor Lewis in Amerika bekannt und ausgeführt (Fig. XX). — Die Transversalschermaschine des Lewis-Davis ist mit einem guten Stellzeug eingerichtet und mit federnder Bettplatte. Der Schercylinder ist mit einem Messer in zwei Windungen umzogen. Das Messer besteht aus Stahldraht resp. Blech von dreieckigem Querschnitt. Der übrige Raum des Cylinders ist besetzt mit Bürsten, die den Stoff zugleich aufbürsten sollen.

Uebersehen wir nun die bisher betrachteten Systeme, so finden wir darin die ausgesprochenen, auch heute noch gültigen Systeme erscheinen.

I. Schere, mit der Hand bewegt.

II. Schere, mit Elementarkraft bewegt.

III. Rotirender Schercylinder.

a) Auf Wagen gestellt und von Leiste zu Leiste scherend: Transversalschermaschine.

b) Stationär aufgestellt und den unter ihm continuirlich durchbewegten Stoff scherend: Longitudinalschermaschine.

Jede dieser verschiedenen Richtungen hat Veranlassung zu Verbesserungen gegeben. Die Handscheren sind freilich nur wenig verbessert worden; die Abbildungen derselben in Werken aus dem Ende des 18. Jahrhunderts zeigen keinerlei bemerkenswerthen Unterschied gegen die Abbildungen des Leonardo da Vinci und Garzoni.

Die durch Elementarkraft bewegte Schere hatte also durch Leonardo eine durchdachte Einrichtung erhalten. Abgesehen von der unbekannten Construction Everets übertrifft Harmar $2\,^3/_4$ Jahrhundert später die Vinci'sche Construction keineswegs, weder in seinem Patent 1787, als im Patent 1794. Auch die späteren Constructionen von Samuel Kellog 1795, James Douglas 1798, Ullhorn 1800, Isaac Sanford 1800, Joseph Fryer 1802, Wathier 1802, Liberty Stanley 1803, Lebanc-Paroissien 1803, Offermann 1803, Nicolai 1804, Isaac Kellog 1809, Joseph Clissold Daniell 1810, Place 1810, James Mallory 1811, William H. Hart 1813, Mazeline 1813, Jonah Dyer 1815, Georg Adey 1817, J. Hobson 1822, Th. Sitlington 1825, Foxwell & Clark 1828, Clutterbuck 1829 enthalten keine praktischen und sehr wesentlichen Verbesserungen oder Veränderungen. Mit 1830 schneidet dann die Erfindungsthätigkeit für die mechanische Bewegung der Tuchschererschere ab. In wie weit Amerika sich bei der Erfindung und Verbesserung dieser mechanischen Tuchscheren betheiligt hat, lässt sich heute nicht mehr entscheiden, denn das Material für die Zeit

---

[13] Es sei hier bemerkt, dass diese Maschine offenbar aus Amerika in ihrer Zusammensetzung und mit dem Spiralcylinder stammt. Man sehe später. — Davis kaufte übrigens das Patent von Stephen Price.

bis 1832 ist lückenhaft und unzulänglich, weil die Originalspecificationen beim Brande des Patentamts zerstört sind. Indessen beweisen die vorhandenen Nachrichten und Aufzeichnungen, dass in Amerika vorzugsweise die Cylinderschermaschine cultivirt wurde und zwar in drei Formen, wie wir später sehen werden. —

Ueber die Bestrebungen, für die mechanische Tuchschere, wie sie in den vorgenannten Erfindungen zu Tage treten, wollen wir die wichtigsten Momente hervorheben.

Die James Douglas 1798 patentirten Schermaschinen enthalten die Variationen Vincis und ausserdem die Neuerung, dass D. das eine Blatt festlegt, das andere aber lose bewegt mit irgend einem Mittel und zwar parallel zum festen Blatt, gleichviel, ob dieses horizontal, vertical oder geneigt liegt (Fig. VIII).

Isaac Sanford 1801 legt im Rahmen eine Schere unter den Stoff, zwei darüber, um zugleich auf beiden Seiten zu scheren. Der Stoff wird aufclavirt und gespannt; der Rahmen mit den Scheren ist beweglich.

D. Ullhorns und Offermanns Maschinen bewegten die Schere über den Stoff fort.

Nicolai's Schermaschine bewegte das Zeug unter der Schere fort.

Joseph Fryer's Patent 1802 bedient sich eines festen, breiten, liegenden Blattes und zweier halbsolanger beweglicher Schneidblätter, die durch Kurbeln und Stangen bewegt werden. Das Metallscherbrett bewegt sich mit dem Scherapparat (Fig. XI)

Der Amerikaner Isaac Kellog bediente sich einer Art Rietblatt oder Roste als Scherbett.

J. Clissold Daniell setzte mehrere Scheren in einen Rahmen nebst 2 Scherbetten, welche abwechselnd mit Tuch beschickt wurden.

James Mallory ordnete 1811 in 2 Patenten die Scherblätter unabhängig von einander an und gab ihnen beiden nicht gerade, sondern curvenförmige Schneiden. Die Blätter haben verticale Position, das untere fest neben der Streichbettleiste des Tuches, das obere an Stangen in Führungen hängend und von Kurbeln bewegt. Der Schnitt erfolgt, wie bei einer Doppelschere (Fig. X). — William H. Hart 1812 benutzt ebenfalls die verticale Anordnung, aber eines festen breiten Scherblattes und einer Anzahl leichter, durch Federn angezogener und Stangen bewegter Messer. Georg Adey bewegt die Scheren mit endlosen Ketten.

J. Hobson's Schermaschine von 1822 verfolgte einerseits den Zweck, den Stoff auf beiden Seiten gleichzeitig zu scheren. Beide Scherblätter sind beweglich und werden unter einem Winkel zu einander bewegt. Ein Streichlineal von Metall dient dazu, die Haardecke zu erheben. Andererseits enthält die Schermaschine, die von Hobson wirklich ausgeführt wurde, mehrere feste Blätter über Scherkissen und lose Blätter, welche durch

Kurbeln eine alternirende Bewegung erhalten. Der Stoff bewegt sich langsam unter den festen Blättern durch[14]) (Fig. XXI).

In Frankreich führte 1820 Abraham Poupart in Sedan eine Schermaschine mit 2 beweglichen Scherblättern an einem Balancier aus, die in oscyllirender Bewegung mit 2 festen Scherblättern zusammenarbeiteten[15]).

Bei der Betrachtung der III. Abtheilung, Maschinen mit rotirendem Cylinder, müssen wir zunächst darauf eingehen, dass mit der Herstellung der rotirenden Schercylinder auch die oscyllirenden auftraten, hervorgegangen offenbar aus den alternirenden losen Scherblättern. Am deutlichsten geht diese Herleitung als richtig hervor aus Thomas Miles Specification, welche für die Bewegung des oscyllirenden Blattes die Bezeichnung hat „alternate circular motion". Dieses Patent Miles ist indessen nur die englische Patententnahme des Patentes von Beriah Swift in Washington, N. Y., und resultirend aus den amerikanischen Patenten von 1806, 1810, 1814. B. Swift ist der eigentliche Erfinder des oscyllirenden Schercylinders, dessen Verbesserung in Amerika eine Reihe von Erfindungen und Constructionen hervorrief, unter denen die von David Dewey (1878) in Poultney (Vt.) und später Samuel Duncan in Northampton (N. Y.) die hervorragendsten sind, — ebenso in England, wo dieses System von Th. Sitlington (1825), Hooper (1828), Foxwell & Clark (1828) cultivirt ward und in Frankreich (Nicholson 1825) und Deutschland.

Die Swift'sche Maschine (Fig. XVI) enthält ein festes Scherblatt und einen Schercylinder, welch letzterer eine Messerklinge in flachem Schraubengang enthält. Dieser Cylinder rotirt nicht, sondern erhält eine oscyllirende Bewegung, deren Bahn nur ebenso gross ist als der Theil des Cylinderumfangs, welchen der Anfangs- und Endpunkt der Spirale begrenzt. Dieser Apparat ist sowohl von Beriah Swift in einer Transversalschermaschine angeordnet, als auch in einer Longitudinalschermaschine. Derselbe gewährte einen hohen praktischen Effect und wurde daher, wie oben bereits erwähnt, stark verbreitet. — Die englischen Nachahmungen dieses Systems haben nicht vermocht, etwas Hervorragendes hinzuzufügen. John Collier benutzte im Patent von 1822 den oscyllirenden Schercylinder für die Transversalmaschine. Die Maschine von William Marshall (1828) in Fountain Grove, Huddersfield, ist sehr sorgfältig ausgearbeitet, enthält aber auch nichts Neues[16]), ebensowenig die Specification von Foxwell und Clark 1828 und die von Th. Sitlington 1825.

Die Cylinderschermaschine mit rotirendem Cylinder, welche durch Dorr in Amerika 1793 in ihren Hauptsachen erfunden wurde, hat in Amerika schnelle Ausbildung genossen, desgleichen ist sie in England aufgenommen und ausgebildet worden, wie wir gesehen haben, durch Lewis

---

[14]) Beschreibung s. Klinghorn neueste Spinn-, Web- etc. Maschinen 1828. Quedlinburg.

[15]) Notice sur les Machines a tondre les draps etc. Par A. Poupart. Paris 1823.

[16]) Russel, der vollkommene englische Tuchappreteur. 1831. Quedlinburg.

und durch Price. Aus englischen Quellen lernen wir, dass diese Constructionen, wie sie von Lewis, Price, Davis u. a. beschrieben und ihnen patentirt sind, in der That nur Nachahmungen amerikanischer in England eingeführter Maschinen waren. Mr. Bathgate in Gallashils erbaute 1823 eine Schermaschine nach dem Muster der in Amerika erfundenen und in England seit 10 Jahren eingeführten und dort bereits wesentlich verbesserten Schermaschine, wie es in der Beschreibung dieser Maschine ausdrücklich heisst. — Alcan[17]) berichtet ferner, dass 1812 unter dem Namen Ellis Jonathan ein Brév. d'inv. XIV. 327 genommen wurde auf eine Longitudinalschermaschine mit Spiralcylinder, welche von George Bass aus Boston importirt wurde, — und knüpft daran die Bemerkung, dass Collier und Seven diese Maschine zum Muster ihrer Erfindungen genommen hätten.

Die für die Ausbildung des Cylinderschersystems angewendete Thätigkeit liegt also sehr klar vor. Amerika, England und Frankreich, später Deutschland nahmen daran Theil, — und eigentlich kann man, während bis 1840 das Transversalsystem, von da ab aber das Longitudinalsystem in erste Linie trat, mit 1850 die Periode der Entwicklung der Schermaschine als vollkommen abgeschlossen betrachten; seitdem sind eben nur Vervollkommnungen einzelner Details und Combinationen ohne die Generalconstructionen wesentlich zu modificiren aufgetreten.

Der Orientirung wegen geben wir in Nachstehendem eine Uebersicht über die erfinderische Thätigkeit in diesem Gebiet. Patente erschienen:

Amerika:	Amerika:	England:
1792 u. 1793 F. Dorr.	- S. Hills.	1818 T. Lewis.
1806 Swift.	1814 E. Durrin.	1820 W. Davis.
1807 R. Dorr.	- J. Sanford.	1821 T. Smith.
- E. Burt.	- Orth & Strohn.	1822 T. Robinson.
1808 E. Stowell.	1815 T. Taylor.	1823 W. Davis.
- S. Stewart.	1816 Osborn & Fraser.	1824 Austin.
1809 D. Dewey.	- T. D. Smith.	- Gardner & Herbert.
1810 E. Sprague.	1817 T. Collins.	1838 Clay & Walker.
- H. Matthews.	- E. Remington.	Frankreich:
1811 E. Willmuth.	1818 David Dewey.	1812 Ellis Jonathan (Am.).
- B. Cummings.	1819 S. Parsons.	1816 Seven.
- G. Killog.	- E. Hotchkiss.	1818 A. Poupart.
- T. Molleneux.	1820 Z. Carey.	- Moitessier.
- W. Stillmann.	1822 E. Heald.	1822 Collier.
- E. Hovey.	1828 J. Kellog.	1826 P. de Neuflige.
1812 S. Treadwell.	1829 M. Hurd.	1837 Grosselin.
- W. Kennedy.	1834 John Davidson.	1841 Grosselin.
- S. Dickerman.	- R. Daniels.	1844 Pouilhac.
- G. Bortwick.	England:	1854 Mingaud.
- G. Booth.	1815 John Lewis.	1857 Schneider & Legrand.
1813 Thos. Blanchard.	- Stephen Price.	

---

[17]) Traité du travail de laine T. II. p. 295.

Wir müssen aber noch einen Blick werfen auf frühere Schermaschinen Constructionen. Neben den genannten Hauptrichtungen traten verschiedene einzelne Constructionen auf, welche originelle Ideen verfolgten.

Die Schermaschine von William Davis (1820), enthielt eine Anzahl
kleiner rotirender Schercylinder, die in diagonaler Richtung quer über der
Breite des Tuches angeordnet wurden. Diese sogenannte Diagonal-
schermaschine hat indessen niemals einen besonderen Einfluss errungen.

Die Schermaschine von John Bainbridge 1823 ist nach dem amerikanischen Original des Edmund Durrin aus Wethersfield N.-Y. hergestellt. Sie enthält zwei Sägeblätter, deren unteres festliegt und deren
oberes sich alternirend schnell hin- und herbewegt, so dass die gegen die
schneidenartig seitlich zugeschärften Sägezähne aufgerichteten Fasern durch
die hin- und hergehenden Zahnschneiden abgeschnitten werden (Fig. XIX).
— Dieses System hat später durch Cormick 1834 und Rundell 1835 Anwendung für die Mähmaschinen gefunden und zwar mit grösserem Erfolg
als für die Stoffscheren. Auch das Prinzip der Cylinderschermaschinen
mit Spiralfedern fand 1830 durch Budding seine Uebertragung auf Gras-
mähmaschinen.

Originell in Construction und Gedanken sind die Scheren von Geo.
Oldland (1830, 1832). Oldland stellt ein festliegendes Blatt her, mit
leicht ausgebogter Schneide, an welcher entlang und mit ihr zusammen
arbeitend eine wandernde kreisförmige Schneidscheibe bewegt wird, —
oder er stellt das feste Blatt her mit halbkreisförmigem Ausschnitt der
Schneide und lässt eine Scheibe mit mehreren Schneidrollen darin
wirken (Fig. XVIII). Diese Schneidrollen sind an einem Kreise, der auf
Armen an einer vertikalen Axe sitzt, befestigt. (Auch diese Idee hat bei
den Mähmaschinen vorübergehend Anwendung gefunden. Cumming 1811,
Phillipps 1841.)

Eine mehrfach wiederkehrende Idee war die Anwendung von Schmir-
gelwalzen zum Abreiben, Poliren etc. der Zeugoberflächen. Eine scher-
maschinenartige Gestalt erhielt dieselbe durch John Slater 1823. Derselbe
führt das Gewebe über eine kleine Walze und lässt dasselbe durch sie
gegen das feste Blatt anpressen, mit dessen Schneide die Schmirgelwalze
zusammenarbeitet und die Fasern, die sich auf die Schneide gelegt haben,
abreibt und abreisst (Fig. XVII).

Bevor wir auf die Specialbetrachtung der Cylinderschermaschinen eingehen, wollen wir hier ferner hinzufügen, dass seit Harmar das Streben
auftrat, mit der Schermaschine andere Appretapparate zu verbinden.
Harmar hatte darin bereits eine Rauhvorrichtung vorgesehen, deren Wirksamkeit indessen aus der Patentzeichnung schwer erklärbar ist. Später
wurden Bürstenwalzen eingestellt, um die Haare vor dem Scheren aufzu-
bürsten, damit sie sich gegen das Scherblatt besser auflegen können und
schon Dorr's Patent enthält eine solche. Diese Bürste wurde von einigen

durch eine Streichschiene ersetzt. Mehrfach kam es vor, dass die Zwischenräume zwischen den Messern des Messercylinders mit Bürsten ausgefüllt
wurden (so z. B. von J. Fr. Smith). An Stelle solcher bürstenartigen
Mechanismen schlug Geo. Oldland 1832 zuerst die Benutzung eines Luftstroms vor, eine Anordnung, die eigentlich erst 1860 wieder durch R. Wilson
unter Aufstellung eines Ventilators und einer Bürste aufgenommen wurde.
— Es wurden aber auch Dämpfcylinder mit der Schermaschine verbunden,
wie man denn auch eine Zeit lang bestrebt war, Universalappretirma-
schinen zu schaffen, welche Waschen, Rauhen, Scheren und Dämpfen
konnten. Die mechanische Vervollkommnung in Ausführung der Details
hat diese Bestrebungen bei Seite gesetzt.

Die Betrachtung des Standes des Schermaschinenbaues unserer Tage
wird lediglich die Resultate ergeben,

dass die Tuchschererschere mit der Hand nicht mehr benutzt wird,

dass die Maschinen, welche die Tuchschererschere mechanisch bewegten, vergessen sind,

dass die Cylinderschermaschine mit oscyllirendem Scherblatt verlassen ist,

dass die Cylinderschermaschine mit Wagen als Transversalmaschine
nur noch beschränkt im Gebrauch ist,

dass die Cylinderschermaschine mit continuirlich längsbewegtem
Stoff die herrschende Construction geworden ist.

Die Cylinderschermaschinen.

Wie wir bereits gezeigt haben, entwickelte sich die Cylinderschermaschine aus der ersten amerikanischen Erfindung von Dorr. Die tangentiale
Messerstellung derselben entsprach durchaus den damaligen Ansichten über
den Scherprozess; das bewegliche Blatt wurde durch den Arm der Welle
gegen das festliegende geführt, — aber anstatt zurückgeführt zu werden
nach Vollendung des Schnittes, rotirte der Cylinder weiter und hob ebenfalls so die bewegliche Schere ab. Indessen ergab die Betrachtung, der
Versuch die Ueberzeugung, dass bei schnellerer Bewegung des so rotirenden
Messers nicht mehr ein eigentlicher Schneidprozess sich vollzog, sondern
mehr ein Prozess des Abschlagens. Das Haar legt sich gegen das feste
Scherblatt dasselbe überragend; das heranbewegte Scherblatt aber schlägt
dagegen und rupft es ab. Diese Rupfoperation, Schlagoperation, Scher-
operation, — wie man es nun nennen mag, — bedarf aber nicht der
complicirten tangentialen Anbringung der Blätter, sondern kann auch mit
radialen Messern ausgeführt werden. Dies ist durch die Amerikaner sehr
bald herausgefunden und verwirklicht, sodann nach Europa übergekommen
und zuerst in Lewis und dann in Price Maschinen praktisch erfolgreich

ausgeführt. (Davis kaufte dann beide Patente und verbesserte die Maschine fortgesetzt.)

Es muss ganz besonders betont werden, dass alle diese Erfinder von Dorr an bis Lewis-Price-Davis sowohl Transversal- als die Longitudinalmaschinen sich patentiren liessen, dass aber dem Publikum die Transversalmaschine anfangs besser behagte, obgleich die Patentmaschinen von Davis u. A. in ihrer Composition schon fast auf dem heutigen Standpunkt standen. Vielleicht war für die Anschauung der Praktiker der Schritt von der Tuchschere zur continuirlichen Schermaschine zu gross auf einmal, als dass er nicht abstossend wirken sollte. — Die eingestandenermassen den Amerikanern nachgebaute Transversal-Schermaschine von Bathgate in Gallashils[18]), welche auch auf dem Continent mehr bekannt wurde, enthielt einen Wagen, der auf den untersten Längsbalken des Gestelles fuhr und so hoch gebaut war, dass der Schercylinder oben in Tischhöhe darauf einlagerte (Tafel Fig. XX). Die Bewegung des Wagens sowohl als die des Cylinders geschah durch Schnüre. Im Uebrigen war die Disposition bereits so wie die der heutigen Transversalschermaschine. Auch die Longitudinalmaschine von Lewis-Davis und die Price-Davis'sche[19]) Maschine enthielten die Grundlagen der heutigen Maschinen in ziemlicher Vollkommenheit. Das Messer war bereits mit dem Gestell des Cylinders in Verbindung gebracht und der Tisch selbständig zu verstellen. Die Patentträger suchten beim Scheren auch zu dämpfen und hatten daher ein Dampfrohr in die Maschine eingelegt. Sodann wurde Sorgfalt auf die verwendeten Materialien gelegt, der Läufer von Stahl hergestellt, die Einfügung in Nuthen erdacht, der Cylinder als Röhre gestaltet und gehärtet u. s. w. Die aus diesen hervorragenden Systemen im Verlauf der Zeit entwickelten Fortschritte und Vervollkommnungen seien in Nachstehendem kurz bezeichnet.

John Collier führte 1816 die Lewis'sche Longitudinal-Maschine mit einem elastischen Scherbett aus unter Zufügung einer Bürste.

James Smith schlug 1821 eine grössere Anzahl Messer am Cylinder vor und eine stärkere Spirale, um einen besseren Schneidwinkel mit dem festen Blatt zu erzielen.

Samuel Robinson verbesserte 1822 die Transversalschermaschine durch die bessere und leichtere Einrichtung des Wagens, der oben auf den Längshölzern des Gerüstes der Maschine sich bewegte.

John Collier suchte 1822 die Herstellung der Messercylinder zu verbessern, indem er sie in auf dem Cylinder eingeschnittene Gruben einsenkte. Der Cylinder selbst besteht aus Gusseisen oder Stahl. Jede Grube der Nuthe geht viermal um den Cylinder und 8 Gruben sind her-

---

[18]) Russell, der vollkommene engl. Tuchappreteur. S. 37. Quedlinburg, 1831.
[19]) Ure's Dictionary of arts and manufactures. Vol. III. p. 1060. — London 1860.

gestellt. In diese Gruben werden die Stahlmesser eingesetzt, so dass sie nur $\frac{1}{2}$ Zoll engl. aus dem Mantel des Cylinders hervorragen. Die Feststellung der Messer im Cylinder geschieht mit Streifen von Rothguss oder Messing. Er führt ferner eine Bürste vor Eintritt des Stoffes in die Maschine ein. —

William Davis wendete 1823 bereits gehärtete Messer an und bewirkte ihre Feststellung durch Drahteinlagen in die Nuthen neben dem Messer.

Humphrie Austin stellte 1824 einen Schercylinder her, bei welchem die Messer in einer Richtung um die Hälfte des Cylinders gewunden werden, um die andere Hälfte in entgegengesetzter Richtung, so dass der Stoff in verschiedenen Richtungen von der Mitte aus geschoren wird. Die Wirkung dieser Neuerung ruhte in der Illusion.

Von Bedeutung ist indessen die Erfindung von Gardner & Herbert (1824), welche darin besteht, dass dem Cylinder neben der rotirenden Bewegung eine alternirende Bewegung ertheilt wird, wodurch das Blatt des Schercylinders eine bessere Wirkung gegen das feste Scherblatt äussert und eine Art von gezogenem oder geschobenem Schnitt hervorbringt. — Erst 1838 trat wieder eine bemerkenswerthe Erfindung auf von Clay, Walker & Rosenberg, anschliessend an Lewis Transversalmaschine. Diese Erfinder richteten nämlich die Mechanismen der Maschine so ein, dass, wenn der Wagen von Saum zu Saum fertig geschoren hat, er von selbst ausrückt und durch den Mechanismus von selbst zurückgeführt wird, während welcher Zeit ein neues Stück Stoff sich selbstthätig einspannt, so dass nach Ankunft des Wagens am Anfangspunkt der Scherbewegung derselbe wieder einrückt und sofort zu scheren beginnt. —

Der Stillstand des Erfindungsgeistes für die Schermaschine in England wird nun sehr bemerkenswerth. Bis 1858 ist kein Patent vermerkt und die Publicistik bringt daher nur äusserst wenig Neues in diesem grossen Gebiet.

In Frankreich hob die Erfindung mit 1840 erst lebendig an und brachte Constructionen von Bouché, Collier, Abadie, F. Grosselin, Renis, Pauilhac[20]), Berry, Mingaud, Schneider & Legrand, Peyre & Dolques (Laineuse-tondeuse) u. A. Indessen ist zu bemerken, dass diese Constructionen sich bemühten, den amerikanischen und englischen Leistungen nachzukommen. Sie enthalten deshalb etwas neues Hervorragendes nicht. Die Schermaschine von A. Poupart (Sedan) von 1820 enthielt in vollster Verkennung der Dorrschen Idee einen Schercylinder von 14 Fuss Diameter mit vielen Messern und einem Gewicht von 2000 Pfd. Vier Menschen setzten sie in Umdrehung und zwei unterhielten dieselbe. Ihr

---

[20]) Alcan beschreibt die Schermaschinen von Collier, Pauilhac, Peyre & Dolques und Poupard in seinem Traité du travail de laine T. II.

Preis war 20000 frs.[21]). Ganz besonders ist die Peyre & Dolques'sche Laineuse-Tondeuse eine unglückliche Auffrischung des von den Engländern bereits mit 1830 verlassenen Weges. Diese P. & D.'sche Maschine erhielt auch durch Stolle in Berlin 1853 ein preussisches Patent, — eine sehr interessante Illustration zu dem „Neu und Eigenthümlich", diesem Grundprinzip der verflossenen Patentcommission! —

In Deutschland trat der Schermaschinenbau gegen 1840 etwa selbständig auf und erlangte sehr schnell Gewicht besonders durch die bedeutenden Leistungen von H. Thomas in Berlin. Die Hauptaufgaben waren die Herstellung guter Messer, deren sorgsame Befestigung und die vollkommene Einstellung des Schercylinders gegen das feste Blatt. Auch Tillmanns Esser, Schlenter, Gessner u. A. lieferten gute Scheren. —

Wir lassen hier die Beschreibung einer Transversalschermaschine und einer Longitudinalschermaschine aus der H. Thomas'schen Maschinenfabrik zu Berlin (Pankstrasse) als typisch und mustergültig folgen.

Transversal-Schermaschinen.
(Fig. 181—183.)

Zwei starke Seitenrahmen a sind oben mit der Laufbahn für die Führungsrollen des Schneidezeug-Wagens b versehen. Dieselben sind durch zwei Stirnwände c verbunden, in welchen die beiden Wickelwalzen d gelagert sind und welche vermittelst eines Lappens die beiden Stellrahmen e tragen. In den Schlitzen der Stellrahmen ruhen verschiebbar die Klappen g, deren untere feste Hälfte mit Nadelspitzen, die obere mit daraufpassenden Löchern versehen ist. Die obere Klappe wird durch eine Feder f fest gegen die untere gedrückt. Zwei quergelagerte Wellen h mit Knebeln tragen je zwei Kettenräder, über welche die an den Klappen befestigten, mit Spannvorrichtung versehenen Ketten liegen, ein Sperrrad dient vermittelst Sperrklinke zum Feststellen der Klappen. Die beiden Schneidezeugwagen b sind durch die starke gusseiserne Brille i verbunden, welche den Schertisch trägt.

Dieser Tisch ist nun entweder, wie gezeichnet, ein elastischer muldenförmiger Untertisch, zu welchem dann ein entsprechender Obertisch gehört, welcher am Schneidezeugträger befestigt ist, zwischen welchen die lose gespannte Waare in einem Doppelbogen hindurchgezogen wird. Die Klappen sind in diesem Falle im Stellrahmen um einen Zapfen drehbar, damit dieselben bei dem etwas höher gelegenen Tische ankippen können, und die Waare bis zu den Leisten ausgeschoren werden kann. Die Maschine wird in dieser Construction als Schlaffscherer bezeichnet. Oder der an der Brille allein befestigte Untertisch ist gerade und wenig höher als die Klappen gelegen. In diesem Falle erhält der Schneidezeugwagen kleinere Stollen, um mit dem Schnitt auf den tiefern Tisch zu kommen und die Klappen sind nicht drehbar. Die Waare ist fest zwischen denselben angespannt. Die Maschine heisst in dieser Construction Strammscherer.

Das Schneidezeug besteht aus der gusseisernen Messeraxe k, auf welcher das Untermesser ohne Löcher mittelst Decke befestigt ist. Die Axe ruht in Steinen drehbar auf den Ständern, welche selbst auf dem Wagen horizontal vermittelst

---

[21]) A. Poupart, Notice sur les machines à tondre les draps. etc Paris 1823.

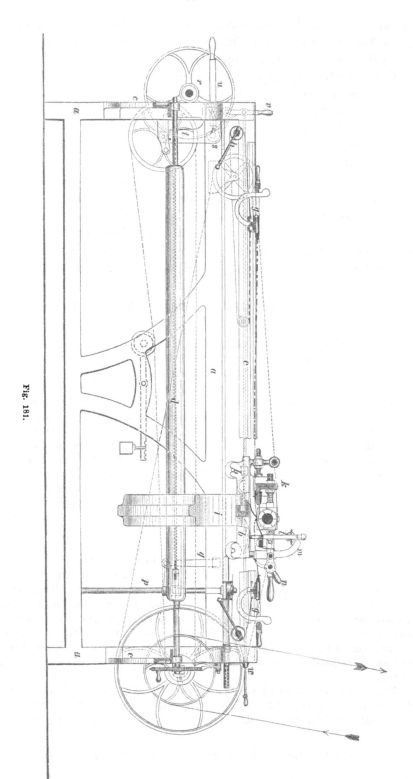

Fig. 181.

Stellschrauben verschiebbar befestigt sind, die Steine im Ständer sind durch Schrauben vertical verstellbar.

In den Köpfen der Messeraxe sind durch Stellschrauben vertical verschiebbar die Steine gelagert, durch welche die Krückenschrauben stellbar an der Axe befestigt werden.

Die schmiedeeiserne Krücke trägt die Cylinderlagerschalen, welche durch die Boden- und Deckelschraube vertical zum Untermesser verstellbar sind. Im Griffende der Krücke steht die lange Schraube mit gezahntem Kopf, in welchen eine Sicherheitsfeder eingreift zum Stellen des Schnittes, worunter die Entfernung der Untermesser, Schnittkante von der Oberkante des Untertisches verstanden ist.

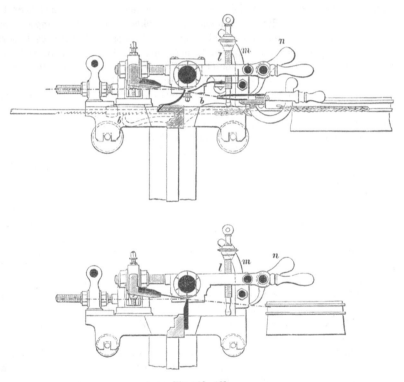

Fig. 182—183.

Auf dem Wagen steht ein Stützkloben m, auf dessen Nase sich die an der Krücke befindliche Fallklinke n setzt, wenn das Schneidezeug beim Rückgange hochgehoben ist. Die Klinken sitzen auf einer gemeinschaftlichen Welle, so dass von jeder Seite beide Klinken gelöst werden können. Die Krücken haben ausserdem eine Verbindungsstange. Der Cylinder·ist voll aus Schmiedeeisen mit Stahlzapfen mit 6 eingestemmten Federn, die Schnittlänge ist 1100 mm, der Cylinderkörper hat 49 mm D. mit den Federn 76 mm D. Die Cylinder-Schnurrolle hat 65 mm D. und macht 950 Touren.

Der Antrieb geschieht auf zwei Los-Scheiben von 310 mm D. mit 100 Touren, welche auf einem Zapfen o am Rahmen sitzen. Mit der innern Losscheibe fest verbunden sitzen auf demselben Zapfen eine Schnurscheibe von 590 mm D. zum Betrieb des Cylinders und 2 Schnurscheiben von 145 mm resp. 105 mm D. zum langsam oder schnellern Betrieb der Schneidezeugvorrichtung.

Die Riemenausschützgabel sitzt horizontal an einer in zwei am Rahmen befestigten Haltern drehbaren Stange p. Eine am Rahmen befestigte Feder q drückt auf einen an derselben Stange befestigten Hebel und hält dadurch den Riemen stets auf der äussern losen Freischreibe. An dem entgegengesetzten Stirnende ruht in Lagern eine Querwelle r, auf welcher die Schnurtrommeln befestigt sind, welche durch Aufwickelung der an der Brille durch Stauspannkloben befestigten, am andern Ende über eine Rolle geführten endlosen Schnur, das Schneidezeug über die Scherfläche bewegen. Der Betrieb dieser Welle findet mittelst Schnurscheiben statt und zwar treibt die 145 resp. 105 mm Scheibe vom Zapfen aus auf eine Schnurscheibe von 290 mm D. Dieselbe treibt vermittelst eines mit ihr fest verbundenen Getriebes mit 12 Zähnen das auf der Schneidezeugwelle sitzende Zahnrad mit 126 Zähnen. Die Schnurscheibe mit dem Getriebe sitzen auf einem um den Punkt s drehbaren Hebel t mit Griff u. In dem Hebelarm ist gleichfalls eine Zugstange befestigt, welche am andern Ende mit einem Hebel durch die Spannschraube verbunden ist, welcher auf der verticalen Ausrückerwelle befestigt ist. Durch eine am andern Ende der Welle befestigte Handkurbel findet das Zurückziehen des Schneidezeugs statt, die Einrückung zum Betrieb durch die Griffstange mit der Hand. Wird nun der drehbare Hebel mit Griff u angehoben, das Getriebe mit dem Rade in Eingriff gebracht, so wirft vermittelst der Zugstange und Hebelübertragung die Ausrückgabel den Antriebsriemen auf die Betriebsscheibe und die Maschine arbeitet. Durch den Eingriff einer auf dem Griffhebel befindlichen Nase in den Haken eines Hebels v wird der Hebel in der Stellung festgehalten, die Tiefe des Eingriffs der Nase in den Haken ist durch eine im Haken befindliche Stellschraube regulirbar. Eine am Rahmen befestigte Blattfeder hält den Hebel in geschlossener Stellung fest. Von den Hakenhebeln geht eine in Haltern gelagerte Ausrückerstange w längs der Maschine und ist am Ende mit Griff versehen. Durch einen Zug an der Stange w ist man von jedem Standort an der Maschine im Stande, dieselbe auszurücken. Selbstthätig geschieht diese Ausrückung am Ende der Scherfläche dadurch, dass ein am Schneidezeugwagen drehbar befestigter gebogener Klinkhebel, von dem durch den Stellrahmen reichenden Drehzapfen der Klappe so angehoben wird, dass die Klinke in die an der Ausrückerstange befindliche Verzahnung greift und die Stange eingenommen wird, wodurch der Hakenhebel ausgelöst, die Räder der Zugvorrichtung ausser Eingriff und der Riemen auf die Freischeibe geworfen wird. Es wird durch diese zweifache Ausrückung ein Stillstehen des Cylinders beim Zurückziehen des Schneidezeuges erreicht.

Der Cylinderschnurbetrieb wird über eine lose Rolle geführt und die durch den verschiedenen Stand des Schneidezeugs bewirkte Veränderung der Schnurspannung durch eine im Hebel mit Gewicht sitzende Spannrolle ausgeglichen.

Schnittberechnung: Betriebswelle 100 Umdrehungen pro Minute
Cylinder 65 Umdr. — Schnurscheibe betrieben durch 590 mm

Scheibe macht mithin $\dfrac{100 \cdot 590}{65} = 908$ Umdr. bei 6 fedrigem Cylinder, mithin 5448 Schnitt pro Minute.

Schneidezeug-Transport 145 auf 290 mit 12 zähnigem Getriebe auf 126 Zähne und bei 80 mm. Diameter der Zugtrommel bewegt sich das Schneidezeug

$$\frac{100 \cdot 145 \cdot 12 \cdot 80 \cdot 3{,}14}{290 \quad 126} = 1196 \text{ mm},$$

mithin kommen auf jeden Millimeter $\dfrac{5448}{1196} = 4{,}5$ Schnitt, beim Schneidezeug-Transport

mit der Schnurscheibe von 105 mm D. ergeben sich $\dfrac{100 \cdot 105 \cdot 12 \cdot 80 \cdot 3{,}14}{290 \quad 126} = 866$ mm,

mithin auf jeden Millimeter 6,3 Schnitte.

Longitudinal-Schermaschine.
(Fig. 184—186.)

Die beiden gusseisernen Rahmen A sind untereinander durch einen gusseisernen doppelten, einen gusseisernen einfachen Querriegel und zwei schmiedeeiserne Stangen verbunden.

Die Waare geht über einen oberen Holzriegel a und einen unteren festen Holzriegel b, durch den drehbaren Doppelriegel B über eine Bremswalze c, wodurch der Waare eine jede erforderliche Spannung gegeben werden kann, wird von der Linksseitbürste C gereinigt, streicht eine eiserne Leitwalze d, welche die Vibrationen der Waaren aufnimmt, und wird von der excentrisch gelagerten hohlen Walze e gegen die darüberliegende Aufsatzbürstwalze D gestellt.

Unter dem Staubkasten heraus tritt die Waare dann auf den Tisch f, wird dort scharf über eine Kante gebogen und von einer unteren Leitwalze E nach der oberen

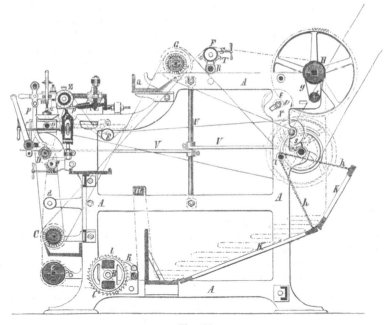

Fig. 184.

in einem auf einer drehbaren Welle befestigten Halterpaar gelagerten Anstellleitwalze F für die Zugstreichbürstwalze G geführt. Von da geht das Gewebe nach einer Zug- und Druckwalze oder einer Streichenzugwalze H mit geriffelter Abnehmwalze I. Um beide herum sind Gummibänder g in bestimmten Abständen gelegt, welche die Waare aus den Streichen (Kratzen) heraus heben. Die Waare fällt dann in ein dreitheiliges Waarenbrett k, welches vermittelst Ketten h an der Verbindungsstange i beweglich aufgehangen ist.

Während die beiden festen Holzspannriegel a, b eine gleichmässig starke Vorspannung der Waare geben, dient der zwischen zwei drehbaren gusseisernen Sperrrädern l befestigte Doppelriegel oder Prisma B dazu, für verschiedene Waaren passende Spannungen hervorzubringen. Eine Sperrklinke k giebt den Widerhalt. (Dieser Riegel in Verbindung mit der Bremswalze c wird seit 1856 ausgeführt.) Die Bremswalze c ist eine mit Tuch bezogene mit durchgehender eiserner Welle versehene

19*

Holzwalze, welche in zwei am Rahmen befestigten Haltern gelagert ist und an einer Seite auf dem Wellenzapfen ausserhalb 2 Scheiben trägt, von denen die eine fest auf der Welle und glatt ist, während die andere lose auf der Welle drehbar und mit einem Sperrzahnkranz versehen ist. Zwischen diesen beiden Scheiben liegt eine trockene Lederscheibe und eine Metallschraube presst durch einen zwischen gelegten Gummiring diese 3 Scheiben elastisch zusammen. Während nun die Walze von der Waare gedreht wird, hält eine Sperrklinke die lose Scheibe fest, es wird dadurch eine ganz gleichmässige Reibung erzeugt, welche die Waare spannt und ein ruckweises Durchgehen derselben unter dem Schneidezeug verhindert.

Die Linksbürste C besteht aus einer hölzernen Walze mit durchgehender eiserner Welle, welche abgedreht und in gewissen Entfernungen mit Einschnitten versehen ist, die das Verziehen des Holzes verhindern. Auf diese Unterwalze wird das gleichmässig 13 mm stark gefraiste Bürstenholz geschraubt, welches aus 4 Theilen besteht. Dasselbe wird auf der Walze abgedreht, ebenso wird die Bürste nach dem Einziehen der Borsten durch ein kleines Schneidezeug rotirend abgeschoren. Dieselbe hat 130 mm Durchmesser. (Diese Art von Bürsten erhalten die Thomas'schen Longitudinales seit Juli 1873, während von Juni 1870 bis dahin Bürsten mit innerem Eisenrohr angefertigt wurden, auf welche Construction Kläbe, Dresden 1877, merkwürdigerweise wieder ein Patent erhielt. Solche eiserne Walzen sind niemals rund und zu schwach, um rund gedreht zu werden, dadurch wird das darauf geschraubte und dann abgedrehte Bürstenholz ungleichmässig stark, die Borsten infolge dessen unegal lang und die Bürste von ungleichem Griff, abgesehen davon, dass die Bürsten, bei schneller Umdrehung durch das Uebergewicht schlagen.)

Die Bürstwalze ist mit gleichlangen Zapfen versehen. Damit sie umgelegt werden kann, ist sie in stellbaren Armen mit Metallunterpfanne sowie Deckel gelagert.

Die Aufsetzbürste D besteht aus einer runden schmiedeeisernen Welle, auf welche direct das 16 mm starke Bürstenholz geschraubt wird. Dieselbe ist 90 mm im Durchm. und hat gleich lange Zapfen, lagert in stellbaren Haltern mit Metallunterpfanne und Deckel. Die Bürstenaufsetzvorrichtung wurde 1851 eingeführt; vorher gab es die Plüschaufsetzwalze. 1860 wurde die Aufsetzwalze eingeführt mit Streifenband bezogen von 66 mm Durchm.

Der darunter befindliche Holzkasten dient zur Aufnahme des Staubes. Er ist von beiden Seiten offen zur bequemen Reinigung

Die Aufstellwalze für die Aufsetzbürste e besteht aus einer schmiedeeisernen Welle, welche in Haltern gelagert ist. Dieselbe trägt an beiden Seiten je ein Excenter, auf welchem eine hohle Holzwalze sich dreht. Auf einem Zapfen der Welle sitzt ein Zahnsegment, das in eine Schnecke greift, die auf der Welle eines Handgriffs in einer Doppelbuchse gelagert ist. Durch Drehung der Welle vermittelst des Griffes wird eine gleichmässige sehr empfindliche Verstellung der Walze zur Aufsetzbürste bewirkt.

Der Tisch f besteht aus einem doppelwangigen Untertisch, der an beiden Enden fest mit dem Rahmen verbunden ist. Derselbe trägt eine schmiedeeiserne Zugsprengung, um die Durchbiegung auszugleichen. Zwischen den gehobelten oberen und inneren Flächen ist das zwischengepasste Prisma gelagert, welches durch eine Krempeldrahtkette, die in der Mitte daran befestigt, über zwei Kettenräder geführt ist. Die Kettenräder sitzen auf Metallwellen, die an beiden Enden im Untertisch gelagert sind und ein quadratisches Loch haben, in welches der Schlüssel mit Handgriff gesteckt wird, um das Prisma durch Seitenverschiebung so zu stellen, dass bei Waaren mit starken Leisten, die zwischen Tisch f und Messer p nicht durchgehen, die eine Leiste neben der Schnittbahn vorbeigeht, die andere Leiste neben dem Tische ohne Auflager geht.

Wir betrachten nun die Stellungen des Schneidezeugs. a) Stellung des Schnittes, oder Entfernung des Messers p über dem Tische f.

Das Schneidezeug ruht vermittelst der Krückenschraube m auf einem Stahl-bolzen n, der in einem Cylinder des am Rahmen befestigten Hebestangenhalters sauber geführt ist. Dieser Bolzen wird unten durch die auf einer Welle sitzenden gehärteten Excenter c gestützt, deren Welle in obigen Haltern gelagert ist, in der Mitte mit einem 6kantigen Griff versehen ist und an einem Ende ein Metallrädchen trägt, welches mit Zahlen markirte Einschnitte hat, in welche eine Blattfeder ein-greift. Durch Drehen der Excenter-Welle hebt und senkt man die Bolzen n und somit das Schneidezeug gleichmässig an beiden Seiten zugleich, während die Feder die Welle in der gegebenen Stellung festhält. Der Scherer hat für mehrere auf-einanderfolgende Schnitte die Feder in die entsprechenden nummerirten Einschnitte zu bringen.

b) Das Heben des Schneidezeuges. Eine starke schmiedeeiserne Welle, welche in den beiden Haltern gelagert ist, trägt von beiden Enden unter dem Schneidezeug metallne kurze Gabelhebel q, welche durch eine schmiedeeiserne gekrümmte Stange mit dem unteren Auge des am Schneidezeug befestigten Lappens für die Schneide-zeugverbindungsstange verbolzt sind.

Auf der Mitte der Stange ist ein langer schmiedeeiserner Gabelhebel mit höl-zernem Handgriff befestigt. Durch Herunterziehen des Griffes dreht die Welle die kleinen Hebel und hebt das Schneidezeug, bis dieselben vertical stehen und den höchsten Punkt erreicht haben, bei einem Weiterdrehen wirkt das Gewicht des Schneidezeugs nicht mehr entgegen sondern mit der Hubkraft, und geben die am Halter einerseits und an dem kleinen Gabelhebel andererseits sitzenden Anschlag-segmente r jetzt sicheres Widerlager als Ruhestellung.

Das Hinauf- und Hinunterstellen des Schneidezeugs geschieht durch die in den Krücken vertical sitzende lange Stellschraube m mit Metallkopf, in deren Ein-schnitten eine Blattfeder feststellend eingreift, ferner hinten durch Verstellen des als Auflager dienenden Steines im Ständer. Der Ständer selbst ist vermittelst einer durchgehenden Schraube auf dem Rahmen befestigt, jedoch auf den gehobelten Auflagerflächen nach Lösung der Schraube, durch eine Spindel mit Doppelmutter gleichmässig verschiebbar.

Der Stein im Ständer hat doppelprismatische Führung und ist oben und unten durch eine Mutter, welche auf einer durch den Stein gehenden Schraubenspindel sitzen vollständig festgehalten.

Die Zustreich-Bürste G ist gleich wie die gleiche Linksseitbürste in einem mit Metallunterpfanne und Deckel versehenen Halter gelagert. Die Waare geht nahe unter einem Holzkasten Q hindurch, der etwaige mitgehende Scherflocken aufnimmt, und windet sich auf eine eiserne Anstellwalze auf. Die Anstellwalze F ruht in zwei offenen Pfannen, welche auf einer gemeinschaftlichen Welle R befestigt sind, die an einem Ende ein Schneckenradsegment T trägt, welches vermittelst einer eingrei-fenden Schnecke, die auf einer mit Handgriff versehenen Welle S sitzt, gestellt werden kann. (Diese Vorrichtung ist seit 1869 im Gebrauch.)

Die Zugwalze H besteht für glatte Stoffe aus einer mit eiserner Welle ver-sehenen Holzwalze, welche mit Tuch bezogen ist. Die Walze hat 130 mm Dmtr. und ist im Rahmengestell gelagert.

Die Druckwalze ebenfalls aus Holz mit schmiedeeiserner Welle liegt in offnen Augen der auf Zapfen drehbaren Druckhebeln, welche durch Gewichtscheiben beliebig im Druck auf die Walzen verändert werden können. Ein im Rahmen sitzender vor-schiebbarer Vorstecker hält die hochgehobenen Druckhebel beim Durchziehen der Waare fest. Eine eiserne Leitwalze führt die Waare von der Zug- und Druckwalze aus weiter ab, um ein Anstreifen an der Betriebswelle zu vermeiden.

Die Streichenzugwalze H besteht aus einer Holzwalze mit durchgehender Eisen-welle, um welche ein Streichenband spiralförmig gewickelt ist. Die Waare drückt sich in die Streichen hinein und wird so von der Walze mitgenommen. Neue Streichen halten die Waare zu fest, nehmen sie oft mit herum und wickeln sie um die Zugwalze. Man polstert desshalb wohl die Streichen mit Scherhaaren aus. Eine in Spitzen laufende, unter der Zugwalze liegende Holzwalze I ist in bestimmten Abständen mit Gummibändern g umschlungen, welche auch die Zugwalze umschliessen und beim Drehen ein Herausheben der Waare aus den Streichen bewirken, somit ein Aufwickeln der Waare auf H vermeiden. Um ein Verschieben der Bänder zu verhüten, ist die Holzleitwalze in bestimmten Abständen mit Eindrehungen versehen.

Das Waarenbrett K ist gitterartig aus Holz in 3 Theilen gefertigt, die mit Charnieren untereinander verbunden sind.

Während das Brett mit dem unteren Theile am Rahmen befestigt ist, hängen die oberen Theile in Ketten h an i, um die Stellungen ändern zu können. Beim Abnehmen eines Stückes von der Maschine wird der obere Theil so nahe eingehakt, dass die Waare am Waarenbrett vorbei auf eine darunter gestellte Bank fällt.

Die Betriebswelle X, von welcher aus sämmtliche Theile betrieben werden, macht 150 Umdrehungen per Minute. Die Antriebsscheiben haben 260 mm Durchmesser, lose und fest. Die Ausrückung V, V, welche um eine stehende in 2 Lagern ruhende Welle U drehbar, ist bis vorne geführt und der Handgriff vermittelst einer vorn liegenden Querstange auch von deren sowie von der andern Seite der Maschine aus stellbar. Die Zustreichbürste G mit 210 mm Scheibe wird von einer 210 mm Scheibe auf X durch 50 mm breite Riemen betrieben. Die Linksseitbürste C, mit einer 160 mm Scheibe, wird von der Zustreichbürste her durch 160 mm Scheibe mit Riemen betrieben und macht 150 Umdrehungen. Die Aufsetzbürste D mit einer 115 mm Scheibe ist von der Linksbürste C mit einer 115 mm Scheibe durch 50 mm Riemen betrieben und macht 150 Umdrehungen. Der Schercylinder Z wird durch eine 415 mm Scheibe betrieben. Die Cylinderscheibe ist zur Hälfte abgeschlitzt und wird ohne Kiel nur vermittelst einer Schraube auf den Cylinderzapfen geklemmt. Sie hat 110 mm Durchmesser und macht mithin **566** Umdrehungen p. Min. oder bei 12 Messer 6792 Schnitte p. Min.

Die Zugwalze H wird durch Zahnräderübersetzung betrieben. Auf der Betriebswelle X sitzt ein Zahnrad mit 21 Zähnen und überträgt durch ein Umsetzungsrad auf 45 Zähne und durch mit diesem fest verbundene Wechselräder von 14—18 oder 21 Zähnen die Bewegung auf das Rad mit 225 Zähnen, welches auf der Zugwalzenwelle H sitzt (α, β, γ, δ, ε).

Es fördert hiernach die Lieferungswalze von 130 mm D. bei 7,84, 10,08 oder 11,76 Umdrehungen 3198, 4112 oder 4798 mm Waare p. Min. aus der Maschine, und da der Cylinder bei 12 Messern 6792 Schnitte p. Min. macht, so kommen 2,1, 1,6, 1,4 Schnitte auf den Millimeter Stoff.

Das Schneidezeug ist, wie folgt, construirt (Fig. 185 und 186):

Der Cylinder besteht aus einem gusseisernen Walzenkörper y, welcher in stehender Form gegossen, auf 52 mm ausgebohrt und auf 82 mm abgedreht wird, sodass 15 mm Wandstärke bleiben. Gehärtete Stahlzapfen werden eingesetzt. Der so hergestellte Cylinder hat ungefähr das halbe Gewicht eines vollen und biegt sich nur etwa ein Drittheil so viel durch als der volle. Die Zapfen sind an beiden Enden gleich lang, damit der Cylinder in dem Lager umgelegt werden kann. Die Cylinder haben den Schwerpunkt genau in der Axe und laufen im schnellsten Betrieb rund. In den Cylinder werden die Nuthen zur Aufnahme der Messer und Federn eingehobelt 2 mm breiter, als die Feder stark ist. Das Messer, welches vorher dieselbe Spirale und Windung erhält, wird mit weichem Kupfer in diese Nuthe fest eingestemmt. Die Windungslänge der Spiralfedern ist bei aufgezogenen Federn 640 mm, d. h. auf 640 mm Cylinderlänge bildet das Messer eine Spirale.

Im Jahre 1836 wurden die ersten eingestemmten Federn und zwar 10 Stück für den Cylinder mit 800 mm Windungslänge hergestellt. 1845 wurden sie auf 1050 mm Windungslänge und dann 1854 auf 1600 mm Windungslänge gebracht. Die gewöhnlichere Windungslänge ist 1050, während die sog. schlanken Spiralfedern mit 1600 Windung nur im speciellen, für Seidenstoffe, Baumwolle verwendet werden.

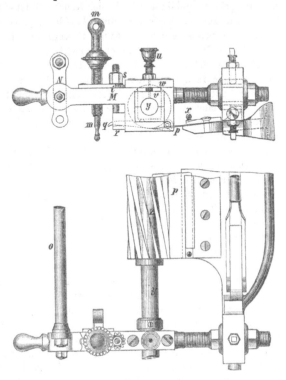

Fig. 185—186.

Einzelne der Letzteren werden zum Schneiden von ganzen Fäden auf der Schnittfläche aufgehauen, gezähnt. Die Messer oder Federn sind 20 mm hoch und stehen aus dem Cylinder 16 mm heraus und lassen sich bis auf 3 mm abnutzen, weil sie durchweg hart sind.

Die Cylinderlager sind aus weichem Gusseisen und genau in die Krücken eingepasst.

Die Krücke aus Schmiedeeisen trägt in dem geschlitzten untern Schenkel einen um einen Bolzen drehbaren Hebel p, welcher in der Mitte auf einer Kegelfläche das Cylinderunterlager stützt.

Das andere Ende des Hebels ist quadratisch verstärkt geschlitzt und vermittelst eines Schraubenklobens an dem horizontalen Vorschenkel der Krücke aufgehängt. Der Schraubenkloben wird durch eine gehärtete Stahlmutter s herauf und herunter gestellt und dadurch der Cylinder mit dem Untermesser eingestellt. Die Mutter trägt eine Zackenscheibe t, in welche eine Feder eingreift, wodurch ein zufälliges Verstellen verhindert ist.

Die Lageröffnung der Krücke M wird oben durch einen Deckel w geschlossen, welcher vermittelst zweier Schrauben auf die Krücke geschraubt ist. In demselben sitzt die mit langem Gewinde versehene Vase u, welche das Cylinderoberlager v festdrückt. Die Vase ist oben becherförmig und der Länge nach durchbohrt; die Bohrungsöffnung passt genau auf eine gleiche im Oberlager und dient als Oelkanal, für die Vase als Oelbehälter.

Der Krückvorderschenkel trägt die verticalstehende Stellschraube m, welche auf den gestützten Cylinder n im Halter aufsteht. Der mit Einschnitten versehene Metallkopf an m wird durch eine Blattfeder in seiner Stellung festgehalten. Es dienen diese Schrauben zum einseitigen Stellen des Schneidezeugs gegen den Tisch.

Vor dem zum Handgriff ausgebildeten Ende der Krücke M ist ein doppeläugiger Lappen N versenkt angeschraubt, welcher oben die Schneidezeugverbindungsstange O trägt, während unten die Schneidezeughebestange P angreift. Die Verbindungs-stange O giebt den Krücken M einen festeren Zusammenhalt.

Der hintere horizontale Schenkel der Krücke M ist rund und mit Gewinde versehen. Er geht durch einen in der Oeffnung der Messerachse sitzenden Stein und wird vermittelst zweier Muttern mit grossen Unterplatten an der Messerachse verbunden. Der Stein ist durch eine obere und untere Stellschraube stellbar festgehalten. Der Stein bewirkt ein Stellen des Cylinders zum Messer, wenn die Stellung in der Krücke nicht mehr ausreicht. —

Die Messerachse hat 2 obere, 1 untere Versteifungsrippe und hat eine gehobelte Messerauflage. Das Messer wird vermittelst einer Messerdecke, welche durch Schraube mit der Achse verbunden, festgeklemmt, indem die Messerdecke hinten eine elastische Unterlage erhält. Die Messerdecke hat an jedem Ende eine kleine Druckschraube x auf einem vorspringenden Lappen, um die Messerkante p etwas hinunterdrücken zu können, damit die einlaufende Spiralfeder einen sanften Auflauf erhält. —

Um das Schneidezeug zu jederzeit und besonders, wenn Nähte etc. durchgehen müssen, aufzuheben, hat man an den meisten bestehenden Hebevorrichtungen der Schneidezeuge: Hebel auf einer Welle mit Mittelgriff, Hebel auf einer Welle mit Seitengriff und Hebel auf einer Welle mit Fusstritt. Diese Einrichtungen haben den Uebelstand, dass das Schneidezeug in gehobener Stellung nur in der Hand des Arbeiters ruht, wodurch beim Herunterlassen sehr häufig die Stellschraube einen heftigen Stoss erleiden muss und auch ebenso oft die Federn des Cylinders oder das Untermesser Sprünge erhalten, oder dass Fallklinken gegen die Nase des Hebels fallen, die regelmässig erst beim Herunterlassen mit der Hand entfernt werden müssen.

Um diese Nachtheile zu beseitigen, hat die Thomas'sche Maschinenfabrik eine Excenter-Vorrichtung construirt, welche dazu dienen soll, dass Schneidezeug zu heben, wenn Nähte durchgehen, und sodann auch durch Drehung einer Stellschraube von einer Stelle aus den Schnitt gleichmässig reguliren zu können. (Fig. 187.)

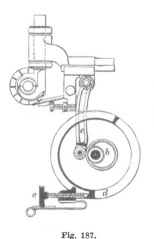

Dieselbe besteht aus einer Welle a, die in zwei Haltern drehbar ist und auf den beiden Innenseiten der Maschine Excenter b trägt. Gegen diese stützen sich zwei an der Messeraxe des Scheidezeuges befestigte Hebel c, die an der Stützstelle gehärtete Stahlrollen tragen.

Das Uebergewicht des Cylinders drückt die Hebel gegen die Excenter; zur einseitigen Stellung der Excenter dient die in der Messeraxe befindliche Stellschraube. Ausserhalb des Rahmens sitzt auf der Welle ein Griffrad d mit theilweis ausgespartem Rand, vermittelst dessen man die Welle a mit den Excentern b bewegt und das Schneidezeug hebt. Das Griffrad liegt gegen eine Stellschraube e, durch deren Gewinde der Schnitt des Schneidezeuges regulirt werden kann; eine Nase an dem Stellschraubenhalter begrenzt den Hub des Schneidezeuges.

Fig. 187.

Dadurch, dass der Angriffspunkt der Stahlrolle im Hebel etwas über der Excenterwellenaxe liegt, wird das Griffrad permanent gegen die Stellschraube gedrückt.

Derselbe Druck bewirkt auch, dass sich das Schneidezeug von selbst allmälig senkt, wenn das Griffrad nicht so weit herumgedreht wird, dass der höchste Punkt des Excenters den Ruhepunkt gibt, sn dass zum Durchlassen einer Naht nur eine leise Bewegung des Griffrades genügt.

Dieser Thomas'schen Construction, welche der Lewis-Davis'schen folgt, identisch, zeigen sich die Schermaschinen der Belgier, Franzosen und Engländer. Wir geben als Beispiel eine perspectivische Abbildung (Fig. 188) der Schermaschine von

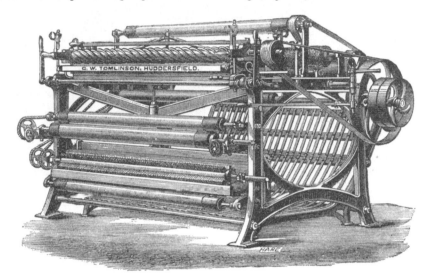

Fig. 188.

G. W. Tomlinson in Huddersfield und eine solche Abbildung der französischen Construction von Grosselin père & fils in Sedan (Fig. 189*)

Diese Schermaschinen erhalten übrigens je nach den damit zu scherenden Stoffen verschiedene Constructionen. Die Fig. 190 giebt z. B. eine Schermaschine für Kleiderstoffe in einer sehr sorgfältigen Construction, bei welcher a der Schercylinder, b der eigenthümliche Tisch mit 2 Messern und Mittelcylinder, c der Ausbreiter, d die Aufsetzbürste, e die Linkseitbürste, f Leitrolle, g, g, g, g Streichschienen, h, h Leitrollen und i, k Vorziehrollen vorstellen. —

Die Figur 191 stellt dagegen eine Schermaschine für Baumwollstoffe dar. Der Stoff kommt von a her und geht durch das Prisma b nach der Streichschiene c, d und der Walze e. Auf diesem Wege wird die Waare durch Bürste B aufgesetzt. Sie gelangt, nachdem die Bürste g die Linksseite gereinigt hat, über Leitrolle f an das erste Schneidzeug, welches besteht aus dem Messer l, dem Cylinder i und den Tischschienen k, k. Der Stoff findet auf den Kanten dieser Schienen eine elastische Lagerung. Er geht dann über Rolle m weiter und wird durch Bürste B¹ aufgesetzt, während sich das Gewebe gegen die Schiene n stützt. Das Gewebe kommt dann zum zweiten Schneidzeug r, q, o, p, um dann über die Leitrolle s nach der Leitrolle u zu eilen, gereinigt durch die Bürste t und sich über v auf w aufzuwickeln. Unter den Schneidzeugen ist der Kessel A zum Auffangen der Flocken angebracht.

---

*) Fig. 189 auf nebenstehender Tafel.

Ueber die neueren Modificationen, Vorschläge und Patente für Schermaschinen wollen wir hier weiter referiren unter Hervorhebung der Be-

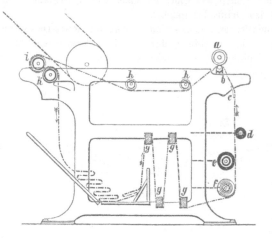

Fig. 190.

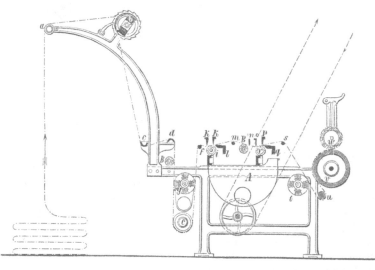

Fig. 191.

sonderheiten der einzelnen Constructionen, wobei wir von vornherein bemerken, dass gerade dieses Gebiet sehr wenig Bemerkenswerthes in ange-
zeigter Beziehung aufzuweisen hat.

In England erschien 1858 ein Patent Holroyd, welches Messer
enthält, die mit eigenthümlichen Einschnitten versehen sind, um durch dieselben Muster herzustellen. Diese Idee ist 1879 wieder aufgefasst von
Dwight C. Summer[22]) in Mittsbury, Mass.

---

[22]) Grothe, Polyt. Zeitung 1878. — Le Jacquard 1880. S. 308.

Die Neuigkeit dieser Schermaschine besteht darin, dass die Schermesser des Cylinders nicht rechtwinklig auf dem Mantel in Spiralgängen stehen, sondern geneigt, wie dies aus dem Durchschnitt hervorgeht. Ferner haben die Messer an den Schneidkanten Ausschnitte d, welche so vertheilt sind, dass sie auf den verschiedenen Messern in derselben Kreisebene stehen. Der Cylinder C arbeitet mit einem festliegenden Messer B zusammen. Die Stoffführung ist in dem Durchschnitt durch den Pfeil angegeben. Das festliegende Messer hat entsprechend den Ausschnitten d der Cylindermesser Ausschnitte c[23]) Fig. 192.

Im Uebrigen weisen die Patentlisten, Journale und die Cataloge der

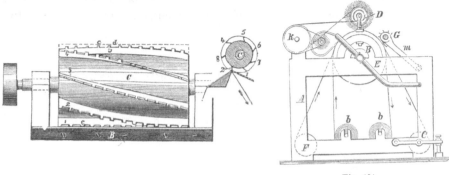

Fig. 192.   Fig. 194.

Fabriken Englands wenig neue Mittheilungen über Schermaschinen auf. George Snell benutzte 1858 2 Cylinder und 2 feste Blätter in einer Schermaschine und Colin Mather ordnete 2 oder mehrere Scheren in Paaren an, von denen immer eine Schere des Paars entgegengesetzt bewegt ist als die andere des Paars. — Am hervorragendsten ist die Schermaschine von James Craig (1860 und später) (Firma A. F. Craig in Paisley). Craig ordnet mehrere Schneidapparate in einer Maschine an in stufenförmigen Etagen hinter einander, sodass der Arbeiter an der Breitwalze alle 2—4 Scheren übersehen kann. Die Messer haben auf der Rückkante der Schneidfläche eine sägeblattartige Schärfung (improved Filed-Cut Bayonet Blad). Wir geben ein Schema der Anordnung in Figur[24]) 193. Der Stoff tritt über die Schwingrolle t in die Maschine und durchläuft die Breithalter s, r und die Breitrolle g, um über die Kissenbreitfläche p unter dem festen Blatt und Schercylinder p nach Rolle r zu gehen. Von n geht die Waare über die Schneide m unter der zweiten Schere l durch und dann hinauf nach i unter den Streichapparat h durch, dem entsprechend das dritte Schneidpaar unterhalb der Waare arbeitet

[23]) Siehe auch Thoma, façonnirter Schnitt. Württ. Gew.-Blatt 1870. 640.

[24]) Grothe, Spinnerei etc. auf den Ausstellungen seit 1867 p. 247. Berlin, Burmester & Stempell. 1879.

mit Cylinder g und Messer f. Die Rollen e, d, c, a, b leiten die Waare aus der Maschine.

Die Schermaschinen der Engländer sind sehr gut ausgeführt (so z. B. von W. Kempe & Co. in Leeds, Thomson Brothers & Co. in Dundee für Jute). Amerika hat auch viel geleistet auch im Schermaschinenbau seit den 50er Jahren[25]). Eine der ersten Constructionen dieser Periode ist von J. Earnsaw. Diese Maschine enthält ein Gestell A, den Waarenbaum F, von welchem die Waare nach dem langsam rotirenden Dampfcylinder B hingeht. Ueber diesen Cylinder bewegt sich ein Friestuch von b nach b', auf welches sich der Stoff auflegt und von dem Rauhcylinder D bearbeitet wird. Am Arm m ist der Schercylinder G mit Messer angebracht. Die Waare geht unter ihm hindurch und wickelt sich auf c auf. Fig. 193.

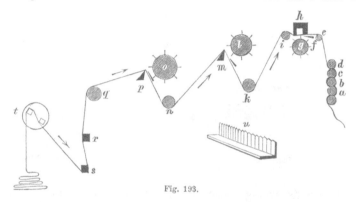

Fig. 193.

Das Patent von Adna Brown in Springfield, Vt., bezieht sich lediglich auf Anbringung von Bürsten oberhalb und unterhalb des Stoffes vor dem Scherapparat, nebst Apparat, die Fasern etc., die die Bürsten lösten, zu beseitigen. Erwähnenwerth sind die Schermaschinen von Ges. C. Howard, Phila Pa.

J. L. Holmes in Saco (Me) erhielt 1875 ein Patent, bei welchem 2 Schneidzeuge unterhalb der Waaren liegen und die Unterseite bearbeiten, ein Schneidzeug oberhalb. Es sind ausserdem 2 schwingende Messer angeordnet, um die Unreinigkeiten und Knoten zu greifen. Die festen Messerblätter sind an Armen befestigt und einstellbar nach Belieben. Die Zeugrollen sind mit Reguliranordnungen versehen. A. Woolson in Springfield, Vt., ist der hervorragendste Vertreter des amerikanischen Schermaschinenbaues. Er bemühte sich, die Streichstange (Slide Rest) in geeigneter Weise zu verbessern, ohne indessen über die schon von Price-Davis angegebenen Constructionen hinauszukommen (Pat. 1878). Von besonderem Renommé sind die Schermaschinen nach Curtis & Marbles Patenten.

---

[25]) Wir verweisen hier noch auf die Beschreibung der amerikanischen Schermaschinen in den Verhandl. des Vereins für Gew. 1830. S. 103 und 141, 113 zum Vergleich.

Wir geben eine perspectivische Abbildung (Fig. 195) dieses Systems, das den amerikanischen vorherrschenden Typus verdeutlicht. Die Schermaschine ist hochgebaut im Gerüst.

Sehr schöne Scheren mit 2 Schercylindern bauen Heilman-Du-

Fig. 195.

commun in Mulhouse (Fig. 196). In diesen Maschinen geht der Stoff zwei oder drei Mal durch die Maschine, welche, um den dadurch herbeigeführten Zeitverlust möglichst zu vermindern, 2 Messerträger besitzt. Diese sind so weit von einander entfernt, dass der Arbeiter jeden derselben abnehmen kann, wenn dies nöthig erscheint.

Um eine doppelte Scherung bei einem einfachen Durchgange der Waare zu bewirken, verfährt man wie folgt: Die Waare wird in A' aufgerollt. Man lässt sie von hier über einige Lineale b, c, d, e laufen, welche das Stück ausbreiten und alle Falten entfernen sollen. Dann gelangt das Zeug unter die Bürste f, welche die Härchen aufrichtet, und kommt unter das Messer g, das den Flaum von der Waare fortnimmt. Das Zeug wendet sich dann nach unten, geht wieder herauf und an der Bürste f' vorbei. Diese fegt einerseits den von dem Messer g fortgeschorenen Flaum ab, während sie anderseits den noch stehen gebliebenen aufrichtet. Das Zeug gelangt nun an das zweite Messer h, wo ein zweites Scheren erfolgt, und geht dann über zwei Rollen i und k nach hinten, wo es durch die beiden Bürsten l und m von Neuem abgekehrt wird. Die Waare wird dann auf n aufgerollt. —

In Frankreich werden sehr treffliche Schermaschinen gebaut, aber auch ohne die angegebene Fundamentalform und Composition zu verlassen. Bei Gelegenheit von Ausstellungen sind besonders hervorgetreten: Schneider Legrand Martinot & Co. in Sedan, Tulpin frères in Rouen, Grosselin père & fils in Sedan (System Vasset), Leclère Damuzeaux père & fils in Sedan und G. Sonolet in Bordeaux.

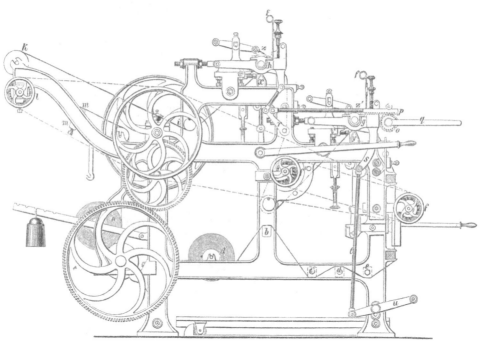

Fig. 196.

An der Maschine von Grosselin père und fils ist ein continuirlicher Reinigungsapparat für die festliegenden Scherblätter angeordnet. An einem zweiarmigen Körper auf einer Axe, durch Schraubengang bewegt, sind Bürsten angebracht, welche die liegenden Scherblätter fortgesetzt abstreifen und vom Schmutz reinigen.

Die Firma Leclère Damuzeaux père & fils entfalten sehr bedeutende Variationen im Schermaschinenbau. Sie liefern Maschinen von einem bis zu vier Cylindern von 1 m 80 Arbeitsbreite an bis 2 m 70. Die Cylinder sind unabhängig von einander. Die eincylindrigen Scheren für Nouveautés und Tuche haben meist 1 m 70 Arbeitsbreite. Die zweicylindrigen Schermaschinen für Merinos, Kleiderstoffe etc. werden in Arbeitsbreiten

von 1 m 65 bis 3 m ausgeführt. Hierzu treten die besonderen Schermaschinen zum Ausschneiden von broschirten Stoffen, Châles etc. (Decoupeuses)
mit einem Cylinder von 0,90 m bis 2,50 m Arbeitsbreite und die Teppich-
schermaschinen von 1 m bis 5 m Breite und mit 1—2 Cylindern. Die
Schermaschinen für Leinen sind zum Scheren auf beiden Seiten zugleich
eingerichtet. Die Cylinder dieses Hauses sind mit 12 Messern garnirt.
Der Tisch (règle) ist aus Gussstahl hergestellt. — Ein Decoupeuse von
Tomlinson stellt Fig. 197 dar. —

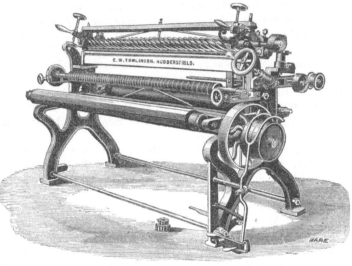

Fig. 197.

Die belgischen Schermaschinen von Neubarth Longtain & Co.
in Verviers und von der Soc. anonyme pour la construction des machines
(Houget & Teston) zeichnen sich durch vorzügliche Ausführung aus.

Das Scheren.

Der Kampf zwischen Transversalschere und Longitudinalschere hat
an Heftigkeit wesentlich eingebüsst. Man hat die weitgehende Anwendbarkeit der Longitudinalschere erkannt, hat ihre Vorzüge für sehr viele Stoffe
vor der Transversalen zu würdigen gelernt und räumt derselben die eigentliche Herrschaft ein, — während man noch immer die Unabkömmlichkeit
der Transversalschermaschine für alle Strichwaaren, namentlich wenn
die gewalkten Stoffe gekocht oder decatirt wurden, hervorhebt und an-
erkennt. H. Behnisch sucht den Grund für letztere Eigenthümlichkeit
in der Stellung oder Lage des Wollhaares zum Schneidzeuge. Er sagt:

„Bei Velourstoffen steht das Haar aufrecht und bietet sich daher dem Schneidezeug des Langscherers genau so dar als dem des Querscherers. Bei Kahlscher-
stoffen tritt derselbe Fall ein, wenn sie vor dem Scheren gegen den Strich trocken
gerauht wurden; aber auch wenn dies nicht geschieht, kann das zuletzt bis auf den

Faden abgeschnittene Wollhaar nach keiner Richtung hin ausweichen und wird beim Langscherer ebenso gut als beim Querscherer erfasst. Ganz anders stellt sich jedoch das Verhältniss bei Stoffen mit Strichappretur, bei welchen das Wollhaar nach dem Vorderende des Stückes zu ausgestreckt und glatt gelegt ist und das Bestreben hat, diese Lage stets wieder zu gewinnen. Auf dem Langscherer, gleichviel, ob vom Vorder- oder Hinterende geschoren wird, erfassen und drücken die Cylinderfedern das Wollhaar stets seitwärts; auf dem Querscherer dagegen entweder mit dem Strich, wenn das Hinterende im Anschnitt ist und wobei das Haar vor den Cylinderfedern ausgleitet, lang und spitzig bleibt, oder gerade gegen den Strich (Schlag im Anschnitt), wobei das Haar von den Cylinderfedern aufgerichtet und sehr kurz und rund abgeschnitten wird. Es leuchtet daher ein, das der Langscherer bei Strichwaaren die Schur des Querscherers nur dann annähernd erreichen wird, wenn die Cylinderfedern seines Schneidezeuges das Wollhaar nicht mehr seitwärts drücken, sondern unter einem sehr spitzen Winkel zum Messer erfassen und abschneiden. Dies geschieht, wenn nicht, wie bisher, die Federn sich zwei- bis dreimal um den Cylinder winden, sondern nur $1/6$ bis höchstens $1/4$ Windung um den Cylinder machen. Jedoch dürfte die Instandhaltung eines so eingerichteten Schneidezeuges schwierig sein, da die Cylinderfedern bedeutend mehr Auflage in der Bahn des Untermessers erhalten, und würde daher eine möglichst schmale Bahn im Untermesser zu empfehlen sein.

Durch Langscherer mit zwei Schneidezeugen, von denen das eine links-, das andere rechtsgewundene Federn hat, ist das oben über die Schur der Waare Gesagte auch nicht zu erreichen, doch ist ihnen eine grössere Leistungsfähigkeit nicht abzusprechen. (Siehe auch Seite 295.)

Auf der Langschermaschine schert man alle Waaren, wie sie vom Rahmen kommen, hat es also hier mit dem langen Haar, wie die Rauhmaschine es erzeugte zu thun. Der Langscherer ist bekanntlich mit einer Auf- und einer Zustreichbürste versehen, deren richtige Benutzung bei aller glatten Waare die Hervorbringung einer schönen runden Schur sehr erleichtert. Der zweckmässige Gebrauch dieser Bürsten besteht darin, dass man stets soviel abschert, als aufgebürstet wurde, und umgekehrt nur so viel aufbürstet, als man mit jedem Schnitte abzuscheren für angemessen hält. Zu schwach aufgebürstete Waare schert sich leer und spitzig, zu stark aufgebürstete wird rauh und unansehnlich. Bei Velour- und geklopften Waaren benutzt man die Bürsten gewöhnlich nicht.

Soll die Waare auf dem Langscherer fertig geschoren werden, so empfiehlt es sich, dieselbe zuerst mit dem Strich über die Maschine gehen zu lassen, bis alles lange Haar entfernt ist; dann drehe man die Waare um und schere gegen den Strich, bis eine runde kurze Schur erreicht ist.

Es empfiehlt sich ferner, anfangs bei langem Haar mit jedem Schnitte möglichst viel abzuschneiden, bei kürzer werdendem Haar immer behutsamer vorzugehen und schliesslich mehrere Schnitte zu scheren, ohne das Schneidezeug tiefer zu stellen.

Um eine vorzüglich gute Schur zu erhalten, giebt man die Waare noch auf die Querschermaschine und schert einige Schnitte gegen den Strich. Je lockerer beim Scheren das Haar auf der Waare liegt, desto leichter und besser lässt sich ersteres ausführen. Aus diesem Grunde sucht man durch Trockenrauhen der Waare vor dem Scheren und durch wiederholtes kräftiges Dampfbürsten während dem Scheren das Haar aufzulockern."

Auch Iwand und Fischer sprachen sich über diese Sache in fast gleicher Weise aus. Ueber den Gebrauch und die Benutzung der Longitudinalschere sagen sie, wie folgt, nachdem sie über die Einstellung des Cylinders sich des Weiteren ausgelassen haben:

„Sobald mit der Schur begonnen worden, und die vordere Bürste das Haar gleichmässig und nicht zu stark aufstreicht, macht man einige Anschnitte, d. h. man bringt die hintere Zustreich-Bürste ausser Funktion und hebt und senkt das Schneidezeug einige Male in kurzen Zwischenräumen während des Ganges der Maschine. Auf diese Weise erhält man genauen Anschnitt und kann erst richtig beurtheilen, ob so fortgeschoren werden kann oder ob die Schurhöhe zu ändern ist. Sollte nun, trotzdem der Cylinder bei der Prüfung gut geschnitten hatte, und die Schurhöhe auch egal geregelt worden war, der Anschnitt doch unegal oder nicht glatt genug sein, so kann dieser Fehler nur an der seitlichen Stellung der Messer zum Tische liegen, welche nun sofort zu untersuchen ist. Je nachdem nun der Tisch mehr oder weniger nach vorn gebogen und je nachdem er schärfer oder stumpfer ist, je nachdem wird auch die seitliche Stellung der Messer zum Tische geordnet werden müssen. Durch die Brechung des Stoffes über die obere Kante des Tisches stellt sich das, vermittelst der Aufstreichbürste aufgestrichene Haar ziemlich senkrecht oberhalb der Brechungskante auf, und hat man nun genau darauf zu achten, dass das Messer soviel hinter der Brechungslinie zu liegen kommt (ca. 1—2 mm betr.), dass soviel als möglich Haar von den Schnittwinkeln erfasst werden kann. Ist diese Stellung ganz correct hergestellt und der Anschnitt glatt und gleichmässig geworden, so kann mit dem Scheren fortgefahren werden, und zwar unter Berücksichtigung des Grundsatzes: „Möglichst viel Schnitte bei verhältnissmässig nicht zu tiefer Schur“. Dadurch gelangt man zu einem runden glatten Stapel, ohne die Waare leer zu scheren, wie dies bei zu tiefer Schur mit wenigen Schnitten der Fall ist.

Nach beendigter Schur auf dem Longitudinal-Cylinder werden die Stücke gebürstet, nachgesehen und übergezogen.

Bei der zu scherenden Waare wird in Betracht zu ziehen sein, ob sie mit Glanz oder matt fertig zu stellen ist, denn bei Glanzwaare wird man im Durchschnitt die Schur etwas höher als bei matter Waare halten müssen, bei beiden Arten ist jedoch gleichmässig auf eine gute runde Schur zu halten, d. h. beim Prüfen derselben dürfen sich nicht mehr lange Spitzen aufstreichen.

Glanzwaare wird meistentheils bald zur Presse gegeben werden können, höchstens dürften feinere Stücke noch einige Schnitte auf dem Transversal-Cylinder nachgeschoren werden, matte Waare muss jedoch so kurz als möglich als Halbwolle ausgeschoren werden, um die grösstmöglichste Feinheit des Grain zu erzielen.

Liegt das Haar bei letzterer Waare mehr oder weniger im Grunde fest und zeigt die Waare in Folge dessen ziemlich viel Rauhglanz, so muss dieselbe, ehe sie auf den Transversal-Cylinder kommt, entsprechend gedämpft werden und zwar derartig, bis sich das Haar gut empor gehoben, und der grelle Rauhglanz einem matteren Ansehen gewichen ist.“

Bei den Transversalschermaschinen unterscheidet die Praxis zwischen Strammscherer, auf welchem das Tuch vermittelst der beweglichen Klappen straff angespannt wird, und dem Schlaffscher-Cylinder, wo dies nicht der Fall ist. (Siehe Seite 287.)

Bei dem Schlaffscher-Cylinder liegt der Tisch meist höher und ist ausgekehlt; ein sogenannter Vortisch ist gegen die Auskehlung stellbar und bewirkt je nach seiner Stellung zum Tisch eine schärfere oder stumpfere Brechung der Waare, und das zu scherende Tuch darf deshalb nur schlaff angespannt werden, weil sonst, da der Tisch höher liegt als die Klappen, die Spannung des Tuches über den Tisch an den Klappen bedeutend grösser sein würde als in der Mitte des Tuches, was eine sehr unegale und fehlerhafte Schur zur Folge hätte; ausserdem würde auch ein genaues Anscheren bis an die Leisten nicht möglich sein. Durch den Schlaffscherer erzielt man eine glättere, reinere und klarere Schur als mit dem gewöhnlichen Transversal-Cylinder, weil bei diesem das Obermesser beim Scheren gleichsam das Haar mehr verwühlt, während bei jenem durch die höhere Tischlage dies nicht möglich ist, und andererseits wird durch die schlaffe Brechung über den Tisch das Haar dem Schnittwinkel viel günstiger dargeboten. —

Bei den Longitudinalmaschinen fällt jener Unterschied zwischen Schlaffschere und Strammschere in so weit fort als ja die Tischanordnung eine andere ist. Die Tische werden indessen auch hier in variabler Form gefertigt, bald als einfache aufrechtstehende Klinge, bald als Dreieck u. s. w. Die nachstehenden Tischformen (Fig. 198—202) zeigen die besten englischen Anordnungen und zwar einen beweglichen massiven

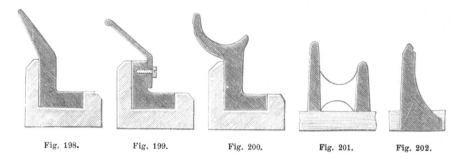

Fig. 198.   Fig. 199.   Fig. 200.   Fig. 201.   Fig. 202.

Tisch, einen beweglichen Federtisch, einen beweglichen Hohltisch, einen festen Hohltisch und einen festen Volltisch.

Für das Gelingen der Schur oder des Scherens, welches ja nach Erforderniss der Stoffe sehr vielfach variirt, ist die Güte aller mitwirkenden Theile der Schermaschine unerlässlich. Dahin gehört ein vollkommen gerader Cylinder. Auf ungerade Cylinder ist die Mehrzahl aller Fehler beim Scheren zurückzuführen. Es ist demnach auf die vollkommene Lagerung des Cylinders hinzuwirken und auf die richtige Spiralmessergarnitur etc. Das liegende Messer erfordert ebenfalls grosse Aufmerksamkeit. Behnisch sagt:

„Ein gutes Schermesser soll die Stärke von 2 mm nicht übersteigen, aus gutem Stahl verfertigt und durchweg gleich stark und hart sein. Auf das Härten der Messer ist von dem Fabrikanten derselben ganz besonderer Werth zu legen. Eine einzige härtere Stelle in der ganzen Länge eines Langschermessers ist für den erfahrenen Appreteur Grund genug, dasselbe als unbrauchbar zurückzuweisen. Ueber die Frage, wie hart muss ein Schermesser sein, gehen die Ansichten tüchtiger Fachleute auseinander. Die Einen sind nur für „glassharte, also spröde"; die Anderen für „mittelharte, also noch zähe"; und wohl nur ein sehr geringer Bruchtheil für „schlichtharte" Schneidezeuge. Unter „schlichtharte" sind solche zu verstehen, welche mit einer guten Schlichtfeile bearbeitet werden können. Am empfehlenswerthesten sind wohl die mittelharten Schneidezeuge, insofern, als sie nicht beim Durchgange jedes kleinen harten Körpers, z. B. eines auf die Waare gefallenen Sandkörnchens, ausbrechen und doch einen feinen Schnitt und eine Schärfe von langer Dauer haben. Ausserdem ist es sehr zweckmässig, wenn die Cylinderfedern etwas härter sind als das Messer, da im anderen Falle die Cylinderfedern beim Scheren nach ganz kurzer Zeit wieder stumpf werden. Ist das Messer aber weicher als die Federn, so nützt es sich zwar ab, wird dadurch jedoch nicht stumpf, sondern es bildet sich an der Kante desselben ein feiner Grat, welcher sich mit dem Oelstein leicht beseitigen lässt."

Betreffend die Messer hat als passender und bewährter Härtegrad für das Untermesser eine $^3/_4$-Härte, für das Obermesser, resp. die Spiralen, die Glashärte sich als gut herausgestellt. Aufgezogene Federn sind den eingestemmten vorzuziehen, weil letztere nicht in ganzer Härte, sondern nur $^3/_4$- oder halbhart eingezogen werden, auch so nicht so lange einen feinen guten Schnitt behalten können und daher ein öfteres Schleifen als die aufgezogenen erfordern. Der einzige Einwand, der möglicherweise bei aufgezogenen gegenüber den eingestemmten erhoben werden könnte, besteht in dem Bedingnisse einer grössern Aufmerksamkeit seitens des Arbeiters, da bei Fahrlässigkeit desselben wohl eher ein Unfall passiren kann, als bei eingestemmten $^3/_4$- oder halbharten Federn. In rheinischen, belgischen und französischen Fabriken findet man nur höchst selten noch eingestemmte Federn im Gebrauch, sondern meistens glasharte aufgezogene Winkelfedern. Die Fabrikation hat sich übrigens in den letzten Jahren so vervollkommnet, dass beim Härten der Winkelfedern nur die Schneide, soweit dieselbe überhaupt abgenutzt werden kann, ganz hart wird; der übrige Theil derselben, sowie der auf dem Cylinder aufliegende Winkel bleiben beim Härten weich. Durch diesen Umstand ist einem leichten Zerspringen beim Aufziehen oder während der Arbeit wesentlich vorgebeugt[26]).

Die nöthige Schneidschärfe ist für den Cylinder ebenfalls unerlässlich und es ist daher von Zeit zu Zeit ein Schleifen nothwendig.

Für den Appreteur ausführbar ist die Schleiferei mit dem Schmirgelholz. Zu diesem Zwecke wird der Messersitz mit dem neueingesetzten Messer in die Maschine eingehängt, die Cylinderlager aufgeschraubt und der Cylinder in dieselben eingelegt. Die Lager müssen jedoch so hoch gestellt sein, dass zwischen Messer und Cylinder mindestens 3 mm Raum bleibt. Vor dem Cylinder wird eine gerade, starke, hölzerne Bohle so an der Maschine befestigt, dass ein darauf gelegtes Schmirgelholz mit der Mitte seiner Fläche die Cylinderfedern berührt.

Um den Cylinder gehörig rund zu machen, bedient man sich zuerst eines Schmirgelholzes von 10 cm Länge mehr als die der Cylinderfedern, dasselbe muss aus mehreren Dicken zu einer solchen Stärke verleimt sein, dass die Möglichkeit des Durchbiegens ausgeschlossen ist und wird mit 4

---

[26]) Wollengewerbe 1873. Siehe auch Iwand & Fischer a. a. O. und Behnisch a. a. O. —

oder 5 Schraubenzwingen so auf die Bohle geschraubt, dass die Schmir-
gelfläche desselben von den Spiralfedern des Cylinders in der ganzen
Länge gleichmässig und leicht berührt wird. Nun lasse man den Cylinder
von oben nach unten gegen den Schmirgel schnell laufend schleifen, ohne
Oel anzugeben. Nach und nach wird dann der Cylinder, doch stets auf
beiden Seiten gleichviel, näher an das Schmirgelholz gestellt und zwar so,
dass sich derselbe immer leicht mit der Hand drehen lässt. Während dem
Schleifen wird der Cylinder in seinen Lagern stets langsam hin und her
geschoben, bis endlich alle Federn oben eine scharfkantige, glatte, blanke
Fläche zeigen. Um sich hiervon zu überzeugen, muss man jede Feder
einzeln in ihrer ganzen Länge nachsehen. Dann wird das lange Schmirgelholz entfernt und die Cylinderfedern durch Aufsetzen des Lineals untersucht, ob alle Federn gleich fest anliegen, was in der Regel dann annähernd der Fall sein wird, wenn das Schmirgelholz mit nicht zu grobem
Schmirgel bezogen und vollständig gerade war.

Mittels des Lineals werden nun die höheren Stellen der Spiralfedern
aufgesucht und mit Kreidestrichen auf der Bohle genau bezeichnet, dann
nimmt man ein kurzes, feines Schmirgelholz zwischen beide Hände, legt
dasselbe fest auf die Holzbohle auf und schiebt es, leicht gegen den sich
drehenden Cylinder gedrückt, vor den hohen Stellen desselben langsam
hin und her. Durch öfteres Aufsetzen des Lineals, was übrigens immer
genau parallel mit der Axe des Cylinders geschehen muss, und möglichst
vorsichtiges Abschleifen der höheren Stellen wird man einen ziemlich vollkommen geraden Cylinder erhalten, welcher die Basis für eine gleichmässige Schur der Waare bildet, weshalb auf dieses Geradeschleifen der
Spiralfedern die grösste Sorgfalt zu verwenden ist.

Zuweilen bedient man sich auch wohl der Schleifwalze zum Abrichten
der Cylinderfedern, wie sie in Spinnereien zum Schleifen der Krempel
verwendet wird, doch verdient die oben angegebene Methode ihrer Einfachheit und Genauigkeit wegen den Vorzug und kann in jeder Appretur
mit sehr geringen Kosten ausgeführt werden.

Man kann das Schleifen auch mit einer Schleifmaschine ausführen. Eine solche Schleifmaschine hat einen selbstthätigen Support, in
welchem ein kurzes Schmirgelholz so eingespannt wird, dass es die Spiralfedern des in Zapfenlagern sich schnell drehenden Cylinders seitwärts
streift und so lange parallel mit der Axe des Cylinders auf der ganzen
Länge desselben hin- und hergeschoben wird, bis der Cylinder nicht nur
vollständig rund geht, sondern auch alle höheren Stellen der Federn entfernt sind, so dass die Letzteren beim Aufsetzen des Lineals überall gleich
fest an dasselbe anliegen. Solche Maschinen bauen W. Kempe & Co. in
Leeds und H. Thomas in Berlin.

Um Cylindermesser und das liegende Messer zugleich gegeneinander
genau zu richten und zu schärfen hat die H. Thomas'sche Maschinen-

fabrik[27]) eine sehr einfache und sehr zweckdienliche Anordnung getroffen in einer Schleifmaschine für Schermaschinen-Schneidezeuge, vermittelst deren man in angegebener Weise eine gerade Schnittkante an den Messern der Schermaschinen-Schneidezeuge durch Schleifen einer Fläche auch auf der unteren Seite des Messers herstellen kann.

Zu dem Zweck wird der Schercylinder in verstellbare Lager von zwei festen Böcken gelegt und während der durch eine Betriebsscheibe bewirkten Rotation gleichzeitig durch einen Kurbelmechanismus in der Richtung seiner Axe unter dem Messer hin- und herbewegt. Die Breite der anzuschliessenden Fläche lässt sich durch einen mittelst einer Mutter verstellbaren Kurbelmechanismus reguliren, welcher das Messer, das mit seinen Axzapfen in den verstellbaren Lagern der beiden Röcke liegt, in der zur Axe des Schercylinders normalen Richtung über demselben hin- und herbewegt.

Die folgende Abbildung (Fig. 202) zeigt eine Schleifmaschine zum

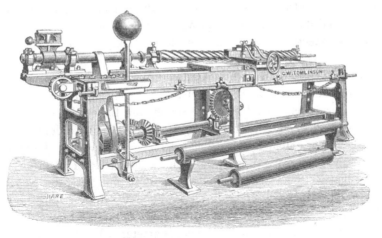

Fig. 203.

Abschrägen der Messer und zum Anpassen derselben an den Cylinder von C. W. Tomlinson. —

Ist die Schermaschine gut eingestellt und gut im Stande, so ist sie sehr leicht zu führen. Ihre Hauptanwendung hat sie für gewalkte und ungewalkte Woll- und Halbwollwaare aller Art. Weniger viel wird sie für Baumwollstoffe verwendet, noch weniger für Leinen und Seide. —

Ueber die Dimensionen und Kraftverbrauch der Schermaschinen existiren nur wenige Angaben. A. Hartig in Dresden hat 3 Systeme Schermaschinen geprüft und folgende Resultate gefunden:

---

[27]) D. R. P. No. 6457.

Erbauer	System	Schercyl.-Diam.	Umdr.	Messer	Gänge	G. d. Tuchs pr. Sec.	Pferdekr.
Thomas	Trans.	66 mm	1000	6	3	—	0,25
„	Long.	100 „	650	12	2	40 mm	0,606
Mohl	Trans.	70 „	1000	4	2½	—	0,38
Es geben ferner an:							
Pauilhac	Long.	112 „	750	8	—	63 „	—
Collier	Long.	—	780	8	—	60 „	—
Kempe & Co. [28])	Long.	—	300	—	—	100 „	0,50
„ „	Trans.	—	400	—	—	37 „	0,16
Neubarth (nach Davis)	—		120	—	—	—	0,50
Thomas (neu)	Long.	112 „	566	12	3	75 „	—

Zwischen Leergang L und Arbeitsgang A hat Hartig für 3 Scherma-schinen Differenzzahlen ermittelt. Für eine Langschere betrug L = 0,52, A = 0,606, bei einer Transversalmaschine L = 0,16, A = 0,25 und bei einer zweiten L = 0,35, A = 0,38. Der Kraftaufwand für die Bearbeitung des Stoffes allein ist also 0,03—0,08 Pferdekraft und hiervon kommt noch die Hauptmasse auf die Friction und Fortbewegung des Gewebes in der Maschine, während das effective Scheren nur einen ganz minimalen Antheil an dem Kraftaufwand hat. Betrachtet man die Geschwindigkeit einer Longitudinal-maschine mit 700 U. bei Fortgang des Tuches um 50 mm per Sec., so ist zu berechnen, was z. B. ein Tuch aus Streichgarn No. 12 [29]) gewebt annähernd für Scherarbeit bietet, die durch den Ueberschuss der Kraft des Arbeitsganges über die des Leergang mit ca. 0,075 Pferdekraft bezeich-net ist. Ein Normalfaden No. 12 hat 40 Fasern von ca. 40 mm Länge auf den Faden-Querschnitt bei 0,50 mm Diameter des Fadens. In einem Meter Faden werden sein: 1000 Fasern à 40 mm Länge. Nehmen wir an, dass das Stück 1 Meter Breite habe und dass es mit 50 mm pro Sec. Fortgang arbeite, so passiren also die Schere selbst in einer Secunde 100 Fäden des Schusses à 0,50 mm Diameter oder 100 × 1000 Fasern als Garn. Hiervon wird nur etwa ½ der Fasern die Faserenden empor-kehren aus dem Gefüge des Gewebes, also 50 × 1000 = 50,000 Fasern. Die Schere macht also 700 Umdrehungen pro Minute oder 11,6 pro Sec. Der Schercylinder hat aber 8 Scherblätter — folglich macht der Scher-cylinder 8 × 11,6 Schnitte pro Secunde. Nun hat jeder Schnitt $\dfrac{50,000}{8 \times 11,6}$ = 538,6 Fasern, die hervorstehen über die Breite des Stoffes vertheilt, abzuschneiden und diese Arbeit würde, angenommen, dass die Faser bei 18 gr Belastung reisse, beim Einzelabrupfen die Zugkraft von 9694,8 gr erfordern.

---

[28]) Angaben von Adolphus Sington & Co. in Manchester.
[29]) Congressnummer. Siehe Grothe, Technologie der Gespinnstfasern Bd. I, p. 462.

Treten wir dieser Betrachtung einmal theoretisch näher mit Bezug auf den wirklichen Arbeitsverbrauch für die effective Operation des Scherens, so lässt sich folgendes ermitteln. Vorausgesetzt 40 Fasern à 75 mm Länge im Faden, ergäben im Faden von 1 m Länge resp. Breite des Gewebes 600 Fasern. Hiervon mögen 50 % durch das Rauhen mit den Spitzen nach oben stehen. Diese sind also event. abzuscheren. Das Gewebe schreitet mit 2400 mm Geschwindigkeit pro Minute, also mit 40 mm pro Sec., vor. Diese 40 mm enthalten 40 Fäden à 1 mm Dicke, und 40×300 Faserspitzen $=$ 12,000 Faserspitzen pro Secunde sind abzuschneiden. Die Kraft zum Zerreissen einer Wollfaser sei 18 gr. Die 12,000 Fasern erfordern demnach $18 \times 12,000 = 216,000$ Gramm $= 216,0$ Kilogr zur Zerreissung.

Angenommen, diese Fasern ständen alle in einer Linie und würden zugleich abgeschlagen. Der Weg der Schneide beim Abschlagen ist gleich der Faserdicke oder nach obigen Annahmen etwa $\frac{1}{7}$ mm. Die Trennungsarbeit würde sein $= 21,6 \cdot \frac{1}{7} = 31$ mmkg $= 0,031$ mkg und in Pferdekraft ausgedrückt $= \dfrac{0,031}{75} = 0,00041$ Pferdekraft. Zur Trennungsarbeit tritt aber noch hinzu die Arbeit zum Fortschleudern. Die Faserendchen à 2 mm durchschnittlich in Länge bilden, vorausgesetzt, dass sie alle geschnitten sind, $12,000 \cdot 2 = 24,000$ mm Faserlänge. Hat 1 Kilo des verwendeten Garns von 1 mm Fadendicke 16,000 m, so wiegt eine Faser von 16,000 mm Länge nur $\frac{1}{40}$ Kilo, die 24 m Faserlänge wiegen also $24 \cdot \dfrac{\frac{1}{40}}{16,000} = 0,00004$ Kg $= G$. Der Schercylinder möge sogar 2000 Umdrehungen machen pro Minute bei 100 mm Diameter und 314 mm oder 0,314 m Umfang, so beträgt die Umfangsgeschwindigkeit v in 1 Sec. $v = \dfrac{2000}{60} \cdot 0,314 = 10,5$ m und die Arbeit zum Fortschleudern pro 1 Sec. ergibt sich mit

$$A = \frac{M v^2}{2} = \frac{G}{g} \frac{v^2}{2} = \frac{0,00004 \cdot 10,5^2}{9,81 \cdot 2} = 0,00023 \text{ mkg} =$$

$$\frac{0,00023}{75} = 0,0000031 \text{ Pferdekraft.}$$

Die ganze Arbeit des Scherens erfordert also $= 0,0004131$ Pferdekraft.

Aller übrige Kraftaufwand in der Schermaschine von 0,25—1 Pferdekraft je nach der Construction wird durch die Bewegung ihrer Theile an sich absorbirt.

Es unterliegt keinem Zweifel, dass Bestrebungen für Verbesserung der Schermaschine von dieser grossen Differenz zwischen Kraftaufwand für die wirkliche Scherarbeit und dem zur Bewegung der Schere benöthigten ausgehend viel Aussicht auf Erfolg haben können.

Schleifmaschinen.

Wir haben bereits auf Seite 283 angeführt, dass John Slater 1823[1]) eine Maschine patentiren liess, bei welcher der Schercylinder ersetzt ist durch einen mit Schmirgel bekleideten Cylinder. Die gegen das feste Messer sich anlegenden Fasern werden durch die Wirkung des Schmirgels abgerieben, abgeschliffen. (Tafel, Fig. XVII.) Diese Methode, welche laut Slaters Patentbeschreibung den Zweck haben sollte, das Scheren zu erleichtern, ist in neuester Zeit wieder in den Vordergrund getreten. Die H. Thomas'sche Maschinenfabrik in Berlin hatte 1880 in Leipzig eine solche Maschine mit zwei Cylindern ausgestellt. Die Construction ist genau die gleiche wie die der auf Seite 245 dargestellten Rauhmaschine mit Kratzen (Fig. 153), nur dass an die Stelle der Kratzenbezüge auf den Cylindern Bezüge von Schmirgelpapier treten. Die Cylinder sind der Länge nach in Zwischenräumen mit einigen Leisten bezogen und das Schmirgelpapier wird hieran befestigt und bietet die Flächen dar, die auf den Leisten zu liegen kommen. Die Wirkung dieser Maschine ist eine sehr gute und für glatte Oberflächen, welche Bindung zeigen sollen, sehr zweckentsprechend. — Der Stoff kann die Schmirgelcylinder entweder ganz umfassen oder aber dieselben in zwei oder mehr Punkten berühren.

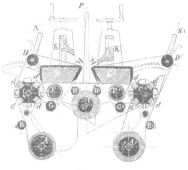

Fig. 204.

Die Schleif- und Scheuermaschine von C. Pesch[2]) in Tilburg (Holland) (Fig. 204) ist besonders wirksam für Seidengewebe und Gewebe aus Halbseide, Baumwolle, Halbwolle etc. Das Gewebe wird auf einen Baum A gewunden, der mit seinen beiden Endzapfen vermittelst Muffen geschlossen drehbar im Maschinengestell gelagert ist.

---

[1]) Engl. Spec. No. 4872. 1823.
[2]) D. R. P. No. 4177 u. 4766.

Von diesem Baum windet sich das Gewebe langsam ab, geht hinter einem Geradhalter B hinweg zur Scheuerwelle C, welche in schnelle Umdrehung versetzt wird, und zwar so, dass die Bewegungsrichtung derjenigen des Gewebes entgegengesetzt ist. Auf die vier breiten Seiten der Welle sind Scheuermesser aufgesetzt, die in Zickzackform unter einem Winkel von 45° gebogen sind. Die Ecken sind nur sehr wenig abgerundet, damit die Wirkung der schrägen Stellung nicht beeinträchtigt wird. Die beiden auf einander folgenden Messer 1 und 2 sind um die Grösse der Verticalprojection der Seitenlänge a b versetzt, während das Messer 3 um 0,5 und das Messer 4 um 1,5 jener Grösse im Vergleich zum Messer 1 versetzt ist. Hierdurch wird erreicht, dass die Stofftheile a c, c e immer hin und her gescheuert werden und die unbearbeiteten Stellen bei den Punkten a, b, c und d ebenfalls gescheuert werden. Ausserdem befinden sich auf der Welle noch Bürsten d von Schweinsborsten. Durch die neue Form und Stellung, sowie durch das auf einander folgende Arbeiten der Messer 1 bis 4 erhält man ein vollkommenes Scheuern in der Breitenrichtung auf der Rückseite des Gewebes, und durch die Bürsten d neben der Beseitigung der sich lockernden, vorstehenden Fasern ein noch kompakteres Gewebe. Das Gewebe geht weiter über eine Führungswalze D und nach der Kante des hölzernen Tisches E, der mit einem weichen Polster von wollenem Plüsch, Flanell etc. bekleidet ist, über welchen noch ein glattes, filzartiges Tuch von dem Baum F nach dem Baum G führt. Hierauf gelangt das Gewebe unter die Geradhalter H und H¹, durch welche bewirkt wird, dass dasselbe geebnet über einen Baum I, der mit Schweinsborsten besetzt ist, hingeht. Die Borsten dieses Baumes, welche in innige Berührung mit dem Gewebe gelangen, beseitigen alle vorstehenden Fasern und Unreinigkeiten. Zugleich erzeugen sie eine grössere Dichtigkeit. Das Gewebe ist alsdann auf der Rückseite vollkommen vollendet. Hierauf wird das Gewebe durch den Geradhalter H¹ geebnet, auf einen dem ersten Tisch E gleichen zweiten Tisch E¹ geleitet, der an jeder Seite eine Gleitschiene K¹ trägt. Dieselben führen mittelst feststehender Schrauben und Handrädchen ein gusseisernes Querstück L¹ in gerader Richtung auf und ab. Unter dem äussersten Ende desselben ist ein zugeschärftes, jedoch nicht schneidend scharfes Stahlmesser M¹ befestigt. Zwischen diesem Messer, welches fest auf das Polster niedergeschraubt wird und dem gepolsterten Tische wird das Gewebe hindurchgezogen. Hierdurch werden alle vorstehenden Fasern auf der rechten Seite abgeschabt und das Gewebe wird also so auch in der Längenrichtung abgeschliffen.

Bürstmaschinen.

Das Bürsten ist eine für eine Anzahl Gewebe nothwendige und wichtige Operation, ganz besonders für Wollstoffe. Dasselbe hat den Zweck, die Erzeugung glatter Oberflächen zu befördern, sodann aber die Oberflächen von den aus gewissen Manipulationen her hängengebliebenen Faserchen etc. zu reinigen und die auf dem Gewebe hervorstehenden Härchen gleichmässig auf dem Gewebe niederzulegen. Hin und wieder tritt sogar an die Bürste die Anforderung heran, eine ähnliche Operation zu vollbringen, wie das Rauhen sie vollbringt. In solchem Falle müssen die Bürsten selbst eine entsprechende Construction[1] haben.

Eine Bürstmaschine enthält stets einen Bürstcylinder, der verschiedene Grösse haben kann und demgemäss verschiedene Umdrehungsgeschwindigkeit. Der Bezug desselben ist meistens hergestellt aus Schweinsborsten, je nach dem Zweck von verschiedener Kraft und unter verschiedenem Satz. J. Jones- stellte 1818 bereits Bürstcylinder her mit besonderer Einsatzmethode in „obtuse angles" zum Radius der Walze, und zwar in Cylindern, die für die Oberseite des Gewebes bestimmt waren. Die für die untere Seite desselben gefertigten Bürsten besetzte er fächerartig mit Borsten. Er benutzte auch Drahtkarden, Reisig und Reissstroh. 1824 construirte John Jones[2] seine Dampfbürste. Er sagt darüber:

„Sie dient vorzüglich zum Bürsten der trocknen Tücher; man kann jedoch eine durchlöcherte Röhre quer durch die Maschine laufen lassen, um gelegentlich eine Lage Dampf gegen die Oberfläche des Tuches während der Arbeit zu entladen, oder wenn die Maschine nass arbeiten soll, kann man eine Schicht Wasser auf irgend eine schickliche Weise auf das Tuch herabfallen lassen.

Die Walzen oder ihre Axen werden von einem Gestelle aus Gusseisen auf ihren Enden getragen. Die Breite der Maschine ist nach der Breite des Tuchs be-

---

[1] Dingl. pol. Journ. Bd. 80. S. 101.

[2] Beuth über die Jones'sche Dampfbürste. Verh. des Vereins f. Gew. 1830. p. 190. — Dingl. pol. J. Bd. 68. S. 115. — Jourdain, Bull. d'encour. 1828. S. 262. — Rayner, D. p. Journ. Bd. 35. S. 334. Jones scheint indessen nicht der erste gewesen zu sein, der Dampf bei der Bürstmaschine anwendete. In dem Patentregister Amerikas wird 1812 bereits eine solche von Seth Hart aufgeführt.

rechnet, welches zugerichtet werden soll, und das ganze Walzensystem ist durch Laufbänder, Trieb- oder Reibungswerke verbunden, und wird durch eine Hauptaxe in Bewegung gesetzt, welche von einer Dampfmaschine, einem Wasserrade, durch die Hand, oder auf irgend eine andere Weise getrieben wird. Diese Bürstenwalzen bestehen aus einer Mischung von Schweinsborsten und Drähten, oder aus Ziegenhaaren, die rings umher an der Peripherie unter einem spitzigen Winkel auf die Oberfläche, oder auch in der Richtung von Halbmessern auf die gewöhnliche Weise aufgesetzt sind, und so wie das Tuch durch die Maschine läuft, wird es von diesen Walzen, die sich schnell drehen, gekehrt, und das Haar auf demselben niedergelegt.

Die beiden Enden des Tuches werden an einander genäht, so dass das Stück Tuch ein Band ohne Ende bildet und die Maschine wird auf obige Weise in Bewegung gesetzt; die Walzenbürsten, die sich mit grosser Schnelligkeit drehen, richten die Oberfläche des Tuches zu, welches durch die langsame Umdrehung der Zugwalze allmälig vorgezogen wird, und nachdem es über die Rolle gelaufen ist, auf einer schiefen Fläche herabgleitet auf den Boden, von welchem es wieder an der Vorderseite der Maschine hinaufgezogen wird.

Eine schnell sich drehende Kreuzbürste (whick) ist über der ersten Bürstenwalze angebracht, um die Kehrseite des Tuches zu reinigen, während dasselbe an seiner Vorderseite zugerichtet wird. Unter der Bürstenwalze befindet sich ein Trog zur Aufnahme der Flocken und des Staubes, welcher von dem Tuche während des Kehrens abfällt, wenn nämlich trocken gearbeitet wird; wenn nass gearbeitet wird, wird eine Röhre am Ende des Troges angebracht, um denselben dadurch wegzuführen. Man sagt, dass, wenn eine Lage Dampfes während des Bürstens auf das Tuch wirken kann, dieses dadurch ein weit besseres Ansehen gewinnt, und dass dadurch dem Tuche auch jene Rauhigkeit benommen wird, die es durch das Heisspressen bei dem Anfühlen zeigt. Zu diesem Ende lässt man durch das Vordertheil der Maschine eine Röhre unter der Vorderseite der Bürstenwalze hinlaufen, welche Röhre mit einer Reihe von Löchern versehen ist, durch die eine Dampfschicht gegen die zu bürstende Tuchfläche aufsteigt, und das Tuch eindampft. Man lässt den Dampf ungefähr 10 Minuten lang oder noch länger wirken, und fährt fort zu kehren, bis das Tuch trocken geworden ist, wo man finden wird, dass es eingelaufen und dichter geworden ist."

Eine andere Construction von Jones enthält nur einen Bürstcylinder:

Es ist dabei angebracht eine Wasserröhre, quer über die Maschine geleitet, um eine Art von Regen auf das Tuch herabfallen zu lassen, während sich die Bürstenwalze unter derselben dreht.

Während der schnellen Umdrehung dieser letztern wird das Tuch langsam durch die Maschine vorgezogen. Die Umdrehung der Hauptaxe erzeugt sowohl die Umdrehung der Bürstenwalze, als der Zugwalzen, die das Tuch langsam in entgegengesetzter Richtung durch die Maschine ziehen, während dasselbe von dem auffallenden Wasser gereinigt wird. Unter der Bürstenwalze kann ein Trog zur Aufnahme des schmutzigen Wassers dienen, aus welchem das Wasser durch eine an seinem Boden angebrachte Linie abgeleitet wird. Statt der Wasserröhre, oder nebst derselben können Dampfröhren unter dem Tuche angebracht werden, und so kann die Maschine entweder als trockner Bürstapparat, oder, wie man technisch sagt, als Steam-Moizer, Dämpfapparat, verwendet werden; wenn man die Lage der Schienen abändert, kann man das Tuch mehr oder weniger spannen; diese Schienen passen in Ausschnitte der gekrümmten Arme.

Tücher, die auf diese Weise zugerichtet werden, erhalten eine Appretur, die man auf keine andere Weise zu geben vermag, und der Dampf auf diese Weise bringt eine weit bessere Wirkung hervor, als durch das sogenannte Walzensieden (roll boiling). Die erstere dieser beiden Maschinen kann auch zum Aufbürsten des Tuches vor der Walke benutzt werden, und beim Belesen.

Diese Jones'sche Erfindung fand ungeheuren Anklang und ist bis heute die Grundlage der Dampfbürste geblieben. Nach ihm versuchten Haycock, Haden, Sevill, Houget & Teston, Rüdiger, Clark & Barber u. A. diese Methode weiter auszubilden.

Es ist sehr interessant, diese Ausbildung zu verfolgen. 1830 schrieb man bereits, wie folgt, und diese Auslassungen haben auch heute noch vollen Werth, weil man in der That noch nicht viel besser die Bedingungen der Dampfappretur heute kennt, als damals:

Die ursprünglich John Jones'schen Lüstrirmaschinen scheinen später wesentliche Veränderungen erfahren zu haben, wenigstens haben wir dergleichen in den angesehensten Tuchstädten am Rhein und in den Niederlanden, namentlich in Verviers, gefunden, die von den vorbeschriebenen Maschinen in mehreren Stücken abwichen, auch hatte man bei der Arbeit des Durchdämpfens und Lüstrirens der Tuche ein bestimmteres Verfahren angenommen, als er angegeben hat.

Die in jenen Fabriken verbreiteten Lüstrirmaschinen bestehen zwar ebenfalls noch in zwei horizontalen Bürstcylindern mit den nöthigen Nebenwalzen; sie sind aber nicht blos mit einer Dampfröhre vor dem ersten Cylinder, sondern mit vier Dampfröhren versehen, wovon je zwei immer über einander liegen, und die untere Röhre nach oben, die obere aber nach unten fein durchlöchert ist. Zwei dieser Röhren liegen vor dem ersten Bürstcylinder, der mit Schweinsborsten und Drahtzähnen besetzt ist; die beiden anderen befinden sich aber zwischen den beiden Cylindern und sind in eben der Art durchlöchert. In diese vier Röhren wird Dampf eingelassen, und das Tuch geht zwischen denselben durch, so dass es von beiden Seiten, oben und unten, von den ausströmenden Dämpfen getroffen wird. Es kommt also beim Uebergange aus den beiden vordern Dampfröhren auf den ersten scharfen Bürstcylinder und wird hier scharf gebürstet, dann geht es zwischen das zweite Paar Dampfröhren, und von diesen über den zweiten Bürstcylinder hinweg, wo es weniger scharf gebürstet wird. Von hier aus wird es entweder über eine Leitwalze geführt, und wieder nach vorn geleitet, um nochmals überzugehen, oder es geht über eine am hintern Ende befindliche hohle, nicht durchlöcherte, durch Dämpfe erhitzte kupferne Walze, die es unverzüglich abtrocknet.

In Verviers hat man auch eine andere Art Lüstrirmaschine, mit einem einzelnen Bürstcylinder, der in der Mitte des Gestelles liegt, und welche zwei kupferne durchlöcherte Dampfwalzen, die eine oben, die andere unten, hat. Das zu durchdämpfende Tuch wickelt sich abwechselnd auf eine dieser Walzen, in welche Dampf eingelassen wird, und geht von oben nach unten, oder umgekehrt, vor dem Bürstcylinder vorbei, wie bei den gewöhnlichen Rauhmaschinen, wird also von der Vorderseite des Bürstcylinders getroffen. Man wollte diese Maschine nicht für so wirksam halten, als die ersteren, und sie war auch weniger verbreitet.

Dieses Durchdämpfen und Bürsten wird, nach Beschaffenheit des Tuches, eine längere oder kürzere Zeit fortgesetzt, und wenn es gehörig stattgefunden hat, wird es abgenommen und möglichst fest auf eine hölzerne Walze gewickelt, wozu sich in den Fabriken zu Verviers eine besondere Vorrichtung neben der Lüstrirmaschine fand.

Die mit dem gedämpften Tuche bewickelte Walze kommt nun in einen luftdichten verschlossenen hölzernen Kasten, in welchem sich reines Wasser befindet, das durch Dämpfe erhitzt wird, und das Tuch wird in diesem Apparate zuerst eine

Zeit lang gekocht; alsdann lässt man aber das Wasser nach und nach verkühlen, und nimmt das Tuch hierauf mit der Walze heraus, um es wieder abzuwickeln, zu trocknen und weiter zu behandeln. In diesem verschlossenen Kochapparate soll der Glanz, den das Dämpfen und Bürsten hervorbringt, sich erst recht befestigen und das Tuch die Beschaffenheit annehmen, die es haben soll.

Diese Operation findet zwischen dem Rauhen und Scheren des Tuches statt, und es ist in gut eingerichteten Manufakturen auch noch die zweite Bürstmaschine vorhanden, die nur einen mit Schweinsborsten besetzten Cylinder hat, über welchen das Tuch horizontal weggeht, zur Reinigung der untern Seite mit einer mit Reisstroh besetzten Bürste versehen ist, auch eine Dampfröhre hat, so dass also mit Dampf oder trocken operirt werden kann. Diese Maschine dient dazu, dem Tuche nach vollendetem Scheren die letzte Bereitung zu geben, den Stapel vollkommen in den Strich zu bringen, und es ganz spiegelglatt zu machen.

Endlich wird das Tuch gepresst und mitunter noch auf einen Plattenofen nach französischer Art decatirt, um ihm einen stehenden Glanz für die Dauer zu geben.

. . . .

„Diese verschiedenen Behandlungen in Dämpfen und mit den Bürsten müssen natürlich ungemein wirksam sein, die obere Fläche des Tuches, wenn dieses gehörig gerauht und geschoren wird, zu reinigen, zu verflachen und also auch glänzend zu machen. Die Wasserdämpfe, welche bis zu einem gewissen Grade gespannt, mithin sehr heiss sind, werden selbst auf den Grund des Gewebes einwirken, diesen verdichten und eine Art von Krimpe hervorbringen. Das Tuch wird mithin hierdurch an Reinheit und Lüstre sehr gewinnen, und ein angenehmes Ansehen erhalten."

. . . .

Aber es soll, nach dem Urtheile von sehr erfahrenen Tuch-Fabrikanten, die sich der Lüstrir-Maschinen bedienen, und im Wesentlichen das oben angegebene Verfahren anwenden, das Tuch dabei sehr angegriffen werden, was auch sehr denkbar ist. Viele verständige, ausgezeichnete Fabrikanten in den Niederlanden gehen daher auch nur ungern an diese Methode, und führen sie blos aus, weil sie dazu genöthigt sind. Auch hat es uns geschienen, dass die auf die vorbeschriebene Art behandelten Tuche immer noch nicht ganz vollkommen so schön appretirt waren, und einen so klaren und reinen Grain hätten, als die Tuche englischer Fabrikation der feinern Qualität, welche uns zu Gesicht gekommen sind.

John Haden's Patent 1829 enthielt nichts Neues gegenüber dem John Jones und so ist eine lange Periode hindurch, bis in die 50er Jahre hinein, nichts mehr aufgetaucht, was an Bedeutung den Jones'schen Methoden etwa an die Seite zu setzen war. Die Patente von Atkinson, Oldland, Lewis, Ferabee, Davis, Kinder, Whiteley u. A. betrafen nur ganz gewöhnliche, bekannte Bürsteinrichtungen. Auch die späteren englischen Patente für Bürstmaschinen änderten lediglich die Form und Materialien der Bürsten, wozu Tiffany 1855 Brasiliengras vorschlug, C. P. Rosson Ketoolfaser, Mc. Kenzie & P. Ramsey Kautschukborsten (1862) und Robertson Kautschukschwamm. Die Vorschläge von Dom. Beck (1855) betrafen den Ersatz des Bürstcylinders durch eine mit Borsten bezogene Tafel und die von Worrall & Lawrence die Anordnung von weitläufigen Borstenspiralen um den Cylinder, eine Einrichtung, die eine gewisse Bedeutung gewonnen hat.

Einzelheiten haben ebenso gewechselt wie das Material der Bürstenwalzen. Bald sind die Borsten direkt in Bohrungen auf dem Cylinder-

mantel eingelassen, bald hat man diesen mit einzelnen mit Borsten
garnirten Holzstücken besetzt, bald sind die Borsten auf Drahtgewebe befestigt, welches um den Cylinder aufgezogen ist. Soweit die Bürstenfasern
aus Metalldraht bestanden, sind sie auch in Art der Spinnereikratzen eingesetzt und aufgezogen. Die Cylinder wandte man bald voll, bald als
Röhre an.   H. Thomas fabricirte seit 1870 Bürstcylinder aus Bürsten-
hölzern, die um ein eisernes Rohr herum gelegt und an den Enden durch
einen Bundring festgehalten werden, während versenkte Schrauben das
Holz mit dem Rohr fest verbinden.   Diese Methode hat C. J. Klaebe in
Dresden in einem neuen Patent aufgefrischt.   Letztere Firma fabricirt aber
sehr schöne Bürstcylinder.   F. Leclère & Damuzeaux père & fils in Sedan
besetzen die Bürstcylinder mit 12 Längsbürstschienen und bauen Bürstmaschinen mit rotirender Bewegung, aber auch solche mit alternirender.
Die alternirende Bewegung des Bürstcylinders sorgt für gutes Zu-
bürsten der Fläche.

Die Bürstmaschinen haben im Allgemeinen eine einfache Form.   Die
Fig. 205 zeigt eine solche.   Dieselbe enthält einen Cylinder mit 12 Bürsten.

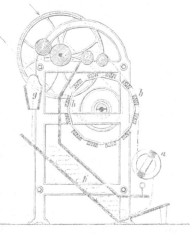

Fig. 205.

Der Stoff wird endlos zusammengeheftet und passirt nun durch das Spann-
prisma a, durch dessen Einstellung der Stoff dem Bürstcylinder b beliebig genähert, resp. zugeführt werden kann.   Er geht dann über die
Leitrolle c, d und zwischen und um e, f herum zum Ableger g, um
in dem Waarentrichter h allmälig wieder nach a vorzuschreiten.   Man
hat nun auch Bürstmaschinen mit mehreren Cylindern und mit mehreren Touchements[3]) hergestellt.   Die Fig. 206 zeigt eine doppelte Bürste
und zwar machen wir hier darauf aufmerksam, dass viele Bürstmaschinen mit Dämpfvorrichtung versehen sind, so auch diese.   Der Stoff

    3) Dingl. p. J. Bd. 181. S. 107.

tritt über das Dampfkissen m, welches mit dem Dampf und Wasser-
sammler n in Verbindung steht, in die Maschine ein, um die Leitrolle l
herum, nach der Leitrolle h, die an einem stellbaren Arm sitzt, der um
k schwingt. k ist mit Klinkrad versehen, in welches die Feder i eingreift, um dasselbe festzustellen. Der Stoff bewegt sich dann über den
Bürstcylinder b, dessen Bewegungsrichtung der Bewegung des Stoffes
entgegengesetzt ist. Die Spannrolle g leitet den Stoff nach dem
zweiten Bürstcylinder a. Sodann verlässt das Gewebe über die Rollen e,

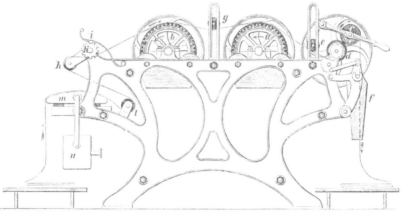

Fig. 206.

d, c die Maschine durch den Fachapparat f. Der Cylinder c ist der
Presscylinder für den Vorzug des Gewebes zwischen c und d. Derselbe
ist in Hebelarmen eingelagert und durch Aufhebung desselben hört der
Zug des Gewebes auf.

Nach diesem Muster bauen besonders Tilmann Esser (Matthée &
Scheibler) in Burtscheid ihre doppelten Dampfbürsten, ebenso Esser in Görlitz,
Ruffieux & Co. in Aachen, Moritz Jahr in Gera, H. Thomas in Berlin etc.
mit mehr oder weniger Modificationen. Die Fig. 207 stellt eine englische Bürstmaschine von C. W. Thomlinson in Huddersfield als Repräsentant der englischen Normale vor und die in Figur 208*) vorgeführte
grössere perspectivische Abbildung die französische Construction von
Grosselin pere & fils in Sedan als Beispiel der verbreitetsten Bauart in
Frankreich. —

Die linke Seite der Gewebe empfängt meistens nicht dieselbe Bearbeitung als die rechte, auch nicht in der Bürstmaschine. Indessen sucht man
doch auf derselben einen gewissen Strich hervorzurufen, und wendet zu
diesem Zwecke häufiger in den Bürstmaschinen noch kleinere Bürstenwalzen
an, welche diesen Zweck erfüllen. Ruffieux & Co. stellen diese kleinere
Walze vor den eigentlichen Bürstcylinder ein, Tillmann Esser hinter dem-

*) Fig. 208 auf nebenstehender Tafel.

selben. Letztere beziehen auch für das Zweiseitigbürsten in der Doppel-
bürstmaschine (Fig. 206) den Cylinder a nicht mit Bürsten, sondern lassen
ihn glatt und stellen hinter demselben die Linksbürste auf. Das durch
die erste Bürste b in Strich gelegte Haar befestigt und glättet sich dann auf
a besser. Bei der Bürste, die die Cleveland Machine Works bauen, wird

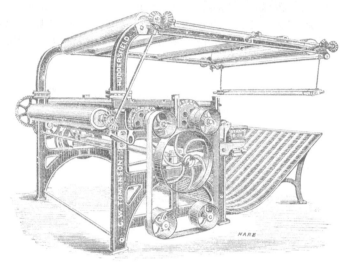

Fig. 207.

das Gewebe so geleitet, dass die zwei grösseren Bürstcylinder jeder zweimal bürsten. Es wird dies erreicht dadurch, dass über jedem Cylinder
eine oder zwei Leitrollen angebracht werden und die Leitrolle g sehr tief
unten zwischen die Cylinder gesetzt wird. Es entstehen dann 4 Touchements.

Die Bürstmaschine von A. Woolson (Springfield, Vt.) von ausgezeichneter Bauart, ordnet die beiden Bürstcylinder in Terrassen an, ähnlich
wie die Schere (Fig. 194). Bei den amerikanischen Bürstmaschinen ist
der Bürstcylinder für die Rechtsseite des Gewebes stets sehr dicht be-
borstet, dagegen der für die Unterseite in Spiralen oder in versetzten Punkten.

Während der Zweck der vorbeschriebenen Bürstmaschine n der ist, das
Haar glatt zu legen, also der Oberfläche des Gewebes anzuschmiegen,
finden wir einige Constructionen derselben für andere Zwecke hergerichtet.
Bei Betrachtung der Rauhmaschinen haben wir bereits gesehen, dass vielfach Cylinder mit Kratzenbezug angewendet werden, dort als Mittel zum Vorrauhen und Rauhen. Solche Cylinder werden nun auch zu Bürstzwecken benutzt und zwar um die Haare der Oberfläche nicht niederzulegen, sondern auf-
zurichten. Eine solche sogen. Velourhebemaschine (Velouteuse) construirt
z. B. die A. Thomas'sche Maschinenfabrik (Berlin) (Fig. 209). Das Gewebe
kommt in sorgfältiger Spannung und Gradführung herauf und geht um die
Schiene h im spitzen Winkel herum, während die mit Kratzen bezogene
Walze a gegen die ihr so dargebotene Faser schlägt und sie aufrichtet.

Die Schiene b ist an einem Arm eines zweiarmigen Hebels befestigt und kann jederzeit aufgehoben werden, sodass die Wirkung der Bürste aufhört. Der Hebel ruht auf einem Schlitten c, der in e gleitet und durch d verstellt werden kann. Die Kratzenwalze g dient zum straffen Vorziehen und das Prisma h schlägt die Waare von ihm ab beim Herumgehen, um dieselbe zum Fachapparat und aus der Maschine heraus zu befördern.

Derartige Maschinen à velouter, bestehend aus einer Gusstafel oder Streichschiene mit Veloutircylinder bezogen mit weichen Drahtkarden

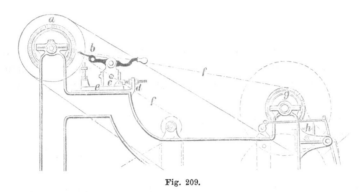

Fig. 209.

werden von vielen Fabriken geführt. Wir nennen besonders die französischen und belgischen Maschinenfabriken, weil in den betreffenden Ländern das Veloutiren sehr viel und sehr sorgsam angewendet wird.

Im Uebrigen erwähnen wir noch, dass Weiss, Lister & Mitchell und später Curtis Haigh (1859) versucht haben durch Metallschablonen, welche zwischen Bürste und Gewebe eingeschoben werden, Muster zu erzielen. Diese Methoden konnten natürlich nur schwache und vergängliche Muster erzeugen und ähnelten in der Methode der Musterrauherei. (Siehe 253.)

Gelungen ist die Construction der Musterbürstmaschine erst Joseph Giering in Crimmitschau (1881)[4]. Derselbe verwendet die Anordnung der Velourhebemaschine für die Stoffführung, umgibt die Bürste mit einem Gehäuse, welches gegenüber dem Führungsmesser ein Schlitz hat, durch den die Borsten hindurchbürsten können, und schiebt auf dieses Gehäuse den Musterschablonencylinder aus Drahtgewebe etc. Letzterer wird durch das Gewebe, welches hierfür eine besondere entsprechende Führung erhält, gedreht. Die durch das Muster hindurchschlagenden Borsten heben und bürsten den am Messer scharf gebrochenen Velour sehr gründlich, während die durch das Muster verhinderten Borsten natürlich an den correspondirenden Stellen des Stoffes die Velourhaare liegen lassen. —

---

[4] D. R. P. angemeldet am 16. Januar 1881.

Klopfmaschinen.

Für gewisse Zwecke wendet man Maschinen an, die, mit Stäben ausgerüstet, den Stoff, der unter diesen durchgeht, schlagen, klopfen. Diese
Operation wird bei den Baumwollstoffen vor dem Sengen und Scheren
vorgenommen und ist dort seit Langen im Gebrauch, obwohl sehr selten
erwähnt und beschrieben. Enthält doch selbst Karmarsch-Hartig's Technologie kein Wort von einer Klopfmaschine für Gewebe, ebensowenig
Hoyer's und andere Lehrbücher, obwohl seit mehr als ein Jahrzehent diese
Operation ausserdem für die Appretur veloutirter Stoffe eine wesentliche
Rolle spielt. Alcan[1]) berichtet, dass Mr. de Montagnac um 1856
sich die Fabrikation der Velours de laine patentiren liess und dass sein
Verfahren zur Herstellung der schönen veloutirten Wollstoffe wesentlich
in der Zufügung der Klopfmaschine abweichend war von den bisherigen
Methoden. Alcan beschreibt ausführlich eine Maschine zum Klopfen von
Martin aus Tarare. Dieselbe ist sehr gut construirt. In Deutschland
haben H. Thomas'sche Maschinenfabrik, Esser in Görlitz, Benisch in Luckenwalde und Andere Klopfmaschinen gebaut. Wir geben hier eine Klopfmaschine von Tillman Esser (Matthée & Scheibler) in Burtscheid als ein
mustergültiges Beispiel. In Figur 210 sind t, t' die Los- und Festscheiben
auf der Betriebsaxe b. Durch diese Axe wird die Bewegung auf die
Daumenwellen e, e, an jeder Seite der Maschine eine, übertragen mittelst
conischer Räder c, c und d, d. Diese Wellen e, e enthalten Daumen n, n.
Auf den stehenden Wellen o, o sind Ringhülsen u, u aufgeschoben, welche
sich auf o, o drehen. An diesen Hülsenringen sind zwei winklig zu einander stehende Arme angebracht p und v. Die Arme v sind curvenartig
gebogen und dienen als Daumen, auf welche die Daumen n von e aufschlagen. An den Armen p aber sind einmal die Stäbe r, welche
den Schlag ausführen sollen, angebracht, sodann die gabelartig p umfassenden Federn q, welche unten in der Maschine mit ihren freien
Enden befestigt sind. Der Vorgang ist also der, dass die Daumen n bei

---

[1]) Traité du travail de laine Bd. II. S. 337.

Drehung von e, e sich auf die Daumen v auflegen und diese herabdrücken, bis sie abgleiten. Dabei hatte sich natürlich p mit r gehoben und die Federn q ausgespannt. Im Moment, wo n von v abgleitet, wirkt die Feder und zieht durch q, p mit r scharf herab, wobei r auf das Gewebe aufklopft. Damit die Maschine eine continuirlich gleichmässige Arbeit voll-

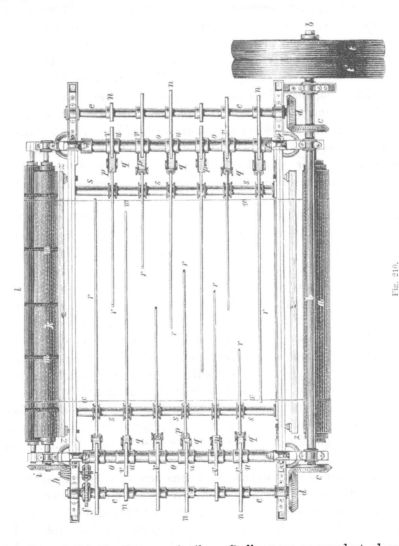

Fig. 210.

bringen kann, sind die Daumen in ihrer Stellung so angeordnet, dass die Stäbe nicht gleichzeitig, sondern nach einander in versetzter Reihenfolge in Wirkung kommen. Das Gewebe wird durch die Walze a, mit Kratzen bezogen, eingeführt und geht unter den Schlagstäben durch nach k, welche Walze ebenfalls mit Kratzen bezogen ist. Etwas unterhalb nach k ist die glatte Walze l aufgestellt und um beide Walzen herum bewegen sich in Rinnen die endlosen gedrehten Riemen m, m, um das Zeug von den

21*

Kratzen der Walze k abzuheben. Die Schienen w dienen dazu, das Gewebe glatt zu streichen und in gleichmässiger Höhe unter dem Stabe zu erhalten. Die Wellen s enthalten Rollen z, in welchen die Stäbe r die Schlagbegrenzung und Ruhelage finden.

Diese Constructionen sind also von Frankreich zu uns gekommen, wie dies aus den Angaben mehrerer Maschinenbauer, z. B. der Sächsischen Maschinenfabrik auch offen hervorgeht. Anfangs mit Holzgestellen hergestellt, wurden sie bald sorgsamer in Eisen construirt. H. Thomas (Berlin) baute dergleichen mit 16—20 Klopfstöcken für 1200—1800 M., Ruffieux in Aachen brachte nur 10 Klopfstöcke an; Neubarth Longtain in Verviers liefert diese Klopfmaschinen mit verschiedener Anzahl Stäbe und lässt die Antriebswelle für die Bewegung der Stöcke mit 120 Revolutionen umlaufen; Ed. Esser in Görlitz construirt die Maschine mit 12 Stöcken etc. Alle diese Constructionen halten sich im Rahmen der abgebildeten. Eine Abweichung von der französischen Form bringt die Maschine von C. H. Behnisch[2]) in Luckenwalde. Behnisch ordnet die Bewegung der Schläger anders an und setzt auseinander, dass, da bei allen bekannten Systemen von Stoffklopfmaschinen die Schläger durch Daumenwellen gehoben und durch Federkraft niedergeschnellt werden, die Federn nach kurzer Zeit schlaff würden und dann nicht angemessen wirkten. Ferner würde bei unregelmässigem Gange des Motors die Waare sofort fehlerhaft. Da die Feder den Schläger je nach ihrer Spannkraft immer in gleichen Zeiträumen niederschnelle, so könnten bei zu grosser Geschwindigkeit der Daumenwellen die Schläger den Stoff kaum oder garnicht berühren, während bei zu langsamer Bewegung der Daumenwellen die Schläger während eines kurzen Zeitraumes auf dem Stoffe schleifen, obwohl die Bewegung des Stoffes fortdauere. Dies Schleifen sei aber dem durch die Klopfmaschine zu erzielenden Resultat (Aufrichten der Haardecke) entgegen. Bei unangemessener Spannung einzelner Federn einer solchen Klopfmaschine trete dieselbe fehlerhafte Wirkung der Schläger ein, als bei unregelmässigem Gange des die Maschine treibenden Motors. Einige dieser Argumente sind nicht zu widerlegen.

Bei seiner Klopfmaschine sind nun mit den Federn auch die störenden Einflüsse derselben beseitigt. Aber da der Erfinder seine Aufgabe zu erreichen sucht unter Anwendung von Kurbelschleifenmechanismen, welche zwischen Hebelmechanismen eigeschaltet sind, so wird in der Construction viel Reibung erzeugt und die Maschine kann in Hinsicht auf Preis, Betriebskraft und Dauerhaftigkeit mit der französischen Construction wohl nicht concurriren. Die Figur 211 stellt den Mechanismus dar. Auf Welle s sitzen die Kurbeln c, d, deren Kurbelwarzen in Lagern

---

    [2]) D. R. P. No. 2309. — Behnisch, Lehrbuch der Appretur. — Wollengewerbe 1879. —

sich befinden, welche in den Schlitzen der Hebelarme a, b gleiten. a,
b etc. schwingen um g und tragen am andern Ende die Verbindungsstangen a, b für die Winkelhebel a″, b″ mit a, b. Die Winkelhebel a″,
b″ führen an dem freien Schenkel die Klopfstöcke a‴, b‴. Sie drehen
sich um die feste Axe e. An jeder Seite der Maschine sind diverse
solcher Stöcke aufgestellt und zwar so, dass die Kurbeln der Axen f auf

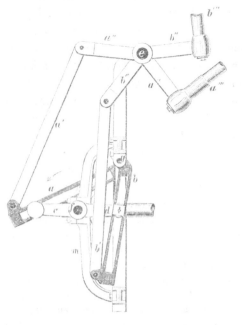

Fig. 211.

den beiden Seiten stets entgegengesetzte Stellungen einnehmen, so dass
in der Schlagführun geine fortgesetzte Abwechselung der correspondirenden
Schläger beider Stockreihen eintritt.

Die beschriebenen Klopfmaschinen dienen auch zum Klopfen der
Gewebe behufs der Reinigung vor gewissen Appreturoperationen. Für
diese Zwecke hat man aber auch noch andere Systeme construirt, bei
welchen die Klopfstöcke nicht von den Leisten des Gewebes aus quer
aufschlagen, sondern der Länge nach bei dem Eintritt oder Austritt der
Gewebe. Salomon & Jasmin haben eine derartige Maschine mit Dau-
menschlägern, die durch Federn gezogen werden, patentiren lassen[3].
Diese Maschine ist zum Ausklopfen von Teppichen etc. bestimmt. Diese
Aufgabe erstreben eine grosse Anzahl amerikanischer Maschinen. W. Mc.
Arthur verbindet in seiner Maschine[4] einen Dämpf-, Bürst- und Schlag-
apparat und erzielt dabei ein Aufgehen des Velours. Andere·Construc-

---

[3] D. R. P. No. 11 859. Wien.
[4] Amer. Pat. No. 234 049. — Polyt. Zeit. 1881. No. 2.

tionen sind von Prentiss, C. Elsasser, J. Hothersall, H. Freeman, Hamilton, Smith & Story, C. Doyle, D. B. Scofield, J. Leiss u. v. A.

Alcan's Auffassung der Wirkung des Klopfens erstreckte sich darauf, dass in den feucht gewalkten Stoffen durch das Klopfen die losen Fasern, Fadenenden etc. wieder aus dem Filz abgelöst und frei aus dem Filz der Oberfläche heraustreten, um dann beim Rauhen und Scheren besser fortgenommen zu werden, — sodann darauf, dass in der gerauhten oder schon geschorenen Oberfläche durch das Klopfen die Fasern aufgerichtet würden und die Fadenenden der Oberfläche sich zertheilten und an der Velourbildung Theil nähmen. Entsprechend dieser Auffassung erweist sich das Klopfen für alle Oberflächen mit längerem Haar, Veloutés, Ratinés, Flocconés etc. als unentbehrlich. Wenn bereits früher durch Handklopfen diese Erzeugung des Velours angestrebt wurde, so hat sie in neuerer Zeit durch die Maschinen einen hohen Grad der Vollkommenheit und Gleichmässigkeit erhalten. Das Klopfen bezieht sich also hauptsächlich auch auf die Wollgewebe. H. Benisch[5]) gibt darüber Folgendes an, nachdem er die früheren Streckstühle und Klopfböcke, auf denen das Klopfen mit mindestens 5 Arbeitern vorgenommen wurde, beschrieben und die Construction der Klopfmaschinen kurz angedeutet hat:

„Um bei der Appretur thierfellähnlicher Winter-Paletotstoffe und namentlich pelzartiger Waaren ein durch die Weberei hervorgebrachtes bestimmtes Muster zum Ausdruck kommen zu lassen, ist nicht nur eine sehr sorgfältige Rauherei, durch welche bekanntlich die überliegenden Schussfäden aufgerissen werden müssen, unerlässlich, sondern ebenso nothwendig zur Erlangung einer gelungenen Waare ist das gleichmässige und kräftige Aufklopfen der Haardecke dieser Stoffe. Um dies zu ermöglichen, ist hauptsächlich darauf zu sehen, dass in der Waare die Feuchtigkeit schon während des Rauhens gleichmässig vertheilt sei, wodurch das gleichzeitige Offenwerden des Grundes sehr gefördert wird. Zum Klopfen dürfen die Stoffe nicht nass aber gut feucht sein. Zu nass geklopft, zeigen dieselben gewöhnlich Querstreifen von den Schlägern; zu trocken geklopft richtet sich die Haardecke nur unvollkommen auf, drückt sich leicht nieder und sieht nicht frisch und lebendig, sondern stumpf und todt aus. Von besonderer Wichtigkeit ist ferner, dass die Stoffe schon auf der Rauhmaschine zum Klopfen vorbereitet werden, indem ihre Haardecke mit nur 2, höchstens 3 Touren in Strich gelegt wird, also mehr aufgerichtet als festgelegt, etwa mit den Spitzen nach einer Richtung ausgestreckt sein soll.

Diese Strichlage gibt man bei den meisten zu klopfenden Stoffen vom Vorder- nach dem Hinterende zu, so dass im fertigen Rocke der zwar kaum merkliche Strich von unten nach oben geht. Beim Klopfen selbst muss die Bewegung des Stoffes immer gegen den Strich sein, d. h. man fängt an dem Ende zu klopfen an, nach welchem der Strich hinläuft; im anderen Falle richtet sich die Haardecke unvollkommen auf.

Alle diejenigen Stoffe, welche nach dem Klopfen und Trocknen der Behandlung auf der Ratinirmaschine unterliegen, dürfen hinter dem Klopfbocke oder der Klopfmaschine in losen Falten aufgetafelt werden und vertragen auch einen leichten Druck, um nach dem Trockenraume gebracht zu werden. Dagegen dürfen alle

---

⁵) Behnisch a. a. O. —

Stoffe, welche nach dem Trocknen nur zu Velour geschoren werden sollen, auch nicht den leichtesten Druck bekommen, so lange sie nach dem Klopfen noch feucht sind; das Haar drückt sich sonst nieder, bekommt eine andere Lage und ist nicht wieder so aufzuheben, dass nicht ein Unterschied mit dem Ganzen herauszufinden wäre. Man nennt diese in der fertigen Waare sich als unschöne Flecken markirenden Fehler Druckstellen. Wenn sie am Rahmen im noch feuchten Stoffe bemerkt werden, lassen sie sich durch Klopfen auf der linken Seite des Stoffes etwas ausbessern, verschwinden aber nicht vollständig. Für diese Velourstoffe ist es nöthig, hinter dem Klopfbock oder der Klopfmaschine eine Strecke anzubringen, über welche sie ausgebreitet bleiben, und von der sie, ohne zusammengelegt und gedrückt zu werden, von mehreren Arbeitern aufgehoben und an den Rahmen gehakt werden. Können diese Velourstoffe nach dem Trocknen nicht bald geschoren werden, so empfiehlt es sich, dieselben nicht in Falten und horizontal zu legen, sondern mit den Leisten aufgehakt hängend aufzubewahren. Zum Scheren dieser Stoffe benutzt man besser die Longitudinalschermaschine, möglichst ohne Bürsten. —

Appreturmittel.

Wenn im Allgemeinen die Aufgabe der Appretur es ist, dem Gewebe eine glatte resp. ebenmässige Oberfläche zu verleihen, die das Gewebe bildenden Fäden enger aneinander zu schliessen oder die Lücken zwischen denselben auszufüllen oder zu überdecken, in vielen Fällen die Oberfläche matt oder glänzend zu machen oder ihr ein charakteristisches Aussehen zu verleihen (Moiriren, Gauffriren), so treten bei der praktischen Ausführung dieser Aufgaben und besonders bei den Specialitäten der Gewebe, an welchen diese Aufgaben erfüllt werden sollen, sehr viele verschiedene Methoden und Anforderungen auf, welche neben den Prozessen des Reinigens, Filzens, Rauhens, Scherens, Ratinirens, Pressens bestimmte Mittel zur Erreichung der Aufgabe beanspruchen. Diese Mittel laufen hinaus auf die Zufügung von Materien, welche gewisse Mängel der Gewebe ersetzen, verdecken oder verschleiern sollen. Diese Mängel der Gewebe können bestehen in Ungleichmässigkeit oder Magerkeit der Fäden im Gewebe, wodurch es dem Gewebe an Stärke, Steifheit, Dichtigkeit der Oberfläche, Ebenheit derselben oder aber an Gewicht fehlt.

Für die Herstellung und den Zweck eines Gewebes ist in erster Linie nothwendig, dass dasselbe von dem bestimmten gewählten Material in Fadenform ein für den bestimmten Zweck brauchbares Gefüge bildet, sodass es auch ohne jegliche Zuthat eines Appreturmittels den Zweck erfüllen kann und die Appretur selbst nur eine verschönernde und für den Gebrauch angenehmere Veränderung der Oberfläche vornimmt, ohne gerade absolut nöthig zu sein. Ist dies der Fall, so ist das Gewebe für den Zweck ein normal hergestelltes. Ist aber die Benutzung der Appreturmittel nothwendig, um ein Gewebe überhaupt dem Zweck angemessen brauchbar zu machen, so ist dies Gewebe kein normales. Wir nehmen hiervon die gewalkten Stoffe nicht aus, denn die Stoffe, welche gewalkt werden, sollen im Rohgewebe die Eigenschaften des normalen Gewebes ebenfalls haben.

Man muss also unterscheiden, ob man es mit einem reellen normalen Gewebe zu thun hat, welches die für die angegebene Qualität des Gewebes nöthige oder verlangbare Fadenzahl und Fadenstärke pro Flächeneinheit besitzt — oder ob die Absicht vorliegt, den dem Gewebe am normalen Gewichte pro Flächeneinheit mangelnden Satz, resp. die durch das Fehlen an Fasermaterial hervorgerufene absichtliche Minderung an Normalwerth zu ersetzen.

Im ersteren Falle, wenn nicht der Zweck des Gewebes gerade in der Beladung und Verdeckung der Oberfläche liegt, wie bei Oeltuch, Wachstuch etc., werden nur geringe Quantitäten von Appreturstoffen erfordert, weil diese eben nur dazu dienen sollen, den natürlichen Mängeln der normalen, reellen Gewebe zu Hülfe zu kommen, aushelfend zu wirken. Für diese Fälle spricht man von Appreturmitteln im eigentlichen Sinne, gerade so wie von Appreturoperationen (Walken, Rauhen, Scheren etc.).

Einen ganz anderen Charakter aber gewinnt die Zufügung der Appreturmittel, sobald es sich um die zweite Absicht handelt; sie ist dann stets als unreell zu bezeichnen, weil sie dem Stoffe einen Werth, ein Gewicht, ein Ansehen verleihen soll, welche dem Gewebe in Wirklichkeit nicht beiwohnen. Leider aber ist bei der **Baumwollengewebeindustrie** diese als zweitens charakterisirte Zufügung besonders in England in einem Grade ausgeartet, den man nicht mehr als innerhalb der Grenzen der Reellität liegend bezeichnen kann und darf, den man vielmehr als einen groben Unfug und sogar Betrug bezeichnen muss. Es ist die Pflicht eines Lehrbuches, ernstlich auf diesen Missbrauch technischer Mittel aufmerksam zu machen, welcher niemals fördernd oder wohlthätig auf die Entwicklung der Industrie einwirken kann. Die Engländer sind in Zufügung von Appretstoffen zum Baumwollgewebe soweit gegangen, dass sie bis zu 75 pCt. der rechtlich im Stoffe zu fordernden Faser durch Stärke, Thonerde etc. ersetzen, Stoffe, welche die Faser im Gewebe niemals ersetzen können und für den Consumenten werthlos sind, weil sie durch Wärme, Feuchtigkeit, Reibung herausfallen, durch die Wäsche aber gänzlich entfernt werden.

Solche Mittel, um die Handelswaare durch Schein und unredliche Beladung mit fremden, die Faser nicht ersetzenden Stoffen zu füllen und zu beschweren, können von keinem Standpunkte aus vertheidigt werden; der Vertheidiger würde sich damit des Beifalls der Täuschung selbst schuldig machen. Es ist als eine unmoralische Handlung zu bezeichnen, dass, nachdem von allen Punkten der Welt die beschwerten englischen Calicos officiel und privatim denuncirt waren, es dennoch William Thomson wagte, in seinem Werke „The Sizing of Cotton Goods" zu erklären: „It is idle to call in question the morality of producing heavily sized cloth. Lancashire manufacturers must produce what the natives of India, China and other countries demand, and not what they think would be best for them, and if they object to do this, the people of some other nation would, doubtless, quickly prove themselves less quixotic, and more respectful of the free will and liberty of the people. Heavily sized cloth is undoubtedly better adapted for many purposes, for which the natives use it, than the pure cotton fabric, besides being less costly, and manufacturers are often unjustly accused of adulteration; as a matter of fact, there are few manufacturers who would not much rather make pure cloth, but as there is such a limited demand for that commodity, they are forced, by the interests of themselves and their workpeople, to supply the requirements of the market. Utopian philanthropists have spoken strongly about heavy sizing as having been the cause of the present unsatisfactory state of the cotton goods trade; heavily sized cloth are, however, in much greater demand at the present time than pure calicoes; and it is more than probable that if manufacturers had not produced heavily sized goods, Lancashire would never have required such an important cotton industry as that which she now possesses."

Niemals ist eine Declaration abgegeben, welche die Verwirrung der Begriffe über Recht und Unrecht in so eclatanter Weise predigt als diese. Sie ist ein wunderbares Beispiel selbstsüchtigster Sophistik. Wir antworten, dass der Betrug, die Faser in Calicos durch unwerthige Stoffe zu ersetzen, allerdings mit der Moralität zu thun hat, gegen diese sehr ernst verstösst. Niemals haben die Bewohner Chinas, Indiens etc. die Beschwerung der Stoffe verlangt, sondern derartige Stoffe sind allmälig an Stelle der reellen Stoffe ihnen von den englischen Händlern untergeschoben und sie haben unwissend diese schlechteren Fabrikate gekauft, — bis in diesen Zeiten man mit Entrüstung überall diese Stoffe zurückstösst, weil diese gewinnsüchtigste, verwerflichste Beschwerung ein Mass erreicht hat, dass man mit Recht fragt, sind diese Stoffe aus Stärke und Chinaclay und Mehl mit Zumischung von etwas Baumwollfaser gefertigt oder umgekehrt. Die englische Waare hat dadurch das Vertrauen eingebüsst und muss sich schimpflichsten Proben vor Abschluss von Käufen unterwerfen, überall da, wo die Völker nicht durch England demoralisirt und geknechtet worden, wie in Ostindien. Es ist eine Verkehrung der Dinge zu behaupten, jene Käufer hätten die Beschwerung verlangt; nein — der englische Händler, der sonst nicht mehr gegen reelle Waare anderer Völker concurriren konnte, hat die englischen Fabrikanten veranlasst, diesen schändlichen Weg zu betreten. Was ist denn freier Wille und Freiheit in Ostindien? bei diesem von England ausgesaugten, verarmten Lande, dessen Kraft und einstmals hohe Entwicklung durch England gebrochen und vernichtet ist. Stark mit Mehl, Stärke etc. beladene Stoffe sind niemals besser, ausgenommen für wenige sehr beschränkte Zwecke, als reine Baumwollstoffe. Die Faser ist dasjenige, was in der Bekleidung mit dem Körper zusammentreffen soll, um die Secretionen, Schweiss etc. aufzusaugen, während die Beschwerungsstoffe dazu weder geeignet sind, im Gegentheil sich unter Einwirkung der Wärme und Feuchtigkeit aus dem schwachen Gewebe auslösen, auf den Körper fallen und die Schweissporen verschmieren. Betrachtet man weiter die mehrfach auftretende Milbenerzeugung in den Appreturmassen und vergegenwärtigt sich, dass diese Milben dann mit dem Körper in Berührung treten; betrachtet man ferner die vielfach in den beschwerten Stoffen vorkommende Pilzentwicklung, wobei diese Pflanzen die Fasern der Baumwolle wie Wälder bedecken; betrachtet man ferner gewisse alkalische und saure Zumischungen, welche ätzend und reizend auf die Haut wirken, so wird man zugeben müssen, dass es keine hohlere und betrübendere Vertheidigung gibt als obige Thomsons ist. Freilich sind die beschwerten Stoffe bei Ankauf scheinbar billiger; — betrachtet man aber die Gebrauchsunwerthigkeit (leicht feststellbar durch den Nachweis geringerer Haltbarkeit, Undichtigkeit etc.) dieser Stoffe, so erscheinen dieselben entsetzlich theuer. In jenen warmen Gegenden sind sie der schnellsten Vernichtung unterworfen. Dort ist vom gesundheitlichen und vom Gebrauchs - Standpunkt aus die Verwendung reiner Baumwollstoffe wünschenswerth und hat auch stets dominirt bis jene unwürdige Englisirung statthatte. Noch heute denkt kein Volk jener Regionen daran, die von ihm gefertigten

Baumwollstoffe zu verkleistern, ebensowenig als wir diejenigen Stoffe, welche wir unmittelbar auf dem Körper tragen, so sehr mit Stärke beladen. Die versuchte Entschuldigung der Fabrikanten und die Behauptung ungerechter Beschuldigung derselben, so matt und unsicher sie auch von H. Thomson vorgebracht werden, geben nicht gerade ein angenehmes Urtheil betreffs Auffassung über Adulteration. Er giebt zu, dass allerdings die Fabrikanten lieber reinbaumwollene Stoffe machen würden, — aber es sei keine so grosse Nachfrage dafür und sie müssten im Interesse ihrer Arbeiter und ihrer selbst für den Markt liefern, was er verlange! Dieser Grund lässt sich hören, er reinigt die Fabrikanten selbst von dem Verdachte, als hätten sie den Unfug begonnen und ausgebildet. England producirt ca. 10—11 mal soviel Baumwollfabrikate als es für sein europäisches Reich braucht. Die grosse Masse der Producte geht also in die Hände des Handels für den Export über, und wir glauben sehr gern, dass der Exporteur es ist, der, um mehr zu verdienen, vom Fabrikanten verlangt, diese Beschwerung vorzunehmen. Die Sache bleibt dieselbe; unter den Personen scheint der Händler der eigentliche Attentäter und der Fabrikant der Hehler zu sein. Thomson gibt die Thatsache zu, dass es besser sei, reine Waare zu fertigen, — aber dennoch nennt er diejenigen utopian philantropists, welche die starke Beschwerung hart angegriffen haben und sie mit als Grund für die Krisis der Geschäfte bezeichnet haben, und meint die letztere Behauptung widerlegen zu können dadurch, dass er sagt: es würden die stark beschwerten Calicos gerade in gegenwärtiger Zeit mehr verlangt als die reinen. Dieser letzte Beweis ist ganz hinfällig. Es ist die Behauptung, dass auch jetzt nach beschwerten englischen Stoffen mehr gefragt worden, ganz richtig, aber der Grund dazu ist, dass die reinen englischen Calicos die Concurrenz mit amerikanischen, deutschen etc. nicht mehr aufnehmen können, sondern überall geschlagen sind, selbst in England.

Thomson führt endlich als Vertheidigung der Beschwerung an, dass ohne sie wahrscheinlich die Baumwollmanufactur von Lancashire sich niemals so ausgebreitet haben würde, wie sie es hat. Aber dies würde gerade für England und Lancashire selbst als für die Baumwollindustrie aller anderen Länder ein grosses Glück gewesen sein, — denn ohne diese Treiberei der englischen Calicomanufactur mit diesem wenig noblen Mittel der Beschwerung hat die Auslandsfabriken gezwungen durch starke Vergrösserung der Production die Concurrenz auszuhalten, und da England die Absicht, dieselbe zu ertödten, nicht durchsetzen konnte, musste es um selbst sich auf den Beinen zu halten, auf dem betretenen Wege immer weiter fortgehen und setzte, wie im Provand-Prozesse sehr drastisch dargestellt ist, allmälig 10, 20, 30, 40, 50 ja 80 und 90 pCt. fremde ungehörige Stoffe zu. An der Grenze des Möglichen angelangt, musste dies Gebahren endlich jämmerlich scheitern, wie es denn nun auch die englischen Calicos auf allen Märkten der Welt discreditirt und die Industrie von Lancashire an einen Abgrund geführt hat. —

Wir wollen aber nicht verabsäumen zu erwähnen, dass auch viele Engländer und ein Theil der englischen Presse das Beschwerungsverfahren streng verurtheilen. Es heisst da fast durchweg: The merchant is more to blame than the manufacturer. The merchant gives the order for the heavily sized cloth to be made and undertakes the sale on his own responsability[1].

Die Beschwerung ist auch bei **Wollwaaren** versucht und zwar hierfür viel in Deutschland. Diese Methode hat dem Renommé deutscher

---

[1] Design and work 1880. p. 197. — George Davies, Charles Dreyfuss and Philipp Holland, Sizing and Mildew in Cotton Goods. Manchester 1879. Palmer & Howe.

Tuche und Bukskins s e h r g e s c h a d e t, zumal auf den Märkten in Japan und
Australien. Es hat sich indessen in Deutschland kein Vertheidiger dieses
Verfahrens gefunden, und wenn einzelne Mittheilungen über dasselbe in
technischen Zeitschriften in lehrender Weise enthalten waren, so muss
das mehr als Unvorsichtigkeit angesehen werden. Die Literatur hat die
ernste Pflicht, mit aller Kraft gegen solche schlechte Usancen in den Gewerben aufzutreten.

In der **Seidenindustrie** ist bekanntlich die Beschwerung auf den
Höhepunkt der Extravaganz angekommen. Im Gegensatz zu dem Engländer T h o m s o n, der seine Landsleute in ihrem schlechten Thun zu ver-
theidigen unternimmt, hat M o y r e t[2]) von Lyon die Geissel ergriffen und
hart geschwungen über das Seidenbeschwerungsverfahren, wie es besonders
in Lyon ausgeführt wird. Niemand hat ihn bekämpft auf dem Continent
und in Amerika, — aber die Engländer haben es gethan und haben versucht, diesen aufrichtigen Mann, der seinen Landsleuten den Abgrund auf-
deckte, an welchen ihre Fabrikation auf diesem Wege gelangt ist, — mit
Spott zu bewerfen und mit höhnischem Achselzucken der Unwissenheit zu
zeihen.

Die Seidenbeschwerung ist nicht eigentlich eine Sache der Appretur,
sondern Sache der Färberei der Faden-Seide. Wir wollen daher hier nur
auf diese Unsitte hinweisen.

Betrachtet man aber die Beschwerung der Seide, so begreift man nicht,
wie ein so edler Industriezweig, wie die Seidenindustrie, einen so verdam-
mungswürdigen Abweg einschlagen konnte, der für die Ausführung immerhin
b e t r ü g e r i s c h e r A b s i c h t — nämlich U e b e r v o r t h e i l u n g d e s C o n s u-
m e n t e n — eine Fülle von Arbeit und nützlichen Stoffes verwendet und verschwendet unter V e r s c h l e c h t e r u n g des ursprünglichen G e b r a u c h s-
w e r t h e s der Faser. Man replicirt freilich, dass die Charge nicht unbe-
gründet sei und Nutzen habe! Wenn wir auch zugestehen, dass für einige
Fälle z. B. für Franzen das Beschweren einen Sinn und Werth hat, so sind
doch diese Fälle vereinzelt. Die allgemeine Anwendung der Beschwerung
gehört in das Bereich der v e r w e r f l i c h s t e n Speculation, welche die
Technik zur Erreichung ihrer Zwecke — T ä u s c h u n g d e r C o n s u m e n t e n
z u e i g e n e r B e r e i c h e r u n g — dienstbar macht. Jeder Schritt zur Aus-
rottung dieses Auswuchses muss der redlich denkenden Industrie will-
kommen sein, und wir wünschen, dass die Initiative der Amerikaner eine
durchschlagende Aenderung der bedauernswerthen Methoden Lyons etc.
im Gefolge haben möge, welche durch das Organ der Silk Association of
America allgemein die Seidenkäufer und Käuferinnen darauf hinweist, die
importirten Seidenstoffe auf ihren wahren Seidengehalt zu prüfen, und die
amerikanischen Seidenfabrikanten bestärkt, in der Fabrikation unbeschwerter

---

[2]) Polyt. Zeitung 1879. No. 37.

Seidenstoffe fortzufahren[3]). Auch Lyon selbst will zur Abstellung dieser Fehler durch eine öffentliche Untersuchungsanstalt beitragen.

Die **Leinenindustrie** ist nicht frei geblieben von Versuchen derart, wenn auch im Allgemeinen die Schönheit und die Eigenschaften des Leinenfadens die starke Anwendung von Appreturmitteln planlos erscheinen lassen. Sehr bedauerlich ist die Beschwerung der T a u e u n d S e i l e mit Schwerspath aufgetreten, eine Betrügerei, deren Tragweite viel gewaltiger ist, als jemals die Beschwerung der Gewebstoffe zu Kleidern.

Appreturmittel für vegetabilische Fasern, besonders für Baumwollgewebe.

I. Eigentliche Appreturmittel:

M e h l e von Weizen und anderen Getreidearten, Mais, Reis, Kartoffeln, Sago, Tapioka, Arrowroot etc.

S t ä r k e aus denselben und anderen Producten.

II. Eigentliche Appreturmittel mit k l e b e n d e r Kraft:

Algenabkochung, Haio-Tao, Agar-Agar,

Carraghen, isländisches (irisches) Moos,

Ceylonmoos,

Gummi, Harze, Colophonium, Dextrin, Glycose,

Leim.

III. Appreturmittel zum G e s c h m e i d i g m a c h e n etc. als Beimischung:

Glycerin,

Fette und Oele, Talg, Knochenfett, Schweissfett,

Cocosöl, Palmöl, Castoröl, Olivenöl etc.,

Wachse, Paraffin, Stearin.

IV. Appreturmittel zum B e s c h w e r e n und F ü l l e n:

Schwefelsaurer Baryt, Schwerspath, Benzin, Mineralweiss,

„   Kalk, Gyps,

„   Magnesium, Epsom,

„   Natrium, Glaubersalz,

„   Bleioxyd,

„   Thonerde, Alaun,

Kieselsaures Magnesium, Steatit, Speckstein,

„   Thonerde, China-Clay,

„   Natron, Wasserglas,

Chlorkalk, Chlorzink, Chlorbaryum,

Chlormagnesium,

Kohlensaurer Baryt,

---

[3]) Wyckoff, the Silk Goods of America. 1879. New-York. pag. 32.

Schwefelsaures Magnesium,
Mineralblau, Ultramarin.

V. Appreturmittel mit antiseptischer Wirkung:
Carbolsäure, schwere Theeröle,
Creosot, Salicylsäure, Strychnin, Essigsäure,
Thymol, Tannin, Kampfer, Oxalsäure,·
Picrinsäure, Schwefelkohlenstoff, Cyanverbindungen,
Arsenik und Arseniksäure,
Schwefelsaures Eisen, Kupfer, Thonerde, Zink,
Chlorverbindungen des Zinks, Aluminiums, Magnesiums, Kaliums,
    Baryums, Natriums, Kalks, Quecksilbers,
Salpetersaures Natrium,
Borsäure, Chromsäure,
Chromkali, Mangansalze.

VI. Appreturmittel als Zusätze zum Nuanciren:
Ultramarin,
Blausaures Kalium,
Essigsaurer und schwefelsaurer Indigo,
Pariserblau mit Oxalsäure,
Anilinblau,
Indigocarmin.

VII. Appreturmittel zur Erzielung von Wasserdichtigkeit und Con-
servation:
Kautschuklösung,
Leinöl, Harz, Pech, Theer, Petroleum, Paraffin,
Naphta,
Eisenvitriol, Säuren, Kupfersalze, Zinksalze,
Thonerdesalze,
Gerbstoffe.

VIII. Appreturmittel zur Erzielung besonders dichter Oberflächen für
Wachstuch, Buchbindercalico, Packwachsleinen, s. auch VII u. A.

IX. Appreturmittel zur Erzielung von Schwerentzündlichkeit und
Unverbrennlichkeit:
Salmiak mit Gyps, Zinkvitriol,
Glaubersalz,
Phosphorsaures Ammoniak,
    „   Kalk und Ammoniak,
    „   Natrium,
Wasserglas,
Wolframsaures Natrium,
Ammoniakalaun,
Unterschwefligsaures Natrium,
Borsäure, Borax.

Als X. Klasse würde man noch diejenigen Substanzen zu betrachten haben, welche dienen, um die besondere Ausrüstung der Stoffe durch Zeugdruck ins Werk zu setzen, also Stärke, Dextrin, Albumin, Casëin, alle Gummisorten, Leim, Fischleim, Gelatine etc. etc. Die Technik des Zeugdruckes selbst wird in vorliegendem Werk nicht erledigt. Wir sehen daher ab, von diesen als Verdickungsmitteln, Grundirungen, Beizen etc. dienenden Stoffen eingehender zu sprechen.

Wir haben obige Eintheilung der Appreturmittel der Verwendung, dem Zwecke derselben angepasst. Man kann natürlich auch andere Eintheilungsgründe geltend machen; so z. B. die Herkunft der Substanzen

      a) aus dem Pflanzenreiche,

      b) aus dem Thierreiche,

      c) aus dem Mineralreiche.

Schon auf den ersten Blick begreift man, dass bezüglich des Zweckes dann die ganze Classe c) mit den Classen a) und b) nicht vergleichbar ist; aber auch, dass dann unter a) und b) eine besondere Scheidung der eigentlichen Appreturstoffe und der uneigentlichen oder Hülfsstoffe statthaben müsste, welche, wieder in Unterabtheilungen zerfallend, kein klares Bild über das Gebiet zulässt.

Indem wir in eine nähere Betrachtung der genannten Appreturmittel eintreten, bemerken wir, dass im Allgemeinen die Klassen I, II, III, IV einer Einleitung nicht mehr bedürfen. Klasse V aber handelt von antiseptisch wirkenden Stoffen, deren Zusatz zu den Appreturmitteln, zumal wenn die organischen Stoffe in grossem Quantum als solche angewendet werden, nothwendig wird. Mehl, Stärke, Fett, Oel etc. haben die Neigung unter Einfluss von Feuchtigkeit und Wärme „auszublühen", d. h. zu schimmeln, sich zu zersetzen, ja unter Vorhandensein dazu günstiger Verhältnisse thierische Organismen zu bilden, wie die Mehlmilbe (Acarus farinae). Viel häufiger als die Milbe auftritt, zeigt sich die Pilzvegetation in den stark appretirten Geweben. Dieselbe ist jetzt sehr gründlich studirt von Berkeley und von Cooke, ferner von Persoon, Kunze, Link, Thomson, Brown, Smith u. A. Man hat nicht weniger als 31 Species Fungi auf Baumwollstoffen entstanden nachgewiesen. Am häufigsten kommen vor: Aspergillus und Penecillium, sodann Cladosporium herbarum, Sporocybe alternata, Diplodia, Mucor mucedo u. s. w. In dem obengenannten Prozesse waren ca. 20,000 Stück Calico mit diesen Pilzen behaftet am Orte ihrer Bestimmung angekommen und selbstredend nicht verkäuflich und brauchbar. Die Antiseptica sollen also solche gefährliche Pilzbildung verhüten. Andererseits sollen sie den Eintritt einer Gährung verhindern, bei welcher sich Säuren bilden können, die nicht sowohl den etwaigen Farben der Stoffe nachtheilig sind, sondern oft sogar

die Haltbarkeit der Faser gefährden. — Die übrigen Klassen VI—IX
sind an sich durch die Ueberschriften verständlich.

Die **Mehle** der Getreidearten und vieler anderer Früchte haben seit
langer Zeit einen Hauptplatz inne für die Herstellung der Weberschlichte
und der Appreturmassen. Seit Erfindung des mechanischen Webstuhles
sind Weberschlichte und Appreturmasse immer identischer und verwandter
geworden und heute dienen die den Baumwollketten aufgepackten Schlicht-
massen als Appretur- und Beschwerungsmassen.

Am meisten verwendet worden ist das Weizenmehl; man griff ausserdem zu den Mehlen aus Mais, Gerste, Reis, Sago u. A. Wendet man
Weizenmehl an, so lässt man es meistens zuvor gähren, um einen Theil
des Gluten's wegzuschaffen. Man mischt dasselbe mit Wasser und lässt
es in Kufen an der Luft stehen. Nach wenigen Tagen zeigt sich ein
bräunlicher Schaum. Man zieht dann die obere Flüssigkeit ab und rührt
die verbleibende Masse tüchtig um mit neuem Wasser. So verfährt man
mehrere Tage hinter einander und erhält dann mehr oder minder reine
Weizenstärke. — Häufig begnügt man sich mit der Fermentation weniger
Tage und kocht dann die abgesetzte Stärke mit der darüber stehenden
Flüssigkeit auf und mischt die übrigen Appreturstoffe hinzu.

Man greift zu diesen Mitteln, weil das Weizenmehl durch sein Gehalt
an stickstoffhaltigen Materien sehr zur Pilzbildung neigt. Durch den
Mahlprozess bildet sich stets im Mehl Glycose (bis zu 4 pCt.), ein zur
Zersetzung sehr geneigter Körper. Ferner sind Gluten, Fett, Gummi etc.
darin enthalten. Lagerung an einem dumpfigen Ort bewirkt sofort Schimmelbildung im Mehl. Diese Eigenschaft behält das Mehl auch bei in den
Appreturmassen, wenn nicht vorher Gährung statthatte, und auch diese
kann die Gefahr nicht ganz beseitigen. Der Zusatz antiseptischer Mittel
ist erst in neuerer Zeit genauer untersucht in seiner Wirkung. Die Umwandlung des Mehles in Stärke schafft allerdings die stickstoffhaltigen
Materien fort und in dieser Beziehung sind die Stärkematerialien nicht so
geneigt zur Pilzbildung, wie wir noch betrachten werden. Die folgenden
Analysen lehren die Verschiedenheit der Zusammensetzung.

	Wasser	Fett	Gluten	Stärke	Gummi	Phosph.K.	Asche
a) Weizenmehl	16,50	1,20	11,08	66,27	3,33	0,44	0,26
Weizenstärke	15,87	—	—	82,81	—		0,16
b) Maismehl	14,00	8,10	11,10	65,18	—	1,70	
Maisstärke	17,44	—	—	81,59	—	—	0,33
c) Reismehl	13,00	0,70	6,30	79,50	—	—	0,50
Reisstärke	18,42	—	—	80,75	—	—	0,07

Im Weizenmehl[4]) ist natürlich die Stärke der begehrte Gegenstand

---

[4]) Kick, Mehlfabrikation.

für das Appretiren, obwohl die Glutensubstanzen im Stande sind, beträchtliche Mengen von Chinaclay etc. auf den Garnen und Geweben zu fixiren. Gegenüber der Gefahr, dass die Pilzbildung durch Gegenwart der stickstoffhaltigen Materien sehr befördert wird, muss man sich gegen den Gebrauch des ungegohrenen Mehles aussprechen, vielleicht gegen den Gebrauch des Mehles überhaupt. Weizenmehl für Appreturzwecke ist oftmals gefälscht durch Zusätze, wie Reismehl, Kreide, Gyps u. s. w.

Dem Weizenmehl ähnlich stickstoffreich ist das Maismehl. Dasselbe wurde in England erst 1854 zur Appretur verwendet, in Amerika viel früher. Das Maismehl ist merkwürdiger Weise lange nicht so geneigt zur Pilzbildung als Weizenmehl.

Gerstenmehl ist ebenfalls mehrfach empfohlen und benutzt als Appreturmaterial. Sein Gebrauch ist indessen nicht eingebürgert.

Reismehl zeigt geringere Quantitäten von Stickstoffmaterien und ist auch weniger gefahrbringend als Weizenmehl, dem es oftmals beigemischt wird.

Erbsen- und Bohnenmehl sind mehrfach als Appreturmassen empfohlen[5]), ebenso Stärke daraus, welche bedeutend schneller und mehr quillt als Weizenstärke.

Sagomehl aus dem Mark der Sagopalme (Sagus Rumphii[6]) und Sagus laevis) ist für feinere Appretur gern und ausgedehnt im Gebrauch, weil die darin enthaltene Stärke mit Wasser gekocht eine dicke, steife Pasta von guter Verwendbarkeit gibt.

Tapioca ist ein Mehl aus den Manihot- oder Cassavawurzeln (Jatropha Manihot besonders in Brasilien), von hohem Stärkegehalt. Sein Gebrauch in der Appretur ist nur sporadisch aufgetreten und auch heute noch unbedeutend.

Sago und Tapioca[7]) kann man schon zu den Stärkematerien zählen, obwohl sie nicht immer so frei von stickstoffhaltigen Beimischungen vorkommen, wie man von der Stärke verlangen kann.

Die älteste historische Quelle für die Fabrikation von Stärke ist wohl Plinius, welcher diese Bereitung der Insel Chios zuschreibt. Die erste Anwendung zum Steifen der Gewebe fand nach dem Institute of Mann ca. 800 v. Chr. statt. Das Stärken der Wäsche erfand Mrs. Dingham, eine Holländerin, Frau des Kutschers der Königin Elisabeth, 1560. Sie liess sich £ 5 Eintrittsgeld bezahlen für das Zusehen beim Stärken und £ 1 für das Zusehen bei der Stärkebereitung. 260 Jahre später trat Beau Brummel mit seinen berühmten gestärkten Cravats auf.

---

[5]) In China und Japan werden diese Mehle vielfach zur Appretur benutzt. Die Stärkefabrikation aus Bohnen und Erbsen bildet jetzt Industriezweige.

[6]) Rumph, Sagus seu Palma farinifera Lib. I. c. 17. — Böhmer, Techn. Gesch. der Pflanzen I. pag. 376. Auch aus Cycas, Corypha, Borassus u. a. Palmen bereitet.

[7]) L. v. Wagner, Stärkefabrikation 210 cf.

Gehen wir nun auf Stärken[8]) ein, so tritt uns zunächst die Weizenstärke entgegen. Wir haben oben bereits angegeben, dass die Weizenstärke[9]) zunächst durch ihre Zusammensetzung und durch Abwesenheit
stickstoffhaltiger Bestandtheile weniger zur Pilzbildung neigt. Diese Thatsache ist indessen keineswegs sehr weitreichend, denn Vorkommnisse haben
gezeigt, dass mit Stärke appretirte Stoffe schnell kräftige Pilzwälder
hervorbringen konnten. Ja es ist von einer Seite her sogar die Frage
aufgeworfen, ob nicht das häufigere Vorkommen der Schimmelbildung auf
Baumwollstoffen zusammenfallend mit der stärkeren Anwendung der Stärke
zur Appretur auf die Stärke zurückzuführen sei? Betrachtet man den Umstand, dass die meisten Appreturmittel künstlich zugesetzte Fette enthalten, so
scheint in der That die Abwesenheit der stickstoffhaltigen Materien in der
Stärke für die Appreturmischung wenig zu besagen. Für die Anwendung
der Stärke spricht indessen die Farblosigkeit und die Fähigkeit, eine
steife Pasta mit kochendem Wasser zu bilden, welche für die Appretur
äusserst angenehm ist. Die Weizenstärke des Handels ist in ihrer Zusammensetzung verschieden; der Gehalt an Stärke variirt von 78—85 pCt.,
besonders in Folge des schwankenden Wassergehalts, aber auch in Folge
von unredlichen Zusätzen[10]). Von lokaler Bedeutung sind die in Württemberg fabricirten Stärkesorten aus Spelz (Triticum spelta), die sogenannte
Dinkelstärke.

Reisstärke wird mehr[11]) zur Appretur benutzt als es im Allgemeinen bekannt ist. Freilich dient sie nicht zur Appretur roher Baumwollstoffe in den Ketten, wohl aber zur Appretur feinerer Baumwollgewebe, und wirkt besser durch ihren geringeren Grad der Klebrigkeit
und durch Sandfreiheit. Reisstärke wird fast ausschliesslich durch einen
Schlemmprozess gewonnen.

Die Maisstärke wurde von James Coleman 1842 erfunden und sofort
durch Thos. Kingsford in Oswego N.-Y. ausgeführt, der noch jetzt die
grösste Maisstärkefabrik besitzt. Die Maisstärke hat sehr reiche Eigenschaften zur Ertheilung einer steifen Appretur[12]). Man benutzt sie daher
auch vielfach in mittleren und schwereren Appreturaufsätzen. Die jetzt
in dem Handel vorkommende Maisstärke ist vorzüglich rein, während die

---

[8]) Sehr ausführliche Darstellung siehe Muspratt, Chemie. III. Aufl. Stärke.

[9]) Darstellung derselben siehe L. v. Wagner, Stärkefabrikation S. 137. — Es
sei hier besonders auf das Martin'sche Verfahren der Stärkefabrikation hingewiesen,
welches in letzter Zeit überall die Oberhand gewonnen hat. —

[10]) Bolley, chem. techn. Untersuchungen V. Aufl. Seite 802.

[11]) Besonders seit A. Fesca nachgewiesen hat, dass die Reisstärke qualitativ
trotz des höheren Preises der Weizenstärke vorzuziehen ist.

[12]) Maisstärke ist zuerst in Nordamerika, sodann in Brasilien und in Australien
heimisch geworden und hat dort alle anderen Stärkesorten total verdrängt und
J. Wiesner machte in Europa zuerst auf ihre höheren steifenden Eigenschaften
aufmerksam. Siehe Rohstoffe des Pflanzenreichs von Wiesner. 1873. Leipzig.

frühere ziemlich bedeutende Rückstände stickstoffhaltiger Bestandtheile enthielt.

Rostkastanienstärke[13]) wird in Frankreich in ähnlicher Weise gewonnen wie Kartoffelstärke. Diese Kastanienstärke entwickelt sich nach einigem Kochen in vorzüglicher Weise.

Auch Eichelstärke hat man zur Appretur versucht.

Arrowrootstärken aus der fleischigen Wurzel der Maranta arundinaria[14]) und indica und aus Canna edulis (Tous-les-mois), aus Curcuma (Tikor) und aus Arum maculatum[15]) (Portland-Stärke) sind einander ähnlich und kommen daher unter einem Handelsnamen vor, freilich vielfach verfälscht durch Kartoffelstärke etc. Diese Stärkesorten haben für die Appretur nur sehr untergeordnete Bedeutung und Anwendung, — wenn sie auch gut verwendbar sind. In Japan benutzt man die aus der Fernwurzel (Pteris aquilina) bereitete Stärke besonders viel für Appreturzwecke. Diese Wurzel enthält die Stärke in reichfaserigen Zellgeweben, welche nach Ausbringen der Stärke als Material für Tauwerk etc. bilden. Die Stärkepasta ist äusserst klar und durchsichtig. Sie wird sehr stark und dick, wenn sie mit Saft von unreifen Pfirsichen gemischt wird. Sie wird dann Shibu genannt. Ausserdem bereitet man Kudzustärke aus Pueraria Thunbergiana von vorzüglicher Qualität. Es gehört hierher auch die Batatastärke (Convolvulus batatas) und die aus Helianthus tuberosus[16]).

Sehr ausgedehnt ist aber der Verbrauch von Kartoffelstärke. Nicht allein, dass diese Stärke noch vielfach in kleineren Städten und auf dem Lande Gegenstand der Hausfabrikation ist, sie dient auch überall zur Appretur der Wäsche. Die Darstellung der Kartoffelstärke ist bekannt[17]). Die Kartoffel enthält, wie die folgende Analyse zeigt, wenig stickstoffhaltige Bestandtheile und diese lassen sich bei einer guten Stärkegewinnung gut abscheiden.

	I.	II.
Stickstoffhaltige Materien	2,50	2,17
Stärke	20,00	20,00
Cellulose	1,04	1,65
Zucker und Gummi . .	1,09	1,07
Fette und Oele . . .	0,11	0,10
Diverse Salze . . .	1,26	1,01
Wasser	74,00	74,00
	100,00	100,00

13) Dr. v. Kurrer, Kunst alle Stoffe zu bleichen. — Böhmer, Geschichte der Pflanzen 1794. Bd. I. p. 340.

14) Rohr, Ueber den Kattunbau V. II. X S. 44. Salep!!

15) Böhmer, Geschichte der Pflanzen 1794. Bd. I. p. 362.

16) Ueber andere Stärkesorten von Venezuela, den französischen, indischen Inseln und Besitzungen, Algier (Arum), Italien etc. siehe Gintl, Appreturmittel auf der Ausstellung in Wien 1873 — auch Wiesner, Rohstoffe etc.

17) Siehe L. v. Wagner, Handbuch der Stärkefabrikation S. 65.

Die Kartoffelstärke führt im Englischen den Namen Farina. Sie gibt mit Wasser eine vorzügliche dicke Pasta und ist als solche für leichte Appreturen unersetzlich. Für schwere Appretur erfordert sie Zusätze unter eigener Verdünnung.

Die Pilzbildung ist bei reiner Kartoffelstärkeappretur sehr selten behauptet und nicht nachgewiesen. Indessen wird Kartoffelstärke meistens mit anderen Mehlen und Stärken vermischt angewendet und es lässt sich daher nicht genau feststellen, in wie weit Kartoffelstärke die Pilzbildung unterstützt oder erzeugt. Unter den neuen Kartoffelstärkefabrikationsmethoden verdienen die von Thierry und von Fesca die grösste Anerkennung[18]).

Steifungsvermögen verschiedener Stärkesorten. Um eine grössere Sicherheit in der Beurtheilung des relativen Werthes der Kartoffel-, Weizen- und Maisstärke für das Appretiren von Geweben etc. zu gewinnen, als dies nach den bisherigen Erfahrungen möglich war, hat Jul. Wiesner in Wien Versuche angestellt. Die zur Untersuchung dienenden Stärkesorten wurden in demselben Raume durch längere Zeit aufbewahrt. Die hierauf vorgenommene Wasserbestimmung ergab: Weizenstärke 13,91 pCt. Wasser, Kartoffelstärke 14,07 pCt. Wasser, Maisstärke 14,77 pCt. Wasser. Die zur Untersuchung verwendeten Stärkekleister wurden aus diesen Stärkesorten auf die Weise bereitet, dass je 1 gr Stärke in 15 cbcm destillirtem Wasser vertheilt und im Wasserbade unter fortwährendem Umrühren erwärmt wurde. Unter ganz gleichen Verhältnissen verwandelte sich die Kartoffelstärke zuerst, dann die Maisstärke und endlich erst die Weizenstärke in Kleister. In dem Moment, in dem die Kartoffelstärke aufhörte, flüssig zu sein und sich in eine Gelatine umsetzte, waren die beiden anderen Proben noch flüssig. Erstere wurde aus dem Wasserbade herausgenommen und nach erfolgter Erkaltung zur Prüfung des Steifungsvermögens benutzt; die beiden anderen wurden weiter erwärmt, bis auch sie sich in eine Gelatine verwandelten, erkalten gelassen und dann erst in Verwendung genommen. Die Bildung der Gelatine trat bei der Maisstärke früher als bei der Weizenstärke ein. Die so erhaltenen Kleister enthielten: Kleister der Kartoffelstärke 94,20 pCt. Wasser, der Maisstärke 91,19 pCt. Wasser, der Weizenstärke 87,77 pCt. Wasser. Mit diesen Kleistern wurden nun eine Reihe von Leinengarnen unter grossen Vorsichtsmassregeln gleichmässig getränkt und auf ihre Steifheit geprüft. Aus den zahlreichen Bestimmungen ergab sich, dass 1. das Steifungsvermögen der Maisstärke bei gleicher Bereitung und gleicher Menge des zum Steifen verwendeten Kleisters grösser als das der Weizenstärke und dieses grösser als jenes der Kartoffelstärke ist; 2. ging aus allen Beobachtungen hervor, dass Kartoffel- und Maisstärke **viel**

---

[18]) Siehe auch Bolley's chemisch-technische Untersuchungen. Leipzig, Arthur Felix. — Seite 800—820, besonders betreffend Verfälschungen und Unterscheidung der Stärken. —

gleichmässiger als Weizenstärke steifen. Der Grund hierfür mag darin liegen, dass in der Weizenstärke, zwei gänzlich verschiedene Arten von Stärkekörnern vorkommen, die sich wahrscheinlich im Körper ganz ungleich vertheilen, was bei Mais- und Kartoffelstärke nicht vorkommen kann, da dieselben durchaus aus Körnern zusammengesetzt sind, welche von einander nur graduell verschieden sind. — —

Die Abtheilung II. führt zuerst Glycose als Appreturmittel an. Glycose wird indessen direct nur in sehr geringem Masse zur Appretur verwendet, weil sie sehr leicht zersetzbar ist und dann starke Schimmelbildung erzeugt.

Viel wichtiger ist das Glycerin[19]). Dasselbe bietet für Appreturzwecke sehr werthvolle Eigenschaften dar. Es ist billig, zieht Feuchtigkeit aus der Luft an und macht so die Appreturmasse und Gewebe geschmeidig und dazu schwerer. — Leider wird Glycerin oftmals verfälscht und wenn das Verfälschungsmittel Glycose ist, so werden durch dieselbe die guten Eigenschaften des Glycerins aufgehoben.

Dulcine ist eine Mischung von Glycerin, Gummi und Chinawachs. Sie wird in England unter diesem Namen im Handel geführt.

Stärkegummi wird gebildet durch Rösten des Stärkemehls oder durch Einwirkung von Säuren oder mit Hülfe der Diastase[20]). Besonders Lafitte schlug Appreturmassen mit Dextrin vor und in England wandte man dasselbe (British gum) viel an in Vermischung mit anderen Mitteln als Mehl, Stärke etc. Allein kann Dextrin nicht als Appreturmittel fungiren. Es macht die Fäden hart und steif, ist dazu in Wasser leicht löslich und gibt der Waare ein schmutziges Ansehen. Es ist aber zu bemerken, dass auf Dextrin-haltigen Appreturmassen die Pilzbildung sehr langsam eintritt, selbst wenn sonst die Umstände derselben günstig sind. Dieser Stärkegummi ist unter sehr verschiedenen Namen im Handel und Gebrauch. Leiocome, Leiogomme, Amidon grillé, Amidon brulé, Röstgummi, gebrannte Stärke heissen die dunkleren Sorten, — Gommelin, Dextrin, Gommeïn, Lefèvregummi etc. die helleren Sorten. Weisses Dextrin ist mit Salpetersäure vorbereitete Stärke, die erst durch Temperaturerhöhung wirkliches Dextrin wird. Ferner kommt Krystalldextrin vor, die durchsichtige geronnene Dextrinlösung. Lucin ist ein aus den kleberhaltigen Schlammmassen der Stärkegewinnung hergestelltes Dextrin.

Abkochungen (Schleim) von Moos und Algen dienen als treffliche Mittel der Appretur. Das isländische resp. irische Moos sind Meeralgen, Chondrusarten. Das ceylonische oder Carragheenmoos (Sphaerococcus)

---

[19]) Ueber den heutigen Stand der Glycerinindustrie berichtet Kraut, siehe Bericht über die Entwicklung der chemischen Industrie II. p. 506. — Muspratt, Chemie III. Aufl. Glycerin. Es werden ungeheure Quantitäten Glycerin für Appretur verbraucht.

[20]) L. von Wagner, Stärkefabrikation S. 266. — Muspratt, Chemie III. Aufl. Dextrin.

ist sehr ausgiebig und brauchbar. Die Abkochungen erscheinen als schleimige geléeartige Masse von grösserer Klebkraft. Sie werden vielfach als Zusatz zu Beschwerungsmitteln benutzt, um diese zusammen zu halten. Die Abkochung geschieht am besten so, dass man ca. 3 Kilo der Moose mit 30 Kilo Wasser einweicht und dann etwas krystall. Soda zugibt und wieder stehen lässt. Man kann den Schleim dann abnehmen und die Behandlung 2—3 Mal wiederholen. Es gehören dahin auch das Hai-Thao, Lay-cho und Agar-Agar (von Gelidium). —

Die Gummisorten[21]), besonders Gummi arabicum, Gummi Traganth, Schellack etc. bilden nicht unwesentliche Appreturmittel. In gewöhnlicher wässeriger Abkochung angewendet, äussern sie grosse Bindekraft für die Beimischungen, aber sie machen die Gewebe resp. die Appreturmassen im trocknen Zustande hart und steif.

Von ziemlich grosser Benutzung sind die Harze, besonders Colophonium[22]), Gallipoliharz u. s. w. Dieselben werden für die Anwendung zur Appretur durch Krystallsoda zersetzt und mit dieser zu Harzseifen vereinigt. Für einen Kilo hellen Colophoniums verwendet man z. B. $\frac{1}{2}$ Kilo krystallisirte Soda und ca. 5 Kilo Wasser. Diese Harzseife hat eine bedeutende bindende Kraft und hält damit die Beschwerungsstoffe zusammen. Auch für die mechanische Behandlung des Glättens und Pressens bietet die Zugabe dieses Mittels zur Appreturmasse werthvolle Vortheile. —

Der Gebrauch des Leims (und der Hautabfälle) in Appreturmitteln sollte stets vermieden werden, weil er direct die Pilzbildung veranlassen und wesentlich unterstützen kann. Ganz besonders verwerflich ist dabei dann die öfter übliche Zugabe von faulem Urin. Ammoniak, faulende Materie und Phosphate unterstützen die Bildung des Schimmels in mehl- und stärkehaltigen Appreturmassen auf das Kräftigste.

Hierher gehört auch die ganze Serie der Leimsorten und Gelatine aus Fischkörpertheilen, Hausenblase, Haifischflossen etc. —

Sehr wichtig sind Seifen[23]) in Mischung mit gegohrenem Mehl. Das Alkali der Seife bindet alle etwa darin verbliebenen Säuren, ebenso aber auch die Fetttheile. Sind aber in dem Appreturmittel alkalische Erden enthalten, so darf Seife nicht verwendet werden, weil sie sonst mit jenen unlösliche Seifen bildet. —

Eine wesentliche Rolle spielen die ad III genannten Fette und Oele.

---

[21]) Gummisorten kommen in sehr verschiedenen Handelsmarken vor. Wir führen an: Electoralweiss, Arabic und Ghizirra; Blond dito; Gelb dito; fabric. dito; Granis dito und Suakim Sennary; Granello naturell dito; Gedda in Boccoli, Senegal; Arabicum naturell; Sennary dito; Suakim dito; Senegal dito; Gummistaub, Olibanum, Sandrac, Schellack, Storax; Traganth in Blättern, in Fäden, Levantischer etc. etc.

[22]) Handelsmarken: Puglieser, französich, amerikanisch.

[23]) Siehe über Seifen auch den Abschnitt Wasch- und Walkmittel S. 26 u. 148.

Es werden verwendet thierischer Talg, Knochenfett, Schweissfett und andere. Diese Substanzen sollen die in grössern Quanten zur Anwendung gebrachten Mehl- und Stärkemassen geschmeidig erhalten, — begünstigen aber die Pilzbildung sehr. Von vegetabilischen Fetten und Oelen werden besonders gern benutzt: Cocosnussöl, Sheabutter (Bassia, Butyrospermum), Palmöl (Palmitin), Castoröl (Ricinus), Olivenöl u. a. Oele, wie Baumwollenöl, Rüböl, Mohnöl. Diese Fette werden am besten in mit Alkali zersetztem, verseiftem Zustande verwendet und dienen bei den starken Appreturmischungen zur Beschwerung Mittel, um die an sich trockenen und staubigen Ingredienzien fest zusammen zu schliessen. —

Unter den Wachsen sind bevorzugte Zusätze zu Appreturmitteln der japanische, chinesische (auf den Samen von Stillingia sebifera), Coccuswachs (auf Rhus succedaneum) und Bienen-Wachs. In neuerer Zeit kommt hinzu der amerikanische Wachs. Die Wachse werden ebenfalls meistens mit Alkali verseift zur Appretur angewendet und oft noch überdem mit Fettseife gemischt.

Endlich wird hier anzuführen sein: das Paraffin (Stearin), sei es hergestellt aus Braunkohle, Steinkohle, Pech, Erdöl oder Ozokerit. Die Verwendung des Paraffin ist indessen an eine Anzahl Specialitäten gebunden, leistet aber dafür erheblich mehr als andere Fette. Stearin und Paraffin wird mit den Beschwerungsmitteln stark gekocht, seltener vorher verseift. —

Unter den Beschwerungsstoffen (Reihe IV) nimmt das **China-Glay** unzweifelhaft die erste Stelle ein. Chinaclay ist ein Thonerdesilikat von der Zusammensetzung

$$\begin{array}{ll} \text{Kieselerde} & 46-48, \\ \text{Thonerde} & 40-36, \\ \text{Wasser} & 12-11,5 \end{array}$$

im gereinigten Zustande, hervorgegangen aus Feldspath durch freiwillige Zersetzung. Es ist besonders die Umgebung von St. Austle's Bai in Cornwall, wo grossartige Lager von Chinaclay gefunden worden. Die Ausbeutung dieser Lager geschieht so, dass ein starker Wasserstrahl gegen die theilweise zersetzten Felsen gerichtet wird, der die zersetzte Materie mit fortführt und in Bassins absetzt. Im ersten Bassin fallen die Quarztheile und die schwereren Partikel des Feldspaths nieder. Die feineren Theile bleiben noch im Wasser suspendirt und gehen in besondere grosse flache Teiche zum Absetzen bei Verdunsten des Wassers. Ist solcher Teich hinreichend gefüllt, so leitet man kein Wasser mehr hinein, lässt das vorhandene vollends verdampfen und die Masse austrocknen. Hat dieselbe einige Consistenz erlangt, so theilt man sie durch Schnitte in Blöcke, und wenn diese hinreichend betrocknet, werden dieselben von anhängendem Schmutz befreit und herausgehoben, um sodann in Trockenräumen vollends getrocknet zu werden. Chinaclay wird in der Appretur angewendet in Mischung mit Stärke, Mehl etc. und wird meistens damit gekocht. An Stelle des Chinaclay benutzt man in neuerer Zeit eine Appretur folgender Art. Man lässt die Stoffe durch eine heisse Alaunlösung gehen, sodann durch ein heisses Wasserglasbad und durch ein schwaches Säurebad. Darauf trocknet man auf heissen Cylindern. Es entsteht dabei Aluminiumsilicat.

Die Qualitäten des Chinaclay wechseln vielfach. Für die Verwendung als Appreturmittel muss das Product sandfrei sein, mit Rücksicht auf die zum Appretiren und Glätten benutzten Maschinen. Im Uebrigen muss der Gehalt an andern Salzen ebenfalls gering sein. In den betreffenden Sorten Chinaclay variirt der Gehalt an Eisenoxyd bis zu 0,75, der von Kalk bis 0,35, der von Magnesia bis 0,07, der von Alkalien bis 1,75. Die Farbe spielt ebenfalls eine Rolle; weisse Sorten sind begehrter.

Nächstdem hat man versucht **Speckstein**[24]) (kieselsaures Magnesium) in grössern Mengen an Stelle des Chinaclay zu verwenden. Die Herrichtung desselben für Anordnung zur Appretur erfordert grosse Sorgfalt, um zu verhüten, dass feste körnige Partikel in der Masse verbleiben. Mahl- und Schlämmprozesse vollbringen die Herstellung des Productes. Speckstein findet sich in Irland, Wales, Frankreich, Deutschland etc.

Schwefelsaurer Kalk oder Gyps wird vielfach benutzt zur Appretur fertiger Gewebe, welche weiss bleiben sollen, weniger in den gewöhnlichen Beschwerungs-Prozessen, die bereits mit dem Garn die Appreturoperation beginnen.

Schwefelsaures Magnesium oder „Epsom salts" spielt eine Rolle in den Oxford Shirtings. Die Verbindung wird erzielt aus dem Stassfurter Kiserit in verschiedenen Prozessen. Man röstet die Rohstoffe, um die Chlorverbindungen zu zerstören und das Chlor auszutreiben, — oder sucht auf nassem Wege die Chlorverbindungen zu zerstören. Das schwefelsaure Magnesium ertheilt den Stoffen Härte und wird daher vielfach mit Islandmoosabkochung oder mit Oelen zur Appreturmasse benutzt. Im Eau de crystall, einem Appreturmittel, das jetzt viel vorkommt, ist schwefelsaures Magnesium, Chlormagnesium und Dextrin enthalten.

Die im Handel vorkommenden Sorten des Salzes enthalten:

Gewöhnliche Qualität	Gute Qualität	
50	51—52	Wasser,
36—38	42—48	schwefelsaures Magnesium,
bis 0,5		Spuren von Chlormagnesium,
1—2		Spuren von Eisenoxyd,
4—5		Spuren bis 5,04 schwefelsaures Natrium,
1—3		Spuren bis 0,62 schwefelsaurer Kalk.

Der **Schwerspath,** Mineralweiss, schwefelsaures Baryum, ein Mineral

---

[24]) Spec. Gew. = 2,7.

von weisser Farbe, besonders in England in Massen anstehend, bietet gemahlen und geschlemmt für die Appretur der Gewebe, besonders für weissbleibende oder weissgrundige Stoffe ein Beschwerungsmittel dar. Sein hohes specifisches Gewicht 4,5—4,7 lässt ihn besonders dazu geeignet erscheinen. Die Darstellung erfordert eine sehr gründliche Bearbeitung und Pulverung. Dabei behalten alle Partikelchen noch krystallinisches Gefüge, was für die Appreturwalzen nicht eben günstig ist. Deshalb hat man versucht durch Praecipitation ein Product als amorphes Pulver zu erzielen[25]).

Ein äusserst wichtiges Appreturmittel ist das Glaubersalz. Die Darstellung geschieht auf verschiedene Art. Am meisten wird es jetzt für den Zweck aus den Mutterlaugen der Salzsiedereien und bei der Sodafabrikation gewonnen. In England benutzt man unreine Sulfate, löst sie in Wasser, scheidet die vorhandenen Eisensalze mit Bleichpulver ab und neutralisirt mit Kalkmilch. In Stassfurt scheidet man das Glaubersalz aus den Mutterlaugen oder den gelösten Rückständen, welche ein Gemisch von schwefelsaurem Magnesium und Kochsalz sind, durch Kältewirkung ab. Zu dem Zwecke werden Carré'sche Eisapparate benutzt. Die Salzlösung umfliesst die Röhren des Apparates. Das Natriumsulfat scheidet sich aus, die übrige Lösung fliesst ab. Das schwefelsaure Natrium wird mit Schaufeln herausgenommen und in grossen Kufen aus Eisen ausgewaschen mit Hülfe tropfenden Wassers. Die ganze Operation vollzieht sich mit Hülfe von maschinellen Einrichtungen. Die käuflichen Sorten von Glaubersalz enthalten

> 55—56 Wasser,
> 43—44 schwefelsaures Natrium,
> 0,10—0,25 Kochsalz

und Spuren von Eisensalzen und freier Säure. Vielfach wird das unreine Glaubersalz (salt cake) zur Appretur verwendet, welches neben 90 bis 95 pCt. schwefelsauren Natriums, noch 2 bis 2,2 pCt. Kochsalz, sodann schwefelsauren Kalk, schwefelsaures Eisen, freie Schwefelsäure, Wasser und Mineralsubstanzen unlöslicher Natur enthält. Man wendet dieses unreine Salz auch an im Gemisch mit schwefelsaurem Magnesium und kann folglich die Salzmischungen der Glaubersalzfabrikation zu Stassfurt ohne Weiteres benutzen.

Das **kohlensaure Magnesium**, kohlensaure Baryum und schwefelsaures Bleioxyd werden wenig mehr angewendet. Letzteres ist als giftig durchaus zu verwerfen. In den vierziger Jahren spielte das schwefelsaure Blei eine sehr grosse Rolle in der Appretur. Man benutzte damals den bei der Bereitung der essigsauren Thonerde sich bil-

---

[25]) Heim unterscheidet zwischen Mineralweiss und Schwerspath. S. 4. Das von ihm angeführte Leuzin ist auch nichts anderes als ein Schwerspath.

denden schwefelsauren Bleiniederschlag zur Beimischung der Stärke. Später
ist der Gebrauch in mehreren Staaten ausdrücklich verboten und an
seine Stelle trat besonders das schwefelsaure Baryum. Das kohlensaure
Magnesium dagegen hat in Folge einer eigenthümlichen Eigenschaft, die Kraft
erhaben gewebte Mustersachen noch mehr durch eine gewisse Zusammen-
ziehung hervorzuheben, mehrfach Anwendung gefunden. Als Beschwerungsmittel dient es indessen nicht, weil es an sich zu leicht ist. Für Beschwe-
rungszwecke muss es mit Schwerspath gemischt werden. Ebenso verhält
es sich mit dem kohlensauren Baryum. Dasselbe kommt als Witherit
in England vielfach vor und wurde gepulvert zur Appretur verwendet.
Künstlich dargestelltes kohlensaures Baryum eignet sich noch besser dazu,
weil er ein feines weisses Pulver bildet von gleichmässiger Beschaffenheit.
Das kohlensaure Baryum ist übrigens ganz aus dem Gebrauche zur Appretur
verdrängt.

Von gewisser Wichtigkeit ist das **Wasserglas** bei der Appretur geworden. Für Färberei und Zeugdruck spielt das Wasserglas die Rolle
einer Beize. In der Appretur hat es besonders in den fünfziger Jahren[26])
eine weitreichende Verwendung gefunden, welche es übrigens nicht behauptet hat, weil es einmal den Stoffen ein gespanntes[27]), mageres Ansehen verleiht, dann aber im Laufe der Zeit sich zersetzt und so die Gewebeappretur zerstört[28]). Das im Handel für diese Zwecke vorkommende Wasserglas zeigt folgende Zusammensetzung:

Wasser	44,30
Kieselsaures Natrium	51,40
Chlornatrium	1,20
Schwefelsaures Natrium	1,34
Thonerde	0,60

Die der Betrachtung nun noch verbleibenden Salze nämlich Chlorcalcium und Chlormagnesium spielen in den Appreturmischungen eine
besondere Rolle. Sie vermehren nicht durch sich selbst das Gewicht, sondern nur dadurch, dass sie aus der Luft Feuchtigkeit anziehen,
ausserdem antiseptisch wirken und die Pilzbildung und Gährung verhindern. Letztere Eigenschaft wohnt dem Chlormagnesium in höherem
Grade bei als dem Chlorcalcium.

Chlorcalcium wird in grossen Mengen als Nebenproduct in mehreren Fabrikationszweigen gewonnen, besonders bei Darstellung von Chlorkalk. Dieses Nebenproduct hatte im Allgemeinen wenig Werth und Ver-

---

[26]) Patent Leigh. Der erste Vorschlag ging indessen von W. Grüne in Berlin aus.

[27]) Thomson: tendering effect.

[28]) Siehe die Untersuchungen von Crace Calvert, Caro, Dancer, W. Crum, Abel,
Frankland u. A. The London. Journal of arts 1865. p. 298. — Chemical News 1865.
No. 275. — Dingler, p. J. Bd. 178 p. 304—310.

wendung und wurde auf alle Weise fortgeschafft. Neuerdings hat Weldon[29] durch sein verbessertes Verfahren der Regeneration der Manganrückstände der Chlorkalkbereitung dahin gewirkt, dass nur wenig Chlorcalcium gewonnen wird, — andrerseits hat Chlorcalcium in der Calicoappretur eine bedeutende Verwendung gefunden.

Allein wird Chlorcalcium in Appreturmitteln wenig verwendet, wiewohl es früher mit Stärke und Harzseife für sogen. „kalteinwandartige" Appretur, die sich „feuchtartig" angreifen musste, benutzt wurde, so Creas, Madapolam etc. Man vermischt jetzt das Chlorcalcium meistens mit Chlormagnesium, oft auch mit Chlorzink. Mit Chinaclay und Stärke angerührt bietet es ein Hülfsmittel dar, dass damit behandelte und beschwerte Garne beständig feucht und geschmeidig bei der Weberei zu erhalten. Diese Eigenschaft, welche auf Anziehung der Feuchtigkeit der Luft durch das Chlorcalcium beruht, verbietet von selbst, lediglich Chlorcalcium zum Beschweren anzuwenden, wie das früher in der That geschah, als die Beschwerung noch nicht einen so hohen Grad erreicht hatte.

Bei Vermischung des Chlorcalciums mit Chlormagnesium muss darauf geachtet werden, dass letzteres nicht schwefelsaures Magnesium oder Soda enthält. Ist das der Fall, so wird das Chlorcalcium sich zersetzen und Gefahr für das Gewebe bieten. —

Chlormagnesium wird jetzt in grossen Massen in Stassfurt durch Eindampfen der Endlaugen, die bei der Verarbeitung des Carnallit und Kainites und der Glaubersalzlaugen fallen, gewonnen. Dieselben enthalten als wesentlichsten Bestandtheil aber Chlormagnesium und repräsentiren jährlich ein Quantum von gegen 3 Millionen Centnern trockenes Chlormagnesium. Als hervorragende Eigenschaften des Chlormagnesiums sind zu betrachten: Grosse Hygroskopicität, leichte Löslichkeit und grosses Volumgewicht der Lösungen[30]. Townsend in Port Dundas Glasgow hat in Folge Beobachtung dieser Eigenschaften das Chlormagnesium zuerst. als Beimischung zur Schlichte für Webeketten angewendet. Sodann wurde es den starken Beschwerungsschlichten und -Appreturmassen für die Garne und Gewebe beigemischt und hat jetzt eine sehr ausgedehnte Verwendung.

Dieses Chlormagnesium wird in crystallisirter Form ($MgCl + 6\,H_2O$) durch einfaches Eindampfen der Endlaugen auf 39° B. (1,375 Vol. Gew.) und Einfüllen der heissflüssigen Masse in Buchenholz- oder Petrolfässer fertig gemacht.

Dieses Salz hat in der Masse folgende Zusammensetzung:

	I.	II
Unlösliche Substanzen . .	0,086	0,040
Chlormagnesium	41,850	45,710

[29] Hoffman, Bericht über die Entwicklung der chem. Industrie I. p. 119.

[30] Dr. A. Frank, Berichte der Entwicklung der chem. Industrie etc. von Hoffmann I. p. 373.

	I.	II.
Schwefelsaures Magnesium .	2,884	—
Chlorkalium	1,607	1,773
Chlornatrium	1,060	2,886
Wasser	52,513	49,591

Die antiseptischen Wirkungen des Chlormagnesiums sind indessen nicht so stark, dass sie die Bildung von Pilzen etc. in schweren Appreturen verhindern könnten. Im Gegentheil, wenn das Chlormagnesium bei feuchtem Wetter stark Feuchtigkeit anzieht, so genügen wenige Tage um auf der Schlichtmasse einen starken Schimmel hervorzurufen. Daran ist das Chlormagnesium lediglich Schuld durch Heranziehung der Feuchtigkeit an die Mehlsubstanzen, nicht an sich; denn auf Appreturen, lediglich mit Chlormagnesium ausgeführt, entstehen Pilze nicht. Wird indessen der schweren Appreturmasse Chlormagnesium und Chlorzink beigemischt, so sind Schimmel- und Pilzbildung noch niemals beobachtet.

Ein anderes Bedenken ist wohl beachtenswerth, dass sich Chlormagnesium in der Wärme zerlegt. Werden Stoffe, die mit Chlormagnesium im Appreturmittel behandelt sind, heiss gepresst oder calandert, so zersetzt sich das Chlormagnesium.

Davis, Dreyfuss & Holland widerrathen deshalb den Gebrauch des Chlormagnesiums im Allgemeinen.

Die Stassfurter chemische Fabrik bringt unter dem Namen Crystallsize ein Appreturmittel in den Handel, zusammengesetzt aus Chlormagnesium und Glaubersalz und empfiehlt es wegen der Gewichtsvermehrung, Antiseptic und Weichmachen der Stoffe.

Der Gebrauch des **Chlorzinks** in den Baumwoll-Appreturmassen ist in neuerer Zeit aus der Seidenappretur herübergenommen. Dieses Chlorzink muss säurefrei und gereinigt sein. Es löst sich leicht im Wasser und ist sehr hygroskopisch, weshalb es nur in kleinen Quantitäten dem Appreturmittel zugesetzt werden darf. Wie erwähnt, scheint das Chlorzink die Schimmelbildung auch in starken Appreturen ganz zu verhindern. Chlorzink wird indessen auch öfter lediglich zum Zweck der Beschwerung über das fertige Gewebe mit Hülfe von Maschinen ausgesprengt.

Chlorbaryum ist mehrfach als antiseptisch wirkend genannt worden. Indessen ist seine antiseptische und auch seine hygroskopische Eigenschaft sehr gering. Chlorbaryum vermehrt aber das Gewicht bedeutend. Thomson macht darauf aufmerksam, dass dieses Salz sehr giftige Eigenschaften besitze und deshalb für Verwendung in Appreturmitteln verboten sein sollte.

Chlornatrium, Kochsalz, Seesalz, ist eine beliebte Beimischung zu schweren Appreturmitteln. Es zieht nur mässig Wasser an und ist daher sicher gegen Schimmelbildung und giebt ebenwohl den Garnen und Geweben Geschmeidigkeit.

Endlich sei hier noch der **Stärkezucker** als Beimischung zur Appreturmasse erwähnt. Derselbe hat ebenfalls wasseranziehende Kraft und stärkt die Fasern und Garne beim Weben sehr. Aber der Stärkezucker erfordert Zusatz eines Antisepticums, weil er die Pilzbildung wesentlich begünstigt. —

Für rein antiseptische Wirkung werden die Substanzen ad V als Zusatz zu den Appreturmitteln empfohlen.

Diese Substanzen haben keineswegs gleiche Wirkung, sondern eine sehr verschiedene. Die antiseptischen Zusätze zur Appreturmasse sollen die Bildung der Pilze, des Schimmels etc. verhindern. Sie müssen deshalb hierzu besonders geeignet sein, ohne dabei dem Gewebe von seinen sonstigen Eigenschaften etwas zu rauben oder demselben einen hervorstechenden Geruch zu verleihen. Wie schon bemerkt, eignet sich das Chlorzink am besten zu diesem Zwecke. Chloraluminium passt weniger dazu, weil es sich in der Wärme, also beim heissen Pressen zersetzt. Quecksilberbichlorid ist als giftig und zu theuer nicht zu gebrauchen. Die Chloride des Kaliums, Natriums und Baryums müssen ziemlich concentrirt angewendet werden, sollen sie die Pilzbildung verhindern. Schwefelsaures Zinkoxyd hat eine vortreffliche antiseptische Wirkung und ist allen anderen Mitteln für die Gewebappretur vorzuziehen. Kupfervitriol hat wohl ebenso stark antiseptische Wirkung wie Zinkchlorid; aber die Färbung ist ein Hinderniss der Anwendung. Bei Anwesenheit geringer Mengen von Alkalien ist Kupfervitriol nicht anwendbar. Im Uebrigen ist es fraglich, ob es allen Pilzbildungen entgegensteht, da ein Beispiel vom Gegentheil aus der Elektrotypie bekannt ist. Eisenvitriol, obwohl stark antiseptisch wirkend, ist in Appreturlösungen sehr wenig anwendbar. Er zersetzt sich leicht und macht dann die Stoffe rostfleckig. Er verhindert auch das Aufkommen gewisser Pilze nicht. Arseniksalze müssen vermieden werden. Manganverbindungen zersetzen sich bei Mischung mit organischer Materie und die übrigen genannten unorganischen Substanzen wirken zu wenig oder sind leicht zersetzbar.

Unter den organischen Substanzen empfiehlt sich die Carbolsäure sehr. Picrinsäure ist gut wirkend, wenn die Farbe nicht schadet. Schwefelkohlenstoffverbindungen sind ebenfalls wirksam gegen Pilzbildung. Oxalsäure, Tannin und Strychnin verhindern diese nicht. Cyanverbindungen unterstützen sogar die Pilzbildung trotz ihrer übrigen antiseptischen Eigenschaften. —

Für die Appreturmittel haben sich als antiseptisch bisher nur als zuverlässig bewiesen: Chlorzink, schwefelsaures Zinkoxyd und Carbolsäure.

Indem wir in Folgendem auf die praktische Verwendung der betrachteten Appreturmittel eingehen, beginnen wir mit der geschichtlichen Folge von Appreturrezepten.

Es ist kein Zweifel, dass auch in frühen Zeiten gewisse Appreturmittel bekannt waren. Homer redet von einer Leinengarnschlichte aus Oel; die Indier benutzten seit Alters Reiswasser als Appretflüssigkeit; in Deutschland wurden im Mittelalter Gummi und Gummisurrogate, Stärkemehl, thierischer Leim benutzt. Erst als die mechanische Weberei für die aufkommende Baumwollindustrie von Bedeutung zu werden begann, entwickelte sich auf dem Gebiet der Schlicht und Appreturmittel ein regeres Leben. Es ist nicht zweifelhaft, dass die Radcliffe'sche Erfindung der Schlichtmaschine (1813) den Anlass zur Ausbildung der Appretur mit Füll- und später mit Beschwerungsmitteln gegeben hat. Es wird dies dadurch wesentlich bestätigt, dass bis zu der Zeit Appreturmischungen und Vorschläge zu solchen, sowie für Vorrichtungen zur Anwendung derselben nur vereinzelt auftraten, — so 1791 Gorton ein Patent auf eine Schlichtvorrichtung (sizing) am Webstuhl entnahm und 1799 dem John Ashworth ein Patent für eine Maschine für Stiffening ertheilt ist, während die ersten Patente von 1769 für papping (d. h. Schlichten) der Wollgarne gegeben sind. Wolstenholme führt 1776 sized cotton an und Cartwright redet 1789 von einer Schlichte aus glutinous material, wie sie für Schlichten der Webeketten gebräuchlich sei. Travis entnahm 1794 ein Patent auf Schlichte aus Kartoffelstärke (deren Darstellung er beschreibt) und Kalk, welcher ungelöscht aber an der Luft zerfallen, zugemischt wurde. Diese Mischung ist wohl als das erste Appreturmittel mit Beschwerungsstoff zu betrachten. Der Engländer Foden folgte diesem Weg und bereitete ein Appreturmittel aus feingepulvertem Gyps mit Alaun unter Zusatz von etwas Zucker, Mehl oder Kartoffelsaft. Später fügte Foden seiner Mischung noch etwas Soda oder Pottasche zu[31]). 1806 trat Whytock auf mit Zumischung von Quecksilberoxyd oder Quecksilbersalz und Kupfervitriol zur Stärke um die Bildung von Schimmel etc. zu verhindern. Whytock's Patent ist offenbar hervorgerufen durch die Pilzbildung (mildew), welche bei Anwendung stärkerer Schlichtung der Baumwollketten behufs Bearbeitung auf dem mechanischen Webstuhl auftreten musste. Die Anwendung der Stärke, welche also damals und zwar in nicht sehr gereinigtem Produkt Eingang fand, hat das ihrige wohl dazu beigetragen, dass man sich gegen die Pilzbildung zu schützen suchen musste. Merkwürdig ist, dass von da ab Patente weder auf Appreturmittel noch auf Stärkmaschinen entnommen sind bis 1835, in welchem Jahre Charlton eine Stärkmaschine patentiren liess, um die Stärkemischung mit Druck in das Gewebe einzutreiben und letzteres dann sofort zu trocknen. Eins der wichtigsten Patente überhaupt ist das von Henri Hough Watson (1841, No. 9194). In diesem Patent beansprucht W. zuerst das Sengen der Stoffe mit heisser Luft, sodann die Imprägnation mit Appreturmischungen und zwar solchen, mit schwefelsaurem Magnesium oder Glaubersalz oder schwefelsaurem Kalium, oder einem Gemisch aus zweien dieser Salze. Die Stoffe werden zuerst durch die Lösung solcher Salze genommen oder damit imprägnirt, sodann mit der Lösung von Seife oder der eines vegetabilischen Appreturmittels oder auch mit beiden. Ferner schlägt er eine Behandlung vor, dahingehend, die Gewebe mit der Metallsalzlösung zu imprägniren und sie der Einwirkung einer ammoniakhaltigen Luft auszusetzen, um die Oxyde auf die Faser niederzuschlagen. Um den Geweben Griff zu ertheilen, benutzt Watson ein Appreturmittel von Ammoniak mit Talg, Oel oder anderem Fett und Wachs, Stearin, Spermaceti u. A. Erst 1842 begegnen wir einem Patent Anderton, in welchem Mehl in ungegohrenem Zustande benutzt ist — was damals nicht Gebrauch gewesen zu sein scheint. Cotter (1844) entnahm ein Patent, um Stoffe impervious, d. h. undurchlässig gegen Wasser zu machen. Er benutzte dazu Oel, Bleiweiss, Salz, Holzkohle, Bleiglätte. Es ist wohl zu beachten, dass also bis 1850 etwa der Gebrauch der Beschwerung resp. der

---

[31]) Poppe, Geschichte der Technologie p. 358.

starken Appreturen ein geringer war. Es drückt sich dies sehr deutlich aus durch die sehr geringe Zahl der Patente in England, dem Hauptbaumwollindustrieland, sowohl für Appreturmittel als für Stärk- oder Imprägnationsmaschinen und Apparate. Seit 1850 aber beginnt eine hervorragende Thätigkeit auf diesem Gebiete. 1851 entnahm Chalimin ein Patent, welches die Bestimmung zur Beschwerung an der Stirn trägt. Er bemisst für 4 Ctr. engl. Kettgarn:

$$
\begin{array}{rl}
32 \text{ Pfd.} & \text{Stärke,} \\
32 \text{ -} & \text{Weizenmehl,} \\
23 \text{ -} & \text{Kartoffelstärke,} \\
2^3/_4 \text{ -} & \text{Zinksulfat,} \\
^1/_2 \text{ -} & \text{Kupfervitriol,} \\
700 \text{ Pints} & \text{Wasser}
\end{array}
$$

und etwas Bienenwachs. Diese Appreturmasse ergibt eine Gewichtszunahme von ca. 25 pCt.

W. Grüne in Berlin führte 1851 die Appretur mit Wasserglas ein. Für schwache Appreturen genügte ein Tränken der Gewebe in kieselsaurer Natronlösung, ein Durchnehmen durch ein schwaches schwefelsaures Bad zur theilweisen Zersetzung des Silicatsalzes und Ausspülen. Darauf folgte das Stärken. Für stärkere Appretur fällt das schwefelsaure Bad fort.

Thibierge & Romilly (Paris) stellen 1852 Rostkastanienstärke dar und verwenden sie zur Appretur. Hannon benutzt den in eine eiweissartige Substanz übergeführten Kleber als Appreturzusatz[32]).

Mit 1853 beginnen auch die zahlreichen Patente auf Stärkapparate und zwar mit dem Patent von G. Hamilton und mit der Serie von Maschinen von A. Cochrane, welchen 1854 die Maschinenpatente von Jolly, Conningham, Cochrane, Booth folgen. 1854 erhielten John Greenwood und Robert Smith drei Patente, welche die Zufügung von Leinöl (rohes) zur Stärke, die Anwendung von Maismehl, auch in Verbindung mit Leinöl, — und die Benutzung von Reismehl und Essigsäure, Chlorcalcium und Chlormagnesium einschliessen. Später trat hinzu die Mischung: Gerstenmehl mit Chlorcalcium und Chlormagnesium. Ashworth's Patent 1854 nimmt den Gebrauch von Leim, Seife, Kochsalz, Hausenblase oder Fischleim (isinglass) und Weizenstärke in Anspruch. Leuchs (Nürnberg) erfindet das Fischalbumin und wendet es zum Zeugdruck und zur Appretur an. Mc. Leans Patent 1856 schlug vor: Imprägnation mit Baryum-, Calcium- oder Strontiumsalzen, Zersetzung derselben, damit die Erden als feine Pulver im Gewebe bleiben. J. L. A. Huillard schlug 1856 in seinem Patent den Gebrauch von Metallcyaniden vor (Zink und Zinn) an Stelle der Stärke, des Gummis etc. Viel wichtiger als dieser Vorschlag ist indessen die von Huillard in demselben Patente angegebene Benutzung von überhitzten Dämpfen, um gewisse Metallsalze auf die Fasern appliciren zu können, was bis dahin wohl öfter versucht, aber nicht gelungen war. Der überhitzte Dampf oxydirt die Metalllösungen, mit welchen die Stoffe imprägnirt sind durch directe Berührung. Ferner hat Huillard die Application von Silex (Silicat, Kiesel) auf Gewebe durch überhitzten Dampf ermöglicht, welcher jenen verglast. Ebenso benutzte er Wasserglas durch Anwendung von überhitztem Dampf. Der Schwerpunkt seiner Methoden beruht besonders in der Application von kieselsauren Salzen auf Gewebe mit Hülfe von überhitzten Dämpfen. J. Leigh liess sich 1856 die Anwendung des Wasserglases zur Appretur patentiren, allein und in Verbindung mit schwefelsaurem Baryum, auch Seife und Talg. A. Cellier's Patent von 1856 bezieht sich auf die Abkochung von Perlmoos. Cheetham und Southworth benutzten (1857) Xyloidine oder Pyroxyline in Aether oder Alkohol gelöst, — also Collodium. Higgins & Lightfoot erhielten ein

---

[32]) Pol. C. Bl. 1861. 446.

Patent auf ein Appreturmittel, bestehend aus Leim, glutinösen, schleimigen, eiweiss-artigen oder gummösen Substanzen und Metallsalzen (darunter Chloralumin, Chlor-calcium, schwefelsaure. Thonerde etc.). Temperton liess sich den Gebrauch von Bohnen- und Erbsenmehl in Combination (oder ohne) mit Dextrin, Maismehl, Reis etc. patentiren. Calvert und Lowe forderten für die Benutzung von Natronsalzen, Pott-asche, Magnesia und Ammoniak und Schleimsubstanzen (aus Leinsaat) ein Patent. Sie rösteten die Stärke oder calcinirten sie oder wandelten sie mit Hülfe von orga-nischen Säuren oder Fermentation in British Gum, -Dextrin um und zwar:

> 600 Pfd. Wasser,
> 168 - Dextrin,
> 168 - Glaubersalz,
> 42 - Leinsaat, gekocht,
> $\frac{1}{2}$ Unze schwefelsaures Zinkoxyd.

Das Patent Pochin benutzt Thonerdehydrat allein und in Mischung mit Kiesel-säure, Harz, Gummi, Schleim, Leim oder Gelatine. Booth zählt auf: Weizenmehl, Reismehl, Gerstenmehl, Stärke, Sago, Mandioca, Tapioca und ähnliche vegetabilische Producte gemischt mit Oxalsäure, Weinsteinsäure oder Citronensäure, welche Ge-mische er 8—10 Std. erhitzt, wobei sich Dextrin bildet.

In 1857 und 1858 ist auch eine verstärkte Thätigkeit in Construction von Stärkmaschinen bemerkbar. Henry Bragg versucht das Eintreiben der Stärke in Luftleere oder mit comprimirter Luft. J. Gilroy, A. Dobson, P. Laberie, J. Harrison suchten die Stärkewalzen wesentlich wirksamer zu machen. 1858 nahmen W. Wood und R. Wood ein Patent auf eine Sizingmethode während des Spinnens. Sie be-nutzten Gummi-Traganth in Vermischung von Gummi arabicum dazu. Mawdsley[33] liess sich das Gemisch von Alaun (thonsaurem Natron) mit Mehl etc. patentiren. Calvert und Lowe schlugen vor mittelst Kochung des Mehles, der Stärke etc. in Alkalien das Gluten zu zerstören. J. L. Jullion liess sich eine Stärkemischung mit Kalksalzen patentiren. Coulthurst, Nuttal & Riding patentirten folgende Mischung:

> 100 Pfd. Chinaclay,
> 56 - Kochsalz,
> 56 - Alaun,
> 46 - salpetersaures Natron,
> 20 - Stärkemehl (oder Mehl).

Hier tritt zuerst Chinaclay in einem Patent auf. Eine zweite Mischung ent-hielt: 2 Pints Pariser Weiss, 1 P. Chlornatrium, 1 P. Stärke, $\frac{1}{4}$ P. Reismehl, — gemischt mit gewöhnlichem Mehl als Pulver.

1860 wendete A. Mc. Dougall[34] zuerst Steatit, Talkerde, Seifenstein zur Appretur-mischung an. Fr. Schwann schlug Carbolsäure oder Theerwasser zum Mehl oder zur Leim-lösung vor. A. N. Freppel[35] gab sein erstes Recept einer Borax-Glycerinmischung zum Appret. E. J. Hanon benutzt vegetabilisches Albumin, welches er durch Auswaschen des Glutens aus Mehl und Umwandlung desselben durch Fermentation erzielt. R. Black-ledge behandelt Mehl von Weizen, Reis, Sago etc. mit Salpetersäure, Schwefelsäure oder Salzsäure, neutralisirt hernach mit kaustischer Soda und erzielt so ein Dextrin-haltiges Appreturmittel. Ein anderes Patent desselben benutzt Diastase und setzt Terra alba, Thonerde etc. zu. Kenyon liess sich 1861 ein Patent geben auf die Passirung des Garn oder Gewebes durch eine Dampfkammer oder durch heisse Seif-lösung vor Eintritt in die Stärkelösung. Die Behandlung soll die Poren der Fasern

---

[33] Pol. C. Bl. 1859. 1246. — Mon. ind. 1860. 2448.
[34] Rep. of Pat. XXXVI. p. 304.
[35] Pol. C. Bl. 1861. 1373. — Ill. Gew.-Zeit. 1861. 231.

zur Aufnahme der Appreturmittel öffnen. W. Hirst benutzte an Stelle von Weizenmehl Reissmehl mit Baryt (oder Erbsen, oder Bohnenmehl). M. Bock stellt eine Appreturmasse her durch Kochen von Erbsenmehl mit Pappelknospen. — Weithin bekannt und eine ausgesprochene Anleitung zum Beschweren ist die Appreturmasse von Mc. Kean & Gabbot. Dieselbe enthält:

1. 6 Quart Leinöl,
    6 Pfd. Hautabfälle,   } 20 Quarts gemischt mit 150 Pfd. Chinaclay.
    Alaun und Wasser
2. 100 Pfd. Weizenmehl,   } 30 Gallonen gemischt mit 224 Pfd. Chinaclay.
     80 -   Sagomehl
3. 180 Pfd. Wasser,
     10 -   Hautabfälle,   3 u. 4 vermischt und mit 70 Pfd. Sagomehl verbunden
      5 -   Leim,   in gleichem Volum Wasser. Die Schlichte wird heiss
      1 -   Alaun   angewendet und dabei etwas Talg zugesetzt. Von
     24 Stund. kochen od.   dieser Schlichte haftet 4 mal so viel am Garn als von
        dämpfen.   aller andern. Um damit höher zu beschweren, ver-
4.   7 Quart Leinsamen,   mischt man die 70 Pfd. Sagomehl oder 120 Pfd. Weizen-
    180 Pfd. Wasser   mehl mit 50 od. mehr Pfd. Chinaclay, Porzellanerde etc.[36])
     10 Std. lang kochen.

Joseph Townsend[37]) fügt zur Stärke- oder Mehlmasse Chlormagnesium oder Chlorcalcium oder eine Mischung von beiden zu. Später setzte Townsend noch Chlorzink hinzu. Peek[38]) gab eine Methode zum Dickmachen der vegetabilischen Gewebe unter Benutzung der Kieselsäure und der fettsauren Salze an. Die Silicate werden durch ein Bad im Gewebe niedergeschlagen. H. Gilbee entnahm 1863 ein Gemisch, welches brasilianische Tapioca enthielt, ferner Feigen, Perlmoos, vulcanisirten Kautschuk und Maulbeerblätterabkochung. D. J. Looke's Masse für Kammgarnstoffe bestand aus 20 Pfd. Stärke, 20 Pfd. Sagomehl, 15 Pfd. Reismehl, 6 Pfd. Leim. Seine Appretmasse für graue, weisse und gefärbte Baumwollstoffe lautete:

280 Pfd. Reismehl,
112 -   Stärke,
280 -   Weizenmehl,
 56 -   Sagomehl,
 16 -   Leim.

A. Heald benutzte zuerst Baryumchlorid. Man nimmt zuerst die Stoffe durch Chlorbaryumlösung und dann durch eine Lösung von schwefelsaurem Salz oder Schwefelsäure. Die Beschwerung ist bedeutend. John Lightfood schlug Zusatz von wolframsaurem Natrium, Kalium oder Ammonium vor zu Mehl etc.

Bienveaux-Him nahm 1865 ein Patent auf eine Appreturmasse, in welcher 3 pCt. Borax vorhanden war. J. B. Edge & C. Hind stellten ein Gemisch her aus Stärke, Leinsaatabkochung, Palm- oder Cocosöl, Gummi arabicum, Soda und Eiweiss (white of eggs).

Die Vorschläge wiederholen nun immer mehr das frühere, so die von Rosenauer, Leigh, Tucker, Charlton, Riley, Limiel, Twaddel, Grenall u. A. G. B. Stevenson & B. Stevenson schlugen einen Apparat vor, der im wesentlichsten aus einer Walze aus Wachs besteht, welche auf der Kette sich über die ganze Breite bewegt und dieselbe einwachst oder über den die Kette passirt. Meyer Rauschenbach behandelt die Stoffe mit Schwefelsäure von 1,520 sp. Gew. und zieht sie dann durch ein Bad von faulem Urin oder einer schwachen Lösung von Ammoniak oder Aetzkalk.

---

36) Ill. Gew.-Zeit. 1869. 279.
37) Spec. No. 2198. 1861.
38) Pol. C. Bl. 1862. 284. — Dingler, Bd. 164. 77. Pat. Spec. 1861.

Mc. Kean & Stenhouse liessen sich 1868 die Benutzung von Sulfiten patentiren (besonders des Zinks, Baryts, Kaliums). Dieselben werden mit Talg, Oel etc. und Chinaclay gemischt und zu Dextrin gegeben. P. M. Crane wandte Paraffin an. Green benutzte Talk. P. J. A. Mandets Appreturmasse zeigt folgende Substanzen auf: Gelatine, Dextrin; schwefelsaures Zinkoxyd, Glycerin, Chorcalcium, Spermaceti, phenic. acid., kaust. Soda, Stärkesyrup, Stearin und Stärke mit Wasser angerührt. Smith wendet ein Gemisch von Stärke mit Talg, Paraffin etc. an (1869). C. Crossley, R. Whipp & T. Crossley entnahmen Patente 1. auf die Benutzung einer Lösung von Spelter in Salzsäure, gekocht mit Aluminsulfat. Die Säure wird durch Soda gebunden und das ganze mit Stärke resp. Mehl gemischt; 2. auf Anwendung von schwefelsaurem Zinkoxyd und wolframsaurem Natrium für Stärke; 3. auf Beimischung eines Zinksalzes zu den schleimigen Abfällen bei der Stärkefabrikation. Slacks Erfindung betraf die Behandlung von Chinaclay mit kaust. Alkalien, Mischung derselben mit Mehl- oder Stärkematerien unter Zusatz von raff. Alaun, Epsomsalz oder Terpentin oder Methylalkohol.

S. H. Stott schlägt vor, dem Kettgarn für das Weben eine Appretur zu geben, welche es geschmeidig macht, dann aber die Füllappretur zuzufügen, bestehend aus Chinaclay, Stärke etc. Castelhaz & Depoully benutzten 1871 zuerst Lösungen von Shellak, Copal und anderen Harzsubstanzen, auch trocknende Oele und Leinsaatabkochung vermischt mit Ammoniak. Lafitte gab bezüglich der Zubereitung des Gummis zum Appretiren folgende Vorschrift. Man mischt einen Eimer Flusswasser mit 2—3 Händen voll Kleie und lässt absetzen. Mit der klaren Flüssigkeit kocht man Gummi arabicum oder Dextrin, bis die Masse eindickt oder syrupartig wird. Diese Masse ist unlöslich im Wasser und wird zur Appreturflüssigkeit zugesetzt. John Sellers brachte die Benutzung des weissen Schiefers von Wales in Vorschlag, gemischt mit Mehl. Delattri benutzte Kartoffelstärke oder Leiocome oder Dextrin allein und in Vermischung mit anderen Körpern. S. Mendel's Erfindung betraf die Passirung von gestärkten Stoffen durch eine Lösung von Zink oder Thonerdesalzen. B. I. B. Mills benutzte Chlorcalcium. F. Wilkinson fixirte Chinaclay und die Farbstoffe zugleich durch Albumin, welches nachträglich coagulirt wird. Imbs verbesserte dies dahin, dass dem Albumin etwas Glycerin zugesetzt wird. Das Coaguliren geschieht durch Wasserdampf oder siedendes Wasser. — Fesca setzte 1872 die hohen Vorzüge der Reisstärke gegenüber Weizenstärke auseinander. 100 Pfd. Reisstärke leisten soviel als 115 Pfd. Weizenstärke. Dafréné behandelte erst die Stoffe mit Tannin, sodann mit einer Lösung von doppelchromsaurem Kali. Diese Appretur unter Beimischung von Stärke oder Mehl ist dem Schimmeln nicht ausgesetzt. 1873 schlug R. K. Witehead die Zugabe von Senföl und ähnlichen Oelen mit antiseptischer Wirkung (?) vor als Zusatz zu Mehl oder Stärke. Duckett & Mercer (1874) liessen sich folgende Mischung patentiren: $\frac{1}{2}$ Pfd. schwefelsaures Eisen, $\frac{1}{4}$ Pfd. schwefelsaures Zink, $\frac{1}{4}$ Pfd. Fischleim, $\frac{1}{2}$ Pfd. castil. Seife, $\frac{1}{4}$ Pfd. Spermaceti, — gelöst in siedendem Wasser und mit 6 Unz. Ultramarin und $\frac{1}{4}$ Pfd. kohlens. Natrium versetzt. Zu dieser Mischung werden noch 2 Pfd. Paraffin und 1 Pfd. Talg zugesetzt und das Ganze dann mit 40 Pfd. Mehl und 40 Gallon. Wasser eingedickt. Rawstron und Hartley nahmen 40 Pfd. Sago, 10 Pfd. Mehl, 1 Pfd. Paraffin oder weisses Wachs, 2 Pfd. Talg, 2 Pfd. Seife, 2 Unz. Talkerde, etwas Oel und 10 Gallon. siedendes Wasser. An Stelle des Mehls und Sago kann Stärke oder Chinaclay benutzt werden. Lange's Appretur versieht zunächst die Stoffe mit der Stärkelösung und nimmt sie dann bei 15° C. durch ein Chlorzinkbad, oder durch ein Bad von verdünnter Schwefelsäure (4 Th. Schwefelsäure, 1 Th. Wasser). John Pilling sucht die Kettgarne auf dem Stuhl zu fetten oder eine Appreturmasse herzustellen durch Mischung von flüssigem kochenden Fett mit den Mehlmaterien. Blackburn, Longsdale u. A. wiederholen bereits früher benutzte Appreturmittel. Erwähnenswerth ist noch

Zingler's Vorschlag für Gebrauch von Essigsäure, Doppelschwefelkohlenstoff, Benzol, Terpentin, Methylalkohol oder eine Mischung von Kampher und Terpentinöl. E. Trolotin's „Paramentine" enthält 100 Th. Gelatine (Leim gelöst in möglichst kleiner Quantität Wasser), 70 Th. Dextrin, 20 Th. Glycerin, 20 Th. schwefelsaures Magnesium und 20 Th. Zinksulfat. Eine neuere Vorschrift von Freppel ist die folgende: Die Appreturmasse besteht aus 100 Th. Glycerin von 20° B., 1 Th. kohlensaurem Natron, 1 Th. Gelatine, $1/100$ Th. Alaun und $1/100$ Th. Borax in Lösung, versetzt mit 10 Th. Weizen- oder Kartoffelstärke und mehr. Dieser Mischung kann man nach Befinden Gelatine, Fettseifen, Stearin, Gummi arabicum oder Traganthgummi zusetzen. Maltby[39] verwendet Reis, den er mit Kalilauge behandelt. Er stellt so die Stärke isolirt dar. Diese wird mit verdünnter Alaunlösung digerirt, um das Alkali zu neutralisiren, gewaschen und getrocknet. Nun nimmt er zerkleinertes Malz (0,5 kg) mit Wasser gemischt und setzt es zur Stärke unter Umrühren und Kneten. Nach dem Trocknen bildet diese Masse ein Appreturmaterial, dessen Glanzwirkung durch den Dextringehalt bedingt ist.

P. M. Crasse wendet als Appreturmasse an: 125 kg Mehl, 0,5 kg Talg, $1/3$ bis 2 pCt. Paraffin (vielleicht auch etwas kohlensaures Alkali). A. M. Clarke's Appreturmasse besteht aus: 6 kg Leim, 4 kg Dextrin, 5 kg schwefelsaurem Kalk, 50 kg Glycerin, 50 g Chlorcalcium, 5 kg Wallrath, 8 kg Stärkesyrup, 2 kg Stearin, 5 kg Stärke, 50 g Phenylsäure, 100 g kaustisches Natron[40]. — Das Appreturmittel Hai-Thao oder Haitra oder Agar-Agar[41] stammt von einer Alge ab, welche besonders auf Mauricius und in Conchinchina vorkommt. Es löst sich bei 75° C. in Wasser, vollständig erst bei 100° C. nach circa 10 Minuten Kochen. Die Lösung ist neutral und gährt nicht. Heilmann fand dies Mittel nur anwendbar: kochend und für feine Stoffe. Hai-Thao füllt das Gewebe, macht es indessen nicht steif. Glycerinzusatz macht den Griff noch geschmeidiger; Talk etc. bewirken ebenfalls keine Steifigkeit. Für weisse Stoffe ist es nur mit etwas Ultramarin versetzt anwendbar. Also für feine Waare und Erzielung kernigen, geschmeidigen Griffs ist dies Mittel vorzüglich. Im Hai-Thao ist besonders das Pararabin und die Arabinsäure wirksam. Puscher glaubt daher, dass sich Rübenschnitzel und Kartoffelstücke zu demselben Zweck auf Grund des Gehalts ihres Zellgewebes an Pararabin und Arabinsäure eignen[42]. Aehnlich ist das Lay-chô von Tissot ein Präpat aus Meerpflanzen.

A. Müller (1872) löst 1 Theil Seidenabfälle in 6 bis 8 Theilen Salzsäure von 25° B. oder in Kupferoxydammoniak und überzieht mit dieser Flüssigkeit als Appreturmasse Baumwollgewebe, die dadurch Seidenglanz erhalten[43].

Seit einigen Jahren gewinnt man nach Reimann durch Behandeln von Stärke in Natronlauge eine kleisterartige Masse, welche für Appreturzwecke gebraucht wird und unter den verschiedensten Namen im Handel vorkommt. Ein Nachtheil dieser Masse war, dass sie stets alkalisch sein musste, weil sie sonst, wie man behauptete, an Wirksamkeit verliere. Neuerdings nun hat man die Natronlauge durch Chlormagnesium ersetzt. Die zur Lösung der Stärke nöthige Wassermenge wird zum Kochen erhitzt, hierauf werden 100 kg Chlormagnesium zugesetzt und zu der nach einiger Zeit klar abgezogenen Flüssigkeit 1 kg Salzsäure gegeben. Zu dieser Flüssigkeit setzt man 100 kg Stärke und bringt das Ganze zum Kochen.

---

[39] D. Ind.-Zeit. 1873. S. 9.

[40] Industrieblätter 1872. S. 372.

[41] Moniteur de la teinture 1876. p. 17. — Industrieblätter und Dingler's Journ. Bd. 218. S. 522 und Bd. 220. S. 287. — Bull. de la société ind. de Rouen 1875. p. 263. — Pol. C. Bl. 1876. 158.

[42] Polyt. C. Bl. 1874. p. 981.

[43] Gintl, Appreturmittel auf der Ausst. in Wien 1873.

Nachdem das Gemenge etwa eine Stunde auf 90° gehalten wurde, fügt man ge-
klärtes Kalkwasser bis zur neutralen Reaction hinzu. Man wiederholt das Kochen
noch einmal und erhält nun einen künstlichen Leim, den man, falls man die Masse
vorräthig halten will, in Formen zum Erstarren bringt.

Croasdale gibt eine Appreturmasse für Hanf- und Jutesäcke etc. an, bestehend
aus Kalkmilch und einer Lösung von 3 Teilen Oel und 1 Theile Paraffin. Letztere
Lösung wird nach Imprägnation der Stoffe mit der Kalkmilch eingewalzt.

Gerards Apparatine[44], welche vielfach angepriesen, ist eine farblose, durchsichtige Substanz, welche durch Erhitzen von Stärke, Mehl oder anderen stärke-
mehlreichen Substanzen mit kaustischem Alkali hergestellt wird. Die Masse soll
zum Appretiren aller Arten von Waaren, sowie zu anderen industriellen Zwecken zu
verwenden sein. Am besten wird sie aus Kartoffelstärke mit einer kaustischen
Lage von Pottasche oder Soda hergestellt. Das günstigste Verhältniss ist:
76 Theile Wasser zu 16 Th. Kartoffelstärke und 8 Th. Pottasche- oder Sodalauge
von 25°. Unter tüchtigem Rühren giesst man die Stärke ins Wasser und fügt
dann unter fortgesetztem Rühren die Lauge hinzu. Nach wenigen Augenblicken
klärt sich die Flüssigkeit plötzlich und gibt ein dickes Gelée, welches gehörig
geschlagen werden muss. Je mehr man schlägt, um so besser wird die Qualität
der Apparatine; letztere in der oben angeführten Weise bereitet, ist eine farblose transparente Substanz ohne jeden Geruch, mit einem leicht alkalischen Geschmack,
von faseriger, leimartiger Textur. Der Luft selbst für lange Zeit ausgesetzt,
trocknet sie nur, ohne sich zu zersetzen, zu verderben oder Geruch anzunehmen.
Kocht man sie bis zum Trockenwerden, so verdickt sie sich und quillt, ausserdem
aber behält sie die ursprünglichen Eigenschaften bei. Trocknet man sie in dünnen
Blättchen, so hat sie eine hornartige Consistenz, ist aber weniger spröde als Horn
und lässt sich zusammenfalten, ohne zu brechen. Die Masse eignet sich ganz vorzüglich zum Appretiren aller Arten Gewebe, als Baumwollen-, Seiden-, Wollenstoffe etc.,
denen sie eine bisher unerreichte sammetartige Glätte gibt. Durchsichtigen Fabrikaten verleiht sie die Steifigkeit von Metallblech. Schon nach einmaliger Anwendung ist die Apparatine auf dem Gewebe so unlöslich geworden, dass zwei- bis drei-
maliges längeres Waschen in warmem Wasser ohne Einfluss bleibt. In allen Fällen,
wo Gummi, Kleister, Gelatine u. dgl. zur Anwendung kommen, kann man statt dieser
die Apparatine gebrauchen[45].

Die Schlicht- und Appreturmasse von F. Flüssé in Wien kann in fester
oder flüssiger Form wohlriechend oder nicht, hergestellt werden. Um sie in
flüssiger Form herzustellen, nimmt man

100 kg Glycerin 2° B.,
1 - kohlensaures Natron,
1 - Gelatine,
10 gr Alaun und
10 - Borax;

diese Substanzen werden gut gemischt und in eine gleichmässige, flüssige Masse
verwandelt. Oder man verwendet Gelatine, Fettseife, Stearin, Gummi arabicum oder
Traganthgummi in verschiedenen Verhältnissen in Verbindung mit Soda, Alaun und
Borax, ebenfalls in verschiedenen Verhältnissen. Um diese Masse wohlriechend zu
machen, löst man in

4 Liter Alkohol,
100 gr Pfeffermünzöl,

---

[44] Musterzeitung 1872. 123.
[45] Dingler, Bd. 216. S. 190. — D. Ind.-Ztg. 1875. S. 208.

ein gleiches Gewicht Lavendelöl und das doppelte Campher. Von dieser Lösung fügt man 100 gr zu der oben beschriebenen flüssigen Appreturmasse u. s. w. u. s. w.

In dem Masse als die Vorschläge für Stärkemischungen zunahmen, wurden auch die Maschinen erfunden und verbessert, welche die schweren Appreturmassen in die Fasern der Garne und Gewebe hineinpacken sollten. Hervorragender treten die Constructionen der Stärkmaschinen und anderer für die Appreturimprägnation benutzten Maschinen auf von Robertson, Booth & Farmer, Harrison, Wilson, Underward, Backer, Bottomley, James Jones, F. W. Welch, R. Howard, W. Chambers, Baker & Lindlay, Mather & Platt, Mason & Coulong, Baerlein, Gebauer, Kiesler, Haubold, Bailey & Co., Howard & Bullough, Locke, Marble, Mody, Eastwood, Atherton Brothers, Köchlin, Burn, Leroy, Schlumberger, Agnelet, Jeannolle, Ludwig, Knowles & Kay, Burlison & Whitacker, Houston u. A.

Resumiren wir die Hauptfacta dieser Entwicklung der Appreturmittel zunächst für Baumwollstoffe:

1789 Cartwright, glutinöse Substanzen,
1794 Travis, Kartoffelstärke und Kalk,
1798 Foden, Gyps, Alaun, Zucker, Mehl,
1806 Whytock, Quecksilbersalze, Kupfervitriol,
1841 Watson, schwefelsaure Magnesia, Glaubersalz, schwefels. Kali, Fette,
1851 W. Grüne, Wasserglas, kieselsaures Natron,
1851 Chalimin, Beschwerungsrezept mit Mehl,
1853 Thibierge & Romilly, Rostkastanienmehl,
1854 Greenwood & Smith, Chlormagnesium, Chlorcalcium (1861 Townsend), Reismehl, Essigsäure, Gerstenmehl,
1855 Leuchs, Fischalbumin,
1856 Huillard, Cyanide, überhitzter Dampf, Kieselerde,
1857 Cheetham & Southworth, Pyroxylin, Collodium,
1807 Calvert & Lowe, Dextrin, schwefelsaures Zinkoxyd, Leinsaat,
1857 Booth, Oxalsäure, Weinstein- und Citronensäure, Tapioka,
1858 Coulthourst, Nuttal & Riding, Chinaclay: Beschwerungsrezept,
1860 Dougall, Steatit, Beschwerung,
1860 Schwann, Carbolsäure,
1860 Blackledge, Dextrin, Terra Alba, Thonerde etc. Beschwerung,
1861 Mc. Kean & Gabbot, Beschwerungsrezepte,
1863 Heald, Chlorbaryum, Beschwerung,
1872 Müller, Seidenlösung etc. etc.

Die ausgesprochene Beschwerung durch Appreturmittel beginnt hiernach gegen 1851, also einige Jahre nach dem Einlenken Englands auf den Pfad des radicalen Freihandels, und tritt im Patent Chalimin ganz ungenirt mit der Absicht einer 25 pCt. Gewichtsmehrung. Es folgen schnell die Einführung von Chinaclay, Steatit, Witherit, Schwerspath, Schiefer etc. Die Periode des amerikanischen Krieges entwickelt vollends diese saubere Beschwerungskunst zu einer hohen Perfection. Leider hat England diese Usance bei Beendigung der Baumwollkrisis und Wiedervorhandensein genügender Mengen Baumwolle nicht wieder verlassen, sowohl des colossalen Gewinnes wegen, — und weil es der Concurrenz des Auslandes auf reellem Gebiete und mit ehrlichen Mitteln nicht mehr gewachsen war. Beide Gründe sind wenig ehrenvoll.

Unter Hinweis auf die in der geschichtlichen Uebersicht angegebenen Methoden und Rezepte zu Appreturmassen wollen wir hier nun noch eine Reihe Mittheilungen für die Imprägnation der Baumwollwaaren mit Appreturmassen, indem wir die für die diversen Genres benutzten

Gemische der Spezialbesprechung der praktischen Anwendung der Appretur auf die bestimmten Stoffgenres vorbehalten, folgen lassen.

Es ist zu unterscheiden, ob

a) die zu einem Gewebe benutzte Kette vorher gebleicht und appretirt resp. beschwert, das Gewebe dann mit gebleichtem Schussgarn vollendet wird,

b) ob das Gewebe aus unbeschwerter, nur so viel als nöthig geschlichteter Kette und reinem Schussgarne hergestellt und als Gewebe gebleicht und appretirt wird,

c) ob das wie ad a) hergestellte Gewebe nachträglich nochmals beschwert appretirt wird.

Für die Fabrikation reeller und unbeschwerter Waare ist es vorzuziehen, das Gewebe aus ungebleichten Garnen (Kette und Schuss) zu fertigen, dasselbe dann zu bleichen und zu appretiren, abgesehen von der Behandlung im Kattundruck oder bei der Stückfärberei. Solche Gewebe lassen sich indessen auch nachträglich beschwert appretiren. Betrachten wir diese Kategorie der Gewebe zuerst. Für den Appreteur tritt die Aufgabe heran, solche Gewebe mit einer gewissen bestimmten Ratio zu behandeln. Die Aufgabe lautet z. B. rohen Stoff von

1. 4 Kilo, 1,10 m breit, 13 m lang abzuliefern.

2. 4 - 0,90 - - 13,50 - - -

Der Appreteur hat zunächst zu ermitteln, wie viel der Stoff nach dem Auskochen mit Soda verliert, sodann darauf zu sehen, dass er bei den Manipulationen die geforderte Länge auf Kosten der Breite erhält und dass das beim Waschen, Auskochen und Bleichen verlorengehende Gewicht durch die Appretur ersetzt wird. Die fertige Waare 2. muss sich dann ungefähr zur rohen Waare, wie folgt, verhalten[46]):

Gewebe:	1. Roh:		2. Fertig:	
Faser	83,31 }	89,97	77,30 }	83,70
Natürl. Feuchtigkeit	6,66 }		6,20 }	
Schlichte:				
Wasser	0,15 }	8,86	1,01 }	8,03
Stärke, Fett etc.	8,17 }		7,02 }	
Beschwerung:				
Natürl. Asche	1,17		0,07 }	
China-Clay	—		3,72 }	8,27
Kalksulfat	—		4,48 }	
	100		100	

Der eigentliche Verlust des rohen Gewebes beim Bleichen war also 8,27 pCt.; dieser Verlust ist durch die Mineralsubstanzen ersetzt worden.

---

[46]) Davis, Dreyfuss, Holland a. a. O. p. 106.

Viel anders stellt sich die Sache aber in folgendem Beispiel:

roh 3. $2^1/_2$ Kilo, 1 m breit, 12,35 m lang

appretirt 4. 4 - 0,945 - - 13,33 - -

Gewebe: 3. Roh: 4. Fertig:

Faser . . . . . 84,0 ⎱ 90,72 59,40 ⎱ 64,15

Natürl. Feuchtigkeit 6,72 ⎰ 4,75 ⎰

Schlichte:

Wasser. . . . . 1,07 ⎱ 7,55 1,63 ⎱ 15,12

Stärke, Fett etc. . 6,48 ⎰ 13,49 ⎰

Beschwerung:

Asche 1,08 0,07

China-Clay . . . — 12,03

Gyps . . . . . — ⎬ 1,73 9,63 ⎬ 20,73

Chlormagnesium. . 0,56 —

Zinkchlorid . . . 0,09 —

100 100

Dieselbe Quelle gibt nun eine Reihe Analysen von verschiedenen stark appretirten Baumwollstoffen an, die wir hier folgen lassen:

		Reines Gewebe		Schwach appretirt		Stark appretirt		Sehr stark appretirt		Sehr stark appretirt	
Schlichte Gewebe	Faser	83,18	89,83	81,70	88,23	50,38	54,41	42,55	45,95	45,72	49,38
	Feuchtigkeit	6,65		6,53		4,03		3,40		3,66	
	Wasser . . .	1,16		0,93		3,82		7,33		6,18	
	Fette	0,18	9,11	0,42	8,27	1,74	19,18	1,04	26,76	2,43	17,53
	Stärke	7,77		6,92		13,64		18,39		8,92	
Mineral	Asche		1,06	1,00		1,00		1,00		1,00	
	Chlormagnes.	—		0,58		4,58		5,60		1,92	
	Chlorcalcium	—		0,47	3,50	2,03	26,41	3,17	27,29	0,48	33,09
	China-Clay .	—		1,45		18,80		17,52		28,24	
	Chlorzink . .	—		—		—		—		1,45	
			100		100		100				100

Für die Vermeidung von Pilzbildung werden folgende Verhältnisse vorgeschlagen:

Gewebe:

Reines Gewebe: Leichte Appretur:

Faser . . 85,74 ⎱ 92,60 80,26 ⎱ 86,68

Feuchtig.. 6,86 ⎰ 6,42 ⎰

Schlichte:

Wasser. . 1,14 2,02

Fett. . . 0,23 ⎬ 5,94 0,37 ⎬ 7,30

Stärke . . 4,57 4,91

Mineral:

Asche . .	1,00 }			Asche	1,00 }	
Zinkchlorid	0,46 }	1,46		Chlormagnesium	0,84 }	
		100,0		Chlorcalcium .	0,33 } 6,02	
				Clorzink . . .	0,56 }	
				China-Clay . .	3,29 }	
					100,0	

So appretirte Stoffe werden, so lange das Zinksalz darin bleibt, keine Gefahr laufen, zu verschimmeln. Was nun die Appreturmassen anlangt, so gibt Thomson folgende Sizing Mixtures.

1. Für schwache Appreturen:

	250 Pfd.	Weizenmehl . .	91,80 pCt.
	15 -	Talg	4,92 -
	10 -	Seife (feste) . .	3,28 -
			100 pCt.

Das Mehl wird mit Wasser angerührt und gähren lassen. Talg und Seife werden besonders gekocht und dann zum Mehlbrei zugegeben. Die Dichtigkeit des Gemisches soll 15° Twaddel bei 130° F. sein. Diese Masse beschwert das Garn etwa um 20 pCt.

2. Für mittlere Appretur:

	980 Pfd.	Mehl	56,56 pCt.
	180 -	Talg	10,38 -
	5 -	Paraffinwachs. .	0,29 -
	105 -	weisse Seife (hart)	6,06 -
	15 -	weiche Seife . .	0,86 -
	448 -	China-Clay. . .	25,85 -
			100,0 pCt.

Das Mehl wird fermentirt und erhitzt bei 120° F. Talg, Paraffin, harte und weiche Seife nebst China-Clay werden in einem anderen Kessel gekocht und darauf dem Mehlbrei zugegeben. Die Dichtigkeit bei Anwendung soll 20° Twaddel betragen. Sie wird in kochendem Zustand auf das Garn der Kette aufgetragen.

3. Für schwere Appretur:

	560 Pfd.	Mehl	37,66 pCt.
	672 -	China-Clay	45,19 -
	120 -	Talg	8,07 -
	75 -	Chlormagnesium (solid) .	5,05 -
	60 -	Zinkchlorid (solid) . .	4,03 -
			100,0 pCt.

Mehl, Wasser und Zinkchlorid werden zusammen erhitzt und dann wird die Verkochung von Talg, China-Clay, Chlormagnesium zugegeben.

Die Anwendung geschieht nach tüchtigem Kochen etwa 40° Twaddel dicht bei 120° F. auf Garn der Kette.

4. Für sehr schwere Appretur (150 pCt. Beschwerung):

280 Pfd. fermentirtes Mehl (vermischt mit Reismehl),
448 -   China-Clay,
224 -   schwefelsaures Magnesium,
 50 -   Talg,
 89 -   Chlormagnesium,
102 -   Zinkchlorid.

Das Ganze hatte eine Dichte von 84° Twaddel bei 68° F.

G. Whewell[47]) gibt folgendes Rezept als in einer der ersten Fabriken Manchesters benutzt:

840 Pfd. Mehl enthaltend 12 pCt. Gluten werden bei 70—80° F. gegohren und 6 Wochen dieser Action überlassen. In einer Dichtigkeit von 34° Twaddel wird diese Masse mit 255 Pfd. Chlorzinklösung von 90° Tw. und mit 112 Pfd. Chlormagnesiumlösung von 56° Tw. gemischt und auf 80° F. erwärmt. Man kocht dann 896 Pfd. China-Clay 24 Stunden lang mit Wasser, bringt 193 Pfd. Talg hinzu und 24 Pfd. Wachs, endlich 10 Pfd. gewöhnliches Fett, welches man in China-Clay zerlassen hat, und kocht wieder 24 Stunden. Darauf lässt man die 80° F. warme Mehlmischung in die China-Claykochung eingeben und kühlt ab. Nun löst man 200 Pfd. Stärke in Wasser und erhitzt sie allmälig auf 150° F. 6 Stunden lang. Darauf gibt man die Stärkeabkochung zu dem übrigen Mixtum und erwärmt das Ganze auf 150° F. Nun ist die Appreturmasse zum Gebrauch fertig.

Heim brachte 1861 folgende Appreturmassen an die Oeffentlichkeit: 1. für leichte, 2. für mittlere, 3. für schwere Appretur in Deutschland:

	1.	2.	3.
Weizenstärke . .	10 Pfd.	20 Pfd.	15 Pfd.
Kartoffelstärke . .	10 -	$7^1/_2$ -	15 -
Weizenmehl . . .	5 -	$7^1/_2$ -	$7^1/_2$ -
China-Clay . . .	10 -	20 -	25 -
Mineralweiss . . .	10 -	15 -	25 -
Schwefels. Baryt .	$2^1/_2$ -	— -	10 -
Leim	$1/_2$ -	6 Loth	1· -
Stearin . . .	$3/_4$ -	}	1 -
Cocosnussöl . . .	1 -	2 bis 3 Pfd.	1 -
Weisse Seife . .	$1/_2$ -	Fettansätze.	$1/_2$ -
Krystallisirte Soda	$1/_2$ -	}	$1/_2$ -

Für gefärbte Baumwollstoffe müssen die Appreturmassen mit entsprechenden Farbstoffbrühen gefärbt und gemischt sein und werden meistens nicht warm aufgetragen. —

---

47) Textile Manufacturer. Sept. 1879.

Die vegetabilischen Gewebe ausser den Baumwollgeweben werden wohl auch mit denselben Appreturmitteln behandelt, indessen meistens in geringerem Masse, wie wir noch später ausführen werden. —

Die VI. Klasse von Appreturmittelingredienzien bilden die Farbmittel, welche, wie schon bemerkt, den Appreturmassen für gefärbte Stoffe stets zugesetzt werden und sich nach den Farben derselben richten müssen, aber auch den Appreturmassen für die weissbleibenden Stoffe beigemischt werden, um die weisse Farbe zu nüanciren. Man nennt diese letzteren im Allgemeinen „Blaumittel". Es ist unter denselben zunächst das Ultramarin zu nennen. Dasselbe nüancirt vorzüglich und ist in guter Waare beständig gegen die in den Appreturmassen auftretenden Säuren. In England gibt man 1 Unze Ultramarin zu 5 Sack = 280 × 5 Pfd. Mehl.

> Blausaures Kali etc.,
> Indigocarmin,
> Essigsaurer Indigo,
> Schwefelsaurer Indigo,
> Pariserblau in Oxalsäure gelöst,
> Anilinblau, Anilinviolett.

Von der näheren Betrachtung dieser, sowie aller übrigen für die Färberei benutzten Farbstoffe sehen wir hier ab. — Ihre Beschreibung etc. gehört und findet ihre Erledigung in chemischen Lehrbüchern, speciell in den Lehrbüchern für Färberei und Zeugdruck. —

Als ein Beispiel geben wir folgende Vorschrift hier an:

Zu einer Partie von 400 Pfd. Waare löst man 2 Loth in Wasser lösliches Anilinblau in 1 Eimer kochendem Wasser auf. Diese Auflösung theilt man in 200 gleiche Theile. Dies geschieht am besten, indem man die Lösung nach Litern ausmisst und von jedem Liter je 5 ccm nimmt. Andererseits löst man $\frac{1}{2}$ Pfd. Alaun in Wasser auf und theilt diese Lösung in gleicher Art in 20 gleiche Theile. Wenn dies geschehen, füllt man ein passendes Gefäss mit 6 bis 8 Eimern Wasser von etwa 30° R. Man setzt diesem Bade $\frac{1}{200}$ der Blaulösung und $\frac{1}{20}$ Alaun hinzu, rührt um und nimmt 2 Pfd. Garn hindurch. Man drückt das Garn einige Male auf und nieder, nimmt heraus und windet ab. Man setzt nun wieder $\frac{1}{200}$ Blaulösung hinzu und nimmt wieder 2 Pfd. Garn hindurch u. s. f. Nachdem 20 Pfd. hindurchgenommen sind, gibt man wieder $\frac{1}{20}$ der Alaunlösung hinzu, sowie einen Eimer heisses Wasser, um die von dem Garn herausgenommene Quantität Wasser, sowie die Wärme wieder zu ersetzen. So verfährt man, bis die 400 Pfd. Garn zu Ende sind. Sobald das Garn aus der Anilinlösung kommt, wird es sofort abgerungen. Es kann 1 Mann ganz bequem so viel Garn durch das Anilin hindurchnehmen, als 3 Mann abwinden können. Für Stück-Waare bereitet man das Bad natürlich in einem Rollenständer, durch welchen man die Waare hindurchlaufen lässt. Auch hier gibt man, sobald ein Theil der Waare hindurchgelaufen ist, neue Alaun- und Anilinblauauflösung dem Wasser hinzu. Das Abwinden wird in diesem Falle durch Abquetschen ersetzt. —

Klasse VII. Eine weitere Modification der Appreturmittel ist die Beimischung von solchen Ingredienzien, welche die Stoffe impermeabel, impervious, wasserdicht[48]) machen.

Für die Herstellung solcher Gewebe, die von grosser Wichtigkeit für Eisenbahnen, für Kleidung der Berg- und Landleute u. s. w. geworden sind, wurden viele verschiedene Methoden vorgeschlagen: a) Wasserdichtmachen durch Gummi- oder Kautschuküberzug. b) Durch Ueberziehen der Gewebe mit Firnissen, Oelen, Fetten und Lacken, denen andere Körper beigemischt sind. c) Durch Tränken mit Theer und Paraffin. d) Durch Tränken mit Metallsalzlösungen und Säuren, besonders durch Niederschlagen von Thonerde in den Fasern. e) Durch Beizen mit gerbstoffhaltigen Materien. Bei allen diesen Operationen schwebt auch wohl der Zweck vor, die Stoffe vor dem Verstocken zu bewahren.

Betrachten wir alle diese Methoden, so können wir folgendes Urtheil darüber geben.

Ad a) Der Gummi- oder Kautschuküberzug macht Stoffe wasserdicht, versperrt jedoch durch Verschluss aller Poren des Gewebes der Luft den Zutritt zum menschlichen Körper. Es sind daher solche Gewebe als Kleidungsstücke nicht gerade gesund und doch nur auf kurze Zeit anzulegen. Sie sind ferner kostspielig. Für technische Verwendung von Geweben zu Riemen, Röhren etc. sind sie vortrefflich anwendbar.

Ad b) Durch die Oel-, Wachs-, Firniss- und Firnisslacküberzüge macht man die Gewebe theilweise steif und hart. Sie sind als gewöhnliche Kleidungsstücke unbrauchbar und sind feuergefährlich. Als Pläne, Segel etc. sind sie zu schwerfällig.

Ad c) Die mit Theer oder Paraffin getränkten Stoffe sind von kurzer Dauer, da der Einfluss der Luft diese Ueberzüge zerstört und unwirksam macht.

Ad d) Durch Tränken mit Metalloxydlösungen wird meistens nur der Verstocklichkeit vegetabilischer Gewebe vorgebeugt, eine Wasserdichtigkeit nur erreicht bei Anwendung von Thonerdesalzen. Durch Anwendung dieser wird sowohl dem Gewebe die Geschmeidigkeit erhalten und das Gewicht desselben möglichst wenig erhöht, als auch der Zweck der Wasserdichtigkeit erreicht und der Verstocklichkeit vorgebeugt.

---

[48]) Analytical hints to the process of Waterproving. Schmieder, Wasserdichtmachen 1825.

Ad e) Durch Anwendung der Gerbstofflösungen auf vegetabilische
Fasern erzielt man eine Beizung der Faser, welche, freilich unter Erzeugung einer gelben oder braunen Farbe, die Fasern nicht steif macht und
die Dauerhaftigkeit erhöht.

Die ad a) genannte Methode wurde zuerst von dem Engländer Macintosh angegeben und benutzt, aber erst vom Amerikaner Goodyear in
vollkommener und brauchbarer Weise durchgeführt. Macintosh brachte eine
Kautschuklage zwischen zwei Zeuglagen. Goodyear überzog die Gewebe
mit gleichmässigem, fein ausgewalztem Kautschuk, der entweder frisch
bleibt oder vulcanisirt wird. Später sind diese Methoden durch Dumas,
Johnson, Hancock, Gerard, Payen, Norris, Gagin, Clouth, Chevalier u. A.
verbessert. Für das Ueberziehen der Gewebe mit Gummi geben wir nachstehende Beschreibung[49] neuester Methoden von Franz Clouth in Nippes
wieder.

Einfache Kautschukgewebe werden neuerdings allgemein in der Weise
hergestellt, dass Kautschuk häufig unter Zusatz von Farbe (schwarz, weiss
oder grau, auch roth, gelb und braun) in Terpentinöl oder Benzin aufgelöst und in Form von Teig oder Firniss vermittelst einer eigens hierzu
construirten Maschine, dem Spreiter (Spreader) auf die Gewebe aufgetragen
wird. Solche Aufstriche müssen sehr dünn gemacht werden und nach
jedesmaligem Trockensein 6—18 Mal wiederholt werden. Ein Haupterforderniss eines guten Gummiüberzuges ist dabei, dass die aufzutragende
Masse sehr gleichmässig gemischt ist und gar keine Knoten enthält.
Doubleface erzielt man dadurch, dass die Procedur nach einander auf
beiden Seiten des Gewebes vorgenommen wird.

Der Spreiter ist eine in einem Eisengestelle ruhende horizontale
Walze, welche am oberen Ende eines eisernen Tisches mit hohler, dampf-
geheizter Platte befestigt ist. Ueber der Walze befindet sich ein stumpfes
Streichmesser, das vermittelst Spindeln der beabsichtigten Stärke der
Gummilagen entsprechend hoch oder niedrig gestellt werden kann.
Zwischen dieser Walze und dem vorerwähnten Streichmesser wird der zu
gummirende Stoff durchgezogen, nachdem vor dem Messer die Masse mit
Spateln aufgetragen worden. Auf der andern Seite hat der gummirte
Stoff den geheizten Tisch zu passiren, auf welchem Wege sich das meiste
Benzin, das in der Lösung enthalten war, verflüchtigt. Dann wird er auf
eine Walze am unteren Ende des Tisches aufgerollt und diese, wenn das
Stück ganz gestrichen, aufgenommen, wieder an den Kopf der Maschine
gebracht und die ganze Procedur so oft wiederholt wie nothwendig.

Man hat auch versucht, die frische Kautschukmilch, wie sie aus der
Pflanze geflossen ist, direct auf Stoffe zu fixiren. Diese Versuche scheinen

---

[49] Franz Clouth, die Kautschukindustrie. Weimar, Voigt. 1879. — Muspratt,
Chemie. Artikel: Kautschuk.

aber den erwarteten Erfolg nicht gehabt zu haben, abgesehen davon, dass der überseeische Transport der flüssigen Milch auf vielerlei Umständlichkeiten[50]) gestossen ist. In grösserer Ausdehnung ist diese Methode überhaupt wohl nie zur Anwendung gekommen. Etwas Aehnliches strebt man neuerdings unter Benutzung des Milchsaftes der Euphorbiaceen an[51]), besonders für Seidenstoffe. —

Aus den gummirten Stoffen, nachdem dieselben vulkanisirt worden, werden Kleidungsstücke und andere Gegenstände gerade so gemacht, wie der Schneider seine gewöhnlichen Tuche verarbeitet, mit dem Unterschiede, dass die Nähte genäht und geklebt werden. Es empfiehlt sich dabei an den Stellen, welche zusammengeklebt werden sollen, die Gummiauflage vor dem Bestreichen mit Lösung vermittelst Bimsstein etwas abzureiben und die Lösung ein wenig antrocknen zu lassen, ehe die betreffenden Theile aufeinandergebracht und mit der Handrolle festgedrückt werden.

Gillet & Monnier benutzten 1840 eine concentrirte Lösung von Kautschuk in Terebinthenessenz. Hiervon werden 100 gr mit 30 gr Thonerde vermischt und aufgetragen. Eine besondere Methode für Herstellung der Gummistoffe liess sich B. Mazeron 1843 patentiren. Bevor die Stofflagen durch Gummi vereinigt werden, sind sie mit Alaunlösung und Bleiweiss getränkt. In der Gummischicht werden besondere Poren ausgespart, um die Luftcirculation aufrecht zu erhalten. B. Langlade (1850) gab solchen Stoffen nachträglich einen Firnissüberzug.

Durand wendet Kautschuklösung in Terpentin auch an, um durchsichtige Stoffe zu appretiren und ihre Maschen zu impermeabilisiren. Hirzels Gastuch wird hergestellt, indem man Papier auf beiden Seiten mit Gummilösung bestreicht und dann auf beiden Seiten Calico auffügt. Man kann dann auch noch einen Ueberzug von Copallack geben.

Zur Herstellung der ad b) gehörigen Gewebe gibt es sehr viele und variirende Vorschriften. Eine solche von Beard & Downing überzieht das Gewebe mit einem Gemisch von Leinöl, gewöhnlichem Harz, burgundischem Pech und etwas Kautschuk, dem Petroleum beigegeben werden kann, und endlich als Verdickungsmittel Bleiweiss. G. de Brun wendet auf 100 Th. Leinöl 15 Bleiglätte, 15 Umbra, 2 Manganoxydoxydulhydrat an oder dieselben Stoffe in anderem Mischungsverhältniss. Spill & Co. verwenden Naphtha und Kautschuk. Brooman: 100 Th. Kalk (gebrannter) in Wasser gelöscht und hiermit mit 100 Th. Soda eine Aetznatronlauge hergestellt. Dahinein gebracht eine Lösung von 270 Th. Harz (Kolophonium) und 0,003 Th. Gummi-Gutti zur Färbung. Es entsteht so eine Harznatronverbindung, die in kochendem Wasser aufgelöst und mit 10 Th. Alaun (auf 10 Th.) versetzt, zum Ueberziehen gebraucht wird, oder auch so, dass

---

[50]) Um das Sauerwerden der frischen Milch zu verhüten hat man derselben einen Zusatz von 5—7 pCt. Ammoniakwasser gegeben.

[51]) Polyt. Zeit. 1880.

man die Gewebe zuerst mit der Harzlösung bestreicht und dann durch die Alaunlösung hindurch nimmt. Es entsteht in diesem Falle harzsaure Thonerde. Hirsch benutzt auf 100 Pfd. Leinöl 5 Pfd. Eisenvitriol, 4 Pfd. Zinkvitriol und 6 Pfd. Kautschuk.

Sander stellt unlösliche Harzseife aus einer Lösung von Harzseife und Chlorcalcium her und mischt diese als Appretmasse mit Harz, Terpertin- und Leinöl und etwas Bleiweiss (10 pCt).

Baudouin beschäftigte sich 1845 eingehend mit Impermeabilisirung der Pläne und basirte seine Methoden besonders auf Benutzung von Kalialaun, Kalkmilch oder Ammoniak, auch mit etwas Gelatine oder Gerbstoff versetzt und auf einem nachherigen Anstrich mit einer Mischung von gelbem Wachs, Leinöl, Terpentinöl und Kautschuk. Ein anderes Verfahren lässt dem Alaunbade ein Tränken mit Seife- und Fettlösung folgen.

Seyffrig wendet Leinölfirniss in kochendem Zustande an und Renard Leinöl in kochendem Zustande gemischt oder ungemischt mit etwas staubförmigen Ingredienzien, worauf er die Stoffe stark appretirt mit Stärkelösung und die Stärke hernach mit heissem Wasser wieder abzieht. Die Stoffe bleiben dann weich.

E. H. Scharf[52]) in Dresden imprägnirt nach sorgfältigem Reinigen und Trocknen die Gewebe mit einer Masse, welche durch Mischung von drei Gewichtstheilen der gummi- und eiweissartigen, bei Reinigung des Leinöls sich ausscheidenden Substanz (Firnissatz) und einem Gewichtstheil Rüböl-Raffinerie-Abfall hergestellt wird. Diese Massenmischung muss allmälig und so lange erhitzt werden, bis die anfänglich syrupartig dicke Flüssigkeit dünnflüssig wird. Ist dies erreicht, lässt man die Masse auf etwa 30° abkühlen, und setzt derselben unter starkem Umrühren $\frac{1}{20}$ Gewichtstheil Benzin zu, also auf 75 Pfund Firnissatz mit 25 Pfund Rüböl-Raffinerie-Abfall gemischt, 5 Pfund Benzin. Die so erzeugte wasserdichte Masse steht an Dehnbarkeit dem Kautschuk nicht nach und übertrifft ihn sogar insofern, als die damit behandelten Zeuge nicht brüchig werden. Die eben beschriebene Masse wird vor der Verwendung mit demjenigen Farbstoff innig vermengt, dessen Färbung der wasserdicht zu machende Stoff erhalten soll. Diese Masse wird in einer Maschine aufgetragen und eingequetscht und die Gewebe werden auf einen Holzrahmen aufgespannt. Wenn das Gewebe sich noch ölig anfühlt, imprägnirt man es zum zweiten Mal, spannt aus und lässt trocknen.

Nach H. Niewerth[53]) in Wernigerode werden Tücher, welche in Filterpressen irgend welcher Construction liegen, an den Stellen, wo dieselben dichten sollen, je nach Verwendung der Presse, mit vulkanisirtem Gummi, nicht vulkanisirtem Gummi, Guttapercha oder einer anderen

---

[52]) D. R. P. No. 1349.
[53]) D. R. P. No. 7801.

Substanz, welche zur Erlangung einer Dichtungsfläche geeignet ist (wie Pech, Theer u. s. w.), imprägnirt, überzogen oder beides zugleich, oder es wird an die um die Dichtungsflächen kleiner geschnittenen Tücher ein entsprechend grosser Rand oder Aufschnitt aus vorerwähntem Dichtungsmaterial befestigt, so dass das Tuch dicht mit diesem Rande verbunden ist. An den Stellen, wo das Tuch durchlassen soll, bleibt dasselbe frei von der Substanz. William Abbott[54]) in London verbessert den zur Vulkanisirung des zur Wasserdichtmachung verschiedener Gewebe angewendeten Kautschuk, gleichviel, ob derselbe auf das Gewebe oder zwischen zwei verschiedene Lagen eines solchen gebracht wird. Das Kautschuktuch wird in einen geschlossenen Behälter gebracht und der Einwirkung von Schwefelchloriddämpfen ausgesetzt, wodurch eine Vulkanisirung des Kautschuks herbeigeführt wird. Dieses Verfahren ist übrigens wichtig zur Vulkanisirung fertiger Kleidungsstücke, weil die Nähte oder Zusammenfügungen, welche mittelst Kautschuklösungen gedichtet werden, gleichzeitig mit vulkanisirt werden. Sollten die Stoffe etwas Säure angezogen haben, so kann man diese durch Eintauchung jener in eine schwache Kalilösung unschädlich machen, oder dadurch, dass die Gegenstände der Einwirkung von Ammoniakdämpfen ausgesetzt werden. August Messer und Joseph L. Martiny[55]) in St. Denis haben eine neue Methode erfunden, Hanfschläuche im Innern mit Kautschuk zu überziehen, ohne, wie bisher, diesem Ueberzug eine grosse Dicke zu geben.

In Amerika benutzt man Bleiweiss mit Kautschuklösung. Newton liess patentiren: 6 Pfd. Kautschuk, 2 Gall. Benzin, 15 Pfd. Kreide, 6 Pfd. Zinkoxyd, 2 Pfd. Asphalt, 2 Pfd. Lampenruss, $\frac{1}{2}$ Pfd. Schwefel. Die mit diesem Gemisch bestrichenen Stoffe werden mit Dampf von 30 Pfd. pro $\square''$ behandelt. Makintosh entnahm ein Patent auf Anwendung von $\frac{1}{4}$ Th. Harzpulver in $\frac{1}{4}$ Th. Ricinusöl und 4 Th. Lampenruss als Mischung. Saint wählt 1 Kilo Stärke, 500 gr Harz, 250 gr Pottasche, 250 gr Leim. Avieny-Flory wendet eine Mischung aus Alaun, kohlensaurem Kalk und Sandaraclösung an (1840). Manotti (1850) gebraucht Alaun, Seife und Oelsäure.

Bei Benutzung von Theer und Paraffin ad c) hat man nur nöthig, diese Stoffe mit Bürsten auf das Gewebe aufzutragen. Stenhouse verfährt für Anwendung des Paraffins folgender Art. Er spannt die Gewebe über einer geheizten eisernen Platte auf und reibt das Paraffin auf dem Gewebe ein, oder er schmilzt das Paraffin in einem Troge und lässt das Gewebe im durchgehen. Auch wendet er Paraffin in Lösung an, rein oder mit Stearin, Wachs etc. vermischt.

Coignet (1855) verwendete Theer in Gemisch mit Leinöl, Theeröl,

---

54) D. R. P. No. 2265.
55) D. R. P. No. 2594.

Galipoli, Harz, Fett, Bleiweiss, Russ etc. Houchon mischte Theer, Harz, Gummilack und Russ. Houzeau-Muiron hat 1830 den Gastheer, ebenso die fetten Olivenölrückstände und Stearin der Waschwasserfette mit Calciumhydrat gemischt vorgeschlagen. Lake wendet eine kalt gesättigte Lösung von Paraffin in reinem Naphta an. Eine der ältesten Methoden ist die von Guilbert (1822), welcher benutzte: 500 Gummi, 500 Theer, 500 Fettöle, 1000 Leinöl, 500 Bleiglätte, 500 Saturnsalz, 500 Alaun, 500 Mangansalz und 250 Alkohol. —

Für solche getheerte Stoffe benutzt man sowohl baumwollene als hanfene, leinene und Jute-Gewebe. In Norwegen kocht man den Einschlag für Segeltuche und Pläne in Theer und webt ihn ca. 40° R. warm ein.

Zu d) gehört das Tränken der Stoffe mit Säuren, Eisenvitriol-, Kupfervitriol- oder Zinkvitriollösungen. Diese Mineralstoffe dienen wohl zur Conservirung der Stoffe, machen sie aber nicht wasserdicht. Dagegen erreicht man letzteres durch Benutzung von Thonerdesalzen.

Beyermann schlug 1801 vor, die Gewebe zu tränken mit 125 gr Alaun und Seifenlösung in Regenwasser, bei 72° R. der Lösung. Aehnlich ist die Methode von Manz 1802. Käppelin benutzt eine Appreturmasse aus Dextrin oder Stärke mit Zusatz von schwefelsaurem Zink, Colophoniumseife und Borax und nimmt die so geklotzten Stoffe durch Alaunlösung. Ein andere Mischung ist 3 Th. Stärkekleister oder Dextrin oder Leim mit 10 Th. essigsaurer Thonerde und 1 Th. Glycerin. Bienvaux-Him stellt eine Appretur her aus trocknendem Oele, Schleim von Meeralgen, Carraghen etc., Borax, Soda oder Pottasche und nimmt die damit geklotzten Stoffe durch Alaunlösung (3° B). Fau & Bernadac empfehlen 1839 eine Behandlung mit Schwefelsäure (30 gr für 10 Liter Wasser) 4 St. lang und Eingehen in eine Lösung von essigsaurem Blei auf 12 St. — Dasselbe schlugen Durden & Stears 1840 vor mit der Zufügung eines Alaunbades (450 gr pro 3 Liter Wasser).

Neumann wendet Schwefelsäure von 40—66° B an und lässt die baumwollenen und leinenen Stoffe darin etwas angegriffen werden. Es bildet sich eine Art Faserteig, welcher beim Glätten die Zwischenräume ausfüllt, so die Gewebe verstärkt und verdichtet. Scoffern will gleiches erreichen mit Kupferoxydammoniak. Balard verwendet essigsaure Thonerde, durch Zersetzung von Bleizucker mit Thonerdesulfat. Lue benutzt schwefelsaure Thonerde und Pottasche oder Soda mit $^1/_{20}$ ihres Gewichts, essigsaures Bleioxyd, übergossen mit einer Lösung von Gummi in Wasser mit Alkoholzusatz. Mallmann's Methode besteht in Anwendung eines Bades aus essigsaurer Thonerde in Wasser und isländischer Moosabkochung. O. Hiller bringt ein Gemisch von essigsaurer Thonerde, Eisenvitriol, Harzseife zur Anwendung und schlägt stark Thonerde in den Fasern und deren Zwischenräumen nieder, welche eine Benetzung der Faser selbst durch die herantretende Flüssigkeit verhindert. Kuhr[56]) benutzt harzsaure oder fettsaure Thonerde oder beide gemischt. Housson & Baudichon (1843) und später Carteron & Rimmel (1877) nehmen 20 Pfd. schwefelsaure Thonerde, 8 Pfd. Oelsäure und 7 Liter Alkohol. — Eine mehrfach angewendete Mischung ist eine Lösung von Schmierseife in Wasser mit Eisenvitriollösung gemischt. Die entstehende Eisenseife wird mit Kautschuk in Leinöl gelöst versetzt. Imbert (1852) wendete ein Gemisch von Chlorquecksilber, Nickelchlorür, Zinkchlorür, doppelchromsaures Blei, Kupferammoniak und Stearinsäure an. — Payen (1854) benutzte 3 Bäder: 1. Sodalösung mit etwas Harzzusatz; 2. Seifenlösung; 3. Alaunbad. Diese Methoden haben besonderen Werth für Waggonpläne, Mühlen-Segel, Netze, Leinen, Gurte etc.

Chr. Muratori & A. Landry[57]) in Paris benutzen folgende Lösung:

100 Gewichtstheile Alaunkali,

100   „   thierischer oder pflanzlicher Leim,

5   „   Tannin,

2   „   kieselsaures Natron.

Die aus genannten Stoffen bestehende Lösung wird in drei verschiedenen Operationen hergestellt. Man lässt in einem Gefäss die 100 Gewichtstheile Alaunkali in gleich viel Gewichtstheilen kochenden Wassers sich lösen. In einem zweiten mit kaltem Wasser gefüllten Gefässe lässt man die 100 Gewichtstheile Leim (am liebsten thierischen Leim) quellen, bis der Leim das doppelte seines Gewichtes Wasser in sich aufgenommen hat. Der gequollene Leim wird durch Erhitzen zum Schmelzen und Kochen gebracht. In die kochende Leimlösung schüttet man die 5 Theile Tannin und 2 Theile kieselsaures Natron. Die auf diese Weise getrennt hergestellten Lösungen werden in ein gemeinsames Gefäss gegossen und unter stetem Umrühren gekocht, bis sie sich vollständig vermischt haben. Alsdann lässt man sie kalt werden, worauf die Masse eine gelatinartige Beschaffenheit angenommen hat. Mit dieser Masse wird der Filz oder das Gewebe behandelt, um es undurchdringlicher und consistenter zu machen.

Für diese Behandlung bereitet man ein Bad in folgender Weise: 1 kg der erhaltenen gelatinartigen Masse lässt man in einem Gefäss, in welchem 10—12 kg Wasser enthalten sind, drei Stunden lang kochen. Das Wasser, welches bei dem Kochen verdampft, wird durch neues ersetzt, so dass das Bad stets dieselbe Dichtigkeit erhält, was mit Hülfe eines Densimeters controlirt wird. Nach beendigtem Kochen kühlt man das Bad auf 80° ab und taucht den Filz oder das Gewebe eine halbe Stunde lang in dasselbe ein. Das wohl imprägnirte Gewebe wird sechs Stunden lang in horizontaler Lage auf einen Tisch ausgebreitet, damit die

---

[56]) Repert. Jacobsen 1871. I. p. 67.

[57]) D. R. P. No. 7111.

Flüssigkeit abtropfen kann. Dieses Ausbreiten muss bei gewöhnlicher Temperatur in der Weise geschehen, dass das Gewebe oder der Filz in allen seinen Theilen eine gleiche Menge Flüssigkeit enthält.

Daniel Felton[58]) in Manchester sucht denselben Zweck für Papier, Baumwollen- und Leinenstoffe u. s. w. zu erreichen durch Behandlung mit Zink- oder Kadmiumchlorür oder Zink- oder Kadmiumsulfat in Verbindung mit Ammoniak. Die Anwendung geschieht im Zustande der Lösung, bestehend aus etwa drei Theilen krystallisirtem Zinksulfat oder drei Theilen Zinkchlorürlösung von 1,48 spec. Gewicht und aus zwei Theilen Ammoniaklösung in der Dichtigkeit von 0,875. Das Papier, das Gewebe oder der sonstige zu behandelnde Stoff wird in eine mit Blei bekleidete Cisterne geführt, welche mit einem Walzensystem versehen ist, das den Durchgang mit veränderlicher Geschwindigkeit von 25—35 m pro Minute gestattet, je nach der grösseren oder geringeren Dicke des zu behandelnden Gegenstandes, welcher vollständig mit den undurchdringlich machenden Substanzen gesättigt wird. Aus diesem Bade wird das Gewebe etc. zwischen Cylinder geführt, durch deren Druck es von der überschüssigen Flüssigkeit befreit und in gewissem Grade gehärtet wird. Darauf gelangt es zu einer Einrichtung zum Aufhängen und wird, längs der Kammer geordnet, einer Temperatur von etwa 43° C. ausgesetzt, bis es trocken genug ist.

Zu e) gehört namentlich das Präpariren von Segeltuchen, Netzen und Fischleinen. Der Gerbstoff dringt sehr gut in die Fasern ein und versieht sie mit einem, die Feuchtigkeit vorzüglich abhaltenden Ueberzug. —

In diese Abtheilung der Appreturmittel ragt auch die Industrie der Wachstuche, der Buchbinderleinen und der Wachsleinen zum Verpacken hinein. Da diese Stoffe indessen besonderen Zwecken dienen und mit Ausnahme der letzteren nicht bestimmt sind, als impermeabel zu dienen, so führen wir sie als besondere Appreturklasse VIII hier auf. Für Buchbinder-Calico liefert die folgende Vorschrift[59]) eine hinreichende Charakteristik der Sache. Der zu verwendende Stoff wird vorerst mit einem Präparat behandelt, welches besteht aus 33 gr Kartoffelmehl, 166 gr Wasser und 25 pCt. Natronlauge, die unter fernerem Zusatz von 166 gr Wasser so lange stetig umgerührt werden, bis das Ganze, innig verbunden, zu gerinnen anfängt. Mit dieser Masse überfährt man mittelst eines Schwammes den zu bedruckenden Buchbinder-Calico zweimal, lässt denselben gut trocknen und satinirt nächstdem die Leinwand, wodurch dieselbe nunmehr druckfertig ist. Das Neutralisiren der unechten Calicofarben, wie Blau, Pencée, Carmoisinroth etc., wird dadurch erzielt, dass der beschriebenen Masse ein Theil Essigsäure zugesetzt und das Ganze mit Curcuma so lange probirt

[58]) D. R. P. No. 3467.

[59]) Gröbe & Barthel & R. Krause, Papierzeitung 1880. S. 136. — Polyt. Zeitung. 1880.

wird, bis die Mischung sich nur noch schwach bräunlich zeigt, mit welcher man den Calico überstreicht, um die ursprüngliche Farbe des Calicos zu erhalten. Die zum Druck zu verwendenden Farben unterliegen gleichfalls besonderer Präparirung. Dieselben werden zunächst, bevor sie flüssig gemacht sind, also in trockenem Zustande, in Spiritus und Salmiakgeist kalt geschlemmt und dann in einem eigens dazu bereiteten Firniss, bestehend zu gleichen Theilen aus: 125 gr gereinigtem Mohnöl, 125 gr Copalharz, 125 gr Damarharz und 125 gr Venetianischem Terpentin, angerieben. Zu je 500 gr jeder einzelnen Farbe werden, um das Bild vor Feuchtigkeit zu schützen, noch 125 gr Marseiller Seife zugesetzt. Die lithographische Platte wird während des Drucks bei jedem Abzug mit einer Lösung von schwefelsaurem Zink überwischt, um die Schönheit der Leinwand zu erhalten.

Die **Wachstuchfabrikation** kann im Allgemeinen so charakterisirt werden. Man spannt die zu verarbeitende Leinwand oder Baumwollgewebe in einen Holzrahmen, überstreicht ihre eine Seite mit Mehlkleister, lässt diesen, damit er nicht abspringt, langsam trocknen, wiederholt das Kleistern so oft, bis der Grund dick genug und alle Zwischenräume des Gewebes ausgefüllt sind und überstreicht die Oberfläche nach dem Trocknen des letzten Ueberzuges mit Leinölfirniss. Farbige Wachstuche werden mit einem Firniss dargestellt, der, für Schwarz mit Kienruss, für Blau mit einer Mischung von Berliner Blau und Bleiweiss, für Grün mit Grünspan oder einer andern grünen Körperfarbe versetzt worden ist. Endlich wird der trockene Firnissüberzug noch mit einem guten glänzenden Lackfirniss überstrichen. — Abweichend hiervon stellt S. Hawksworth in Doncaster Wachstuch auf folgende Weise her. Oel wird durch Kochen mit Bleiglätte und Pech steif gemacht und dann mit verschiedenen Pigmenten vermischt, so dass die Masse ein geadertes marmorirtes Ansehen erhält. Diese Mischung wird hierauf zu dünnen Tafeln ausgerollt und diese durch Stempel in einzelne Figuren zerschnitten, welche in verschiedenen Mustern mosaikartig auf grobe, offen gewebte Segelleinwand ausgebreitet werden. Die so zubereitete Leinwand passirt dann stark gepresste Druckwalzen, welche veranlassen, dass die Zwischenräume der Leinwand durch die Farbensubstanz ausgefüllt werden und eine innige Verbindung beider bewirkt wird. Das so hergestellte Wachstuch ist etwas stärker als das gewöhnliche.

Eine Neuerung in der Herstellung von Wachstüchern brachte Max Graebner[60]) in Reudnitz. Dieselbe besteht in der Verwendung von animalischen Gallerten, besonders eines aus dem Kern der Hörner hergestellten Gelées in Verbindung mit Verseifungsmaterialien und Erdfarben u. s. w. zur Herstellung des Grundes, und in der Verwendung einer Masse, welche

---

[60]) D. R. P. No. 10 206.

aus in einer passenden wässerigen Flüssigkeit aufgeweichtem Chinaclay mit Leinölfirniss besteht, für die weiteren Gründe.

Eine andere Art Wachstuch stellt Hawskworth nach einem neuen Patent so dar, dass Wolle oder andere Faserstoffe gekrempelt, die erhaltenen Vliesse zu der nöthigen Dicke übereinandergelegt und mittelst einer Kautschukwalze mit einem durch Erwärmen flüssig gemachten Gemisch von ca. 500 gr Bienenwachs, 500 gr Leim, 1 Kilo venetian. Terpentin und 4^1/$_2$ Liter gekochtem Leinöl überzogen werden. Hierauf kommt dann ein Ueberzug bestehend aus Leinöl, das mehrere Tage langsam mit etwas Bleiglätte und Pech gekocht worden ist, so dass es eine theerartige Consistenz angenommen hat und dann mit passenden Farbstoffen verbunden worden ist.

Es gehört hierher auch das Wachstuch, welches als Fussbodenbedeckung benutzt wird, das Floorcloth, erfunden 1754 durch Nathan Taylor in Knightsbridge bei London. Die Fabrikation dieses Artikels besteht in der Auftragung von Appreturmasse auf beide Seiten des starken Cannevasgewebes. Man überzieht dieselben zuerst, nachdem das Gewebe in Rahmen fest ausgespannt und mit Bimstein geglättet ist, mit Firniss, dem Mineralpulver zugesetzt sind. Meistens besteht dieser Firniss aus Leinöl mit Bleiweiss. Nachdem dieser Ueberzug auf der einen Seite gegeben, geplättet und getrocknet ist, bringt man auf die andere Seite Schichten von Stärkemischungen und dann nach sorgsamen Glätten die Firnissmischung auf. Ist diese nach 10—12 Tagen trocken, so beginnt man den Aufdruck der Farben mit dem Druckmodel und überzieht das Ganze endlich mit glänzendem Wachslack.

Seitdem die Jutegewebe einen Markt erlangt haben, hat sich in Schottland eine besondere Fabrikation von Floorcloth etablirt. Diese verarbeitet Längen bis zu 100 Yards. Die Appretursubstanzen sind dieselben. Die Fabrikationsdauer eines solchen Stückes beläuft sich auf mehrere Monate, weil die Firnisslagen langsam und gleichmässig austrocknen müssen, ebenso der spätere Oelfarbenaufdruck.

Das Linocrin[61]) ist eine Wachstuchvariation. Die Herstellung geht so vor sich, dass das ausgespannte Gewebe auf beiden Seiten mit Stärke- und Kleisterlagen bedeckt wird, so dass alle Poren ausgefüllt sind. Dann werden einige Firnissanstriche gegeben, in welchen obersten man Scherhaare, Flocken etc. eindrückt, so dass das Ganze mit Wollfasern bedeckt ist. Diese Haare trocknen mit dem Firniss fest.

Unten dem Namen Kamptulicon und Linoleon wird ein Wachstuch fabricirt, welches über den Firnisschichten solche von Korkpulver und oxydirtem Leinöl enthält. Charles & Taylor benutzen gekochtes Leinöl mit Aetzkalk und Borax und mischen dazu Korkpulver u. A. Diese

---

[61]) Siehe z. B. das D. R. P. 2010 von Kurt Schwammkrug. — Verhandl. des Vereins für Gewerbfl. 1880. S. 373.

Mischung wird auf Gewebe aufgetragen, zwischen Walzen geglättet, mit Bimstein abgerieben und dann mit Oelfarben bedruckt. Das ursprüngliche Kamptulicon enthielt als Bindestoff der obersten Deckschichten mit Korkpulver Gummilösung.

Frederik Walton[62]) in Twickenham stellt Wanddekorationsgewebe mit folgender Appretur her. Er bedient sich dazu derselben Methode wie bei Linoleum und ähnlichen Stoffen, benutzt aber fest gewordenes oxydirtes Oel vermischt mit Kopal, Damar, Kaurie u. s. w. und gewöhnlicher Harz- und Bleiglätte, Mennige, Kalk und Sikkativstoffen, nebst Holzfaser, Korkmehl u. s. w. Bevor die aufgetragene Masse noch feucht ist, werden die Muster eingepresst.

F. P. Follot[63]) in Paris liess sich ein Verfahren patentiren, mit einer der Feuchtigkeit widerstehenden Mischung (halbgekochte Oele und Harz) aus Haaren (Scherhaar, Ziegenhaar, Kameelhaar u. s. w.), um aus Geweben unter Anwendung von Imprägnationsapparaten und Gauffrirwalzen tuchartige Stoffe zu Tapeten zu fabriciren.

Die Wachstuchfabrikation hat in Amerika eine sehr grosse Entwicklung genommen, besonders als Amos Wilder neue Methoden einführte, welche indessen die angewendeten Stoffe nicht änderten, sondern nur die Arbeitsmethode und das Druckverfahren. Das künstliche Leder oder Ledertuch hat zumal in Amerika seinen Ursprung und trägt bei uns meistens noch den Namen amerikanisches Leder. In Amerika versteht man unter Leathercloth ein wasserdichtes Gewebe mit glatter Oberfläche, hergestellt mit mehr oder weniger dicken Lagen von Oelfirniss und Lacküberzug; Artificial Leather ist aber das mit Firnisslagen oder mit Kautschuk und Anderem überzogene, gepresste etc. Gunby's (1824) künstliches Leder wurde hergestellt durch Appretur von Baumwoll-, Lein-, Woll- und Filzstoffen mit einem Gemisch von 8 Th. Leim, 4 Th. gekochter Leinsaat, 1 Th. Lampenruss, 2 Th. Bleiweiss, 2 Th. Pfeifenthon. Diese Masse wurde in mehreren Lagen aufgetragen. Hancock bediente sich des Kautschuks und Hanffilzes. Bonneville mischte Lederpulver mit Kautschuk und applicirte solches Gemisch der Gewebeunterlage. Eine andere Methode bedient sich der Korkstückchen vermischt mit Rubber. Die Lage ist auf ein grobes Gewebe gebracht, wird mit Benzol gefeuchtet und mit feinerem Gewebe bedeckt und dann gerollt. Hernach trennt man das feine Gewebe wieder ab. Dieses letztere kann nun Muster enthalten, welche sich in der plastischen Firnissmasse abprägen. Dieses letztere Verfahren ist neuestens von Henry Löwenberg[64]), H. Pächter[65]),

---

[62]) D. R. P. No. 725.

[63]) D. R. P. No. 1546.

[64]) D. R. P. No. 7317.

[65]) D. R. P. No. 236.

R. Jäckel[66]) u. A. verbessert worden, auch machinell. Jäckel benutzt dabei eine Mischung aus Leim, Farbe, Glycerin, Leinöl, Seife, Tannin, Chromsäure und härtet die Oberfläche der hergestellten Stoffe mit essigsaurem Eisen.

Wir gelangen endlich noch zu Klasse IX von Appreturmitteln, welche mit Ingredienzien versehen sind, um die vegetabilischen Gewebe unverbrennlich zu machen. Derartige Körper und Mischungen wurden bereits 1821 durch Gay-Lussac vorgeschlagen[67]).

Unter den für diesen Zweck empfohlenen Mitteln ist zunächst ein sehr einfaches anzuführen, das in jeder Haushaltung angewendet werden kann. Patera[68]) präparirt die Gewebe, z. B. Tülle, bei der gewöhnlichen Operation des Wäschesteifens mit einem mit Salmiak und Gypsbrei versetzten Stärkekleister. Die Stoffe werden dann wohl durch eine kleine Zündholzflamme entzündet, doch wird der Brand nur auf einen kleinen Streifen des Stoffes beschränkt und nicht weiter fortgepflanzt. Der Erfinder empfahl später 3 Th. Borax und $2^1/_4$ Th. Bittersalz in 20 Th. warmem Wasser aufzulösen und die zu imprägnirenden Stoffe in die Lösung einzutauchen, bis sie gehörig durchfeuchtet sind. Dann soll der Stoff abgepresst, in ein Tuch geschlagen, nochmals ausgerungen und zwischen Tüchern gerollt werden. Die noch feuchten Stoffe können dann sofort gebügelt werden. Der Salzlösung kann auch die nöthige Menge Stärkemehl zugerührt werden. Nach Vogt[69]) werden 2 Raumtheile Salmiakblumen und 1 Raumtheil Zinkvitriol in 15—20 Th. Wasser gelöst, dieser Lösung wird die zum Steifen der Wäsche zu verwendende Stärke oder eine andere Appreturmasse beigegeben. Man legt die Gewebe hinein, bis sie völlig durchtränkt sind, drückt sie dann gut aus und lässt sie trocknen. Nach Siebdrath[70]) erhält man ein gutes Resultat, wenn man die Stoffe in eine Lösung, die 5 pCt. Alaun und 5 pCt. phosphorsaures Ammoniak enthält, eintaucht. So behandelte Stoffe sollen selbst dann nicht gebrannt haben, wenn sie zuvor mit Schiesspulver stark eingerieben worden waren. Das Schiesspulver verpuffte, liess aber den Stoff unverbrannt. Aehnlich verfuhr Hottin[71]), derselbe nahm eine Lösung von saurem phosphorsaurem Kalk, die mit Ammoniak in Ueberschuss versetzt wurde. Nach dem Entfärben mit Thierkohle setzte er 5 pCt. gelatinöse Kieselsäure hinzu und dampfte zur Trockne ein. Die feuerfest zu machenden Zeuge wurden in eine 30 pCt. Lösung dieser, „Hottine" genannten, Masse getaucht. Es sind ferner für diesen Zweck vorgeschlagen worden: Wasserglas, wolframsaures Natron,

---

[66]) D. R. P. No. 2799.
[67]) Annal. de chémie et physique 1821.
[68]) Industrie-Blätter 1871. 143.
[69]) Jacobsen's Repert. 64. II. S. 50.
[70]) Ind.-Blätter 1878. S. 281.
[71]) Jacobsen's Repert. 1865. II. 37.

Ammoniakalaun oder unterschwefligsaures Natron. Nach Versmann & Oppenheim[72]) wird phosphorsaures Ammoniak mit der Hälfte Salmiak gemischt und eine 20 pCt. Lösung dieses Gemisches angewandt, Stoffe, die geplättet werden müssen, werden nach diesem mit einer 20 pCt. Lösung von wolframsaurem Natron behandelt. Die „Phönix-Essenz" von M. Pereles[73]) besteht aus einer Lösung von wolframsaurem, kieselsaurem und phosphorsaurem Natron. Nicoll verwendet ein Bad aus 6 Th. Alaun, 2 Th. Borax, 1 Th. wolframsaurem Natron, 1 Th. Dextrin in Seifenwasser. Das Dextrin soll ein besseres Anhaften der Salze an dem Gewebe bewirken. In neuerer Zeit sind für genannten Zweck zwei Mittel[74]) vorgeschlagen worden. Das erste ist, wie folgt, zusammengesetzt: Schwefelsaures Ammonium 8 Th., kohlensaures Ammonium 2,5 Th., Borsäure 3 Th., Borax 1,7 Th., Stärke 2,0 Th. und Wasser 100 Th. Die Stoffe werden in die siedende Lösung getaucht. Das zweite Mittel besteht aus: Borsäure 5 Th., Salmiak 15,0 Th., Kalifeldspath 5,0 Th., Gelatine 1,5 Th., Kleister 50,0 Th., Wasser 100 Th. Die Mischung wird mit einem Pinsel auf die betreffenden Stoffe aufgetragen. Die Anwendung von Borax wird auch von Dr. Kedzie, der ihn dem Stärkekleister zusetzt, angerathen. Rimmel & Carteron benutzen essigsauren Kalk und Chlorcalcium in kochendem Wasser gelöst.

1880 hat J. A. Martin[75]) mit folgenden Vorschriften einen Preis der Société d'Encouragement zu Paris erhalten.

1. Für alle leichten Gewebe:

8 kg reines schwefelsaures Ammoniak,
2½ - reines kohlensaures Ammoniak,
3 - Borsäure,
2 - reiner Borax,
2 - Stärke oder 0,4 kg Dextrin oder Gelatine,
100 - Wasser.

In diese Flüssigkeit werden die Stoffe bei 30° C. eingetaucht, so dass sie sich vollsaugen, dann leicht ausgerungen und zum Bügeln genügend getrocknet. Die Menge der Stärke oder des Dextrins und der Gelatine kann abgeändert werden, je nachdem man die Stoffe mehr oder weniger steif machen will. Die Flüssigkeit kostet ca. 0,16 Cents. für 1 Liter, der für ca. 15 qm Zeug ausreicht.

2. Für schon gemalte Decorationen und Holz:

15 kg Salmiak,
5 - Borsäure,
50 - Leim,

---

[72]) Jacobsen's Repert. 1863. I. 41.
[73]) Repert. 1868. I. 49.
[74]) Berichte der chemischen Gesellschaft XII. S. 2391.
[75]) Bull. de la Soc. d'Enc. 1880. — D. Ind.-Zeit. 1880. — Polyt. Zeitung 1880. No. 50. —

$1^1/_2$ kg Gelatine,

100 - Wasser

und so viel Kalksteinpulver als nöthig, um die erforderliche Consistenz zu
geben. Die Masse wird bei 50—60° C. mit dem Pinsel aufgetragen; für
schon gemalte Decorationen genügt es, die Rückseite und die hölzernen
Rahmen anzustreichen. 1 kg, das für 5 qm ausreicht, kostet 0,21 Cents.

3. Für grobe Leinen, Tauwerk, Stroh und Holz:

15 kg Salmiak,

6 - Borsäure,

3 - Borax,

100 - Wasser.

Die Stoffe werden 15—20 Minuten lang in die auf 106° C. erwärmte
Flüssigkeit eingetaucht, leicht ausgewunden und getrocknet. 1 Liter kostet
0,23 Cents.

4. Für Papier und leichte Gewebe:

8 kg schwefelsaures Ammoniak,

3 - Borsäure,

2 - Borax,

100 - Wasser.

Die Flüssigkeit, die pro Liter 0,14 Cents. kostet, wird bei 50° C. verwendet.

Die Appretur mit feuersicheren Substanzen hat besonderen Werth für
Kleider, Gardinen, Vorhänge etc. Sie ist bei allen vegetabilischen Geweben
wohlangebracht.

Appreturmittel für animalische Gewebe.

I. Wollgewebe.

Die Wollgewebe erfordern im Allgemeinen die Zufügung von Appreturmitteln nicht. Indessen kommen diese doch auch für gewisse Genres
in Anwendung, ganz besonders aber dann, wenn die Gewebe gemischter
Natur sind, z. B. aus vegetabilischer Kette und wollenem Schuss oder umgekehrt. Für Waare, welche sogenanntes Streichgarn enthält, wird Appreturmasse weniger und seltener verwendet, als für solche Waare, welche aus
Kammgarn besteht.

Die Zahl der für Wollwaaren benutzten Appreturmittel ist nur klein.
Für die Klasse der eigentlichen Appreturmittel sind zu nennen:

Stärkesorten,	Dextrin,
Gummisorten,	Albumin (Blut),
Carraghen etc.,	Wasserglas,
Leim,	Sodalösung,
Gelatine,	Salmiak.

Für die Klasse der Beschwerungsstoffe sind angewendet:

Essigsaures Bleioxyd,

Schwefelsaures Bleioxyd, Alaun,

Whiterit, Chinaclay,

Glycose.

Westphal stellte eine Wollappreturmasse her aus Weizenstärke mit Zusatz von Rüböl. Nach dem Verkochen wird etwas Schleim von Flohsamen zugesetzt. Nach dem Imprägniren lässt man die Stoffe 10 bis 12 Stunden liegen. Joly empfiehlt eine Lösung von Pflanzenwachs in Schwefelkohlenstoff.

Hierher gehören auch zum Theil die Substanzen zum Weissmachen gewalkter Wollgewebe.

Zum sogenannten Weissmachen bedient man sich

1. der eisenfreien Kreide,

2. des kohlensauren Zinkoxyds,

3. des schwefelsauren Bleioxyds,

4. der Barytsalze, Strontian- und Kalksalze, Magnesiasalze.

Die Anwendung von Bleisalzen zum Weissmachen der Wolle kann keinen Effect haben und hat auch wirklich keinen, weil der eigenthümliche Schwefelgehalt der Wolle sich mit dem Schwefel der Faser zu schwarzem Schwefelblei verbindet, das die Färbung des Wollhaares schmutziger erscheinen lässt. Deshalb, wenn noch Bleisalze in den Wollstoffen gefunden werden, kann man dreist eine betrügerische Absicht behaupten. Wenn man Barytsalze, Strontian- und Kalksalze zum Weissmachen der Wolle benutzt, so gelingt dies nur in unzureichendem Masse, dieselben auf der Faser haftbar, ohne letztere dadurch hart zu machen. Alkalien sind gänzlich unbrauchbar zu dem Zweck, weil sie gerade das Gegentheil vom Angestrebten bewirken, nämlich die Fasern gelber machen, als diese zuvor waren. Einigermassen leidliche Resultate erzielte Dullo mit Magnesiasalzen[76]). Man erwärmt die Wolle in einer Lösung von angesäuerter schwefelsaurer Magnesia und setzt sodann doppeltkohlensaures Natron hinzu und zwar soviel davon, dass die Flüssigkeit alkalisch wird. Es entwickelt sich Kohlensäure und es bildet sich basisch kohlensaure Magnesia, die auf der Faser festhaftet und dieselbe weiss macht und beschwert. Das Alkali in Form doppeltkohlensauren Natrons macht die Faser sehr wenig gelblich. Dies Mittel benimmt auch der Wolle nicht die Weichheit. Auf 50 kg Wolle verwendet man 2,5 kg schwefelsaure Magnesia in Wasser gelöst und 1,75 kg doppeltkohlensaures Natron und erwärmt bis auf 50° C., bei welcher Temperatur der Niederschlag erfolgt. Nach dem Erkalten haftet derselbe. In früherer Zeit spielte das Blanc d'Espagne in der Fabrikation weisser Tuche eine grosse Rolle. Dasselbe

---

[76]) Wiecks Gew.-Zeit. 1863.

bestand aus nichts Anderem als aus weisser Kreide, die mit Wasser aufgeschwemmt wurde. In diese Flüssigkeit brachte man die Stoffe und
trocknete sie nach tüchtigem Durchnehmen. Auch heute wendet man
dieses Mittel noch vereinzelt an. Kurrer[77]) theilt ein Verfahren von
Geissner mit, durch kohlensaures Zinkoxyd die Wolle weiss zu färben.
Er rühmt dasselbe und nennt als Vorzug desselben, dass das fein zertheilte
Zinkoxyd alle der Waare noch überschüssig anhängende Säure vollkommen
neutralisire. Das mit Zinkoxyd imprägnirte Zeug erhält wirklich ein sehr
schönes klares Weiss und stäubt nicht ab. Auch Wismuthoxyd wird zu gleichem Zweck gebraucht. Alle diese älteren Methoden sind und werden später
immer einmal von Neuigkeitsjägern als neu wieder aufgefrischt und machen
die Runde in den technischen Journalen, weil v. Kurrer's Buch und ähnliche
Werke anderer Chemiker des Jahrhundertanfangs wenig mehr bekannt sind.

Eine neuere Vorschrift ist die folgende: Man passirt die Stoffe
durch ein Bad, welches ein Barytsalz, am besten kohlensauren Baryt
enthält, trocknet sodann ein wenig und bringt die Stücke in ein leicht
mit Schwefelsäure angesäuertes Bad. Es bildet sich sodann auf der
Faser ein leichtes, weisses Pulver von Schwefelbaryum und gibt dem
Stoff mehr Dichtigkeit und Griff. Mit so präparirter Waare kann man
auch die gewöhnliche Stärke-, Albumin- oder Dextrinappretur vornehmen.
Um dies Verfahren für die Wolle und Seide anwendbar zu machen, bringt
man 2 Kilo kohlensauren Baryt in einen Kessel mit ca. 200 Liter Wasser,
gibt die Wolle hinein und lässt sie 1 Stunde darin. Darauf zieht man
sie heraus, ringt ab und passirt sie durch ein neues Bad von 200 Liter
Wasser mit $1^1/_2$ Liter Schwefelsäure versetzt bei mässiger Wärme, dem man
einige Tropfen Anilinblaulösung zugefügt hat. Sollte die Wolle hart werden,
so kann man dieses beseitigen durch ein leichtes Sodabad. —

Um Wollenstoffe wasserdicht[77a]) zu machen, gibt der Moniteur des
fils eine Zusammenstellung älterer und neuerer Vorschriften, denen folgende
entnommen sind: 1. Imprägnation mit Kautschuk. Man mischt 30 gr
Thonerde mit 100 gr einer concentrirten Kautschuklösung in Terpentinöl
tüchtig zusammen und streicht die Mischung auf das auf einem Tische
ausgebreitete Tuch, worauf man trocknen lässt. Je nach der Anzahl
der einzelnen Anstriche variirt auch die Dicke des Kautschuküberzuges.
Wenn die nicht mit Kautschuk versehene Seite irgendwie verändert ist,
so reinigt man sie mit Alkohol (?). 2. Imprägnation mit Thonerde:
9 Liter Wasser, 625 gr Alaunpulver und 500 gr Bleiweiss werden gemischt.
Nachdem die Stoffe dieser Mischung aufeinander gewirkt haben, wird die
klare Flüssigkeit oben abgegossen und der Stoff in dieselbe getaucht, so
dass er sich mit ihr sättigt. Die Stoffe werden dann in ein gewöhnliches
Seifenbad gebracht, nachher mit reinem Wasser ausgewaschen und ge-

---

[77]) v. Kurrer, Kunst alle Stoffe zu bleichen.
[77a]) Zeitschr. des Vereins für Wollinteressenten 1870.

trocknet. Man schreitet nun zum Auftragen des Kautschuk, was so erfolgt, dass man die Kautschuklösung in schrägen Streifen auf das Tuch streicht und auf dem darauf zu legenden Tuche ähnliche Streifen hervorbringt, welche aber, wenn die beiden Tuchstücke aufeinander gelegt werden, die Streifen des ersten Tuches rechtwinklig durchschneiden. Auf diese Weise entstehen kleine Carré's, welche bei der Transspiration Wasser und Luft frei eindringen lassen, ohne dass Feuchtigkeit oder Regen durch den doppelt gelegten Stoff zu dringen vermögen.

B. Becker nahm schon 1844 ein Patent auf Wasserdichtmachen der Wollstoffe. Sein Verfahren benutzte Leinöl, Cocosöl, Cacaobutter, Gummilösung, Gelatine und Alaun. Laurens (1840) benutzte Alaun, Kreide und Sandarak in erhitztem Zustande. Den Gebrauch von Alaunlösung hatte bereits Beyermann 1801 eingeführt in Verbindung mit Seifenlösung Derselbe kehrt auch bei dem Verfahren von Mons (1802) in Verbindung mit Seife und Leim wieder. Feau-Bernadac benutzte (1835) 150 gr Borax, 1000 gr Hausenblase, 30 gr Sago, 30 gr Salep, 150 gr Stearin, 10 Liter Wasser. Menotti's Hydrofugine (1850) zur Appretur der Wollstoffe wurde hergestellt aus Alaunlösung und aus Oelsäurelösung in Alkohol zusammengemischt und getrocknet. Das gebildete Pulver löst sich in 50 Th. Wasser und dient zur Imprägnation. Payen (1854) wendet ein Seifenbad und darauf ein Alaunbad an.

Für halbwollene (halbseidene) Gewebe aus Baumwollkette und Wollschuss benutzt man zuerst eine Imprägnation mit Sodalösung und Salmiak in Wasser bei 60—70° R. und Druck oder auch mit Kaliseife und etwas Rüböl (bei Schwarz), ferner Wasserglaslösung. Weiter wendet man in der Regel kein Appreturmittel an; zuweilen gibt man etwas Stärkelösung auf die linke Seite.

2. Seide.

Zur Appretur der Seide benutzt man vorzugsweise die Gummisorten, besonders Traganth, häufig in Vermischung mit Chlorzinn. Schrader hält für besser, feingepulvertes arabisches oder Senegalgummi in Wasser gelöst anzuwenden. Pastor schlägt vor: Traganth möglichst langsam in Regenwasser gelöst, mit etwas gelbem Leim versetzt, geschlagen und mit Braunbier und Branntwein gemischt, in Syrupsdicke, für schwarze Seidenstoffe. Jaudin & Duval (1854) appretiren Seide durch Kochen mit Seifenlösung bei Festhaltung des Siedepunktes. Diese Methode ist besonders für Rohseidengewebe bestimmt. Ramsbottom (1866) schlug Schellack in Spiritus gelöst vor. R. M. Hands (1860) benutzt als Seidenappretur ein Eintauchen in Collodiumlösung in Amylalkohol. Ein solche für Taffet viel gebrauchte Mischung besteht aus 10 Quart Wasser, $1/4$ Pfd. Gummi und $1/3$ Loth doppelt Chlorzinn. Der Zusatz des letzteren geschieht erst nach vollem Aufquellen des Gummis (in ca. 24 Std.). Das Chlorzinn ertheilt der Seide das eigenthümliche Krachen und Knirschen. Die Masse darf nicht zu dick benutzt werden.

Eine andere Appreturmasse benutzt Reisstärke und Gelatine, ferner Flohsamen, Zucker u. A.

Normal gewebte Seidenstoffe, besonders solche, welche aus nicht-beschwerten Fäden gewebt worden sind, werden nur warm gepresst, nicht aber mit Appreturmitteln behandelt. Sobald aber das Gewebe lose und lappig ist, so sucht man durch Zufügung von Appreturmitteln die fehlenden Eigenschaften, wie sie den normalen Seidenstoffen eigen sind, zu ersetzen. Man bestreicht dann die Seidenstoffe im ausgespannten Zustande unterhalb mit Traganth-Abkochung und trocknet schnell[78]). —

Man hat übrigens auch leichte Lösungen von Alaun in Seifenwasser als Appreturmittel angewendet. Um den Seidenstoffen ein besonders glänzendes Ansehen zu geben, haben Schiskar & Calvert die Imprägnation mit Metalloxyden angewendet und die Stoffe der Einwirkung von Dampf und Schwefelwasserstoffgas ausgesetzt. Als gut verwendbare Metallsalze sind genannt schwefelsaures Kupferoxyd, dito Bleioxyd und dito Wismuthoxyd. Auch Riot & Torné schlugen vor, die Seide mit basisch essigsaurem Bleioxyd zu behandeln und dann dem Einfluss eines starken Stromes Schwefelwasserstoffs auszusetzen, — um den Glanz und die Tiefe der schwarzen Färbung zu erhöhen. Wasserdicht macht man Seidenstoffe durch Kautschucklösung und Wolfsmilch[78a]) etc. —

Besondere Appreturmittel.

Als besondere Appreturmittel erachten wir diejenigen, welche bestimmt sind, ganz besondere Effecte hervorzubringen, so z. B. um Metallglanz, Seidenglanz zu erzeugen, oder die Fäden und Gewebe mit Metallniederschlägen, durchsichtigen Tropfen und Punkten zu versehen etc.

Um Garne und Gewebe metallisch glänzend zu machen, kochen Tomson und Irving[79]) dieselben vor dem Färben in einer Lösung von einem Kupfer-, Blei-, Zink- oder Silbersalz und passiren sie dann durch ein Bad von unterschwefligsaurem Natron, -Kali oder -Ammoniak; das Verfahren ist besonders für wollene oder aus Wolle und Baumwolle gemischte Garne und Zeuge bestimmt. Um z. B. 4 Pfd. Zeug oder Garn schwarz oder braun zu färben, kocht man dasselbe $1/_2$ Std. in einem Bad von $1/_4$ Pfd. Kupfervitriol, $1/_8$ Pfd. Weinstein und 200 Liter (3 Dresdener Eimer) Wasser, wäscht in kaltem Wasser und färbt wie gewöhnlich, wobei

[78]) Feldges, Anleitung zur Kenntniss der Seidenstoffe 1868. Crefeld.

[78a]) Polyt. Zeitung 1880.

[79]) Repert. Jacobsen 1864. II. p. 50 und 1867. I. 45. — D. Ind.-Zeit. 1867 p. 86. — Brevets d'invention p. 103. — Industrieblätter 1867 p. 99.

man für Schwarz am besten 3 Pfd. Campecheholz und 1 Pfd. Ebenholz
verwendet., Nach dem Waschen, Trocknen und nochmaligen Trocknen
bringt man die Stoffe 10—15 Min. in ein Bad von 200 Lit. Wasser und
$1/_8$ Pfd. Kupfervitriol, der in 1 Pfd. Ammoniakflüssigkeit gelöst ist, erwärmt auf 65—80° C., wäscht dann die Stoffe, bringt sie 10—15 Min.
lang in ein Bad, das $1/_2$ Lit. unterschwefligsaures Natron, -Kali oder -Am-
moniak von 40° Bé. enthält, wäscht und appretirt wie gewöhnlich. Will
man grau, lavendelblau oder ähnliche Farben färben, so verwendet man
ein Blei-, Zink- oder Silbersalz. Von den Bleisalzen eignet sich am besten
das essigsaure Bleioxyd, von dem man für 4 Pfd. Zeuge oder Garne $1/_2$ Pfd.
in 200 Lit. Wasser löst; in diesem Bade kocht man etwa $1/_2$ Std., wäscht
dann, färbt wie gewöhnlich, wäscht nochmals, passirt durch das Bad von
unterschwefligsaurem Kali, -Natron oder -Ammoniak, wäscht und appretirt
wie gewöhnlich. Als Zinksalz verwendet man am besten Zinkvitriol, von
dem man $1/_2$ Pfd. in 200 Lit. Wasser löst; in dieser Lösung kocht man
die Zeuge $1/_2$ Std. lang und verfährt dann wie angegeben. Bei Anwendung von Silber bringt man das Zeug zuerst in das oben erwähnte Kupfer-
bad, wäscht es dann, trocknet es und bringt es 10—15 Min. lang in ein
Bad von 200 Lit. Wasser von 50—60° C., in dem man höchstens $1/_{50}$ Pfd.
salpetersaures Silberoxyd gelöst hat, dann in ein Bad eines unterschweflig-
sauren Alkali und wäscht und appretirt endlich. —

Zum Bronciren der Zeuge schlägt Thackra vor, das Gewebe in
Tanninlösung zu tauchen und dann in ein Picrinsäurebad zu legen. Darauf
wird es durch ein Bad von Zinnnitrat und Kupferchlorid genommen und
schliesslich in Anilinfarblösung gekocht [80]).

Zum Versilbern von Garnen und Geweben taucht man die Stoffe etwa
2 Std. lang in eine Lösung von salpetersaurem Silberoxyd, die mit Ammoniak bis zum völligen Lösen des gebildeten Niederschlages versetzt ist,
und setzt sie dann einem Strome von reinem Wasserstoffgase aus, wodurch
man eine sehr starke Versilberung erhält, die auf galvanischem Wege
leicht vergoldet werden kann, oder man bestreicht die Stoffe mit einer
Phosphorlösung (1 Phosph. in 15 Schwefelkohlenstoff) und taucht sie in
eine Lösung von salpetersaurem Silberoxyd, worin sich schon nach einigen
Minuten ein Silberüberzug bildet. Claus sen. und v. Kurrer nahmen 1857
ein Patent auf Versilberung der Fäden und Gewebe mit Hülfe von Zink-
staub. Das Metallpulver wird mit Caseïn befestigt, unter Zusatz von etwas Ammoniak. Zur Versilberung und Vergoldung der Seide empfiehlt W. Grüne, dieselbe mit einer 5 procentigen Lösung von Jodkalium zu tränken, zu trocknen,
darauf in einem von Tageslicht abgeschlossenen, künstlich erhellten Raum
oder in einem mit gelben Scheiben belichteten Raum in eine 5 procentige
salpetersaure Silberlösung, der einige Tropfen Salpetersäure zugesetzt sind,

---

[80]) Industrieblätter 1877. 228.

zu legen, nach einigen Minuten herauszunehmen und zwischen Fliesspapier auszudrücken. Die Seide hat dadurch eine gelbe Färbung von Jodsilber, welches sich darin gebildet hat, angenommen. Darauf kommt dieselbe in das Tageslicht, wobei darauf zu achten ist, dass alle Stellen davon getroffen werden; nach einigen Minuten wird sie dann in eine 2 procentige Eisenvitriollösung, der Schwefelsäure zugesetzt ist, gebracht; es tritt nun sofort eine graue Färbung ein, welche von metallischem, auf die Seide niedergeschlagenen Silber herrührt. Dann wird in reinem Wasser gespült und nachher getrocknet. Beim Reiben mit einem harten blanken Gegenstand, am besten Glas, tritt der metallische Glanz hervor. Die bis jetzt erhaltene Silberschicht ist aber eine zu schwache, namentlich wenn zur Vergoldung geschritten werden soll. Um dieselbe stärker zu erhalten, werden folgende Operationen vorgenommen. Nachdem die Seide auf obige Weise fertig gemacht, aber nicht getrocknet ist, bringt man sie in eine verdünnte Lösung von Jodkalium in Wasser, dem etwas Jod in Alkohol gelöst und einige Tropfen salpetersaure Silberlösung zugesetzt sind. In diesem Bade verwandelt sich das Silber wieder in Jodsilber; bringt man die Seide dann wieder in das Silberbad und darauf in die Eisenvitriollösung, so wird der Niederschlag viel kräftiger geworden sein. Diesen Niederschlag von Silber setzt man in einen solchen von Gold um, indem die Seide in ein ganz schwaches Bad von Chlorgold gelegt wird. Die grosse Verwandtschaft des Silbers zum Chlor bewirkt schnell eine Umwandlung; es bildet sich Chlorsilber, während sich das Gold als Metall niederschlägt. Das erzeugte Chlorsilber löst sich in einer Lösung von unterschwefligsaurem Natron auf und bleibt so das reine Gold auf der Seide zurück. Nach dem Trocknen erhält man beim Reiben den metallischen Glanz des Goldes, wenn die Färbung stark genug geschehen ist. Ist die Färbung zu schwach, so erhält die Seite je nach der Intensität alle die bei der Verdünnung des metallischen Goldes bekannten Farben vom Grün bis in Purpur. Die Anwendung chemisch reiner Chemikalien ist zu gutem Gelingen durchaus erforderlich.

Ein anderes Verfahren ist 1860 von Fr. Fonrobert angegeben. Die Seide wird mit Zinnchlorid gebeizt, gespült und dann in das kochende Wasserbad gebracht, worin Gold- oder Silberblättchen mit Gummi fein vertheilt enthalten sind. Fulham imprägnirte die Stoffe in aetherischer Phosphorlösung und brachte sie dann in eine Gold- oder Silberlösung in Salpetersäure resp. Königswasser. Bretthauer kochte die Stoffe in Chlorgoldlösung und setzte sie dann der Einwirkung von Phosphorwasserstoff aus. Burot imprägnirte die Seidenstoffe mit Lösung von salpetersaurem Silberoxyd, spülte und setzte sie der Einwirkung von reinem Wasserstoffgas aus. —

Für Erzeugung des Seidenglanzes nimmt A. Müller in Hard (Zürich[81])

---

[81] D. Ind.-Zeit. 1872. 9.

1 Th. Seidenabfälle, löst sie mit 6—8 Th. Salzsäure (von 25° B.) oder in einer ammoniakalischen Lösung von Kupfer, Nickel etc. Nach tüchtigem Kochen wird abgeklärt und durch Quarzsand filtrirt. Die Lösung wird verdünnt, bis sie anfängt trübe zu werden und dann benutzt. Sie ist für alle Fasern anwendbar. — Hierher gehört auch die sog. Similisoie, welche 1879 einen so grossen Schwindel in Lyon hervorrief. Unter den neuerdings aufgetauchten Verfahren der Erzeugung von Seidenglanz durch Benutzung von Seidenlösung als Appreturmasse für die Fasern, Garne und Gewebe heben wir das von Magnier & Dörflinger[82]) (Paris) hervor.

Das Verfahren besteht in der Anwendung von Essigsäure, Hitze und Druck mit der Bedingung, dass die Gewichtsquantitäten der angewendeten Essigsäure wie Hitze und Druck sich variiren lassen. Die nachstehenden Verhältnisse sollen sich in der Praxis bewährt haben: 1 kg Essigsäure auf 1 kg Seide. Erstere wird unter 10 bis 12 Atmosphären Druck in einem geschlossenen Gefäss aufgelöst, in welchem die Hitze des Dampfes unter diesem Druck die Auflösung der Seide in der Essigsäure bewirkt. Wenn zur Auflösung von 1 kg Seide ein grösseres Quantum z. B. 23,4 oder mehr Kilogramm Essigsäure verwendet werden, so lässt sich die Hitze und der Druck des Dampfes bis auf circa 6 Atmosphären reduciren. Ist die Auflösung der Seide bewerkstelligt, so lässt sich die Lösung z. B. benutzen zum Glänzen textiler Fäden, zum derartigen Appretiren der Gewebe, dass sie zur Aufnahme brillanterer Farben empfänglich werden, — als Firniss oder Lack für sehr verschiedene Substanzen, als Holz, Kautschuk, Leder, Guttapercha, harzige Körper und Metalle aller Arten. Doch legen Erfinder einen besonderen Werth auf die Anwendung ihrer Seidenauflösung, auf alle Arten vegetabilischer Fasern in der nachbeschriebenen Weise. Um nicht von Baumwolle zu reden, werden Hanf, Jute, Alfa, Chinagras, Flachs etc. angeführt und beschreiben Erfinder die Anwendung ihrer Lösung auf letzteren Stoff wie folgt. Es wird z. B. Flachs (ebenso andere Fasern, Garne oder Gewebe), der vorher in bekannter Weise gebleicht ist, in einem Bad von Kalihydrat oder Aetznatron von 1,03 Dichtigkeit behandelt und bleibt der Stoff ungefähr 2 Stunden in dieser alkalischen Lösung liegen, welche auf eine Temperatur von ungefähr 100° C. gebracht ist. Der Zweck dieser Behandlung ist, die fremden Bestandtheile aus der Cellulose auszustossen und hauptsächlich die harzige Substanz, welche die Faser umgibt. Hierauf wird zu verschiedenen Malen in reinem Wasser ausgespült. Sodann wird der Flachs in eine Lösung von Kaliseife in der Aufkochtemperatur gekocht, woselbst er eine halbe Stunde bleibt. Der Flachs wird dann noch in reinem Wasser gewaschen und ausgespült, darauf getrocknet, in welchem Zustand er Cellulose repräsentirt, welche sich wie Baumwolle behandeln lässt, wie nachstehend

---

82) Polyt. Zeit. 1879. No. 45.

beschrieben. Es genügt, die Cellulose während 4 oder 5 Minuten in eine Mischung von Salpeter- und Schwefelsäure zu tauchen, welche die Cellulose in Pyroxilin verwandelt, die in reinem Wasser gewaschen wird, bis die Waschwässer keine Spur von Säure mehr enthalten. Die so gewonnene zweifache salpetrige Cellulose wird dann in der möglichst niedrigen Temperatur getrocknet und darauf desoxydirt, ohne die stickstoffhaltige Materie zu zerstören, was auf folgende Weise geschieht. Die zweifach salpetrige Cellulose wird in einen hermetisch geschlossenen Behälter gethan, in welchem ein luftleerer Raum hergestellt wird, so dass ein Druck entsteht, der nicht mehr als 10 mm auf der Quecksilbersäule des Manometers beträgt. Die Cellulose wird nach dieser Behandlung in ein Bad getaucht, welches ein gewisses Quantum von zweifach schwefligsaurem Natron oder ein Quantum von irgend einer andern Substanz enthält, welche schweflige Säure entwickelt, wenn die Substanz mit einer Säure behandelt wird. Die Erfinder wenden gewöhnlich Phosphorsäure an, um die Entwicklung der schwefligen Säure zu bewirken. Um also die Nitrocellulose zu reduciren oder zu desoxydiren, muss die Wirkung der schwefligen Säure in statu nascendi auf die Nitrocellulose veranlasst werden, welche letztere vorher unter Luftleere gebracht wurde, um hier der Wirkung einer passenden Austrocknung ausgesetzt zu werden. Der also zubereitete Faserstoff wird sodann in einen Autoclav gethan, der so construirt ist, dass die Fasern in einer festen Lage gehalten werden, und zwar jede einzelne derselben von der anderen abgesondert, ohne welche Anordnung die Seide sich nicht auf dem ganzen Umfange des Fadens absetzen würde. Dieser Autoclav ist mit einer Auflösung von Seide gefüllt, welche 1,28 am Dichtigkeitsmesser zeigt und wie oben beschrieben zubereitet wurde; der Topf wird geschlossen, Dampf in den doppelten Boden oder in ein Spiralrohr eingelassen, bis die Flüssigkeit eine Temperatur von ungefähr 190° angenommen hat. Der Stoff bleibt wenigstens 14 Stunden in der Seidenauflösung und während dieser Zeit wird ein mächtiger Strom dynamischer Electricität zugelassen, bis durch eine angemessene Probe festgestellt ist, dass keine Seide mehr in der Auflösung enthalten; auf diese Weise wird eine Ablagerung der Seide auf den vegetabilischen Fasern erhalten, indem durch den dynamisch-electrischen Strom die Seide sich auf die Fasern absetzt oder niederschlägt. Es wird der Stoff nun herausgenommen und in irgend einer bekannten Weise getrocknet. Die Faserstoffe, welche der doppelten Einwirkung der schwefligen Säure und der Electricität in einem mit Seidenlösung gefüllten Autoclav ausgesetzt gewesen sind, sind nun fertig, die Farbe mit Hülfe eines der bekannten Anilinproducte wie Aniléine, Mauvéine, Methylanilin, Fuchsin, Chrysanilin u. s. w. aufzunehmen.

Ein viel einfacheres Verfahren zum Appretiren aller Arten von rohem Gespinnstmaterial vegetabilischen und thierischen Ursprungs und der Gespinnste und Gewebe daraus, ist von H. R. Paul Hosemann[83]) in Berlin angegeben und praktisch durchgeführt.

Es wird eine Lösung von Seide oder von Wollhaar in Alkalien hergestellt. Hat dieselbe die genügende Concentration, welche von dem Charakter der zu behandelnden Fasern abhängt, so wird die vorher leicht feucht durchzogene Materie (rohe Faser, Garn oder Gewebe) in die Seiden- resp. Wolllösung gebracht, eine Zeit lang darin belassen, dann herausgenommen und getrocknet. Diese Operationen wiederholt man unter stetem Bearbeiten mehrere Male und gibt sodann ein starkes Bad von Schwefelsäure, ca. 2 Stunden lang unter Umziehen. Ein sorgfältiges Ausspülen in Wasser beseitigt die Säure sodann. — Das Seidenlösungs- und das Wolllösungsbad kann kalt, lauwarm oder je nach dem Charakter der Fasern heiss angewendet werden. Der Prozess bedarf keiner besonderen Hülfsmittel wie electrische Ströme, Vacuum etc., sondern vollzieht sich mit den Lösungen in dem vorstehend beschriebenen Verfahren in vorzüglicher Weise, und zwar so gut, dass die so behandelten Stoffe und Materien darauf gebleicht und gefärbt werden können, ohne den angenommenen Seiden- oder Wollencharakter zu verlieren. Die Garne und Gewebe, welche mit Seidenlösung behandelt worden sind, erhalten nachträglich Behandlungen mit heisser Presse, Schlagen, Spannen etc., wie solche bei seidenen Garnen und Geweben üblich sind zur Hervorrufung des Glanzes und des Krachens. Die Lösungen der Seide, sowie die der Wolle können mit den bekannten Lösungsmethoden ausgeführt werden; man muss indessen Rücksicht nehmen betreffend des Auflösungsmittels auf die Eigenschaften der damit zu behandelnden Faser. Besonders hervorgehoben wird, dass mit diesem Verfahren matte, glanzlose und überhaupt minderwerthige Seide mit Lösung schöner glanzreicher Seide wesentlich verbessert wird. Wenn man Seide (besonders auch Tussah) mit der Seidenlösung in obigem Verfahren bei geeignet häufiger Wiederholung behandelt, so kann man ihr Gewicht wesentlich erhöhen, indem man Seide auf Seide niederschlägt und so mit geringeren Kosten die umständlichen Beschwerungen der Jetztzeit besonders für die Gewebeseide durch einen anpassenden Stoff ersetzt. Der Seidenniederschlag nach vorbeschriebener Methode haftet merkwürdig fest und dauerhaft auf allen Fasern.

Was die Wolllösung anlangt, so wird auch diese, wie bemerkt, hergestellt entsprechend den Eigenschaften der Fasern, für welche sie bestimmt ist. Der Niederschlag aus dieser Lösung auf die Fasern gibt den letzteren vollkommen das Ansehen des Wollhaars und die Behandlung durch die Bäder, wie vorbeschrieben, ertheilt sogar vegetabilischen Fasern eine Art Kräuselung. Die in neuerer Zeit mehrfach erzeugte sogenannte Cosmosfaser aus Abfällen von Jute, Flachs, Hanf etc. erlangt durch das hier be-

---

[83]) D. R. P. 1881.

schriebene Verfahren der Behandlung mit Wolllösung erst eine neue Bedeutung und eine günstigere Verwendbarkeit, da dies Verfahren die vegetabilischen Fasern mit thierischer Materie überkleidet und derselben Aussehen und Eigenschaften der thierischen Fasern ertheilt. Fasern, Gespinnste
und Gewebe aus Flachs, Baumwolle etc. erlangen in der Wolllösung das
Aussehen von Gespinnsten und Geweben aus Streichwolle, die aus Chinagras und gehecheltem Flachs das Aussehen von Kammwolle, ebenso Griff
und Gefühl derselben. Wenn man nun zuerst derartige Materialien mit
Seidenlösung behandelt und dann mit Wolllösung oder umgekehrt nach
oben beschriebenem Grundverfahren, so erzielt man sehr merkwürdige
Effecte, sobald man die Dauer der Behandlung geeignet der Zeit nach
leitet. Diese Effecte lassen sich schildern, einmal als eine Bestreuung der
Seidenfläche mit matten Velourkörperchen, andererseits als eine Verzierung
einer Velourfläche mit seidenglänzenden Flimmern. Wählt man die Lösungsmittel der beiden einzelnen Körper passend, so kann man auch die
beiden Lösungen von Seide und Wolle vermischt anwenden.

Hierher gehört auch das Verfahren von C. Fr. Hartmann[84]) in
Wüstewaltersdorf. Derselbe stellt Cellulose in möglichst feinen Fäserchen
her, mischt sie der Kartoffelstärke gut bei, kocht diese und imprägnirt
die Stoffe damit in einer mit grossem Druck arbeitenden Stärkmaschine,
in welcher die Presswalze, eine schnell rotirende Vertheilungswalze von
Gummi, arbeitet. Die Gewebe werden (nicht auf dem Cylinder) an der
Luft oder in schwach geheizten Räumen getrocknet. Dies Verfahren ist
sehr interessant; aber es ist ein Imprägniren der vegetabilischen Gewebe
mit Fäserchen, wie bei Wollstoffen das Einwalken der Scherhaare; — bei
jeder Wäsche und beim Tragen werden sich die Fasern auslösen und abfallen.

Zu den neuen Effecten, welche die Appretur auf den Zeugen hervorbringt, gehört die Herstellung von Stickerei-Imitationen, sowie das
Aufbringen glänzender Kügelchen, welche wie Thautropfen auf den
meist leichten Stoffen liegen.

Die Stickerei-Imitationen werden mit einer Harz-Composition hergestellt, welche man aufdruckt und die nach dem Erkalten auf dem Gewebe
vollkommen fest sitzt und sich auch durch gelindes Reiben nicht entfernen
lässt.

Was die Thautröpfchen anbelangt, so erhält man dieselben mit einer
Masse, welche im Wesentlichen aus Gummi, Gelatine oder einer ähnlichen
Leimsubstanz besteht. Man tropft diese in flüssigem, warmem Zustande
auf das ausgespannte Gewebe. Wenn dasselbe sehr leicht gewebt ist, so
läuft der Leim durch die Maschen ein wenig hindurch und bleibt unten in
Gestalt eines runden, vollkommen gleichmässigen Tropfens hängen, der nach

---

84) D. R. P. No. 10 080.

dem Erkalten durchaus fest ist. Für Ballroben sind diese Tröpfchen ausserordentlich beliebt; sie erzeugen besonders auf couleurten durchsichtigen Stoffen sehr schöne Effecte. Da die Masse des Tropfens mit dem Gewebe innig zusammenhängt, so haften die Gelatineküpelchen auch ziemlich fest an dem Zeuge. In ähnlicher Weise stellt man auch undurchsichtige Steinkohle imitirende Punkte her aus gefärbtem Lack, der in dickflüssiger Lösung auf das Gewebe träufelt. Auch Fischschuppenlösung wird so benutzt und liefert opalisirende Punkte, wie Perlen aussehend. Bessy Frères[85]) haben ein Patent entnommen auf Herstellung sog. „Diamantirter Stoffe". Um die diamantirende Wirkung zu erzielen, kommen folgende Stoffe zur Verwendung: crystallartige Körperchen oder Splitter, namentlich solche, welche durchsichtig und funkelnd sind, und entweder gelatinartig, wie Leim und Stärke, oder wie Glas etc. sein können. Auch Flimmer von Metall, z. B. Gold oder Silber etc., welche verschiedenartig gefärbt sein können und vorher zu passender Grösse zerstampft worden sind, finden ihre Anwendung in dem Herstellungsverfahren der „diamantirten Stoffe".

Sind die Körper gelatinartig, so besitzen sie von selbst die Eigenschaft, auf den Stoffen zu haften; sind sie es nicht, so werden sie mit sehr fein pulverisirtem Gummi arabicum innig gemischt, so dass den Körperchen ein feiner Gummistaub adhärirt. Diese Körperchen streut man auf das über Walzen laufende Tuch oder den Stoff, Sammet, Seide etc. Auf die Stoffe wirkt dann ein Dampfstrahl und Cylinderdruck ein, der erste zum Feuchten der Klebesubstanz, der andere zum Trocknen.

Die Verwendung der Appreturmittel.

Um die Appreturmittel entsprechend ihrem Zweck verwenden und anwenden zu können, ist es nöthig, sie in eine geeignete Form zu bringen, diese ist aber die flüssige Form. Die Appreturmittel sind keineswegs alle löslich im Wasser oder anderen Flüssigkeiten; viele derselben bilden mit Wasser eine Art Gallerte, eine Emulsion, einen Brei oder lassen sich in demselben fein vertheilt, suspendiren. Die Appretursätze bestehen meistens aus Gemengen, bei welchen man vorzugsweise auf die gute Vertheilung der Partikelchen der angewendeten Substanzen zu sehen hat, gleichviel ob die Appreturmasse dünn oder dickflüssig oder selbst fast consistent schmiereartig benutzt wird. Dieser ersten Anforderung der sorgfältigen Vertheilung der Substanzen durch die ganze Masse hin, correspondirt dann die Construction der Apparate und Instrumente, mit Hülfe deren man die Appreturmasse den Stoffen beibringt. Vielfach tritt nach der Imprägnirung dann das Bedürfniss auf, die mit der Apreturmasse ver-

---

[85]) D. R. P. 1684.

sehenen Stoffe einem Fixationsprozesse zu unterwerfen. Derselbe kann darin bestehen, dass die die Appreturmasse tragenden Gewebe noch einer Druckwirkung zum Eintreiben und Glätten derselben oder noch einer Behandlung mit Dampf oder einem Bade von alkalischen oder sauren Lösungen unterliegt, dann aber getrocknet wird.

Die Ausführung der Verwendung der Appreturmasse zerfällt demnach in mehrere Theile:

a) Präparation der Appreturmasse,
b) Auftragen der Appreturmasse,
c) Eintreiben der Appreturmasse in die Gewebe,
d) Trocknen der mit Appreturmasse versehenen Stoffe.

Letzteres (ad d) geschieht unter Anwendung der geeigneten Trockenmaschinen (siehe besonderen Abschnitt später).

Als ein Hauptgesetz für die eigentliche Ein- und Auftragung der Appreturmasse ist festzuhalten:

Die mit Appreturmasse zu versehenden Stoffe sollen **vor** dem Beginn der dahin zielenden Operationen gründlich gereinigt werden, damit die Appreturmasse die etwa anhängenden Unreinigkeiten nicht etwa festhält und dauernd dem Gewebe einverleibt, damit ferner die Poren des Gewebes geöffnet sind, um der Appreturmasse das Eindringen zu gestatten. (Es gilt dies in ähnlicher Weise von der Appretur der Garne.)

a) Präparation der Appreturmassen.

Die Operationen zur Präparation der Appreturmittel richten sich natürlich nach der Beschaffenheit der dazu verwendeten Substanzen und Mischungen, indessen kann man allgemein als Hauptmittel zum Zweck betrachten:

1. Das Auflösen, Aufquellen u. s. w. der ev. fein gepulverten Stoffe.
2. Das Klären der Lösungen,
3. Das Mischen und Mengen.

Alle Substanzen der Appreturmassen sollen in zerkleinertem Zustande, als möglichst fein zertheilte Pulver zur Anwendung kommen, nur bei leichtlöslichen Körpern ist diese Forderung nicht nothwendig.

1. Das *Auflösen*, *Aufquellen* etc. der Substanzen für die Appreturmasse geschieht theils dadurch, dass man Substanzen wie Leim, Gummi, Carraghen u. A. längere Zeit mit Wasser übergossen stehen lässt, wobei sie aufquellen und sich zu zertheilen anfangen, theils dadurch, dass man Substanzen wie Stärke u. A. mit Wasser anrührt und dann zum Kochen bringt, theils dadurch, dass man die Substanzen wie Algen, Moose etc., sowie Seifen kocht und in schleimige, emulsionsartige Flüssigkeiten verwandelt, endlich dadurch, dass man Oele, Fette, Harze etc. mit anderen Stoffen, besonders Alkalien zusammenbringt und eventuell kocht. Das

Kochen geschieht in jetziger Zeit nur noch wenig auf directem Feuer in einem Kochgefäss, meistens dagegen mit Apparaten, die mit Dampfheizung eingerichtet sind. Der Dampf wird entweder direct in die zu kochende Masse eingeleitet oder aber er erhitzt die Wandung des Kochgefässes oder die im Gefässe vorgesehenen, in dasselbe eingelegten Röhren, in welchen der Dampf also circulirt, oder es kann die Stärkwalze hohl sein und mit Dampf beheizt werden.

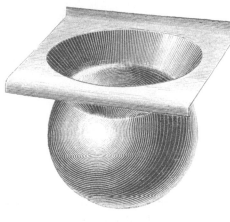

Fig. 212.

Die mit directer Feuerung erwärmten Apparate sind meistens einfache Kochkessel aus Kupfer, Eisen etc., je nach der Beschaffenheit der zu kochenden Materien. Eine vorzügliche Form hat der in Frankreich viel benutzte Kessel (Fig 212). —

Die mit Dampf geheizten Kochgefässe unterscheiden sich, wie bereits bemerkt, in solche, welche

a) eine doppelte Wandung enthalten, in welche der Dampf einströmt und so den inneren Kessel erwärmt,

b) eine Einrichtung enthalten, durch welche der Dampf in die Flüssigkeit direct eingeleitet wird.

Die Apparate ad a) sind die gebräuchlicheren. Die Figuren 213 und 214 stellen solche Kessel dar. Figur 213 ist auf einem Stativ festgestellt. Der Dampf wird durch den sichtbaren Stutzen eingeleitet in den Doppelboden; das Condensationswasser wird durch den unten befindlichen Hahn abgeleitet. Figur 214 enthält diesen Kessel um Axen drehbar im Stativ. Durch eine der Axen strömt der Dampf ein.

Für grössere Massen dienen Apparate, in der in Fig. 215 dargestellten Construction [86]). Solche Apparate werden in vielen Fabriken angefertigt und sind jetzt sehr verbreitet. Zuerst hatten die Franzosen sie ausgeführt (Tulpin ainé [Rouen], Pierron & Dehaitre [Paris] u. A.) später die Engländer, Belgier und Deutschen. A ist der kupferne Kochkessel von circa 480 mm Durchmesser und 640 mm Tiefe, welcher für das Abkochen von ungefähr 60 Mass oder 200 Pfund Stärkmasse bestimmt ist. Der Kessel ist in einen nahezu concentrischen gusseisernen Kessel B eingehängt und mittelst der angenieteten kupfernen Ringflantsche d an ihm so befestigt, dass zwischen beiden Kesseln ein Zwischenraum O für die Circulation des Dampfes übrig bleibt. Mittelst des

[86]) Musterzeitung 1871. p. 261.

schmiedeeisernen Ringes e und der Schraube f, welche in je 60—80 mm
Distanz von einander angebracht sind, ist der innere kupferne Kessel fest
und dampfdicht mit dem gusseisernen Kessel verbunden. Damit der Kessel

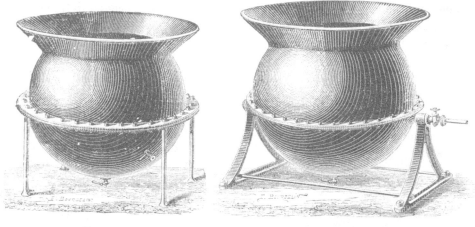

Fig. 213.   Fig. 214.

auf bequeme Weise entleert und gereinigt werden kann, ist der äussere
gusseiserne Kessel (und mit demselben der innere kupferne) mittelst zweier
starker hohler Zapfen C und J in zwei Bocklager E und F gehängt, so

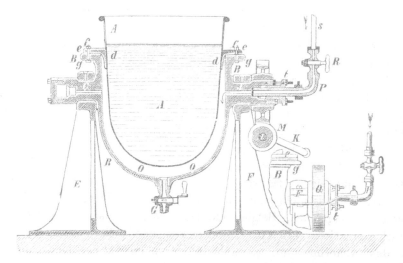

Fig. 215.

dass er leicht um diese Zapfen gedreht werden kann. An einer Stelle des
Umfanges mitten zwischen beiden Lagern ist der Kupferkessel mit einem
breiten Ausgussschnabel versehen, damit beim Ausleeren der Stärke nichts
an der Seite herunterläuft. Das Ausleeren resp. das Drehen des Kessels

geschieht nicht unmittelbar von der Hand, sondern mittelst einer Kurbel K, an deren Axe l eine Schraube M von 100 mm Durchmesser angebracht ist, welche in ein auf dem Zapfen J des Kessels B befestigtes Schraubenrad A eingreift, so dass die Drehung des Kessels äusserst ruhig, sicher und leicht vor sich geht, wobei derselbe immer in der Stellung verbleibt, in welcher er sich gerade befindet, wenn auch die Kurbel K vom Arbeiter losgelassen wird. Der Dampf wird durch s zugeführt, durch das in der Stopfbüchse t eingedichtete Rohr P im hohlen Zapfen des äusseren Gefässes, und tritt in den Raum O.

Man wirkt zu gleicher Zeit auf den ganzen grossen Umfang des Kessels erwärmend ein. Aus demselben Grunde ist aber auch der Kessel einem bedeutenden Drucke ausgesetzt und es darf daher kein Dampf von grösserer Spannung als $1^{1}/_{2}$—2 Atmosphären Druck zum Heizen verwendet werden, ebensowenig darf der kupferne Kessel aus dünnerem Bleche als von 2 mm Stärke ausgeführt sein, damit er nicht zusammengedrückt werde. Durch den in der Zuleitung s angebrachten Hahn R kann der Dampf sowohl ganz abgeschlossen, als auch bezüglich seiner Menge und Spannung durch theilweises Schliessen des Hahnes beliebig regulirt werden. Das Lager für die Axe l ist an dem Bocklager F angegossen und die Kurbel K so weit aus der Mitte des Apparates angebracht, dass die horizontale Stellung des Kessels der Drehung der Kurbel nicht hindernd entgegentritt. Damit die Entleerung des Kessels möglichst leicht vor sich geht, muss der Schwerpunkt des gefüllten Kessels nicht zu tief unter der Ebene der Axe

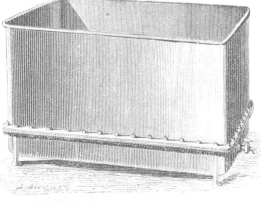

Fig. 216.

liegen. Zum Ablassen des durch die Condensation des Dampfes entstehenden Wassers zwischen beiden Kesseln ist ein Wasser-Ablasshahn G angebracht.

Eine andere Form für die grösseren Appreturkochgefässe ist die in Figur 216 dargestellte Kufenform mit doppeltem Boden, in den Dampf eingeleitet wird.

Die neueren Tulpin'schen Kochapparate haben um den äusseren Kessel noch einen mit Sand, Asche etc. ausgefüllten Mantel, um den Wärmeverlusten vorzubeugen.

Die zweite Kategorie b) der Kochapparate können sehr verschiedene Anordnung haben. Es kann

1. das Gefäss geschlossen sein oder
2. offen.

Im Fall 1. und im Fall 2. kann die Heizung geschehen durch

α) directe Einleitung in die Flüssigkeit mit Röhren und Schlangen, welche Perforationen als Ausströmungsöffnungen für den Dampf enthalten,

β) Einleitung durch perforirte Böden mit Anwendung von Druck, mittelst Gebläse etc. zur Bewegung der Masse,

γ) Anwendung von mechanischen Rührapparaten.

Wir führen hier in Fig. 217 einen geschlossenen Apparat von

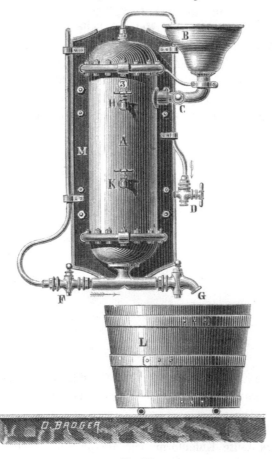

Fig. 217.

E. & P. See in Lille vor, welcher zum Kochen von Stärke benutzt wird unter directer Einleitung des Dampfes in die Masse. Derselbe enthält einen geschlossenen Kessel A an der an die Wand anschraubbaren Platte M befestigt. In denselben wird mittelst Trichter B und bei Oeffnung des Ventils C die Stärkemasse und das Wasser eingeführt. Gespannter Dampf wird sodann durch den Hahn F, der ein weiteres Rohr schliesst, als das specielle Zuleitungsrohr ist, in den Kessel eingelassen und bewirkt hier sofort die Kochung. In 4—5 Minuten ist diese beendigt und zwar unter Vermeidung von Dextrinbildung, also mit etwa 15 pCt. höherer Ausbeute als das Kochen in offenen Gefässen und an der Luft geschehen kann. Die Temperatur beträgt dabei 140° C. etwa. Ist der Kochprozess beendet, so schliesst man Hahn F und öffnet Hahn G. Es drückt nun der Dampf die fertige Stärke aus dem Kessel heraus und diese fällt in die Kufe I. Um das Neueinfüllen der Stärke zu beschleunigen, kann durch ein kleines Rohr im Dom des Kessels Dampf in den Trichter B eingeleitet werden. Die Luft wird durch Hahn D in den Kessel geführt.

Derartige Apparate in verschiedenen Formen sind mehrfach hergerichtet und im Gebrauch, unter anderen Constructionen auch solche, die sich der Form Fig. 214 u. 215 anschliessen. Dieselben sind dann mit einem Helm verschlossen und der Dampf tritt durch die Axe in die Schlange etc. im Innern des Raumes.

Für die offenen Apparate mit Dampfheizung zieht man die Form Fig. 218 vor. In dieser Figur ist der Apparat von Gebr. Körting in

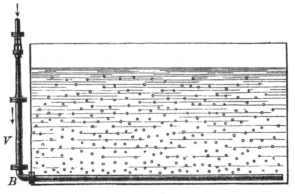

Fig. 218.

Hannover dargestellt. Derselbe besteht aus einer Kufe, an deren Boden das perforirte Dampfrohr liegt. Auf der Röhre V, welche den Dampf zuleitet, ist ein Körtingsches Dampfstrahlrührgebläse (Fig. 219) aufgesetzt.

Die Wirkung des Dampfstrahlgebläses beruht auf der Erscheinung, dass ein aus einer engen in eine weitere Düse strömender Dampfstrahl die umgebende Luft mit sich fortreisst und ihr eine solche Geschwindigkeit

gibt, dass sie den Gegendruck einer Wassersäule bis zu 2,5 m Höhe überwinden kann. Indem die Luft mit Vehemenz aus dem am Boden des
Bottichs befindlichen Rohre ausströmt, bringt sie die umgebende Flüssigkeit in heftig wallende Bewegung und rührt alle auf dem Boden lagernden
Niederschläge oder Zusätze mit Gewalt auf.

Gegen mechanische Rührvorrichtungen jeder andern Art bieten diese
Apparate die folgenden Vortheile: Sie sind die einfachsten und billigsten
Rührvorrichtungen, welche existiren. Es wird die innigste Mischung
zwischen dem lösenden und dem aufzulösenden Medium herbeigeführt. Sie
haben keine sich bewegenden Theile und nutzen sich daher in keiner
Weise ab. Sie können an jeder beliebigen Stelle placirt werden und be-
dürfen zum Betriebe nur einer dünnen Dampfleitung. Sie erfordern
keinerlei Wartung oder Aufsicht und werden einfach durch Oeffnen des
Dampfventiles in Betrieb gesetzt. Die Regulirung der Intensität des
Rührens geschieht durch mehr oder minder weites Oeffnen des Dampf-

ventiles. Der Betrieb ist ein höchst ökonomischer,
namentlich im Vergleich zu den Kosten des Rührens durch
Arbeiter. Das auf dem Boden des Bottichs liegende
Luftrohr erfordert nur ein Minimum von Platz und er-
schwert die Reinigung in keiner Weise. Die gewünschte
Vorwärmung des Wassers erfolgt gleichzeitig durch die
Wärme des Luftstromes.

Bei D tritt der Dampf ein und wird mit der angeso-
genen Luft durch V und B in das am Boden des Bottichs
eingelegte perforirte Rohr getrieben und strömt dort
fingertheilig aus. (Fig. 219)[87].

Paul Hosemann in Berlin hat den bewegten Rührapparat im Kessel benutzt, um Dampf in allen Theilen
des Gefässes zu vertheilen. Der Rührapparat ist hergestellt aus einer hohlen Spindel mit hohlen Seiten-
armen, auf welche letztere Flügel oder Prismen drehbar
angebracht sind, um die Flüssigkeit fortgesetzt zu agi-
tiren[88].

Die Rührapparate sind ohne Dampf nur von Erfolg,
Fig. 219.   wenn die Appreturmischung nicht sehr dickflüssig ist. —

Das *Klären* der Appreturflüssigkeit geschieht theils
durch Abstehenlassen, theils in Durchgehen durch Siebe, selten durch
Filtriren.

Das *Mischen* oder *Mengen* erfordert nur ein tüchtiges Umrühren
und Verrühren der zusammengegossenen Lösungen, Extracte, Emulsionen,

---

[87] Polyt. Zeit. 1880. No. 52.
[88] Patentanmeldung; Januar 1881. D. R.

Gemenge etc. **Es geschieht meistens dicht vor der praktischen Verwendung der Masse.**

Das Heizen mit Dampf beim Abkochen, besonders aber zum Warmhalten der gekochten Stärkmasse ist viel bequemer als das Kochen mit directer Feuerung unter dem Kessel. Ein Anbrennen kommt dabei nicht vor und die ganze Masse ist leichter gleichmässig zu erhalten. Dies Letztere ist keineswegs so leicht, als man denken sollte und es hängt wesentlich die Schönheit der ganzen Appretur davon ab, besonders wenn andere vegetabilische oder mineralische Bestandtheile mitgekocht werden müssen. Das Kochen der Stärke geht folgenderweise vor sich:

Die mineralischen Bestandtheile der Stärkmasse gelangen zuerst in den Kessel, wenn sie solche überhaupt enthalten soll. Man löst dieselben vorerst in genügender Menge kaltem Wasser auf und giesst sie durch ein feines Sieb in den Kessel, worauf die Stärke in ebenfalls gut aufgelöstem Zustande beigefügt wird, wobei das Wasser aber nicht warm sein darf. Bei vielen Appretarten wird hierauf noch Mehl (Weizenmehl, Reismehl) hinzugefügt, das ganz besonders gut verarbeitet und aufgelöst sein muss, damit sich beim Zufügen zur Stärkmasse keine Knollen bilden. Man lässt nun Dampf einströmen und kocht die Masse unter fortwährendem Umrühren bis zum Sieden. Je nach den beigefügten mineralischen Bestandtheilen wird die Masse längere oder kürzere Zeit fortgekocht.

Auch bei dem Abkochen der Stärkemasse aus Stärke allein wird das Kochen nicht in allen Fällen gleich lang fortgesetzt, da man durch gehörige Wahl der Kochdauer einen ganz verschiedenartigen Appret hervorbringen kann.

Die Stärke hat die eigenthümliche Eigenschaft, dass die jüngeren Stärkemehlkörner beim Erhöhen der Temperatur über 60° C. zuerst aufzuquellen oder zu platzen anfangen und dass bei fortwährender Temperaturerhöhung eine immer grössere Anzahl Stärkemehlkörner und zwar ihrem Alter nach, in Kleister übergehen.

Man hat es sonach in der Wahl, eine Masse zu kochen, welche vollständig in Kleister verwandelt ist, beim nachherigen Stärken mehr in die Fäden des Gewebes selbst eindringt und diesem daher grössere Klarheit ertheilt, oder man kann in der Masse einen Theil der Stärkemehlkörner in ungeplatztem Zustande zurücklassen und erhält dann je nach der Menge der letztern eine Stärkemasse, welche weit mehr deckend wirkt, dem Gewebe mehr Weisse ertheilt und nicht so sehr in die Zwischenräume der Fasern, also in die Fäden selbst eindringt, sondern mehr ihre Oberfläche überzieht.

Man braucht dabei nicht zu denken, dass diese unaufgequellten Stärkemehlkörner dem Gewebe eine weniger glatte Oberfläche ertheilen, denn diese einzelnen Körner sind auch bei der Kartoffelstärke, wo sie bedeutend grösser sind als bei der Weizenstärke immer noch feiner als das feinste Mehl, da der Durchmesser derselben bei der Kartoffelstärke nur $^1/_{10}$, bei der Weizenstärke dagegen $^1/_{20}$—$^1/_{60}$ mm beträgt. Immerhin aber hat man zu beachten, dass die Stärke um so besser ausgekocht sein soll, je feiner das zu appretirende Gewebe ist und je klarer dasselbe werden soll. Weizenmehl, Reismehl und Kastanienmehl finden oft in Verbindung mit Kartoffelstärke zum Appretiren stärkerer gröberer Stoffe und zur Beschwerung derselben Anwendung. (Musterzeitung.)

b) Das Auftragen der Appreturmasse.

Das Auftragen der Appreturmasse auf die Gewebe geschah in früherer Zeit hauptsächlich mit Hülfe einer Bürste oder indem man das Gewebe in die Appreturmasse eintauchte.

Beide Methoden, obwohl heute noch in beschränktem Masse ange-

wendet, liessen zu wünschen übrig, weil sie eine gleichmässige Vertheilung des Appreturmittels nicht bewirken konnten. Diese ist aber
eine Hauptbedingung für die Appretur.

Die ersten Maschinen zum Stärken resp. zum Auftragen der Appreturmasse, seit Anfang des Jahrhunderts im Gebrauch, bestehen aus Walzenpaaren in einem Trog zur Aufnahme der Masse. Seit den 30er Jahren
indessen begann eine besondere Bewegung für diese Maschinen. Man
verband sie mit Trockenmaschinen u. A.

Die einfachen Stärkmaschinen bilden heute meistens einen Theil
anderer Maschinen. Indessen sind sie für sich doch besondere, selbstständige Maschinen. Sie enthalten einen Trog aus Holz, Metall oder
Stein. Derselbe ist vielfach mit Dampfmantel oder Dampfröhren versehen,
um die eingegebene Appretflüssigkeit zu erwärmen resp. zu kochen. In
dem Troge ist eine Walze aufgestellt, welche in die Flüssigkeit eintaucht.
Eine andere Walze liegt auf der unteren getriebenen und dreht sich durch
Friction um, während das Gewebe zwischen den Walzen hindurchgeht.

Diese einfachste Form ist im Laufe der Zeit mehrfach verändert. Auch
hat man für die Auftragung der Appreturmasse dabei bestimmte Gesichtspunkte festgehalten und danach die Construction eingerichtet. Als solche
sind bemerkenswerth:

    a) Auftrag der Appreturmasse auf eine Seite des Gewebes;
    b) Auftrag auf beide Seiten
        1. in einer Operation,
        2. in getrennten Operationen;
    c) Durchtränken des Gewebes.

Diese 3 Klassen haben allerdings erst dann sich von einander abgehoben, seitdem der von R. Wilson 1860 ausgesprochene Grundsatz:

      „Die Appreturflüssigkeit darf nur soweit flüssig sein, dass sie
      noch nicht von selbst durch das Gewebe durchtritt, sondern auf
      einer Seite verbleibt,"

grössere Annahme fand. Es ist schwer, eine Trennung der seither
vorgeschlagenen Stärkapparate streng durchzuführen, und sehen wir daher
von einer solchen hier ab.

Die Stärkmaschinen zeigen zunächst grosse Variationen in der Methode, die Appreturmasse auf das Gewebe zu bringen. Während A. & R.
Charlton[89]) 1835 im resp. über dem Troge 3 Walzen anordnete, zwei
von Eisen und die mittlere von Holz, und den Stoff anfangs zwischen
den unteren, dann zwischen den oberen mit Druck durchgehen lässt, benutzt A. Cochrane[90]) 1854 als Uebertragapparat der Appreturflüssigkeit
ein über 3 Walzen im Trog endlos sich bewegendes Tuch, über dessen

---

[89]) Spec. No. 6870. 1835
[90]) Pat. Spec. No. 2685. 1854.

Oberfläche die Stoffe geleitet werden und gegen welches sie auf einer der Leitwalzen angedrückt werden. Um die Vertheilung der Masse sorgsam zu vollziehen, lässt er den Stoff dann zwischen Bürsten durchgehen und endlich unter einer oscyllirenden, postirenden Bürste. An Stelle des im Trog. sich bewegenden endlosen Tuches wandte E. Booth ein solches von Drahtgewebe an. — Eine andere Construction von Cochrane ist die, dass er als Uebertragwalze im Trog eine perforirte Metalltrommel rotiren lässt. Eine dritte Construction hat zwei Walzen im Trog, aber hinter denselben eine Bürste zum Verstreichen. — James Cuningham[91]) befördert die Appreturmasse aus dem Trog mit Hülfe mehrerer kleiner Walzen aus Holz an eine grössere Kupferwalze mit Abstreichmesser oder Doctor, auf welcher eine andere Walze sich durch Friction umdreht. Die Kupferwalze geht schneller um als die hölzernen Zubringewalzen, auch schneller, als die Bewegung des Gewebes ist. Es entsteht daher eine Art schmierender Bewegung. James Gilroy[92]) wendet nur eine Walze im Trog an und lässt diese der Bewegungsrichtung des Gewebes entgegengesetzt rotiren. Al. Richardson hat auch nur eine Walze. Das Gewebe bewegt sich in gleicher Richtung mit der Walzenrotation, aber langsamer als diese. Um die Vertheilung besser zu bewerkstelligen, wendet er hinter dem Stärketroge eine entgegengesetzt rotirende Walze an, welche das herankommende Gewebe also berührt und die Stärke vertheilt. Booth & Farmer versehen die Walze im Trog, die entgegen dem Zeug rotirt, mit einem Doctor. Die Presswalze ist klein und leicht, aber es sind dann noch extra zwei Quetschrollen aufgestellt, welche die überflüssig anhaftende Masse auspressen. F. B. Backer hat ebenfalls einen Wischcylinder. Er überträgt ferner die Appreturmasse mittelst Walze an einen mit Zeug bezogenen Cylinder, der sie an das Gewebe abgibt. Auch G. H. Underwood vertheilt die Masse durch Cylinder mit verschiedener Geschwindigkeit. W. Chambers benutzt Bürsten und einen schneller laufenden Wischcylinder.

R. Wilson's[93]) Apparat enthält eine Walze im Trog mit Doctor oder einen Bürstencylinder, aber hinter dem Trog ein System von Stäben zum Ausbreiten mit alternirender Bewegung, zwischen welche durch der Stoff zum Trockenapparat läuft. Das Patent R. Wilson's ist eines der interessantesten, welche je gegeben wurden, weil es eine sehr durchdachte Combination der verschiedenen Appretoperationen enthält, vereinigt gedacht zu einer Continumaschine[94]). Wir wollen dieselbe kurz be-

---

[91]) Pat. Spec. 1854. No. 2667. — Polyt. C. Bl. 1855. 1439.
[92]) Pat. Spec. 1857. No. 341.
[93]) Pat. Spec. 1860. No. 1655.
[94]) Die erste Idee zu solchem Betriebe a continu gab W. Suttcliffe schon 1844, später 1854 Fred. Jolly, der die Stärkmaschinen mit einer Mangel in Verbindung brachte. Auch E. Booth plante 1855 eine solche und brachte 1857 seine Beschwerungsmaschine zu Stande.

schreiben. Der Stoff (Baumwollstoff) wird zuerst in eine Bürstmaschine geleitet, welche Bürstcylinder enthält, die neben der rotirenden Bewegung auch eine alternirende haben. Die Wirkung dieser Maschine bürstet die Härchen des Stoffes auf und ein Schercylinder, unter welchem durch der Stoff dann passirt, schneidet die Haare ab. Der Stoff tritt dann an die Stärkmaschine und erhält einen einseitigen Auftrag von Appreturmasse mit Hülfe der Walze im Stärktroge, welche auch mit Zeug umzogen sein kann, oder mit Hülfe der Bürste an Stelle der Walze. Nach Austritt aus der Stärkmaschine passirt das Gewebe die alternirenden Streichstäbe, welche die Appreturmasse auseinanderstreichen und gleichmässig über die Oberfläche vertheilen. Der Stoff geht dann an den Trockenapparat über, welcher aus mehreren Metallcylindern bestehen kann, die mit heisser Luft oder Dampf beheizt werden, oder auch perforirte Mäntel haben, durch welche die heisse Luft hindurchgetrieben wird, oder welcher besteht aus einer endlosen Kette, welche den Stoff durch eine Trockenkammer führt. Der aus dem Trockenprozess kommende Stoff wird sodann durch eine Maschine für die Presse gefaltet und in einer Wärmpresse, deren Pressplatten durch überhitzten Dampf geheizt sind, gepresst. —

Diese Maschinerie a continu bietet allerdings für ihre Regulirung erhebliche Schwierigkeiten und es ist das System nicht rationell, aber der Gedanke ist vielfach aufgenommen worden und cultivirt. —

Aehnlich ist die Anordnung der Maschine von John W. Welch[95]). Welch lässt die Stoffe, wie sie vom Webstuhl kommen, über ein System von Streichstangen gehen und dann über Heizcylinder, und nun erst also stark erwärmt in den Stärkapparat eintreten. Die vom Gewebe aufgenommene Wärme verdampft dann das Wasser in der Appreturmasse, sodass ein folgendes Trocknen nicht mehr nöthig ist (Fig. 220). Die punktirte Linie a stellt den Weg des Stoffes dar; derselbe umschlingt die Spannstäbe b, b, geht dann um den Spannstab c und die Leitrolle d nach einer Anzahl erhitzter Walzen e, e, die ihn bis zu einem ziemlich hohen Grade erwärmen, und verlässt dann, nachdem er sich noch um die Leitrollen f und i und den Spannstab g gelegt hat, den Heizapparat. Der Spannstab g liegt in einem oscyllirenden Arm h. Die Leitrolle j führt den Stoff in die eigentliche Stärkmaschine ein, deren hauptsächlichste Theile ein mit Stärke gefüllter Trog k, eine Stärkwalze l und mehrere Druckwalzen m, m sind. Der Dampf zur Erwärmung der Stärke wird durch den hohlen Boden n des Troges k eingeführt. Bei der Drehung der Stärkwalze l wird die an deren Oberfläche sich anhängende Stärke aufwärts nach den Druckwalzen m geführt und der Ueberschuss derselben durch schwache Metallklingen o und p abgestrichen. Diese Ab-

---

[95]) Pat. Spec. 1863. No. 1861. — London. Journal 1864. p. 284. — P. C. B. 1864. p. 866.

streicher werden durch Gewichte oder Federn belastet, deren Druck leicht verändert werden kann, damit man im Stande ist, den Stoff nach Bedürfniss mit mehr oder weniger Stärke zu imprägniren. Der untere Abstreicher o taucht in die Stärke ein und ist durchlöchert, damit die Stärkwalze keine losen Fasern mit sich in die Höhe nimmt; das äussere Ende des Abstreichers o und der ganze obere Abstreicher p sind mit Flanell überzogen, welcher die Stärke gleichmässig über die ganze Fläche der Stärkwalze vertheilt. Nachdem der Stoff zwischen der Stärkwalze l und den Druckwalzen m, m durchgegangen ist, wird er von der Leitrolle q abgenommen und nach einander noch einer oder mehreren ganz gleich

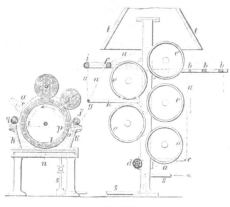

Fig. 220.

construirten Stärkmaschinen zugeführt. Statt mehrerer hinter einander aufgestellter Stärkmaschinen kann man sich auch einer einzigen bedienen, deren Trog aber um so viel verlängern, dass er so viel Stärkwalzen hinter einander aufnehmen kann, als man Maschinen aufstellen würde. Die letzte Stärkwalze l gibt den Stoff an die Wickelwalze r ab oder führt ihn einer Legmaschine zu. Der Dampf zur Erwärmung der Walze e und des hohlen Bodens n wird in der Richtung des Pfeils durch eine Leitung s zugeführt. Die durch die Dampfwalzen e verdampfte Feuchtigkeit wird durch einen Schornstein t abgeführt.

Es sei noch bemerkt, dass Welch die Stoffe also vor dem Erwärmen nicht wäscht, sodass die der Kette des Gewebes ertheilte Schlichte darinbleibt und nun noch der Auftrag der Appreturmasse auf einer Seite des Stoffes hinzukommt. Solche Maschine dient dann vorzugsweise der Beschwerung der Gewebe. In dieser Beziehung freilich eröffnete sie den Reigen nicht, sondern vor ihr bestand schon die Maschine von Booth und Farmer[96]) (1857), welche den Prozess des Appreturmassen-Auftrags mehrfach wiederholt. Diese Maschine enthielt zuerst einen Stärkapparat, welcher

[96]) Spec. No. 2895.

so eingerichtet ist, dass eine grössere Walze im Troge rotirt, auf ihr eine
zweite. Diese Letztere überträgt die Appreturmasse an den Stoff, der durch
zwei Rollen angepresst wird. Das Gewebe geht dann über an eine aufrechtstehende Doppelreihe von 7 Heizcylindern, zwischen denen es emporsteigt, um sodann in einer zweiten Doppelreihe von Trockencylindern
herabzusteigen. Nun passirt das Gewebe eine Leitrollenanordnung, welche
sowohl die Spannung regulirt, als dazu dient, dass das Gewebe mit der
zweiten Seite gegen die Stärkerolle trifft und so auf dieser Seite ebenfalls
Appretur erhält. Nun folgt wieder ein Trockencylinderaufbau von 8 Cylindern zum Heraufführen und 8 Cylinder zum Herabführen. Es wiederholen sich diese Maschinenabtheilungen 4 mal und öfter, je nach Erforderniss. Es ist klar, dass die auf dem Gewebe aufgetragene und sofort fest-
getrocknete Appreturmasse eine ganz bedeutende Quantität erreichen kann
und es ist deshalb die combinirte Stärkmaschine der Herren M. Booth und
J. Farmer als eine Beschwerungsmaschine für Gewebe im vollsten Sinne
des Wortes anzusprechen. Die Walzen im Stärketrog sind hohl und mit
Dampf geheizt. —

Wir kehren zurück zur Besprechung der verschiedenen Stärkmaschinen-
anordnungen.

J. Jones[97]) nahm 1863 ein Patent auf einen verbesserten Stärkapparat. Die Bewegung der Stärkwalze ist bei dieser Maschine der des Stoffs
entgegengesetzt gerichtet, und der Stoff tritt nur mit einem kleinen Bogen
der Stärkwalze in Berührung, die dabei demselben die Stärke mittheilt.
Dadurch werden die Ausquetschwalzen entbehrlich. Die Stärkwalze hat
eine Gravirung von feinen Linien, die von der Mitte nach den Enden zu
in entgegengesetzten Richtungen schräg zulaufen, der Art, dass die beiderseitigen Linien in der Mitte sich schneiden und wie rechts- und linksgängige Schraubenwindungen erscheinen. In der Mitte durchdringen sich
die Linien auf ungefähr $1/_2$ Zoll, damit das Stärken hier keine Unterbrechung erleidet. Diese Gravirung hat den Zweck, den Stoff während
seines Uebergangs über die Stärkwalze breit zu halten. Die Stärkwalze
taucht entweder selbst in den Stärktrog ein oder entnimmt die Stärke einer
andern im Troge liegenden Walze. Ein Abstreicher entfernt das Ueber-
mass an Stärke von der Stärkwalze. Die Oberflächengeschwindigkeit der
Stärkwalze ist ungefähr der Geschwindigkeit, mit welcher der Stoff nach
der entgegengesetzten Richtung sich bewegt, gleich zu machen.

George Hamilton ordnete 1853 eine Stärkmaschine an, welche in dem
Troge eine schnell rotirende Bürstenwalze enthält. Der Trog ist fast ganz
geschlossen und hat nur an der einen Seite oben eine Längsöffnung.
Durch diese wird die Appretmasse fein zertheilt hinausgeschleudert und
trifft gegen einen Cylinder, der sie an das Zeug überträgt. Bottomley

---

[97]) London. Journ., Sept. 1863. pag. 165.

drückt die Stärkmasse durch ein perforirtes Rohr, welches über die Breite des Stoffes reicht, mit Hülfe eines Kolbens heraus, sodass sie fein zertheilt den darunter sich fortbewegenden Stoff bedeckt. Im Uebrigen ist Bottomley's Maschine interessant. Sie hat die Gestalt der Beuth'schen Waschmaschine (S. 45) und enthält zwei Paar aufeinander gepresste Walzen. Das Gewebe wird zu einem endlosen zusammengeheftet und passirt so fortgesetzt den Stärkapparat und die Presscylinder. Die Maschine kann daher auch als Beschwerungsmaschine für Gewebe benutzt werden.

In den M. Baerlein'schen Patentschlichtmaschinen[98]) sind viele Momente für Appretur der Gewebe gegeben und in der That werden dieselben in geeigneter Construction als Stärkmaschinen benutzt. Die Construction der Appreturtröge ist besonders interessant. Dieselben sind mit Kupfer und Messing ausgeschlagen. In dem Troge befinden sich kupferne perforirte Rohre oder nicht gelochte Schlangenrohre. Der Stoff wird über eine Einführwalze und über den Leitcylinder zwischen zwei Stärkwalzen hindurchgenommen (Fig. 221), welche gekuppelt sind und bei Aufdrücken eines Hebels sich aus der Flüssigkeit ausheben lassen, dabei aber von einander entfernt werden, wie Fig. 222 zeigt. Die Fig. 223 aber gibt einen ähn-

Fig. 221.

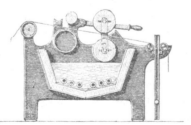

Fig. 222.

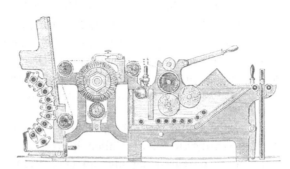

Fig. 223.

lichen Stärketrog in Verbindung mit einem Bürstapparat zur Vertheilung der Masse und einem Lufttrockenapparat mit Heizrohren.

[98]) Polyt. Zeitung 1880. Seite 50 cf. — Thomson, On sizing. London und Manchester 1879.

Höppner hat eine Stärkmaschine mit mehreren Walzen und zwei Stärketrögen eingerichtet, wovon der eine im unteren Theil der Maschine liegt, der andere aber oberhalb des Gewebes. Im letzteren ragt die Walze durch den Boden des Troges hindurch in die Masse.

Henry Bragg[99]) schlug vor, während der Stärkoperation die Luft aus dem Gewebe herauszuziehen, damit die Appreturmasse überall gründlich eindringen und hernach mit Hülfe Durchtreibens von Luft durch das gestärkte Gewebe dasselbe trocknen könne.

J. Townsend[100]) aber richtete 1863 die Centrifuge so ein, dass im Centrifugenkorb eine concentrische kleine Kammer um die Axe gebildet wird zur Aufnahme der Stärkelösung. Diese Kammer hat fein perforirte Wandungen. Im Korb selbst wird das Gewebe placirt: Die Centrifuge wird luftdicht geschlossen, nachdem sie angegangen. Die Centrifugalkraft treibt nun den Stärkebrei durch die Löcher seines Behälters, und durch und in die Poren des Gewebes im Korbe hinein. Ist die Vertheilung der Stärkelösung vollendet, so leitet man erwärmte Luft in die Centrifuge und trocknet so das Gewebe. Soll das Gewebe gedämpft werden, so kann dies ebenfalls in der Centrifuge durch Dampfzuleitung bewirkt werden.

Eine neuere, von den Einsprengmaschinen hergenommene Maschine zur Zerstäubung und zum Aussprühen der Appreturmassen, welche nicht dickflüssig sind, ist von G. Knape in Merane construirt. Wir geben davon Beschreibung und Abbildung unter dem Kapitel Einsprengmaschinen.

Wir erwähnen endlich noch die Uebertragung der Appreturmasse auf das Gewebe mit Hülfe von Mitläufertuchen. Eine solche Einrichtung ist 1854 zuerst von Cochrane angegeben. Das Mitläufertuch empfängt die Stärke und wird mit dem Gewebe auf einen Baum aufgewunden. Diese Methode ist später mehrfach in Benutzung genommen, besonders im Patente des Herrn W. Fuzzard, der ein endloses Metalltuch anwendete. Ein amerikanisches Patent von Lehmann, Marcus & Bradley ordnet die Sache so an, dass der Stärketrog mit Quetschrollen c, c' und Leitrolle von einer Kammer überdeckt ist, deren Decke (punktirt) mit Dampf aus E beheizt wird. Ein endloses Tuch circulirt wie angegeben und auf ihm wird der Stoff durch die Appretmasse geführt und entweder vorher oder nachher erwärmt (Fig. 224).

Als Beispiele heutiger Stärkmaschinen führen wir die aus der Maschinenwerkstätte St. Georgen bei St. Gallen hervorgegangenen Flartschmaschine nach Meissners Beschreibung hier an (Fig. 225).

Das zu stärkende, auf eine Welle k aufgewickelte Gewebe gelangt über zwei hölzerne Spannstäbe l, m in den mit Stärke gefüllten Kasten B und um die in der Appreturmasse eingetauchte Welle i herum zwischen

[99]) Pat. Spec. 1856. No. 2792.
[100]) Spec. No. 3137. 1863.

die beiden Druckwalzen C und D, wird dabei von der überflüssigen Stärkmasse befreit (ausgequetscht) und durch einen hölzernen Haspel h bei Z
niedergelegt.

Dies ist der Gang der Waare in dem Falle, wo beide Seiten des
Gewebes gestärkt werden sollen. Wenn dagegen das Gewebe nur auf
einer Seite gestärkt werden soll, so kann man dasselbe natürlich nicht
durch die Appreturmasse hindurchziehen, lässt es vielmehr von dem
Spannstabe m weg direct zwischen die Druckwalzen gehen, wonach

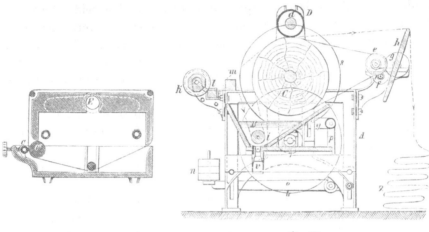

Fig. 224.   Fig. 225.

es wie im vorhergehenden Falle sogleich über den Haspel geht. Der
Stärkekasten B muss alsdann so hoch mit der Appreturmasse angefüllt
werden, dass die untere Walze C in die Masse eintaucht und dieselbe
bei der Umdrehung an das Gewebe abgibt. Damit die Walze die Stärkmasse besser auffasst, ist dieselbe (da sie einen ziemlich grossen Durchmesser haben muss) aus Holz (Buchen- oder Ahornholz) angefertigt
und mit einem Stücke Kattun in mehreren Lagen überzogen. Die obere
Walze D dagegen wird aus Messing angefertigt, da Gusseisen des Rostens
halber nicht angewendet werden kann. Um den Druck dieser Walze auf
das Gewebe nach Erforderniss zu vermehren, ist ein System von Hebeln o,
p, q angebracht, durch welche ein Gewicht n auf die Zapfen der Welle r
presst. Durch Vermehrung oder Verminderung des Gewichtes kann die
Pressung beliebig regulirt werden. Der Haspel oder das Brett h legt das
Gewebe bei seiner Umdrehung faltenweise so nieder, dass die gestärkte
Seite nirgends mit der ungestärkten in Berührung kommt. Wo das letztere
geschieht, entstehen Flecke.

Gewöhnlich wird die Stärkmaschine unmittelbar vor die Trockenmaschine gestellt und geht dann ohne Berührung des Haspels direct auf dieselbe zu. Die Abwindwalze k kann rund oder achteckig sein und wird

wie die Leitwalze i aus Holz angefertigt. Zapfen und Lager der letzteren Welle müssen zur Verhinderung des Rostens aus Messing angefertigt werden. Der Holzkasten B wird mit dünnem Kupferblech überzogen und ist mit Ablassventil v versehen. Der Antrieb geschieht auf die Holz- oder Stärkwalze C, auf deren Axe ausserhalb des Seitengestelles ein Rad 8 aufgekeilt ist, in welches dasjenige 7 eingreift. Auf der Axe des letztern befindet sich die Riemenscheibe 6, welche von einem Vorgelege aus in Betrieb gesetzt wird. Die Maschine ist mit Riemenabstellung versehen.

Wenn die Maschine nur zum Stärken von solchen Waaren benutzt werden soll, die beiderseitig appretirt werden, werden beide Walzen aus Messing angefertigt. Zum Stärken von gestickten und verzierten Stoffen wendet man als untere Walze die mit Kattun überzogene Holzwalze, als obere dagegen mit Vortheil eine mit Kautschuk überzogene Gusswalze an.

Die Zeichnung gibt die Maschine in $1/_{12}$ der wirklichen Grösse. Die Durchgangsgeschwindigkeit des Gewebes zwischen den Walzen C, D und somit die Anfangsgeschwindigkeit der letztern soll 0,100 und 0,12 m pro Secunde betragen. Die Maschine erfordert $1/_3$ Pferdekraft zum Betriebe, wiegt bei 1,200 m brauchbarer Breite 24 Ctr.

Für das Auftragen der Appreturstoffe, welche eine Decke auf dem Gewebe bilden sollen, wie wir oben (Seite 372 cf.) bereits angaben, für die Ueberziehung der Gewebe mit Kautschuk, Firnissen, Lacken, Wachs etc. bedient man sich besonderer Auftragmaschinen, die im Allgemeinen den vorbeschriebenen Maschinen ähneln, indessen für die gleichmässige Vertheilung der Appreturstoffe besonderer Einrichtungen bedürfen.

Eine sehr gute und vielangewendete Maschine derart ist die von Sorel[101]) in Paris. Die Hauptsache in dieser Maschine ist ein Streifen von vulcanisirtem Kautschuk oder von anderem Material, das hohe Temperatur ertragen kann, zum Ausbreiten der Appreturmassen auf dem Gewebe, welches letztere zwischen diesem Streifen und einer heissen Walze durchgeht. Der Kautschukstreifen wird in den Spalt eines hohlen Metallkörpers eingesetzt, der ebenfalls durch Dampf geheizt wird und vertical über dem Metallcylinder liegt. (Fig. 226 u. 227.)

In der Nähe dieser geheizten Metallkörper befindet sich das Material für den zu gebenden Ueberzug, das durch die Wärme erweicht wird, und wenn man das mit dem Ueberzug zu versehende Gewebe fortrücken lässt, so befestigt sich dieser Ueberzug darauf und der Kautschukstreifen lässt nur die erforderliche Menge zutreten. Will man auf dem Ueberzug des Gewebes ein zweites Gewebe oder einen anderen Stoff befestigen, so bringt man denselben in dem Augenblicke auf den Ueberzug, in welchem das überzogene Gewebe den Kautschukstreifen verlässt.

Mittelst dieser Maschine kann man auf die Gewebe heisse oder kalte Ueberzüge auftragen, Kautschuk in gelöstem Zustande, oder in der Wärme mit anderen Substanzen gemischt, namentlich mit Guttapercha oder harzigen oder fetten Substanzen oder Mineralpulvern etc. Unter den pulverförmigen Substanzen, welche

---

[101]) Génie industr. 1865. S. 42. — Polyt. Centralblatt 1865. 440.

man auf den Ueberzügen befestigen kann, sind zu nennen: Scherwolle, Thierhaare, Baumwolle, Seide und alle anderen Faserstoffe in mehr oder weniger feiner Zertheilung, Holz, Kork und Leder in Pulverform, Graphit, metallische und erdige Pulver, Sand u. s. w.

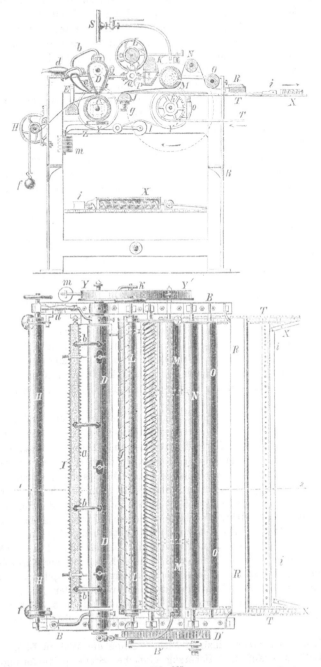

Fig. 226—227.

Fig. 1 zeigt diese Maschine im Grundriss, Fig. 2 im Verticaldurchschnitt nach
der Linie 1—2. Zwischen den beiden gusseisernen Gestellwänden B ist ein hohler,
mit Dampf geheizter Cylinder C gelagert, an welchen der Stoff in dem Augenblicke
herantritt, in dem er den Ueberzug aufnimmt. Unmittelbar über diesem Cylinder
liegt ebenfalls über die ganze Breite der Maschine der hohle Metallkörper D,
welcher an seinem unteren Theile der ganzen Länge nach einen Spalt zur Aufnahme
des vulcanisirten Kautschukstreifens enthält. Dieser Kautschukstreifen ragt um
einige Millimeter aus dem Spalt heraus und befindet sich in Berührung mit dem
Cylinder C. Der Metallkörper D ist um seine Axe beweglich und kann mit Hülfe
des Hebels d um eine halbe Umdrehung gestürzt werden, wenn man den Kautschukstreifen auswechseln und den Cylinder C reinigen will. Er ist ebenfalls durch
Dampf geheizt, der durch die Röhren b aus dem mit einem Dampfkessel in Verbindung stehenden Behälter E zugeführt wird, während der Cylinder C, sowie der
zweite Cylinder M ihren Dampf von dem Rohre S aus erhalten.

Der Behälter E hat eine gekrümmte Gestalt und bildet einen gegen das Untertheil des Metallkörpers D gerichteten spitzen Schnabel. Dadurch entsteht ein auf
beiden Seiten geheizter Trichter a, der zur Aufnahme des auf dem Gewebe auszubreitenden Ueberzugs dient. Das zu überziehende Gewebe ist auf die Holzwalze H
aufgewickelt, welche an ihren beiden Enden mit Lederstreifen versehen ist, an denen
die Gegengewichte f hängen. Durch die hierdurch erzeugte Reibung wird der Abwickelung des Stoffes ein gewisser Widerstand entgegengesetzt. Der Stoff selbst
geht von hier über den mit schrägen und divergirenden Einschnitten versehenen
Breithalter I auf den geheizten Cylinder C über, nimmt den Ueberzug auf und wird
dann einem zweiten Breithalter J übergeben, der dem ersten ähnlich und nur insofern von demselben verschieden ist, als er mit Hülfe einer Stellschraube nach Bedürfniss höher oder tiefer eingestellt werden kann. Der zweite hohle Metallcylinder M, auf welchen der überzogene Stoff von hier aus gelangt, ist ebenfalls mit
Dampf geheizt und vermittelt die Vereinigung dieses Stoffes mit einem zweiten, von
der Walze L abgewickelten und über den dritten Breithalter K herbeigeführten
Stoff zu einem Doppelstoff. Zur Beförderung und Sicherung des Anhaftens erhält
der Doppelstoff noch ein Mal durch die glatten Holzwalzen N und O einen Druck,
worauf er sich endlich auf einen beweglichen Tisch mit veränderlicher Spannung
begibt.

Zur Erzeugung der Spannung dienen zwei Federwagen, die durch Lederstreifen an
dem einen Ende mit der Zange i zum Festhalten des Doppelstoffs und an dem anderen
Ende mit den beiden endlosen Ketten T verbunden sind. Diese Federwagen X dienen zum
Messen der Zugkraft, welche auf den Stoff ausgeübt wird, wenn er unter den Metallkörper D tritt, um den Ueberzug aufzunehmen. Die Spannung selbst kann man nach
Bedarf mehr oder weniger vergrössern, indem man mehr oder weniger Gewichte m auf
den Spannapparat Z auflegt, der durch die Rolle l auf den die beiden Schrauben Y und Y'
verbindenden Riemen k wirkt. Die letztere Scheibe Y' sitzt auf der Axe der beiden
Ketträder U. Die von den Kettenrädern U getriebenen Ketten T entfernen sich
ziemlich weit von der Maschine und gehen hier, da sie in sich zurückkehren, noch
ein Mal über Räder. Zwischen ihnen befindet sich der mit einer gewölbten Metallfläche versehene, bewegliche Tisch, welcher mit Dampf geheizt wird und zum
Trocknen des Doppelstoffs dient. Der Durchmesser der Räder U muss etwas kleiner
sein, als der des Cylinders C, damit die Geschwindigkeit, mit welcher der Stoff mit
dem Tisch sich fortbewegt, etwas kleiner wird als die Oberflächengeschwindigkeit
des Cylinders C.

Für Stoffe von einer einzigen Dicke werden die Walzen L, M, N und O entbehrlich. Will man auf dem Ueberzug einfacher Stoffe pulverförmige Substanzen
befestigen, so bedient man sich des mit einem Siebboden versehenen Gefässes P,

dem man vermittelst des Sternrades Q eine geringe schüttelnde Bewegung ertheilt. Durch die Bürste R wird das Pulver gleichmässig ausgebreitet.

Ihre Bewegung erhält die Maschine durch die Kurbel B′, welche durch das Stirnrädervorgelege C′, D′ die Axe der Räder U und der Scheibe Y′ treibt; letztere ist wie erwähnt durch einen Riemen k mit der Scheibe Y verbunden und treibt dadurch den Cylinder C. Ist der zu überziehende Stoff sehr dick, so bedarf es des Riemens k gar nicht, indem dann der Cylinder C durch den sich fortbewegenden Stoff selbst in Drehung gesetzt wird.

Solchen Stoffen, welche mit Scherwolle oder ähnlichen Substanzen bedeckt worden sind, gibt man nach dem Auftragen dieser Decken eine geringe auf und nieder gehende Bewegung. Hierzu dient das Sternrad n und die Stange o (Fig. 2), welche letztere oben mit horizontal unter dem Stoff ausgespannten Schnuren verbunden ist. Das Sternrad n drückt die Stange o nieder, diese spannt dabei die Schnuren an, und sobald der treibende Stern die Stange verlässt, schlagen die Schnuren gegen die untere Fläche des Stoffs und die Scherwolle springt in die Höhe und fällt dann in verticaler Richtung auf den Ueberzug nieder. Der beschriebene Mechanismus befindet sich auf beiden Seiten der Maschine.

Wir gehen nun auf die Beschreibung der verschiedenen Verfahrungsweisen über, um einfache und veloutirte Stoffe zu überziehen, Doppelstoffe herzustellen und Papier zu überziehen. Wenn der Ueberzug in heissem Zustande angewendet werden muss, so führt man den Dampf in den Körper D und den Cylinder C ein. Man kann einen ohne den anderen erhitzen und erhitzt den Cylinder C um so stärker je mehr der Ueberzug in den Stoff eindringen soll.

Der zu überziehende Stoff wird auf die Walze H gewickelt und mit seinem freien Ende in die Zange i gespannt, die dann unter dem Metallkörper D weggezogen wird. Nachdem dies geschehen, bringt man in den Trichter a das Material, mit dem der Stoff zu überziehen ist, und setzt durch Drehung der Kurbel B′ die Kette T, an welcher die Zange i befestigt ist, in Bewegung. Bei Doppelstoffen kann man die endlosen Ketten durch Cylinder ersetzen.

Will man einen Ueberzug mit gleichmässiger und glatter Oberfläche erhalten, so bringt man in das Gefäss P Graphit, Talk oder thonige Substanzen, in Pulverform oder auch andere absorbirende Substanzen, die man mit Kienruss oder anderen Farbmaterialien färbt. Der so überzogene Stoff kommt unter die Bürste R, welche die Pulverschicht gleichmässig ausbreitet und den Ueberschuss zurückhält. Wenn der Stoff die Bürste R passirt hat, bürstet ein Arbeiter über dem zurückgebliebenen Pulver mit einer langhaarigen Handbürste, und nachdem ein anderer Arbeiter den Firniss aufgetragen hat, so wird der Stoff über den mit Dampf geheizten Tisch abgezogen, wobei der Firniss trocknet und mit dem Ueberzug innig verbunden wird. Wird diese Arbeit mit Pulver ausgeführt, so setzt man den Apparat n, o ausser Thätigkeit, der überhaupt nur dann in Gebrauch genommen wird, wenn man Scherwolle oder ähnliche Substanzen aufträgt. Bei letzteren Substanzen nimmt man die Bürste R weg und unterlässt das Firnissen; dagegen trägt man noch ein Mal ein Pulver von dem gleichen Material, das man durch das Gefäss P aufgegeben hat, auf den Stoff auf, nachdem derselbe auf den Tisch gelangt ist.

Durch Anwendung verschiedenfarbiger Scherwollen und Pulver kann man auf den Stoffen Muster erzeugen. Zu diesem Zwecke befestigt man auf dem überzogenen Stoff befeuchtete Platten aus Metall, Leder, Wachsleinwand oder einer anderen Substanz, die das Muster à jour enthalten, und breitet die Scherwolle oder das Pulver auf dem so bedeckten Stoff aus. Dann nimmt man die Musterplatten und breitet ein Pulver von anderer Farbe auf dem Stoffe aus.

Doppelstoffe werden auf folgende Weise hergestellt: Das auf den überzogenen Stoff aufzutragende Gewebe ist auf der Walze L aufgewickelt, geht von da über

den Breithalter K und vereinigt sich unter der geheizten Walze M mit dem überzogenen Stoff. Die feste Verbindung der beiden Stoffe, die durch die Wärme der
Walze M bereits eingeleitet ist, wird durch den Druck der Walzen N und O vollendet. Wäre der Stoff immer noch nicht hinreichend vereinigt, so würde der geheizte
Abzugstisch die Operation vollenden; meistens aber braucht man bei Herstellung
von Doppelstoffen den Abzugstisch gar nicht zu heizen. Um Papier zu überziehen,
legt man dasselbe auf eine Leinwand und lässt es mit der Leinwand unter dem
Metallkörper D durchgehen.

Endlich kann man mit dieser Maschine undurchdringliche Stoffe für Kleider,
Wagendecken, Zelte etc. herstellen. Durch Bedecken des Ueberzugs mit Scherwolle
erhält man veloutirte Stoffe, die Tuch und Sammet, in manchen Fällen auch das
Leder ersetzen, z. B. für Tapeten, Vorhänge, Wagenverkleidungen, Cartonagen,
Hüte, Schuhwerk etc. Bedeckt man den Ueberzug mit Graphit oder Metallpulver,
so erhält man Stoffe von anderem Ansehen, die aber ebenfalls undurchdringlich sind.

Für solche Zwecke kann man auch die Tulpin'sche, eigentlich für
Papier construirte Stärkmaschine und Vertheilungsbürste benutzen, die wir
in Abbildung (Fig. 228) beibringen. Bei dieser Maschine befindet sich
vorn der Stärketrog mit einer Walze, welche die Appreturmasse an eine
Oberwalze überträgt. Letztere gibt sie an den Stoff, welcher vom Waarenbaum um einen Cylinder läuft, den die Oberwalze berührt. Eine Leisten-
bürste streift das Ueberflüssige der Masse ab. Ist der Stoff oberhalb des
Cylinders in eine horizontale Ebene gekommen, so vertheilen die vier
Bürsten, denen eine hypocycloidische oder andere entsprechende Curvenbewegung ertheilt wird, die Masse gleichmässig auf dem Gewebe. —

Zum Imprägniren und Ueberziehen der Stoffe mit sehr dicken Appretursubstanzen dienen meist Apparate, bestehend aus einem Walzenpaare mit
Trog, der die Appreturflüssigkeit aufnimmt. Diese Maschinen sind bereits
alt und werden in ihren Grundzügen wohl kaum verbessert werden können.

H. Löwenberg in Charlottenburg[102] hat eine Maschine construirt, um Gewebe
beim Ueberziehen mit starker Appretur gleichsam plastisch zu bedrucken. Der
Apparat ist sehr hübsch erdacht. Ein endloses starkes Tuch über Rollen bildet
einen langgedehnten Tisch. Durch einen Trichter gelangt die Appreturmasse an
das endlose Tuch, auf welchem eine biegsame Form hergestellt ist, und breitet sich
darauf aus. Der Stoff, auf welchem die reliefirte Masse haften soll, kommt von
oben herab und wird gegen die Masse und das endlose Tuch mittelst Walzen angedrückt. Nachdem nun diese Schichtung den ganzen Weg mit dem endlosen Tuch
durchlaufen hat, trennt sich der Unterlagstoff mit dem plastischen reliefirten Ueberzug und geht über eine Walze aus der Maschine. Eine Farbenwalze, welche die
Farbe durch eine Uebertragwalze aus dem Gefäss für die Farbe erhält, gibt deren
auf die Oberfläche des Reliefs auf dem endlosen Tuch ab. Man erzielt also neben
dem plastischen Effect auch einen farbigen.

Auf ganz denselben Prinzipien beruht die Maschine zur Fabrikation von Ledertuch mit Oberflächen, welche in ihrem Ansehen dem der Muster-Gewebe, Damaste etc.
ähneln, von H. Pächter in Berlin[103]. Hierbei wickelt sich das Gewebe, welches
die Impression auf den plastischen Stoff hervorbringen soll, von einer Walze ab,
der Unterstoff von einer anderen. Beide gehen vereint durch zwei Presswalzen,

---

102) D. R. P. No. 7317. Löwenberg.
103) D. R. P. No. 236. Pächter.

nachdem die Masse dazwischen gefüllt ist, und winden sich auf eine grosse Trommel auf. — Auch R. Jäckel in Berlin[104]) bedient sich derselben Methode mit unwesentlichen Abweichungen. Das Muster ist endlos über Walzen ausgespannt, der Unterlagstoff wird durch Presswalze und Platte angedrückt, nachdem die Masse dazwischen eingeführt ist. Die Formmasse für Herstellung von Reliefs besteht aus Leim, Gly-

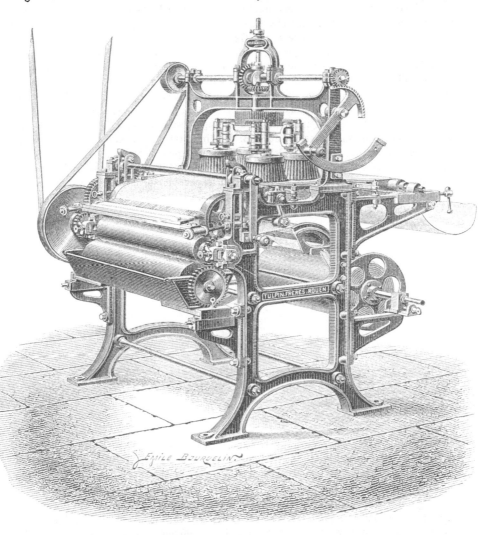

Fig. 228.

cerin und Holzessig. Nachdem die Oberfläche erkaltet ist, wird sie mit essigsaurem Eisen gehärtet. Die plastische Appretürmasse besteht aus Leim, Glycerin, Leinöl, Seife, Gallussäure, Chromsäure und Farbstoffe. — Eine Art Lackirmaschine ist von E. A. Keffel in Tannenbergstal bei Jägersgrün i. V. erfunden[105]). In derselben wird die Lackirmasse mittelst einer Walze auf das oberhalb der letzteren hinweg-

104) D. R. P. No. 2799. Jaeckel.
105) D. R. P. No. 9754. Keffel.

geführte Papier, Papier mit Gewebe beklebt, oder Gewebe allein aufgetragen. Die Walze taucht in die in einem Trog befindliche Lackirmasse, welche durch Wärme immer hinreichend flüssig gehalten wird. Die überflüssige Masse wird durch eine Abstreichvorrichtung entfernt und die etwa gebildeten Falten werden durch eine Spannfeder beseitigt.

William Rumney in Manchester[106]) hat eine Druckmaschine gebaut, in welcher die Farbewalzen e nicht unmittelbar mit dem Gewebe auf Cylinder d in Berührung kommen. Zwischen Farbewalze e und Gewebe b wird eine endlose Schablone c geführt, bestehend aus Spitzengewebe, mit Figuren bedruckten Musselinstreifen und Aehnlichem. Die Farbe oder die gefärbte Appreturmasse wird durch diese Schablonengewebe, die nicht von den aufgedruckten Dessins bedeckt werden, hindurchgedrückt und die erzielte farbige und appretirte Zeichnung bringt, entsprechend dem Gefüge des Schablonengewebes Dessins hervor. Das als Schablone dienende Spitzenband c wird an den beiden Seiten mit Kautschuklösung, Lack etc. bestrichen und steif gemacht. Ebenso geschieht es, wenn z. B. Gardinenstoffe als Schablonen dienen. Bei Musselin werden die Dessins, welche im Gewebe ungefärbt bleiben sollen, mit solcher Lacklösung zuvor versehen. Nach dem Aufdruck wird das Schablonenband besonders geführt und getrocknet, bevor es in die Druckmaschine zurückkehrt. Der gedruckte Stoff geht auf eine Trockenmaschine über (Fig. 229).

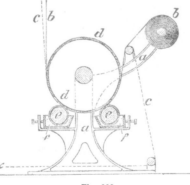

Fig. 229.

J. J. Sachs in Barrow (Furness) stellt Druckmuster so her, dass er Gewebe irgend welcher charakteristischer Bindung auch Spitzen, Gestricke etc. mit Metallsalzen imprägnirt und die metallischen Substanzen durch Säurebäder etc. (besonders schweflige oder Schwefelsäure oder schwefligsaures Natron) auf den Fasern befestigt, oder indem er die Gewebe mit Chromgelatine, Lösungen von Kautschuk, Gerbstofflösungen etc. präparirt und sie dann der chemischen Wirkung des Lichtes aussetzt. Hierdurch wird an den von Licht getroffenen Stellen der Ueberzug unlöslich, während derselbe von den übrigen Stellen leicht weggeschafft werden kann. Die so erhaltenen Musterformen werden präparirt und auf einer Druckplatte oder Druckcylinder als Form aufgezogen und mit Farbe oder Appreturmasse versehen. Es ist ersichtlich, dass man mit solchem Druckcylinder eine Anzahl Stücke zugleich bedrucken kann, welche durch Presswalzen radial herangeführt werden[107]).

106) D. R. P. No. 8622. Rumney.
107) D. R. P. No. 9076. Sachs.

c) Das Eintreiben der Appreturmasse.

Wir haben unter Abtheilung a) besondere Rücksicht genommen auf das Auftragen der Appreturmasse und die Vertheilung derselben auf dem Gewebe und haben schon hingewiesen auf den Zweck ·der Walze, die oberhalb des Zeuges aufliegt und dasselbe gegen die untere Walze andrückt. Diese Walze ist immer eine Art Presswalze, umsomehr, je stärker sie mit ihrem eigenen grösseren Gewicht oder durch besondere pressende Belastungen auf die untere Walze drückt. Die Folge des Druckes wird aber sein, dass die Appreturmasse kräftig in die Poren des Stoffes eingetrieben wird. Es liegt also auf der Hand, dass man für Stoffe, die nur einseitig appretirt werden sollen, starke Pressrollen nicht anwenden darf, weil sonst die Appreturmasse durch das Zeug hindurchgedrückt und so dasselbe ganz damit imprägnirt wird. In sehr vielen Fällen liegt aber die bestimmte Absicht vor, das Gewebe durch die Dicke hin mit Appreturmasse zu versehen, wenn auch nicht immer beide Seiten gleichviel derselben empfangen.

Für solche Zwecke benutzt man nun den mechanischen Druck, entweder

1. Cylinderdruck,
2. Stampfdruck (Stoss).

1. Die Maschinen mit Cylinderdruck sind meistens so eingerichtet, dass auf der Stärkwalze, die im Troge läuft, eine oder mehrere Walzen übereinander umlaufen. Diese Walzen sind von Eisen, Kupfer, Steinmasse, Holz, — je nachdem es für die Appreturmasse und den Stoff dienlich ist. Sie bilden durch ihr eigenes Gewicht bereits eine sehr erhebliche Belastung. Indessen reicht dies Gewicht vielfach nicht. hin. Man sucht daher das Gewicht zu vermehren durch künstlich hervorgebrachten Druck mittelst Gewichtsbelastung an Hebeln, durch Federdruck, durch Aufeinanderschrauben u. s. w. Solche Maschinen erhalten dann vielfach den Namen **Stärkekalander** (Starch Mangle).

Für diese Maschinen ist es nicht gerade nöthig, dass die erste Walze im Troge sich dreht und die Appreturmasse aufnimmt, vielmehr ist es bei Stärkekalandern von mehreren Walzen über einander vielfach Gebrauch, den Stoff durch die Flüssigkeit selbst hindurchzuleiten, um eine Rolle im unteren Theile des Troges herum, und dann an die unterste Walze zu führen. Der Stoff nimmt dann natürlich auf beiden Seiten Appreturmasse auf.

Wir geben hier die Beschreibung eines Stärkkalanders von Fr. Gebauer in Charlottenburg. (Fig. 230 u. 231.) Die Wangen des starken aufrechtstehenden Gestelles haben einen verticalen Schlitz, in welchem die Lager der Walzen einpassen resp. verschiebbar sind. Die Lager r zur Aufnahme der

Zapfen des untersten Cylinders c sind am Fusse des Schlitzes eingesetzt. Das Lager q für die Walze b hängt mit einem starken Arm p an dem Hebel o, der mit Gewichten u belastet, durch t verstellbar ist. Die Walze a lagert in Lagern s, die an den Spindeln k hängen. Die Spindeln k schrauben sich in der Bekrönung der Wangen und werden durch conische Räder von der Welle m her eingestellt. Das Gewebe kommt von d herab, geht über die Streichstange e unter der gleichen Stange f hindurch über die Rolle g

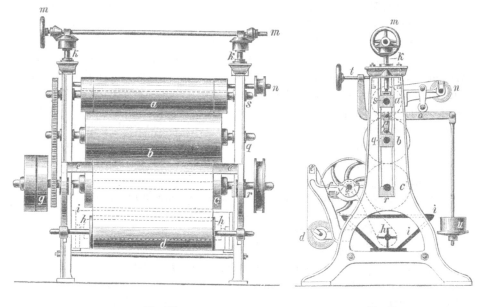

Fig. 230.   Fig. 231.

hinab nach dem Stärketrog und hier unter h durch. Nun tritt der Stoff an die untere Walze c, zwischen dieser und b durch, an b herum, durch b, a und an a herum nach der Aufwickelwalze n.

Als einfachster Stärkkalander ist die sogenannte Klotzmaschine (Fig. 232) zu betrachten. Diese enthält die beiden Presswalzen a, b, deren untere gegen die obere mittelst Hebel o, drehbar um m, p, l, drehbar um n, c angepresst wird. Der Stoff kommt von i, geht über die Streichschiene h unter die Rolle g her, über f hinunter in die Appreturmasse, um e, d herum und zwischen die Walzen a, b hindurch nach der Aufwickelwalze k oder dem Fachapparat q. Mather & Platt in Salford machen den Mittelcylinder klein, den oberen und unteren aus Sycomoreholz von grossem Diameter.

Die Idee, starken Druck beim Imprägniren der Stoffe mit Appreturmasse zu geben, ist bereits im Patent A. & R. Charlton (1835) enthalten. In diesem Patent ist der Druck zwischen der unteren Eisenwalze und der Holzmittelwalze sehr stark, der zwischen oberer Eisenwalze und Holzwalze nur schwach. 1858 gab Laberie eine besondere Stärkkalanderconstruction an und 1865 Rob. Howard.

Eine andere Bezeichnung solcher Stärkmaschinen ist der Name Paddingmaschinen. 1853 erschien zuerst im Patente J. Worrall jr. der Ausdruck Paddingmaschine (padding on or otherwise impregnated, pad on). Für die sogenannten Paddingmaschinen, die weniger für

Fig. 232.

eine Stärkappretur, sondern besonders für Appreturmassen gummöser Natur und ähnliche benutzt werden, ist das Charakteristische, die geringe Dimension der Druckwalzen. Im Uebrigen aber werden auch hierbei 2 bis 3 Walzen durch Hebelbelastung und Schrauben aufeinander gepresst und der Stoff geht unter einer Walze im unteren Trogtheile durch die Flüssigkeit hindurch. — Sehr ähnlich und in vielen Fällen identisch sind die Maschinen, welche den Namen Foulard tragen. Die in perspectivischer Ansicht beigegebenen Abbildung (Fig. 233)*) einer solchen Maschine von Pierron und Dehaitre lässt erkennen, wie der Stoff sich von der vorderen Walze abwickelt, durch Stäbe gleitet und sich ebnet, über eine Ausbreit-schiene geht und sodann unter die in dem Trog, der durch Zahnstangen stellbar ist, eintaucht und durch die beiden Presswalzen emporsteigt, den Ausbreitapparat passirt und zur Ablegvorrichtung streicht.

Wir beschreiben nun nachstehend eine Paddingmaschine aus der A. Kiessler'schen Maschinenfabrik A. G. zu Zittau.

---

*) Fig. 233 auf nebenstehender Tafel.

Die Maschine, Fig. 234, dient zum ein- und beidseitigen Stärken baumwollener und halbwollener Waaren gewöhnlicher Qualität.

Sie besteht im Wesentlichen aus einem an dem gusseisernen Gestelle A angebrachten hölzernen Stärkekasten H mit einem gusseisernen Quetschwalzenpaare F und G mit starkem Hebeldrucke B, B₁, C, D und E. Das zu stärkende Gewebe gelangt von der lose in das Lager a ein-

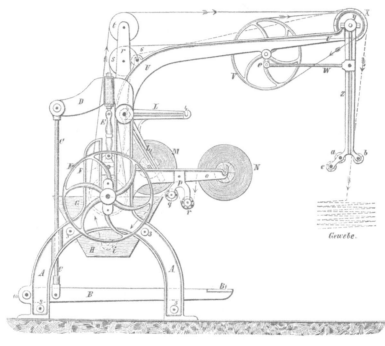

Fig. 234.

gelegten Abwindwelle N über die Leitwalze q und r in den Stärketrog H und um die Stärkwalze i herum (welche ganz in die Stärke eingetaucht ist) zwischen die Quetschwalzen F und G, wo die überflüssige Stärkmasse ausgepresst wird. Von hier begibt sich die Waare entweder über eine an dem Arme U angebrachte Leitwalze 6 zu dem Fachapparat X, Z, von welchem sie niedergefaltet wird; oder aber sie wird, wenn sie nicht gefacht werden soll, auf einer Kaule M aufgewickelt, welche durch den Winkelhebel L, L₁ und ein bei 4 angehängtes Gewicht fest gegen die obere Quetschwalze F angedrückt wird. Soll das Gewebe blos einseitig gestärkt werden, so gelangt es von der Leitwalze q weg direct zwischen die Quetschwalzen, deren untere G in die Stärke eintaucht und dieselbe bei der Umdrehung an die untere Seite der Waare abgibt. Die untere Quetschwalze G ist hohl und hat $1\frac{1}{4}''$ Rhl. Wandstärke, die obere Walze F dagegen ist vollgegossen, um durch ihr Gewicht auf das Gewebe zu wirken. Gewöhnlich werden beide Walzen mit Kattun überzogen.

Die beiden seitlichen Gestelle A sind durch besondere schmiedeiserne Traversen 3 zusammengehalten. Der Facher erhält seine Bewegung durch einen Riemen, welcher von einer auf der untern Quetschwalzenaxe angebrachten Riemenscheibe über die am Arme r angebrachten Leitrollen s und t

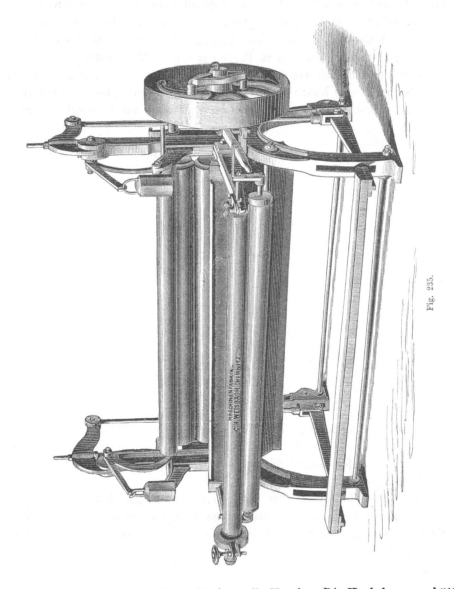

Fig. 235.

nach der Riemenscheibe X der Facherwelle Y geht. Die Kurbelaxe e erhält ihre Drehung durch die Riemenscheibe V von X aus. Die Facherwellen a und b haben einwärts gerichtete voreilende Bewegung, um ein Stauchen der Waare zu verhüten. — Die vorstehende perspectivische Illustration (Fig. 235) gibt eine Ansicht der Paddingmaschine von C. H. Weisbach in Chemnitz mit zwei eisernen gedrehten und geschmirgelten Walzen, bestimmt zum Seifen, Färben und Stärken von ganz- und halbwollenen Geweben.

Man combinirt auch solche Paddingmaschinen zu sogenannten Doppelpaddingmaschinen[108]), gebraucht diese zu ganz satten Appreturen.

Derartige einfache und Doppelpaddingmaschinen werden ausgeführt von C. H. Weisbach in Chemnitz, Zittauer Maschinenfabrik A.-G., Gebr. Bovensiepen in Elberfeld, Aders Preyer & Co. in Manchester u. A.

Um Wollstoffe mit Appreturmasse zur Beschwerung zu imprägniren, hat die H. Thomas'sche Maschinenfabrik folgende sogenannte Beschwerungsmaschine construirt (Fig. 236). Der Stoff wird auf b gelegt und über

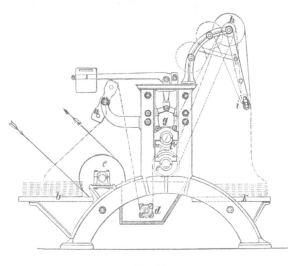

Fig. 236.

das Prisma a eingeführt in den Trog, der die Appreturmasse enthält, hier geht er um die Walze d herum und dann durch die Walzen e, f, um über h und i auf k aufgetafelt zu werden. Das Hebelwerk g presst die Walze f gegen e.

2. **Stampfkalander** zum Eintreiben der Stärken sind von Cochrane 1853 angegeben. Indessen haben diese Stampfmaschinen für dieses Stadium der Fabrikation keine Bedeutung erlangt. (Siehe Beetling Maschinen später.) —

---

[108]) Siehe eine Abbildung solcher bei Meissner, Appreturmaschinen. Springer. Berlin. Tafel 20.

Das Ebnen und Glätten der Gewebe.

Das Ebnen und Glätten der Gewebe ist eine der wichtigsten Operationen der Appretur und zwar eine Schlussoperation (Finishing process) der eigentlichen Appreturarbeiten. Nachdem die Gewebe gereinigt und mit Appreturmasse imprägnirt, oder aber gewaschen, gewalken, gerauht und geschoren sind, soll das Ebnen und Glätten die letzten zurückgebliebenen Unebenheiten der Geweboberfläche, Falten und Verzüge beseitigen und derselben eine möglichst dauerhafte, bleibende Ebenheit verleihen. Dabei wird darauf Rücksicht genommen, ob die Oberfläche glänzend oder matt sein, ob sie gewisse Effecte (Moirée etc.) zeigen soll u. s. w.

Im Allgemeinen wird das Ebnen oder Glätten vollzogen:

a) für Wollstoffe, indem man sie heiss presst (resp. heiss kalandert),

b) für Seidenstoffe, indem man sie presst,

c) für Leinenstoffe, indem man die gestärkten trocknen Gewebe etwas anfeuchtet und kalandert (resp. im Stampfkalander behandelt) oder mangt,

d) für Baumwollstoffe, indem man sie (gestärkt und getrocknet) anfeuchtet, kalandert oder mangt,

e) für Halbwollwaaren, indem man die mit Appreturmasse versehene trockene Waare heiss presst (resp. heiss kalandert).

Als eine den verschiedenen Hauptgattungen von Geweben gemeine Operation ist noch hinzuzufügen: das Strecken, Breiten. Ferner tritt eine Bearbeitung, wenn auch nicht so durchgehend für alle Hauptgattungen anwendbar auf, — das Dämpfen der Gewebe. Dasselbe wird indessen für die verschiedenen Stoffe nicht an der gleichen Stelle der Operationsreihe vorgenommen, sondern bald hier bald da eingeschoben. Wir haben also nunmehr folgende Operationen und die Maschinen dazu in diesem Abschnitt zu betrachten:

1. Einsprengen,

2. Dämpfen,

3. Glätten

α) im Kalander,

β) in der Mange,

γ) in der Presse,

4. Ausbreiten, Strecken, Spannen.

Hierzu kommen als 5. Abtheilung die Methode, die Oberfläche der Gewebe mit Mustern in Einpressung zu versehen, und anderweite besondere Ausrüstungsmethoden.

I. Das Einsprengen der Waare.

Das Einsprengen der Waare hat vorzugsweise bei vegetabilischen Geweben statt. Da es darauf ankommt, die Benetzung (Mopsen, Arrosiren) der Gewebe in möglichst gleichmässiger Vertheilung des Wassers zu erreichen, so kann diese Operation nicht mit der Hand vorgenommen werden, sondern mit continuirlich betriebenen Einsprengapparaten (Machine à arroser, damping m., sprinkling m.).

Man hat freilich auch versucht, durch Zusatz eines hygroskopischen Salzes zur Appreturmasse dem Stoff diese Feuchtigkeit zuzuführen und in der That ziehen Stoffe, welche in der Appreturmasse Chlorcalcium u. a. enthalten, bei längerem (3—4 St.) Hängen in kühlem Raume hinreichend Feuchtigkeit an sich, um für den Mangel- resp. Kalanderprozess genügend feucht zu sein. Dr. A. Spirk gab eine solche, in diesem Sinne brauchbare Appreturmasse an: In 100 Quart Weizen- und Kartoffelstärkemehlkleister werden 4—6 Loth Chlorcalcium gelöst[108a]). Allein die Benutzung solcher Salze ist nicht immer thunlich, sei es aus Rücksicht auf die Stoffe selbst, sei es aus Rücksicht auf die Farben derselben. Ferner zeigt sich der Uebelstand, dass, da man das Chlorcalcium resp. die hygroskopischen Salzbeimischungen nach dem Glätten nicht wieder entfernen kann, die Stoffe also für immer eine grosse Neigung bewahren, Feuchtigkeit aus der Luft anzuziehen, was natürlich mannigfaltige Uebelstände mit sich führen kann. Deshalb ist diese Methode wenig in Gebrauch gekommen. — Ferner hat man die die Stoffe anzufeuchten versucht, indem man sie durch den Kalander durchgehen liess mit einem feuchten Tuch (Mitläufertuch) zusammen. Allein auch diese Methode ist nur für einzelne Fälle anzurathen und erschwert oft die Operation des Glättens wesentlich. — Seit Einführung der Centrifugal-Trockenmaschinen hat man öfter probirt mit diesen die vorher mit Wasser getränkten Stoffe so weit zu entnässen, dass sie nur den nothwendigen Grad der Feuchtigkeit bewahrten. Diesen Grad aber über den ganzen Stoff gleichmässig zu erhalten, ist, abgesehen von anderen Unzuträglichkeiten, mit der Centrifuge unmöglich. Bei Geweben, die stark mit Appreturflüssigkeit imprägnirt sind, darf ein vollständiges Einnässen und Durchnässen auch gar nicht statthaben, wie es bei Anwendung der Centrifuge absolut nothwendig ist. Jedoch wollen wir einen Versuch von Dr. H. Grothe erwähnen, welcher für die Anwendung der Centrifuge als Einsprengmaschine angestellt worden ist. In der Figur skizziren wir mit A die Centrifuge. Dieselbe hat einen Korb, dessen Mantel nur spärlich gelocht ist, im Vergleich zu der Lochung der gewöhnlichen Centrifugen. Die Summe sämmtlicher Lochflächen beträgt $1/3$ weniger als die Ausflussöffnung des Wasserzuleitungsrohres, durch welches das Wasser unter

---

[108a]) Dr. Spirk, Färberei und Druckerei. G. Weigel, Leipzig. —

Druck von einem Reservoir her zuströmt. Es wird sonach das Wasserstands-Niveau in der Centrifuge nur unwesentlich sich verändern, während deren Bewegung und so an allen Stellen der Höhe nach Wasser abgeschleudert werden. In der That ist das Verhalten der Wassersäule im Korbe ein höchst interessantes. Der Centrifugencylinder ist nun durch dichtschliessende Holzverschläge B, B, B umgeben, so dass die Stellen C, C, C frei bleiben. An diesen Stellen wird das Wasser durch die Oeffnungen der Centrifuge in Form eines Staubregens gegen die vertical von den Rollen E auf die Rollen D übergehenden Zeugstücke abgeschleudert, so dass dieselben benetzt werden. Aber diese Vorrichtung hat mancherlei Mängel (Fig. 237).

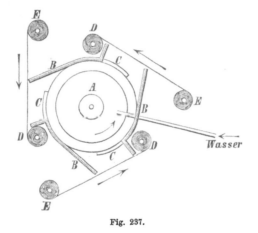

Fig. 237.

Bessere Resultate erzielt man indessen, wenn man den Korb der Centrifuge auf eine horizontale Axe setzt und ihn gleichsam als perforirten Cylinder von geringerem Durchmesser nimmt, durch dessen Drehzapfen continuirlich Wasser einströmt. Die Perforationen sind dann reihenweise anzuordnen.

Dieser Idee nahestehend ist die, welche der Netzmaschine von E. Fromm in Mühlhausen i. E. zu Grunde liegt. Dieser Apparat (Fig. 238) besteht hauptsächlich aus einer zum Pulverisiren des Wassers bestimmten Trommel A, A, aus Kupfer oder einem anderen Metall, welche sich rasch dreht. Diese Trommel ist auf ihrem Umkreise mit sechs kleinen Hohlschaufeln versehen, welche aus kupfernen Scheibchen a, a bestehen und so umgebogen sind, dass dieselben einen leeren Raum von 1 mm zwischen denselben und der äusseren Fläche der Trommel freilassen. Die Schaufeln sind auf ihrer ganzen Länge mit drei Reihen sehr kleiner Löcher versehen. Die auf ihrer Axe befestigte Trommel wird über der Oberfläche des Wassers vermittelst zweier senkrecht regulirbarer Supporte durch eine Stellschraube so erhalten, dass die Hohlschaufeln bei jedem Sechstel einer Umdrehung eine Schicht Wasser abnehmen. Der Behälter C, C ist oben durch einen Deckel c, c verschlossen; an seiner vorderen Seite befindet sich eine kleine Rinne d, d, die bestimmt ist, das an der Seite herabtropfende Wasser zu sammeln. Ein schiefliegendes, an der Rinne d, d angebrachtes Brettchen verhindert endlich das fortgeschleuderte Wasser, das Holz der Rinne zu umgehen und in kleinen Tropfen auf das unter dem Apparat vorüberziehende Gewebe zu fallen. Auf der vorderen Seite des Apparates ist ein hölzerner Rahmen E, E angebracht, dessen Oeffnung mit einem sehr feinen seidenen Siebe versehen ist; in dem Siebe ist ein bewegliches kupfernes Brettchen B angebracht, welches erlaubt, die Oeffnungen zu reguliren, durch welche das pulverisirte Wasser treten soll. Dieses Brettchen ist an seinem unteren Ende auf solche Weise umgebogen, dass es eine Rinne bildet und das gegen dasselbe geschleuderte Wasser

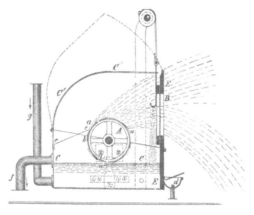

Fig. 238.

zurückhält, welches dann wieder durch die beiden Enden der Rinne in den Behälter C, C fällt. Das Reguliren des Brettchens B bewirkt man vermittelst zweier Riemen, an welchen dasselbe befestigt ist. Dieselben wickeln sich auf zwei kleine Rollen auf, so dass es genügt, dieselben in einer oder der anderen Richtung vermittelst eines an einem Ende der Welle befestigten Schwungrades zu drehen, um das Brettchen B nach Belieben steigen oder sinken zu lassen. Das Brettchen wird in der ihm gegebenen Stellung erhalten vermittelst einer Stellschraube.

Eine andere Idee zum Einsprengen ist folgende. Man lässt gegen die sich vorbeibewegende Fläche des zu benetzenden Zeuges aus einer Spalte, die etwa so breit ist wie das Stück, Dampf von geringer Spannung ausströmen. Sofort findet theilweise Condensation des Dampfes im und am Gewebe statt und der Stoff ist damit eingenetzt. Francillon[109] hat einen ähnlichen Gesichtspunkt verfolgt, indem er das Zeug mit Dampf behandelt, erst einseitig und sodann auch anderseitig.

Die einfachste Methode des Einsprengens der Gewebe ist die, bei welcher man mit Hülfe einer schnell rotirenden Bürste einen Sprühregen er-

---

[109] Pol. C.-Bl. 1862. — Génie ind. 1862. p. 136. Siehe unter Dämpfen.

zeugt. In der Figur 239 geben wir eine solche Einsprengmaschine in $^1/_{20}$ natürlicher Grösse, von Fr. Gebauer's[110]) Maschinenfabrik in Charlottenburg ausgeführt. Dieselbe besteht in einem Kasten o, mit Wasser gefüllt bis zu gewisser Höhe. In demselben ist die Bürstenwalze a aufgestellt. Dieselbe ist ein Tambour, dicht mit langen Schweinsborsten oder mit Messingborsten versehen. Ein Brett, schräg gestellt, bedeckt von oben her diese Walze zur Hälfte. Die Bürstenwalze erhält ihre Bewegung mittelst der Rolle p von der Scheibe c aus, die etwa einen 20fachen Durchmesser haben kann.

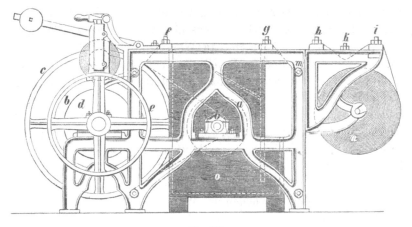

Fig. 239.

Auf derselben Axe mit c sitzen die Riemenscheiben b. Der Stoff wickelt sich von n ab und geht über die Streichschienen i, k, h und die Walze m, über die Schienen g und f nach der Aufwickelwalze, die mittelst der Hebel und Gewichte e fest gegen die Trommel d gepresst wird und dadurch sich mittelst Friction umdreht. Bei Störungen im Betriebe kann man die Aufwickelwalze mittelst der angebrachten Handgriffe sofort von d abheben und so das Zeug in Stillstand versetzen. Auf der Strecke von g nach f wird die untere Seite des Zeuges von dem Sprühregen getroffen, den die schnell rotirende Walze a verursacht. — Diese Bürsten-Einsprengmaschinen sind vielfach in ihrer Construction variirt, ohne dass das Prinzip geändert wäre, — und werden fast von allen Maschinenfabrikanten, welche sich überhaupt mit Appreturmaschinenbau befassen, gebaut. —

Eine sehr wichtige Verbesserung der Bürstensprengmaschinen besteht z. B. darin, dass die Bürste nicht selbst in das Wasser eintaucht, sondern die Flüssigkeit von einer Marmorwalze entnimmt, welche sich in dem Troge dreht. Die Bürstenwalze hat eine grössere Geschwindigkeit und entgegengesetzte Bewegung zur Marmorwalze. Diese Construction wird von C. H. Weisbach in Chemnitz ausgeführt.

---

110) Musterzeitung 1872. — Houtsons Maschine: Pol. C.-Bl 1857. 1410.

Tulpin (Rouen) verlegt die Bürstenwalze ziemlich hoch im Gestell, sodass der Wasserstaub als Regen auf das darunter in schwach geneigter Ebene bewegte Zeug herabfällt. — Eine fernere Umänderung ist von Victor Renard[111]) in Paris construirt. In einem aufrechtstehenden Gestell ist unten ein Trog mit Walze gelagert. Diese gibt das Wasser an eine Bürste und diese an eine darüber angeordnete schnell rotirende Bürste. Letztere berührt oberhalb eine dritte langsamer rotirende Bürstenwalze. Die Borsten der mittleren treffen gegen die der oberen, gleiten federnd ab und erzeugen einen Sprühregen feingetheilter Tropfen, der gegen das in gewisser Entfernung vorbeibewegte Gewebe trifft.

Ein anderes System vertritt die Maschine von G. Hertzog[112]) in Reims. Dieselbe hat ein oder zwei perforirte Wasserrohre quer über das Gestell. Das Wasser fällt auf ein feines Drahtsieb oder eine fein perforirt geneigte Platte und wird so fein vertheilt über das darunter fortbewegte Zeug ausgestreut (Fig. 240).

Die Einsprengmaschine von Gaulton & Booth[113]) enthält eine Walze, in deren Manteloberfläche rechtwinklig zur Walzenaxe peripherische Nuthen über $\frac{1}{4}$ des Umfangs eingeschnitten sind, schwach beginnend und an Tiefe zunehmend, welche am Ende der Nuthe ca. $\frac{1}{16}''$ engl. beträgt. Zu beiden Seiten der Walze sind Abstreichmesser angebracht, welche verhindern, dass von anderen Theilen der Walze aus als von den Nuthen durch die Centrifugalkraft das Wasser zerstäubt und abfliegt. —

W. Mather's Anfeuchtmaschine besteht aus einer Walze mit rauher Oberfläche im Wassertroge, auf welche mittelst Rollen an Hebelarmen das Gewebe aufgedrückt wird. Die Geschwindigkeit der Walze ist gering, so dass Zeit zur Imprägnation des Zeuges mit Wasser vorhanden ist.

Ein ähnliches System verfolgt die Anfeuchtmaschine von Tulpin frères (Fig. 241). Der Stoff streicht über 2 perforirte Feuchtwalzen und verlässt die Maschine in der Richtung des Pfeils. Die Disposition der Maschine ist so getroffen, dass man die Feuchtwalzen während des Ganges reguliren kann, ohne dass man nöthig hat, das Gewebe zu berühren. Mittelst Bremse wird das Gewebe straff gehalten. Die Wasserbehälter befinden sich rechts und links auf dem Maschinengestell und geben das Wasser mittelst Röhren, die nach den hohlen Zapfen der Feuchtwalze geleitet sind, ab. Die Regulirung des Zuflusses geschieht mittelst einfacher Hähne. Die Löcher in der Feucntwalze sind auf deren ganzer Oberfläche vertheilt, um eine gleichmässige Befeuchtung des Gewebes zu erzielen. —

---

[111]) D. R. P. 10 069.
[112]) Polyt. Zeitung (Grothe) 1880. No. 24.
[113]) Spec. No. 1375. 1862.

Im Jahre 1866 erschien eine neue Einsprengvorrichtung von Stephan[114] in Berlin, die erst langsam bekannt und gewürdigt worden ist. Wir

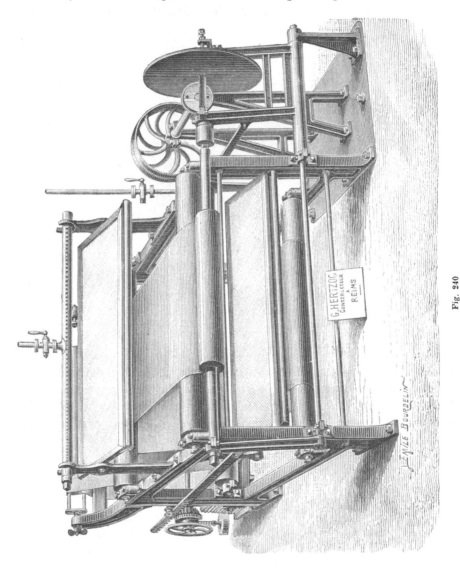

Fig. 240

geben in den Skizzen (Fig. 242 u. 243) eine Darstellung der wesentlichen Theile.

Das Prinzip ist das folgende: Die Maschine enthält ein Bassin c für Wasser, dessen Niveau variiren kann. In das Wasser taucht eine Reihe von Röhren d ein, deren obere spitz ausgezogene Mündungen in derselben Ebene liegen. Diesen Röhren d correspondiren in rechtem (oder einem

[114] Verhandl. des Vereins für Gewerbfleiss 1866. — P. C.-Bl. 1867. 313. — Dingler, p. J. Bd. 184. S. 44. — Ill. Gew.-Zeit. 1867. 172. — Musterzeit. 1872. 147.

anderen geeigneten) Winkel andere Röhrchen b, welche in einem transversalen Rohr a stecken, in welches ein Strom Luft von einem Ventilator
oder einem anderen Pressionsapparat her eingetrieben wird. Die Luft,

Fig. 241.

welche durch die kleinen Röhrchen b entweicht, fährt über die Mündungen
der zu ihnen rechtwinklig etc. gestellten, in die Flüssigkeit tauchenden
Rohre d fort, so dass in letzteren Luftverdünnung entsteht, in Folge
welcher das Wasser in ihnen emporsteigt, welches sofort dann von dem

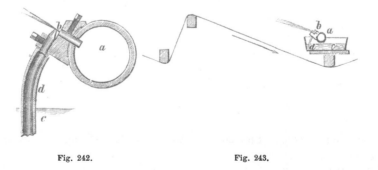

Fig. 242.   Fig. 243.

Luftstrahl erfasst und zerstreut wird. Man kann, wie leicht ersichtlich,
diesen Apparat so stellen und reguliren, dass die Einfeuchtung stärker
und schwächer statt hat. Der Stoff circulirt in einer geneigten Ebene vor
dem Wasserstaub vorbei, entgegengesetzt zur Richtung des Luftstroms.
Dieses Prinzip wurde 1870 von Welter & Weidknecht nachgebaut und

von der Société ind. de Mulhouse 1871 geprüft und verdankt diesem Umstande seine umfassendere Benutzung[115]).

Die in Fig. 244 dargestellte Ausführung dieses Systems von C. H. Tomlinson in Huddersfield gibt eine klare Anschauung desselben. D ist der Ventilator, C das Luftzuführungsrohr für das Querrohr mit Düsen E. Im Wassergefäss A ruht die zweite Röhre, welche mit Wasser gefüllt ist und mit senkrecht aufwärts gerichteten Düsen mit Hahn ver-

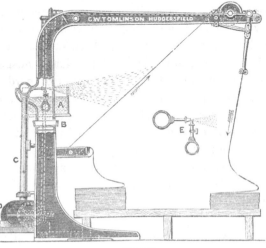

Fig. 244.

sehen ist. Das Gewebe wird durch Leitschienen schräg nach den Führungswalzen und dem Fachapparat geleitet.

Eine sehr sorgfältige Ausführung dieser Maschine rührt z. B. von C. H. Weisbach her. Die Maschine besteht aus gusseisernen Gestellen, auf welchen die Sprengvorrichtung befestigt wird. Das gusseiserne Luftrohr, an welchem sich die metallenen Luftdüsen befinden, ist abstellbar, so dass das Ansaugen des Wassers und in Folge dessen auch das Einsprengen der Waare durch einen einzigen Griff unterbrochen werden kann, ebenso sind die metallenen Saug- und Spritzröhrchen nach jeder Richtung hin stellbar und kann daher die Intensität und die Richtung des Wasserstaubstrahles nach Erforderniss regulirt werden. Ferner sind an den Gestellen Spannhölzer zum Anspannen der Gewebe, Leitwalzen und eine Aufwickelvorrichtung mit vortheilhafter Be- resp. Entlastung der Aufdockwalze angebracht. Der den Luftstrom entwickelnde Ventilator steht zwischen den Gestellwänden und functionirt geräuschlos.

W. Gaulton & Booth haben die Ausströmöffnung des Wassers und der Luft in eine düsenartig geformte Spitze verlegt, so dass bei Austritt

[115]) Bull. de la soc. industr. de M. 1871. Déc. — Musterzeitung 1872. 146. — P. C. Bl. 1874. 1514. — Publ. ind. XXIII. 103. — Ill. Gew.-Zeit. 1875. p. 77.

des Wassers und der Luft beide aufeinandertreffen und das Wasser zerstäubt wird. Diese Construction hat Ferd. Flinsch in Offenbach wieder aufgegriffen und in seinem Apparat verwerthet. Bei ihm können mehrere Oeffnungen in der Düse für Wasser und Luft vereinigt sein. Durch eine Wasserpumpe wird ein Gefäss bis zu einer gewissen Höhe mit Wasser angefüllt, welches dann von der im oberen Theil des Gefässes befindlichen gepressten Luft nach zwei oder mehr Düsenöffnungen gedrückt wird. Der obere oder Luftraum des Gefässes steht durch ein Rohr ebenfalls mit den Düsen in Verbindung. Innerhalb der Düsen, deren Anzahl je nach der Breite des zu behandelnden Stoffes wechselt, vereinigen sich die Wasser- und die Luftleitung kurz vor der Ausmündung, wodurch bewirkt wird, dass das Wasser in Form eines feinen Nebels ausgeblasen und in dieser Weise auf den vorübergeführten Stoff gebracht wird. Die Wasser- und die Compressionspumpe, von bekannter Construction, sind nebeneinander angeordnet und werden vermittelst einer gemeinschaftlichen Kurbel und Zugstange in Betrieb gesetzt. Das Druckventil der Wasserpumpe steht mit einem Schwimmer in Verbindung, der dasselbe lüftet, wenn der Wasserstand im Gefäss die zwecks Unterhaltung einer gleichmässigen Spannung festgesetzte Grenze überschreitet und damit die Pumpe ausser Wirksamkeit bringt[115a].

Eine Modification des Systems rührt von Knape her. Dieselbe ist für Zerstäubung der Appreturmassen gedacht, — ist indessen auch für Wasser benutzbar[115b].

Es lag nahe, an Stelle des Luftdruckes in diesen Maschinen Dampfdruck anzuwenden. Das ist nun auch geschehen in dem Befeuchtungsapparat von Schwabe & Popp in Wien, nach dem Prinzip des Injectors.

2. Das Dämpfen.

Die Anwendung des Dampfes in der Appretur ist eine überaus wichtige Sache. Eine Appretur ohne Dampfbenutzung ist für die Jetztzeit undenkbar und doch lehrt die Geschichte der Appretur, dass der Dampf erst spät und ganz allmälig zur Einführung für diesen Zweck gelangte. Gegen 1820 brach sich die Anwendung des gespannten Wasserdampfes in England Bahn zur Erhöhung des Glanzes der Tuche. Es wurden Maschinen, meistens Dampfbürstmaschinen, construirt, welche das Tuch mit starkem Glanz zu versehen hatten, andererseits wurden Apparate eingeführt, um das Tuch in geschlossenen Gefässen der Einwirkung des Wasserdampfes auszusetzen. Wie gewaltig diese neue Methode in die damalige Fabrikation eingriff, ersehen wir aus folgendem Bericht:

„Man hat in neuerer Zeit gefunden, dass die aus England in den Handel kommenden Tuche, besonders die der feinern Gattung, sich durch eine ganz vorzügliche

---

[115a] D. R. P. No. 3274.   [115b] D. R. P. No. 4634.

Appretur auszeichnen, so dass sie einen äusserst zarten Grain oder Stapel haben, ihre Oberfläche sehr gut gedeckt aber doch dabei spiegelglatt ist, und dass sie einen sehr angenehmen dauerhaften Glanz zeigen. Durch diese vortrefflichen Eigenschaften gewinnen sie gegenwärtig einen Vorzug vor den Fabrikaten der niederländischen, rheinischen und unsern diesseitigen Tuch-Manufakturen, so gut diese auch, hinsichtlich auf den Wollinhalt und die Feinheit des verarbeiteten Materials, ausfallen, und wohl in dieser Beziehung im Allgemeinen einen höhern Werth, als die aus den britischen Manufakturen kommenden Tuche haben. Da jetzt aber im Handel überall mehr diejenigen Waaren gesucht werden, die angenehm ins Auge fallen, und man überhaupt mehr auf äussere Schönheit, als auf inneren Werth und Dauerhaftigkeit sieht, so kann die englische Concurrenz gegenwärtig doch leicht für die deutschen Tuche eben so gefährlich werden, als sie es für andere Artikel, namentlich für Baumwollenwaaren, ist.

Es ist daher unumgänglich nothwendig, eifrigst danach zu streben, den diesseitigen Erzeugnissen der Tuch-Manufakturen eine den englischen gleiche Beschaffenheit in Ansehung der Appretur zu geben, um die englischen Fabrikate von unserm Markte abzuhalten, welches gewiss zu erlangen ist, wenn man hierbei zweckmässig zu Werke geht, indem, bei einer übereinstimmenden vollendeten Bereitung, den vaterländischen Tuchen eine grössere innere Würde, durch die eingearbeitete grössere Quantität und bessere Qualität des Materials, im Allgemeinen nicht wird abgesprochen werden können, und ihnen also bei sonstiger gleicher Beschaffenheit in Ansehen, Milde und Glanz, der Vorzug nicht entgehen kann.

Die Frage ist demnach: durch welche Mittel bringen die britischen Tuch-Fabrikanten die schöne Appretur in ihren Tuchen hervor? Dass dieses durch die Anwendung von Wasserdämpfen, oder das sogenannte Decatiren und Lüstriren der Garne und Gewebe geschieht, unterliegt keinem Zweifel; denn erst seitdem die Behandlung der Tuche in Dämpfen in Anwendung gekommen, und die dazu erdachten mechanischen Vorrichtungen bekannt geworden sind, haben die englischen Tuche diejenige vorzügliche Appretur erhalten, die ihnen jetzt eigen ist.

Zu den wirksamsten Maschinen dieser Art gehören auch unbezweifelt die in England angewandten, und insbesondere diejenigen, welche der Bürsten-Fabrikant John Jones zu Leeds erfunden, und worauf derselbe im Jahre 1824 ein Patent erhalten hat. Diese scheinen bedeutend zur Verbesserung der Appretur der englischen Tuche beigetragen zu haben.

Das von John Jones entnommene Patent bezog sich auf zwei Maschinen, wovon die eine zum Bürsten in Wasserdämpfen, die andere zum Nass- und Trockenbürsten bestimmt war u. s. w."

Diese glänzenden englischen Stoffe bewahrten ihre Herrschaft indessen nicht lange, weil sie schnell wasserfleckig wurden, und besonders die Franzosen wirkten dahin, dass die Glanzappretur der Engländer durch eine dauerhafte und bessere Methode ersetzt wurde, welche sich auch des Wasserdampfes bedient. Wir geben über diese Vorgänge einen Bericht der damaligen Periode wieder, welcher sehr viel Interessantes enthält und auch in trefflicher Weise die Effecte der Behandlung der Tuche in Wasserdämpfen wiedergibt.

„Die erst vor kurzem gemachte Erfindung, die Tuche in Wasserdämpfen zu behandeln und dadurch zu krumpen, so dass sie nicht allein stehen, d. h. eine bestimmte Ausdehnung in der Länge und Breite annehmen, die unveränderlich bleibt, sondern auch den gewöhnlich heiss aufgesetzten Pressglanz verlieren, welcher leicht vergänglich ist und verursacht, dass das Tuch gleich fleckig erscheint, sobald

Wassertropfen darauf fallen, ist als eine wesentliche Verbesserung der Tuchbereitung anzusehen, durch welche dieser Zweig der Tuchfabrikation wirklich sehr gewonnen hat.

Das Decatiren oder die Dampfkrumpe verdient der ältern Art, das Tuch zu krumpen, in vieler Hinsicht vorgezogen zu werden, da sie Vortheile gewährt, dass sie alles dasjenige leistet, was diese thut, um das Tuch für den Gebrauch geeignet zu machen; überdies aber demselben nicht, wie jene, das schöne Ansehen benimmt, sondern ihm einen sanften Glanz mittheilt, der weit angenehmer ist, als der blendende, speckartige Pressglanz, und sich beim Tragen der Kleidungsstücke lange Zeit hindurch erhält. Der Regen und der Staub dringen in das decatirte Tuch nicht so leicht ein, wie in das nach der alten Art gekrumpte; sie haften nicht darauf, bringen keine Flecken hervor, das Tuch kann leichter gereinigt werden, und die Folge davon ist, dass die Kleider länger ein schönes Ansehen behalten und brauchbar bleiben.

Es ist daher sehr zu wünschen, dass der Gebrauch der decatirten Tuche ganz allgemein werde, und dass die Tuchbereiter im Lande das dabei anzuwendende Verfahren kennen lernen und in Ausführung bringen, um so mehr, da der Tuchhandel dadurch auch auf einen bessern Fuss kommen wird, indem der Käufer an dem decatirten Tuche gleich sieht, was er kauft, da es bleibt, wie es ist, was bei dem Tuche nicht der Fall ist, dem man einen starken künstlichen Pressglanz aufgesetzt hat.

Die Dampfkrumpe ist an sich selbst gar keine schwierige Operation. Wird mit Vorsicht und Sachkenntniss dabei zu Werke gegangen, so kann das Fabrikat nie leiden, oder dabei Schaden gemacht werden. Hiermit muss ja überhaupt immer jede Arbeit ausgeführt werden, wobei die Einwirkungen mechanischer Kräfte oder chemischer Mittel Statt finden, die von dem Arbeiter geregelt und abgemessen werden müssen, damit der Erfolg gesichert werde. Die Gefahr, das Tuch zu verderben, ist also nicht von der Art, dass sie einen Grund abgeben kann, die vortheilhafte Behandlung zu verwerfen. Ich will demnach versuchen, hier eine kurze Beschreibung des Verfahrens im Allgemeinen zu geben, die hinreichen wird, den Fabrikanten in den Stand zu setzen, die Sache auszuführen.

Die Maschinerie, deren man sich in den hiesigen Tuchbereiter-Werkstätten zum Decatiren bedient, besteht in einem etwa 2 Fuss hohen und 3 Fuss tiefen und breiten Ofen aus Mauersteinen. Die Wände desselben tragen eine gusseiserne Platte, die hoch liegt und blos in der Mitte auf einem conischen Granitstein ruhet. Der Ofen hat an der vordern Seite zwei Oeffnungen mit Thüren zur Feuerung. Der Herd ist etwa 1 Fuss hoch. Die Flamme trifft die eiserne Platte unmittelbar. An der hintern Seite des Ofens befindet sich die Rauchröhre, ohne weitere Züge; denn das Feuer muss ruhig unter der Platte brennen und diese auf allen Punkten gleichmässig erhitzen. Die Platte hat einen erhabenen Rand, in welchen ein Rahmen passt. Sie wird zuerst mit groben leinenen Tüchern belegt, die man stark mit Wasser benetzt. Auf diese kommt der Rahmen mit dem Tuche zu liegen, das stark zusammengepresst wird, um von den Dämpfen durchzogen zu werden. Ein quer über den Ofen gehender Balken trägt die dazu nöthige Pressspindel.

Mittelst dieser Maschinerie wird die Arbeit in folgender Art ausgeführt. Die in mehreren Lagen auf der gusseisernen Platte befindliche Leinwand wird zuerst stark mit Wasser begossen; dann wird angefeuert und die Platte so erhitzt, dass sie glüht. Das zu decatirende Tuch wird getafelt und in den Rahmen gebracht, in diesem aber noch in eine dicke Tuchdecke geschlagen, welche dazu dient, die Farben zu conserviren. Zu schwarzem Tuch nimmt man eine schwarze Tuchdecke, zu den hellfarbigen Tuchen aber eine weisse oder gleichfarbige. Damit das so eingeschlagene Tuch nicht unmittelbar auf die nassen leinenen Tücher zu liegen kommt, bedeckt man diese noch mit drei Lagen trockner Leinwand. Auf diese wird der Rahmen mit dem Tuche gelegt, und auf diesem dann das Pressbett. Man dreht hierauf die Pressspindel, welche gerade über der Mitte des Ofens, wo der Stein die

Platte trägt, sich befindet, wie bei dem gewöhnlichen Pressen zu, und drückt es beliebig zusammen. Je stärker man hierbei einfährt, um so grösser ist die Wirkung, um so höher wird der Glanz des Tuches, aber um so mehr nimmt es auch etwas an Härte zu. Daher kommt es sehr darauf an, die Erhitzung der gusseisernen Platte und das Zusammenpressen des Tuches nach dessen Beschaffenheit zu reguliren, wozu Erfahrung gehört.

Ist Alles so vorgerichtet, dann durchdringen die aus angefeuchteten leinenen Tüchern aufsteigenden Wasserdämpfe das Tuch und bewirken das Decatiren. Die Dauer der Durchdämpfung richtet sich nach der Beschaffenheit der Waare, ist aber überhaupt nur kurz; bei hellfarbigen Tuchen etwa eine Viertelstunde, bei schwarzfarbigen gegen eine halbe Stunde. Hat das Durchdämpfen gehörig Statt gehabt, dann wird der Rahmen mit dem Tuche abgenommen und auf den Vorrichtetisch gebracht. Man entfaltet es, zwei Arbeiter ergreifen es an den Enden und schütteln es tüchtig aus, wodurch es von den Dämpfen, die es enthält, befreit wird. Die weitere Behandlung ist die gewöhnliche. — Noch ist zu bemerken, dass das zu decatirende Tuch vorher eine recht starke Presse erhalten haben muss.

Die hier beschriebene Methode ist französischen Ursprungs. Der Berliner Tuchbereiter, Hr. Krückmann, hat sie sehr verbessert und bedient sich besonders eines von ihm erdachten Rahmens, der Vorzüge vor dem gewöhnlichen hat, dessen Beschreibung hier aber unterbleiben muss. In England decatirt man nicht über dem Ofen, sondern in verschlossenen Räumen, in welche die Wasserdämpfe gelassen werden.

Im London Journal of Arts and Sciences. Vol. IX. Pag. 77 findet sich unter andern die Anzeige eines Patents auf eine verbesserte Methode, wollenen Zeugen eine Glanzkrumpe zu geben, welche John Fussell zu Mells in der Grafschaft Sommersett am 11. Aug. 1824 entnommen hat. Die Verbesserung besteht in einer Methode, Dampf zum Hitzen der Wollenwaaren anzuwenden. Nachdem nämlich das Wollengewebe entweder auf der Rauhmaschine oder mit der Hand gehörig zugerichtet wurde, rollt man dasselbe auf eine oder auf mehrere hölzerne Walzen, welche so eingerichtet sind, dass sie die Enden oder Sahlleisten aufnehmen können, wodurch die Falten, welche gewöhnlich bei dem Aufrollen des Tuches entstehen, vermieden werden. Man stellt dann das Tuch so, dass das Wasser so oft gewechselt werden kann, als vor dem Strecken gewöhnlich geschieht, und setzt hierauf dasselbe ungefähr drei Stunden lang der Einwirkung der Dämpfe aus, länger oder kürzer, nach Umständen, indem man dasselbe entweder in einem gewöhnlichen Ofen über Wasser hängt, oder in irgend einen hierzu vorgerichteten Apparat, in welchem eine oder mehrere Walzen zugleich gebracht werden können, bringt, oder lässt auf irgend eine andere bequeme und zweckmässige Weise Dampf darauf wirken, der auf gewöhnliche Art erzeugt und von einem Dampferzeuger herbeigeleitet wird. Wenn man will, kann der Dampf auch in die Walze selbst geleitet werden, wobei man jedoch Acht geben muss, dass das Tuch von dem in den Enden verdickten Dampfe keine Flecken bekommt. Die Temperatur des Dampfes muss bedeutend unter dem Siedepunkte sein; die gehörige Temperatur muss jedoch nach der Einsicht des Arbeiters regulirt werden, indem sie bei verschiedenem Glanze und bei verschiedenen Farben verschieden sein muss, da nicht alle Farben einer hohen Temperatur in der Nässe gleich gut widerstehen. Wenn man dem Tuche sehr hohen Glanz geben will, muss weniger Wasser und mehr Hitze als gewöhnlich angewendet werden, und in diesem Falle muss die Walze, auf welcher das Tuch aufgewunden ist, während des Eindämpfens langsam mittelst einer mechanischen Vorrichtung, oder auf irgend eine andere Weise umgedreht werden [116]).

---

[116]) Dieses Verfahren, den Wollgeweben bei dem Zurichten Glanz zu geben, ist eine Verbesserung der Operation, welche unter dem Namen Decatiren bekannt ist.

Wie aus dem Vorstehenden hervorgeht, wendete man den Dampf zum
Zubereiten der Wollstoffe an nach dem Pressen, als Decatiren, um den
im Pressen entstandenen Glanz, der an sich vergänglich ist, zu beseitigen
und ihn durch einen bleibenden, milden Glanz zu ersetzen. Die im Vorstehenden beschriebene Methode des Dämpfens und Einrichtung des Rahmens
wird auch heute noch benutzt und ist im Prinzip bei den heutigen Decatir-
maschinen beibehalten. Um die Ausbildung des Prinzips haben sich viele
Techniker verdient gemacht, so Beuth[117]), Jourdain, Hale, Gethen (1829),
Allen, Oberndorfer[118]), Joarbit, Weinmann, Pouchin, Hencke, Engel,
Lemburg, Lintner, Weekes, Hoore, Pohlen, Champagne, Ingham, Holt, Knowles
und Kay, Stewart, Salter, Luke M. Herry, Wilson, Ensom & Brook,
Taylor u. v. A., welche auch zum Theil dahin wirkten, das Dämpfen für
andere Gewebesubstanzen, also für Seide, Baumwolle, Halbwolle ebenfalls
zur Anwendung und Ausbildung zu bringen.

　　Mouchard in Elboeuf construirte gegen 1860 eine Decatirmaschine,
bestehend aus einer Mulde mit Perforationen, in der sich ein Cylinder
dreht. Der Cylinder drückt die Stoffe an die Mulde an und der Dampf
dringt in das Gewebe ein. Hinter dem Dämpfapparat ist dann ein Trockenapparat mit Heizcylinder angebracht[119]).

　　E. Esser und Mor. Iwand in Görlitz haben eine Decatirmaschine
patentirt erhalten, welche folgende Construction hat. (Fig. 245—247.)

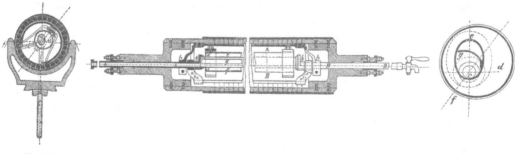

Fig. 245.　　　　　　　　　　　　Fig. 246.　　　　　　　　　　　　Fig. 24

　　In einem hohlen, sauber abgedrehten und ausgedrehten Cylinder von
Gusseisen, mit perforirtem Mantel, der mit doppeltem Filz überzogen wird,
befindet sich ein zweiter Cylinder eingeschoben, welcher dampfdicht in den
ersteren eingeschliffen ist. Aus dem Mantel dieses zweiten Cylinders ist
parallel der Längsaxe ein Stück ausgeschnitten, etwa $1/4$ des Umfanges
des Cylinders breit. Dieser aufgeschnittene Cylinder ist unbeweglich festgestellt und zwar ist der Ausschnitt a, a so eingestellt bei der Benutzung
der Maschine, dass er, wie Fig. 245 zeigt, gegen den Eintritt der Waare

117) Verhandl. des Vereins für Gewerbfleiss. 1866. p. 190. —
118) Baier. K.- und Gew.-Bl. 1832. 878. 615. — 1836. 461.
119) Alcan, Traité du travail de laine II. p. 355.

hingerichtet ist. Die Waare tritt nämlich in der Pfeilrichtung zwischen die Wandung der Mulde und den filzbezogenen, rotirenden, perforirten ersten Cylinder. Durch geeignete Spannvorrichtung mittelst Feder und Schraube wird der innere Cylinder an den äusseren angepresst. Durch die Axe des Rotationscylinders geht ein Kupferrohr A hindurch als Zuführungsrohr für den Dampf, andererseits ein Rohr B für Abführung des Condensationswassers. Beide Rohre treten bis zur Arbeitsfläche des Rotationscylinders (durch den Filzbezug bestimmt) entsprechend hinein in den hohlen Cylinder, enthalten an diesen Enden c Schraubengänge und nehmen darauf die Mutterschrauben b mit Flantschen bezw. so vorgerichtet auf, dass zwischen b, b ein ovales Dampfrohr eingesetzt werden kann. Auf die Rohre A und B werden die Arme h, h mit Ring und Stellschraube aufgeschoben und daran festgestellt, die Arme h, welche den ausgeschnittenen Cylinder oben tragen, während andere Arme i nach unten hin mit den Wandschnitten a, a des Ausschnittes beiderseitig verbunden sind. Auf das ovale Kupferrohr ist ein cylinderförmiges, mit rundem Querschnitte, aufgeschoben und mit seinen Scheibenenden d befestigt. Endlich ist in dem Ovalrohr ein Kupferblech g an der Wand angelöthet, dessen Ende fast die gegenüberliegende Wandung trifft.

Der Dampf strömt durch A ein und streicht unter g entlang, mitgerissenes Wasser abgebend, steigt hinauf und tritt durch e, e aus in den runden Kupfercylinder. Von hier hat er nur den Ausweg durch f, f, f und in dem starken Filzbezug verliert er den letzten Rest des Condensations- oder Mitreisswassers. Der Dampf strömt also hier aus und zwar gegen die perforirten Wandungen des Rotationscylinders und durch die Perforationen und den Filz hindurch gegen die Waare in der Mulde, aber nur auf dem Raume, den der Ausschnitt des Cylinders freilässt. Somit ist erzielt, dass der Dampf wasserfrei, getrocknet auf die Waare trifft, und dass eine Condensation des Dampfes im übrigen Theile des Cylinders nicht statthaben kann, somit der Filz sich trockener erhält und nicht Veranlassung gibt zu übermässigem Netzen der Waare, wie bei den gewöhnlichen Walzen.

Die Mulde wird durch directen Dampf erwärmt und zwar beginnt man bei der Benutzung des Apparates mit dieser Erwärmung. Bevor Dampf zum Rotationscylinder gelangt, wird derselbe von der Mulde durch Contact erwärmt. Nach 10 bis 15 Minuten ist Mulde und Cylinder erhitzt; nun lässt man den Dampf eintreten in den Cylinder durch A, indem man den Hahn B öffnet und so alles etwa vorhandene Condensationswasser austreibt. Durch die vierfache Hebelübersetzung hat man es in der Hand, viel oder wenig Druck zu geben, sowie durch Aenderung im Vorgelege oder an der Betriebsscheibe den Gang der Maschine zu beschleunigen oder zu verlangsamen, so dass man alle Nüancen der Decatur vom zartesten Matt zum stärksten Glanze erzielen kann. Die Breite der Maschine erlaubt das Stück in ganzer Breite zu decatiren, so dass der sehr unangenehme Rückenbruch vollständig wegfällt. Ebenso ist die Ungleichheit der Färbung, welche nach gewöhnlicher Decatirmethode oftmals eine Folge des Decatirens ist, mit diesem sorgfältig regulirbaren Apparate gut und leicht zu beseitigen, denn letztere ist meistens der zunehmenden Wassermenge zuzuschreiben, welche das Decatiren in gewöhnlicher Weise begleitet und die bedeutendsten Temperaturunterschiede hervorruft, deren Einwirkung auf Farbe, Glanz und Weichheit so wesentlich einflussreich sind.

Andere Bedeutung hat das Dämpfen noch für die Wollgewebe, insofern es das Aufquellen derselben bewirkt und gleichzeitig Glanz entwickelt. Besonders Nouveautéstoffe von starkem und feinfaserigem Wollengespinnste, ferner flockige lose Stoffe, Phantasiewaaren, Posamenten, Chenille etc. werden daher vielfach nach etwaigem Waschen und Scheren und Trocknen nur noch gedämpft, um fertig appretirt zu sein. —

Bei Wollgeweben, welche gewalkt sind und gerauht werden, wendet man das Dämpfen vielfach nach jeder Rauhtracht an. Hierfür bedient man sich hohler metallner Walzen mit perforirten Mänteln. Man bäumt die Wollgewebe auf diese auf und umwickelt dann die ganze Walze mit leinenen Tüchern. Nun bringt man sie auf das Mundstück des Dampfrohres und lässt den Dampf in den Cylinder einströmen. Derselbe durchdringt das ganze Gewebe. Ein für grössere Fabriken der Woll- und Halbwollindustrie zum Dämpfen von gewalkten und nicht gewalkten Geweben construirter Apparat derart ist der nachstehend abgebildete (Fig. 248), aus der Zittauer Ma-

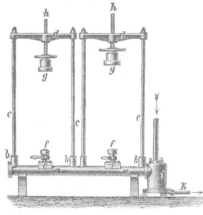

Fig. 248.

schinenfabrik A. G. Auf dem Dampfrohr a sind in angegossenen Stutzen b, b die Säulen c, c befestigt, welche oben den Gegensteg d, d tragen. Die Ansätze e, e enthalten einen Hahn am Rohrstutzen f, f. Die Walze mit dem Gewebe umwickelt wird auf f aufgesetzt und auf den anderen hohlen Zapfen wird der Deckel g, g mittelst Schraubenspindel h, h herabgeschraubt, so dass die Walze fest zwischen den beiden Platten an g und f sitzt.

Nun wird der Hahn geöffnet, sodass der Dampf in den Cylinder eintreten kann. Der Dampf tritt später in den Topf i ein, der mit Wasserablass k versehen ist.

Früher wurde das Dämpfen der Stoffe im geschlossenen Raume benutzt, und noch früher das Behandeln der Wollstoffe in heissem Wasser. Indessen sah bereits Hirst 1830 ein, dass bei diesen beiden Behandlungsweisen eine Ueberhitzung des Dampfes resp. des Wassers eintreten konnte, welche gewissen Farben und Wollen schädlich wird. Er schlug aber nur vor zur Verhütung der Gefahr abwechselnd warme und kalte Bäder anzuwenden. Uebrigens war die Methode, die Wollstoffe (besonders Chamlette) mit heissem Wasser oder Dampf zu behandeln und dann (kalt) zu pressen, eine türkische. Dieselbe wurde dort für Wolle und Seide vorzugsweise angewendet, während, wie das Patent von Sharpe & Wilton von 1620 lehrt, in England die heisse Presse allein für solche Stoffe benutzt ward. Eine gute Dampfkammer wurde indessen erst durch Thomas Gethen (1829) construirt. Dieselbe ist so lang als das Stück. Letzteres wird in einem Spannrahmen ausgespannt. Ein perforirtes Dampfrohr lässt den Dampf in der Kammer ausströmen und es dämpft das Tuch. Statt Dampf kann aber auch Wasser einströmen. — Diese Einrichtung ist in neuerer Zeit für Gewebe nicht mehr gebräuchlich, sondern, wenn man auch das Dampfbad und Wasserbad noch anwendet in geschlossenen Gefässen, so wickelt man die Gewebe auf Bäumen oder hohlen Walzen auf. Bei dem Apparat von Kirkham, Ensom & Brook z. B. ist die Einrichtung so getroffen, dass durch den hohlen Cylinder Dampf, resp. Wasser, resp. Luft in die Dampfkammer eingepumpt, resp. daraus abgesaugt werden kann. Der Apparat von Renton & Binns nimmt in geschlossenem Gefäss den hohlen, mit Geweben umwickelten Baum so auf, dass derselbe auf eine Oeffnung im Boden des Gefässes passt, durch welche Wasser, Dampf, Luft etc. eingepresst wird. Das Gefäss selbst ist mit Dampfmantel umgeben. Neben der Dämpfung kann durch diesen Apparat ein hydraulischer Druck auf das Gewebe ausgeübt werden. Ein Fortschritt zum continuirlichen Betriebe ist es, dass das zu dämpfende Zeug mittelst Leitrollen oder mittelst endloser Tücher durch die Dampfkammer geführt wird. Eine solche Einrichtung hat z. B. der Amerikaner F. W. Damerale[120] (Fig. 249) hergestellt. A ist die Dampfkammer. a ist das eine, b das andere endlose Tuch, über den Leitrollen B, F, G, H, I, J, K, L resp. C, L, K, J. M.

Viel häufiger als die geschlossenen

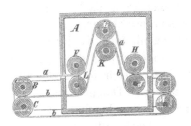

Fig. 249.

120) Spec. No. 147 243.

Dampfkammern trifft man jetzt Dämpfcylinder und Dämpfplatten oder Dämpfkasten, über welche sich das Gewebe legt und so von Dampf durchdrungen wird. Solche perforirten Dämpfcylinder construirten bereits Jos. Freyer 1802, Heycock 1825 u. v. a.

Eine der complicirteren Anordnungen des Dämpfapparates ist der von Francillon in Puteaux. Die Wirkung dieser Maschine besteht darin, das Zeug, das sich von einem Baume abwickelt, mit Wasser anzufeuchten, darauf zweimal hinter einander, und zwar jedesmal auf einer anderen Seite, der Wirkung von Dampf auszusetzen und dann endlich auf einen zweiten Baum aufzuwinden.

Die verschiedenen Theile der Maschine zeigt der Längendurchschnitt (Fig. 250) in ¹/₂₄ natürlicher Grösse. Am Ende des Doppel-

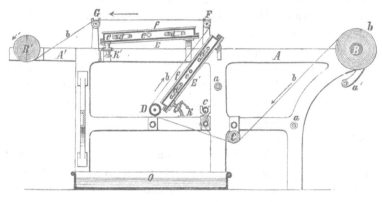

Fig. 250.

gestelles A ist der Baum B, von welchem aus die Abwickelung erfolgt, lose aufgelagert. Derselbe kann vermittelst einer Kurbel a' in Umdrehung versetzt werden; während des Ganzen wird die Abwickelung durch einen Brems regulirt. Das Zeug b, welches sich von dem Baume abwickelt, geht zuerst unter der Spannrolle C weg und wird dann in den Bereich eines Hahnes c geführt, durch welchen Wasser in Gestalt eines feinen Regens ausströmt. Eine zweite Rolle D leitet das Zeug nach oben über die erste Dampfkammer E. Diese Dampfkammer besteht aus Metall und erhält eine mit kleinen Löchern versehene Schlangenleitung d; der Dampf, welcher durch die Rohrleitung e in die Schlangenleitung d eingeführt wird, strömt durch die kleinen Löcher aus, breitet sich in der Dampfkammer aus und erwärmt dieselbe. Darauf tritt der Dampf durch Oeffnungen, welche in der Deckplatte der Kammer angebracht sind, aus und durchströmt eine Filzschicht f, welche über der Deckplatte liegt. Erst von hier aus trifft der Dampf gegen die ihm zugekehrte Fläche des Gewebes b. Nachdem dann der Stoff durch die Rolle F wieder in die horizontale Bewegungsrichtung übergeführt worden ist, geht er über eine zweite Dampfkammer E', die genau dieselbe Einrichtung hat, wie die erste. Es ist wieder e' die Einströmungsöffnung, d' die Schlangenleitung, f' die Filzschicht. Aus dieser zweiten Dampfkammer strömt der Dampf gegen die entgegengesetzte Fläche des Gewebes. Die letzte Rolle G endlich führt den mit Dampf imprägnirten Stoff dem Aufwindebaum B' zu, der mit der Hand in Umdrehung gesetzt wird.

Das Condensationswasser, welches sich in den Dampfkammern E und E' ansammelt und von Zeit zu Zeit durch die Hähne k und k' abgelassen wird, sowie auch das durch den Hahn c ausströmende Wasser fliesst in ein untergesetztes Gefäss O ab. Die Lager des Baumes B' sind der Längenrichtung der Maschine nach beweglich, damit man nach Bedürfniss die Spannung des auf der Maschine befindlichen Stoffes verändern kann [121]).

Sehr eingehend haben sich die Amerikaner mit Dämpfapparaten beschäftigt. Scrimgeaur[122]) hat 1875 eine Verbesserung patentirt erhalten, dahingehend, dass der Dampf zunächst in ein Gefäss mit Wasser tritt und hier seine Ueberspannung abgibt, darauf aber zur Dampfkiste geleitet wird, über deren oben offene Seite das Tuch gleitet. C. H. Watson[123]) lässt den Stoff über Dampfkasten gleiten und führt ihn dann unter einem Wassergefäss, berührend, fort. Dadurch wird der anhängende Dampf sofort condensirt. W. Robertson richtet den perforirten Dampfcylinder so ein, dass er in denselben einen zweiten kleineren Cylinder legt und in diesen ein Zuleitungsrohr hin und zurückführt, welches perforirt ist. Beide Cylinder sind durch einen Flantschring mit Boden verbunden, so dass, wenn dieser aufgeschoben wird bis zu gewisser Stelle, der innere Cylinder mit dem äusseren nicht communicirt, also in dem äusseren kein Dampf eintreten kann, mithin auch nicht in das umgewundene Gewebe. Ist aber der Flantsch anders gestellt, so tritt der Dampf auch in den perforirten Aussencylinder. Die Vorrichtung kann also sowohl zum Dämpfen als zum Trocknen benutzt werden.

E. Woolson[124]) construirte folgenden Dämpfapparat. In dem im Gestell hängenden Gefäss A ist die Dampfzuführungsröhre c angebracht, die durch a den Dampf erhält (Fig. 251). Der Dampf strömt durch den Schlitz unten in a aus und entweicht aus c durch den Schlitz d. Er tritt nun zwischen den ineinander geschobenen Platten g, h, m nach oben, steigt durch die Poren der schwammigen Decke, über welche das von u, t, s sich über r nach w und v bewegende Zeug gleitet, empor und trifft so vollständig entnässt gegen den Stoff.

---

121) Brevet d'inv. 1859. — Génie ind. 1862. 136. — Polyt. C.-Bl. 1863.
122) Spec. No. 174 308.
123) Spec. No. 134 956.
124) Spec. No. 196 511.

Eine combinirte Maschine ist die von Davis[125]) schon frühzeitig construirte. Dieselbe zeigt die Combination von Stärkapparaten für beide Seiten des Gewebes, einen Dämpfkasten und einen Trockenkalander.

Die Construction der stationären Dämpfcylinder ist in beistehender Figur (Fig. 252) nach dem Patent A. Webster sehr deutlich wieder-

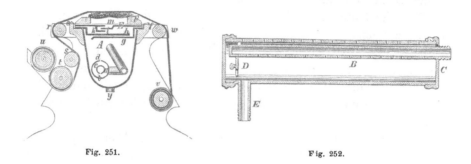

Fig. 251.   Fig. 252.

gegeben. Das Dampfzuleitungsrohr trägt Perforationen nach unten, der Cylinder solche nach oben.

Im Uebrigen sind die Dämpfapparate von W. Hebdon[126]), S. H. Green, L. M. Heery, Palmer, Mather & Platt u. A. verbreitet.

3. Das Glätten.

α) Calander, Kalander.

Der Name Kalander bezeichnet eine Maschinengattung, welche dazu bestimmt ist, dem Gewebe eine Glätte und Ebenheit zu geben, welche dasselbe ohnedem nicht hat. Diese Wirkung wird durch Ausübung eines starken Druckes auf das Gewebe zwischen den fein polirten Flächen schwerer Cylinder hervorgebracht. Auf die Gleichmässigkeit und die sorgfältige Zurichtung der Cylinder ist bei dem Kalanderbau in erster Linie das Gewicht zu legen, sodann auf eine sichere Einlagerung der Cylinderaxen in starken Seitenrahmen, welche als Gestell jedes Schwanken ausschliessen, ferner auf die Genauigkeit der Bewegungsübertragung, sei es durch Riemen, sei es durch Zahnräder oder Frictionsrollen. Die Kalander stellen sich dar als Maschinen, welche in kräftigster Form ausgeführt werden müssen, um die bedeutenden Druckwirkungen ausüben zu können, welche man mit ihnen hervorbringen will.

Eine zweite Frage ist, ob der starke erzeugte Druck, den Gewicht und etwa zugefügte Belastung der Walzen auf den zwischen ihnen durchlaufenden Stoff ausüben, den Fasern nicht schadet. Wolle und Seide

---

[125]) Spec. No. 26 895.
[126]) Spec. No. 70 658.

werden dem Kalander unter starkem Druck niemals ausgesetzt, eben weil ihre Faserstructur einen solchen Quetschdruck nicht ertragen kann. Für Gewebe aus Baumwollkette und Wolleinschlag oder auch mit Seide geschossen, wird in neuerer Zeit versucht, den Kalander in gewissem Masse anzuwenden, besonders um das Kettenmaterial gut zu bearbeiten. Flachs und Baumwollfaser, Jute und Nessel und Hanf können indessen einen sehr hohen Druck ertragen, ja die Absicht des Kalanderns ist sogar die Fäden aus diesen Materien und damit viele der Einzelfasern breit zu drücken, damit sie zusammen die ebene Oberfläche des Gewebes bilden. Indessen ist diese Wirkung doch stets nur bis zu einer gewissen Grenze anwendbar, welche durch die Dicke des Zeuges selbst bestimmt wird. Der Druck kann um so geringer sein, je weniger Einzelfasern im Durchschnitt des Gewebes resp. der dasselbe bildenden Fäden liegen. Die Druckwirkung hängt ferner ab von dem Material der Walzen. Zwei aufeinander gepresste Eisenwalzen werden, vermöge der geringen Elasticität des Metalles, offenbar eine schärfere Wirkung auf das zwischen liegende Gewebe ausüben als zwei Holzwalzen, oder solche von Papier, — oder wie zwei zusammen pressende Holz- und Eisenwalzen. Es ist demnach das Material der Walze in hervorragender Weise bei der Construction der Kalander in Betracht zu ziehen.

Knight sagt, dass Ende des 17. Jahrhunderts die Kalander (Calender) nach England eingeführt seien durch eingewanderte Hugenotten. Es ist dies sehr wahrscheinlich. Die Franzosen hatten damals schon die besseren italienischen Methoden [126a]) kennen gelernt, in Folge der vielfachen Berührung mit Italien. Indessen ist doch dieser Kalander nicht eben viel etwas Anderes gewesen, als ein Mangel, resp. ein Kalander mit Holzwalzen oder eine Cylindermangel. Der eigentliche Kalanderbau begann erst Ende des vorigen Jahrhunderts, wie Poppe sehr richtig bemerkt: „als die Mechanik eine verbesserte Gestalt gewann", besonders als man im Stande war, grosse eiserne Walzen zu giessen, sie abzudrehen etc. Dies geschah aber erst gegen 1790 [127]) und von da an datirt in der That der Kalanderbau. Bunting's Kalander [128]), bestehend aus zwei Holzwalzen und zwischen ihnen einer Eisen- oder Messingwalze, die durch glühende Bolzen geheizt wird, ist der erste näher beschriebene Kalander der neueren Aera, und es heisst dabei, dass seit ein Paar Jahren Walzen vorgeschlagen seien, die aus Papier hergestellt würden. Solche sind denn auch in den Annalen [129]) der Künste und Manufacturen in Frankreich beschrieben.

[126a]) Unter Leonardo da Vinci's Handzeichnungen befindet sich eine Skizze, leider ohne Text, welche genau einem Kalander gleicht.

[127]) Karmarsch, Geschichte der Technologie pag. 719. datirt 1770—75, was wir für zu früh halten.

[128]) Transactions of the Soc. for encour. XV. 269 (1799).

[129]) Annales des arts et manufactures XIII. 79.

F. Nightingale hatte 1790 ein Patent entnommen, welches auf eine „machine for calendering, glazing and dressing various fabrics" lautete. Dieser Kalander enthielt zwei eiserne Walzen horizontal neben einander und sich berührend. Auf beiden drehte sich ein grosser Holzcylinder, der durch Herabschrauben der Axenlager sehr fest gegen beide eiserne Cylinder gepresst werden konnte. Der Holzcylinder drehte sich aber langsamer als die Eisencylinder und so wurde denn eine erhebliche Friction auf den durchgehenden Stoff ausgeübt. Später 1808 hat I. S. Morris diese Idee aufgenommen und noch eine Walze auf dem Holzcylinder angebracht.

Ph. le Brocq[130]) suchte 1792 einen Kalander mit 3 Walzen, horizontal neben einander gelagert, herzustellen. Die Walzen wurden durch Schrauben gegeneinander gepresst. Die Stoffe wurden zwischen den Walzen vor- und zurückbewegt. Bemerkenswerth ist die verbesserte Mangel von St. Clubb[131]) auch hier bei den Kalandern. Dieselbe enthält in einem aufrechten Gestell eine grosse Holzwalze, darüber eine kleine Eisenwalze und darüber eine Walze von achteckigem Querschnitt.

Die weitere Entwicklung der Kalanderconstruction begann indessen lebhafter erst in den zwanziger Jahren dieses Jahrhunderts. Die Herstellung der Walzen sowohl aus Metall (Eisen, Messing, Stahl, Kupfer) als aus Papier machten bis dahin nicht besonders grosse Fortschritte. Seitdem aber David Bentley 1828 mit Erfolg versucht hatte, Kalanderwalzen aus Baumwolle, aus Seilereiabfällen, aus aufgelöstem Tauwerk etc. herzustellen — er benutzte diese Fasern in Form von Watten (waddings), ordnete diese um eine Axe an und presste sie scharf zusammen — seitdem beschäftigte die Walzenfabrikation die Interessenten mehr und mehr. Es erschienen solche von Favre, Cazzalis und Cordier, T. R. Jackson, E. Westhead u. A. Indessen scheint erst gegen 1847 die Fabrikation der Papierwalzen wirklich befriedigend durchgeführt zu sein und zwar besonders durch C. Hummel in Berlin.

In England tauchte seit 1849 das Bestreben auf, die Kalanderwalzen durch Guttapercha zu verbessern. Schon Westhead suchte Guttaperchalösung mit Lagern von Baumwollstoff um den Metallkern der Walze zu benutzen, auch Tatham & Cheetham überzogen ihre aus einem Metallkern, Korkschichten und Zeug gebildete Walze mit Guttapercha; aber erst J. H. Johnson machte 1856 den Versuch, die Walzen selbst aus India Rubber herzustellen oder auf Glaswalzen einen Guttaperchaüberzug anzubringen und aus Hartgummi Walzen herzustellen. Burton & Pye umhüllten 1856 die Baumwollwalzen mit einer Lage von vulkanisirtem Kautschuk und zogen hierüber Hartgummiringe. Dieselbe Idee fassten 1862 Jacques und Fanshawe wieder auf.

---

130) Engl. P. Sp. No. 1894.
131) Engl. Pat. Sp. No. 2881. 1805.

Gleichzeitig suchte man die Holzwalzen so herzustellen, dass sie dauerhaft zum Kalandriren zu benutzen seien. In dieser Richtung hin ist John Daltons Patent 1854 von Interesse[132]). Derselbe leimt den ganzen Cylinder aus Segmenten zusammen, und zwar werden die Stücke so gestellt, dass die Holzfaser rechtwinklig (resp. annähernd radial) zur Axe gerichtet ist. — Andere Bestrebungen wendeten sich auf Herstellung brauchbarer Glascylinder, so J. Chedgey, dessen Walzen seit 1854 sich stetig verbesserten, sodass dieselben 1861 hohl gegossen, auf eiserner Axe cementirt, sauber mit Schmirgel geschliffen und polirt brauchbar genug erschienen.

Nebenher machte W. Parkinson Walzen aus Steingut, Porzellan, Fayence etc. und John Harrison überzog einen Eisenkern mit Cement, Kunststein etc. oder stellte ganze Walzen aus Marmor und anderen Steinsorten her. Diese letzteren Bestrebungen richteten sich indessen nicht auf Ersatz der Holz- oder Papierwalzen, sondern der Metallwalzen. Diese letzteren erfuhren aber durch Henry Bessemers Patent 1855 eine wesentliche Förderung und wurden endlich 1865 durch J. Mather, Hummel u. A. in vorzüglicher Weise aus Stahl hergestellt, dass sie alle Versuche des Ersatzes schlagen mussten. Die Herstellung der Papierwalzen war inzwischen ebenfalls eine so vorzügliche geworden, dass daneben die Walzen von Manillahanf, Jute (Blair), Cocosfaser (Hardcastle 1868), Maislischen etc. nicht aufkommen konnten.

Hardcastle's Walzen, die sich eben so gut für Kalander, wie für Stärke- und Pressmaschinen etc. eignen, werden aus den Fasern von Baumrinden, Cocosnüssen, Palmenblättern dargestellt, die zunächst in Mühlen fein zermahlen und hierauf in angefeuchtetem Zustand in Form von Scheiben von der erforderlichen Dicke und Grösse gepresst werden. Diese Scheiben werden dann weiter auf eine eiserne Axe neben einander geschoben und nun mittelst einer hydraulischen Presse zu einem Cylinder von zusammenhängender Oberfläche zusammengedrückt. Die beiden Enden des Cylinders sind mit eisernen Ringen eingefasst. Zuletzt wird die Oberfläche desselben abgedreht und polirt. Diese Cylinder zeichnen sich durch grosse Härte und Dauerhaftigkeit aus und werden von Feuchtigkeit nicht verändert. —

Die Construction der Kalander entwickelte sich entsprechend den Fortschritten in der Herstellung der Details. P. R. Jacksons (1839) dreiwalziger Kalander mit einer Mittelwalze von Baumwolle zeigte bereits für jede Walze einen besonderen, selbstständigen Antrieb. Wesentliches Aufsehen erregte der Kalander von H. Unsworth[133]) und die Methode seines Gebrauchs, in Combination mit einem Dämpfapparat und Trockencylinder.

---

[132]) Dingl. Journ. B. 119. 72.
[133]) Rep. of Pat. u. s. XVI. p. 78. — London. Journ. XIX. 252.

Unsworth liess den getrockneten Stoff mit feuchtem zugleich durch die Kalanderwalzen gehen. Bury & Ramsden wandten 1850 zuerst zwei metallene Frictionscylinder an, neben einer Papierwalze. W. Thorp dispo-
nirte 1853 mehrere Papierwalzen mit einer dampfgeheizten Metallwalze.
Er zieht die horizontale Anordnung der Walzen, also nebeneinander vor,
weil er meint, dass diese sich besser reguliren lassen werde. 1857 bringt
Peter Carmichael die Verwendung von Wasser- oder Dampfdruck zur
Pressung der Kalanderwalzen in Anregung. Er denkt sich den Druck
wirksam gegen Kolben, welche die Lager der Kalanderwalzen tragen.
Diese Idee bildete 1864 D. Stuart weiter aus. J. R. Howarth (1859) sucht
die Lager der Walzen durch Rubberbuffer elastischer zu machen. Walmsley
verbesserte die Belastungsanordnungen 1865. In demselben Jahre erscheint
auch der vortreffliche Kalander von Robertson & Orchar.

Für das Beheizen der Walzen benutzte man seither glühende Bolzen,
die in die hohlen Walzen eingeschoben werden. Seit den dreissiger Jahren
ist die Dampfheizung für Kalanderwalzen gewöhnlicher geworden. Ausserdem tauchte Spiritusheizung auf. Longbottom & Eastwood benutzten
1866 Röhren mit überhitztem Wasser (Perkins) gefüllt als Bolzen. Jngham
machte sogar den Papiercylinder heizbar (1865). Will. Mather ordnete
1865 die Gasluftheizung der Walzen an, welche dann viel Ausbildung
genoss.

Diesen leitenden Erfindungen und Verbesserungen folgten eine Menge
specieller Anordnungen für bestimmte Zwecke. Es waren besonders englische und deutsche Maschinenfabrikanten, welche den Kalanderbau durch-
bildeten und vervollkommneten, wie Urquardt & Lindsay, Mather & Platt,
Robertson & Orchar, Thomas & Taylor, Thomson Brothers & C. (John
Kerr & Co.) u. A., — C. G. Hauboldt, C. Hummel, Fr. Gebauer, C. H. Weisbach, F. Voith, Zittauer Maschinenfabrik A. G. u. A.

Der Kalander ist also eine Maschine, welche in einem entsprechenden
Gestelle 2, 3, 4, 5 (selten mehr) schwere Walzen enthält und zwar in
verticaler Richtung aufeinander liegend und umdrehend. Diese Walzen
lasten aufeinander mit ihrem eigenen Gewicht und, wenn dieses nicht ausreicht, ausserdem mit einem mittelst Hebelcombinationen und Gewichten
auf die Zapfen resp. die Walzen ausgeübten Drucke. Die absolute
Genauigkeit horizontaler Auflagerung jeder Walze auf der andern ist
unerlässliche Bedingung für die Benutzung und gute Leistung der
Kalander, ebenso sehr als die exacte absolute Cylinderform und glatte
Mantelfläche der Walzen.

Die Fabrikation der Papierwalzen insbesondere erfordert ausserordentliche Sorgfalt. Man wählt das Papier, Carton etc. je nach dem
Zwecke aus, stellt daraus Scheiben von grösserem Umfange her als
der Cylinder haben soll, locht sie in der Mitte und schiebt sie über die
Axe. Diese Axe oder der Wallbaum wurde anfangs aus Schmiedeeisen

und rund angefertigt, später aus Gusseisen, neuerdings auch aus Stahl verschiedener Art. Früher benutzte man stets 4—10 Nebenstangen mit Schraubengewinden, um die Papierscheiben zusammenzupressen und zu halten und brachte daran erst Seitenscheiben mit Axen an. Sodann nahm man vierkantige Wellen; aber diese äussern bei jeder Drehung der Walze einen anderen Druck, wenn die Diagonalen des Quadrats die Berührungslinien der Walze schneiden, als dann wenn dies die Normalen des Quadratmittels thun. Auch sechs- und achteckige Axen heben diese variirende Wirkung nicht auf. J. C. Hummel[134]) wandte zuerst runde Axen an. An beiden Seiten werden starke Scheiben aufgeschoben und zwischen diesen wird das Papier solange gepresst und unter Druck gehalten, bis sie bei Aufheben des Druckes nicht mehr zuspringen. Die äusseren Scheiben können auf die Axe aufgeschraubt sein oder mit Keilen befestigt werden. Darauf wird die Walze abgedreht. Auch dies erfordert grosse Sorgfalt und Einrichtung der Stähle nach der Qualität des Papiers. Zum Zusammenpressen bedient man sich der Schraubenpressen oder der hydraulischen Pressen. Der Druck richtet sich nach Qualität des Papiers. Es sollen die Walzen nicht zu hart bleiben, sondern einen gewissen Grad von Elasticität der Oberfläche bewahren. Für eine Walze von 1 m Länge gebraucht man gegen 18 000 — 20 000 Bogen Papier im Gewicht von ca. 250 Kilo. Beide Zahlen ändern sich natürlich je nach Qualität des Papiers. Die Pergamentisirung des Papiers durch Eintauchen in concentrirte Schwefelsäure unterstützt die Pressung und Herstellung einer homogenen schönen Walze wesentlich.

Die Kalandergestelle bestehen aus 2 eisernen, starken, soliden und gut bearbeiteten Ständern, welche vermittelst 4 oder mehreren starken eisernen Verbindungsstücken (Traversen) verbunden sind. Diese Ständer sind seitlich zerlegbar und zwar in der Art und Weise, dass man die einzelnen Walzen aus dem Gestell nehmen kann, ohne die Ständer von ihrem Fundament zu lockern, eventuell ohne die Walzen von oben herausheben zu müssen. Bei letzterer Operation sind sonst starke Flaschenzüge oder andere über dem Kalander anzubringende Hebevorrichtungen nothwendig. Durch Zerlegbarkeit der Gestelle ist das Herausnehmen der Walzen leicht und einfach zu bewerkstelligen, ohne Anwendung besonderer Vorrichtung; in Anbetracht des grossen Gewichtes der Walzen entspringt daraus auch eine ganz bedeutende Reduction der Montagekosten. Diese Construction ist daher ausserordentlich von Belang und bei Beschaffung solcher Kalander in Betracht zu ziehen.

Bei Kalandern von sehr grossen Dimensionen sollten diese Seitenwände auch noch insofern zerlegbar sein, dass der Fuss abzunehmen ist und dadurch der Transport, als auch wiederum die Montage eine einfache

---

[134]) Pol. C.-Bl. 1847. 193.

ist. Diese Ständer (Seitenwände) sind ferner sehr genau auf der Maschine zu hobeln, um den einzelnen Lagern der Walzen eine solide und exacte Führung zu geben. Viele Kalander werden in der Weise gebaut, dass die Seitenständer nicht gehobelt werden und die Lager, um eine genaue senkrechte Stellung der Walzen zu einander zu erzielen, mittelst Stellschrauben gestellt werden. Selbstredend und einleuchtend ist, dass eine solche Construction und Ausführung weniger solid und für die Dauer nicht so haltbar ist, als eine solche mit gehobelten Ständern. Das untere Lager der Walzen ist vortheilhaft in der Höhe stellbar zu machen, um die Walzen, unabhängig vom Gestell, stets in genauer horizontaler Richtung zu erhalten Die obersten Lager sind ebenfalls hoch und tief stellbar einzurichten und zwar mit der Einrichtung, auch die Walzen heben zu können. Sämmtliche Lager sind von bestem Material anzufertigen.

Der zu erzielende, ausserordentlich hohe Druck auf die Walzen ist sowohl mittelst Schrauben, als auch mit doppelt übersetzten Hebeln hervorzubringen.

Die Glättwalzen sind mit Einrichtung zum Heizen zu versehen. Diese geheizte sogenannte Glanzwelle wird gewöhnlich zwischen zwei Papierwalzen oder, wenn der Kalander nur 2 Wellen hat, über die Papierwelle gesetzt und in den meisten Fällen von Hartguss angefertigt, um derselben eine möglichst spiegelglatte Oberfläche ertheilen zu können. Das Heizen der Glanzwelle geschieht entweder mit Dampf von $1\frac{1}{2}$ bis $2\frac{1}{2}$ Atmosphären Spannung, welcher der Welle durch eine 25 mm starke Gasröhre zugeführt wird, oder mit sogenannten Glührollen, d. h. mit massiven gusseisernen Cylindern von circa 12—13 mm Stärke, deren mehrere in einem besondern Ofen glühend gemacht und abwechselnd in die hohle Heizwelle gebracht werden, welche hernach mit einem gusseisernen Deckel geschlossen wird. Beim Heizen mit Glührollen muss ein besonderer Ofen in möglichster Nähe des Kalanders angebracht sein, was in der Nähe feiner heller Gewebe ein fataler Umstand ist. Die Auswechslung der Glührollen ist zudem mühsam und zeitraubend und gestattet nicht die Herstellung einer gleichmässigen Temperatur der Welle, indem dieselbe beim Einlegen der glühenden Kerne (was alle $\frac{1}{2}$ bis $\frac{3}{4}$ Stunden vorkommt) am Anfange sehr heiss wird, sich aber von da an fortwährend abkühlt. Die Heizung der Glanzwelle mit Dampf ist dagegen sehr bequem, gibt eine höchst gleichförmige Temperatur der Welle, erfordert aber eine Vorrichtung zum Dichthalten der Dampfzuleitung und zum Abführen des durch Condensation entstandenen Wassers. Es ist eine Thatsache, dass die Papierwellen bei Anwendung von Glührollen zum Heizen der Glanzwelle sehr rasch mürbe werden und ausfallen, mithin sehr oft abgedreht werden müssen, also nicht von langer Dauer sind. Bei Anwendung von Dampfheizung dagegen sind die Papierwellen von oft unbegrenzter Dauer, indem dieselben meistens nur nach einem Zeitraume von 4 bis 6 und sogar von 15 bis 20 Jahren einmal abgedreht werden müssen.

Wenn sich ferner die Nothwendigkeit des Abdrehens herausstellt, so braucht eine Papierwelle, wenn die Heizwelle mit Dampf geheizt wurde, nur einige Linien tief an ihrer Oberfläche abgedreht zu werden, während bei Verwendung von Glührollen oft mehrere Zolle heruntergedreht werden müssen, indem das Papier der Welle so mürbe geworden ist, dass grössere Stücke davon wegbrechen und ausfallen.

Während beim Heizen mit Dampf von 2 bis höchsten 3 Atmosphären Spannung die Temperatur der Heizwelle nie über 120—130° C. steigt, kann bei Anwendung von Glührollen diese Temperatur ganz leicht auf 300—350° C. steigen, wenn die Kerne rasch hintereinander eingesetzt werden. Es ist daher leicht begreiflich, dass beim Heizen mit Glührollen leichter und bei einem weniger starken Druck der Wellen gegeneinander, ein grosser Glanz der appretirten Stoffe erzielt werden kann, dass aber in Folge der bedeutenden Temperatur der Heizwelle die Papierwellen weit schneller unbrauchbar werden, als beim Heizen mit Dampf.

Man hat also zur Erzeugung eines hohen Glanzes beim Appretiren einen starken Druck, verbunden mit geringer Wärme, einer hohen Temperatur bei schwachem Drucke vorzuziehen, da die Papierwellen dadurch jahrelang (5—15 Jahre) in ganz gutem Zustande bleiben, vorausgesetzt, dass sie überhaupt aus gutem Materiale hergestellt sind. Ein starker Druck schadet der zähen und sehr elastischen Papiermasse in keiner Hinsicht. Diese Gründe sprechen sehr für die Anwendung der Dampfheizung bei den Kalandern.

Wir werden weiter sehen, dass sich mit nicht so stark geheizten Wellen mit Hülfe der Friction (Reibung), d. h. einem Schleifen der Wellen auf dem Gewebe, dem letztern ein ausserordentlicher Glanz ertheilen lässt, besonders wenn man die Appreturmasse entsprechend zusammensetzt.

Ueber jeden Zapfen der Walzen befinden sich Schmiervorrichtungen. Ferner müssen sich an den Kalandern Einlassvorrichtungen mit Bremse befinden, um die Waare straff oder locker einlaufen zu lassen. Jeder Kalander ist ferner zu versehen mit Schutzvorrichtung für die Hände der bedienenden Person, damit dieselben nicht zwischen die Walzen kommen können. Es sind an den Kalandern Abzugsvorrichtungen anzubringen, um die Waare selbstthätig aufwickeln oder in Falten legen zu können. An jedem Kalander ist ferner zum Betrieb ein Rädervorgelege anzubringen. Der Betrieb erfolgt entweder mittelst Riemen, Zahnräder oder mittelst Frictionsrollen direct von der Transmission getrieben, oder auch mittelst einem Paar im rechten Winkel zu einander liegender Dampfmaschinen oder einer einzelnen Dampfmaschine, die mit dem Kalander fest verbunden ist. Der Betrieb mittelst directer Dampfmaschine hat den entschiedenen Vortheil, dass man jederzeit dem Kalander eine beliebige Geschwindigkeit geben und dass man beim Einlassen der Waare den Kalander langsam gehen lassen kann und die Waare mit leichter Mühe faltenlos durch die einzelnen Walzen bringt. — Gleichzeitig kann man mit einer Kupplung den Kalander im Moment ein- und ausrücken.

Dieses Letztere ist ein Vorzug, der beim Lüstriren ausserordentlich werthvoll ist, ebenso auch bei über einander auflaufender Kalandrirung. Der Betrieb der Heizwalzen erfolgt unmittelbar und unter allen Umständen durch ein direct aufgekeiltes Stirnrad.

Ziemlich oft findet man neben der rotirenden Bewegung bei einem oder mehreren Cylindern eine Alternativbewegung zugefügt. Ebenso oft gibt man den Cylindern differirende Geschwindigkeiten und lässt Walzen entgegengesetzt der Zeugbewegung umgehen. Für solche Fälle bedarf es natürlich einer geeigneten Construction der Bewegungsorgane, — die indessen Schwierigkeiten nicht bietet.

Wir wollen nun die verschiedenen Arten von Kalandern näher betrachten und uns dabei an Meissners Darstellung [134a]) zum Theil anschliessen.

Zweiwelliger Kalander. Ein Kalander, welcher nur zum oberflächlichen Glätten von leichten Geweben, besonders mit Stickereien (als Vorkalandrirung) ohne starken Druck dienen soll, besteht aus einer hohlen gusseisernen Welle a (Fig. 253), welche zum Heizen eingerichtet ist und

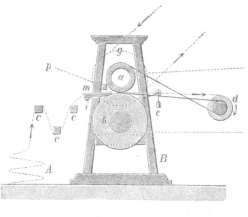

Fig. 253.

einer unter ihr liegenden Papierwelle b, deren Durchmesser 2—2$\frac{1}{2}$ mal so gross zu nehmen ist wie derjenige der Eisenwelle, welche nicht unter 15 und nicht über 25 cm Durchmesser haben soll. Die Waare gelangt von A her zwischen den hölzernen Streckstäben c durch über ein Brett m, welches am hintern Ende um den Punkt i drehbar ist und mit der vordern Kante auf der Papierwelle b aufliegt. Auf diesem Brette kann der Ar-

[134a]) Meissner, Appreturmaschinen. Julius Springer.

beiter die Waare bequem zwischen die beiden Walzen schieben, wobei ein angebrachter Querstab p (von Holz) verhindert, dass der Arbeiter seine Hände den Walzen zu nahe bringt. Nach dem Durchgange zwischen den Walzen wird der Anfang des Gewebes in die Nuth i einer hölzernen Aufwindewelle a (Fig. 254), mittelst einer Leiste, welche das Gewebe in

Fig. 254.

die Fuge einklemmt, befestigt und diese Welle wird bei d (Fig. 253) am Kalander eingelegt und durch einen Riemen von der obern Welle aus in Umdrehung gesetzt. Die Lieferung oder Umfangsgeschwindigkeit der Aufwindewelle d soll grösser sein als diejenige der Welle a, damit das Gewebe sich straff aufwickelt. Damit es aber nicht reisst, schleift der Riemen auf der Scheibe der Welle d theilweise und wird durch ein Gewicht e mittelst einer Spannrolle in beliebiger Spannung erhalten. Die Aufwindewellen sind mit einer durchgehenden 4kantigen schmiedeisernen Axe versehen, deren Stärke 27—30 mm betragen soll, während die Holzwalze 12—15 cm Durchmesser erhält. Direct an der obern Welle ist eine Riemenscheibe von 60—80 cm Durchmesser und 12—15 cm Breite angebracht, durch welche die Maschine in Betrieb gesetzt wird; die untere Welle wird dabei blos durch die Umfangsreibung mit herumgedreht.

Dreiwelliger Kalander. Die meistbenutzten Kalander bestehen aus drei Wellen a, b, c (Fig. 255), von denen die mittlere b eine hohle heizbare

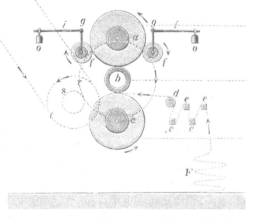

Fig. 255.

Hartgusswelle sein soll, während die untere und obere aus Papier oder auch Baumwolle gefertigt sind. Auch hier wird der Durchmesser der Papierwellen 2—2$\frac{1}{2}$ mal so gross genommen, als derjenige der Heizwelle, deren Dicke gewöhnlich 15—20 cm beträgt. Die Waare gelangt von F her über die hölzernen Streckstäbe e um einen Streckstab d, einer runden messingenen oder schmiedeisernen (für nicht weisse Waaren auf gusseisernen) Axe von 6—10 cm Durchmesser, deren Oberfläche von der

Mitte aus mit gewindeartigen Einschnitten (gleich einer Schraube) versehen ist und welche sich dem Gange des Gewebes entgegengesetzt umdreht. Figur 256 stellt einen solchen Streckstab, wie er für steife ge-

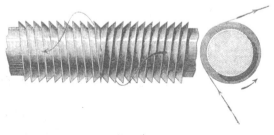

Fig. 256.

stärkte Waaren angewendet wird, in $^1/_3 - ^1/_4$ der wirklichen Grösse dar.
Die Einschnitte oder Schraubengewinde sind von der Mitte der Welle aus
entgegengesetzt und so gerichtet, dass durch die Umdrehung der Axe die
Falten des Gewebes nach beiden Seiten hinaus gedrängt werden. Fig. 257

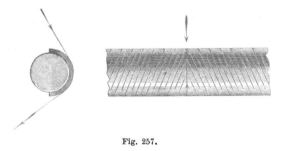

Fig. 257.

stellt einen Streckstab dar, wie er für weiche und besonders halbwollene
Stoffe angewendet werden soll. Derselbe steht fest und es läuft das
Gewebe blos über den halben Umfang desselben weg. Die eine Seite
des Stabes ist glatt und es ist derselbe mittelst einer Stellschraube in
seinen Lagern fest gehalten. Soll der Streckstab nicht angewendet
werden, so wird derselbe in seinen Lagern halb umgedreht, so dass der
Stoff über die glatte Seite desselben weggeht.

Beim 3welligen Kalander geht die Waare durch beide Wellenfugen
durch und wickelt sich auf der vordern oder hintern Seite auf eine Aufwindewelle f auf, welche an zwei um g drehbare Winkelhebel i aufgehängt ist
und durch 2 verstellbare Gewichte o fest gegen die obere Welle gepresst
wird, so dass sie sich genau mit derselben Umfangsgeschwindigkeit dreht
und das Gewebe immer der Lieferung entsprechend aufgewunden wird.

Auch hier geschieht der Antrieb der Maschine von der mittlern Welle b
aus, auf welcher ein Rad r fest gekeilt ist, in welches ein Kolben s eingreift, an dessen Axe die Antriebsscheiben t angebracht sind. Soll der

Kalander für halbwollene Waaren benutzt werden, so kann die Aufwicklung (Fig. 255) nicht angewendet werden, weil die Appretur durch das theilweise Aufstreichen der Haare leiden würde. Man wählt dann die Form Fig. 258. Das Gewebe gelangt von der Abwindewelle A weg zu einer Spannwelle B, welche in verschiedenen Lagen festgestellt werden kann und dadurch eine beliebige Spannung des Gewebes gestattet. Die Waare geht über die Streckstäbe c und über den Streckstab d zwischen

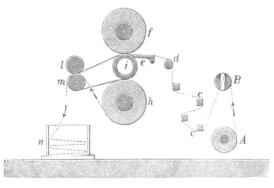

Fig. 258.

die obere Fuge der Maschine, um die Heizwelle herum in die untere Fuge und um die untere Welle herum zwischen 2 hölzerne Walzen l und m, welche durch einen Riemen von der Hauptwelle aus in Umdrehung gesetzt werden und etwas Voreilung, d. h. eine etwas grössere Umfangsgeschwindigkeit haben als die Heizwelle. Das Gewebe legt sich schliesslich faltenweise in einen hölzernen Kasten n nieder.

Für Appretur der halbwollenen Gewebe wird der Kalander (Fig. 259 u. 260) mit Vortheil in Anwendung gebracht[135]). Die Figuren zeigen ihn in $\frac{1}{30}$ der wirklichen Grösse mit einer mittlern Hartguss- oder auch Stahlwalze (2) nebst einer unteren und einer oberen Papierwalze (1 u. 3). b sind die beiden starken seitlichen Gestelle, in welchen die Wellen gelagert sind. Die beiden Gewichte i wirken mittelst der Hebel f, der Zugstangen e und obern Hebel d und durch den Bogen 13 auf die Zapfen der obern Welle der und pressen dieselben stark gegeneinander, da die untere Welle fest gelagert ist. Die beiden obern Wellen sind dabei vertical in ihren Lagern verschiebbar. Es ist die zweckmässige Legung der mittleren Walzen her vorzuheben. Dieselbe ist nämlich nicht, wie sonst meist üblich, direct mit dem Antriebrade 4 versehen, weil durch dieses immer mehr oder weniger einseitiger Druck auf die Waare ausgeübt wird und zwar nicht etwa nur in Folge der Radgewichte, sondern vielmehr wegen des Druckes, den die Zähne beider Räder 4 und 5 während der Bewegung unter

---

[135]) Deutsche Industrie-Zeitung 1872, von Gebr. Benninger erbaut.

starkem Hebeldruck auf einander ausüben. Dieser Druck wird (auch bei
der vollkommensten Bearbeitung der Räderzähne) immer theilweise auf
die Axe übertragen, so dass, wenn die Axen beider Räder, wie bei den
meisten Kalandern, in gleicher Höhe liegen, das kleine Rad 5 je nach der
Umdrehungsrichtung das Bestreben hat, die mittlere Walze auf der Antriebseite entweder abwärts zu drücken oder dieselbe in die Höhe zu

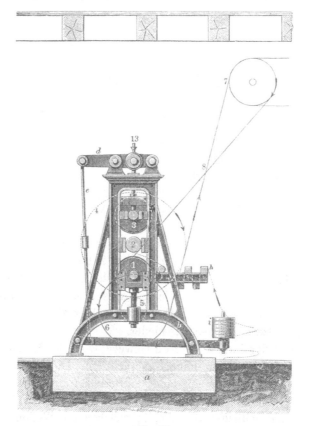

Fig. 259.

heben, was beides gleich ungünstig für eine gleichmässige Pressung und
einen ruhigen Gang der Maschine ist. — Einen neuen Kalander und
ganz besonders einen Frictionskalander aufzustellen und einzuarbeiten,
erfordert Mühe und ist schwierig, den Druck auf beide Seiten der
Walzen so zu reguliren, dass feine Gewebe ohne Unregelmässigkeiten
durch die Fuge gehen. Solche rühren aber meistentheils von der Construction der Maschine, resp. der Bewegungsübertragung auf die Heiz-
walze her. Weil diese Walze während der Arbeit ein wenig soll ungezwungen
sich heben und senken können, nach der Arbeit sich aber auch um 10 bis
20 mm von der untern Walze soll abheben lassen (bei späterer Abnutzung

der Papierwalze auch tiefer zu liegen kommt), ohne dass der richtige Zahneingriff beeinträchtigt werden soll, werden gewöhnlich die Axen beider Räder in gleiche Höhe verlegt, was aber unrichtig ist. Die mittlere Walze soll durch den Antrieb nur um ihre Axe gedreht, im Uebrigen aber nach keiner Richtung hin gedrückt werden.

Bei der vorliegenden Construction ist diesem Umstande Rechnung ge-

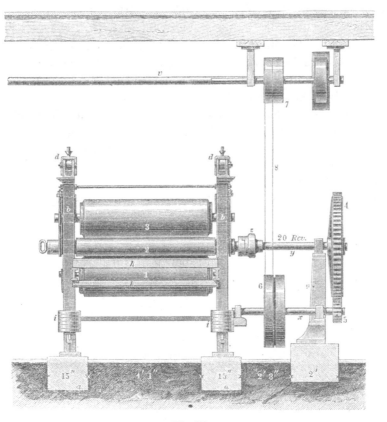

Fig. 260.

tragen. Durch eine lose Kuppelung z ist die Betriebswelle y sammt dem Rade r mit der mittlern Walze verbunden und es ist das Lager hinter dem Rade ein Kugellager, d. h. die Welle sammt den Schalen sind im Lagerkörper etwas drehbar. Die Walze 2 kann sich somit heben und senken, ohne dass bei dem geringen Betrage die horizontale Lage der Walze y verändert oder der richtige Zahneingriff beeinträchtigt wird und die Erfahrung hat gezeigt, dass der so angeordnete Kalander bei beiderseits gleichmässiger Hebelbelastung sogleich richtig arbeitet und einen sehr ruhigen Gang zeigt.

Die Kuppelung z ist eine gewöhnliche Klauenkuppelung, deren

Knaggen aber nicht scharf in einander greifen, vielmehr einigen Spielraum zwischen sich haben, so dass sie für den geringen Betrag der Walzen-verschiebung von 1—2 mm im Maximum ein Universalgelenk einfachster Art bildet. Bei der Abnutzung der Papierwalzen bleibt die mittlere Walze genau in ihrer ursprünglichen Höhenlage, indem die Lager der unteren Walze auf Schraubenspindeln aufsitzen, also gehoben oder gesenkt werden können. Die Wellen x und y sind auf der äussern Seite auf einem Bocke 9 gelagert. Die Welle x macht ca. 100—110 Umdrehungen in einer Minute, wobei die mittlere Walze 26—23 Umdrehungen in einer Minute macht. Die Maschine wird mittelst gekreuzten Riemens 8 von einer oberen Vorgelegewelle v aus in Betrieb gesetzt. Die Gestelle b sind auf gut fundamentirten Quadern oder Sandsteinen befestigt. Der Kalander erfordert 3 Pferdekräfte zum Betriebe.

Bei der Construction der Wellenlager sowie bei der Verbindung der Maschine mit der Betriebswelle y (Fig. 260) hat man wohl zu beachten, dass die Distanz der Wellen von einander veränderlich sein muss, wenn der Kalander zur auflaufenden und zur übereinanderlaufenden Kalandrirung benützt werden soll.

Die *Uebereinanderlaufende Kalandrirung* wird durch Figur 261 ver-

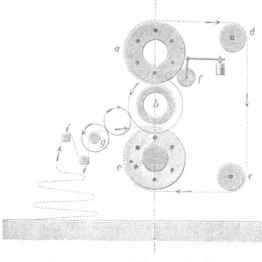

Fig. 261.

deutlicht. Die vorher gewöhnlich eingesprengte (eingefeuchtete) Waare gelangt über die Spannstäbe i und den Ausbreitstab g in die untere Fuge der Maschine, sodann um die eine Hälfte der Heizwelle herum in die obere Fuge und um die Hälfte der obern Papier- oder Eisenwelle herum auf eine Leitwelle d und e und tritt schliesslich sammt dem frisch ein-laufenden Gewebe von neuem in die untere Fuge ein, diesen Kreislauf so lange fortsetzend, bis sie 6—7fach aufeinander gelaufen ist, wonach sie sich auf der Welle f aufwickelt. Da die einzelnen Waarenstücke nicht so lang sind, um für einen so langen Weg auszureichen, so werden 4—5 derselben zusammengenäht. Man darf zum Zusammenheften aber nicht Messingnadeln verwenden. — Wie man sieht, muss bei dieser Kalandrirung die mittlere und obere Welle, welche auf der untersten aufruhen, ihre Distanz von der letztern verändern können, indem sie durch den übereinanderlaufenden Stoff gehoben werden und zwar die mittlere Welle um die 6—7fache und die obere um die 12—14fache Dicke der Waare.

Es kommt bei dieser Kalandrirung Alles darauf an, einen guten Einlauf der Waare zu erhalten, denn wenn das Gewebe bei der ersten Aufwicklung nicht durchaus straff und faltenlos aufgelaufen ist, so wird dasselbe sich in den spätern Gängen niemals recht aufwickeln und es ist jede weitere Mühe umsonst. Um bei der übereinanderlaufenden Kalandrirung den guten Gang der Waare nicht bei jedesmaligem Beginn der Arbeit erneuern zu müssen, heftet man dem zuletzt aufgelaufenen Stück Waare ein Stück Kattun an, welches so lang ist, dass man es 4—5fach übereinanderwickelnd auflaufen lässt und ein für alle Mal auf der Maschine lässt. An dieses Stück braucht man das zu kalandrirende Waarenstück blos anzuheften, um sogleich einen guten Gang der Waare zu erhalten. Die übereinanderlaufende Kalandrirung wird gewöhnlich bei starkem Drucke der Wellen ausgeführt und kann auch mit grossem Vortheil zur Erzeugung von Moiré verwendet werden.

Das Gewebe mit einseitiger Appreturmasse oder Mangappretur erhält durch diese Kalandrirung ein gutes Ansehen und sanften Griff und es kommt dieser letztere demjenigen durch Behandlung mit der Mangel in vielen Beziehungen gleich.

Die *Wasser-Kalandrirung* oder Kalandrirung baumwollener Waaren vor dem Stärken in nassem Zustande kann nicht auf einem gewöhnlichen Kalander mit Papier- oder Baumwollwalzen geschehen.

Figur 262 stellt einen dazu anwendbaren Waterkalander oder Wasserkalander dar. Die Waare wird, wie sie aus der Bleiche kommt, zusammengeheftet und durch einen unter dem Kalander befindlichen Wasserkasten e um die Wellen i und die Streckwelle d in die untere Fuge geleitet und 6—7fach übereinander auflaufend aufgewickelt. Das Glätten der Waaren in nassem Zustande trägt viel zu einem schönen Aussehen derselben bei und bildet die beste Vorbereitung für einseitig zu stärkende Gewebe, indem die Fäden dabei viel näher aneinandergeschlossen werden und die Stärke weniger durch das Gewebe auf die Rückseite dringt, also Flecken vermieden werden. Die mittlere Welle dieses Kalanders soll von Messing und die obere und untere Walze aus hartem Holze bestehen, wobei der Kalander auch gleich zum Stärken derjenigen Gewebe benutzt werden kann, welche keiner zu starken Füllung bedürfen. Dazu braucht blos der Wassertrog mit der Stärkmasse angefüllt zu werden.

Die Watercalandrirung kann natürlich auch auf einem 5 welligen Kalander vorgenommen werden, in welchem dann die oberste, mittlere und untere Walze von Messing oder mit Messing überzogen sind, die mittlere heizbar ist und die zwei andern Walzen von Holz gefertigt werden.

Fünfwelliger Kalander. Wenn den Geweben sehr gutes Ansehen und ein hoher Glanz ertheilt werden soll, muss zum Glätten derselben ein

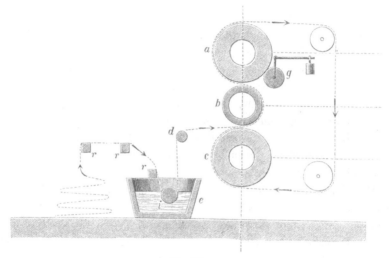

Fig. 262.

Kalander mit fünf Walzen angewendet werden. Figur 263 stellt einen solchen dar. Die mittlere Welle c von Hartguss ist heizbar und liegt zwischen 2 Papierwellen b und d, deren Durchmesser $2^1/_2$ mal grösser ist. Die unterste und oberste Welle bestehen aus Gusseisen, sind hohl und nicht heizbar. Der Durchmesser dieser Wellen soll etwas kleiner sein als derjenige der Papierwellen. Die Waare gelangt über die Spannstäbe g und die Streckwelle f in die unterste Fuge und wickelt sich, nachdem sie noch beide Fugen der Heizwelle c passirt hat, auf der Welle h auf. Es ist beim fünfwalzigen Kalander wohl zu beachten, dass der Glanz der Waare nur durch die geheizte Welle c mitgetheilt wird, dass also die rechte Seite des Stoffes mit der Heizwelle in Berührung kommen muss und nachher keine andere Welle mehr berühren darf, wenn der Glanz der Waare nicht theilweise wieder zerstört werden soll. Aus diesem Grunde darf diejenige Waare, welche Glanzappretur erhalten soll, niemals durch die oberste Fuge des fünfwelligen Kalanders durchgelassen werden und es könnte mithin scheinen, dass die oberste Welle a ebenso gut weggelassen werden könnte. Das ist indessen keineswegs der Fall.

Abgesehen von dem Umstande, dass die Maschine auch für Appreturen ohne Glanz benutzt wird, vermehrt die oberste Welle den Druck in den Glanzfugen nicht nur durch ihr eignes Gewicht, sondern sie bewirkt eine viel gleichmässigere Vertheilung dieses Druckes auf die ganze Länge der Fuge, indem sie eine Durchbiegung der Papierwelle b verhindert, welche beim dreiwelligen Kalander auch bei Anwendung der stärksten Axe stattfindet und die Anwendung eines grössern Druckes unnütz macht.

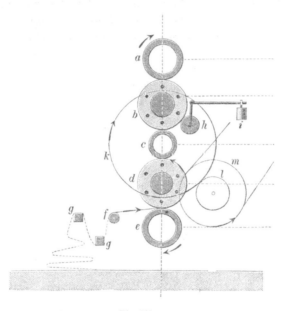

Fig. 263.

Beim fünfwelligen Kalander kann aus diesem Grunde ein bedeutend höherer Druck auf die Walzen ausgeübt werden, da auch die unterste Eisenwalze e eine Durchbiegung der Papierwelle d verhindert. Diese eigenthümliche Wirkung der Eisenwalzen des fünfwelligen Kalanders ist nicht zu unterschätzen. Für ganz weiche Appretur benutzt man die Kalandercomposition (Fig. 264), lässt aber die Walze c ungeheizt.

Wie aus Figur 263 ersichtlich, ist die Bewegung des fünfwelligen Kalanders vom Getriebe aus gleich derjenigen des dreiwelligen Kalanders. Der fünfwellige Kalander kann öfter zum gleichzeitigen Appretiren für schwachen Glanz zweier Gewebestücke benützt werden und vertritt in diesem Falle die Stelle zweier dreiwelliger Kalander. Figur 264 zeigt die Anordnung der Maschine und den Gang der Waare für diese doppelte Kalandrirung. Das auf einer Seite bei K hingelegte Gewebe gelangt über 7 und 6 in die untere Fuge der Maschine, sodann durch die untere Glanzfuge nach derselben Seite der Maschine zurück und wickelt sich auf die Welle 5 auf. Das auf der entgegengesetzten Seite der Maschine bei J hingelegte Stück Waare geht über eine Leitwalze 3, die Spannstäbe 2 und den Ausbreiter 1 zuerst in die oberste Fuge, sodann zwischen den Wellen b und c nach derselben Seite zurück und wickelt sich auf 4 auf.

Wenn ein Kalander dem Gewebe einen höhern Glanz ertheilen soll, so muss nicht nur die Hartgusswelle desselben geheizt werden, sondern sie soll auch mit Friction oder Reibung arbeiten. Die Umfangsgeschwindigkeit der verschiedenen Wellen muss dann eine verschiedene sein, damit ein Schleifen und Schieben der Walzen auf dem Gewebe stattfindet, welches eben den hohen Glanz erzeugt. Je grösser der Unterschied in der Umfangsgeschwindigkeit der Wellen eines Kalanders

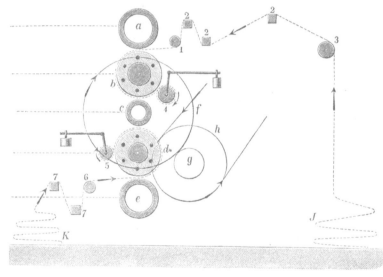

Fig. 264

ist, desto geringer muss der Druck auf die Walzen sein, wenn das Gewebe nicht reissen oder durch die Appretur zu sehr leiden soll.

Dreiwelliger Frictions-Kalander. Bei einem dreiwelligen Frictionskalander (Fig. 265) wird nur die untere Papierwelle 3 frictionirt, d. h. mittelst Rädern so mit der Heizwelle 2 in Verbindung gesetzt, dass ihre Umfangsgeschwindigkeit nur die Hälfte von derjenigen der Heizwelle beträgt. Es sind zu diesem Zwecke auf die mittlere und untere Welle die Räder a und d festgekeilt, welche durch die Räder b und c miteinander in Verbindung stehen. Die untere Welle ist dadurch verhindert, die Umfangsgeschwindigkeit der Heizwelle anzunehmen.

Die Figuren 266 — 268 zeigen die Disposition und Construction eines sehr elegant construirten dreiwelligen Frictionskalanders, welcher sehr zweckentsprechend eingerichtet und mit doppelter oder veränderlicher Friction versehen ist. Die oberste Welle ist hier die heizbare Hartguss-

welle, welche auf einer Papierwelle liegt, unter welcher sich noch eine
Eisenwelle befindet. Dieser Kalander ist für mittlern Glanz, während
für Erzielung hohen Glanzes der Fünfwalzenkalander einzutreten hat.
Man nimmt für gute Waare die obere Walze von feinem Carton.

Die Figuren stellen die Maschine in $^1/_{36}$ der wirklichen Grösse dar
und zeigen auch die Einrichtung des Antriebes für 2 verschiedene

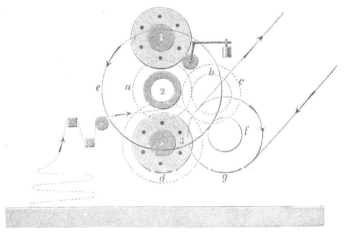

Fig. 265.

Geschwindigkeiten. Es sind a eine leere und b und c zwei volle (fest-
gekeilte) Riemenscheiben, welche letzten von zwei Scheiben verschiedener
Grösse, d und e, in Betrieb gesetzt werden. Je nachdem der eine der 2
gekreuzten Riemen auf die vollen Scheiben b oder c geleitet wird, ist der
Gang der Maschine schneller oder langsamer. Um ein Schleifen der
Wellen in 2 verschiedenen Graden hervorbringen zu können, ist an jeder
Seite des Kalanders eine besondere Frictionsvorrichtung angebracht, von
denen je die eine ausgekehrt sein muss, wenn die andere im Gange ist.
Auf der linken Seite der Maschine ist ein Rad 1 auf der obersten Welle
festgekeilt, während das Rad 2 lose um seine Axe drehbar ist und sowohl
in das Rad 1 als auch in dasjenige 3 an der untern Eisenwelle eingreift,
wenn es auf seiner Axe nach rechts geschoben wird. Auf der rechten
Seite der Maschine befinden sich die entsprechenden Räder 4, 5 und 6,
welche ein anderes Grössenverhältniss haben.

Fünfwelliger Frictions-Kalander. Um den grösstmöglichen Glanz
einer Waare zu ertheilen, sind fünfwellige Frictionskalander erforderlich,
deren Einrichtung aus Figur 269 ersichtlich ist. Es wird bei denselben
die oberste und unterste Eisenwelle a und e frictionirt, und zwar die
erstere durch die .Räderverbindung h, n und o und die letztere durch
diejenige h, p und q. Jede dieser Frictionirungen ist veränderlich, indem
auf der entgegengesetzten Seite der Maschine noch die Räderverbindungen h,

i, k und h, l, m angebracht sind, welche an Stelle der ersterwähnten (in
der Figur punctirten) Räderverbindungen in Thätigkeit gesetzt werden

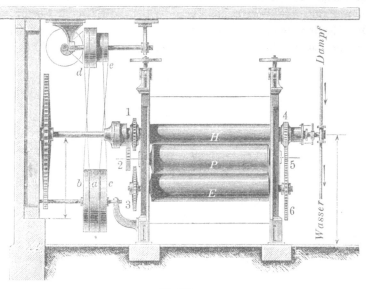

Fig. 266.

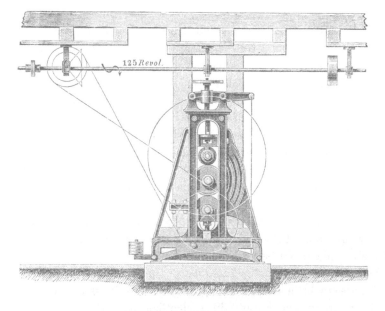

Fig. 267.

können, so dass das Schleifen der Wellen in verschiedenen Graden angewendet werden kann.

Man darf aber ja nicht denken, dass durch diese Einrichtung, bei welcher blos die oberste und unterste Welle durch Räder frictionirt wird, nur in der obersten und untersten Fuge ein Schleifen der Wellen auf dem Gewebe stattfinde. Das ist bei den sämmtichen Fugen der Maschine der Fall. Die beiden Papierwellen b und d nehmen nämlich eine Umfangsgeschwindigkeit an, welche die Mitte zwischen derjenigen der Wellen a und c und c und e hält. Ebenso nimmt das Gewebe, welches durch die 4 untern Fugen der Maschine passirt, eine Geschwindigkeit an, welche wiederum die Mitte zwischen den Lieferungen der Wellen b, c, d und e der Maschine hält.

Der fünfwellige Kalander wird auch zur übereinanderlaufenden und

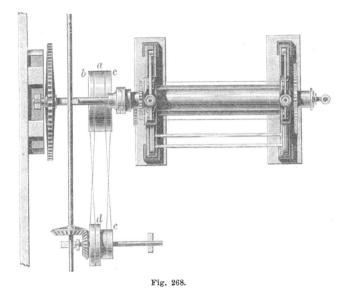

Fig. 268.

auflaufenden Kalandrirung benützt und ist der Gang der Waare dabei derselbe wie beim dreiwelligen Kalander.

Auflaufende Kalandrirung. Wenn man den Geweben ein Ansehen ertheilen will, das dem auf der Mangel erzeugten nahe kommt, so wendet man die auflaufende Kalandrirung an. Man lässt bei derselben das Gewebe die sämmtlichen Fugen der Maschine passiren und schliesslich das ganze Stück auf die oberste Welle auflaufen, wonach man den Druck auf die Walzen verstärkt und die Maschine einige Zeit so im Gange lässt. Soll nach beendigter Kalandrirung der Stoff von der Welle abgewickelt werden, so werden die Gewichte von den Presshebeln weggenommen. Es wird dann die Welle mit der aufgewickelten Waare in die Höhe gehoben, so dass sie ganz frei schwebt; in jedem andern Falle wird die Waare runzlich von der Welle ablaufen und ihre schöne Appretur theilweise verlieren.

Die auflaufende Kalandrirung bietet Gelegenheit zur Erzielung sehr

verschiedener und ansehnlicher Apprete, besonders bei Waterkalandrirung.
Beim fünfwelligen Kalander lässt man z. B. die Waare über dem 3. Cylinder
eingehen nach der 4. und 5. Walze, nimmt sie sodann herum mittelst
Leitrollen zur untersten, also 1. Walze und lässt sie von hier um die 2.
und 3. Walze so laufen, dass sie mit der bei der dritten Walze eintretenden
frischen Waare übereinanderliegend fortschreitet. Dies Uebereinanderlaufen
kann man nun mehrfach 2—7fach stattfinden lassen. Hierbei ist indessen

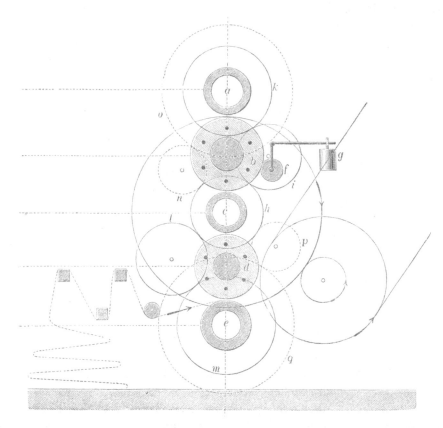

Fig. 269.

sehr wohl und genau auf ein gleichmässiges, straffes, geregeltes Einlaufen
in die Walzen zu achten. Bei der Waterkalandrirung ist zuerst das
Uebereinanderlaufen durchgeführt worden, besonders bei den englischen
Stoffen. Dasselbe bewirkt eine leichte Quetschung der Fäden und in
Folge des feuchten gequellten Zustandes der Waare eine Art Schluss des
Gewebes, wobei das Gewebe dichter und feiner aussieht. Die Feuchtigkeit
vertheilt sich gleichmässiger im Gewebe. In dieser Hinsicht kann auch der
Waterkalander als Einfeuchtmaschine und für das Eintragen der Appre-
turmasse benutzt werden, welche ja ebenfalls auf dem Kalander (Stärke-
kalander) vorgenommen werden kann. Es geschieht dies vielfach bei

der Shirting- und Madapolam-Appretur. Lässt man auf einen Kalander
(trocken) die Waare auf der obersten Walze auflaufen, die zu dem Zwecke
keinen geringen Diameter haben darf und am besten mit etwas Zeug
umwunden ist, und lässt man nach vollendeter Aufwicklung die Walze
noch etwas fortrotiren, so erreicht man eine sogenannte Chiffon-, Naturell-,
Jaconetappretur.

Als sehr wichtig ist seither die sogenannte Moiréekalandrirung betrachtet
worden. Für gewöhnlich wird das Wässern, Moiriren hervorgebracht
durch eine Verdrückung der Fäden, besonders des Einschlages (Schuss-
moirée) im Gewebe, so, dass dieselbe nicht statthat parallel zur Faden-
richtung. Es trifft der Druck nicht in gleicher Zeit die ganze Länge des
Fadens, sondern wird auf verschiedene Stellen, also stellenweise, in verschiedenen Zeitmomenten, mögen diese auch sehr klein bemessen sein, ausgeübt. Die auf diese Weise verschieden gedrückten Fadenstücke reflectiren
natürlich das Licht verschieden, weil ihre Quetschflächen verschiedene
Neigung haben und bringen so den bekannten eigenartigen Lichteffect
hervor, der durch „wolkig", „wellig" nicht genügend definirt ist, für den
eigentlich bis jetzt kein bezeichnender Ausdruck in irgend einer Sprache
besteht, denn auch der französische Ausdruck Moirée, Moire trifft die
Sache nicht, ebensowenig als der englische „Watering, warling, tabbying,
Moreen, shaded design".

Der Moiréeeffect war bereits im Alterthum bekannt und ist auch den
Chinesen, Japanern, Indiern immer bekannt gewesen. Ebenso trifft man
ihn in den Geweben der Völker Innerasiens und Nordafrikas an. Im
Kaukasus z. B. stellt man sehr schöne moirirte seidene Stoffe her, indem
man die Gewebe in Falten auf einen Holzblock legt und mit einem
Schlägel daraufschlägt. Nachdem dies eine Zeit lang geschehen, faltet
man das Zeug auseinander und legt es in entgegengesetzter Weise in
Falten und klopft es von Neuem[136]).

Im Mittelalter war Moirée sehr geschätzt und Pepys erwähnt „watered
moyre" ausdrücklich in seinem Diary. Später scheint das Moiriren eine in
England vorzüglich ausgebildete Appreturkunst geworden zu sein, während
sie den Franzosen abhanden gekommen war. Als die Lyoner Seiden-
manufactur so hoch gepflegt ward (Anfang und Mitte des vorigen Jahrhunderts), bemühte man sich, die englische Methode des Moirirens nach
Frankreich zu verpflanzen. Man führte 1740 eine englische Wässermaschine
in Frankreich ein. Später nahm sich der berühmte Vaucanson der Sache
an und construirte 1769 eine Maschine, um seidene Gewebe zu wässern[137]).

Die Kunst des Moirirens wurde stets hochgeschätzt und erfreute sich
fortgesetzter Pflege. In neuerer Zeit haben Crossley, Woolford, Moussier,

---

[136]) Grothe, Bericht über die Petersburger Ausstellung 1870.
[137]) Histoire de l'académie royale des sciences. Paris 1772. S. 5.

Tavernier, Glover, Bury, Th. Smith u. a. sich mit der Vervollkommnung
des Moirées abgegeben. —

Zur Erlangung des Moirées hat man verschiedene Wege eingeschlagen.
Man lässt die Stoffe durch Walzen gehen; allein da die Fuge der Walzen,
d. h. die Berührungslinie, meistens parallel zur Schussfadenrichtung auf
diesen auftrifft oder nur gering davon abweicht, so entsteht hierbei meistens
nur eine ganz schwache kaum sichtbare Moirirung. Legt man aber zwei
Gewebestücke übereinander und lässt sie durch die Walzen gehen, so
erzielt man einen anderen stärkeren Moiréeeffect, weil die beiden Gewebe
niemals so aufeinanderliegen können, dass die Fäden des einen genau die
Fäden des andern decken. Es werden vielmehr die Fäden des einen Gewebes die des andern unter spitzen Winkeln kreuzen und es wird so
der verschiedenstellige Druck auf die Fäden erzeugt. Freilich kann man
Aehnliches erreichen, wenn man das einfache Gewebe bei Durchgang
durch die Walzen in der Breite verschiebt, allein diese Operation schadet
dem Gewebe meistens und bringt auch kein schönes Moirée hervor. Ein
anderes Mittel besteht darin, dass man das Gewebe vor Eintritt in den
Kalander über eine wellige Streichschiene streichen lässt, wobei sich die
Fäden entsprechend der stärkeren Anspannung durch die Wellen der
Schiene etwas verschieben (Th. Smith). — Eine weitere Methode benutzt
nicht den Kalander zum Moiriren, sondern faltet die Gewebe ohne Zwischenlagen von Pappe etc. zusammen und presst sie heiss. Der Effect muss
die Erzeugung von Moirée sein (Crossley 1853). — Um den Moirée möglichst
regelmässig herstellen zu lassen, also dem Zufall die Form und Wiederkehr
der Moiréefiguren nicht zu überlassen, hat man zur Herstellung desselben
mit gravirten Walzen gegriffen. — Aus den obigen Auseinandersetzungen
wird es klar sein, dass der Moiréeeffect um so trefflicher sich hervorkehren
wird, je kräftiger, dicker der Einschlagfaden im Gewebe ist. Für Stoffe
ohne stärkeren Schussfaden kann also dieser Effect nicht so kräftig auftreten. Man hat deshalb die Walzen des Moiréekalanders mit zur Axe
parallelen feinen Rippen versehen und wenn diese nun ganz glattes Zeug
drücken, welches in beschriebener Weise etwas verzogen durchgeht, so
entwickelt sich Moirée auf dem Gewebe. Woolfort (1844) liess moirirtes
Gewebe mit dem zu moirirenden durch die Walzen gehen. Th. W. Makin
& Barnsley gingen aber (1856) direct so vor, dass sie den gewünschten
Moirée durch Gravirung auf einer Walze herstellen und diese als Mittelwalze eines Kalanders einlegen und den Stoff unter derselben durchlaufen
lassen. Diese Idee hat sodann Entwicklung gefunden und John Appleby
hat dieselbe dahin modificirt, dass er zunächst das Gewebe durch Walzen
mit eingravirten feinen Ringen schickt und dann, nachdem diese mit ihrer
möglichst feinen Gravirung die Gewebe mit einem feinen Grad in Richtung
der Kette versehen haben, die Gewebe durch die mit Moirée gravirten
Walzen gehen lässt. Die Moiréegravirung kann vertieft oder erhaben

hergestellt sein. — Eine weitere Methode ist die, dass der Stoff einen pressenden Cylinder, der mit feinen Spirallinien gravirt ist, passirt. Der Stoff wird aber von einem Cylinder geführt, welcher sich entgegengesetzt dreht als der gravirte Cylinder und mit einer anderen Geschwindigkeit. Th. Smith schlug auch vor für Moirée antique, der bekanntlich grosswolkigen Moirée zeigt, eine Walze zu benutzen, welche aus lose aneinandergereihten Ringen oder Scheiben besteht, deren Mitnahme zeitweise verhindert werden kann, so dass sie auf dem Gewebe schleifen. — Eine andere Methode ist zwei Walzen zu gebrauchen, von denen die eine mit zahnartigen Reliefs versehen ist und entgegengesetzt rotirt und natürlich bei Auftreffen der Erhöhungen auf das Gewebe an dieser Stelle den Fortschritt desselben verzögert. Diese Idee ist dann von Tavernier für die Seidenstoffe aufgefasst und schon auf den Webstuhl verlegt, ein Verfahren, durch welches moireeartige Zeichnungen von den verschiedensten Formen beliebig hergestellt werden können. Das Prinzip des Apparats besteht also darin, dass beim Weben auf die Ketten- oder Schussfäden an den verschiedenen Stellen eine verschiedene Spannung ausgeübt wird. Die verschiedene Spannung der Kettenfäden wird dadurch bewirkt, dass diese Fäden in Gruppen getheilt werden, deren jede auf eine besondere Walze aufgebäumt und beim Weben unter verschiedener Spannung zugeführt wird. Die Verschiedenheit in der Stärke des Anschlagens wird durch ein besonderes Rietblatt erzeugt, dessen Zähne an einem Ende fest, am andern aber lose sind, jedoch, wenn ein Theil dieses Riets benutzt werden soll, rasch befestigt werden können. Alle so befestigten Zähne des Riets schlagen mit einer gewissen Kraft gegen den Schuss an, während die freien Zähne nur schwach gegen denselben antreffen. Die Zähne werden durch kleine Hebel in Bewegung gesetzt, auf welche ein Cylinder wirkt, der je nach der Beschaffenheit des herzustellenden Gewebes in rotirende Bewegung gesetzt wird. Dieser Cylinder ist auf seinem Umfang mit Reliefs versehen, welche auf die kleinen Hebel wirken und dieselben den freien Enden der Rietzähne nähern oder von denselben entfernen. Man kann aber auch den Cylinder direct auf die Zähne wirken lassen.[138]

Endlich sei noch eine Crossley'sche Methode erwähnt, welche sehr einfach ist. Man lässt unter Pression das Stück auf eine Kalanderwalze auflaufen, stellt die Bewegung um und treibt diesen Cylinder nun in entgegengesetzter Richtung um. Nach einiger Zeit steuert man die Bewegung wieder zurück u. s. w. Da man das Gewebe niemals so fest aufwinden kann, dass der grosse Druck eines Kalandercylinders nicht bei entgegengesetzten Drehungen eine Verschiebung in den Gewebwindungen hervorbringen sollte, so erreicht man mit dieser einfachen Methode sehr gute Effecte.

---

[138] Deutsche Ind.-Zeitung 1868.

Für den Moiréekalander benutzt man Papierwalzen von reinem weissen, steifen und geglätteten Cartonpapier, mit 0,75 — 1,00 m Diameter. Die sogen. Cambricappretur, die der Moirées, der Madapolam und andere Appreturen gehören zum Theil zur Moiréeappretur.

Dem Moiriren in gewisser Beziehung verwandt ist das Gauffriren, Einpressen von Mustern (gaufrer, gaufraye, embossing). Es geschieht dies ebenfalls auf dem Kalander (resp. auf der Presse). Das Muster wird auf eine Metallwalze (Messing, Kupfer, Stahl) eingravirt, guillochirt, eingeätzt, reliefirt, einmolettirt, eingepunzt oder auf anderer Weise erzeugt. Für dicke Stoffe (Plüsche, Velvets etc.) müssen die Muster der Walze ziemlich hohe Reliefs bilden. Für andere Stoffe, bei denen die Pressung recht erhaben sein soll, benutzt man eine hochgravirte und eine Matrizenwalze, in welcher letzteren dieselben Dessins vertieft erhalten sind. Die Matrizenwalze kann man auch so erzeugen, dass man eine Papier- oder Kattunwalze mit der hochgravirten längere Zeit unter starkem Druck umlaufen lässt, sodass sich das Dessin scharf eindrückt. An Stelle der Papierwalze kann man auch eine Lederwalze, oder eine mit Leder oder Blei umkleidete Holzwalze, oder eine Walze aus Holz selbst benutzen, welche letztere aus Fourniren wie eine Papierwalze hergestellt ist. Für gewisse Zwecke sucht man mit Hülfe der Gauffrirwalze gleichzeitig mit dem Eindrücken von Mustern solche an gewissen Stellen herauszuschneiden. Dann muss der Cylinder an den betreffenden Stellen hochstehende geschärfte Schneiden enthalten.

Man kann mit solchem Gauffrirkalander sehr schöne Effecte hervorbringen und wendet diese Methode besonders an bei Stoffen mit hochstehendem Sammet, Plüsch, Velour etc. und bei vorher scharf appretirten Stoffen d. h. solchen, welchen durch eine gute Stärkappretur eine gewisse Steifigkeit verliehen ist, oder denen durch Appretur mit Leimwasser und Trocknen und Lüstriren eine glänzende, hartsteife Oberfläche gegeben ist (Buchbindercalico).

Die gravirten Cylinder werden meistens hohl hergestellt in verschiedenem Umfang je nach Dessin und werden auf einen Eisenmandrill aufgepresst für den Gebrauch. —

Was die Kalanderconstructionen anlangt, so führen wir hier an, dass ausser der bisher beschriebenen Hauptanordnung mit mehreren übereinanderliegenden Walzen auch solche Constructionen auftauchten, bei welchen Walzen um eine Centralwalze, welche den Stoff trägt, als Druckwalzen angeordnet sind.

Kalander mit Centralcylinder und kleinen Cylindern herum hatte Edwin Haywood bereits 1865 vorgeschlagen, ebenso Brasier 1864 und 1879 H. Schlatter & H. C. Gross in Reutlingen. Die Anpressung in letzter Construction geschieht durch Seile. Diese Art der Walzenanpressung mittelst eines Seils ist bei anderen Maschinen (z. B. bei Flachsbrechen) mehrfach angewendet. Ob diese Pressung überhaupt von gleichmässigem Effect sein kann und sein wird, ist fraglich; auch ist nicht recht einzusehen, dass der Druck der 10 Einzelwalzen, — obwohl vielleicht genügend für manche Stoffe, die Kalanderwirkung in ihrer Einfachheit ersetzen kann. Wir fügen hinzu, dass, wenn man den Stoff mittelst Friction auf diesem Kalander glätten will, die kleineren Walzen so hergestellt werden, dass sie mit ihren Mantelflächen die Mantelfläche der Centralwalze eben noch, jedoch ohne erhebliche Pression, berühren, und es wird dann den kleineren Walzen direct von der Centralwalze aus eine voreilende oder nacheilende Umfangsgeschwindigkeit gegenüber derjenigen der Centralwalze ertheilt, was entweder durch direct an den Walzen angebrachte Zahnräder erreicht wird oder aber durch eine Anordnung, bei welcher um ein oder beide Enden sämmtlicher Walzen ein Kordel- oder auch ein gewöhnlicher Riemen gelegt ist, welcher, von der Centralwalze aus getrieben, den kleineren Walzen ihre Bewegung ertheilt.

Nach dieser mehr schematischen Betrachtung lassen wir nun eine nähere Beschreibung specieller Kalanderconstructionen folgen und flechten dabei Modificationen der Details ein. Zunächst bringen wir einen Waterkalander von der A. G. für Stückfärberei und Maschinenbau (vorm. Fr. Gebauer) in Charlottenburg (Fig. 270 u. 271).

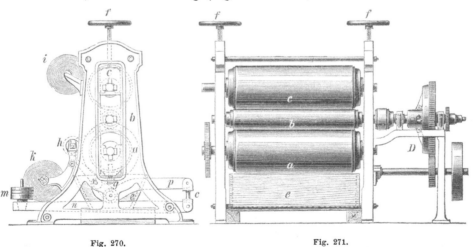

Fig. 270.   Fig. 271.

Dieser Kalander besteht aus einem starken Gestell, in welchem drei Walzen a, b, c gelagert sind. Die mittlere Walze b sitzt auf der Hauptwelle, die durch Zahnräder D von der Antriebswelle mit Riemenscheibe bewegt wird. Die Walze b ruht in einem festen Lager; die Lager von a und c sind durch Schraubenspindeln f und g verstellbar. Unter der Walzentrias steht der Wassertrog e. Die Waare läuft von k ab über eine Rolle in den Trog e hinein, um eine Walze desselben herum, empor über Rolle h zwischen die Walzen a, b, dann b, c und windet sich auf der

Kaule i auf. Die Pressung von a gegen b wird durch die Hebelanordnung p, c, n, m hervorgebracht.

    Ein sehr brauchbarer combinirter Kalander ist der in Fig. 272 abge-
bildete von Mather & Platt in Salford. Derselbe enthält den Bottich B
mit Leitrollen h, g, i, f, k, e, l, d, eine Ausbreitwalze c und im Gestell A
zwei starke Kalanderwalzen a. Die Pressung des oberen Cylinders geschieht
durch Hebel und Schraubenspindel n. Die Waare wickelt sich auf m auf.
Diese Maschine kann sehr vielfach gebraucht werden. Zuerst als gewöhnliche Waschmaschine, dann braucht a nicht auf b stark angepresst werden;

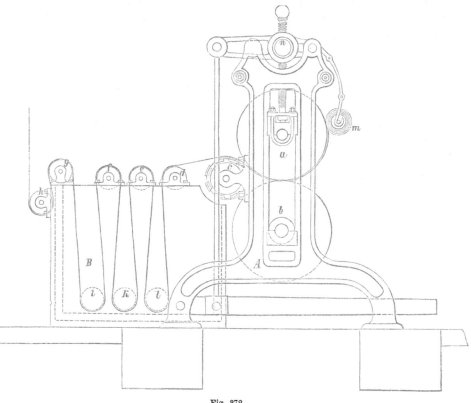

Fig. 272.

sodann als Watercalander unter starker Pressung von a, b; endlich als
Moirirkalander, wobei die Walzen ungleiche Umdrehungsgeschwindigkeit
erhalten oder gravirt sind. Auch für Imprägnation und Eintreiben der
Appreturmassen ist diese Maschine geeignet.

    Einen der ersten guten Kalander erbaute die Firma Witz & Blech
und Co.[139]) in Cernay nach den Zeichnungen von Charles Dollfuss schon
1829. Derselbe war ein dreiwelliger Kalander mit zwei Papierwalzen und

---

    [139]) Persoz, l'impression des tissus. p. 515. Bd. IV. — Bulletin de la Soc. de
Mulhouse 1830. p. 329. — Dingl. pol. Journ. Bd. 43. S. 216.

einer Kupferwalze. Auf der Axe der letzteren sass das grosse Zahnrad, von welchem die Bewegung auf die anderen Theile der Maschine übertragen ward. Der Kalander konnte für Durchgang von zwei Stücken auf einmal benutzt werden. Nach dem Urtheile des Herrn Joseph Koechlin leistete der Kalander zu damaliger Zeit sehr Bedeutendes.

Heim[140]) beschreibt einen guten 5-walzigen Watercalander, dessen unterste Walze aus Ahorn- oder Buchenholz mit Messinghülse hergestellt ist. Die zweite Walze besteht aus Kattun, die dritte aus Eisen (Gusseisen) mit Messinghülse, die vierte aus Holz ohne Hülse und die fünfte endlich aus Holz mit Messinghülse. Auf der dritten Axe sitzt der Haupttrieb zur Bewegung des Kalanders. Die Belastung und der Druck wird hervorgebracht durch Hebel auf die dritte Walze. Die zweite Walze liegt mit dem Zapfen lose im Gestell-Wangen-Lagerschlitz. Ferner wird die oberste fünfte Walze durch Schrauben auf die vierte gepresst, welche letztere lose auf der dritten umgeht. Um aber die Pression zwischen vier und fünf constant dem Nachgeben von vier mit drei zu erhalten, sind die die Lager von fünf tragenden Schrauben in lange einarmige Hebel eingesetzt. Heim beschreibt ferner einen 3-walzigen Kalander mit zwei Holzcylindern und einer Mittelwalze von Eisen, Marmor oder mit Eisen überzogener Holzwalze.

Ein Frictionskalander von der Zittauer A.-G. Maschinenfabrik wurde von Bock[141]) ausführlich beschrieben. Wir fügen diese Beschreibung hier an mit Abbildungen (Fig. 273, 274).

Einen Frictionskalander stellt Figur 273 in der Vorderansicht und Figur 274 in der Seitenansicht dar. Auf den beiden Quadern A und A¹ sind die beiden gusseisernen Gestelle B und B¹ aufgestellt und auf denselben durch entsprechende Steinschrauben befestigt. Zusammengehalten werden diese Gestelle durch vier schmiedeeiserne, 46 mm starke Verbindungsstangen C. Auf den im unteren Theile der Gestelle angebrachten, in starken Augen geführten Schrauben D, D¹ ruhen die Lager E und E¹ der untersten Papierwelle F. Auf letzterer liegt die aus Hartguss hergestellte Heizwelle G, und auf dieser die obere Papierwelle H. Auf den obersten Theilen der Gestelle B und B¹ sind zwei starke gusseiserne Hebel J und J¹ angebracht, deren Drehaxen bei K liegen, und deren vordere Enden durch die beiden schmiedeeisernen Zugstangen L mit zwei anderen gusseisernen Hebeln M und M¹ in Verbindung stehen, welche letztere am unteren Theile der Gestelle sich befinden und bei N ihre Drehaxen haben. Die äusseren Enden der Hebel M und M¹ sind mit veränderlichen Gewichten Q und Q¹ belastet, welche auf den verschiebbaren Bolzen R und R¹ stecken und deren Druck, durch den Hebel M und die Zugstange L in bedeutend verstärktem Masse übersetzt, auf die oberen Hebel J, und durch diese mittelst der Schrauben P und P¹ und der gusseisernen Traversen O auf die Zapfen der oberen Papierwelle H übertragen wird, wodurch man in den Stand gesetzt ist, die drei Wellen beliebig gegen einander zu pressen, indem man die Gewichte Q entsprechend verändert. Die Schrauben P und P¹, zu denen die mittleren Köpfe der Hebel J und J¹ die Muttern bilden, sowie diejenigen D und D¹ im unteren Gestelle,

---

140) Heim, die Appreturen der Baumwollgewebe 1861. p. 25.
141) Dingl. polyt. Journal.

dienen dazu, die Wellen beziehentlich ihrer Lage zu den Hebeln J und M genau einzustellen, was namentlich bei späterem Abdrehen der Papierwellen erforderlich wird.

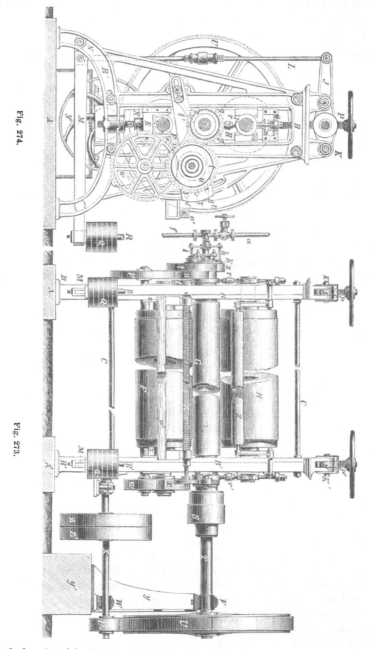

Fig. 274.

Fig. 273.

Auf der Antriebseite ist die Heizwelle G durch eine Klauenkuppelung S mit der Welle T von 108 mm Stärke verbunden, auf welcher andererseits das Rad U dicht hinter dem Lager V festgekeilt ist. Das Lager V, sowie dasjenige W der unteren Vorgelegewelle X sind auf dem gusseisernen Lagerbock Y befestigt, der seinerseits durch den Quader Y¹ fundirt ist. Das Rad U erhält seine Bewegung durch das Getriebe U¹ und die feste Riemenscheibe Z von der Transmission. Die Losscheibe Z dient zum Ausrücken des Kalanders.

Die Papierwellen und von diesen vorzüglich die untere F¹ sind einem enormen Druck ausgesetzt und daher mit starken durchgehenden Schmiedeeisenwellen von 160 mm Durchmesser versehen. Die Papierwellen werden am besten von gutem, dichten, wenig geleimten aber gut satinirten Papier mittelst einer hydraulischen Presse, unter einem Druck von 300—400 Atmosphären, zusammengepresst. Die Grundflächen der Walzen sind durch zwei starke schmiedeeiserne Scheiben begrenzt, welche auf den durchgehenden Wellen entsprechend festgekeilt sind und das Papier der Walzen fest zusammenhalten. Die eingedrehten Zapfen der Wellen haben eine Stärke von 120 mm.

Die Heizwelle G besteht aus Hartguss, hat 220 mm äusseren Durchmesser und eine Wandstärke von 40 mm. Die äussere Oberfläche muss so hart sein, dass sie durch Feilen wenig angegriffen wird, ausserdem muss sie spiegelblank abgedreht sein. g, g¹ sind die Rahmen der Gestelle, zwischen denen die Welle gelagert ist. An diese sind Messingbacken angeschraubt, in denen die eingedrehte Heizwelle genau eingepasst ist und zwar so, dass sie in verticaler Richtung zwischen denselben beweglich ist.

Die Welle H wird mit Dampf von 2—3 Atmosphären Spannung geheizt, welcher durch das Rohr a von 30 mm Weite zugeleitet wird. Zum Einlassen des Dampfes und zum Herausschaffen des condensirten Wassers ist eine besondere Vorrichtung angebracht, deren Einrichtung aus Folgendem klar wird: Das Zuleitungsrohr a ist auf dem Absperrventil c, durch welches der Dampfzufluss regulirt wird, mittelst Flantschen befestigt. Das Ventil c sitzt auf einem messingenen Kniestutzen d, welcher zwei über einander liegende Kanäle von elliptischem Querschnitt enthält, wovon der oberste die Zuleitung des Dampfes zwischen Absperrventil und Heizwelle, der unterste den Austritt des condensirten Wassers aus letzterer vermittelt. Das Stück d ist mittelst der Stopfbüchse e in die Welle G eingedichtet, welche sich sammt der ersteren um dasselbe dreht. Das Condensationswasser wird am besten durch das Rohr f nach einem geschlossenen Condensationswasser-Ableitungsapparat (Condensationstopf) geleitet, um möglichst Dampf zu sparen. Damit das Stück d sich in der Welle nicht verschieben kann, wird dasselbe durch einen Stellring g immer in seiner bestimmten Lage erhalten. Der Stellring ist mittelst der Schrauben h und i an dem schmiedeeisernen Ringe k befestigt, welcher letztere sich lose in einer in den Deckel der Heizwelle eingedrehten Nuth dreht. Um die Drehung von d zu verhindern, welche die festgezogene Stopfbüchse e immer zu bewirken strebt, wird das Zuleitungsrohr a oberhalb des Absperrventiles von einem Bügel umfasst, der beiderseits an das Gestell B festgeschraubt wird. — Die Heizwelle macht gewöhnlich 20—22 Umdrehungen per Minute. Innerhalb der Lager ist dieselbe mit je einer 5 mm tiefen Rinne versehen, um das Schmiermaterial zu verhindern, sich über die Welle auszubreiten, wodurch Flecke auf der bearbeiteten Waare entstehen würden.

Die unteren Lager E der Papierwelle F sind durch die Schrauben D in senkrechter Richtung verschiebbar und haben neben solidester Ausführung eine genaue seitliche Führung. Der Hauptkörper des Lagers, in welches die Schale l eingepasst ist, umfasst die inneren Rahmenseiten des Gestelles. Dasselbe ist von aussen eingeschoben und darauf sind schmiedeeiserne Führungsschienen daran angeschraubt.

Die Lager m der oberen Papierwelle H, sowie diejenigen der Heizwelle G, bestehen aus flachen Messingbacken, zwischen denen sich die Zapfen auf und nieder bewegen können. Unmittelbar über den oberen Lagern sind bewegliche gusseiserne Führungstraversen O angebracht, welche mittelst schwalbenschwanzförmiger Messingstücke n auf den Zapfen der oberen Papierwelle H aufruhen. Die Schrauben P sind mit diesen Traversen O durch Stellringe und Stifte o so verbunden, dass sie beim Drehen der Schrauben gehoben oder gesenkt werden, und so der Druck von den Hebeln durch die Traverse und das Messingstück m auf die obere Welle übertragen wird. Mittelst schmiedeeiserner Ringe p, welche an den Traversen O befestigt sind, können die beiden oberen Wellen durch die Schrauben P von der unteren gehoben werden, um das Durchnehmen der Waare zwischen den unteren Wellen zu erleichtern. Dabei müssen jedoch Bolzen bei q durch die Hebel J gesteckt werden, damit die Schrauben feste Unterstützung bekommen. Die beiden Schmiedeeisenringe sind durch einen Schraubenmuff r mit linkem und rechtem Gewinde so verbunden, dass ihre Distanz durch Drehung derselben regulirt werden kann. Die Oeffnung der Ringe ist grösser als der Durchmesser der Zapfen, und es sollen dieselben so gestellt sein, dass die Wellen sich nach einander zu heben beginnen.

Die auf die äusseren Enden der unteren Hebel M gesetzten Gewichte Q wiegen jedes ca. 75 Kilo. Durch die Hebel M wird der Druck 10,5 mal und durch die Hebel J 3 mal übersetzt; der Druck auf die obere Welle beträgt daher ca. 825 Kilo jederseits, was mit Berücksichtigung der Hebelgewichte einen ungefähren Gesammtdruck von 5000 Kilo ergibt. Dieser enorme Druck entspricht, auf die sehr schmale Berührungsfläche der Walzen concentrirt, einer Pressung von 80—100 Atmosphären.

Je grösser das Schleifen der Wellen, d. h. die Differenz ihrer Umfangsgeschwindigkeiten genommen wird, um so schöner und höher wird der Glanz der bearbeiteten Waare, um so grösser aber auch die Kraft, welche zum Betriebe des Kalanders erforderlich wird, und um so mehr haben die Wellen und die Waare selbst durch die Manipulation zu leiden. Bei vorstehendem Kalander beträgt die Umfangsgeschwindigkeit der unteren Welle ein Viertel von derjenigen der Heizwelle. Die Frictionsräder haben folgende Dimensionen: Das auf der Heizwelle festgekeilte Rad hat 35 Zähne von 27 mm Theilung und 320 mm Theilkreisdurchmesser. Das dareingreifende Wechselrad t hat 51 Zähne und 430 mm Durchmesser. Dasselbe ist um einen Zapfen drehbar, welcher fest auf der gusseisernen Platte t¹ sitzt. Diese letztere kann mittelst der Schrauben α, β, γ und δ in jeder beliebigen Richtung verschoben werden, so dass die Räder, welche für veränderliche Friction zum Auswechseln sind, leicht in Eingriff mit den festen gebracht werden können. Mit dem Rade t ist das Rad u von 30 Zähnen und 260 mm Durchmesser verbunden, welches mit v in Eingriff steht. Letzteres hat 66 Zähne und 605 mm Durchmesser und steht durch die Separatwelle mit dem Rade w in Verbindung. Dieses Rad w von 31 Zähnen und 340 mm Durchmesser greift in das auf der Axe der unteren Papierwelle aufgekeilte Rad x. Das Uebersetzungsverhältniss der Heizwelle zur Papierwelle beträgt folglich 4 : 1.

Das Einlassen der Waare geschieht wie bei anderen gewöhnlichen Kalandern. Die Waare geht zuerst über die Spannstäbe α^1, sodann über die Streckwelle z¹, eine mit gewindeartigen Einschnitten versehene Schmiedeeisenwelle, zwischen der unteren Papierwelle und Heizwelle durch, um letztere herum und zwischen der oberen Papierwelle und Heizwelle hindurch, von wo sie auf die Aufwindwelle z gelangt. Die Aufwindwelle z hat einen Durchmesser von 100 mm und ist aus Holz mit durchgehender Schmiedeeisenwelle gefertigt. Die Streckwelle z¹ hat auf der linken Seite rechtes und auf der rechten Seite linkes Gewinde und macht 23 Umdrehungen per Minute. Sie ist auf gusseiserne Träger gelagert und hat zum Zweck, etwaige Falten im Gewebe beim Einlassen auszugleichen und das letztere möglichst glatt zwischen die Kalanderwellen gelangen zu lassen.

Der Antrieb der Maschine erfolgt durch die Welle X mittelst der Voll- und Leerscheiben Z und Z¹. Letztere haben einen Durchmesser von 810 mm und eine Breite von 112 mm, während ihre Welle eine Stärke von 60 mm besitzt und 110 bis 125 Umdrehungen per Minute macht. Durch das Getriebe U¹ von 24 Zähnen und 276 mm Durchmesser und das auf der Welle T festgekeilte Rad U von 114 Zähnen und 1490 mm Durchmesser wird die Welle T in Bewegung gesetzt, welche durch die Kuppelung S mit der Heizwelle so in Verbindung steht, dass die letztere an einem kleinen Heben und Senken nicht verhindert wird.

Der in Figur 275 dargestellte Rollkalander aus der Maschinenfabrik von C. Hummel in Berlin, welche in Deutschland und im Auslande einen so hervorragenden Ruf im Kalanderbau sich erworben hat, enthält 2 Papier-

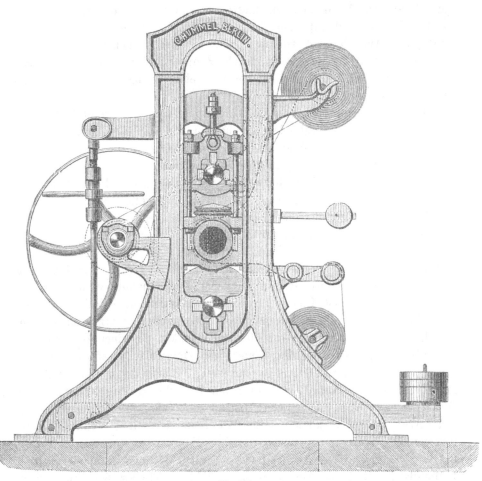

Fig. 275.

walzen und zwischen ihnen einen Heizcylinder. Die obere Papierwalze und der Heizcylinder sind in gehobelten Klötzen zwischen Metallprismen gelagert, und können durch Gehängestangen, welche an den oberen Druck-hebeln aufgehängt sind, sowohl voneinander als auch von der unteren Papierwalze abgehoben werden. Die Papiercylinder (obere und untere Walze) sind von ausgezeichneter Qualität, wie denn bekanntlich ja diese Fabrikation durch Hummel zuerst in mustergültiger Weise durchgeführt ist. Der Mittel- oder Heizcylinder ist aus Stahlguss hergestellt. Stahlgusseisen liefert beim Abdrehen und Bearbeiten, Glätten und Poliren die dichteste, feinste und härteste Oberfläche. (Auch Hartgusscylinder werden für diesen Zweck geliefert.) Hummel richtet den Cylinder immer zum Heizen ein, auch wenn derselbe auf die Waare nur in kaltem Zustande einwirken soll, weil er es für wichtig hält, den Cylinder beim Einrollen der Papierwalzen zu heizen. Die Walzenzapfen laufen zwischen Lagerprismen von Metall, welche in den Gleitklötzen nachgestellt werden können. Die Streichschienen sind auf einer Seite mit Riefen versehen, auf der andern glatt. Der Antrieb geht von der Triebwelle im seitlichen Arm aus und es überträgt sich die Bewegung mittelst Zahnrad auf die Mittelwalze. Auf der Triebwelle sitzt auch die Scheibe für Uebertragung der Bewegung auf die Aufwickelwalze.

Die Maschinenfabrik von C. G. Hauboldt jr. in Chemnitz hat seit Langem den Bau der Kalander zu einer ihrer Specialitäten gemacht. Sie wendet zum Aus- und Einrücken der Heizwelle eine Frictionskuppelung an Stelle der sonst wohl beliebten Klauenkuppelung an, und vermeidet dabei heftige Stösse. Die Heizwelle erhält eine grosse Frictionsscheibe, welche durch einen Frictionstrieb der Vorgelegewelle umgedreht wird. Die Frictionskalander derselben ferner haben alle eine eiserne Unterwalze und die Papierwalze liegt in der Mitte.

Die Friction wird durch Räder erreicht, zu welchen, wenn gewünscht wird, auch andere Räder mit geliefert werden zur Erzielung einer anderen Frictions-Geschwindigkeit. Die Friction wird. aber auf Wunsch auch mittelst Riemen hergestellt. Sämmtliche Frictionskalander sind eingerichtet, um dieselben auch als Rollkalander benutzen zu können. Der Doppelfrictionskalander von Hauboldt enthält, bei einer Waarenbreite von 1100 mm, 2 Eisenwalzen, Unter- und Oberwalze je 450 mm Durchmesser, 2 Papierwalzen 500 mm Durchmesser, 1 Glättcylinder 385 mm Durchmesser. Dieser Kalander wird auch mit Einrichtung zum Mangeln der Waare und ohne Friction geliefert und um die Waare auf der oberen Walze auflaufen lassen zu können. Ein Watercalander mit 4 Walzen ist ausgerüstet mit 4 Walzen, 1 Baumwollwalze 470 mm Durchmesser, 1 Metallwalze 300 mm Durchmesser, 1 Baumwollwalze 470 mm Durchmesser und 1 Metallwalze 450 mm Durchmesser, 1 Trockencylinder 600 mm Durchmesser, Walzenbreite 1266 mm, 1 Breithalterwalze nach neuestem System, Wasserkasten und hölzernen Leitwalzen.

Bemerkenswerth ist noch die Einrichtung, dass die Lager der einzelnen Walzen durch Seitenkeile horizontal nachstellbar sind. —

Robertson & Orchar in Dundee liefern besonders Kalander für Jute-, Hanf- und Leinenindustrie. Die Kalander sind in sehr kräftigen Formen und starken Gestellen ausgeführt. Ein solcher 5-welliger Kalander enthält von unten nach oben einen

Gusseisencylinder von . . 23 " engl. Diam.
Papiercylinder von . . . 27 " „ „
Gusseisencylinder von . . 13¹/₂" „ „
Papiercylinder von . . . 27 " „ „
Gusseisencylinder von . . 21 " „ „

Die Axen der Papiercylinder sind von geschmiedetem hämmerbaren Gusseisen mit 9" Diam. und 6¹/₂" Zapfendiameter. Die Endplatten, die eingelegten Ringe und die Deckringe sind von gleichem Material und polirt. Die Mittelwalze ist hohl gegossen. Die Zapfenbüchsen sind mit Stopfbüchsen eingeschraubt. Die Zapfenlager sind von Rothguss und für die 2., 3. und 4. Walze mit Gusseisenblöcken ausgestattet. Der oberste Cylinder kann aufgehoben werden für den Prozess des Waareeinführens. Die beiden Lager der 4. und 5. Walze (obere) sind durch Schraubenbolzen verbunden und hängen an einarmigen Hebeln. Die 2. und 3. Walze ruhen in Lagern, welche in den Seitenwangen des Gestells gleiten. Die Mittelwalze trägt ein grosses Zahnrad, getrieben vom Zahntrieb des Vorgeleges mit 42" Riemenscheibe. Das Adjustiren der Hebel geschieht durch mechanisch bewegte Schrauben.

Der Frictionskalander von Fr. Gebauer in Charlottenburg hat zwei Papierwalzen unten und darüber eine heizbare Eisenwalze, welche letzte in sehr hübscher Weise eingelagert und am Druckhebel befestigt ist. Sehr interessant ist aber Gebauers[142]) Gasheizung zum Glättkalander. Der Gebrauch des Gases zum Heizen der Kalanderwalzen wurde zuerst von Leach & Clayton (1860) angewendet für einen zweiwalzigen Kalander für Wollstoffe, sodann von W. Mather 1865. Letzterer (Firma Mather und Platt in Manchester) combinirte den Apparat (Fig. 276) zu einem Gasluft-

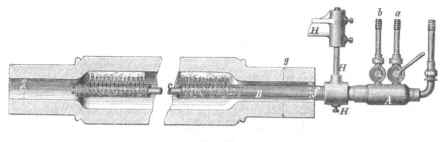

Fig. 276.

verbrenner. Er lässt Luft aus a und Gas aus b in der Mischkammer A sich mischen. Der Zutritt jedes Gases wird durch die Hahnstellung regulirt. Der Druck der Gase aus a und b treibt das Gemisch im Rohr B weiter nach den Perforationen, wo es austritt. Durch das innere Rohr C wird allein gepresste Luft (Wind) eingeblasen, welcher aus offenen Armen von

---

¹⁴²) Grothe, Musterzeitung 1869. 137. — Pol. C. Bl. 1876. 1263.

C zwischen je 2 Perforationen von B austritt und das Gemisch forcirt. Es wird so eine Art Hydrooxygengasflamme erzeugt, welche heftig gegen die Walzenwandungen schlägt und diese erhitzt. Gebauer hat diese Ideen aufgegriffen und in folgendem Apparate (Fig. 277 u. 278) in anderer Weise verwirklicht. A ist die Kalanderwalze, B ein Luftrohr, in welches von F her Luft eingeblasen wird, regulirbar durch die Klappe a; bei b ist das Rohr B geschlossen. B trägt auf der Oberfläche in Entfernungen von

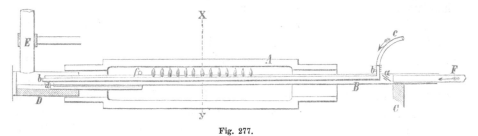

Fig. 277.

10—20 cm feine Löcher. Excentrisch in B liegt das Gasrohr b mit eben solchen feinen Oeffnungen in der Oberfläche, die genau unter denen von

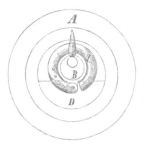

Fig 278.

B eingestellt werden. Das Gas strömt dort aus und tritt durch die Perforationen des Rohres B hindurch, gespeist von der von F her eingeblasenen Luft, die am Ende des Rohres durch d auch in den Verbrennungsraum, als welcher die hohle Kalanderwalze zu betrachten ist, einströmt, gleichmässig vertheilt durch das Kreisrohr F. Der in A eingebuchste Ansatz mit Ableitungsrohr E entfernt die Verbrennungsgase[143].

Der 1862 (Ausstellung in London) viel Aufsehen erregende Kalander mit 5 Wellen von John Kerr & Co. in Dundee zeichnet sich besonders aus durch die Druckanordnung und Wirkung von 22 Tons (incl. des Gewichts der Walzen). Der Kalander hatte die unterste und oberste Walze (von 20″ engl.) aus Gusseisen mit schmiedeeisernen Axen. Der hohle Mittelcylinder (11″ Diam.) ist für Dampfheizung eingerichtet. Die Papiercylinder, der 2. und 4., haben (24″ Diameter und 54″ Breite) schmiedeeiserne Axen und ebensolche Endplatten. Nur die oberste Walze hängt mit ihren Lagern an den Druckhebeln. Diese letzteren sind nur kurz und sind an den Enden scharf und lang umgebogen. Am inneren Ende dieser Umbiegung sind Zähne eingefraist und die so gebildeten Sectoren greifen in kleine Zahntriebe auf einer Axe im oberen Theil des Gestells ein. Auf dieser Axe aber sitzt eine Kettenscheibe, welche eine Kette zieht, die über

---

[143] Eine andere Heizung hat Bradford (Engl. Pat. 763. 1872) angeordnet.

Rollen hingeleitet an geeigneter Stelle des Raumes herabhängt und ein Gewicht trägt. Bei Drehung der Welle durch ein Handrad kann man die Sectoren abkämmen und heben und damit den oberen Cylinder aufheben. Diese Einrichtung hat viel Gutes für sich. Der Antrieb geschieht durch Riemenscheiben mit Frictionskuppelung und die Uebertragung der Bewegung durch einen Zahntrieb auf das grosse Zahnrad des Heizcylinders. Das Gerüst ist abweichend von anderen Kalandern rectangulär mit vier Pfosten und Stegen dazwischen. Die Lager der Walzen gleiten zwischen den Vorderpfosten und einem dahinter eingeschalteten Pfosten, der event. abgeschraubt und herausgenommen werden kann, so dass man dann die Walzen herausheben kann.

Die Nachfolger von Kerr — Thomson Brothers & Co. in Dundee haben diese Construction der Hebel verändert. Sie lassen die Hebelarme lang ausladen und bringen an ihren Enden Stangen an, deren untere Enden Zahnstangen tragen, die in einem an die Wand geschraubten Vorgelege mit Zahntrieben zusammen kommen und dort beliebig bewegt oder festgehalten werden können.

Im Kalander von J. L. Watson ist ein Heizcylinder mit Ringen in Intervallen angebracht, um den Stoff mit Streifen zu kalandriren. Beim Kalander von Samuel Bury erhält der Presscylinder eine seitliche Alternativ-Verschiebung und eine Vorrichtung führt das Gewebe im Zickzack zu. Im Kalander von W. H. Norrie legt man den Auflaufbaum zwischen Heiz- und Obercylinder, sodass die Waare fortgesetzt beim Aufwinden von zwei Seiten Pressung erhält. R. Wilson und W. Martin jr. treiben den obersten und untersten Cylinder direct durch Zahnräder. Rob. Walker treibt die Mittelwalze besonders und die beiden andern Cylinder (bei 3-welligem Kalander) mit Schraubentrieben.

Mather & Platt in Salford bauen ihre schönen Frictionskalander mit 3 Papiercylindern von 20″ engl. Diameter, einem Gusseisencylinder (11″) zum Heizen, einem vollen Gusseisencylinder (18″); ihre Stärkekalander mit 2 Holzwalzen (20″) und einem Messingcylinder (14″) mit Frictionsbetrieb. Der Frictionskalander von Robinson & Co. (Salford) besteht aus: 1 Eisencylinder (20″) mit schmiedeeiserner Axe, darüber 1 Papiercylinder (21″ D.) und 1 Eisencylinder oben (13″). Das Gestell aus Gusseisen ist für Einlage der Bäume mit herausnehmbaren Theilen versehen. Rothgusslager und Rothgussgleitbock. Die Glättkalander von Wood in Bolton haben für gewöhnlich eine Papierwalze (21½″) und eine Eisenwalze (22½″), — dazwischen einen Cylinder (12″) und sind mit Frictionsbetrieb ausgerüstet.

Der Kalander von Tulpin frères (Rouen) enthält über einem Eisenheizcylinder einen Papiercylinder und dann einen Eisencylinder (voll). Ueber diesen 3 Cylindern folgt dann ein Papiercylinder und oben ein hohler Heizcylinder. Die Anordnung dieses für Glanzappretur bestimmten

Kalanders ist also sehr abweichend von den gewöhnlichen Systemen. Die
beiden oberen Walzen können für sich benutzt werden, aber auch in Combination mit der unteren Walzentrias. Die Beheizung geschieht mit Gas
oder Dampf. —

Die Amerikaner haben vorläufig etwas Selbstständiges im Kalander-
bau für Gewebe nicht geleistet, abgesehen davon, dass sie vorzügliche
Kalander bauen. Die wenigen Neuerungen von G. C. Howard, C. S. Davis,
Wm. Coutie u. A. seien hier wenigstens genannt.

Von besonderer Bedeutung ist der Kalander von Th. R. Bridson[144]
(1855). Derselbe soll die Beetle-Maschinen ersetzen. Der Kalander ist
3-walzig. Die Mittelwalze aber ist mit Vertiefungen und Erhöhungen versehen. Sie wird stark gegen die untere gepresst und von der oberen
kräftigst belastet. Der Stoff wird auf die untere Walze gewickelt und
während der Operation auf die obere übergeführt, — oder aber nur auf
einer Walze belassen.

Der 6-walzige Kalander von Voith[145] in Heidenheim zeichnet sich
durch eine sehr sinnreiche Anordnung der Walzenlager aus, wodurch deren

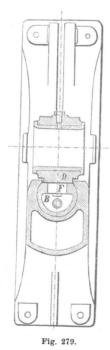

Fig. 279.

verticale Verstellung und eine gewisse horizontale
Beweglichkeit zur Parallelstellung der Walzen auf
einfache und praktische Weise gesichert ist. Die
beiden Lagerböcke, woran die Lager sitzen, sind
hohl gegossen und, wie die beistehende Skizze
(Fig. 279 u. 280*) zeigt, an der nach den Walzen hin
gerichteten Seite genau senkrecht zur Ebene der
Grundplatte ausgebohrt; nach der Seite hin öffnet
sich diese Bohrung in einen verticalen Schlitz. In der
Bohrung befindet sich für jedes Lager ein genau
cylindrisch abgedrehtes, in die Bohrung hinein-
passendes Metallstück B, welches nach der Seite
des Schlitzes hin mit einer Fläche versehen ist,
woran das Lager D mittelst eines runden Zapfens F
eingreift und mittelst Schraubenbolzen befestigt
ist. Die ebene Fläche des verschiebbaren Stückes F
ist etwas schmäler, als der Schlitz des Lagerbockes,
so dass das Stück F sich in der Bohrung etwas
drehen kann, wodurch eine Parallelstellung der
Walzen sich von selbst regelt. Durch die beweglichen Stücke geht in jedem Ständer eine Stange
hindurch, die oben mit Gewinde in eine mit einem Schraubenrädchen
versehene Mutter eingreift, so dass beide Stangen mittelst einer über

[144] Spec. No. 2465 und 1857 No. 843. — Pract. mech. Journ. II. Vol. 3. p. 49.
[145] Revue ind. Paris 1880. — Polyt. Zeitung 1880 — Maschinenbauer 1880. 301.
*) Fig. 280 auf nebenstehender Tafel.

das Gestell gelagerten, mit Wurmgetrieben versehenen Welle gleichzeitig gehoben und gesenkt werden können, wodurch erreicht wird, dass man beim gelegentlichen Herausnehmen einer Walze die darüber befindlichen in ihrer Lage erhalten kann, indem unter jedem Lagerstück die Stange eine durch Mutter gehaltene Scheibe trägt, auf welche sich die Stücke eventuell aufsetzen.

Durch diese ganze Anordnung werden folgende Vortheile erreicht: Die Walzen lassen sich rasch auswechseln und alle beweglichen Theile, welche der Abnutzung unterworfen, sind leicht zugänglich. Jede einzelne Walze lässt sich durch Lösung der Bolzen, womit deren Lager an die beweglichen Stücke befestigt sind, sehr leicht herausnehmen, so dass also die Umdrehung oder Abschleifung der Walzen, sowie die Auswechslung der Lagerschalen etc., sehr bequem ausführbar ist. Alle Walzen liegen stets genau parallel und in derselben Ebene, wobei ihre Montage leicht ausführbar ist und keine besonders eingeübten Arbeiter erfordert.

Um für Kalander mit einseitigem Gestelle die Lagerung der übereinanderliegenden Walzen zu verbessern, hat W. F. Heim[146]) in Offenbach ein Patent genommen, welches ähnlich der Voith'schen Construction sucht, das Kanten und Ecken der Lagerkörper in den Führungen und in Folge dessen Reibung zu vermeiden. Es ist das Lager selbst als Ring a mit zwei Zapfen b, b gestaltet, gegen welche eine am Gestell befestigte Gabel d presst. Die Gabel d lässt sich horizontal verstellen, während der Ring b vertical verstellbar ist und bei seiner Bewegung kein Hinderniss durch Reibung findet, da sein Schwerpunkt in der Mittellinie des Zapfen c liegt. (Fig. 281.)

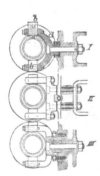

Fig. 281.

β) Mangel.

Während die Kalandrirung die Gewebe einfach (oder doch nur mitunter in einigen Lagen übereinander) zwischen die Walzenfugen durchlaufen lässt und dabei die Fäden plattet, besteht das Grundprinzip des Mangens oder Mangelns darin, die Gewebe auf Bäumen aufzuwinden und diese unter Rotation grossem Drucke auszusetzen. Um das Abplatten der Fäden möglichst einzuschränken, wird zunächst auf den Holzbaum eine Lage Stoff gewickelt und darüber dann das zu mangende Gewebe, während das sogenannte Mangtuch, Rolltuch dasselbe bedeckt. Man wird sich erinnern, dass wir Seite 461 bereits bemerkten, dass man auch im Kalander eine derartige oder ähnliche Operation ausführt, indem man eine Walze mit Zeug bewickelt und umlaufen lässt oder den Gewebbaum zwischen die Cylinder einlegt. Es ist dann in diesen Fällen der Mangeffect

---

146) D. R. P. No. 12 588.

zu erreichen gesucht mit Hülfe des Kalanders. Dieses Mangeln wurde bereits 1808 von J. S. Morris erdacht. Neuerdings haben A. Wever & Co.[147] in Barmen eine ähnliche Mangel construirt, bei welcher der Waarencylinder (wie bei Morris) zwischen 3 Walzen liegt. Zwei Walzen liegen horizontal neben einander; die dritte auf der mit Gewebe bewickelten Rolle. Die rotirende Bewegung ist combinirt mit einer alternirenden Rotation. —

Man unterscheidet drei verschiedene Maschinen zur Ausführung der Mangoperation:

    a) die Kastenmange,
    b) die hydraulische Cylindermange,
    c) den Stampfkalander, Beatle, Beetle.

Von allen drei Maschinen wird das Gewebe, meistens Leinen- und feinere Baumwollgewebe, auf Bäumen aufgewickelt bearbeitet.

Die Kastenmangel enthält ein Plateau, welches ganz eben sein muss und daher einer äusserst soliden und guten Fundamentirung und Unterlage bedarf, zumal da es continuirlich eine Last von Hunderten von Centnern zu tragen hat. Auf dieses Plateau werden die mit Zeug umwundenen Rollen gelegt und auf diesen rollt der schwere Kasten mit sorgfältig ebener Unterseite und durch Steine oder andere Gewichtsmaterien schwer belastet. Durch geeignete Getriebe wird der schwere Kasten hin- und hergezogen und rollt also fortgesetzt die Walzen mit Gewebe auf der Unterlage hin, stets dem schweren Drucke des Kastens ausgesetzt. Für eine solche schwere deutsche Kastenmangel mögen folgende Dimensionen einen Anhalt geben:

    Plateaulänge . . . . . . 8 —10 m
    Höhe vom Boden an . . . 1   ,,
    Breite . . . . 1,50— 2 ,,
    Mangelkasten: Länge . . . 6 — 8 ,,

Ueber dem Gestell des Plateaus bringt man noch eine Pfostenbarrière an, um die Kastenbahn seitlich einzuschliessen. Das Hin- und Herziehen des Mangelkastens geschieht durch Mechanismen: Mangelrad, Zahnstange, Seilrolle etc.

Im Nachstehenden geben wir Abbildungen (Fig. 282 u. 283) und Beschreibung einer Kastenmangel von der A.-G. für Maschinenfabrikation und Stückfärberei (Fr. Gebauer) in Charlottenburg. Die starke nothwendige Fundamentirung ist aus der Zeichnung weggeblieben. (Der Massstab ist 1 m = 2 cm.) Auf den starken Unterlagen von Balken ist der Tisch oder das Plateau hergestellt, aus den Längsbalken b auf den starken Traversen c und bedeckt mit den Planken a. Auf 4 Pfosten und in den Längsseiten abgestrebt erhebt sich das Gerüst B, gegen die Wand hin mit C abgestrebt und in der Mauer verankert. Auf den Querbalken D,

147) D. R. P. No. 4500.

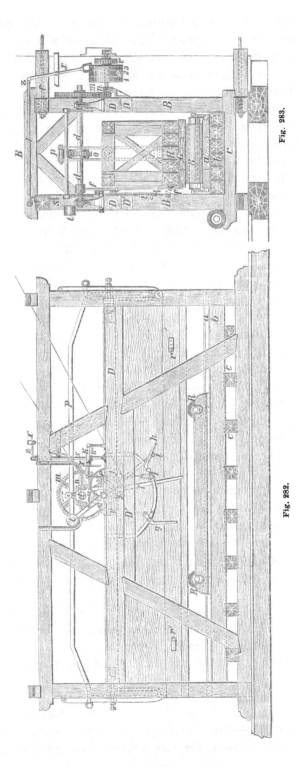

Fig. 283.

Fig. 282.

verstärkt durch D' ist die Betriebsaxe d gelagert. Sie empfängt ihre Bewegung von der Vorgelegewelle mit Riemenscheibe e mittelst Zahntriebes n und Zahnrad m. Sie enthält ferner das Zahnrad o. Dieses greift ein in die versenkten Zähne der Zahnstange p, welche in geeigneter Weise einstellbar am Kasten angebracht ist und über die ganze Länge der Mangel hinreicht. Der Mangelkasten hat die untere Bahn G, darüber die Längsbalken H und darüber den starken Kasten zur Aufnahme der Belastung. Zwischen G und a werden die mit Zeug umwickelten Rollen R eingelegt und an ihrem Platze gehalten.

Es ist nun ersichtlich, dass, wenn die Welle d sich dreht, der Eingriff des Rades o in die Zahnstange p den Kasten verschiebt resp. nach einer Seite hin treibt und zwar so weit, bis der Hebel F von der Nase r oder r' am Kasten getroffen wird. Den Hebel F aber umfasst oben eine Klaue y, welche (zweiflügelig) auf den Balancier l aufgeschoben ist. Drückt nun r den Hebel F zurück, so wird damit vermittelst der Klauen der Balancier gedreht und fällt zuletzt nach der andern Seite über vermöge des Gewichtes t, wobei sich sein Zapfen l hinter einen der kleinen Winkelhebel h oder g legt. Mit dem Hebel l, t aber ist der Arm u verbunden, welcher am Kurbelarm w der verticalen Axe s angreift und diese dreht, damit aber auch die Kurbel z dreht und mittelst einer Stange den Riemenführer x verschiebt, so dass der Riemen von der Scheibe, wo er eben lag, entfernt und auf eine andere Scheibe geführt wird. Während die Scheibe e' direct fest auf der Antriebswelle sitzt und das Zahnrad m also durch n umtreibt, — sitzt e^3 mit dem Zahntrieb v an einer Hülse vereinigt lose auf der Welle und überträgt, wenn sie den Riemen empfängt, die Bewegung mit Hülfe einer kleinen Zwischenwelle auf m. Es wird daher im zweiten Falle der Axe d eine der ersteren entgegengesetzte Bewegung ertheilt werden, somit wird der Kasten in entgegengesetzter Richtung gezogen. Die Kette der Bewegungen ist also wie folgt: Riemen auf e^3; Bewegung über v und Zwischenwelle auf m und d; Rotation von d treibt die Zahnstange mit Kasten nach links hinüber; Zapfen r stösst gegen F; F legt mittelst y das Hebelgewicht t nach rechts hinüber; u lenkt w um, dreht s und z und schiebt den Riemen auf e'. —

Umkehrung der Bewegung: Bewegung von e' und n direct auf m und d; Rotation von d treibt die Zahnstange mit Kasten nach rechts hinüber; Zapfen r' trifft gegen F; F legt mittelst y das Hebelgewicht t nach links hinüber; u lenkt w um, dreht s und z und schiebt den Riemen auf e^3. —

Umkehrung der Bewegung u. s. w. —

Sehr gute Mangeln dieser Art bauen Gebr. Möller in Brakewede bei Bielefeld mit 5,25—6 m Tischlänge. Die Umsteuerung geschieht durch doppelte Riemen, von denen der eine gekreuzt ist, und die eine Welle für die Zugseile mit Links- und Rechtsgewinde für die Taulagen in Umtrieb setzen.

Bei den allerdings leichteren Mangeln von Oscar Schimmel & Co. in Chemnitz kommen Mangelstangen in Anwendung oder Ketten an Mangelscheiben wie bei Thomas Bradford & Co. in London. Ein Bild der Anordnung des Mangelbetriebes gibt die in Abbildung 284 vorgeführte Construction von L. Zobel[148]). Bei dieser Mangel wird eine Walze a in Bewegung gesetzt, die eine unwandelbar darauf befestigte Wendezahnstange d trägt. In diese greift ein auf der Kurbelwelle befestigtes Getriebe. Die vertical bewegliche Unterlage f drückt durch Gewicht g mittelst der Hebel h, h₁ hierbei die Wäsche an die sich drehende Walze a.

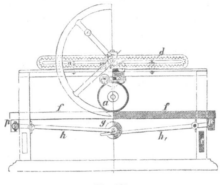

Fig. 284.

Die Engländer haben die deutsche Kastenmangel ebenfalls angenommen und zu verbessern gesucht. Im Allgemeinen haben sie von der Grösse der deutschen Mangeln abgesehen und machen sie kürzer. Ferner haben sie die Plateaus in eiserne Rahmen gelegt, ebenso das Gerüst von Eisen hergestellt u. s. f. Ganz besonders war die Bewegung des Kastens Gegenstand vieler Patente in England und die Rollen oder Walzen. An den Bewegungsmechanismen haben F. Hardie (1791), Th. Hayes (1792), Snowden, R. Howland, Th. Wilson, Nixon, Th. Nunn, Th. Bradfort, Watts & Cooper u. A. Vieles verbessert.

W. F. Snowden schlug 1812 eine Mangel vor, bei welcher das Plateau vertical stand und der Wagen ebenfalls senkrecht auf und ab sich bewegte. F. Kaselowski änderte 1850 das System der Mangel ab, indem er ober- und unterhalb einer Tafel je eine der Zugwalzen legte und diese drei Organe zwischen zwei Tische einführte. Die Zwischentafel aber wird von einem Mechanismus hin- und zurückgezogen. O. Byrne & Devall schlugen heizbare Metallwalzen für die Boxmangel vor. G. J. Hall construirte eine Mangel für halbseidene Waaren und zwar mit hohlem heizbaren Tisch.

---

[148]) D. R. P. No. 11 396.

John Chedgey schlug 1857 vor, die Mangelflächen von Glas zu machen. Th. Wilson fügte an beiden Seiten des Tisches schräge Ebenen an, um den Kasten dagegen zu fahren und so aufzuheben, so dass man die Walzen auswechseln kann[149]). J. A. L. Muston schlug (1863) vor, zwischen den Tischen der Mange die Zeugrollen einzufügen und zwar in zwei Paaren übereinander, zwischen denen dann eine hin- und hergezogene Platte das eigentliche Mangeln erwirkt. Er nennt diese Platte travelling plate. —

Die hauptsächlichen Uebelstände der deutschen Kastenmangel sind:

Der grosse Raum, den dieselbe erfordern, die grosse Abnutzung und Veränderlichkeit in Folge der Holz-Construction, der schwerfällige Betrieb, die störend auf den Betriebsmechanismus einwirkenden Erschütterungen, welche der mit einer Geschwindigkeit von 0,5 m per Secunde hin- und hergehende 4—600 Centner schwere Mangelkasten bei der plötzlich entgegengesetzten Bewegungsrichtung verursacht, sowie endlich die Kostspieligkeit der Anlage selbst und der dazu nöthigen Fundamentirung und grossen Gebäulichkeit.

Alle diese Uebelstände sollten durch die rotirende Mangel gehoben sein.

Dieselbe erfordert nur ca. den zehnten Theil Raum, lässt vermöge ihrer Eisenconstruction Reparaturen fast gar nicht vorkommen, der Betrieb ist leicht, der Gang ein gleichmässiger und die Bedienung einfach und endlich die Anlage ungleich billiger.

Hinsichtlich der Leistung in Bezug auf die Waare ist man bei der Holzmangel an das einmal gegebene Gewicht des Mangelkastens und deshalb an einen bestimmten Druck gebunden, auch wird beim Umkehren und Kippen des Kastens die Waare auf der Keule oft in Falten geschoben und diese in die Waare hineingepresst, wodurch die Eleganz derselben beeinträchtigt wird, dagegen liefert die rotirende Mangel leichter faltenlose gleichmässige Waare und hat man es dabei mehr in der Hand, selbst während des Ganges jeden beliebigen durch Manometer und Tourenzähler präcisirten Druck auszuüben, wodurch sich der Baumwoll- und Leinen-Industrie in Bezug auf Ausrüstung der Waare ein bedeutender Fortschritt bietet.

Die hydraulische Mangel ist im Allgemeinen eine Cylindermangel, eine Art Kalander, bestehend aus zwei oder mehreren Cylindern, event. mit Tischen durch hydraulischen Druck mittelst hydraulischer Pressen gegen einander angedrückt.

Die erste Idee zu einer solchen Mangel ging von Ferd. Kaselowski[150])

---

[149]) Es sei bemerkt, dass die Literatur über Mangeln eine sehr beschränkte ist, soweit sie den Fabrikbetrieb betrifft. Sehr reichhaltig dagegen ist die Literatur der Mangeln, Wringmaschinen etc. für Wäscherei.

[150]) Preuss. Patent v. 21. Febr. 1850. — Peter Carmichael (Pat. 1857) suchte den hydraulischen Druck bei Kalandern anzuwenden. Die hydraulische Walzenmangel ist auch nichts anderes als ein hydraulischer Kalander.

(Fig 285) aus. Seine Mangel besteht aus einer hydraulischen Presse z mit Oberplatte e und Tisch c. Zwischen beiden wird der Mangelapparat, bestehend aus einer starken Pressplatte d, zwischen den beiden mit Gewebe bewickelten Rollen a und b eingeführt. Die Pressplatte d wird durch einen Mechanismus oder direct durch die Kolbenstange F einer liegenden Dampfmaschine hin- und hergezogen, während mit Hülfe der hydraulischen Presse ein starker Druck auf Rollen und Pressplatte ausgeübt wird.

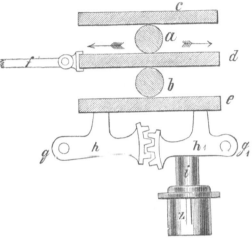

Fig. 285.

Diese hydraulische Mangel wird in Deutschland von J. C. Hummel (Berlin) ausgeführt, ebenso durch Mather & Platt (Salford) in England. Man kann in derselben einen Druck von 800—1000 Centner und mehr erreichen. Für feinfädige Waaren, für Jacquarddessins u. s. w. wirkt sie vorzüglich. Sie erfordert ein sehr exactes Aufbäumen der Waare. Bemerkenswerth ist, dass man mit dieser Mangel Moiré nicht oder nur ungenügend erzeugen kann.

In Frankreich ist besonders eine hydraulische Mangel von Lobry in Lyon eingebürgert (Fig. 286). Die Kalander- oder Mangelwalzen G liegen zwei horizontalen Platten F, F', die nach Bedürfniss kalt oder geheizt sind; die eine, F, ist auf den von dem Kolben A getragenen Walzen a beweglich, und die andere, F', ruht auf den an den Säulen D befestigten Walzen b und ist auf den an der Druckplatte der Presse befestigten Walzen c beweglich. Die Bewegung der beiden Platten ist einander entgegengesetzt gerichtet und wird durch Vermittelung von Zahnstangen und Getriebe von den endlosen Schrauben H, H' hervorgebracht; der Rückgang wird durch eine Ausrückvorrichtung oberhalb der Druckplatte veranlasst.

Eine zweite Art der hydraulischen Mangel rührt von Fr. Gebauer[151])

---

[151]) Polyt. Zeitung (Grothe) 1874. No. 24/25. — Patente: No. 3501 u. 3642. D. R. P. Ersteres war Landespatent in Preussen.

in Charlottenburg her. Diese ist eine rotirende hydraulische Mangel oder
ein hydraulischer Kalander, ganz aus Eisen und Metall construirt, und
enthält zwei gusseiserne Walzen A und B, von denen die obere in C fest
gelagert ist, die untere jedoch gegen erstere parallel gehoben und gesenkt
werden kann. Beide Walzen haben dieselbe Umfangsgeschwindigkeit und

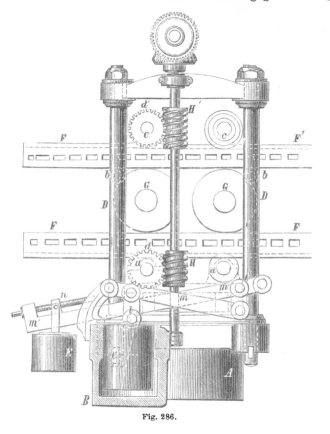

Fig. 286.

Drehungsrichtung, wodurch die zwischen ihnen liegende Holzkeule P, auf
welche die zu mangelnde Waare gewickelt ist, mit in Umdrehungen versetzt wird (Fig. 287).

Der erforderliche Druck bis 1000 Centner und das nöthige Heben und
Senken der untern Walze A wird durch zwei hydraulische Presscylinder E,
welche auf ihren Kolben die Lager D der untern Walze tragen und frei
an 4 Stangen im Gerüste aufgehängt sind, bewirkt. Der Betrieb der
hydraulischen Walzen-Mangel geschieht entweder mittelst eines offenen und
eines gekreuzten Riemens auf einer festen und zwei losen Scheiben (zum
Vor- und Rückgang) oder auch mittelst einer besonders dafür construirten
zweicylindrigen Dampfmaschine mit Umsteuerung für Vor- und Rückgang.
Der Antrieb erfolgt von einer Vorgelegewelle aus durch ein Zahnrad,
welches mit zwei Zwischenrädern im Eingriff ist; diese, welche sich lose

auf ihren Zapfen drehen, übertragen die Bewegung auf die beiden, mit den Walzen festverbundenen Räder.

Die beiden Lager D der untern Walze A werden in den Gestellwänden gerade auf und ab bewegt und gleichzeitig an einer Seitenverschiebung verhindert. Die beiden Presscylinder E sind durch ein gemeinsames Zu-

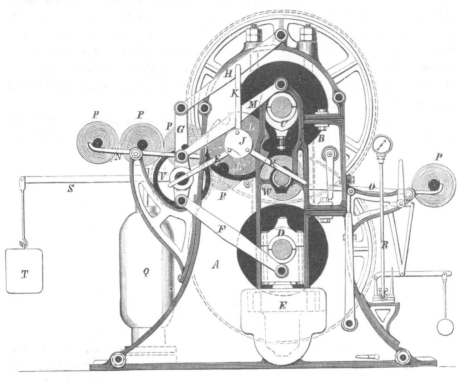

Fig. 287.

leitungsrohr verbunden, in dessen Mitte eine Kreuzkupplung zur Aufnahme des von der Presspumpe kommenden Zuleitungsrohres angebracht ist, letzteres ist ebenfalls durch eine Kreuzkupplung unterbrochen, welche das Rohr R für den Manometer trägt. Die Presspumpe ist mit zwei von der Maschine selbst betriebenen Kolben versehen.

Die Keulenführung besteht aus den beiden auf gemeinschaftlicher Welle befestigten Transportscheiben, den beiden Keulenscheiben W, einer Zu- und Abführungsbahn N, O und endlich aus einem zur Bewegung dieses Mechanismus dienenden dreiarmigen Hebel K.

Die Transport- und Keulenscheiben sind mit ineinander greifenden Radkränzen, erstere L aber ausserdem noch mit drei halbrunden Ausschnitten, letztere nur mit einem Schlitz, in welchem ein Gleitstück sich verschiebt, das das Durchrollen einer Keule verhindert, versehen. Die Radkränze sind so construirt, dass sich die Theilkreise der beiden

Verzahnungen wie 3 : 2 verhalten, um dadurch ein immerwäbrendes
Correspondiren der Ausschnitte der Transportscheibe L mit dem Schlitz
der Keulenscheibe W zu bewirken. Ist nun eine zu mangelnde Keule auf
der Zuführungsbahn N bis an die Transportscheibe L herangerollt, so
werden die Zapfen derselben bei einer Drehung der Transportscheibe L
von den Ausschnitten erfasst, durch diese auf der vorgeschriebenen Bahn
mitgenommen und in den Schlitz der Keulenscheibe W gebracht; gleichzeitig aber wird bei dieser $\frac{1}{3}$ Drehung eine zwischen den Walzen befindliche Keule der Abführbahn O zugeführt. Die Feststellung der Keulenscheibe
erfolgt durch eine in den Schlitz eingreifende Falle, welche sich vom
Stand des Arbeiters aus bewegen lässt. Diese Theile stellt Figur 288
und 289 noch besonders dar.

Gebauer hat ferner einen Windkessel Q zwischen Leitung und Presscylinder eingeschaltet. Die Einschaltung des Windkessels hat den Zweck,

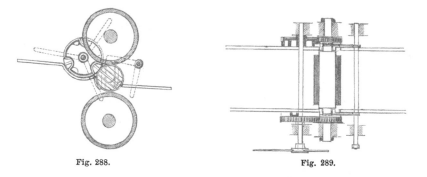

Fig. 288.   Fig. 289.

den starren Wasserdruck in einen elastischen umzuwandeln, ferner den,
das Heben der unteren Walze A rascher zu bewirken. Durch die in dem
Windkessel abgeschlossene Luft, welche durch das eintretende Wasser
comprimirt wird, ist der unelastische Druck beseitigt, ferner aber bewirkt
die comprimirte Luft noch vermöge ihrer Ausdehnung ein rascheres Heben
der unteren Walze. Die Mangel liefert hierdurch erstens eine bei weitem
bessere Arbeit, zweitens aber ist auch die Leistungsfähigkeit derselben
hierdurch bedeutend erhöht. Um nun aber mit Vortheil diese Verbesserung
benutzen zu können, kommt noch ein Doppelventil hinzu, welches bezweckt,
den Druck vom Windkessel in die Presscylinder und von diesen zurück
in den Wasserkasten gelangen zu lassen, ohne aber den Druck des Windkessels beim Ablassen zu beeinträchtigen. Dies Ventil besteht aus zwei
durch Lederstulpen in einem Gehäuse abgedichteten Ventilstangen, die am
unteren Ende die Ventilkörper tragen und mit durch Gewichte belasteten
Hebeln versehen sind. Letztere Hebel dienen nicht nur zur Belastung,
sondern auch gleichzeitig zum Oeffnen und Schliessen der Ventile, zu
welchem Zweck sie vom Stand des Arbeiters durch einen Handhebel mit
kleinen Balancier- und Zugstangen bewegt werden können, jedoch so an-

geordnet sind, dass ein gleichzeitiges Oeffnen beider Ventile unmöglich ist. Wird nun das eine Ventil geöffnet, so pflanzt sich der Druck durch die entstandene Oeffnung und eine die zweite Ventilstange umgebende Kammer in die Presscylinder fort, beim Schliessen dieses und Oeffnen des zweiten Ventils wird der Druck des Windkessels abgeschlossen und der Druck in den Presscylindern aufgehoben, wodurch die untere Walze sinkt. Ausserdem ist bei diesem Ventil vor der ersten Ventilöffnung, durch welche der Druck des Windkessels auf die Presscylinder übertragen wird, noch eine Abzweigung für das Manometer vorhanden. Ist nun der höchste zulässige Druck im Windkessel erreicht, was der Arbeiter leicht am Manometer beobachten kann, so kann er durch eine Fussausrückung das bei den Pumpen angebrachte Sicherheitsventil öffnen, um dadurch das von den Pumpen angesogene Wasser wieder frei in den Wasserkasten abzulassen. Durch ein zweites, in der Leitung eingeschaltetes Rückventil kann aber die im Windkessel vorhandene Spannung nicht ungenutzt verloren gehen.

Um auch eine hin- und hergehende Bewegung herzustellen, ist es nothwendig, die Walzen vor- und rückwärts laufen lassen zu können, zu welchem Zwecke der Betrieb entweder durch einen offenen oder durch einen geschränkten Riemen erfolgt. Damit aber diese beiden Riemen wechselseitig arbeiten, ist eine einfache Riemensteuerung angebracht. Um beim Mangeln die Waare zu schonen, ist es nothwendig, die beiden Walzen an der Maschine in gleichmässige Rotation zu versetzen, weshalb dieselben durch Räder getrieben werden müssen; da nun aber nur eine der Walzen fest, die andere beweglich gelagert ist, so muss auch das die Kraft übertragende Rad mit beweglich sein, zu welchem Zwecke die in Fig. 287 und 290 dargestellte Leitradführung construirt worden ist.

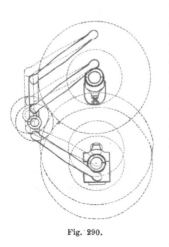

Fig. 290.

Diese Führung besteht aus zwei verticalen Schmiedstücken G, welche durch eine Welle V fest verbunden sind und deren Verlängerung den Zapfen für das Leitrad bildet. Die verticalen Stücke sind durch je drei auf Zapfen drehbare Lenkerstangen F, M, H, von denen je zwei, H, M, mit dem Gestell und je eine, F, mit den unteren Lagerböcken verbunden, geführt, durch die gleiche Entfernung der Drehpunkte der Gehänge von den Walzenmitten ist es aber möglich, dass die Theilkreise der drei Räder bei jeder Stellung der unteren Walze tangirend zu einander bleiben, wodurch ein richtiger Eingriff erzielt ist. Diese Anordnung des Gehänges gewährt den Vortheil, dass dadurch eine beträchtliche Zapfenreibung vermieden und somit die Maschine zum Betrieb weniger Kraft erfordert.

Die Maschinenfabrik von Ganz in Ofen hat eine ähnliche Maschine hergestellt [152]. —

Die Maschine besteht im wesentlichen aus 2 übereinanderliegenden, in 2 starken gusseisernen Seitengestellen gelagerten Gusswalzen a und b, von denen die obere b fest in den Gestellen gelagert ist, während die untere a durch zwei hydraulische Presskolben g und g_1 gegen die obere Walze b gepresst werden kann. Die obere Walze wird von einem Vorgelege durch die Räder d und e in Umdrehung gesetzt, und es stehen die beiden Walzen noch durch 2 conische Räderpaare r, s und r_1, s_1 so miteinander in Verbindung, dass die Umdrehung derselben in der nämlichen Richtung und mit gleicher Geschwindigkeit erfolgt (Fig. 291, 292).

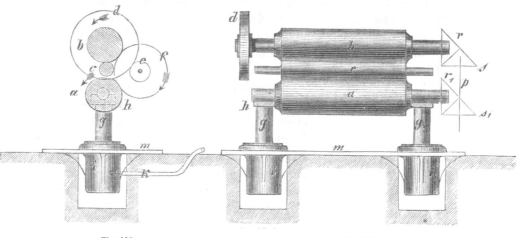

Fig. 292.   Fig. 291.

Zwischen die beiden Walzen a und b kann nun die mit dem zu appretirenden Gewebe umwickelte Hartholzwalze c so eingelegt werden, dass sie sich in ihren Lagern frei drehen kann und in verticaler Richtung verschiebbar ist, ohne indessen nach beiden Seiten hin aus der Maschine heraus zu gleiten.

Wir haben oben bereits angemerkt, dass mit Kaselowsky's hydraulischer Mangel Moiré nicht hergestellt werden konnte. Meissner sucht dies so zu erklären: Moiré kann nicht durch gleichmässige Behandlung und Pressung des Gewebes entstehen, bildet sich vielmehr blos bei einer gewissen Behandlung des Gewebes, die mit stossweisen Einwirkungen auf dasselbe verbunden ist, deren Natur man sich nicht so leicht klar machen kann. Die gewöhnliche Kastenmangel liefert eine sehr schöne Moiré-Appretur, und zwar tritt dieser Moiré um so kräftiger hervor, je grösser die Belastung des Mangkastens und je schneller diese Bewegung ist. Bei sehr bedeutender Belastung, aber

---

[152] Eine kleine Skizze lieferte Meissner's pract. Appreteur. Leipzig, G. Weige 1875. S. 47.

langsamem Gange entsteht nie ein ordentlicher Moiré, weil die Walze mit dem Gewebe sich in diesem Falle ruhig zwischen den beiden Tischen dreht und jede Stelle der Waare gleichmässig zusammengedrückt wird. Sowie aber der Gang des Mangkastens rascher wird, die Mangwalze sich nicht mehr so gleichmässig der relativen Bewegung von Tisch und Kasten gemäss zu drehen vermag und infolge dessen ein gewisses Hapern, d. h. eine mit Schwingungen und Stössen verbundene Bewegung derselben eintritt, so bildet sich ein deutlicher Moiré auf dem Gewebe, dessen Effect allerdings durch eine entsprechend gewählte Appreturmasse (Stärke) vermehrt werden kann. Betrachtet man den Hergang bei der Behandlung des Gewebes mittelst der hydraulischen Mangel, so wird man finden, dass zwar ein bedeutender Druck auf das Gewebe ausgeübt wird, dass dieser aber ganz gleichmässig wirkt, eine Gelegenheit zur Bildung von Moiré nur bei einer ungleichmässigen Nachgiebigkeit der Holzwalze c vorhanden ist oder künstlich durch öfteres plötzliches Umsteuern der Maschine hervorgebracht werden könnte. An diesem Punkte, künstlich eine stossweise Bewegung der Mangwalze zu erzeugen, sind alle bisherigen Versuche zum Ersatz der Kastenmangel gescheitert. Bei der letzteren, wo bekanntlich alle Theile zwar stark, aber aus Holz construirt sind, haben dieselben alle eine mehr oder weniger grosse Nachgiebigkeit, und es wird jede schnellere Bewegung zitternd, indem Schwingungen entstehen, die mit Stössen verbunden sind, welche gerade den Moiré erzeugen. Bei den zum Ersatz gebauten Maschinen sind alle Theile aus Eisen construirt und sehr massiv gehalten. Eine Nachgiebigkeit ist nicht mehr vorhanden, Stösse können nicht eintreten, und diese Maschinen liefern daher folgerichtig auch keinen Moiré[152a]. Sehen wir von dem hydraulischen Druck bei den Cylindermangeln ab, so stellen sich viele Kalander als Cylindermangeln dar, sobald der Stoff auf einer der Walzen aufgewickelt ist. Besonders aber nähern sich diejenigen Constructionen in der Wirkung der Kastenmangel, welche, wie die von Muston, eine bewegte Pressplatte zwischen die Kalanderwalzen einführen.

Betrachtet man nun die theoretische Seite der im vorstehenden Abschnitt beschriebenen Maschinen, so muss zuerst constatirt werden, dass literarisch darüber so gut wie nichts existirt. Sind schon die Beschreibungen der Kalander und Mangen spärlich vertreten in Büchern und Journalen, so findet man über die Wirkungsweise und Leistungsfähigkeit derselben noch weniger.

Für die Beurtheilung dieser Maschinen kommt es darauf an, den Effect zu bestimmen, den sie ausüben. Derselbe beruht meistens und zum grössten Theil in dem durch die Organe der Maschinen ausgeübten Drucke.

[152a] Die Schreibweise Moiré ist als Bezeichnung eines selbstständigen Genres der Schreibweise Moirée vorzuziehen. —

1. Bei einem einfachen Kalander von zwei Walzen mit gleicher Umgangsgeschwindigkeit, deren obere frei lastend auf der unteren aufliegt und so das durch die Fuge geführte Gewebe drückt, presst, glättet, — stellt sich die Berechnung wie folgt: Ist F die Druckfläche, l die Länge der beiden Walzen und s der Bogen der drückenden Fläche, so ist zunächst $F = l\,s$, sodann der Gesammtdruck $Q = F\,pm$, unter pm der mittlere Druck verstanden.

$$pm = \frac{Q}{F} = \frac{Q}{s\,l}.$$

Hierbei spielt nun sowohl der Durchmesser der Walzen wegen s, — als die Dicke des Gewebes eine für die Berechnung wichtige Rolle. Die Berührungsfläche wird um so grösser ausfallen, je grösser der Durchmesser genommen wird wegen Bogen s. Ebenso wird sie um so grösser je dicker und elastischer das Gewebe resp. die Gewebeschichte zwischen den Berührungsflächen beider Walzen ist. —

2. Bei dreicylindrigen Kalandern ist meistens der ausgeübte Druck zwischen den unteren Walzen grösser als zwischen den oberen. Es presst dabei sowohl das Gewicht der lastenden Walzen als das Hebelgewicht, welches meistens auf beide wirkt. Ist die untere Walze o mit Diameter $d_2 = 40$ cm, mittlere Walze n mit Diameter $d_1 = 27$ cm und die oberste Walze m = o, und lastet das Hebelgewicht mit x Ctr. auf o mit dem Gewicht von m + n, so ist der Druck zwischen m und n = x Ctr. + m Ctr. und der Druck zwischen n und o = x Ctr. + (m + n) Ctr. Was die Druckfläche speciell noch angeht, so ist zu beachten, dass sich der Druck meistens nicht ganz gleichmässig auf der ganzen Breite derselben vertheilt, in Folge der Ungleichheiten der im Gewebe enthaltenen Gespinnste. Man muss daher auf den grössten und mittleren Druck Obacht geben. Der grösste Druck p sei etwa doppelt so gross angenommen als der mittlere Druck pm für 1 ⬛ mm. Wir hätten pro 1 ⬛ mm also

$$pm = \frac{Q}{s\,l}$$

$$p = \frac{2\,Q}{s\,l}.$$

Wenn auf o der Druck zwischen o und n = 50 Ctr. beträgt = 2500 k Belastung für eine Stoffbreite von 1 m = 1000 mm, so presst hierbei n auf das Gewebe mit

$$p = \frac{2\,.\,2500}{1000\,.\,10} = 0{,}5 \text{ k pro } 1 \,⬛\, \text{mm}$$

als grössten Druck u. s. w.

3. Von grosser Wichtigkeit ist bei den Kalandern die gleitende Reibung. Dieselbe ist natürlich nur zu bestimmen, wenn die

Reibungscoefficienten der betreffenden Gewebe bekannt sind (was sie bisher nicht sind), — ebenso die genauen Umdrehungszahlen und Diameter der Walzen.

4. Für den Kalander mit zwei horizontal parallel liegenden Walzen a und b, auf denen unter Druck die Walze c umdreht, um welche das zu kalandernde Gewebe gewickelt ist, stellt sich der Effect um so günstiger, je grösser der Winkel α ist, den die Verbindungslinien der Walzen-Mittelpunkte a, b und c bilden. Der Druck p zwischen den Walzen auf das Gewebe wird sein

$$p = \frac{Q}{2 \cdot \cos \frac{\alpha}{2}}$$

ist also $\alpha = 120°$ so wird p = Q, d. h. der Druck auf das Gewebe sowohl zwischen a und c als zwischen b und c ist gleich der ganzen Belastung von c.

Theoretisch bietet diese Form einer Kalandermangel, wie sie von A. Wever & Co. (Barmen) und zuvor von E. Booth, Th. Nightingtale, J. S. Morris ausgeführt war, viel Günstiges.

5. Was nun die Kastenmangel anlangt, so ist zuerst darauf hinzuweisen, dass die alternirende Bewegung des Kastens denselben niemals soweit herausführen sollte, dass sein Schwerpunkt über der einen von 2 mit Gewebe bewickelten Walzen hinaus zu liegen kommt, weil dann die ganze Last Q auf der einen Walze allein ruht, die andere Walze hingegen keinen Druck erfährt. Liegt der Kasten auf beide Wickelwalzen auf, so vertheilt sich die Belastung auf beide Walzen nur gleichmässig, wenn die Abstände der Walzenmittelpunkte von der Schwerpunktssenkrechten des Kastens gleichviel entfernt sind, — sie vertheilt sich, wenn dies nicht der Fall ist, im umgekehrten Verhältniss der bezw. Abstände auf die Walzen.

6. Bei der Kaselowski'schen Cylindermangel findet ein gleiches Verhältniss nicht statt, weil die obere und untere Bahn als feststehend betrachtet werden können. Dagegen ist hierbei der Druck von doppelter Wirkung wie bei der Kastenmangel.

Der sogen. Stosskalander, Stampfkalander (Machine à maillocher, Beatle, Beetle, Beadle etc.) bearbeitet die Stoffe ebenfalls im aufgewickelten Zustande und wird auch vorherrschend für feinere Waare benutzt. Ende der 50er und Anfang der 60er Jahre erlangte der Beatleprozess seine höchste Anerkennung und Blüthe. Er lieferte besonders in Irland für feine Leinenstoffe und feine Baumwollwaaren die beliebteste und schönste

Appretur. Heim[153]) berichtet über den Beatleprozess und verlangt, dass immer Beatles mit 2 Stampfreihen in Anwendung kommen, damit stets 2 Gewebebäume in Arbeit stehen, zwei andere in Bewicklung befindlich sind. Er beschreibt[154]) auch eine solche Maschine ausführlich.

Ein sehr schöner Beatle von Robinson & Co. in Salford sei nachstehend abgebildet und beschrieben. Derselbe ist ein einfacher Beatle. (Fig. 293, 294.)

Das Gewebe wird auf die ca. 3,137 m lange Rolle a von ca. 470 mm Durchmesser möglichst glatt aufgewickelt. Früher geschah dies und die dazu erforderliche Drehung der Walze mit der Hand, jetzt dient dazu eine Vorrichtung zum selbstthätigen Aufwickeln. Ueber der Mitte der Axe dieser Arbeitswelle befindet sich eine Reihe von Stampfen b aus Buchenholz oder Eisen und Holzkopf, deren Zahl zwischen 30 und 40 schwankt und die bei der gewöhnlichen Länge von 3,137 m der Zeugrolle eine Breite von ca. 105 mm und eine entsprechende Stärke haben. Die Stampfen sollen nun abwechselnd gehoben werden und das Gewebe beim Herunterfallen durch ihr Gewicht treffen, um die Faser auf diese Weise mit Stoss zu pressen, und so demselben eine grössere Dichte und eine schöne glänzende Oberfläche zu geben. Ehe die Stampfen ihre Thätigkeit beginnen, wird das aufgewickelte Gewebe mit einem dünnen Tuche umhüllt, damit etwaige Unreinigkeiten an den Stampfenköpfen nicht auf dem Stoff haften bleiben. Das Heben der Stampfen nach einander erreicht man durch die Daumenwelle c. Dieselbe besteht aus einer Walze von Eichenholz oder Eisen, im ersten Fall von 310—365 mm Durchmesser und der Länge der Arbeitswelle, auf welche die Hebedaumen d in schraubenförmigen Windungen so aufgesetzt sind, dass die Zahl der Schraubengänge gleich ist der Zahl der zu hebenden Stampfen. Auf der Walze sind, um 90° versetzt, 4 solcher Schraubenlinien construirt, so dass also bei jeder Drehung der Daumenwelle jede Stampfe 4 Mal gehoben wird. Die Herstellung dieser Welle, wenn sie von Holz ist, erfordert grosse Sorgfalt, und muss namentlich die Befestigung der Daumen, welche aus Eichenholz in Leinöl getränkt hergestellt werden, gut geschehen. Dieselben werden zu dem Zwecke mit ihren Enden zum Theil in die Walze eingelassen, und 2 gegenüberliegende durch 2 Stück durchgehende Schrauben von 20 mm Durchmesser, welche nach einigem Gebrauch wieder angezogen werden können, mit einander verbunden. Die Stampfen selbst tragen in der Höhe der Axe der Daumenwelle die Angriffe oder Nasen e für die Daumen. Sie sind 142 mm hoch und 32 mm stark, gehen durch die Stampfen durch und sind an ihrem hinteren Ende so verkeilt, dass ein Lossetzen nicht möglich ist. Die Stampfen werden oben geführt zwischen den Kopfbändern

---

153) Heim, die Appreturen der Baumwollwaaren 1861. Stuttgart. S. 182.
154) Musterzeitung 1857 mit 3 Tafeln.

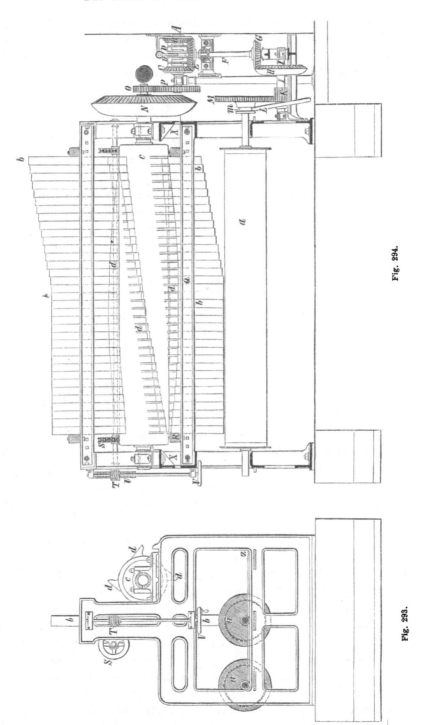

Fig. 294.

Fig. 293.

der seitlichen Gestelle und unten durch die Balken. Die Führungsbalken sind etwas eingelassen und dann noch durch starke Bolzen verbunden, um ein Verschieben unmöglich zu machen. Damit die Stampfen nicht nach rechts oder links herüber weichen können, sind ausser den seitlichen Führungen noch andere Führungen eingeschaltet. Tritt nach einiger Zeit ein Klappern ein, dadurch hervorgerufen, dass die hölzernen Stampfen sich gegenseitig etwas abgeschliffen haben, so muss man 1 oder 2 derselben heraus nehmen und durch neue stärkere ersetzen, welche die entstandenen Lücken wieder ausfüllen. Bei Constructionen mit eisernen Stampfstielen ist das nicht nöthig.

Es kommt nun darauf an, der Daumenwelle c und der Zeugwelle a eine drehende Bewegung zu geben und gleichzeitig eine Vorrichtung anzubringen, durch welche die Zeugwelle etwas hin und her bewegt wird, weil die Stampfen sonst immer nur einen bestimmten Ring vom Gewebe treffen würden. Der Mechanismus zum Drehen beider Wellen ist zum Theil nicht in der Figur, man erreicht denselben auf folgende Weise. Die Antriebswelle A enthält zwei conische Räder B, C lose auf sich und zwischen denselben eine Doppelklauenkuppelung D, welche bei Verschiebung nach rechts oder links in eine Kupplungshälfte, welche mit den Conen verbunden ist, eingreift. Je nachdem wird sich also dann B oder C in fester Verbindung mit A befinden. Diese Räder B und C greifen in das conische Stirnrad E ein, welches auf einer stehenden Welle F befestigt ist. Unten an dieser stehenden Welle F sitzt das conische Rad G im Eingriff mit H auf Welle I. Auf I befinden sich aber der breite Zahntrieb K und das schräg zur Axe gestellte Rad L, welches mit seinem Mantelrande in die Circularnuthe m auf Axe von a eingreift. Es ist ersichtlich, dass bei Rotation von I zunächst auf a eine rotirende Bewegung durch K, M übertragen wird, sodann eine Alternativbewegung durch L, m.

Andererseits überträgt die Welle A die Bewegung auf die Daumenwelle c mit Hülfe der Räder P, O. Es kann indessen die ganze Transmission auch in einer anderen Weise angeordnet werden, wenn man das grosse conische Rad N sich bewegt denkt von der Antriebwelle aus. Dann übersetzt sich die Bewegung via d, O, P, e oder B, E, F, G, H, I, K, M, m, a. Durch die Conen B, C und ihren Eingriff in D ist man im Stande, die Zeugwelle a bald links, bald rechts herumlaufen zu lassen. Die Zähnezahl und das Uebersetzungsverhältniss ist aber so zu treffen, dass die Umdrehungsgeschwindigkeit von a eine langsame ist und die Hin- und Herschiebung durch L, m zu geeigneter Wirkung kommt. Die Gewebebäume a haben quadratische Eisenaxen; dieselben gehen ganz durch und werden an den Enden der Holzwelle durch eingezogene schmiedeeiserne Bande und durch Eintreiben von Keilen mit dieser verbunden. Blattzapfen würden sich natürlich gleich los setzen. Gewöhnlich hat man, wie dies auch schon gezeichnet, zwei Arbeitswellen. Ist nämlich das Leinen auf der einen Welle genug gestampft, so wickelt man dasselbe auf die andere, und zwar so, dass die früher nach unten gekehrte Seite jetzt nach oben kommt. Die benutzte Welle wird dann auf die seitliche Lagerstelle des gusseisernen Lagerbalkens z gerollt und die neu bewickelte Welle in die Mitte gelegt. Um die Stampfen ausser Thätigkeit zu bringen, ist folgende Einrichtung getroffen. In Hülsen X des Gestelles liegen die Enden eines Balkens Q, welcher an der ganzen Länge der Maschine herüberreicht. Dieser Balken hängt an eisernen Ketten, welche über Rollen S auf einer Axe im oberen Theil der Maschine laufen und daran befestigt sind. Durch Stellrad V dreht man die Welle mit Schraubengang T und dreht die Welle U um, auf welcher die Scheiben S sitzen. Nun hebt sich der Balken Q und legt sich unter die Nasen sämmtlicher Stampfen und bringt sie ausser Berührung mit den Daumen.

Ordnet man die Maschine mit zwei Daumenwellen an und zwei Zeugwellen, so bedarf es nur geringer Aenderung des Mechanismus, um diese Doppelreihe geeignet zu betreiben.

Eine gute Construction dieser Stampfkalander liefern die Gebr. Möller in Brackewede bei Bielefeld. Der Antrieb geschieht direct auf die Daumenwelle, deren 3 Daumenreihen in je einer Spiralwindung um die Welle gezogen sind. Die Verschiebung des Gewebebaumes wird durch Excenter und Zugstangen bewirkt. Von der Vorgelegewelle aus wird die Bewegung auf die Gewebewelle durch Schraubenräder hergestellt Dieser Stampfkalander hat bei 0,28 m Breite der bewickelten Fläche 34 Stampfen.

Unter den verschiedenen Vorschlägen den Effect der Beatlemaschinen hervorzubringen oder dieselben selbst zu verbessern, nennen wir zuerst den Vorschlag von Richard Roberts (1847) die Stampfer durch Zähne oder Gruben auf Walzen zu ersetzen und damit das Gewebe auf der Zeugwalze zu bearbeiten. Walter Crum glaubte (1854) die Stampfen ersetzen zu können durch Knaggen oder Stampfköpfe, welche alle an einem Rahmen befestigt wurden, der fest an der Kolbenstange einer Dampfmaschine sass und bei jedem Hub der Maschine gegen die Walze mit dem Gewebe gepresst resp. gedrückt wurde. W. Chambers[155]) ordnete (1854) zwei Reihen Stampfen an. Er formte die eigentlichen Stampfköpfe von Metall. Thos. Forshaw arrangirte an allen Seiten der Gewebewalze Dampfcylinder mit Kolben, deren Kolbenstangen unten Stampfköpfe tragen. Alle diese Kolben wurden in Bewegung gesetzt durch Dampf. A. Buchanan ordnete zwei Gewebcylinder an und gab jedem Stampfer zwei Köpfe, von denen der eine den einen Gewebebaum und der andere den anderen traf. Th. Auchincloss wendet an Stelle der Stampfen Arme mit kleinen Rollen an, welche auf den Zeugbaum schlagen. W. Garforth versuchte ebenso Dampfcylinder und Kolbenstangen mit Stampfen anzuwenden wie Crum und Forshaw.

---

[155]) Engl. Spec. No. 2152. 1854.

Will. Chambers schlug (1863) vor, zwischen zwei Zeugwalzen eine Reihe von oscyllirenden Hämmern aufzustellen, welche, dirigirt durch eine Daumenwelle, abwechselnd jeden Zeugbaum bearbeiten.

Eine wesentlich bessere und brauchbarere Construction als alle vorgenannten erfand John Smith[156]) (1863). Derselbe ertheilte den Stampfen eine Bewegung durch Kurbeln, Excenter oder Hebel, welche an einer Welle sitzen und die Stampfer auf das Gewebe drücken. Hierbei könnte der Fall eintreten, dass bei starker Bewicklung des Baumes die Stampfe zu heftig gegen die Waare gepresst würde oder bei zu geringer Bewicklung oder nach einiger Dauer des Beatlingprozesses der Hammerkopf den Stoff gar nicht mehr erreichte. Nun sind, um dies zu vermeiden, die Hämmer mit Zwischenfedern an die Kurbeln etc. gehängt, welche dem Druck die nöthige Elasticität geben. Ist die Bewegung der Kurbelwelle hinreichend schnell, so wirkt das Gewicht der Hammer selbst zunächst stossend auf die Waare und ein Druck folgt noch nach. Diese Idee von Smith ist weiter ausgearbeitet von Patterson[157]) und nach diesem System ist dann der nachstehend abgebildete Beatle von Mather und Platt[158]) in Salford hergestellt. Die Stampfe. ist umgeformt in eine Kurbel oder Excenterstange mit Federbogen, an dem der Stampfkopf angebracht ist. An der oben im Gestell gelagerten Excenterwelle sind an den Excenterstangen die annähernd halbkreisförmig gebogenen Stahlfedern eingeschaltet, an denen die Beatleköpfe sitzen, befestigt durch Lederbänder (Fig. 295). Diese Combination vermeidet jeden harten Stoss. Der Kraftverbrauch ist gering gegenüber dem der älteren Systeme. Es erfordert eine Maschine mit 14 Stampfen bei 2,23 m Breite 6 Pferdekraft, mit 21 Stampfen bei 3,20 m 8 Pferdekraft, mit 28 Stampfen bei 4,42 m Breite 10 Pferdekraft. Der Antrieb erfolgt entweder durch einen unmittelbar an der Maschine sitzenden Dampfmotor oder von einer Haupttriebwelle aus. Die Zahl der Schläge einer jeden Stampfe beträgt etwa 420 in der Minute; der Schlag ist gleich stark wie bei den gewöhnlichen durch eine Daumenwelle betriebenen Beatles, deren Stampfen nur etwa 50—60 Schläge in der Minute machen. Mather & Platt behaupten daher auch, dass eine Stampfe ihrer Maschine 8 Mal so viel leiste als eine der alten. Die Waare ist bei der Arbeit wie gewöhnlich um eine Walze gewickelt; solcher Walzen sind aber drei vorhanden, deren Lager in gleichmässigen Abständen in zwei an den Enden der Maschine befindlichen Scheiben angebracht sind. Diese Scheiben sind um ihre Axe drehbar, so dass je nach Bedarf die eine oder andere Walze unter die Stampfe gebracht werden kann und das Auswechseln der Walzen keinen Zeitverlust bei der Arbeit ver-

---

[156]) Engl. Spec. No. 2036, ferner 1872 No. 1291 und 1874 No. 2748.

[157]) Engl. Spec. 1871. 301.

[158]) Polyt. Zeitung (Grothe) 1879. No. 42. — Dingl. Journ. 1879. — Revue industr. (Paris) 1878. No. 52 — Engineering 1878.

ursacht. Eine Maschine mit 14 Stampfen erfordert nach Angabe der Fabrik 3,81 m × 1,68 m Fläche, 3,05 m Höhe und 6 e; die Waarenwalze hat zwischen den Randscheiben 2,29 m Länge. Dem Raume nach nimmt diese Maschine nur ⅕ von dem Raum ein, der nothwendig war für die gewöhnlichen Systeme. Ihrer Leistung nach ersetzt die Patterson'sche Maschine drei alte Stampfkalander für Calico mit 36 Stampfen. Bei Bearbeitung von

Fig. 295.

Leinen soll diese Maschine mit 14 Hämmern und 2,19 m Schlaglänge so viel leisten wie 8 alte gewöhnliche Leinen-Stosskalander mit 30,5 m Gesammtschlaglänge. — Ausser dieser Grösse werden noch zwei Nummern von Maschinen gebaut mit 18 bezw. 21 Stampfen.

Gleichzeitige Bestrebungen in derselben Richtung sind die von Jones Parrott (1869), Connor (1874) und Gartside & Bradbury (1875).

γ) **Pressen.**

Die Operation, welche man Pressen nennt, ist eine seit undenklichen Zeiten ausgeführte. Auch die Griechen und Römer übten das Pressen für die Gewebe sowohl gewerbsmässig als auch für Hausbedarf. Sie sprengten die Stoffe zuvor ein (εμφυχᾶν, adspergere), falteten sie zusammen und legten sie in die Presse (ἴπος, prelum, pressorium) und pressten (ἱποῦν, πιέζειν) sie längere Zeit. Die Presse war eine Schraubenpresse mit einem oder mehreren Schraubenstöcken (περιστροφίς). Das Herausnehmen aus der Presse hiess sehr entsprechend solvere prela. Eine solche Presse ist uns in Abbildung (Fig. 296) in Pompeji erhalten geblieben. Während des Mittelalters bildete die Presse gleicherweise einen Hausrath und einen Apparat des Tuchbereiters, Tuchscherers. Bis zum Jahre 1796 kannte man keine anderen

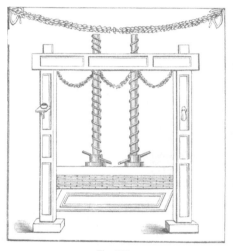

Fig. 296.

Pressen für Gewebe und bis etwa 1820 wandte man keine anderen an als die Schraubenpressen[159]). Um das Tuch damit zu pressen, wurde dasselbe eingespänt und zwischen heissen Eisenplatten in die Presse gelegt. Andere Gewebe wurden kalt gepresst. —

1653 hatte indessen Blaise Pascal (geb. 1623 zu Clermont) in seiner Schrift „über das Gleichgewicht der Flüssigkeiten" gezeigt, dass die in einem Gefäss eingeschlossene Flüssigkeit den auf sie ausgeübten Druck nach allen Richtungen mit gleicher Kraft fortpflanze. Er beschrieb einen in eine Flüssigkeit gestellten Heber, dessen einer Arm 100 mal breiter ist, als der andere und beweist, dass die Kraft eines einzigen Mannes ausreiche, den Stempel des dünneren Armes niederzudrücken, wenn auch an dem breiteren Heberarm die Kraft von 100 Männern thätig sei. Er sagt dann, dass ein solcher mit Wasser gefüllter Heber eine neue Maschine sei, durch welche man jede gegebene Kraft, so oft als man nur wolle, vervielfachen könne. — Robert Hooke fand etwas später dieses selbe Gesetz. — Es ward aber keinerlei Anwendung von

---

[159]) Siehe Hermbstaedt, Technologie 1814. Dieselbe führt die hydraulische Presse noch gar nicht an.

demselben gemacht, bis 1796 Joseph Bramah[160]) sein Modell der hydraulischen Presse herstellte. Damit war die Entdeckung Pascals in praktisch verwendbare Form gebracht. Merkwürdig genug ist es, dass Bramah's Erfindung keineswegs gleich in Benutzung genommen wurde und es scheint, als ob der Amerikaner John Beverley[161]) zuerst solche Presse für Textilproducte vorschlug als Hydromechanical-Press. Nichelsons Berichte geben an, dass Bramah allerdings seine Presse in Manufacturen zur Anwendung brachte, um die Schraubenpresse zu ersetzen. Dies scheint aber für die Textilbranche nur wenig geschehen zu sein, soweit es sich um das eigentliche Pressen zum Glätten der Stoffe handelte. Die Murray'sche verbesserte Hydraulick press 1814 richtete sich indessen ganz auf diese Aufgabe ein. Seit 1820 aber ist der Gebrauch der hydraulischen Presse für Gewebeappretur auch in anderen Ländern eingetreten. Es hatten freilich in Frankreich Perrier frères in Betancourt schon 1797 ein Patent auf eine hydraulische Presse genommen, ebenso Joseph Montgolfier, dem ein grosses Verdienst für die Verbesserung derselben zukommt, — aber diese Pressen dienten für andere Zwecke. Ebenso bauten in Deutschland Neubauer in Magdeburg (1818) und Fr. Harkorth in Wetter a. d. Ruhr (1821) bereits hydraulische Pressen, — aber für das Oelpressen. Im Laufe der Zeit haben dann die hydraulischen Pressen werthvolle Verbesserungen erfahren. Der berühmte Mechaniker Maudsley erfand die Ledermanchette für den Kolben. Speciell für das Pressen von Stoffen waren die Patente von Lord, Robinson & Forster (1825), J. Jones (1829) und viele andere bestimmt. Seit 1829 strengte man sich auch an, die Pressen so zu construiren, dass mit Dampf beheizte Platten darin zu benutzen waren. Die Sache lag so, dass die hydraulische Presse ihre wesentliche Anwendbarkeit zeigte für Wollen- und Halbwollen-Stoffe. Diese aber erfordern heisse Pressung. Man musste daher glühende Eisen in Zwischenlagen in den Stoffsätzen mit einpressen. Dies zu vermeiden, darauf ging ein äusserst intensives Streben der Constructeure und so finden wir gerade hierfür eine sehr stattliche Reihe Männer thätig: J. Jones (1829), F. V. Gérard (1834), Collier & Crossley, Ingham, Leeming, Ch. Pierce, Whitehead & Kitchmann, Duplomb, Perkes, R. Wilson, Develle, Watson, Holliday, Benoit, Taylor, Leachmann, Howe, Kiesler u. A.

Neben diesen Bestrebungen, die hydraulische Presse zum Pressen der Gewebe brauchbarer zu machen, treten aber auch frühzeitig· andere Ideen zu Tage, welche dem Kalandersystem[162]) folgten und dasselbe für Wollstoffe zu verwenden suchten.

---

[160]) Patent vom 30. April 1795 Siehe Abb. und Beschreibung in Rühlmann, Maschinenlehre, II. p. 360.

[161]) 1803 Patent. Beverley hatte selbst Baumwoll- und Wollfabriken.

[162]) Siehe auch Hoffmann über Walzenpressen. — Verhandl. des Vereins für Gewerbfleiss. 1828. S. 31.

Flyer schlug 1802 die Benutzung zweier schwerer geheizter Cylinder zum Pressen vor. Barker & Hall in Boston construirten (1814) eine cylindrische Dampfpresse. J. A. Passet (1854) suchte die Pressung zu erreichen, indem er den über einem heissen Tisch erwärmten Stoff mit Blech ohne Ende auf die mittlere Walze eines dreiwalzigen Kalanders aufwickeln liess. Aehnliches hatte bereits J. Jones (1829) vorgeschlagen. W. Binns wendete mehrere Walzenpaare in horizontaler Anordnung an (1853). W. Fuzzard in Malden, Mass. benutzte heisse Walzen, die indessen auch mit Kühlwasser gespeist werden konnten. Aus diesen Bestrebungen heraus entwickelte sich die sog. Cylinderpresse mit geheizter Mulde, bei welcher ein schwer belasteter Cylinder in einer Mulde von Metall, die hohl und beheizt ist, sich dreht und zwischen den Oberflächen beider sich der Stoff durchbewegt. Die erste Angabe solcher Cylinderpresse erschien 1841 als Patent von Garnett & Mason[163]) als Rotary Press. Diese Construction erfreute sich aber erst in späterer Zeit weiterer Aufmerksamkeit. Chemery & Letellier in Sedan (1847) und Dacier frères in Düren (später in Lüttich) benutzten dieses System seit Ende der 50 er Jahre, gefolgt von den Amerikanern Henderson, Stoddard & Gallup, H. Springborn & Baush und den Deutschen Gessner, Erselius, Prollius, den Franzosen Debaitre, Tulpin, Ducodun u. A.

Ein originelles, durch John Jones angegebenes System presst die Stoffe, indem es sie auf Heizwalzen mit erhitztem Blechband aufwickelt (Houston).

Endlich müssen wir noch darauf hinweisen, dass auch eine kurze Zeit hindurch eine Art Pressen angestrebt ward, welche das Prinzip verfolgte, die Stoffe zwischen Platten zu pressen, welche temporär zusammengeführt und abgehoben wurden. Der Druck geschah durch Excenter, hydraulische Pressen, Walzen u. A. Eine solche Presse war die Excenterpresse von Walton (1835), die Plattenpresse von J. Dutton (1834), Henry Bridge (1839), Bragg (1856). Die Excenterpresse hat in neuerer Zeit wieder Aufnahme gefunden (C. H. Weston und Leach & Allen).

Ueber allen diesen Bestrebungen ist indessen die Schraubenpresse nicht vergessen oder abgekommen, sondern sie hat sich fortgesetzt unter vielen Verbesserungen behauptet und hat in neuerer Zeit durch Zufügung von mechanischem Betriebe zum Zuschrauben nicht unwesentlich gewonnen. Ihr zugesellt haben sich die sog. Hebelpressen, welche ebenfalls an Verbreitung gewinnen.

Uebersehen wir diese Anführungen, so resultirt, dass folgende Hauptsysteme von Pressen für Gewebe benutzt werden:

α) Schraubenpressen, Hebelpressen;

---

[163]) Engl. Spec. 1841 vom 8. Septbr. No. 9078.

β) hydraulische Pressen (1. gewöhnliche, 2. mit Dampfplatten);

γ) Cylinderpressen mit beheizter Mulde;

δ) Blechbandpressen;

ε) Excenterpressen, Plattenpressen.

Es kann natürlich nicht Aufgabe des Werkes sein, die Pressen in ihren vielen Modificationen allgemein hier zu beleuchten; vielmehr wird dies nur mit specieller Rücksicht auf die Gewebeappretur geschehen.

α) Schraubenpressen. Hebelpressen.

Die Schraubenpressen haben, wie bereits gezeigt, ein sehr hohes Alter. Die Verbesserungen an ihrer Construction konnten kaum erheblicher Natur sein, da diese an sich bereits sehr einfach war. Am meisten versuchte man wohl die Bewegung der Schrauben zum Schliessen der Presse durch mechanische Hülfsmittel (Hebel, Winden etc.) zu erleichtern. In Deutschland war besonders die Presse von C. Polhem mit Kupfertischen früh bekannt und gebraucht. Ein anderes Bestreben ging darauf hin, die heissen Einlageplatten zu ersetzen durch eine directe Heizung. Diese Idee wird sehr interessant repräsentirt durch eine Presse von R. Brooks, welche 1743 patentirt wurde. Dieselbe enthält eine starke gusseiserne Platte als Grundplatte, auf welcher die Stoffe gelegt und dann durch eine Deckelplatte mittelst zweier Schrauben fest angepresst wurden. Unter der Grundplatte brannten dann auf zwei Rosten Feuer, welche dieselbe erhitzten. Die gebräuchliche Construction der Spindelpressen findet sich in Fig. 297 (Presse gebaut von Pierron & Dehaitre) veranschaulicht.

Die eigentliche Verbesserung der Spindelpressen trat erst in den letzten Jahrzehnten auf und zwar haben die Amerikaner ganz besonderes Verdienst darum. Wir führen hier eine Schraubenpresse von C. H. Weston in Yarmouth (Maine) vor, wie sie für starke Pressungen in Appreturen Anwendung findet (Fig. 298). Auf der starken Grundplatte A sind die Schraubenmuttern B und C, auf den Spindeln F und E laufend, so aufgebracht, dass sie durch die Hülsen G und H an der Grundplatte festgehalten werden und sich eben nur drehen können. Die Drehung wird ihnen durch Eingriff eines Triebes auf Welle a in ihre Zahnkränze ertheilt. Die Welle a trägt die beiden Riemenscheiben b und c, welche, je nachdem man die Presse auf- oder zudrehen will, durch e mit der Axe a verkuppelt wird. Ein Indicator, welcher unten mit einem Hebel d in Berührung steht, welcher auf der oberen Pressplatte aufruht, zeigt den erreichten Druck an. Derselbe darf bei dieser Presse bis 500 Tons Druck betragen.

Die Mechanismen zur Bewegung der Schrauben können natürlich sehr verschieden sein. Tangye in Birmingham, welcher für die Pressen viel geleistet hat, arrangirt z. B. die Betriebe für Handpressen wie in den Abbildungen (Fig. 299 u. 300) gezeigt.

Soll in Schraubenpressen Stoff heiss gepresst werden, so kann man

32*

einmal heiss gemachte Platten einlegen wie gewöhnlich, oder aber die Presse mit Dampfplatten versehen. Eine solche Schraubenpresse mit Dampfheizung ist die abgebildete (Fig. 301). a ist der Presstisch über den beiden Schrauben mit Muttern, die durch Zahnräder umgetrieben werden. b, b sind die Dampfplatten, die durch die Röhren c, c mit Dampf gespeist

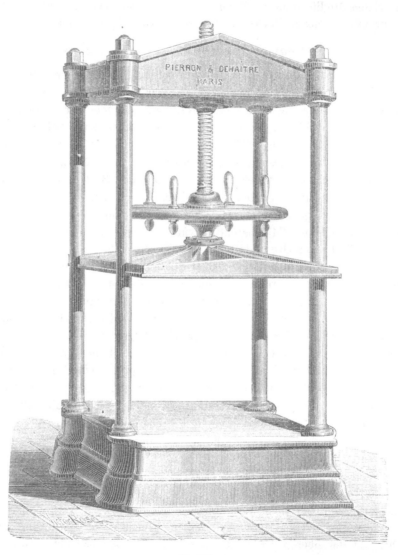

Fig. 297.

werden. Seitlich enthält jede Platte 2 Zapfen, die aus dem Seitengestell der Presse herausragen und von einem Kettenglied der Ketten d, d erfasst werden. Diese Ketten gehen oben über Rollen und können entsprechend verkürzt resp. aufgewunden werden auf Scheiben e, e. Letztere Scheiben e, e werden durch Zahnrad F und Handrad nebst Axe g umgedreht. Diese Pressen werden von C. H. Weston zu 75—500 Tons Druck ausgeführt.

Sehr schöne Pressen dieser Art liefern auch die Lowell Steam Boiler and Press Plate Works mit Platten nach Dobbins Patent.

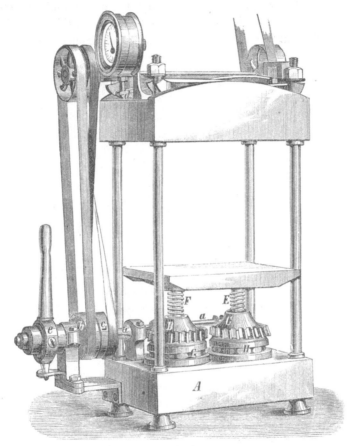

Fig. 298

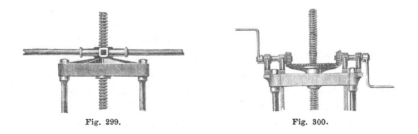

Fig. 299.   Fig. 300.

Ein besonderes System von Schrauben-Pressen wurde, wie folgt, vorge-schlagen. Die Eigenthümlichkeit dieses Prinzips beruht auf einer neuen An-wendung der Schraube. Die Presse besteht im Prinzip aus einem untern

Gestell, das durch zwei eiserne Säulen mit dem obern Pressbalken verbunden
ist. Das allmälige Heben der Pressplatte wird durch einen schwingenden
Hebel bewirkt, und das Schwingen des Hebels durch vier Zugstangen, welche
zwei Kränzen eine Hin- und Herbewegung geben, so dass jede in dieser
Weise verursachte Schwingung den Support der Pressplatte ein wenig
hebt. Um das Wiederherabgehen der Pressplatte zu verhindern, dient eine
starke Schraube mit verlängerter Ganghöhe, die zugleich die Spindel oder

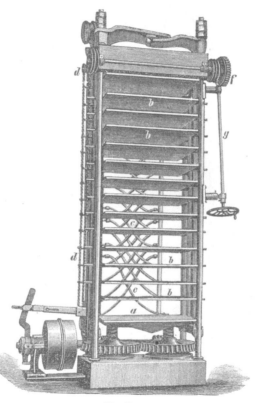

Fig. 301.

den Support der Pressplatte bildet und in der Weise mit ihr verbunden
ist, dass sie sich beim Heraufgehen der Platte nicht eher drehen kann,
als bis der beabsichtigte Druck erreicht ist. Die beiden Kränze, welche
durch die Zugstangen in Schwingung gebracht werden, umgeben die
Schraube und liegen beim Anfang des Spiels des Hebels in gleicher
horizontaler Ebene; jeder derselben dient einer leichten Schraubenmutter
zur Stütze, welche ihn mit der Schraube verbindet. Ist die Presse in
Thätigkeit, so nimmt je der eine oder der andere Kranz abwechselnd eine
geneigte Lage an und wird von der auf ihr ruhenden Mutter frei; sowie
bei der nächsten Schwingung der Kranz sich wieder hebt, drückt er auf
die die Schraube umgebende Mutter und jene hebt in Folge dessen die

Pressplatte. Die Mutter kann wohl vermöge ihres Gewichts herabgehen, sich aber, durch die Reibung zurückgehalten, nicht weiter drehen, indem ihre Basis auf der Fläche des Kranzes ruht. Während dessen beginnt das abwechselnde Spiel der Zugstangen auf der andern Seite und bringt den andern Kranz und die andere Mutter um die bestimmte Distanz herab. In dem Augenblick, wo die erste die Schraube hebende Mutter die Höhe ihres Ganges erreicht hat, kommt die zweite auf den niedrigsten Punkt ihres Herabgehens an, stellt Schraube und Mutter an dem untern Kranze fest und hindert so den Rücklauf der Pressplatte. Soll, wenn das Pressen vorüber ist, die Pressplatte wieder herabgehen, so wird die Verbindung, welche sie mit der Schraube hat, ausgelöst, und die nun freie Schraube läuft von selbst durch ihr eigenes Gewicht und durch das der Pressplatte durch die Muttern herab. — —

Nennt man die in der Axenrichtung der senkrechten Schraube wirkende Widerstandskraft des zusammenzupressenden Körpers W und nimmt man den Fall an, dass die Schraubenspindel sich drehe durch ein Handrad oder getriebenes Rad, während die Schraubenmutter im oberen Dach des Pressgestelles eingelassen ist und also feststeht, so wird, da sich der untere Zapfen der Spindel im Lager des Deckels dreht, eine Zapfenreibung zu der Widerstandskraft hinzutreten. Für einen glatten Stützzapfen vom Radius ϱ_1 ist das Moment des dem Zapfdruck W und dem Zapfreibungscoefficienten F_1 entsprechenden Zapfreibungswiderstandes $= \frac{1}{2} F_1 W \varrho_1$. Das Moment desjenigen Kräftepaares, welches erforderlich ist, um die von festliegender Schraubenmutter umschlossene flachgängige Schraubenspindel gleichförmig zu bewegen unter Ueberwindung des Widerstandes W des zu pressenden Körpers, K l, wird also in diesem Falle gleich sein:

$$K\,l = W\,\varrho\,\operatorname{tg}(\alpha + \varphi) + \tfrac{1}{2} F_1 W\,\varrho_1.$$

Die Wirkung der Schraubenpresse hängt ab von den Dimensionen der Schraube, resp. dem Steigungsverhältniss der mittleren Schraubenlinie. Ist s die Steigung und das Steigungsverhältniss

$$\operatorname{tg}\alpha = \frac{s}{2\,\varrho\,\pi},$$

so lässt der Steigungswinkel der mittleren Schraubenlinie ermitteln, ebenso der Druck.

Ist $s = 0,02$ m, der Radius der Spindel + Gewinde $R = 0,05$ m, der Radius des Kerns der Spindel $r = 0,04$ m und

$$\varrho = \frac{R + r}{2} = \frac{0,05 + 0,04}{2} = 0,045\ \text{m}$$

so berechnet sich

$$\operatorname{tg}\alpha = \frac{0,02}{2 \cdot 0,045 \cdot 3,14} = 0,0708 \ \text{u.} \ \alpha = 4°\,3'.$$

Werden die Reibungscoefficienten F_1 und tg φ beide gleich 0,08 angenommen und $\varphi = 4° 35,5'$ gesetzt, so haben wir

$$K . 0,4 = W . 0,045 \text{ tg} (8° 37,5') + \frac{1}{2} . 0,08 \, W . 0,04$$
$$K = 0,0171 \, W + 0,004 \, W = 0,0211 \, W.$$

Es müsste demnach die Kraft, an einem 0,4 m langen Hebel an der Spindel wirkend, um einen Druck W von 10000 k hervorzubringen, eine Tangentialkraft von 211 k sein.

Ritter ermittelt so den Nutzeffect für diese angenommenen Verhältnisse mit 37,7 pCt. der aufgewendeten Arbeit. Er bestimmt auch den Effect der Keilpresse, welche indessen für die Appretur keine Bedeutung hat, mit 16,3 pCt. der aufgewendeten Arbeit.

Der grössere Nutzeffect stellt sich übrigens bei Schraubenpressen auf die Seite derer, bei denen die Spindel bewegt ist. — In Frankreich hat für die Presse mit bewegter Spindel die Formel allgemeine Gültigkeit:

$$p = q \left(\frac{r'}{r} \cdot \frac{\text{tg} \, \alpha + F}{1 - F \, \text{tg} \, \alpha} + \frac{2}{3} \, F \, \frac{r''}{r} \right).$$

Für eine Pression von 9000 k ermittelt Claudel z. B. die Kraft p = 57,69 k und darin die Reibung = 10 k. p = Kraft zum Drehen senkrechter Schraubenspindel. r = Hebel. r = mittlerer Radius der Schraubenwindungen der Spindel und Mutter im Eingriff. r'' = Radius des Spindelzapfens auf den Pressdeckel. s = Steigung des Gewindes pro 1 Drehung. F = Reibungscoefficient im Schraubengewinde und dem Zapfen. q = Widerstand der zusammenzupressenden Waare. α = Winkel, welchen die Tangente der Schraubenwindung mit der senkrechten Fläche der Axe bildet.

Ist

$$\text{tg} \, \alpha = \frac{s}{2 \, \pi \, r},$$

so hat man

$$p = q \left(\frac{r'}{r} \cdot \frac{s + 2 \, \pi \, r' \, F}{2 \, \pi \, r' - F \, s} + \frac{2}{3} \, F \, \frac{r''}{r} \right)^{164}.$$

Die Hebelpressen sind in neuerer Zeit besonders von Boomer und Boschert[165] in New-York verbessert und rationell ausgebildet. Dieses Boomer System hat jetzt in allen Ländern Eingang und Beifall gefunden, besonders auch in England (John Ladd & Co., London). Wir geben hier eine Abbildung der Presse[166], um das System zu veranschaulichen (Fig. 302).

---

164) Claudel. Man sehe ferner Ritter, Mechanik. — Hermann-Weisbach, Mechanik der Zwischen- und Arbeitsmaschinen, II. Aufl I. S. 621 cf. u. a. a. O.

165) Gebaut werden diese Pressen bei Busnell, Wellington & Houghton in Worcester, Mass.

166) Polyt. Zeitung (Grothe) 1878 No. 30.

Die Hebelpressen dürften indessen keine grosse Anwendung für Appreturzwecke finden, weil die aufgewendete Kraft für einen gewünschten Pressdruck zu gross sein muss. Es gilt für diese Presse die Formel

$$p = 2\,q\,\frac{(1 + F\,\text{tang.}\,\alpha)}{\text{tg}\,\alpha - 2\,F - F^2\,\text{tg}\,\alpha}.$$

p = Kraft auf die Winkelhebel. q = Widerstand der Waare. α = Winkel,

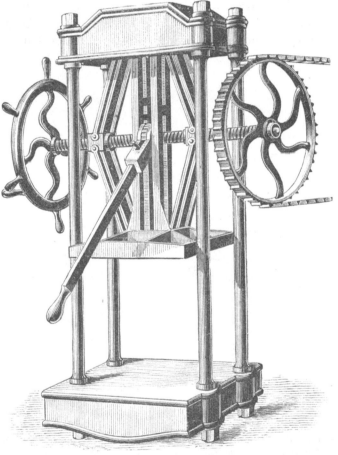

Fig. 302.

den die Schenkel der Winkelhebel mit der Pressspindel bilden. F = Reibung des Stempels. Nimmt man q = 1000 k, so wird p = 450 k erforderlich sein.

β) **Hydraulische Presse.**

Wir geben zunächst unter Hinweis auf unsere geschichtlichen Bemerkungen oben eine Beschreibung der älteren B r a m a h - Presse (Fig. 303). Sie besteht aus dem starken eisernen Presscylinder A, dem Presskolben B, der

Pressplatte C, der Gegenplatte D, welche durch starke eiserne Säulen E, E
mit dem Presscylinder verbunden ist.   Der Druck wird hervorgebracht durch
die Druckpumpe b, G und die Hebelvorrichtung H, K.   Von der Druckpumpe führt ein Kanal e, e in den Presscylinder A.   Alle diese Räume
werden mit ausgekochtem Wasser gefüllt, ehe der Presskolben eingesetzt
wird, damit keine Luft darin ist.   Drückt man nun an dem Hebel H, so
wird der Druckkolben b herabbewegt und verdrängt das in dem Druckcylinder G befindliche Wasser.   Dieses kann bei s nicht entweichen, weil
der Druckkolben dort durch eine dichte Liederung geht, es muss also
durch den Kanal e, e gehen und in dem Presscylinder A, f den Druck auf

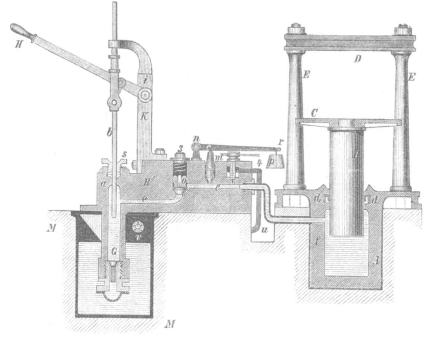

Fig. 303.

den Presskolben B vermehren.   Dieser geht nur vermöge des Drucks auf
seine untere Fläche in die Höhe, weil die Seitenpressungen sich aufheben.
Diese Seitenpressung wird benutzt, um die wasserdichte Schliessung
zwischen dem Presscylinder und dem Presskolben zu bewirken, indem
bei d, d ein lederner Ring eingelassen ist, der durch das eindringende,
gepresste Wasser fest gegen den Presskolben angedrückt wird.   Unter
3 bei o ist ein Ventil, welches sich von unten nach oben öffnet und das
Zurücktreten des Wassers aus dem Presscylinder in den Druckcylinder
verhindert.   Geht nun der Druckkolben wieder in die Höhe, so öffnet sich
das bei G befindliche Ventil, weil dann der Druck von innen kleiner ist
als der des Wassers, welches sich in dem Gefäss M, M befindet.   Dieses

Ventil G fällt beim Herabgehen des Druckkolbens wieder zu und es wird eine neue Portion Wasser nach dem Presscylinder A gedrückt, um dort den Druck zu vermehren und den Presskolben zu heben. Dadurch wird der Raum zwischen C und D, in welchen die zu pressenden Gegenstände gebracht werden, immer kleiner. Die Hebelvorrichtung n, r mit dem Gewicht p dient dazu, um das mit dem Kanal e, e in Verbindung stehende Sicherheitsventil m zu belasten. Dieses öffnet sich nach aussen, wenn der Druck in dem Presscylinder eine gewisse Höhe erreicht hat. Die daneben befindliche Schraube mit dem Hebel 4 dient dazu, die Communication zwischen der Röhre u und dem Kanal e, e fest zu verschliessen. Stellt man diese her, so fliesst das Wasser vermöge des Drucks des Presskolbens B aus dem Presscylinder A durch die Röhre u und die Oeffnung v in das Gefäss M, M zurück.

Die Kraft, mit welcher man in H drückt, sei 50 Pfund, und ihre Entfernung vom Unterstützungspunkte H, K = 30 Zoll; die Entfernung des Kolbens b der Saugpumpe vom Unterstützungspunkte K aber nur 3 Zoll, so ist der in der Saugpumpe ausgeübte Druck = 500 Pfund. Ist der Durchmesser des Kolbens der Saugpumpe nur der 20. Theil von dem des Kolben B, so ist der Querschnitt von B 400 Mal grösser, also auch der durch B ausgeübte Druck 400 . 500 oder 200 000 Pfund. —

Diese frühere Construction ist in neueren Zeiten wesentlich vereinfacht und verbessert, besonders seitdem tüchtige Gelehrte die Druckverhältnisse etc., welche in der hydraulischen Presse auftreten, eingehend studirt haben. Die Theorie der hydraulischen Presse hat die Gelehrten mehrfach[167] beschäftigt. Wir schliessen hier die einfache und sehr treffende Abhandlung von Prof. Dr. A. Ritter[168] an.

Eine flüssige Masse, welche auf die in Fig. 304 angedeutete Weise eingeschlossen ist, wird einerseits von zwei beweglichen cylindrischen Kolben, andererseits von den Wänden der zugehörigen Cylinder und ihrer Verbindungsröhren begrenzt. Es befindet sich diese flüssige Masse im Gleichgewichtszustande, wenn der pro Flächeneinheit auf die Oberfläche derselben übertragene Druck p an allen Stellen dieselbe Grösse hat. Für die in den Axenrichtungen der beiden Kolben wirkenden Kräfte K und W, welche diesen Druck hervorbringen, würde man also unter der Voraussetzung, dass zwischen den Kolben und den Cylindern keine Reibungswiderstände wirken, die Gleichungen erhalten:

$$(1) \qquad K = p \, \frac{d^2\, \pi}{4},$$

---

[167] Brix, hydr. Presse. Verhandl. des Vereins für Gewerbfl. 1838. S. 25. — Prof. Rühlmann, Hydromechanik.

[168] Lehrbuch d. techn. Mechanik von Dr. August Ritter. Hannover, III. Aufl. 1870.

$$(2) \qquad\qquad W = p \, \frac{D^2 \pi}{4},$$

$$(3) \qquad\qquad \frac{W}{K} = \frac{D^2}{d^2}.$$

Diese Gleichungen gelten unter der erwähnten Voraussetzung auch dann noch, wenn jeder der beiden Kolben eine gleichförmig fortschreitende Bewegung ausführte, also z. B. für den Fall, dass durch die den kleinen Kolben hineinwärts in den Cylinder treibende Kraft K der grosse Kolben hinauswärts gedrängt und die auf denselben wirkende Kraft W als Widerstand dabei überwunden wird. Wenn z. B. D = 20d wäre, so würde W = 400 K sein und eine am kleinen Kolben wirkende Kraft K = 100 kgr würde ausreichen, um am grossen Kolben einen Gegendruck W = 40 000 kgr zu überwinden.

Da der auf den Kolben in der Axenrichtung desselben übertragene hydrostatische Druck[169] unabhängig ist von der Form der Endfläche und immer der Querschnittsfläche der durch den Kolben verschlossenen Mündung proportional ist, so bleiben die obigen drei Gleichungen auch in dem Falle noch gültig, wenn der kleine Kolben die Form eines Drahtes hat, welcher um eine im Innern des Cylinders befindliche Rolle sich aufwickelnd, durch Umdrehungen derselben in den Cylinder hineingezogen wird (Fig. 305)[170]. Die Mittelkraft von den auf die Drahtrolle übertragenen

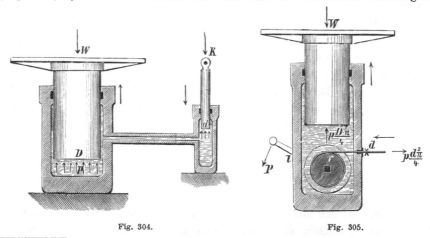

Fig. 304.   Fig. 305.

[169] Der Grundsatz der Hydrostatik lautet nach § 147 des Ritter'schen Lehrbuches: Eine an allen Seiten von festen Körpern eingeschlossene Flüssigkeit, auf deren Oberfläche an irgend einer Stelle mittelst eines beweglichen cylindrischen Kolbens ein Druck p pro Flächeninhalt übertragen wird, kann nur dann im Gleichgewichtszustande sich befinden, wenn an allen übrigen Stellen von jenen festen Körpern auf die Oberfläche ebenfalls Druckkräfte übertragen werden, welche pro Flächeninhalt die Grösse p haben.

[170] Das hier angedeutete Constructionsprinzip hat eine praktische Verwendung für den Bau kleiner hydraulischer Pressen durch Desgoffe und Ollivier erhalten. Es

hydrostatischen Drücken hat die Grösse $\frac{1}{4} p d^2 \pi$, und ihre Richtungslinie fällt mit der Axe der Oeffnung zusammen. Diese Kraft bildet in Bezug auf die Rollenaxe eine excentrisch wirkende Kraft, welche für sich allein wirkend die Rolle nach rechts herumdrehen und den Draht hinauswärts treiben würde. Eine am gleichen Hebelarme r in entgegengesetzter Richtung wirkende Kraft K, welche diese Drehung verhindern oder die Rolle gleichförmig nach links herumdrehen soll, würde daher die in Gleichung (1) oder (3) angegebene Grösse haben müssen. Für die am Hebelarme l wirkende Kraft P, welche die gleiche Wirkung hervorbringen soll, ergibt sich demnach die Gleichung:

$$(4) \qquad \frac{P}{K} = \frac{r}{l} \quad \text{oder} \quad \frac{P}{W} = \frac{r}{l} \cdot \frac{d^2}{D^2}.$$

Setzt man hierin z. B. l = 5r und D = 20d, so erhält man W = 2000 P. Es würde also, wenn keine Reibungswiderstände vorhanden wären, eine an der Rolle wirkende Kraft P von 20 kg ausreichen, um einen an dem grossen Kolben wirkenden Widerstand W = 40 000 kg zu überwinden.

Wenn an der Stelle, wo der grosse Kolben in den Cylinder eintritt, der wasserdichte Verschluss mittelst eines in Fig. 306 dargestellten, gabelförmig gefalteten biegsamen (Leder- oder Kautschuk-) Ringes bewirkt wird, dessen beide Zweige durch den hydrostatischen Druck selbst einerseits gegen die Aussenfläche des Kolbens, andererseits gegen die innere Wandfläche des Cylinders gepresst werden, so entsteht bei der Bewegung des Kolbens an jeder Flächeneinheit der Berührungsfläche zwischen Kolben und Ring ein Reibungswiderstand von der Grösse f . p = Reibungscoefficient f mal Normaldruck p. Die ganze Reibungsfläche ist eine Cylindermantelfläche von der Höhe H und vom Durchmesser D, enthält also D π H Flächeneinheiten; folglich beträgt der ganze Reibungswiderstand f p D π H, und man erhält demnach mit Berücksichtigung desselben anstatt der Gleichung (2) als Gleichgewichtsbedingung für den grossen Kolben die Gleichung:

$$W = \tfrac{1}{4} p D^2 \pi - f p D \pi H,$$

oder wenn man das Verhältniss $\frac{H}{D}$ mit u bezeichnet, die Gleichung:

$$(5) \qquad W = p D^2 \pi \left(\tfrac{1}{4} - f u \right).$$

Bei der in Fig. 304 angedeuteten Bewegungsrichtung wirkt am kleinen Kolben der Reibungswiderstand der treibenden Kraft K entgegen. Man erhält also als Gleichgewichtsbedingung für den kleinen Kolben (unter der Voraussetzung, dass am kleinen Cylinder eine ähnliche, wie in Fig. 306 angedeutete Vorrichtung sich befinde) die Gleichung:

$$(6) \qquad K = p d^2 \pi \left(\tfrac{1}{4} + f u \right).$$

werden solche Pressen von der bekannten Pariser Maschinenfabrik Cail & Comp. gebaut. Siehe Beschreibung und Abbildung weiter unten.

Aus der Verbindung der beiden letzteren Gleichungen ergibt sich für das Verhältniss der beiden Kräfte W und K der Werth:

$$(7) \qquad \frac{W}{K} = \frac{D^2}{d^2}\left(\frac{0{,}_{25} - fu}{0{,}_{25} + fu}\right).$$

Da in den grossen Cylinder eben so viel Flüssigkeit eintritt, als aus dem keinen Cylinder verdrängt wird, so ist das Verhältniss der beiden Kolbengeschwindigkeiten V und v gleich dem umgekehrten Verhältnisse der beiden Kolbenflächen, also

$$\frac{V}{v} = \frac{d^2}{D^2}.$$

Für das Verhältniss der Nutzarbeit zur Totalarbeit ergibt sich also der Werth:

$$(8) \qquad N = \frac{WV}{Kv} = \frac{W}{K}\,\frac{d^2}{D^2} = \frac{0{,}_{25} - fu}{0{,}_{25} + fu}.$$

Wenn man z. B. $f = 0{,}_2 = u$ und $D = 20\,d$ setzt, so erhält man $W = 289{,}_{655}\,K$ und $N = 0{,}_{724}$. Eine am kleinen Kolben wirkende Kraft

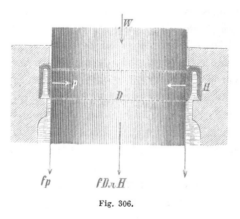

Fig. 306.

$K = 100$ kg würde also ausreichen, um einen am grossen Kolben wirkenden Gegendruck $W = 28\,965{,}_5$ kg als Widerstand zu überwinden, und der Nutzeffect der Presse würde $72{,}_4$ pCt. betragen.

Ueber die Reibung der Liderungskränze oder Manchetten an hydraulischen Pressen hat Rankine Versuche veröffentlicht, nach welchen die Reibung zwischen einem Plungerkolben und seinem Liderungskranz durchschnittlich ca. 10 pCt., nämlich zwischen $^1/_9$ und $^1/_{11}$, des gesammten auf den Kolben ausgeübten Druckes betragen sollte. Abgesehen davon, dass aller Wahrscheinlichkeit nach die Reibung der Presskolben hydraulischer Pressen mit dem Durchmesser variiren muss, so ergeben die später angestellten Versuche von John Hick, Civiling. in Bolton, dass die Reibung eines gewöhnlichen Kolbens, wenn Alles in gehöriger Ordnung ist, weit weniger als 10 pCt. des Gesammtdruckes beträgt. Es ergibt sich nämlich aus diesen Versuchen, dass die Reibung proportional dem Drucke und bei verschiedenen Kolbendurchmessern, aber gleichem Druck, auf die Flächeneinheit direct proportional dem Drucke wächst; die Breite der Stulpe, sowie die Länge der Kolben hat keinen Einfluss auf die Grösse der Reibung; die ganze Reibung scheint sich an der Stelle zu erzeugen, an welche der Stulp aus dem ausgehöhlten Theile der Nuth heraustritt und sich gegen den Kolben anzulehnen beginnt. Im Allgemeinen kann man die Reibung bei 4zölligen Kolben zu 1 pCt., bei 8zölligen zu $^1/_2$ pCt. der Gesammtbelastung annehmen. Bezeichnet F die Reibung in Pfdn. (Engl.), D den Kolbendurchmesser in Zollen, P den Druck des Wassers in Pfdn. pro Qdtzll., so ist $F = c\,D\,P$, wobei c für neues oder schlecht geschmiertes Leder $= 0{,}0771$, für gebrauchtes und gut geschmiertes Leder $= 0{,}0314$ zu setzen ist. Für gut geschmierte Stulpe ist daher die Reibung in Procenten der Belastung

$$= \frac{0{,}0314\,D\,P \cdot 100}{\dfrac{\pi\,D^2\,P}{4}} = \frac{4}{D}.$$

Prof. G. Rebhann[171]) hat besonders den Druck hydraulischer Pressen zu ermitteln gesucht. Er wies nach, dass die bisherigen Formeln bei der Methode unter Betracht des Sicherheitsventils, wegen der Sitzflächen desselben, keine richtigen Zahlen lieferten, ebensowenig hält Rebhann die Beobachtung eines Manometers in der Nähe des Presskolbens und die abgelesenen Manometerzahlen für nicht genügend genau, um in der Berechnung zu richtigem Werthe für den Druck zu gelangen. Er schlägt deshalb eine andere Methode der Druckmessung vor mit Hülfe eines kleinen Messkolbens (Fig. 307). Ein cylindrischer Messkolben k in der Nähe des Presskolbens wird ähnlich wie ein Sicherheitsventil mit einem Hebelapparat belastet, es wird also das conische Sicherheitsventil, um die aus dessen conischer Form entspringenden Unsicherheiten zu umgehen, gleichsam durch einen cylindrischen Kolben ersetzt. Um die Kolbenreibung zu ermitteln, wurde anfänglich bei jedem Versuche zuerst das Gewicht ermittelt, womit der Messkolben belastet werden musste, damit er durch den Wasserdruck noch langsam nach aufwärts bewegt werden konnte, und dann dasjenige, welches den gehobenen Messkolben bei unverändert gebliebener Wasserpressung langsam nach abwärts drücken konnte. Um sicher zu sein, dass in beiden Versuchsabtheilungen der gleiche Wasserdruck vorhanden war, wurde das Mano-

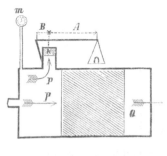

Fig. 307.

171) Deutsche Ind.-Zeit. 1864. No. 24. p. 238 und 1865. p. 403.

meter m angebracht, dessen Richtigkeit hierbei nicht von Einfluss war. Ist nun der Durchmesser des Messkolbens = d (bei den Versuch $^3/_4''$ Wien.), dessen Gewicht = k, das Hebelarmverhältniss A : B = N, das Gewicht der Waagschale = W, die Wirkung des Eigengewichtes vom Kolbenhebel für die Waagschale = H, die nöthigen Gewichte, um den Messkolben erst langsam nach aufwärts und dann langsam nach abwärts zu bewegen, resp. g_1 und g_2, der Wasserdruck auf den Messkolben = p, die Kolbenreibung = ϱ, so ist

(1)
$$\left.\begin{array}{l} p - \varrho = (g_1 + H + W)\,N + k \\ p + \varrho = (g_2 + H + W)\,N + k \end{array}\right\} \text{ also}$$

$$p = \left(\frac{g_1 + g_2}{2} + H + W \right) N + k$$

woraus sich der Druck P auf den Presskolben leicht nach der Formel

$$P = p\,\frac{D^2}{d^2}$$

berechnet.

Rebhann hat sodann aus einer Anzahl Versuche für p die Formel ermittelt:

$$p = \frac{(g_1 + H + W)\,N + k}{1 - \gamma};$$

denn es ergeben sich aus der Gleichung (1):

$$\varrho = \frac{g_2 - g_1}{2}\,N$$

$$\varrho = \frac{4\,b\,\varphi}{d} - p;$$

(φ Reibungscoefficient, b Liderungsbreite)

$$\varphi^1 = \frac{d\,\varrho}{4\,b\,p}$$

$$\frac{\varrho}{p} = \frac{4\,b\,r}{d} = \gamma$$

$$Q = p\,\frac{D^2}{d^2}\left(1 - 4\,\frac{b\,\varphi}{D}\right)$$

(Q = nach Aussen übertragene Kraft, D = Diameter des cylindrischen Presskolbens). —

M. Hermann ging von dem gegebenen Druck aus, welchen der Kolben einer hydraulischen Presse auszuüben hat und nahm die Inanspruchnahme der inneren Seite der Cylinderwandung als bekannt an, um unter Wahl der Spannung des Kraft- oder Druckwassers den inneren Durchmesser und die Wandstärke, ebenso auch den äusseren

Durchmesser des Presscylinders berechnen zu können. Er sagt[172]): Da es dieser Durchmesser ist, von welchem die Compendiosität des Presscylinders abhängt, so ist es wünschenswerth, bei einem gegebenen, von dem Kolben auszuübenden Drucke und einer gegebenen Inanspruchnahme der inneren Seite der Wandung des Cylinders die Spannung des Kraftwassers so zu wählen, dass der äussere Durchmesser ein Minimum werde. Um diese Aufgabe aufzulösen, sei: P der durch den Kolben auszuübende Druck, J die Inanspruchnahme der inneren Seite der Wandung des Cylinders, S die Spannung des Kraftwassers, R_1 und R der innere und äussere Halbmesser des Cylinders; ferner:

$$i = \frac{J}{S}, \; s = \frac{S}{J}, \; r = \frac{R}{R_1},$$

so hat man nach einer Formel von Lamé

(1)
$$r^2 = \frac{1 + s}{1 - s}$$

ferner ist

(2)
$$P = \pi R^2_1 S,$$

und wenn man in diese Formel für R_1 seinen Werth $\frac{R}{r}$, für S seinen Werth Js setzt

$$P = \pi \frac{R^2}{r^2} Js$$

und daraus

$$R^2 = \frac{1}{\pi} \frac{P}{J} \frac{r^2}{s},$$

d. i. mit Rücksicht auf Gl. (1)

(3)
$$R^2 = \frac{1}{\pi} \frac{P}{J} \frac{1 + s}{s(1 - s)}.$$

Der Werth von R, als Function von s betrachtet, wird ein Minimum für den besonderen Werth

(4)
$$s = \sqrt{2} - 1 = 0{,}41$$

für welchen sofort aus Gl. (1)

$$r^2 = \frac{\sqrt{2}}{2 - \sqrt{2}} = \frac{1}{\sqrt{2} - 1} = \sqrt{2} + 1,$$

d. i.

(5)
$$= r \sqrt{\sqrt{2} + 1} = 1{,}55$$

---

[172]) Schweiz. polyt. Zeitschr. 1868. p. 136.

erhalten wird. Also ist die vortheilhafte Spannung des Kraftwassers 41 pCt. der Inanspruchnahme der inneren Seite der
Wandung des Cylinders, und der äussere Durchmesser des letzteren
ist bei dieser Spannung des Kraftwassers eben 1,55 Mal so gross zu
nehmen, als der innere Durchmesser, wodurch die Aufgabe gelöst ist.

Hermann berechnet mit Hülfe der Gleichung (1) folgende Werthe:

$\dfrac{R}{R_1}$	$\dfrac{S}{J}$	$\dfrac{R}{R_1}$	$\dfrac{S}{J}$
r	s	r	s
1,10	0,095	1,70	0,49
1,20	0,18	1,80	0,53
1,30	0,26	1,90	0,57
1,40	0,32	2,00	0,60
1,50	0,41	2,20	0,66
1,55	0,41	2,40	0,70
1,60	0,44	2,60	0,74

Die Anwendung der Formel (1) ist nur statthaft, wenn der Cylinder,
vermöge seiner Construction, eher der Gefahr eines Längenrisses, d. i.
eines zur Axe des Cylinders parallelen Risses, als der eines Querrisses
ausgesetzt ist. Dies ist immer der Fall, wenn der Boden des
Cylinders eine sphärisch oder wenigstens annähernd sphärische
Gestalt hat. In diesem Falle ist nämlich die Inanspruchnahme der inneren
Seite der Wandung des Cylinders in der Längenrichtung offenbar gleich
der Inanspruchnahme der innern Seite der Wand des sphärischen Bodens.
Letztere wird erhalten, wenn man den von Lamé für sphärische Gefässe
gegebenen Werth von

$$(6) \qquad i_: = \frac{r^3 + 2}{2_1{}^3 - 1}$$

mit S multiplicirt.

Ferner gilt die Formel (1)

$$(7) \qquad i = \frac{r^2 + 1}{r^2 - 1}$$

welcher Werth von i mit S multiplicirt die Inanspruchnahme der inneren
Seite der Wand des Cylinders in transversaler Richtung erzielt. Bezeichnet
man nun die aus der Formel (6) abgeleiteten Werthe von i und $J = i\,S$
durch

$$i_1 \text{ und } J_1$$

die aus (7) abgeleiteten Werthe von i und $J = i\,S$ aber durch

$$i_t \text{ und } J_t$$

so hat man:

r	i_l	i_t	$J_l : J_t$
1,1	5,00	10,50	0,47
1,2	2,55	5,55	0,46
1,3	1,75	3,88	0,45
1,4	1,36	3,08	0,44
1,5	1,13	2,60	0,43
1,6	0,99	2,28	0,42
1,7	0,89	2,06	0,41
1,8	0,81	1,89	0,42
1,9	0,75	1,77	0,43
2,0	0,71	1,66	0,43
2,2	0,66	1,52	0,43
2,4	0,62	1,42	0,44
2,6	0,59	1,35	0,44

welche Tabelle zeigt, dass die grösste Inanspruchnahme statthat für:

r	k		Verhältniss
	Versuch	Theorie	
1,5	0,658	0,77	0,86
1,81	0,546	0,67	0,81

Die Herstellung hydraulischer Pressen machte lange Zeit ausserordentliche Schwierigkeiten und das Zerreissen der Cylinder gehörte nicht zu den Seltenheiten. Deshalb fehlte es auch nicht an Vorschlägen zur Abhülfe der Mängel in der Herstellung. Es hat die theoretische Betrachtung und Berechnung besonders Anfang der 60er Jahre viel geleistet. Sie führte darauf hin, dass die Presscylinder nicht mehr dicker als nöthig gemacht werden und dass man leichtere Pressen dadurch erhielt, dass man statt der schmiedeeisernen stählerne Säulen, statt der gusseisernen schmiedeeiserne oder stählerne Cylinder, oder solche von Bessemerstahl anwendete. Als häufig vorkommende Fehler der Construction waren zu rügen, dass die Cylinder oft weiter als nöthig gemacht wurden, dass mehr als eine Dichtungsmanchette angewendet wurde und dass das Loch für den Zutritt des Wassers in den Cylinder blos gebohrt und nicht sogleich beim Guss mit hergestellt wurde. Die Verstärkung der Cylinder bewirkte man dann durch aufgezogene Ringe und der Guss geschah verkehrt, mit dem Boden nach oben und hohem Aufguss. Für gusseiserne Cylinder ist die Stärke nach 280 kg per Quadratcentimeter, für schmiedeeiserne Säulen nach 500 kg zu berechnen. Die Pumpen müssen hinreichend kräftig gebaut, ihre Ventile leicht zugänglich, die Liderungen dicht und so eingerichtet sein, dass sie selten zu erneuern sind, die Pumpen und Sicher-

heitsventile bei dem bestimmten Drucke richtig ausgelöst werden; die
Absperrvorrichtungen sollen sicher schliessen und leicht beweglich und der
Pumpenkörper, sowie die Ventilgehäuse zuverlässig dicht sein. Als ein
gutes Muster für dergleichen Pumpen wurde eine solche betrachtet, bei
welcher (neben einer zweckmässigen Construction der Axe) der Pumpen-
stiefel und die Ventilgehäuse nicht aus einem Stück gegossen, sondern
einzeln aus geschmiedetem Metall (Schmiedeisen und Sterrometall) erzeugt
und statt der conischen Auslassventile kleine Kolben mit Lederstulpen
angewendet sind.

Oftmals trat der Uebelstand der Durchlässigkeit der Presscylinder
ein, der auch jetzt noch vorkommt. Dagegen hat Borsig folgendes Verfahren empfohlen: Man erwärme den Cylinder über einem Kohlenfeuer,
bis er die Temperatur erlangt, in der Colophonium schmilzt (etwa 60° R.).
Ist dies der Fall, so gibt man Colophonium hinein und dreht den an
einem Krahn aufgehängten Cylinder so lange nach allen Seiten herum,
bis das sehr flüssige Harz an der Aussenseite erscheint. Das übrige
Colophonium wird dann ausgeschüttet und der Cylinder ist wieder brauchbar,
da das Wasser auf der kleinen Fläche einer solchen Pore nicht die Kraft
hat, den Colophoniumstöpsel hinauszudrängen.

G. Munscheid[173] schlug folgendes Verfahren vor zur Herstellung
hydraulischer Presscylinder: Anstatt die Cylinder aus Einem Stück zu
giessen, wobei mit der Wandstärke der Einfluss der ungleichen Spannungen
in Folge des Erkaltens nach dem Guss sowie der des Druckes beim
Pressen selbst zunimmt, sollen mehrere concentrische Cylinder, aus Schmiedeeisen genietet, in Anwendung kommen. Der innerste der Presscylinder
habe 30 Atmosphären Druck auszuhalten; gelingt es nun, in dem Raume
zwischen ihm und dem ihn zunächst umgebenden Cylinder eine Spannung
von 20, zwischen dem zweiten und einem diesen umgebenden dritten
Cylinder eine Spannung von 10 Atmosphären zu erhalten, so hat in Wirklichkeit jede Cylinderwand nur 10 Atmosphären effectiven Druck auszuhalten. Dem entsprechend kann mit der Zahl der Cylinder der Druck im
innersten gesteigert werden. Die Ausführung wäre ungefähr folgende:
Zwei starke schmiedeeiserne Platten bilden den Verschluss an den beiden
offenen Seiten der Cylinder. Sie nehmen in eingedrehten conischen Ringen
die an den Enden ebenfalls conisch abgedrehten Cylinder auf, welche
darin mit Hülfe dünner Bleiplatten gegen einander abgedichtet sind. Das
Widerlager für den Presskolben ist mit der untern Verschlussplatte durch
schmiedeeiserne Zugstangen verbunden, welche am besten frei durch die
obere Verschlussplatte hindurchgehen, während die beiden Verschluss-
platten durch besondere Schraubenbolzen fest zusammengehalten werden.
Am schwierigsten dürfte die Herstellung der nöthigen Drucke in den

173) Dingl. pol. Journ. Bd. 194. S. 23.

einzelnen Ringabtheilungen sein, deren jede ein besonderes Sicherheitsventil tragen müsste, welche bei Ausserbetriebsstellen sämmtlich zu gleicher Zeit zu öffnen wären. Für Herstellung der Drucke macht Munscheid folgende 3 Vorschläge. Erstens müsste bei der vorausgesetzten geringen Entfernung der einzelnen Cylinder untereinander, wenn die betreffenden Räume vorher durch die Ventilöffnung sorgfältig mit Wasser gefüllt sind, die (geringe) Durchbiegung der Cylinderwände beim Eintreten der Pressung genügen, um in den nächsten Kammern Druck herzustellen, vorausgesetzt, dass sie ganz dicht sind. Zweitens könnte man als Sicherheitsventile belastete Plungerkolben anwenden, wobei zu beachten ist, dass alsdann bei Beginn der Arbeit der auf den innersten Cylinder von aussen wirkende Druck ca. 20 Atmosphären betrüge. Drittens könnte man den innersten Cylinder mit dem zweiten und diesen mit dem dritten oder den innersten direct mit den beiden anderen durch Rohre verbinden, welche an einer Stelle durch Stahlmembrane zu schliessen wären, die unter je 10 oder im zweiten Fall unter 10 und 20 Atmosphären Druck sich weit genug durchbiegen, um in den vorher sorgfältig gefüllten Räumen den Druck herzustellen. — Die Anwendung von Kolbensystemen mit dem Druckverhältnisse entsprechenden Kolbenquerschnitten erscheint indessen zu complicirt und unsicher.

Bei den gewöhnlichen gusseisernen Cylindern für hydraulische Pressen ist die gebräuchliche Metallstärke natürlich sehr bedeutend im Verhältniss zum Durchmesser, in Anbetracht der geringen Zugfestigkeit des Materiales; diese grosse Stärke bewirkt eine sehr ungleichmässige Vertheilung der Spannung im Inneren des Materiales, sobald die Presse benutzt wird. Da diese Uebelstände mit der Spannung wachsen und leicht die Veranlassung zu Brüchen werden können, so war es wünschenswerth, statt Gusseisen ein Material von grösserer Zugfestigkeit zu verwenden. Vickers, Söhne & Co.[174] zu Sheffield haben daher in den letzten Jahren eine Anzahl von Gussstahlcylindern hergestellt, welche ausgezeichnete Resultate ergaben; in einigen Fällen sind auch schmiedeeiserne Cylinder zur Verwendung gelangt.

Neben Gussstahl und Schmiedeeisen gibt es noch ein anderes, weniger allgemein benutztes Material, das cast malleable iron, welches von Haffie, Forsyth und Miller in Glasgow hergestellt wird. Die Herstellungsweise dieses Metalles, welches, beiläufig gesagt, nicht mit dem gewöhnlichen hämmerbaren Gusseisen verwechselt werden darf, wird von den Fabrikanten geheim gehalten; nur so viel ist bekannt, dass in dem Kupolofen nebst dem Metalle noch eine gewisse Mischung in verschlossenen gusseisernen Töpfen aufgegeben wird, und dass die Güsse nach ihrer Vollendung einem langsamen Adoucirungsprozesse unterworfen werden. Wie es aber auch

---

[174] Engineering 1870. März. S 162. — Pol. C.-Bl. 1870. S. 582. — D. Ill. Gew.-Zeit. 1870.

hergestellt sein mag, so viel ist sicher, dass das Metall selbst sich als
sehr geeignet für die Construction von hydraulischen Pressen erwiesen hat.
Die genannte Firma hat eine Anzahl Cylinder in verschiedenen Grössen bis
zu 13′ Länge aufwärts, und von bedeutendem Durchmesser ausgeführt. Sie
hat einen Cylinder von 2′ 5″ Durchmesser hergestellt, welcher für eine grosse
Panzerplatten-Biegmaschine zu Chatham-Dockyard bestimmt war. Dieser Cylinder hat $5\frac{1}{4}$″ Wandstärke und sollte unter einem Drucke von 4 Tonnen per
Quadratzoll arbeiten. Die gewöhnlichen Dimensionen der hydraulischen Presscylinder von Haffie sind derart bemessen, dass die Spannung, falls sie sich
gleichmässig auf den ganzen Querschnitt vertheilt, 8—10 Tonnen per Quadratzoll betrüge; doch gewähren diese Dimensionen noch einen hohen Grad
von Sicherheit, so dass in Fällen, wo es auf möglichste Leichtigkeit ankommt, die Metallstärke noch erheblich reducirt werden kann, ohne dass
die Gefahr des Zerspringens eintritt. Natürlich ist bei solchen Abmessungen
die Metallstärke beträchtlich geringer als bei einem gusseisernen Cylinder
von gleichem inneren Durchmesser, der für gleichen Druck bestimmt ist;
hieraus folgt, dass nicht nur ein gewisses Gewicht von Metall erspart
wird, sondern auch, dass die ganze Metallstärke weit besser ausgenutzt,
und die übermässige Spannung, welcher die inneren Schichten eines gewöhnlichen gusseisernen Cylinders unterliegen, vermieden wird. C. Sellers[175]
schlug vor, die Presscylinder mit Kupfer auszufüttern. —

Grosse Sorgfalt ist auch den Manchetten zugewendet. Bis vor
einigen Jahren benutzte man ausschliesslich Leder zu den Manchetten
der hydraulischen Pressen und wurden dieselben mit Holzkeilen ausgefüttert, theils um die nöthige Spannung gegen den Pressstempel zu erzielen, theils um den Manchetten selbst eine grössere Steifigkeit beim
Niedergang der Pressen zu geben. Durch Anwendung von Guttapercha-
Manchetten suchte man die schwierige und kostspielige Anfertigung von
Ledermanchetten nebst dazu nöthigen Holzkeilen zu umgehen. Abgesehen
davon, dass das Material der ausgenutzten Guttapercha-Manchetten wieder
anderweitig zu verwerthen ist, so ist es doch bei der Pressarbeit von
grosser Wichtigkeit, während des Betriebes keine häufige Störung durch
Einsetzen von frischen Manchetten zu haben. Der Anwendung von Guttapercha-Manchetten stellten sich anfangs solche Schwierigkeiten entgegen,
weil gute Guttapercha eine aussergewöhnliche Festigkeit besitzt und sich
die Wandungen der Manchette erst bei hohem Druck gegen Stempel und
Cylinder anlegten, wogegen beim ersten Ansteigen der Presse und beim
Niederlassen derselben die Manchetten in Folge des schwachen Druckes
nicht genug abdichteten. Diesen Uebelstand beseitigte man anfangs dadurch, dass er nach dem Einsetzen der Manchette in den Cylinder die
Nuthe derselben mit geflochtener Hanfflechte von benöthigter Stärke aus-

---

[175] Amer. Pat. No. 127 191.

fütterte und den Stempel mit Hebeldruck einsetzte. War jedoch die Flechte zu stark oder zu schwach, so ging der Stempel entweder zu schwer oder zu leicht und musste nicht selten mehrmals herausgenommen und wieder eingesetzt werden, bis das entsprechende Verhältniss gefunden war. Abgesehen von dem Zeitverluste, verursacht eine zu starke Reibung der Manchette gegen den Pressstempel viel Kraftverlust und führte eine schnelle Abnutzung des Stempels herbei. Rassmus schlug statt Hanfflechten geeignete in besonderen Formen gepresste Gummiringe zur Einlage vor, welcher der Elasticität halber aus feinster grauer Masse fabricirt sind. Fig. 308 zeigt den Querschnitt einer im Presscylinder eingesetzten Guttapercha-Manchette mit Gummieinlagerung versehen; a bezeichnet die Manchette, b die Gummieinlage. Der Gummiring bildet von vornherein ein elastisches Polster, um das Dichthalten der Manchetten auch ohne Wasserdruck zu erzielen, und jeden Wasserdurchfluss zu vermeiden. Je höher der Wasserdruck steigt, desto stärker wird sich in Folge dessen die Manchette gegen Cylinder und Stempel anlegen; lässt hingegen beim Einlassen der Presse der Druck nach, so wird die Gummieinlage den zur Abdichtung benöthigten Druck wieder ersetzen.

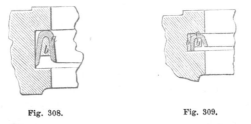

Fig. 308.   Fig. 309.

Der Vorzug der Gummieinlage besteht auch wesentlich darin, dass die Presse schnell zurückgehen kann, da keine unnöthige Manchettenreibung vorhanden ist. — Beim Einsetzen von neuen Manchetten verfährt man wie folgt: Die Guttapercha-Manchette wird 10—15 Minuten in warmem Wasser von 25—30° C. erwärmt, alsdann der Gummiring in die Manchettennuthe eingelegt und so die Manchette in die Cylindernuthe eingesetzt. Ehe der Pressstempel eingesetzt wird, muss die Manchette vollständig erkaltet sein. Um dies nöthigenfalls zu beschleunigen, kühlt man dieselbe mit kaltem Wasser ab. Ist die Manchette nicht richtig erkaltet, so streckt der Pressstempel dieselbe in die Breite und wird dadurch die Manchette untauglich. Es hat sich herausgestellt, dass die mit nur $^3/_4''$ Nuthenhöhe angefertigten Presscylinder sehr schwer mit Ledermanchetten abzudichten sind und Guttapercha-Manchetten auch nur dann angewendet werden können, wenn ausser einer Gummieinlage zugleich eine Gummihinterlage genommen wird, wie aus Fig. 309 ersichtlich (a bezeichnet Guttapercha, b Gummi). Nach Rassmus' Ansicht sollte man Presscylindern bis 10'' Durchmesser eine Nuthenhöhe von $1^1/_4''$ und eine Nuthentiefe von

$^1/_2''$ geben, bei mehr als $10''$ Durchmesser hingegen die Nuthe $1^1/_2''$ hoch
und $^5/_8''$ tief ausführen, und in dem Falle, dass ein oder der andere Presscylinder mit geringeren Nuthendimensionen ausgewechselt werden muss,
die oben angegebenen Nuthendimensionen berücksichtigen; dann lässt sich
mit Sicherheit eine wirklich gute Pressmanchette herstellen. — Für das
Abdichten der Presskolben hat man mannigfaltige Vorschläge gemacht,
ohne einen wesentlichen Erfolg zu erzielen. Leder und Gummi bleiben
die zweckmässigsten Materien zu dem Ende.

Neben der eigentlichen Presse kommt noch ganz besonders die Presspumpe in Betracht. Für sie sind eine grosse Anzahl Variationen hergestellt. Für die Anwendung mehrerer Pumpen in Combination, sei es
für eine oder mehrere Pressen, gab H. Fischer 1863 eine beachtenswerthe
Mittheilung[176]), welche besonders dahin zielte, die Unvollkommenheit für
den Betrieb mehrerer Pumpen zu beheben.

Die Unvollkommenheit liegt darin, dass bei Anwendung mehrerer
Presskolben die Thätigkeit desjenigen, welcher eine niedrigere Spannung
repräsentirt, nur aufgehoben wird, indem er unter dem höchsten ihm
zukommenden Drucke das Wasser in das Reservoir zurückdrückt, und
zwar so lange, bis durch menschliche Hand der genannte Druck gelöst
wird. Man weiss nun, in wie weit man sich auf die Aufmerksamkeit der
Arbeiter verlassen kann; sobald ihre Lässigkeit nicht sofort nachweisbare
Folgen hat, nehmen sie es nicht so genau. Dem Wasser wird also kein
anderer Ausweg geschafft, als der erzwungene durch das Sicherheitsventil;
es findet somit Arbeitsverlust und unnöthige Abnutzung der Maschine
statt, welche letztere sich besonders bei den Ventilen bemerklich macht.
Dieses beherzigend schuf man selbstthätige Auslösungen, d. h. mechanische
Vorrichtungen, welche einen Kolben ausser Thätigkeit setzen, sobald der
ihm entsprechende höchste Druck erzielt ist. Alle diese, oft sehr sinnreichen Mechanismen sind aber so complicirt, dass sie nicht allein in der
ursprünglichen Ausführung, sondern mehr noch durch die später eintretenden
Reparaturen unverhältnissmässig kostspielig werden.

Fischer suchte also in einer einfachen und leicht herstellbaren resp.
reparirbaren Construction Abhülfe, welche auch folgende Eigenschaften
besass: Sämmtliche Ventile einer und derselben Pumpe, gleichviel ob sie
einem kleineren oder grösseren Kolben angehören, sind in Form und Mass
gleich, auch das Sicherheits- resp. Ausrückventil hat genau denselben
Sitz wie die übrigen Ventile. Dadurch wird es ermöglicht, die Ventilsitze
auf der Horizontal-Bohrmaschine, welche das genaue Parallelbohren sehr
erleichtert, einzufräsen. Rechnet man hierzu die Gleichheit der Ventile
und Ventilverschraubungen, so wird man eine bedeutende Bequemlichkeit
und ermöglichte billige Herstellung erkennen.

---

[176]) Mittheil. des Gew. f. Hannover 1863. S. 273.

Auch Pützer beschäftigte sich mit der Frage des richtigen Pumpens. Er schlug folgende Einrichtung vor, um bei hydraulischen Pressen mit stark wachsendem Widerstande die Arbeit auszugleichen. Zwischen die Kurbel und den Treibkolben wird nicht wie gewöhnlich eine steife Kolbenstange, sondern eine Feder oder ein Luftpuffer eingeschaltet; hierdurch wird beim Beginne des Niederganges der Kolben in Ruhe bleiben, bis die Feder durch die Zusammendrückung eine dem Widerstande gleiche Spannkraft angenommen hat, worauf der Kolben dann den übrigen Theil des Hubes zurücklegt. Richtet man nun die Feder so ein, dass der Druck derselben dem Hubreste umgekehrt proportional ist, so wird die Arbeit per Hub constant bleiben.

Zur Herstellung einer guten Druckregulirung macht auch Vorschläge J. S. Mc. Donald (1872) und besonders Fenby[177]), dessen Kolbenschieber für die gleichmässige Wirkung und den ruhigen Gang der Presse sehr vortheilhaft einwirkt.

Jacob Grether[178]) in Freiburg B. bringt eine Ventilsteuerung für die Presspumpe an (Fig. 310).

Diese Ventilsteuerung, die an einer mit einem gewöhnlichen Press-

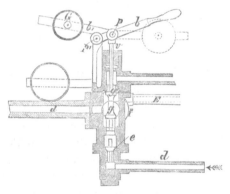

Fig. 310.

kolben und einem Schrau   >resskolben versehenen Presse angebracht ist, regulirt den Wasserzufluss für die Vor- und Nachpressung.

In ersterem Falle tritt das Wasser einer Hochdruckwasserleitung durch das Rohr d, das geöffnete Ventil e, durch das gehobene Doppelventil g und das Rohr d[1] in den Presscylinder und hebt den Presskolben. Das Doppelventil g, g[1] ist mit der Ventilstange v und diese durch Bolzen p mit dem einarmigen, um p[1] schwingenden Handhebel b verbunden; auf dem Bolzen ist drehbar ein zweiter Hebel b[1] mit Gegengewicht G angebracht. Wird nun der Gegengewichtshebel in die durch die Zeichnung dargestellte

177) Mech. Mag. 1870. Jan. 228. — D. Ind.-Zeit. 1870.
178) D. R. P. No. 11781.

Stellung unter gleichzeitiger Hebung des Handhebels b gebracht, so ist Ventil g offen, Ventil g¹ schliesst dagegen das Wasserabflussrohr h ab.

Ist die Füllung des Presscylinders und die Hebung des Presskolbens dem Wasserleitungsdruck entsprechend erfolgt, so schliesst sich vermöge seines Eigengewichts das Ventil e selbst. Nun erfolgt die Nachpressung bezw. der zum Fertig- oder Auspressen des zu pressenden Gegenstandes nöthige Druck vermittelst Niederschrauben der Druckkolbenschraube, deren Cylinder durch einen in der halben Höhe zwischen den Ventilsitzen von g und g¹ einmündenden Stützen f mit dem Ventilgehäuse E communicirt.

Hierher gehört auch die wichtige Erfindung von Sir William Armstrong von 184ß, welche eine ganz neue Sphäre der Verwendung hydraulischer Pressen, — wie Prof. M. Rühlmann[179]) sagt, eröffnete. Dieselbe betraf die sogen. Accumulatoren, Kraftsammler, Apparate, welche gleichsam Vorrathsmagazine von Kraft bilden, die man zu intermittirend auftretenden Arbeiten mit grossem Erfolg verwendet.

Statt des Pumpencylinders ist hier ein doppelter Plungercylinder in der Längsaxe des Dampfcylinders aufgestellt und mit demselben durch drei Strebestangen verbunden. Die verlängerte Kolbenstange ist direct mit dem vordern Plunger verbunden mit welchem der hintere Plunger durch zwei Zugstangen gekuppelt ist. Es geht also stets für einen Hub des Dampfkolbens der eine Plunger heraus, der andere hinein, so dass continuirliches Ansaugen und Comprimiren stattfindet. Selbstverständlich muss der Plungercylinder zwischen den beiden Plungern durch eine Scheidewand abgetheilt sein und trägt an dieser Stelle den Ventilkasten und die Flansche zum Saug- und Druckrohre, sowie endlich noch ein Sicherheitsventil. Das Druckrohr führt direct zur Presse und macht so einen Accumulator ganz entbehrlich, nachdem sich die Geschwindigkeit der Pumpe genau nach dem zu überwindenden Widerstand regulirt. Darum ist auch gerade nur dieses Pumpensystem mit seiner eigenthümlichen, allerdings recht complicirten Steuerung zu dem gedachten Zweck zu verwenden, indem die Steuerung hier, selbst bei 2 oder 3 Hüben in der Minute, noch immer ihren Dienst leistet, während die meisten direct wirkenden Pumpen bei geringeren Geschwindigkeiten vollständig versagen.

Obwohl diese Accumulatoren für die Textilindustrie noch keine besonders bedeutende Rolle spielen, wollen wir doch eine Construction derselben nach Lecointe hier folgen lassen (Fig. 311—314).

Der Presscylinder A, hier in Betracht des Durchmessers des Kolbens B (von 33 Quadratcentim. Querschnitt) beträchtlich lang, ist auch ausserhalb abgedreht, um durch die glatte Mantelfläche einer cylindrischen Röhre C zur Führung zu dienen, die unterwärts einen ringförmigen Teller bildet, der zur Aufnahme einer grossen Menge Belastungsscheiben G dient. Die

¹⁷⁹) Rühlmann, Allg. Maschinenlehre I. 360. — Polyt. C.-Bl. 1863. 90.

Verbindung des Cylinders C mit dem Kolben B wird durch drei Stangen E und den dreiflügligen Kreuzkopf D bewirkt. Die Scheibe F des letzteren stösst nach entsprechendem Aufsteigen gegen ein Gewicht P, welches durch eine Schnur mit dem Saugventile der Injectionspumpe derartig in Verbindung steht, das letzteres ausgelöst und unwirksam gemacht wird, sobald

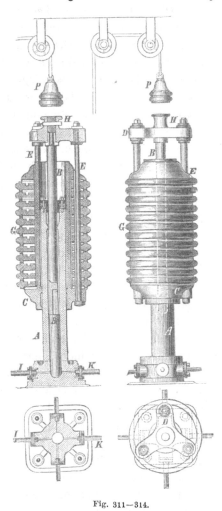

Fig. 311—314.

der Druck eine beabsichtigte Grösse erreicht hat. Zur Vermeidung des zu weit gehenden Aufsteigens des Kolbens B ist dieser am unteren Ende mit einer seitwärts ausmündenden Bohrung B' versehen, so dass das von der Speisepumpe im Rohre K zugeführte Wasser einen entsprechenden Ausgang findet, ohne zerstörend auf den Apparat zu wirken. Die übrigen abzweigenden Röhren J, J führen zu den hydraulischen Pressen, die jeden Augenblick ohne Weiteres in Thätigkeit gesetzt werden können.

Bei diesem von Lecointe gefertigten Accumulator betrug das Totalgewicht der Belastungsscheiben G 3300 Kilogramm, der constant erhaltene hydraulische Druck also $\dfrac{3300}{33} = 100$ Kilogramm per Quadratcentimeter oder ca. 100 Atmosphären [180]).

Einen ähnlichen Accumulator liessen A. Samuelson & Co.[181]) in London sich patentiren. Diese Construction besteht hauptsächlich in einer eigenthümlichen Verbindung eines Accumulators oder Druckregulators mit dem Presscylinder, wodurch der Druck in ziemlich einfacher und sicherer Weise bis auf zwei bestimmte Grenzen zur Ausübung gebracht werden kann. Der Accumulator ist nämlich so eingerichtet, dass durch ein Gewicht zwei der Intensität nach ziemlich verschiedene Pressungen erzeugt werden können, von denen die eine etwa neun Mal stärker wirkt als die andere. Es wird diese Aufgabe in folgender Weise erfüllt: Ein niederer Cylinder ist mit einem Plungerkolben versehen, der durch eine Stopfbüchse hindurch in den Cylinder tritt; oberhalb ist dieser Kolben mit einem zweiten verbunden, dessen Durchmesser etwa nur ein Drittel von dem des unteren beträgt; dieser obere Kolben ragt ebenfalls durch eine Stopfbüchse hindurch in einen oberhalb des ersten Cylinders angebrachten umgekehrten kleineren Cylinder hinein, der zugleich entsprechend belastet ist, um als Druckgewicht für den Accumulator dienen zu können. Beide Cylinder sind vollständig von einander isolirt; jeder wird besonders durch eine oder mehrere Druckpumpen gespeist und jeder ist durch ein Rohr mit einem Ventilkasten verbunden, der wiederum mit einem oder mehreren Presscylindern frei communicirt. Ein solcher Ventilkasten enthält drei Kegelventile, welche der Reihe nach den Presscylinder mit dem Ausflussrohre, mit dem Niederdruckcylinder oder mit dem Hochdruckcylinder in Verbindung setzen. Die Bewegung der Ventile kann durch Schraubenspindeln bewirkt werden, welche durch den Deckel des Ventilkastens gehen und daselbst gut abgedichtet sind. Durch eine besondere Vorrichtung können die drei Ventile im Kasten mittelst dieser Schraubenspindeln durch eine Kurbel abwechselnd geöffnet und geschlossen werden, wodurch die vorerwähnte Regulirung der Communication bewirkt wird, wie es der Pressprozess gerade verlangt. Wenn demnach ein Ventilkasten mit einer oder mehreren Pressen in Verbindung steht, so ist, wenn die Pressen gepackt werden, das nach dem Ausflussrohre führende Ventil offen; so bald die Presse ihre Wirkung beginnen soll, wird durch eine Dritteldrehung der Kurbel das eben offene Ventil geschlossen und das die Verbindung des Presscylinders mit dem Niederdruckaccumulator herstellende geöffnet; der Presskolben beginnt demnach zu steigen; so bald er eine bestimmte Höhe erreicht hat, resp. einen Druck ausübt, welcher dem auf

---

[180]) Tresca, Annales du Conserv. Impérial III. 1862. Siehe auch Polyt. C.-Bl. 1864. 639, ferner 1864. S. 228 u. 1553.

[181]) Engineering 1863. — D. I.-Z. 1863 No. 10. — Polyt. C.-Bl 1869. 696.

den grossen Accumulatorkolben durch die Belastung ausgeübten Drucke entspricht, so wird durch eine weitere Drittelumdrehung der Kurbel das eben geöffnete Ventil geschlossen und das nach dem Hochdruckaccumulator führende geöffnet. Dieses bleibt so lange geöffnet, bis die Presse ihre Wirkung genügend vollzogen hat und die Maximalpressung erreicht ist. Sobald dies eingetreten, wird die Kurbel abermals weiter gedreht, dieses Ventil geschlossen und das nach dem Ausflussrohre führende geöffnet, worauf der Presskolben zu sinken beginnt. Die Wirkung der Kurbeldrehung auf die Ventile ist so geregelt, dass stets das vorher geöffnete bereits geschlossen ist, bevor das nächste geöffnet wird, und dass die Drehung der Kurbel immer nach einer Richtung erfolgt. Andere Vorschläge sind noch gemacht worden von dem Amerikaner W. D. Grimshaw (1872).

Wir gehen nunmehr über zur näheren Betrachtung einzelner Constructionen von hydraulischen Pressen.

Einfache hydraulische Pressen, wie sie in ihrer Construction nach Vorstehendem bereits klar sein werden, werden in vielen Ländern allerseits ausgeführt. Erst mit den Ansprüchen höheren Drucks wachsen die Schwierigkeiten der Construction, besonders der Pumpen und Ventile etc.

Wir führen hier die Tangy'sche Patentpresse als ein Beispiel einfachster Construction (Fig. 315) auf. Die Grundplatte enthält das Wasser und die Pumpe, welche durch den seitlichen Hebel in Bewegung gesetzt wird. Die vier Pfosten sind in die Löcher der Platten eingeschraubt und dann noch durch Schraubenmuttern gesichert. —

Die Fig. 316 auf Tafel XI zur Seite 525 gibt eine Generalansicht in Perspective der gewöhnlichen hydraulischen Pressen für Textilzwecke.

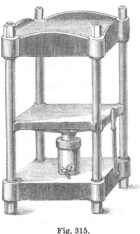

Fig. 315.

Die Abbildung (Fig. 317) gibt eine grössere hydraulische Presse gewöhnlicher Construction von der H. Thomas'schen Maschinenfabrik in Berlin, wie sie am meisten benutzt wird. A ist der Presscylinder gedeckt durch das Haupt B, in dessen 4 Ausladungen die vier Säulen D eingeschraubt sind, welche den Pressdeckel E tragen. C ist der vom Presskolben getragene Presstisch. a ist das Wasserzuleitungsrohr von der Pumpe F her zum Cylinder A. Die Pumpe hat eine ganz einfache Construction und ist mit Hebel g im Haupt d ausgerüstet. Das Stellrad b dient dazu, das Ventil in c fest auf das Rohr a aufzudrücken und so den Rückgang des Wassers zu hindern.

Wenn man diese Presse beschickt hat, so erfordert z. B. die Art der Wollstoffe, dass der Druck eine geraume Zeit hindurch anhält. Es könnte also dann ein neues Quantum Stoff erst nach Beendigung dieser Pressung wieder eingebracht werden. Um dieser Inconvenienz abzuhelfen, ist der sogen. Presswagen erfunden. Derselbe besteht aus dem Plateau G auf 4 Rollen und dem Deckel I. An beiden Platten G und I sind je 4 starke Schienen e eingelegt, die seitlich mit 4 Zapfen herausragen. Es wird nun der untere Wagen G auf Schienen über den Presstisch gefahren und dient

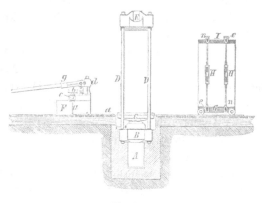

Fig. 317.

nun als Pressplatte auf dem Tisch C. Die Waare wird darauf gepackt, in geeigneter Weise, und wenn der Stoss die nöthige Höhe erreicht hat, legt man den Deckel I darauf und lässt nun die Presspumpe angehen. Ist die Waare bis zu dem gewünschten Druck zusammengedrückt, so hängt man über die Zapfen e an G, I die mit Stangen vereinigten Bügel n, n. Die Stangen vereinigen sich im Rahmen H, dessen obere und untere Seite stark genommen werden und mit Schraubenmuttergewinde versehen sind. In diese werden die Enden der Stangen, welche Schraubengewinde tragen, eingeschraubt. Mit Hülfe von H also zieht man nun die 8 Stangen fest an, so dass sie 4 Stangen zwischen den 8 Zapfen e bilden. Wenn nun die Presse geöffnet wird, so verbleibt die Waare im Wagen unter dem gewünschten Druck. Der Wagen wird dann vom Presstisch C heruntergeschoben und seitlich auf dem Geleise aufgestellt. Man kann also durch dies einfache Mittel die Leistung der Presse wesentlich vermehren, je nachdem man 2, 3 oder mehr Wagen hat, — verzweifachen, verdreifachen u. s. w.

Für Wollstoffe und Halbwollstoffe besonders ist fast stets heisse Presse erforderlich. Zu diesem Ende bedient man sich heiss gemachter Platten. Man legt eine solche auf den Presstisch, auf diese Platte werden einige Lagen Waare mit dazwischen gelegten Pressspänen geschichtet, letztere wird wieder mit einer heissen Pressplatte gedeckt, auf welche abermals eine Schicht Waare folgt, und so fort, bis die Presse eingefüllt ist. Die Platten müssen also erhitzt werden, wenn der oben erwähnte Glanz durch das Pressen auf dem Gewebe

erzeugt werden soll.   Dies geschieht in der Weise, dass man die meist
aus Guss- oder Schmiedeeisen bestehenden Platten in einen sogen. Press-
ofen bringt, d. h. einen gusseisernen Kasten, in welchem die Platten reihenweise nebeneinander eingesetzt werden, worauf derselbe durch einen Deckel
dampfdicht verschlossen wird.   Nun wird Dampf von 2 bis 4 Atmosphären
Ueberdruck in den Kasten gelassen, welcher zu diesem Zweck mit einem
Dampfeinlassventil versehen ist, und auf diese Weise werden die Platten
erhitzt.   Nachdem dieselben gehörig durchwärmt sind und ungefähr eine
Hitze von 120 bis 125° C. angenommen haben, wird der Kasten geöffnet
und die Platten werden herausgenommen, um mit der Waare in der oben
angedeuteten Weise in die Presse eingeschichtet zu werden.

Die hierbei verwendeten Platten haben etwa 0,25—0,50 m Breite und
0,75—1,50 m Länge, je nachdem die Breite der Waare oder des Press-
tisches es erfordert, und eine Dicke von 1,50—2,50 cm.   Die Erhitzung derselben geschah früher ausschliesslich und auch jetzt noch vielfach in offenem
Feuer.   Um diese Erhitzung rationeller in Betreff des Brennstoffverbrauchs
zu gestalten, hat H. Grothe in Berlin 1868 die Construction ausgeführt,
wie sie die Abbildung (Fig. 318) zeigt.   Die Eisen stehen in Etagen F, E, D

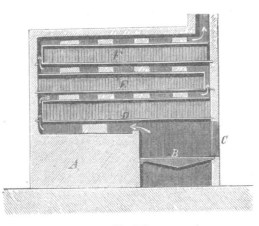

Fig. 318.

auf Kesselblechunterlagen und ebenso überdeckt, so dass die circulirenden
Feuergase von B her dieselben nicht direct treffen und berussen.   Seit 1850
etwa ist die Erhitzung der Eisen mit Dampf versucht, zuerst von W. Thorp
(1852).   Mariott & Sugden (1857) und später R. Wilson verwendeten
überhitzten Dampf dazu.   J. M. Kirk (1863) nahm dann ganz dünne
Bleche an Stelle der Pappspäne und erhitzte diese im Dampfkasten.

Die Plattenerhitzungsöfen, wie sie jetzt vielfach benutzt und ausgeführt
werden, bieten nichts Besonderes dar.   Es sei die folgende Figur 319 des
englischen Plattheizofens für Dampfheizung von C. W. Tomlinson in
Huddersfield als Beispiel angeführt (Adolphus Sington in Manchester).

An Stelle der Eisen sind dann die im Innern dampfgeheizten hohlen
Platten getreten, auf deren Construction wir speciell zurückkommen, nachdem wir hier die Beschreibung einer hydraulischen Presse mit Dampfplatten
gegeben haben, und zwar einer solchen aus der Zittauer Maschinenfabrik A.-G. (Fig. 320—322).

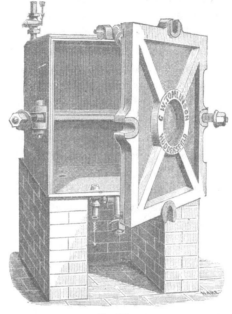

Fig. 319.

Die Presse enthält 21 schmiedeeiserne hohle Platten a, welche aus
guten, starken Blechen zusammengeschweisst sind. Dieselben sind mit
schlangenförmig gewundenen Kanälen versehen, durch welche der Dampf
streicht und die Platten sehr gleichmässig erhitzt. An der hintern
Seite der Platte sind zwei Augen angeschweisst, in welche die Dampf-
zuleitungsrohre f einmünden. An beiden Seiten der Platte befinden
sich ebenfalls je zwei Ansätze b, welche sich dicht an gusseiserne
Führungsschienen s anlegen und dadurch die Platten verhindern, sich
während des Pressens nach vorwärts oder rückwärts zu verschieben. Die
Führungsschienen s haben von oben nach unten gehende und an Länge
zunehmende Nuthen, welche den untersten Stand der Platten durch Quer-
stäbe t, auf welche sich an den Platten sitzende Stifte b auflegen, begrenzen, somit einem Kippen der Platten im Zustand der Ruhe vorbeugen,
dagegen eine beliebige Verstellung derselben nach oben in keiner Weise
verhindern. Die Zuleitung des Dampfes geschieht durch gegliederte (g, h, i, v)
schmiedeeiserne Röhren, welche mit ihren einen Enden in die an die Platten
angeschweissten Augen f verschraubt, anderseits aber in den gusseisernen
Standröhren T drehbar gedichtet sind. Die Zuleitungsröhren bestehen aus

mehreren Gliedern h, v, welche an ihren Enden durch eigenthümliche, solid construirte Stopfbüchsen g, i dampfdicht ineinander eingelenkt sind. Dadurch ist den Platten a gestattet, sich beliebig nach oben oder nach unten zu bewegen, ohne eine Verschiebung nach vor- oder rückwärts zu

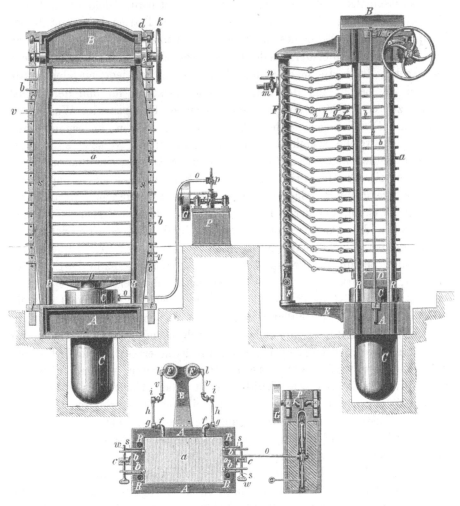

Fig. 320—322.

veranlassen, indem sich dann der kleiner oder grösser werdende Abstand der Rohrenden durch Zusammenschieben, resp. Auseinanderziehen der Rohrglieder selbstthätig regulirt, ohne jedoch die Dichtung in den Gelenken zu beeinträchtigen.

Vielseitig wendet man statt dieser Gelenkrohre zur Zuleitung des Dampfes aus den Standrohren in die Platten Gummischläuche an, welche zwar in der Anlage bedeutend billiger sind als jene, sich aber auf die Dauer nicht bewähren; gerade sie bilden oft die Veranlassung, dass Appreteure Anstand nehmen, die alte umständliche Presserei durch die neuere zu ersetzen, indem sie sich eine Dampfpresse anschaffen.

Das in den Platten sich condensirende Wasser fliesst durch die Gelenkrohre in die Standrohre F, von wo es durch einen selbstthätigen Condensationswasserableiter ohne Dampfverlust abgeführt wird. Gleichzeitig dienen die Gelenkrohre zur Abführung der Luft aus den Platten beim Eintritt des Dampfes. Um ein bequemes Einbringen der Waare zwischen die Platten zu bewerkstelligen, sind beiderseits der Presse zwei schmiedeeiserne Schienen c, c angebracht, durch die man in den Stand gesetzt ist, jede einzelne Platte für sich zu heben, um den Zwischenraum zwischen ihr und der nächst untern zu vergrössern und so ein bequemes Einlegen der Waaren zu gestatten. Die Schienen haben dazu mit den Platten correspondirende Löcher, in welche schmiedeeiserne, mit Handgriffen versehene Stifte w gesteckt werden können, auf denen alsdann je zwei in die Platten eingeschraubte eiserne Handgriffe ruhen. Die Schienen s können nun durch eine am Presshelm B gelagerte horizontale Winde d gehoben werden und damit die Platten, um deren Hebung es sich handelt. Einem freiwilligen Zurückgehen des ganzen Mechanismus ist durch eine Sperrvorrichtung e Einhalt gethan. Nachdem die Zwischenräume der Platten durch Waarenstösse gefüllt sind, beginnt der Pressprozess, und es liegt nun ganz in der Hand des Pressers, wie stark er die Platten heizen will, indem er den Dampfzufluss darnach regulirt. Ist die Waare gleichmässig durchhitzt und macht sich ein schnelles Abkühlen der Platten nothwendig, so schliesst er das Dampfeinlassventil, öffnet dafür den am andern Standrohr befindlichen Wasserhahn, der mit einer Kaltwasserleitung oder mit einem Kaltwasserreservoir in Verbindung steht, und lässt somit kaltes Wasser durch die Platten, wodurch dieselben schnell und gleichmässig abgekühlt werden. Nach Absperrung des Wasserhahnes fliesst das in der Presse zurückbleibende Wasser durch den Condensationswasserableiter selbstthätig ab. Die Presse wird nun zurückgelassen, und die Waaren werden ausgespäht, um das gleiche Manöver mit anderen zu pressenden Waaren zu beginnen.

Haupttheile der Presse sind, wie bei anderen hydraulischen Pressen, der in einem soliden Fundamentalblock A gelagerte, auf einen zulässigen Totaldruck von 150 000 k berechnete Presscylinder C mit entsprechendem Kolben und dem Presstisch D. Der ebenfalls sehr stark construirte Presshelm B ist durch vier schmiedeeiserne Säulen R getragen und gehalten. Betrieben wird die Presse durch zwei Presspumpen auf einem eisernen Pumpkasten mittelst einer kleinen direct wirkenden Dampfmaschine, welche die Kraft durch ein am Pumpkasten gleichzeitig vorgebrachtes Rädervorgelege überträgt. Die Presspumpen sind so eingerichtet, dass die eine, etwas grössere, bei einem gewissen Druck selbstthätig ausgerückt werden kann, während die zweite kleinere, fortarbeitet, bis der höchstzugebende Druck erreicht ist, worauf auch sie selbstthätig ausgerückt wird. Durch diese Einrichtung wird jedem übermässigen Beanspruchen der Presse, und somit auch jedem Springen eines Theiles der Presse oder Pumpe vollständig vorgebeugt.

Aehnliche Dampfpressen bauen die H. Thomas'sche Maschinenfabrik (Berlin), H. C. Hummel (Berlin), Moritz Jahr (Gera), W. Holliday, Crossley (Glasgow), Rucks (Glauchau), Mather & Platt (Salford), John Bingley & Co. (Leeds) mit Presscylindern von Stahl, Edwin Mills (Huddersfield), S. S. Stott & Co. (Haslingden), Hayward, Tyler & Co. (London), Pierron und Dehaitre (Paris), L. Beck fils aîné (Elbeuf), Ed. Hesse (Marseille) u. s. w.

Wir machen besonders darauf aufmerksam, dass in solchen Dampfpressen sowohl heiss gepresst werden, dann aber abgekühlt werden kann, — dass ferner zwei Pumpen thätig sein können, wovon die eine selbstthätig ausrückt, sobald ein bestimmter Druck erreicht ist, — dass endlich eine Schaltvorrichtung vorhanden ist, welche verhindert, dass die Presse allein und von selbst zurückgeht. Dies sind Hauptpunkte für die moderne hydraulische Dampfpresse.

Die einzelnen Ausführungen dieser Presse durch die verschiedenen Maschinenfabriken weichen hauptsächlich von einander ab durch die Construction der Dampfplatten und die Führung des Dampfes. Wir weisen hierfür auch auf die Anordnung der Dampfplatten bei der Schraubenpresse von C. W. Weston (siehe Seite 502).

Was die Dampfplatten speciell anlangt, so haben bereits Lord, Robinson & Forster[182] 1825 hohle Pressplatten aus Eisen construirt und dieselben so eingerichtet, dass sie mit Dampf geheizt und mit Wasser gekühlt werden konnten. Um diese Effecte nach Bedürfniss des Stoffs anwenden zu können, war ein besonderer Regulirapparat angebracht. F. V. Gerard verfolgte 1834 denselben Zweck und legte Circulationsrohre zwischen Holzumkleidung. W. H. Ripley (1855) bewirkte die Abkühlung durch Luftströmung. George & W. Crossley formten (1865) die Pressplatte aus Gusseisen. Es wurden zwei Plattenhälften mit vertieften Kanälen gegossen, welche mit der Kanalseite genau aufeinanderpassen und die Kanäle schliessen. Die Zuleitung des Dampfes geschieht durch Kautschukrohre, die durch Umhüllungen mit Geweben verstärkt sind. Collier & Crossley stellten die Platten sodann von Schmiedeeisen und Gusseisen her. Die untere Platte wird mit Kanälen fertig gegossen und dann mit einer schmiedeeisernen Platte gedeckt. Letztere wird aufgeschraubt. Eine andere Platte war die: Man stellt Rohrwindungen in Grösse der Plattenfläche her, legt diese auf eine untere Platte und füllt die Zwischenräume mit Cement und Aehnlichem aus. Dann deckt man eine obere Platte darauf. Diese Constructeure machten für die Dampfzuleitungen

---

[182] Engl. Sp. No. 5234.

Gelenkröhren. Jngham Brothers benutzten nur Schmiedeeisen und nieteten zur Herstellung von Circulationscanälen Stege auf die Grundplatte. Crossley Leeming & Crossley combinirten die Platte aus Rohrwindungen, deren Zwischenräume mit Metall ausgegossen wurden. Die Platten von Charles Pierre (1857) bestanden aus zwei vernieteten Schmiedeeisenplatten, in welche Kanäle eingefraist wurden, entweder in eine oder in beide. Er wandte auch eine Methode an, die betreffenden Platten rothglühend zu machen und Kanäle einzustanzen oder zu pressen mit Hülfe von Stempeln, welche die Kanalzüge in Erhabenheit als Matrize enthielten. Beide Plattenhälften wurden sodann in noch glühendem Zustande durch Walzen vereinigt. John Whitehead & Kitcheman ordneten die Kanäle so an, dass sie an den Seiten der quadratischen Platten tief beginnen und nun herumgeleitet werden, immer flacher werdend, bis in die Mitte. Die inneren Flächen wurden galvanisirt. Develle's Platten bestehen aus überdeckten Röhrenleitungen. Die Deckplatten sind aber durchbrochen. Develle benutzte auch die Pfosten der Presse, um den Dampf zu den Platten hinzuleiten. W. Holliday's Pressplatten werden hergestellt aus zwei schmiedeeisernen Platten, auf welche man Stege zur Kanalbildung leicht befestigt. Man glüht die Platten dann und presst sie zusammen. G. Collier & Crossley schlugen 1862 Pressplatten vor aus in eisernen Mulden gegossenes Metall (Blei, Zinn, Zink etc.). Andere Vorschläge wurden noch gemacht von Benoit, Masson, Downs u. A.

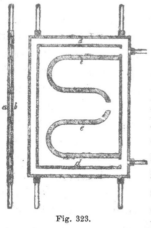

Fig. 323.

R. Dinnendhal in Crefeld liess sich neuestens ein Patent geben auf Erzeugung von Dampf-Pressplatten ohne Vernietung. Solche besteht aus 2 Deckplatten a u. b mit einem äusseren Rahmstück c und den entsprechend gebogenen Einlagstäben d, durch deren Zusammenschweissung einerseits eine grosse Widerstandsfähigkeit gegen äusseren und inneren Druck gegenüber den älteren mit Nietung versehenen Platten, andererseits aber eine zweckmässige Vertheilung des durchströmenden Dampfes behufs gleichmässiger Erwärmung erzielt wird[183] (Fig. 323).

Um die Construction solcher Platten näher zu beleuchten, geben wir hier die Fig. 324—326, welche eine Platte mit sehr hübscher Kanalform darstellt. Der Dampf strömt bei a ein und theilt sich hier in die Kanäle b und b', welche, in Mäanderzügen parallel nebeneinander herlaufend, sich beim Austritt c vereinigen. Die Platte wird an. den Stangen d, d auf den Rollen k, k gelagert. Letztere sitzen auf Axen n, die in den Ringen m, m

---

[183] D. R. P. No. 11 108.

hängen, — sie können also freie Bewegungen machen, sobald die Temperaturerhöhung dies verlangt. Der Rahmen e und die Doppelleiste F am Hebel g, h begrenzen die seitlichen Bewegungen. Der Dampf wird jeder Platte durch Rohre o, p, r zugeführt. Die Dampfzuleitung besteht aus einem Rahmen, der aus den Rohren D, D' und den Querrohren A, B, C hergestellt ist. Auf den Querstangen A, B, C sind die Röhren o mit oberem Knie p aufgesetzt. Die Röhren r von kleinerem Diameter können sich

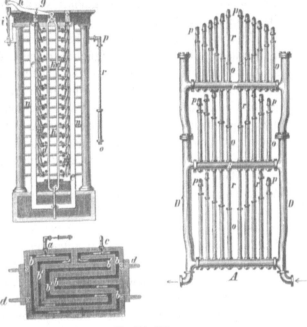

Fig. 324—326.

event. in o verschieben, je nach Anordnung und Zusammenpressung der Presse. Ist dies nicht der Fall, so müssen Gelenkrohre oder Kautschukrohre von p aus an die Platten geführt sein. Die Einrichtung ist nun so getroffen, dass die rechte Röhrencolonne z. B. für die Einströmung des Dampfes dient, also dass ihre Röhren o, r, p mit a in Verbindung treten und dass die linke Colonne als Dampfaustritt dient, also mit c der Dampfaustritt der Platte verbunden ist. An Stelle der 3 Etagen A, B, C werden für kleinere Pressen auch weniger angewendet. Diese Abbildungen dienen zur Illustration der englischen Construction. —

Wir kehren nunmehr zu der näheren Betrachtung abweichender Constructionen hydraulischer Pressen zurück.

Schon in der Abhandlung von Ritter (Seite 508) wurde hingewiesen darauf, dass der hydrostatische Druck in der Presse durch Aufwindung eines Drahtes, Bleches auf eine Rolle im Cylinder hervorgebracht werden

könne. Diese Idee haben Desgoffe & Olivier[184]) in Paris 1864 ausgeführt und in Frankreich patentirt erhalten. Wilh. Clark hat das
Patent in England entnommen. Trotzdem das System nur für kleine
Dimensionen sich als anwendbar gezeigt hat, wollen wir doch nicht unterlassen, dasselbe hier kurz zu beleuchten.

Der Kraftkolben ist hierbei durch einen Metalldraht oder eine Darmsaite ersetzt, welche in den Presscylinder gezogen wird. Der Draht oder
die Saite, welche aussen auf eine Trommel aufgewickelt ist und durch
eine Stopfbüchse in den Presscylinder eingeführt wird, wickelt sich in
diesem auf eine Trommel auf, die von ausserhalb durch eine Kurbel
betrieben wird. Zur Schonung des Drahtes hat es sich nach Tresca
aber als nöthig herausgestellt, statt des anfänglich angewendeten Wassers
zur Füllung des Cylinders Oel zu benutzen. Die Construction führt allerdings verschiedene Schwierigkeiten mit sich. Um die Trommel im Cylinder
unterzubringen, muss letzterer einen grössern Fassungsraum erhalten; um
dieselbe in Bewegung setzen zu können, muss ihre Axe durch eine sehr
dichte Stopfbüchse aus dem Cylinder herausgeführt werden; ebenso muss
die Stopfbüchse, durch welche der Draht oder die Darmseite eintritt, sehr
gut gedichtet sein, da sonst bei der Arbeit in Folge von Oelverlust eine
ziemlich bedeutende Druckabnahme entstehen kann. Auch der Niedergang des
Kolbens lässt sich zwar langsam, aber doch ganz gut dadurch bewirken,
dass man die äussere Trommel mit einer Kurbel versieht und sie in entsprechender Richtung dreht. Wird der Apparat unter den für ihn geeigneten
Verhältnissen angewendet, so erweist er sich als ein sehr bequemes, wenig
Raum beanspruchendes, sicher wirkendes Hülfsmittel; dies gilt aber weniger
für die Fälle, wo mittelst der hydraulischen Presse, wie jetzt so häufig,
sehr starke Wirkungen ausgeübt werden sollen. Denn namentlich bei
grossen Apparaten ist der Raumverlust durch die Trommel von Nachtheil,
da, wenn die äusseren Dimensionen des Cylinder übermässig gross sind,
auch die Wandstärken ausserordentlich stark genommen werden müssen,
um genügend widerstandsfähig zu sein. Ist der Druck zu gross, so wird
der Draht oder die Darmsaite beim Eintritt in den Cylinder zusammengedrückt und wirkt auf die Stopfbüchsenliderung; drückt sich gewissermassen in dieselbe hinein; hierdurch können namentlich bei Darmsaiten,
die sich am besten bewährt haben, leicht störende Verwickelungen
und Verdrehungen hervorgerufen werden. Die grossen Apparate werden
selten gut unterhalten; fliesst Oel während des Stillstandes durch die
Stopfbüchsen aus, so kann Luft in den Cylinder eintreten, die dann jedenfalls entfernt werden muss, da sie sonst durch ihre Elasticität jedem hohen
Druck entgegenwirken würde. Ein Nachtheil liegt auch darin, dass der

---

[184]) Mechanics Mag. 1864. 283. — Dingl. pol. J. 1865. 8. — Zeitschr. des öster.
Archit.- und Ing.-V. 1864. X. — Schweiz. polyt. Zeitschr. 1865. — D. Ind.-Zeit. 1865.
S. 64.

Arbeiter, der die Presse bedient, bei Anwendung ein und derselben Kurbel einen desto grösseren Widerstand zu überwinden hat, je mehr sich die Trommel im Cylinder füllt, so dass er im Allgemeinen gegen Ende einer Operation nicht einen gleich hohen Druck wie zu Anfang derselben erreichen kann. Man taufte diese Presse sterhydraulische Presse[185]). Cail & Co. in Paris haben sich sehr bemüht, dieses System auszubilden. Sie stellten unter Anderem eine solche Presse mit 2000 Kilo Pressung her, ferner gekuppelte Pressen. Bei diesen ist das Arrangement so getroffen, dass die Presscylinder b, b unten in einer Kugel c, c enden (Fig. 327). In jeder dieser Kugeln befindet sich eine Axe d, d, welche nach Aussen durchgeht und eine Kurbel zum Drehen trägt. Ein Draht, Saite, Feder windet sich dabei von der einen Axe ab und wickelt sich auf der andern auf. In einem Cylinder wird dadurch der Druck verringert und der Kolben a mit Tisch f sinkt in b herab, im andern Cylinder wird mit dem Aufwinden der Druck vermehrt und a wird emporgetrieben.

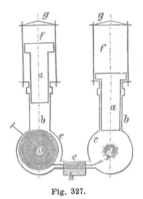

Fig. 327.

Die Verbesserung an der hydraulischen Presse von J. Grantham[186]) in London betrifft eine Anordnung, durch welche die vom Presskolben ausgeübte Kraft während des Hubes an irgend einer Stelle plötzlich vergrössert werden kann, ist also anwendbar in solchen Fällen, in denen der Druck im Anfange des Hubes kleiner, als am Ende desselben, sein soll, und besonders vortheilhaft, wenn ein Accumulator angewendet wird. Presskolben und Presscylinder haben zu diesem Zwecke zwei oder mehr verschiedene Durchmesser; der Kolben erscheint hiernach teleskopartig, ist aber nicht in sich selbst verschiebbar. Der kleinste Durchmesser kommt zuerst zur Wirkung und darauf ihrer Grösse nach die übrigen nach einander.

Bei einer hydraulischen Presse von E. T. Bellhouse und W. J. Dorning in Manchester (engl. Patent) sind drei Cylinder hinter einander angebracht, von denen der mittlere einen grössern Durchmesser als die beiden anderen hat, während sein Kolben für einen bedeutend niedrigeren Hub als die letzteren eingerichtet ist. Beim Gebrauch der Presse arbeiten zuerst die beiden seitlichen Cylinder allein, nur zuletzt wird ein stärkerer Druck unter gleichzeitiger Mitwirkung des Mittelcylinders bewirkt. Zwischen die Pressplatte des letztern und den zu pressenden Gegenstand wird ein Zwischenstück eingelegt; dieses Zwischenstück hängt entweder an einem

---

[185]) στερεός, fest.
[186]) Patent Engl. 1863. Febr. — London. Journ. 1863. Nov. S. 272. — Polyt. Centr.-Bl. 1864. S. 33.

Krahn, der um eine der Säulen der Presse drehbar ist, oder an einem auf Schienen verschiebbaren Wagen.

Recht bedeutend und praktisch erscheint die Construction der hydraulischen Presse von M. Lobry[187]) in Lyon. Die bezügliche Abbildung 328 zeigt eine solche, nach der ersten Anordnung construirte Presse in der

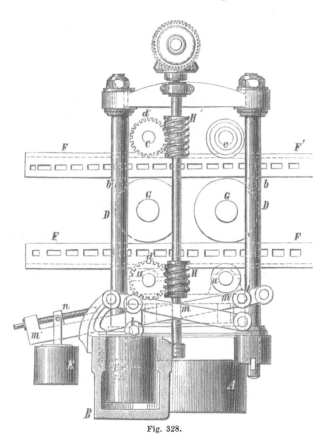

Fig. 328.

Seitenansicht. An den gewöhnlichen grossen Cylinder A, auf welchem die Säulen D befestigt sind, ist ein anderer kleiner Cylinder B angegossen, in welchem der Kolben C sich bewegt. Dieser Kolben ist durch Vermittelung der Hebelverbindung l, m, l′, m′ mit einem Gewicht E belastet, das vermittelst der Schraube n an einem kürzeren oder längeren Hebelarm eingestellt werden kann. Die beiden Cylinder A und B stehen mit einander in Verbindung und auf ihre beiderseitigen Kolben wirkt eine gemeinschaftliche Druckpumpe. Der grössere A pflanzt den Druck auf das zu pressende Object fort, der kleinere B auf das Gewicht E, durch welches der Wasserdruck nach Absperrung der Druckpumpe im Gleichgewicht erhalten wird. Wenn

---

[187]) Génie ind. Dec. 1864. 318.

nun das in der Presse befindliche Object an Volumen verliert, so bewirkt der Kolben C durch seine Belastung die Hebung des Kolbens im Cylinder A, und wenn es dagegen an Volumen zunimmt, so senkt sich der Kolben im Cylinder A und hebt dadurch den Kolben im Cylinder B mit seiner Last E. Der Druck wird hierdurch biegsam, elastisch und constant.

Eine zweite Construction von Lobry ist so eingerichtet, dass ein constanter Druck durch einen einzigen Cylinder mit zwei concentrischen Kolben hervorgebracht wird. Auf dem ersten Kolben ruhen zwei Hebel mit ihren Stützpunkten und der zweite Kolben wirkt auf den kurzen Arm dieser Hebel.

In der hydraulischen Presse (Fig. 329) von J. T. Burr[188]) in Broklyn, N.-Y., ist das Wasserzuführungsrohr k in die hohle Seele des Presskolbens i im

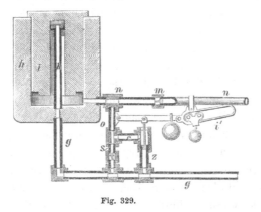

Fig. 329.

Cylinder h emporgeführt und trägt oben einen abgedichteten Kolben, so dass also das Wasser nur auf einen kleinen Theil des Kolbens wirkt. Sobald er sich durch den auf denselben ausgeübten Druck bewegt, d. h. emporhebt, fliesst durch das Rohr n aus einem höher liegenden Reservoir Wasser in den Raum unter dem Kolben zu, durch m am Rückfluss gehindert. Steigt aber die Pression unter i höher, so pflanzt sich der Druck durch n, o fort, drückt das Ventil s nieder, tritt in g ein und hebt das Ventil in z, sodass das Gewicht in i herabrollt. Nun communicirt das Pumpenrohr g direct mit k und mit dem Raum unter i und die Pumpe wirkt nun auf die ganze Kolbenfläche.

Francis S. Kinney[189]) in New-York verfolgt in mehreren Patenten ein Prinzip für hydraulische Pressen, bei welchem hydraulischer Druck mit Luftcompression verbunden zur Wirkung kommen soll.

C. Peper in St. Louis (Mo.) durchschlitzt den Pumpenkolben etwa in der Höhe als er bei dem gewöhnlichen Gebrauche aus dem Cylinder

[188]) Am. Pat. No. 67 719.
[189]) Amer. Pat. No. 189 630. No. 196 233 etc.

hervortritt, um nach vollendetem Anpressen eine Schiene hindurchzustecken, welche sich auf die Ränder des Pumpencylinders auflegt. Auf diese Weise wird der Cylinder in der Position der vollen Pressung festgehalten. John H. Mc. Gowan in Cincinnati (Ohio) befestigt an dem Presstisch nach unten gerichtet ein Paar Schraubenbolzen an Charnieren und giesst an den Rand des Presscylinders Doppelflantschen an, zwischen welche er nach dem Festpressen die Schraubenbolzen herunter schlägt und durch Muttern feststellt, so dass der Tisch nunmehr unabhängig vom hydraulischen Druck feststeht. —

Clement Duplomb[190]) verfährt auf besondere Art „Warm zu pressen". Er umgiebt den Pressraum mit einem möglichst luftdichten Gehäuse. Er legt die Waare in die Presse, schliesst das Gehäuse und presst. Nachdem die Presse geschlossen ist, lässt er warme Luft in das Gehäuse eindringen, — und glaubt, dass diese alle Gewebeschichten erwärme. — —

Bei Benutzung der Pressen für Gewebe ist es nicht möglich, das Gewebestück in ganzer Breite und Länge ausgebreitet zu pressen. Dazu würden colossal breite und lange Presstische gehören. Versucht worden ist dies ja noch 1829 durch J. Jones, aber dabei stellte sich bereits das Bedürfniss heraus, mehrere Pressen neben einander aufzustellen und zu benutzen, um den Druck einigermassen gleich zu vertheilen.

Man sieht sich also veranlasst, das Gewebe in gewissen Distanzen zusammenzufalten und also in Lagen zu pressen. Um nun das Aufeinanderliegen der Stoffflächen zu verhindern, was für das Pressen nur zu Unträglichkeiten führen kann, resp. auch nicht in der Absicht liegt, weil dabei diese berührenden Flächen nicht platt werden, sondern gegenseitig Impressionen der Faden erhalten und ein unscheinbares rohes Ansehen annehmen, legt man zwischen die Gewebflächen Pappen, sogenannte Pressspähne ein.

Der Gebrauch dieser Pressspähne (Appreturpappen, pasteboards, paperboards, cartons d'apprêt) ist schon alt und hing natürlich mit dem Stande der Papierfabrikation zusammen. Poppe[191]) glaubt, dass die Pressspähne aus Papier und Pappe in England erfunden seien. Indessen deutet das Patent von Robert Fuller 1684 „the art and mistery for making of paper and pasteboards in whole sheets, without peiceing for hott and cold pressing of cloath, never before practised in England" mehr durch Name und letzten Zusatz darauf hin, dass die Pressspähne auch anderweit gefertigt wurden. In Deutschland fabricirten Kanter in Trautenau bei Königsberg und später Dr. Jachmann die besten Appretursphäne aus Hanf, der vorher gegohren wurde. Mit der Entwicklung der Papier-

---

[190]) Brevets d'inv. XXXVIII. p. 46. — Engl. Pat. 1859. No. 2207. Siehe auch Samuel Perkes Patent 1861. No. 18.

[191]) Geschichte der Technologie I. 291.

fabrikation machte man auch für die Herstellung der Pressspähne sehr wesentliche Fortschritte und fertigt sie heute in allen Grössen und ·sehr verschiedenen Qualitäten an. Man stellt sie als gegautschte[192]) Pappe her durch sorgfältiges und oft wiederholtes Pressen und Glätten der aus guten Materien hergerichteten Masse. Es wird besonders auf die Erzielung einer absolut ebenen und glänzend zugerichteten Oberfläche gesehen, welche ohne alle Porosität sein eine gewisse Härte und Dauerhaftigkeit haben muss. Für ganz feine Gewebe benutzt man Pressspähne aus geleimter Pappe (Kartenpappe), die aus fertigen Papierbogen durch Aufeinanderleimen und Pressen hergestellt wird.

Um zu vermeiden, dass die Pappen kalt in die Gewebelagen eingelegt werden und natürlich beim Zupressen eine ziemliche Quantität der Wärme absorbiren, welche durch die Pressplatte zugeführt werden, hat Moritz Jahr in Gera eine sehr zweckmässige Pressspahnvorwärmpresse construirt. Zu diesem Zwecke werden dieselben in Lagen von circa 150 Stück zwischen schmiedeeiserne hohle durch Dampf erwärmte Platten gelegt. Der Apparat besteht aus 12 solcher Platten, die in einem Eisengestell ·gelagert sind. Durch das mit dem Dampfkessel in Verbindung stehende verticale Dampfzuführungsrohr werden sämmtliche hohle Platten mittelst der Seitenrohre mit Dampf versehen und das in den Platten entstehende Condensationswasser entweicht durch das verticale Ableitungsrohr (Fig. 330).

Durch Anwendung heisser Pressspähne wird das zu pressende Gewebe besser in allen Schichten gleichmässig durchwärmt und in Folge dessen ist auch die durch starken hydraulischen Druck erzeugte Appretur des Gewebes eine gleichmässige und dauerhafte, während bei Anwendung ungewärmter Pressspäne und heisser Eisenplatten die den letzteren zunächst liegenden Schichten oft sog. Speckglanz zeigen und die mittleren Lagen des Stückes roh bleiben.

Als Ersatz für die Presspappen hat man feine Metallbleche vorgeschlagen, so G. Collier & W. Crossley (1865), Develle (1861), E. Fleury (1861), J. M. Kirk (1863) u. A. Develle überzog die Bleche mit Papierstoff und Fleury bedeckte wenigstens eine Seite des Gewebes mit Faserstoffen. —

Wie bereits beschrieben, wechseln beim Warmpressen mit erhitzten Platten die Gewebschichten ab mit den glühenden Platten. Um Schaden zu verhüten, den die oft ca. 130°C. heissen Platten auf die Gewebe ausüben würden, wenn sie in zu naher Berührung damit kämen, legt man auf die Gewebschicht zunächst eine dicke starke Pappe, die sog. Brandpappe, dann ein Eisenblech und darauf erst die erhitzten Pressplatten, die man dann ebenso zudeckt.

---

[192]) Muspratt, Chemie, II. Aufl. Bd. IV. p. 587. — Hoffmann, Papierfabrikation. Berlin, Springer.

Die Operation des Einspähnens erfordert Sorgfalt und Uebung,
Das Einlegen der Pressspähne muss vorsichtig geschehen und vor allen
Dingen ist zu beobachten, dass das Gewebe ganz faltenlos ausgebreitet

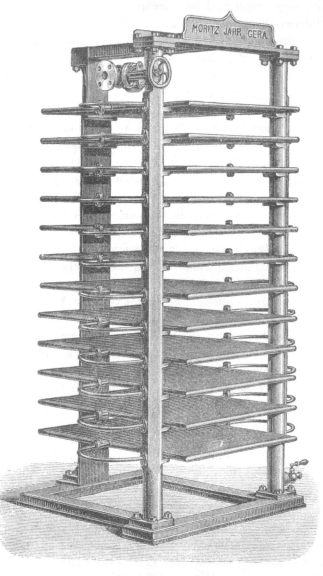

Fig. 330.

wird. Man hat zur Vorrichtung dieser Arbeit versucht, Maschinen zum
Einspähnen zu construiren, R. Wilson, M. Chadwick, A. Freemann,
W. Sp. Yates, R. Tonge, Sampson & A. Lokwood u. A. haben solche Constructionen sich patentiren lassen. Indessen scheinen diese Maschinen
noch keine zuverlässige Wirksamkeit zu haben.

Eine continuirlich hydraulische Presse mit selbstthätiger Einspähnung ist auch die von Nussey & Leachmann in Leeds, eine Excenterpresse mit Dampfplatten und selbstthätiger Einspähnung die von Mellor (siehe später).

γ) Cylinderpressen mit Mulde.

Die Cylinderpresse mit Mulde (siehe Seite 498) ist als eine sehr leistungsfähige Maschine für leichte und mittelschwere Woll- und Halbwollwaaren zu betrachten. Die von Dacier frères[193] in Düren und Lüttich seit 1859 erbaute Cylinderpresse, welche damals schon bei Leopold Schöller & Söhne in Düren, Carl Delius in Aachen, Rudolph & Friedländer in Berlin, C. Muth & C. Müller in Brandenburg, Gebrüder Schöller in Brünn u. s. w. eingeführt wurde, besteht im Wesentlichen aus einer gusseisernen mit Filz überzogenen Walze, aus einem hohlen kupfernen Tische, welcher durch Dampf erwärmt wird und je nach der Breite des Tuches verschiebbar ist, und aus einer eigenthümlichen Hebelvorrichtung, um den Druck der Walze auf den kupfernen Tisch und auf die zu pressenden Waaren zu bewerkstelligen. Man kann mit dieser Maschine in 12 Arbeitsstunden 30—60 Stücke Tuch je nach Qualität derselben und nach Art der Pressung fertig pressen, wobei der Strich flach gelegt, statt wie bisher blos zusammengedrückt wird. Die Tuche bekommen bei dieser Pressung keine einzige Falte und bleiben weich und geschmeidig, zwei Vortheile, welche gewiss höchst beachtenswerth sind und noch dadurch vermehrt werden, dass bei dieser Presse auch die Pappdeckel, die bei den gewöhnlichen Pressen nöthig sind, ganz wegfallen, wodurch eine bedeutende Ausgabe erspart wird. Die etwa 6 Fuss breite und 10 Fuss lange Maschine wird durch Riemenbetrieb in Bewegung gesetzt; sie nimmt nur eine geringe Triebkraft in Anspruch und erfordert zwei Mann zur Bedienung. Diesem System folgten die belgischen Maschinenbauer, besonders Duesberg-Bosson, Longtain u. A.

Die späteren Constructeure, welche erst gegen 1868 etwa eintraten, änderten die sehr schwerfällige Dacier'sche Maschine in den Details vielfach ab, ohne das System zu ändern. Unter diesen beschreiben wir zuerst die Pressen von Springborn & Baush[194] in Holyoke, Mass., welche von Harwood & Quincy in Boston gebaut werden. Diese Pressen werden in verschiedenen[195] Constructionen ausgeführt. Die Fig. 331 repräsentirt diese Presse für ganzwollne Stoffe, welche ganz matt und milde bleiben

---

[193] Die von Chemery & Letellier in Sedan schon 1847 patentirte und erbaute Maschine enthält noch eine Dämpfvorrichtung vor Eintritt zur Mulde. Siehe Alcan, Traité du travail de laine II. p. 356 und Planche XLIV. Fig. 6—9.

[194] Industrial Record and Manufacturers Review. 1878. — Dingl. polyt. Journ. Bd. 229. H. 4.

[195] Amer. Pat. No. 193 193, 194 186, 197 571 u. s. w.

sollen. Das Gewebe passirt zunächst zwischen den Schlichtstangen A durch und um die Rolle a am schwingenden Arm B herum, welcher erlaubt, den Stoff im Moment von der Bürstenwalze C abzuheben. Das Gewebe zieht gebürstet über b weiter und unterliegt der Einwirkung der scharfen Bürste D für die linke Seite. Die Walze E ist mit Bremsring und Schlüssel versehen und kann zu jeder Zeit angehalten oder verlangsamt werden. Der Stoff passirt dann über die Rolle c nach der Dämpfwalze G,

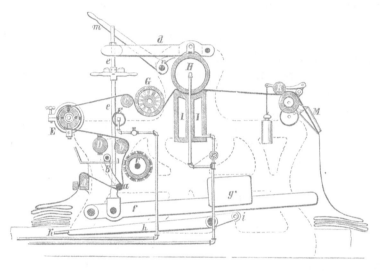

Fig. 331.

wenn letztere nicht in Thätigkeit des Dämpfens kommt, sonst aber über den geheizten Cylinder F und dann um die Rolle c herum nach G, um dann in die Mulde I, I einzutreten, in welcher sich die Walze H dreht, belastet, ausser durch Eigengewicht, durch die Hebelcombination mit Gewicht d, e, f, g. Der Hebel f trifft unterhalb der Rolle i am ungleicharmigen Hebel h, der mit Fusstritt k versehen ist, durch dessen Auftritt das Gewicht des Hebels f aufgehoben wird. Durch Handgriff m mit Daumen n kann die Belastung am Hebel d ebenfalls emporgehoben werden, um die Walze zu entlasten. Die Mulde besteht aus 2 Theilen, wovon der eine mit Dampf gewärmt, der andere mit Wasser gekühlt wird, so dass warme und kalte Pressung vereinigt werden können. Das Gewebe geht nach Austritt aus der Mulde zu den Walzen L, K und dem Fachapparat M.

Die zweite Construction (Fig. 332) enthält nur eine Bürste vor Eintritt in die Mulde B. Die Mulde B ist eintheilig und mit Dampf heizbar. Das Gewebe geht zwischen Mulde B und Walze C durch, um letztere herum und zwischen dieser und einer darauf liegenden und rollenden Walze D durch, um diese herum und dann zum Aufwickelapparat P. Die Walze C ist durch Hebel E, M belastet, aufhebbar durch Handhebel m; die Walze D aber durch Hebel E', N.

Eine dritte Construction (Fig. 333) enthält eine dreigetheilte Mulde, worin A die Heizkammer, a eine Luftkammer und B eine Kühlkammer durch Wasser vorstellt. Die Mulde wird mit feinem Metallblech ausgefüttert.

Die originellste Construction dieses Systems rührt her von Ernst Gessner[196]) in Aue. (Fig. 334 und 335 auf Tafel zu Seite 542).

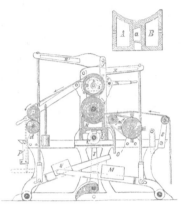

Fig. 332—333.

Die Maschine besteht aus einem Presscylinder B, welcher in der Gestellwand A lagert, 2 Pressmulden C, die in dem Gestelle A auf Bolzen Z beweglichen Armen D gelagert sind, eine Spannfeder F aus gehärtetem Gussstahl verhindert die Arme D und drückt dabei die Pressmulden C an den Cylinder B; dieser elastische Federdruck lässt sich durch Stellen der Muttern m vermindern und vermehren. Zwei Muttern m sind mit einem Schneckenrade n umgeben, und lassen sich mittelst der auf einer Welle o befindlichen Schnecken s gleichmässig stellen; die Arme D und Mulden C sind zum Cylinder B durch die Stellschrauben $s_{1, 2}$ besonders zu stellen. Die Pressmulden C, C sind gegen Durchbiegen durch eine Spannstange ss noch besonders geschützt; eine Stellschraube st in der Mitte zwischen der Spannstange ss und der Mulde c regelt die Spannung unter jedem beliebigen Druck. Ein metallner Pressspahn P aus bestem Neusilber verbindet die beiden Mulden C, indem er an der einen Mulde C und der Schaftwelle L befestigt ist, zwischen den Mulden sich um den Cylinder B legt, und durch die Schaftwelle L eine beliebig straffe, federnde Spannung erhält mittelst den Federn f, den Schneckenrädern r und der Schnecke s. Die Pressmulden C und der metallne Pressspahn haben den zu pressenden Stoff an den Presscylinder B anzudrücken, während dieses Druckes den Stoff zu erwärmen und eventuell wieder abzukühlen. Zu diesem Zwecke werden diese Mulden in Hohlguss ausgeführt und durch Dampf erwärmt; die zweite

---

[196]) Polyt. Ztg. (Grothe) 1879. No. 46. — Dingl. polyt. Journ. Bd. 230. 400. Deutsches Pat. No. 1677.

Mulde, welche der Stoff zuletzt passirt, lässt sich auch als kalte Mulde gebrauchen, ohne Dampferwärmung, oder durch kaltes Wasser besonders abgekühlt, je nach Bedürfniss der gewünschten Presse.

Die beiden Mulden C und der Pressspahn P lassen sich auch durch Gas, Petroleum oder andere brennbare Stoffe erhitzen.

Der Presscylinder B ist in der Regel aus Hohlguss hergestellt und kann nach Wunsch durch Dampf erwärmt oder durch Wasser gekühlt werden; die Erfahrung hat aber gezeigt, dass der Cylinder am besten arbeitet, wenn er die beim Pressen der Waare durch die Heissmulden erhaltene Wärme behält und weder besonders erhitzt noch abgekühlt wird. Indem der Cylinder mit einem Schlauch aus Wollfilz überzogen ist, hat er die Eigenschaft erhalten, die von den Mulden und dem Pressspahn erwärmte und angepresste Waare sicher mit fortzubewegen und die rechte Seite der Waare über den hochpolirten metallenen Pressspahn zu führen, dieselbe dabei zu pressen und zu glätten. Der zu pressende Stoff liegt gefaltet auf dem Bodenbrette, geht dem Pfeile nach über die Stellriegel J an die Bürstenwalze W, durch die Verbindungs-riegel V, über die Welle J und Spannwelle Y, — welche durch eine Vorrichtung mittelst Schnecke, Rad, Bremsband und Bremsring beliebig gebremst werden kann, um die Waare mehr oder weniger straff dem Cylinder zuzuführen, — zur Pressmulde C und dem Cylinder B, geht dann gepresst über die Leitwelle J_1 und fällt in Falten auf die untere Tafel oder kann auch aufgewickelt werden.

Die Bürstwalze W hat Fest- und Losscheibe, erhält den Antrieb durch Riemen und überträgt mittelst der Räder $R_{1, 2, 3, 4}$ die Bewegung auf den Presscylinder B. Um Waaren mit Leisten in verschiedener Breite zu pressen, ist ein verstellbarer schmälerer Presscylinder B mit entsprechend langen Wellenzapfen angewendet, in gleicher Breite ist auch der Press-spahn P ausgeführt. Für die stärkeren Leisten ist im Presscylinder B und im Pressspahne P eine entsprechende Vertiefung angebracht, ein Wellen-zapfen ist mit einer langen verzahnten Lagerhülse Q umgeben, welche mittelst Schneckenrad hin- und herbewegt wird, um den Cylinder und dadurch die Vertiefungen für die Leisten in beliebiger Entfernung, der Waarenbreite entsprechend, zu stellen. Die Maschine kann mit und ohne Bürstenwalze ausgeführt werden. Diese Mulden-Walzenpresse ist frei von den Nachtheilen der Cylinderpresse mit oder ohne einer Mulde, indem bei der Anwendung von zwei Mulden der Druck von beiden Seiten gleich-mässig auf den Presscylinder erfolgt, daher ein Durchbiegen des Cylinders, sowie ein schädlicher Druck auf dessen Zapfen und Lager ganz unmöglich ist, und ein weit stärkerer Druck damit erzielt werden kann[197]).

Die Maschine kann mit Dämpfapparat und einer Bürstenwalze ver-

---

[197]) Gessner, D. R. P. No. 1677.

sehen sein, so dass das Dämpfen, Bürsten und Pressen in derselben kurzen Zeit erfolgt.

Gessner hat in seiner Patentschrift eine Reihe Variationen der Construction angegeben. Die in derselben vorgeführten Figuren sind: Fig. 1 ein Durchschnitt; Fig. 2 eine Frontansicht; Fig. 3 ein Grundriss einer Walzenpresse mit einer Presswalze und zwei horizontal liegenden Mulden; Fig. 4 ein Durchschnitt; Fig. 5 eine Frontansicht; Fig. 6 eine Seitenansicht einer Walzenpresse mit einer Presswalze und zwei übereinanderliegenden Mulden; Fig. 7 der Durchschnitt einer Presse mit einer Presswalze und drei Mulden; Fig. 8 der Durchschnitt einer Presse mit zwei Presswalzen und vier Mulden nebeneinanderliegend; Fig. 9 ein Presse mit zwei Presswalzen und zwei Mulden übereinanderliegend; Fig. 10 eine Presse mit zwei Presswalzen und vier Mulden übereinanderliegend.

Die Presse unterscheidet sich ferner vortheilhaft durch den langen Weg, welchen die Waare unter Wärme und Druck über den metallenen hochpolirten Pressspahn zurücklegt, wodurch einestheils eine sehr schöne, dem Plätten ähnliche Presse und anderntheils auch eine grössere Production erzielt wird. Es werden je nach der Qualität der Presse 2—4 m Waare in der Minute fertig gepresst.

Die von Prollius in Görlitz gebaute Cylinderpresse[198]) ähnelt im Aufbau mehr der von Springborn. Eine andere derartige Maschine ist von Erselius[199]) in Luckenwalde gebaut. Aehnlich ist die von L. Beck fils ainé in Elbeuf.

Theoretisch stellt sich diese Muldenpresse als sehr rationell dar. Ist die Länge des Cylinders von dem Durchmesser, resp. die Stoffbreite = l, so ist der grösste Druck p pro Flächeneinheit

$$p = \frac{4}{\pi} \frac{Q}{l\,d} = \frac{4}{3{,}14} \cdot \frac{Q}{l\,d}.$$

Dabei tritt zugleich ein Plätten der einen Seite des Gewebes an der Muldenwandung ein.

δ) Blechbanddampfpresse.

Abweichend von den vorgenannten Systemen erweist sich das folgende, welches wir das der Blechbanddampfpresse nennen wollen. Das Prinzip dieser Presse lässt sich kurz so wiedergeben. Zwei dampfbeheizte Cylinder sind in gewisser Distanz von einander eingelagert. Auf dem einen der Cylinder ist das eine Ende eines langen, sorgsam hergestellten Blechbandes von der Breite der üblichen Waaren befestigt. Das Blech wickelt sich auf dem Cylinder auf, aber das zweite Ende ist auf dem zweiten Cylinder befestigt. Diese Befestigungen, sowie die Lagerung der beiden Cylinder

---

[198]) Polyt. Ztg. (Grothe) 1873. S. 28. Beschr. mit Abb.
[199]) Färberztg. (Reimann) 1871. 105. — Wollgewerbe 1871. 39.

müssen genauest parallel sein. Die Cylinder haben entgegengesetzte Umdrehung. Ist also das Blech auf dem einen Cylinder fest aufgewickelt
und lässt man Dampf in den Cylinder ein, so erhitzt sich das Blech
geradeso wie der Cylindermantel. Nun führt man den Wollstoff, welcher
gepresst werden soll, an den leeren Cylinder heran, befestigt ihn dort
geeignet und beginnt den Cylinder umdrehend das Blechband vom oberen
Cylinder ab mit dem Wollzeug zugleich aufzuwickeln. Das Zeug läuft
also mit dem heissen Blech fest auf den zweiten Cylinder auf, und, nachdem dies vollendet, lässt man Dampf in diesen zweiten Cylinder und er-

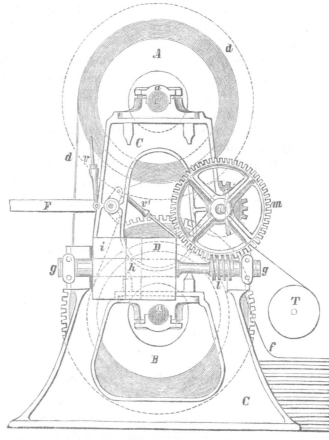

Fig. 336.

wärmt nun die aufgewundene Schicht durchweg, während also der Stoff in
einer festen Pressung auf ihm verharrt.

   Die Grundidee zu diesem Maschinensysteme ist bereits, allerdings
entfernt, enthalten in der Anordnung von erwärmten Mitläufertüchern bei
Kalandern, Mangeln u. s. w. Direct angegeben ist diese Maschine in dem

reichen Patent von John Jones[200]) von 1829, nur mit dem Unterschiede, dass Jones die Walze nicht mit Dampfheizung versehen hat, sondern dieselbe sammt dem aufgelaufenen Stoff und Blech in Dampfapparate bringt. J. A. Passet benutzte 1854 wenigstens das Auflaufen des Stoffs mit dem Blechboden oder einem glasirten Stoff auf die Mittelkalanderwalze.

In eine praktisch gut verwendbare Form hat diese Maschine indessen erst Houston[201]) (Fig. 336) gebracht. Auf der Walze A ist ein langes Blechband d von der Breite des zu pressenden Stoffes aufgerollt und wird also bei Erhitzung der Walze A mit erhitzt. Ist dieser Erwärmungsgrad hinreichend erhöht, so beginnt die Operation. Das Ende von d ist an der im Gestell unten liegenden Walze B befestigt. Bewegt man B, so wird d sich auf k aufwickeln. Man leitet nun den Stoff von T über Rollen nach dem Blechband T hin und lässt ihn ursprünglich in der Richtung von i auf der Cylinderwand D von B auflaufen, worauf bei Fortbewegung von B sich das Blechband d auf den Stoff legt. So wickelt sich allmälig der Stoff mit dem Blechbande auf und die erhitzte Blechfläche gibt einen Theil ihrer Wärme an den Stoff ab. Ist der ganze Stoff so aufgerollt, lässt man die Walze B stehen und heizt sie von innen wenn nöthig, so dass der Stoff längere Zeit unter der Einwirkung höherer Wärmegrade während der Pressung steht. Der Pressdruck ist ein ziemlich hoher, den man durch Bremsung von A erhöhen kann. Zu dem Behufe ist die Maschine mit sehr kräftigen Getrieben g, l, m, B versehen. Nach genügender Andauer der Pressung setzt man A in Bewegung und lässt das Metallband auf A auflaufen, während man das Zeug bei f auffacht.

ε) **Excenterpresse mit Platten.**

Dieses System charakterisirt sich dadurch, dass eine der Platten, zwischen welche das Zeug eingelegt wird, festgestellt ist, die andere, meistens die untere, aber durch Excenter, Daumen etc. getragen wird. Bei Drehung derselben wird diese Platte gegen die oben ruhende gegengedrückt und beide pressen so das Zeug zwischen sich. Es können aber auch beide Platten an Excentern hängen, die dann um 180° gegeneinander verstellt auf den Axen aufgebracht sind und sich gleichzeitig drehen. Letztere Einrichtung hatte die Excenterpresse von Walton 1835. Es ist ersichtlich, dass, abgesehen von der möglichen Grösse des Drucks, der hervorgebracht werden kann, die Ausdehnung der Platte beschränkt sein muss, oder die Zahl der pressenden Excenter gross, oder die Dicke und Stärke der Platten sehr stark sein muss, — dass ferner die Reibungsarbeit der Excenter eine sehr bedeutende wird, und endlich dass diese Pressung

---

[200]) No. 5835. Engl. Spec.
[201]) Polyt. Zeitung 1879. No. 31. — Scientif. Amer. 1879.

35*

immer nur einen kleineren Theil des Gewebes trifft und somit geraume Zeit in Anspruch nimmt gegenüber anderen Pressen. Indessen ist dennoch dieses System der Presse nicht unbenutzt und unangebaut geblieben. Besonders haben die Amerikaner sie angewendet und für gewirkte und gestrickte Waaren, welche einen verhältnissmässig geringen Druck beanspruchen, ist sie vielfach in Benutzung.

Wir geben hier zunächst eine Excenterpresse für Strumpfwaaren von

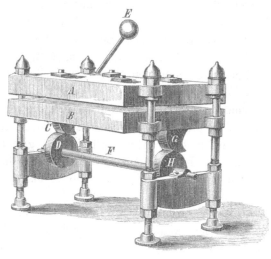

Fig. 337.

C. H. Weston in Yarmouth (Maine). A ist die feste Pressplatte auf 4 starken Gestellsäulen. B ist der bewegliche Presstisch. In letzterem ist eine Welle gelagert, welche die beiden excentrischen Daumen C, G trägt und durch den Hebel E in Umdrehung versetzt wird. Der Mantel von C rollt auf den Scheiben D, D auf der unten gelagerten Welle F ab bei Drehung von E, bis der grösste Radius von C senkrecht zur Axe F steht. In dieser Lage wird der grösste erzielbare Druck auf die zwischen A und B eingelegte Waare ausgeübt (Fig. 337).

Andere Constructionen bedienen sich der Excenteranwendung nach beigedrucktem Schema (Fig. 338). Auf der starken Welle E sitzt mit einem Ringe von Rothguss der Stahlexcenter B, umgeben von dem Excenterring, der durch die Schrauben D, D in der Kurbel A festgestellt wird. Der Kurbelarm trägt an g den in Coulissen gleitenden Körper F, welcher die bewegliche Pressplatte trägt. Für einen solchen werden zwei solcher Excenteranordnungen (an beiden Seiten) angeordnet. Ob dieselben hängen oder aufrecht stehen, den Presstisch also von oben her oder von unten her gegen die feste Pressplatte drücken, ist für den Effect gleichgültig. Es lassen sich dieser Anordnung mancherlei Gestalten geben.

Bei der Presse von W. H. Leach & A. S. Allen[202]) in Uxbridge, Mass. (Fig. 339) bestehen zunächst die Presstische C, D aus dampfbe-

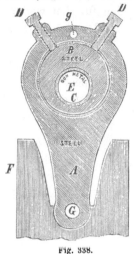

heizten Kasten, welche von E her den Dampf erhalten. Das Gewebe wird von G, F her eingeführt und kann bei Durchgang unter einer Querröhre zwischen E mit einem Dampfstrahl gedämpft werden. Es tritt dann zwischen C und D und hernach über den Tisch A nach den Rollen l, m u. s. w. Die Rolle m sitzt am Hebel n und dieser an derselben Axe n mit o. o legt sich unter den beweglichen Tisch D und geht dieser empor, so wird der Druck zwischen m und l aufgehoben und l kann nicht vorziehen, geht D herab, so presst o mittelst n die Rolle m fest gegen l und der Stoff wird vorgezogen. Der Tisch D ruht auf dem Winkelhebel M mit Kugelgelenk befestigt.

Fig. 338.

Der andere Arm des Winkelhebels ist O. Derselbe schleift mit einer Rolle auf dem Mantel der Curve S. In der Figur hat die Rolle die tiefste Stellung, die Ruhelage für den Schluss

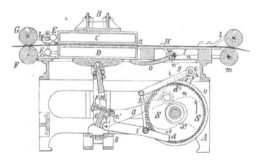

Fig. 339.

der Presse. Dreht sich S in Richtung des Pfeils, so hebt sich die Rolle mit dem wachsenden Radius und der Arm O geht empor, der Arm M aber schlägt aus und zieht den Kasten D herab. Die Rolle stösst dabei auch gegen g und hebt mit ihm den Hebel i, um h drehbar auf, wobei die Nase f über d weggleitet und nun das Rad α frei lässt, so dass es sich drehen kann. Gleichzeitig ist aber auch der Hebel l' aufgehoben durch die Verbindung i, k. Die Zapfen c', d' rotiren weiter. Der Hebel l' hat einen Arm m' und dieser ist durch Federn gegen das am M befestigte Stück O abgestreift. Bei weiterer Rotation gelangt die Rolle allmälig in die Lage des Busens x, der dann nach oben getreten ist. Dann hat sich f hinter den Zapfen d' gelegt und das Rad α nebst S aufgehalten,

202) Am. Pat. No. 198463.

während l gegen d stösst, da α entgegengesetzt S rotirt. In dieser Weise
tritt der Mechanismus intermittirend in Thätigkeit. Die Presse bleibt für
eine Zeit lang fest geschlossen und dann wieder offen für den weiteren
Durchzug der Waare auf den Tisch. Der Tisch C wird durch die Ver-
strebung B, B gehalten.

 Eine sehr entwickelte continuirliche Excenterpresse ist von Wigzell,
Pollit & Mellor construirt. Wir geben davon eine perspectivische Ansicht (Fig. 340). Diese Presse hat in einem starken Gerüst eine Grund-

Fig. 340.

platte, welche den beiden Axen für die 4 angewendeten Excenter N zum
Lager dient. Die obere Platte C ist ebenfalls fest auf den Säulen J aufgebracht. Zwischen beiden aber ist der bewegliche Presstisch A eingeschaltet, verschiebbar in der Senkrechten an den Säulen J. Die Presse
enthält nun zwischen dem Presstisch A und der Deckplatte C eine Schicht
Pressplatten c, welche mittelst Dampfrohre K mit Dampf gespeist werden.

Seitlich sind an diesen Pressplatten Axen in Armen gelagert, welche Rollen d tragen und die Schnurtriebe a, a resp. b, b. Der Stoff U tritt von[203a]) einem unteren Raum empor und wird eventuell dabei halbirt resp. zusammengelegt zur halben Breite T und tritt sodann unter einer Führungsrolle durch unter die unterste Pressplatte. Es ist hier vorausgesetzt, dass die Presse also geöffnet sei. Das Gewebe wird dann um die Rollen a, b, a, b .... zwischen den Pressplatten c, c successive durchgeführt und oben durch Leitrollen zur Vorziehwalze W geleitet resp. zum Fachapparat Y, Z. Ist der Stoff zwischen allen Platten c im gespannten Zustande durchgeführt, so beginnt die Bewegung der Axe von O. O greift in P ein; P bewegt Q, d. h. die beiden Axen der 4 Excenter N. Diese drehen sich und pressen den Tisch A empor und der Dampf tritt in die Pressplatten ein. Als Gegendruck dient indessen nicht die Decke C, sondern der Pressdeckel B, welcher die Schicht der Pressplatten bedeckt, auf diesem Deckel B ruhen die Arme der Hebel E, D auf, welche anderseitig durch die Zugstange G mit Gewichten belastet sind oder aber auch für Erzielung sehr starken Drucks mit einer Kurbel der Welle von P in Verbindung stehen. Schreitet die Rotation weiter vor, so wird der Dampf abgestellt und die Presse öffnet sich durch Weiterdrehung der Excenter. Es tritt nun der Vorziehapparat W in Thätigkeit und zieht das Gewebe um so viel vor, als die Länge des Stücks zwischen zwei aufeinanderfolgenden Pressplatten um eine Rolle d herum beträgt, worauf die Pressung von Neuem statthat. Es ist ersichtlich, dass jedes Stück Gewebe von der Grösse der Plattenoberfläche so oft der Pressung unterliegt, als Platten in der Presse sind und eben so oft intermittirend ausserhalb der Platten um die Rollen herumgenommen abkühlen kann.

Für einzelne Stoffe mag diese Presse gute Resultate liefern, für allgemeinen Gebrauch scheint sie indessen sich nicht bewährt zu haben. Es war über die Bewährung nichts in Erfahrung zu bringen, selbst nicht von dem Erbauer Timothy Bates & Co. in Sowerby Bridge. Das letztere ist stets ein schlechtes Zeichen. Des Prinzips wegen durften wir aber diese Presse hier nicht ausser Acht lassen.

Eine ähnliche Richtung verfolgt die Presse von Nussey & Leachman[203]) (später W. B. Leachman) und jetzt gebaut von Hargreave & Nussey in Leeds. Auch bei dieser werden die Stoffe zwischen zwei Platten gepresst, aber das Verfahren ist ein mehr continuirliches und die Pressung selbst ist durch eine hydraulische Presse erzeugt. Die Fig. 341 gibt die Anordnung der Pressplatten, der Presse und Pumpe. Auf den starken Widerlagern a ist der kurze Presscylinder b aufgesetzt mit dem Press-

---

[203]) Engl. Sp. Pat. 1869 No. 2585. 1871 No. 3230. 1872 No. 2370. 1876. No. 242. — Textil Manufacturer 1879. 254. — Amer. Pat. No. 174 699 u. 185 765.

[203a]) Der Durchgang des Stoffes kann auch entgegengesetzt, als beschrieben geschehen.

kolben c. Der Letztere trägt den unteren Presstisch C, der gegen den oberen festliegenden Tisch E angedrückt wird. g ist der Dampfcylinder, dessen starke Kolbenstange h direct in die Pumpe i eintritt und das Wasser durch das Rohr k in den Presscylinder treibt. Fig. 342 zeigt nun, dass die spätere Construction die Presstische hohl nimmt und den Dampf durch H, H zuleitet, im Uebrigen unter Belassung der anderen Constructionen zwischen die Pressplatten Pressspäne J mittelst seitlich angebrachter Klammern ausgespannt festhält. Der Stoff läuft von m herauf zwischen Presstisch C und dem untersten Spahn durch um die Rolle n herum zwischen 1. und 2. Pressspahn durch, um Rolle p herum, zwischen 2. und 3. Pressspahn durch, um Rolle r herum, zwischen 3. Pressspahn und Obertisch hindurch, um Rolle s nach den Vorziehwalzen t und von da

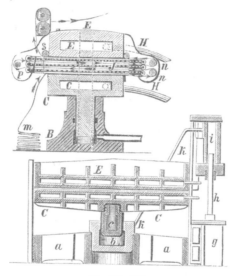

Fig. 341—342.

nach dem Faltapparat hin. Man beginnt die Operation wie folgt. Man zieht den Stoff bis zur Walze s und presst nun fest, indem man die Dampfmaschine angehen lässt und nachdem man die Bewegung des Zeuges ausgerückt hat. Ist die Pressung vollendet, rückt die Dampfmaschine aus, die Bewegung der Walzen beginnt und das Gewebe, zwischen t, t durchgeführt, wird durch die Presslagen gezogen bis neue ungepresste Flächen wieder eingeführt sind. Nun wird die Vorziehbewegung abgestellt und die Presse angetrieben u. s. f. Ein Regulirwerk besorgt diese beiden Operationen selbstthätig. Die hydraulische Presse gibt ca. 350 Tons Druck. Für Tuch leistet die Presse gegen 250 Yard per Stunde, für Serge ca. 700 Yard. Der Cylinder hat ca. 45 cm Diameter.

Wir haben diese continuirliche hydraulische Presse hier eingesetzt, weil sie dieselbe Idee der Gewebepressung enthält wie die zuletztbeschriebenen Excenterpressen.

Die betr. Excenterpressen und diese hydraulischen Pressen könnten auch als besondere Klasse der continuirlich-wirkenden Platten-Pressen neben den continuirlich-wirkenden Cylinderpressen ausgenannt werden.

4. Ausbreiten, Spannen, Strecken.

Das Ausbreiten, Spannen und Strecken der Gewebe ist eine höchst wichtige Sache, weil derartige Operationen wesentlich zum Gelingen der Appretur beitragen, aber auch nöthig sind, um dieselbe vollbringen zu können, und andererseits, um die für den Verkauf einzuhaltenden Breiten und Längen des Stoffes mit Gewissheit herzustellen. Man unterscheidet dabei das Strecken in der Länge und das Ausbreiten oder Strecken in der Breite. Die Apparate erhalten hiernach schon abweichende Gestalt. Bei der Längenstreckung können sie viel einfacher sein, weil der Zug von einer verhältnissmässig kleinen Seitenfläche ausgeht und sich auf die ganze Länge des Stoffes erstreckt, bei der Breitenstreckung aber ist die Länge des Zugs klein, dagegen sind die Seitenflächen, an denen der Zug ausgeübt werden muss, sehr ausgedehnte, ebenso lang wie das Gewebestück.

Der Zweck des Zuges, den man beim Strecken ausübt, ist der folgende. Bei den diversen Operationen der Appretur wirken verschiedene Temperaturen ein, wechselnd von der des gespannten Dampfes bis zur durch Verdunstung noch herabgedrückten Temperatur der atmosphärischen Luft. Ferner kommt das Gewebe in Berührung mit Wasser und anderen Flüssigkeiten und Laugen; es wird geschlagen, gequetscht, gepresst u. s. w.; es wird mit Appreturflüssigkeiten imprägnirt, welche theils klebender, theils füllender Natur sind. Alle diese Operationen wirken auf die Fasern und Fäden des Gespinnstes, bald stärker, bald schwächer ein und erzeugen ein Zusammenziehen der Fäden, ein Schmalerwerden in der Breite, ein Kürzerwerden in der Länge (mitunter auch ein Längerwerden und zwar auf Kosten der Breite). Da der Handel bei den betreffenden Stoffen bestimmte Breite fordert, so ist das Ausbreiten eine unerlässliche Sache, — das Auslängen ist dagegen mehr eine Sache des Fabrikanten zur Vermehrung des Ellen- resp. Metermasses. Auch das Ausbreiten nimmt oft den Charakter des Ausreckens an, sobald der Fabrikant mehr leisten will, als er den Zuthaten zur Weberei nach rechtlich und ehrlich bemessen leisten kann. Solches Verfahren gehört dann aber in das Bereich der Unehrlichkeit und ist zu verdammen, rächt sich auch bei vielen Waaren sehr bitter. —

Um das Ausbreiten rationell durchzuführen, ist es nöthig, dass der Fabrikant während der Bestellung des Gewebes niemals die Breite des Stoffes ausser Auge lässt. Um dies zu thun und um die Breite des Stoffes in jeder Operation möglichst zu conserviren, ist es gewiss anzurathen, sämmtliche Maschinen und Apparate, über welche der Stoff in der Bearbeitung zu passiren hat, mit Ausbreitapparaten zu versehen, — es schwindet für viele Stoffe dann das Bedürfniss besonderer Ausbreitmaschinen. Die meisten der Ausbreitvorrichtungen sind sehr einfacher Natur; auch die Ausbreitmaschinen sind nicht sehr complicirt. Letztere, wie das schon in den eben berührten Prinzipien liegt, sollen ein besonderes starkes Ausbreiten hervorbringen und dabei öfter den Zweck erfüllen, die im Gewebe angehäufte Appreturmasse, welche bei starken Appreturen eine feste, mehr oder weniger harte Fläche erzeugt, zu „brechen", damit die folgenden Operationen dieselbe event. milde und weich herzustellen im Stande sind.

Viele der zu Appreturzwecken benutzten Maschinen sind mit Ausbreitapparaten versehen, so z. B. die Stärkmaschine, Trockenmaschine, Kalander; ausserdem aber wendet man die für das Ausbreiten gebauten, besonderen Maschinen und Apparate, die nur diese Operation vollbringen sollen, an den bestimmten Punkten der Appreturverfahren zu dem Zwecke an. — Wir sind daher bei Betrachtung der einzelnen Abtheilungen der Appreturverfahren und bei der Beschreibung der dazu benutzten Maschinen und Apparate bereits mehrfach auf die daran vorkommenden Ausbreitapparate gestossen. —

Die Ausbreitvorrichtungen lassen sich in zwei grosse Klassen eintheilen:

A) Ausbreitvorrichtungen, welche den Stoff in Länge und Breite, oder auch nur in der Breite ausrecken und ausgebreitet erhalten während der betreffenden Operation, in welcher sie angewendet werden.

B) Ausbreitvorrichtungen, welche den Stoff in Länge und Breite, oder auch nur in der Breite, vor oder bei Eintritt in die betreffende Operation ausstrecken, ohne denselben während des Verlaufs der Operation breitzuhalten.

Unter diese beiden Klassen lassen sich sämmtliche bekannte und seither angegebene Ausbreitvorrichtungen eintheilen. Bei Betrachtung der einzelnen Vorrichtungen und Vergleichung derselben finden sich dann eine Reihe charakteristischer Unterschiede, welche folgenden Unterabtheilungen zugeordnet werden können:

A)   1. Die Vorrichtung besteht in zwei bewegten endlosen Bändern oder Ketten, welche in Nuthen, Rollen etc. geführt werden und mit Nadeln, Haken, Kluppen, Zangen etc. zur Befestigung und Festhalten der Gewebesäume versehen sind.

      2. Die Vorrichtung besteht in feststehenden Leisten oder Rahmen, an welchen geeignete Klemmvorrichtungen, Zangen, Kluppen etc. zum Festhalten und zur Befestigung der Gewebesäume angebracht sind.

3. Die Vorrichtung besteht aus zwei grösseren Scheiben auf einer
Axe, von denen die eine auf der Axe verstellbar, verschiebbar
ist und deren einander zugekehrte Oberflächen mit Haken,
Nadeln, Zangen etc. zur Befestigung des Stoffs, in Spirallinien
gestellt, ausgerüstet sind.

B) 1. Die Vorrichtung besteht in Streichschienen, deren Oberfläche mit Einschnitten, Rippen etc., in Winkeln zur Längsaxe
angeordnet, versehen sind.

2. Die Vorrichtung besteht in Streichrollen, deren Oberfläche
mit Einschnitten, Rippen, Leisten, Messern, Nadeln u. s. w. von
der Mitte aus in entgegengesetzten Spiralen umzogen ist.

3. Die Vorrichtung besteht in Streichrollen, welche gebildet sind
aus schräg zur Axe auf einer Welle aufgeschobenen Scheiben,
und zwar von der Mitte der Axe aus mit entgegengesetzter Neigung.

4. Die Vorrichtung besteht in Walzen, deren Mantel gebildet wird
aus eisernen Streichschienen (mit Oberflächen wie die unter 2),
die von den Enden der Walze bis ein Stück über die Mitte
derselben hinausreichen und hier aneinander verschiebbar sind
mit Hülfe von geneigt zur Axe aufgesetzten, unter sich in der
Neigung entgegengerichteten Stellscheiben.

5. Die Vorrichtung besteht in endlosen Streichbändern aus Gummi-
band, Gliederketten etc., welche sich auf und über den gegen
eine feste Unterlage (Rolle) anliegenden Stoff von der Mitte
des Stoffs aus nach den Kanten hin über Rollen bewegen.

6. Die Vorrichtung besteht aus Frictionsrollen, welche am Rande
des Gewebes unterhalb und oberhalb aufgestellt durch ihre Bewegung von der Mitte nach den Säumen hin das Gewebe ausstrecken.

7. Die Vorrichtung besteht in einem Tische, gegen welchen specielle Mechanismen den Stoff mit beiden Säumen andrücken
und festhalten, während die Mechanismen sich nach den
Kanten des Gewebes hin von einander entfernen.

8. Die Vorrichtung besteht in zwei grösseren Scheiben auf einer
rotirenden Axe, von denen die eine auf der Axe verstellbar
ist und von denen jede an der Peripherie Apparate (Klammern,
Kluppen, Nadeln etc.) zum Festhalten der Gewebesäume enthält.

9. Die Vorrichtung besteht in 2 Walzen mit ringfömigen Cannelés
um den Mantel, versehen mit flexiblen Ueberzügen.

10. Die Vorrichtung besteht in rotirenden cylindrischen oder conischen Walzen, welche sich mit den Enden unter Winkeln
berühren und unter sich das Gewebe durchziehen.

C) Die Vorrichtung besteht in Mechanismen zum Spannen der Stoffe
in der Länge.

A) 1. Ketten, Bänder etc.

Die dieser Kategorie angehörenden Einrichtungen sind fast allein und durchweg mit den Trockenmaschinen verbunden. Wir haben daher auf eine grosse Anzahl derselben schon aufmerksam gemacht. Es kommt für diese Abtheilung speciell in Frage, ob der Spannapparat des horizontalen Rahmens ein stehender oder gehender ist. Ist das erste der Fall, so enthalten die Rahmenlanghölzer Nuthen und Stahl, Leisten und Leistenrollen, aufschraubbare Leisten etc. etc. oder Kluppen besonderer Construction. (Siehe Abschnitt Trockenmaschinen.) Ist aber der Spannapparat eine bewegte Kette oder endloses Band mit Nadeln, Haken, Klampen und Kluppen, so kommen einige neue Momente in Betracht, auf welche wir hier eingehen. Die erste Anwendung der endlosen Nadelkette scheint für alle diese Apparate Samuel Morand zuzutheilen zu sein. Derselbe erhielt 1831 ein Patent, in welchem er dies System sehr klar entwickelt. Er spricht von zwei endlosen Ketten mit Nadeln, die über Rollen laufen. Die Ketten bewegen sich parallel zu einander in der von dem Gewebe bedingten Entfernung, indessen auf einer kurzen Strecke im Anfang der Maschine, wo das Gewebe auf die Haken der Ketten mit den Säumen aufgereiht wird nicht parallel, sondern convergirend. Im Anfang dieser Strecke haben sich die Ketten einander genähert, so dass man den Stoff bequem und ohne ihn anziehen zu müssen über die Nadeln reihen kann. Bald aber entfernen sich die Ketten bis zu der verlangten Breite und gehen dann parallel weiter [204]. —

Nach Darlegung dieses Planes konnte es nur noch auf die geeignete Führung der Kette und ihre Einrichtung selbst ankommen. Morand fügte selbst schon Bürstcylinder zum Aufclaviren des Stoffs hinzu. William Whiteley [205] scheint 1854 die Führung der Ketten in Längsnuthen von Seitenschienen, welche die Windungen der Kette seitlich unterstützen, erfunden zu haben, wenn diese Erfindung nicht etwa von Beu in Dessau oder von Hilger in Essen reclamirt werden kann. Die Ketten erfuhren allmälig wesentliche Verbesserung, welche sich besonders dadurch als nöthig herausstellte, als die Kette am Ende des Trockenrahmens oder am Ende des Raumes um eine Rolle nach dem andern Ende zurückkehren muss und dabei nicht sowohl die einzelnen geraden Kettenglieder sich der runden Walze nicht anschmiegen oder rutschen können, sondern Spannungen im Gewebesaum entstehen, welche meistens mit einem Zerreissen des Saumes oder einem Zerziehen der Gewebbindung endigen. Zur Verminderung des letzten Uebelstandes, der überaus verbreitet ist, hat Paul Heilmann eine einfache Regel aufgestellt, welche lautet: „Man verlege die

---

[204] London. Journal Ser. II. Vol. 8. p. 137. — Spec. No. 6104. 1831.
[205] Pat. Specif. 1854. Febr. 10. No. 332.

Axe der Oscyllation der Kettenglieder in die Schnittlinie der beiden Ebenen, welche das Gewebe im Moment der Veränderung der Direction beider Glieder bildet". Er zeigt die Richtigkeit seines Satzes an den beiden folgenden Figuren 343, 344, in welchen die Distanz der Nadeln a, b am

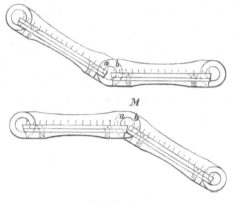

Fig. 343—344.

Fuss nicht geändert wird trotz entgegengesetzter Neigung der Kettenglieder.

Die Ketten haben viele Abänderungen erfahren. Wir verweisen z. B. auf die Kette von H. Thomas, — auf die Kette der Berlin-Anhalter Masch.-Fabrik A.-G., — ferner auf die von Weisbach, M. C. Tompson in Oswego, N.-Y., Babcock in Oswego N.-Y. u. A. (Siehe Trockenmaschinen.)

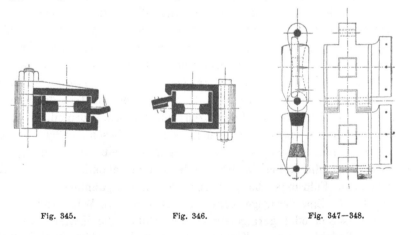

Fig. 345.   Fig. 346.   Fig. 347—348.

Die Ketten der Berlin-Anhalter Masch.-Fabrik enthalten in die Kettenglieder eingelassene Nadeln. Die Lappen hierfür stehen schräg, sodass die Nadeln auch schräg stehen. Durch diese Anordnung soll eine ganz exacte Führung gesichert sein (Fig. 345—348).

Bei der Fabrikation der Ketten ist besonderes Gewicht darauf zu legen, dass die einzelnen Glieder der Kette an sich stark genug sind und sich nicht biegen können, dass die Nadeln sorgfältig eingesetzt und verlöthet sind und dabei entweder eine genau senkrechte Stellung zur Nadelleiste haben oder eine Neigung, welche der Zugbreite abgewendet ist. Die einzelnen Kettenglieder sollten, um das Herumgehen um die Leitwalzen recht bequem zu vermitteln, möglichst klein genommen werden, da aber damit die Herstellung derselben erschwert wird, auch die Biegsamkeit zunimmt und die Führung schwerer ist, so wird man wohl thun, entsprechend dem Durchmesser der Leitrollen ein richtiges Mass zu suchen für die Kettenglieder. Die Versuche an Stelle der Gliederkette endlose Bänder von Stahl, Messing oder anderem Material herzustellen, wie jüngst noch von Scheurer, Rott & Cie. in Thann patentirt, sind zweifelhaften Werthes, weil die sehr langen Führungen einmal schwer anzufertigen sind, ohne dass besonders an Löthstellen nicht Spannungen im Bande entstehen sollten, sodann sind die Bänder der Biegsamkeit wegen sehr dünn zu nehmen und bieten der Einfügung von Nadeln dann zu geringen Körper dar, endlich tritt bei dem Uebergang und Ausgang aus der parallelen Führung in die convergente bei dem Punkte der Maschine, wo das Aufclaviren der Stoffe statthat, stets eine sehr merkbare Winkelspannung ein, welche das Band auf die Dauer nicht zu ertragen vermag. An Stelle der Metallbänder hat W. Laing Kautschukbänder empfohlen; allein auch diese, ebensowenig wie die von Leder, sind im Stande dem heftigen Seitenzuge des Gewebes Stand zu halten. —

Um allen diesen Uebelständen auszuweichen, sind eine Reihe Vorschläge gemacht. Unter denselben dürften diejenigen am meisten Aufmerksamkeit verdienen, welche die Nadeln oder Haken nicht direct auf die Kette verlegen, sondern auf an der Kette befestigte seitliche Arme, welche über den Rand der Führungsbahn hinweg in den Geweberaum hineinragen. Diese Arme können an Zapfen, die in bestimmten Kettengliedern eingelegt sind, eine gewisse Beweglichkeit erhalten, die besonders bei dem Herumgang um die Leitwalzen von grossem Vortheil ist, sobald die Einrichtung so getroffen ist, dass sich an diesen Stellen die Arme ein wenig senken können, so dass die Spannung ein wenig nachgibt, so lange die Kette die Rollen berührt, sodann aber schnell, durch den Rand der folgenden Führungsbahn getragen, die alte Spannung des Gewebes wieder erlangt. Eine derartige Kette ist z. B. von J. S. Winson hergestellt.

In grösserem oder geringerem Grade erfüllen die Ketten, welche an Stelle der Nadeln Zangen, Kluppen etc. zum Einkneifen und Festhalten der Gewebesäume enthalten, dieselbe Aufgabe. Den Reigen dieser Erfindungen und Constructionen eröffneten Hartwell & Gladwin (1856) in ihrer Chain of clamps. Diese Kluppen oder Klampen öffneten und schlossen sich selbstthätig. Dieser Idee folgten sodann Owen, Bailey, Delharpe, Bridson, King, Austin, Pasquier, Hertzog u. A.

Eine verbesserte Einrichtung derselben hat George B. Sloan in Oswego hergestellt, indem er besondere Rücksicht auf den Seitendruck der Spannung gibt. In Fig. 349, 350 ist diese Einrichtung skizzirt. Die Kette hat auf den Verbindungszapfen der Kettenglieder Laufrollen, mit denen die Kette auf der Bahn rollt. Ein Arm ragt über den Rand der Bahn hervor und trägt hier Laufrollen, welche durch den Zug des Gewebes angedrückt werden. An der entgegengesetzten Seite sind die auf Winkelstücken eingesetzten Nadeln angebracht. Als Leitrolle dient ein Prisma mit halbkreisförmigen Ausschnitten zur Aufnahme der Leitrollen beim Herumgehen.

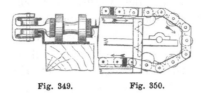

Fig. 349.   Fig. 350.

Diese Kluppen haben nicht sowohl bei den endlosen Ketten und Bändern, sondern auch bei den Rahmen, besonders bei den Horizontalarmen Anwendung gefunden, nachdem für diese noch eine Anzahl anderer Einrichtungen versucht worden sind, wie in der Kategorie 2 gezeigt wird.

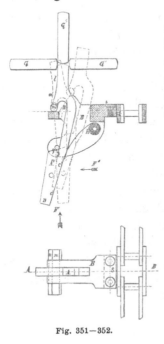

Fig. 351—352.

Wir geben hier eine der besten neueren Anordnungen der Kluppenkette von G. Hertzog[206]) in Reims (Fig. 351, 352). Die Möglichkeit, dass der Stoff zwischen das Charnier kommt, ist bei diesem Zangensystem vermieden, bei welchem der Drehpunkt des Hebels A nicht feststeht, sondern auf der schiefen Fläche c des Hebels in gewissen Grenzen beweglich ist. Wenn der Stoff zwischen den beiden Greifflächen m und n eingeklemmt ist, so genügt ein Ruck auf das Ende des Hebels bei c in der Richtung des Pfeiles F^2, um den Stützpunkt q zu lösen, ein zweiter Ruck auf das Ende D in der Richtung des Pfeiles F^1 verursacht, dass der Hebel in die Höhe geht und die abgerundete Greiffläche m an der unter 45° geneigten schiefen Fläche am oberen Theil des Charniers B hinaufgleitet. Die Feder h, welche den Hebel gegen den Stützpunkt q drückt, unterstützt und beschleunigt das Emporsteigen. Bei dem früheren System hatte der Arbeiter beim Einhängen des Zeuges keine Führung, d. h. er konnte dasselbe weit in das Maul der geöffneten Zange

[206]) Pince, patentirt. D. R. P. No. 5316.

oder ganz knapp einlegen. Bei dem vorliegenden System aber ist er durch die schiefe Fläche hinter dem Maul der Zange am zu weiten Einschieben des Stoffes gehindert, weshalb man bei diesem System gleichmässig einlegt und vollkommen gerade Zeugränder erhält. Das selbstthätige Oeffnen und Schliessen der Zangen, welche auf dem Glied einer Gelenkkette mittelst der Platten S befestigt sind, geschieht durch eine Reihe in passender Weise angebrachter Leitrollen, an und unter welchen die Zangen bei ihrer Bewegung in der Spannmaschine vorbeistreichen. Zum Schliessen dienen die drei Leitrollen G, G', G''. An G stossen die Hebel mit ihrer Seite l an und werden dadurch in den Bereich der Rolle G' gebracht, welche dieselben sodann in ihre richtige Lage bringt. Hierauf streichen die Hebel mit ihren oberen Enden unter der Rolle G'' hin und werden dadurch veranlasst, herabzugleiten und die Zange zu schliessen. Zum Oeffnen der Zangen wendet Hertzog Leitrollen an, welche in ganz ähnlicher Weise wie die eben beschriebenen wirken, jedoch an dem unteren Ende der Hebel angreifen und in der Richtung der Pfeile arbeiten.

Eine andere gute Kluppe dieser Art ist die von Moritz Jahr[207]) in Gera (Fig. 353). Die Kluppe besteht aus dem festen Theile A mit schiefer Fläche, dem beweglichen Theile B mit Nase d und der Feder C. Diese Kluppe lässt vermittelst der Platten a und c ein Einklemmen von Geweben an Appretur- und Trockenmaschinen u. s. w. zu, derart, dass der Druck möglichst rechtwinklig auf die Leisten der Waare erfolgt und erst beim Anspannen der letzteren ein Festklemmen derselben stattfindet.

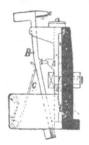

Fig. 353.

G. Hertzog stellt für den Zweck der Spannung allein Maschinen her, die mit seinen Kluppen ausgerüstet sind. Von denselben geben wir auf nebenstehender Tafel in Fig. 354 eine Abbildung in perspectivischer Ansicht, die an sich klar ist. Wir bemerken hier nur noch, dass diese Maschine unter geeigneter Einfügung von Dämpfcylindern etc. auch zum Dämpfen der Wollstoffe etc. benutzt werden kann. Dieselbe wird auch für leichte Stoffe (articles de Tarare) zum Ausbreiten verwendet, weil sie diese Stoffe sehr sanft an den Säumen erfasst, einem Ausreissen der Kantenfäden vorbeugt und jede beliebige Anspannung erlaubt[208]). Aehnliches verfolgt auch Brewer[209]) in seiner Tüllrahmmaschine, sowie Farmer[210]) u. A.

---

[207]) D. R. P. No. 12200.

[208]) Polyt. Zeit. 1880.

[209]) Engl. Spec. 1873. No. 1631.

[210]) Engl. Spec. 1872. No. 1819.

2. Stehende Rahmenspannvorrichtungen.

Bei verticalen Spannrahmen, wie sie für Tuche etc. benutzt werden, besteht der Spannmechanismus meistens in dem unteren Langholz der Rahmen, dessen obere Kante mit einer Reihe Clavierhaken versehen ist. Dieses Langholz lastet dann mit seinem Gewicht am Gewebe. Bessere Einrichtungen sind schon die, bei welchen dies Langholz durch Schrauben nach unten hin herausgeschoben wird. Man hat bei dieser Einrichtung wenigstens den Grad der Spannung in der Gewalt. Die später gegebenen Rahmen illustriren die Sache sehr vollständig.

Bei horizontalen Rahmen ist die Last des einen Balkens nicht zu benutzen und hier greifen die Einrichtungen Platz, welche durch Führungsbahnen, Axen und entgegengerichtetes Schraubengewinde die Auseinanderstellung erwirken. Die Festhaltung des Gewebes an den Säumen geschieht dabei durch Klavierhaken und Klaviernadeln, die auf den Langseiten des Rahmens aufgebracht, auch in Metallband eingelassen sind, welches dann auf den Rahmenbacken festgeschraubt wird (Sultzer), aber auch durch andere Mittel. Früher versah man die Längsbalken mit Nuthen und klemmte mit dem Stahl resp. entsprechenden Leisten die Gewebesäume darin fest. Dann ordnete man über den gut bearbeiteten und wohl mit fringirendem Ueberzug versehenen Kanten der Balken durch Schrauben festschraubbare Leisten an, zwischen denen dann das Gewebe mit den Säumen eingeklemmt wurde. Dies war der Uebergang zu der Anordnung von Kluppen, die

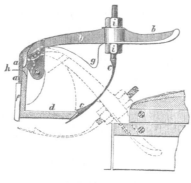

Fig. 355.

entweder als Federkluppen oder als Schraubenkluppen hergestellt werden. Die Hertzog'sche Kluppe ist auch für die Horizontalrahmen von grosser Anwendbarkeit. Eine Anzahl anderer Constructionen sind in den Patenten Englands, Frankreichs und Deutschlands, sowie Amerikas zu finden.

Ein recht zweckmässiger Kluppenapparat ist z. B. von Gebr. Wolff in Plauen erfunden. Die Fig. 355 zeigt diese Kluppe mit eisernem Rahmen und Hartgummi-Kluppflächen, im Längs- und Querschnitt. a und a sind die

betreffenden Kluppflächen, zwischen welchen die Waare h eingeklemmt wird,
b ist der Griff, von welchem die gerade Fläche ausläuft, an die die Klupp-
flächenleisten durch messingne Schrauben befestigt sind; d ist ein Theil des
eisernen Rahmens, f eine Holzverkleidung am Rahmentheil, c eine Feder
aus gehärtetem Stahl, welche mit dem, am Ende derselben befindlichen
Einschnitt beim Schliessen der beiden Kluppflächen a, a an der spitzen
Kante des Rahmentheiles d einklinkt; i, i sind die Schrauben, durch
welche die Feder c länger oder kürzer gestellt werden kann und dieselbe
selbst festgehalten wird, g ist eine eiserne Nase, die sich beim Oeffnen
der Kluppe auf die Spitze des Rahmentheiles d stützt, e ist das Charnier
der Kluppe.

     Die bisherigen Kluppflächen von gutem, trocknem Birnbaumholz eignen
sich nicht immer für couleurte Artikel als: Tarlatan, Battist, Organdis,
Crêpe-lisse etc.; die Farbstoffe von intensiv dunklen Nüancen dringen in
das poröse Holz ein und sind selbst mit starken Säuren nicht ganz
wieder zu beseitigen. Starke Chlorauflösungen entfernen die Farbstoffe
noch am besten aus der Holzkluppfläche. Nach Anwendung derselben
bekommen aber die hernach darauf appretirten couleurten Waaren oft
ganz weisse Saalleisten. Ein Material, welches sich dagegen als vollkommen zweckentsprechend erweist, ist Hartgummi. Die von ihm
angefertigten Kluppflächen sind sehr dicht und nicht porös, so dass
die Farbstoffe nicht eindringen können; dabei sind sie bei ihrer grossen
glasartigen Härte geschmeidig und elastisch, wodurch man sehr sauber
aussehende Saalleisten an den Waaren erhält. Diese Hartgummi-Kluppflächen widerstehen allen den Säuren, die die Apprete und Farbstoffe
enthalten, und verhalten sich ganz neutral. Man kann also mit diesen
Flächen auf einem und demselben Rahmen die intensivsten, dunkelsten
Nüancen und kurz darauf, unbeschadet ihres Ansehens, auch weisse
Waaren und hellere, andersfarbige Nüancen appretiren.

     Es sei hier bemerkt, dass man bei den stehenden horizontalen Rahmen
auch endlose Ketten und Nadelbänder angewendet hat; solche Einrichtungen
fallen dann unter die erste Abtheilung (siehe Seite 556).

3. Spannrahmen mit zwei Scheiben.

     Die in diese Abtheilung gehörigen Constructionen werden unter
Trockenmaschinen betrachtet werden.

B) 1. Ausbreitschienen.

     Die Streichschienen oder Ausbreitschienen haben im Allgemeinen eine
sehr einfache Form. Die Oberfläche derselben ist gerippt und zwar
von der Mitte der Schiene aus gerechnet sind die Rippen convergirend,
indem der Schnittpunkt derselben der Bewegungsrichtung der Gewebe
entgegengesetzt gerichtet ist. Die Form, Höhe und übrige Anord-

nung der Rippen kann natürlich sehr variiren. Man hat Streichstangen, bei denen die Rippen nur schwache Hervorragungen bilden und solche, bei denen sie 1—3 cm messerartig aus dem Körper der Streichstange hervorragen. Je nachdem das Gewebe um die Streichstange einen Winkel beschreibt, ist die Oberfläche derselben abgerundet und cylinderig.

Streichstangen zum Ausbreiten befinden sich an sehr vielen Maschinen und zwar läuft das Gewebe darüber vor Eintritt in die wirksamen Theile der Maschine. Sie können auch auf beweglichen Armen aufgebracht sein.

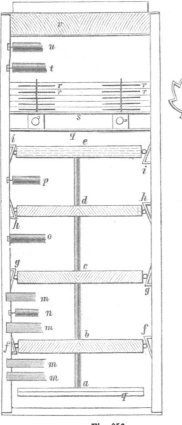

Fig. 356.

Eine combinirte Ausbreit- und Streichmaschine, welche wesentlich auf Wirkung der Streichschienen beruht, ist die von J. Ducommun & Co.[211] in Mülhausen (Elsass). Dieselbe ist auch von sehr guter Wirkung bei Seidentaffeten bezüglich des Ausgleichens ungleich dichter Stellen. Beim Eintritt des Stoffes gleitet der Stoff über ein senkrecht stehendes Messer a (siehe Fig. 356), geht unter 2 Walzen m, m hindurch und über eine Lade b, welche auf ihrer Oberfläche mit Streichmessern besetzt ist, die von der Mitte aus gerechnet zur Platte der Lade entgegengesetzt schräg gestellt sind. Der Stoff läuft sodann unter, dann über, dann unter 3 Walzen m, n, m durch und passirt wieder eine Lade c, die mit Messern in umgekehrter Stellung als b garnirt ist. Die Lade d ist der Lade b gleich, bis auf etwas dichtere Stellung der Messer. Der Stoff berührt dann noch eine Lade e, auf welcher in drei Längsreihen kurze Messer versetzt aufgestellt sind. Nun tritt das Zeug in einen Apparat über, der aus einer gerieften Grundplatte besteht und zwar sind die Riefen durch Glasstäbe gebildet. Zwischen diese Stäbe eingreifend sind an beiden Seiten der Maschine Räder r von beigegebener Peripherieform aufgestellt, welche sich nach den Seiten der Maschine zu drehen. Zuvor etwas angefeuchtet, wird

---

[211]) Grothe, Spinnerei, Weberei, Appretur auf der Ausstellung in Paris 1867. Seite 180. Julius Springer, Berlin.

der Stoff, indem er unter und über den Glasstäben abwechselnd durchgeht, von den Rädern nach den Seiten hin angezogen und ausgebreitet.
Er passirt sodann noch einige Tuchcylinder t, u und endlich ein mit Tuch
bezogenes entgegengesetzt gerieftes Streichbrett v.

Während des Ganges der Maschine machen die Laden, die an Armen
aufrecht stehen und unten durch Kurbeln schwingende Bewegung haben,
zugleich vermöge der aus Fig. 356 ersichtlichen winkelförmigen Ansätze
h, i, g, f und Rollen auch seitliche Bewegungen.

2. und 3. Streichrollen.

Die Streichrollen gehören gleichfalls zu den gewöhnlichen Theilen vieler
Appretur-Maschinen. Sie drehen sich nicht immer und sind dann nichts
anderes als Streichstangen. Sie drehen sich ferner oft langsamer wie das

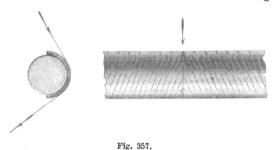

Fig. 357.

Gewebe läuft und wirken dann etwas nachgiebiger wie feste Streichstangen.
Wenn sie sich in der gleichen Richtung auf dem Gewebe drehen, können
sie keine Wirkung für das Ausbreiten hervorbringen. Drehen sie sich aber
dem Stoff entgegengesetzt, so üben sie eine sehr kräftige Wirkung in aus-
breitendem Sinne aus. Die Fig. 357 und 358 geben einige Ansichten von

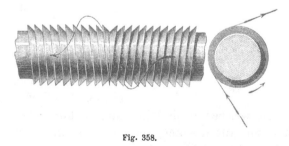

Fig. 358.

Streichwalzen an. Man sieht, die Streich- oder Ausbreitrippen brauchen
nur flach zu sein in einigen Fällen, in anderen Fällen sind sie sehr scharf
hervortretend[212]. Albert Nagles hat in seinem Patent 1855 sehr treffend
ausgesprochen, dass für das Ausbreiten der Stoffe eine mit schwachen

---

[212] Wir verweisen auch auf die Abbildung der Sorel'schen Auftragmaschine
(Fig. 226), wo die Walzen K, I, J verschiedene Ausbreitwalzen darstellen.

rechts- und linksgewundenen Schraubengängen versehene Walze genüge mit langsamer Rotation, — eine mit scharfen Gängen besetzte Walze aber, bei schneller Bewegung zugleich die Arbeit einer Noppmaschine verrichten könne. William Moseley und viele Andere suchten die möglichst wirksamste Weise der Oberflächengestaltung heraus, indessen richtet sich der stärkere oder schwächere Angriff durch höhere oder niedrigere Streichspiralen lediglich nach der Qualität der Stoffe. Man hat darin weitgehende Constructionen gemacht, z. B. hat man die Streichrolle mit Spiralen von Kratzen bezogen, oder, wie Duché dies durchgeführt, mit Spiralwindungen von Nadeln- oder wie Aikmann mit Walzenstücken, die geneigt auf der Axe sitzen und auf ihren Oberflächen Nadeln ,tragen. Gessner u. A. haben die Walze hergestellt aus geneigt zur Axe aufgeschobenen Scheiben. Alle diese Einrichtungen sind brauchbar, wenn sie für die richtigen Stoffe angewendet werden.

William Birch in Salford wendet Walzen mit Spiralcannelés an, deren Windungen durch hochstehende Messerspiralen getrennt sind, welche eine seitliche Verschiebung erlauben, sodass also hier eine seitliche Oscillation der Spiralmesser statthat, welche ausstreichend wirkt. Die Cylinder mit schraubenförmigen Erhebungen laufen von der Mitte nach beiden Enden in entgegengesetzten Richtungen, während der eine Cylinder, oder das dessen Stelle einnehmende Cylinderpaar so in einem Rahmen getragen ist, dass dieser während seiner Rotationsbewegung um die Mitte schwingen und in Folge dessen aufhören kann, mit dem anderen Cylinder oder Cylinderpaare parallel zu sein (Fig. 359*).

Der Schwingrahmen, dessen Gestalt von derjenigen der Schwingwalze abhängt, trägt an seinen Enden die Lager für den Cylinder, während der Rahmen selbst auf jeder Seite durch einen in einem Lager liegenden Zapfen unterstützt ist, so dass die Drehaxe des Rahmens mit der des Cylinders einen rechten Winkel bildet. Der Rahmen ist ferner auf jeder Seite mittelst Winkelhebels mit einem Regulator in Verbindung; je nachdem sich derselbe bewegt, entfernt oder nähert sich die eine oder andere Seite des Schwingcylinders von oder nach dem festen Cylinder, und der Zug, welchen die stets nach abwärts laufenden Schraubengänge auf das bearbeitete Material ausüben, wird somit auf der einen Seite verstärkt und auf der anderen Seite vermindert, das Arbeitsstück dadurch in seine centrale Richtung zurückgebracht, und der Parallelismus zwischen Schraubencylinder und Regulator wieder hergestellt.

R und R¹ sind die Cylinder oder Walzen mit Schraubengängen auf ihrem Mantel, Schraubencylinder genannt. R ist der bewegliche oder Schwingcylinder, im Rahmen S, S¹ getragen, und R¹ ist der feste Cylinder; beide rotiren gegeneinander. M ist das bearbeitete Gewebe, welches von

---

*) Fig. 359 auf nebenstehender Tafel.

den Walzen B und B¹ durchgezogen wird. Von B geht die Bewegung zu den beiden Schraubencylindern. Dies geschieht von der Mitte aus auf den Schwingcylinder, mittelst der Zahnräder W und W¹, vom Ende auf den festen, mittelst der Riemscheiben. In allen Fällen können aber statt der Riemscheiben Zahnräder, und statt der letzteren Riemscheiben angewendet werden. G bezeichnet den Regulator, zwischen dessen Stäben b, b¹ und b² das Gewebe M hindurchgeht, und welcher in der Mitte um den Stützzapfen C drehbar ist. Durch die an den Stäben b, b¹ und b² verursachte Reibung wird auf den Regulator ein gewisser Zug in der Bewegungsrichtung des Gewebes M ausgeübt. Ist der Zug auf beiden Hälften

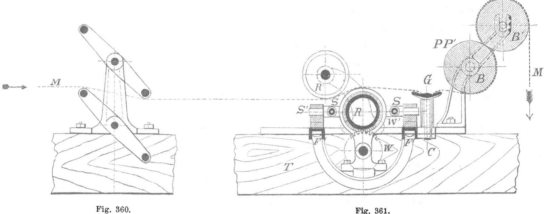

Fig. 360.   Fig. 361.

des Regulators gleich, so wird dieser seine Stellung nicht verändern; geht aber das Gewebe auf die eine oder die andere Seite, so zieht es den Regulator auf der betreffenden Seite mit sich. Die Bewegung wird dann

Fig. 362.

auf die Stange S des Schwingrahmens S, S¹ übertragen, so, dass sich der Schwingcylinder auf dieser Seite vom festen Cylinder entfernt, während er sich demselben am andern Ende nähert. Dadurch wird auf dieser Seite das Gewebe von den Schraubencylindern kräftiger angezogen und jener weniger stark, bis es die Mitte wieder erreicht und Regulator und Cylinder in ihre normale Stellung zurückkehren (Fig. 360—362).

Birch hat den Regulator auch für gewisse Zwecke etwas umgeändert. Wie bisher, wendet B. einen balancirten Rahmen an, der um einen in der Mittellinie der Maschine liegenden Zapfen drehbar ist. Statt jedoch den Rahmen oder Balancier ganz aus festen Stäben herzustellen, sind ein, mehrere oder alle Stäbe um ihre Längenaxe drehbar. Diese Stäbe oder Walzen können glatt oder cannellirt, oder serirt, cylindrisch oder conisch, oder in irgend einer anderen zweckmässigen Form ausgeführt werden.

Sie sind ferner unter einander parallel; die gegenseitige Stellung, sowie die relative Grösse, Zahl und Anordnung der Stäbe oder Walzen kann jedoch beliebig verändert werden.

So lange das Gewebe in der Mitte der Maschine, der Rahmen also in seiner Gleichgewichtslage bleibt, hat die Rotation der Walzen nur ein gleichmässiges Glätten oder Oeffnen des Gewebes zur Folge, je nachdem die Walzen glatt oder schraubenförmig geriffelt sind. Wird aber der Rahmen in Folge einer Abweichung des Gewebes von der Mittellinie in eine schiefe Stellung gebracht, so bildet das ankommende Gewebe auf der Seite, von der es abgewichen, mit den Enden der Rollen einen spitzen oder spitzeren Winkel, und die verschiedenen Berührungspunkte der Walzen ziehen nun während ihrer Drehung das Gewebe in der entgegengesetzten Richtung so lange, bis der normale Winkel wieder hergestellt ist, bis also die Richtung des Gewebes wieder in die Bewegungsrichtung der Walzen fällt. Wenn z. B. das Gewebe nach der rechten Seite abgewichen ist und das rechte Ende des Regulators vorwärts gezogen hat, sind die Stäbe so gestellt, dass sie das Zeug nach links bewegen und es also in die Mitte zurückführen; alsdann ist auch der Balancier in seine normale Lage zurückgekehrt und hat keinen weiteren seitlich bewegenden Einfluss auf das Gewebe. Diese Leitung des Gewebes kann nun entweder gänzlich im Regulator selbst bewerkstelligt werden, oder der Regulator kann ausser seiner directen Wirkung noch die Stellung der Arbeitsflächen (Schrauben, Ketten oder Riemen, oder glatte Walzenflächen) kontroliren.

Will man den Regulator oder Zeugleiter ebenfalls zum Strecken des Zeuges benutzen, so biegt man jeden Stab in der Mitte, so dass derselbe statt einer graden Linie die zwei Seiten eines Winkels bildet, dessen Schenkel nach der Bewegungsrichtung des Zeuges convergiren und sich in einem Punkte der Mittellinie der Maschine vereinigen. Diese Stäbe bilden die Axen für rotirende Hülsen. Da in diesem Regulator oder Strecker die Bewegungsrichtung der mit dem Zeuge in Berührung stehenden Walzenpunkte mit der Bewegungsrichtung des Zeuges stets einen Winkel bildet, so wird das Zeug von den Walzen von der Mitte nach aussen gezogen und somit geöffnet, gestreckt oder geglättet. Die Wirkung dieses Arrangements kann ferner dadurch verstärkt werden, dass eine der Walzen aus zwei Theilen hergestellt wird, deren jede am Ende ähnlich wie ein Thürband drehbar ist und mittelst eines am Ende angebrachten kurzen Hebelarmes gehoben oder gesenkt und somit mehr oder weniger mit dem Gewebe in Berührung gebracht werden kann. Es wird dies durch einen Zeugleiter mittelst Hebelverbindung bewirkt[112a]).

[112a]) Siehe Grothe, Appreturpatente. Verhandl. des Vereins für Gewerbfl. 1880.

4. Streichschienenwalzen.

Die ausbreitende Wirkung der festen Streichschienen hängt lediglich ab von der Reibung der oberen Kante der Rippen, Spiralen etc. gegen welche und über welche das Zeug sich bewegt. Sie wird vergrössert dadurch, dass man das Gewebe gegen die Streichschiene durch eine Walze andrückt. Indessen kann dies Andrücken sehr üble Folgen mit sich bringen und presst in den Stoff soviele Vertiefungen ein, als Spiralrippen vorhanden. Man hat daher diese Einrichtung wieder verlassen. Um aber die Wirkung der Streichschienen zu vergrössern, ist man darauf gekommen, die Streichschienen selbst zu bewegen. Man ordnet mehrere Streichschienen auf einer Walze an. Da dies allein noch nicht genügt, um kräftig-ausbreitend zu wirken, so construirt man diesen Cylinder so, dass die Streichschienen in Längen von etwas mehr als der Hälfte der Cylinderlänge in Führungen zweier oder mehrerer auf der Axe fest aufgesteckter Scheiben sich verschieben lassen, und zwar geschieht dies mit Hülfe von geneigt gerichteten Scheiben, die feststehen oder eine entgegengesetzte Bewegung haben als die Schienenwalze, und mit ihrer Kante in Nuthen auf der unteren Seite der Streichschienen eingreifen. Die Bewegung der Streichschienenstücke muss bei der Arbeit stets von der Mitte nach den Seiten der Walze

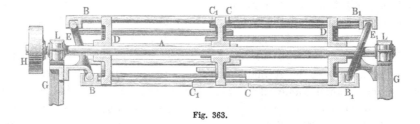

Fig. 363.

hin gerichtet sein, während ausser Berührung des Stoffes die Walze auf ihrer weiteren Rotation die Streichstange wieder zur Anfangsstellung einschiebt (Fig. 363).

Diese Streichschienenwalze ist in einer normalen Construction in Fig. 363 abgebildet. Die Welle A trägt 3 Scheiben D. Die Kränze derselben sind mit entsprechenden rechteckigen oder besser schwalbenschwanzförmigen Einschnitten versehen zur Aufnahme der Streichschienen B, C und B_1, C_1, von etwas mehr als $1/2$ der Cylinderlänge bei der weitesten Stellung. Die elliptischen Ringe E, E' dienen als Curvenscheiben und sind an den Gestellwänden in bestimmter Neigung festgeschraubt oder so befestigt, dass sie verstellbar sind. Ueber diese Ringe E, E' greifen die Klauen, welche auf den unteren Seiten der Streichschienen nach aussen hin gelegt enthalten sind. Wird nun die Welle A, welche in den Lagern L, L des Gestelles G ruht und die Treibscheibe H trägt, in Bewegung versetzt, so drehen sich natürlich die Streichschienen auf D, D mit.

Dieselben erleiden aber während der Rotation durch die Ringe E, E'
alternirende Bewegungen und zwar entsprechend der Ringstellung von der
Mitte der Welle nach aussen und von aussen gegen die Mitte gerichtete
Verschiebungen. Ist nun die Oberfläche der Schienen, die über den
Scheiben D hervorragt, mit geeigneten Riffelungen versehen, so wirken die
hervorstehenden Kanten derselben auf das über den Cylinder geführte
Gewebe. Die Einleitung desselben geschieht nun so, dass das Gewebe an
den Cylinder tritt, da wo die Streichschienen die weiteste Verschiebung
nach Innen erfahren haben und also beginnen werden, wenn A weiter
umgeht, sich langsam nach den äusseren Enden des Cylinders heraus-
zuschieben. Dann streifen die Riffelungen der Schienen die Gewebe in
gleicher Richtung und suchen es nach den Kanten hin auszustrecken. Ist
für die Streichschienen die weiteste Herausschiebung erreicht, so wird das
Gewebe durch Walzen etc. von dem Breitcylinder abgehoben und fortgeführt.

Dieser Streckwalze hat man sehr verschiedene Einrichtungen gegeben.
Die oben angegebene Construction ist bereits 1829 von John Jones[213]
angewendet worden. 1858 wurde sie von James Hersford verbessert,
indem er die Führungen der einzelnen Stäbe mehr sicherte. Weissbach
(Chemnitz) brachte z. B. ausserhalb der Walzenenden nicht auf der Axe,
sondern feststehend, geneigte Ringe an. An jeder Streichstange befestigt
er wieder einen Ring und verbindet diesen mittelst Ringhakens mit dem
geneigten Ring. Wenn die Axe nun rotirt, so rotiren die Schienen mit
und werden durch den geneigten Ring verschoben. Bei diesem Verschieben
genügt die blosse Friction der Rippen am Stoff aber nicht immer zur Erzeugung
eines genügenden Ausbreitens. Daher sind schon Rensham & Haworth
darauf gekommen, die Rippen mit dreieckigem Querschnitt zu profiliren,
so dass sie mehr angreifen, ja sie versehen den Grat sogar mit Zähnen.
J. Greenwood suchte eine kräftigere Wirkung so zu erzielen, dass er
die Cylinderform (Fig. 364) der Walze gewölbt herstellte, d. h. nach den
Enden der Walze hin conisch sich verjüngend. Eine der besten, übrigens
auch berühmtesten Breitwalzen hat Ch. A. Luther[214] in Pawtucket, R.-J.
construirt. Dieselbe besteht aus componirten Stäben n, n, auf Axen o
verschiebbar. Die einzelnen Klötze, welche die Stäbe n bilden, stehen in
Verbindung mittelst Winkelzapfen und Bohrungen, wie aus der Fig. 365
ersichtlich. Für die einzelnen Kammblöcke n, welche an der unteren Seite
eine Nuthe tragen, in welche ein Ring s eingreift, der von einem andern
Ring mit Rinne f, e getragen wird, dient dieser Ring an den Armen k, k
und an den Armen h, l, g festgestellt als Verstellung der Klötze. Dieser
Mechanismus ist nun als innere Walze in eine andere eingeschlossen, die
mit Schlitzen parallel zur Axe versehen ist. Durch diese Längsschlitze
greifen die Zähne der Klötze hindurch.

---

[213] Engl. Pat. No. 5835. 1829.
[214] Am. Pat. Reissued No. 190 600. 1877. Siehe auch Pat. 156 643.

Hesfords Patentausbreitapparat ist in Fig. 366 u. 367 dargestellt.

Dieser Ausbreitapparat ist eine aus Messingschienen und mittelst Keilen auf einer hohlen Welle befestigten Excentrics (Discs) zusammengesetzte Walze. Die Welle ist mit rechts und links Schraubengewinde versehen, durch welche mehr oder weniger Ausbreitung gegeben werden kann. Die Walze wird durch die Waare getrieben. Die Messingschienen sind der Länge nach gerippt und in der Mitte der Walze vierkantig, wodurch die

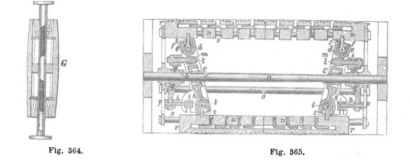

Fig. 364.   Fig. 365.

Möglichkeit die Waare zu zerreissen auf ein Minimum reducirt wird. Die Rippen stehen, um den Ausbreiteffect zu erhöhen und die Schussfäden in rechtwinkelige Position zu den Kettenfäden zu bringen, im rechten Winkel zur Axe. Die Schienen sind durch T geformte Leiter mit den Excentrics verbunden, welche wie oben gesagt auf die hohle Welle gekeilt sind und haben an jedem Ende adjustirbare Lager, die durch die Endlager passiren. An den adjustirbaren Lagern sind Zeiger befestigt und die End-

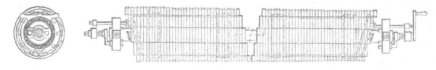

Fig. 366—367.

lager sind mit Buchstaben oder Nummern markirt. Die Zeiger indiciren den Theil des Apparates, wo die Excentrics am weitesten auseinanderstehen, d. h. wo die Waare vom Apparate abgenommen wird. Es kann deshalb der Apparat beliebig gestellt werden, man hat nur die Zeiger an jedem Ende der Maschine auf die betreffenden Buchstaben oder Nummern zu bringen. Der Apparat dient sowohl um feuchte als trockene Waare zu breiten. Im letztern Falle wird die Waare auf einer gewöhnlichen Anfeuchtmaschine oder durch Dampf etwas feucht gemacht. Der Apparat wird sowohl für Trockenmaschinen als für Kalander und als separate Maschine angewendet und kann für andere Maschinen passend gemacht werden. In Verbindung mit Kalandern wird der Apparat vor den Walzen angebracht und macht die Waare beliebig weiter. In Verbindung mit Cylinder-Trockenmaschinen ist der Ausbreitapparat entweder direct über den ersten oder den zweiten untern Cylinder placirt. Der Ausbreitapparat wird stets durch die Waare bewegt (mit Ausnahme für Spitzen, Seide und ganz feine Gewebe) und muss so nah als möglich an den Cylinder oder die Walze etc. gesetzt werden. Die Expansionswalzen werden von 18″, 15″ und 12″ Durchmesser construirt für irgend welche Breite, die gewünscht wird. Die Excentrics werden gewöhnlich aus Eisen, jedoch auch aus Kanonenmetall angefertigt.

Pierron & Dehaitre[215]) (Paris) stellen den Ausbreitcylinder aus verschiebbaren Scheiben her, überziehen sie aber mit einer elastischen Bekleidung, welche durch Daumen in Bewegung gesetzt wird.

5. Querlaufende Ketten.

Die eigenthümliche Anordnung, von der Mitte des Gewebes aus nach den Kanten zu auszubreiten und zu strecken mit Hülfe von Ketten, mit eigens hierzu geformten Gliedern, wurde zuerst von W. Birch[216]) in Salford benutzt.

Figur 368*) zeigt eine combinirte Schlag- und Ausbreitmaschine (Scutcher und Opener), welche dazu dient, das meistens durch Handarbeit verrichtete Entfalten und Ausbreiten gebleichter, gefärbter oder gedruckter Waare auf ihrem Wege zur Trocken-, oder Messmaschine durch Maschinenarbeit vorzunehmen. Die Waare durchläuft zuerst die über der Ausbreitmaschine aufgestellte Schlagmaschine, wird mittelst zweier ihrer Bewegungsrichtung entgegen arbeitenden Schläger, welche ca. 200 Umdrehungen per Minute machen, gelockert und durch dieselben, so wie durch zwei Walzen mit rechts- und linksgängiger Spirale, hinreichend entfaltet, um sodann der eigentlichen Ausbreitmaschine zugeführt werden zu können. Diese ist mit zwei Paaren endloser Spannketten versehen, wovon jedes die halbe Breite der Waare fasst. Die mit der Waare in Berührung stehende Hälfte einer jeden Kette erhält von der Maschine eine Bewegung von der Mitte der Waare nach auswärts; wird also die Waare von jedem Kettenpaare so gefasst, dass ein gewisser Reibungswiderstand gegen die Bewegung der Ketten stattfindet, so werden letztere die Waare in der Richtung des Einschlages ausbreiten, und zwar geschieht diese Arbeit, die sich über die volle Breite und Länge der Waare erstreckt, gleichförmiger und wirksamer als dieses bisher mittelst Handarbeit möglich war.

Die erwähnte Reibung zwischen den Ketten und der Waare wird ferner auf sinnreiche Weise dazu benutzt, um die Waare bei ihrer Vorwärtsbewegung stets in der Mitte der Maschine zu erhalten — um sie also der Trockenmaschine stets in genau geradliniger Richtung zuzuführen.

---

[215]) D. R. P. No. 2379.
[216]) Polyt. Zeit. 1873 u. 1879.
*) Fig. 368 auf nebenstehender Tafel.

Die inneren der Mitte der Maschine zunächst liegenden Kettenscheiben der
äusseren (dem Beschauer zugewendeten) Spannketten sind nämlich auf den
Armen zweier Winkelhebel angebracht, welche sich in einer horizontalen
Ebene um die verticalen Axen der zugehörigen äusseren Kettenscheiben
drehen, so dass eine Drehung dieser Hebelarme die Reibung zwischen den
Spannketten und der Waare entweder vermehrt oder vermindert. Die
Waare passirt nun unmittelbar nach ihrem Austritt aus den Spannketten
den sogenannten Regulator (siehe auch Fig. 362), ein System von drei nach
auswärts gereiften Spannstäben, welches um einen in der Mittellinie der
Maschine angebrachten festen Zapfen drehbar ist und das dem Durchgange der
Waare einen gewissen Reibungswiderstand entgegensetzt. Läuft nun die Waare
genau in der Mitte der Maschine, so dass die Mittellinie der Maschine und
die des Stückes zusammenfallen, so wird die Längenrichtung des Regulators
normal zu dieser Mittellinie stehen; verlässt hingegen die Waare die Mitte
der Maschine, so neigt sich der Regulator nach derjenigen Seite, auf
welcher sich die grössere Breite der Waare, mithin auch der grössere
Reibungswiderstand, befindet. Der Regulator ist nun durch ein Arm- und
Hebelsystem mit den zweiten, kürzeren Armen der vorerwähnteu Winkelhebel in der Weise verbunden, dass eine jede Drehung des Regulators
auch eine Drehung der Winkelhebel bewirkt; verlässt der Regulator seine
horizontale Stellung, so wird die über dem höher gestiegenen Ende
desselben befindliche Spannkette fester gegen die Waare gedrückt, während
die andere dieselbe mehr oder weniger frei lässt, und umgekehrt. Die
jedesmal straffer angezogene Spannkette zieht also die Waare nach ihrer
Seite hinüber; in dieser Weise wird letztere stets genau in der Mitte
der Maschine gehalten und gelangt in geradliniger Richtung auf die
Trockencylinder, Messmaschine oder dergleichen. In ihrer Längenrichtung
wird dieselbe in angemessene Spannung versetzt in Folge der ihrer Bewegung durch die Spannketten und den Regulator entgegengesetzten
Reibungswiderstände, welche von der bewegenden Kraft zu überwinden
sind.

Die Spannketten werden in der Regel mit daumenartigen, die Reibung
gegen die Waare vergrössernden Vorsprüngen versehen; mitunter werden
sie durch einfache Bänder ohne Ende, mitunter durch rotirende
Spiralwalzen ersetzt; das Prinzip der ganzen Maschine ist indess stets
das beschriebene. Diese Einrichtung haben auch Gros, Roman
Marozeau & Co. in Wesserling benutzt [217]. Die Einrichtung hat sehr viel
Aehnlichkeit mit der von Birch, dessen Patente in anderen Ländern von
1870 datiren, so dass wir fast an eine Identität glauben müssen. Die
Fig. 369 ist aus ihrem Patent.

Eine andere hierher gehörige Construction ist das System Schindler.

---

[217] D. R. P. No. 2592.

Bei der ursprünglich Schindler'schen Construction wurde die Verbreiterung des Zeugs nur nach den Berührungslinien zweier aufeinanderliegenden, mit ihrer Axe zur Längsrichtung des Gewebes schief gestellten Rollen bewirkt. Bosshard[218]) hat indessen diese Construction verbessert und 1873 auf der Ausstellung in Wien vorgeführt. Bei derselben werden zum Ausbreiten des Gewebes zwei Rollenpaare, die 4—5 Zoll auseinander liegen und über welche ein Riemen ohne Ende gespannt ist, verwendet. Die Streckung findet demnach nicht blos nach den beiden Berührungslinien, sondern nach den beiden Berührungsflächen statt. Bei dieser Anordnung erfolgt aber, wie leicht ersichtlich, nicht nur eine grössere Streckung, sondern es ist damit zugleich auch eine erhöhte Garantie gegen das Zerreissen der Gewebe verbunden. Deshalb kann die verbesserte Maschine nun auch für Gewebe jeglicher Art verwendet werden, während dies bei der früheren

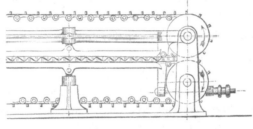

Fig. 369.

Maschine nicht der Fall war. Da die Neigung der Rollen beliebig verstellt werden kann, so kann die Maschine für jede beliebige Streckung eingerichtet werden und zwar innerhalb der Grenzen von 1—15 cm je nach Bedarf und Art des Stoffes. Ausserdem hat die Bosshard'sche Maschine den Vortheil, dass der zu streckende Stoff möglichst geschont wird, dass dieselbe Maschine für jede vorkommende Tuchbreite gebraucht werden kann und dass sie bei grosser Leistung (bis zu 100 Meter per Minute) nur geringe Unterhaltungskosten mit sich bringt. Diese reduciren sich nämlich auf zeitweiliges Ersetzen der ausgelaufenen Riemchen, was alle sechs Monate nothwendig wird.

6. Saumrollen.

Eine interessante, merkwürdigerweise nur in wenigen Versuchen vorliegende Methode des Ausstreichens und Ausbreitens der Gewebe liegt in der Anwendung von Rollen, deren Mantel rauh oder doch fringirend hergestellt wird, welche an den Säumen innerhalb des Gewebes so aufgestellt sind, dass ihre Bewegungsrichtung in Berührung des Gewebes von der Mitte desselben nach den Säumen zu gerichtet ist. Diese Construction

---

[218]) Grothe, Spinnerei, Weberei, Appretur auf den Ausstellungen seit 1867. Seite 240. Burmester & Stempell, Berlin.

lässt sehr viele Variationen zu in der Breite der angewendeten Rollen, ihrer Stellung zum Saum und zur Mittellinie, ihrer Zahl u. s. w. Isaac E. Palmer[219]) in Hackensack (N.-J.) hat die Anordnung getroffen, wie die Skizze zeigt. Das Gewebe passirt von der Walze a nach b unten. Die Saumrollen F, F' mit Frictionsmantel B, oben die Rolle f mit Mantel A. Diese Mäntel sind cannelirt, können aber auch mit Kautschuk, Leder etc.

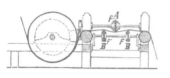

bezogen sein. Wie die Skizze verdeutlicht, kann man dem Zeuge grössere Spannung geben und die Rollen oben und unten einander nähern, um die Frictionswirkung zu vergrössern (Fig. 370).

Fig. 370.

Hierher gehört auch der von J. Ducommun & Co.[220]) in Mühlhausen construirte Breitapparat für Seide, insofern er eigenthümliche Räder r zum Ausstrecken der Säume enthält. (Siehe Seite 563.)

7. Andrücken auf einen Tisch und Ausbreiten.

Diese Abtheilung begreift Apparate, welche den Saum des Gewebes fest gegen eine expansible Platte drücken und dann die Ausbreitung vornehmen, indem der Pressstempel und die betreffenden ausziehbaren Theile des Tisches herausbewegt werden. Einen derartigen Apparat hatte Edm. Marcadier[221]) in Paris 1878 ausgestellt. Wir lassen die Beschreibung desselben folgen (Fig. 371 und 372).

Der Strecktisch c bildet an seinem Rande einen stumpfen Winkel, und zwei kleine Breithalter mit geriffelter Oberfläche sind derart in diesen Rand eingelassen, dass sie mit ihrer oberen Fläche noch etwas über denselben hervorragen. Diese Anordnung hat den Zweck, das Gewebe nochmals zu breiten und die kleinen Falten zu entfernen, welche sich in Folge eines ungleichmässigen Druckes der Klemmbacken in dem Stoffe gebildet haben könnten. Die Schlitten d der Klemmbacken sitzen in schwalbenschwanzförmigen Nuthen oder Führungen des Tisches c und werden abwechselnd einander genähert und von denselben entfernt. Diese Schlitten lassen sich in den Nuthen der Gleitstücke e der Breite des zu streckenden Stoffes entsprechend verschieben und werden mit Hülfe der Handräder f in ihrer jeweiligen Stellung festgeklemmt. Der Tisch c ist, wo sich die Schlitten befinden, in Grade eingetheilt, derart, dass die Schlitten ganz symmetrisch und der Länge des Gewebes entsprechend auf den Gleitstücken e verschoben und festgeklemmt werden können. g ist die obere Klemmbacke. h sind Zugstangen, welche einerseits durch

219) Am. Pat. No. 146 943.

220) Grothe, Spinnerei, Weberei, Appretur auf der Ausstellung in Paris 1867. Seite 180.

221) D. R. P. 6248. — Grothe, Spinnerei etc. auf den Ausstellungen seit 1867. Burmester & Stempell 1878.

Gelenke mit den Gleitstücken e, andererseits ebenfalls durch Gelenke mit den Hebelarmen i, welche um den festen Punkt j schwingen, verbunden sind. Die Hebel i erhalten ihre Bewegung von einem Excenter k. Zu diesem Zwecke steckt ein Block l, dessen Stellung in dem Excenter k regulirt werden kann, in einem Schlitz in dem oberen Ende der Hebel i. Je nachdem nun dieser Block l dem Mittelpunkte des Excenters mehr oder

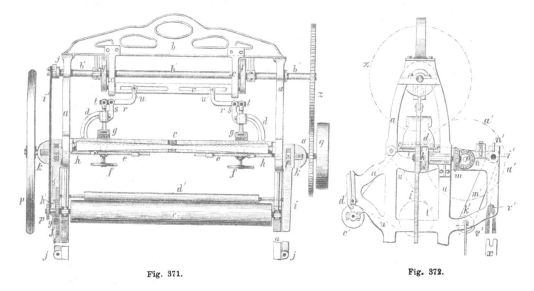

Fig. 371. Fig. 372.

weniger genähert wird, erhalten die Schlitten d einen grösseren oder geringeren Hub. Das Excenter hat an seiner vorderen Fläche eine Gradeintheilung, und der Block l ist mit einem Zeiger versehen derart, dass die Strecke, innerhalb welcher sich die Schlitten hin- und herbewegen, und in Folge dessen auch der Grad der Streckung selbst sehr genau regulirt werden kann. m ist ein Getriebe, welches auf der Excenterwelle sitzt und in das Getriebe n eingreift. Letzteres sitzt auf der Haupttriebwelle o, welche entweder durch das Kurbelrad p oder durch die Riemscheibe q und irgend eine Transmission in Bewegung gesetzt wird. r ist der Hebel, welcher die obere Klemmbacke bewegt. s ist der Drehpunkt des Hebels r auf dem Schlitten d. t sind Stangen, welche an den oberen Klemmbacken festsitzen und durch ein Gelenk mit dem Hebel r nahe an dessen Drehpunkt verbunden sind. u bezeichnet die Rolle, welche an dem oberen Ende des Hebels l befestigt ist und sich in Führungsschlitzen der Querschiene v bewegt. An den Enden der Querschienen v sitzen die Zapfen x, welche in der excentrischen Rinne der Excenterscheiben y stecken. Diese Excenterscheiben bewegen, indem sie sich drehen, die Querschienen v abwechselnd auf und nieder, und letztere veranlassen hierdurch das Oeffnen und Schliessen der Klemmbacken.

Das auf der Welle b' der Excenter y sitzende Zahnrad z wird von

dem auf der Hauptwelle o sitzenden Zahnrade a' in Bewegung gesetzt.
c' ist die Zugwalze und d' der in seinen Lagern in senkrechter Richtung
bewegliche Hinterbaum. Der Vordertheil des rechts liegenden Lagers ist
mit einem Gelenke versehen derart, dass er seitlich heruntergeschlagen
werden kann, wenn man den bewickelten Hinterbaum wegnehmen will.
Diese Anordnung erleichtert die Herausnahme des Hinterbaumes, den
man auf diese Weise nur in der Richtung seiner Längsaxe horizontal aus
dem linken Lager herauszuziehen hat.

Der Hinterbaum besteht aus zwei Hälften, welche durch ein Längs-
charnier mit einander verbunden sind, und einer Stange, welche dazu
dient, das Vorderende des zu streckenden Stückes Zeug einzuklemmen
und gleichzeitig die beiden Theile des Hinterbaumes während des Auf-
wickelns des Stoffes in einiger Entfernung von einander zu halten. Ueber
das Ende des Hinterbaumes wird eine Hülse geschoben, welche die Theile
zusammenhält. Wenn das ganze Stück gestreckt und aufgebäumt ist,
braucht man blos die Stange herauszuziehen, worauf sich die beiden
Theile des Hinterbaumes einander nähern und dieser, auf diese Weise
dünner geworden, sich leicht aus der Stoffrolle herausziehen lässt.

Diese Maschine ist auch mit einer Vorrichtung zum Anfeuchten
versehen, die wesentlich aus einem perforirten Cylinder k' besteht, sowie
aus Vorziehrollen.

Von der Streckung geht der Stoff zwischen den Walzen s' hindurch.
Diese Walzen können mehr oder weniger fest gegeneinander gedrückt
werden. Zu diesem Zwecke lässt sich die obere Walze in senkrechter
Richtung in ihren Lagern verschieben. Je stärker die Walzen aufeinander
gepresst sind, desto stärker ist der in der Richtung der Kette auf den
Stoff ausgeübte Zug. t' ist der Trockencylinder, u' der durch die Maschine
gehende Stoff. v' ist die Schiene, über welcher der zu streckende Stoff
liegt. Auf dieser Schiene, welche mit Theilstrichen versehen ist, sitzen
verschiebbare Anschläge, welche so gestellt werden, dass sich die Ränder
des über der Leiste hängenden Stoffes gerade berühren.

Es bleiben nunmehr noch die Klemmbacken in ihren Einzelheiten zu
beschreiben. d ist der Fuss des Schlittens, an welchem die untere Klemmbacke y' befestigt ist. z' ist eine starke Feder, welche die Backe y' gegen
die obere Backe g andrückt, wenn beide einander genähert werden, und
welche gleichzeitig die untere Backe parallel zu der oberen hält. Die
Klemmflächen der Backen bestehen aus Lederstreifen, welche den
Stoff während des Streckens festhalten können, ohne dass ein Zerreissen
desselben zu befürchten wäre. Diese Garnitur kann natürlich auch aus
einem anderen Stoffe bestehen, namentlich wenn der Stoff, ohne zu gleiten,
bis zum Ende des Hubes der Klemmbacken festgehalten werden soll, kann
die Klemmfläche anstatt aus Leder z. B. aus geriffelten Zinkplatten bestehen.
Die obere Klemmbacke ist derart eingerichtet, dass ihr Druck auf die

untere Backe vergrössert oder verringert und somit der Widerstandsfähigkeit des zu streckenden Stoffes angepasst werden kann.

Zu diesem Zwecke besteht die obere Klemmbacke aus zwei Theilen, welche mehr oder weniger von einander entfernt werden können derart, dass bei stets gleicher Annäherung der Backen durch das Excenter der auf den Stoff ausgeübte Druck grösser oder geringer gewählt werden kann. Dieselben werden bei geeigneter Drehung des Excenters also geschlossen bei zunehmendem Druck. Ist der Maximaldruck der Backen erreicht, so entfernen sich die Schlitten d der Klemmbacken von einander — und diese Bewegung ist es, welche das Ausrecken und Fadengeradeziehen für das Gewebe bewirkt. Nachdem die Schlitten ihre rückgängige Bewegung angetreten haben, löst das Excenter y die Klemmbacken aus, so dass sie sich öffnen und in die Anfangsstellung zurückkehren.

8. Spannscheiben.

Wir haben für diese Spannvorrichtungen zuerst auf die unter den Trockenmaschinen aufgeführten Spannscheiben mit künstlicher Trocknung zu verweisen. Eigens für den Zweck des Ausbreitens ohne Breithalten während anderer Operationen sind die nachstehend beschriebenen Vorrichtungen bestimmt.

Poole's [222] Ausbreitmaschine (Fig. 373 u. 374) besteht aus 4 Scheiben a', a, e', e. Jede derselben ist auf eine besondere Säule i, i eingelagert an dem Zapfen des Hebel g, der durch eine expandirbare Stange f, t in irgend einer Neigung zur Horizontalen gestellt werden kann. f besteht aus einer Mutternhülse mit links- und rechtsgehendem Schraubengewinde und den darin eingeschraubten Zugstangen mit Links- und Rechtsgewinde. Der Mantel der Scheibe ist mit fringirender Hülle versehen (Leder, Kautschuk etc.) und über je zwei Rollen a', e' und a, e läuft ein endloses gespanntes Band b. Zwischen Band und Scheibenmantel führt man die Säume des Gewebes ein und zwar an der unteren Seite, wo die Scheiben einander am meisten genähert sind. Das Gewebe ist auf dem Baum c aufgewickelt und tritt von dort herab. Die Säume werden also fest zwischen Band und Scheibenmantel angedrückt und festgehalten und nun bei Rotation mit herum genommen. So wird das Gewebe successive ausgebreitet bis auf die Breite der Scheibe auf der höchsten Kante. Das Gewebe geht dann mit herum bis n und wickelt sich auf d wieder auf. Die Säulen i, i sind auf dem Bodengestell der Maschine gleitend angebracht und werden durch nach unten gehende Zapfen mit entgegengesetztem Schraubengewinde und Schraubenaxe h, h verstellt.

Dasselbe Prinzip verfolgten die Cleveland Mach. Works und

---

[222] Pat. Moses Poole 1841. No. 8898 und spätere Mech. Mag. Bd. 35. p. 350.

J. E. Palmer[223]) in Hackensack, N.-J. Er führt die Riemen, welche sich auf den Saum und geneigte Scheiben auflegen, seitlich der Scheiben oder oberhalb derselben über Leitrollen zurück, so dass dadurch die langen Bänder erspart werden.

Wir führen hier noch eine vorzüglich construirte Ausbreitmaschine von Mather & Platt aus Salford (Belt Cloth Stretching Machine) vor, welche bisher noch nicht publicirt wurde, obwohl sie bereits in den 60er Jahren

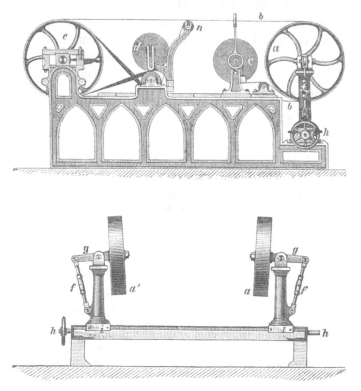

Fig. 373—374.

gebaut ward (Fig. 375 und 376). In dem Gestell A ist die Hauptaxe M gelagert, dieselbe trägt die beiden stellbaren Scheiben H, H auf starken Armen G, G. Diese Scheiben sitzen an der Nabe K, welche lose M umfasst und selbst in den Stellrahmen E, E sich dreht, getrieben von der Welle M aus. Diese Stellrahmen, deren Form aus der Seitenansicht erhellt, ruhen mit den Lappen bei F auf Zapfen auf, welche an 4 auf T, T verstellbaren Hülsen sitzen. Diese Hülsen umfassen T. T sind Röbren, durch welche Schraubenspindeln S, beweglich durch Stellrad U, hindurchgehen. T trägt da, wo die Hülsen sie umfassen, Schlitze, durch welche starke Ansätze von F aus herabgehen, um in mit Muttergewinde

---

223) Pat. amer. 148 082.

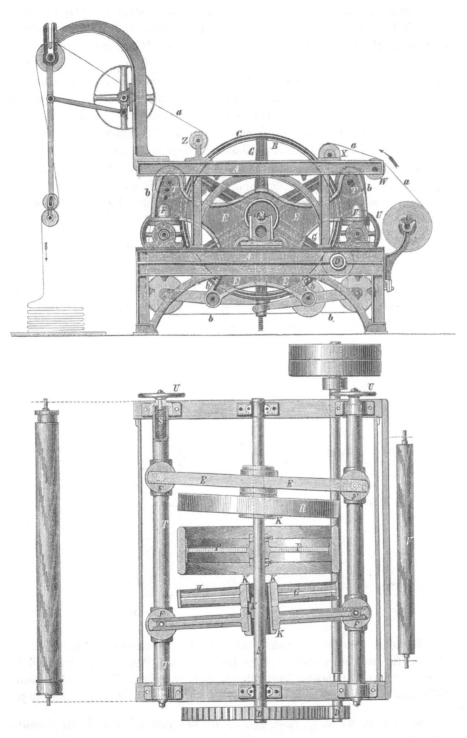

Fig. 375—376.

versehenen Löchern die Schraubenspindeln aufzunehmen. Die Gewinde
der Spindeln sind halb rechts, halb links geschnitten und dem entsprechend
sind auch die Ansatzmuttern von F geschnitten. Wenn man nun also an
den Stellrädern U schraubt, so kann man die Hülsen an F auf T verschieben und verstellen und bewirken, dass die Scheiben H gegen einander
in Winkeln zu stehen kommen. Ueber die untern Mantelhalbkreise von
H, H bewegen sich nun fest anschliessend die endlosen Bänder b, b und
kehren unterhalb zurück. Das Gewebe wird auf den Baum V aufgewickelt,
eingelegt und dann wird das Ende desselben über W, X an die Scheiben H, H
geleitet, wo es dann zwischen H und b mit den Säumen eintritt und gezwungen ist, entsprechend der Neigung von H, H zu einander sich auszubreiten, um dann über Z aus der Maschine in den Legapparat überzugehen. Die grosse Scheibe P in der Mitte der Axe M dient gleichsam
als Tisch für die Mitte des Stoffes.

Die Sächsische Maschinenfabrik (R. Hartmann) in Chemnitz hat
in einem Trockenmaschinenpatent eine auf den Poole'schen Prinzipien
beruhende Ausbreitvorrichtung angewendet, bei welcher zwei endlose
Riemen mehr in der Ebene auf einander geführt und mit Hülfe von
Walzen auf einander gepresst werden[224]) (Fig. 377 und 378).

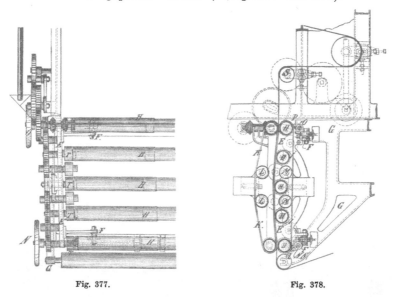

Fig. 377.   Fig. 378.

Derselbe besteht zunächst aus zwei gusseisernen Breitstellungsstücken E, welche vermittelst der Rollen F auf den das Untergestell G
zusammenhaltenden beiden Verbindungsschienen ruhen. Diese beiden Breitstellungsstücke tragen je einen endlosen, über die zu beiden Seiten ange-

──────────
    [224]) D. R. P. No. 3389. Polyt. Zeit. 1880. Verhandl. des Vereins für Gewerb-
fleiss 1880.

triebenen Walzen H laufenden und von diesen betriebenen Riemen I. Ueber jedem derselben liegt ein zweiter endloser Riemen K, der sich durch Anspannen der Rollen L bezw. M nach oben und unten fest auf den unteren Riemen auflegt.

An dem Untergestell G sind drehbar gelagert angebracht die drei Schraubenwellen N, N_1 und O. Die Schraube O ist aus einem Stück, hat Gewinde nach rechts und links und ist durch horizontal drehbare Gewindeköpfe P mit den Breitstellungsstücken E verbunden. Die Schrauben N und N_1 sind unabhängig von einander und ebenfalls durch horizontal drehbare und in der Längenrichtung der Maschine in Schlitzen verschiebbare Gewindeköpfe Q mit den Breitstellungsstücken E verbunden. Durch die beiden Schrauben N und N_1 werden die beiden Breitstellungsstücke E in der Breitenrichtung der Maschine auf diejenige Breite eingestellt, welche der der nassen, auf dem Wickel R aufgerollten Waare in ungespanntem Zustande entspricht. Durch die Schraube O aber gibt man den Breitstellungsstücken die der Waare in gespanntem, faltenlosem Zustande entsprechende Breitstellung. Der Raum zwischen beiden Breitstellungsstücken erweitert sich daher nach der Maschine zu.

Isaac E. Palmer in Middletown ist der erste und bedeutendste Constructeur amerikanischer Appreturmaschinen[225]). Die in Fig. 379 dar-

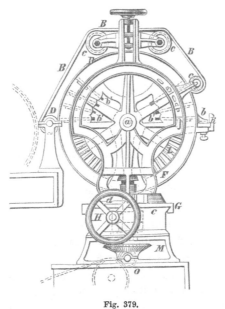

Fig. 379.

gestellte einfache Construction enthält auf einer Axe a zwei zu einander geneigt stehende Scheiben F mit breiten und mit Kautschuk, Leder etc.

225) D. R. P. No. 6089.

überzogenen Mänteln. An der Stelle, wo die Scheiben am nächsten zusammenkommen, leitet man das Gewebe über die Streichstange b gegen
die Scheiben, so dass die Säume zwischen die Scheibenmäntel und die
endlos über Rollen c sich bewegenden und auf die Scheiben sich auflegenden Riemen B hineingehen und fest angedrückt werden. Bei der
Rotation entfernen sich nun die Scheiben von einander und die Säume
festhaltend strecken sie das Gewebe in der Breite aus. Bei D haben die
Scheibenperipherien ihren weitesten Standpunkt eingenommen und hier
tritt das Zeug aus. Diese Construction bauen auch Mather & Platt in
Manchester, aber mit Gliederkette anstatt Riemen. Viel selbstständiger und
durchgebildeter ist indessen die Palmer'sche[226] zweite Maschine (Fig. 380).

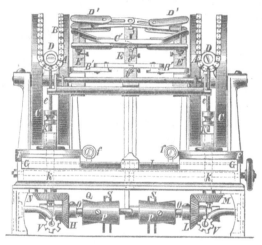

Fig. 380.

Es ist in derselben das Poole'sche Prinzip der Festhaltung der Säume
durch auf einander liegende Flächen verlassen. Es ist dagegen eine
Spannkette hergerichtet, die mit Nadeln (später mit Kluppen) ausgerüstet
ist. Auf den Gleitböcken G sind drehbare Tafeln F befestigt, welche die
Säule k tragen, in welche ein Schraubenständer e, der die Spannrolle D
am oberen Ende enthält, eingeschraubt ist. Auf F stehen ferner die Tragständer für die Axen der Scheiben A, C. Durch Umdrehung von F kann
man die Scheibenpaare in Winkeln zu einander verstellen. F, F resp. K, K
können von unten her mittelst Eingriff der conischen Räder auf O in
M, N, den conischen Trieben auf K umgedreht werden. Zwischen den
inneren Scheiben ist noch ein Halbtambour E eingestellt. Derselbe enthält
eine Anzahl beweglicher, resp. federnder Leisten B', B', C' etc., welche
verstellt werden können und den Stoff von unten her durch Friction an
ihren Kanten bearbeiten und ihn in der Länge strecken. Einzelne dieser

---

[226] Spec. amer. No. 161 896. 1875.

Federn sorgen am Schluss der Streckbahn für selbstthätiges Ausheben des Stoffes aus den Charnierhaken.

Hirst & Mitchell besetzten den Mantel der Poole'schen Scheiben mit Nadeln, um so den Riemen oder das Rad unnöthig zu machen. Allein diese Einrichtung erweist sich deshalb nicht gut, weil die Gewebkanten an den Nadeln leicht ausreissen. Man verkannte indessen den Werth der Anregung nicht und so kam man auf die Anwendung von Kluppen an den Scheibenrädern, um damit das Gewebe festzuhalten. Eine solche Einrichtung hat Palmer patentirt erhalten[227]). Dieser Kluppenspannapparat

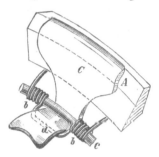

Fig. 381.

(Fig. 381) enthält an den Rädern A Zangen C, welche durch starke Federn b, c, die unter d wirken, geschlossen werden, nachdem sie in die betreffende Stellung vorgerückt, wo durch Leisten auf d drückend die Lippen C von A abgehoben sind, so dass man den Gewebesaum einlegen kann, passirt haben und die Wirkung der Leiste aufhört.

Eine ähnliche Construction, aber mit einer sehr schönen Kluppenanordnung und schönen Stellvorrichtungen hat die A.-G. für Stückfärberei und Maschinenfabrikation (vorm. Fr. Gebauer) in Charlottenburg hergestellt (Fig. 382—384).

Die Maschine enthält zwei Scheiben A, A' von gleichem Durchmesser, an ihren Umfängen mit einer Anzahl eigenthümlich construirter Zangen a versehen, die zur Aufnahme des auszubreitenden Stoffes bestimmt sind. Der untere Theil m dieser Zangen ist fest mit den Scheiben verbunden, der obere Theil q dagegen beweglich. Die beiden Scheiben sind auf zwei Buchsen drehbar gelagert und bildet der Umfang der Scheiben durch die darin befindlichen Löcher gleichzeitig das Betriebsrad, wodurch die ganze Maschine in Bewegung gesetzt wird. Die Buchsen sind mit Gewinden versehen und bilden die Muttern für die beiden Spindeln B, B', welche zum Verstellen der Scheiben dienen.

Diese Spindeln sind in der Mitte durch ein Universalgelenk verbunden und von einem kugelförmigen Ring umfasst, welcher die mittlere Lagerstelle G der Spindeln bildet. Das kugelförmige Mittellager ist in einer Schlittenführung verschiebbar, während die beiden äusseren Lager der Spindeln nur drehbar am Gestell befestigt sind. Durch eine Verstellung des mittleren Lagers werden die beiden Scheiben divergirend zu einander gestellt und dadurch die von den Zangen an den Webekanten gefasste Waare gespannt und je nach Stellung der Scheiben mehr oder weniger

---

[227]) 1875. No. 164 587. D. R. P. No. 6098.

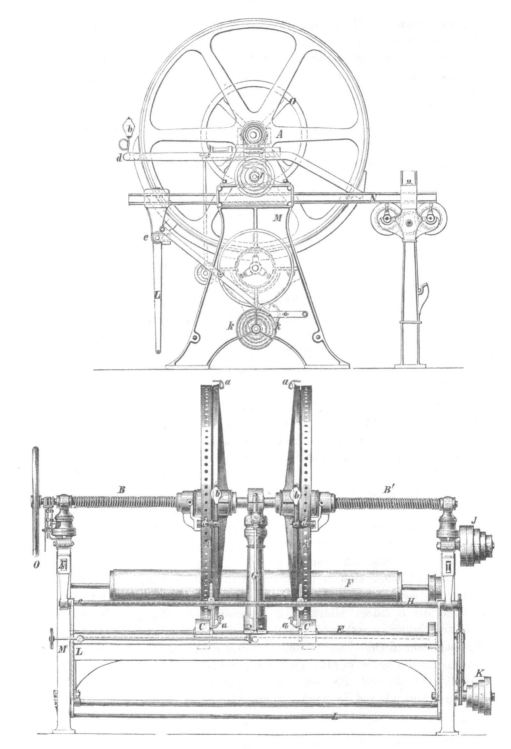

Fig. 382—383.

ausgebreitet; hierbei werden die bei der Bearbeitung ungleich gewordenen Waaren wieder in gleiche Breite gestreckt. Der Antrieb erfolgt durch Riemen vermittelst Stufenscheiben und Räderübersetzung. Die beiden Antriebsräder C, C', welche in die mit Zangen versehenen Scheiben eingreifen, gestatten durch einen eigenthümlichen Mechanismus ein Verdrehen der Scheiben in der Drehungsrichtung der letzteren. Damit der zur Bedienung erforderliche Arbeiter die Maschine sofort zum Stillstand bringen kann, ist die Stufenscheibe k nicht fest mit der Vorgelegewelle verbunden, sondern

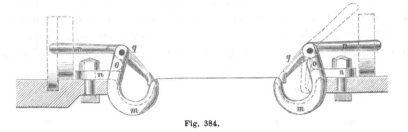

Fig. 384.

wird die Kraftübertragung nur durch Reibungsräder bewirkt, deren Thätigkeit vom Sitz des Arbeiters durch eine Fussausrückung mit Hebelverbindung abhängig gemacht werden kann. Die auszubreitende Waare, welche fest auf eine Hülse gebäumt ist, befindet sich an der Auslassseite der Maschine, von wo dieselbe über zwei runde Stäbe, welche gleichzeitig Verbindungsstangen der Maschine bilden, zwei Grenz- und Führungsbleche den Zangen der Maschine zugeführt wird. Um die zu breitende Waare spannen zu können, ist die Abwickelung mit einer Bremsvorrichtung versehen. Die Einführung der auszubreitenden Stoffe in die Maschine erfolgt durch je zwei die Lage der Waare angebende Grenz- und Führungsbleche und zwei mit Faltenstreichern versehene Federn, welche letzteren in den Untertheil m der Zange geleiten und sowohl die Waare bis zum Schliessen des oberen Theiles festhalten, sowie auch ein etwaiges Doppeltlegen der Waare verhindern. Das Schliessen der Zangen geschieht durch zwei mit Pockholz bekleidete Federn b, welche auf den Schenkeln p der oberen Zangentheile gleiten und diese auf den unteren Theil m bezw. auf die dazwischen liegende Waare drücken (Fig. 384). Sobald die Waare anfängt, Spannung zu bekommen, nimmt auch der Schluss der Zangen in gleichem Maasse zu. Zwei halbrunde Schienen d sind auf den Umfängen der Zangenscheiben aufgehängt und mit diesen gleichzeitig verstellbar; durch angebrachte Halter werden die Schienen an einer rotirenden Bewegung verhindert, während Knaggen, die in Nuthen gleiten, welche in den Umfängen der Zangenscheiben eingedreht sind, gegen eine seitliche Verschiebung schützen. Diese Schienen bewirken durch ihre keilartigen Verlängerungen, die unter den Schenkel p des obern Theils der Zangen fassen, ein Oeffnen und Offenhalten derselben bis zum Einführen, ausserdem dienen sie zur Befestigung sämmtlicher zur Einführung gehörigen Theile. Die ausgebreitete Waare welche die Maschine verlässt, wird auf Hülsen gewickelt. Das Wickeln geschieht durch zwei Walzen F von gleichen Durchmessern, die mit Rädern verbunden und von der Vorlegewelle durch Riemen angetrieben werden, wodurch eine zuverlässige Aufwickelung der ausgebreiteten Waare auf die dazwischen liegende Hülse bewirkt wird. Zum Schmaler- oder Breiter-Stellen der Maschine ist nun an der einen Spindel ein grosses Handrad o angebracht, mittelst welchem man im Stande ist, die Spindeln B, B', von denen die eine rechts, die andere links Gewinde trägt, zu drehen, wodurch die Scheiben A, A' näher oder weiter von einander entfernt werden können. Um diesen Scheiben aber auch bequem jede mögliche Divergenz geben zu können, ist die Supportspindel des Mittellagers durch conische Räderverbindung, kleine Wellen und ein kleineres Handrad von der Stirnseite der Maschine zu bewegen. Schliesslich ist ein Messapparat an der Maschine angebracht, welcher ein rasches und bequemes Ablesen gestattet, wie breit die Maschine und um wie viel der Einlass schmaler wie der Auslass ist. Der Apparat selbst besteht aus zwei sich übereinander fortbewegenden Scheiben und einem Zeiger. Die untere Scheibe ist mit einer der Maschine entsprechenden Centimetertheilung versehen und wird deren Theilung durch eine Scheibe verdeckt; in letzterer ist ein Schlitz angebracht, welcher nur das Lesen einer Zahl dieser Theilung gestattet. Diese durch den Schlitz sichtbare Zahl gibt die Weite der Zangen am Auslass an. Steht nun der Zeiger auf der oberen Scheibe auf 0, so ist Einlass und Auslass gleich weit, bei irgend einer andern Stellung dagegen gibt der Zeiger die Differenz an, um wie viel Centimeter der Einlass enger wie der Auslass ist. Will man z. B. die Maschine so stellen, dass der Auslass 86 cm breit steht und die Spannung in der Waare 8 cm beträgt, so verfährt man folgenderweise: Zuerst verstellt man mit Hülfe des kleinen Handrades das Mittellager so lange, bis der Zeiger des Zählapparates auf 8 steht und dann verschraubt man mittelst des grossen Handrades o die Scheiben soweit, bis am Messapparat durch den Schlitz der Deckscheibe die Zahl 86 ersichtlich ist.

Eine andere ähnliche Maschine rührt von Joseph Keim[228] in Thann (Elsass) her. Sie ersetzt die Kettenrahmtrommel durch eine Zangeneinrichtung. Die Zangen sind auf soliden Gussstücken befestigt, welche die Ketten der Rahmmaschinen ersetzen und durch welche eine richtige Vertheilung der Stärke des Zuges erzielt und es möglich wird, die schwersten Stoffe in die Breite zu strecken; ausserdem noch eine grössere Leistungsfähigkeit als mit anderen Systemen von Rahmmaschinen erreicht wird. Die Stücke, welche eine Reihe von Zangen tragen, sind in einer bestimmten Anzahl von leicht regulirbaren Schlitten geführt. Die Rahm-

---

[228] D. R. P. 3684.

maschine kann mit Leichtigkeit durch die Handhabung eines einzigen Handrades, durch welches die Breite während des Ganges vergrössert oder verkleinert werden kann, stets in der richtigen Thätigkeit erhalten werden. Die Mechanismen erlauben die Verbreiterung des Gewebes von dem Eingang in die Maschine bis zum Ausgang gleichmässig zu vertheilen, oder auch dieselbe bis zum zweiten, dritten, vierten Schlitten allmälig zu vergrössern und dann dieselbe festzuhalten bis zum Ausgange des Gewebes aus der Maschine. In den ringförmigen, engen Zwischenraum, parallel dem Gewebe, strömt heisse Luft und dringt durch die Poren des Gewebes und trocknet es; ein bedeutender Vortheil, da hierdurch die Dampfplatten und Dampftrommeln u. s. w. vermieden werden.

Bei einer Streckmaschine von Alfred M. Lacassaigne[229]) in St. Aubin-Epinay ist eine expandirende Rolle mit Zahnkluppen am Rande versehen, so dass hier also die Verschiebung der Schienen direct ausziehend, aber nicht ausstreichend wirkt. Bei dieser Maschine wird das zu streckende Gewebe über ein Leistengestelle geleitet, dessen eine Leiste mit Eintheilungen versehen ist, auf welchen man die anfängliche Breite des betreffenden Gewebes ablesen kann. Von dort wird das Gewebe an seinen Rändern von selbstthätigen, später zu beschreibenden Klemmzangen gefasst und gestreckt. Diese Klemmzangen sitzen auf zwei drehbaren Scheiben, von welchen hölzerne oder metallene Stangen abstehen, deren Enden in den Oeffnungen einer runden Platte stecken, so dass die beiden Scheiben je nach der Breite des zu streckenden Gewebes einander genähert oder von einander entfernt werden können. Die schiefe Stellung der die Klemmzange tragenden Scheiben, welche den Grad der Streckung des Gewebes bedingt, wird durch Kronen bewirkt, welche gleichzeitig die Klemmzangen öffnen und schliessen lassen. Diese Kronen können sich übrigens nicht anders bewegen, als um die verticale Oscillationsaxe der entsprechenden Scheibe. Um diese Bewegung im Winkel gleichzeitig und im entgegengesetzten Sinne zu bewirken, sind zwei Hülsen angeordnet, welche mit entgegengesetzten Schraubenwindungen versehen sind und auf zwei Ansätze der erwähnten Kronen wirken. Ein Zeiger zeigt auf einem mit Eintheilungen versehenen Bogen den Grad der Streckung an, welcher dem Gewebe gegeben wird. Damit sich die mit Gewinde versehenen Hülsen gleichzeitig mit den übrigen Theilen des Mechanismus bewegen können, sind dieselben mit den Supporten dieser Theile durch Gabelstücke verbunden, welche dieselben mit sich ziehen, wenn die Entfernung der die Klemmzangen tragenden Schrauben verändert wird.

Endlich trägt die Maschine an der Seite eine Walze, welche auf ihren beiden Seiten, von der Mitte aus, mit je in entgegengesetztem Sinne gestellten Zähnen versehen ist, und dazu dient, zu verhindern, dass sich

---

[229]) D. R. P. 1727.

das von den Klemmzangen losgelassene gestreckte Gewebe wieder zusammenziehe. Die Entfernung der Scheiben von einander wird wie gewöhnlich mit Hülfe einer mit Rechts- und Linksgewinde versehenen Schraube bewirkt, welche in einer Rinne der allen Theilen als Führung dienenden Axe liegt.

9. Flexible Walzen mit Cannelés.

Bisher existirt nur eine solche Maschine, die von Heilmann erdacht und von Ducommun[230]) und nach ihm von anderen Maschinenfabrikanten ausgeführt worden ist.

Die Maschine besteht (Fig. 385—387) aus zwei über einander liegenden

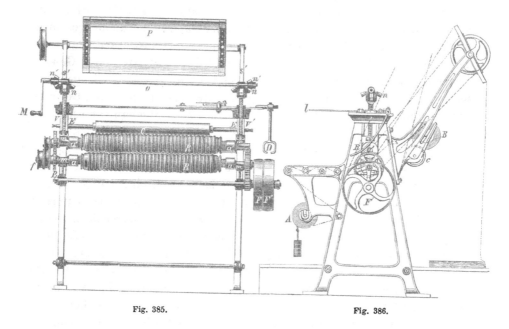

Fig. 385.   Fig. 386.

Walzen aus Gusseisen, deren Länge die Breitenausdehnung des Gewebes ist. Dieselben sind im rechten Winkel zu ihrer Axe cannelirt. Die Cannelirung ist so angeordnet, dass die Vorsprünge auf dem einen Cylinder genau in die Höhlungen auf dem andern passen. Regulirungsschrauben, welche durch eine Kurbel in Bewegung gesetzt werden können, gestatten, die Pression der beiden Cylinder zu reguliren und dieselben parallel ihrer Axe auf und ab zu bewegen. Die eine Walze ist mit einer Hülle von Kautschuk umgeben, die sie vollständig einhüllt und an den beiden Enden so befestigt ist, dass sie sich vollständig über die Cannelirungen fortspannt.

230) Génie ind. Bd. 37. S. 82. — Dingl. Journ. Bd. 192. S. 97. — P. C.-Bl. 1869. S. 711. — Muster-Zeit. 1872. — Reimann-Kaepelin, Appretur. Th. Grieben 1870. — Grothe, Spinnerei, Weberei, Appretur auf den Ausstellungen seit 1867. Berlin, Burmester & Stempel 1878.

Man begreift leicht, dass, wenn eine Walze gegen die andere läuft, die Kautschukhülle ausgezogen werden wird, und wenn das Gewebe zwischen den beiden Walzen hindurchgegangen ist, so folgt aus der Eigenschaft des Kautschuks, sich an Gewebe fest anzulegen, mit Nothwendigkeit ein Ausziehen des Gewebes im Sinne seiner Breite. Das Gewebe wird zwischen dem Kautschuk und den Vorsprüngen der Cannelirungen des oberen Cylinders festgepresst. Je mehr man die beiden Cylinder einander nähert, um so mehr wird auch die Breite des zwischen den Cannelirungen liegenden Gewebes sich vergrössern; denn die einmal festliegenden Punkte werden

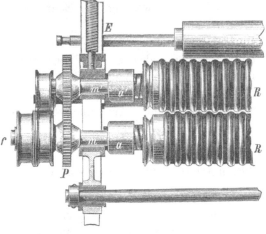

Fig. 387.

nicht merklich aus ihrer Lage weichen. Wenn man diesen Effect zu stark in Anwendung bringt, so kann leicht dadurch das Gewebe in eine Reihe den Kettfäden parallel liegender Streifen zerrissen werden.

Die Waare wird in A aufgerollt und läuft von da über den Ausbreiter E, von da zwischen die Walzen R und R', die aus Gusseisen hergestellt und mit querlaufenden Cannelirungen versehen sind. Der Cylinder R ist mit einer Kautschukhülle umgeben, die in Folge des Druckes, den die Walze selbst darauf ausübt, sich allmälig über den Cylinder, auf welchem sie liegt, fortbewegt, was für den Gang der Maschine durchaus nothwendig ist. Die Bewegung wird durch eine passende Vorrichtung möglich gemacht. Häufig bedeckt man auch die Walze R' mit einer ähnlichen Kautschuk-Enveloppe, wenn es sich um zarte Gewebe handelt. Wenn das Stück die cannelirten Cylinder verlässt, so rollt es sich um den Baum B oder wird auch auf die Faltvorrichtung P gebracht. Diese wird durch Treibriemen in Bewegung gesetzt, welche über die Scheibe p laufen. C ist die Welle, auf deren Axe die Scheibe c befestigt ist. D ist eine Gabel zur Aufnahme der Riemen. F, F' sind Fest- und Losscheibe, welche unter der Axe des unteren Cylinders aufgesetzt sind, die am anderen Ende die Rolle f trägt.

M ist die Kurbel, welche eine Veränderung in der Entfernung zwischen den Walzen R und R' gestattet. Die Lager m, m der unteren Walze sind fest, während die der Axe a' in einer in dem Gestell angebrachten Rinne sich auf und nieder bewegen können. Das Ende der beiden Schienen V, V' läuft in die beiden Lager hinein und wird daselbst so festgehalten, dass mit Hülfe von Schrauben ein Auf- und Niederstellen der Walzenaxe möglich wird. Die Schrauben laufen in den Muttern E und E' und sind an ihren oberen Enden mit conischen Rädern n, n versehen, die wiederum durch die Räder n', n' in Bewegung gesetzt werden, welche ihrerseits auf der Welle O der Kurbel festsitzen. Durch eine passende Einrichtung bleiben die conischen Räder auch nach der Bewegung der Schrauben mit einander in Berührung.

Denselben Apparat bringt man auch in Anwendung, wenn die Gewebe schon mit Appretur versehen, aber zu steif geworden sind, um diese Steifheit zu vernichten und ihnen einen weicheren Angriff und grössere Breite zu geben, also als Appreturbrechapparat.

Die Länge der Gewebe erleidet dabei keine wesentlichen Modificationen, wenn die Waare sonst gut aufgespannt war.

10. Unter Winkeln gegeneinander aufgestellte rotirende Walzen.

Henry Thomas schlug zuerst vor, zwei cylindrische Walzen unter einem Winkel gegeneinander laufen zu lassen und zwischen ihnen durch das Gewebe zu führen. In dieser Form freilich ergibt diese Methode keinen wesentlichen Effect[231]. Indessen hat man durch Anordnung von Axen, auf welchen 2 conische Walzen mit ihren Kegelspitzen nach der Mitte des Gewebes gerichtet umlaufen, erreicht, dass sich das Gewebe in Folge der zunehmend schnelleren Peripheriegeschwindigkeit der Conen von der Spitze nach der Basis sehr gut ausstreckt. Solche Einrichtungen sind gemacht von James Kerr in Church und von William Birch in Salford, sodann ausgezeichnet von Mather & Platt.

Die Apparate zur Geradführung und Ausbreitung gewebter Stoffe von James Kerr in Church[232] bestehen der Hauptsache nach aus zwei oder mehreren cylindrischen oder conischen, glatten oder cannelirten Walzen, über welche die Stoffe laufen. Diese Walzen sind so angeordnet und gelagert, dass sie gleichzeitig das Zeug während seiner Bewegung führen und dasselbe in der Breite glatt ausspannen, so dass der Arbeiter nur wenig oder gar nicht nachzuhelfen braucht. Es ist damit eine selbstthätig wirkende Vorrichtung zum Hemmen oder Verlangsamen

---

[231]) Es sei bemerkt, dass sich diese Construction in der Maschine von Marcadier (Fig. 374 u. 375) vorfindet.

[232]) D. R. P. No. 7496.

der Rotation der einen Walze, während die andere frei fortrotirt verbunden, so dass dadurch das einer Maschine zuzuführende Zeug in seiner richtigen Lage erhalten wird.

Wir geben nachstehend Abbildung (Fig. 388 und 389) solcher selbstöffnenden Walzen (patent selfregulating opening rollers) von Mather & Platt aus Salford. Diese Construction hat sich bereits weit verbreitet und hat sich gut bewährt. —

William Birch hat eigentlich solchen Apparat nur als Regulator gedacht (siehe S. 566), indessen bemerkt er in seinen Patenten ausdrücklich,

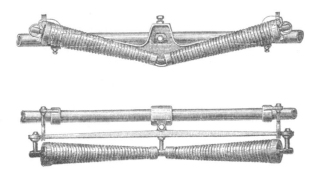

Fig. 388—389.

dass derselbe zum Strecken sehr vortheilhaft benutzt werden könne. Er wendet cylindrische oder conische Walzen an, welche sich auf ihren Axen drehen. Diese Axen verbindet man unter einem Winkel in der Mitte des Gewebes und nun wirken die Walzen unter Winkeln gegen die oder mit der Gewebebewegung.

C) Das Ausspannen der Gewebe in die Länge.

Das Ausrecken der Gewebe in die Länge spielt keine so grosse Rolle als das Ausbreiten, es kommt indessen immer vor und der Appreteur hat darauf zu sehen, dass die Länge innerhalb eines gewissen Masses bleibt. Diese Aufgabe erfordert z. B. beim Walken und Waschen viel Aufmerksamkeit und ebenso beim Anrahmen und Trocknen des Gewebes. Die stehenden Tuchrahmen und ähnliche Maschinen und Apparate sind stets mit Vorrichtungen versehen, um auf den Auszug in die Länge Bedacht nehmen zu können. P. Hild z. B. glaubte sogar Flaschenzüge hierzu benutzen zu müssen. Auch bei baumwollenen Stoffen wird der Auszug in der Länge wohl beachtet. Man erzielt ihn hier z. B. mit Kalandrirung und zwar unter Umständen in sehr bedeutendem Masse. Die Kalandrirung ist indessen nicht für alle Stoffe anwendbar, besonders nicht für bedruckte Callicos etc. Für solche Stoffe hat C. Horstmann in Givors einen entsprechenden Apparat construirt, den wir nachstehend beschreiben wollen (Fig 390).

Horstmann[233]) setzt eine Kammertrocknung voraus. Er stellt sich dabei vor, dass jede Kammer neben einander 3—4 Stück Waare hängend aufnehmen kann und dass deshalb seine Spannmaschine breit genug ist, um diese 3—4 Stücke neben einander zu spannen und in die Kammer einzuleiten. Die Maschine steht auf einem Schienengeleis, auf welchem sie vor das eine oder andere Fach und von einem Trockenapparat zum anderen geschoben werden kann, so dass sie im Stande ist, mehrere Trockenapparate zu bedienen.

Diese Spannmaschine ist in Fig. 390 in der Seitenansicht und zum Theil durchschnitten dargestellt. Ihr Gestelle besteht aus zwei gusseisernen, gerippten, verti-

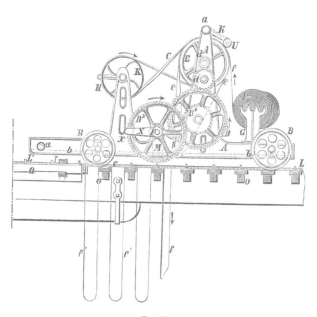

Fig. 390.

calen Wangen A, die an beiden Enden, sowie in der Mitte durch lange Bolzen a mit einander verbunden sind. Zwischen beiden Wangen liegt ein aus Pfosten zusammengesetzter Boden b, auf welchem der die Maschine bedienende Arbeiter steht. Dieses Gestelle ruht auf vier gusseisernen Rädern B und bildet somit einen Wagen, der auf den gusseisernen Schienen c verschoben werden kann. Die Wangen sind mit Lagern zur Aufnahme der Trommeln, Bäume und Betriebswellen versehen.

Die Maschine erhält ihre Bewegung durch eine Kurbel H, welche auf einer gusseisernen Hülse steckt, die ihrerseits lose auf einem festen Zapfen läuft. Auf der gedachten Hülse steckt auch die Riemenscheibe K, von welcher aus die Trommel E vermittelst des geschränkten Riemens C getrieben wird. Von der Trommelaxe aus wird durch das Getriebe d von 20 Zähnen, den Transporteur d' von 32 Zähnen und die Vorgelegeräder D von 90 Zähnen, D¹ von 40 Zähnen und D² von 90 Zähnen die Excentricwelle F getrieben. Das Uebersetzungsverhältniss dieser Räder hängt von der Höhe des Trockenraums ab und wird so berechnet, dass während einer Umdrehung der Welle F der Umfang der Trommel E so viel Waare abwickelt, als die doppelte Höhe des Trockenraums beträgt, vermindert um 2 oder 3 Meter, damit dem

233) Génie ind. 1865 p. 91. — P. Centr.-Bl. 1866. — Dingl. Pol. J Bd. 178. S. 20.

Arbeiter Platz bleibt, zwischen dem Fussboden und den Falten der Waare sich zu bewegen.

An den beiden Enden der Welle F sind zwei gusseiserne Kurbelarme X befestigt, die an ihren Enden abgerundet sind, so dass sie leicht zwischen die Zähne der zu beiden Seiten der Schienen liegenden und an diesen festgegossenen Zahnstangen L, L′ eingreifen können. Die Zähne dieser Zahnstangen liegen eben so weit wie die Spannstäbe, nämlich um 240 mm, aus einander, und um denselben Betrag wird mithin auch der Wagen während einer Umdrehung der Welle F fortgeschoben. Ferner stecken auf der Welle F zwei Excentrics, welche während jeder Umdrehung durch Vermittlung von zwei schmiedeeisernen Bändern einen langen und starken Stempel M (in der Zeichnung punktirt dargestellt) heben. Dieser Stempel gleitet lose in Führungen der Gestellwangen A und ist unten mit einem Plüsch- oder Tuchkissen versehen, damit er die Waare besser festhält. Durch den Riemen e werden von der Trommel E zwei kleine, ebenfalls mit Plüsch überzogene Holzwalzen N getrieben, welche die Waare im gestreckten Zustande an die Spannstäbe O abgeben. Die Waare wird fest zwischen den Walzen gefasst, und diese üben so viel Druck auf sie aus, dass sie nicht gleiten kann. Um diesen Druck elastisch zu machen, erzeugt man ihn durch zwei Kautschukstreifen, welche die Lagerfutter der beiden Walzenaxen umfassen. Macht man nun die Oberflächengeschwindigkeit dieser Walzen grösser als die der Trommel E, so kann man die Waare so viel strecken, dass die durch das Eingehen beim Trocknen verlorene Länge wieder gewonnen wird.

Die Wirkungsweise der Maschine ist folgende: Auf jeden der drei Bäume P werden zwei oder drei Stück Waare aufgewunden und die Enden f der Waare über die Trommel E und zwischen die Walzen N gezogen und sodann zwischen den Stempel M und den ersten Spannstab O eingelegt. Dreht man jetzt die Kurbel H, so wickelt man vermittelst der Trommel E eine gewisse Waarenlänge ab, welche bei f′ zwischen den Spannstäben O niedergeht. Während dieser Zeit macht die Excentricwelle F eine Umdrehung und bringt die Enden x der beiden Kurbelarme X gegen die Zähne der an den Seiten eines jeden Fachs befindlichen Zahnstangen L, L′. Da diese Zahnstangen fest sind, so stemmen sich die Kurbelarme gegen ihre Zähne und rücken den Wagen um die Entfernung zweier Zähne oder zweier Spannstäbe von einander fort. Sobald die beiden Kurbeln anfangen, die Zähne der Zahnstangen zu berühren, sind die beiden Excentrics an ihrem höchsten Punkte angekommen und haben den Stempel M gehoben. Dieser Punkt ist so bestimmt, dass, sobald der Wagen zum Stillstand kommt, die Bänder des Stempels frei werden und diesen auf den zweiten Spannstab O niederfallen lassen. Dreht dann der Arbeiter fort, so bildet sich eine neue Faltenlage, worauf der Wagen wieder um einen Spannstab fortrückt, und so fort bis an das Ende des Trockenraums.

Will man die Maschine von einem Fach zum anderen transportiren, so stellt man sie mit ihrem Wagen auf ein zweites Wagengestell Q, das auf vier gusseisernen Rädern I ruht. Die Geleise, auf welchen die letzteren laufen, sind wieder mit Zahnstangen zum Fortrücken des Wagens versehen, und ihre Richtung ist rechtwinklig gegen die der oben erwähnten Geleise.

Die Maschine dient zugleich zum Aufwinden der getrockneten Waare auf die Bäume. Man bedient sich zu diesem Zwecke des Doppelhakens k, den man einerseits auf dem mittleren Verbindungsbolzen a und andererseits auf der Axe des Baums U aufhängt. Der Baum U reibt sich an der Oberfläche der Trommel E und nimmt folglich an der Bewegung derselben Theil, wobei er sich bewickelt. Da die auf den Baum U aufgewickelte Waarenlänge ebenso gross ist, als die, welche vorher abgewickelt wurde, so bewegt sich hierbei der Wagen um ebenso viel rückwärts, als er sich vorher beim Spannen vorwärts bewegt hatte.

Das Trocknen.

Dem aufmerksameren Beobachter der Appretur entgeht nicht, dass bei allen den vielen Manipulationen zu den verschiedenen Zwecken zwei gegensätzliche Vornahmen stets wiederkehren: das Waschen, Benetzen, Nässen, Besprengen der Waaren, also eine Anwendung und Belastung des Stoffes mit Wasser, gleichviel mit welchem Neben- oder Hauptzweck, — und dem correspondirend das Trocknen, Entnässen. Betrachten wir die Seidenmanufaktur, so finden wir das Befeuchten und Trocknen; überschauen wir das Gebiet der Wollbranche, so sehen wir Wollwaschen — Wolltrocknen, Garnwaschen — Garntrocknen, Waschen und Walken und Nassrauhen — Entnässen und Trocknen; nehmen wir auf die Leinengewerbe Rücksicht, so sehen wir auch hier Beides wiederkehren; nicht minder in der Baumwollenmanufaktur. Also die Vorgänge des Nässens und Entnässens und Trocknens sind allen Zweigen der Appretur eigen.

Im Allgemeinen unterscheidet sich die Ausführung beider Operationen von einander dadurch, dass das Trocknen mehr Aufmerksamkeit und viel mehr Vorsicht erfordert, als irgend eine Waschoperation (vorausgesetzt, dass diese ohne stark alkalische oder saure Flüssigkeiten vorgenommen wird). Ja, in vielen Fällen kann man sagen, der Erfolg des Nässens und Waschens sei von dem nachherigen Entnässen und Trocknen abhängig. Das Trocknen hat auch äusserlich wesentlichen Einfluss gehabt auf die räumlichen Verhältnisse der Fabriken. Der Trockenprozess machte in früherer Zeit grosse und umfangreiche Trockenhäuser nothwendig, die an Ausdehnung oft die übrigen Gebäude der Fabriken übertrafen. Es war dies ein Uebelstand und die Zurückführung der Räume auf eine verhältnissmässige Grösse ist auch ein Fortschritt der neueren Technik. Ferner aber entzog sich die Ausführung des Trockenprozesses lange Zeit der Berechnung, besonders bezüglich Zeiteintheilung für den Fabrikationsgang und brachte mancherlei Störungen für denselben mit sich. In unserer Zeit ist man auf Grund rationeller Studien, durch Anwendung der Ermittelungen der Wissenschaft und Praxis dahin gelangt, über die Trockenprozesse der Textilindustrie bis zu einem gewissen Grade Gewalt zu haben, dieselben regeln und so dem Fabrikationsgange fest und sicher normirt einfügen zu können. Freilich hat diese Normalisirung noch nicht überall durchgeführt werden können; noch besteht heutzutage eine Reihe Trockeneinrichtungen älterer Perioden; aber es ist doch allgemein bereits zur Anerkennung gekommen, dass die neueren Einrichtungen die Vortheile der Raumersparniss, der rationellen Benutzung der Wärme, der Regulirungsfähigkeit, der bedeutenden Zeitersparniss und Arbeitsverminderung bieten, neben gleicher oder erhöhter Leistung bezüglich der Güte der Fabrikate. —

Im Allgemeinen kann man die Trockenprozesse eintheilen in A. m e c h a n i s c h e und B. p h y s i k a l i s c h e und benutzt dafür

      A.   Apparate und Maschinen zum Entnässen;

      B.   Apparate und Maschinen zum Trocknen mit Wärme.

A. Apparate und Maschinen zum Entnässen.

Das m e c h a n i s c h e Entnässen und Trocknen geschieht mit Hülfe gewisser mechanischer Operationen, die durch Apparate und Maschinenkraft vollzogen werden. Es ist aber u n m ö g l i c h , mit Hülfe der mechanischen Mittel Gespinnste oder Gewebe v o l l s t ä n d i g zu trocknen, sondern man kann die Operation des mechanischen Trocknens in Wirklichkeit nur ein möglichst weitgeführtes E n t n ä s s e n oder E n t w ä s s e r n nennen. Von diesem Standpunkte aus betrachtet, ist die mechanische Trocknung in gewöhnlicher Ausführung nicht dazu angethan, als selbstständiger vollendender Trockenprozess zu gelten, vielmehr stellt sie sich dar als e i n e s e h r g ü n s t i g und e r l e i c h t e r n d w i r k e n d e V o r a r b e i t für das eigentliche physikalische T r o c k n e n b i s z u r ev. V o l l e n d u n g unter Anwendung der Wärme.

Die Operationen des m e c h a n i s c h e n Trocknens sind: Z u s a m m e n d r e h e n , P r e s s u n g durch Schlag oder Zug, Druck, Wirkung der Centrifugalkraft bei r o t i r e n d e r B e w e g u n g sei es des Stoffes selbst, sei es der Gefässe, welche den Stoff aufnehmen.

Die Entnässung durch S c h l a g e n ist eine alte Methode, die auch heute noch für das Entnässen der Leinenstoffe nicht abgekommen ist. Die Operation geschah so, dass man die nassen Stoffe in Pakete zusammenlegte, mit beiden Händen erfasste und gegen Platten schlug. Die oberen Schichten des Paketes drückten dann in der Bewegungsbeharrung kräftig gegen die unteren und quetschten so das Wasser heraus. Eine andere Methode ist die, dass man die nassen Stoffe in Paketen oder auch in einer Gewebelage auf hölzernen oder metallnen Tafeln legte und mit einem breiten Handschlägel darauf schlug. Der Druck jedes Schlages presst das Wasser heraus. (Siehe Seiten 155, 29, u. a.)

Diese Methode braucht bei der weiteren Betrachtung der Entnässung nicht weiter berücksichtigt zu werden, sondern wir haben es hier genauer zu thun mit

1. Wringmaschinen,
2. Quetschmaschinen,
3. Pressen,
4. Centrifugalmaschinen.

Die Entnässung mit Hülfe des Zusammendrehens der Gespinnste und Gewebe ist eine ziemlich unvollkommen wirkende Operation, die den Uebelstand hat, dass sie.bei Fortsetzung über den Punkt hinaus, den die Beschaffenheit des Körpers erlaubt, zerstörend durch Zerdrehen wirkt. Dieser Punkt ist sehr schwierig bestimmbar und wechselt, sobald die Lage einzelner Theile des Stoffes verändert wird. Im Allgemeinen ist dieser Punkt dann erreicht, wenn die einzelnen Fasern und Fäden von Gespinnststoff, welche das Gespinnst und Gewebe ausmachen, so stark und fest durch die Drehungsoperation an einander gepresst wurden, dass sie in gewisser Beziehung zusammen als ein homogener Stab betrachtet werden können, für den dann annähernd die Gesetze der Torsionsfestigkeit in Anwendung zu bringen sind. Es fragt sich nun, ob bei diesem Grade des Zusammendrehens die Wassertheilchen aus den Fasern des Stoffes ganz herausgetrieben sind, und es lässt sich bestimmt antworten: Nein! Wenn man schon bei dem mehr isotropen Gefüge des Holzes die Feuchtigkeit niemals durch Torsion entfernen kann, sondern vielmehr dieselbe stets bei Prüfungen selbst in den Kauf nehmen und genügend berücksichtigen muss, so findet dies bei der Eigenartigkeit des Gespinnst- und Gewebgefüges und den Eigenschaften des Fasermaterials noch mehr statt.

Betrachten wir die Wirkung und den Vorgang beim Nässen selbst. Beim Benetzen oder Wässern der Gespinnste und Gewebe tritt das Wasser in die Zwischenräume zwischen den einzelnen Fasern ein und wird hier durch Capillarattraction zu einem Theile festgehalten, zum andern Theile durch äussere Flächenanziehung und Adhäsion. Dazu tritt ein Theil Feuchtigkeit, der als hygroskopische Feuchtigkeit sich enger mit der Faser verbindet. Wir haben es somit mit drei verschiedenen Flüssigkeitsantheilen bezüglich ihres Anhaftens an den Gespinnststoffen zu thun. Es kann bei dieser Unterscheidung natürlich von ganz bestimmt abgegrenzten Begriffen nicht die Rede sein, denn die Grenze, wo gewöhnliche Adhäsion der äussern Flächen aufhört und Capillarattraction innerer Porenwände beginnt, wo ferner dann die Hygroskopicität anfängt, ist äusserst schwer zu bestimmen. Um aber das zu präcisiren, was unter diesen drei Arten der Benetzung zu verstehen ist, folge nachstehende Definition:

1. Der Feuchtigkeitsgehalt, den die Faser aus der Luft oder durch Berührung mit einer Flüssigkeit in sich aufnimmt oder an sich fesselt, so dass man die Flüssigkeitspartikel nicht wahrnehmen kann, — der ferner bei gewöhnlichen mittleren Temperaturen fast constant an der Faser haftet und nur durch Erhöhung der Temperatur bis über 100° C. aus

derselben entfernt werden kann, heisse hygroskopisch gebundenes Wasser.

2. Der Feuchtigkeitsgehalt, der in einer Faser zurückbleibt nach dem Benetzen oder nach Berührung mit einer sehr mit Wasser beladenen Atmosphäre, und der durch die gewöhnlichen mechanischen Mittel des Drehens, Drückens und Schleuderns nicht herausgebracht wird, ferner welchen man betrachten muss als festgehalten durch Capillarität ev. der feinen Röhren und Poren der Fasern, heisse capillare Feuchtigkeit der Faser.

3. Der Feuchtigkeitsgehalt, welcher aus den Fasern schon durch einfache mechanische Mittel herauszubringen ist, heisse adhärirende Flüssigkeit.

Der Unterschied dieser drei Klassen ist vielleicht begründet in verschiedenen Graden der Gravitation, der Oberflächenanziehung. Es existiren über diese Erscheinungen wenig Beobachtungen. Wir möchten die hygroskopische Flüssigkeit fast chemisch gebunden denken. Der Einfluss der hygroskopischen Feuchtigkeit für die Bestimmung der Wirksamkeit des Trockenprozesses ist sehr gross. Betrachten wir die von Chevreul ermittelte Tabelle der Feuchtigkeitsgrade der Hauptgespinnststoffe [1]):

Textilstoffe	Gewicht der Stoffe, getrocknet im luftleeren Raume	Gewicht der Stoffe in der Luft bei 23° Hygr. 75,02	Gewicht in mit Feuchtigkeit gesättigter Luft 18°
Gehechelter Hanf	100	113,68	141,06
Hanfgarn ungebleicht	100	113,73	141,74
Hanfgewebe gebleicht	100	110,74	129,46
Gehechelter Flachs ungebleicht . .	100	109,86	130,77
Gehechelter Flachs gebleicht . . .	100	111,82	143,01
Flachsgarn ungebleicht	100	109,36	128,55
Flachsgarn gebleicht	100	106,99	124,22
Baumwolle roh	100	109,28	130,92
Baumwollgarn	100	115,38	125,93
Baumwollgewebe gebleicht	100	107,70	125,12
Floretseide (Chappe)	100	110,49	132,72
Seide	100	108,88	134,46
Seide gereinigt (decreusirt) . . .	100	105,40	128,74
Seidenstoff gefärbt und appretirt .	100	110	128,10
Merino-Schweisswolle.	100	107	132,40
Merinowolle entfettet	100	111,05	139,71
Merinowolle rein	100	111,85	138,14
Schafwollgarn	100	109,04	134,57
Schafwolltuch weiss gewalkt . . .	100	117,90	132,75
Cachemir	100	113,96	144,21

---

[1]) Siehe Anmerkung auf umstehender Seite.

Merkwürdig genug erscheint hieraus die Erscheinung, dass die Textilfaser um so weniger Feuchtigkeitsaufnahmefähigkeit bezüglich der Hygroskopicität behält, je weiter sie bearbeitet und verarbeitet wird.

Diese Erscheinung darf uns nicht überraschen; sie findet ihre Erklärung in der Praxis. In der That erhält bei jeder Veränderung z. B. die Schafwolle eine neue Zusammensetzung, entstehend aus der Bearbeitung, welche sie in der Fabrikation durchmacht, und sofort bei jeder weiteren Verarbeitung bekommen die Fasern abermals einen anderen Feuchtigkeitsgehalt.

Bekanntlich hat das hygroskopische Wasser eine noch besondere Wirkung für den Handel, welche sowohl hervortritt bei den Rohstoffen, als den Gespinnsten, als den Geweben. Die Beurtheilung über den Grad der Trockenprozesse darf theoretisch nur ausgehen von dem Zustande absoluter Trockenheit der Fasern, bei welcher auch das hygroskopische Wasser, soweit es nicht zu der chemischen Constitution der Faser unerlässlich ist, entfernt ist. Diese Grade absoluter Trockenheit werden bei der Conditionnirung erreicht und zwar für Seide bei 120° C., für Wolle bei 110° C., bei Flachs und Jute 100° C., für Baumwolle bei 100° C. Von dem Grade der absoluten Trockenheit aus ist erst auf den Grad der Trockenheit jeder Waare zu schliessen. Bei einem ganz exacten Geschäftsgange würde die Appreturoperation schliessen müssen mit der Bestimmung des Längenmasses und des Gewichts und zwar des Gewichts bei absoluter Trockenheit im Conditionnirapparate plus Reprise, d. h. plus der erfahrungsgemäss durch den Stoff nach seiner Conditionnirung in freier Luft zurück aufgenommenen hygroskopischen Feuchtigkeitsmenge. Nur dieses Gewicht ist das wahre Handelsgewicht, um welches sich der Handel drehen sollte. Aber der Handel macht gerade von der möglichsten Aufnahme der hygroskopischen Feuchtigkeit in Geweben und Gespinnsten Gebrauch, oftmals unter Benutzung keineswegs sehr anständiger Mittel. Besonders spielt das „In den Keller legen" eine grosse Rolle für die Ergänzung hygroskopischer Feuchtigkeit, während auch die gewöhnlichen Locale für die Aufnahme von Feuchtigkeit ebenfalls von Bedeutung sind. Die Reprisen sind auf dem Turiner Congres[2]) pour l'unification du numérotage 1875 festgestellt auf:

Seide	11 pCt.	Jute	13¾ pCt.
Baumwolle	8½ -	Phormium	13¾ -
Flachs	12 -	gekämmte Wolle .	18¼ -
Hanf	12 -	gesponnene Wolle .	17 -
Werg	12½ -		

[1]) Wir fügen hier eine werthvolle Tabelle von Grosseteste an:

	Trockengewicht eines Stücks	Länge eines Stücks	Wassergehalt			
			per Stück	per 100 m	per kg Trockengewicht	
	kg	m	kg	kg	kg	
Kattun	7,29	110	5,804	5,270	0,796	Jeder Versuch wurde mit 6 Stück auf ein Mal angestellt.
desgl.	8,33	104	7,667	7,370	0,920	
Percal	5,48	80	3,920	4,900	0,697	
Jaconet.	3,28	104	2,500	2,400	0,762	
Wollen-Muslin . .	4,43	100	3,390	3,390	0,434	
Brillanté	6,40	101	3,000	2,977	0,469	
Piqué	6,90	76	3,000	3,940	0,434	

[2]) Siehe Bericht von Grothe im Centralblatt für Textilindustrie 1875.

Bei Flachs stellte sich z. B. in der Conditionsanstalt zu Paris folgendes heraus: Es kam derselbe aus dem Conditionsapparat und hatte nach 48 Std. 7,17 gr Reprise auf 224,89 gr Gewicht, bei 74° Hygrometerstand. Nach 48 Std. Liegen im Magazin (68 Hygr.) wuchs der Feuchtigkeitsgehalt auf 9,05 und das Gewicht auf 228,75 gr. Im Keller stieg das Gewicht auf 236,99 gr und im Sousterrain auf 237,69, so dass der Feuchtigkeitsgehalt also 13,29 erreichte. In ähnlicher Weise verhält es sich bei allen andern Stoffen und die Bedeutung dieser Feuchtigkeitsgehalte stellt sich als um so wichtiger heraus, je werthvoller die Fasern sind[3]).

Die Trockenprozesse der Appretur erreichen oftmals eine absolute Trocknung, sobald sie mit Zuhülfenahme künstlicher Wärme und heisser Platten etc. ausgeführt werden. Ohne solche aber kann der Trockenprozess höchstens diesen Feuchtigkeitsgehalt reduciren. —

Die Quantität des capillar-gebundenen Wassers ist wechselnd je nach den Fasern, d. h. je nachdem dieselben mit schlauchartigen (wie Baumwolle, Flachs und Chinagras) oder weniger röhrenförmigen oder mit röhren-ähnlichen Poren (wie Wolle) begabt sind. Sie ist unbestimmbar für die Praxis durch Berechnung im Voraus, weil wir nicht im Stande sind, die der capillaren Gefässe in den Fasern auch nur annähernd zu schätzen. Sie ist aber bestimmbar, d. h. annähernd empirisch zu ermitteln durch die Manipulation des Entnässens, wenn man diese nämlich so weit fortsetzt in geeigneter Weise, dass die adhärirende, oberflächlich anhaftende, die Zwischenräume der Fasern ausfüllende Masse der Flüssigkeit entfernt ist. Man kann diesen Grad des Entnässens erreichen mit Hülfe der Centrifuge oder besser durch Klopfen des ausgebreiteten Stoffes, wobei natürlich nicht fest bestimmbar ist, ob nicht auch Antheile der capillar-festgehaltenen Flüssigkeit mitbeseitigt werden. Versuche, die Grothe in dieser Richtung angestellt hat mit Baumwollstoffen, haben nach dem Klopfen, das leicht und rasch ausgeführt werden muss, gezeigt, dass die Faser noch vollgefüllt geblieben war.

Es bleibt dann nach dem Klopfen oder Centrifugiren noch übrig, den Theil der capillaren Flüssigkeit von dem zu trennen, welcher hygroskopisch von der Faser aufgenommen und zurückgehalten ist. Es ist absolut unmöglich, durch mechanische Operation diesen capillaren Antheil zu entfernen, d. h. ganz herauszubringen. Versuche mit der Centrifuge, welche in der Richtung angestellt wurden, dass die Stoffe in derselben bei bedeutender Geschwindigkeit lange Zeit belassen, oder dass die Stoffe sehr scharf gepresst wurden, ergaben keine zufriedenstellenden Resultate, immer zeigte ein nachträgliches Conditionniren einen weit höheren Wassergehalt, als er durch die hygroskopischen Eigenschaften der Fasern bedingt werden konnte. Das Ausschleudern wirkt bis zu einem Punkt, der als Feuchtigkeitsgrenze bei verschiedenen Partien gleichartigen Stoffes stets wiederkehrt und über den hinaus die mechanische Methode ein Entnässen nicht mehr bewirkt, abgesehen davon, dass man durch fortgesetztes Centrifugiren wirklich noch weiter trocknen kann, indem dann der Luftwechsel durch den Stoff hindurch Feuchtigkeit auszieht. Letztere Operation ist aber zugleich unrationell für die praktische Verwendung. Will man daher den capillaren Antheil entfernen, so muss man mit Hülfe der Wärme die Stoffe trocknen und zwar fast bis dahin, dass der Stoff absolut trocken ist, also auch kaum mehr die hygroskopische Feuchtigkeit enthält. Für jeden Stoff aber steht ein Maximum der hygroskopischen Feuchtigkeit ziemlich fest, wenn man dies Maximum dann abzieht von dem gefundenen Wassergewicht,

---

[3]) Persoz, le conditionnement. Paris, Masson. 1879. — Musin, Tables gradués du Conditionnement hygrométrique des Matières textiles. Lille 1876. — Grothe, die Conditionnirung der Gespinnstfasern. 1871. Th. Grieben. Berlin. — Zeitschrift des Vereins der Wollinteressenten 1871. — Polyt. Zeitung 1880 u. 1881.

das durch das Trocknen entfernt wurde, so gibt die Differenz das Gewicht des
capillar-angezogenen Wassers an. Die Menge dieser Wasserantheile ist bei jedem
Rohmaterial verschieden für das oberflächlich adhärirende Wasser, stets dieselbe für die capillare und hygroscopische Flüssigkeit, welche letztere wohl ihren
Sitz in den chemischen Bestandtheilen und Verbindungen der Fasern zu finden
scheint. Haben wir es z. B. mit nassem Gewebe aus 10 Pfd. Baumwolle zu thun,
so enthält dies Gewebe, je nach der Weitmaschigkeit der Webverbindung mehr oder
weniger adhärirendes Wasser, immer aber gleiche Antheile kapillaren Wassers und
hygroscopischen Wassers ohne Rücksicht auf die Webart. Bei dem Nässen mit
Wasser wird die ganze Hygroskopicität der Baumwollenfaser gesättigt. Nur
sehr scharf gedrehte Fäden oder sehr dicht geschlagene Gewebe können hier abweichend dadurch sich verhalten, dass die scharfe Drehung der Fäden von der
Berührung des Wassers abhält. Es wurden bisher nur wenige Versuche angestellt,
welche für die Bestimmung des Feuchtigkeitsgehaltes der Gespinnste und Gewebe
von Werth oder Bedeutung sein könnten. Dennoch aber ist es für die Praxis
wesentlich, zumal für die Anlage von Trockenapparaten, zu wissen, mit wie viel
Umgängen der Centrifuge pro Minute und in wie viel Zeit oder mit wie viel Pressdruck man die adhärirende Flüssigkeit entfernen kann, oder welcher Wärmeaufwand dazu gehört, um die ausgeschleuderten resp. ausgepressten Stoffe soweit zu
trocknen, dass der capillare Feuchtigkeitsgehalt entfernt werde. Ueber die Entfernung des hygroskopischen Feuchtigkeitsgehaltes existiren in den Vorschriften der
Conditionnirungsanstalten hinreichende Bestimmungen, wonach der Wärmeaufwand
zu diesem Zwecke bemessen werden kann. Für andere Trockenanlagen haben
Rouget de Lisle, Tredgold, Persoz, Grothe, Grosseteste u. A. Versuche und Ermittelungen angestellt, welche für die Praxis von Werth sind.

Die Versuche von Rouget de Lisle, die sich auf Entfernung der Feuchtigkeit
durch mechanische Mittel beziehen, ergaben, dass zurückblieb in einem Gewichtstheil Stoff nach Anwendung der

    1. Torsion, Wringen, d. h. Ausdrehen mit der Hand[4]:

        In Flanell (Wollstoff) . . . . 2 Gewth. Wasser,
           Calicot (Baumwollenstoff) . 1   -   -
           Seide . . . . 0,95 -   -
           Leinen . . . . 0,75 -   -

    2. Auspressen[5]:

           Flanell (Wollstoff) 1   -   -
           Calicot (Baumwollenstoff) . 0,60 -   -
           Seide . . . . 0,50 -   -
           Leinen . . . . 0,40 -   -

    3. Ausschleudern, mit einer Centrifuge von 0,80 m Durchmesser und 5 bis
        600 Umgängen pro Minute:

           Flanell (Wollstoff) . . . . 0,60 Gewth. Wasser,
           Calicot . . . . 0,35 -   -
           Seide . . . . . . 0,30 -   -
           Leinen . . . . 0,25 -   -

Diese Bestimmungen[6] weichen wesentlich von denen des Persoz und des

---

[4] Die neueren Wringmaschinen ergeben besonders für Garne eine bessere
Wirkung.

[5] Die neueren Ausquetschapparate ergeben indessen eine bessere Wirkung, die
der von Centrifugalmaschinen ziemlich gleichkommt. Siehe S. 606.

[6] Siehe Prof. Dr. Kurz, Feuchtigkeitsmessungen an Leinen und Wollstoff.
Musterzeitung 1874. 44.

Tredgold ab, weil die Untersuchenden mit verschieden gewebten Stoffen unter Anwendung von verschiedenen mechanischen Entwässerungsmitteln arbeiteten. Péclet gibt unter anderm für Leinen den Durchschnittsgehalt an Feuchtigkeit nach vollendeter mechanischer Operation des Entwässerns auf 0,50 an. Diese Zahl ist allerdings eine durch die Praxis erprobte für Wäsche, die viele Falten enthält, ist aber für die leinenen Stücke viel zu hoch.

Tredgold gibt das Verhältniss zwischen trocknen und nassen Stoffen an Dabei hat man den Begriff nassen Stoff so zu fassen, dass aus dem Stoff alle die Flüssigkeit entfernt worden ist, die nicht durch die Kraft der Adhäsion festgehalten wird, also die Adhäsion, die durch ihr überwiegendes eigenes Gewicht abfällt. Man kann diesen Feuchtigkeitsgrad nur dann constatiren, wenn man das Gewebe horizontal straff ausspannt, so dass ein Entlangziehen der Feuchtigkeit an den Fasern ausgeschlossen ist. Die Zahlen Tredgold's stimmen ziemlich genau mit den Versuchen von Grothe überein. Die Resultate von Tredgold, Grothe und Grosseteste folgen hier. Es enthielten, die Gewichte der trockenen Gewebe (d. h. lufttrocken, nicht bei 100° C. getrocknet) gleich 1 gesetzt, die nassen Gewebe an Feuchtigkeit:

Tredgold.			Grothe.	
Flanell	3,00	Flanell 6 gg. 4 stk		3,11
Calicot	2,125	Unbed. Kattun		1,87
Seide	1,966	Seidentaffet (40)		1,76
Leinen	1,750	Leinen (5 gg)		1,53
Segeltuch	1,750	(Wolle ½, Baumw. ½ (Gemischt. Stoff)		2,56
Papier	1,285	(Seide ¼, Baumw. ¾ - -		2,12
Zeichenpapier	1,417	Durchschnittliche	Wollgarne	1,78
		Werthe aus je-	Baumwollgarne	1,56
		15 verschiedenen	Leinengarne	1,42
		Nummern	Seidengarne	1,45

Grosseteste.		Grothe.	
Wollmusselin	2,17	Wellington	2,24
Kattun	1,56	Halbtuch	2,67
Percal	1,80	Commisstuch	3,4
Jaconnet	1,92	Doublestoffe (r. W.)	3,9
Brillante	1,51	Doublestoffe (gemischt)	3,4
Piqué	2,16	Zephyr-Merino	1,99
		Alpaka	2,4
		Sächsische Kleiderstoffe (½ W.)	1,8

Im Allgemeinen ist constatirt, dass der Unterschied der Nassgehalte in feinen und dichten Geweben zu denen der weniger dichten Gewebe unbedeutender ist, als man vermuthen sollte, da doch die Zahl der anziehenden Flächen oder auch die ganze Flächengrösse in feinen und dichten Geweben eine viel grössere ist, als in den weniger dichten. Allein in letzteren scheint die Porosität des Gewebes das zu ersetzen, was das dichte Gewebe an Fläche der Faser mehr enthält.

Aus obigen Versuchen gehen annähernde Werthe hervor, die als Durchschnittswerthe gelten dürfen, und die einen hinreichend genügenden Anhalt für die Praxis gewähren. Es ist also die Aufgabe für die Fabrikation, obige Nassgehalte der Fabrikate zu entfernen. Für diese Entfernung haben aber bisher keine übereinstimmende Methoden statt gehabt. Schon oben haben wir bemerkt, dass die Torsionsentnässung ihre Grenze findet in der Bildung eines festen Gefüges und der Ueberwindung der Torsionsfestigkeit dieses so gebildeten Körpers. Diese Grenze hängt wesentlich von

der Entfernung des festen Punktes von dem drehbaren Punkte, zwischen welchem
die Torsion des Auswringens bewirkt wird, ab. Je näher diese Punkte, je unvoll-
kommener die Entwässerung und je näher der gefährliche Punkt. Die Praxis hat
hierfür gewisse Entfernungen als zweckentsprechend ermittelt, auf die wir nicht
näher eingehen. Mittlere Entfernungen von 1,40—2,50 m eignen sich für Gewebe
gut; bei Garnen ist man durch Haspelumfänge gebunden und beschränkt. Für die
Torsionsentnässung der Gewebe lässt sich effectiv nichts Allgemeines feststellen, da
dafür die zufällige Lage der Falten und Fasern entscheidend wirken kann und eine
bestimmte Umgangszahl des drehbaren Punktes nicht eingehalten werden kann.
Dagegen ist es der gleichmässigen Aufmachung und dem gleichen Gewichts- und
Raumverhältniss zufolge möglich, die Entwässerung der Garne durch Torsion näher
zu bestimmen. Es ist dabei ein Haspelumfang von 1,5 m zu Grunde gelegt und es
sind bezüglich gleiche Nummern per Pfund Garn gewählt.

Wollgarn (Streich-) 6 stückig . . . = ca. 8000 m
Wollgarn (Kamm-) No. 12 . . . . = ca. 8000 -
Baumwollgarn No. 8 . . . . . . = ca. 8000 -
Seidengarn (4 Strähnen) . . . . = ca. 8000 -
Leinengarn . . . . = ca. 8000 -

Wenn man diese gleichlang gehaspelten, gleiches Gewicht repräsentirenden
Garne tüchtig und andauernd einnässt, sie ausspannt und abtropfen lässt in möglichst
gleichmässig horizontaler Lage, dann auf den Auswringer bringt und diesen so
weit umdreht, bis die Fasermasse fest ist und auf der Oberfläche sich nicht mehr
mit dem Finger eindrücken lässt, so entfernt man die Feuchtigkeit durch diese Operation aus

	mit Anfangsgehalt an Wasser	bis auf Gewth. Wasser
Wollengarn . . .	1,8	1,20—1,05
Seidengarn	1,45	0,80
Baumwollengarn . .	1,56	0,85
Leinengarn	1,42	0,65

Da die Fasermasse im Gewebe sich ähnlich verhält, wie in den Garnen selbst, so
kann man, da die effective Oberflächenanziehung dieselbe bleibt, den Gehalt an Wasser
in Geweben nach dem Auswringen annähernd schätzen. Wenn man die theilweise verbleibende Flüssigkeit in den Zwischenräumen der Fasern mit in Rücksicht zieht und
annimmt, sie sei ein Sechstel mehr (was Versuchen entspricht), so entfernt man für
Zeuge aus obigen Garnen in gleichem Gewicht hergestellt: durch Torsion

Das Wasser aus Wollenstoff bis auf . . 1,40—1,20 Gewth.
-      -   - Seidenstoff bis auf . .   0,96   -
-      -   - Baumwollenstoff bis auf 0,99   -
-      -   - Leinenstoff bis auf . .   0,76   -

1. Wringmaschinen.

Der Apparat, mit welchem gewöhnlich die Entnässung durch Torsion
hergestellt wird, die Wringe ist in Fig. 391 dargestellt. a ist der
feste Haken, den man verstellen kann, wenn die Länge der Strähne es
nöthig macht. b ist der drehbare Haken mit Kurbel. c ist die Kufe zum
Auffangen des Wassers.

Dieser seit Jahrhunderten benutzte Apparat ist seit etwa 20 Jahren
Gegenstand eifriger Studien der Constructeure gewesen, da sich nicht
verkennen lässt, dass derselbe wesentliche Vortheile bietet, besonders

grosse Bequemlichkeit. Die Seidenindustrie bemächtigte sich seiner vielfach, allerdings aber zu einem andern Zweck, später die Baumwollindustrie
und die Flachsgarnindustrie, während er für die Wollgewebe nur untergeordnete Bedeutung gewann und hauptsächlich in der Kammwollindustrie
Eingang fand.

Fig. 391.

Eine Construction solcher vollkommeneren Wringmaschinen ist nachstehend
abgebildet. Sie ist von C. G. Hauboldt jr. in Chemnitz gebaut (Fig. 392
und 393*). Das Gewebe ist über eine Rolle genommen und anderseitig
über einen Stab geschoben. Letzterer sitzt an dem Arm der Spindel. Die
Spindel ist in der durchbohrten Axe eines Zahnrades schiebbar, so dass
sie bei zunehmender Torsionsspannung nachgeben kann. Sie wird vom
Rade mit herumgenommen und dreht somit die Garnsträhne, während die
eine Rolle in seiner horizontalen Lage verharrt. Das Gefäss fängt die ab-
tropfende Flüssigkeit auf. Die Einrichtung kann so getroffen sein, dass
während der Torsionsperiode die Spindel in dem Rade mit einem quadratischen Querschnitt schiebt. Hat aber die Torsion die entsprechende Spannung
erreicht, so ist der quadratische Querschnitt durch die Verkürzung des
Garnsträhns aus der Hülse herausgeglitten und der runde Theil der Spindel
wird dann nicht mehr umgedreht. Für diese Anordnung muss mit einer
Feder oder Hebel und Gewicht als Gegenspannung etc. versehen sein.
C. G. Hauboldt jr. hat diese Anordnung weiter ausgebildet und in grösseren
Maschinen durchgeführt[7].

Bei der Wringmaschine von Nichols, gebaut bei William Stead (Manchester), ist die Construction in sofern einfacher, als die verschiebbaren
Haken nicht drehbar sind (Fig. 394), sondern die f, f nicht verschiebbar.

---

*) Fig. 392 u. 393 auf nebenstehender Tafel.
[7]) Siehe auch Meissner, der practische Appreteur und Färber. Leipzig. Weigel.

Die verschiebbaren Haken werden leicht durch Gewichte g gegengespannt[8]).
Dies ist auch bei Mason & Conlongs Maschinen ebenso der Fall[9]).

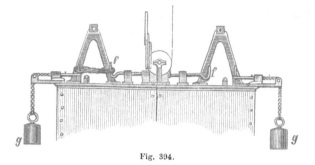

Fig. 394.

2. Quetschmaschinen.

Eine Art der Entnässung ist mit Hülfe der Quetschmaschinen zu
bewirken, meistens bestehend aus zwei auf einander rollenden Walzen,
deren untere direct gedreht, deren obere durch Friction umläuft und
beschwert sein kann. Diese Art Maschinen sind ungemein verbreitet,
besonders seit 1828 (Bullmanns Washing and Wringing M.) in der kleinen
Anordnung für den Hausgebrauch und angewendet auf die Wäsche. Die
amerikanischen und englischen Patentlisten weisen allein hierfür Hunderte
von Constructionen nach. Diese Quetschmaschinen für Wäsche tragen den
ganz unpassenden Namen Wringmaschinen, dadurch entstanden, dass
sie das Auswringen unnöthig machten und an die Stelle dieser, der Wasch-
frau so geläufigen Operation traten. Die englische Bezeichnung „Squeezer"
trifft, ebenso wie der Name Quetschmaschine die Sache genau.

Die obere Walze muss man schwer nehmen, soll sie ausdrückend
wirken oder man versieht sie mit Vorrichtungen zum Herab- und Gegen-
drücken gegen die getriebene Walze. Diese Vorrichtungen bestehen in
verstellbaren Lagern, die von oben her herabzudrücken sind und dabei
die Axe der Walze oder mit Federn die Gegenpressung bewirken oder
aber durch Hebeldruck.

Um auch hierfür bestimmte Verhältnisse der Entwässerung festzustellen, ist
die gewöhnliche Belastung bei tuchartigen Stoffen in solchen Quetschmaschinen
festgehalten. Die mit Wasser angesaugte Walze der Maschine wog $4\frac{1}{2}$ Ctr., der
durch Hebel und Gewicht auf die Axe ausgeübte Druck betrug nur 120 Pfd. Um
Gleichmässigkeit im Versuch aufrecht zu erhalten, gingen die Stoffe ausgebreitet,
ohne alle Falten durch. Da dies in der Praxis jedoch nicht immer geschieht, so
muss man bei etwaiger Benutzung dieser Resultate noch einen Werth für die in den
Falten gebliebene Flüssigkeitsmasse hinzurechnen, um so grösser, je faltiger der
Stoff durchgeht. Solche Quetsche beliess in Zeugen

---

[8]) Textil-Manufacturer 1879. 15. Januar.
[9]) Textil-Manufacturer 1879. 15. Juli.

	vom anfängl. Wassergehalt	Nach dem Quetschen
Wollstoff	2,77	1,10
Seidenstoff . . .	1,76	0,50
Baumwollenstoff . .	1,90	0,71
Leinenstoff	1,55	0,45.

Für Gespinnste sind solche Quetschen schlechter geeignet[10]).

Bei späteren Versuchen wurde die Belastung bis auf 1500 Pfd. gesteigert und dabei zwar ein besseres Resultat für Garne erhalten, während für Gewebe die Abweichung als nicht bedeutend sich herausstellte

	vor	nach
Wollengarn von	1,8 Wasser	0,64
Seidengarn von	1,45 -	0,44
Baumwollengarn von . . .	1,56 -	0,37
Leinengarn von	1,42 -	0,25

Im Uebrigen berechnet man den Druck der Quetsche leicht.

Nennt man die Druckfläche F, die Länge der fassenden Walze l, den Bogen der drückenden Fläche s, so ist zunächst $F = ls$ und der Gesammtdruck $Q = Fp_m$, unter p_m der mittlere Druck verstanden.

$$p_m = \frac{Q}{F} = \frac{Q}{ls}.$$

Ist nun wie bei der geringen Schicht Gewebe die drückende Fläche vom Berührungspunkt mit dem Gewebe bis zum Berührungspunkt der Walzen klein, so ist ls fast zu vernachlässigen und der Maximaldruck wird nur wenig grösser ausfallen als p_m.

Diese Walzenpressen werden ziemlich allgemein, theils isolirt, theils mit Waschmaschinen verbunden, angewendet.

In den zwanziger Jahren unseres Jahrhunderts führte man sie als eine wesentliche Verbesserung für das Entnässen und Ausquetschen des Wassers aus Geweben ein. Payen ermittelte, dass solche Walzenpresse aus einem Stück Calico, welches 7,50 k Wasser enthielt, das Wasser bis auf 2,50 k, also 5 k Wasser, wegschaffte, während das Wringen und Drehen überhaupt nur 2,50 k ausdrückte. Payen meint selbst, mit Hülfe nöthiger Vorsicht das Wasser bis auf 1,5 k mit diesem Apparat entfernen zu können. Er berechnet aus seinen Versuchen die Ersparniss, welche diese Maschine biete, bei den damaligen Kosten und Verfahren:

Preis der Cylinderpresse 4000 frcs., also tägliche Interessen   2 frcs.

Kraftaufwand: 1 Pferdekraft à 50 centimes p. Stunde: 10 St.   5 -

Abgepresstes Wasser: 5 k p. Stück, 3000 k: 7 . . . . .   7 -

Trocknung in warmer Luft, 3000 k Wasser à 2 frcs. p. 100 k   60 -

Oeconomie durch das Abpressen . . . . 53 -

Die grössere Industrie hat eine Zeitlang die Quetsche vernachlässigt, wenigstens als einzelne Maschine, um so mehr, als man Waschmaschinen, Stärkmaschinen, Färbmaschinen mit Quetschrollen versah. Indessen kommt

---

[10]) Grothe, Mitth. d. hannov. Gew.-Vereins 1869.

man in neuerer Zeit auf diese Maschine wieder mehr zurück und es werden davon eine Reihe grösserer und kleinerer Ausführungen hergestellt, deren schwerste Kaliber schon als Kalander mit zwei Walzen zu betrachten sind. Für die Verhütung von Unglücksfällen ist es gut, besonders die schwereren Quetscher oder solche, deren Walzen durch Hebel und Gewichte oder Federdruck etc. künstlich beschwert und aufeinander gepresst sind, mit selbstthätigen Einführtischen zu versehen, welche also die auszudrückenden Stoff herzuführen. Man kann mit diesen Maschinen einen sehr kräftigen Druck auf die Stoffe ausüben. Mit der von W. Köttgen in Barmen ist es gelungen, bei einem Druck von 15000 Pfd. aus Baumwollgarn der Türkischrothfärberei das ursprüngliche Wasser von 1,58 bis auf 0,17 herauszupressen. Eine solche Maschine muss natürlich sehr kräftig gebaut und auf einer Walze mindestens mit Kautschuk bezogen sein.

Die grossen Squeezers an den Garnwaschmaschinen von Thomson Brothers & Co. in Dundee haben eine noch intensivere Wirkung. Die Walzen der Quetsche von der Zittauer Maschinenfabrik wiegen etwa 100 Ctr. Richard Kilburn in Leeds baut Ausquetschmaschinen für leichte Wollgewebe und Tuche mit 2 Messingwalzen in Hebeldruck von so grosser Wirkung, dass sie die Centrifugenwirkung übertrifft, — aber mehr Kraft erfordert. Noch besser ist die Tuchausquetschmaschine von Rodney Hunt in Orange, Mass., welche den Hydroextractor mit Centrifugalkraft vollständig ersetzt und für Wollwaaren den grossen Vortheil hat, nicht das Einlegen in den Korb zu erfordern, was besonders bei schweren Waaren sehr beschwerlich ist. Wir geben diese schöne Anordnung in Abbildung (Fig. 395) wieder.

Die Maschinenfabrik A.-G. früher Gebauer in Charlottenburg baut derartige Quetschen für Baumwollstoffe und Gebr. Möller in Brakewede sehr treffliche für Leinen- und Halbwollgewebe und Garne. —

Der Stoff wird übrigens nicht immer breit durch die Walzen genommen, sondern ziemlich oft in Strangform, besonders bei continuirlichem Verfahren der Bleicherei und Färberei. Einen sehr zweckentsprechenden Apparat dieser Art von W. Birch in Salford stellt die nachfolgende Fig. 396, 397 dar. Dieselbe illustrirt eine neue Construction einer Wringmaschine (Squeezer). Wie man sieht, läuft wie gewöhnlich die Waare durch die Maschine in Gestalt eines ungedrehten Stranges, der aber in dieser Maschine eine compactere Form annimmt, als dies gewöhnlich bei den älteren Constructionen der Fall ist.

Es gewährt dieses den Vortheil, dass der zum Auspressen der Feuchtigkeit angewandte Druck gleichmässig durch den Querschnitt der Waare vertheilt und der Zustand der aus der Maschine tretenden Waare mit Bezug auf den Feuchtigkeitsgehalt ein gleichförmiger ist, was früher, wo man den mittleren, dickeren Theil der durchgehenden Lage übermässig stark pressen musste, um für die Ränder nur einen mässigen Druck zu erhalten, nicht zu erreichen war; zugleich ist gedruckte Waare in Folge der geringeren Pressung dem Abdrucken weniger ausgesetzt, als früher. Endlich ermöglicht es die Herstellung der Hauptwalzen aus Metall, anstatt des sehr vergänglichen Holzes. Die Druckwalze ist in einem Winkelhebel gelagert

Fig. 395.

und wird durch eine kräftige, mit Stellwerk versehene Blattfeder in die Nuthenwalze gedrückt. Kleine Vorpresswalzen sind angebracht und dem Beschädigen der Waare ist durch den sorgsam gebildeten Querschnitt der

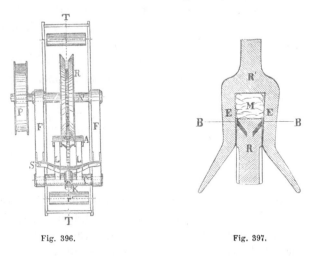

Fig. 396.   Fig. 397.

Nuthe in der Hauptpresswalze vorgebeugt. Die Maschine arbeitet somit sicherer und rascher und ist bedeutend geringerer Abnutzung als die frühere Construction unterworfen.

Die Walzen dieser Maschinen werden auch aus dem Holz der wilden Feige oder des Ahorns gefertigt, auch kommen Baumwolle, Gummi und andere Materialien zur Verwendung; die hölzernen Walzen nutzen sich jedoch sehr schnell ab und müssen dann durch neue ersetzt werden. Um

diesen Uebelständen vorzubeugen, werden die Walzen aus Metall oder
anderem harten Material gefertigt und da diesem die den genannten
Materialien eigene Elasticität abgeht, so wird sowohl das Arbeitsstück als
auch die Arbeitsflächen der Walzen so viel wie möglich zusammen gezogen,
um das Arbeitsstück als eine dicke Auflage zu erhalten. Um ferner die
Arbeitsfläche sowohl als auch die Breite der Auflage des Arbeitsstückes
zu beschränken und den nöthigen Druck gleichmässig zu vertheilen, versieht man eine der Scheiben oder Walzen mit Rändern oder Flantschen
besonderer Form, wodurch eine Nuth oder Rinne gebildet wird, in welcher
der Kranz der anderen Walze oder Scheibe arbeitet. Damit nun das zu
bearbeitende Material nicht zwischen die Kanten des einfachen Walzen-
kranzes und die Seiten der Nuth eingeklemmt, zerschnitten und beschädigt
werde, wird die Nuth von deren Boden oder Sohle aus nach aussen zu
um ein geringes verengt, d. h. an der Walzenfläche wird dieselbe etwas
breiter gemacht, als auf einer Stelle weiter vom Centrum der Walze entfernt, und folglich auch weiter, als der Rand der einfachen Walze, und
dieser Theil der Nuth erscheint somit im Profile in der Gestalt eines
Schwalbenschwanzes; die Kanten der die Nuth formenden Ränder werden
aber unter einem bedeutenden Winkel auswärts gebogen, um das aus-
gepresste Wasser nach aussen zu werfen und somit ein Wiederbenetzen
des gepressten Arbeitsstückes möglichst zu vermeiden; dieser Theil der
Nuth nimmt also im Querschnitt die Gestalt eines Glockenrandes an oder
wird trompetenförmig. Die männliche oder glatte Walze erhält ferner auf
jeder Seite einen nahe am Rande eingesetzten Streifen Leder oder dergl.
Material, das um ein weniges vorsteht und somit eine Dichtung in und
mit den Seiten der Nuth bildet. Die genuthete oder weibliche Walze
wird stets oberhalb der anderen angebracht.

Das zu bearbeidende Material wird durch einen Trog über die Rollen r, r
geleitet. R ist die glatte oder männliche Walze; R' die genutete oder
weibliche Walze; diese werden von den Axen A und A' getragen. Letztere
hat ein festes Centrum, während A vom Doppelhebel L und L' gehalten
wird, der sich um die Axe C dreht und somit R mittelst der Feder S, je
nach dem mit der Schraube K auf letztere ausgeübten Drucke mehr oder
minder stark in die Nuth der Walze R' und folglich gegen das zwischen
den beiden Walzen befindliche Arbeitsstück drückt. Der Rahmen der
Maschine ist mit F bezeichnet, die Triebscheibe mit P.

W. Bernhardt aus Fischendorf bei Leisnig[11] beschäftigte sich mit
dem Auspressen gewebter Stoffe zum Zweck der Entnässung und bestrebte
sich, die obere Walze aufhebbar zu machen behufs Zutritt zu der zwischen
beiden Walzen passirenden Waare (Fig. 398). Bernhardt presst die
obere Walze b mit Hebel A und Excenter B nieder auf die Unterwalze a,

---

[11] Pat. No. 7468, 8704 und 9901.

fügt aber um den Oberwalzenstiel C in seiner Führung eine starke Spiralfeder herum, welche, wenn der Excenterdruck aufhört, die Oberwalze emporhebt und zwar unterstützt durch einen Hebel mit Gegengewicht. Der Ueberdruck wird auf zweckmässige Weise compensirt. Die letzten Verbesserungen von Bernhardt betreffen folgendes. An Pressen, bei denen die obere Walze gehoben wird, um die Waare einzuführen, ist zur Verhütung, dass letztere zwischen die Ränder der Unter- und Oberwalze gelangt, die Anordnung eines mit dem Support der Oberwalze verbundenen Leitstückes F getroffen. Dieses Leitstück ist in einem oben offenen, an der Maschine befestigten Kanal H angebracht (Fig. 399).

Das Leitstück F ist mittelst Stange f mit oder ohne Gelenk g, Welle e,

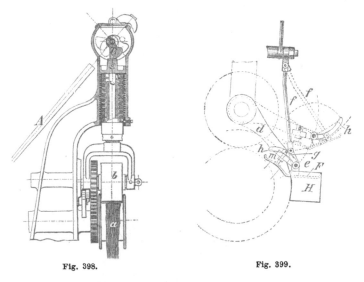

Fig. 398. Fig. 399.

Arm d und Stellschraube m derart aufgehängt, dass durch Umlegen des auf der Welle c befindlichen Handgriffes h nöthigenfalls eine grössere Hebung des Leitstücks ermöglicht wird.

Einen sehr compendiosen Squeezer stellt Fig. 400 dar nach der Construction von C. W. Tomlinson[12]) in Huddersfield.

Einen grossen englischen Squeezer von Mather & Platt stellt die Fig. 401 dar. Derselbe enthält also 2 schwere Quetschwalzen in einem starken Gestell. Er ist combinirt mit einer Waschmaschine, in welcher das Gewebe sich über die Rollen bewegt und über eine Ausbreitwalze zwischen die Presscylinder tritt, um auf m sich aufzuwickeln. Die obere Walze ist durch Hebel und Schraube in n belastet. Die Walzen der Waschmaschinen machen 110 Umdr. p. M. — Diesen Squeezer kann man auch als Moiré-kalander benutzen (25 Umdr. p. M.), oder als Frictions- und Glazing-calander, wobei die Oberwalze 60 Umdr. p. M. macht. —

---

12) Polyt. Zeit. 1881.

Für andere Wringmaschinen hat W. Schwartz in Hannover[13]) eine neue Herstellungsmethode der Walzen aus Gummi patentirt erhalten. Diese Walzen bestehen aus einzelnen gesondert angefertigten Theilen, welche auf eine viereckige Stange aufgeschoben und passend befestigt werden. Die einzelnen auf der Stange aufgereihten Theile oder Ringe haben zunächst einen Metallkern, der auf der Aussenfläche an den Kanten mit einer ringförmigen Erhöhung versehen ist. Der hierdurch gebildete vertiefte Raum wird mit einer Schicht Hartgummi ausgefüllt, welche der Weichgummischicht als Unterlage dient. Diese Ringe werden auf die Stange gereiht und durch eine Schraubenmutter oder auf andere passende

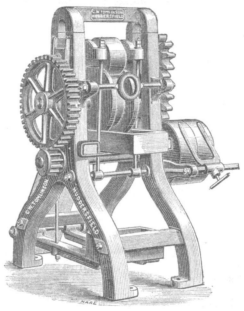

Fig. 400.

Weise gegen einander gepresst, so dass sie eine continuirliche Oberfläche bilden. Diese Walzen sollen den älteren Constructionen gegenüber folgende Vortheile haben: Da bei den Wringmaschinen die beiden Gummiwalzen während des Gebrauchs stets in der Mitte in Anspruch genommen werden, so nutzen sich dieselben in der Mitte auch zuerst ab, während die beiden Enden der Walzen noch ganz gut sind, aber trotzdem sind dieselben ganz werthlos; ebenso ist dies auch der Fall, wenn die Walzen beim Wringen durch einen Knopf oder einen spitzen Gegenstand beschädigt werden, da ein kleines Loch sich sehr bald durch den Gebrauch vergrössert, und dadurch die Walze unbrauchbar wird. Diese Walzen sind sowohl für Wäsche als für Waschmaschinen des Fabrikgebrauchs verwendbar, wenn ihre Zusammensetzung sorgfältig bewirkt wird.

---

[13]) D. R. P. No. 5715.

Joseph Gardner[14]) in Bootle macht die Walzen aus dem Holze des Cornelkirschbaums und ʻpräparirt dies Holz zu dem Ende. Dasselbe enthält nämlich einen in Wasser löslichen Farbstoff, welcher die Faser während der Operation färbt. In Folge dessen ist der Gebrauch desselben für den genannten Zweck oder für die Herstellung von Ausspülwalzen für feine Fasern bei der Calicodruckerei und für ähnliche Zwecke fast ganz ausgeschlossen. Für den speciellen Zweck, den in dem Holze des Cornel-kirschbaumes enthaltenen Farbstoff zu fixiren, bedient sich Gardner eines

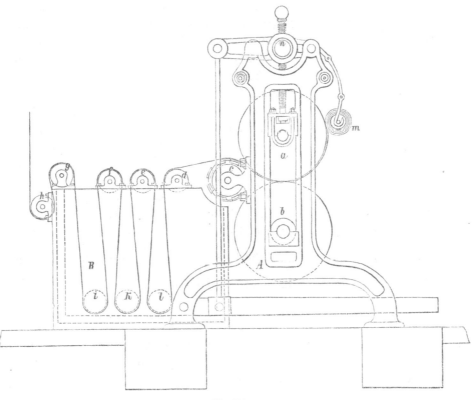

Fig. 401.

löslichen Bleisalzes, am besten des essigsauren Bleies, des Bleizuckers. Der Bleizucker fällt die Farbe in Form eines unlöslichen Salzes. Da dies Verfahren eine leichte Neigung zeigt, das Holz zu härten, so wäscht man die Farbe vorher zum Theil aus, indem man das Holz am besten unter Druck mit heissem Wasser behandelt. Bei einigen Hölzern lässt sich der Farbstoff durch Alkohol gründlich ausziehen. Nach dem Auswaschen trocknet man die Walze und bringt sie dann in eine Lösung von Blei-zucker. Die Zeit, während welcher das Holz in der Lösung zu verweilen

---

14) D. R. P. No. 1445.

hat, wechselt mit dem Artikel und lässt sich durch Versuche leicht feststellen. Wenn die Walze durchaus imprägnirt ist, wird sie aus der Lösung genommen, gewaschen und ist alsdann zum Gebrauche fertig. —

3. Auspressen.

Ein Pressen[15]) zwischen Platten übt man auf nasse Gewebe zum Zweck des Entnässens selten aus; häufiger geschieht dies auf Gespinnste, besonders in der Türkisch-Rothgarnfärberei. Solche Stempel- oder Plattenpressen haben nachstehende Einrichtung: Sie bestehen meistens aus einer hydraulischen Presse, deren Tisch C kastenförmig gestaltet ist, die nassen Zeuge aufnimmt und mit dem Steigen des hydraulischen Druckes gegen den im oberen Theile des Pressraumes befestigten Stempel B, der genau in den Kastenraum eintreten kann, angedrückt wird, so dass zwischen Stempel und Tischplatte die Zeuge ausgepresst werden. E ist der Presscylinder. F ist der Pumpenhebel (Fig. 402).

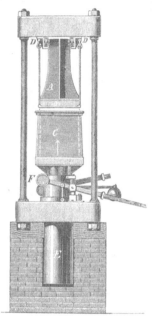

Fig. 402.

Der nöthige Kraftaufwand p pro $\square$ Einheit ergibt sich aus nachstehender Formel. Wenn P den Gesammtdruck und F die Tischfläche bezeichnet, so ist $p = \dfrac{P}{F}$. Der Wasserdruck pro $\square$ Einheit sei P_w, so ist

$$P_w = p_w \, \frac{d^2 \, \pi}{4}.$$

Werden die Reibungswiderstände an der Büchse und anderen Stellen mit R bezeichnet, so ist $P_w = P + R$ und $P = P_w - R$. Wird dieser Werth oben eingesetzt, so erhält man

$$p = \frac{P_w - R}{F}$$

und setzt man den Werth von P_w hier ein, so ist

$$p = \frac{p_w \cdot \dfrac{d^2 \, \pi}{4} - R}{F}$$

An Stelle des hydraulischen Drucks kann man auch Schraubendruck anwenden; indessen geschieht dies nicht häufig.

---

[15]) Es sei hier hinzugefügt, dass das Wringen und Quetschen sich auch als Pressen darstellen lässt.

Versuche von Grothe ergaben mit einer Spindelpresse folgende
Resultate:

	I.	II[16]).	III.
	Trocken-gewicht bei 18° C.	Wasserauf-nahme, Wasser von 28° C.	Wassergehalt nach dem Pressen.
Halbseidengewebe	48 gr	172	128
Phormium-Damast gebleicht . .	38 -	142	103
- - ungebleicht .	41 -	103	75
Segeltuch von Phormium . . .	126 -	224	212
Türk. roth Kattun	45 -	202	101
Flanell in Fell	15 -	39	32
- ½ St. gewalken . . .	14 -	45	34
- 1 - - . . .	28 -	52	36
- 1½ - - . . .	13 -	46	40
- fertig - . . .	12 -	41	25
Stoff aus Apocynumfaser . . .	12 -	29	22
Gewebe aus Urtica nivea . . .	91 -	238	174
Feiner Kattun	5 -	12	9
Feines Leinen	17 -	35	27
Bedruckter Kattun	64 -	175	120

Es geht aus diesen Versuchen nur hervor, dass die Spindelpresse
per Hand getrieben ausserordentlich verschiedene Wirkung erzielt, selbst
schon bei so geringen Quantitäten der Stoffe. Die Falten und Maschen
der Gewebe setzten in solcher Pressung dem Entnässen sehr grosse
Schwierigkeiten entgegen. Da beim Pressen an gewissen Stellen Faser
auf Faser, resp. Faden auf Faden, resp. Falte auf Falte zu liegen kommt,
so bilden sich dadurch feste Schichten, die den Druck aufnehmen, während
andere Stellen, welche nicht eine solche Schichtung der festen Körper
haben, das Wasser enthalten und quasi vor dem Auspressen geschützt sind.
Die Methode des Auspressens mit Pressen wird daher keine befriedigende
Resultate zu erzielen vermögen.

Zum Entnässen durch Pressung gehört auch das bei Geweben öfter
geübte Durchziehen durch Löcher, die mit Porzellan, Metall, Glas etc.
ausgefuttert sind. Indem man diese Oeffnungen so bemisst, dass sich
das mit Wasser beladene und aufgequellte Gewebe darin drängt und
quetscht, erreicht man eine Art Pressung, welche die Flüssigkeit heraustreibt. — Diese Auspressung benutzt man hin und wieder, besonders für
feine Stoffe, welche zart behandelt sein wollen. —

4. Centrifugalmaschinen.

Die am besten wirkende mechanische Methode zum Entnässen ist
jedoch das Ausschleudern in den sog. Centrifugen, Centrifugalmaschinen, Essoreusen u. s. w. Die Einrichtung dieser Maschinen,

---

[16]) d. h. Wasseraufnahme durch volles Einweichen bei längerem Liegen im
Wasser.

der Centrifugaltrockenmaschinen (Hydroextracteur, Toupie mécanique, Exprimeur, Centrifugal drying machine) lässt sich nach zwei Constructions-methoden so definiren:

a) Auf einer liegenden Axe, welche einen Cylinder trägt, welcher an den Seiten offen und dessen Mantel perforirt oder nur von Latten gebildet ist, werden die nassen Gewebe aufgewickelt. Darauf versetzt man die Axe in sehr schnelle Umdrehung, wobei die Centrifugalkraft die Flüssigkeit heraustreibt.

b) Auf einer stehenden Axe ist ein Cylinderkorb aufgeschoben, der oben offen und mit seinem Boden an der Axe befestigt ist. Der Mantel des Korbes ist perforirt. Die nassen Stoffe werden in den Korb gelegt und die Axe rotirt schnell.

Bei Benutzung der Centrifugalmaschine lässt man also die Ablenkungs-kraft oder Centrifugalkraft auf die benetzten Stoffe wirken. Die Ein-richtung der Centrifuge aber verwandelt temporär die lose eingelegten Stoffe in feste, mit dem Centrifugenkörper mitrotirende Körper, dagegen lassen sich alle Wassertheilchen in dem Stoff als die Körper betrachten, welche durch die Centrifugalkraft abgelenkt werden können, weil die den Stoff freilich zurückhaltenden Seitenwände der Centrifuge durchlöchert sind, somit dem Wasser den Austritt gewähren. Denken wir uns die Centrifuge nur mit dem im Stoffe enthaltenen Wasser (z. B. bei Wollstoff pro 1 Pfd. desselben 2 Pfd. Wasser) gefüllt, so wird die Centrifugalkraft dasselbe ohne grosse Hindernisse heraustreiben mit wenigen Drehungen. Die Kraft würde sein bei 3′ Durchmesser der Centrifuge $\frac{1000}{60}$ Umgängen per Se-cunde

$$K = \frac{c^2\,G}{g\,v} = 1050 \text{ Pfd.}$$

Wenn es nicht möglich wird, bei obigen Umdrehungs- und Dimensions-verhältnissen der Centrifuge das Quantum von 2 Pfd. Wasser aus dem genässten Stoff herauszutreiben, so kann man die Anziehungskraft der Flächen im Stoff und seinen Fasern im Allgemeinen als grösser bezeichnen, wie die Ablenkungskraft in dieser Centrifuge. Dass hierbei nicht sowohl die Anziehung, als auch absoluter Widerstand der die Löcher des Siebes verengenden und versperrenden Fasertheile in Rechnung zu bringen ist, liegt auf der Hand. Sehr eingehende Versuche hat Grosseteste in Mülhausen[17] angestellt. Er hat mit einer Centrifuge von Tulpin sen. in Rouen operirt, von 1 m Diameter und 0,40 m Höhe. Es wurde genau der Praxis entsprechend Stoff eingetragen und erst angehalten, wenn beim Drücken mit den Fingern Wasser sich im Stoff nicht mehr zeigte. Die Resultate waren:

---

[17] Bulletin de la société ind. de Mulhouse 1866. 132.

Versuchsnummer	Zahl der Stücke	Ganze Länge der Stoffe (m)	Trockengewicht der Stoffe im Ganzen (k)	Trockengewicht per 100 m (k)	Gewicht des beim Waschen aufgenommenen Wassers im Ganzen (k)	per 100 m (k)	per Kilogr. Trockengew. (k)	1 (k)	2 (k)	3 (k)	4 (k)	5 (k)	6 (k)	7 (k)	8 (k)	9 (k)	10 (k)	11 (k)	12 (k)	13 (k)	14 (k)	15 (k)	16 (k)	17 (k)	Gewicht des ausgeschleuderten Wassers im Ganzen (k)	per 100 m (k)	Gewicht des nach dem Ausschleudern zurückgebliebenen Wassers im Ganzen (k)	per 100 m (k)
1	6	664,8	46,35	6,97	85,45	12,88	1,85	29	17,0	4,2	2,0	1,5	1,0	1,0	0,9	0,7	0,6	0,5	0,4	0,3	0,3	0,3	0,40	—	60,1	9,02	25,35	3,81
2	6	628,5	50,20	7,98	78,20	12,44	1,56	28	12,0	4,0	2,0	1,5	1,0	0,9	0,9	0,7	0,6	0,4	0,4	0,2	0,3	—	—	—	52,9	8,41	25,30	4,02
3	11	1179,5	37,00	3,13	67,00	5,63	1,80	28	10,0	2,5	1,6	1,5	1,3	0,8	0,5	0,4	0,4	0,3	0,3	0,2	0,2	0,4	0,20	0,30	48,9	4,14	18,10	1,53
4	12	1184,1	30,80	2,60	59,20	4,99	1,92	28	6,8	2,2	1,5	1,0	0,5	0,5	0,4	0,3	0,3	0,3	0,2	0,3	0,2	0,1	0,15	0,45	43,2	3,65	16,00	1,35
5	6	633,5	36,60	5,77	79,40	12,52	2,17	39	11,6	2,9	1,3	0,7	0,7	0,6	0,5	0,4	0,3	0,4	0,5	0,4	0,3	0,3	0,10	0,30	60,3	9,51	19,10	3,01
6	6	622,8	27,00	4,33	41,00	6,53	1,51	22	5,0	2,7	0,5	0,3	0,5	0,4	0,2	0,1	0,5	—	—	—	—	—	—	—	32,2	5,16	8,80	1,41
7	9	903,8	25,00	2,76	54,00	5,96	2,16	32	6,5	1,6	1,0	0,8	0,6	0,6	0,5	0,3	0,1	0,7	—	—	—	—	—	—	44,7	4,94	9,30	1,02

Bei Grothe's Versuchen mit der Centrifuge bei Andauer der Umdrehungs-
zeit von 15 Minuten per Probe, ergaben sich folgende Werthe:

	vor dem Ausschleudern	nach dem Ausschleudern
Wollstoff	2,69	0,44
Seidenstoff	1,77	0,39
Baumwollenstoff . .	1,92	0,36
do.	1,40	0,37
do.	2,14	0,64
Leinenstoff	1,55	0,24.

In gleicher Weise ausgeschleudert enthielten Gespinnste in gleicher Gewichtsmenge[18]) angewendet:

	vor dem Ausschleudern	nach dem Ausschleudern
Wollengarn	1,80	0,40
Seidengarn	1,45	0,35
Baumwollengarn . .	1,56	0,27
Leinengarn	1,42	0,20.

Uebersehen wir nun diese Resultate im Allgemeinen, so ergibt sich für die
Wirkung der mechanischen Mittel ein Effekt von

I. bei Geweben:

	Wolle	Seide	Bw.	Leinen
für das Auswringen von . . .	44,5	45,4	45,3	50,3
- - Auspressen von . . .	60	71,4	60	73,6
- - Ausschleudern von . .	83,5	77,8	81,2	82,8

II. bei Garnen:

	Wolle	Seide	Bw.	Leinen
für das Auswringen von . . .	33,4	44,5	44,5	54,6
- - Auspressen von . . .	64	69,7	72,2	83,0
- - Ausschleudern von . .	77,8	75,5	82,3	86.

Es sind diese Werthe Theile der Effekte, die man durch die Arbeit mit diesen
mechanischen Hülfsapparaten erzielen wollte, resp. die Nutzeffekte dieser Apparate.
Die angegebenen Mengen der entfernten Flüssigkeit können wir etwa als die Masse
der adhärirenden Wassermenge betrachten.

Prüfen wir den Effekt der drei mechanischen Operationen, so können wir
dessen Werth ermitteln mit Hülfe des Verdampfungswerthes des Wassers. —

Das Ausschleudern stellt sich so heraus, dass es nur solange vortheilhaft
ist, als dadurch per Minute noch soviel Wasser ausgeschleudert wird mit Hülfe
einer Kraft, dass die Kosten der Ausschleuderkraft geringer sind, als die Ver-
dampfungskosten dieses Wassers.

Ist z. B. zur Bewegung der Centrifuge 1 Pferdekraft nothwendig, so erfordert die-
selbe 52 Pfd. Dampf, d. h. aber $\frac{52}{5,5} = 9,4$ Pfd. Steinkohle per Stunde, oder $\frac{9,4}{60}$ Pfd.
Steinkohle per Minute = 0,156 Pfd. Steinkohle. Das Centrifugiren wird also vor-
theilhaft sein noch bis zu dem Punkte, wo die abgeschleuderte Wassermenge noch
0,866 Pfd. = 0,433 k per Minute beträgt, denn dann ist das Resultat dieser
Arbeit noch der aufgewendeten Kraft äquivalent. Sobald aber die abgeschleuderte Wassermenge weniger beträgt, ist die Anwendung der Centrifuge nicht
mehr rationell, sondern es ist dann die Anwendung der Wärme am Orte. Grothe's
Versuchen zufolge hat das Centrifugiren nach 15 Minuten Dauer meistens den Punkt

---

[18]) Die Versuche wurden in den Jahren 1860, 1864 und 1868 angestellt, einzelne
später.

erreicht, wo es anfängt unvortheilhaft zu werden. Betrachten wir hierzu die Tabelle auf Seite 615 und nehmen wir nur an, dass die von Grosseteste benutzte Centrifuge 1 Pferdekraft zum Betrieb erforderte, so ist aus der Tabelle zu ersehen, dass für alle Versuche der nützliche Effect der Centrifuge bereits 11 resp. 12 Minuten Drehungsdauer erreicht war. —

Hierbei haben wir angenommen, dass 1 Pfd. Steinkohle 5,5 Pfd. Wasser verdampfe. Das findet nun nach Resultaten mit den Trockenräumen und Trockenmaschinen sehr selten statt, vielmehr ist die Verdampfung per Pfund Steinkohle in Trockenräumen geringer. In Trockenkammern mit gewöhnlicher Heizung haben wir per Pfd. Steinkohle etwa 1,72 Pfd. verdampftes Wasser, somit würde hierfür die Leistung der Centrifuge erst geringer werden, wenn die Menge des ausgeschleuderten Wassers per Minute nur noch 0,27 beträgt, weil bei der Verdampfung von nur 1,72 Pfd. Wasser durch 1 Pfd. Steinkohle per Minute 0,504 Pfd. Steinkohle in der Trockenkammer verbrannt werden, während die Centrifuge nur 0,156 Pfd. Steinkohlen beansprucht. Bei Vergleich mit Duvoirs Trockenraum z. B. stellt sich die Wassermenge, die mit Nutzen noch abgeschleudert wird, auf 0,54 Pfd. Beim Trockenthurm sinkt dieselbe auf 0,243 herab, bei der Cylindertrockenmaschine, welche ca. 3,5 Pfd. Wasser verdampft, auf 0,5 Pfd. Es ist ersichtlich, dass sich je nach Einrichtung der Trockenapparate auch der Prozess des Centrifugirens richtet, um noch mit Vortheil zu arbeiten.

Grosseteste hat unter Berücksichtigung des Lohnes der Arbeiter, der Zinsen und 15 pCt. Abschreibung etc. sogar bestimmt, dass das Centrifugiren noch vortheilhaft sei, wenn per Minute noch 0,126 bis 0,150 Pfd. Wasser gegenüber der Trockenkammer oder noch 0,252 Pfd. Wasser gegenüber der Trockenmaschine ausgeschleudert werden. Es entspricht das der Erfahrung nicht mehr, da man in jetziger Zeit gegenüber den Verbesserungen an Trockenmaschinen mindestens 0,5 Pfd. ausschleudern muss, um noch zu günstigem Resultat zu kommen. Hierbei ist die Masse des Stoffs mehr gleichgültig, nicht aber für die Praxis die Zahl der Arbeiter.

Riesler ermittelte durch Versuche: Mit der Walzenpresse entnässte 6 Stück Kattun wogen 47 $\frac{1}{2}$ Kilo; mit der Centrifuge entnässte 6 Stück desselben Kattuns wogen nur 39 $\frac{1}{4}$ Kilo. Jedes Stück der letzteren hatte demnach 1 $\frac{38}{100}$ Kilo Wasser weniger in sich und weniger nachträglich zu verdampfen. Berechnet man das z. B. auf 200 Stück, so muss man im Trockenraum bei Anwendung der Quetschmaschine 276 Kilo Wasser mehr verdampfen, entsprechend ca. 100—150 Kilo Steinkohle.

Wir kommen nun zur speciellen Besprechung der **Centrifugaltrockenmaschinen,** welche für die Appretur eine so grosse Rolle spielen, dass sie in keiner Appreturanstalt und möge sie noch so klein sein, fehlen kann. Wir schicken Geschichtliches voran.

Penzoldt[19]) liess sich 1836 einen Apparat patentiren, der für die späteren, sogenannten Centrifugalmaschinen der Prototyp war. Der Apparat war mit einem Wort die erste Centrifugaltrockenmaschine. Derselbe machte gleich bei seinem Auftreten Aufsehen und lenkte die Aufmerksamkeit verschiedener Techniker auf sich. Penzoldt selbst verbesserte ihn schon

---

[19]) Penzoldt oder Pentzoldt oder Petzoldt in Paris erhielt sein erstes Brevet 1836, 2. Août: Brevet pour un nouveau procédé de séchage des tissus à l'aide d'une machine à rotation rapide avec axe vertical. Brevet de 1837: Mach. à axe horizontal. Bulletin de la société d'encour. 1850. Comptes rendus 1838. Publication industr. Armengaud III. 1843. — Dingl. pol. Journ. Bd. 71. p. 80.

1837 und später; Andere aber suchten ihn besser zu construiren und so folgten dann schnell aufeinander die Centrifugen von Seyrig[20]), Caron, Robinson, Offermann (Sorau)[21]), Gropius, Götze, Kelly & Alliot (Copie von Seyrig), Ohnesorge, Fesca, Stephan, Farinaux, Rohlfs, Shears, Thomas, Coudroy, Henry, Levy, Carrière, Buffaud, Tulpin, Houget & Teston, Münnich, Bartolomey & Brissoneau frères, Langenard, Hanrez, Uhlinger, Tolhurst, Townsend, Broadbent, Cadiat aîné, Napier, Renaux, Fontainemoreau, Vangoethem, Begault, Guary, Holcroft, Laubereau, Heraud, Liebermann, Sultzer, Fauquemberg, Brinjes, Chavannes und Huillard, Girard, Montaigne, Corby, Hauboldt, Momon und Racinet, Montigny, Duvergier, Bedé, Hay, Braun u. A. Unter ihnen waren nur wenige, die sich für eine Centrifuge mit horizontaler Drehaxe entschieden. Letztere Construction, anfänglich erstrebt, ward besonders von Goetze empfohlen und gebaut, ferner von Penzoldt, Offermann, Robinson und in neuerer Zeit noch von Tulpin, Hemmer, Gay und Kaepelin und Anderen, meistens zum Entnässen von Wollstoffen. In neuerer Zeit ist das Streben darauf gerichtet, die Centrifugen mit senkrechter Axe für continuirlichen Betrieb einzurichten. Zu den Ingenieuren, die dies anstrebten, gehören Buffaud, Langenard, Shears, Havrez, Schimmel, Frey, Carrière u. A. Es fehlte auch nicht an anderen Aenderungen und Verwendungen; so versuchten Townsend, Renaux und später Farinaux den Centrifugenkorbraum mit heisser Luft zu speisen, Townsend mit der Centrifuge zu stärken, Bailly den Trockenprozess mit dem Bleichprozess zu verbinden, durch Einleitung von schwefliger Säure in den Korb u. s. w. — Der Kreis der Anwendung wuchs und wächst mit jedem Jahr. Die meisten Verbesserungen fielen naturgemäss zuvörderst auf das Getriebe. Zunächst war man sehr zweifelhaft (und Götze[22]) verneint es sogar), ob man Zahnräder oder Kegelräder so herstellen könne, dass man mit ihnen der Maschine 1000 Touren ertheilen könne. Allein schon Offermann[23]) weist bestimmt auf die Nothwendigkeit schnelleren Ganges als 1000 Umdrehungen hin und bald hatte man diese vollständig erreicht, denn Caron's[24]) Maschine hatte schon 1800 Umdrehungen durch Betrieb von unten her. Seitdem sind zahlreiche Rädercombinationen gemacht, bis man in neuerer Zeit entschieden auf das System der Frictionsscheiben und auf Riemenbetrieb oder auch directen Antrieb eingegangen ist, bei welchen Einrichtungen die Umdrehungs-

---

[20]) Seyrig, J. G., zu London erhielt 1838 am 16. Februar ein Patent auf eine Centrifuge. — Dingl. pol. Journ. Bd. 91. 182.

[21]) Verhandl. des Vereins für Gew. 1842. 158.

[22]) Dingl. pol. Journ. Bd. 91. 184.

[23]) Verhandl. d. Vereins für Gewerbfl. 1842. 158.

[24]) Dingl. pol. Journ. Bd. 81. S. 60.

geschwindigkeit leicht und fast unbegrenzt erhalten werden kann. Ebenso ist man zu einer hinreichend starken Construction der Centrifuge und ihrer einzelnen Theile gelangt, denn Anfangs kam es vor, dass die Körbe für die entstehende Spannung zu schwach construirt wurden. Im Ganzen ist die Einführung der Centrifugalmaschine schnell und leicht vor sich gegangen und der im Anfang mit einer Penzoldt'schen Centrifuge vorgekommene Fall des Zertrümmerns ward als durch den Muthwillen der Arbeiter, die auf 3000 Umdrehungen gedreht hatten, entstanden nachgewiesen. — Allein bisher war es nicht zu einer wissenschaftlichen Feststellung von Constructionsformeln für die Centrifugen gekommen und zwar aus dem Grunde, weil die abzuschleudernden Massen viel zu heterogener Natur sind. Ebenso wenig war es möglich, über den Wirkungsgrad und die Leistungsfähigkeit der Centrifugen ein bestimmtes Bild aufzurollen. In den Publ. ind. par Armengaud aîné finden wir in Vol. III und XI und XVII Einiges in dieser Richtung hin vorgeführt. Ferner hat Albert Fesca[25] einen Artikel über die Explosion von Centrifugen gegeben, worin er auch sehr richtig darauf aufmerksam macht, dass der Gebrauch der Centrifugen controlirt sein solle.

Diese Nothwendigkeit hat sich in neuester Zeit noch dringender herausgestellt, je mehr nämlich die Centrifugen Eingang finden. Das hervorgetretene Streben, die Centrifugen mit Panzern zu umgeben, so dass bei Explosionen des Korbes die Stücke desselben nicht umherfliegen können, ist gewiss anerkennenswerth, — hat aber noch zu keinem wirksamen Resultat geführt. Vielleicht könnte die Panzerconstruction von Dr. Otto Braun in Berlin befriedigen. —

Für die Construction[26] der Centrifugen ist es wichtig, dass die einzelnen Bestandtheile „Korb, Boden, Axe" in geeigneten Einklang gebracht werden. Der Werth für Festigkeit der Scheibe, die den Boden bildet, kann kleiner sein, als der Werth für die Festigkeit des Ringes oder der Korbwände, welche entweder aus perforirtem Kupferblech oder verzinntem Eisenblech bestehen, oder aus Drahtgewebe oder Drahtgeflecht, oder aus einzelnen Ringen, die an horizontalen Stangen befestigt sind etc. Während bei ersterem die Spannung $S = \frac{2}{3} q H$ genommen werden kann, muss bei dem Ring $S = 2 q H$ genommen werden (S Spannung im Ring und Korb, q Gewicht per cbm, H die der Peripheriegeschwindigkeit entsprechende Fallhöhe). Für die beschickte Centrifuge spielt die Dicke der Schicht δ ebenfalls eine Rolle, ferner deren Masse M und Gewicht G_2. Ist ω die Winkelgeschwindigkeit bei n Umdrehungen per Minute, F die Querschnittsfläche des Korbes, $g = 9{,}81$, R der Radius des ungefüllten

---

[25] Dingl. pol. Journ. 203, H. 5. — Zeitschrift des Vereins der Ing. XV. 737.
[26] Grothe in der Allgem. Deutschen Polytechnischen Zeit. 1873. p. 29. 43. 90.

Korbes, so ergibt sich, wenn G_1 das Korbgewicht bedeutet, die **Gesammt-spannung** in der Centrifuge

$$S_a = \frac{\omega^2}{\pi\,g\,F}\left[G_1\,R + G_2\left(R - \frac{\delta}{2}\right)\right].$$

Hierin bezeichnet δ die Füllungsdicke. Ist dieselbe sehr gering, so wird $\frac{\delta}{2}$ so klein, dass dieser Ausdruck vernachlässigt werden kann und es bleibt dann die Summenspannung

$$S_a = \frac{\omega^2\,R}{\pi\,g\,F}\,(G_1 + G_2).$$

Die Geschwindigkeit hängt ab von der Betriebskraft und der betreffenden Transmission, andererseits von der Festigkeit des Korbes resp. seiner Theile. Die Kraft, welche den Körper in der Centrifuge durch die Centrifugalkraft an die Wandungen des Korbes andrückt, wird für gewöhnlich ermittelt bei gleichbleibender Umgangsgeschwindigkeit durch die Formel

$$K = \frac{c^2\,G}{g\,v}. \quad \text{(S. S. 614.)}$$

Dieselbe ergibt bereits, dass die Pressung des eingegebenen Körpers gegen die Korbwand um so grösser ist, je kleiner der Radius ist und mahnt dazu, nicht auf eine **Vergrösserung** des Raumes im Korbe das Gewicht zu legen, sondern mehr auf **Erhöhung der Geschwindigkeit**[27]). — Wir kommen dabei auf die Thatsache, dass das Centrifugalverfahren um so besser wirkt, je geringere Massen in den Korb eingegeben werden. Natürlich beschränkt sich diese letzte Bestimmung in der Praxis von selbst. Kick weist nach, dass bei Vergrösserung des Radius und bei der Vergrösserung der Tourenzahl ein grösserer Nutzeffect eintreten wird. Aber da die Beschickung im Korbe nie so gleichmässig sei kann, dass nicht schädliche Seitendrücke entstehen und diese schädlichen Seitendrücke um so wirksamer und ungünstiger werden, je grösser der Radius ist, — so bleibt der von uns gegebene Rath, die Geschwindigkeit wachsen zu lassen und nicht den Radius, auch aus diesem Grunde bestehen. Es lässt sich für den Leistungseffect der Centrifugen eben das Gesetz aussprechen: „Die Centrifuge muss bei möglichst kleinem Diameter mit möglichst grosser Umdrehungsgeschwindigkeit mindestens so viel Material fassen, dass die durch die innerhalb einer (für jedes Material) bestimmten Zeitperiode abgeschleuderte Flüssigkeit dargestellte Leistung, mindestens gleichwerthig ist dem Kraft-, Zeit- und Arbeitsaufwand zur Beschickung, Bewegung und Instandhaltung der Centrifuge."

---

[27]) Siehe hierüber Kick in Karmarsch und Heeren, techn. Wörterbuch Bd. 2: Centrifugalmaschinen.

Wir wollen in Folgendem einige Centrifugaltrockenmaschinen beschreiben, bemerken jedoch dabei, dass bisher die Constructionen nicht immer mit der Leistungsforderung im Einklang stehen. Meistens sind die Dimensionen zu stark gegriffen und man bewegt eine bedeutende Masse unnütz. Es ist für die Zukunft nothwendig, die Masse genau dem vorliegenden Zweck anzupassen; dann wird der Gebrauch der Centrifugaltrockenmaschinen noch mehr Vortheile bieten. —

1. Centrifugaltrockenmaschinen mit horizontaler Axe.

Die Offermann'sche Maschine[28] war folgender Art construirt. Auf einer starken horizontalen Axe von ca. 1,5—2 m Länge ist ein Cylinder von Kupfer, von ca. $1\frac{1}{2}$ m Durchmesser, mittelst geeigneter Radarme aufgesetzt. Dieser Cylinder ist auf seinem ganzen Mantel perforirt. Unmittelbar um die Axe herum ist ein kleiner Cylinder von etwa 15 dcm Durchmesser aufgefügt, so dass derselbe concentrisch die Axe auf der ganzen Länge umschliesst und zwischen der letzteren und der inneren Wandung dieses kleineren, ebenfalls mit erbsengrossen Löchern versehenen Cylinders ein ringförmiger hohler Raum bleibt. Zwischen dem äusseren Mantel des kleinen und dem inneren Mantel des grossen Cylinders befindet sich der Raum zur Aufnahme der Waare. Derselbe ist an den Radarmen geschlossen durch volle Scheiben. In dem Mantel des grossen Cylinders ist eine Einführöffnung. Der Cylinder ist ferner mit einem Gehäuse rund umgeben, welches etwa 5 dcm von dem Mantel des Cylinders absteht, unten aber rinnenförmig sich gestaltet für den Abfluss des Wassers. Der Cylinderraum wird beschickt, die Einführöffnung geschlossen, ebenso das Gehäuse und nun beginnt man mittelst Kurbel oder Räderwerk und Maschinenkraft die Axe umzudrehen.

Die Centrifugalkraft presst die Waare an die Wandungen des Cylinders an und das lose in dem Gewebe eingeschlossene Wasser wird durch die Perforationen der Wandung herausgeschleudert und fliesst an der inneren Wandung des Gehäuses nach unten zusammen und von da ab. Frische Luft strömt stets durch die offenen Seiten des kleinen Cylinders ein, durch die Perforation in den Cylinderraum und wird durch die Wolle hindurchgetrieben. Die Offermann'sche Maschine macht gegen 1000 Umdrehungen in der Minute und schleudert in 10—12 Minuten ihr Beschickungsquantum aus. — Goetze macht dieser Maschine den Vorwurf, dass sich das Beschickungsquantum nicht gleichmässig an den Wandungen des Cylinders bei Drehung desselben anlege und theilt deshalb den inneren Raum in 4 Abtheilungen durch Scheidewände ein. Er hat hierin nicht Unrecht, aber seine Einrichtung bietet noch mehr Mängel. Seine Annahme, dass

---

[28] Beschreibung und Abbildung der ersten F. A. Offermann'schen Centrifuge, im Gange zu Sorau seit 1841, ist in den Verhandlungen des Vereins für Gewerbfleiss 1842 pag. 158 enthalten. Sie kostete, von einem Klempner gefertigt, über 100 Thlr.!

600 Umdrehungen genügten, ist der Offermann'schen Behauptung gegenüber, dass die Geschwindigkeit besser 12—1500 Umdrehungen betragen
solle, durchaus falsch und es ist zweifelhaft, ob seine Angabe, dass er das
Beschickungsquantum in 5—10 Minuten getrocknet habe, als wahr hinzu-
nehmen ist.

John Smith[29]) hat sich 1830 eine horizontale Centrifuge patentiren
lassen, welche allerdings nicht das Entnässen allein, sondern auch das
Pressen zur Aufgabe hatte, indem er auf dem mit Stoff umwundenen
Cylinder einen Gegencylinder rotiren liess. Der umwundene getriebene
Cylinder erhält sehr grosse Geschwindigkeit.

Dies Patent enthält für unsere Zeit den Wink, die Centrifugalkraft-
wirkung durch Pressung zu erhöhen! —

Die horizontale Centrifuge ist in der Construction von Leop. Ph.
Hemmer in Aachen so eingerichtet. In zwei durch Querriegel B verbundenen Gestellwänden A ist eine mit Holzleisten belegte Trommel C gelagert;
in den oberen Lagern dieser Gestellwände ruht die Betriebswelle D mit den
Riemenscheiben E. An den Enden dieser Welle ist eine grosse, platt abgedrehte, gusseiserne Frictionsscheibe F befestigt, welche ihre Bewegung auf
eine auf der Trommelwelle aufgekeilte Frictionsrolle G überträgt und dadurch die Trommel in rasche Umdrehung (ca. 1000 Umgänge per Minute) versetzt (Fig. 403). Eine angebrachte Hemmscheibe P mit Bremse dient zum

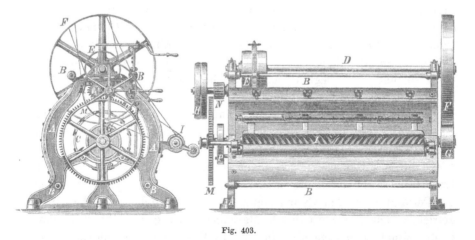

Fig. 403.

Anhalten der Trommel, wenn die Maschine zum Stillstand gebracht werden
soll. Mittelst einer Kurbel, welche beim Betriebe abgenommen wird, wickelt
man das nasse Tuch auf die Trommel. Zugleich ist ein mit Borsten besetzter
Querriegel I vorhanden, über welchen das Tuch beim Aufwickeln streift
und sich glatt bürstet. An einer Holzleiste der Trommel befinden sich
seitlich spitze Stifte (Claviere), in welche das erste Ende des aufzu-

---

[29]) Spec. No. 5901.

wickelnden Tuches eingenadelt wird. Die Trommel selbst ist, um das Ausbreiten des Wassers zu hindern, mit einer hölzernen Ummantelung umgeben, in welcher sich an der Vorderseite der Maschine eine Thür befindet, die sich nach unten öffnet und dann gleichzeitig als Unterlage für das auf- und abzuwickelnde Tuch dient. Für den Ablauf des Wassers ist die Abpflasterung unter der Maschine rinnenartig abgeschrägt. Für das Aufwickeln des Tuchs sind Riemen H vorhanden und auf ihrer Axe ein Zahntrieb N, welcher für diesen Zweck in das grosse Zahnrad M auf der Trommel eingreift, so dass das Aufwickeln mechanisch geschieht. Der Betrieb ist sehr einfach und durch einen Mann zu besorgen; das nasse Tuch wird, wenn die Thür geöffnet ist, auf diese vor der Maschine gerade hingelegt, das Hinterende desselben an den Clavieren der Trommel befestigt und mittelst der Kurbel glatt aufgewunden, dann um die bewickelte Trommel eine grobe Leinwand gelegt und mit einer starken Schnur festgebunden; nun wird die Thür geschlossen und die Maschine durch Ueberleiten des Riemens von der losen auf die feste Betriebsriemenscheibe in Umdrehung versetzt; nach ca. 10 Minuten wird die Maschine angehalten und das Tuch wieder abgezogen. Diese Maschine, welche übrigens eine gute Fundamentirung erfordert, gewährt den Vortheil: 1. dass die Tuche gleich nach dem Rauhen ohne Zeitversäumniss ausgeschleudert und abgerähmt werden können, also nicht erst, wie bisher, eine Zeit lang stehen und ablaufen müssen; 2. dass dieselben durchweg gleichmässig feucht bleiben und nicht wie beim Ablaufen, stellenweise halbtrocken und stellenweise übernass werden; man vermeidet daher wasserharte Stellen und das Dunkeln einer Seite bei hellfarbigen Stoffen; die Farben leiden nicht und bleiben trocken; 3. dass die Tuche bei milderer Temperatur rascher abgetrocknet werden können als bisher, somit die Leistungsfähigkeit der theuren Rähmmaschine erhöht wird, und man nicht mit kostspieliger Wärme das Wasser auszutrocknen hat, welches zum grössten Theile auf billige und rasche Weise durch die Centrifugalmaschine entfernt werden kann; 4. dass bei alledem das Haar glatt in Strich gehalten bleibt, da die Stoffe beim Aufwickeln eingebürstet werden. Die Maschine ist für jede Art Stoffe, welche nass appretirt werden, anwendbar[30]).

Die Construction von Tulpin frères[31]) in Rouen solcher Horizontalcentrifuge ist viel einfacher. Dieselbe enthält nur einen Cylinder zum Aufwickeln des Stoffes. Die Axe desselben geht 500 mal pro Minute um mit 1 256 m Umfangsgeschwindigkeit. Eine ebenso einfache Construction hat die Maschine für leichte Wollstoffe von C. G. Hauboldt jr. in Chemnitz[32]).

---

[30]) Wochenschrift des niederöst. Gew.-Vereins 1866. No. 50. — Polyt. Centr.-Bl. 1867. 194. — Bayr. Kunst- und Gew.-Bl. 1866. 731. — Ill. Gew.-Zeit. 1866. 291. — Dingl. pol. Journ. 1865. B. 180. p. 350.

[31]) Alcan, Traité du travail de laine V. II. 321. und Taf. 50. — Bulletin d'Encour. 1871. 52.

[32]) Meissner, der praktische Appreteur etc. pag. 94 und Tafel 36.

Horizontalcentrifugen mit Korb, in den man das Gewebe einlegt, kommen nur sehr selten vor. Sie enthalten wohl auch innere Wände zum Theilen des Raumes. Solche Centrifugen können den Vergleich mit den stehenden Centrifugen nicht aushalten. Die Centrifugaltrockenmaschinen mit verticaler Axe sind insofern vollkommener wirkend, als in ihrem horizontal rotirenden Korbe die Körper sich gleichmässiger gegen die Wandung desselben anlegen können. Bei den Centrifugen mit horizontaler Axe fällt bei der Beschickung zunächst die ganze Masse des zu entnässenden Körpers auf eine Stelle des Korbes und presst durch ihr Gewicht bereits gegen dieselbe. So ungleich verbleibt die Masse zum grössten Theil, indem bei langsamer Rotation die Masse wohl entsprechend der wechselnden Neigung der Wandungen anfangs herabrollt, aber stets wieder den tiefstliegenden Punkt massirt zu erreichen sucht. Dies Herabrollen, später Herabfallen, hört erst dann auf, wenn die Centrifugalkraft die Kraft des Gewichtes der Masse überwindet. Und auch dann wird die Vertheilung der Masse an den Wandungen niemals eine gleichmässige sein. Diese Bemerkungen bestehen natürlich nur dann zu Recht, wenn es sich um horizontale Centrifugen handelt, in deren Korb die Waare eingelegt wird, nicht aber wenn es sich um Centrifugal-Apparate, wie vorbeschrieben, handelt, um welche herum man das Gewebe wickelt.

Bei den vertical-axigen Centrifugen wirkt das Selbstgewicht des Körpers nicht zum Anlegen der Stoffe an die Wandungen, wenigstens zunächst nicht. Bei zunehmender Geschwindigkeit überwiegt die wachsende Centrifugalkraft allmälig die Gewichte der einzelnen Wassertheile. Die leichteren Theile folgen zuerst der Centrifugalkraft und werden gegen die Wandungen angepresst, — und so fort bis alle Theile herangezogen sind. Dass hierbei, da in jedem Momente, entsprechend jedem Momente in der Zunahme der Geschwindigkeit, Theilchen gegen die Wandungen bewegt werden, aber stets andere Punkte des Korbes der tangentialen Richtung der Schleuderung als Aufhalt dienen, — die Vertheilung eine gleichmässigere sein muss, dürfte unbezweifelt sein. Aus diesem Grunde wird auch die Bewegung der vertical-axigen Centrifuge von nur geringen Stössen begleitet sein. Dennoch aber stellt sich bei den vertical-axigen Centrifugen die Schwierigkeit heraus, dass die Axen derselben eine sehr genau senkrechte Stellung erfordern und zur Verminderung der Zapfenreibung conische Stehzapfen erfordern, ferner Halslager und diese sowohl unterhalb als oberhalb des Korbes, oder aber andere Anordnungen, die den entstehenden und bei der Zufälligkeit der Lage der Beschickung unvermeidlichen Schwingungen des Korbes und dem einseitigen Axendruck, sowie der damit verbundenen stärkeren ungleichen Reibung entgegen wirken. In diesen angegebenen Vorkommnissen und Thatsachen liegt der Grund zu den mannigfach variirenden Constructionen, die die Centrifugen seit einigen Jahrzehnten erfahren haben.

2. Centrifugaltrockenmaschinen mit verticaler Axe.

I. Centrifugen mit Antrieb über dem Korbe.

Diese Centrifugen haben bei kleinen Dimensionen einseitige, bei grösseren Anwendungen zweitheilige, selten dreitheilige Gestelle[33]).

Die Construction, in der Figur 404 dargestellt, enthält innerhalb des dreitheiligen starken Gestells A die Centrifuge. Die Welle C derselben steht unten in einem Fusslager mit conischem Zapfen. Die Verbindung des Korbes mit der Welle ist aus der Zeichnung ersichtlich. Den Korb umgibt das Gehäuse. Die Wandungen des Korbes sind aus Kupferblech hergestellt und entsprechend gelocht. Die Welle ist im Halslager J

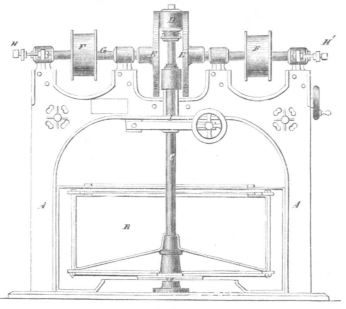

Fig. 404.

eingelagert und trägt oben eine mittelst K, K verschiebbare Rolle D. Unter J ist eine Bremsscheibe mit Bremsanordnung angebracht. Die Bewegung wird auf die Axe von der Hauptwelle G her ertheilt, die hier aus zwei Theilen besteht, jeder ausgerüstet mit einer Riemenscheibe F und einer Frictionsplanscheibe E. Durch die Federanordnungen H und H' werden diese Wellen stets nach der Axe zu gepresst. Die Scheiben F stehen mit der Transmission der Fabrik durch Riemen in Verbindung, die eine mittelst glatten Riemens, die andere mittelst geschränktem Riemen. Wenn die Bewegung der Axe beginnen soll, stellt man die Frictionsrolle D herab,

---

[33]) Grothe, Streichgarnspinnerei. Julius Springer 1876. S. 121.

so dass sie dem Mittelpunkt der Scheibe sich nähert. Es wird hier das
Bewegungsübersetzungsverhältniss etwa wie 1 : 2 sein. Je mehr man die
Rolle D nach oben vorschiebt, um so mehr erhält sie beschleunigte Bewe-
gung, bis in oberster Stellung das Bewegungsverhältniss entsprechend den
Radien der Scheiben E und D zum Maximum wächst.

Sehr ähnlich sind die Centrifugenconstructionen von A. Kiesler & Co.
in Zittau, H. Thomas in Berlin, Richard Frantz in Crimmitschau,
C. F. Weisbach und Oscar Schimmel & Co. in Chemnitz. Bei Schimmels
Centrifuge ist die Rolle über den ganzen Scheibenraum verschiebbar, nicht wie
in der Construction (Fig. 404) nur auf der Hälfte (Fig. 405). Ferner setzt

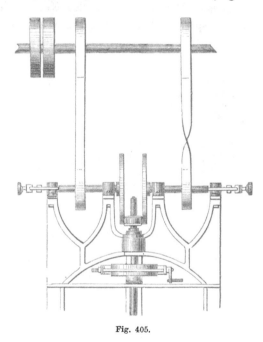

Fig. 405.

Schimmel das Gerüst zur Aufnahme der Hauptwelle direct auf das
stark construirte Gehäuse, welches die Centrifuge umschliesst, auf. Es
ist dies übrigens eine Methode, die vielfach durchgeführt wird, zumal
bei den französischen Centrifugen z. B. von Tulpin ainé in Rouen,
Pierron und Ferd. Dehaitre in Paris. Bei der Centrifuge von Tulpin
(Fig. 406) wird eine sehr grosse Planscheibe K verwendet und der Antrieb
ist einseitig. Die Hauptwelle ist sehr kurz und in dem dreisäuligen Gestell f, das auf das Gehäuse A aufgeschraubt ist, derart eingelagert, dass
sie auf der Mittelsäule und dem Verbindungsbalken o zwischen der Front-
säule ruht. Die grosse Scheibe K liegt vor dem Steg o. Die verschiebbare Rolle h sitzt hier auf der langen Axe Z zwischen den beiden Halslagern g. Die Rolle h ist schmal aber von grösserem Durchmesser, wodurch eine klarere Friction erzielt wird. Ein Hebel i bei n an der Säule f

befestigt, umfasst in einer Rinne die Rollenkörper h und endigt an der andern Seite in einem Sector, der durch eine Stellradaxe mit Zahntrieb l verstellt werden kann. p ist Riemengabel für die Riemenscheibe r. m ist Frictionsscheibe, gegen deren Mantel das Band t und die Bremse mittelst q angezogen werden kann. Das Gehäuse A ist zweitheilig hergestellt und wird zusammengeschraubt mit umgebogenen Flantschen. v ist eine Speiseröhre für Oelung der Fusszapfen. —

Das was Tulpin's Centrifuge zu wünschen übrig lässt, dass der Druck der Planscheibe in der Axe keinen starken Widerdruck findet, weil die Aufstellung der Axe in den Lagern g, g dennoch zu Federungen Veranlassung geben möchte, hat H. Prollius in Görlitz sehr passend vermieden, dadurch, dass er wie Fig. 407 zeigt, ein Gestell wählt, in

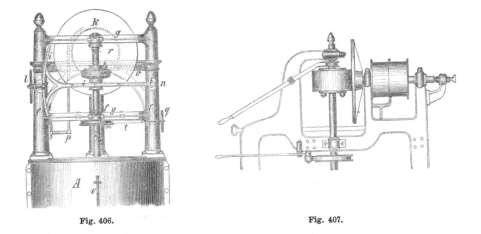

Fig. 406.   Fig. 407.

welchem die Planscheibenwelle fest eingelagert ist und an einer Verlängerung desselben Gestelles die Centrifugenaxe in zwei Halslagern festgehalten wird.

Die Bewegungsübertragung mit Planscheiben hat sehr viel Vortheilhaftes, weil man damit die Bewegung der Centrifugen langsam einleiten kann. In Deutschland wird sie vorherrschend benutzt. Um die Ueberleitung der Bewegung von der geringen zur schnellen Geschwindigkeit recht sanft vollziehen zu können, haben die Cleveland Machine Works in Worcester, Mass. ein Conenpaar u, b mit entgegengesetzter Spitze angeordnet. Die Axe des unteren Conus ist zugleich Betriebsaxe (Fig. 408). Die obere, c, enthält die Frictionsplanscheibe d zum Antrieb der stehenden Centrifugenaxe f. Der untere Conus hat auf seiner Axe die Riemenscheiben s, r für den Treibriemen der Hauptwelle. Auf einer Schraubenspindel g in der Mitte zwischen den Conen steckt eine bewegliche Mutter p. Diese hat zwei Arme o. Jeder derselben dient einer der beiden Riemenbahnen k zum Führer. Diese Schraubenspindel g enthält zwei kleine Scheiben h, i, die von

40*

zwei Scheiben t auf der unteren Conusaxe, die eine durch einen gekreuzten, die andere durch einen offenen Riemen bewegt wird. Eine Kuppelungsvorrichtung n, m kuppelt die eine oder die andere Scheibe mit der Schraubenspindel, je nachdem der Riemen auf den Conen nach rechts oder links gleiten soll. Ist der Riemen an einer Seite am Ende der Conusse angelangt, so stösst er gegen einen Arm m oder n an der Stange, welche die

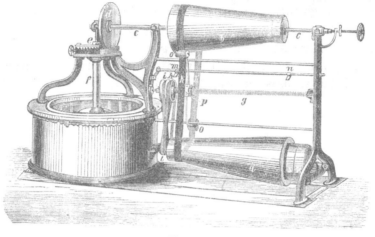

Fig. 408.

Kuppelung der Scheiben auf der Schraubenspindel besorgt. Es rückt dann sofort die bisherige Kuppelung aus und die andere tritt in Kraft, wenn man nicht längere Zeit dieselbe Bewegung beibehalten will.

In der in folgender Abbildung (Fig. 409) skizzirten Anordnung von horizontalen Frictionsscheiben finden wir bereits den Uebergang zu dem

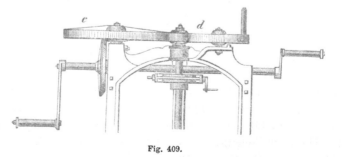

Fig. 409.

starren System, welches eine Einleitung der Bewegung der Axe in langsamen Anfangstempo nicht mehr gestattet. Diese Construction jedoch für Handbetrieb an Kurbeln ist gut, weil sich hierbei die allmälige Beschleunigung von selbst ergiebt. Bei Beginn wird mit dem Handgriff d umgedreht, sodann an der Kurbel gedreht und durch c die Rolle schnell in die normale Umdrehung versetzt.

Die Construction der Centrifungen von Buffaud frères in Lyon ist
eine sehr gute. Kräftige Gestelle, breite Auflagerungsflächen etc. sind durchweg angewendet. Wir geben in den Fig. 410—414 — auf Tafel zu Seite 629
— 5 Abbildungen Buffaud'scher Centrifugen und in Fig. 415 und Fig. 416
Durchschnitte. Fig. 415 ist ein Durchschnitt der Bewegungsorgane einer
durch Riemen getriebenen Buffaud'schen Centrifuge. B ist die starke Hauptwelle, die in den Lagern L, L auf dem Stativ A' aufgesetzt sind. Die Zapfen r, r
sind mit selbstschmierender Anordnung versehen. Um seitliche Verschie-

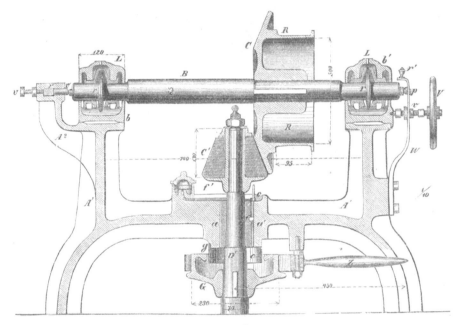

Fig. 415.

bungen der Welle B zu hindern, ist im Arm A² an A' eine stellbare
Schraubenaxe v, v eingelegt, deren Spitze gegen das Ende von B angestellt
werden kann. Andererseits ist die Feder W angeschraubt, gegen das
Gestell A' einstellbar durch v, V und gegen das Wellenende mit q an-
drückend. Auf der Welle B ist mit Keil und Nuth die Riemenscheibe R,
die seitlich den conischen Frictionskranz C trägt, befestigt. C berührt die
Kegelfläche von C' auf der stehenden Korbwelle D', welche im Stativ eingelagert ist in Lagerschalen a, a'. Die Oelzuführung geschieht durch f', e, f.
Das abfliessende Oel wird durch den Korb c, G auf Welle D' aufgefangen,
welcher zugleich als Bremsscheibe dient für das Bremsband an Z.

Der Boden (Fig. 417) der Centrifuge von Bertholomey & Brissoneau frères zu Nantes, derselben Einrichtung, ist mit einer Spiral-
vertiefung versehen, um den Ablauf zu unterstützen. Es ist diese Einrichtung des Bodens jedoch keine französische Neuerung, sondern Albert

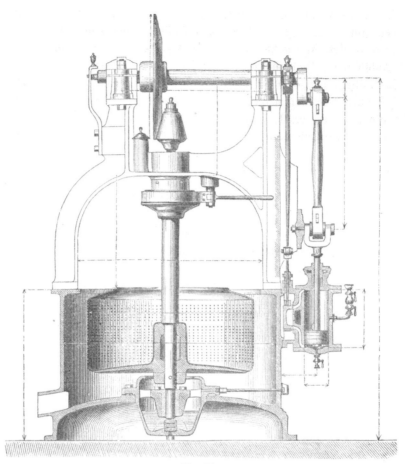

Fig. 416.

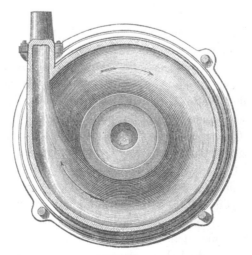

Fig. 417.

Fesca in Berlin hat sie zuerst bei seiner Centrifuge in Anwendung gebracht.

Als Beispiel einer einseitigen Construction mit Conusfrictionsbetrieb geben wir das äusserst kräftig gehaltene Stativ an einer Centrifuge für Hand- oder Motorenbetrieb von Pierron & Ferd. Dehaitre (Fig. 418)

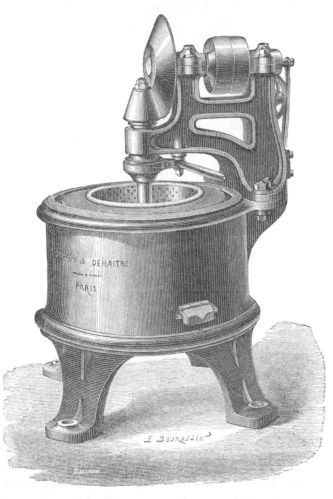

Fig. 418.

in Paris, deren grössere Construction unter Beibehaltung des massigen Stativs sich der Buffaud'schen anschliessen.

An die Stelle der conischen Räder und Frictionsscheiben treten nun in einigen Centrifugen conische Zahnräder, ganz besonders bei schweren und grossen Centrifugen. Solche Einrichtung zeigen die Centrifugen von Langenard, Havrez, Pierron.

Abweichend von solcher einfachen Anordnung ist aber die in Fig. 419

gegebene Anordnung[34]) von Carrière in Besançon. In der Figur be-.
zeichnet A die horizontale Welle des Apparates, die ihre Bewegung
durch die auf ihr fest gekeilte Scheibe P erhält, über die der Antriebsriemen ohne Ende läuft. Auf eben derselben Welle ist ein
conisches Getriebe B angeordnet, welches mittelst des Hebels D mit
dem Rade C in und ausser Eingriff gebracht werden kann, während ein
anderes conisches Getriebe E, das aber lose auf der Welle läuft, in das

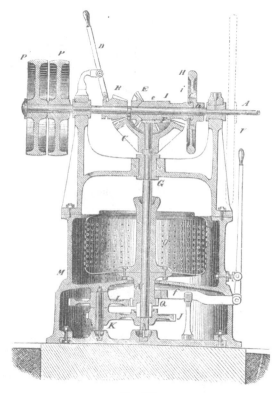

Getriebe F eingreift, das auf der verticalen Welle G befestigt ist. Das
erstere Getriebe kann aber auf der horizontalen Welle durch eine Vorrichtung auch fest gezogen werden, die einestheils aus dem Rad H besteht,
in dessen Nabe ein Schraubengewinde eingeschnitten ist, so dass es sich
auf den Theil a der horizontalen Antriebswelle aufschrauben kann, anderntheils aus der Hülse I, welche sich frei über der Welle und in der Nabe
des Rades H dreht, die zu diesem Zweck mit einer Kehle versehen ist,
in welche sich eine Platte i hineinschraubt. An dem unteren Theil der
verticalen Welle G ist das Stirnrad J befestigt, welches mit dem Getriebe K
in Eingriff steht, das seine Bewegung dem Rade L mittheilt, indem beide

auf ein und derselben Zwischenwelle befestigt sind; das letztere Rad aber greift weiter in das Getriebe Q ein, welches mit der Hülse N, auf welcher die Trommel ruht, aus einem Stück gegossen ist. Durch diese ganze Rädercombination, die in dem unteren Sockel M der Maschine eingeschlossen ist und die von der oberen unabhängig wirkt, wird der Trommel unmittelbar ihre nothwendige Geschwindigkeit gegeben. Die Bremse f ist oberhalb des Getriebes Q angeordnet. Will man den Apparat in Thätigkeit setzen, so bringt man mittelst des Hebels D das Getriebe R mit dem Rade C in Eingriff, dessen Durchmesser um ein bedeutendes grösser als der des Getriebes ist, in dem Verhältniss, als die anfängliche Geschwindigkeit eine nur geringe sein soll, um das Trägheitsmoment der Masse zu überwinden, ohne gewaltsame Schläge, Stösse u. s. w.; dreht sich nun der Apparat mit der anfänglichen mässigen Geschwindigkeit, so rückt man das Getriebe B aus und hält mit der Hand das Rad H fest; während dessen aber fährt die Welle A fort, sich zu drehen, so dass das Rad H sich auf dieser aufschraubt und dadurch den conischen Theil der Hülse I gegen das Getriebe E drängt. Dies aber geschieht allmälig und da das Verhältniss der beiden Getriebe E und F zu einander so genommen ist, dass durch ihren beiderseitigen Eingriff der Apparat seine grösste Geschwindigkeitsbewegung erhält, so folgt daraus, dass die Zunahme bis zu dieser Geschwindigkeit eine allmälige und vollkommen ruhige sein muss. Soll der Apparat nicht mehr thätig sein, so schiebt man den Riemen auf die Leerscheibe P' über und bringt das Schwungrad V zum Stillstand, so dass nun auch die Welle aufhört sich zu drehen und das Rad H sich zurückschraubt, was die Aufhebung des Druckes der Hülse gegen das Getriebe E und dessen Aussereingriff mit dem Getriebe F zur Folge hat.

Bemerkenswerth ist die Anordnung von Uhlinger mit Kegelräder mit Frictionseinschnitten, wie Fig. 420 zeigt.

Directe Zahnradbetriebe hat man ebenfalls versucht, aber mit geringem Erfolg. Dagegen finden wir die Uebersetzung durch Schraubengang und Rad mehrfach durchgeführt, so bei den Centrifugen von C. F. Schellenberg in Chemnitz und bei den kleinen Centrifugen und Centrifugirapparaten für verschiedene Zwecke von Rudolph Voigt in Chemnitz. Von dieser Anordnung geben wir beigehendes Bild (Fig. 421). Solche Anordnungen dürften viel Kraftaufwand erfordern und sich schnell abnutzen. —

Diese Centrifuge der Mannheimer Maschinenfabrik[35]) enthält die stehende Spindel e, welche im Fusslager bei d festgestellt ist, oben aber einen Lagerhalter mit Lager g trägt. Das Lager g besteht aus einem röhrenartigen Stücke, oben zu einem Oelgefäss erweitert, unten halbkugelig geschlossen und innerlich am Boden der Röhre mit einem halbkugeligen Lagerträger versehen. In dieses Rohrstück wird der eigentliche Dreh-

---

[35]) Polyt. Zeit. 1875. S. 85.

zapfen c der Korbwelle eingeführt und ruht auf der Lagerhalbkugel. Der
Zapfen c ist oben in dem Deckel der hohlen conoidal-geformten Korbaxe
eingefügt und kann durch eine Flügelmutter angezogen werden. Der, wie
Fig. 422 zeigt, cylindrische Obertheil der Korbwelle b dient als Riemenscheibe

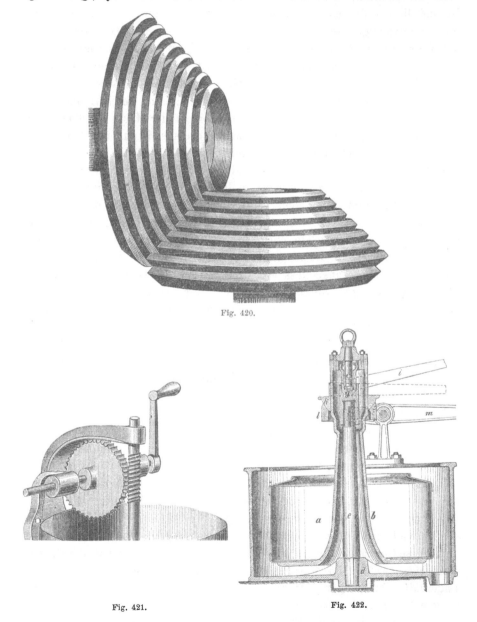

Fig. 420.

Fig. 421.

Fig. 422.

für den halbgeschränkten Riemen i, der von horizontaler Transmission her-
kommt und durch den Cylinderring k vor dem Herabfallen geschützt ist.
Dieser Cylinderring k dient aber gleichzeitig als Bremskörper und ist

dafür, wie ersichtlich, unterhalb conisch-kugelig geformt, genau entsprechend der Ausarbeitung des Bremsringes l, der vom Hebel m her angedrückt wird. Die Bodenplatte des Korbes a ist mit der Endplatte der Axe b unten zusammengefügt. Diese Art und Weise der Aufhängung der Centrifuge wirkt dahin, dass die ungleichmässige Belastung der Centrifuge im Korbe keinen nachtheiligen Einfluss auf den Gang derselben und die Abnutzung der einzelnen Theile ausübt. —

Die Anwendung des Riemenbetriebs oberhalb des Korbes ist bei der Centrifuge der Cleveland Machine Works (Amerika) in sehr hübscher Weise durchgeführt mit Hülfe von Leitrollen, ganz ähnlich wie der Schnurenbetrieb bei den Centrifugen kleinerer Dimension von Albert Fesca & Co. in Berlin angeordnet ist (Fig. 423 und 424).

Die Schnur L geht unter den Leitrollen a, a hinweg, über die Leit-

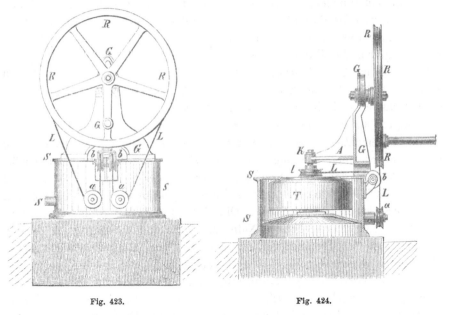

Fig. 423.　　　　　　　　Fig. 424.

rollen b, b, nach der Rolle L, die entweder oberhalb oder unterhalb des Korbes T angebracht sein kann, je nach dem man die Rolle a, a und b, b tiefer anbringt. Die Rollen werden an dem Gehäuse S angeschraubt, auf welchem auch das Stativ G mit dem Arm A und Lager K für die Spindel angeschraubt wird.

Goubet & Monroq in Paris haben die Bewegung auf die Centrifuge mit Hülfe von Ketten[36]) übertragen. Die Ketten sind von besonderer Form. Die Erfinder und Constructeure haben, ausgehend von der soge-

---

[36]) Revue industrielle 1875. 24. Nov. — Engineering 1875. — Polyt. Zeitung von Grothe 1876. 113. Diese Construction verdient viel mehr Beachtung, als sie zur Zeit gefunden hat.

nannten Galle'schen Kette, dahin gestrebt, in dieser Kettentransmission die der gewöhnlichen Kette anhaftenden Uebelstände zu beseitigen, sie vielmehr so herzustellen, dass Beweglichkeit, Starrheit, Leichtigkeit etc. sich darin vereinigen. Weiter aber fügen die Erfinder andere Theile der Transmission zu, nämlich sie lassen das Schwungrad jeder Maschine lose auf die Welle schieben, so dass dasselbe von der Hauptwelle unabhängig bleibt. Wird nun der Stillstand der Hauptwelle erforderlich, so kann man sie augenblicklich anhalten, während das Schwungrad fortrotirt. Ferner haben G. & M. mittelst einer Federklinkenanordnung und Sperrrad dafür gesorgt, dass bei Angang die Maschine keinen Stoss empfängt.

Die Fig. 425—427 auf besonderer Tafel zu Seite 636 geben ein Bild von der Anordnung zur Transmission. Die beiden Kettenscheiben E und D stellen sich dar als Zahnräder, deren Zähne in der Mitte rings um den Mantel eine Einkehlung haben, in welche die Verbindungsstücke c der Kette sich einlegen, während die Bolzenbüchsen d, d von der kreisförmigen Auszahnung h aufgenommen werden. Dass diese Anordnung ein sehr festes Gefüge darstellen muss, liegt auf der Hand. Es schliesst diese Kette ein Schieben auf den Scheiben E und D nach irgend welcher Richtung immer aus. Die beiden Scheiben D und E sind auf der Triebaxe A und Centrifugenwelle B lose. D sitzt auf einer Hülse F, die auf A aufgeschoben ist. Ebenso sitzt V das Schwungrad auf F. Somit sind das Schwungrad und das Treibrad lose auf A, sobald die eigenthümliche Kuppelung H, n, K ausgerückt ist. Die Letztere ist nun eingerichtet, wie folgt. Sie besitzt eine Art Trommel, deren Körper gebildet ist durch das Stück J, ferner aus der Seitenwand N und der Nabe I. Auf den Mantel J ist eine Nuth eingeschnitten, um die Zapfen K des Ausrückhebels aufzunehmen. Die Hülse I hat eine Nuth und ist mittelst Keils und entsprechender Nuth auf A mit der Triebwelle A so verbunden, dass die Trommel an der Rotation von A Theil nehmen muss, während sie durch den Hebel K nach rechts und links verschiebbar gleitet. Die seitliche Verschiebung begrenzt der Ring j. Wenn nun diese Trommel nach F, G. hin geschoben wird, so trifft der Kuppelungsring von G mit dem von L zusammen, beide mit Ausschnitten versehen, die in einander passen. L ist an der Trommel im Innern durch eine Spiralfeder R befestigt, bestehend aus einem Stahlband, welches an J befestigt wird und mit dem andern Ende an L. Die Oeffnung des Tambours ist durch N verschlossen. N trägt zwei Sperrklinken n, n, bestimmt in das Sperrrad H einzugreifen. Um einzurücken, genügt es, mit der Gabel K die Trommel nach links zu schieben und so G und L zum Eingriff zu bringen. Nun drehen sich diese Kuppelungshülsen zusammen; aber um ihnen die volle Bewegung der Axe A zu geben, muss sich erst die Feder R aufrollen und anspannen, worauf dann die Klinken n, n fest in H einfallen. Diese verhindern auch während der Arbeit, dass die Feder etwa sich abspannen könnte. Somit ist die Uebertragung der Bewegung auf F resp. D sehr sanft und allmälig eingeleitet, ohne dass ein Zeitverlust merklich statt hätte. —

Die Kuppelung auf der Welle B ist die Kuppelung, System Breguet. Sie besteht aus der Manschette M mit Verzahnung auf der Welle B, durch eine starke Spiralfeder K gegen die Kuppelungshälfte P an E angedrückt. Diese Spiralfeder ist mit ihren respectiven Enden an B und M befestigt. Ist nun die Kuppelung M, P eingerückt, so kann bei plötzlicher Acceleration von E durch Auslösen der Kuppelung P, M die Scheibe E schneller umgehen, während die Welle B davon nichts erfährt. Anders ist es allerdings, wenn auch rechts die Frictionsscheibe S durch die Ausrückung T gegen E angedrückt wird, wobei b in die entsprechende Bohrung von S eintritt. Diese Anordnung ist in der Färberei von M. Petit-Didier in St. Denis für den Betrieb der Centrifugen angewendet. Die Hauptwelle macht 20 Touren per Minute. Eine Kette von 3 Meter überträgt die Bewegung direct auf die Axe der Essoreuse durch eine Scheibe von 2 Meter Diam. auf der Hauptwelle und eine Scheibe von 20 cm auf der Centrifugenaxe. —

Bei diesen vorgeführten Constructionen wird die Bewegung des Motors von der Transmissionswelle auf die Horizontalwelle im obern Theile des Centrifugengestells durch Riemen, Ketten etc. übertragen. Der Motor wirkt also auf die Centrifugenaxe mit mehrfacher Uebertragung.

Buffaud frères (Fig. 416) in Lyon, Tulpin frères in Rouen, Gebr. Sultzer in Winterthur, Henry Chapman in Philadelphia, C. G. Hauboldt in Chemnitz, Richard Frantz in Crimmitschau, G. Wansleben in Crefeld haben bei grösseren Centrifugen die Einrichtung getroffen, dass mit dem Gestell eine kleine Dampfmaschine verbunden ist, die die horizontale Welle der Centrifuge durch Kurbel direct in Bewegung setzt.

Noch weiter ist W. P. Uhlinger in Philadelphia gegangen, indem er (Pat. 1876. 18. Febr.) eine liegende Schnellläufermaschine auf das Gerüst der Centrifuge setzt, deren Kolben- und Pleyelstangen durch Kurbel auf der verticalen Centrifugenaxe diese direct in Umtrieb bringen. Eine andere Centrifuge von Uhlinger ist mit dem Charles L. Klein'schen rotirenden Dampfmotor[37]) versehen, der unmittelbar auf die Centrifugenaxe aufgesetzt ist.

II. Centrifugen mit Antrieb unterhalb des Korbes.

Die frühesten Constructionen von Penzoldt und von Caron bedienten sich des Antriebes von unten. Allein man wandte sich dieser Construction nur zögernd zu, weil bei derselben die Schwingungen um so grösser hervortraten, je länger die Axe sein musste, auf welcher der Korb aufgehängt wurde. —

---

[37]) Grothe, Polyt. Zeit. 1877. S. 85. Mit Abb. der Klein'schen Dampfmaschine.

In neuerer Zeit hat man viele Centrifugen dieses Systems construirt und hat die Axe kürzer genommen, so dass die Schwingungen weniger stark sind. Allein nicht alle Hoffnungen sind erfüllt, aber es haben diese Constructionen manche günstigere Momente als die mit Betrieb oberhalb des Korbes. Ohne Weiteres ersichtlich ist die grössere Bequemlichkeit und Leichtigkeit der Beschickung und Entleerung des Korbes, ferner die grössere Reinlichkeit durch Wegfall der Lagertheile in den Bogen über dem Korbe. Ueberdem ist der Bau dieser Centrifugen ein einfacherer und billigerer. In Deutschland haben A. Fesca & Co. (Berlin), in Frankreich Buffaud frères (Lyon) diese Klasse der Centrifugen zuerst so stabil und solid ausgeführt, dass ihre Anwendung für die Praxis gesichert war. Besonders erreichten sie dies durch die Construction und Vertheilung von Coussinets zur Compensation der Seitendrücke und durch Bremseinrichtungen. — Diese Centrifugen mit Betrieb von unten erlauben allerlei Combinationen resp. speciellen Gebrauch, so besonders zum Entnässen von Stoffen auf Rollen, die im entrollten Zustande in den Korb eingelegt Kniffe etc. davontragen würden. Buffaud hat z. B. Centrifugen für Velours hergerichtet, in welche die Stücke unentrollt eingesetzt und entnässt werden etc. —

Albert Fesca & Co. in Berlin liefern schon seit längerer Zeit Centrifugen in einfacher, sinnreicher Anordnung und mit allen erdenklichen Verbesserungen versehen. Die Fig. 428 stellt diese Centrifuge

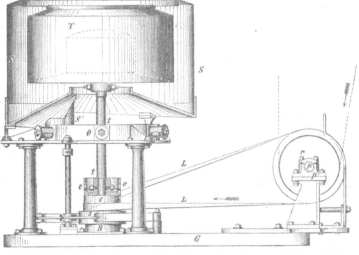

Fig. 428.

dar, zu der wir einen Grundriss (Fig. 429) fügen, bei welchem vorzüglich die Anordnung des balancirten Lagers gut hervortritt. T ist der Korb, S das Gehäuse, dessen Glocke ausziehbar, dessen Boden kegelförmig hergestellt ist zum bequemen Ablauf der Flüssigkeiten. Der Korb ist auf der

Welle t montirt. Das Halslager k für die Welle t ist mit 6 eisernen Armen am Kranz O befestigt und nimmt den Mittelpunkt dieses Kranzes ein. Die einzelnen Arme durchragen den Kranz O und tragen vor O einen Gummipuffer m, der mittelst Mutter und Scheibe gegen O angedrückt wird. Dieses Lager hat in Folge dieser Anordnung die Fähigkeit, bei Schwingungen durch ungleiche Vertheilung der Schwungmassen in der Centrifuge genügend nachzugeben. Um diese Wirkung noch mehr zu vervollkommnen, hatte A. Fesca auch einen Regulator construirt, der das Gleichgewicht bei ungleicher Beschickung herstellte[38]). Die Welle t ist unten mit

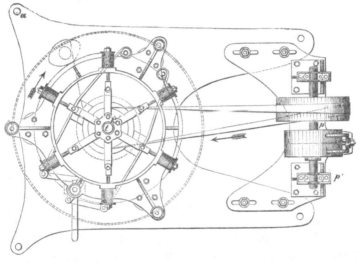

Fig. 429.

einer breiten Riemscheibe s versehen, die mit eingelassenen Stellschrauben e festgestellt wird. Unterhalb dieser breiten Riemscheibe, die durch Riemen L von r her bewegt wird, sitzt die Bremsscheibe.

Die Centrifuge von C. H. Weisbach[39]) in Chemnitz ist ebenfalls mit Antrieb von unten durch langen Riemen und mit Regulator versehen, welcher die Ungleichheit der Vertheilung der Masse im Korb ausgleicht. Centrifuge und Vorgelege werden auf einen Holzrahmen aufgeschraubt und bedürfen eines Fundamentes nicht. Bei der Centrifuge von Fauquemberg in Housseignies wird der Betrieb direct von der Riemenscheibe einer eigenthümlich eingerichteten Dampfmaschine auf die Axe der Centrifuge übertragen durch Riemen.[40])

C. G. Hauboldt benutzt den Schnur- resp. Seilbetrieb auch für grosse Centrifugen bis zu 1500 mm des rotirenden Korbes oder Kessels und

[38]) Zeitschrift des Vereins deutscher Ingenieure 1866. X. 177.
[39]) Allg. Zeitschr. für Textilindustr. 1880. p. 20.
[40]) Maschinenbauer III. 202.

wendet sowohl Betrieb durch directe, für die Centrifugen aufgestellte Dampf-maschinen an, als auch Riemenbetrieb von der Welle her. Zur Illustration für letztere geben wir beigehende Fig. 430. Wie man sieht, ist der Korb hierbei ganz frei und leicht zugänglich und alle Betriebstheile liegen unter dem Kessel. Das Vorgelege bedient sich einer Planscheibe und Frictionsrolle, auf deren Axe dann die Schnurscheibe von gleichem Diameter wie die Schnurscheibe auf der Korbspindel sich befindet und zwar dicht über dem Fusslager. Die Spindel hat daher nur sehr geringe Dimension und Länge, wodurch natürlich die Wirkung der Schwingungen geringer wird. Gleichzeitig ist verhütet, dass Oel von den Lagern etc. in den Korb

Fig. 430.

tropfen kann. Die Treibschnur ist Lederspiralschnur, da sich Hanfseile ausdehnen würden. —

Hauboldt baut auch solche Doppelcentrifugen, dass er durch eine lie-gende Dampfmaschiene eine stehende Welle mit Frictionsscheibe in Bewe-gung setzt, welche letztere mit den kleinen Frictionstrieben kleiner verti-caler Vorgelege mit horizontalen Riemscheiben in Eingriff gebracht werden. Die Uebertragung der Bewegung von diesen Riemscheiben auf die Centri-fugenaxe geschieht durch Riemen. An Stelle der horizontalen Frictions-scheibe kann auch eine verticale Planscheibe angewendet werden, auf welcher die Frictionsrollen der Vorgelege laufen. Endlich können an Stelle der Riemen und Riemscheiben Schnüre oder Seile und entsprechende Rollen angewendet werden. Diese Combination zweier Centrifugen hat den Sinn, dass bei grossem Betriebe die eine betrieben, die andere entleert und be-schickt werden kann[41]).

Die neueste Construction erstreckt sich auf die Beweglichkeit und Lagerung der Fusslager in Zapfen, nach Art eines Schiffskompasses. Der Antrieb solcher Centrifugen mit beweglichen Centrifugalaxen geschieht mittelst Räder oder Frictionsscheiben, deren Axen in die Drehzapfen des Fusslagers fallen, oder mittelst Räder oder Frictionsscheiben und zwei

---

[41]) Hauboldt hat sich unter D. R. P. No. 1417 eine sehr grosse Anzahl Neue-rungen an Centrifugen patentiren lassen.

Kurbeln, deren Kurbelzapfen mit einer Zug- oder Pleyelstange verbunden sind, oder mittelst Räder und Frictionsscheiben und einer elastischen Transmissionswelle. Ferner wird als eigenthümlich bezeichnet: Die Verbindung des Fuss- und Halslagers zu einem festen, soliden Ganzen durch einen Bügel bei solchen Centrifugen, deren Centrifugalaxen beweglich sind; die Verbindung der Buffer mit der Fundamentplatte vermittelst der von den Lagern der Centrifugalaxe ausgehenden Arme bei solchen Centrifugen; die Verbindung des Mantels der Centrifuge mit einem rotirenden Kessel derselben, so dass sich also der Mantel mit dem Kessel dreht; die Verbindung des Mantels der Centrifuge mit dem Halslager der Centrifugalaxe, so dass sich zwar der Mantel nicht mit dreht, wohl aber die seitlichen Bewegungen der Centrifugalaxe mitmacht; eine solche Centrifugalmaschine, bei welcher der Stoff, welcher der Centrifugalkraft ausgesetzt werden soll, der Einwirkung von zwei Kräften ausgesetzt wird, welche von zwei verschiedenen Axen ausgehen; hiervon bewegt sich jedoch eine mit der andern, so dass die erstere Axe auch der Einwirkung der von der letzteren ausgehenden Centrifugalkraft ausgesetzt wird; die Anbringung eines Geschwindigkeitsregulators auf der Centrifugalaxe selbst oder deren Betriebsaxen, zum Ausrücken oder zum Abstellen der auf die Centrifuge einwirkenden Betriebskraft.

Dr. O. Braun's Patent-Centrifugen[42]) (gebaut von Leop. Ziegler in Berlin), Fig. 431, sind auf einer einfachen, runden Grundplatte aufgebaut, in deren Mitte ein starker Gummiring eingelassen ist; auf diesem steht ein Bock, welcher Spur- und Halslager fest in sich vereinigt. In letzteren dreht sich die stehende Welle, welche die Trommel trägt. Der Bock kann ganz von selbst stehen, wenn ein Stillstand des Kessels nicht eintreten würde (nach der Lehre vom Kreisel); da dies aber unmöglich ist, so dienen vier Schrauben, die oben und unten mit Gummipuffern versehen sind, als elastische Stützen des Bockes. Im Innern des Bockes sitzt die Riemenscheibe, an dieser die Bremsscheibe. Der Sammelmantel ist aus Eisen- respective Kupferblech hergestellt und sitzt leicht auf dem gusseisernen Ablaufbassin, welches durch drei Säulen getragen wird. Letztere sind auf der runden Grundplatte festgeschraubt. Zum Betrieb dient ein Vorgelege, welches auf dem als Fundament dienenden Holzrahmen aufgeschraubt wird, und zwar in einer Entfernung, die der Raum überhaupt gestattet. Bei den Handcentrifugen geschieht der Antrieb, wie Fig. 432 zeigt, durch eine Schnurscheibe mit Vorgelege. Bei dieser Construction ist eine möglichst geringe Reibung vorhanden, und können daher die Centrifugen in Folge ihres leichten Ganges bequem wirklich durch Menschenkraft getrieben werden, was bisher bei allen grösseren Handcentrifugen bekanntlich nicht in vollem Masse möglich war. Die rotirende Trommel wird je nach Bedürfniss aus

---

[42]) Polyt. Zeit. 1881.

Bessemerstahl oder Kupfer hergestellt. Dieselbe ist stark construirt und solide ausgeführt, in Folge dessen eine hohe Tourenzahl ermöglicht wird, die eine bedeutende Leistungsfähigkeit bedingt.

Diese Centrifugen werden auch geliefert mit Dr. O. Braun's Patent-Sicherheits-Panzer. Der Patent-Sicherheits-Panzer verhütet, bei Centrifugen, die einer sehr hohen Tourenzahl bedürfen oder wo das Metall der Trommel einer grösseren Abnutzung ausgesetzt ist, im Falle einer Explo-

Fig. 431.

sion, das Umherfliegen von Metallstücken und die dadurch bedingte Verletzung von Personen und Sachen.

Tolhurst (Amerika) weicht im Bau der Centrifuge ganz von der hergebrachten ab und betreibt dieselbe durch Riemen von unten, wie die Fig. 433 zeigt.

Auch der Betrieb von unten her wird durch conische Zahnräder oder Frictionsconen, Frictionsscheiben etc. vermittelt. Diese Constructionen bieten keinerlei Schwierigkeiten. Richard Frantz in Crimmitzschau wendet sogar eine unter den Centrifugenkorb eingeschobene Planscheibe am Ende des Vorgeleges an, welche die Centrifugenaxe durch Friction mit der Rolle auf der Axe in Umdrehung versetzt. Dieselbe Firma bedient sich aber auch der Frictionsconen. Pierron & Dehaitre in Paris drehen die Axe durch Zahnradeingriff (Fig. 434). Buffaud frères in Lyon bedienen sich der Frictionsconen. (Siehe Fig. 410—414 auf Tafel zu Seite 629.)

Der Betrieb durch directen Angriff des Motors unter dem Korbe sei hier repräsentirt durch die Combination einer Centrifuge mit einer Paragon- (Dreicylinder-) Dampfmaschine von Hardingham & Brotherhood in

Fig. 432.

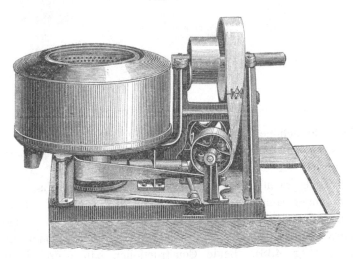

Fig. 433.

London, zu deren Erklärung wir hier nichts weiter beizubringen haben. (Fig. 435.)

Eine andere Centrifuge mit directem Betrieb ist die von Th. Broadbent in Huddersfield (Fig. 436). Eine kleine liegende Dampfmaschine mit

41*

sehr grosser Kolbengeschwindigkeit treibt den Korb direct um. Derselbe wird für Bleichereizwecke verbleit geliefert. Dieselbe Construction liefern auch Adolphus Sington & Co. in Manchester, sowie Richard Kilburn in Leeds. Letzterer gibt an, dass die Centrifugen aus Kupferdraht geflochten: 3′ engl. Diam. für 80 Pfd. Beschickung 1 Pferdekraft erfordern; 4′ Diam. für 120 Pfd. 3 Pferdekraft; 5′ Diam. mit 140 Pfd. 5 Pferdekraft.

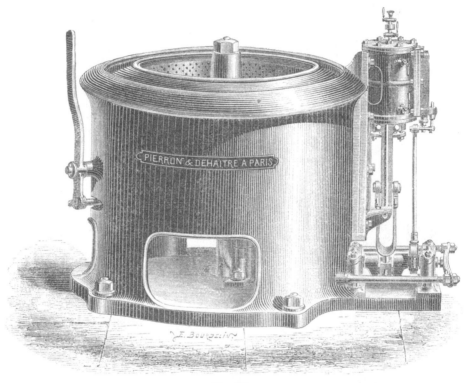

Fig. 434.

Eine sehr schöne Centrifugenconstruction stellen die Fig. 437 und 438 dar. Dieselbe ist von Heinrich Berchtold in Thalweil bei Zürich. Diese von unten betriebene Centrifuge ist sehr stabil gehalten. Als wesentliche Verbesserung betrachtet B. das dritte oben angebrachte Lager im Arme G mit sehr langer Hülse w von Kanonenmetall. Dadurch ist es möglich geworden, die liegende Welle sehr lang zu machen. Diese Hydro-extracteure werden gebaut mit Riemenbetrieb (Fig. 437) oder mit Dampfmaschine (Fig. 438). Beide Constructionen haben drei Lager an der verticalen Welle, und die Construction mit Dampfmaschine unterscheidet sich von denjenigen anderer Constructionen dadurch, dass das Kurbellager U′ nicht auf der Fundamentplatte ruht, sondern direct am Kessel der Maschine angeschraubt ist. Es können also die Stösse, welche die Dampfmaschine verursacht, nicht zu den unangenehmen Erschütterungen

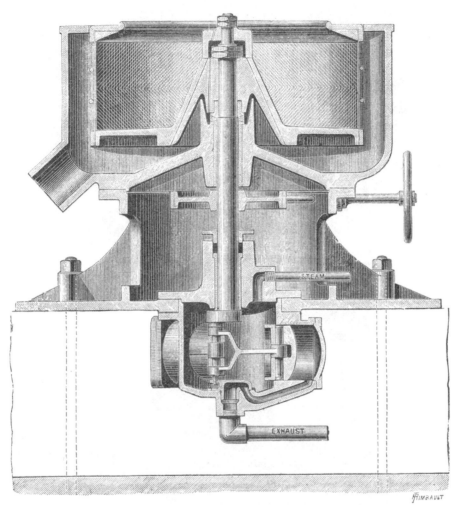

Fig. 435.

Fig. 436.

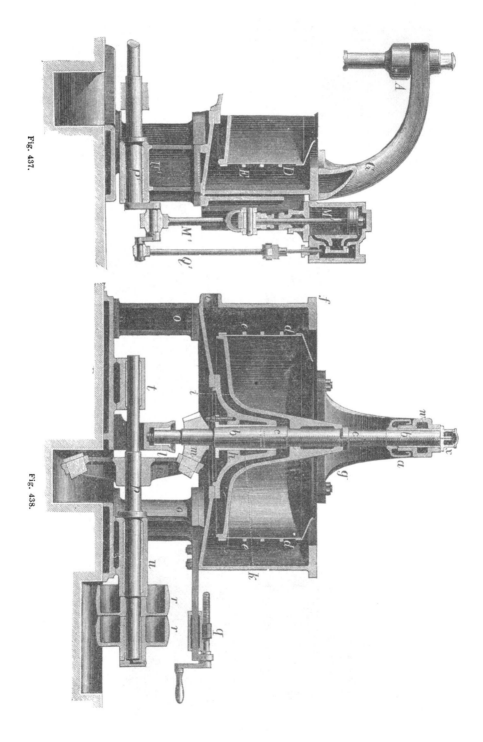

Fig. 437.

Fig. 438.

führen, wie es sonst immer der Fall ist, weil Cylinder und Kurbellager am gleichen Stück angeschraubt sind. Das grosse Zahnrad n ist mit Holzzähnen versehen, das kleine m ist von Schmiedeeisen. Die Leer- rolle r sitzt nicht auf der Welle p, sondern auf einer gusseisernen Büchse, wodurch die Welle selbst sich nicht abnutzen kann. Die Lager t und u der unteren Welle p sind sehr lang und zweitheilig und mit Antifrictions- metall ausgegossen. Die mittlere Büxe h ist aus Kanonenmetall und sehr lang, damit die Abnutzung möglichst klein wird. Durch die Anbringung des Armes G ist die Construction der Extracteurs mit unterem Getriebe derart verbessert, dass sie der Construction mit oberem Getriebe entschieden vorzuziehen ist. Die Kupfer-Körbe haben ein sehr starkes Blech und oben einen abgedrehten Metallring. Ausserdem ist der Korb mit starken schmied- eisernen Ringen gebunden. Die Tropfschaale a nimmt das abfliessende Oel des Lagers w auf und man ist sicher, dass die difficilsten Gegen- stände in diesem Hydroextracteur ausgeschleudert werden dürfen, ohne dass vom Lager w irgend etwas Unreines auf dieselben herunterfällt.

III. Centrifugen mit continuirlicher Beschickung, selbstthätiger Entleerung oder mit besonderen Einrichtungen für Specialzweke.

Seither sind Versuche zur Erreichung des continuirlichen Betriebes, d. h. selbstthätiger Beschickung und Entladung für die Centrifugen gemacht. Drei Constructionen haben dies in gewissem Grade befriedigend erreicht, nämlich die von Brinjes für Zucker, die von Langenard für Wolle und Gewebe und die von Havrez[43]) für Wolle und lose Rohstoffe bestimmt.

Langenard's[44]) Maschine machte um so mehr Aufsehen, weil vorher die continuirliche Centrifuge von Shears[45]) keinen Erfolg zeigte. Trotzdem ist die Langenard'sche Centrifuge nicht in die Praxis eingedrungen, ob- wohl sie mancherlei Interessantes bietet. Wir sehen hier von einer Beschrei- bung[46]) ab.

Eine selbstthätige Entleerung kann auch erreicht werden bei folgender (Fig. 439) Einrichtung von Pierron & Dehaitre[47]) in Paris. Bei dieser Centrifuge mit oberem Zahnradbetrieb sitzt die Scheibe A, als Boden des

---

[43]) Armengaud, publications industr. 1867. — Dingl. polyt. Journ. CLXXXIV. p. 114. — Zeitschr. für Rübenzuckerfabr. 1866. 771.

[44]) Technologiste 1865 Sept. p. 637. — Dingl. pol. Journ. CLXXX. p. 276. — Pol. C.-Bl. 1865. 1414. — D. Ind.-Zeit. 1865. 51. — Grothe, Jahresber. der mech. Techno- logie, Bd. IV. V. p. 603. — Engineer XVIII. 355.

[45]) Dingl. polyt. Journal, Bd. 136. p. 95.

[46]) Grothe, Technologie der Gespinnstfasern Bd. I. p. 133.

[47]) Dieselbe enthält Manches von Langenards Einrichtung. Engineering, D. A. Polyt. Zeit. 1875. No. 7.

Korbes C, mittelst Tragrippen verstärkt, mit einer centralen Büchse N auf der stehenden Spindel B. Die Büchse ist verschiebbar auf der Spindelaxe und ruht unten auf dem Hebelarm S, dessen anderer Arm J mit dem Stellgewicht K, auf Schraubenstange und Stellschraube M aufgebracht, belastet ist. Dies Gewicht K muss so gross genommen werden, dass es grösser als das Gewicht von A, N ist und somit diesen Boden nach oben

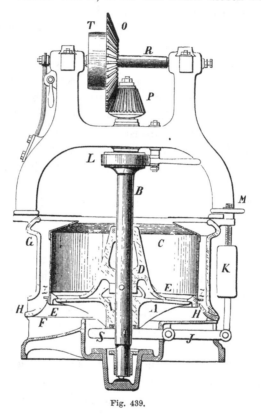

Fig. 439.

drückt. Auf der Spindel B fest sitzt der Körper D, an den sich von unten her der Deckelansatz anlegt, ebenso der Deckel selbst andrückt. Der Korb C selbst ist unten mit einem Flantschring E garnirt, der über den Rand von A fest übergreift. Ausserhalb aber ist ein T-ring Z angenietet, der in dem nach oben gebogenen Rande H seine Stütze findet, sobald C sich senkt. L ist das Bremszeug. P, O sind die Triebräder, letzteres auf der Hauptwelle R mit Riemenscheibe T. Die Function dieser Centrifuge ist nun folgende. Der Boden A wird fest an C angedrückt, so dass einerseits A mit D in Contact ist und der Korb C aufgehoben auf A ruht. Nun wird beschickt und die Centrifuge in Bewegung versetzt. Nachdem die Schleuderung genug angedauert hat, lässt man entweder weiter drehen oder still stehen, hebt mittelst M das Gewicht K und lässt so allmälig den Boden A aus dem Contact mit C. C ruht bald auf Z, und A fällt

herab. Die Beschickung kann nur in den Canal F gezogen werden, oder
bei andauernder Bewegung wirft die Centrifugalkraft selbst die Masse in
den Canal F ab. (Letzteres ist vom Constructeur nicht beabsichtigt.)

Eine andere nicht unähnliche Construction rührt von John Gaunt und
W. F. Poiesz in Gloucester City (Me) her. Hierbei ist in dem Korbe an
einer hohlen Axe, welche sich auf der Korbaxe hülsenartig verschieben
lässt, eine Scheibe vom Radius des Korbraumes enthalten. Die hohle Axe
hat in der oberen, aus dem Korbe hervorragenden Partie ein inneres
Gewinde, welches eingreift in das auf der festen Axe abgeschnittene
Gewinde. Durch Drehung der einen oder anderen bewegt sich also die
Scheibe im Korbe aufwärts und abwärts. Wenn die hohle Axe aber durch
eine Schraube festgestellt wird auf der inneren Korbaxe, so dreht sich die
Scheibe natürlich fest mit der Korbaxe. Der Korb dieser Centrifuge ist
mit horizontalen Schlitzen versehen, nicht mit Löchern im Korbblech
oder mit Drahtgewebe. Man kann, je nachdem die Menge der auszu-
schleudernden Körper grösser oder kleiner ist, die Scheibe niedrig oder
höher im Korbe einstellen. Die Scheibe ist mit von dem Mittelpunkt nach
der Peripherie hin abfallender Fläche hergestellt, so dass Flüssigkeiten
sofort auf derselben herab und über den Rand abfliessen.

H. Grothe hat 1872 eine Centrifuge construirt, um fein-, resp. kurz-
faserige Wollen, Kunstwollen etc. zu färben. Dieselbe ist in Amerika zur
Ausführung gebracht. Diese Centrifuge enthält einen auf der Triebaxe
mittelst Hülsenaxe verschiebbaren Korb mit feinen Bohrungen. Im Innern
dieses Korbes ist durch eine eingesetzte Röhre, welche den Korb nach
oben überragt und den dreifachen Durchmesser der Triebaxe und Hülse
hat, ein concentrischer Raum hergestellt. In den Raum zwischen Korbwand und äusserer Röhrenwand wird das zu färbende, zu waschende etc.
Material eingelegt, je nach Beschaffenheit lockerer oder fester. Dieser
Raum wird dann verschlossen durch einen Deckel, der ringförmig über
die Wandungen des Korbes und der inneren Röhre übergreift. Die innere
Röhre wird mit Farbeflotte gefüllt, und zwar füllt man so lange nach, bis
die Flotte bei stehendem Korbe über den äusseren Korbrand übersteht,
übersteigt, über denselben und über die Ringfläche in den inneren Röhrenraum zurückfliesst. Lässt man nun die Centrifuge angehen, so wird die
Flotte aus dem inneren Röhrenraum durch die Fasermasse getrieben und
tritt aus dem Korbe aus, füllt den Gehäuseraum an und steigt mit Gewalt
über den Ringdeckel des Korbes nach dem Röhrenraum zurück. Auf diese
Weise wird die Flotte immer von Neuem durch die Fasermasse hindurch
getrieben. Kann der Farbprozess für beendet gelten, so öffnet man
einen Hahn im Gehäuse und lässt unter abnehmender Geschwindigkeit der
Centrifuge die Flotte ab und, erst nachdem dieselbe entfernt ist, setzt man
nochmals mit der grössten Geschwindigkeit ein, um aus der Fasermasse
alle noch zurückgebliebene Feuchtigkeit herauszutreiben. Darauf schliesst

man den Hahn, lässt die Centrifuge nun unter Einlauf von Spülwasser
arbeiten, um die gefärbte Masse auszuspülen. Nachdem dies genügend
angedauert, lässt man das Spülwasser ablaufen und entnässt dann die
Fasermasse, soweit dies in der Centrifuge möglich ist. Diese Centrifuge
kann auch ebenso gut als zum Färben, zum Carbonisiren mit Flüssigkeiten
und zum Bleichen etc. benutzt werden. — Um das Emporsteigen der
Flüssigkeit nach dem Rande möglichst zu unterstützen, ist um den Korb
herum eine Blechspirale angesetzt und ist die Wandung des Gehäuses
geneigt ausgeführt. — Aehnliche Constructionen hatte übrigens Townsend
bereits 1863 projectirt für das Stärken. (Siehe oben Seite 402.) Die
Centrifuge von Aimé Baboin in Lyon[48]) soll zum Ausziehen von löslichen
Stoffen aus Gespinnstfasern oder Geweben zum Auswaschen, Kochen,
Entschweissen und Degummiren, Färben, Beizen und Bleichen derselben
und schliesslich zum Ausschleudern dienen. Der Zweck der Construction
geht also über das Entnässen hinaus.

　　Die von dem Erfinder hierzu angewandte Centrifuge wird mittelst
Riemen, Hand oder auf sonstige Weise in Betrieb gesetzt. Der Mantel derselben ist doppelwandig von Kupfer oder anderem Metall verfertigt,
und wird mit Hülfe von Dampf oder anderweitig erwärmt. Die Siebtrommel,
welche auf der·Welle befestigt ist, kann gehoben und dadurch das Reinigen des doppelwandigen Behälters erleichtert werden. Zu diesem Zweck
ruht die Welle frei auf dem Spurzapfen und ist an ihrem oberen Ende
mit einem Ringe versehen.

　　Die Bäder, deren Einwirkung die Stoffe unterworfen werden sollen,
werden nach entsprechender Zubereitung in den doppelwandigen Behälter
gegossen, worin sie durch den umgebenden Dampfmantel auf die nöthige
Temperatur gebracht werden. Die Stoffe kommen nachher in die innere
Siebtrommel, durch deren Löcher die Flüssigkeit zu dem Stoffe gelangt.
Die Trommel wird sodann mit beliebig veränderlicher Geschwindigkeit in
Bewegung gesetzt. Das Waschen und Ausschleudern geschieht, nachdem
der doppelwandige Behälter mittelst eines Hahnes entleert worden ist.
Demnächst richtet man einen Wasserstrahl gegen die Mitte der Sieb-
trommel, die eine genügende Anzahl von Umdrehungen macht, damit das
Wasser in demselben Verhältnisse als es zuläuft aus der Siebtrommel ge-
schleudert wird, wobei dasselbe die darin befindlichen Stoffe durchdringt.
Die Umfangsgeschwindigkeit der Siebtrommel ändert sich übrigens nach
der Beschaffenheit der zu behandelnden Stoffe. Nachdem das Auswaschen
vollendet ist, hat man nur den Wasserstrahl zu unterbrechen und das
Ausschleudern des den Stoffen anhängenden Wassers unter vermehrter
Geschwindigkeit der Centrifuge zu bewirken. —

　　Hier würden auch die Centrifugen für das Ausschleudern der Milch,

---

48) D. R. P. No. 6346.

der Stärke, des Zuckers, der Weinbeeren etc. etc. anzuführen sein, deren Beschreibung natürlich nicht in den Rahmen dieses Buches passt.

Eine besondere Einrichtung, für ähnliche Zwecke brauchbar, hat Samuel Baxendale[49] in Cambridge, Mass. construirt (Fig. 440). Diese

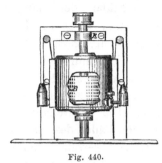

Fig. 440.

Centrifuge enthält den perforirten Korb B, welcher fest auf der Axe sitzt, die oben in K gelagert ist und die Antriebscheibe trägt. Der Korb ist umgeben von einem Gehäuse, das lose auf der Axe sitzt, unten mit einer Stoffbüchse abgeschlossen und abgedichtet durch die Seile, Rollen und Gewichte in der Schwere erhalten wird. Mittelst angesetzter Eisenleisten gleitet das Gehäuse am starken Gestell, dessen Wandung die Leisten umfassen. Das Gehäuse ist oben fast bis an der Axe hin geschlossen. Der Zweck dieser Einrichtung ist, die in dem Korb befindlichen Stoffe mit z. B. einer Bleich- oder Farbenbrühe im Gehäuse abwechselnd in Contact zu bringen oder davon zu entnässen. Hebt man das Gehäuse, so taucht der Korb ganz in die Brühe ein und diese tritt in den Korb und durchdringt das Gewebe bei fortwährender Rotation. Senkt man das Gehäuse, so tritt die Flüssigkeit im Gehäuse unter den Korb und die Centrifugalkraft entnässt das Gewebe im Korb.

Eine Centrifuge für Gespinnste von entschiedener Neuheit und grossem Werth hat César Corron in St. Etienne gebaut. Die Schleuder (Fig. 441 und 442) besteht aus einer runden Gussscheibe A, die auf einer verticalen

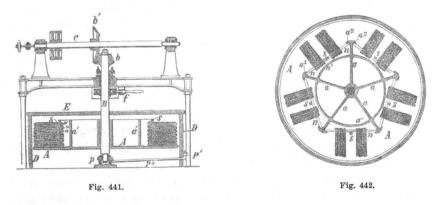

Fig. 441.   Fig. 442.

Welle B aufgekeilt ist und mit dieser sich umdreht. Diese rotirende Platte ist in eine gewisse Zahl Segmente getheilt, z. B. in fünf, welche durch verticale radiale Rippen a, a von einander getrennt sind. a' ist eine ringförmige

[49] Grothe, Pol. Zeit. 1878. — Grothe, Spinnerei, Weberei etc. auf den Ausstellungen seit 1867. Berlin, Burmester & Stempell. — Allg. Zeitschr. für Textil-Industrie 1880. 265. — D. R. P. No. 2481.

Rippe zur Versteifung. In diese einzelnen Abtheilungen werden die Stangen n eingesetzt, auf welchen sich die Strähnen befinden. Die Stangen legen sich in, an den Rippen a angegossene, Vorsprünge a² ein, welche sie in ihrer Lage nach jeder Richtung festhalten. Man legt die Strähne in der Richtung des Radius. Um den Bruch der Stäbe oder Stangen, auf welchen die Strähne aufgereiht sind, zu vermeiden, ist in der Mitte der Abtheilungen eine verticale Metallstange s angebracht, gegen welche sich sämmtliche Stäbe einer Abtheilung anlegen. Die Umdrehung wird der Gussscheibe und der verticalen Welle B durch ein Paar Frictionskegelräder b und b′ mitgetheilt. Der Conus b′ erhält von irgend einer Welle seine Umdrehung, hier durch eine Welle c. Die Umdrehung soll so schnell sein, dass die Centrifugalkraft die einzelnen Fäden des Stranges grade zieht. Die stehende Welle ist mit einer Bremse f versehen, um sie rasch anhalten zu können. Der ganze Rotationsapparat ist von einer hölzernen oder metallenen Umfassung D umgeben, welche die ausspritzende Flüssigkeit zurückhält. Diese Umhüllung ist mit einem hölzernen Deckel E bedeckt, dessen eine Hälfte sich um ein Charnier drehen lässt. Die verticale Welle dreht sich in einem Spurlager p, welches durch ein kleines Oelgefäss p′ mittelst eines Röhrchens p² von aussen mit Schmieröl versehen wird. —

Wie wir gesehen, hat man bei den diversen Constructionen mehrfach angestrebt, eine Regulirung und Abbalancirung der Centrifuge zu erreichen, oder aber die Seitenstösse etc. unwirksam zu machen. Seyrig hätte bereits gefunden, dass der ungleichen Vertheilung der Masse im Korbe sich nicht vorbeugen lasse und dass Mittel gefunden werden müssten, damit die Folgen derselben ausgeglichen werden könnten. Er schlug die in nachstehender Fig. 443 gegebene Construction vor, welche also einen completten Regulator enthält. B ist der Korb, A das Gehäuse mit durchbrochenem Boden a, b, der durch den mittelst Hebel k angedrückten Boden i verschlossen wird. Um die Axe C ist ein Raum F gebildet, in welchen die Regulatorarme l, l angebracht sind, belastet mit Kugeln. Der Centrifugenkorb dreht sich mit der Axe, wenn er an der Schraube r emporgestiegen ist. Wird die Geschwindigkeit zu gross oder unregelmässig, so zwingen die Regulatorkugeln durch Ausschlag den Korb herabzusteigen und ausser Drehung zu kommen.

Derartige Apparate sind heute nicht mehr nöthig. Indessen ist die Wirksamkeit der Centrifugen unzweifelhaft noch immer nicht genügend erforscht worden. Und selbst die Resultate im Textilindustriegebiete, die man bis jetzt aus der Praxis gezogen hat, sind noch lange nicht hinreichend bekannt und gewürdigt worden. In anderen Gebieten der Technik, so z. B. in der Zuckerfabrikation, ist die Centrifuge in umfassendstem Masse zur Anwendung gekommen, nachdem die betreffenden Zeitschriften und Journale, sowie Lehrbücher die erzielten Erfolge sachgemäss publicirt und besprochen hatten. Für die Appretur aber fehlte im Allgemeinen die genügende Aufmerksamkeit der Presse. Der Textilindustrielle wusste nicht, dass er durch das Centrifugiren 30—50 pCt. und mehr von der Feuchtigkeit vor dem Trocknen herausschaffen könne, welche er seither in den abgetropften Geweben durch Wärme verdampfen musste. Je aufnahmefähiger ein Textilstoff gegen Feuchtigkeit

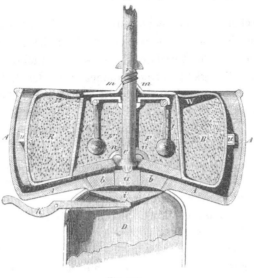

Fig. 443.

ist, je bedeutender ist der Nutzen des Entnässens durch Ausschleudern. Bei rationell angeordnetem und genügend fortgesetztem Ausschleudern in der Centrifuge ist es sicherlich erreichbar, dass aus den Gespinnststoffen alle aufgenommene Feuchtigkeit, ausgenommen die capillare und die hygroskopische, ausgetrieben werden. Die capillare Feuchtigkeit dürfte vielleicht in Quantität diejenige Menge Feuchtigkeit nicht überschreiten, welche die Faserstoffe in einem mit Wasserdampf gesättigten Raume aufzunehmen im Stande sind und welche sich für die einzelnen Fasern zwischen 25—35 pCt. bewegt, aber noch höher steigen kann, wie z. B. Wilhelm und Dr. Rhode für entfettetes Wollhaar eine wasserhaltende Kraft bis 49,30 pCt. nachgewiesen haben. —

Eine weitere Prüfung muss sich erstrecken auf die Zweckmässigkeit der Form der Centrifuge. Der runde Korb ist nicht sehr zweckmässig zur Aufnahme zusammenhängender Stoffe, wie Gewebe, weil die regelmässige Anordnung derselben in der Trommel mit Schwierigkeiten verbunden ist. Der nach aussen treibende Druck der Centrifugalkraft bewirkt leicht ein Ziehen und Quetschen im Stoffe und presst an vielen Stellen die Geweblagen fester aufeinander als an anderen. Dies kann für gewisse empfindlichere Stoffe zu schädlichen Faltenbildungen führen, andererseits bei Stoffen, die nicht sehr fest und waschecht gefärbt sind, zur Erzeugung von Flecken auf weissen oder helleren Feldern. Um solchen Uebelständen abzuhelfen bietet sich noch ein sehr ausgedehntes Feld für die Erfindung dar. —

B. Apparate und Maschinen zum Trocknen mit Wärme.

Man unterscheidet beim technischen und wissenschaftlichen Trockenprozess zwischen Verdunstung und Verdampfung des Feuchtigkeitsgehaltes der Gespinnstfasern. Die Verdunstung soll betrachtet werden als ein Verdampfen der Flüssigkeit durch Contact mit der Luft, welche diese Dämpfe sofort aufnimmt und auflöst. Es steigt dabei die Temperatur nie auf den Siedepunkt der Flüssigkeiten. Es wirkt hier die natürliche Wärme der Luft, und der Grad der Verdunstung hängt ab von dem Feuchtigkeitsgehalt und Temperatur der berührenden Luft. Bei der Verdampfung aber denkt man sich lediglich künstlich hervorgebrachte Wärme nothwendig und angewendet, um die in den Geweben vorhandene adhärirende Feuchtigkeit in Dämpfe aufzulösen.

In beiden Fällen ist zur Auflösung der Flüssigkeit aber dennoch ein und dasselbe Wärmequantum nothwendig.

Betrachten wir nach den oben Seite 600 gegebenen Versuchen die Flüssigkeitsquantität, deren Verarbeitung hier obliegt. Da in obigen Angaben der hygroskopische Feuchtigkeitsgehalt bei mittlerer Temperatur gleichsam als zur Faser gehörig betrachtet wurde, so ist jetzt zu bestimmen, welche Feuchtigkeitsmengen durch mechanische Mittel gewöhnlicher Art nicht entfernbar sind und deshalb durch Anwendung der Wärme entfernt werden sollen! Es sind das für die verschiedenen Fasern also folgende, vorausgesetzt, dass die mechanische Operation durch Ausschleudern geschah:

Wollgewebe . . . 0,44 (16,5 pCt.)
Seidengewebe . . . 0,39 (22,2 -)
Baumwollengewebe . 0,36 (18,8 -)
Leinengewebe . . . 0,24 (17,2 -).

Um also die 0,44; 0,39; 0,36; 0,24 Pfund Wasser aus der Capillaranziehung zu befreien, haben wir nothwendig, sobald wir den für die Verdampfung des Wassers günstigsten Fall annehmen, d. h., dass die Wärme ohne Verlust direct die Verdampfung bewirken könnte, mindestens 640 W. E. Es würden also bei obigen Mengen capillaren Wassers nothwendig zugeführt werden müssen:

281,6; 249,60; 230,4; 153,6 W. E.

In Wirklichkeit erheben sich die anzuwendenden Werthe weit über diese Höhe, weil eine Reihe von Umständen dazwischen treten, welche, direct und indirect, vermeidlich oder unvermeidlich, Wärmeverluste herbeiführen. Es liegen diese hauptsächlich in den Apparaten begründet, welche zum Trocknen mittelst Wärme bestimmt sind. Die Construction derselben muss daher geprüft werden. Die Gesammtheit der Trockeneinrichtungen lässt sich ohne weitere Rücksicht auf die oben angeführten Unterschiede: „Verdunstung, Verdampfung" in mehrere Klassen eintheilen, deren Charactereigenschaften bestimmter präcisirbar sind.

1. Der Stoff wird der Luft ausgesetzt und dabei theils ausgespannt, theils frei hingehängt. Der Raum kann dabei überdeckt und mit Wänden umgeben sein. Trocknung in und durch gewöhnliche atmosphärische Luft.

2. Der Stoff befindet sich in Räumen und wird in gewöhnlicher Luft getrocknet, welche aber durch Agitationsmittel in Bewegung gesetzt wird, seien es Essen, Ventilationsöffnungen oder Ventilatoren.

3. Der Stoff wird in Trockenräumen mit Hülfe künstlich erwärmter und bewegter Luft getrocknet.

4. Der Stoff wird mit Hülfe von Trockenmaschinen oder Trockenapparaten durch Einwirkung künstlicher Wärme getrocknet,

   a) indem in der Maschine der feuchte Stoff direct mit geheizten Metallflächen in Berührung tritt,

   b) indem der Stoff in einiger Entfernung über erhitzte Flächen fortpassirt und durch die Wärmeausstrahlung und warme Luft getrocknet wird,

   c) indem der bewegte Stoff mit erhitzter und bewegter Luft zusammenkommt.

1. Trocknen in atmosphärischer Luft.

Zu dieser Gruppe von Trockenmethoden gehört zunächst das Trocknen in freier Luft, sei es unter Ausbreiten der zu trocknenden Stoffe auf dem Rasen, Sträuchern, oder unter Aufhängen derselben über Leinen und Stangen, sei es unter Anhaken derselben an die oft im Freien oder nur unter Schuppen oder in langen niedrigen Häusern aufgestellten Trockenrahmen. Es gehören hierher sodann die Trockenhäuser mit offenen Wänden oder geöffnetem Dach. Betrachtet man dabei die Wirkung der Luft, so erscheint diese Methode ausserordentlich billig und bequem; betrachtet man aber die Zeitdauer der Methode, so muss diese Methode für den rationellen Betrieb jetziger Fabrikation unbrauchbar sich erzeigen. Denn da die Trockenwirkung der Luft von ihrem jemaligen Feuchtigkeitsgehalt abhängig ist, so liegt auf der Hand, dass man auf eine bestimmte Leistung dieser Trockenmethode in gegebener Zeitdauer niemals rechnen kann. Die Luft hat nur so lange ein Bestreben in Berührung mit Flüssigkeit letztere aufzunehmen, bis sie mit Flüssigkeit gesättigt ist. Der Sättigungspunkt der Luft ist bei den verschiedenen Temperaturen ein verschiedener.

Der Feuchtigkeitsgehalt der Luft ist ein relativer und zwar heisst relative Feuchtigkeit das Verhältniss der wirklich vorhandenen zu der bei der Sättigung möglichen Dampfmenge oder dem möglichen Dampfdruck.

$$\left(\frac{s}{S} = \frac{e}{E} \right),$$

(s = Gewichtsmenge Dampf, S = specifisches Gewicht des Dampfes, e = Dampfdruck in mm Quecksilbersäule, E = Dampfdruck der Sättigung für die vorhandene Lufttemperatur t).

Die Wasseraufnahme der Luft hängt vorzugsweise von der Temperatur ab und als allgemeine Gesetze kann man hinstellen:

a) Stehen Luft und Flüssigkeit in Berührung und hat die erstere höhere Temperatur als die letztere, so gibt sie einen Theil der ihr eigenen Wärme ab, um einen Theil der Flüssigkeit in Dampf zu verwandeln.

b) Hat bei Berührung von Luft mit Flüssigkeit letztere eine höhere Temperatur, so geben die Dämpfe der letzteren einen Theil ihrer Wärme an die Luft ab.

Diese Theile der Flüssigkeit resp. des Wassers, welche sich durch die Wärme der Luft (in Fall a) ablösen oder die als Dampf an die Luft einen Theil ihrer Wärme abgeben (Fall b), werden von der Luft nicht etwa so aufgelöst, wie ein Salz sich in Wasser auflöst, sondern die Luft belädt sich gleichsam damit bis zu einem gewissen Grade, und zwar kann dabei der Dampf bis zu dem Sättigungszustande der Luft für die gegebene Temperatur aufgenommen werden. Bei einer dann noch fortgesetzten Beladung findet ein Niederschlag, eine Ausscheidung von Flüssigkeit aus der Luft statt. Es ist ein Erfahrungssatz, dass die Bewegung der Luft der Verdunstung und Verdampfung günstig ist, nämlich durch das kontinuirliche Entfernen der beladenen Lufttheile. Jedem Temperaturgrad entspricht ein Sättigungspunkt der Luft. Uns interessiren daher für unsere Betrachtung die absoluten Wassergehalte der Luft. Es ist nämlich für gewöhnlich keineswegs vorwaltendes Verhältniss, dass mit steigender Temperatur in der atmosphärischen Luft der absolute Wassergehalt auch steigt, denn nicht immer hat die Luft während der Temperaturerhöhung sofort Gelegenheit, sich mit der entsprechenden Feuchtigkeitsmasse zu beladen. Es entsteht trockene Luft, die um so trockener ist, je grösser die Differenz zwischen dem Feuchtigkeitsgrade der Luft bei der erreichten Temperatur und dem Sättigungspunkte der Luft wird. Es befindet sich die atmosphärische Luft nur selten im Zustande der Sättigung, sondern meistens in relativem Feuchtigkeitsgehalt. Man hat z. B. ermittelt, dass für einen bestimmten Ort die relative Feuchtigkeit der Luft, d. h. der Procentgehalt ihres möglichen Wassergehaltes für die einzelnen Monate folgendermassen schwankt:

Januar . . . 85,0 pCt.	Juli . . . . 66,5 pCt.
Februar . . 79,9 -	August . . 66,1 -
März . . . 76,4 -	September . 72,8 -
April . . . 71,4 -	October . . 78,9 -
Mai . . . . 69,1 -	November . 85,3 -
Juni . . . . 69,7 -	December . 86,2 -

Es hätte somit im Juni die Luft, um sich absolut mit Wasserdampf zu sättigen, noch 30,3 pCt. Feuchtigkeit aufnehmen können. Die Feststellung des absoluten Wassergehaltes der Luft, resp. des Sättigungspunktes, ist natürlich schwierig. Dabei ist auch die Spannkraft und Dichte des Wasserdampfes zu berücksichtigen und man kann sagen, die Luft sei mit Wasserdampf gesättigt, wenn der in ihr verbreitete Wasserdampf das ihrer Temperatur entsprechende Maximum erreicht hat. In der folgenden Tabelle sind nebeneinander gestellt: T die Temperatur des Sättigungspunktes, S die entsprechende Spannkraft des Wasserdampfes und G das Gewicht des Wasserdampfes enthalten in 1 Kubikmeter Luft.

T	S	G	T	S	G	T	S	G
Grad	mm	gr	Grad	mm	gr	Grad	mm	gr
0	5,0	5,4	14	12,1	12,2	28	27,4	26,4
1	5,4	5,7	15	12,8	13,0	29	29,0	27,9
2	5,7	6,1	16	13,6	13,7	30	30,6	29,4
3	6,1	6,5	17	14,5	14,5	31	32,4	31,0
4	6,5	6,9	18	15,4	15,3	32	34,3	32,6
5	6,9	7,3	19	16,3	16,2	33	36,2	34,3
6	7,4	7,7	20	17,3	17,1	34	38,3	36,2
7	7,9	8,2	21	18,3	18,1	35	40,4	38,1
8	8,4	8,7	22	19,4	19,1	36	42,7	40,2
9	8,9	9,2	23	20,6	20,2	37	45,0	42,2
10	9,5	9,7	24	21,8	21,8	38	47,6	44,4
11	10,1	10,3	25	23,1	22,5	39	50,1	46,7
12	10,7	10,9	26	24,4	23,8	40	53,0	49,2
13	11,4	11,6	27	25,9	25,1			

Mit obigen allgemeinen Werthen für den durchschnittlichen relativen Feuchtigkeitsgehalt der Monate verglichen, könnte man nun annähernd die durchschnittlichen Wassermengen bestimmen, welche für gewöhnlich von der Luft noch aufgenommen werden können und die dann gewissermassen das Trocknungsvermögen der Luft darstellen Dasselbe würde also im Juni 30,3 pCt. betragen, d. h. 30,3 pCt. Wasserdampf kann jedes Kubikmeter Luft noch aufnehmen, eine bestimmte Durchschnittstemperatur des Juni vorausgesetzt. Nehmen wir diese zu 25° an, so kann die Luft 22,5 gr Wasserdampf per Kubikmeter überhaupt aufnehmen, bevor sie ihren Sättigungspunkt erreicht. Der relative Wassergehalt beträgt in dem Beispiel 13,125 gr, es würde demnach als Trockeneffekt die Aufnahme von noch 9,375 gr möglich sein, vorausgesetzt, dass nicht andere physikalische oder mechanische Gründe störend einwirken. Um aber diesen Trockeneffekt auszuüben, müsste die Luft mit der feuchten Fläche längere Zeit in Berührung bleiben oder aber ihre Temperatur müsste erhöht werden. Letzteres hängt nicht vom Menschen ab, sondern von der Natur. Ersteres aber ist für den Trockeneffekt nicht angenehm und im Fabrikbetrieb unmöglich abzuwarten. Günstig verläuft dies Trocknen im Freien nur dann, wenn der Wind die Luft in Bewegung bringt und dadurch die feuchten Gewebe mit immer neuen Luftquanten in Berührung bringt. Dann braucht sich das Luftquantum nicht mit Feuchtigkeit zu sättigen, sondern verwendet einen Theil seines Trockenvermögens resp. Feuchtigkeitsaufnahmevermögens zum Trocknen. Die Luftbewegung hat man aber bei allen Trockeneinrichtungen der Klasse a) nicht in der Gewalt, sondern muss sie ganz den Witterungsumständen, dem Winde, der Wärme etc. überlassen. Aus diesem Grunde sind diese Trockenmethoden für den rationellen Betrieb unseres Fabrikwesens nicht mehr anwendbar. Sie werden in Fällen nur noch neu eingerichtet, wo sie als Substitute der künstlichen Trocknungsmethoden für die Perioden des Jahres, welche die Benutzung mit einigem Erfolg garantiren, dienen sollen. Es findet letzteres freilich fast allein in südlichen Gegenden statt. —

Eine weitläufige Beschreibung der Trockenapparate, wie sie im Freien aufgestellt wurden und werden, dürfen wir uns ersparen. Für die Waaren, welche nur getrocknet werden sollen, bestehen sie in einfachen Stäben auf Tragstielen; für Waaren, welche mit dem Trocknen gleichzeitig ausgespannt und ev. in diesem Zustande gebürstet, wohl auch gerauht und postirt werden sollen, stellt man Tuchrahmen auf, bestehend in kräftigen, in die Erde eingegrabenen Stielen in 4—6 m Entfernung von einander. Dieselben sind oben durch Längshölzer verbunden, unten durch Verbindungsbalken. In Schlitzen der Stiele lassen sich die beweglichen Rahmenbacken verschieben, resp. mittelst durchgesteckter Pflöcke feststellen. Die oberen Längshölzer und die beweglichen unteren Backenhölzer tragen Reihen von sogenannten Clavierhaken von rechtwinkliger Gestalt. Ueber diese werden die Säume des Gewebes eingehakt, so dass der bewegliche Balken daran hängt und durch sein Gewicht spannt. Ebenso wird der Anfang und das Ende des Stückes über senkrechte Clavierhakenreihen geschlagen und angespannt. Diese Rahmen sind Jahrhunderte hindurch unverändert benutzt, trotzdem sie so viele Unzuträglichkeiten boten, und Regen und Sonnenschein in Abwechselung auf die darauf ausgespannten Stoffe einwirkten. Man ist merkwürdiger Weise niemals darauf gekommen, durch ein Hin- und Herschwenken des Rahmens in geeigneter Construction den Luftwechsel zu befördern oder durch ein Schrägstellen der Rahmen, so dass das Sonnenlicht stets senkrecht wirke, zu ermöglichen. Beides hat zuerst H. Grothe eingerichtet und patentirt erhalten. (1880 Siehe unter 3.) —

2. Trocknen mit atmosphärischer Luft in Trockenräumen.

In abgeschlossenen Räumen ist selbstverständlich die Einwirkung der Witterung eine beschränktere, allerdings so wie im ungünstigen auch im günstigen Sinne. Würde man nur daran gedacht haben, die Stangen und Rahmen zum Aufbringen der Gewebe lediglich in geschlossene Räume zu bringen, so würde man die Conditionen des Trocknens in freier Luft, mit gewöhnlicher atmosphärischer Luft keineswegs verbessert haben, man würde vielmehr die Chancen theilweise eingebüsst haben, welche die Sonnenwärme auf die Erhöhung der Lufttemperatur im Freien ausübt. Es schwebte aber den Constructeuren für die Trockenräume auch etwas ganz anderes noch vor. Man hatte bemerkt, dass der Luftwechsel durch Wind günstig für das Trocknen wirkte und zwar auch, wenn die relative Feuchtigkeit der Luft sehr gross war. Deshalb wurden diese Trockenräume' so gebaut, dass sie möglichst empfänglich waren für Luftwechsel, d. h. mit durchbrochenen Wänden, theilweise offenen Dächern, mit Luftklappen etc. Dies genügt natürlich nur in beschränktem Masse und man brachte, um künstlichen Luftzug zu erwirken, Essen an, in geringerer oder grösserer Anzahl, leitete sie theilweise bis auf den

Boden des Trockenraums nieder, in der Annahme, dass dann die feuchte Luft aufsteigen werde, theilweise liess man sie dicht unter Dach einmünden oder in gewisser Höhe des Raumes. Für jede dieser Variationen wurden Gründe geltend gemacht, auf deren Discussion wir hier nicht eingehen. Im Allgemeinen vergass man, dass die Temperaturdifferenzen im Raume und der Atmosphäre zu geringe waren, als dass daraus ein selbstständiger lebhafter Luftzug entstehen konnte.

Nach dieser Methode existiren zumal in Kattunfabriken noch viele Trockenhäuser bis zu 60 und mehr Fuss Höhe aufgerichtet. Die in den Seitenwänden angebrachten Oeffnungen sind durch Klappen verschliessbar und werden je nach Richtung des Windes bald geöffnet, bald geschlossen. Dass hierbei die Abhängigkeit des Fabrikanten von Wind und Wetter immer bedeutend ist, liegt auf der Hand. Er vermeidet nur die Unzuträglichkeit der freistehenden Trokenrahmen etc., dass der eintretende Regen die etwa vorher vollbrachte Thätigkeit der trocknenden Luft wieder vernichtet. Bei Anwendung der Essen tritt nun ein besseres Verhältniss der Regulirung ein. Bei derartigen Einrichtungen hat man das Einströmungsloch der gesättigten Luft bald am oberen Theile, bald am unteren Theile des Trockenhauses angebracht, bis die allgemeine Erfahrung lehrte, dass die mit Feuchtigkeit gesättigte Luft sich zu Boden senkt und somit von dort entfernt werden muss, soll ein einigermassen durchgreifender Trocknungsprozess statthaben. Die Zugkraft der Essen variirt mit ihrer Höhe und Weite, andererseits stets mit der Temperatur. Wenn die eingeströmte Luft vollkommen trocken war, und sie sättigt sich in dem Trockenraum mit der Feuchtigkeit aus den Geweben, so sinkt dabei die Temperatur im Verhältniss zur Temperatur der Feuchtigkeit. Oder waren Luft und Feuchtigkeit von gleicher Temperatur, so ist nach Gay-Lussac die erlangte Temperaturverminderung:

$$
\begin{array}{cccccc}
0° & 5° & 10° & 15° & 20° & 25° \\
5,82° & 7,27° & 8,97° & 10,82° & 12,73° & 14,70°
\end{array}
$$

War die Luft bereits theilweise mit Wasserdampf gesättigt, so ist natürlich diese Temperaturverminderung geringer, etwa im Verhältniss der Wasserdampfmenge, welche die Luft noch aufzunehmen vermag. Dieser Umstand hat natürlich einen wesentlichen Einfluss auf die Zugessen, indem dieselben dadurch in ihrem Effect auf Null herabgedrückt werden können. Für gewöhnlich nimmt man an, dass der Temperaturüberschuss der Luft in der Esse wenigstens 20° betragen muss, um einen nutzbaren Effect zu erzeugen. Deshalb ist eine solche Anordnung nur dann gut, wenn mit der Esse ein kleiner Rost und kleines Feuer verbunden ist, mit Hülfe dessen man die Luft in der Esse um mindestens so viel erwärmen kann. Um dieses System besserwirkend zu machen, müsste man für den Sommer die Umfassungsmauern des Raumes von gut

42*

leitenden Materien herrichten, damit die Temperatur im Innern stets durch die Wärme der umgebenden atmosphärischen Luft sich ergänzen und wieder erhöhen könnte.

Péclet schlägt noch ein anderes Verfahren vor, welches schon theilweise zu der Kategorie 3 gehört. Es handelt sich dabei ebenfalls um die Anwendung der gewöhnlichen atmosphärischen Luft und ihren Gebrauch zum Trocknen. Setze man diese atmosphärische Luft durch Ventilatoren in Bewegung, so müsse man die Geschwindigkeit des Ansaugens möglichst vermindern und auf eine Ausgleichung der Temperatur im Innern des Trockenraumes mittelst Herstellung leicht Wärme durchlassender Wände bedacht sein. Ferner aber könne man die Luft vor ihrem Eintritt in den Trockenraum künstlich abtrocknen. Dadurch würde natürlich der Trockeneffect der dann ganz ungesättigten Luft sehr wesentlich erhöht. Péclet empfiehlt dafür die Anwendung von Zuströmungskanälen, wobei die Luft über Chlorcalcium streicht. Es würde ein solcher Apparat den Maximaltrockeneffect der Luft darstellen. Nehmen wir an, ein Kubikmeter Luft könnte aufnehmen bei 20° C. (Sommertemperatur) 17 gr Wasserdampf, der Raum sei beschickt mit Geweben, deren Feuchtigkeitsgehalt 2,5 kgr betrage, welche im Dampfzustande ja auch 2,5 kgr wiegen, so würden nur 147,0 cbm abgetrocknete Luft nöthig sein, um diese 2,5 kgr Feuchtigkeit zu entfernen, während ohne Abtrocknung der Luft ca. 432 cbm Luft mit gewöhnlichem Gehalt an Wasserdampf (66 pCt.) den gleichen Effect erst hervorzubringen im Stande wären[50]).

Diese Idee hat 1856 Henry Bragg sich patentiren lassen. Der Engländer Eyton hat sie 1872 wieder aufgefasst und sich wieder patentiren lassen. In Folge davon ist sie dann wieder in allen technischen Journalen[51]) besprochen mit der Bemerkung, dass in diesem Prozess Stoffe, die bisher 3—4 Wochen lang trockneten, in 36 Stunden getrocknet würden. Praktischer ist unzweifelhaft die von Henry Bragg 1856 zur Geltung gebrachte Methode der Abtrocknung der heissen Luft, indem man sie durch Röhren leitet, die mit kaltem Wasser gekühlt sind, — obwohl die Wärmeverluste dabei gross sind.

3. Trocknen mit erwärmter und bewegter Luft in Trockenräumen.

Wir treten nun ein in eine Kategorie von Trockeneinrichtungen, welche sehr viel Variationen hervorgerufen hat. Bevor man auf die Reduction der Trockenräume zu Maschinen einging, beschäftigte man sich fortgesetzt mit Trockenräumen grösserer Dimension und suchte diese effectvoll herzurichten. Dazu boten sich zwei wesentliche Mittel. Das eine bestand in künstlicher

---

[50]) Ferrini berechnet die Chlorcalciumtrocknerei genau. D. A. S. 464.
[51]) Siehe auch Wollengewerbe 1872.

Bewegung der Luft mit Hülfe von Ventilatoren, das andere in Erwärmung der Luft. Unter Ventilatoren verstehen wir hier zunächst alle Flügelapparate, welche, in Umdrehung versetzt, Luft bewegen.

In Form von Fächern benutzte bereits 1824 Joh. Wells den Ventilator, um die auf dem Dandy-Loom geschlichteten Ketten während der Arbeit gleich zu trocknen. Vorher hatten Ross und Radcliffe 1817 bei ihrer grossen Schlichtmaschine einen vierflügeligen Ventilator angebracht, dessen Wirkung in der Calla'schen Verbesserung dieser Maschine wesentlich erhöht wurde. An Trockenstuben brachte man meistens in den Fenstern Flügelräder an, und auch im Innern der Räume. Zu einer rationellen und dann ausgedehnteren Anwendung ist der Ventilator im Trockenprozess gekommen etwa seit 10—15 Jahren. Freilich sind der Fälle unzählige, wo der Luft-Agitator oder Ventilator vollständig irrationell angewendet wurde, z. B. in abgeschlossenen Trockenräumen, ohne Abzug der gesättigten Luft, wo er dann wohl dahin wirkte, die Raumluft durch fortgesetzte Agitation ganz mit Feuchtigkeit zu sättigen, — aber nichts weiter! Bei Stillstand der Flügel sank die Feuchtigkeit wieder herab. Sehr viele Fehler sind auch gemacht in den Dimensionen der Flügelräder u. s. f.

Dieselben Fehler sind auch vorgekommen bei Trockenräumen mit Heizung, insofern man glaubte, dass die Heizung ohne Luftwechsel (welcher ja in früherer Zeit häufig mit Wärmevergeudung für identisch gehalten wurde) schon hinreiche zum Trocknen. Es dauerte lange, bevor man diesen Grundsatz verleugnete und erst von der Zeit an begann der Luftwechsel bedeutungsvoll einzutreten.

Oben schon ist hervorgehoben, dass der Abzug durch Essen bei Anwendung gewöhnlicher Luft ohne künstliche Erwärmung der abziehenden Luft in der Esse ohne Effect bleiben wird oder nur langsam Resultate gibt. Da es ungleich vortheilhafter ist, die Luft, welche man zum Trocknen herbeiführt, nicht bis zur vollkommenen Sättigung mit Wasserdunst mit den zu trocknenden Geweben in Berührung zu lassen, vielmehr die Luft in Bewegung zu setzen und zum Theil gesättigt am Material vorübergehen zu lassen, so empfiehlt es sich wohl, die Luft vor ihrem Eintritt in die Kammern resp. Einrichtungen zum Trocknen höher zu temperiren, als die atmosphärische Luft es ist. Es entsteht dann Zug in der Esse, dem zunächst gewöhnlicheren Mittel zur Bewegung der Luft. Durch die Aufnahme von Wasserdampf oder besser durch die Umwandlung des abzuführenden Wassers in den Gespinnstfasern in Dampf durch Wärme der Luft muss sich diese nothwendig abkühlen, sie thut es auch ferner durch die damit verbundene Durchwärmung der Fasersubstanz und der Apparate im Trockenraum selbst. Die neu eintretende und ungesättigte warme Luft ist dann leichter und steigt nach oben, die beladene Luft schwebt darüber. Es sind demnach mehrere Momente in diesem Trockenprozess mit warmer Luft zu unterscheiden und zwar im Allgemeinen sind es drei Perioden. In der

ersten Periode wird alle Wärme der zufliessenden heissen Luft zum Erhitzen der zu trocknenden Materien benutzt. In der zweiten Periode
entweicht die gesättigte Luft mit einer Temperatur, die höher steigt
und mit der Temperatur der eintretenden Luft variirt. Die dritte
Periode wird durch eine Temperatur des Gemisches bezeichnet. In der
letzten Periode, die sich dem Punkte der Austrocknung nähert, entweicht
Luft ungesättigt mit wachsender Temperatur.

Will man einen Calcul anstellen über die zur Trocknung nöthigen Luft, so
muss man beachten, dass zur Erwärmung der Luft eine Quantität Wärme
nothwendig ist. Sodann erfordert die beim Trocknen zu bildende Dampfmenge
aus der Feuchtigkeit eine andere Partie Wärme. Wollen wir also die Ausgabe für die Wärme ermitteln, welche ein Kilogramm Wasser von T° verdampft, so
dass die Luft mit Feuchtigkeit gesättigt abzieht, so bezeichnen wir mit f die
Spannung des Dampfes, mit P das Gewicht der Luft, welche in einem Kubikmeter
gesättigter Luft enthalten ist und mit P' das in demselben Kubikmeter enthaltene
Dampfgewicht. Dann ist:

$$P' = \frac{1{,}296 \cdot (0{,}76 - f)}{0{,}760 \cdot (1 + \alpha\, T)}$$

$$P' = \frac{1{,}293 \cdot 0{,}622\, f}{0{,}760 \cdot (1 + \alpha\, T)} = 1{,}07 \frac{f}{1 + \alpha\, T}$$

Das Gemisch von Luft und Dampf, wenn es gesättigt mit T° ausströmt, wird
an Wärme enthalten:

1. Antheil der Luft, d. h. diejenigen Wärmeeinheiten, welche von der Luft aufgenommen sind, um von 0° — T° zu gelangen:
$$C = P \cdot 0{,}2377\, T,$$

2. Antheil des Dampfes, d. h. diejenigen Wärmeeinheiten, welche von dem Wasser
aufgenommen sind, um von 0° — T zu gelangen und in dieser Temperatur zu
verdampfen.
$$C' = P' \cdot (606{,}5 + 0{,}305\, T).$$

Vorausgesetzt war, dass die Anfangstemperatur der Luft und des Wassers
gleich 0° sei. Mit Hülfe dieser Formeln ist es möglich, die bei gegebenen Temperaturen vorhandenen Spannungen des Dampfes f, die der Luft 0,76 — f u. s. w. zu
ermitteln.

T°	f	0,76 — f	T°	f	0,76 — f
5	— 0,007	— 0,753	50	— 0,092	— 0,668
10	— 0,009	— 0,751	60	— 0,149	— 0,611
20	— 0,017	— 0,743	70	— 0,233	— 0,527
30	— 0,032	— 0,728	80	— 0,355	— 0,450
40	— 0,055	— 0,705	90	— 0,526	— 0,234

T°	P_1 pr. 1 cbm	P pr. 1 cbm	C_1 W. E.	C W. E.	C + C' W. E.
5	— 0,007	— 1,264	— 4,2	1,5 =	5,7
10	— 0,009	— 1,238	— 5,5	2,9 =	8,4
20	— 0,017	— 1,183	— 10,4	5,6 =	16,0
30	— 0,031	— 1,122	— 19,1	8,0 =	27,1
40	— 0,051	— 1,051	— 31,6	10,0 =	41,6
50	— 0,078	— 0,991	— 48,5	11,5 =	60,0
60	— 0,122	— 0,857	— 76,3	12,2 =	88,5
70	— 0,185	— 0,709	— 116,1	11,8 =	127,9
80	— 0,274	— 0,535	— 172,9	10,1 =	183,0
90	— 0,423	— 0,300	— 268,2	6,4 =	274,6

Um die Ausgabe an Wärme, welche zur Verdampfung eines Kilogramms Wasser aus dem Gewebe nöthig ist, zu erhalten, ermittelt man den Werth von $\dfrac{C + C'}{P'}$.

Man erhält dann für die verschiedenen Werthe von T:

T	$\dfrac{C + C'}{P'}$	T	$\dfrac{C + C'}{P'}$
	W. E.		W. E.
0	606,5	50	770
5	863	60	725
10	920	70	680
15	961	80	670
20	944	90	645
30	875	100	635
40	815		

Man sieht daraus, dass $\dfrac{C + C'}{P_1}$ ein Maximum bei 15° zeigt und dass bei 100° der Werth für diesen Ausdruck fast derselbe ist als wie bei 0°.

Nimmt man an, dass die Luft nur halb gesättigt war, so erhält man folgende Werthe

T	$\dfrac{C + C'}{P'}$	T	$\dfrac{C + C'}{P'}$
	W. E.		W. E.
0	606	50	913
5	1048	60	809
10	1159	70	750
15	1278	80	712
20	1272	90	690
30	1147	100	675
40	1028		

Péclet bestimmt auch die Verhältnisse

$$\frac{C'}{C' + C}$$

der in den Dämpfen eingeschlossenen Wärmemenge zu der gesammten Wärmemenge in Luft und Dämpfen, ferner die Gewichte $P + P_1$ des Kubikmeters vom Gemenge. Daneben mögen dann aufgeführt werden die Gewichte G des Kubikmeters trockner Luft und die Gewichtsmengen Luft L, welche zur Verdampfung von 1 kgr Wasser erforderlich sind:

T	$\dfrac{C'}{C' + C}$	$P + P_1$	G	L
5	0,74	1,271	1,279	180,600
10	0,654	1,247	1,257	137,500
20	0,65	1,200	1,213	69,590
30	0,70	1,153	1,173	36,190
40	0,76	1,102	1,136	20,610
50	0,81	1,069	1,100	12,710
60	0,86	0,979	1,067	7,025
70	0,91	0,894	1,036	3,831
80	0,94	0,809	1,007	1,952
90	0,98	0,723	0,979	0,709

Man sieht, dass man, um mit heisser Luft ökonomisch zu trocknen, die mittleren Temperaturen vermeiden sollte und vielmehr die Temperaturen so hoch als möglich steigern müsste.

Es sei T die Temperatur der eintretenden Luft und t die Temperatur der austretenden Luft. Die Temperatur des mitaustretenden Dampfes ist von der Luft hergenommen. Man kann nun, ohne auf die Verluste an Wärme Rücksicht zu nehmen, aus dem Luftdampfgemisch die von der warmen Luft herzugetragene Wärme der Quantität nach berechnen. Das Gewicht P der Luft, enthalten in einem Kubikmeter der gesättigten Luft, hat bedurft P C (T — Θ) Kalorien, um von der Temperatur Θ der äussern Luft auf T der warmen Luft beim Eintritt in den Trockenraum zu gelangen. Beim Abzug enthält dies Gewicht P der Luft P C (t — Θ) Kalorien und der Dampf P_1, der sich nun in einem Kubikmeter des Gemisches befindet, enthält P' (606,5 + 0,305 t — Θ) Kalorien. Die Summe P C (t — Θ) + P_1 (606,5 + 0,305 t — Θ) muss gleich sein mit P C (T — Θ). Man hat also T zu bestimmen aus der Gleichung:

$$P C (T — Θ) = P C (t — Θ) + P_1 (606,5 + 0,305 t — Θ).$$

Hat man T ermittelt, so kann man leicht die Quantität P C (T — Θ) der nothwendigen Wärme, um P Luft zu erwärmen, finden. Sei Θ = 0, oder = 150, so ist für gleiche Melangen die Temperatur der eintretenden Luft:

T° Θ = 0°	T Θ = 15°	Temperatur der austretenden Luft
57°	47°	20°
98	68	30
165	135	40
273	262	50
453	423	60
785	756	70
1435	1480	80
3827	3794	90

Der Nutzeffect wird natürlich kleiner, je höher die Temperatur des Gemenges beim Austritt steigt. Er erreicht ein Minimum bei einer Temperatur von ca. 20° = 0,65 und nimmt dann langsam mit der Temperatur zu, um bei etwa 100° = 1 zu werden. Die Dichtigkeit der mit Dämpfen gesättigten Luft ist stets geringer als die der trockenen oder weniger gesättigten Luft von gleicher Temperatur. Nach diesem Gesetz würde die Circulation der Luft und der Abzug der gesättigten Luft gar keine Schwierigkeiten haben, wenn eben die Temperatur bei der Sättigung an und für sich nicht sänke durch die Abgabe von Wärme an die zu verdampfende Flüssigkeit und an die Materien, welche diese Flüssigkeit enthielten.

Oben wurde gefunden, dass man mit möglichst hoher Temperatur trocknen, dass man die mittleren Temperaturen vermeiden solle. So theoretisch ökonomisch als dies erscheint, so wenig entspricht es den Anforderungen, die die Fasern der Gewebe zum Theil an den Trockenprozess stellen. Am empfindlichsten ist z. B. die Flachsfaser. Dieselbe wird bei höheren Temperaturgraden unelastisch und spröde und die Temperatur zum Trocknen des Leinens sollte niemals über 40—50° C. sich erheben. Für das Trocknen vegetabilischer Gewebe werden freilich auch Temperaturen angewendet bis zu 100° C. Z. B. in der Baumwollenmanufactur greift man zu diesen hohen Temperaturen bei Gelegenheit der Fixirung von Aufdruckfarben, für Rosa geht man nur bis 36—44°, für Grün und Gelb 50—60°, für Deckfarben 70—84° C.

Für Wolle sind niedrige Temperaturen stets vortheilhaft, da höhere Wärmegrade als 60° schädlich auf das Wollhaar selbst einwirken. Aehnlich ist es mit Seide.

Betrachten wir nun den im Raume angestrebten Trockenprozess selbst, so ergibt sich als Nothwendigkeit, so. viel Wärme in den Raum zu führen, sei es durch Luftwechsel, sei es durch künstlich erhitzte Luft, als nöthig ist, um:

    a) die im Raum enthaltene Luft auf den Temperaturgrad der zuströmenden zu bringen;

    b) die Flüssigkeit haltenden Materien ebenfalls auf den Temperaturgrad der zuströmenden Luft zu bringen;

    c) die Flüssigkeit zu verdampfen; und zwar in einer bestimmten Zeit, damit der Trockenprozess in bestimmter Zeit vollendet ist.

Das Wärmequantum für a) könnte vernachlässigt werden da, wo diese Erwärmung der vorhandenen Luft nur ein oder wenige Male nothwendig wäre. Allein in vielen Apparaten, besonders in Trockenkammern und Rahmhäusern, wo die Entleerung und Beschickung nicht mechanisch vor sich geht, tritt diese Nothwendigkeit des Temperaturausgleichs bei Vollendung jedes einzelnen Trockenprozesses ein. — Das Streben der Constructeure für solche Apparate muss dahin gerichtet sein, so viel wie möglich Summanden der Summe der nothwendigen Wärme zu ersparen. Für Trockenräume ist die Summe der Wassermenge — $(a + b + c) . n$, für die Trockenmaschinen und Apparate mit mechanischem Betrieb und continuirlicher Beschickung ist diese Summe $= a + b + (c . n)$, bei Annahme, dass n die Zahl der einzelnen Beschickungen bedeutet.

Es kommen somit für die Ausführung des Trockenprozesses in Rechnung:

1. die Summen der Wassermengen $a + b + c$,
2. die Zeit, in welcher der Trockenprozess vollendet sein muss,.
3. der Inhalt des Raumes, in welchem das Trocknen vorgenommen werden soll. Dabei spricht auch die Beschaffenheit des Raumes und der Raumwände natürlich mit.

Nehmen wir an, dass wir einen Raum haben von 20 m Seitenlänge, 20 m Höhe, dessen cubischer Inhalt somit ausmacht: 8000 cbm, so enthält dieser Raum 8000 cbm Luft. In diesen Raum bringen wir Stoffe und zwar kann man z. B. in diesem Raum unterbringen ein Gewicht von ca. 3600 kg leichter Kammgarnstoffe. Dieselben enthalten nach dem Ausschleudern in der Centrifuge noch ca. $0,20 . 3600$ kg $= 720$ kg Wasser, die zu verdampfen sind. Es soll diese Verdampfung, also das Austrocknen der Stoffe, in einer Stunde bewirkt werden. Wie viel Wärme beansprucht zunächst die Flüssigkeitsmenge von 720 kg, um sich in Dampf aufzulösen? offenbar

$$720 . 606,5 + 0,305 \, t \text{ W. E.}$$

oder nach obigen Ermittelungen bei 100°

$$720 . 635 = 457\,200 \text{ W. E.}$$

Die im Raume vorhandene Luft muss zunächst Wärme empfangen, um auf den zur Verdampfung der Flüssigkeit nöthigen Punkt zu kommen. Nehmen wir die Anfangstemperatur dieser Luft zu 0° an, so gehören zur Erwärmung dieser Luft auf 30° C., d. i. die muthmassliche Endtemperatur,

$$8000 . 30 . 0,25 = 60\,000 \text{ W. E.}$$

Was nun die Erwärmung der Stoffe selbst anlangt, so würde eine Masse von 1800 kg anzunehmen sein, welche zur Erwärmung (auf 30°) beansprucht

$$30 . 0,2 . 1800 = 10\,800 \text{ W. E.}$$

Es ergibt sich somit eine nothwendig herzuzuführende Wärmemenge von

$$457\,200 + 60\,000 + 10\,800 = 528\,000 \text{ W. E.},$$

die innerhalb einer Stunde in den Raum eintreten sollen, um den Stoff zu trocknen. Um dies zu bewerkstelligen, haben wir zwei Mittel:

　　　a) man erhöht die Temperatur im Raume,

　　　b) man zieht grössere Mengen erhitzter Luft durch den Raum.

Ersteres kann einmal geschehen durch directe Heizung des Raumes resp. durch Dampfheizung. Um durch directe Heizung diesen Effect hervorzubringen, haben wir nöthig, die Luft im Raum oder ausserhalb desselben durch Verbrennung von Brennmaterial so hoch als nothwendig zu temperiren. Es handelt sich darum, die Heizapparate so zu construiren, dass sie das Quantum Luft in gegebener Zeit erforderlich zu erhitzen vermögen. Im vorgesetzten Falle müssen also diese Heizeinrichtungen in der Stunde mindestens 528 000 W. E. emittiren und an die Luft abgeben. Das gibt per Minute

$$\frac{528\,000}{60} = 8800 \text{ W. E.}$$

Es ist für diese Betrachtung zugleich angenommen, dass die Luft mit 100° C. zugeführt werde und zwar trocken. Es ist dann ersichtlich, dass sie, wenn sie im gesättigten Zustande austritt, nicht höher als 30° warm sein kann, denn sie enthält dann 29,4 gr Wasserdampf per Cubikmeter. Diese 29,4 gr Wasserdampf beanspruchten aber zu ihrer Bildung $29,4 \cdot 0,6 = 17,64$ W. E. Ein Cubikmeter Luft enthält bei 30° C. $30 \cdot 0,25 = 7,5$ W. E. Es sind somit $17,64 + 7,5 = 25,14$ W. E. in dem Cubikmeter gesättigter Luft enthalten, während die Wärme der Luft von 100° C. per cbm 26 W. E. beträgt. Wir müssen daher per Secunde 338,4 cbm Luft von 110° C. in den Trockenraum befördern, um obiges Quantum Waare zu trocknen in 1 Stunde. Fehlte es an Circulation, so müsste man die 8000 Cubikfuss Luft des Raumes auf 100° erhitzen, wodurch immer nur 208 000 W. E. herbeigeführt würden, die, eingerechnet die Verluste durch Leitung der Wände etc., bei weitem nicht genügen würden, um das Beschickungsquantum zu trocknen. Es ist demnach von hoher Wichtigkeit, die Einrichtung der Trockenräume so zu bewerkstelligen, dass die Herbeischaffung der nöthigen Wärmemenge in gegebener Zeit mit den geringsten Kosten bewirkt werde, dass also der Nutzeffect des Brennstoffes zur Erzeugung der Wärme ein möglichst hoher wird.

Es ergibt sich aus dem Beispiel, dass es leichter ist, mit Hülfe kräftiger Ventilation innerhalb einer gegebenen Zeit grosse Quanten nasser Gewebe zu trocknen, als mit Erhöhung der Lufttemperatur allein bei gewöhnlicher Luftbewegung. Es zeigt sich, dass eine einfache Erhitzung der Luft im Trockenraume die Verdampfung des Wassers in der Waare nur bewirken kann, wenn die Masse des enthaltenen Wassers nicht grösser ist, als die Wärmeaufnahmefähigkeit der Luft im Raume bei gewöhnlichen Heizvorrichtungen ohne Luftcirculation, der Effect der Trocknung wird dann auch nur der sein, dass die Luft sich mit der Feuchtigkeit sättigt, — aber bei Sinken der Temperatur die Feuchtigkeit wieder verliert und diese auf die Waare zurücksinkt[52]). Sobald indessen die Luft im Raume

---

[52]) Hierüber drückt sich Persoz, Traité d'impression des tissus. Vol. II. 117, so aus: On a méconnu pendant fort longtemps les vrais principes sur lesquels doit être basée la construction des séchoirs à air chaud. On pensait que, chauffé au bas de ces séchoirs l'air devait être évacué par la partie supérieure après s'être saturé d'humidité. C'était une erreur grave etc.

wechselt, — lässt sich der Trocknungszweck erreichen. Man zieht dann die mit Feuchtigkeit gesättigte Luft aus dem Raum und ersetzt sie durch eintretende ungesättigte Luft. Es wird so also die aus dem Stoff ausgelöste Feuchtigkeit durch die Luft factisch herausgetragen. Die Luftcirculation braucht bei erwärmter Luft nur langsam zu sein. Verfährt man endlich so, dass man absieht von hoch erhitzter Luft, und ersetzt man in schneller Aufeinanderfolge die mässig warme Luft im Trockenraum mit Hülfe kräftiger Ventilation, so erreicht man den Trockenprozess ebenfalls rationell.

Für die Trockenräume ist nur das zu bemerken, dass die Grösse der Räume meistens die Wirkung der Erwärmung und die Wirkung der Ventilatoren beeinträchtigt hat und dass daher in neuerer Zeit von Erbauung grosser Trockensäle für Textilindustrie Abstand genommen wird. Nichtsdestoweniger müssen wir über dieselben hier kurz referiren.

a) Apparate und Räume zum Trocknen mit Wärme.

Die Heizräume resp. Trockenräume bildeten im Anfange dieses Jahrhunderts ebenso den Gegenstand der Erfindung wie in neuerer Zeit die Trockenmaschinen. Dabei trennten sich die Branchen sehr scharf. Die Baumwollindustrie verfolgte am eifrigsten bestimmte Ideen, unter denen sich vier Hauptrichtungen erkennen lassen:

I. Trockenräume, dicht geschlossen, Erhöhung der Temperatur bis 60—70° C. unter absolutem Luftausschluss.

II. Trockenräume mit Aufhängelatten unter der Decke und Heizöfen mit Rohrsystemen am Boden. Die Temperatur wird nur auf 30—36° C. gesteigert, das Luftvolumen aber gewechselt durch Essen, Ventilatoren, u. A.

III. Trockenräume in Form von langen horizontalen Canälen, durch welche das Gewebe passirt unter Mit- oder Gegenströmung eines erhitzten Luftstroms.

IV. Trockenräume in Form hoher Thürme, — ohne und mit Heizung am Boden.

Die I. Kategorie vertritt Walter Crum[53]) in Glasgow. Derselbe stellte Trockenkammern her, die allseitig fest verschlossen waren.

Sie haben im Innern unten einen Ofen. Die Wärme veranlasst zunächst eine Ausdehnung der Luft, mit der Temperaturzunahme steigt die Feuchtigkeitsaufnahmefähigkeit der Luft und die im Raume enthaltene Luft absorbirt in kurzer Frist das im Gewebe enthaltene Wasser. Während der Spannungszunahme sorgen einige kleine Ventile dafür, dass der Luftüberschuss entweichen kann. Die fortgesetzte Temperaturzunahme wirkt dahin, die Stoffe schnell zu entnässen.

---

53) Bull. de la société ind. de Mulhouse 1837. Juli.

Ist z. B. in solchem Raume von 100 cbm Luft die Temperatur anfangs 10° C., so ist der Feuchtigkeitsgehalt dieser 100 cbm 485 gr. Steigt nun die Temperatur auf 30° C., so können die 100 cbm 29 bis 40 gr Wasserdampf aufnehmen, es werden also den Geweben 2940 — 485 gr = 2455 gr entzogen. Zu dieser Wasserverdunstung sind nöthig: 1613,3 W. E. und zur Erwärmung der 100 cbm = 125,3 k Luft von 0,27 spec. Wärme von 10° C. auf 30° C. sind erforderlich 676,62 W. E. Somit hat die Feuerung zu produciren 2289,92 W. E. — Wenn nach der voraus zu berechnenden Zeit das Beschickungsquantum der Gewebe getrocknet war, wurden die Essen geöffnet, um die mit Feuchtigkeit beladene Luft entweichen zu lassen.

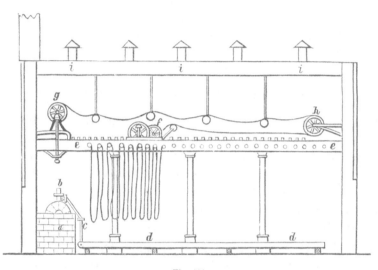

Fig. 444.

Dieses System hatte den wesentlichen Fehler, die Hitze steigern zu müssen bei Abnahme der Feuchtigkeit im Gewebe. Ausserdem musste der Raum im Verhältniss zum Beschickungsquantum gross sein. Penot[54] bezweifelt ausserdem die Dichtigkeit solcher Kammern, welche Walter Crum indessen mit Decken auskleidete. Penot erhielt folgende Resultate mit solchen Kammern:

I. Versuch:

Raum: 2983 cbm.
Beschickung: für Türkischroth vorbereitete geölte Zeuge mit 1050 k Wasser.
Barometer = 0,730 m.
Verbrauch an Steinkohle: 625 k.
1 k Steinkohle verdampfte: 1,68 k Wasser.
Höchste Temperatur 60°.

II. Versuch:

Raum derselbe.
Beschickung: dito mit 1250 k Wasser.
Barometer: 0,756 m.
Thermometer: 17°.

[54] Penot, Dingl. pol. Journ. Bd. 74. S. 107. — Bull. de la Soc. ind. de Mulhouse. T. XII. p. 507. 528.

Hygrometer: 16°.
Aeussere Luft: 5,70 gr Wasserdampf.
Verbrauch an Steinkohle: 437 k.
1 k Steinkohle verdampfte: 2,86 Wasser.
Höchste Temperatur ca. 64° C.

III. Versuch:

Raum derselbe aber mit stetem Luftzug.
Beschickung enthielt 750 k Wasser.
Barometer: 0,75 m.
Thermometer: 19°.
Hygrometer: 66°.
Aeussere Luft 6,9 gr Wasserdampf.
Verbrauch an Steinkohle: 550 k.
1 k Steinkohle verdampfte: 1,36 k Wasser.

R o y e r [55]) unternahm eine Reihe von Versuchen in einer solchen Trockenstube mit s t a r k e m M a u e r w e r k. Dieselbe ward von zwei Oefen geheizt.

I. Versuch:

Raum: 1530 cbm.
Dauer: 14 Tage.
Temperatur: 35—50° C.
Beschickung enthielt 21 747,5 k Wasser.
Aufwand an Steinkohle: 9157,5 k.
1 k Steinkohle verdampfte: 2,37 k Wasser.

II. Versuch:

Raum: dito.
Dauer: 14 Tage.
Beschickung enthielt 21 903 k Wasser.
Aufwand an Steinkohle: 8699 k.
1 k Steinkohle verdampfte: 2,53 k Wasser.

III. Versuch:

Raum derselbe.
Dauer: 13 Tage.
Beschickung enthielt 19 180 k Wasser.
Aufwand an Steinkohle: 8787 k.
1 k Steinkohle verdampfte: 2,18 k Wasser.

Diese Resultate Penot's und Royers waren für ihre Zeit sehr günstig und erhöhten den Ruf des Crum'schen Systems. —

Zur II. Kategorie gehört das Trockenkammersystem des Engländers W i l h. S o u t h w o r t h [56]) in Sharples (Lancashire). Der grosse Trockenraum enthält eine Feuerung a mit Dampfkessel b, von welchem die Rohre c den Dampf in die grösseren Heizrohre d am Boden des Saales leiten. Der Stoff wird auf Stäben in den Gerüsten e aufgereiht mit Hülfe einer automatisch wirkenden Maschine f. Der Stoff wickelt sich von g ab und wird durch h der Auflegmaschine f zugeleitet. Die Essen i sorgen für Entfernung der mit Feuchtigkeit beladenen Luftmengen. Fig. 444.

---

[55]) Royer, Dingler, Bd. 74. S. 125.
[56]) Southwork, Pat. 1823. 19. April. — Dingl. Pol. Journ. Bd. 16. S. 474.

Dieses System war sehr berühmt seiner Zeit und stellte die früheren Systeme von Ure, Field[57]), Guillory, Marchand u. A. in den Hintergrund. Eine Reihe Erfinder suchten es zu verbessern, so 1834 Th. R. Bridson, Haworth u. A.

Ein System von Duvoir weicht von beiden aufgeführten Systemen ab. Der Trockenraum setzt sich zusammen aus einem Kellerraum, in welchem eine Reihe Oefen Luft erhitzen, welche dann durch seitliche, viele, grössere Oeffnungen in den Trockenraum von bedeutender Höhe eintritt. Die warme Luft steigt auf und sinkt später in gesättigtem Zustande, um durch geeignete Seitenöffnungen, die durch Register zu reguliren sind, abzuströmen. Innerhalb 6 Stunden wurden in diesem Raume 150 Stück Kattun getrocknet, welche gewöhnlich 1130 kgr Wasser enthalten. Der Steinkohlenverbrauch betrug dabei 320 kgr, welches einer Abdampfung von $\dfrac{1130}{320} = 3,52$ k Wasser per 1 k Steinkohle entspricht. Die in dieses Trockenhaus eingeführte Luftmenge belief sich auf 55 000 cbm. Bei einer äusseren Lufttemperatur von 25° fand man die Ausströmungstemperatur gleich 38°. Das entspricht einer vollständigen Sättigung der Luft nicht und Péclet schreibt diesen Mangel der Unmöglichkeit zu, die warme einströmende Luft in diesem Trockenhause gleichmässig zu vertheilen.

Ein Trockenraum von Bouillon enthält folgendes Charakteristische. Von einem Ofen, unter dem Trockenraum aufgestellt, ziehen die Feuergase durch ein Röhrensystem, welches unter dem leichtgewölbten Fussboden des Trockenraumes eingelegt ist. Dieser Fussboden hat in der Mitte der ganzen Länge des Raumes eine Spalte, durch welche die heisse Luft, die sich an den Rohren erwärmt hat, nach oben in den Trockenraum aufsteigt. Gesättigt sinkt sie an den Seiten des Raumes wieder nieder und findet hier Abzug am Boden durch Oeffnungen, die in eine Esse münden. Diese Construction zeichnet sich vortheilhaft unter den älteren Einrichtungen aus und Péclet behauptet, es seien in derselben mit 1 kgr Steinkohle 4 kgr Wasser verdampft.

Valerius theilt eine in Belgien vielfach angewendete Trockenkammer mit, folgenden Prinzipes. In einer Calorifere wird Luft erhitzt. Dieselbe, durch Canäle mittelst einer unteren Oeffnung in den Trockenraum geführt, durchzieht die Gewebe und senkt sich mit Feuchtigkeit beladen wieder zu Boden, um durch die gegenüberliegende Oeffnung am Boden abzuziehen. Sind die Stoffe an der einen Seite der Kammer trocken, so schliesst man hier den Canal durch einen Schieber und kehrt den Weg für Zuströmung und Abströmung um. Mit einer ähnlichen Trockenkammer, die 4,97 m breit, 11,5 m lang und 17,0 m hoch war und 971 635 cbm Fassungsraum enthielt, hat Grosseteste 1866 Versuche angestellt. Die folgende sehr werthvolle Tabelle zeigt den Effect und alle Beobachtungen der Proben.

---

[57]) Field, Dingl. pol. Journ. Bd. 10. S. 442.

Versuche über das Trocknen in der Trockenkammer.

Datum	Jaconet	Percal	Piqué	Brillanté	Wolle	Leinwand	Zahl der Stücke	Ganze Länge (m)	Wassergehalt (kgr)	Verbrannte Kohlen im Ganzen (kgr)	Verbrannte Kohlen Rückstände (pCt)	Auf 1 kgr Steinkohle verdampftes Wasser (kgr)	Dauer des Versuchs (Stunden)	äussere Luft im Maximum	äussere Luft im Minimum	innere Luft beim Austritt aus den Caloriferen	innere Luft oben in der Trockenkammer	innere Luft beim Austritt durch den Schornstein
1864.																		
26. December	29½	98	2	—	19	57	205½	19230	842	550	12,1	1,53	16	−7½	−13½	—	—	—
27. -	40	80	—	1	1	118	240	23741	1103	610	10,1	1,80	16	−7½	−14	—	—	—
28. -	88	34	—	1	8	74	205	20870	807	600	15,2	1,34	14	−3	−6	—	—	—
29. -	42	56	—	11	36	62	207	20379	807	470	10,0	1,71	14	−6½	−10	—	—	—
30. -	16	42	—	4	25	81	168	16838	749	510	—	1,47	14	−½	−8½	—	—	—
31. -	33	90	—	—	14	100	237	23046	1050	545	10,1	1,92	14	−1	−4	—	—	—
1865.																		
2. Januar	39	30	—	—	27	90	186	19056	804	525	—	1,53	13	−1	−4	—	—	—
3. -	35½	50	1	4	16	80	186½	18572	803	376	10	2,13	12	+3	−3	83	38	26
4. -	67	49	2	3	32	77	230	20133	900	470	11	1,91	13	+1	−9½	78	31	28
6. -	4	16	—	—	42	106	168	17556	792	464	—	1,70	11	+6	+2½	85	33	23
7. -	18	27	—	3	24	80	152	15535	683	350	12	1,95	11	+3	+½	—	—	—
9. -	52	28	—	—	14	78	172	17628	726	351	12	2,07	11	+7	−2½	90	32	24
							2357	233584	10066	5821	11,4	1,72	13,2					

Diese Kammer lag bezüglich der Umfassungsmauern sehr günstig und erhielt von 2 Chaussenot'schen Caloriferen die heisse Luft. Drei am Boden mündende Schornsteine zogen die feuchte Luft ab. Es ergab sich als Resultat, dass 1 kg Steinkohle nur 1,75 kg Wasser verdampfte und dass von der gesammten Wärme, die in den Trockenraum gelangte, nur 31,3 pCt. wirklich nutzbar gemacht wurden. Dabei beträgt der Nutzeffect der Caloriferen 45,5 pCt., so dass das Kilo Steinkohlen nur mit 3581 W. E. in Rechnung gebracht werden konnte.

Eine andere Trockenkammer bei Dolfus-Mieg & Co. in Mühlhausen zeigte viel geringere Resultate. An 12 Beobachtungstagen im December wurden 6773$\frac{1}{2}$ Stück Kattun etc. getrocknet, mit 24968 k Wassergehalt. Es wurden verbrannt im Ganzen 19 118 k Kohle; es verdampfte demnach in dieser Trockenkammer das Kilo Kohle nur 1,30 k Wasser.

In der Anordnung und Anwendung der Caloriferen leisten besonders die Franzosen sehr Bedeutendes. Wir geben hier eine Calorifere von G. Hertzog in Reims-Coulancy in Abbildung (Fig. 445*) und Beschreibung.

Dieser trefflich construirte Apparat enthält einen inneren Heizraum mit Feuerrost. Der Raum besteht aus Mauerwerk mit Blechmantel. In denselben bläst ein Ventilator (rechts) Luft ein, sowohl unter als über der Feuerung. Die Luft erwärmt sich, verbrennt zum Theil und zieht mit den Feuergasen durch die seitlichen, oben angebrachten Abzugsröhren nach oben und wird durch das erste Gewölbe hindurchgeleitet, um hier unter und zwischen einem System von Heizrohren auszuströmen, sodann um eine horizontale, gewölbte Scheidewand höher in eine zweite Etage und endlich in die dritte Etage zu ziehen und durch den Fuchs abzuströmen. Entgegengesetzt diesem Strome bewegt sich die durch einen Ventilator (links) oben in den Apparat eingeblasene Luft. Dieselbe durchstreicht die in den Etagen aufgestellten Rohre in Richtung der Pfeile und fällt an den Wänden des inneren Heizofens herab, um unten rechts durch einen Kanal abzuziehen in den betr. Raum, wo die so erhitzte Luft Verwendung finden soll. —

Wir geben in Folgendem die Berechnung eines solchen Trockenraumes mit warmer Luft betrieben. Es werde mit P das Gewicht des stündlich zu verdampfenden Wasser bezeichnet und zwar P = f, n (n Gewicht der in dieser Zeit zu trocknenden Körper und f die in denselben enthaltenen Feuchtigkeitsprozente). Die Temperatur T_1 sei die höchste für den zu trocknenden Körper anwendbare, T_0 sei die Temperatur der Atmosphäre und T die mittlere Temperatur der aus der Kammer entweichenden feuchten Luft. Dieselbe mittlere Temperatur möge in der Kammer herrschen. T_0, T und T_1 sind absolute Temperaturen. Die atmosphärische Luft sei mit Feuchtigkeit gesättigt und enthalte pro cbm γ_0 k Wasserdampf. γ sei das Gewicht des in 1 cbm gesättigter Luft bei T_0 enthaltenen Wasserdampfes. Für jeden Cubikmeter Luft, der Atmosphäre entnommen, treten aus der Kammer aus $\frac{T}{T_0}$ cbm Luft.

---

*) Fig. 445 auf nebenstehender Tafel.

Dennoch, den Beharrungszustand in der Stunde vorausgesetzt, nimmt jeder Cubikmeter atmosphärischer Luft aus der Kammer

$$\frac{T}{T_0} \gamma - \gamma_0 \quad \dots \dots \dots \dots \quad (1)$$

k Wasser mit sich fort. Ist demnach V = pro Stunde eingeführtes Luftquantum, so haben wir pro Stunde

$$V (\gamma T - \gamma_0 T_0) = P T_0 \quad \dots \dots \dots \dots \quad (2)$$

Diese Luft tritt mit der Temperatur T_1 ein, es müssen also die **Eintrittsöffnungen** pro Stunde $V \dfrac{T_1}{T_0}$ in den Apparat einlassen.

Enthält ein Cubikmeter Luft der Atmosphäre a k Luft + γ_0 k Wasserdampf, so gibt er, wenn er sich bei Durchströmen des Apparates von T_1 auf T abkühlt (0,237 a + 0,48 γ_0) (T_1 — T) Calorien ab. Nun muss aber die pro Stunde Menge der circulirenden Wärme zur Verdunstung von P k Wasser bei T_0, welches zuvor auf diesen Grad erwärmt ward, sowie zur Deckung des Verlustes durch die Wände etc. ausreichen. F sei die totale Fläche der Wände mit dem Wärmetransmissionscoefficienten n. Es ergibt sich die Gleichung

$$(0,237\,a + 0,48\,\gamma_0)\,V\,(T_1 - T) = P\left[606,5 - 0,695\,(T - 273)\right] + n\,F\,(T - T_0)$$

$$0,237\,a + 0,48\,\gamma_0 = c \quad \dots \dots \dots \dots \dots \quad (3)$$

$$P\,(606,5 + 0,695 . 273) - k\,F\,T_0 = m \quad \dots \dots \dots \dots \quad (4)$$

$$n\,F - 0,695\,P = h \quad \dots \dots \dots \dots \quad (5)$$

$$c\,V\,(T_1 - T) = h\,T + m \quad \dots \dots \dots \quad (6)$$

In diesen Gleichungen sind die Unbekannten V T und p zu bestimmen. Wir eliminiren zunächst V aus den Gleichungen 2 und 6 und erhalten:

$$\frac{\gamma\,T - \gamma_0\,T_0}{c\,(T_1 - T)} = \frac{P\,T_0}{h\,T + m}$$

$$\gamma\,T = \gamma_0\,T_0 + c\,P\,T_0\,\frac{T_1 - T}{h\,T + m}.$$

Benutzen wir die Formel

$$\gamma = \frac{p}{46,5\,T}$$

betreffend das Gewicht von 1 cbm Wasserdampf und nennen wir p und p_0 die Maximalspannungen des Wasserdampfes in Kilogrammen pro □ m, so haben wir:

$$\frac{p}{46,5} = \frac{p_0}{46,5} + c\,P\,T^0\,\frac{T_1 - T}{h\,T + m}$$

$$p = p_0 + 46,5\,c\,P\,T_0\,\frac{T_1 - T}{h\,T + m} \quad \dots \dots \quad (7)$$

Nimmt man hier die Rankine'sche Formel betr. die Spannkraft der gesättigten Dämpfe:

$$\log p = A - \frac{B}{T} - \frac{C}{T^2} \quad \dots \dots \dots \dots \quad (8)$$

(p Druck in Kilogramm pro □ m, T absolute Dampftemperatur) zu Hülfe, so kann man die entsprechenden Werthe von p und T berechnen. Mit Hülfe der Näherungsmethode kann man schneller zum Ziele kommen. Man setzt in Gleichung (7) T_0 statt T und dann entsprechend p' statt p, der in Gleichung (8) oder in die nachstehend folgende Gleichung eingesetzt wird:

$$T = \frac{1}{-\dfrac{B}{2\,C} + \sqrt{\dfrac{B^2}{4\,C^2} + \dfrac{A - \log p}{C}}}$$

und einen Näherungswerth T' für T gibt. T' wird in Gleichung (7) statt T eingesetzt und man erhält den Näherungswerth p'' für p u. s. w. bis zwei Werthe von T und p nahe genug übereinstimmen. Sobald man diese Werthe p und T berechnet hat, so nimmt man Gleichung (2) und berechnet γ und V. Die Zu- und Abflussgeschwindigkeiten müssen gering genug sein, um der Luft Zeit zu lassen, sich zu sättigen. Durch die Austrittsöffnung zieht pro Stunde ein Volumen W gesättigter Luft ab bei T Grad, welches die in gleicher Zeit eingeführte atmosphärische Luft + P k Wasser in Dampfform enthält. Ist Ag das Gewicht von 1 cbm gesättigter Luft bei T Grad, so ist Ag W = $(a + \gamma_0)$ V + P. Bei genügender Höhe der Austrittstemperatur T der feuchten Luft braucht man keinen besonderen Zug zu ihrer Entfernung. Mit Hülfe der Austrittstemperatur, sowie der Temperatur der feuchten Luft pro Zeiteinheit in bestimmter Menge abzuführen, ermittelt man aus den üblichen Schornsteinformeln die Querschnitte der Abzüge.

Die Leistung der Calorifere (des Lufterhitzungsapparates) muss so bemessen werden, dass die Calorifere pro Stunde V cbm Luft von T_0 auf T_1 erwärmen kann, also an dieselben c V $(T_1 — T_0)$ Calorien abgeben kann. Da die in dem Trockenraum nützlich verwendete Anzahl Calorien in Gleichung (6) gegeben ist mit c V $(T_1 — T)$, so ergibt sich der Nutzeffect des Trockenraumes resp. der Trockenanlage

$$\varepsilon = \frac{T_1 — T}{T_1 — T_0}\;[58]).$$

Zur Beurtheilung der Trockenkammern mit künstlicher Erwärmung sei noch auf Folgendes verwiesen. Wir haben bei den obigen Betrachtungen gefunden, dass die Leistung der Trockenkammern wesentlich von der Erhöhung der Temperatur abhängt und von der möglichst gleichmässigen Erhaltung derselben und dass eine der schwierigsten Inconvenienzen die ist, die mit Feuchtigkeit gesättigte Luft abzuführen. Man ist selbst über die Anordnung der Luftschichten im Trockenraum noch sehr unklarer Ansicht. Peclet glaubt, wie wir bereits gesehen haben, an den Eintritt einer Art Circulation vom Innern des Zimmers nach den Wänden zu. Ferrini meint, dass die verschiedenen gesättigten Luftmassen sich in Band- oder Strahlenformen durch den Raum winden. Box nimmt an, dass die Esse die Strömungen richte. Die letztere Annahme ist indessen nur dann richtig, wenn die Luftsäule im Innern der Trockenkammer der äusseren Luftsäule noch das Gleichgewicht halten kann. Dies trifft aber bekanntlich wegen der Ausdehnung der Luft und wegen der aufgenommenen Dämpfe und der specifischen Schwere des Dampfes nicht zu. Die Fortschaffung der mit Dampf beladenen Luft (gesättigt oder zum Theil gesättigt) erschwert also besonders den Effect der Trockenkammern.

---

[58]) Péclet, Traité de la chaleur. Vol. II. § 1460. cf. Ferrini, Technologie der Wärme. Jena, Costenoble 1878. Seite 472. — Schinz, Heizung und Ventilation etc. 1861. Mäcken, Stuttgart. pag. 188. — Volpert, Ventilation etc.

Wie wir bald sehen werden, hat die Neuzeit diese Schwierigkeit dadurch gehoben, dass kräftige Luftströme erzeugt, erwärmt und durch die nassen Gewebe geführt und sofort, wenn sie sich mit Feuchtigkeit beladen, wieder entfernt werden. — Ein anderes Mittel aber ist merkwürdiger Weise von allen Calorikern, Peclet und Schinz nicht ausgenommen, nicht gefunden, und erst durch H. Grothe[59]) 1878 des Näheren besprochen worden in Anlass eines Patentes Wood. Das ist das folgende.

Wir haben oben gezeigt, dass Luft entsprechend ihren Temperaturgraden im Stande ist, verschiedene Dampfmengen in sich aufzunehmen. Ein Cubikmeter trockner Luft hat bei 10° 1,257 k Gewicht, bei 50° 1,100 k. Das Gewicht des Gemisches aus Luft und Wasserdampf beträgt im Cubikmeter Luft bei 10° 1,247 k, bei 50° 1,069 k, welche enthalten 8,4 W. E. und 60,0 W. E. Dieses Gemisch enthält Luft von 1,238 k und 0,991 k und Dämpfe von 0,009 und 0,078 k. Wir sehen also, wie verschieden die Menge Dampf ist, welche unter Voraussetzung der Sättigung von einem Cubikmeter Luft bei 10° und bei 50° aufgenommen werden kann, ebenso die Wärmeaufnahme, Gewicht, Spannung etc. Denken wir uns nun, dass der Trockenprozess in einer Trockenkammer so lange angedauert habe, dass ein Theil der Luft von 50° sich ganz mit Wasserdampf gesättigt habe, so enthält er also 0,078 k Wasserdampf pro Cubikmeter. Erniedrigen wir die Temperatur dieses Gemisches schnell auf 10°, so wird diese Luft nicht mehr im Stande sein, 0,078 k Wasserdampf pro Cubikmeter festzuhalten, sondern wird dieselbe bis auf 0,009 k abgeben. Dabei entsteht auch eine Contraction des Luftvolumens, also eine Luftströmung nach dem Apparate hin, welcher Erniedrigung der Temperatur und die Abscheidung des Wasserdampfes bewirkt. Solcher Apparat (Fig. 446) besteht in einem System

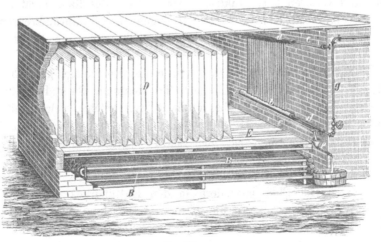

Fig. 446.

---

[59]) Polyt. Zeit. 1880.

von senkrechten Verbindungswasserrohren zwischen zwei horizontalen grossen Wasserrohren a und b. In das untere Rohr b wird kaltes Wasser durch d, g*eingeleitet. Dasselbe steigt in den Zwischenrohren empor und erwärmt sich allmälig etwas, indem die warme Luft an den kalten Wandungen herabsteigt, dabei stets kältere Stellen trifft und natürlich unter Abgabe von Wasserdunst, welcher sich an den Rohren verdichtet und als Condensationswasser herabfliesst, um unter der unteren horizontalen Röhre mittelst Rinne f aufgefangen und aus dem Raume geleitet zu werden, — Wärme abgiebt an die Wasserrohre. Die auf diese Weise entnässte Luft sinkt vermöge ihrer grösseren Schwere herab unter den durchbrochenen Boden E in das Heizsystem B und wird hier von Neuem erhitzt, um dann wieder zum Trocknen der nassen Gewebe C verwendet zu werden. Dies System war 1876 von Wood in Amerika für Holztrocknerei angewendet und später von H. Grothe[60]) für Gewebetrocknerei umgestaltet unter der Modification, dass der eigentliche Kühl- und Condensationsapparat in eine Nebenkammer am Raum verlegt wird. Dadurch wird die Luftströmung verstärkt und der Einfluss der Verdunstungskälte auf die Luft im Trockenraum verringert. — Levi Fuller[61]) richtete nach dieser Idee einen Trockenraum so ein, dass er die feuchte Luft aus der Kammer durch einen Ventilator abzieht und durch einen Condensator presst, um darin die Feuchtigkeit fortzuschaffen. Darauf wird die Luft in den Erwärmungsapparat gesendet, um sie zu erwärmen und aufs Neue in die Kammer zu schicken. Auf diese Weise ist ein completer Kreisprozess hergestellt. Dies System lässt sich rationell gestalten und vortheilhaft verwenden, während die vorgeschlagene Methode der Wiedererhitzung des gesättigten Luftvolumens, um so viel Grade, als sie bei der Verdunstungsarbeit des Trocknens verloren hat, praktisch verwerthbare Resultate nicht zu liefern vermag und schliesslich zu sehr geringen Temperaturdifferenzen führt, sodass die Wiederholung der Erwärmung nicht mehr mit Effect begleitet sein kann.

Wir wollen hier bemerken, dass einige Vorschläge gemacht worden sind, die Luft vor Eintritt in den Trockenraum ihrer Feuchtigkeit zu berauben, indem man dieselbe durch Röhren leitete, welche mit Wasser gekühlt werden, andererseits, dass man vorgeschlagen hat, die Luft zu entfeuchten, indem man sie über stark hygroskopische Salze leitet. — (Siehe Seite 660.)

Die III. Kategorie umfasst die Trockenkanäle. Sie sind unter dem Namen Hot-Flue besonders in den Kattundruckereien berühmt geworden, und waren bis auf die Jetztzeit Gegenstand eingehender Studien und grosser Aufmerksamkeit seitens der betr. Interessenten. Bei diesen

[60]) Polyt. Zeit. 1880.
[61]) D. R. P. No. 3857.

Kanälen kam es von vornherein darauf an, die frisch bedruckten Calicos so schnell als möglich zu trocknen. Eine der ältesten Constructionen zeigt einen 33 m langen Kanal von 0,50 m Höhe und in Stoffbreite. Unter einem Ende desselben ist ein eiserner Ofen angebracht, von welchem das Feuer- und Rauchrohr in schwach geneigter Lage im Kanal entlang streicht. Die erwärmte Luft steigt vom Ofen empor in den Kanal und erhebt sich hier langsam, am Rohr sich weiter erwärmend bis zum Ende des Kanals. Das Gewebe, an geeigneten Apparaten aufclavirt, nimmt den entgegengesetzten Weg und tritt, nachdem es den heissesten Anfangspunkt des Kanals passirt hat, aus dem Kanal aus.

Die neuere Construction der Hot-Flue wendet einen Heizkanal an, der mit geheizten Platten abgedeckt ist. Ueber diese hinweg wird das Gewebe mittelst Rollen geleitet. Dasselbe kehrt am Ende des Kanals zurück, nahe unter der Decke des Kanals hinstreichend[62]). Um die Wärme gleichmässiger zu vertheilen, sind über den Platten Flügel angebracht, welche sich mit 300—400 Umdrehungen per Minute drehen. Das Gewebe bleibt etwa 1 m von der Platte entfernt. Für die Hälfte des Kanals stellt man auch ein Zwischengewölbe her, so dass das eintretende Ende und etwa $^1/_2$ der Länge dieser Bahn getrennt ist von dem Rücklaufkanal. Versuche mit der Hot-Flue in der Fabrik von Thomson bei Glasgow ergaben, dass ohne Benutzung der Flügel das Trocknen eines Stückes Calico ca. 1,75—2 k Steinkohlenverbrauch erforderte. Crossley's Hot-Flue mit Vorrichtung zum Ausspannen und Ausrecken der Gewebe während des Durchgangs durch die Kanäle verwerthete das Kilo Steinkohle durch Verdampfung von 2,8—3,2 k Wasser der Gewebe. Risler hatte mit einem ähnlichen Heizkanal sehr gute Erfolge constatirt[63]).

Die IV. Kategorie umfasst die Trockenthürme. Derartige Trockengebäude waren vormals sehr verbreitet, zumal im Elsass. Der Trockenthurm des Hauses Steinbach & Blech in Mühlhausen hatte 20 m Höhe, 10 m Seite. Er stand auf einem freien Platze und wurde durch 4 Taue gehalten. Er war mit Vasistas (Was ist das) oder Gitterfenstern zum Oeffnen und verstellen ausgerüstet und bot der Luft möglichst freien Zutritt. Die Stoffe hingen im Thurme von oben nach unten herab. Andere Thürme hatten eine breitausgedehnte Form, so dass nur 2 Stücke nebeneinander hängen konnten, in der Breite des Baues aber einige Hundert. Persoz[64]) sagt über diese Thürme, dass sie niemals einen guten Nutzeffect und keine Sicherheit zu gewähren im Stande seien. Péclet fand, dass in einem solchen, übrigens gut eingerichteten Trockenthurm mit Beheizung das Kilo Steinkohle nur 1,02—1,36 k Feuchtigkeit ver-

---

[62]) Muspratt, Chemie, II. Aufl. II. pag. 968.

[63]) Bulletin de la soc. ind. de Mulhouse 1835. p. 494.

[64]) Persoz, Traité d'impression. T. II. p. 113 cf. Persoz gibt Abbildungen dieser Trockenthürme.

dampfte. Die heisse Luft steigt zu schnell empor und sättigt sich nicht mit Feuchtigkeit. Andere Versuche mit einem 19,28 m hohen, 8,2 × 9,68 m grossen Trockenthurm, in welchem ein Heizofen mit 70,5 □ m Heizfläche wirkte, ergaben bei 30—50° C. Temperatur eine Verdampfung pro 1 k Steinkohle von 2,37, 2,53, 2,18 k Wasser.

Diese Kategorie von Trockenapparaten kann wohl ganz als verlassen betrachtet werden. —

In der Leinen- und Halbleinenindustrie findet man noch häufig grosse Trockenhäuser angewendet. Der Grund dafür liegt einmal in dem Umstande, dass die Flachsfaser sich am besten conservirt, wenn sie keiner höheren Temperatur als etwa 40° C. ausgesetzt wird. Das langsame Trocknen spielt hierfür auch in Anbetracht des Umstandes, dass diese Stoffe meistens weiss gebleicht sind und man ängstlich trachtet, diese Bleiche in schönstem Masse beizubehalten, eine hervorragende Rolle. Im Allgemeinen folgen diese Trockenräume dem oben angeführten II. System (S. 669). Dieselben sind hoch und die Stoffe werden oben im Dachraum oder unter der Decke über Rollen und Stangen gehängt, so dass sie in voller Länge herabhängen. Auf dem Fussboden sind Heizrohre ausgebreitet und vielfach auch an den Wänden. Essen sind angebracht, um die feuchte, warme Luft abzuziehen.

Wir können nicht umhin, zu erklären, dass wir viele Trockenräume gerade in dieser Branche getroffen haben, welche durchaus irrationell angeordnet waren. Es war dies eine Folge falscher Anschauung über das Verhalten der warmen, mit Feuchtigkeit gesättigten Luft. Wenn in einem Trockenraum ein Heizrohrsystem auf dem Fussboden ausgebreitet ist, so steigt die warme Luft von diesem Heizsystem natürlich empor. Hierbei durchstreicht sie die feuchten Gewebe und beladet sich mit Feuchtigkeit. Diese feuchte Luft, die dem Lauf der Circulation nach zunächst von der nachströmenden, an den Röhren erhitzten Luft getragen und balancirt wird, sucht bei weiterer Abkühlung einen Weg zum Herabsinken und findet diesen in der Nähe der kälteren Wandungen[65]). Aus diesem Hergang folgt, dass es falsch ist, wenn man Essen im Trockenraum anbringt, welche auf dem Dach eingesetzt sind oder nur wenig in den Raum hineinragen. Das Bestreben, durch sie abzuziehen, hat nur die ungesättigte heisse Luft. Ferner ist es irrationell, die Wände solchen Raumes mit Heizröhren zu umziehen. Abgesehen davon, dass ein Theil der Wärme von ihm direct durch die nahen Wände transmittirt, wirkt der nun an der Wand emporsteigende warme Strom dem Herabsteigen der gesättigten Luft entgegen und hemmt die natürliche, vortheilhafte Circulation. Bei Anordnung

---

[65]) Ueber diesen Hergang, den Aristoteles bereits kannte, war man lange Zeit im Unklaren. Selbst der Physiker Leroy hielt die mit Feuchtigkeit beladene warme Luft für schwerer und erst Deluc zeigte die Wahrheit der Aristotelischen Anschauung wieder.

des Rohrsystems auf dem Fussboden — sei es für Dampfbeheizung oder directes Feuer — macht man sehr vielfach den Fehler, dass man die Rohre zu dicht auf den Boden auflegt. In Folge dessen findet unter denselben ein nur beschränkter Luftzug statt mit geringer Circulation, welche allmälig, wenn sich Staub etc. zwischen und unter den Röhren ablagert, noch mehr, ja bald ganz gehemmt wird. Es ist also nöthig, die Heizrohre möglichst frei anzuordnen, so dass die Luft sie allseitig umspülen kann. Es ist ferner nicht gleichgültig, wie die Rohre bezüglich Eintritt und Austritt der Heizgase oder Dämpfe angeordnet sind. Legt man beide möglichst weit auseinander, so erzielt man bei etwas grösseren Räumen schwerlich eine gleichmässige Temperatur an allen Punkten des Raumes. —

Wird im Raum nicht selbst die Luft durch Heizanordnungen erwärmt, sondern leitet man warme Luft in den Trockenraum, so muss man sich klar machen, dass die warme Luft das Bestreben hat, so schnell als möglich den höchsten Punkt des Raumes einzunehmen. Der Trocknenprozess vollzieht sich alsdann so, dass die Temperatur der die feuchten Schichten berührenden Luft sinkt, indem sie Wärme zur Verdampfung der Feuchtigkeit hergibt und sich nun Wärme von den höherliegenden wärmeren Schichten heranholt. Dabei sättigen sich die berührenden Schichten mit Feuchtigkeit und sinken in Folge der fortgesetzten Wärmeabgabe immer tiefer herab, bis sie am Boden angekommen vielleicht nur die Temperatur der äusseren Luft haben und in die am Boden mündenden Abzugsessen strömen. Je weiter die Verdampfung der Feuchtigkeit in den Geweben fortschreitet, je weniger wird die Wärme der herabsinkenden Luft benutzt, je weniger sättigt sich diese Luft mit Feuchtigkeit. Sobald die Sättigung sich nicht mehr vollzieht, ist der Punkt erreicht, wo man die Zuführung neuer warmer Luft vermindern oder aufhören lassen kann. Péclet, der für die Einführung der warmen Luft im oberen Theile der Trockenräume plaidirt, unterscheidet drei Perioden in dem Trocknenprozesse mit solcher Kammer:

1. In der ersten Periode wird alle eingeführte Wärme zur Erhitzung der zu trocknenden Materialien verwendet; die gesättigte, ausströmende Luft hat die Temperatur der äusseren Luft und alle Wärme wird benutzt.

2. In der zweiten Periode entweicht anfangs die gesättigte Luft mit einer bis zu einer gewissen Grenze steigenden Temperatur, die mit der beim Einströmen in die Kammer veränderlich ist; bald bleibt aber die Temperatur des Gemenges constant.

3. In der dritten Periode wird das Trocknen vollendet; die nicht mehr gesättigte Luft entweicht mit steigender Temperatur und um so weniger gesättigt, je höher die Temperatur gestiegen ist, die indessen die der einströmenden Luft nicht überschreiten kann. In dieser Periode kann eine beträchtliche Menge Wärme verloren gehen.

Für die Wollenindustrie hatte man in früherer Zeit sowohl Trockenhäuser als auch Trockenthürme. Aber alle diese Bauten sind verschwunden
und von Trockenhäusern haben sich nur die sogenannten Rahmen- und
Trockenhäuser erhalten, welche mehr oder weniger den Trockenkanälen
zuzurechnen sind. Diese Trockenhäuser für Wollgewebe sind langgestreckte
Bauten von 20—50 m Länge und 1,80—2,30 m Höhe und wechselnder
Breite, je nachdem man mehr oder weniger Stücke gleichzeitig trocknen
will. Früher wurden in diese Häuser Trockenrahmen, wie man sie auch
im Freien benutzt, hineingebaut und die Arbeiter gingen hinein und hakten
das Tuch oder den Stoff an die Clavierhaken des Rahmens an und
spannten es so aus. Nachdem alle die nebeneinander in Zwischenräumen von
0,40—0,50 m aufgestellten Rahmen mit feuchten Stoff bezogen waren, verliessen und verschlossen die Arbeiter das Haus und nun begann die Trocknung.
Dieselbe geschah theilweise mittelst Circulation athmosphärischer Luft, der
man durch Klappen und Zuglöcher Eintritt verschaffte, theilweise brachte man
längs und zwischen den einzelnen Rahmen Heizrohre an, die mit Feuergasen oder mit Dampf beheizt wurden. Im Allgemeinen vollzog sich die
Trocknung in diesen Rahmenhäusern ziemlich unvollkommen. —

Die neuere Einrichtung der Rahmenhäuser ist indessen rationeller.
Man hat sie mit guten Heizsystemen versehen, sorgt für Abzug der feuchten
Luft und hat die einzelnen Rahmen fahrbar gestaltet, so dass dieselben
aus dem Trockenraum in einen Vorraum gezogen werden können, wo die
Arbeiter unbelästigt von der Hitze des Trockenraums die Stoffe anschlagen
können, worauf dann der Rahmen wieder hineingeschoben wird. Hierbei
gewinnt man auch insofern, als sich die Kammer selbst nicht abkühlt
und man die Rahmen im Trockenraum viel dichter stellen kann, weil dann
nicht mehr auf Wege zwischen den Rahmen Rücksicht zu nehmen ist. —

Die Hauptsache bei dergleichen Trockenrahmenhäusern ist die rationelle
Anordnung der Heizrohre. Grothe[66] verbreitet sich über diese Frage
genauer. Bei diesen langen kanalartigen Räumen, in welchen der Stoff
stehen bleibt, sich nicht durch den Raum bewegt, ist es nöthig, die Heizröhren so anzuordnen, dass die Temperatur durch den ganzen Raum hindurch eine gleichmässige ist. Würde die Anordnung sein wie in Fig. 447,
so liegt auf der Hand, dass bei a, wo die Gase im heissesten Zustande
eintreten, die Temperatur im Raume die höchste wird und zwar um so
bedeutender höher wie bei b, je länger der Raum ist. Bei der Anordnung in Fig. 448 wird sich eine Differenz der Temperatur bei a und b
merklich machen, die indessen bei der geringen Entfernung der Längs-
wandungen von einander nicht empfindlich sein kann. Es eignet sich
demnach dies System der Rohranordnung entschieden besser als das vorige.
Empfehlenswerth ist es nicht, wegen der grossen Länge der durchgehenden

---

[66] Grothe, Brennmaterialien und Feuerungsanlagen 1870. Weimar.

Röhrenstrecken und deren Wiederkehr, wobei der Dampf einen zu grossen Weg zurückzulegen hat. In Fig. 449 geht der Dampf vom Einleitungsstutzen aus in einer U-förmigen Röhre durch den ganzen Raum und kehrt in den Stutzen zurück. Es kommen hierbei frischer Dampf und Condensationswasser im Stutzen zusammen. Der Temperaturunterschied zwischen a und b ist kein merklicher. — In Fig. 450 liegt eine besondere Einrichtung vor, welche die Ungleichheiten besser ausgleicht. Es gehen hier vom Einströmstutzen fünf selbstständige Röhrenstränge ab, durch die ganze Länge des Gebäudes. Jeder Strang ist am Ende mit einer Platte verschlossen. In der Platte ist nur eine kleine Kupferröhre von $1/_{10}$ Diameter des Rohrdiameters eingesetzt und zwar an der untersten Kante, so dass die Bodenlinien beider Röhren zusammenfallen. Diese 5 Kupferkniee führen in eine Sammelröhre b, die seitlich in einen Condensationstopf ausmündet. Der Dampf wird in den Stutzen a zugeleitet und zwar Kesseldampf durch ein Rohr von $1/_6$ des Durchmessers des Stutzens a, Exhaust

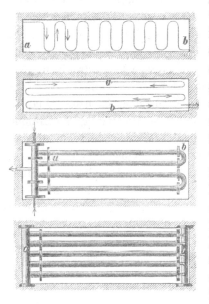

Fig. 447—450.

dampf durch ein Rohr von $1/_3$ des Diameters von a. Der Dampf expandirt also bei Eintritt in a und erfüllt schnell alle 5 Stutzen, findet aber am Ende keinen freien Ausweg, sondern der expandirte Dampf, welcher sich durch die Kupferröhrchen drängt, dehnt sich in b um das 10-fache aus und wird am Fortschreiten gehindert durch den Condensationstopf. Der Dampf in den Röhren stagnirt also nicht gänzlich. Da er in den Rohrensträngen expandirt, gibt er viel Wärme ab und die um die Röhren circulirende kalte Luft entzieht der ganzen Röhrenlänge Wärme. Es findet Condensation statt, während Nachschub neuer Dampfvolumina entsteht. Versuche mit dieser Heizrohranordnung in einem Trockenhause von 13,36 m Länge ergaben, dass pro 1 k Steinkohle 4,1 k Wasser verdampft wurden.

Zweckmässig ist es, Rahmenhäuser für Tuche und Wollgewebe so niedrig wie möglich zu machen, dagegen die Wände möglichst stark zu nehmen und das Dach mit Isolirschicht zu versehen, die man mit Lohe, Schlacken oder besser mit Wollabgängen, Scherflocken etc. füllen kann. Sehr fehlerhaft ist es, die Decke des Trockenraumes in Wellenform einzuwölben, anstatt den ganzen Raum mit Tonnengewölbe oder flachem Gewölbe gleichmässig zu versehen. Es bilden sich dadurch soviel Luftsäcke, als Wellen vorhanden sind und bei einem frisch ausgeführten

Trockenraum von 44' Länge zählte ich 16 solcher Säcke, aus welchen die Ventilatoren die feuchte Luft nicht herauszuziehen im Stande waren und aus denen bei Stillstand derselben allmälig die Feuchtigkeit auf das Zeug herabsank. — Zur guten Trocknung in solchen langen Häusern ist eine gute Ventilation unumgänglich nöthig. Vortheilhaft ist es, vom Dache aus durch gute Ventilatoren die feuchte Luft abziehen zu lassen. Mit Hülfe der Veränderung der Umdrehungsgeschwindigkeit (durch Stufenscheiben) kann man den Grad der Temperatur im Trockenhause nicht sowohl regeln als besonders die Zeitdauer bestimmen[67]. Für einen regelmässigen Betrieb solchen Trockenhauses mit Rahmvorrichtung ist es zweckmässig, dasselbe nur so gross zu construiren, als dem höchsten Quantum der Saisonfabrikation etwa entspricht, so dass die Benutzung des Raumes continuirlich fortdauert. Es wird dabei an Wärme bedeutend gespart. Ferner sollte man immer dem eigentlichen Trockenhause einen Raum vorbauen zur Aufnahme der Rahmen für das Auf- und Abziehen der Stoffe. In der Regel genügt bei Wollstoffen (Tuch, Flanell, Doubel etc.) eine Länge des Rahmens von 13,5 m, somit eine Länge des Trockenhauses von ca. 14—15 m, das gleiche Mass für das Vorhaus.

Ein derartig erbautes Haus hat folgende Dimensionen: Höhe: 3,3 m; Tiefe 3,3 m, Länge: 15 m und ist ausgerüstet mit 5 Rahmen, die auf Schienen mittelst Rollen beweglich sind. Der Cubikinhalt beträgt also ca. 1500 cbm. Auf die Theilpunkte der Dritteltheilung sind 2 Ventilatoren auf dem Dache aufgestellt, welche mit 50 cm Flügellänge und 1500 Umdrehungen unter Aufwand von $2^1/_2$ Pferdekräften per Minute 133,3 cbm Luft aus dem Raume aussaugen. Der Luftinhalt von 1500 cbm wird also in ca. 6,40 Minuten gänzlich erneuert. Fünf angeschlagene Stücke Wollstoffe enthielten bei ca. 175 k Eigengewicht ca. 50 k Wasser nach dem Centrifugiren. Diese 50 k Wasser erfordern zu ihrer Verdampfung ca. 12,50 k Steinkohle, wenn die Verdampfung im Dampfkessel vor sich ginge. Aus Versuchen durch Auffangen der Condensationswassermenge ergab sich, dass der Verbrauch an Steinkohle ein höherer war und zwar 14,80 k betrug. Es hatte in diesem Trockenhause also die Verdampfung von 3,4 k Wasser 1 k Steinkohle erfordert. Es sei dabei bemerkt, dass der Versuch begonnen wurde mit abgekühltem Raume. —

Man benutzt für Rahmenhäuser Rahmen zum Anschlagen von Geweben und zwar in verticaler oder horizontaler Aufstellung.

---

[67] James Lodge*) ist der Constructeur eines sehr gut durchdachten Rahmhauses mit drei Etagen übereinander. In der unteren Etage sind an einem Ende zwei in den Boden tief herabgelegte Feuerungen angebracht, deren Herde mit kupfernen Kesseln überstellt sind. Die Feuergase heizen diese und ziehen dann durch Röhren auf den Boden des Parterres und der Mitteletage zum Schornstein. Die Dämpfe aus dem Kessel sind in ovalen Röhren (part tin et part mill'd lead) in dem Parterresaal auf- und abgeleitet zwischen den Rahmen. Oeffnungen in der Decke des Parterres lassen die warme Luft in den Mittelraum und ebensolche durch dessen Decke zum oberen Saal aufsteigen. Der Mittelsaal hat an seinen beiden Querenden Fenster und Luftzulässe, der obere Saal aber hat solche an seinen Längsseiten.

*) Pat. Spec. 1779.

a) Verticale Trockenrahmen.

Gegenüber den früheren Einrichtungen solcher Rahmen, wie wir ein gültiges Beispiel noch in Péclets Traité de la Chaleur finden, haben sich die Trockenrahmenhäuser ausserordentlich verändert. Dieses Haus ist in der Fig. 451 dargestellt in Verhältnissen, wie sie die Praxis ergab. In diesem Hause sind nur zwei Heizröhren A, A von grossem Durchmesser

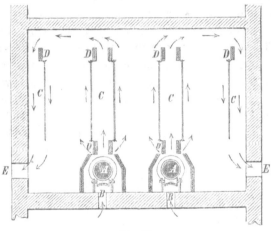

Fig. 451.

für Dampfheizung. Diese Röhren ruhen auf Unterlagen mit Rollen, um die Bewegung der Röhren bei Ausdehnung durch Erhitzung ungehindert zuzulassen. Unterhalb der Rohre sind die Lufteinströmungsöffnungen B, B angebracht. Die Rohre sind seitlich mit Bretterwänden, welche sich oben dachförmig neigen und nur einen Schlitz offen lassen, umgeben. Oberhalb dieser Holzgehäuse sind die Rahmen selbst angebracht, zwei über jedem Rohr D, D, an welche der Stoff angeschlagen wird. Die warme Luft steigt von den Röhren A, A auf und, wie die Pfeile angeben, zwischen und vor den Geweben empor, bestreicht deren ganze Flächen und tritt oben aus, um mit Feuchtigkeit beladen sich gegen die kälteren Seitenwände des Hauses zu wenden, hier herabzusinken, indem sie an den Rahmen D′, an welchen nur Stoff lose und ungespannt zum Vortrocknen angeheftet wird, entlang streicht und sich noch höher sättigt, um endlich durch die Kanäle E, E abzuziehen.

Iwand & Fischer[68]) halten eiserne Doppelrahmen für die beste Rahmenconstruction. Bei denselben ist das obere Rahmenscheid beweglich und ruht auf Hebeln, welche sämmtlich durch eine dem Rahmenscheid parallele Schiene verbunden sind. Durch eine starke Spindel, die am Ende der Schiene angebracht ist, wird das obere Rahmenscheid vermittelst der Hebel in seiner

---

[68]) Iwand & Fischer, Appretur der glatten Tuche 1876. Grünberg.

ganzen Länge gehoben und gesenkt und dadurch die Waare auf der ganzen Länge gleichmässig gespannt.

Wir lassen darauf gleich einen Spann- und Trockenrahmen (racking cloths) neuester Construction folgen, wie er Herrn Theodor Weiss in Reichenbach im Voigtlande 1877 patentirt wurde. Das langgestreckte Gebäude besteht aus zwei Theilen: dem Trockenraum und dem Vorraum, geschieden durch eine Holzwand mit Schiebethüren. In den Vorraum werden die fahrbaren Rahmen H, H' gezogen. Sie laufen auf Rollen R und Schienen N und sind oben an der Decke durch Bahnen geführt, welche durch Leisten P gebildet werden. Unter den Querschwellen (alte Eisenbahnschienen, T-Eisen etc.), die einen durchbrochenen Boden bilden, sind die Heizrohre eingelegt. Der Rahmen besteht aus den Langhölzern H, welche fest auf den verticalen Stielen stehen und den beweglichen Langhölzern, die durch ihre besondere Einrichtung verschiebbar sind, also dazu dienen können, den Stoff anzuspannen. An den Enden der Rahmen sind Querstücke mit Clavierhaken angebracht, um die Enden der Gewebe dort anzuschlagen und so das Gewebe geeignet in der Länge anziehen zu können, bevor man es in der Breite anclaviert.

Dies ist die allgemeine Disposition, die bei den Rahmenhäusern immer wiederkehrt. Wir fügen daran die Beschreibung der speciellen Einrichtungen des Patent Weiss. (Fig. 452—454.)

Der Spannrahmen hat gar keine unbeweglichen Theile. Der ganze Rahmen im Zusammenhang ist auf Rollen a fahrbar. Er besteht aus den

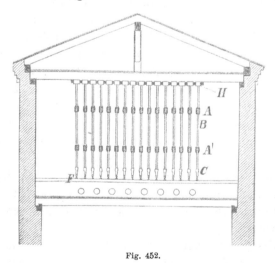

Fig. 452.

horizontalen Langhölzern A, A', welche auch von Eisen ausgeführt werden können (je nach der Beschaffenheit des zu spannenden Stoffes) und ferner aus den diese horizontalen Hölzer verbindenden Schraubenspindeln B, welche rechtes und linkes Gewinde haben, oben eine lose, sich in horizontaler

Richtung drehende Rolle H und unten eine in verticaler Richtung (lose) drehbare Rolle a mit eingedrehter Rinne tragen. Die untere Rolle ist in einem Gehäuse C, dessen oberer cylindrischer Theil die Schraubenspindel aufnimmt und mit derselben durch einen durchgesteckten Stift oder Keil fest verbunden ist, gelagert. Das Rollengehäuse C und die Spindel B bilden also ein Ganzes. Jede Spindel hat zwei Muttern von Messing, wovon die eine das rechte, die andere das linke Gewinde der Spindel aufnimmt. Beide Muttern d sind in je einem der Langhölzer so befestigt, dass sie sich nicht drehen können. Letztere tragen auf ihren beiden Verticalflächen

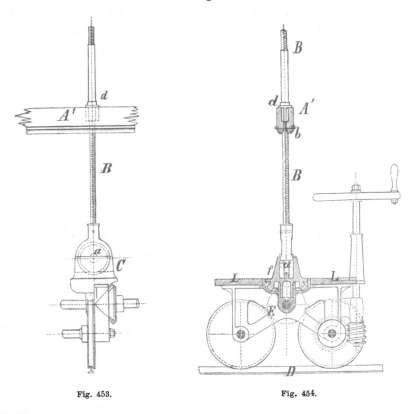

Fig. 453.　　　　　　　　Fig. 454.

hölzerne Leisten b, welche mit spitzen Stiften besetzt sind (die sogenannten Nadelleisten). Die Spindeln sind, um die zu spannenden Gewebe vor Berührung mit dem Schmiermittel zu schützen, mit Messingröhren verkleidet, welche sich teleskopartig in einander schieben. Dreht man die Spindeln, so werden sich, je nach der Drehungsrichtung, die Rahmenlanghölzer A, A' von einander entfernen oder sich nähern.

Die Spindeln haben selbstredend Gewinde von gleicher Steigung; wenn also alle Spindeln eines Rahmens zugleich und mit gleicher Geschwindigkeit umgedreht werden, so müssen sich die Hölzer vollständig gleichmässig und genau parallel zu einander bewegen.

Der Mechanismus zur Bewegung der Schraubenspindeln ist für eine beliebige Anzahl von Rahmen nur einmal vorhanden in Form einer Schiebebühne (Fig. 454), mit welcher man die Rahmen zum Beschicken oder Entleeren herausbewegt.

Will man das bereits trockene Gewebe eines Rahmens abspannen, so hat man vorher die Schiebebühne, welche in ihrer Mitte der Länge nach Laufschienen in gleicher Höhe mit den Laufschienen im Trockenraum trägt, vor den betreffenden Schienenstrang gefahren und rollt nun den Rahmen auf die Schiebebühne. Der Abstand der Spindeln des Rahmens von einander ist unter sich genau derselbe (2,5 m bis 3 m). In denselben Abständen, wie sie die Spindeln unter sich von einander haben, ist die Laufschiene der Schiebebühne durch kleine Drehscheiben f, welche ebenfalls eine Laufschiene tragen, unterbrochen, d. h. also, in der Längsrichtung der Schiebebühne sind ebenso viele Drehscheiben, als Spindeln im Rahmen vorhanden sind, angeordnet. Der Rahmen wird also auf die Schiebebühne gefahren und so eingestellt, dass immer die (verticalen) Spindelaxen mit dem Mittelpunkte der Drehscheiben zusammenfallen. Durch einen Mechanismus werden sämmtliche Drehscheiben gleichzeitig in Bewegung gesetzt und da jede Drehscheibe zwei das Rollengehäuse zwischen sich aufnehmende starke Backen besitzt, werden sich die Rollengehäuse und die damit verbundenen Spindeln gleichzeitig und gleichmässig drehen müssen; der Zweck wird so also erreicht.

Die Drehscheiben f sind in entsprechend geformten Böcken (Fig. 454, im Detail dargestellt) gelagert, tragen unten ein angegossenes conisches Rad und werden durch conische Räder, welche auf einer durch alle Drehscheibenböcke hindurchgehenden gemeinschaftlichen Welle E sitzen, bewegt. Der Antrieb dieser Welle wird entweder von der Hand oder, da in Fabriken Maschinenkraft immer vorhanden ist, auch mittelst Maschine bewirkt.

Der getrocknete Stoff wird durch den Spindelmechanismus abgespannt, von Arbeitern abgenommen, dann nasse Waare angeheftet und gespannt und der Rahmen in den Trockenraum zurückgerollt. Die alsdann leere Schiebebühne wird vor den nächsten Rahmen des Trockenraums gefahren und die beschriebene Procedur wiederholt sich. Das erwähnte Fahren der Schiebebühne von Rahmen zu Rahmen des Trockenraumes wird durch Schnecke und Schneckenrad bewirkt, welches letzteres auf einer alle Böcke durchlaufenden Welle aufgekeilt ist. Diese trägt aufgekeilte Rollen mit eingedrehter Rinne, welche auf Schienen laufen.

Die Anspannung der Rahmen entwickelte am frühesten entsprechende Mechanismen, um sie gleichzeitig und gleichmässig durchführen zu können. Die nachstehende Abbildung 455 zeigt einen Rahmen mit Hebelanspannung von Force & Renwick. Das Rahmenholz H ist zwischen den Pfosten t, t' befestigt, während das obere Rahmenholz H″ zwischen t, t' gleitet. Mit den Hölzern sind die Hebel e, e verbunden, deren freie Enden in Ringen a, a gehalten werden. Diese Ringe a, a sind durch Zugstangen L mit einander verbunden. Der letzte Ring wird von dem Haken der Schraubenwelle N erfasst, die mittelst Kurbel in einer im Ständer t eingelegten Mutter sich dreht. Durch Drehung von N wird die combinirte Stange L angezogen und dadurch

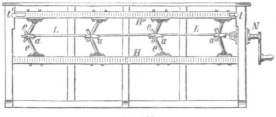

Fig. 455.

werden die Hebel e, e an den im Ring lagernden Enden angespannt, so dass sie das bewegliche Langholz H' heraufschieben. Die Einrichtung von F. Willig enthält an den senkrechten Pfosten zwei Rahmen übereinander. Das Rahmenholz b ist an den Pfosten befestigt (Fig. 456). Das Holz a, ebenso

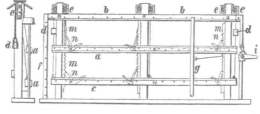

Fig. 456.

das unterste Holz c hängen an Seilen, die über Rollen e, e am Haupt der Pfosten geführt sind und am freien Ende Gewichte tragen. An den Rahmen a und c sind Klinkhebel n, n angebracht, welche in Zahnstangen an den Pfosten m, m, m einklinken. Wenn die beiden Stücke angehakt sind, so sind dieselben mit den Gewichten der unteren Langhölzer belastet und ausgespannt. Die Hebel halten sie dann in der Spannung, die man der Waare ertheilt hat, fest. Der Stab g mit Clavierhaken ausgerüstet, nimmt das Ende der Gewebe auf und spannt dasselbe in der Länge mit Hülfe des an ihnen befestigten Stabes und der Winde i. Die senkrechte Stange f dagegen nimmt das Anfangsende des Stoffes auf. —

Peter Hild in New-York hat die Einrichtung so getroffen, dass das obere Rahmenlangholz an Rollen hängt, die sich auch rechtwinklig zur Längsrichtung des Holzes verschieben lassen. Die unteren Langhölzer werden durch Flaschenzüge am Boden des Trockenraumes angezogen. Eine Rahmenanspannung, bei welcher die Construction des Parallellineals in Wirkung tritt, ist bei verticalen Rahmen mit wenig Erfolg versucht; dagegen vielfach bei horizontalen Rahmen angewendet.

Alcan gibt in seinem Traité du travail de laine Vol. II. p. 322 nur eine sehr primitive Spannvorrichtung an.

Abweichend von allen bisherigen Rahmen für Trocknen der Gewebe sind die von H. Grothe in Berlin (Fig. 457 u. 458). Diese Rahmen bestehen aus den Langhölzern a, b, d, c. a und c hängen, durch eine Zugstange mit Schraubengang verbunden und die eine Seite des Rahmens bildend, mittelst Charnieres f auf der Axe g, ebenso d, b mittelst Charnieres e. Wenn diese

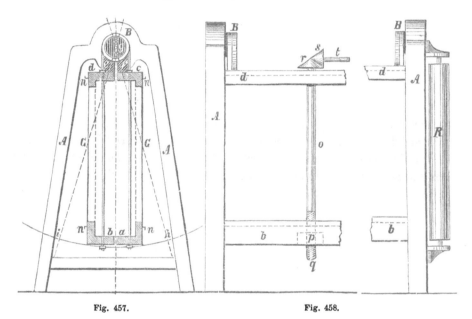

Fig. 457.   Fig. 458.

Rahmen herunterhängen, bilden sie einen viereckigen Raum, dessen Frontseiten die Gewebe an den Clavierhaken n, n einnehmen sollen. Die Anspannung des Stoffes wird durch die Eisenaxe o mit Schraubengang q, welcher durch die in das untere Langholz eingelassene Mutter p hindurchgeht, oberhalb aber von t aus mittelst der conischen Räder r, s in Umdrehung versetzt wird und dann je nach der Umdrehungsrichtung das untere Langholz herablässt oder hebt. Die Axe g ruht in Bockgestellen. Sie kann aber auch eine durchgehende Axe und auf kleine Axen mit Rollen gelagert sein. Dann kann man im Rahmenhaus unter der Decke Schienen einlagern, auf welche der Rahmen heraus- und hereingerollt werden kann. Die Hauptsache der Construction beruht aber in der Zweitheiligkeit. Man kann die Rahmenhälfte z. B. wie Fig. 462 angibt auseinanderstellen, so dass die von unten aufsteigende heisse Luft vollständig vom Stoff aufgefangen wird und dazu das Herabfliessen der Feuchtigkeit in dem aufgespannten Stoffe wesentlich verlangsamen. Steht der Rahmen im Freien oder im Rahmenhause, so kann mit einfacher Zugstange und Kurbel der Rahmen in eine pendelartige Schwingung versetzt werden, so

dass die trocknenden Luftschichten immer erneuet werden. Endlich gestattet der gebildete Raum im Innern des Rahmens, wie Fig. 459—462
zeigen, das Hineinverlegen von Heizrohren M, oder von Ventilator-
röhren M, oder einer Combination von Heizplatten t, unter welchen die Luft
eingeblasen wird und durch deren Schlitze sie erwärmt austritt und aus
der Blechpyramide N ausströmt, oder von Flügelrädern X, W, oder bei
geöffneten Rahmenhälften von einem selbst grösseren Ventilator U.

b) Horizontale Trockenrahmen sind besonders für Baumwollen-
stoffe und zumal für feinere Waaren: Organdies, Barège, Gaze, Gardinenstoffe etc. in Anwendung gekommen. Sie bestehen aus zwei Langhölzern
mit Claviernadeln, die auf Querarmen aufruhen, und von denen eins oder
beide durch geeignete Mechanismen, Hebel, Schrauben etc. verschiebbar ist

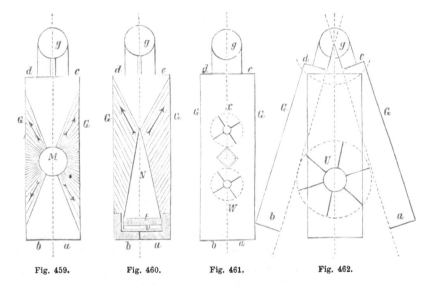

Fig. 459.   Fig. 460.   Fig. 461.   Fig. 462.

zum Anspannen der Stoffe. In den frühesten Rahmen waren die Claviernadeln unbekannt. An Stelle derselben war in den Langhölzern eine
Nuth eingearbeitet, in welche der Saum des Gewebes mittelst der Nuth-
leisten festgeklemmt wurde. Da die Nadelclaviere natürlich Löcher hinterlassen und bei zarten Geweben auch leicht die Kanten ausreissen, so hat
man schon in den 50er Jahren die Claviernadelleisten zum Theil wieder
verworfen und an Stelle derselben Leisten benutzt, welche auf eine Kante
des Langholzes aufgeschraubt wurden, wobei der Stoff zwischen Leisten
und Langholz festgehalten wurde. Auch diese Einrichtung ist allmälig
verlassen und ersetzt worden durch zangenartige Vorrichtungen, welche
an der Fläche der Spannrahmen befestigt. werden.

Die allgemeine Anordnung der horizontalen Spannrahmen, deren
zwei in einem Gestell übereinander liegen können, ist die folgende.
Auf einem Gestell (oder in Pfosten) von ca. 60—70 cm ist der Spanntisch

aufgebracht (Fig. 463). Derselbe enthält die Querhölzer B auf Zapfen p drehbar und auf diesen Querhölzern lagern die Langhölzer a, a. Letztere tragen unterhalb Zapfen s, mit denen sie sich in Pfannen drehen können, die in den Stücken e, e eingelassen sind. Diese Stücke oder Schlitten e sind in Ausschnitten g, g von B gleitend angebracht, verbunden durch die Verbindungsstange f, die im rechten Schlitten k mit Schraubengang durch eine am Schlitten befestigte Mutter l hindurchgeht und die Distance von a, a feststellen kann. Die Anspannung des Gewebes geschieht mit Hülfe der Langhölzer a, über deren Nadelreihen b der Stoff gehakt wird. Diese Langhölzer ruhen je auf den Schlitten e, k und diese stehen durch

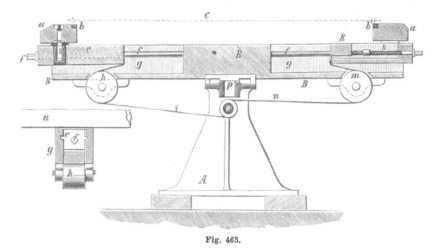

Fig. 463.

Riemen i, n über Rollen h, m mit der Axe o in Verbindung. Dreht man o links herum, so spannt man beide Riemen an und bewegt die Schlitten nach Aussen. Da der Rahmenkörper auf p drehbar ist, so wird sich bei Drehung der Querhölzer B der Rahmen a, a verstellen, d. h. es werden sich a, a einander nähern aber genau wie beim Parallellineal, so dass die Distanz zweier gegenüberliegenden Nadeln sich nicht ändert. Das Gewebe wird dabei in diagonaler Richtung verzogen. Es ist dies die Art und Weise der sogenannten Briséappretur für die Organdies etc., wie sie z. B. in Tarare ausgeführt wird. Hierbei sei bemerkt, dass diese Gewebe stets mit Appreturmasse versehen auf den Rahmen kommen. Je nachdem man sodann eine feste, steife, glasige Appretur erzielen will oder eine elastische, weiche, sanfte wendet man ein anderes Heizsystem an. Das gewöhnlichste System in früherer Zeit war ein hin- und hergezogener Wagen mit Kohlenfeuer. Dazu muss natürlich der Rahmen nicht auf einen solchen breiten Fuss in der Mitte der Fläche ruhen, sondern auf seitlichen Pfosten, so dass die Bahn unter dem Gewebe ganz frei zu Gebote steht. Dieses Kohlenfeuersystem ist in den 20er Jahren in Tarare, St. Quentin u. a. a. O. aufgekommen und hat sich gegen 1830 recht verbreitet zumal auch im Elsass, wo Greuter & Ziegler dergleichen Maschinen fabricirten. Der Rahmen wird dabei bis zu 100 m lang gemacht. Der Wagen, von Eisenblech construirt, ist so breit wie der Stoff und läuft unten auf einer Schienenbahn. Man füllt ihn mit Kohlen und damit Funken und Rauch nicht an den Stoff steigen, bedeckt man den Feuerkasten mit einem eisernen Deckel, der Reihen von Bohrungen hat. An den beiden Enden des Wagens werden Taue befestigt und an denselben wird der Wagen erst nach der einen Seite hin, dann nach der anderen Seite gezogen, während man die bereits beschriebene Diagonalbewegung des Rahmens ausführt. Die aufsteigende heisse Luft aus dem Kohlenfeuer trocknet sehr schnell. Man muss natürlich die Geschwindigkeit dieses Kohlenfeuerwagens in Einklang bringen mit dem Grade der Feuchtigkeit, welcher im Stoff enthalten. Ein Bericht aus jener Zeit sagt: „... dass die Waare, die mit dem Kohlenfeuer getrocknet sei, einen viel runderen, geraderen und gespannteren Faden zeige; dass die Organdies regelmässigere Vierecke haben, eine grössere Durchscheinheit und ein grösseres Korn[69])!" Diese Methode hat sich übrigens bis auf die Jetztzeit erhalten, obwohl die Herstellung elastischerer Waare andere Heizsysteme verlangte. Letztere waren nach einander Zufächeln von warmer Luft, Heizröhren etc. Das Fächeln warmer Luft ward in der That mit fächerartigen Federflügeln, die oberhalb der Waare an schwingenden Armen aufgehängt wurden, bewirkt. J. J. Heim berichtet erst 1861, dass er rotirende Windflügel zu dem Ende für wirksamer halte. Die betr. Fächer hatten 150 Bewegungen pro Minute[70]). Die Einrichtung von Heizröhren unter den Rahmen entlang ist erst seit etwa 1867 versucht worden, ebenso die Benutzung von Ventilatoren und die Combinationen von Ventilator und Heizröhren, resp. warmer Luft.

Anstatt der Kohlenheizung wurde 1799 durch F. Ashworth ein Patent genommen auf Heizung mittelst glühender Eisen im Wagen. Indessen scheint diese Methode keine befriedigenden Resultate gegeben zu haben.

Der sogenannte Swiss finish wurde hervorgebracht mit dampfbeheizten Rohren längs des Rahmens und mit heissen Luftstrahlen. Die Ausspannung des Stoffes auf den Rahmen geschah mit einer Leiste, auf welche die Gruben der Rollenmäntel einer langen Kette passten.

Die Aenderungen an den Mechanismen beschränkte sich lange Zeit auf Veränderungen der Details zur Bewegung der Rahmen und der Kluppen, Ketten etc. Hierher gehört Hertzogs Rahmen Fig. 354, Seite 560.

---

[69]) Maschinen in der Fabrik von Schlumberger, Grosjean & Co. Edw. Russel, pag. 42.
[70]) Heim, die Appreturen der Baumwollwaaren. Stuttgart 1861. pag. 47. — Kaeppelin, Bleicherei und Appretur. Leipzig, G. Weigel 1870.

Für die Horizontalrahmen wichtig ist die Diagonalverschiebung der Längsrahmen, für welche man eine grosse Anzahl verschiedener Mittel Zahnräder, Excenter, Daumenscheiben etc. in Vorschlag brachte.

J. E. Brown hat 1866 versucht, die zur Briséappretur nöthige Diagonalverschiebung auch bei Trockenmaschinen mit Ketten und Windungen (Pasquier, Norton) hervorzubringen mit Hülfe eigens dazu hergestellter Curvenscheiben (semicircumference of pulley). Im Uebrigen sind für die Verbesserungen dieser horizontalen Rahmen für leichte Gewebe sehr viel Patente in Frankreich und England genommen, z. B. von Morand, Bridson, Slater, Philippi, Campbell, Glover, Bury, Speed & Hardman, Mac Farlane, H. Bragg, Worrall & Race. Besonders eifrig suchte Th. R. Bridson den „vibratory apparatus" fortgesetzt zu verbessern. Auch John Campbell machte sich viel mit dem „alternate and reciprocating movement longitudinaly and in opposite direction in a diagonal action" zu schaffen. William Gratrix[71]) nennt die Bewegung „pastly sinuous and pastly rectilineal" und gibt selbst dem Rahmen eine „continuous serpentine" Bewegung oder eine „segmental curvilinear", oder „longitudinal curvilinear". Th. L. Paterson erzeugt die Bewegung unter Anwendung dehnbarer Bänder, welche die Säume des Stoffes festhalten und flexibler Scheiben, über welche sie sich bewegen. Samuel Morand erfand 1851 die Rückkehr der endlosen Spannkette um eine horizontale Scheibe. In Folge dieser Anordnung war die Diagonalverschiebung leichter herzustellen. (Diese Einrichtung ist noch jetzt von Mather und von Hauboldt beibehalten.) R. Clark 1855 leitet diese Bewegung selbstthätig durch Excenter und hat nur die Absicht, die Appretur zu brechen, worauf die Stoffe auf Trockencylinder übergehen. Alle diese Methoden betreffen den elastischen Finish der leichten Baumwoll- und Halbwollgewebe. (Siehe Seite 560.)

b) Maschinen zum Trocknen mit Wärme.

Der Uebergang von Trockenräumen zu Trockenmaschinen war kein plötzlicher. Die Erkenntniss musste sich Bahn brechen, dass durch Anwendung hoher Temperaturen schon ein schnelles Trocknen möglich sei. Die Anwendung der hohen Temperaturen aber erforderte ein schnelles und so häufig wiederkehrendes Abnehmen und Aufhängen der Stoffe, dass, ganz abgesehen von anderen Uebelständen, die Arbeiterzahl bedeutend vermehrt werden und bei dem Ausleeren und Beschicken eine bedeutende Quantität von Wärme verloren gehen musste. Um dies zu vermeiden, gab es ein einfaches Mittel, die Vereinigung von vielen Stücken Gewebe zu einem langen Bande und die continuirliche Bewegung dieses Bandes durch einen erwärmten Trockenraum. Derartige Arrangements (auch die Hot-Flue bietet ein annäherndes Beispiel dazu) entstanden ziemlich frühzeitig, und nach längeren Ver-

---

71) Engl. P. Spec. 1849. No. 12 518.

suchen fand man, dass, für diese Methode mit warmer Luft und Bewegung des Gewebes durch den Raum zu trocknen, die Räume viel
kleiner genommen werden konnten, dass ferner bei dem Bestreben der heissen
Luft nach oben zu steigen, die Form der Trockenräume, durch welche der
Stoff bewegt werden sollte, eine gleichmässigere sein konnte, endlich dass
es vortheilhaft sei, den Stoff der Bewegungsrichtung der Luft ent-
gegenzuführen (Prinzip der Gegenströmung). Péclet führte bereits die
nachstehend abgebildeten beiden Einrichtungen an. Fig. 464 zeigt einen
Trockenraum A, B, C, D. In denselben strömt heisse Luft aus E, F her ein.
Dieselbe ist gezwungen, sich an den horizontalen Querwänden b, b herum
emporzuwinden, um durch G und H in die Esse zu entweichen. Zwischen
den horizontalen Zwischenwänden b, b bewegt sich das Gewebe und zwar
indem es von K her über J eintritt und um die Rolle c, d nach unten
hin geht, um über R, S diesen Apparat zu verlassen. — Der andere
Apparat (Fig. 465) besteht aus einem aufrechtstehenden Kanal, welcher

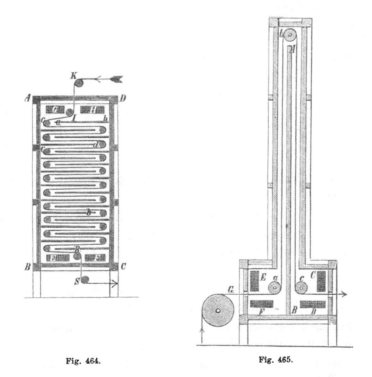

Fig. 464.   Fig. 465.

durch die Scheidewand A, B in zwei Theile gespalten ist. Der Stoff tritt
bei G ein in eine Vorkammer und geht über die Rolle a empor und über
die Rolle b herab und über die Rolle c aus der zweiten Vorkammer heraus.
Die warme Luft tritt durch D, C ein, steigt entgegen der Bewegungsrichtung des Gewebes in A, B in die Höhe, über b herab und zieht durch
E, F in die Esse.

Wir haben also hier bereits eine Reduction des Raumes auf ein
benöthigtes Minimum und die Prinzipien dieser Apparate entsprechen annähernd den heute herrschenden, für die Construction der neueren
Maschinen und Apparate anerkannten[71a]).

Péclet schlägt auch vor, die Querwände a, b in Fig. 464 und die Wand
A, B durch heizbare Platten oder Röhrenanordnungen zu ersetzen, um
dadurch der Luft, welche an diesen Wänden entlang steigt und fortgesetzt
Feuchtigkeit annimmt, immer neue Wärme zuzuführen und sie zu neuer Aufnahme zu befähigen. S c h i n z berechnet einen ähnlichen Apparat, bei
welchem der Stoff abwechselnd um Röhrenreihen und um Zwischenwände
circulirt und findet, dass der Trockeneffect solcher Apparate ein sehr hoher
sein kann. Man könne 1 Pfd. Wasser mit ca. 623 W. E. verdunsten; ein
günstiger Effect! —

Nichtsdestoweniger ist dies Prinzip in den 50er Jahren, wo es auf-
tauchte und Gegenstand der Forschung wurde, nicht gleich zur Anwendung
gekommen, wenigstens nicht in grösserem Masse, sondern erst später.
Es hat das seinen Grund gehabt darin, dass die Herstellung guter Röhren-
und Plattensysteme für Zwecke der Heizung erst in neuerer Zeit vollständig gelang, ferner weil die spätere Anordnung der Ventilatoren etc. zur
Hervorbringung kräftigen Luftzuges in diesen Trockenapparaten sowohl
deren Ausnutzung durch Ermöglichung schnellerer Durchgangsgeschwindigkeit des Gewebes, als Anwendung n i e d e r e r Temperaturgrade erlaubte.
Charakteristisch genug ist es, dass bei dieser neueren rationelleren Ausführung dieses Systems die v e r t i c a l e Ausdehnung des Raumes vermindert ist.

Allgemeine Dispositionen dieser Luft-Trockenapparate resp. Trockenmaschinen sind folgende:

1. Der eigentliche Trockenraum, dessen Dimensionen sich nach der
Breite und Qualität (resp. der Feuchtigkeitscapacität) des Stoffes
richten muss, ist horizontal angeordnet und ringsum dicht abgeschlossen.

2. Das Gewebe wird durch diesen Raum in Windungen über Rollen
und mit oder ohne Spannapparate geführt.

3. Die durch Heizrohre erwärmte Luft über und unter den Gewebebahnen wird durch Windflügel bewegt.

4. Es wird ein Luftstrom benutzt. Derselbe tritt bereits erwärmt in
den Trockenraum oder es befindet sich am Boden des Raumes ein
Heizsystem, welches die eintretende Luft erwärmt.

[71a]) Es sei hier angeführt, dass die Literatur über Trockenräume und überhaupt die Trockenprocesse sowohl bei uns als bei anderen Nationen ausserordentlich
wenig Werke bietet. Péclét und Schinz sind die einzigen Autoren, welche der Sache
wirklich näher traten.

5. Der Luftstrom wird durch den Trockenraum mit Hülfe eines blasenden oder saugenden Ventilators entsprechender Kraft oder mit Hülfe eines anderen Gebläses hindurchgeschickt.

6. Zwischen den Windungen, in welchen das Gewebe sich bewegt, sind horizontale Querwände eingeschaltet, um die warme Luft zu zwingen, entgegengesetzt den Geweben in Windungen emporzusteigen. Diese Querwände können bestehen aus vollen Holz- oder Metallplatten, aus hohlen heizbaren Metallplatten oder aus horizontalen Röhrenlagen, mehr oder minder dicht bei einander.

Für die Berechnung und Construction solcher Apparate ist es also nothwendig zu wissen: Durchschnitts-Feuchtigkeitsgehalt der Gewebesorte; Temperaturgrad, welcher zufolge Beschaffenheit der Faser, Farben etc. nicht überschritten werden darf; ungefähre Quantität, welche pro Zeiteinheit getrocknet werden soll. Um dies zu beleuchten, führen wir an, dass ein Kattunstück von 33 m trocken etwa 3,8 k wiegt, im nassen Zustande aber 7,60 k und nach dem Ausschleudern etwa 5 k. Ein Stück schwerer Wollstoff aber wiegt für 33 m etwa 30 k und nimmt auf ca. 36 k Wasser und enthält nach dem Abschleudern noch ca. 16 k Wasser. Dies Beispiel zeigt also, dass für diese verschiedenen Stoffe die Construction der Maschine verschieden sein muss. Diese Verschiedenheit kann nicht ausgeglichen werden dadurch, dass man etwa die Durchgangsgeschwindigkeit des Wollstoffs vergrössert, denn dann müsste man auch die Temperatur der Luft enorm erhöhen, resp. auch das Luftquantum, welches den Apparat durchströmen muss. Es liegt also auf der Hand, dass die Maschine in ihren Details für den Kattun anders eingerichtet sein muss, als die Maschine für den dicken Wollstoff, zumal der letztere eine geringere Trockentemperatur wünschenswerth macht, als der erstere.

Von eben so grossem Einfluss ist die Anfangs-Temperatur der in den Trockenapparat einströmenden Luft. Luft von 14° wird bei gewöhnlichem hygrometrischen Zustande von $^1/_5$ eingeblasen in den Trockenapparat ebenfalls zu trocknen im Stande sein, und zwar um in 10 Std. 250 k Wasser aus dem Stoffe von 3300 m zu verdampfen, muss der Ventilator 10 000 cbm von dieser Luft durch den Apparat saugen oder blasen, wobei das Gewebe nur 0,09 m per Minute Weg macht. Wendet man aber Luft von 50° an, so genügt bereits ein durchzuziehendes Luftquantum von 4750 cbm um 500 k Wasser aus einem ca. 7000 m langen Gewebe zu entfernen und die Geschwindigkeit des Stoffes kann sein 0,20 m per Minute.

Alle diese Angaben weisen darauf hin, dass bei der Construction der Kammern und Rahmen sehr viele Bedingungen beobachtet sein wollen. Aus einer Versuchsreihe entnehmen wir z. B. folgende Werthe, die für ein und denselben Stoff (Calico) gelten:

Temperatur der eintretenden warmen Luft	Cubikmeter dieser Luft	Temperatur der atm. Luft	Anzahl der getrockneten Meter
14°	400	19°	3300
20°	320	16°	6000
40°	220	22°	6250
50°	190	23°	9000

Wir erinnern ferner daran, dass das zum Trocknen nöthige Luftquantum keineswegs dasjenige ist, welches nach dem hygrometrischen Zustande grade fähig ist, das im Stoff enthaltene Wasserquantum zu verdampfen und sich damit zu sättigen, sondern dieses Luftquantum muss viel grösser sein, weil die vollständige Sättigung der Luft mit Feuchtigkeit im Trockenprozess grosse Opfer an Zeit kosten würde. Man lässt also viel grössere Mengen Luft durch den Trockenraum ziehen. Als Beispiel führen wir an: Ein Gewebe, welches 750 k Wasser in ca. 10 000 m enthält, wird in der Praxis getrocknet unter Zuhülfenahme von 100 000 cbm Luft von 42 C., zu deren Sättigung 5600 k Wasser nöthig sein würden. Bei 77° Temperatur der benutzten Luft werden für 290 k Feuchtigkeit in 9000 m in 10 Std. 16 000 cbm Luft benutzt, hinreichend, um sich mit 4144 k Wasser bei der Temperatur zu sättigen. Die Temperatur der in den Trockenraum eintretenden Luft übt also einen Einfluss aus auf das Quantum der durchziehenden Luft oder auf die Geschwindigkeit, mit welcher das Gewebe durch den Raum läuft, und umgekehrt. Der Flüssigkeitsgehalt des Stoffes und seine Qualität muss die Wahl der Temperatur der einzuführenden Luft und damit das durchzuziehende Quantum bestimmen, ebenso die Geschwindigkeit des Durchganges. —

Es ist nun schwer, für die grosse Zahl verschiedener Trockenmaschinen eine scharfe Systematik aufzustellen, weil die Einzelheiten, welche die Ausführungen aufweisen, sich bald hier bald dort wiederfinden, in Verbindung mit solchen Eigenthümlichkeiten, die grundverschieden sind.

Wir unterscheiden:

a) Trockenmaschinen mit erwärmter Luft trocknend.

I. Trockenmaschinen mit durch den Trockenraum in Windungen bewegtem Stoff, erwärmt:

    α) mit Platten (strahlende Wärme);

    β) durch Röhrenanordnungen zwischen den Stoffwindungen (strahlende Wärme) auch mit eingesaugter, warmer Luft, auch unter Abziehen der feuchten Luft;

    γ) mit Heizanordnungen für die Luft im unteren Theile des Trockenraums oder ausserhalb desselben:

1. unter Anwendung von Exhaustoren, Dampfstrahlexhaustoren zur Bewegung der Luft,
2. unter Anwendung von eingeblasener erwärmter oder
   auch atmosphärischer Luft;

δ) durch Anwendung sehr starker Luftströme, Dampfstrahlen etc.

II. Trockenmaschinen in Form von grossen Trommeln, um deren
Mantel die Gewebe herumgeführt werden, während innerhalb oder
ausserhalb der Trommel Ventilatoren etc. Luft oder erwärmte
Luft durch die Gewebe hindurchtreiben:

α) mit langsam bewegter Trommel, deren Mantel aus Drahtgewebe oder perforirtem Blech besteht;

β) mit langsam bewegter Trommel, deren Mantelfläche nur durch
   das Gewebe selbst beim Herumgehen gebildet wird;

γ) mit langsam bewegter Trommel, welche besteht aus zwei
   Scheiben mit eingefügten Nadeln in Spiralen, welche von
   der Axe ausgehen nach der Peripherie der Scheiben und den
   Stoff in seiner ganzen Länge zwischen sich aufnehmen;

δ) mit sehr schnell bewegter Trommel, gebildet wie bei γ.

b) Trockenmaschinen mit Einwirkung erwärmter Flächen
in Nähe oder Berührung auf die Gewebe trocknend.

I. Trockenmaschinen mit einer beheizten Trommel:

α) das Gewebe liegt nicht fest auf dem Cylindermantel, sondern
   es bleibt ein Zwischenraum zwischen Gewebe und Mantel;
   Gewebe und Mantel haben gleiche Bewegung;

β) das Gewebe liegt auf zwei Spannscheiben, die mit etwas
   grösserem Radius als die Heiztrommel versehen sind, so dass
   ein Zwischenraum zwischen Trommelmantel und Gewebe
   verbleibt; Gewebe und Mantel haben differirende Geschwindigkeit und können auch differirende Richtung der Bewegung
   haben;

γ) das Gewebe wird zwischen einem Mitläufertuch und dem
   Trommelmantel eingeführt und liegt auf den Trommelmantel
   an;

δ) das Gewebe liegt auf den Mantel der Trommel an.

II. Trockenmaschinen mit mehreren beheizten Trommeln:

α) das Gewebe liegt auf den Cylindern auf und bewegt sich
   gleichförmig mit diesen, welche getrieben werden;

β) das Gewebe legt sich auf die Cylinder auf und treibt sie
   durch Friction mit um;

γ) das Gewebe berührt die Cylinderflächen, schreitet aber mit
einer anderen Geschwindigkeit fort als die Cylindermäntel.
III. Trockenmaschinen mit Trockenplatten und Cylindern.
IV. Trockenmaschinen mit feststehenden Röhren und bewegten
Cylindern.

a) Trockenmaschinen, mit erwärmter Luft trocknend.

I. α) Geheizte Platten im Trockenraum.

Für diese Klasse der Trockenapparate finden wir nur wenige Beispiele. James Eden liess sich eine Trockenmaschine mit Dampfplatten
horizontal und vertical, 1846 patentiren. Arthur Dobson ersann 1857 eine
Heizplatte mit Bewegung, über welche der Stoff geleitet wurde. Viel
älter aber waren die in der Kattundruckerei angewendeten Heizplatten,
welche bald horizontal, bald vertical gestellt wurden, so in dem Trocken-
kanal (Hot-flue), so hinter den Druckmaschinen. Diese Platten bestehen aus
Eisenblech, welches auf einem eisernen Rahmen und auf Stegen so
aufgenietet wird auf beiden Seiten, dass der Dampf Circulationskanäle
im Innern der Platte findet [71b]). Der Eintritt des Dampfes ist der Austritts-
seite entgegengesetzt. Bei vertical aufgestellten Platten ist natürlich die
Austrittsöffnung nach unten zu kehren, um dem Condensationswasser den
Austritt zu gestatten. Wir verbreiten uns hier über die Trockenplatten
zu diesem Zwecke nicht weiter, weil sie allein selten zur Anwendung gelangen, sondern meistens in Verbindung mit anderen Trockeneinrichtungen,
und auch da nur selten, ausgenommen bei der Zeugdruckerei. Howard
und Boullough in Accrington ordnen z. B. die in Fig. 466 angeordnete

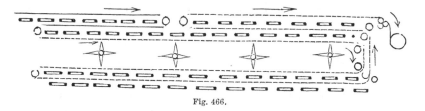

Fig. 466.

Trockenvorrichtung an. Hierbei sind also Reihen von Platten aufgestellt, in
deren Zwischenräumen das Gewebe sich in Windungen bewegt, wie die Pfeile
angeben. 4 Flügel dienen als Agitatoren zur Bewegung der warmen Luft.

Die Anordnung von Tulpin frères in Rouen dient lediglich dem Zeugdruck. Von der Druckmaschine geht Stoff und Mitläufertuch nach M, wo der
Mitläufer sich trennt und der Stoff nach Z aufsteigt. Beide Partien gehen
horizontal über horizontale Heizplatten L, K resp. nach Trockenkammern
mit verticalen Heizplatten D, C, die innen mit Dampf geheizt werden.
Das Chassistuch kehrt dann über B zurück und geht mit neuem Stoff

---

[71b]) Aehnlich wie die Heizplatten S. 532.

von F vereint durch die Maschine. Dies ganze System ist also in vier Kammern abgetheilt, über welchen die horizontalen Heizplatten hingehen, während Zwischenwände P die Abtheilungen für die fertige Waare, das Chassis und den Druckraum bilden (Fig. 467). —

Man darf eigentlich dieses Arrangement noch nicht Maschine nennen, weil die Platten selbst im Raume aufgestellt sind in Combination mit den übrigen Einrichtungen, allein die ganze Anordnung kann doch als eine abgeschlossene Maschine betrachtet werden.

E. Schwammborn in Aachen liess sich 1872 eine Maschine patentiren, welche bestand aus einem langen Tisch, der aus Heizplatten her-

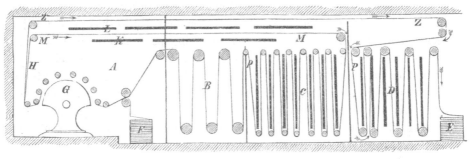

Fig. 467.

gestellt wird. Ueber denselben passirt der feuchte Stoff. Diese Maschine ist mit der Absicht, durch Wirkung der Hitze ein Gekräusel des Haares auf der Oberfläche des Gewebes zu erzeugen, construirt, — kann indessen als Trockenmaschine ebenfalls in Verwendnng genommen werden.

Die Construction der Trockenmaschinen, welche in der folgenden Klasse zu erwähnen sind, hat anfangs von Dampfplatten zwischen den Windungen der Gewebe Gebrauch gemacht, dieselben indessen später durch Röhrenanordnungen ersetzt.

β) Röhrenanordnungen zwischen den Stoffwindungen.

Die Trockenapparate mit Trockenräumen, durch welche der feuchte Stoff und die erwärmte Luft geleitet wird, sind meistens, sowie die Trockenrahmen mit Vorrichtungen versehen, um die Stoffe auszuspannen auf die gewünschte Breite während des Trocknens. Dieses Ausbreiten und Ausrecken wird stets angewendet bei Wollenstoffen aller Art (ganz besonders bei gewalkten), weniger häufig bei baumwollenen Stoffen. Wir werden daher auf diese Spannvorrichtungen bei der Beschreibung Rücksicht nehmen. (Siehe Seite 553.)

Die Priorität der Erfindung dieser Trockenapparate Klasse β gebührend einem Erfinder zuzuweisen, ist nicht möglich, weil diese Apparate sich ganz successive entwickelt und allmälig erst eine selbstständigere Form erhalten haben, wie die Publicationen von Péclet, Schinz, Persoz u. A. beweisen.

In dieser Kategorie tritt uns ein System entgegen, welches seit etwa 25 Jahren in Deutschland gepflegt wird, ebenso im Auslande[72]. In Deutschland war es E. Hilger in Essen, der zuerst 1859 dasselbe in einer Tuchtrockenmaschine mit Rahmenkette ausführte und bei Gebr. Wiese in Werden a. Ruhr aufstellte. Seitdem ist dieses System weiter vervollkommnet und in Deutschland besonders von Richard Hartmann in Chemnitz adoptirt und ausgebildet. R. Hartmann wählte indessen andere Dimensionen in Höhe und Länge des eigentlichen Trockenraums. Betrachten wir zunächst die allgemeine Einrichtung dieser Maschine.

In einem eigens dazu gebauten Saal oder Zimmer des Gebäudes — oder in einem von allen Seiten mit Wänden abgeschlossenen Gehäuseraum wird das Gewebe zwischen zwei Spannketten mit Clavierhaken, unter der Decke des Trockenraumes eintretend, in Windungen mehrfach durch den ganzen Raum geführt und tritt dann unten wieder aus. Zwischen den Windungen des Stoffes werden Systeme von hin und her geleiteten Röhren für Dampfheizung angebracht, jedoch so, dass der Stoff niemals mit den Röhren in Berührung treten kann. Zur Bedienung dieser Maschine sind Arbeiter für das glatte Einleiten und Aufclaviren des Gewebes nöthig, welche zugleich für den herauskommenden Stoff Obacht geben. —

Es liegt auf der Hand, dass diese Einrichtung zwei Modificationen zulässt. Die erste stellt den Trockenraum in grösserer Längenausdehnung und geringer Höhe her und lässt den Stoff nur in wenigen Windungen durch denselben laufen, hat daher weniger Heizrohretagen übereinander nöthig. Da man bei dem ganzen Rahmensystem dieser Art als den wesentlichsten Nachtheil die Führung des Stoffes über Rollen bei Umkehr der Windung betrachtet, insofern sich dabei der Stoff gegen die Rolle anpresst, und im Trocknen begriffen, leicht Stellen bekommt, — ist die Längenausdehnung und die geringe Zahl der nöthigen Rollen gewiss ein günstiges Moment. E. Hilger, ebenso Longtain in Verviers, wandte sich dem gestreckten Längensystem zu, mit ihm G. Hertzog (Pasquier) in Reims, Ducommun in Mühlhausen (Elsass), Tulpin frères in Rouen u. A.

Das zweite System spart in der Längenausdehnung des Trockenraums und wendet eine grössere Anzahl Windungen der Stoffführung an, hat also auch eine grössere Anzahl Rohretagen nöthig. Diesem System folgten R. Hartmann (jetzt Sächs. Maschinenfabrik in Chemnitz), W. Whiteley und Sons in Lockwood bei Huddersfield, J. L. Norton (jetzt T. B. Charlesworth) in London, Neubarth & Longtain in Verviers.

Die horizontale Trockenmaschine nach I. System von J. Longtain früher Neubarth & Longtain in Verviers ist in folgender Anordnung (Fig. 468)

---

[72] Vielleicht ist W. Whiteley & Sons als der früheste Constructeur dieses Systems anzusehen.

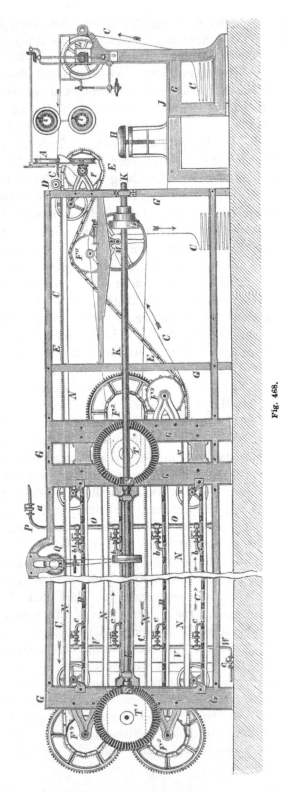

Fig. 468.

gebaut. Das Gewebe C begibt sich über den Ausbreitapparat Z und durch
den Messapparat über die Streichleiste zwischen A und B ausgebreitet
mit den Säumen auf die Ketten E und wird auf die Rolle D in die Claviernadeln der Kette eingedrückt. Die Ketten mit dem Gewebe ziehen nun
weiter, in der Nuthenleiste N schleifend, und durchlaufen die ganze obere
Etage über den obersten Röhrenwindungen R. Um die prismatische Führungsrolle F⁴ herum werden die Ketten in die zweite Etage gebracht, durch
die Rolle F‴ in die dritte und durch die Rolle F⁵ in die unterste Etage.
Zwischen jedem dieser Gänge oder Etagen sind Röhrenzüge R aufgestellt,
die unter einander in Verbindung stehen durch das verticale Rohr O,
welches mittelst Dampfrohres P mit Hahn a den Dampf für das Rohrsystem R zugeführt erhält und durch das verticale Rohr V den verbrauchten
Dampf aufnimmt und durch W und Hahn c dem Condensationstopf abgiebt.
Bei Herumgehen der Ketten um die Trommel F‴ wird das Gewebe C ab-
claviert und von der Rolle M nach unten geleitet, während die Ketten über
F′ nach F zurückkehren, um neue Theile des Gewebes aufzunehmen und
durch die Maschinenetagen zu führen.

Vermöge des eigenthümlichen, eben so sinnreichen als einfachen Messapparats zeigt die Maschine die Länge und Breite an, zu welcher die
Waare ausgezogen wird und werden soll. Der die Maschine bedienende
Arbeiter ist dadurch in den Stand gesetzt, die Waare genau nach Aufgabe
um so oder so viel auf den Meter auszuziehen, und vermag ebenso zu
jeder Zeit das Maass anzugeben, wie viel jedes trocken aus der Maschine
kommende Stück enthält. Die Trommeln (37 cm D.), über welche das Tuch
streicht, sind bei dieser Maschine von Kupfer und aus einem Stücke, so
dass sie selbst dann, wenn die Maschine angehalten wird, keinen Eindruck
zurücklassen, was bei Maschinen, deren Trommeln aus Dauben oder Rippen
zusammengesetzt sind, stets der Fall ist. Die Kette ist aus schmiedbarem Guss und unzerreissbar, die Stifte aus Stahl, haben kupferne Unterlagen und können leicht abgenommen werden. Eine Walzenbürste Q, über
einem Tische angebracht, dient dazu, das Tuch vollständig zu legen. Die
Erwärmung wird durch ein System von 300 Röhren, deren je 10 eine
Reihe bilden, bewirkt. Am Ende jeder zehnten Röhre befindet sich eine
Flantsche, und zwar ausserhalb, so dass kein Wassertropfen auf die
Waare fallen kann. Da die Maschine 4 Gänge oder Etagen hat, so umfasst jeder derselben 75 Röhren, welche also vermittelst zweier aufrecht-
stehender mit Hähnen versehener Dampfröhren, einem Zu- und einem Ableitungsrohr, für sich erhitzt werden können, so dass, wenn nur einzelne
Stücke vorliegen, die Röhren nur so vieler Gänge erhitzt zu werden
brauchen, als zum Trocknen derselben erforderlich sind; eine Einrichtung,
bei welcher viel Dampf erspart werden kann und welche ausserdem den
Vortheil bietet, ein etwa entstehendes Leck stopfen zu können, ohne
deshalb die ganze Maschine still stellen zu müssen. Eine besondere Her-

vorhebung verdient endlich der im Raum angebrachte Ventilator, welcher
die feuchte Luft wegzieht und das Trocknen durch fortwährenden Luftzug
befördert und beschleunigt.

Die Longtain'sche Maschine hat in Verviers und Umgegend sehr sorgsamen Prüfungen unterlegen und die Société ind. hat mehrmals eingehend
darüber berichtet. Unter solchen Umständen spricht die zahlreiche Einführung der Maschine dort doppelt zu ihren Gunsten. Die Dimensionen
der gewöhnlich ausgeführten Grösse der Maschine sind die folgenden,
wobei wir sowohl die Dimensionen der horizontalen Anordnung, als die
der verticalen Construction, welche Longtain ebenfalls ausführt, angeben.

	Horizontal:	Vertical:
Länge des benöthigten Trockenraumes . .	8 m 80	4 m 00
Breite - - - . .	3 m 00	4 m 00
Höhe - - - . .	2 m 00	7 m 40
Cubikinhalt des - - . .	52 cm 800	118 cm 400
Länge der Maschine	8 m 50	3 m 30
Breite - -	1 m 95	2 m 70
Höhe - -	1 m 90	5 m 80
Cubikinhalt der Maschine	31 cm 492	51 cm 678
Raum für den Längenstreckapparat . . .	3 m 50	0 m 55
- - - Breitenstreckapparat . . .	5 m 10	3 m 80
Länge der Rohrsysteme, totale	500 m	1008 m
Mittlere Temperatur des Trockenraumes .	78° C.	96° C.
Dampfspannung im Kessel	5,5 At.	5,25 At.

Der Dampf tritt also in die Röhrensysteme mit circa 150° C. ein. —

Die Längenausdehnung der Longtain'schen Maschine ist vielleicht
als die grösste Inconvenienz zu betrachten. Diese zu vermindern, haben
andere Constructeure nicht blos 4 Gänge oder Etagen angewendet, sondern
bis zu 12 und 15 übereinander. Während Longtains Maschine den vierfachen Raum in der Länge wie in der Höhe beansprucht, erfordert z. B.
die Trockenmaschine mit 12 Etagen von W. Kempe & Co. in Leeds nur
den zweifachen Raum der Höhe zur Länge. Es führt das natürlich Ersparniss an Kosten der Herstellung und besonders an Kosten des Betriebes
und der Ausnutzung der Wärme herbei.

Um das II. System genauer klar zu machen, lassen wir folgende Beschreibung der Hartmann'schen Trockenmaschinen[73]) folgen:

Die Maschinen werden für verschiedene Productionen in verschiedenen
Grössen gebaut und zwar:

---

[73]) Meissner, der practische Appreteur etc. Leipzig, G. Weigel, S. 42 und Dingl
pol. Journ. Bd. 160. 429 enthalten Abbildungen dieser Maschinen.

Anzahl der Längen-Abtheilungen	Länge	Breite	Höhe	Lieferung in 12 Stunden Meter	Betriebs-kraft Pferdestärke	Erforderliche Kesselheizfläche zur Beheizung der Maschine ☐ Meter	Rohr-heizfläche in der Maschine
		in Meter					

a) Zu 6 Etagen Höhe.

3. Abth. . .	8,470			550	1,5	3,80	—
4. - . .	10,290			725	1,8	5,24	—
5. - . .	12,110	3,120	2,000	900	2,1	6,69	—
6. - . .	14,050			1075	2,4	8,14	—

b) Zu 8 Etagen Höhe.

3. Abth. . .	8,470			750	1,8	5,07	—
4. - . .	10,290			975	2,2	6,99	—
5. - . .	12,110	3,120	2,500	1200	2,6	8,92	—
6. - . .	14,050			1425	3	10,84	—

c) Zu 10 Etagen Höhe.

3. Abth. . .	8,470			950	2,1	6,34	—
4. - . .	10,290			1225	2,6	8,74	—
5. - . .	12,110	3,120	3,000	1500	3	11,15	—
6. - . .	14,050			1775	3,4	13,54	—

d) Zu 12 Etagen Höhe.

3. Abth. . .	9,855			1200	2,00	9,00	68,50
4. - . .	11,680			1700	2,50	12,00	91,50
5. - . .	13,505	2,810	3,400	2200	3,00	15,00	114,25
6. - . .	15,330			2700	3,50	18,00	137,10
7. - . .	17,155			3200	4,00	21,00	160,00

Diese Maschinen haben also zum Zwecke, die Tuche und Stoffe in Stücken zu rahmen und zu trocknen. Die Arbeit der Maschinen ist eine continuirliche, d. h. die Waare geht ununterbrochen ein und gelangt trocken aus der Maschine.

Die nasse Waare wird auf den Einführtisch aufgelegt, geht über 2 Walzen und wird durch Druckwalzenpaare der oberen Etage zugeführt. 2 Personen, welche die Maschine bedienen und zu beiden Seiten derselben ihren Platz haben, sorgen dafür, dass das Gewebe in die mit Stiften versehene, durch alle Etagen der Maschine laufende Kette, welche an Kettenführungen, die zu beiden Seiten der Maschine liegen, läuft, genau einclavirt wird, indem sie die beiden auf der Welle durch Hebel verschiebbaren Kettenleitscheiben der Breite des Gewebes entsprechend führen. Die patentirten Einclavirapparate dienen dazu, das Gewebe zu beiden Seiten in die Stifte der Ketten genau einzudrücken. Ein Rad wird nämlich durch die fortschreitende Kette getrieben, während ein mit ihm festverbundenes 2. Rad, dessen Zähne der Theilung der Stifte in der Kette entsprechen und welches mit diesen Zähnen zwischen die Stifte hineingreift, das Gewebe mit seinen Leisten in die Stifte hineindrückt. Das Gewebe passirt alsdann mit der Kette die einzelnen Etagen 1, 2, 3, 4, 5, 6, 7, 8 vor- und rückwärts und kommt trocken heraus. Eine Walze hebt an dieser Stelle das Gewebe aus den Stiften der Kette, das Druckwalzenpaar führt es aufwärts und lässt es alsdann lose herunter fallen, wo es sich tafelförmig zusammenlegt und von der Seite aus, welche vollständig frei ist, herausgenommen werden kann. Die Kette geht dann nach oben über Kettenscheiben, wo dieselbe sich mit dem andern Ende zu einer Kette ohne Ende verbindet.

Zwischen den einzelnen Etagen liegen quer hindurch schmiedeiserne Heizröhren, welche von einem gemeinschaftlichen Standrohr aus geheizt werden und in einem zweiten Standrohr ihren Abfluss haben. Die Dichtungen der Röhren liegen ausserhalb des Gestelles, so dass an einer undicht werdenden Stelle ein Betropfen der Waare nicht vorkommen kann.

Die Maschine ist mit Einrichtung zum Breit- und Langziehen der Waare versehen. Der Breitenzug erstreckt sich auf die ganze Länge der obern Etage, indem die Kettenführungen in derselben auseinander laufen, welche Führungen man je nach der Breite, die die Waare erhalten soll, leicht verstellen kann. Von der Mitte der ersten Etage an laufen die Ketten alsdann durch die einzelnen Etagen parallel von oben bis unten fort. Eine Zustreichbürste bürstet, wie man sagt, Strich, damit bei Tuch die Wollfasern, welche durch die Breitenverstreckung aus der ursprünglichen Lage gekommen sind, wieder parallel zu liegen kommen.

Der Längenzug erfolgt zwischen Druckwalzenpaaren dadurch, dass man dem einen Druckwalzenpaare durch Anstecken entsprechender Wechselräder des Antriebes geringere Geschwindigkeit gibt, als dem obern Druckwalzenpaare.

Die Maschine ist zwischen den Stiften von 1,250 m bis 1,690 m verstellbar, so dass man also Stücke von 1,690—1,250 m Breite auf derselben rahmen kann. Die Breitenverstellung, welche zum Rahmen von Stücken anderer Breite nothwendig ist, geschieht durch Riemenbetrieb.

Die Maschine ist ferner mit der Einrichtung, Velours zu trocknen, versehen. Hierzu dienen Messingkränze an den Kettenleitscheiben der vordern Trommeln, welche die Waare am Herunterfallen oder Ausclaviren verhindern, wenn die darauf befindlichen 2-theiligen Holztrommeln abgenommen werden, damit die Velourseite ungehindert über den Bug hinwegkommt, ohne sich zu drücken. Die Holztrommeln dienen nur der glatten Waare als Führung. Ausserdem ist an der Maschine noch hervorzuheben, dass der Betrieb der Kettentrommeln (Kettenbewegung) zu beiden Seiten der Maschine angebracht ist, sodass alle Bewegungen einheitlich und sicher geschehen, was eine Bedingung ist für eine Maschine mit starkem Breitenzug. Der Betrieb erfolgt nämlich durch ein Deckenvorgelege auf ein mit

Stufenscheibe versehenes Doppelvorgelege, welches die Bewegung einerseits auf die Langwelle und von dieser weiter überträgt und vermittelst
Stirnräder zu beiden Seiten gleichzeitig vermittelt. Der kräftige solide Bau,
die hohen Etagen, d. h. die starken Trommeln und Kettenscheiben und die
kleingegliederte Kette, Verhältnisse in zweckmässiger Construction, geben
der zu trocknenden Waare eine sichere Führung. Die Ketten sind aus
schmiedbarem Guss angefertigt. Wichtig ist schliesslich noch die Ventilation, welche durch einen im Trockenraum angebrachten Exhaustor
bewerkstelligt wird. Die hier zur Anwendung gelangende Verbindung
von Wärme und Luft zum Trocknen macht die Maschine quantitativ und
qualitativ besonders leistungsfähig.

Die Maschinen von William Whiteley[74]) beginnen mit 1854 besondere Entwicklung zu nehmen. Eine Reihe von Patenten 1854 bis 1875 bezeichnen den Entwicklungsgang. Ihre Einrichtung entspricht der obigen
deutschen Trockenmaschine, wie wir sie soeben beschrieben haben. Von
W. Kempe & Co.[75]) in Leeds wird ein ganz ähnliches Arrangement gebaut. In Amerika bauen H. W. Butterworth & Sons in Philadelphia
diese Maschine und neuerdings A. Edwards in New Haven (Conn.)[75a]).

J. L. Norton[76]) hat diese Maschine anders aufgefasst als Hilger und Whiteley. (Fig. 469.) Er stellt die Rohretagen e, e senkrecht und lässt die Gewebe
in senkrechten Windungen durch die Maschine gehen. Hierdurch wird Raum
erspart[77]). Ein Raum von $12^1/_2'$ engl. Länge, $9^1/_2'$ Breite und $12'$ Höhe
genügt zum Trocknen von 1500 Yard Tuch und von 3000—10000 Yards
leichterer Waare per Tag. Der Eintritt wird durch teleskopische Walzen bewirkt, welche den Stoff auf die verlangte Breite ausdehnen. Die Kettenführung d
ist so eingerichtet, dass der Stoff bei keiner Windung sich auf die Walzen
auflegen kann. Deshalb kann man mit dieser Maschine nicht sowohl ratinirte
und flockonirte Waaren, sondern auch Velvets, Plüsche etc. trocknen ohne
jegliche Gefahr für die Oberfläche. Bei der verticalen Heizrohranlage ist
eine geringere Quantität Dampf nöthig, weil derselbe bei der Tendenz.
schnell im System aufzusteigen, seine Wärme schneller abgibt durch die
lebhaftere Berührung mit den Röhrenwänden. Die verticale Rohranordnung
erzeugt auch eine lebhafte Circulation der Luft von unten nach oben zwischen
Zeug und Röhren. a ist die Kette, b die Streichschiene, c der Cylinder
zum Aufclavieren, d sind die Schienen zur Leitung und Breithalten der
Kette, e die Rohretagen, f die Transmission von den oberen Bewegungsmechanismen zu den unteren.

---

[74]) Ill. Gew.-Z. 1860. 366. — Engl. Spec. 1868. 1648.
[75]) Engl. Spec. 1871. 883.
[75a]) Am. Pat. No. 240 581. 1881.
[76]) Engl. Pat. 1859, No. 1334. 1860, No. 2386. 1862, No. 293. 1863, No. 890.
1864, No. 1204. 1864, No. 2685.
[77]) Siehe hingegen die Verticalanordnung von Longtain Seite 703.

Wie schon bemerkt, befanden sich ursprünglich[78]) bei Norton Heizplatten zwischen den Stoffwindungen, die in eigenthümlicher Weise hergestellt waren. — Norton hat später die Idee gehabt, seine Maschine umzuändern in eine combinirte Spann- und Cylindertrockenmaschine[78a]). Sprague
Winsor projectirte, den Stoff von den Rahmenketten herunter auf einen
beheizten Cylinder auflaufen zu lassen, um das Trocknen zu vollenden.

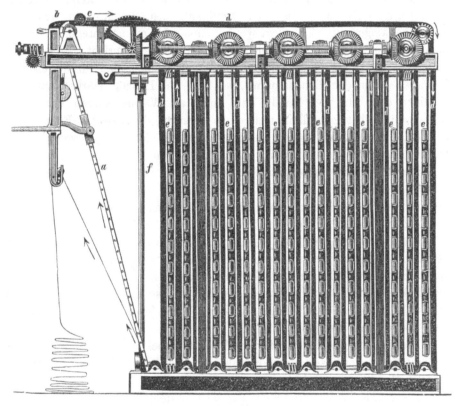

Fig. 469.

Beide Systeme enthalten also Heizrohre und die Trocknung geht bei
ziemlich hoher Temperatur vor sich. In neuerer Zeit aber hat man bei
diesen Systemen stärkeren künstlichen Luftwechsel angewendet und zwar in
verschiedener Weise. Bei den Trockenmaschinen mit vielen Röhren-Etagen
beschränkt man sich auf Absaugen der Luft am Boden oder in der Höhe
des Raumes.

---

[78]) Engl. Pat. 1863. No. 890.
[78a]) H. Duesberg-Bosson in Verviers baut nur noch die Rameuse verticale
genau wie Norton in mehreren Grössen: zu 4,75 m H., 2,75 m L., 4 m Br. u. s. w.

γ) **Mit Heizanordnungen für die Luft im unteren Theile des
Trockenraums oder ausserhalb desselben.**

1. *Unter Anwendung von Exhaustoren, Dampfstrahlexhaustoren etc. zur
Bewegung der Luft.*

Die eigentliche Maschine dieser Systeme enthält keine eigenen
Wandungen. Es muss also der Luftinhalt des Raumes, in dem die
Maschine aufgestellt ist, bewegt werden, immerhin ein bedeutend grösserer,
als dem Cubikinhalt der eigentlichen Maschine selbst entspricht. Umschliesst
man aber den Raum der Maschine selbst und wendet man für diesen also
kleineren Raum den Exhaustor an, so fällt der Luftzug stärker aus und
es liegt dann auf der Hand, dass man an Wärme sparen kann. In
diesem Sinne hat man dann neuerdings versucht, die Zwischen-Etagen von
Röhren, deren Dichthaltung immer schwierig ist, ganz wegzulassen,
und mittelst Ventilatoren an einem Rohrsystem im Boden
des Raumes oder ausserhalb desselben erwärmte Luft in und
durch die von geschlossenen Gehäusen umgebene Maschine zu
ziehen. Diese Anordnung ist z. B. bei der Trockenmaschine der Berlin-
Anhalter Maschinenfabrik (Dessau-Berlin) unter Beibehaltung von 5—6
Windungen des Gewebes in der Höhe des Raums gewählt. Ein Ventilator, über
dem Eintritt des Zeuges stehend, zieht die Luft durch den Raum, der entsprechend den Windungen des Gewebes mittelst horizontaler Einlagdecken
aus Holz in eben so viele Etagen getheilt ist, so dass die angesaugte
warme Luft allen diesen Windungen folgen muss, entgegengesetzt gerichtet
dem Gange des Gewebes.

Dieselbe Fabrik hat neuerdings[78b]) ihre Trockenmaschinen wesentlich
verändert und verbessert unter Einführung eines neuen Ventilationsprinzips
mittelst Dampfstrahlexhaustoren.

Diese neue Trockenmaschine (Fig. 470) besteht aus dem geschlossenen
Trockenraum a bis b, und dem Theil von a bis c für den Ein- und Auslauf
und für die Breitstreckung der zu trocknenden Stoffe. Die Stoffe werden durch
den geschlossenen Raum in näher zu beschreibender Weise durchgeführt
und daselbst der Einwirkung eines heissen Luftstromes ausgesetzt, welcher
das Trocknen bewirkt. Dieser Luftstrom wird durch das Ansaugen mittelst
des Dampfstrahlexhaustors erzielt, und zwar wird die kalte Luft durch zwei
mit Dampf gefüllte Röhrenkessel B durchgesaugt; sie erwärmt sich an
diesen und tritt als heisse Luft in den Trockenraum. Die Kessel sind zur
besseren Ausnutzung noch mit dünnen Blechmänteln umgeben, und zwar
derart, dass dieselben unten auf dem Fussboden nicht aufstehen, um der
Luft Zutritt zu gestatten. Da die Mäntel auch im übrigen von der Kessel-

---

[78b]) D. R. P. No. 7928. Polyt. Zeitung 1880 No. 6. Verh. des Vereins für Gew. 1880.

oberfläche einen gleichmässigen Abstand haben, so muss die die Kessel durchstreichende Luft die Oberfläche vollständig berühren.

Die Stoffe werden mittelst Ketten g mit Nadeln durch die Maschine

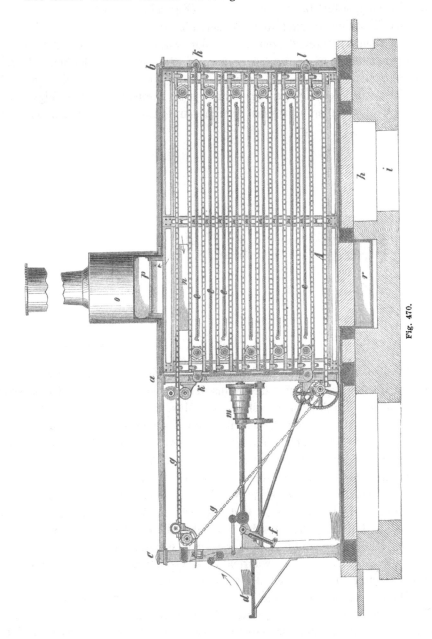

Fig. 470.

geführt. Die Glieder dieser Ketten haben schrägstehende Lappen für die Nadeln, so dass letztere ebenfalls schräg stehen. Die Kettenglieder werden in zwei verschiedenen Constructionen hergestellt, und zwar in

schmiedbarem Eisenguss mit aufgeschraubten Messingplatten, in welchen
die Nadelspitzen befestigt sind, für Stoffe, welche Rostflecke annehmen
könnten, oder in schmiedbarem Eisenguss mit eingegossenen Nadelspitzen
ohne Messingplatten für wollene Stoffe. (Fig. 471—474.)

Die Maschine arbeitet in folgender Weise:

Auf dem Trittbrett d stehen ein oder zwei Arbeiter und führen den
zu trocknenden Stoff an beiden Seiten auf die Nadeln der Ketten. Durch
mehrere Spannwalzen wird der Stoff, ehe er die Kette erreicht, je nach
Bedürfniss in der Länge gespannt; die Breitstreckung erfolgt vom
Ständer c bis Ständer a, wo der Stoff in den eigentlichen Trockenraum tritt.

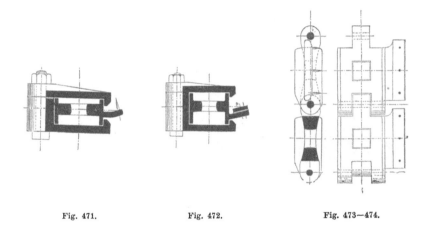

Fig. 471.   Fig. 472.   Fig. 473—474.

In dem Trockenraum wird der Stoff an der Kette etagenartig von
oben nach unten geführt, wie dieses aus der Fig. 475 ersichtlich. Die äussere
Luft kann nur durch zwei Kessel B in die Maschine gelangen, und zwar derart, dass die Luft sich beim Durchgange durch dieselben erhitzt und von dem
einen aus seitwärts unten in die Maschine, von dem anderen von unten éin-
tritt, d. h. es bilden sich zwei heisse Luftströme, von denen der eine
die rechte Seite, der andere die linke Seite der Stoffe berührt.

Der Exhaustor o hat seine Verbindung oben auf der Maschine, und
zwar saugt derselbe nach oben und seitwärts durch zwei Kanäle n und p
die feuchte Luft aus der Maschine, welche heiss unten durch zwei Kanäle
eintritt. Die Querschnittsverhältnisse der Kanäle für die einströmende
Luft sind so gewählt, dass während des Trocknens in der Maschine ein
Vacuum von 30 mm an der Wassersäule herrscht.

Da die heisse Luft unten in die Maschine tritt und die kalte nasseste
Waare von oben nach unten durch dieselbe geführt wird, ist die vollstän-
digste Ausnutzung der zum Trocknen verwendeten Wärme erreicht; denn
die trockenste Waare berührt sich mit der heissen trocknen Luft und
gibt noch die letzte Feuchtigkeit an dieselbe ab; je höher die Luft steigt
und je mehr sich dieselbe abkühlt und mit Feuchtigkeit sättigt, je feuchter

ist auch die Waare, so dass die Luft bis zum Austritt aus der Maschine immer noch im Stande ist, Feuchtigkeit von der Waare in sich aufzunehmen. Damit die heissen Luftströme auf dem ganzen Wege durch die Maschine den Stoff immer berühren, sind in der Maschine horizontale Zwischenböden c angebracht; hierdurch werden die Luftströme gezwungen, die angegebenen Wege zu verfolgen und die Stoffe unmittelbar zu be-

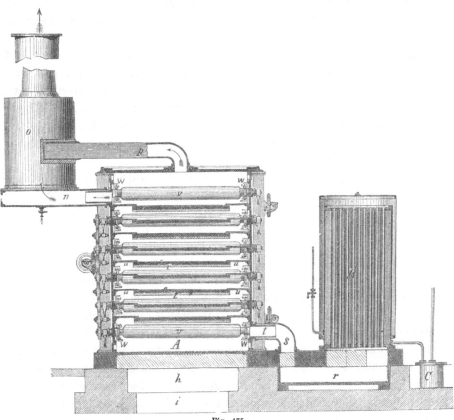

Fig. 475.

rühren. Sobald die trockene Waare aus dem eigentlichen Trockenraum tritt, wird sie mittelst eines Faltenlegers F von der Kette abgenommen und in gleichmässigen Lagen niedergelegt.

Die Längswände des eigentlichen Trockenraumes bestehen in gusseisernen verstellbaren Rahmen, an denen die Führungen der Ketten, sowie die Mitnehmergabeln W für die Kettenrollen befestigt sind. Die Oeffnungen der Rahmen sind mit Holzwänden ausgefüllt; in diesen Holzwänden sind wieder Fenster mit doppelter Verglasung angebracht, damit der Stoff beim Passiren des Trockenraumes beobachtet werden kann. In den beiden Stirnwänden vorn und hinten am Trockenraum befinden sich luftdicht verschliessbare Thüren, durch die man in das Innere der Maschine gelangt.

Die Verstellbarkeit der Maschine wird von einem Handrade auf die Wellen und von hier auf die Spindeln k und l, welche mit Gewinde durch den Rahmen gehen, bewirkt. Die Bewegung der Kette erfolgt von dem mit Stufenscheibe versehenen, an der Maschine befindlichen Vorgelege m aus. Die Anordnung und Führung der Kettenglieder und ihre Verbindung mit schräg stehenden Lappen, auf welchen entweder Messingplatten mit schräg stehenden Nadeln befestigt, oder in welche schräg stehende Nadeln eingegossen sind, und die Gesammtanordnung der Maschine in Bezug auf die Relativbewegung der heissen Luft gegen die zu trocknende Waare, die Anordnung der Zwischenböden e, welche die durch die einzelnen Stofflagen gebildeten Räume theilen, mittelst welcher zwei getrennt von unten nach oben durch die Maschine laufende Luftströme gebildet werden, sowie die Ummantelung der Kessel sind hervorragend neue und dieser Construction eigenthümliche Eigenschaften, sowie die Anwendung des Dampfstrahlexhaustors bedeutende Bequemlichkeit und Vortheile bietet gegenüber der Anwendung von Ventilatoren. —

G. Hertzog in Reims-Coulancy (früher E. Pasquier) hat den Trockenmaschinen eine so bedeutende Sorgfalt zugewendet, dass wir die vielen durchdachten und vortrefflichen Trockenmaschinen dieses Hauses näher betrachten müssen. Die Fig. 476 schematisirt das erste Prinzip durch einen Durchschnitt durch die Länge der gestreckten Trockenmaschine. Der Stoff tritt bei H ein, durchläuft den oberen Theil des Trockenraums oberhalb des Rohrsystems C und schreitet über F, F nach dem unteren Theil des Raumes herab und durchzieht auch diesen auf ganzer Länge, um bei E auszutreten und sich dann aufzuwickeln, oder mit dem Fachapparat gelegt zu werden. Auf der ganzen Tour ist das Gewebe mit den Kanten auf Ketten aufclavirt, die unter E eintreten, über F, F nach H gehen und von H nach F zurückkehren. Der Stoff ist also stets in gespanntem Zustande. Die Bewegung der Luft geschieht bei dieser Maschine mittelst einer Anzahl dreiflügeliger Ventilatoren, die im Raume über und unter dem oberen Durchzuge des Gewebes vertheilt sind. Die Luft erwärmt sich an einem Heizrohrsystem C im unteren Theil des Raumes. Ein Abzug N in der Decke des Gehäuses sorgt für Entfernung der beladenen Luftmengen. Wir geben von dieser Maschine zugleich eine volle perspectivische Ansicht (Fig. 480*). In derselben zeigt sich dieselbe ausgerüstet mit einer Ausbreitvorrichtung vor dem Eintritt im oberen Theil des Gestells und mit einer anderen Ausbreitvorrichtung für den Austritt und den Fachapparat. Ein Durchschnitt zeigt die Lage der einzelnen Details der Maschine.

Für das Spannen der Ketten zum Rahmen des Gewebes dienen die Schraubenmuttern L, welche durch die Leitbahn B der einen Kette J hindurch-

---

*) Fig. 480 auf nebenstehender Tafel.

gehen, drehbar in Muttergewinden. (Fig. 477.) Die andere Bahn B liegt fest. Sämmtliche Schraubenwellen L sind durch conische Getriebe mittelst Axe M drehbar, somit ist die Bahn B für die Kette durch Umdrehung von M verschiebbar und stellbar.

Das andere System von G. Hertzog ist in der Fig. 478 skizzirt. Das Gewebe kommt von N herein und gelangt an die Kette durch das Bürstrad zum Aufclaviren P. Nun zieht Kette und Stoff durch den oberen Raum, wird durch Q nochmals auf den Nadeln festgedrückt und geht dann um F', F'', F''' herum, ferner um S und wird sodann nach F zurückgeführt, um hier nach unten abgenommen und auf dem alternirenden

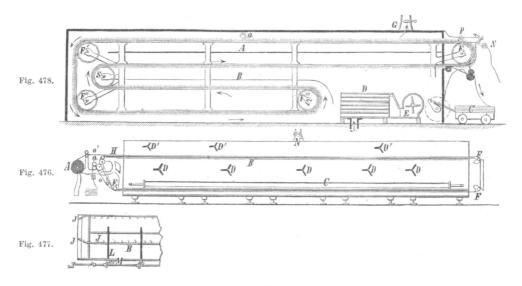

Fig. 478.

Fig. 476.

Fig. 477.

Plateau C aufgetafelt zu werden. Zwischen den unteren Windungen und oberen ist die horizontale Zwischenwand B angebracht. Ein Ventilator E bläst durch den mit Dampf beheizten Röhrenkessel D Luft in den Trockenraum ein, die beladen durch G entweichen kann. Die Luft strömt aus D unter B entlang der Bewegung des Stoffes entgegen. Die Spannvorrichtung für die Ketten ist ziemlich die gleiche, wie in der anderen Maschine, doch hat G. Hertzog 1878 eine neue Vorrichtung zum Festhalten der Gewebekanten construirt und bei allen seinen Maschinen nunmehr angewendet. Die Fig. 479 (perspectivische Ansicht einer dieser Maschinen) zeigt diese Kluppen (Pince métallique) in Anwendung. Wir haben dieselben näher beschrieben. (Siehe Seite 559.) G. Hertzog baut auch Maschinen zum Trocknen und Rahmen des Tülles, Organdies, Spitzen, Artikel de Tarare nach denselben Prinzipien. An Stelle der langgestreckten Anordnung wählt er auf Wunsch eine hochgebaute und lässt die Ketten bis zu 10 Windungen (parcours) durchlaufen. Für leichte Stoffe genügt ein Durchgehen des Gewebes und für solche dient die in der Figur 479 in

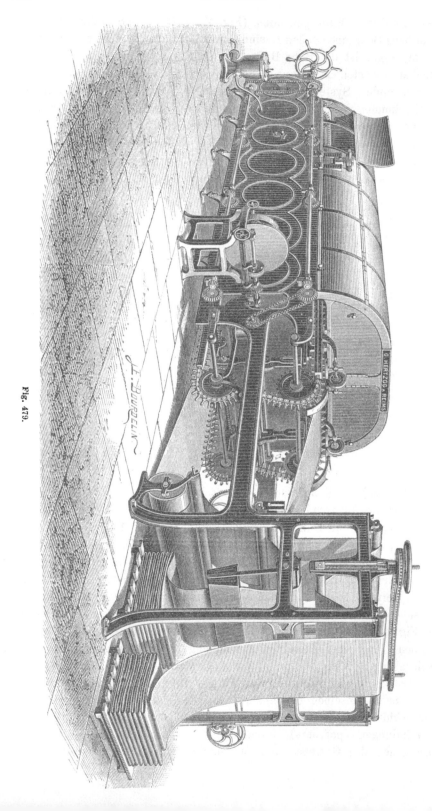

Fig. 479.

Eintritt- und Austrittarrangement perspectivisch wiedergegebene Maschine, welche eine Gummirvorrichtung enthält. —

In allen diesen Constructionen ist die Bewegung auf die Trockenmaschinen an und für sich und auf die Zuleitung und Abnahme übertragen durch die Vermittelung einer Planscheibe und darauf laufender Rolle, wie die Fig. 481 näher zeigt.

Der neueste und sorgfältig erprobte Apparat, der die Grundidee des

Fig. 481.

zweiten Pasquierschen beibehält, ist von P. Heilmann-Ducommun ausgeführt. Der Stoff (Calico, Kattun, Halbwolle) geht von dem Waarenbaum durch die Ausbreitrollen resp. Appretrollen in einen Vortrockenapparat hinein, wo er in senkrechten Windungen an vier Heizplatten vorüberzieht und von der strahlenden Wärme und der aufsteigenden warmen Luft getrocknet wird. Aus dieser Vortrockenkammer geht der Stoff auf eine

Rahmenkette und tritt nun in die untere Etage der eigentlichen Trockenkammer ein, im Ganzen 27,7 m lang und tritt oben aus der Kammer aus, um sich aufzurollen. Die zum Trocknen eingeblasene heisse Luft wird, von einem Rootschen Gebläse comprimirt, durch den Heizkessel getrieben und tritt oben im Trockenraum ein und zieht der Richtung der Gewebebewegung entgegen die Windungen entlang und tritt dann durch einen Schornstein aus.

Paul Heilmann hat mit diesem Apparat wissenschaftliche Versuche angestellt und folgende Resultate gefunden. Es wurden pro Stunde eingeblasen 1600 cbm Luft von 80° (Dampf von 1,5 Atm. im Heizkessel), welche im unteren Kanal noch 75° hatte bei Bewegung der Maschine. Es gingen sodann 9000 m Callico durch. Dieselben enthielten 290 k Wasser, Geschwindigkeit des Zeuges ·0,25 m per Secunde. Es wurden ein 14,3faches Volumen Luft von 77° durch den Apparat gezogen als für die Verdampfung der 290 k nöthig war [79]).

Wir glauben, dass das Arrangement von Heilmann nicht so gut ist als das Arrangement Fig. 478 von Pasquier. Das Einführen der heissen Luft unten und des feuchten Stoffes oben ist unzweifelhaft vortheilhafter. Heilmann unterzog dagegen die Trockenmaschine Fig. 476 von G. Hertzog (Pasquier) 1876 einer sorgfältigen Prüfung. Der Rahmen war 15 m lang und enthielt zwei Windungen. Zwischen den beiden Gewebebahnen arbeiteten 13 Windflügel. Es wurde Wollstoff aus reiner Wolle (Merino) getrocknet und zwar in 10 Stunden 8580 m mit 0,238 m per Secunde Geschwindigkeit. Ein Stück von 105 m Länge und 0,70 m Breite wog nass 15,30 k und trocken 8,30 k beim Versuch I. Beim II. Versuch lag Wollstoff 105 m lang, 0,70 m breit und 14,20 resp. 8,30 k schwer vor. Beim III. Versuch nahm man Baumwollstoff, 70 m lang, 1,20 m breit, 27,80 k schwer, nass und trocken 15 k schwer. Es wurden demnach verdampft in 10, 10, ·15 Minuten:

I.	II.	III.
7 k	5,90 k	12,80 k

also in 10 Stunden:

I.	II.	III.
420 k	354 k	512 k.

Die abziehende Luft am Ventil E hatte 58° und die über den Heizrohren 70°. Durchschnittlich werden bei diesem Apparat 200 k Steinkohle per 10 Stunden verbrannt, somit ergiebt sich ein Nutzeffekt für 1 k Steinkohle bei Versuch:

I.	II.	III.
2,10 k	1,77 k	2,56 k

Wasser, wobei der Baumwollstoff noch etwas feucht die Maschine verliess.

Eine verticale Anordnung, zur Norton'schen neigend, hat der Amerikaner Sprague Winsor [80]) gegeben. Er ordnet die Trockenwindungen d ebenfalls vertical im Raume an, auf endlosen Ketten sich bewegend. Unten ist ein System von Heizrohren in 3 übereinanderliegenden Serien eingesetzt und darunter treibt ein Flügelventilator b Luft an den Rohren entlang empor in den eigentlichen Trockenraum. (Fig. 482.)

Die Trockenmaschine von G. N. Bliss [81]) in Boston lässt die Ketten

---

[79]) Bulletin de la Société industrielle de Mulhouse 1879. April.

[80]) Polyt. Zeit. 1874. 40.

[81]) Am. Pat. No. 222 982.

der Zwischenwindungen nicht horizontal laufen, sondern geneigt, sodass die Leitrollen nur einen kleinen Diameter zu haben brauchen. Auch im Uebrigen hat die Neigung (10—20°) der Trockenzüge etwas für sich.

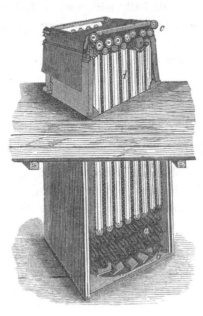

Andere Anordnungen wurden noch vorgeschlagen von W. Z. Brown, G. S. Rogers, Goodall, Force & Renwick, Jos. Hurd, A. Avery, P. Hild und andern Amerikanern. —

Die Maschinen, welche diesem beschriebenen Systeme angehören, sind nun keineswegs stets mit Spannketten versehen. Besonders für solche Baumwollstoffe und Wollstoffe, bei welchen ein Ausspannen und Strecken in der Breite nicht beabsichtigt wird, benutzt man vielfach Maschinen, welche ein Spannkettenpaar nicht haben, sondern durch welche sich das Gewebe ohne solche über Rollen frei hindurchbewegt. Für solche Zwecke hat G. Hertzog (Pasquier) in Reims die geneigt verticale Richtung der Windungen gewählt, ebenso Hartmann[81a]). Von besonderem Interesse

Fig. 482.

ist die abgebildete Anordnung[82]) (Fig. 483) aus Amerika. Der Stoff tritt über S ein und wird, von Rollen unten und oben unterstützt, zwischen die

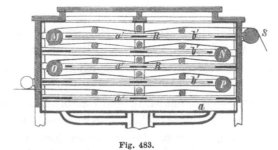

Fig. 483.

Scheidewände R, R, R hindurchgeführt. Heisse Luft steigt von unten auf in a hinein und steigt durch die Oeffnungen in den horizontalen Wänden R, a', b' empor. Die abwechselnd über und unter dem Stoff liegenden Rollen sorgen für eine lebhafte Bewegung der Luft.

Bereits bei Beschreibung der Trockenmaschinen der Berlin-Anhalter M.-A.-F. ist auf die Anordnung des Dampfstrahlventilators hingewiesen an

---

[81a]) D. R. P. No. 3389.   [82]) Pat. 35 117.

Stelle anderer Ventilatoren. Es sei hier nochmals diese Neuerung näher beleuchtet und zwar in Verbindung mit den Rippenrohren. Die sog. Rippenrohre (Fig. 484) bieten Vortheile, weil sie zur Wärmeemission geneigter sind als glatte Rohre. Sie werden deshalb mit grossem Erfolg benutzt an Stelle der im unteren Theile der Trockenmaschine eingelegten Heizrohre.

Nach Péclet lässt sich die Quantität der durch Strahlung emittirten Wärme berechnen nach der Formel

$$R = 124{,}72 \cdot K\,a^{\theta}\left(a^{t} - 1\right)$$

und die Quantität der durch Contact emittirten Wärme nach der Formel

$$C = 0{,}552\ K^{1}\ t^{1,233}.$$

Der Coefficient K ist nach der Natur des Rohrmaterials verschieden, z. B. für Kupfer $= 0{,}6$, für Schmiedeeisen $2{,}77$ bis $3{,}36$, für Gusseisen $3{,}17$ bis $3{,}36$. Der Coefficient K^{1} ist nicht variabel nach der Natur des Mate-

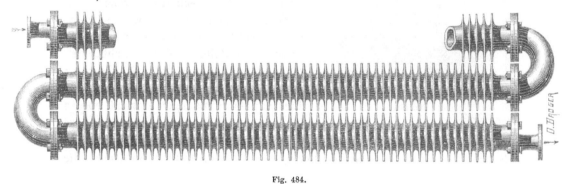

Fig. 484.

rials, wohl aber wechselnd nach den Dimensionen und der Form des Rohres. Er ist am grössten, wenn die Hauptfläche verticale Flächen bildet von nicht zu grosser Höhe. Die Rippenrohre suchen beides zu erfüllen.

Gebr. Körting haben nun auch den Dampfrohrerhitzungsofen für die im Trockenapparate eingeblasene Luft durch einen Lufterhitzungsapparat mit kreisförmigen Rippenrohren, die in einen Kessel H eingesetzt sind, ersetzt. (Fig. 485.) Der Dampf tritt oben durch E ein und unten durch den selbstthätigen Condensationswasserableiter C ab. Die durch den Dampfstrahlventilator V in den Trockenraum T gesaugte Luft tritt oben in den Kessel ein, gleitet an den Wänden der Rippenrohre hin und zieht durch den Kanal L in den Trockenraum. Der Dampfstrahlventilator erhält den Dampf durch d und Ventil D. B leitet das Wasser ab. —

Was die Luftquantität anlangt, welche der Dampfstrahlventilator mit einem bestimmten Dampfaufwand durch die Maschine zu ziehen im Stande ist, so liegen darüber noch keine Resultate vor, welche einen Vergleich

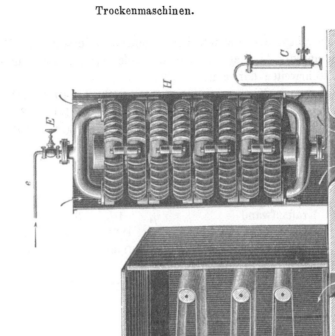

Fig. 485.

mit dem Effect der anderen Ventilationsmittel erlaubten. Wir geben indessen einige Zahlen an, welche die Lieferung von Luft für die verschiedenen Rohrweiten darlegen:

Lieferung pro Min.	30	50	120	240	350	550 cbm
Min -Weite, Dampfrohr	20	20	25	30	35	40 mm
Luftrohr.	350	525	750	1000	1200	1500 mm

Die bisher am meisten angewendeten Centrifugalventilatoren lieferten folgende Quantitäten Luft:

I. Saugende Ventilatoren, Exhaustoren:

Lieferung pro Min.	30	60	125	250	400
Kraftaufwand	$^3/_8$	$^3/_4$	$1^3/_4$	$3^1/_2$	6 Pferdekraft
Diam. Saugöffnung	0,16	0,25	0,33	0,44	0,55 m
Diam. Flügel	0,30	0,45	0,60	0,80	1,00 m.

II. Blasende Ventilatoren:

Lieferung pro Min.	30	70	120	280
Kraftaufwand	$^1/_2$	$1^1/_2$	$2^1/_2$	6 Pferdekraft
Diam. Blasöffnung	12,5	25	32	50 mm.

Die Root'schen Blower, welche jetzt benutzt werden, ergeben keinen besseren Effect für diese Zwecke als die Centrifugalventilatoren.

Diese Verhältnisse warten noch genauerer und eingehender Untersuchung, die unzweifelhaft von Wichtigkeit ist, — ebenso die Fragen, ob es vortheilhaft sei, die Trockenmaschine mit abgehendem Dampf oder mit Kesseldampf zu betreiben? P. See verwirft den Gebrauch von abgehendem Dampf hierzu entschieden[83]).

Wir müssen auch in diesem Abschnitt Rücksicht nehmen auf die Trockenmaschinen der Kattundruckerei, so weit sie sich dem betreffenden Trockensystem anschliessen. Hervorragend neu und rationell tritt uns dafür die Trockenmaschine von Hallam, gebaut von John Hawthorn & Co. in Stockport (repräsentirt durch Adolphus Sington & Co. in Manchester) entgegen. Sie nennt sich Hot-air-drying-Machine. Ihre Einrichtung besteht aus dem Luftheizraum A mit den 4 geneigten Rohretagen B, B, welche durch horizontale Zwischenwände C, C so abgegrenzt sind, dass die durch den Ventilator D eingeblasene Luft an der ganzen Länge der Rohre der untersten Etage hinstreichen muss, bevor sie um die erste Zwischenwand C herum zu der zweiten Rohretage treten kann u. s. f. Von der obersten Rohretage strömt dann die erwärmte Luft in die Trockenräume E, E des Gewebes ein. F stellt den Tambour der Druckmaschine vor. H ist das Mitläufertuch. D ist der gedruckte Stoff. H trennt sich von D schon bei Verlassen der Maschine vor Eintritt in den Trockenraum. Der gedruckte Stoff steigt in einen Kanal nach oben und geht über die obersten Leitwalzen nach der Maschine, um in die Trockenräume E einzutreten. Statt

---

[83]) Bull. de la Société ind. de Lille. 1879.

dessen kann D aber in der Vorkammer mit H emporsteigen und an der oberen Walze sich erst von H trennen, wie gezeichnet u. s. w. In den Trockenkammern macht der bedruckte Stoff möglichst viele senkrechte Windungen, so dass die warme Luft an den Flächen emporsteigen kann, und tritt bei D' aus der Maschine. Uebrigens kann man die erste Trocken-abtheilung E rechts (wie auch bezeichnet) benutzen, um den Mitläufer H gut zu trocknen, wenn das Trocknen in der Vorkammer nicht ausreicht. Die Zwischenwände (Baffler Plates) C, C im Heizraum nehmen allmälig durch Ausstrahlung der Rohre so viele Wärme auf, dass sie nahezu so heiss werden, wie die Rohre selbst.

Hallam bestimmt übrigens diese Maschine auch als brauchbar für alle anderen Gewebe (Fig. 486).

2. *Eingeblasene erwärmte oder auch atmosphärische Luft.*

Bei den Apparaten unter α und β hatten wir es mit Apparaten zu thun, in denen die Luft durch Platten oder Röhren in der Maschine selbst. geheizt wird und die betreffenden Apparate auch womöglich durch strahlende Wärme mitwirken, bei denen aber die Luft nicht stark bewegt ist, — oder aber die Luft in die Maschine eingeblasen oder durchgesaugt wird mit Hülfe von Ventilatoren, Gebläsen etc. und dabei Heizkessel oder Röhren-anordnungen passirt, welche ihre Temperatur wesentlich erhöhen, sie ausdehnen und dadurch die Geschwindigkeit erhöhen. Indessen ist in allen diesen Apparaten der Luftstrom nicht sehr stark, besonders da er durch die vielen Windungen, die er zu durchlaufen hat, wesentlich ver-langsamt wird. Es lag nun der Gedanke nahe, mit weniger warmen aber sehr starken Luftströmen zu trocknen, und dieser Gedanke ist mehrfach zur Ausführung gekommen, — oder aber mit sehr heisser Luft und sehr starkem Luftstrom, oder endlich gar mit überhitzten Dampfstrahlen unter hoher Pressung zu trocknen.

Der Tenor dieser Verfahrungsarten liegt sowohl in der Anstrebung ra-pider Verdampfung der Feuchtigkeit durch das massenhaft einströmende oder sehr heisse, also sehr feuchtigkeitsaufnahmefähige Luftvolumen, — als in einem Mitreissen von durch den Strom losgelösten Feuchtigkeitsatomen.

Für die erste der drei Varianten war der Apparat von Mather 1859 massgebend, für die zweite die Apparate von A. Delharpe und von Grothe, für die dritte derselben die Vorschläge von Mulfarine und von Bastaert.

Vorläufig hat sich nur die erste Modification einen Platz in der Praxis errungen.

Bei dieser Gattung von Trocken-Maschinen ist der Trockenraum in einen langgestreckten Kasten von der Breite des Gewebes und 30—80 cm Höhe zusammengeschrumpft, dessen Decke durch das Gewebe gebildet

---

*) Fig. 486 auf nebenstehender Tafel.

wird. Ein sehr starker Ventilator[83a]) bläst in diesen Kasten warme, im
Sommer atmosphärische Luft ein. Die von der H. Thomas'schen Maschinenbauanstalt gebauten Trockenmaschinen dieser Gattung haben folgende Construction (Fig. 487—489*): Die Maschine besteht aus drei Haupttheilen: dem
Ventilator, dem Heizapparat und der eigentlichen Maschine, die
unabhängig von einander in getrennten Räumen aufgestellt werden können und
nur durch eine Windrohrleitung miteinander verbunden zu sein brauchen. Die
Maschine selbst kann ihres leichten Gewichtes wegen auch in der obersten
Etage, direct unter dem Dache, aufgestellt werden. Der Heizapparat lässt
sich vortheilhaft, unmittelbar unter der Maschine an der Decke aufhängen.
Der Ventilator ist je nach der Beschaffenheit der zu trocknenden Waare
stärker oder schwächer zu nehmen; für gewöhnlich genügt ein starker
Flügel-Ventilator von ca. 1000 mm Flügeldurchmesser. Der Heizapparat
ist 3—4 m lang, hat ca. 0,66—1 m Durchmesser und ca. 76 ☐ m Heizfläche und dient dazu, vermittelst eines Röhrensystems unter grösstmög-
lichster Wärme-Ausnutzung Luft zu erwärmen. Es liegen nämlich in demselben ca. 140 Rohre von 40 mm Durchmesser, in denen sich die Luft
erwärmt beim Durchstreichen, während der sonstige Raum des Kessels,
um die Rohre herum, mit Dampf angefüllt wird, um auf diese Weise die
Luft in denselben zu erwärmen. Hierzu kann abgehender Dampf benutzt
werden, falls dieser vorhanden; sonst ist der Heizkessel auch für directen
Dampf eingerichtet. Die eigentliche Maschine besteht aus zwei parallel
laufenden starken eisernen Rahmen, die auf 1 m hohen Böcken ruhen und
je nach der Breite der Waare durch Spindeln beliebig breit gestellt
werden können. Die Breitstellung geschieht vermittelst einer auf der Langseite befindlichen Welle auf der ganzen Länge der Maschine gleichzeitig.

Auf diesen Rahmen läuft die Waare, nachdem sie eine Spannvorrichtung passirt hat — falls sie in der Länge gereckt werden soll
— und unter dem Sitze des Arbeiters fortgeleitet worden ist, vermittelst
einer Schienenanlage horizontal auf; hakt sich mit den Leisten auf eine
Nadelleiste der endlosen Kette und bewegt sich mit dieser, nachdem sie
auf dem ersten Felde, das conisch zugeht, allmälig in die Breite gespannt
worden ist, bis ans Ende der Maschine. Hier läuft die Kette über eine
Walze und führt die Waare beinahe wieder bis vorn, wo sie getrocknet
abfällt, und entweder aufgewickelt, oder getafelt, oder in die tiefer liegende
Etage geleitet werden kann.

Die angeschlagene Waare bildet auf diese Weise einen abgeschlossenen
Raum, bei dem die Seitenflächen durch die Rahmen der Maschine, die
Deck- und die Bodenfläche durch die Waare selbst abgeschlossen
werden. An der Stirnfläche dieses Raumes befindet sich ein Mundstück,
durch das die in dem vorerwähnten Heizkessel erwärmte Luft vermittelst

---

[83a]) Meist Root's Gebläse.
*) Fig. 487—489 auf nebenstehender Tafel.

des Ventilators hineingetrieben wird, und das Trocknen der Waare bei einem nur einmaligen Gange über die Maschine veranlasst. Die erwärmte trockene Luft findet nämlich in dem nach allen Seiten abgeschlossenen Raum keinen andern Ausweg, als durch die Waare selbst, der sie auf diese Weise die Feuchtigkeit entzieht. Je nach Beschaffenheit der Waare ist die Gangart der Maschine schneller oder langsamer. Für glatte Stoffe ist oberhalb an der Maschine eine rotirende Bürste angebracht, welche die Haardecke sauber in Strich legt. Falls die Waare vor dem Trocknen geleimt, oder gestärkt, oder gummirt werden muss, wird eine Leimmaschine derartig eingeschaltet, dass die Waare direct von derselben auf die Trockenmaschine läuft. —

Die Maschine braucht einen Raum von ca. 13 bis 20 m Länge, $2\frac{1}{2}$ bis 3 m Breite incl. des Platzes für das Bedienungspersonal; hat aber immer dieselbe Höhe von 1 m. Sie wird in 3 Breiten gebaut von:

$$\left.\begin{array}{l} 0{,}50 \text{ bis } 1 \quad \text{m} \\ 0{,}50 \text{ bis } 1{,}67 \text{ -} \\ 0{,}50 \text{ bis } 2{,}00 \text{ -} \end{array}\right\} \text{dabei in der Breite verstellbar.}$$

Die Hauptvorzüge der Maschine sind: Einfachheit der Construction, Kohlenersparniss, da abgehende Dämpfe benutzt werden können, und vor allem grosse Leistungsfähigkeit.

Die Appretur der Waare wird eine bedeutend schönere, als bei anderen Rahmen-Trockenmaschinen, da zum Trocknen nur erwärmte Luft von ca. 40—50° benutzt wird; so dass die Wollfaser ihre volle Elasticität behält. Die Maschine ist nur 1 m hoch, so dass der Arbeiter die Waare beständig im Auge behält und mit grosser Leichtigkeit Leistenrisse oder sonstige in der Waare befindliche oder entstehende Fehler beseitigen kann. Zur Bedienung sind 2 Arbeiter erforderlich. Die Waare geht nur einmal mit der linken Seite über eine Holzwalze, so dass auch aufgeklopfte Waare, ohne dem Velour zu schaden, auf derselben getrocknet werden kann. Die Wärme in dem Maschinenraum bleibt eine so mässige, dass sie den Arbeiter nicht belästigt. Es liegen in der Maschine selbst keine Dampfrohre, so dass Flecke durch Undichtsein oder Tropfen derselben nicht vorkommen können.

Bei 10 stündiger Arbeitszeit sind mit solcher Maschine getrocknet worden:

$$\begin{array}{ll} 1000 \text{ m} & \text{vom stärksten Satin-Double,} \\ 2300 \text{ -} & \text{leichte Tuch-Waare,} \\ 3500 \text{ -} & \text{Flanelle,} \\ 6700 \text{ -} & \text{Kattune,} \end{array}$$

Leistungen, die leicht durch Steigerung der Temperatur oder durch Zunahme der Ventilatorgeschwindigkeit noch vergrössert werden können.

Der Ventilator von 1000 mm Diameter gebraucht zum Betriebe ca. 6 Pferdekraft bei 750 Umdrehungen per Minute und liefert ca. 1600 cbm Luft per Minute in den Trockenraum.

46*

Um die Leistungsfähigkeit der vorstehend beschriebenen Spann-Rahm-
und Trockenmaschine auch für ganz schwere Waare, den gesteigerten
Anforderungen entsprechend, erhöhen zu können, musste die Vergrösserung des Trockenraumes in Aussicht genommen werden und wurde
die Maschine um 1 auch 2 Trockenfelder verlängert.

Durch die Verlängerung der Maschine war dies theilweis nur erreicht
worden, eine fortgesetzte Verlängerung war aber unausführbar, denn die
Vergrösserung der Maschine ist immerhin begrenzt. Abgesehen nämlich
davon, dass die Raumverhältnisse selten die Aufstellung einer ausserge-
wöhnlich langen Maschine gestatten, wird in ihr der Wind auch mit der
Entfernung derartig kalt und feucht, dass er jegliche Fähigkeit zum
Trocknen verliert. Es wurde daher von H. Thomas die Doppel-Spann-
Rahm- und Trockenmaschine construirt, welche bezüglich der Leistung
der grössten Röhren-Trockenmaschine gleichkommt und bei derselben Einfachheit der Construction die Vortheile der beschriebenen Lufttrocken-
maschine ohne erhöhte Betriebskosten hat (Fig. 490*). Dieselbe besteht im Allgemeinen aus zwei dieser Trockenmaschinen übereinander,
die von der Waare in einem Zuge durchlaufen werden. Die Waare
wird in dem Aufgebebock vor der Maschine längsgereckt, geht von
diesem über eine Leitwalze auf die Kette der Maschine, wird auf den
Nadelleisten durch rotirende Bürsten aufgenadelt, auf dem ersten conischen
Felde mit beweglichen Seitenrahmen allmälig in die Breite gespannt und
durchläuft die obere Etage, genau wie bei der einfachen Maschine derart,
dass sie zuerst über die obere Seite der Rahmen, alsdann über die untere
bis vorn an die Rahmenzusammenführung fortgeleitet wird. Hier wendet
sie sich — ohne über eine Walze zu gehen — auf die untere Etage,
durchläuft diese auf der oberen und unteren Seite, steigt nach vorn bis
zu dem conischen Felde an; geht über eine Abnadelleitwalze und wird
durch eine Zug- und Druckwalze leicht abgenommen.

Der Raum zwischen dem Mundstück der Windleitung und den Rahmen,
sowie von der Abnadelwalze bis zum Mundstück ist durch bewegliche
Blechklappen abgeschlossen, so dass auf diese Weise zwei getrennte
Trockenetagen gebildet werden, die durch die Rahmenzusammenführung
eine gemeinschaftliche Windeinströmung erhalten. Durch einen drehbaren
horizontalen Windtheiler wird der aus dem Mundstück kommende Luftstrom in einen oberen und unteren Strom getheilt, resp. entsprechend in
die obere und in die untere Etage geleitet, wobei je nach der Qualität
der Waare, um so den grösstmöglichsten Trockeneffect zu erzielen, der
Hauptstrom entweder in die obere oder in die untere Etage gebracht
werden kann. In der oberen Etage wirkt nämlich zunächst nur die Wärme
des Windes auf die Verdampfung des Wassers, öffnet dadurch die Poren

---

*) Fig. 490 auf nebenstehender Tafel.

der Waare und leicht trocknet die Oberfläche derselben. In der unteren
Etage dagegen trifft auf die derartig angewärmte, durchlässige Waare der
zweite Windstrom mit noch vollständig trockener warmer Luft, die jetzt
die Waare leicht durchdringen kann und ihr den Rest von Feuchtigkeit
nimmt; sie also vollständig trocknet.

Die Maschine ist 1,500 m hoch, leicht im Betrieb, von einfacher Construction und bequem in der ganzen Länge gleichzeitig auf eine beliebige
Breite von 0,50 bis 2,00 m zu stellen. Sie beansprucht je nach der Grösse
einen Raum von 10 bis 15 m Länge, 2,5 bis 3,5 m Breite.

Eine etwas andere Construction hat die Rahm- und Trockenmaschine
von C. H. Weisbach in Chemnitz (Fig. 491*). Dieselbe hat Versuchen in
der Praxis zufolge eine Leistungsfähigkeit von

1000—1200 m schwerste Tuche,	3000—4000 m Flanelle,
2400—2800 - leichte Tuche,	6000—7000 - Damenkleider, Kattune etc.

gezeigt.

Der Hauptantrieb auf die Maschine erfolgt durch ein Frictionsvorgelege, welches eine grosse Geschwindigkeits-Veränderung ohne jede Be-
triebsstörung gestattet, so dass ununterbrochen fortgearbeitet werden kann,
wenn auch eine grössere Differenz in der Schwere des Stoffes einen
wesentlich langsameren oder schnelleren Gang erfordert. Ein fernerer
bedeutender Vortheil dieses Betriebs ist die Anordnung desselben hinsichtlich seiner Lage.

Die Antriebskettenräder sind am vorderen Theile der Maschine angebracht und zwar da, wo die Waare schon wieder von den Ketten abge-
nadelt ist; die Ketten werden in der ganzen Zeit, während welcher sich
die Waare auf den Nadeln befindet, gezogen, so dass der Stoff auch in
der Länge während der Trocknung ganz gleichmässig angespannt ist,
was besonders für feinere Waaren Bedeutung hat; ausserdem ist die
unmittelbare Nähe der Antriebsobjecte den die Maschine bedienenden
Arbeitern viel bequemer, als wenn sie bei jeder Geschwindigkeits-Veränderung erst nach dem hinteren Ende der Maschine zu gehen und dort den
Riemen von einer Stufe der Scheibe auf die andere zu legen haben, was
bei nicht ganz geschickter Behandlung immer einen Aufenthalt im Arbeiten
veranlasst; bei dem in grösster Nähe des Waareneinlasses angebrachten
Frictionsvorgelege kann die Maschine bei jeder durch die Verschiedenheit
in der Schwere des Stoffs bedingten Geschwindigkeit-Veränderung ununterbrochen fortlaufen, da der Frictionsconus vermittelst einer bequemen Schrau-
benvorrichtung während des Ganges leicht nach dem Mittel oder der
Peripherie der Frictionsscheibe zu verstellt und der Gang der Maschine
hierdurch nach Belieben regulirt werden kann.

Die vom Ventilator kommende und im Röhrenkessel erwärmte Luft
wird durch ein Bogenrohr in die Maschine geleitet und strömt bei den

---

*) Fig. 491 auf vorstehender Tafel.

Antriebskettenrädern in den an den Seiten durch die Wände und oben und unten durch die auf die Ketten gespannte Waare abgegrenzten Raum ununterbrochen ein, so dass sie also nur durch die Waare selbst entweichen kann und die Feuchtigkeit entziehen muss. Für Tuche ist die Rahm- und Trockenmaschine mit einem Bremsapparate versehen, bei welchem die Waare nur mit der linken Seite aufzuliegen kommt, so dass also auch Velours ohne jeden Nachtheil in die Länge gezogen, gerahmt und getrocknet werden können; ausserdem befindet sich noch eine durch Excenter an- und abstellbare Bürstenwalze an der Maschine, welche die Fasern der glatten Stoffe sauber in Strich legt. Für Flanelle ist die Maschine eben- falls mit einem Bremsapparate und einer Bürstenwalze ausgestattet.

Die mannigfachste Verwendung findet die im Vorstehenden beschriebene Maschine auch für Damaste, Damenkleiderstoffe, Kattune etc. Für der- artige Waaren wird die Maschine mit einer Appretir- oder Stärkmaschine combinirt und zwar ist dieselbe in die ersten Lagerständer unterhalb der Kettenräder und von diesen vermittelst Friction getrieben, eingefügt. Das Stärken (Appretiren), Rahmen und Trocknen ist also dann nur eine Mani- pulation, da die Waare oberhalb der Stärkwalzen sofort aufgenadelt und getrocknet wird, was eine wesentliche Ersparniss an Arbeitskräften ergibt und hauptsächlich für Waaren mit unächten Farben von grosser Bedeutung ist, da dieselben in Folge der schnellen Trocknung in horizontaler Lage keine Zeit haben in einander zu laufen, wie dies bei der Trocknung auf stehenden Rahmen nicht zu vermeiden ist. Ausserdem befindet sich noch ein Dampfkasten zum Andämpfen der Waare an der Maschine.

Eine der ersten Maschinen dieser Gattung ist Mather & Platt 1859 patentirt worden (Spec. 1878). Diese Construction enthält den langen Kastentisch, dem von unten her durch 3 Oeffnungen im Boden heisse Luft vom Ventilator zugeführt wird. Die Spannketten gehen über hori- zontal drehende Scheiben und kehren also in horizontal liegender endloser Windung zurück. An Stelle der Clavierstifte sind Zangen zum Festhalten des Stoffes angebracht. Diese Construction ist in Deutschland von C. G. Hauboldt jr. aufgenommen worden. Sie wird in England auch von John Crossley in Glasgow ausgeführt. Eine Variation dieses Systems hat M. Jahr[84]) in Gera durchgeführt. (Fig. 492—493.)

Die Jahr'sche Maschine besteht im Allgemeinen aus zwei Rahmen mit Kette, dem zugehörigen Antrieb, dem Lufterhitzungskessel und dem Ventilator. Die Rahmen mit Kette (letztere eingerichtet sowohl für Nadelleisten als auch für Kluppen) sitzen auf Spindeln mit linkem und rechtem Gewinde, die auf Ständern gelagert sind. Durch Drehung der Spindel vermittelst Schnecke und Schneckenrad werden die 2 Rahmen in jede gewünschte Breite gebracht und zwar durch ein eingeschaltetes Triebwerk von der

---

84) D. R. P. 1880. — Polyt. Zeit. 1880. S. 440.

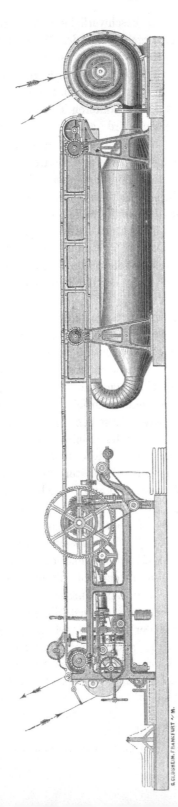

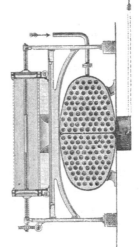

Fig. 492—493.

Hauptwelle der Maschine aus, so dass das beschwerliche und zeitraubende Kurbeln oder aber ein separates Deckenvorgelege für den Maschinenbetrieb vermieden ist. Der Antrieb für die Kette befindet sich am vordéren Theile der Maschine, sodass die Kette auf der ganzen Länge des aufgenadelten resp. eingekluppten Gewebes nur gezogen, nicht aber geschoben wird, wie es da geschieht, wo der Antrieb am hinteren Theil der Maschine angeordnet ist. Durch diese Construction wird auch dem Reissen der Kette bei eingetretener Verlängerung derselben durch Ausarbeiten der Charniere vorgebeugt, da bei erstgenannter Art des Betriebes jederzeit nur 1 Zahn im Eingriff sich befindet, während bei demjenigen Antrieb, wo die Kette das Triebrad zur Hälfte umschliesst, ein Aufsetzen und Reissen selbst der stärksten Kette mit der Zeit erfolgen wird.

Die Einrichtung für schnellen und langsamen Gang, sowie das Triebwerk für die Bremsvorrichtung oder die Quetschwalzen und die zur Schmal- und Breitstellung dienende Transmission an der Seite des Rahmens gestatten in Folge ihrer zweckmässigen Lage leichte Beaufsichtigung und bequeme Handhabung.

Die aus schmiedbarem Gusseisen angefertigte endlose Kette und die auf ihr befestigten Nadelleisten resp. Kluppen sind so construirt, dass die Zwischenräume zwischen den Kettengliedern möglichst klein sind, wodurch der Verlust an erwärmter Luft vermieden wird. (Siehe S. 560.) Die Nadelleisten sind von gut getrocknetem Holz mit eingeschlagenen verzinnten Messingnadeln. Grösse und Anzahl der letzteren richten sich natürlich nach Qualität des zu trocknenden Gewebes. Das Eindrücken desselben in die Nadeln erfolgt selbstthätig durch Bürstenrollen, die beim Einlauf der Waare an den Kettenführungsleisten befestigt sind. Für Tuche und Flanelle erhält die Maschine eine in der Breite verstellbare Bürstenwalze, die durch Hebeldruck bequem ab- und angestellt werden kann. Auch ist für diese Stoffe der Längsspannapparat derartig construirt, dass das Gewebe auf ein vorher zu bestimmendes Mass ausgedehnt werden kann.

Diese Trockenmaschine von Jahr treibt die erwärmte Luft mittelst Ventilation in einen unter dem unteren Gewebe befindlichen Raum, der unten durch Blech und an den Seiten durch Schienen mit angeschraubten Dichtungsstreifen abgeschlossen wird. Die Luft durchdringt bei dieser Construction zuerst das untere Gewebe und trocknet dieses vollständig aus, gelangt dann in den oberen Raum, der ebenfalls seitlich geschlossen ist, wodurch die Luft gezwungen wird, auch durch das obere nasse Gewebe zu gehen und dieses vorzutrocknen. Durch diese Anordnung wird das Gewebe auch an den Leisten, die an den Nadelhölzern liegen, schnell getrocknet und Kraft und Raum gespart. Ferner wird durch diese Luftzuführung dem Ablassen des unteren Gewebes von den Nadeln vorgebeugt, dasselbe wird vielmehr durch die Luft angedrückt.

Der Lufterhitzungs-Kessel mit den dàrin befindlichen 140 Röhren ist von ovalem Querschnitt· und in seiner kurzen Axe stark verankert, so dass ausser Abgangsdampf auch directer Kesseldampf verwendet werden kann. Diese Querschnittsform gestattet die höchst zweckmässige Anordnung des Lufterhitzungskessels' unterhalb der Maschine, wodurch die Aufstellung in allen Etagen bedeutend erleichtert und viel Platz gewonnen wird. Die Verbindungsrohre zwischen Ventilator, Lufterhitzungskessel und Kettenrahmen sind sehr kurz und mit nur einem Knie versehen; der Luftstrom findet deshalb nur geringen Widerstand, wodurch bedeutend weniger Kraft für den Ventilator erforderlich ist. Das zu trocknende Gewebe wird vor die Maschine gelegt und, nachdem es das Trittbrett, die Spannhölzer, die Brems- resp. Quetschwalzen passirt hat, auf die Nadelhölzer geführt und von den Bürstenrollen aufgenadelt. Die Kette zieht das Gewebe mit sich fort und leitet es über die auf der hinteren Welle befindliche Leistenwalze oder Blechtrommel den Abzugswalzen zu. Von da wird es entweder aufgewickelt oder in Falten gelegt.

Die Leistungsfähigkeit dieser Spann- und Trockenmaschine von Jahr richtet sich im Allgemeinen nach der Länge derselben und natürlich nach der Schwere und dem Wassergehalt der Gewebe. Sie beträgt pro Tag bei der für die Stoffe geeignetsten Länge der Maschine

von 6 m circa 6000 m leichten Damenkleiderstoff,
- 8 - - 5000 - Flanelle oder ca. 7000 m Damenkleiderstoff,
- 10 - - 3000 - leichte Tuche,
- 12 - - 1000 - schwerste Tuche.

δ) Sehr starke Luftströme, Dampfstrahlen etc.

Sehr starke Luftströme und Dampfstrahlen zum Trocknen zu benutzen, haben, wie bereits mitgetheilt, Delharpe, Grothe, Bastaert u. A. vorgeschlagen.

Alphons Delharpe[85] in Tarare hat sein Verfahren nicht speciell in eine bestimmte Maschine concentrirt, sondern meint, dass sein Prinzip bei allen bestehenden Trockenmaschinen zur Anwendung kommen könnte. Auch er leitet ja die zum Trocknen bestimmte Luft unter und über das Gewebe. Die zum Vertheilen der Luft dienenden Apparate bestehen aus Röhren oder anderen Behältern, welche mit Löchern versehen sind oder aus eigenthümlich geformten Trögen, je nach dem zu trocknenden Stoffe. Die Röhren können so angebracht sein, dass sie oberhalb des Stoffes langsam hin- und herschwingen und auf den Stoff in seiner ganzen Breite und in den Grenzen ihrer Bewegung die erwärmte Luft aussprühen. In anderen Fällen nimmt er eine rotirende perforirte Trommel und strömt die Luft durch deren Oeffnungen gegen das in geringem Abstande von der Trommel befindliche Gewebe. Die Vertheilungsapparate, welche

---

[85] D. R. P. No. 7525. — Polyt. Zeit. 1879. S. 549.

fest angeordnet werden, sind Behälter, welche continuirlich die Luft auf das Gewebe leiten und entweder unter- oder oberhalb desselben angebracht sind. Die Luft strömt auf den Stoff durch geneigte oder vertical gerichtete, mehr oder weniger nahegestellte Oeffnungen aus[86]). Beide Anordnungen lassen sich speciell auf Trockenapparate mit festem oder beweglichem Rahmen anwenden. Unter anderen möglichen Formen erwähnt der Erfinder Behälter, welche nach Bedarf in Bezug auf den Trockenapparat gehoben oder gesenkt werden können; Vertheilungsapparate, welche von der Hand gesteuert werden; automatische Apparate mit einer oder mehreren Mündungen, Wagen mit comprimirter Luft, welche unter dem Stoffe entlangfahren etc. Das Hinderniss der natürlichen Trocknung erklärt sich ja durch die Schwierigkeit, Wärme und Wasser in proportionalen Mengen zuzuführen und vor allem durch die Unmöglichkeit, alle vorhandene Wärme zur freiwilligen Verdampfung dieses Wassers zu verwenden, weil die Gewebe bei einer Temperatur von 150 bis 200 Grad verbrennen würden. Delharpe ergänzt die Intensität der Wärme durch das auf den Stoff zur Einwirkung gebrachte Luftvolumen, welches möglichst stark erhitzt ist, jedoch nur soweit, als es dem Gewebe nicht schädlich wird. Vom Augenblicke an, wo das Trocknen im Verhältniss steht zum Volumen, der Wärme und dem hygrometrischen Zustande der Luft und, wenn Luft von 120 bis 150 Grad auf den Stoff geleitet wird, hat man immer Ursache, denselben in sehr kurzer Zeit anzufeuchten. Diese Erscheinung ist es, weshalb Delharpe sein Verfahren mit dem Namen „Schnelltrockenverfahren“ bezeichnet. Um dieses Resultat zu erzielen, genügt es jedoch nicht, den Luftstrom einfach gegen das Zeug strömen zu lassen oder das Gewebe in gleichem oder entgegengesetztem Sinne mit dem Strome zu bewegen. Das Schnelltrockenverfahren findet im Gegentheil nur statt, wenn der Strom mit grosser Heftigkeit durch die Poren des Gewebes getrieben wird; die heisse Luft muss in die kleinste Faser dringen und unaufhörlich mit allen Molekülen des zu verdampfenden Wassers in Berührung kommen. Delharpe benutzt daher zum Trocknen von Geweben Apparate, welche die Luft viel kräftiger gegen das Gewebe treiben, wie dies bis jetzt gebräuchlich war. Durch die Maschen des Gewebes muss der mehr oder weniger heisse Luftstrom getrieben werden. Es ist bei sehr dicken Stoffen gut, auf beiden Seiten derselben zugleich, zwei diametral entgegengesetzt gerichtete Luftströme einwirken zu lassen. Aus diesen Gesetzen könnte dann auch hervorgehen, dass es für einen grossen Theil von Artikeln nicht nothwendig ist, Trockenkammern, feste oder bewegliche Spannrahmen oder Cylindertrockenmaschinen anzuwenden; ein einfacher Durchgang des Stoffes zwischen zwei Rollen, Stangen oder Presswalzen unter unablässiger Einwirkung

---

[86]) Siehe auch Bottom & Dunnicliffe Patent No. 12 426. 1849.

eines sehr heissen Luftstromes kann das Zeug vollständig fertig trocknen. Bei der Beendigung der Arbeit kommt es nur darauf an, dass der Stoff in der Richtung der Ketten- und Schussfäden gehörig innerhalb des Raumes, der von dem heissen Luftstrom bestrichen wird, gespannt ist. Man kann auch, falls es nothwendig ist, in dieser entscheidenden Phase den Stoff vor seinem Eintritt in den Apparat befeuchten. Dieser Apparat kann aber auch mannigfache Formen annehmen; das Gewebe kann horizontal in denselben durch eine kleine Oeffnung eingeleitet werden, und wird auf seinem Durchgange von dem verticalen Luftstrom getroffen. Unmittelbar am Eingang und Ausgang befinden sich Leitrollen. Um die Wirkung des Stromes zu vergrössern, benutzt Delharpe Kammern, welche den Luftstrom zwingen, durch den Stoff zu gehen. Zieht man endlich vor, das Trocknen auf dem beweglichen Spannrahmen vorzunehmen, so wird das Gewebe an den Leisten durch Nadeln oder Kluppen befestigt, auf gerade oder kreisförmige Flächen geleitet und warme Luft in starken Strömen durch Oeffnungen, Spalten oder Löcher in Form eines Siebes auf den Stoff geführt. Aehnlich benutzt man auch die mit Dampf geheizten Trockencylinder. Die heisse Luft tritt durch den Drehzapfen ein, und anstatt durch den entgegengesetzten Zapfen zu entweichen, tritt sie in kräftigen Strahlen durch Löcher, welche im Mantel der Axe angebracht sind, und trifft den in einem Abstande davon befindlichen Stoff. Bei allen diesen verschiedenen Luftstrahltrockenapparaten muss natürlich die Eintrittsöffnung in richtigem Verhältnisse zur Austrittsöffnung stehen, so dass die Luft mit Kraft auf den Stoff wirken kann. Die Geschwindigkeit der Luft richtet sich nach ihrem Volumen und dem zu überwindenden Widerstande. Dieser Widerstand, der von der Reibung und Trägheit der auf die Ausströmöffnungen einwirkenden atmosphärischen Luft herrührt, lässt sich oft nicht genügend durch Centrifugalventilatoren überwinden. Kolbenpumpen sind für diese Zwecke jedenfalls zuverlässiger und wirksamer. Da der Luftstrom mit solcher Continuität und im Ueberfluss auf den Stoff gelangt, so genügt oft die Luft aus einer gewöhnlichen Calorifere und im Sommer selbst die äussere Luft, um ein sehr schnelles Trocknen herbeizuführen.

H. Grothe[87]) in Berlin gründete seinen Apparat ebenfalls auf kräftige Luftströme, die aus Schlitzen und Perforationen hervorbrechen, und auf Erzeugung von heftigen Wirbelströmungen, welche die Luft durch das Gewebe hindurchtreiben unter gleichzeitiger Ausnutzung der strahlenden Wärme. Wir geben die Abbildungen dieser Apparate. In Fig. 494 u. 495 haben wir die Heizplatte t, welche mit einer darunter befindlichen einen Canal v bildet. Die Platte t ist mit Dampf beheizt. Die Luft wird mit einem Ventilator in v hineingetrieben und findet in den unten breiten, oben sehr feinen keilförmigen Schlitzen Ausgang. Die Neigung der Schlitzwände

87) D. R. P. No. 9887. — Polyt. Zeit. 1880.

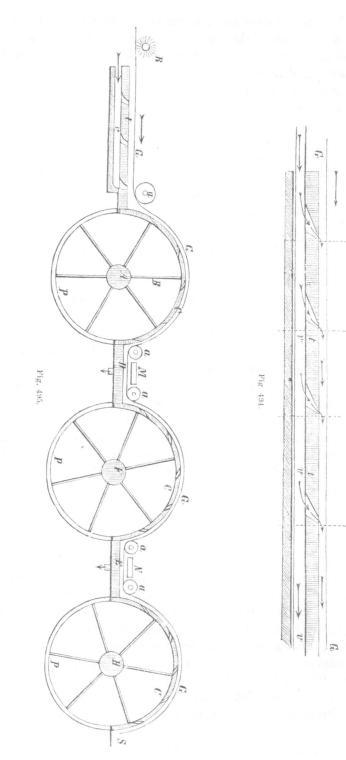

Fig. 495.

Fig. 494.

lässt die Luftströme, die sich beim Unterstreichen von t erwärmen, schräg
gegen das in langsamem Fortgang befindliche Gewebe treffen. Ein Theil
dieser gepressten Luft geht durch das Gewebe hindurch und reisst Feuch-
tigkeitsatome mit, oder belädt sich damit, ein anderer Theil wird abgelenkt
und fährt an der Unterfläche des Gewebes hin, trocknet dabei und verhindert
besonders, dass sich zwischen Gewebe und Platte eine stagnirende Luftschicht[88]) bildet. Dieser Luftwechsel bewirkt vielmehr, dass die Wärme
der Platte zur vollen Wirkung kommt durch Strahlung und durch Höher-
erwärmung des Luftstromes. Auf diese Weise wird die Luft also anfangs
mit den heissen und wärmeabgebenden Unterflächen der Platten t, t erwärmt, sodann an den oberen Flächen. Die Platte t, t wird zweckmässig
aus einzelnen Stücken hergestellt. Die Bewegungsrichtung des Gewebes G
kann nun auch entgegengesetzt, wie die Pfeilrichtung, genommen und
so ein Gegenstrom erzeugt werden. Bei dieser Richtung wird noch
mehr Luft durch das Gewebe hindurchströmen. Im zweiten Apparat hat
Grothe diese Prinzipien ebenfalls zur Anwendung gebracht. Er schaltet
aber hier Halbcylinder C aus Platten ein, welche unten durch Holz-
verschalung oder Blechhülsen P zu vollen Cylindern vervollständigt werden.
In diesen Cylindern drehen sich Flügelventilatoren, die auf starker Axe A
Arme B tragen. Ferner sind, um die Wärmewirkung zu erhöhen, Heizplatten M eingefügt. Die Trockenwirkung ist nun die folgende. Die Luft
wird durch einen Ventilator in v eingeblasen, drängt sich erhitzend unter
den Platten t entlang und strömt aus den feinen Schlitzen unter das
Gewebe G, dringt theils durch dasselbe hindurch, eilt theils unter demselben hin und steigt unter der Leitwalze a zwischen Gewebe und ersten
Cylinder C empor. Hier trifft aber mit diesem Luftstrom ein solcher aus
dem Halbcylinder C, durch den Ventilator B erregt, hervor und zwar in
Folge Umdrehungsrichtung des Ventilators und Richtung der Schlitze in C
entgegengesetzt zu dem Luftstrom aus v. Die Folge davon ist ein heftiges
Aufwirbeln der Luftströme und Durchstürzen derselben durch das Gewebe.
Da die Luft aus C heraus nicht oder nur wenig erwärmt ist, so jagt sie
sämmtlich im Gewebe bis dahin gebildeten und ziemlich festadhärirenden
Dampfatome aus dem Gewebe heraus und solches kommt ganz dampffrei
zwischen die Platten D und M. Beide sind geheizt. Sie veranlassen eine
starke Erwärmung des Stoffes und Verdampfung der Flüssigkeit darin.
Die Wirkung des Ventilators in dem zweiten Halbcylinder C ist dann die,
dass der wiedergebildete Dampf aus dem Gewebe herausgetrieben wird u. s. f.
Man kann diese Maschine mehrcylindrig machen, je nach Erforderniss des
Stoffes. Als besonderer Vortheil ist hierbei das wiederholte Abkühlen des
Stoffes zu betrachten, wodurch eine zarte weiche Appretur erreicht wird. —

---

[88]) Alcan, Traité du travail de laine Bd. II. S. 332, hält diese Luftschicht für
wichtig für Behandlung wollener Stoffe auf Trommeln (Tulpin); mit vollem Recht.

Henry Hough Watson machte 1851 den Vorschlag, Verbrennungsluft aus der Feuerung nach Abscheidung der Asche etc. in die Heizräume direct einzutreiben. Lindenberg benutzte eine Walze mit feinen Lochreihen, aus denen Gas hervorquillt und angezündet wird, um das Gewebe durch Flammen zu trocknen.

Nachdem Moulfarine schon im Anfang dieses Jahrhunderts versucht hatte, mit directem Dampf zu trocknen, und mancher andere Vorschlag direct auf die Anwendung hochgespannter Dämpfe zum Trocknen gekommen war, hat A. Bastaert[89]) diese Idee etwa 1871 wieder aufgenommen und versucht, den Trockenprozess mit überhitztem Dampf durchzuführen. Sein Verfahren beruht auf der bekannten Thatsache, dass Wasserdampf, welcher überhitzt ist, d. h. eine höhere Temperatur als 100° besitzt, die Neigung hat, so viel Wasser in Dampfform noch in sich aufzunehmen, als dieser höheren Temperatur entspricht. Wasserdampf von 200° C. wird also aus seiner Umgebung, wenn diese Wasser in flüssiger oder in Dampf-Form enthält, so viel davon aufnehmen, bis er wieder die Temperatur von 100° C. angenommen hat.

Bastaert lässt den überhitzten Dampf aus kleinen Oeffnungen gegen das feuchte Gewebe strömen. Der Wasserdampf soll, nachdem er eine seiner Temperatur angemessene Sättigung angenommen hat, sofort abgeführt werden, und darin liegt der schlimme Punkt des Verfahrens, denn dasselbe erzeugt colossale Dampfmassen. Das Gewebe bewegt sich auf Rollen über dem Ausströmungsrohr, das den heissen Dampf in feinen Strahlen entlässt, fort. Die Anordnung kann verschiedener Art sein, ist aber complicirter als jede andere Trockenmethode. Versuche gaben unbefriedigende Resultate. Es stellte sich dabei heraus, dass der Preis der neuen Art des Trocknens theurer zu stehen kommt, als jede andere Methode; dass die Zeit, welche erforderlich ist, grösser sein muss, als wenn man erhitzte Luft unter gleichen Bedingungen ausströmen lässt; dass die hohe Temperatur des Dampfes schädlich auf die Faser (besonders die Leinenfaser) einwirkt; dass die Abführung des durch das Wasser gesättigten Dampfes nur schwer zu bewerkstelligen ist; dass das Gewebe nach dem Trocknen keinen hervorragenden Unterschied von einem anders getrockneten Gewebe zeigt.

II. α) Trockenmaschinen mit Trommeln aus perforirtem Blech oder Drahtgewebe-Mantel.

Diese Maschinen zeigen eine weitgehende Beschränkung des Raumes. Hierbei ist der Trockenraum eine (zuweilen 2 und mehr) Trommel, ein Cylinder, dessen Mantel von Schlitzen durchbrochen oder perforirt ist mit un-

---

[89]) Engineering 1872. — Musterzeitung 1873. — Polyt. C.-Bl. 1873. S. 75. — Dingl. pol. Journ. Bd. 209. S. 173. — Hausner, Textil- und Lederindustrie, Wien 1876. —

zähligen feinen Löchern oder aus Drahtgaze, Drahtgewebe besteht. Ueber
diesen Mantel lässt man die Gewebe sich fest auflegen und lässt in das Innere
des Cylinders warme Luft einblasen oder einen Luftstrom durch Flügel
erregen der dann natürlich gegen den Mantel getrieben wird und diesen und
das aufliegende Gewebe durchdringt. Beim Durchstreichen der warmen
Luft durch das Gewebe sättigt sie sich zum Theil mit der Feuchtigkeit im
Stoffe. Es wird hierbei also derselbe Effect erreicht mit denselben Mitteln,
wie bei den vorbeschriebenen Trockenmaschinen der Kategorie I α, β, γ.
Eine der ältesten solcher Maschinen ist die von A. Chambers[90]) (Fig. 496).
Die 2 Cylinder B, B sind mit Drahtgewebe bekleidet. Sie drehen sich
langsam um, während in ihrem Innern die dreiflügeligen Windräder C, C
von H aus durch Riemen G, G in sehr schnelle Umdrehung versetzt
werden. Das Gewebe wickelt sich von M ab und geht über die Rolle L

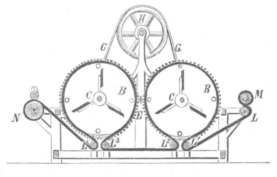

Fig. 496.

nach der Leitrolle L', darauf um den Cylinder B herum und über die
Leitrollen L[2] und L[3] um den anderen Cylinder B herum und endlich über
L[4] nach dem Waarenbaum N. Die Ventilatoren können die Luft aus
einem Apparat entnehmen, wo sie gewärmt wird. Im Sommer genügt die
atmosphärische Luft bereits.

Aehnlich ist die Trockenmaschine von C. F. Bennet & J. H. Baker
in East-Windsor, Conn. eingerichtet, welche auch von den Cleveland
Machine Works in Worcester, Mass. gebaut wird (Fig. 497). A ist eine an den
Seiten festverschlossene Trommel, deren Mantel aus Drahtgewebe besteht.
Das Gewebe kommt von H her, passirt ev. (bei baumwollenen und halbwollenen Stoffen) die Stärkevorrichtung D und geht über die Ausbreitvorrichtungen a, b, m und über den Cylinder c an die Trommel A über. Das
Gewebe legt sich dicht auf den Mantel desselben auf und wird durch die
Rolle e abgeführt über f, g, h, k, i, l. Ein Saugventilator B saugt durch
eine Schlitzmündung, welche auf der ganzen Breite der Trommel anliegt,
die Luft an, welche aus allen Theilen des Raumes herab durch das Gewebe

90) Amer. Pat. No. 83 690.

nach dem Innern der Trommel gesaugt wird und entfernt diese mit Feuchtigkeit beladene Luft aus dem Raume.

Eine Einrichtung von John Campbell enthält 9 Cylinder mit feinen
Latten bekleidet, über welche der Stoff geht. Im Innern dieser Cylinder
sind Windräder angebracht, welche Luft durch die Zwischenräume und
das Gewebe treiben. Charles Whowell hat sich 1857 einen grossen

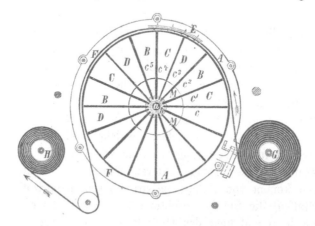

Fig. 497.

Cylinder, mit Drahtgewebe umspannt, patentiren lassen. Der Spannapparat lässt sich diagonal verschieben (Swiss finish). In den Cylinderraum wird heisse Luft eingetrieben. Arthur Dobson schlug 1857 eben-

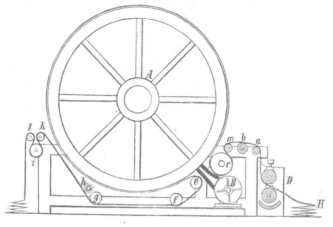

Fig. 498.

falls einen solchen Cylinder vor, der mit Drahtgewebe und innerem Flügel-
ventilator versehen war.

Eine ähnliche Construction hat der Ingenieur Théophile Moison aus
Paris sich patentiren lassen (Fig. 498). Auf der festen Axe a ist eine hohle Axe d

aufgeschoben, welche in sich die Arme c, c einer Trommel A aufnimmt, die in diesem Falle als Wände durch die ganze Länge der Trockentrommel A hindurchgehen, somit den Trommelraum in entsprechend viele radiale Kammern trennt. Der Mantel der Trommel ist hergestellt aus Drahtgewebe oder besser mit perforirtem Metallblech (Kupfer, Messing etc.). Prolongationen dieses Cylinders nach beiden Enden bestehen aus vollen Metallwandungen und auf diesen befinden sich die Spannapparate E für Ausspannen des Zeuges. Diese Prolongationen sind an Scheiben F auf der Axe a befestigt. Seitlich an der Maschine ist um die Axe a, b ein Raum M gebildet, in welchen die zugeleitete, zugeblasene warme Luft eintritt. Die Wandung, welche diese Kammer von dem Innenraum der Trommel scheidet, ist mit Schiebern versehen, so dass bei geeignetem Schluss der Schieber z. B. die Luft aus M nur in eine der Kammern B, C, D . . . oder in eine Anzahl derselben eintreten kann. Moison ordnet nun an, dass im Allgemeinen die warme Luft nur in die oberen, d. h. die bei Drehung des Tambours nach oben gerichtet befindlichen Kammern einströme, soweit das Gewebe dieselben bedeckt (also C, B, D, C, B, D, C, B, D), dass aber alle anderen Kammern gegen den Luftstrom abgeschlossen bleiben. Die Luft wird von einem Ventilator durch einen Heizapparat getrieben und sodann durch die Kammern der Trommel und strömt durch das Drahtgewebe resp. perforirte Blech aus durch das Gewebe hin, wobei es sich mit Feuchtigkeit beladet. —

Die Wirkung der durchblasenden Luft durch die Gewebe wird auch bei Grothe's Trockenmaschine (siehe Seite 734) erreicht. —

Es ist zweifellos, dass dies Trockensystem gute Resultate liefern muss, wenn die Zuführung der Luft richtig erfolgt, — unter Umständen bei Anwendung höherer Temperaturen bessere Resultate als das System mit Einblasen der Luft unter freies Gewebe, weil die Mitwirkung heisser Metallflächen (Drahtgewebe, perforirtes Blech) nicht zu unterschätzen ist.

β) Mit Gewebemantel auf der Trommel.

Die Einrichtungen, welche den Trommelmantel aus Drahtgewebe, Metallblech etc. fehlen lassen, bestehen nur aus zwei Scheiben, auf deren Mantel Clavierhaken eingelassen sind. Der Stoff wird auf diesen Scheiben aufclavirt. Er bildet also selbst den Trommelmantel. In den inneren Raum wird warme Luft eingeblasen. Dieser Art ist die in Fig. 499 abgebildete Maschine von Bezaleel Sexton in East Windsor, Conn. Es sind auf der Axe b, welche von der Mitte ausgehend einen linksgewundenen und einen rechtsgewundenen Schraubengang eingeschnitten enthält, die beiden Scheiben f, f' aufgebracht, deren Naben entsprechende Muttergewinde enthalten. Der Stoff tritt bei g ein, geht über die Ausbreitleiste i und die Walzen h, k an die Scheiben f, f', wird hier aufclavirt und geht mit den Scheiben herum bis zur Walze e, welche das Gewebe von den Nadeln abzieht und unterhalb nach Rolle d und c leitet, worauf es dann, über b vorgezogen, sich auf a aufwickelt. Der Mantel der Trommel wird also durch das Gewebe selbst gebildet und nur ein kleiner Theil bleibt unbedeckt zwischen k und e. Vor diesem Theil aber ist das Brett y, y ausgespannt,

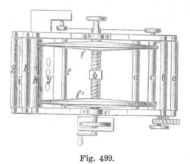

Fig. 499.

welches die 3 Ausflussöffnungen eines kräftig blasenden Ventilators enthält. Die warme Luft tritt also direct in den inneren Raum ein und wird durch die Gewebeflächen hindurchgetrieben.

γ) Mit Geweben an Spiralen zwischen zwei Scheiben.

Einen solchen Spiral-Aufspannapparat oder Tenoxèremaschine beschreibt J. J. Heim[91]) für Baumwollwaaren. Derselbe lobt und rühmt diese Trockenmaschine sehr. Es wird bei der Tenoxère mittelst Ventilators Luft in die Windungen des Stoffes eingeblasen. Heim meint, man könne mit solcher Maschine bedeutende Mengen Stoff trocknen. Wenn ein genügender Wärmeapparat und Flügelrad vorhanden sei, könne man täglich 4 mal beschicken. Die Länge der Spirale beträgt etwa 40—50 m. — M. Poole[92]) nahm 1841 ein engl. Patent auf eine Spiralstretching-Maschine, genau wie die von Heim beschriebene. Die Tenoxère rührt von Schlumberger[93]) her. Keely & Alliot führten derartige Spiralen 1843 ein. Sie streckten das Zeug in der Länge und in der Breite mit Hülfe von Metallbändern und Nadeln und führten es auf die Nadeln der Spiralcylinderrahmen über, welche durch rechts- und linksgängige Schrauben von einander entfernt, damit das Zeug angespannt werden konnte. Der so gebildete Cylinder wird in schnelle Umdrehung versetzt. — Eine ähnliche Construction rührt von Coulter & Barber her. —

Während bei diesen Apparaten die durch das Zeug gehende Luft der Centrifugalkraft folgt, ist bei einer Construction von Kirkham, Ensom und Brook[94]) eine andere Methode der Luftdurchtreibung befolgt. Sie

[91]) Musterzeitung 1858. No. 1. — Heim, Appretur der Baumwollstoffe p. 52.

[92]) Mech. Magazine, Vol. 35. p. 299. — Dingl. pol. Journ. Bd. 85. 325.

[93]) Brevet d'inv. LXII. 292. — Pol. C.-Bl. 1858. S. 1058.

[94]) Engl. Pat. Spec. 1864. No. 2739.

pressen mit Hülfe einer Pumpe oder eines starken Ventilators warme Luft durch die perforirte Cylinderaxe. Darauf kehren sie die Wirkung um und saugen feuchte Luft zurück. Statt des Cylinders benutzen sie auch perforirte Platten, zwischen denen sie das Zeug legen, um die warme Luft vor- und rückwärts durch dasselbe zu treiben.

δ) Mit rasch rotirender Trommel (wie γ).

Zu dieser Kategorie gehörig, ist noch eine Art Trockenmaschinen zu erwähnen, welche auch Centrifugaltrockenmaschinen genannt werden könnten, weil in der That die Centrifugalkraft bei derselben thätig wird und bis zu einem ziemlich weiten Grade Anwendung finden darf, weit mehr als bis jetzt gewagt ist.

Dieses System wird sehr gut repräsentirt durch die nachstehend abgebildete amerikanische Maschine von 1854 (Fig. 500). Wie ersichtlich, sind in dieser Maschine zwei Scheiben a, b auf einer hohlen Axe B aufgesetzt,

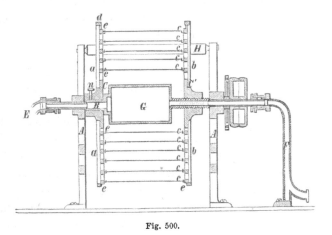

Fig. 500.

woran a fest aufgebracht und b mit Hülfe des Schraubengangs auf B verstellbar, aber durch einen Keil und Nuth feststellbar angeordnet ist. Diese Scheiben tragen in den einander zugewendeten Flächen Spiralkränze c, c, c, e, e, e, welche mit Clavierhaken besetzt sind. Der Stoff wird an diesen Haken angehakt und zwar mit dem inneren Spiralkranz beginnend, bis zu dem nach Aussen laufenden Ende. Ist der Durchmesser der Spiralscheiben z. B. 5 m, so können leicht an jeder Scheibe die Spiralen 20 Gänge haben, so dass darin gegen 176 m Stoff eingerahmt werden können. Für gewöhnlich genügt es, den Rahmen für die gebräuchliche Handelslänge des Stücks betreffender Waare zu bemessen, also vielleicht für 72—100 m leichtere Stoffe und 30—50 m schwerere Stoffe. Nachdem der Stoff aufclavirt ist, löst man die Stellschraube n, so dass nun beide Scheiben lose auf B laufen und dreht die Welle B so, dass

sich die Scheibe b nach aussen schraubt, wodurch nun das Gewebe auf
den ganzen Rahmen gleichmässig angespannt und ausgereckt wird, so
weit als man wünscht. Nun schraubt man n fest und steckt den Keil
für b in die Nuth der Nabe und Welle für b, so dass nunmehr die ganze
Trommel fest mit der Axe B verbunden ist. Man setzt dieselbe in
Rotation, vorher wurde der Dampfhahn an E geöffnet. Der Dampf
strömt in die Trommel G ein und heizt dieselbe, so dass vermöge der
Centrifugalkraft die um G erwärmte Luft durch das Gewebe geschleudert
wird. Durch die bei G entstehende Luftverdünnung kommen immer neue
Luftströme durch C und C' in den Heizraum, erwärmen sich dort und
werden durch das Gewebe getrieben. Dabei schleudert die Centrifugalkraft nicht sowohl anfangs selbst noch Wasser aus, sondern sie treibt
auch fortgesetzt die mit Feuchtigkeit beladene Luft aus den Spiralen
heraus. Es scheint uns der höchste Nutzeffect bei dieser Maschine
erreichbar, wenn die Geschwingkeit der Umdrehung so hoch genommen
wird, dass die nach G einströmende Luft noch Zeit hat, sich auf einen
gewissen Temperaturgrad zu erwärmen, der natürlich mit der Variation
der Temperatur der Atmosphäre wechselt.

b) Trocknen bei Contact der Gewebe mit erhitzten Flächen.

Im Beginne dieses Jahrhunderts war die Trocknung mit heissen
Cylinderflächen noch unbekannt. Erst gegen 1820 tauchte diese Trocknungs-
art auf. Ein erstes englisches Patent nahm 1824 Jonathan Schofield:
Drei dampfbeheizte Cylinder zum Cachemirtrocknen. Im Dictionnaire techno-
logique wurde sie wohl beschrieben, aber von ihr gesagt, dass sie die
Trocknung mit heisser Luft nicht ersetzen könne. Indessen wurde diese
Trockenmethode seit jener Zeit in England und der Normandie besonders
heimisch. Anfang der 40 er Jahre wurden diese Cylindertrockenmaschinen
auch im Elsass und in Deutschland eingeführt.

Péclet hat dem Trocknen der Körper durch Auflegen auf erhitzte
metallene Oberflächen ein eigenes Kapitel in seinem Traité de la chaleur
gewidmet. Er sagt über den Nutzeffect solcher Maschinen, dass die verdampfte Wassermenge eine viel geringere sein müsse als die Menge des
durch Condensation verdichteten Dampfes, weil die feuchten Gewebe Wärme
ausstrahlen, die Luft mit erhitzt wird, und niemals die ganze Oberfläche
der Cylinder von Stoff bedeckt sein kann, weshalb ein Theil derselben
direct an die Luft Wärme transmittirt. Um so mehr als der Stoff trockener
wird, um so grösser werden die Wärmeverluste, weil die Verluste durch
Strahlung dieselben bleiben, während sich die verdampfte Wassermenge
fortgesetzt natürlich vermindert. Verschieden ist letztere je nach Beschaffenheit der Gewebe.

Versuche von Royer haben ergeben, dass der Effect der Cylindertrocken-maschinen etwa ist: 3,65 k Wasser verdampft per 1 k Steinkohle, wenn die die Maschine umgebende Luft 45—50° warm ist. Dieses Resultat lieferte eine Maschine mit einem Cylinder[95]). Eine Maschine mit 6 Cylindern ergab nur 2,45 k Nutzeffect. Grosseteste stellte 1865 Versuche mit einer Maschine von 15 Walzen an von 0,589 m D., 1,915 m L., 3,512 □ m Trockenfläche und 4,047 □ m Oberfläche. Die Maschine hatte demnach 60,6 □ m Oberfläche. Die Gewebe wurden in einer Walzen-presse vorher ausgerungen. Es wurden 222 239 m Gewebe zum Versuch verwendet mit 12 084 k Wassergehalt. Es wurden verbrannt 3920 k Steinkohle und 22 580 k Wasser im Dampfkessel verdampft, somit per Kilo Kohle 5,806 k Wasser. Es folgt demnach, dass, da 12 084 k Wasser aus dem Gewebe verdampft wurden, durch 1 k Steinkohle hiervon 3,09 k Wasser verflüchtigt wurden oder 4,935 per □ m und Stunde. In den Cylindern hatte sich an Dampf condensirt 22 580 k, also per 1 k aus dem Gewebe verdampftes Wasser mussten sich 1,865 k Dampf verdichten, d. i. per □ m und Stunde 9,204 k. Die Dampfspannung in der Maschine war 2½—3¼ Atm.; die Geschwindigkeit des Gewebes in der Maschine war 25 Umdrehungen der Cylinder; per Stunde ca. 5500 m Gewebe. Versuchsdauer 40 Stunden 25 Minuten. — Ein früherer Versuch von Grosseteste (1858) hatte nur 2,38 k Nutzeffect per 1 k Kohle ergeben. — Grosseteste vergleicht diese Resultate mit denjenigen, die er bei Trockenkammern erhalten hat, wie folgt:

	In der Trockenkammer	Auf der Trockenmaschine
per Kilogramm Steinkohle verdampftes Wasser	1,74 kgr	3,5 kgr
In 12 Stunden wurden an Stoffen getrocknet .	17620 m	65988 m
Wassergehalt in 100 m Stoff	4,28 kgr	5,43 kgr
In 12 Stunden wurde an Wasser verdampft .	754,8 -	3584,4 -
100 m Stoff haben ein Trockengewicht von . .	5,40 -	5,24 -
Wirkungsgrad des Heizapparates	45,5 pCt.	57 pCt.
Wirkungsgrad des Trockenapparates	31 -	53 -
Wirkungsgrad im Ganzen	14,10 -	30,21 -

Das Trocknen auf den Cylindern ist also hiernach verglichen mit dem Trocknen in Trockenkammern bedeutend vortheilhafter, auch verglichen mit Plattenheizung, — allein nichtsdestoweniger ist es noch kein öconomisches. Sehr beachtenswerth ist es, dass bei den vorstehend angegebenen Versuchen von Royer mit dem grossen Cylinder zur Verdunstung von 1 Pfd. Wasser $\frac{204 \cdot 640}{148}$ = **882** W. E. aufgewendet wurde, bei der Maschine mit 6 kleineren Cylindern aber **1316** W. E. Der Haupt-verlust liegt, wie schon bemerkt, in der Strahlung und Schinz berechnet, dass im Anfang des Prozesses, wo die Cylinder als mit einer dünnen Wasserschicht bedeckt zu betrachten sind, durch Strahlung verloren gehen per □ m und Stunde 130,07 W. E. bei 100° des Dampfes und 15° der Luft, dass später, wenn der Calicot fast trocken ist, 89,84 W. E. durch Strahlung verloren gehen. Schinz ist daher der Ansicht, dass das Trocknen mit erwärmter Luft im Trockenraum vortheilhafter sei und meint, dass die für das Zeugtrocknen angeordneten Cylinder stets von grossem Durchmesser sein müssten. Diese beiden Annahmen sind nicht zutreffend, denn die Praxis hat die kleineren Cylinder vorgezogen und für viele Stoffe die Trocknung in Trockenkammern aufgegeben. Freilich hat die Praxis in neuerer Zeit die Cylinder-trocknung vielfach durch die Trocknung mit bewegter, warmer Luft in enggeschlossenen

---

[95]) Ferrini, Technologie der Wärme, D. A. pag. 308 gibt irrthümlich den Nutz-effect von 1 k Steinkohle in den Royerschen Versuchen mit 5 k verdampften Wassers an; er hat einen Quotienten übersehen.

Trockenmaschinenräumen wieder ersetzt, weil diese letztere einen höheren Nutzeffect gibt, als sie. Péclet hält es für günstig, bei den Cylindertrockenmaschinen die Temperatur der Cylinder möglichst zu erhöhen und ebenso die der umgebenden Luft, aber dabei die Cylinder in einiger Distanz mit einem dicken Holzmantel als Deckel zu umgeben, der im Innern ein Futter von Metallblech enthält. Dieser Mantel würde sich durch Strahlung erhitzen und wenig Wärme nach aussen abgeben, da, er geringe Leitungsfähigkeit besitzt, er würde, nachdem er auf die Temperatur der Cylinder gestiegen, so viel Wärme gegen das Zeug zurückgeben, als er aufgenommen. Die Luftschicht zwischen Mantel und Zeug würde, wenn der Mantel möglichst vollständig die Cylinder umgäbe, eine stagnirende schlecht leitende Isolirschicht bilden. —

I. Trockenmaschinen mit einer Trommel.

α) Das Gewebe, auf Spannketten gehalten, berührt den Mantel nicht.

Wir haben schon oben erwähnt, dass die Trockenmaschinen im Allgemeinen oft mit Spannapparaten zum Ausbreiten des Stoffes construirt werden. Bei der Trockenmaschine mit grosser Trommel hat dies die Folge, dass der Stoff, welcher auf den Spannketten, Spannbändern etc. aufclavirt und ausgespannt enthalten ist, das Metall des Mantels nicht direct berührt, sondern einen Zwischenraum zwischen Gewebe und Metall belässt. Dieser Zwischenraum füllt sich mit einer durch Dampf geschwängerten Luftschicht, welche sich mit dem Cylinder bewegt und stagnirt und so den Trockeneffect der Mantelfläche nicht unwesentlich beeinträchtigt. Es ist diesem Umstande mit zuzuschreiben, dass die grossen Tambourtrockenmaschinen dieser Art keine so befriedigenden Leistungen zeigen, als man hoffen mochte. — Diese Trockenmaschinen sind oft mit Stärke- oder Gummiapparat verbunden und es wird also solche Appreturmasse vor Auflaufen auf die Trommel dem Stoff beigebracht. Auch das erhöht den Leistungseffect der Trommel als Trockenapparat keineswegs. —

Die erste brauchbare Tambourtrockenmaschine mit Spannapparat rührte von James Fletscher[96]) (1852) her. Wir geben hier eine ähnliche Maschine von Salomon Huber in Carolinenthal bei Prag[97]) wieder.

Der Hauptsache nach besteht diese Maschine aus einer kupfernen, mit Dampf geheizten Trommel, auf deren Umfang zwei aus Nadellinealen gebildete Ketten liegen, deren Schieberführungen eine Bewegung der Kette im Sinne der Trommeldrehaxe gestatten. Die Führung dieser Ketten oder ihrer resp. Schieber übernehmen zwei Leitringe mit ihren beiden Gegenleitstücken in der Weise, dass die Rollen der Schieber an den feststehenden Leitringen während der Trommeldrehung laufen und eine den Leitringen entsprechende Kettenstellung erzeugen. Die Ketten selbst können durch

---

[96]) Engl. Patent Umann 1852. No. 14 097. — Mech. Mag. 57. S. 394.
[97]) Dingl. pol. Journ. Bd. 209. S. 409.

entsprechende Verschiebungen und Stellungen auf verschiedene Stoffbreiten arbeiten und ebenso verschiedene Streckungen des Stückes erzielen, desgleichen aber leicht gänzlich seitwärts geschoben werden, in welchem Falle der Apparat als Trockentrommel mit Contact und ohne Breithaltun verwendet wird. — Von der mit dem Apparate in Verbindung arbeitenden Stärkmaschine gelangt die Waare über die Leitrolle a nach der Leitschiene b, über welcher mit Hülfe der Bürstenrollen c das Aufnadeln der Waare auf die Nadelketten erfolgt. Die Ketten sind bis e parallel dem Trommelrande geführt, während von c bis d die Streckung der Waare erfolgt. Von d bis e bleibt die Waare in der neuen Breite und verlässt bei e die Nadelkette. Zwischen e und b erfolgt das Zusammenschieben der Kette auf die dem Punkte b entsprechende Stoffbreite. Die Waare muss beim Verlassen von e vollständig trocken sein und werden noch die etwas feuchten Ränder auf einer zwischen f und g liegenden Trockenplatte vollständig getrocknet. h ist eine Trommel, die ebenfalls mit Dampf oder mit kaltem Wasser

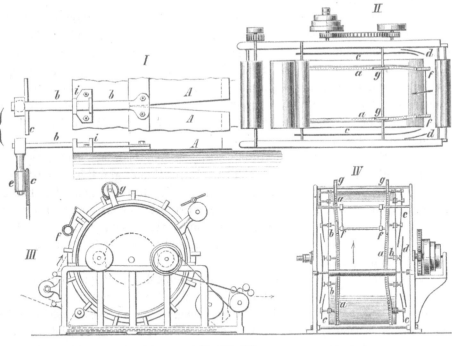

Fig. 501—503.

arbeitet, — i die mit einem gepressten Walzenpaare arbeitende Aufwickelvorrichtung. Im Falle der Apparat zum Trocknen ohne Spannung verwendet wird, nimmt die Waare den Lauf über a, den Ausbreiter y nach der Trommel bei z, worauf dann der Weg z, b, c, d u. s. f. eingehalten wird. (Fig. 501—503.)

In Folge der vollständig correcten Führung der Nadelkette erhält die

Waare einen ganz geraden Rand bei sehr geringer Verlöcherung und eignet sich die Maschine ganz besonders für carrirte Muster, da dieselben nicht verschoben werden, wie dies bei langen horizontalen Rahmen häufig vorkommt. Die Spannketten, in deren Häkchen die seitlichen Enden oder sogenannten Leisten des Gewebes eingehängt werden, bestehen aus dreizehn Gliedern von ca. 50 cm Länge und haben an der Stelle a, wo die noch nasse gestärkte Waare in die Maschine einläuft, den kleinsten Abstand. Dieser Abstand nimmt aber, sowie die Waare eingehängt ist, nach und nach zu, wonach das Gewebe den weitern Lauf über die Trommel ohne fernere Ausstreckung zurücklegt. Die Leitlineale b gleiten in den Führungen i, welche auf dem Rande der Trommel festgeschraubt sind und gleichzeitig die Mitnehmer für Kette und Gewebe bilden. Die Führungsringe c und d sind mittelst Stellschrauben an den Seitengestellen befestigt und können, wie bereits erwähnt, innerhalb gewisser Grenzen in ihrer Lage verändert werden, um eine grössere oder geringere Ausstreckung des Gewebes zu erzielen. —

Die Amerikaner haben das System des grossen Dampftambours ebenfalls aufgenommen, sowohl mit als ohne Spannapparate, und als Dampftrommel behandelt oder als Dampfmantel (resp. Circularplattentrocknung). Schon 1854 finden wir ein Patent No. 11952, welches die volle Dampftrommel mit dem Spann- und Rahmenapparat einrichtet. In späterer Zeit haben Butterworth & Co. in Philadelphia und die Cleveland Machine Co. diese Maschine aufgenommen und ausgeführt, ferner W. H. Palmer in Middletown, Conn.

An Stelle der hohlen grossen Trommel hat man bei noch grösseren Dimensionen eine Trommel mit einem hohlen Mantel gewählt. Es ist dies der Fall bei der Trockentrommel von C. F. Bennet aus Warehousepoint, Conn., welche bereits 1859 patentirt ist, so besonders auch bei der Construction der Trockenmaschine von Tulpin sen. in Rouen, welche 1867 in Paris viel Aufsehen erregte. Dieselbe war 1863 in Frankreich und England patentirt.

Die grosse Trommel wird von einem Holzgehäuse P eng umschlossen, wie angedeutet. Dasselbe hat am Boden eine Verbindungsöffnung mit der Esse R. Die ganze Aufrahmungsvorrichtung sowie die Kettenzuleitung ist vor diesen Kasten gesetzt, so dass der Arbeiter unbelästigt bleibt von der im Innern der Kammer P eingeschlossenen hochtemperirten Luft. Der Tambourmantel ist hergestellt aus 4—6 mm dicken Eisenblechplatten. Der Tambour hat einen Durchmesser von 5—6 m. Der Hohlraum des Mantels erträgt einen Druck von 5 Atm. Es kann also directer Kesseldampf angewendet werden. Um die Dampfheizung im Tambourmantel gleichmässig zu erhalten, hat Tulpin[98] einen Dampfvertheiler und Dampfregulator

[98] S. Annal. ind. 1875. 199. Oestr. Bericht über die Ausst. Paris 1867. — Grothe, Spinnerei, Weberei und Appretur auf der Ausstellung 1867 — u. a. v. a. Orten.

construit, dessen Construction wir weiter unten beschreiben werden.
(Fig. 504).

Der Mantel des Tambour ist aus den Eisenblechplatten hohl zu-
sammengenietet und ruht auf kräftigen Armen B, die auf der Betriebswelle C aufsitzen. Letztere ist hohl und hat auch hohle Zapfen, an welche
sich Röhren anschliessen, deren eine die gespannten Dämpfe in die hohle
Welle und von hier aus durch eine Anzahl kupferner Röhren E nach verschiedenen Stellen des Tambourmantels leitet, so dass dieser dem ganzen
Umfange nach im hohlen Raum mit Dampf erhitzt ist, — deren andere
das Condensationswasser abführt. Zum Behufe dieser Theilung ist die

Fig. 504.

hohle Welle durch Theilung in der Mitte in zwei selbstständige Theile
oder Kammern getheilt. Die Breite dieses Mantels variirt je nach der
Breite der Gewebe. An der einen Seite auf diesem Mantel befindet sich
in fester Bahn eine Gliederkette mit Clavierspitzen zum Aufhaken des
Gewebes. An der andern Seite des Mantels ist eine gleiche Kette angelegt, aber in verschiebbarer Bahn gleitend. Diese Bahn besteht in einem
Winkelblechringe von etwas grösserem Umfang als der Tambourmantel,
so dass er auf demselben wie eine Hülse sich schiebt. Auf diesem Ring
liegt die Spur für die Kette. Mehrere (8—10) Arme gehen von diesem
Ringe seitlich über den Rand des Mantels hinaus und sind hier an den
längeren Armen ebensovieler Hebel befestigt, deren andere Arme mit einem
durch einen Schraubenapparat beweglichen starken Ringe verbunden sind,
der sich auf der Welle verschieben lässt. Hierdurch ist es möglich, der
Breite des Zeuges entsprechend, die zweite Kette nach aussen zu schieben
und so das Zeug zu spannen, so dass es ohne jede Falte über dem sich

drehenden Tambour fast aufliegt. Die Zuleitung und das Aufhaken des
Stoffes besorgt eine vorgelegte Maschinenanordnung mit Pressionswalzen
selbstthätig ebenso wie das Abnehmen des Zeuges an derselben Seite der
Maschine. Der Stoff macht zunächst eine volle Umdrehung des Cylinders
mit. Drei Flügelräder sorgen für geeigneten Luftwechsel am Tambour.

Alcan[99]) gibt an, dass Tuche, mit dieser Maschine getrocknet, folgenden
Effect der Maschine ergeben habe. Die Maschine trocknete 720 m Tuch
per Tag (12 Std.). Diese 700 m wogen nach dem Ausschleudern 700 k
und enthielten ca. 350 k Wasser. Es wurden verbrannt 264 k Steinkohle
(Alcan sagt allerdings nur combustible). Danach hätte mit dieser Maschine
1 k Brennstoff nur 1,32 k Wasser verdampft! —

John Hall hat übrigens bereits 1836 eine Trockenmaschine mit zwei
Trockencylindern unter Anwendung von Nadelbändern zum Spannen
ersonnen. Andere Constructionen sind von G. Collier, G. Pattison u. A.
angegeben.

β) Mit Trommel und Seitenscheiben.

Die Entstehung der stagnirenden Luftschicht, wie in Einleitung zu α
erklärt, zwischen Gewebe und Trommelmantel ist Veranlassung gewesen
zu der nachstehenden Construction. Auf einer Axe, die einen hohlen
Cylindermantel trägt, wie bei der Tulpin'schen Maschine sind seitlich
Scheiben aufgesetzt. Die eine davon ist fest und schliesst mit ihrer Fläche
möglichst eng an die Trommelseite an, dreht sich aber selbstständig um
die Hauptaxe, auf welcher die Trommel sitzt. Auf dem Umfang dieser
Scheibe ist ein feiner Ring aufgezogen, welcher seitlich ein wenig über
die Trommel übergreift. Derselbe trägt Nadeln zum Aufclaviren des
Gewebes. An der andern Seite der Trommel ist ebenfalls eine Seiten-
scheibe aufgebracht, die indessen seitlich mittelst Schraubengang und Gewinde und Stellrad auf der Axe der Trommel an einer Hülse, die die
Axe umfasst, verstellbar ist. Diese Scheibe trägt auf dem Umfange einen
breiten Metallring, der ziemlich weit über den Rand des Trommelmantels
herüberreicht und auch Clavierhaken trägt. Beide Seitenscheiben werden
durch Zahnräder, an einen Zahnkranz angreifend, umgedreht, also unabhängig von der Hauptaxe. Man kann ihnen auch durch geeignete Getriebe
eine intermittirte und eine Art Pilgerschrittbewegung, jeder für sich, ertheilen,
so dass auch Streckungen des Gewebes in der Diagonale und Aehnliches
ausgeführt werden können. Das Gewebe wird auf den beiden Metall-
ringen mit den Säumen aufclavirt und durch Herausschrauben der einen
Seite angespannt. Besser ist es, wenn die aufgesetzten Metallringe einen
aufgebogenen Rand erhalten, der einer Spannkette zum Widerlager dient.
Es kann dann die Metallkette mit Clavierhaken so eingerichtet sein, dass

---

[99]) Alcan, Traité du travail de laine. Vol. II. 336.

ein bequemes Aufclaviren und Spannen selbstthätig erfolgt. Man kann
nun die Trommel entweder entgegengesetzt rotiren lassen, wie die Scheiben,
und bringt dadurch fortgesetzt andere Heiz- und Gewebeflächen in Wirkung zu einander, oder man kann gleiche Rotation nehmen, und auch so,
dass die Trommel schneller oder langsamer umgeht, als die Scheiben, oder
man kann den Scheiben eine untereinander verschiedene Bewegung ertheilen,
um eine Diagonalwirkung hervorzubringen.

γ) Mit Mitläufertuch.

Der Gebrauch eines Mitläufertuchs für das Trocknen der Gewebe ist
heute nicht mehr so verbreitet wie früher, wird indessen noch immer
wieder empfohlen, so von W. Fuzzard, Martin, Haden, Passet, Collier und
Crossley u. A. Für gewisse Zwecke und für feine, sehr zarte Waare
kann ein Mitläufertuch nur gute Dienste leisten zur intacten Erhaltung derselben. Daher sind diese Constructionen besonders in der Spitzen- und
Seidenindustrie gebräuchlich. Dieselben benutzen ebenfalls eine grosse Heiztrommel in verschiedenen Dimensionen. Der Stoff, welcher getrocknet
werden soll, wird direct gegen die heisse Metallfläche geführt, aber auf
der andern Seite durch ein Mitläufertuch bedeckt. Dies Mitläufertuch
wird so arrangirt, dass es ohne Ende über Rollen cursirt. Die vollkommenste Einrichtung dieser Art ist die von Pierron & Dehaitre[100]) in
Paris, von der wir die beigegebenen Fig. 505 u. 506 bringen. Die Maschine ist
mit einem Gummirapparat verbunden und mit einem Spanntisch, auf welchem
die Ausbreitung der Waare durch spannend geführte endlose Ketten
geschieht, bevor das Gewebe in die eigentliche Trockenmaschine eintritt.
Diese besteht in folgendem: j ist der beheizte Trockencylinder. Er wird
umfasst auf dem grössten Theil seines Mantels von dem endlosen Mitläufertuch, das sich über a, b, c, d, e, f, g, h zurückbewegt. Zwischen
Cylinder und Mitläufertuch werden bei h die Stoffe eingeführt und bei a
über n, m, o aus der Maschine entfernt. Der Antrieb geschieht durch die
Frictionsscheibe F gegen die Frictionsrolle E auf Welle D, auf der der
Schraubentrieb c das Schraubenrad B und mit ihm die Trommelaxe und
Trommel bewegt. Ausser dieser einfacheren Construction baut die Firma
noch vollkommener ausgerüstete, welche mit Ausbreitvorrichtungen (Siehe
Fig. 363 u. Fig. 379) und Fach- resp. Messapparat versehen sind, auch in
der Anordnung der Bewegungsmechanismen sehr sorgfältige Construction
zeigen. Die Einschaltung der Planscheibe mit Triebrolle bewährt sich
auch hier zur Ausgleichung und Regelung der Betriebstheile vorzüglich.
— Für solche Maschine hat Moritz Jahr in Gera ein Patent genommen[101]). Diese Maschine verbreitert, decatirt, trocknet, presst und legt

---

[100]) D. R. P. No. 2589. Revue ind. 1880. pag. 364.
[101]) D. R. P. No. 10 591. — Polyt. Zeit. 1881.

das Gewebe und eignet sich zur Appretur wollener, halbwollener und seidener Damenkleiderstoffe. Sie ersetzt für gewisse Gewebe den Spannrahmen, ohne Nadellöcher an den Leisten des Gewebes zu erzeugen, und ertheilt der Waare gleichzeitig eine dauerhafte Appretur, die auf Rahmen nie erreicht werden kann. Das Verbreitern des Gewebes erfolgt bei dieser Maschine auf dem Kluppenbreitspannapparat, der in Folge seiner einfachen Construction äusserst zuverlässig functionirt und der Abnutzung nur wenig unterworfen ist. Die Kluppen (Fig. 353) fassen das Gewebe jeder Dicke

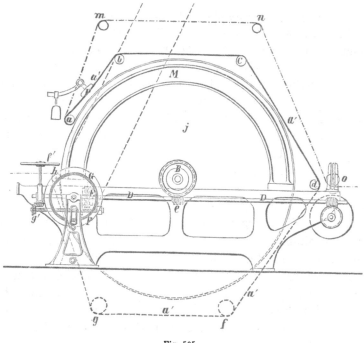

Fig. 505.

und halten es so lange fest, bis es die gewünschte Breite erreicht hat. Zwischen dem Kluppenbreitspannapparat und dem Kupfercylinder ist ein Lattenbreithalter eingeschaltet, welcher das gebreitete und von den Kluppen frei gelegte Gewebe ausstreicht und in diesem Zustand dem Kupfercylinder zuführt. Dasselbe wird von dem auflaufenden Filz fest an die erhitzte Fläche des Kupfercylinders angedrückt und dadurch verhindert, sich beim Trocknen zusammen zu ziehen. (Fig. 507.)

Lafitte und vor ihm Duvivier basirten ihre Universalappreturmaschinen auf dieselben Prinzipien, nur setzten sie den Cylinder noch ausserdem in eine abgeschlossene Trockenkammer, sodass der Mitnehmer schnell trocknen und die feuchte Luft abgezogen werden konnte. — J. Decoudun & Cie in Paris haben unterhalb des Cylinders noch eine geheizte Metallmulde eingesetzt, so dass dort Hitze von beiden Seiten

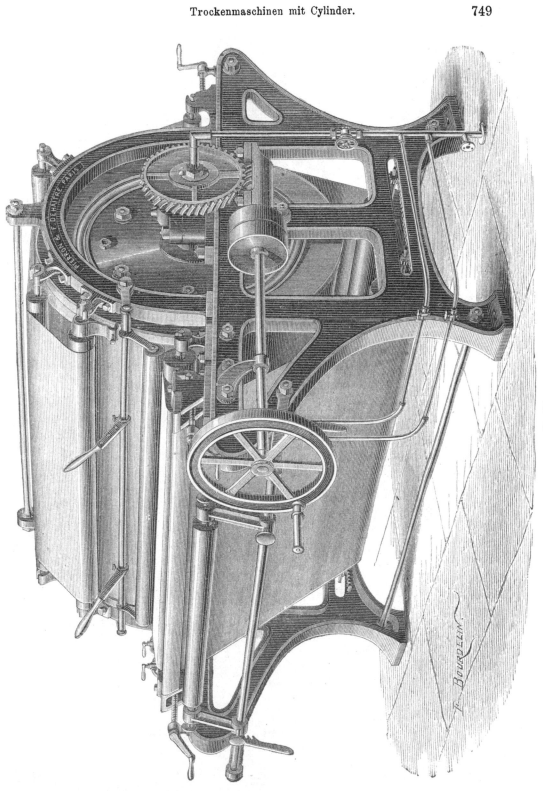

Fig. 506.

Fig. 507.

wirkt. Auch J. W. Crossley hat 1863 eine solche Trockenmethode patentirt erhalten. Er glaubt, dass durch das Mitläufertuch die Radiation der Hitze abgeschwächt werde. — Wir bemerken ausdrücklich, dass die hier erwähnte Kategorie der Cylinder mit Mitläufer neben dem Zweck der Trocknung, den der Plättung, Pressung hat. —

δ) Mit vollem Contact zwischen Gewebe und Trommeln.

Wir haben bereits in der Einleitung die Erörterung gegeben, welche Punkte theoretisch bei den Trockenmaschinen mit Contact des Gewebes an dem Metallmantel in Frage kommen. Zunächst handelt es sich nun lediglich um Maschinen mit einem Cylinder. Für diesen ist es behindernd, dass ein sehr grosser Dampfverbrauch stattfindet. Man hat indessen für Contacttrocknung die Trommel bisher nicht mit Heizmantel hergestellt (wie Tulpin etc.), sondern geht dann lieber auf die kleineren Dimensionen der Cylinder ein oder nimmt mehrere Cylinder. Unter den eincylindrigen Trockenmaschinen mit Contact nennen wir die von Edw. Brasier, der den Stoff übrigens durch Walzen noch andrückt und die Trommel in Pilgerschritt laufen lässt. Sodann führen wir die von Péclet entworfene Trommel vor, die als sehr normales Vorbild betrachtet werden kann.

Die Einrichtung dieser Trockenmaschinen mit einem Tambour ist (Fig. 508 u. 509) folgende. Der Cylinder A enthält Axen, welche mit starken

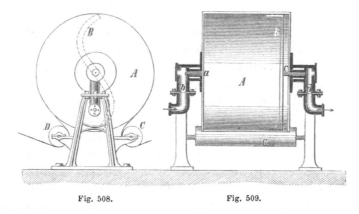

Fig. 508.   Fig. 509.

Scheibenbüchsen an den Seitenwänden desselben befestigt sind. Die Axen sind hohl. Die Axe a communicirt mit dem Dampfzulass b, so dass Dampf in das Innere des Cylinders eintreten kann. Die Axe c communicirt mit dem Auslass d für das Condensationswasser und ragt in den Cylinder etwas hinein, um zwei Arme in S-form B aufzunehmen, welche mit geeigneten Enden und Endöffnungen das Condensationswasser aus dem Cylinder A ausschöpfen und durch sich hindurch laufen lassen, so dass es

durch die hohle Axe c nach d entweichen kann. Der Führungscylinder C
wird vom Motor getrieben. Der Cylinder A aber wird durch Friction des
Zeugs, welches ihn mit Hülfe von D und C fast auf den ganzen Umkreis
umfasst, umgedreht. Dies letztere ist indessen in neuerer Zeit selten angewendet, vielmehr wird jetzt meistens der grosse Cylinder direct umgetrieben. —

Der Maschinenconstructeur brachte 1875 (S. 226 Tafel 58) eine sehr
interessante Construction einer Trommel-Trockenmaschine. Dieselbe besteht
in einem Kupfercylinder von 1,570 m Diam. und 1,885 m Breite. Ueber
diesen Cylinder geht das Tuch. In diesem Cylinder ist ein anderer von
Schmiedeeisen mit 1,445 m innerem Diam. und 7 mm Blechstärke aufgestellt. Der von beiden Cylindern gebildete Mantelraum wird durch Dampf
geheizt. Beide Cylinder sitzen fest auf derselben Axe.

II. Trockenmaschinen mit mehreren Trommeln oder Cylindern.

Diese Cylindertrockenmaschine ist vielleicht als eine Erfindung von James
Watt zu betrachten. Derselbe fertigte 1781 eine Zeichnung einer Trockenmaschine für Leinwand und Baumwollstoff an und sandte diese an seinen
Schwiegervater Mc. Gregor. Er schrieb dazu: „Diese Maschine besteht
aus drei kupfernen Cylindern, über und unter welchen das Zeug durchgehen
muss, während sie mit Dampf gefüllt sind." Für die Ableitung des Condensationswassers hatte er eine besondere Zeichnung entworfen. Jonathan
Schofield's Maschine von 1825 hatte ebenfalls drei kupferne oder zinnerne
Cylinder. Von 1830 an bürgerte sich dies System erst mehr und mehr
ein unter mannigfachen Veränderungen und Verbesserungen durch Crossley,
Edleston, Farmer, Fuzzard, Booth & Farmer, Heycock, Rob. Wilson (1860
und 1865), Mather, Slott & Barker, Hummel, Dimock, Chapelle, Toulson,
Penott, Marchand, Persoz & Laquiante, Collier, Weems, A. W. Butterworth & Cie (Philadelphia), Mather & Platt (Salford), Tulpin frères (Rouen),
Neubarth & Longtain (Lüttich), Zittauer Maschinenfabrik A.-G., C. F. Weisbach (Chemnitz), A.-G. für Stückfärberei und Maschinenfabrikation (Fr. Gebauer, Charlottenburg), Palmer European Pat. Tentering and Finishing Co.
(Norwich, Conn.), B. Rice & Fales M. Co. (Worcester, Mass.) u. s. w.

Im Allgemeinen enthalten diese Maschinen 3—23 Trommeln von ca.
500—700 mm Durchmesser. Dieselben haben eine Breite, welche zwischen
1000 und 2300 mm Arbeitsbreite wechselt. Die Cylinder sind von verzinntem Eisenblech, Kupfer- oder Zinnblech, gegossen oder gehämmert. Ueber
die Herstellung der Cylinder hat man sehr vielfach gestritten, besonders als im
Elsass 1857 Cylinder aus Blech[102] genietet oder gelöthet vorgeschlagen
wurden. Die Anforderung muss an die Cylinder gestellt werden, dass

---

[102] Bull. de la Soc. ind. 1857. S. 93.

sie einen, dem Kesseldruck gleichen Druck aushalten können, denn solcher ist für die Cylinder unter Umständen vorhanden und wirksam, wenn auch die Einlässe meistens mit Reductionsventilen (Robinson, Henderson, Hanson, Schäffer & Budenberg, C. W. Blancke etc.) versehen werden. Wir fügen hier einige Bemerkungen über die Herstellung der hohlen Cylinder an.

Harrison in Blackburn vollendet die Blechtrommeln seiner Schlicht- oder Trockenmaschinen durch Hämmern und zwar bedient er sich hierzu einer mechanischen Vorrichtung. Die auszurichtenden Cylindermäntel werden auf eine schwache eiserne Walze gesteckt, welche als Unterlage oder Ambos dient; darauf verstellbar befestigte Scheiben verhindern eine Längenverschiebung des aufliegenden Blechmantels. Senkrecht über der Unterlagswalze und parallel zu deren Axe befindet sich eine Reihe von Stahlstempeln, die ganz nach Art eines Pochwerkes arrangirt sind, in Führungen sich bewegen und durch eine dahinter liegende Daumenwelle gehoben werden. Jeder einzelne Stempel kann ausser Thätigkeit gesetzt werden, indem man ihn hebt und einen Stift einschiebt, der das Herunterfallen verhindert; der Hut hat Stempel, also die Intensität ihrer Schläge kann durch Verstellen ihres Däumlings regulirt werden. Durch eine Vorrichtung mit Excentric, Hebel, Sperrklinken und Sperrrad wird nach jedem Umgang der Daumenwelle die Unterlagswalze und mit ihr natürlich zugleich das Arbeitsstück etwas vor oder zurück bewegt; damit die Stempel, die nicht ganz dicht neben einander stehen können, auch in der Längenrichtung der Blechtrommel überall wirken können, ist die Unterlagswalze in ihren Lagern der Länge nach verschiebbar und wird diese Längenverschiebung durch eine an der Gestellwand angebrachte Schraube mit Handrad bewirkt. Die ganze Vorrichtung ermöglicht also, die ganze Oberfläche von Blechtrommeln durch ein mechanisch und daher sehr regelmässig bewirktes Hämmern mittelst Stahlstempeln genau auszurichten.

Nach dem Verfahren von William Webb werden die durch Giessen oder sonstwie hergestellten hohlen Cylinder oder Röhren durch Auswalzen fertig gemacht, und zwar geschieht dies auf einem mit gewöhnlichen cylindrischen Walzen versehenen Walzwerk, welches so eingerichtet ist, dass das Gestell erlaubt, die obere oder untere Walze, welche jedesmal einen geringeren Durchmesser haben muss, als die herzustellenden Blechcylinder, leicht heraus zu ziehen, um den zu bearbeitenden Cylinder darauf aufstecken zu können. Ist letzteres bewirkt und das Walzwerk wieder völlig zusammengestellt, so wird bei Anwendung des nöthigen Druckes der zu bearbeitende Cylinder in seiner Umfangsrichtung durch die Wirkung des Walzwerkes ausgestreckt und bis zum gewünschten Durchmesser gebracht. Eine Verlängerung des Blechcylinders in der Axenrichtung findet durch dieses Verfahren nur in sehr beschränktem Masse statt. Derartig ausgewalzte Blechtrommeln sollen wegen der hierdurch erzielten, dem Umfang gleichlaufenden Faserrichtung sehr dauerhaft sein.

Recht zufriedenstellend ist die Beschaffenheit der von den besseren
Maschinenfabriken jetzt in Anwendung gebrachten kupfernen Trockentrommeln. Dieselben werden nicht mehr mit der Hand, sondern durch eigens
dazu construirte Maschinen (Pat. Bridge, Accrington) bearbeitet, so dass dieselben eine an allen Stellen gleichmässige Rundung und genau gleiche
Weite haben; es ist dadurch eine ganz gerade Anlagefläche für die Waare
erzielt, was natürlich zur Erlangung eines fehlerfreien Apprets erforderlich
ist. Die Boden der kupfernen Trommeln sind derartig eingesetzt, dass
ein Undichtwerden nicht denkbar ist; im Innern der Trommeln sind
Schöpfvorrichtungen angebracht, die das condensirte Wasser vollständig
entfernen.

Die Trockenmaschinen sind meistens mit Stärke- oder Gummirapparaten
und mit Ausbreitvorrichtungen verbunden, und besitzen am Ende eine
Aufroll-, Leg- oder Faltvorrichtung.

Der Betrieb der Maschine erfolgt durch Zahnräder, Riemenscheiben,
Frictionsvorgelege oder durch eine eigene an der Maschine befindliche kleine
Dampfmaschine; in beiden letzten Fällen kann die Geschwindigkeit leicht
je nach Bedarf verändert werden, doch hat der Betrieb durch eine eigene
Dampfmaschine noch den Vortheil, dass der Unterschied zwischen der
grössten und der geringsten zu erzielenden Geschwindigkeit ein wesentlich
höherer sein kann, und dass in den Fällen, wo ein Arbeiten nach Feier-
abend erforderlich ist, nicht mit dem ganzen gangbaren Zeuge gearbeitet
werden muss, sondern nur die eine Maschine zu gehen braucht.

Die Maschinen sind mit Condensirtopf oder Dampfsparer versehen und
hierdurch wird der Dampfverbrauch so regulirt, dass er genau im Verhältnisse zu dem in den Trommeln durch Abkühlung condensirten Quantum
steht, also kein Dampf unbenutzt verloren geht; ausserdem befindet sich
an den Maschinen ein Sicherheitsventil, welches einen etwa eintretenden
zu hohen Druck bemerkbar macht.

Wir geben einige solcher Dampfvertheiler, Regulatoren, **Reductionsventile** etc. hier wieder:

Von Tulpins Apparat stellt Fig. 510 die vordere Ansicht dar. Der auf
der rechten Seite des Leitungsrohres eintretende Dampf passirt ein Drossel-
ventil a, dessen stählerne Axe mit dem belasteten Hebel b so in Verbindung
steht, dass die auf- und niedergehende Bewegung des Hebels eine Drehung des
Drosselventils um seine Axe zur Folge hat. b wird nach Bedürfniss durch einen
im Cylinder c befindlichen Piston gehoben, auf welchen der Dampf mittelbar
wirkt. Das Dampfrohr ist mit einem schmalen, zum Theil mit Wasser gefüllten Rohr in Verbindung, von dem hier nur der aufsteigende gekrümmte
Theil sichtbar ist; dieses Rohr communicirt mit dem kurzen Cylinder e.
Zwischen den Flantschen f ist eine Kautschukplatte eingespannt, welche den
Druck, den sie von der unter ihr befindlichen Wassersäule empfängt, auf den
Piston im Cylinder c überträgt und denselben aufhebt. Es ist nun klar,

dass, wenn der Dampf eine höhere als die dem Gewichte g entsprechende Spannung erreicht, derselbe auf das im abwärts gehenden Theile des Rohres d befindliche Wasser einen Nebendruck ausüben wird, der sich auf den Piston des Cylinders c übertragen und eine Bewegung, ein Aufwärtssteigen von b, sowie eine Drehung der Ventilplatte nach der Verticallage hin herbeiführen wird. Ist wieder, nachdem das Ventil geschlossen war, die normale Spannung eingetreten, so tritt das entgegengesetzte Spiel ein und die Dampfeinströmung beginnt abermals in der geregelten Weise.

Diese Vorgänge hat E. Lembke[103]) in einer Beschreibung des Harrison'schen Dampfdruckregulators sehr treffend dargestellt.

Es soll z. B. ein Trockencylinder von ca. 1 m Durchmesser mit

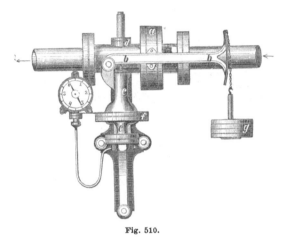

Fig. 510.

Dampf geheizt werden bei einem Druck im Kessel von 5 Atmosphären. Käme dieser hochgespannte Dampf direct in der Trommel zur Verwendung, so müsste der Sicherheit wegen die Wandstärke derselben mindestens $10\frac{1}{2}$ mm sein. Bei dieser Stärke des Bleches wird jedoch das über die Trommel laufende Gewebe nicht genügend getrocknet werden, wenngleich Dampf von 5 Atmosphären Spannung um ca. $\frac{1}{2}$ Mal heisser ist als solcher von 1 Atmosphäre. Weit besser und billiger wird die Trocknung erfolgen, wenn man zur Wandung Blech von 5 mm Stärke nimmt und Dampf von ca. 1 Atmosphäre zur Verwendung bringt. Gewöhnlich benutzt man in den Trommeln Dampf, der auf 1 $\square$ Zoll engl. mit 10 Pfd. engl. Ueberdruck drückt. Dies entspricht einem Druck in der Trommel von $1 + \dfrac{10}{14,7} =$ ca. 1,7 Atmosphäre. Die Wärme des so gespannten Dampfes ist ca. 116° C.

---

103) Ind.-Zeit. 1871. S. 343.

Der Kessel liefert Dampf von 5 Atmosphären. In der Trommel soll
dieser Dampf als solcher von 1,7 Atmosphäre zur Wirkung kommen und
zwar immer gleichbleibend, auch dann, wenn die Kesselspannung variirt.
Der sich bei der Heizung condensirende Dampf soll sofort wieder ersetzt
werden. Zur Vermeidung von Explosion darf der Druck von 1,7 Atmosphäre
nicht überschritten werden. Dies bewirkt mit der grössten Sicherheit und
Zuverlässigkeit selbstthätig z. B. der sogenannte Dampfdruckregulator von
J. Harrison & Sons in Blackburn.

Fig. 511 stellt den Apparat in der Ansicht dar, eingerichtet für jede beliebige Spannung des Dampfes in der Trommel. Fig. 512 gibt einen Durchschnitt durch den Cylinder d, wobei die Hebelbelastung der Kolben f und g

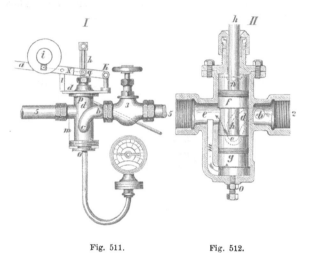

Fig. 511.   Fig. 512.

durch eine directe Gewichtsbelastung ersetzt ist, damit der Arbeiter die Belastung nicht eigenmächtig vermehren kann, wenigstens nicht, ohne dass
es sofort sichtbar ist (wenn er z. B. mehr Gewicht auflegen wollte).
Ausser den Rohren und dem Hebel a, die von Schmiedeeisen sind, und
dem gusseisernen Gewicht ist alles aus Messing hergestellt. Von Seite 2
strömt der Dampf zu. Ist das Einlassventil 3 offen, so geht der Dampf
durch die Oeffnung b vorn und hinten um den Cylinder d auf $\frac{1}{4}$ seines
Umfanges an jeder Seite herum. Bei c mündet jeder der beiden Kanäle
in das Innere von d aus. Durch die Oeffnung e tritt alsdann der Dampf
in das Rohr 5 und strömt von da aus direct in die Trockentrommeln.
Sind die beiden Oeffnungen c ganz offen, so wird der Kesseldampf mit
voller Spannung in die Trommeln strömen. Wir brauchen aber in letzterm
Dampf von z. B. 1,7 Atmosphäre Spannung. Diese Dampfdruckreduction
bewirkt nun ein Doppelkolben f und g, dessen beide Kolben mit einander
durch die Stange h verbunden sind. Die Kolben sind gut eingepasst und
jeder von ihnen hat 2 Stück 1 mm tiefe und breite eingedrehte Nuthen.

Eine besondere Dichtung ist nicht nöthig. Nach oben setzt sich dieser Doppelkolben als Stange h' fort, die durch zwei seitwärts liegende Stangen mit dem um k drehbaren Hebel a verbunden ist. i ist ein Laufgewicht, dessen Einstellung mittelst Schraube oder Keil fixirt wird. Soll kein Dampf in die Trommeln eintreten, so wird die Stütze l auf den Cylinderdeckel d' aufgestellt, wie Fig. 511 zeigt. Dabei geht der Kolben g so hoch, dass er die Oeffnungen c vollständig geschlossen hält. Soll Dampf eintreten, so wird die Stütze l bei Seite gedreht, worauf das Gewicht i, sowie das Eigengewicht des Hebels, der Stangen und Kolben ein Senken der letzteren bewirken; es öffnet sich c und strömt Kesseldampf nach e und Rohr 5.

Der Apparat soll aber so reguliren, dass er immer nur so viel Dampf in das Rohr 5 eintreten lässt, als zur Erhaltung einer Spannung von 1,7 Atmosphäre nöthig ist. Hierzu dient der Canal M. Ist die Oeffnung c geschlossen, so drückt der Dampf in den Trommeln den Kolben f nach oben und den Kolben g nach oben und unten. Ueber dem Kolben f möge Luftdruck, also Spannung von 1 Atmosphäre, vorhanden sein. Dies wird bewirkt durch die Oeffnung n, in welche ein kleines Rohr geschraubt ist, das nach dem Wassertopfe der Trommeln oder in den Schlichtkasten führt. Letzteres ist zweckmässiger, da fast immer Condensationswasser durch n entweicht. Ist in den Trommeln eine Spannung von 1,7 Atmosphäre vorhanden, so wird hiernach der Dampf den Kolben f und dadurch alle mit diesem verbundenen Theile mit 1,7 — 1 = 0,7 Atmosphären Druck zu heben suchen. Das Gewicht i ist so einzustellen, dass es einschliesslich der Eigengewichte der Kolben und des Hebels a mit seinen Stangen die Kolben mit genau demselben Druck nach unten drückt. Ist das der Fall, so ist Gleichgewicht vorhanden, die Kolben erhalten sich in ihrer Höhenlage. Durch fortgesetztes Trocknen nimmt die Spannung in den Trommeln, somit auch der Druck des Dampfes unterhalb f ab; da die Kolbenbelastung aber gleichbleibend ist, so senken sich die Kolben, öffnen c, es strömt frischer Dampf ein und es erhöht sich die Spannung in den Trommeln. Ist letztere gross genug, so heben sich die Kolben f und g und schliessen c.

Das Wichtigste hierbei ist die dem zu bewirkenden Dampfdrucke in den Trommeln entsprechende Stellung des Gewichtes i. Practiker, welche nicht gern rechnen, probiren dies folgendermassen aus. Sie verbinden den Cylinderraum unterhalb g durch ein in o befestigtes Rohr mit einem Federmanometer (gewöhnlich mit Scala für einen Druck von 0—80 Pfd. engl. pro ☐ Zoll engl. versehen). Dieses Manometer, das gleichzeitig Controlmanometer ist, gibt direct den Druck in den Trommeln an. In unserm Beispiel soll der Zeiger stets auf 10 stehen. Es wird nun das Ventil 3 ganz geöffnet und die Maschine in Gang gesetzt. Alsdann verschiebt man das Gewicht i so lange nach rechts oder links, bis sich der Zeiger auf der 10 zu erhalten sucht. Die zugehörige Gewichtsstellung ist die richtige, das Gewicht ist nur noch festzuschrauben. Wendet man eine Hohlkugel als directe Belastung an, so füllt man sie so lange mit Schrot oder dergleichen, bis ebenfalls der Zeiger auf 10 zeigt; natürlich arbeitet die Maschine während dem immer fort.

Ist der Durchmesser des Kolbens f = 3,8 cm und der Druck von 1 Atmosphäre auf 1 ☐ cm = 2,062 Zollpfd., so ist der Druck, mit dem der Dampf die Kolben zu heben sucht, 11,34 . 2,062 . 0,7 = 16,36 Pfd. Wendet man directe Belastung an, so müssen Kugelgewicht sammt Kolbengewicht 16,36 Pfd. betragen. Die Hohlkugel würde passende Grösse bekommen, wenn man ihren Durchmesser zu 13,5 cm und ihre Wandstärke zu 1,2 cm wählt. Das Fehlende am Gewicht von 16,36 Pfd. ist in die Kugel einzufüllen.

Wendet man Hebelbelastung an, so ist die richtige Stellung des Gewichtes i durch Rechnung wie folgt zu finden (und diese Methode wird man anwenden müssen, wenn man kein Manometer am Apparat hat). Das Eigengewicht der Kolben, Stangen und des Hebels, die Reibungswiderstände mit inbegriffen, findet man am leichtesten durch Ausbalanciren. Man knüpft eine Schnur am Kopf von h' an, leitet sie über eine Rolle und belastet das andere Schnurende, bis Gleichgewicht eintritt. Das so gefundene Gewicht sei z. B. 0,8 Pfd. Das Gewicht von i betrage 5,5 Pfd., so wird, wenn die gesuchte Entfernung des Mittels von i vom Hebelaufhängepunkt q = x ist und die Entfernung des Punktes q vom Drehpunkt k = 55 mm,

$$16,36 = 0,8 + 5,5 . \frac{x + 55}{55}; \quad x = 100,65 \text{ mm.}$$

Für 1,7 Atmosphäre in den Trommeln ist somit das Gewicht i vom Hebeldrehpunkt k um 100 + 55 = 155 mm entfernt zu befestigen. Stellt man i weiter nach aussen, so wird die Spannung in den Trommeln grösser; stellt man es weiter herein, so wird sie kleiner. Die Eigengewichte der Kolben und Stangen nebst Hebel lassen sich am Apparat auch dadurch ausbalanciren, dass man den Hebel a über den Drehpunkt k hinaus verlängert und darauf ein verstellbares Contregewicht befestigt.

Apparate ähnlicher Construction liefern in sehr guter Ausführung auch die Firmen Schäffer & Budenberg in Buckau bei Magdeburg, J. Blanke & Co. und Dehne in Halle.

Der neueste Dampfspannungsreductionsapparat ist der von H. Gronemeyer [104] in Brakewede (Fig. 513 und 514). Der gespannte Dampf tritt zwischen den Tellern des entlasteten Ventilkegels V, V ein. Der Raum über und unter den Tellern steht mit dem Raume in Verbindung, in welchem der verminderte Druck stattfindet. Der verminderte Druck wird

---

[104] D. R. P. No. 5545. Zusatz No. 10900. Polyt. Zeit. 1881. No. 20.

durch ein besonderes Röhrchen d von dem Raume (Kochapparat, Heizrohr u. s. w.), in welchem der verminderte Druck erzielt werden soll, über die Gummiplatte P geleitet und wirkt auf Schluss des Ventils, wenn dieser Druck erreicht ist. Der Hebel H, I ist durch Gewicht g diesem Drucke entsprechend belastet und bewirkt die Oeffnung des Ventils V, V, und somit Nachströmen des Dampfes, wenn dieser Druck etwas nachlässt. Der verminderte Druck wird an dem Manometer M erkannt und danach einge-

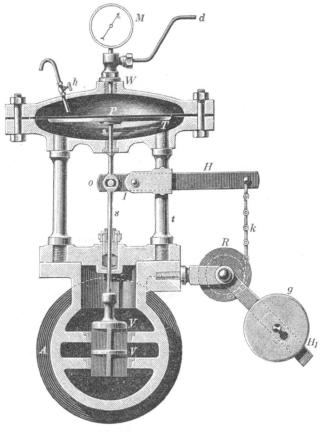

Fig. 513.

stellt. Das Röhrchen d ist etwas steigend anzuordnen, damit das Condensationswasser auch für den Manometer Schutz gewährt.

Besondere Vorzüge gegen ähnliche Apparate: 1. Die Druckverminderung ist mit Sicherheit bis auf $^1/_5$ at. erzielbar. 2. Die Druckentnahme zum Schluss des Ventils erfolgt nicht vom Ventilkörper aus, in welchem oft noch ganz andere Spannungen herrschen als die beabsichtigten, sondern durch ein besonderes Rohr d unmittelbar von dem Raume mit vermindertem Druck. 3. Die Gummiplatte P liegt ganz getrennt auf zwei Säulen t, t in einem Hohlraum W, welcher voll Wasser gegossen wird und erhält das Condensationswasser die Gummiplatte kühl, so dass sie elastisch und unverändert bleibt. 4. Die Gummiplatte ist im Verhältniss zum Ventil sehr gross gewählt, so dass schon geringe Druckzunahme eine grosse Kraft ausübt zur Bewegung der Hebel u. s. w. behufs Schluss des Ventils. 5. Das entlastete Ventil wird durch die doppelte Hebelübersetzung H, H_1 mittelst Rolle R und Kette K ganz allmälig und ohne Stoss ge-

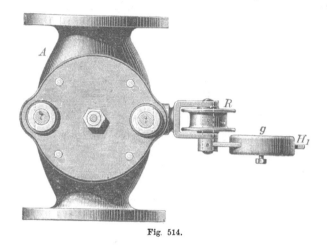

Fig. 514.

schlossen und geöffnet. Das Hähnchen h dient zur Entfernung des Condensationswassers, wenn Einfrieren zu befürchten ist. Die Firma Dreyer, Rosenkranz & Droop in Hannover führen diesen Apparat aus. Die Vorzüge und die Wichtigkeit solcher Reductionsventile liegen auf der Hand.

α) Bewegung des Gewebes und Cylinders zugleich.

Die Trockenmaschinen mit mehreren Cylindern sind in der Grundidee sämmtlich identisch, aber sie variiren wesentlich in der Anordnung der Einzelheiten.

Die beigegebene Fig. 515 stellt die ältere gebräuchliche Construction dar nach Persoz. Diese Maschine hat 13 Cylinder in zwei Reihen. Der Stoff tritt bei B ein und geht in der eingezeichneten Weise weiter, um sich auf A aufzuwickeln. In jedem Cylinder ist ein S-förmiger Arm C angebracht, um das condensirte Wasser aufzuschöpfen und zu entfernen. In dem Cylinderboden jedes Cylinders ist ein Ventil angebracht, welches durch den Dampfdruck im Innern fest auf seinem Sitze erhalten wird, aber dann, wenn durch Condensation der letzten Dämpfe nach Abstellung desselben in den Cylindern luftverdünnte Räume entstehen können, denen ein Zusammendrücken der Cylinder durch die äussere Luft folgen kann, sich öffnet und atmosphärische Luft in den Cylinder eintreten lässt, so dass der Druck aussen und innen im Gleichgewicht bleibt. Bei diesen Trockenmaschinen haben die Details ausserordentlich viele Constructionen hervorgerufen, besonders um die Dampfzuleitung geeignet zu reguliren, die Condensationswasser zu sammeln und abzuleiten, die hohlen Axen in dampfdichte Verbindung zu setzen mit den Dampfzuströmungsröhren etc.

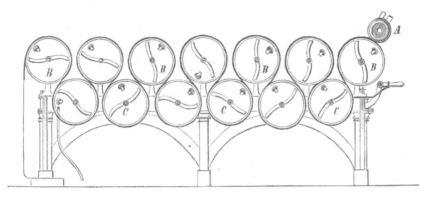

Fig. 515.

Wir werden nun eine Anzahl angeführter Cylindertrockenmaschinen hier näher besprechen und erwähnen.

Die in Fig. 516 und 517 abgebildete Trockenmaschine ist die der Firma C. Hummel, Eisengiesserei und Maschinenfabrik in Berlin. Sie ist verbunden mit einer Stärkmaschine, welche die Stärke nur auf einer Seite aufträgt und zwar auf die Rückseite der Waare unter starkem Druck. Mit dieser gestärkten Seite läuft der Stoff auf die Cylinder der Maschine auf. Die obere Seite der Waare bleibt dann also stumpf und rein im Ton. Die Stärkwalze ist aus Metall hergestellt und entweder gravirt und mit Abstreichmessei versehen, um das Quantum Stärkmasse genau zu begrenzen, — oder glatt. Dieser Stärkapparat kann natürlich auch andere Constructionen haben; er kann für beiderseitiges Stärken etc. hergerichtet sein. Die Verbindung dieser beiden Maschinen ist durch eine Planscheibe vermittelt, die auf horizontaler Axe seitlich parallel zur Längsrichtung der Maschine angebracht ist. Auf dieser Planscheibe rollen 2 Rollen aus Papier hergestellt, deren die eine die Stärkmaschine treibt durch Axe und conische Triebe, deren andere aber ebenso die Trockenmaschine in Bewegung setzt. Die beiden Rollen sind einzeln verstellbar, so dass man nicht sowohl durch gleichzeitiges und entsprechend gleiches Verschieben der Rollen auf der Planscheibe die Bewegung beider Maschinen beschleunigen oder verlangsamen, sondern auch durch ungleiches Verschieben die Spannung des Gewebes reguliren kann. Zuleitung des Dampfes und Ableitung des Condensationswassers geschieht durch dieselbe Axe und Stopfbüchse. Die Verpackung ist unabhängig von der Lagerung und erhält sich stets intact, auch wenn die Lager auslaufen. (Die Fabrik von C. Hummel liefert auch andere mehrcylindrige Trockenmaschinen.) — Eine Trockenmaschine von C. G. Hauboldt jr. in Chemnitz dient zum einseitigen Trocknen gestärkter Waare und diese wird

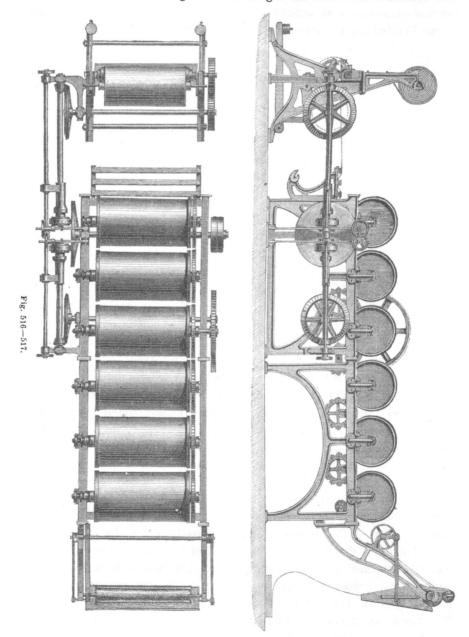

Fig. 516—517.

geführt, wie die Skizze 518 angibt, so dass sie die Cylinder ganz umfasst. — Diese Art des Umfassens beim Cylinder ist ursprünglich R. Wilson patentirt gewesen, seitdem aber sehr vielfach angewendet und eingebürgert worden. Die gute Wirkung dieser Methode ist nicht zweifelhaft.

Hauboldt's gelöthete Kupfercylinder werden bis zur gewünschten Form aufgetrieben und mit Böden versehen. Durch die hohlen Axen und die Lager derselben wird vom Gestell aus Dampf in die Cylinder geleitet. Die Böden der Cylinder und das Gestell sind durch schlechte Leiter möglichst vor Wärmeverlust geschützt. Die abzuwickelnde Geweberolle kommt zwischen drei Walzen, von denen die oberste in Lagern liegt, die

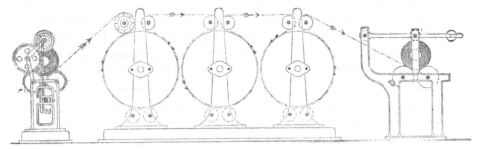

Fig. 518.

mittelst Zahnstangen und der an einer Axe befindlichen Triebe sich gleichmässig heben und senken können, zu liegen.

Das abgewickelte Gewebe gelangt auf die Trockencylinder und wird auf eine Rolle aufgewickelt, welche auf Walzen, die durch Zahnräder getrieben werden, liegt. Eine der Walzen wird mittelst Hebel und Laufgewicht gegen das Gewebe gepresst.

Da die Gewebe, welche auf den Cylindern getrocknet werden sollen, oft mit Appreturstoffen imprägnirt sind, so kommt der Fall vor, dass sie an der Oberfläche der Cylinder festhaften oder abschmutzen. Um dies zu verhüten, hat man wohl auf den Cylindern Längsstäbe befestigt oder, wie D. Mc. Clare vorschlägt, Holzringe, die man wegschieben kann, wenn ungestärkter Stoff getrocknet werden soll. —

Es ist selbstverständlich, dass die Trockenmaschinen von mehreren Cylindern als 4, um Raum zu sparen, sehr zweckmässig in mehreren Reihen übereinander angeordnet werden können. Die Persoz'sche Maschine gibt bereits ein Beispiel hierfür, da ihre Cylinder in zwei Reihen geordnet sind. Man hat sich nicht damit begnügt, die Cylinder in Horizontalreihen zu placiren, sondern z. B. Welch und die Zittauer A.-G. für Maschinenfabrikation (A. Kiesler) haben sie in Verticalreihen untergebracht (siehe S. 399 u. 367) und Butterworth & Cie. (Philadelphia) gehen zu einer Combination von Horizontal- und Verticalreihen über [105]. — Die Literatur bietet über derartige

[105] Siehe Grothe, Spinnerei etc. auf den Ausstellungen seit 1867. Berlin, Burmester & Stempell.

Constructionen nicht allzuviel; wir verweisen hier ganz besonders auf
die unter dem Namen C. A. Specker[106]) in Wien abgebildete und
ausserdem auf die übrigen Trockenmaschinen in Meissners Tafelwerk
über Appreturmaschinen bei Julius Springer in Berlin. —
    Weitergehend in der Uebersicht der bekannten Trockenmaschinen-
constructionen, bemerken wir noch, dass die Trockenmaschinen zum Theil
(so von C. Hummel) zum Vor- und Rückwärtslaufen eingerichtet sind.
    Die Maschine von C. H. Weisbach[107]), in Wien ausgestellt, hatte eine
Anordnung mit 9 Cylindern von zwei Reihen. Voranging ein Stärkapparat mit 3 eisernen, mit Kupfer oder Messing stark überzogenen Walzen
in einem heizbaren und verstellbaren Stärketroge. Die Dampfzulassung
zu den Trockenwalzen ist mit einem Dampfregulirapparat versehen, der
den Zutritt des frischen Dampfes nach dem condensirten Quantum Dampf
bemisst. Die Trommeln sind bei Weisbachs Maschinen gezogen mit eigens
dazu construirten Werkzeugmaschinen genau rund und an allen Stellen gleichmässig hergestellt. Im Innern der Trommeln sind Schöpfeinrichtungen für
das Condensationswasser angebracht. Die Bodenflächen der Cylinder sind
besonders sorgfältig eingefügt. Die Abbildung (Fig. 519*) zeigt diese Trockenmaschine mit 5 Cylindern, betrieben durch eine geneigt liegende kleine
Dampfmaschine bei Uebertragung der Bewegung durch conische Räder. —
    Butterworth & Co.[108]) führen ihre Maschinen in einem combinirten
System von horizontaler und verticaler Anordnung aus. Ihre Trockenmaschine auf der Philadelphia-Ausstellung hatte 23 Cylinder von Weissblech (ca. 0,70 m Diam.), wobei die Hälfte der Cylinder in 2 Horizontalreihen, die Hälfte in zwei Verticalreihen dahinter aufgestellt war. Die
Waare trat, durch den Patentstretcher von Luther ausgereckt, an den ersten
Cylinder. Die Ausführung war vorzüglich. — Tulpin's[109]) Trockenmaschine (1873 Wien) enthielt zunächst eine Stärkmaschine, eine Breithalt-
vorrichtung und dann die Trockencylinder. Letztere werden durch conische
Getriebe bewegt. Die Planscheibe war auch hier in Anwendung gekommen,
um die Geschwindigkeit der Stärkmaschinen und Trockenmaschinen gegen
einander zu regeln. Die Anordnung erlaubte bei einseitigem Stärken die
Stoffe mit der ungestärkten Seite über die ersten drei Cylinder gehen zu
lassen und dann mit der gestärkten Seite über die 4 folgenden Cylinder zu
passiren. Die Dampfkanäle waren im Gestell eingearbeitet. Die Maschine

---

[106]) Dieselbe wurde indessen nach Specker's eigener Mittheilung von ihm nie
gebaut, wie er sich denn überhaupt nicht mit Appreturmaschinenbau befasst hat. —
    [107]) H. Grothe in Engineering 1873. — Meissner, die Maschinen etc. Tafel V.
    *) Fig. 519 auf nebenstehender Tafel.
    [108]) H. Grothe, Spinnerei etc. auf den Ausstellungen seit 1867. Tafel XV. Fig. 19.
    [109]) H. Grothe, Spinnerei etc. auf den Ausstellungen seit 1867. Tafel XV. Fig. 20.

von Mather & Platt[110]) in Manchester hat Cylinder, die im Innern mit Spiralwänden versehen sind. An diesen hin läuft das Condensationswasser bis an das eine Ende des Cylinders, wo es dann an dem Ende der Spirale emporrinnt und durch die hohle Axe austritt. (James Hesford begnügt sich damit, an den inneren Cylinderwandungen Spiralrippen anzubringen, welche das Wasser nach einer Seite des Cylinders treiben, wo es austreten kann.) Für bedruckte Calicos wählten Mather & Platt in Salford mit Vorliebe Trockenmaschinen von 17 Cylindern (von 18″ engl. Diameter), mit Planscheibenantrieb und Stärkmaschine. Im Uebrigen fertigen sie Trockenmaschinen mit Cylinder von verzinntem Eisenblech und gusseisernen Endstücken, Condensationswasserfang, Dampfregulator, Legapparat und eisernem Gestell in verschiedenen Compositionen: Cylinder stets 22″ Diameter, Breite der Cylinder (in zwei Reihen und in einer Reihe arrangirt) wechselt zwischen 3′ 6″ engl. und 12′ engl.

C. G. Hauboldt legt auch sämmtliche Cylinder in eine Ebene und bringt in der Mitte der Langseite die Planscheiben an, um die rechts und links liegenden Cylinder durch die von denselben betriebenen Axen zu betreiben.

Robinson & Co. in Salford construiren für Leather-Cloth Cylindertrockenmaschinen in Verbindung mit Platten. 10 Dampfplatten von 1′ 3″ engl. Breite, 54″ engl. Länge werden gefolgt von diversen Trockencylindern. Wood in Bolton hält für die Cylindertrockenmaschinen (Shirting etc.) 20″ Diameter für die Cylinder fest. Die gewöhnlichen Maschinen haben 12 Cylinder von verzinntem Eisenblech. Planscheibentransmission.

J. H. Riley & Co. in Bury construirt Trockenmaschinen mit Zinn- oder Kupfertrommeln in zwei Reihen aufgestellt (17 Trommeln), die durch conische Räder umgetrieben werden. Die Gestellanordnung zeichnet sich durch Unschönheit aus.

Die Maschinenfabrik von Lippold & Vogel in Schmölln liefert eine sehr schöne Construction einer Cylindertrockenmaschine mit 12 Cylindern in 2 Reihen je 6 per Reihe und die Cylinder beider Reihen gegenseitig versetzt. Das Gewebe geht ohne Zwischenrollen von den Cylindern der oberen Reihe nach den der unteren Reihe u. s. w. Ein Stärkapparat, Breitcylinder und Faltapparat sind mit der Maschine verbunden. Der Betrieb ist mit Planscheibe ausgerüstet.

Die Trockenmaschine von Aders Preyer & Co. in Manchester (Fig. 520) sei hier besonders erwähnt wegen ihres Betriebes durch eine einfache Dampfmaschine, welche eine Planscheibe dreht, von der die Bewegung auf die einzelnen Organe der Maschine übertragen wird. Ein Stärkapparat eröffnet die Maschine, ein Legapparat schliesst dieselbe.

Das berühmteste Haus für Trockenmaschinen in England ist übrigens

---

[110]) H. Grothe, D. A Polyt. Zeit. 1876. — Thomson, On Sizing. Taf. I.

Lang Bridge in Accrington (siehe Seite 754). Die Cylinder sind mit Specialmaschinerien gefertigt. Jeder Cylinder lässt sich in Fällen aus dem Betrieb ausschalten. Die Constructionen sind sehr verschieden je nach Zweck.

Wir nennen noch die Firma: J. Heathcote in Providence, R. J., für ihre Windsor Pat.-Trockenmaschine, A.-G. für Stückfärberei und Maschinenfabrikation in Charlottenburg, Gebr. Bovensiepen in Düsseldorf.

Die Zittauer Eisengiesserei und Maschinenfabrik-A.-G. (Albert Kiesler) baut eine ganze Serie von verschiedenen Cylindertrockenmaschinen, besonders auch für halbwollene Waaren. Wir haben schon

Fig. 520.

oben zwei (als von Specker herrührend veröffentlichte) Cylindertrockenmaschinen der Firma besprochen. Hier lassen wir eine Anordnung folgen für einseitig gestärkte Waare. Seitlich ist der Stärkapparat A mit Kasten c und Walzen a, b angebracht. Die Waare läuft hindurch und tritt über f an den unteren Cylinder d, um ihn herum nach g, um über f′ um d′ nach g′ und sofort um alle Cylinder d bis d″. Nun leiten die beiden Rollen h, h das Gewebe nach der andern Seite des Gestells, wo es dann durch die Rollen i, i′, i″ an die Cylinder m, m′, m″ geleitet und durch die Rollen k, k′, k″ von denselben abgeleitet wird, um zum Legapparat B zu kommen, welcher durch die Kurbel n und Stange p in schwingende Bewegung versetzt wird, während sich der Stoff über die Rolle r und die Leitrollen s, t gleichmässig herausbewegt. Der Dampf circulirt nach den Cylindern hin durch die hohl gegossenen Wandungen e des Gestells und tritt durch die hohlen Lagerarme v und die hohlen Zapfen in dieselben. Ein Planscheibenvorgelege regelt die Bewegung und Geschwindigkeit, welche durch Herausschieben von h nach der Peripherie der Scheibe g zu vermehrt, umgekehrt vermindert werden kann. (Fig. 521.)

Eine andere Trockenmaschine dieser Firma ist die in der nächsten Fig. 522 dargestellte. Es sind hier 5 Walzen i im Gestell horizontal in zwei Reihen untergebracht. Vorauf geht eine sogenannte Klärmaschine mit Cylindern a, b. Der Stoff streicht über g und tritt dann in die Trockenmaschine unter den I. Cylinder an denselben, um nun den Weg um alle Cylinder herum zu machen und über l, k, l auszutreten. Ueber den Cylindern ist der Fang J angebracht, welcher den Dampf durch N mittelst des Ventilators M abzieht und denselben durch O entfernt. Die

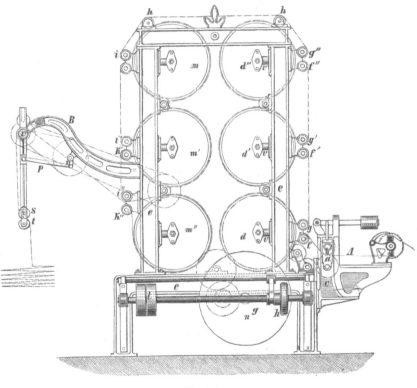

Fig. 521.

Fig. 522 zeigt ausserdem die Transmissionsanordnung: D Hauptwelle, C Scheibe für Antrieb von G, C' Antrieb für F und E.

Endlich ist noch der Trockenmaschine derselben Fabrik Erwähnung zu thun, welche für Trocknen solcher wollenen und halbwollenen Stoffe bestimmt ist, die sowohl zarte Unifarben haben, als auch einen weichen zarten Griff erhalten sollen. In Frankreich verwendet man dazu mehrere einzelne Cylindertrockenmaschinen, welche mit verschieden gespanntem Dampf

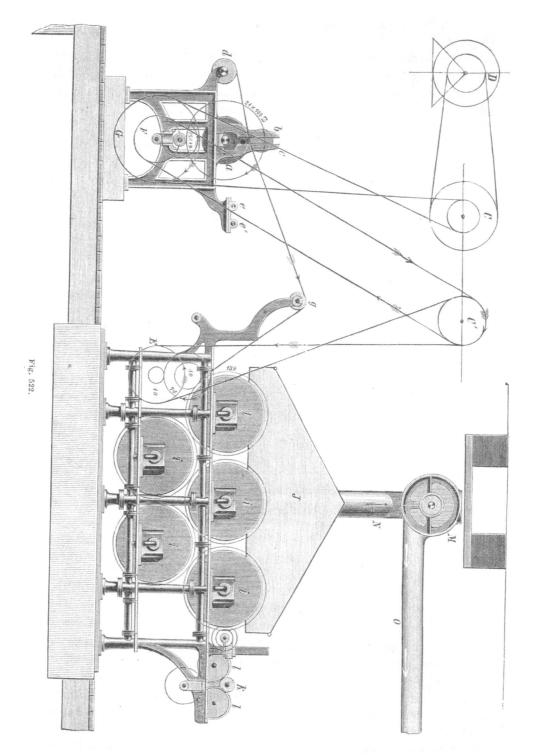

Fig. 522.

die Cylinder verschieden erhitzen. In England lässt man für Erreichung desselben Zwecks verschieden gespannten Dampf in die einzelnen aufeinanderfolgenden Cylinder einer Trockenmaschine treten, was man mit Hülfe von Dampf-Reductionsventilen sehr gut erreichen kann. Die in der Zittauer Fabrik gebaute Maschine ist mit 3 Cylindern versehen. Die Waare wird mit Hülfe von Leitwalzen um jeden Cylinder fast ganz herumgeführt. Jedem Cylinder wird Dampf von anderer Spannung zugeführt und zwar dem ersten schwach gespannter, dem zweiten stärker gespannter und dem letzten hochgespannter Dampf. Der Stoff wickelt sich dann auf eine Dämpfrolle auf und wird sodann gedämpft, um darauf noch mehrere Male den gleichen Behandlungsgang durchzumachen[111]).

Wir erinnern hier daran, dass Péclet bereits empfahl, die Trockenmaschinen mit einem Gehäusedeckel zu überdecken und die von den Cylindern aufsteigende feuchte, warme Luft durch einen Ventilator, Esse etc. abziehen zu lassen. Die vorstehende Abbildung (Fig. 523) der Zittauer Maschinenfabrik A.-G. zeigt uns ein solches Beispiel mit dem Deckel J, Aufsteigrohr N, Ventilator M und Ausblasrohr O. Die Fig. 521 gibt uns eine solche Einrichtung mit Dampfstrahlgebläse von Gebr. Körting in Hannover. V ist das Gebläse, b Dampfzuleitung, a Condensationswasserableitung. —

β) Das Gewebe treibt die Trockencylinder durch Friction um.

Wie wir oben bereits gesehen haben, erhalten in den Cylindertrockenmaschinen die Cylinder eine bestimmte Bewegung durch directen Betrieb, Zahnräder etc. und das Gewebe legt sich auf die Cylinder auf und wird mit diesen gleich schnell bewegt. Eine andere Einrichtung haben einige Constructionen erhalten. Es wird das Gewebe dabei durch Zuführungswalzenpaare vorgezogen und durch eingeschaltete, direct bewegte, stark fringirende Walzen weiter gezogen, während es sich auf die Cylinder auflegt und sie durch Friction mit herumbewegt. Diese Einrichtung strengt natürlich das Gewebe durch die ausgeübte Zugkraft an, und der einzige Vortheil, das Gewebe dabei in der Länge zu strecken, dürfte kaum so wesentlich sein, um dies System aufrecht zu erhalten. Eine solche Maschine ist die Trockenmaschine von George Sampson in Bradford. In dieser Maschine sind die Cylinder mit Dampf geheizt und werden vom Gewebe durch Friction bewegt und mitgenommen. Es sind ferner kleine Rollen, die feststehen und sich nicht drehen, eingeschaltet! Bewegung durch directen Antrieb vom Motor erhalten die Vorziehwalzenpaare am Beginn und Ende der Maschine, welche Walzen das Gewebe stark pressen.

---

[111]) Siehe Abb. dieser Maschine in Meissner, Der pract. Appreteur. Leipzig, Gustav Weigel. Tafel 35.

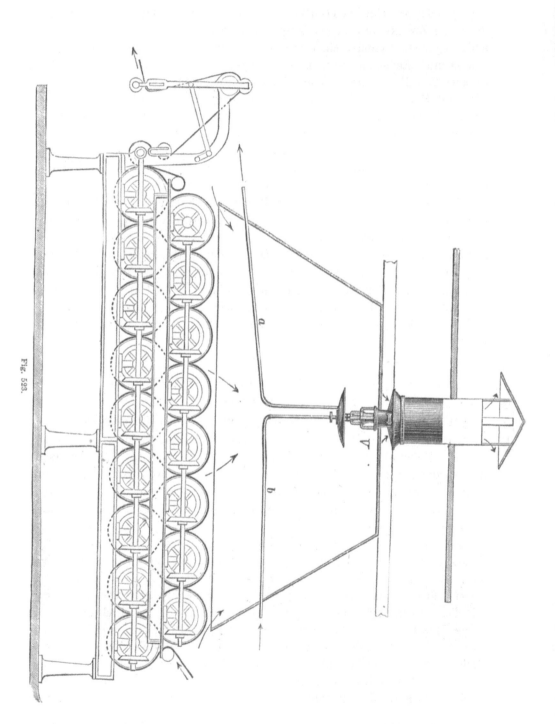

Fig. 533.

Der Stoff wird von den Eintrittswalzen auf den ersten Trockencylinder hinüber und herum geleitet, geht um eine stehende Walze herum und über die zweite solche herum, um dann ganz um die dritte Trockenwalze und über eine Walze, welche sich dreht, um die vierte ganz herum zu gehen und dann über einige stehende Rollen zum fünften Cylinder heranzukommen, welchen Cylinder er umspannt. Dann führen die Ausgaberollen den Stoff aus der Maschine und zwar, um eine Streichleiste herum, auf einen erhitzten Tisch der Messmaschine, von wo der Messarm den Stoff abnimmt, um ihn auf den eigentlichen Messtisch, der ebenfalls hohl und mit Dampf geheizt ist, aufzuschichten.

Es tritt in diesem System also eine sehr starke Friction ein und auch ein Gleiten des Stoffes an festen Rollen, was zum Glätten der Oberfläche wesentlich beiträgt.

γ) **Cylinder und Gewebe bewegen sich nicht mit gleicher Geschwindigkeit.**

Die Einrichtung, dass das Gewebe schneller oder langsamer sich fortbewegt als die Trockencylinder rotiren, ist mehrfach angeordnet. Es kann das nur den Zweck haben, den Stoff zu glätten oder auch ihn auszustrecken. Derartige Differenzbewegung hat z. B. Tulpin angewendet. Noch bedeutender ist die Frictionswirkung, wenn Stoff und Cylinder sich in entgegengesetzter Richtung bewegen.

III. Trockenmaschinen mit Trockenplatten und Trockencylindern.

Wir haben bereits oben (Seite 698) angegeben, dass die Plattentrocknung mit solcher durch Cylinder combinirt werde. Besonders ist dies bei der Calicofabrikation der Fall. Jean Antoine Passet[112] hat in seiner Finishmaschine eine solche Combination gewählt, bei der die Platten mit gewölbter Oberfläche hergestellt sind, über welche der Stoff gleitend aufliegend fortgezogen wird, nachdem er einen Heizcylinder ganz umfasst hat. Auch hier ist die Absicht des Glättens neben der des Trocknens vorherrschend. Im Allgemeinen trifft man solche Einrichtung selten an.

IV. Trockenmaschinen mit feststehenden geheizten Rohren und bewegten Trockencylindern.

Für diese Art der Trocknung sind nur wenige Vorschläge gemacht. Die Passirung über heisse Rohre dient sowohl zum Vortrocknen als zum Glätten.

---

[112] Spec. England 1854. No. 2039.

Glänzendmachen. Lüstriren.

Wenn man die Aufgabe der Appreturoperationen im Grossen und Ganzen betrachtet, so stellen sie sich grösstentheils darauf gerichtet dar, die Oberflächen des Gewebes glatt und eben zu machen und für viele Stoffe dieselben mit einem gewissen Glanz zu versehen (glazing, graining, glansing). Die Ansprüche an die Ebenheit der fertig appretirten Gewebe bleiben stets dieselben, mit sehr geringen Ausnahmen, aber die Ansprüche an den Glanz derselben sind häufigem und sehr bemerkbarem Wechsel unterworfen. Es gab Zeiten, wo man durch Dämpfe und Heisspressen auf Wollstoffe einen kräftigen Glanz hervorzurufen sich bemühte, und nicht lange darauf suchte man diesen Glanz geradezu ängstlich zu vermeiden. Aber auch gleichzeitig wünscht das Publikum für den einen Stoff Glanz, für den andern nicht, und die Appretur hat sich mit diesen wechselnden Wünschen abzufinden. Man erzeugt den Glanz auf Geweben:

1. Durch Druck des Gewebes gegen ebene harte Flächen oder umgekehrt.
2. Durch solchen Druck unter Mitwirkung von Wärme.
3. Durch Reibung des Gewebes an ebenen Flächen unter Druck und Wärme.
4. Durch Imprägnation oder Ueberziehen der Gewebe mit Appretursubstanzen, die auf dem Gewebe unter Druck und Wärme eine glänzende Haut resp. Oberfläche erzeugen.
5. Durch Reibung der Oberfläche des Gewebes mit glättenden und glänzendmachenden Körpern.

Das Glänzendmachen durch Druck der Gewebe gegen ebene Flächen tritt in verschiedenen Appreturoperationen und theils als Folge derselben auf. Das Pressen zwischen glatten Appreturpappen, zwischen glatten Metallplatten etc. gehört hierher, ebenso die Behandlung zwischen Cylindern und Walzen mit polirten glatten Oberflächen, wie sie z. B. bei Kalandern beim gewöhnlichen Durchgang ohne Heizung der Mittelwalze etc. vielfach benutzt wird. Dieser Glanz wird auch bei Behandlung der Gewebe auf den Stampfkalandern (Beetling m.) erreicht, ebenso durch die Bearbeitung der Gewebe auf den Mangen.

Die Anwendung des Druckes (ad 1) wird meistens durch Mitwirkung der Wärme unterstützt, so besonders bei den Kalandern und Pressen, sowie bei Anwendung von metallischen oder anderen Mitläufertüchern etc. in Kalandern und Pressen mit Heizung. Diese Art des Glänzendmachens lässt einen sehr weiten Spielraum für die Technik und besonders als der heisse Pressdruck im Anfang des Jahrhunderts aufkam, übertrieb man die Anwendung desselben in sehr bedeutendem Masse. Ein solcher durch Wärme und Druck hervorgebrachter Glanz ist ein künstlich erzeugter, leidet bei dem geringsten Einfluss von Feuchtigkeit, Bewegung, Faltung und giebt dann Veranlassung zu den für das Aussehen der Stoffe so üblen Flecken. Diese Methode zum Glänzendmachen ist daher bald und fast gänzlich verlassen und an ihre Stelle ist die Herstellung und Erzeugung eines dauernden Glanzes getreten, theils durch Benutzung des Dampfes, des kochenden Wassers und der Presse, vorher oder nachher angewendet, wie es in diversen Methoden heute Gebrauch ist. Das Decatiren der Wollstoffe stellt sich als eine Verminderung des künstlichen Pressglanzes dar, aber besonders auch als eine Umänderung desselben in einen dauernden Glanz.

Die Reibung des Gewebes an ebenen Flächen tritt besonders auf bei den Frictionskalandern und bei den Cylindertrockenmaschinen. Hierbei ist es Prinzip, den Stoff schneller oder langsamer zu bewegen als die Walzen, an denen er sich hinbewegt. Wir haben bei der Betrachtung dieser beiden Maschinenarten bereits darauf hingewiesen, dass man die Walzen und die Gewebe in differirender Geschwindigkeit sich bewegen lässt. Der Effect dieser Bewegungsdifferenz ist eine Art Plätten und das Plätten kann man in der That als Repräsentant dieser Gattung des Glänzendmachens betrachten. Die Bewegung einer erhitzten, glatten Fläche auf den Geweben ist das Plätten und die Wirkung, welche es hervorbringt, ist gleichbedeutend mit der Benutzung verschiedener Geschwindigkeit für Glättwerkzeuge und Gewebe! Im Erstbeginn des Maschinenwesens suchte man daher die Plätte, ein altes Utensil, durch Mechanismen über die Gewebe hinzubewegen oder umgekehrt. Solche Apparate und Maschinen nannte man Plättmaschinen, Ironing m. und Smoothing m. Ihr Gebrauch scheint übrigens aus dem Mittelalter und aus Italien zu stammen. Derartige Plättvorrichtungen bestanden aus hohlen Körpern mit glatter Unterfläche, die mit glühenden Eisen, Kohlen, Gas, Spiritus, Oellampen, Dampf, Heisswasser u. s. w. beheizt wurden und werden. An diesen heute nur noch der Wäscherei dienenden Apparaten sind sehr viele Veränderungen vorgenommen, auf die wir hier indessen nicht einzugehen haben.

Die Anordnung der Lüstrirmaschine, bei welcher ein Mitläufertuch das Gewebe gegen die heisse Trommel oder Fläche anpresst, ist auf-

genommen von Sarfert & Vollert in Meerane.[1]) Diese Maschine
(Fig. 524) besteht im Wesentlichen aus einem zum Führen der Waare
angeordneten endlosen Tuche h aus Filz, Metallblech oder Pappe, welches über die Walzen c, a, b, d läuft. Die gegen das endlose Tuch h
angepresste Glättwalze a besitzt eine andere Oberflächengeschwindigkeit
als das Tuch, infolge dessen die zwischen beiden hindurchgeführte Waare
lüstrirt wird.

Eine andere Glänzmaschine, besonders für Seidenstoffe von André
Lyon[2]) in Paris enthält zugleich eine Anordnung zum Vorbereiten und
Zurichten des gefärbten Gewebes zum Glätten und Lüstriren. Es sind,
wie die Fig. 525 zeigt, 5 Vorgelege mit Nadelkämmen angebracht über

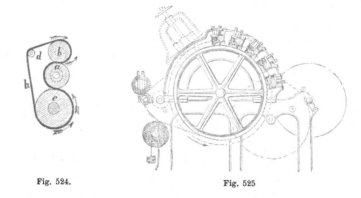

Fig. 524.   Fig. 525.

einer Trommel, auf welcher das Gewebe langsam dem punktirt gezeichneten
Lüstrirapparat zugeführt wird. Die feinen Stahlspitzen der Kämme treffen
geneigt auf die Oberfläche des Stoffes und greifen in die Zwischenräume
der Kettfäden ein, entfernen Farbstoffmassen, Knoten etc. und paralleli-
siren die Kettfäden[3]). Die Lüstrirvorrichtung besteht aus einer mit Zeug
umwickelten Walze, welche stärker oder schwächer gegen die Trommel
(welche ebenfalls mit Filz bekleidet sein kann) angepresst werden kann.
Die Trommel bewegt sich etwas langsamer als die Lüstrirwalze. —

Durch Imprägnation oder Ueberziehen der Stoffe mit Appretursubstanzen und nachheriger Einwirkung von Druck und Wärme ist eine hoch-
glänzende Appretur zu erzielen. Als Appretursubstanzen treten hierbei
besonders die Stärke, Gummi, Dextrin und Glaubersalz als hervorragend
wichtig auf. Für Druckwaaren verwendet man vorzugsweise sog. unge-
kochte Stärke, Stärke, die nur mit Wasser im Rührwerk verrührt ist.
Ferner werden Fette und Oele der Appreturmasse zugesetzt oder der Stoff
mit Wachs, Stearin etc. eingerieben, um Glanz zu erzielen. Diese so im-

---

[1]) D. R. P. No. 12047.
[2]) D. R. P. No. 12128.
[3]) Durch diese Einrichtung kann diese Maschine auch unter den Noppmaschinen
(Seite 94) rangiren.

prägnirten Gewebe werden dann entweder auf dem Frictionskalander oder Glänzkalander behandelt, oder auf der Cylindertrockenmaschine oder auf beiden nacheinander.

Auf die einzelnen Arten der Glanzappretur werden wir hier nicht eingehen (Siehe letzter Abschnitt).

Um nun solche imprägnirten Stoffe zu appretiren, benutzt man erstens den Frictions- und Glänzkalander, sodann die Lüstrirmaschine resp. die Cylindertrockenmaschine.

Wir haben bereits oben Seite 436 den Frictionskalander beschrieben und verweisen überhaupt auf den Abschnitt Kalander. Einige Erfinder und Constructeure haben die Wirkung des Kalanders zu erhöhen sich bemüht. Edwin Heywood ersetzte die pressende Kalanderwalze durch eine Reihe kleiner Walzen, welche um den geheizten Kalandercylinder herum das Zeug anpressen und so glätten und glänzend machen. Th. Nightingale lässt einen hölzernen Druckcylinder auf zwei schnellergehenden Eisencylindern pressen und so das vorher gewachste Gewebe mit Reibung und Druck behandeln. Fuzzard[4]) lässt das präparirte Gewebe über heisse Walzen gehen und so pressen, kühlt nachher die Walzen und lässt den Stoff nochmals durchgehen. Er benutzt übrigens auch ein metallisches endloses Mitläufertuch zu demselben Zwecke. Die sog. eigentlichen Lüstrirmaschinen neueren Datums aber gehören fast alle zur Kategorie der Cylindertrockenmaschinen. Wir beschreiben hier eine solche von der Zittauer[5]) Maschinenfabriks-A.-G.' gebaut. Diese Maschine ist hauptsächlich bestimmt für die Appretur der Halbwollwaaren, welche bisher mit Spannung kalandrirt oder warm gepresst wurden und dabei den falschen, unechten Glanz erhielten, der vermieden werden soll. Die vorliegende Maschine sucht dem abzuhelfen dadurch, dass die Gewebe möglichst intensiv gedämpft werden, weil nur auf diese Weise der Lüster auch beim Einflusse der Feuchtigkeit Bestand erhält; ferner muss der Glanz nicht blos durch Aufpressen erzeugt werden, sondern dadurch, dass die wollenen Schussfäden eine gewisse Spannung erhalten und beibehalten. Allbekannt ist, dass ein Wolle- und Seidenfaden um so mehr Glanz bekommt, je mehr er angespannt wird; die Aufgabe eines rationellen Appreturverfahrens ist also, Mittel zu schaffen, die Wolle- und Seidenfäden des Gewebes so straff zu spannen, dass sie den höchst erreichbaren natürlichen Glanz erhalten, und sodann darauf hinzuwirken, dass sie diese Ausdehnung nicht wieder verlieren, diese Spannung also fixirt werde, damit der natürliche Glanz dem Gewebe erhalten bleibe.

Ein weiterer Mangel der bisher gebräuchlichsten Appretur buntgewebter und hellfarbiger halbwollener Stoffe liegt darin, dass die obener-

---

[4]) Engl. Sp. 1862. No. 3002.
[5]) Dingler pol. Journ. No. 199. S. 96. — Pol. Centr.-Bl. XXV. S. 422.

wähnte intensive Dämpfung nicht stattfinden kann, weil man noch keine
Vorrichtung besitzt, um möglichst trockene Dämpfe an die Waare zu
bringen. Da nun aber feuchte Dämpfe, welche noch Wasser- und Schmutz-
theilchen aus dem Dampfkessel mechanisch mit sich führen, die Farben
in bunten Geweben leicht auflösen und ineinander fliessen lassen oder die
hellen Stellen des Gewebes und ganz hellfarbige Stoffe gar fleckig
machen könnten, so unterlässt man die Dämpfung ganz, oder man kann
sie nur auf die Gefahr hin unternehmen, die Waare zu verderben. Die
genannten Mängel werden indessen durch die Lüstrirmaschine beseitigt,
welche in der Zittauer Maschinenfabrik-A.-G. in Zittau (Sachsen) gebaut,
und durch welche es gelingt, auch bei buntgewebten und hellfarbigen halbwollenen Waaren den erforderlichen Lüster zu erzeugen, ohne dass ein
merkliches Einlaufen der Waare in der Breite dabei stattfände.

Diese Maschine ist durch Fig. 527 in der vorderen Ansicht und durch
Fig. 526 in der Seitenansicht dargestellt, und zwar als theilweiser Schnitt

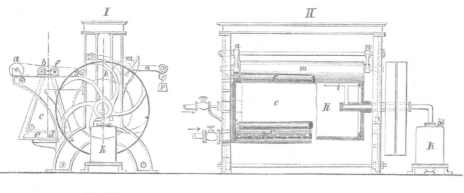

Fig. 526.   Fig. 527.

sowohl durch den Dampfkasten, als auch durch den Trockencylinder.

Nachdem die Waare von der Schermaschine oder Sengemaschine
kommt, wird sie mit der Walze, auf welcher sie sich befindet, in die neue
Maschine eingelegt und geht über die Führungswalze in den konisch
angefertigten hölzernen Dampfkasten, in welchen durch ein mit vielen
Löchern versehenes kupfernes Rohr der Dampf eintritt, welcher zunächst
an ein straff gespanntes Filztuch anschlägt, damit einerseits die aus dem
Dampfkessel mitgerissenen schmutzigen Theile abgehalten werden, andererseits ermöglicht werde, dass die ganze Waare nach und nach vom Dampfe
durchdrungen wird, ein Mittel, wodurch die Fäden in ihren kleinsten
Theilchen mit den Dämpfen in Berührung kommen.

Unmittelbar aus diesem Dampfkasten geht die Waare über die
Walzen auf den Trockencylinder, einen hohlen, gusseisernen, mittelst
Riemen gedrehten Cylinder, welcher durch Dämpfe von 4 bis 5 Atmo-

sphären Spannung entsprechend erhitzt wird. Das sich in diesem Trockencylinder ansammelnde Condensationswasser wird durch den Schöpfer
nach dem Condensationswasser-Ableiter geführt, welcher den Abfluss
dieses Wassers ohne jeden Dampfverlust gestattet und gleichzeitig die gewünschte Spannung des Dampfes (Wärme) im Trockencylinder erhält.
Derselbe wird fast an seiner ganzen Peripherie von der Waare berührt,
wodurch die Trocknung derselben sehr schnell erzielt wird, und die bunten
Farben verhindert werden, zusammenzulaufen.

Der Griff der Waare wird durch diese ganze Manipulation gleichzeitig
ein besserer, und das Gewebe erhält fast gar keine Längenspannung;
es wird also in keiner Weise nachtheilig auf die Breitenausdehnung eingewirkt, welche fast unverändert beibehalten wird, da die ausserordentlich
hohe Temperatur einem Zusammenziehen durch Abkühlung sehr hinderlich
ist, hingegen aber die Glanzbildung ungemein begünstigt und somit der
gewünschte Zweck der Maschine erreicht.

Nachdem der Stoff den Trockencylinder umlaufen hat, wickelt er sich
auf eine über diesem angebrachte und leicht auszuwechselnde Holzwalze.
Die Lagerung derselben in Verbindung mit den Druckhebeln ist aus der
Zeichnung deutlich ersichtlich. Das Aufwickeln der Waare erfolgt
je nach ihrer Beschaffenheit unter sehr verschiedenem Druck, weshalb das
Gewicht so angebracht ist, dass es beliebig beschwert werden kann.

Hiermit ist das Glänzen, sowie die Appretur der Waare beendigt; sie
wird in der gewöhnlichen Presse noch leicht gepresst, auf Brettchen gewickelt und kann dann verpackt werden.

W. Bines wendet zwei Paar geheizte Cylinder an und lässt die imprägnirte Waare zwischen ihnen hindurchgehen.

Eine Maschine mit drei Lüstrircylindern liess sich Robertson[6])
patentiren. Crace Calvert[7]) schlug eine ähnliche Maschine vor. —

Das Hervorbringen des Glanzes durch Reiben der Oberflächen der
Gewebe mit glatten Körpern ist eine alte Kunst. In früheren Zeiten geschah diese Art Appretur mit Hülfe von Wachsstückchen oder Reibdaumen
von Achat, Marmor, Glas etc. M. Dean construirte 1816 eine Maschine,
mit Hülfe deren er, ein Stück Wachs schnell über das Gewebe hinführend,
dasselbe mit Glanz versah. D. Yates benutzte dazu schon 1788 Glas-
stangen, die unter Druck über das in einem muldenartig gestalteten Tisch
ausgebreitete Gewebe hingeführt wurden. George Singleton construirte zu
dem Zweck einen schwingenden Arm mit einer Flintglasspitze. J. C. Horn-
blower benutzt Flintstones, die über die ganze Breite des Gewebes reichen. Die
Waare wird vorher eingewachst. James Fisken schlug 1861 eine in ein
Eisenlineal eingelassene Glas- oder Steinleiste vor, die mit Alternativbewegung

---

6) Pract. mech. Journ. II. 6. 183.
7) Bull. d'Encour. 1860. 505.

auf den Stoff arbeitet. Aehnliches empfahlen H. D. Taylor & J. F. Taylor, besonders für Kammgarnstoffe. Sie benutzten sog. Pumiceblöcke mit schneller Reciprocitätsbewegung. Die Maschine (Fig. 528) von F. Webber jr.[8]) in Elizabeth (N. J.) enthält G einen mit Pumicestein ausgerüsteten Cylinder, der schnell rotirt und vermöge der leistenartigen Anordnung gegen das Gewebe schlägt und daran gleitet. Der Stoff wird sehr kräftig ge-

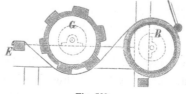

Fig. 528.

halten durch die Streichleiste E und die Kratzenwalze B, welche ihn vorzieht. Leach & Clayton verfolgten dieselbe Idee neben Anordnung von Heizcylindern, Pressen und Bürsten. — Eine gleiche Wirkung wird erzielt, wenn man die Gewebe über festgestellte Reibungsflächen, -Kanten, -Leisten etc. hinzieht. Solche Maschinen wurden in der Seidenappretur viel verwendet. Eine derselben ist von Ducommun[9]) construirt und mehrfach beschrieben. (Siehe Seite 563.)

---

[8]) Am. Pat. 162440.
[9]) Grothe, Spinnerei, Weberei, Appretur auf der Ausstellung in Paris 1867 S. 130.

Das Bäumen.

Für die verschiedenen Appreturoperationem wird es vielfach nöthig, die Waare auf Walzen, Bäumen aufzuwickeln, um sie sodann in die betreffende Maschine einzulegen. Dies ist der Fall sowohl bei den Mangen, wo die bewickelte Walze gewissermassen direct in Bearbeitung genommen wird, als auch bei Kalandern, Stärkmaschinen, Ratineusen u. A., wo die Waare von den Bäumen sich abwickelnd durch die Maschine geht. Bei den meisten Operationen ist es nöthig, dass die Waare gerade durch die Maschine gehe, d. h. ohne Falten und Verziehung, so dass die Einschlagfäden rechtwinklig zur Bewegungsrichtung in der Maschine bleiben. Dieses Erforderniss ist sehr wichtig und hat dazu geführt, die Aufwickelung auf die Bäume sehr sorgfältig und genau vorzunehmen. Es soll und muss dies der Fall sein, sowohl bei dem Aufwinden innerhalb einer Appreturoperation und der dazu benutzten Maschine, als auch bei dem speciellen Aufwinden oder Bäumen. Hat man z. B. es mit einer Einsprengmaschine zu thun, auf welcher das Gewebe also angefeuchtet wird, um vielleicht das Kalandern durchzumachen, so ist mit Sorgfalt darauf zu achten, dass die Aufwindung des Gewebes auf dem Waarenbaum, welcher dann dem Kalander vorgelegt werden soll, vollkommen correct geschieht. Ist dies nicht der Fall, so wird in Folge ungleichmässigen Druckes das Gewebe auf der Walze ungleich feucht werden und sich nicht gerade herabziehen vom Baume, also mit zwei auf das Gelingen der Kalanderung einflussreichen Fehlern behaftet sein. Die Prüfung solcher Specialfälle und die Betrachtung der Folgen schlechter Aufwindung führt die Wichtigkeit der guten, exacten Aufwindung durchaus in vollem Masse vor.

Die Bäumvorrichtungen können nun sehr verschiedener Art sein in der Ausführung, sie folgen indessen durchaus demselben Prinzip: die Waare so gerade, ausgebreitet und faltenlos auf den Baum zu führen, dass keinerlei Verschiedenheit der Pressung und Lagerung in den vielen Windungen des Gewebes um den Baum sich zeigt. Um dies zu erreichen, muss also zunächst die Befestigung des Anfangs des Gewebes an der Walze eine gerade und gute sein, sodann aber die Ausbreitung und die Führung des

Gewebes exact geschehen. Die Befestigung des Gewebes am Baum geschieht mit Hülfe von Nuthen und eingelegtem Stab, um den der Anfang
des Gewebes gewickelt wird, oder mit Hülfe Annähens an ein auf dem
Baum befestigtes Zeugstück u. s. w. Die Ausbreitung wird mit Hülfe
von Streichstäben, Streichwalzen etc. (siehe S. 563 u. s. w.) erreicht, deren man
sich mehrerer bedient in einer Aufstellung, dass das Gewebe viele Windungen zu machen hat und gegen die Streichfläche scharf anliegt. Um
die Längsspannung regelmässig zu gestalten, lässt man den Stoff durch
ein oder mehrere Paar Presswalzen laufen. Bei starkgewebten Stoffen
oder solchen, die sich leicht verziehen, wendet man auch Belastung, Bremsen für die Presswalzen an, oder Bremsen an der Ablaufrolle etc. Der
aufwindende, sich bewickelnde Baum ist dabei der getriebene, den Stoff
herbeiziehende. — Es liegt in der Natur der Sache, dass die Bäum-
gestelle stark und in allen ihren Winkeln und Verbindungen genau sein
müssen[1]). Ebenso wichtig ist es, dass die Walzen gut gearbeitet sind
und besonders sich nicht durchbiegen, was bei langen Walzen nicht selten
vorkommt. Es muss ferner die Lagerung der Zugwalze eine dichte, fest-
geschlossene sein. Um dem Auslaufen der Lager und seinen Folgen zu
entgehen, verwendet man zuweilen Bäumvorrichtungen[2]) mit Frictionsrollen, welche den Gegendruck auffangen und unschädlich machen.

Bäumvorrichtungen werden von allen Fabriken für Appreturmaschinen gebaut. Kaepelin beschreibt eine solche von F. Ducommun & Co. in Mühlhausen (Elsass); Heim giebt Abbildungen und Beschreibungen von anderen
Bäumvorrichtungen. Wir führen hier eine Bäumvorrichtung vor, welche
zugleich für Zwecke des Dämpfens benutzt werden kann (Fig. 529). Alle
4 Cylinder C, D, E, F sind perforirte starke Kupfercylinder, welche für
gewöhnliche Zwecke des Bäumens auch durch die gewöhnliche Einrichtung
der Zeugbäume ersetzt werden können. Man kann nun diese Maschine als
doppelte Bäumvorrichtung benutzen und windet dann von G auf D und
von F auf E auf. D und E sind durch das Zahnrad auf A getrieben, G
und F sind dann belastet. Das Gewebe passirt dabei den resp. Streich-
baum R, S. Um einen schlanken Zug zu haben, kann man auch von F
auf D oder von G auf E aufwinden oder aber von D auf E, wobei das
Gewebe nicht weiter ausgezogen wird. Diese Vorrichtung rührt von
H. Stead & H. Gledhill[3]) in Halifax her.

Einen einfachen Aufrollapparat hat A. Kindle[4]) in Rendsburg construirt
(Fig. 530). Der Apparat ermöglicht das Aufrollen von Stoffen auf Walzen
ohne Unterbrechung des Betriebes. Derselbe besteht im Wesentlichen aus

---

[1]) Siehe auch Heim, Appretur der Baumwollstoffe. Stuttgart.
[2]) William Kempe.
[3]) Spec. 1860. No. 2264.
[4]) D. R. P. No. 12659.

der Welle A, der auf dieser drehbaren Trommel T, dem Aufwickler C und den Hebeln H, in welchen die zum Aufrollen der Waare dienenden Walzen ruhen.

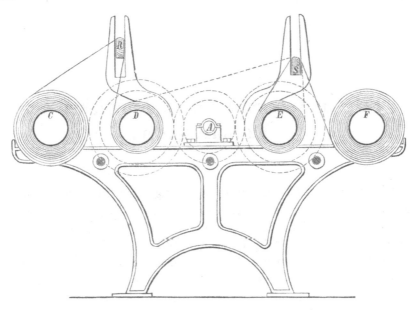

Fig. 529.

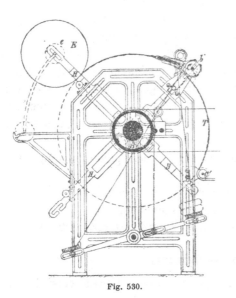

Fig. 530.

Die Waare läuft von der Appreturmaschine aus unter der Walze C' durch auf die Trommel T, geht unter einer in den Aufwickler C eingelegten Reservewalze b' und über der kleinen Walze d' nach E, wo sie sich auf die Walze e aufwickelt. Wird der Stoff nun zwischen Aufwickler C und Walze e abgeschnitten, so legt sich C herum und es wickelt sich die Waare alsdann um die Reservewalze b'. Bei einem bestimmten Umfange der Rolle legt sich der Aufwickler C wieder in die in der Figur angegebene Lage, die volle Walze ist indessen entfernt und eine neue Walze wird eingelegt.

Falt- und Legmaschinen, Aufwickel- und Messmaschinen.

———

Die Gewebe erfordern, wenn sie fertig appretirt sind, häufig auch während der Appreturoperationen ein Zusammenfalten und Zusammenlegen sowohl in der Länge als in der Breite, ferner ein Aufwickeln und ein Messen. Diese Operationen wurden bis zu 1860 etwa durchweg mit der Hand vorgenommen, obwohl es nicht an Versuchen gefehlt hatte, sie mit Maschinen zu besorgen. Man bediente sich eines hölzernen Stabes mit zwei in bestimmtem Abstande befestigten spitzen Haken, auf welche man die Säume des Gewebes aufsticht. Ist das Mass der Entfernung beider Spitzen bekannt, so ermittelt man aus der Zahl der Lagen und diesem Entfernungsmass sehr schnell das Mass des ganzen Stücks. So wird also Legen und Messen combinirt. Das Kniffen und Zusammenlegen des Stoffes der Länge nach geschah stets mit der Hand, weil die Apparate nicht im Stande waren, die Säume genau aufeinander zu halten. Diese Methode regte dann die Erfindung an, das Legen, Falten, Messen etc. durch Maschinen zu ermöglichen. Es entstanden so eine Reihe von maschinellen Apparaten und Maschinen, die wir nach ihren Zwecken, soweit sie nicht mehrere Operationen verbinden, unterscheiden können in:

1. Faltmaschinen (folding m., plicating m., plier, pliage, rigging, doubling, plaiting down).
2. Legmaschinen (blocking m., plaiting down, fenting).
3. Aufwickelmaschinen (winding m., m. à enrouler).
4. Messmaschinen (measuring m., m. à auner, mesurer, métrer).

1. Faltmaschinen.

Das Falten der Stoffe in der Länge hat zuerst Black versucht mit wenig Erfolg. Viel später traten Collier & Crossley auf mit einer Faltmaschine, bei welcher Scheiben in der Mitte des straff geführten Stoffes den Kniff herstellen. Diese Construction ist später die Grundlage eines guten Systems geworden. Sampson & Ledger benutzten zwei Platten zu gleichem Zweck, verliessen aber diese Methode (1857) wieder und wendeten conische Zuführung und eine Scheibe an, die in der Mitte den Bruch angiebt. Th. Hardcastle wendete ebenfalls eine Brechscheibe an. D. Edleston leitete das Gewebe mit seiner Mitte über den Rücken einer zeltartigen Erhöhung von dreieckigem Querschnitt, an dessen Seiten die Stoffhälften herabfallen und dann Saum auf Saum von Rollen erfasst werden. John & William Smith leiten den Stoff zwischen die Zinken quasi einer Heugabel und lassen ihn dann von Rollen erfassen. Bridson & Alcock benutzen an „isosceles triangle" in Diagonalstellung zu den Walzen. — In neuester Zeit sind besonders die Ideen von Crossley, Edleston und Bridson weiter benutzt worden und ausgebildet, so von Bromeville, Sandemann, Boyle, Stevens, Riley, King, Keenan, Schofield & Mellor, Jobbins, Mellor, Wigzell & Pollit, Elder u. A.

Wir geben nun hier mehrere Systeme von Faltapparaten in Abbildung und Beschreibung. A. Kiesler in Zittau hat zuerst in Deutschland das System mit der Bruchscheibe angewendet. Wir geben davon die nachstehende Beschreibung der Maschine[1]) (Fig. 531 und 532), wobei gleich bemerkt sei, dass dieselbe auch zum Messen gleichzeitig dient.

Beim Doubliren auf der vorgeführten Maschine wird die zu verarbeitende Kaule[2]) in zwei verstellbare Lagerböcke a gelagert und dann auf der lose durchgesteckten vierkantigen Achse soweit verrückt, bis die Mitte des Waarenstückes genau mit der Mitte der Maschine zusammenfällt, worauf sie durch Stellscheiben festgestellt wird. Die Waare gelangt nun, indem sie sich von der leicht gebremsten Kaule abrollt, zuerst über den Streckstab b, der in bekannter Weise mit gewindeartigen Riffeln auf der oberen Hälfte seines Umfanges so versehen ist, dass dieselben von der Mitte ab nach rechts einerseits und nach links andererseits auseinander gehen. Dadurch werden gebildete Falten in der Waare beim Darüberschleifen über diesen Stab nach auswärts gestrichen und so entfernt. Von b gelangt die Waare unter einem hoch und niedrig verstellbaren Spannstabe c hinweg über die Messtrommel e, welche aus leichtem Blech hergestellt und mit rauhem Tuche überzogen ist und sich mit grösster Leichtigkeit dreht, so dass sie durch den Zug der darüber gehenden Waare in Umdrehung versetzt wird und am Umfange genau die Geschwindigkeit der Waare annimmt. Diese Messtrommel steht mit einem mechanischen Zählapparat in Verbindung, durch welchen man auf einem Zifferblatt zu jeder beliebigen Zeit ablesen kann, wie viel Masseinheiten die Maschine passirt haben. Nachdem die Waare die Messtrommel e verlassen, gleitet sie unter einem zweiten Spannstabe d hinweg und läuft zwischen zwei gusseisernen Druckwalzen g, g₁ hindurch, welche einen doppelten Zweck haben, einmal, dass sie die Waare

---

[1]) Dingler, pol. J. Bd. 217. S. 284.
[2]) Man schreibt Kaule und Keule; ersteres besonders in Sachsen.

in ihrer ganzen Breite noch einmal glatt drücken und den Zug über den
Messapparat bewirken, und zweitens, dass sie für den nun eigentlich be-
ginnenden Doublirprozess als Bremse dienen. Auf diesen Walzen, wovon
die obere in Hebeln h so gelagert ist, dass sie mittelst derselben von der
unteren abgehoben werden kann, ist nochmals durch eine eingedrehte Nuth

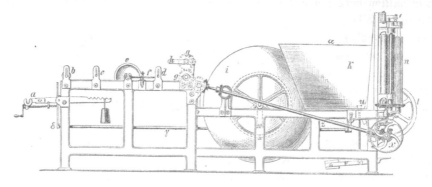

Fig. 531.

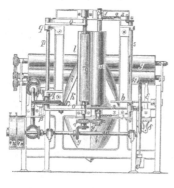

Fig. 532.

die genaue Mitte der Maschine markirt,
und es werden danach auf den Spannstäben c und d je zwei Stellscheiben festgestellt, welche während des Einlaufes der
Waare derselben als seitliche Führungen
dienen, so dass eben die Mitte der Waare
genau auf dem Mittel der Maschine weiter-
zugehen gezwungen ist.

Von den Walzen g, g_1 gelangt nun die
Waare in denjenigen Theil der Maschine,
wo das Doubliren vollzogen wird. Derselbe besteht in der Hauptsache aus einer
$1^m,2$ Durchmesser haltenden, linsenförmig
gestalteten Scheibe i, deren Umfang stumpf schneidenartig ausläuft; einem
eigenthümlich geformten Gussstück k, welches nach oben und nach der
der Scheibe i entgegengesetzt liegenden Seite ebenfalls von stumpfen Schneiden begrenzt ist, während dessen Wände nach unten und hinten flügel-
artig auseinandergehen und auf der hinteren Seite mit der Oberfläche der
Scheibe i correspondiren, indem sie einen Theil derselben knapp überdecken; ferner einem verticalen gusseisernen Druckwalzenpaar l, m und der
selbstthätigen Frictionsaufwickelung n.

Die Waare läuft von den Walzen g, g_1 über das Führungsstück k so,
dass die Mitte der Waare auf der oberen Schneide α weitergleitet, während
die beiden Enden successive nach unten fallen und sich an die seitlichen,
glatt bearbeiteten Flächen von k anlegen. Zuvor erhält die Waare durch

die rotirende Scheibe i in der Mitte schon einen Bruch, indem der schneidenförmige Umfang die Mitte nach oben drückt, während die seitlichen Enden nothgedrungen nach unten abfallen müssen, um sich an die gewölbte Oberfläche der Linse anzulegen. Je länger nun die Waare auf dem Führungsstück k weitergleitet, desto mehr nähern sich auch die nach unten geschlagenen Enden einander, indem sie der Form des Stückes k folgen, während die Mitte gezwungen ist, immer horizontal auf der oberen Kante α weiterzugleiten, und am hinteren Ende, welches also ebenfalls in eine Schneide ausläuft, decken sich dieselben schliesslich. Die so zusammengeschlagene Waare läuft nun durch die Pressionswalzen l, m, wodurch der Bruch ein ziemlich scharfer wird, geht um die hölzerne Wickelwalze n, welche an l fest angedrückt wird und so die Umfangsgeschwindigkeit der letzteren annimmt, und rollt sich selbstthätig glatt und genau auf. Damit ist nun die Doppelung der Waare beendet. Das Abnehmen der Kaule n wird durch zwei Hebel o, welche die Lagerköpfe derselben bilden, und wovon der obere nach der Walze l zu offen ist, bewirkt. Diese Hebel sitzen nämlich fest auf der verticalen Welle p, welche in den festen Lagern q lagert und durch ein conisches Räderpaar r und r_1 mittelst der horizontalen Welle s und dem Handrad t nach rückwärts drehbar ist, während man ebenso zum Anpressen der Kaule n an die Walze l die erstere nach vorwärts drücken kann. Eine Bremse u, welche durch den Tritthebel v und das hieran befestigte Gewicht am Umfange des Handrades t wirkt, hält die an l angepresste Wickelwalze n möglichst fest in ihrer Lage und erlaubt derselben nur so viel Bewegung nach rückwärts, als eben die Vergrösserung ihres Halbmessers durch die sich aufwickelnde Waare beträgt. Will man endlich die Kaule n entfernen, so tritt man auf den Tritthebel v, wodurch die Bremse u gelüftet wird, dreht das Handrad t nach rückwärts und klappt dadurch auch die Hebel o mit der Wickelwalze n nach hinten, und man ist nun im Stande den oberen Zapfen der letzteren aus seinem Lager herauszuschlagen und die Walze aus ihrem unteren Lager herauszuheben. Eine frische Wickelwalze tritt an ihre Stelle, die Waare wird von Hand ein bis zweimal fest um dieselbe gelegt und wieder fest gegen die Walze l angedrückt, und der beschriebene mechanische Doublir- und Wickelprozess beginnt aufs neue. Die Holzwalze n wird nun entweder eingerichtet, dass sie aus dem Waarenwickel herausgezogen werden kann, und die Waare kommt dann so zum Versand, oder sie kommt auf einen besonderen Wickelapparat, wo die Waare von der Kaule auf Holzbrettchen gewickelt wird.

Um ein Abheben der hinteren Pressionswalze m von l zum bequemen Hindurchnehmen der Waare zu ermöglichen, ist dieselbe in zwei Hebeln 1 gelagert, so dass die Drehpunkte der letzteren fest am Gestell und von den Lagern der Walze etwas zurück liegen. Die vorderen Enden der Hebel stehen mit den Köpfen zweier Schubstangen 2 in Verbindung und zwar so, dass sich die letzteren in den Köpfen verschieben können. Zwei starke Spiralfedern, die einerseits an den Köpfen, andererseits an den verstellbaren Muttern auf den Schubstangen anliegen, begrenzen durch ihre Federkraft das Durchschieben der Schubstangen durch die Köpfe. Ferner sind diese Stangen mittelst ihrer festen Köpfe 3 in die Kurbeln 4 eingelenkt, welche wieder durch die festgelegte Welle 5 und den Hebel 6 drehbar sind. Dreht man nun den Hebel 6 nach links, so gehen in Folge dessen die Kurbeln 4 nach derselben Richtung, die Schubstangen 2 drücken mit ihren Stellmuttern gegen die Spiralfedern, diese wieder gegen die Hebelköpfe 1 und pressen somit die Walze m fest gegen l, jedoch so, dass der Druck beider gegen einander ein elastischer ist, und deshalb kleine Differenzen in der Dicke der durchgehenden Stoffe ohne Einfluss auf die Regelmässigkeit des durch die Walzen erzeugten Zuges in der Waare sind. Zwei Zahnräder 7 mit etwas höheren Zähnen, welche beim Aneinanderpressen der Walzen in Eingriff kommen, bewirken eine möglichst gleichmässige Bewegung der Walzen unter einander, da ein etwaiges Schleifen der beiden Umfänge auf einander natürlich höchst nachtheilig wirken würde.

Der Antrieb der Maschine erfolgt von der Welle w mittelst fester und loser Riemenscheibe x, x_1. Dieselbe macht im Mittel etwa 60 Touren per Minute. Ein conisches Räderpaar y, y_1 setzt die hinteren Zugwalzen l, m in Bewegung, während eine schräge Welle z die Bewegung durch conische Getriebe und Zwischenräder auf die Druckwalzen g, g_1 und die Scheibe i überträgt. Durch die Ausrückstange β mit kleiner Zahnstange einerseits und zwei Riemenführern andererseits, und die Welle γ mit Hebeln ε (Fig. 532) und dem in die Zahnstange von β eingreifenden kleinen Zahnsegment δ ist man im Stande, jeden Augenblick von jeder Seite der Maschine aus dieselbe zum Stillstand zu bringen, um etwa vorkommenden kleinen Unregelmässigkeiten im Betriebe abzuhelfen.

Ein anderes System vertritt die nachstehend abgebildete Maschine von Elder[3]), welche den Stoff in der Mitte theilt durch ein Rahmendreieck und die Säume dann sofort mit Hülfe von Quetschrollen zusammen nimmt. Diese Maschine doublirt etwa 40 Yard per Minute. (Fig. 533 Seite 788.)

Ein einfacheres System, welches bei sorgsamem Anfang und etwas Aufmerksamkeit gute Resultate liefert, ist das von Fr. Gebauer[4]) in Charlottenburg. (Fig. 534) Die Waare ist in ganzer Breite auf a aufgewickelt. Man ergreift das Ende des Gewebes, legt Saum auf Saum und führt so das halbirte Stück durch den Trichter c nach oben an die Walze b, um welche herum das Zeug an die grössere Rolle d gelangt, unter der Leitrolle e durch. Die Presswalze f presst erst den Kniff fest und

---

[3]) Engl. Spec. 1874. No. 670. Baerlein & Cie. in Manchester bauen dieselbe.

[4]) Musterzeitung 1871. — Polyt. Zeitung 1874. 524. Engineering (London) 1874. — Amer. Sp. 1872. No. 124044 von John W. Farwell in Lewiston (Maine).

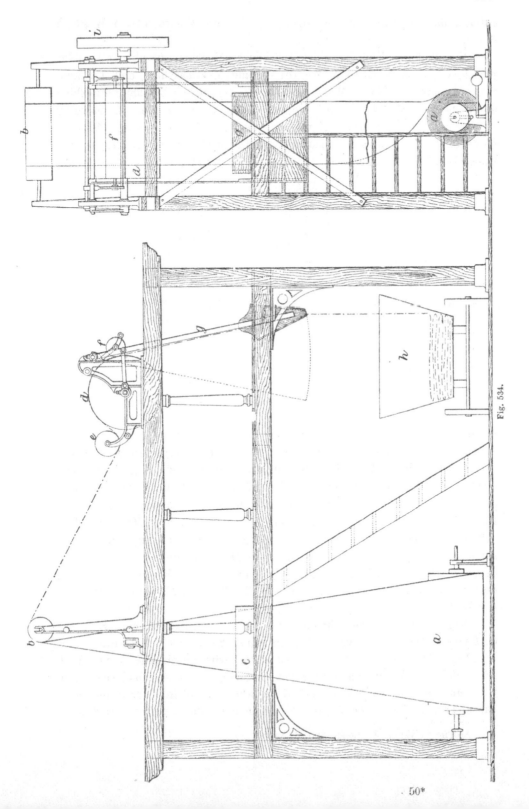

Fig. 534.

entlässt das Zeug in den Legapparat g, der die Waare in den Wagen h
einlegt.

Eine auf gleichem Prinzip wie Gebauer's Maschine beruhende Doublir-
maschine von Schofield & Mellor ist mit Messmaschine und Trockenwalzen combinirt. Diese Maschine (Patent Rigging or Doubling Finishing
and Cuttling Machine) wird von Timothy Bates & Co. in Sowerby
Bridge gebaut. Die Erfinder wollen den Stoff (sie geben an: Alpacas,
Orleans, Cotton Canvas, Calico, Cords, Coburgs, Baratheas, Crapes, Merinos, Delaines, Sommercloth, Lin-Canvas etc.) **falten oder doubliren,**

Fig. 533.

sodann **lüstriren,** indem sie ihn über die Trockencylinder gehen lassen,
welche übrigens den Bruch verschärfen, und endlich **messen** und **legen.**

Ganz andere Prinzipien vertritt die Faltmaschine Fig. 535. Das
Gewebe kommt von der Tafel M herauf und geht über den Ausbreitapparat F, F mit Stäben und Leitschienen L, H, K ausgerüstet, dessen
Ende in ein Dreieck C ausläuft, um dessen geneigte Seiten er scharf
herumgenommen wird und unter welchem die Säume des Gewebes zu-
sammentreten, geführt durch die Schienen D. Der Stoff wird vorgezogen
durch die Walzen B, B und auf u aufgewunden. Die Bewegung geht von
der stehenden Axe A aus und wird auf die Walzen B, B durch E und auf
die Rollen des Tisches übertragen[5]).

Von ähnlichen Gesichtspunkten geht der Amerikaner Luther
C. Crowell[6]) in Brooklyn, N.Y., in seiner Serie von Faltapparaten aus.
Die Fig. 536 zeigt den Apparat. Der Stoff wird durch eine Anzahl Walzen geführt und geht dann über den dreieckig auslaufenden Tisch 3 hinweg, um nach unten herum geführt zu werden, geleitet durch die stellbaren Trapeze 7, 8. Die Walzen 34, 36 nehmen den gefalteten Stoff auf.

---

[5]) The Universal Engineer 1880. 3. Sept.
[6]) Spec. 231993—7 mit 60 Claims. Polyt. Zeit. 1881.

Eine andere Ausführung ist die in Fig. 537 dargestellte. Hierbei ist der dreieckig auslaufende Tisch ebenfalls vorgesehen, aber das Zeug wird sehr genau darauf geführt mit Hülfe von Bändern aus fringirenden Ma-

Fig. 535.

terien. Die drei auf dem Fond des Tisches 3, 5, 4 arrangirten Bänder kehren über Scheiben auf Axen zurück zu den Scheiben der Welle 20. Die Seitenbänder 1, 2 aber folgen genau den Säumen des Gewebes und

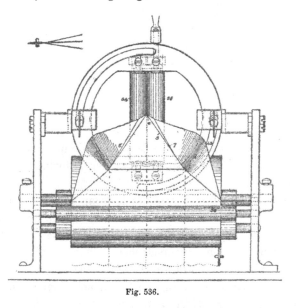

Fig. 536.

kehren über die Rollen 15, 16, 38 zurück auf den Anfang des Tisches. Die Walzen 16 und 15 dienen zugleich zum Vorzug des gefalteten Gewebes.

2. Legmaschinen.

Zu den Legmaschinen sind auch alle Messmaschinen mit einzurechnen. Wir wollen indessen in diesem Abschnitt nur das Traverselegen des Stoffes betrachten. Dies geschieht an sehr vielen Appreturmaschinen mit Hülfe des Fachapparates, bestehend in einem trichterartigen Führerkasten an zwei Armen, welcher sich um eine Axe dreht und durch Zug-

und Schubstangen von Kurbeln oder Excentren aus in schwingende Bewegung versetzt wird. Wenn man durch diesen Trichter das Gewebe hindurchgehen lässt, während er schwingt, so wird das Gewebe auf der Tafel
in Lagen aufgelegt, deren Breite sich nach der Differenz der Geschwindigkeit des schwingenden Trichters und des einlaufenden Stoffes richtet.
(Siehe frühere Fig. 340, 547 u. a.). Solches Legen in der Breite hat keinen
bleibenden Zweck, sondern einen vorübergehenden. Die einzelnen Lagen

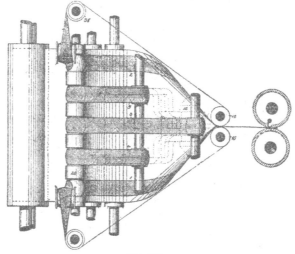

Fig. 537.

sind auch keineswegs genau gleich, besonders dann nicht mehr, wenn die
Höhe des Lagenstapels gewachsen und so der Schwingungsradius für das
Gewebe verkürzt ist.

Gleiche Lagen erhält man nur dann, wenn mit Hülfe der Hand oder
eines Maschinenarmes die einzelnen Lagen genau gleich ausgebreitet und mit
dem Saum jedesmal festgehalten werden, so dass sie also erstens ganz gleich
erfolgen und sich nicht mehr verschieben können. Eine solche Legtafel
mit schwingendem Arm construirte Henry Clarke[7]) (1843). Newton's
Maschine liess den kreisbogenförmigen Tisch schwingen und bei jeder Hin-
und Herbewegung die Stofflage aufnehmen und an den Saumenden befestigen. Robert Wilson ordnete schwingende Arme und Walzen an.

In den 50er Jahren, etwa seit 1856, beginnt erst die ernstere Construction und zwar die erfolgreiche. Zuerst construirte John Wormald eine
Leg- und Messmaschine mit Semicirculartisch und schwingenden Armen
mit genau stellbaren und fringirenden Linealen und geeigneten Vorrichtungen zum Festhalten der Lagenkniffe. Ryder und Bentley combinirten in sonderbarer Weise eine Kammer mit Vacuum mit dem Legapparat.

---

[7]) Spec. engl. 1843. No. 9643.

Richard Openshaw spannt die Lagen zwischen Kluppen aus. A. Dre-
velle nahm sich die sog. Jacobsleiter zum Muster und faltete den Stoff
zwischen Stäben vieler Arme. Cook & Hacking liessen sich 1861 eine
Faltmaschine patentiren, in welcher besonders das Festhalten der Falten-
enden durch Stricke und Ketten bemerkenswerth ist. M. Chadwick legte
besonders Gewicht auf die Regelung der Spannung des Gewebes beim
Hin- und Hergehen des Armes. Bridson & Alcock[8]) liessen sich 1863
die nachstehend beschriebene und abgebildete Legmaschine (Fig. 538—540)
patentiren. Der Stoff wird durch lange Hebel f, an denen die Rolle d sitzt,
geführt. Zur Bewegung des Hebels f dient die durch eine Zugstange h

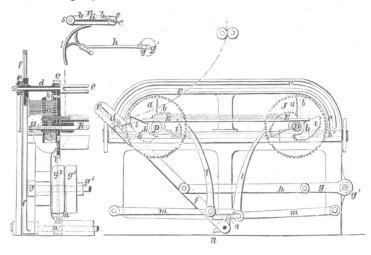

Fig. 538—540.

mit ihm verbundene Kurbel g an der Triebwelle g', welche mit den Fest-
und Losscheiben g², g³ versehen ist. Dieser Bewegungsmechanismus für
den Legstab bietet nichts Eigenthümliches und kann auch durch irgend
einen andern ersetzt werden. Durch die gezahnten Ausschnitte i in den
Sperrrädern j werden die Bolzen a in den Ständern b festgehalten. Die
Sperrkegel l wirken abwechselnd auf die Sperrräder j und werden ihrerseits vermittelst der Stangen m getrieben, auf welche die an der Welle o
des Hebels f befestigten Daumen n wirken. Jeder Bolzen a hat eine Feder,
welche ihn vorwärts schiebt, sobald er frei wird, und zwar sind diese
Federn an den Enden der Bolzen a und an den Ständern b befestigt. Hat
man bei der Ingangsetzung der Maschine das Ende des Stoffs am Tisch k
befestigt, so legt sich, während der Legstab c seine erste Bewegung ausführt, die erste Lage des Stoffs auf den Tisch ab und das Sperrrad j auf
der rechten Seite rückt um einen Zahn fort, wodurch der unterste Bolzen a
frei und der Einwirkung seiner Feder, die ihn nach vorn schiebt, über-

---

8) London Journ. 1864. p 79. — Pol. Centr.-Bl. 1864. 1284.

lassen wird. Dann kehrt der Legstab zurück und legt den Stoff um den Bolzen herum. Diese Wirkungen wiederholen sich in gleicher Weise bei allen übrigen Bolzen, bis das ganze Stück des Stoffs gelegt ist. Soll dann das Stück aus der Maschine genommen werden, so werden alle Bolzen gleichzeitig aus den Falten des Stoffs heraus gezogen; hierzu dienen die durch Handrädchen in Bewegung zu setzenden Schrauben p, durch welche zugleich die Sperrräder j in ihre Anfangsstellung zurückgeführt werden.

Fig. 540 zeigt eine Modifikation der beschriebenen Anordnung. Hier ist der Legstab c mit einem Band r verbunden, das über die Leitrollen s gelegt ist und seine Bewegung durch den fest mit ihm verbundenen Sector t erhält; letzterem wird durch die Zugstange h und die Kurbel g an der Triebwelle g' eine alternirend wiederkehrende Bewegung ertheilt. Die Bewegung der Bolzen a ist die oben beschriebene.

Wir erwähnen hier die Legmaschine von Oscar Webendörfer[9] aus Kappel für Wirkwaaren. Man sehe auch die Legmaschine von C. Hummel in Berlin (Seite 800).

3. Aufwindemaschinen. Aufwickelmaschinen.

Zu den Aufwindemaschinen (winding, blocking) rechnen wir auch diejenigen Maschinen, welche, während sie die Stoffe auf dünne Bretter, Pappen etc. aufwickeln, dieselben messen. Ein gutes Beispiel solcher Maschinen ist die folgende Maschine von der Zittauer[10] A.-G. für Maschinenfabrikation.

Das aufzuwickelnde und zu messende Gewebe wird bei A Fig. 541 u. 542

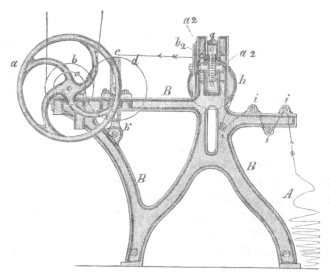

Fig. 541.

[9] D. R. P. No. 487.
[10] Maschinenconstructeur. — Polyt. Zeit. 1880.

vor der Maschine auf den Boden niedergelegt, gelangt von da zunächst über die vier hölzernen Spannstäbe i zwischen die beiden Walzen h und g und zu dem Brette e, auf welchem die Aufwickelung stattfinden soll. Dieses letztere ist zwischen den beiden gusseisernen Haltern s und s_1 festgeklemmt, deren Achsen gleichzeitig durch die Stirnräder d, d_1 und c, c_1 von der Vorgelegewelle r aus in Umdrehung gesetzt werden.

Der eine der beiden Bretthalter s_1 ist ausserdem mit einem Schraubengewinde o versehen, so dass er durch die Umdrehung des die Schraubenmutter bildenden Handrades m vor- und rückwärts bewegt werden kann, was zum bequemen und raschen Hereinbringen und Herausnehmen der Bretter e erforderlich ist. Der Halter s_1 ist ferner sammt Schraube o, Handrad m und Support k und seiner Axe p verschiebbar und kann der Support k auf der festen schmiedeisernen Traverse l in jeder Ent-

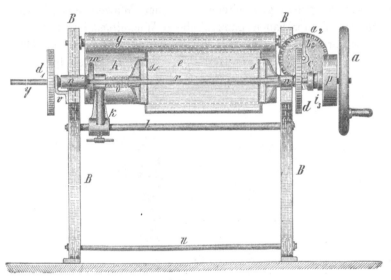

Fig. 542.

fernung vom Gestelle festgeschraubt werden, so dass man also behufs Aufwickelung von Geweben beliebiger Breite Bretter e von erforderlicher Länge festklemmen kann. Die Axe y ist zu dem Zwecke im Rade d_1 verschiebbar, mit Feder und Nuth versehen und das Rad d_1 wird durch einen seine Nabe umfassenden, am Gestelle B festgeschraubten Bügel v verhindert, der Längenverschiebung der Axe y zu folgen. Das Vermessen des Gewebes während seines Laufes durch die Maschine geschieht nun mit Hülfe der bereits erwähnten Walzen h und g. Die untere Walze h ist eine hohle Trommel aus Kupferblech von möglichst geringem Gewichte, aber exact und genau cylindrisch gearbeitet. Sie dreht sich leicht in ihren Lagern, wird von dem durchziehenden Gewebe in Umdrehung gesetzt, und damit dieses mit aller Sicherheit geschiebt und ein Schleifen des Stoffes auf derselben unmöglich wird, ist sie mit feinem aber aufgerauhtem Tuche überzogen. Die obere Welle g be-steht ebenfalls aus Kupferblech, ist aber etwas schwerer gehalten und sichert vermöge ihres Gewichtes die Umdrehung der unteren Walze h. Auf der Axe der letzteren ist eine Schnecke i_3 angebracht, welche in das Schneckenrad a_2 eingreift, auf dessen Axe ein Zeiger b_2 befestigt ist.

Der letztere endlich zeigt auf einer am Gestelle befestigten, mit einer Eintheilung versehenen Zählerscheibe c die Länge des durch die Walzen gegangenen Gewebes an.

Die Maschine wirkt den angestellten Versuchen gemäss ganz correct, doch dürfen die Messwalzen h und g nicht aus Holz angefertigt sein, da dieses sich bei noch so sorgfältiger Arbeit immer etwas wirft, wonach ein theilweises Schleifen des Gewebes zwischen den Walzen stattfindet, wäh-rend dieses bei genau gearbeiteten kupfernen Walzen niemals stattfindet.

Die Amerikaner bauen ganz ähnliche Wickelmaschinen, wie die vor-stehend beschriebene ist, die Anordnung ist nur eine compendiösere. In der abgebildeten Maschine von Gev. C. Howard in Philadelphia (Fig. 543)

Fig. 543.

ist das Gewebe c über das Brett h um die Stachelwalze (Kratzen, Bürste) a herum und über das Streichbrett i hinweggeführt, um hinterwärts herauf-zusteigen und über die Kratzenwalze b herabzugehen nach dem Wickel-rahmen d, um den er sich aufwickelt.

Die Parks & Woolson Machine Co. in Springfield (Vt), welche die A. Woolson Patent Measuring Machine (Fig. 544) baut, wendet ebenfalls eine Anzahl Leitrollen a, b, c, d, e, f an. Die Rolle c ist der eigentliche Haupt-cylinder und von dessen Axe geht die Zählung der Yards aus, übertragen auf eine einfache Zählscheibe mit Zeiger. Ein Gleiten des Stoffes auf diesem Cylinder ist ausgeschlossen und ist die Wirkung daher eine sehr

sichere. Mittelst Handhebels kann man das Zahnrad der Zählscheibe ausser
Eingriff mit dem Zahnrad auf c bringen und so Fehler bei Rückdrehung
oder bei anderen Anlässen verhindern.

Für Waaren, welche nicht gewickelt, sondern gerollt werden, wie Teppiche, Segeltuch, Gurte etc. dient die nachstehend abgebildete Maschine

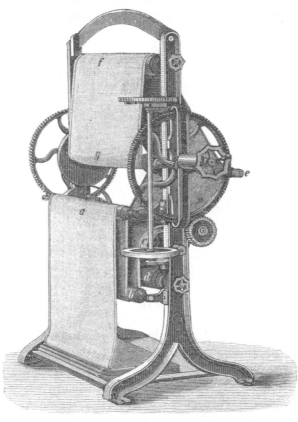

Fig. 544.

von Geo. C. Howe (Fig. 545) in Philadelphia zum Aufrollen und Messen.
Es können mehrere Breiten nebeneinander aufgerollt werden. Diese Tep-
pichbreiten werden durch das Prisma a emporgeholt, gehen unter b durch
und über den Cylinder c, dann unter einer Leitrolle bei d hinweg und
empor zur Rolle e, über diese hinweg unter der Pressrolle f durch, um auf
der Axe von g aufgerollt zu werden. Die Rolle f wird unterhalb gestützt
durch eine cannelirte Walze h. Da die Rolle g bei so dicken Stoffen
schnell anwächst, so lagert sie in im Schlitz des Gestells verschiebbaren
Lagern i, i, auf welchen Zahnstangen m, m befestigt sind, die sowohl die
Lager von f als von e führen und zwar so, dass letztere beide ihre Entfernung zu einander nicht ändern. Eine Zählscheibe vermerkt die durch-
gelaufenen Yards. Diese Maschine ist sehr interessant und brauchbar.

4. Messmaschinen.

Mechanische Messmaschinen erfordern sehr exact wirkende Mechanismen. Schon kleine Aenderungen in dem Ausschlag des Leghebels, der das Zeug führt, wirken auf ein ungenaues Resultat, ebenso sehr führt eine ungleiche Spannung des Gewebes beim Legen zu Fehlern sehr bedeutender Art. In diesen Umständen ist auch der Grund dafür zu suchen, dass

Fig. 545.

die Vervollkommnung der Messmaschine bis zur Brauchbarkeit sehr lange Jahre in Anspruch genommen hat. Mit 1840 etwa beginnt bereits das Suchen nach einer brauchbaren selbstthätigen Messmaschine, aber erst die Pariser Ausstellung 1867 brachte uns Constructionen, welche den Ansprüchen einigermassen genügen konnten. Wir sprechen hierbei allerdings von der grösseren Messmaschine, welche den Stoff in Falten legt; indessen sind auch die vielen kleineren Messmaschinen und -Apparate erst mit der Vervollkommnung der grösseren Maschine in einer ebenfalls vollkommeneren Form hergerichtet worden. Was diese letztere anlangt, so giebt es deren jetzt eine ziemlich grosse Anzahl. Wir wollen einige erwähnen.

D. G. Diehls Maschinenbauanstalt in Chemnitz hatte in Paris 1867 eine Waarenmessmaschine höchst einfacher Construction ausgestellt. Zwei mit Tuch überzogene Walzen, die untere von ca. 1 Fuss Durchmesser, die obere bei $4^1/_2''$, liessen zwischen sich die Waare passiren. Da diese Walzen vermöge des Tuchüberzuges die nöthige Reibung gewährten, überdies die obere gegen die untere gedrückt wurde, so findet kein Gleiten statt, sondern es ist die durchgezogene Stoffmenge durch die Umfangsgeschwindigkeit der Walzen bedingt. Die untere Walze wirkt durch eine an ihrer Achse sitzenden Schraube ohne Ende auf ein Zählwerk, an welchem die Menge des durch die Walzen geführten Stoffes in Metern oder Ellen etc. abgelesen werden kann.

Aehnlich ist die Maschine von C. H. Weisbach in Chemnitz, welche zugleich zum Aufwickeln auf Brettchen eingerichtet ist.

Die Messmaschinen für Leinen- und Jutestoffe bestehen ebenfalls in Walzencombinationen, und zwar bei Robertson & Orchar sind zwei Paar Zugwalzen angebracht, zwischen denen, und zwar mit den unteren Zugwalzen berührend, eine grössere Walze rollt.

Thomson Brothers & Co. in Dundee wählen ebenfalls mehrere Walzenpaare, dessen letztes gezogenes den Messapparat in Bewegung setzt. —

Die grosse Messmaschine mit schwingendem Arm ist besonders durch Cook & Hacking und George Sampson disponirt und durch viele Andere verbessert. Wir geben zunächst die Beschreibung einer derartigen Maschine[11]) (Fig. 546). Sie besteht aus einem an dem soliden gusseisernen Gestelle Z

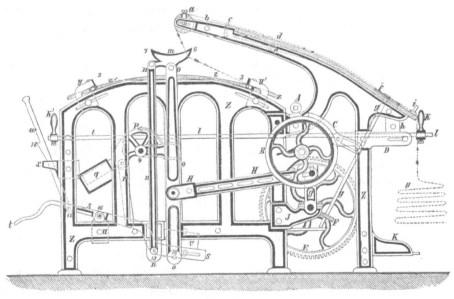

Fig. 546.

angebrachten hölzernen Tische z von der Breite des zu stabenden Gewebes und einem hin- und herschwingenden Doppelhebel w, o, von welchem das Gewebe auf den Tisch z niedergefaltet wird. Der Tisch z ist nicht unbeweglich am Gestell Z befestigt, sondern er wird nur in der Mitte so von zwei seitlichen Führungen gehalten, dass er sich in denselben leicht auf- und abschieben lässt. Das Gewicht des Tisches wird mit Hülfe zweier um die Axe 4 drehbarer Hebel mit den Gegengewichten q so balancirt, dass er das Bestreben hat, in die Höhe zu gehen, woran er

---

[11]) Dingl. Polyt. Journ. Bd. 116. S. 185.

durch die beiden seitlichen, bei y angebrachten Querleisten aus Holz verhindert wird. Der Druck des Tisches nach oben ist indessen nur gering,
so dass, wenn man die eine Seite des Tisches bei 2 niederdrückt, der
Tisch sehr leicht niedergeht, wogegen die andere Seite des Tisches bei 3
nur um so mehr nach oben presst, indem die Gegengewichte q auf die
Mitte des Tisches wirken und diese Letztere daher gleichsam den Stütz-
oder Drehpunkt bildet. Wird umgekehrt der Tisch bei 3 niedergedrückt,
so presst er dafür bei 2 etwas stärker gegen die obere Querleiste y.
Diese Aufhängeweise ist ein wesentliches Erforderniss für eine gute
Leistung der Maschine und der Umstand, dass Viele dieselbe nicht kennen,
ist die Ursache, dass die Maschine auf dem Continente in mancher Fabrik
als unbrauchbar auf die Seite gestellt werden musste, während sie doch
bei guter Regulirung der verstellbaren Gegengewichte q die vorzüglichsten
Dienste leistet. Das Niederlegen des Gewebes auf den Tisch findet nun
folgendermassen statt:

Die Waare wird bei U auf der rechten Seite der Maschine auf den
Boden hingelegt und gelangt von da über den hölzernen Tisch d, welcher
an einem Arme Z des Hauptgestelles befestigt ist. Am vorderen Ende des
Tisches ist eine leicht drehbare Leitwalze a angebracht, über welche das
Gewebe zwischen zwei schmiedeeisernen Schienen 6 und 7 gelangt, welche
an den Enden der schwingenden Hebel n und u mittelst eines gusseisernen
Stückes m drehbar befestigt sind. Wie aus der Zeichnung ersichtlich ist,
gelangt nun das Ende des Gewebes am rechten Ende des Tisches z unter
die hölzerne Leiste y', welche auf der unteren Seite mit feinen Drahtbor-
sten besetzt ist, welche das Gewebe festhalten, da der Tisch gegen die
Leiste nach oben presst. Sowie sich nun die schwingenden Hebel w und
o nach links bewegen, nehmen sie das Gewebe mit sich und legen es auf
den gebogenen Tisch z nieder, indem die Leiste 6 dasselbe auf der linken
Seite der Maschine unter die Leiste y schiebt, welche ebenfalls auf der
unteren Seite mit Stahlkarden (Stacheln) besetzt ist, welche das Gewebe
festhalten. Da die Drehpunkte 12 und 13 der beiden Hebel n und o un-
verrückbar am Gestelle angebracht sind, so macht das obere Querstück m
mit den beiden Schienen bei jeder Hin- und Herschwingung der Hebel
eine Hin- und Herdrehung, so dass die Schiene 7 den Tisch z niederdrückt
und das Gewebe unter die Leiste y' schiebt, sowie die beiden Hebel in
ihrer äussersten Lage rechts angekommen sind, während die Schiene 6 den
Tisch niederdrückt und die Waare unter die Leiste y schiebt, sowie die
Hebel u und o in ihrer äussersten Stellung links angekommen sind.

Am Ende der Arbeit, wenn das ganze Stück niedergelegt ist, wird
mit dem Fusse der Hebel t niedergedrückt, welcher um den Punkt 16 drehbar ist und dessen anderes Ende mittelst einer Zugstange r die Gewichte
Q hebt und so den Tisch z herniederdrückt, wonach das Gewebe leicht
weggenommen werden kann. Ein Ansatz 18 des Hebels w klappt dabei

bei x ein und hält die Gewichte Q in der Höhe, so dass der Tisch z in seiner niedergedrückten Stellung verbleibt, bis der Hebel w wieder ausgelöst ist. Die Hebel n und o werden von der Kurbel G aus mittelst der Schubstange H hin- und herbewegt. Auf der Axe der Kurbel G sitzt ein Stirnrad E, in welches ein kleiner Kolben eingreift, an dessen Axe die Antriebscheiben B angebracht sind. Die Länge des auf den Tisch z niedergelegten Gewebes wird nun dadurch gemessen, dass man die Anzahl Umdrehungen der Kurbelwelle bestimmt. Jeder Umdrehung entspricht eine Hin - und Herschwingung der Hebel n und o, also eine Länge des Gewebes von 2 Stab, wenn der Ausschlag des Hebels o auf einen Stab regulirt ist. Auf der Welle der Kurbel G sitzt eine Schnecke, welche in das Schneckenrad F eingreift, von welchem die Bewegung mittelst einer Axe g auf einen auf der am Tische d angebrachten Scheibe f laufenden Zeiger übertragen wird. Die Scheibe f ist entsprechend eingetheilt und kann somit die Länge des niedergelegten Gewebes jederzeit abgelesen werden.

Diese Art Messmaschinen werden ausgeführt von C. Hummel in Berlin, Zittauer Maschinenfabrik A.-G., A.-G. für Stückfärberei und Maschinenfabrikation in Charlottenburg, Tulpin fréres in Rouen, Butterworth & Dickinson in Burnley, E. Livesey in Nottingham u. v. A.

Bei der Legemaschine von C. Hummel (Fig. 547) ist noch besonders zu bemerken, dass der Mechanismus für die beiden Legebleche so construirt ist, dass im Moment der Faltenbildung die Legebleche genau zur Waare eingestellt werden, so wie es die richtige Funktion erfordert, und zwar auf beiden Seiten ihrer Bogenbewegung in gleichem Sinne. Die Führung der Legebleche ist nach allen Seiten hin gesichert; der Bewegungsmechanismus ist kräftig und durch 2 Schwungräder unterstützt, so dass er sanft wirkt. Der Tisch, auf welchem die Waare gelegt wird, ist durch Doppelexcenter so bewegt, dass die zuletzt gelegte Falte mechanisch festgehalten wird, während die Spannung der Waare bei der nächsten Faltenbildung zu verschieben und die Lagen zu zerstören sucht. Diese Einrichtungen sind sehr sinnreich und originell und wirken dahin, dass diese Hummel'schen Messmaschinen glatte und stumpfe Waare von beliebiger Breite und in beliebigen Faltenlängen gleich gut legen.

Die Tulpin'sche [12]) Messmaschine, welche Alcan ausführlich beschreibt und abbildet, folgt im Allgemeinen den oben beschriebenen Anordnungen. Dieselbe misst 2000 Meter per Stunde, eine übrigens werthlose Angabe.

Die Mess- und Legmaschine von Fr. Gebauer [13]) in Charlottenburg verdient besondere Aufmerksamkeit. Die Maschine besteht aus zwei gusseisernen Gestellen 1, welche durch mehrere Verbindungsstangen zusammen-

---

[12]) Alcan, Traité du Travail de laine II. p. 358. Pl. LVI.
[13]) D. R. P. No. 8406.

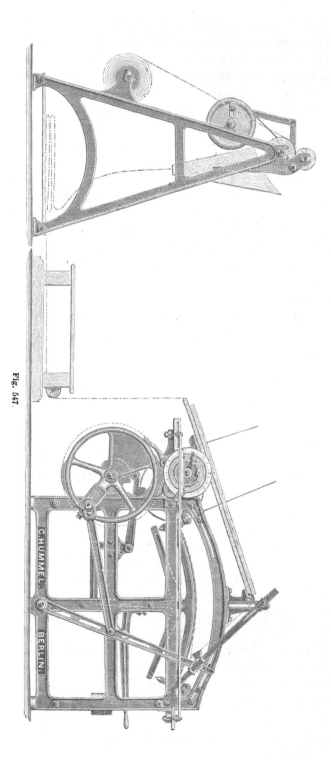

Fig. 547.

gehalten werden. In den Punkten 3 sind ein Paar mit einander verbundene, in sich bewegliche Schaufelhebelsysteme 2 und 2a gelagert, welche
den Zweck haben, die zu legende Waare mit den Schienen Z abwechselnd
unter die Gummihalteschienen 4 und 5 zu befördern.

Fig. 548 zeigt die Lage der Schaufelhebel zu einander in mittlerer

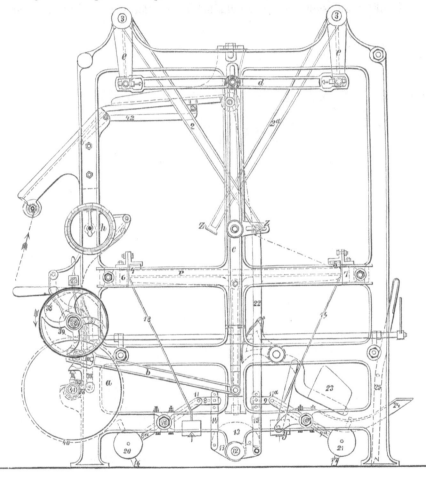

Fig. 548.

Stellung; Fig. 549 die Lage derselben an ihrer Endstellung. Die Bewegung der Schaufelhebel geht von den Riemscheiben 37 und 37a, dem Antrieb der Maschine, aus, welche sich auf der Vorgelegewelle 28 befinden.
Diese letztere überträgt mittelst eines Triebrades 39, das in ein Stirnrad
40 eingreift, ihre Bewegung auf die Kurbelwelle 41, und von hier pflanzt
sich dieselbe mittelst der zu beiden Seiten liegenden Kurbeln und Lenkerstangen der Theile a, b, c, d, e fort auf die beiden Schaufelhebelsysteme
2 und 2a; 6 und 7 sind verstellbare Begrenzungsstücke, welche ein Vor-
schieben der einzelnen Zeuglagen verhindern.

Die wesentlichsten Theile der Vorrichtung für die Tischbewegung sind die beiden je aus zwei Hälften bestehenden Zangenhebel 8, 8a und 9, 9a, welche auf den Verbindungsstangen 10 und 10a sitzen. Auf die beiden Punkte 11 und 11a wirkt der auf der Hebelwelle 12 festsitzende zweiarmige Hebel 13 mittelst zweier Zugstangen 14 und 15.

Denkt man sich die Schaufelhebel 2 und 2a, wie in Fig. 548 ange-

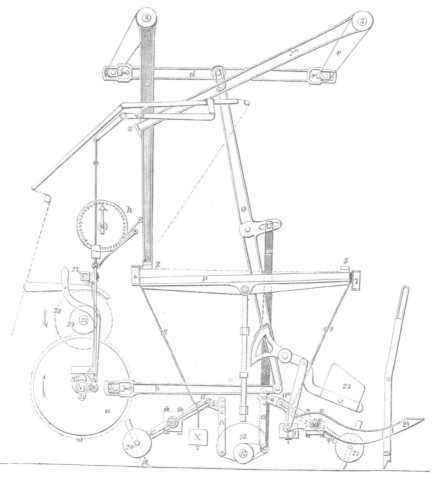

Fig. 549.

deutet, in ihrer mittleren Stellung, den zweiarmigen Hebel 13 genau wage-recht und die kurzen Zangentheile 8 und 9 mit den Zugstangen 14 und 15 verbunden, so müssen, wenn der Apparat richtig arbeiten soll, die beiden Stelleisen 16 und 17 durch die Gewichte 20 und 21 so weit gegen den Fussboden herausgeschoben werden, dass die beiden Riemen 18 und 19 noch ganz lose durch die beiden Zangen hindurchgehen und von den beiden Gewichten x und y straffgezogen werden können. Bewegt man nun

die Schaufelhebel 2 und 2a von der mittleren Stellung nach ihrer Endstellung, Fig. 549, so zieht mittelst Zugstange 22 das linke Auge des
zweiarmigen Hebels 13 den kurzen Zangentheil 8 mit dem eingeklemmten
Riemen 18 und somit auch die linke Seite des Tisches P herunter, während
die rechte Seite gegen die rechte Gummihalteschiene 5 gepresst wird. Hat
das Schaufelhebelsystem 2 seinen Wendepunkt nach links erreicht, so fängt
der Tisch P bei seiner Umkehr nach rechts an hoch zu gehen und presst
gegen die linke Gummihalteschiene 4, während die rechte Seite des Tisches
heruntergezogen wird u. s. w. Bei Senkung des Tisches P haben die beiden Zangentheile 8 und 9 die Riemen 18 und 19 um so viel höher erfasst,
als die Höhe der Zeuglagen zwischen Tisch P und den Gummihalteschienen 4 und 5 beträgt. Den Druck des Tisches P gegen die Gummihalteschienen 4 und 5 veranlasst das Gewicht 23.

Durch den Tritthebel 24 ist man im Stande, den Tisch P soweit herunter zu stellen, dass die gelegte Waare bequem unter dem Begrenzungs-
stück 7 hervorgezogen werden kann. Die tiefste Stellung des Tisches P
wird durch den Klinkhebel 25 begrenzt.

Die selbstthätige Ausrückung wird durch die Holzschiene 26, über
welche die zu legende Waare läuft, hervorgerufen. Sowie das letzte Ende
derselben die Holzschiene passirt hat, geht diese in die Höhe; eine an der
Ausrückstange 27 bewegliche und mit der Holzschiene 26 durch einen
Hebel 42 verbundene Falle 33 wird durch den Hebel 34 beim Hub des
Excenters 35 verschoben und der Treibriemen mittelst Riemengabel 36 auf
die lose Scheibe 37 gebracht. Damit das Stillstehen der Maschine so
schnell als möglich vor sich geht, sitzt auf dem einen Ende der Antriebwelle 28 eine Bremsscheibe 38, welche mittelst Ausrückstange 27 und dem
daran befestigten Keilstück 29 gebremst wird.

Fig. 550

Auf den Uhrzeiger des Messapparats wirkt durch den Rollenhebel 30
ein Excenter 31 auf der Kurbelwelle 41, wodurch der Zeiger jede gelegte
neue Zeuglage durch Vorrücken um eine Theilung anzeigt.

Ein eigenthümliches Prinzip für das Messen verfolgt J. S. Gold in

51*

Washington, indem er in einem verschlossenen Raum ein Messband mit
ablaufen lässt von der Scheibe der einen Walze, von welcher abgewunden
wird, auf die Walze, welche aufwindet. Ueberhaupt beruhen alle amerikanischen Messmaschinen fast ohne Ausnahme auf dem Prinzip der Zählung
von Walzenumdrehungen durch Contact mit den Zeugen, so die von
B. M. Havrod & Z. N. Ogden in New-Orleans, von J. Wayland, Race &
Smith, D. Max, J. W. Drummond, Brintnall, Mc Intire, W. Hebdon,
L'Harvey, J. Sullivan, Shotwell u. A. Interessant ist jedenfalls der
Brown'sche Messapparat[14]), welcher ein Rad mit breitem Mantel (wohl
auch mit kleinen Nadeln versehen) besitzt, unter welchem das Gewebe
fortgezogen wird (Fig. 550). Dieser Apparat ist auch in Europa viel
nachgeahmt. Der Messapparat von N. Dautzenberg & A. Holver-
scheid[15]) in Bonn beruht ebenfalls auf Abrollen von Walzen von be-
kanntem Umfange am Gewebe, nur dass hierbei das Gewebe die Walze
mitnimmt und umlaufen macht.

[14]) Am. Pat. Jan. 30. 1877.
[15]) D. R. P. No. 5817. — Wollengewerbe 1881. 26. Mai S. 993.

Die Anwendung
der Appretur auf die Gewebearten.

---

1. Seidengewebe.

Schon das Alterthum präparirte (Chinesen, Japanesen und andere Völker) die Seidenstoffe nach Abnahme vom Webstuhl mit gewissen Substanzen, besonders solchen, welche klebrig und gummös sind, so dass ihr Auftrag auf die Gewebe denselben mehr Steifheit und Griff verlieh. Man benutzte Reiswasser, Gummilösung, Ochsengalle, Zuckerlösung, Hausenblase, Mohnoel, Traganth und ähnlich Substanzen. (Wir haben oben Seite 379 bereits über dieselben berichtet.) Ausser der Behandlung mit derartigen Lösungen und Flüssigkeiten hatte man gewisse Seidenstoffe auch der Einwirkung von Druck ausgesetzt.

Jacobson[1]) sagte (1776) von den Seidenzeugen:

„Ohngeachtet die seidenen Zeuge von der Natur ihrer Materien, woraus sie bestehen, ein gutes Ansehen haben, so ist dieses doch noch nicht hinlänglich, sondern man muss dieselben durch eine Art von Zubereitung, welche man nunmehro schon für gewöhnlich Apretur nennet, ein schönes und in die Augen fallendes Aussehen geben." Er fährt fort zu erzählen, dass es nur wenige Leute gäbe, welche zu seiner Zeit (1776) die Apretur verständen und diese behandelten es gänzlich als Geheimniss. Die Apretur richte sich nach der Gattung der Zeuge. „Die Hauptgrundsätze der Apretur der seidenen Zeuge bestehe darin, einem jeden Zeuge nach der Beschaffenheit seiner Güte ein gehöriges Ansehen zu geben." Als Hauptpunkte, worauf es ankomme, erwähnt Jacobson: Ertheilung von Steifigkeit, Glanz und Dichtigkeit und dazu dienen klebrige Substanzen. „Alles dieses muss durch die Wärme tractirt werden." Bei Zindeltaffet, der sehr lose gewebt sei, müsse ein starkes Steifungsmittel angewendet werden, bei dunklen Farben mit Ochsengalle gemischt. Das Stück werde auf einen Rahmen ausgespannt und mit dem Appreturmittel bestrichen und durch Wärme (Kohlenbecken, Kohlenwagen, der darunter geführt wird) getrocknet. An Stelle dieser Methode bediene man sich auch der Cylindermaschine, mit einem metallnen Hohlcylinder, der mit Glühbolzen geheizt wird. Bei Atlasgeweben müsse man neben Steifigkeit auch auf Glanz sehen. „Denn wenn der Atlas von dem Webstuhl kommt, so ist er, wenn er auch noch so stark von Fäden in der Kette ist, los und schludrig." Die Stücke müssten deshalb

---

[1]) Schauplatz der Zeugmanufactur 1776. Bd. IV.

in Breite und Länge ausgespannt und angespannt werden. Darauf würden sie auf der linken Seite bestrichen mit Gummilösung pp. und getrocknet, damit jeder Faden seine Stelle behalte und so der Glanz durch die festgelegte Bindung zur vollen Entfaltung komme. Eine Behandlung im Kalander mit heisser Metallwalze sei für die Erhöhung des Glanzes zuträglich. Für Zeuge, welche milde und weich und sanft bleiben sollen, beanspruchte Jacobson zunächst: „Diese müssen von rechtswegen allemal auch reich von Seide sein, dass man nicht nöthig hat, denselben auf die Appretur eine Haltung zu geben." Durch Bestreichen mit warmer Flohsamabkochung könne indessen mehr Griff unter Bewahrung der Weichheit erzielt werden. Dichtgestellte Stoffe gebrauchten eigentlich keine Appretur; man nähme sie nur auf die Cylindermaschine um Glätte zu verleihen; vielleicht sei auch zuvor eine schwache Gummilösung aufzustreichen. Broschirte Seidenzeuge würden ebenso behandelt. Seidengaze würde auf dem Rahmen ausgespannt, gummirt und getrocknet, damit sie gewisse Steifigkeit erhalte. — Jacobson bedauert schliesslich, dass er über das Moiriren der Seidengewebe nichts angeben könne, weil die einzige in Berlin vorhandene Moirirmaschine nicht im Gange sei, da der frühere Besitzer das Geheimniss ihrer Zusammensetzung und Führung nur gegen sehr hohe Entschädigung kundgeben wolle[2]).

Beckmann hat in seiner Anleitung zur Technologie merkwürdiger Weise über Seide nichts mitgetheilt. Poppe[3]) 1807 und Hermbstaedt[4]) 1830 bringen wenig Anderes, als was Jacobson bereits beschrieben hat. Obwohl später Smith, Burn, Gerard, Champagne, Kreitmeyer, Gentillon u. A. mancherlei Neuerungen für die Seidenappretur angegeben haben, so hat sich dennoch die Lage der Seidenappretur nicht wesentlich gegen früher geändert, und die Zahl der Neuerungen seit 1814 bis auf unsere Zeit ist nicht allzubedeutend. J. Fr. Smith gab an (1822), man solle ganz- oder halbseidene Gewebe zunächst sengen, dann waschen und ev. walken und dann wieder sengen vor dem Färben und dann durch die Cylinder gehen lassen, um Glanz, Weichheit und Glätte zu erzielen. J. Perinaud bringt die Seidengewebe nach dem Gummiren auf geheizte Platten und ertheilt ihnen eine Friction auf Bürsten, um das Anklaviren etc. zu vermeiden. G. J. Hall schlägt vor, die seidenen oder halbseidenen Waaren um einen Cylinder zu winden und diesen auf einer Platte zu bewegen unter starker Pressung. Die Platte und auch der Cylinder sollen hohl sein und geheizt werden können. Entsprechend der Hall'schen Idee würde die Walzenmangel von Kaselowski etc. sein (S. Seite 480). E. Hardon und Lee Lee behandeln die Ganzseiden-Gewebe aus minderen Garnseiden (Florett etc.) wie folgt, um ihnen das Ansehn von Organsin zu geben; aber sie wollen auch Gewebe von guten Seiden ebenso appretiren. Die Gewebe werden gesengt, sodann ev. gefärbt und mit Gummilösung bestrichen. Nach dem Trocknen werden sie der Bearbeitung auf dem Beatle (S. S. 495) unterworfen. H. J. Sergeant windet das Seidenge-

---

[2]) Jacobson, Schauplatz der Zeugmanufacturen in Deutschland etc. Th. IV. S. 304.
[3]) Poppe, Geschichte der Technologie I. S. 446, Bereitung der Kleidung.
[4]) Hermbstädt, Grundriss der Technologie. I. 245.

webe nach Imprägnation mit Gummilösung aut einen Baum auf aber mit
Glanzpapier zugleich, sodass sich die Lagen der Seidengewebe nicht berühren. Der bewickelte Baum wird in die Trockenkammer gebracht und
dort getrocknet. Nach dem Abwickeln spannt man den Stoff noch zum
Nachtrocknen ein wenig aus und presst ihn sodann. —

Die Seidengewebeappretur erheischt, wie Jacobson bereits angab,
für jede Qualität und Art des Gewebes eine besondere Behandlung. Die
gewöhnlichen glatten Taffete, die Gros, welche je nach ihrer örtlichen
Herkunft die Namen Gros de Naples, Gros de Tours, Gros de Florence,
Gros des Indes, Gros de Berlin, Avignon, Pecking etc., die Poult de soie,
Grosgrain, Circasienne, Persienne, Marzellin, Camelott de soie, Faille, Serges
Levantine, Croisé, Drap de Soie, Rips, Satin, Satinet, Atlas, Satinade,
Damaste, etc. etc. bedürfen in guten Qualitäten eigentlich einer Appretur
nicht; dennoch werden sie zum Theil appretirt, die einen mehr, die andern
weniger. Zu dieser Appreturvornahme gehören folgende Arbeiten. Das
Gewebe wird nach Abnahme vom Stuhl sorgfältig geputzt (S. Seite 774,
312) und sodann mit feinpolirten Stahlblechen gerieben, um die Fäden
gleichmässiger zu legen und die noch etwa vorhandenen Knotenfasern u. s. w.
aufzukehren. Der erstgenannte Zweck ist überaus wichtig für das Seidengewebe, sowohl bei Taffetbindungen als auch bei Köpern und Atlassen,
als auch bei façonnirten und damascirten Bindungen. Der Glanz und die
Glätte der Seidengewebe hängt wesentlich ab von der gleichmässigen
Lage der Einzelfäden gegeneinander. Man kann diese erreichen durch
Reiben und zwar indem man den Reibstahl oder Reibstein diagonal (Seite 563)
gegen die Kettfaden-Richtung führt bei Taffeten, senkrecht dagegen aber bei
Köpern, besonders wenn diese loser gewebt sind. Eine Maschine, welche
mittelst Nadelzinken an Kämmen in Richtung der Kettfäden resp. an diesen
entlangführt, hat A. Lyon (S. Seite 774) construirt.

Anders erreicht man den Zweck der Faserentfernung in folgender
Weise: Sind letztere in grösserem Masse vorhanden, wie dies bei Geweben,
die aus gesponnenen Seiden (Floret, Bourrette etc.), stets der Fall ist, so
benutzt man sowohl die Sengmaschinen (S. Seite 120) als auch die
Schermaschinen (S. Seite 291, 302) nacheinander, oder eine derselben um
diese Fasern etc. zu entfernen. Man wendet hierfür auch Maschinen an,
welche durch Sandpapier, Bimstein etc. die Fasern abschaben (S. Seite 283,
778). In neuerer Zeit ist die Nothwendigkeit der Entfernung hochstehender
Fasern wesentlich gewachsen durch die starke Verwendung von minder-
werthigen Seidensorten und durch die Verfertigung gemisch-seidener
Gewebe. Im Uebrigen geben auch Maschinen, wie die Noppmaschinen
(S. Seite 96), gute Resultate.

Nach Entfernung der Fasern und Noppen und Geradelegung der

[4a] Esbrayat, polissage et emplacage etc. Mon. des fils etc.

Fäden ist bei vielen Seidengeweben die Reinigung vollendet und man presst sie entweder in einen Kalander oder in eine Presse. Indessen genügt dies bei vielen, besonders allen loser gewebten Seidenstoffen und bei gemusterten nicht. Für diese benutzt man die Auftragung von Appreturmitteln. Wir sagen ausdrücklich Auftragung, weil von einer Imprägnation nicht die Rede ist, vielmehr meist ängstlich jedes Durchdringen des Appreturmittels von der linken Seite, wo es aufgetragen wird, nach der rechten Seite vermieden wird. Zum Behufe der Auftragung bringt man die Stoffe auf Spannrahmen und spannt sie aus. Nun trägt man mit Hülfe eines Schwammes die Lösungen und Mischungen der Appreturmittel (S. Seite 379) auf. Nachdem dieselben getrocknet sind, lässt man die Gewebe ebenen und glätten. Für das Gummiren der Seidengewebe hat man übrigens auch ähnliche Gummirmaschinen (S. Seite 395) angewendet, wie sie für andere Stoffe in Gebrauch sind, bestehend aus einem Trog für die Flüssigkeit, in welcher sich eine Walze dreht, die mit Filz umwunden von der Lösung mitnimmt und sie an das durch eine oberhalb des zwischen beiden durchgehenden Gewebes angebrachte Walze geführte und angepresste Gewebe abgiebt. Der Druck, den die obere Walze ausübt, darf nur schwach sein. Mit diesem Gummirapparat ist häufig dann eine Trockenvorrichtung verbunden[5]), welche entweder aus horizontal angeordneten Dampfplatten besteht, über welche in geringer Entfernung der Stoff geleitet wird, oder es werden auch andere Trockenvorrichtungen z. B. Cylindertrockenmaschinen, verwendet, und wenn es sich darum handelt, dem Gewebe hohen Glanz zu verleihen, Trockenkalander mit beheiztem Cylinder.

Gebr. Wanzleben in Crefeld bauen Gummirapparate mit 3 Walzen, von denen eine im Troge liegt. Das mit Appreturmasse versehene Gewebe geht dann über einen hinter dem Apparate aufgestellten Feuerwagen, der das Gewebe trocknet. An Stelle des Feuerwagens kann aber eine Trockenmaschine mit 1—5 Cylindern aufgestellt werden, deren Cylinder $1/2$—2 m Durchmesser haben können. Die Führung des Gewebes ist so eingerichtet, dass das Gewebe mit der nicht mit Appreturmasse versehenen Seite auf den Cylinderwandungen aufliegt. Dies wird z. B. leicht erreicht durch eine Rollenführung wie sie die Haubold'sche Trockenmaschine (S. Seite 763) zeigt. Eine andere Trockenmaschine, sogen. Calorirmaschine, enthält 2—4 Stück Cylinder, welche festliegen. Dieselben sind mit Dampf geheizt. Das Gewebe wird straff über diese Cylinder fortgezogen, geleitet durch Leitrollen, welche so in der Maschine gelagert sind, dass die Berührungsflächen des Gewebes mit den feststehenden Cylinderoberflächen möglichst grosse sind. Es tritt hier zur Trocknung der Appreturmasse auf dem Gewebe noch die Reibung an warmen polirten Metallflächen hinzu, welche dem Gewebe Glanz und Glätte verleiht (S. Seite 771, III und IV). Die Trockencylinder können auch so angeordnet sein, dass sie sich drehen und zwar durch Friction des Gewebes, welches vorgezogen wird (S. S. 769). Dann fällt aber die gleitende Reibung der Gewebefläche natürlich fort. Mit besonderer Sorgfalt müssen die Aufrollvorrichtungen (Seite 781) für Seidengewebe construirt sein.

---

[5]) Duvivier 1862 scheint dies zuerst angeregt, Lafitte 1863 ausgeführt zu haben. S. Kaeppelin, Appretur S. 15.

Die Anwendung des Trockenkalanders bedeutet die Anwendung eines Druckes[6]). Meistens genügt für Seidengewebe ein Kalander mit einem Stahlcylinder und einer Papierwalze. Für intensivere Bearbeitung wendet man Kalander mit zwei Papierwalzen und einem Stahlcylinder dazwischen an oder auch eine Papierwalze und zwei Stahlcylinder (S. Seite 448, cf.). Diese Kalander können als Frictionskalander arbeiten und erfüllen dann den Zweck des Glänzendmachens. In England werden indessen meistens 4walzige Kalander ohne Friction angewendet. Für das Glänzendmachen wendet man besondere Lüstrirkalander an mit zwei Stahlcylindern, die beheizt sind und mit hohem Druck das Gewebe zwischen sich pressen. Häufig sind diese Cylinder im Kasten abgeschlossen aufgestellt und die Stoffe können so auch gleichzeitig gedämpft werden. Für die Zwecke des Trocknens und Glänzendmachens der Seidenstoffe benutzt man vielfach, in Frankreich besonders, Maschinen in dem Arrangement der Heizcylinder mit Mitläufertuch (S. Seite 748, 750, etc.), die ferner in der Färberei und Appretur der Lappen und Reste eine grosse Verwendung finden. Das Pressen der Seidengewebe geschieht in hydraulischen Pressen mit beheizten oder erhitzten Platten (S. Seite 529). Diese Methode liefert einen hohen Glanz auf dem Gewebe[7]). Für Seidengewebe feiner und feinster Qualität vermeidet man die warme Presse und wendet nur eine kalte Pressung an, um lediglich Glätte zu erzielen. —

Besondere Appreturmethoden treffen eine Anzahl Specialitäten von Seidengeweben. Die ganz oder theilweise aus Rohseidenfäden gewebten Seidenstoffe wie Foulard, Chaly, Gaze, Krepp, Dünntuch, Beuteltuch, Bombasin, Serge, Krepon etc. erfordern verschiedene Zurichtung. Der Foulard wird abgekocht, gesengt (S. Seite 120), gefärbt, bedruckt und sodann mit Gummilösung imprägnirt getrocknet und gepresst. Bei diesen Operationen spielte die Maschine (S. Seite 415) „Foulard" genannt früher eine hervorragende Rolle. Sie wird auch jetzt noch zum Bestreichen des Stoffes mit der Gummiflüssigkeit benutzt. Diese Appretmittel dürfen nur schwache Lösungen sein, weil die Foulards im Allgemeinen Stoffe von weicher Beschaffenheit bleiben sollen. — Die Operationen des Kochens geschehen in Kesseln oder Kufen mit Dampf. Als Degummirlösung benutzt man eine Auflösung von Seife und kohlensaurem Natron. Man siedet die Seidengewebe darin und nimmt sie sodann durch verdünnte Schwefelsäure, wäscht aus und trocknet. Das Drucken bedient sich der Dampffarben, des Mandarindrucks etc.

---

[6]) Vaucansons Kalander für die Pressung der Brokatstoffe und Damasquite hatte so colossale Walzen, dass 10 Männer die heissen Walzen kaum umzudrehen vermochten. Es war dies der Grund dazu, dass Vaucanson den Kalander mit Hebelbelastung einrichtete.

[7]) Siehe die Spindelpresse mit Dampfheizung von Jean Schlumberger; Persoz L'impression des tissus Vol. IV. Seite 521.

Die Seidengaze wird entweder aus roher Seide gewebt und dann bis zu einem gewissen Grade degummirt, oder aus roher Kette und gekochtem Schuss, oder endlich ganz aus degummirten Fäden. Je nach Bestimmung der Gazen wird die Waare degummirt oder nicht, resp. appretirt durch leichtes Bestreichen mit Gummilösung, Trocknen und Glätten. Ein neueres Verfahren von E. B. Knabe in Plauen[8]) webt die Gaze mit in Gelatinelösung geschlichteter Kette, nimmt die fertige Waare, taucht sie in heisse Gelatinelösung ein, trocknet sie halb, klopft sie mit den Händen stark und spannt sie auf Rahmen aus zum vollständigen Trocknen.

Der Krepp, aus ungekochter Seide gefertigt, wird appretirt, indem man ihn über einen mit Kalbfell, Seehundsfell etc. bezogenen Tisch zieht. Das Fell ist mit der Haarseite nach oben gekehrt. Das Kreppgewebe wird dabei mit warmem Wasser besprengt. Eine Maschine von Ozanam zu dem Zweck bestand[9]) im Wesentlichen aus einem mit Fell bezogenen Cylinder und einem festen, mit Fell bezogenen Lineal, zwischen welchen das Gewebe durchgezogen wurde. Diese Maschine imitirte die früher gebräuchliche Methode, das auf einem Brett liegende Gewebe mit der Haarseite eines Felles zu streichen. In der Maschine von Bagnon und Bonn[10]) ist das Fell auf dem Cylinder nicht befestigt, sondern lose. Das Lineal enthält ein mit Fell bezogenes Kissen, das das Gewebe gegen den Cylinder andrückt und durch Schrauben verstellbar ist. Das Gewebe wird in lauwarmes Wasser getaucht, ausgewunden auf die Maschinen gebracht. Hier geht es durch in schrägem Zuge, so dass das Gewebe diagonal gegen das Fell streift. Courtauld benutzt dagegen zum Kreppen zwei Walzen, auf deren eine der Stoff aufgewunden ist und auf deren andere der Stoff vom ersten herab aufgewunden wird. Beide Walzen pressen auf einander und sind geheizt. Es erfolgt also hierbei eine Trennung der auf einander liegenden Gewebflächen auf der einen Walze und die Formung zweier neuer berührender Flächen auf der zweiten Walze[11]). Eine andere Methode der Kreppung bedient sich geriffelter Walzen. Die Walzen können längsgeriffelt sein. Wenn der Stoff dazwischen durchgeht, erhält er ein wellenförmiges Gepräge. Wenn die Cylinder mit Ringriffeln versehen sind, so entsteht ein ähnliches Kreppen in Richtung der Kette. Die Cylinder können auch mit Erhöhungen und Vertiefungen gravirt oder gegossen sein und laufen so um, dass die Erhöhungen der einen Walze in die Vertiefungen der andern eingreifen. Wenn die Walzen gleichzeitig geheizt sind, so entsteht ein Musterkrepp entsprechend den Formen der Gravirung. —

Die Müllergaze oder das Beuteltuch besteht aus roher Seide und

---

[8]) Polyt. Zeitung 1880. S. 159.
[9]) Dinglers pol. Journal Bd. XXXIV. S. 195.
[10]) Hermbstädt, Technologie I 240. — Receuil industr. 1829. Jul. pag. 87.
[11]) Engl. Spec 1858. No. 2064.

ist mit Perlkamm gewebt. Der Stoff bedarf nur der Glättung. Man spannt ihn wohl auch auf Rahmen aus. —

Für broschirte Seidengewebe tritt, sobald die Broschirfäden unterhalb des Grundes gut gebunden sind, keine besondere Procedur ein, wohl aber, wenn dies nicht der Fall ist. Dann schneidet man die Flottfäden aus mit der Schermaschine (S. Seite 303) und thut gut, diese Stoffe unterhalb zu gummiren, um die Fadenenden besser festzuhalten.

Um Seidengewebe mit Moiré zu versehen, bedient man sich der Methoden, wie sie auf Seite 459 — 462 beschrieben sind. Für seidene und halbseidene Bänder und schmale Seidenstoffe sei in Folgendem eine vielbenutzte Moirirmaschine von Aemmer & Co.[12]) in Basel besprochen.

Die Maschine besteht aus zwei Haupttheilen: dem Ablauf und der eigentlichen Moirirmaschine mit dem Auflauf. Am Ablaufe befinden sich zwei, sowohl in der seitlichen, als der Längen-Richtung verschiebbare Häspel, welche ausgehoben werden können und auf denen das zu moirirende Band aufgehaspelt wird. Die Wellen dieser Häspel sind mit einer Bremsscheibe versehen, an welcher ein Gewicht angehängt wird, damit das Band stets straff angespannt bleibt.

Vom Ablaufe weg geht das Band über den Streichbock, aus einem Gestell mit zwei Glasruthen und einer verstellbaren Blechplatte bestehend, welche Einrichtung gleichzeitig zur gleichmäsigen Anstreckung des Bandes dient.

In der Mitte dieses Streichbockes befindet sich überdies noch ein Streichblech, in einer dem Bande oder dessen zu moirirenden Streifen entsprechender Breite; welches die Aufgabe hat, die gradlinigen Schussfäden des Bandes in einer Wellenlinie zu verschieben, damit das Band beim Durchpassiren zwischen den Walzen ein spiegelartiges Moiré erhält. Von hieraus wird nämlich das Band zwischen den Walzen durchgeleitet und zwar für einfaches Moiré (nur auf der einen Oberfläche des Bandes) zwischen einer untenliegenden Metallwalze (Bronze) und einer obenliegenden Papierwalze, für doppeltes Moiré zwischen einer untenliegenden Metallwalze und einer Papierwalze, auf welch letzterer sich in diesem Falle jedoch noch eine zweite Metallwalze, ganz gleich wie die untere befindet. Die Metallwalzen werden inwendig durch Gasflammen erhitzt, welche Heizungsart durch ihre grössere Regelmässigkeit und Zeitersparniss der früher üblichen Bolzen-Heizung weit vorzuziehen ist. Die Walzen sind ihrer Längenaxe nach im ganzen Umfange gerippt (von 30—120 Rippen per Pariser Zoll-Länge), und zwar muss die Zahl dieser Rippen auf eine gewisse Länge gleich sein der Schusszahl des Bandes auf die nämliche Länge. Bei doppeltem Moiré muss auch die mittlere Papierwalze die Rippung der Metallwalzen erhalten, was durch vorherige etwa halbstündige leere Drehung aller drei Walzen, nachdem dieselben durch Schraubendruck fest aufeinander gepresst worden, bewirkt wird. Bei der Inbetriebsetzung der Maschine dient alsdann die obere Walze ausschliesslich dazu, die Rippen der Papierwalze scharf zu erhalten. Die Papierwalze selbst hat die Aufgabe, das Band, welches unter starkem Druck die Walzen passiren muss, vor dem Zerschneiden durch die Rippen der Metallwalze zu schützen, sowie bei denjenigen Bändern, bei denen nur einzelne Längsstreifen moirirt werden sollen, nur diese Stellen gegen die Metallwalze zu pressen.

Sobald irgend welche Unterbrechung im Betriebe der Maschine eintritt, werden die beiden Druckschrauben und mit ihnen die obere Metallwalze in die Höhe geschraubt und durch eine Zaum-Vorrichtung die mittlere (Papier-) Walze von der

---

[12]) Grothe, Spinnerei etc. auf den Ausstellungen seit 1867. Seite 235.

untern emporgehoben, so dass das Band frei wird. Breite Bänder (bis 225 mm Maximal-Breite) werden einzeln, mittlere zu zwei, ganz schmale zu 3 oder noch mehr zusammen moirirt; je nach Qualität und Farbe erfordern sie eine verschiedene Behandlung; so muss z. B. Schwarz bei stärkerem Wärmegrad der Walzen moirirt werden als andere Farben, ebenso die Bänder mit Baumwollschuss, als solche mit seidenem Schuss.

Das fertig moirirte Band wird alsdann am anderen Ende der Maschine wieder auf Häspel gewunden, welche von einer an der Antriebswelle befindlichen Seitenlaufrolle in Bewegung gesetzt werden. Die Maschine kann von Hand oder durch mechanische Kraft bewegt werden und erfordert im ersten Falle 3, im letztern Falle nur einen Arbeiter. Sie liefert bei 12 stündiger Arbeit per Tag 12—20,000 m einfach oder doppelt moirirtes Band.

Besonders zu betrachten sind die seidenen hochgewebten Stoffe, Velours, Plüsch, Velpel und Sammet. Der Sammet oder geschnittene Velour wird, wenn er nicht schon auf dem Webstuhl mit dem Sammetmesser auf der Ruthe geschnitten ist, nachträglich durch Messer oder aber mit der Schermaschine geschnitten resp. geschoren. Der geschnittene Sammet wird gedämpft und gebürstet, um den Flor zu entwickeln, d. h. die Fadenenden in Faserform aufzulösen, und dann leicht abgeschoren, um die Spitzen der Fasern genau lang zu haben. Die linke Seite kann leicht gummirt werden.

Wird der Velpel nicht als Velour mit Ruthe gewebt, sondern als Atlas, so wird das Gewebe einem starken Rauhprozess unterworfen, um aus dem flottliegenden Atlasfaden der Oberkette die Faser zu entwickeln und an die Oberfläche des Gewebes zu bringen. Das Rauhen geschieht mit Karden in Handkarden, weil die Rauherei diagonal gegen die Kettfäden zu geschehen hat. Bürsten, Dämpfen, Pressen schliessen sich an.

Sammet, Velour, Plüschstoffe werden auch mit eingepressten Dessins verziert. Dazu dient das Gauffriren (S. Seite 462).

Schwarzer Taffet wird wie folgt appretirt: Die Appretur zerfällt in zwei Kategorien: I. Appretur ohne Gummi (trocken) und II. Appret mit Gummi auf nassem Wege.

Die sogenannte trockene Appretur dieses Stoffes geschieht dadurch, dass man denselben, nachdem er auf eine Rolle gewickelt, über zwei möglichst glatte, erwärmte Cylinder, welche stille stehen, streichen lässt und zwar so, dass deren Oberflächen zu $^2/_3$ einmal durch die linke und die andere durch die rechte Seite des Stoffes berührt wird; von hier ab wird er auf eine zweite Rolle aufgewickelt, indem man jede 3 à 4 Touren einen Papier-Carton mitunterlaufen lässt. Die letzte Rolle muss ca. 1,25 m von dem Cylinder entfernt sein, damit die Waare nicht zu warm aufeinander kommt; die Spannung muss bei dem zweiten und dritten Stücke, welche auf eine Rolle kommen, jedesmal etwas verringert werden; nach 5 Stunden kann abgerollt und gehalten werden.

Bei der Appretur auf nassem Wege passirt der Stoff zwischen zwei sogenannten Quetschwalzen, zweicylindriger Appretirkalander. Es sind dies gewöhnlich kupferne Hohlcylinder von 1,33 m Durchmesser, mit feinem Nessel mehrmals umwickelt, wovon die eine durch dünne Appret-Masse geht. Letztere besteht aus einer Mischung von Gelatine, Gummi arabicum, Zuckersäure und für Schwarz noch Braunbier. Die Cylinder müssen viel Druck haben; hinter denselben befindet sich ein Holzkohlenfeuer, um die Waare anzutrocknen. Später wird sie vollständig auf einem Tambour (S. Seite 784, 751) getrocknet; schwere Waare bekommt eine ganz schwache Brühe, manchmal nur aus Bier bestehend. Von der letzten Rolle kommt sie je nachdem auf die Brechmaschine oder den Kalander (S. Seite 449), dann wird sie eingekartet und in die Presse (S. Seite 529) gesetzt; letztere darf nur ganz schwachen, egalen Druck haben und es ist besser, wenn die Platten mit Dampf geheizt werden. Besonders bei Taffet empfiehlt sich die Anwendung der Maschine (S. Seite 563), welche sowohl ordnend, als ausbreitend, als glanzerregend wirkt.

Für die Appretur des schwarzen Satins befolgt man folgende Methode. Das Gewebe wird aufgebäumt und über den Streich- und Breitbalken zur Appreturmasse geführt. Nach der Imprägnation wird über Kohlenfeuer getrocknet oder auf dem Trockencylinder. Es folgt Behandlung auf dem Kalander, das Dämpfen und nochmals Kalander. Endlich wird gepresst, gemessen und aufgewickelt.

Appretirt man ohne Gummilösung, so verfährt man wie folgt. Nachdem das Stück möglichst glatt auf eine Rolle gebracht ist, passirt es im Weg der 8 über zwei heisse Cylinder, so dass jede Seite einen derselben bestreicht; die Cylinder liegen, ohne sich zu drehen, 35 cm auseinander. Das Stück wickelt sich hiernach auf eine hinter den Cylindern liegende zweite Rolle, wobei man gleichzeitig Presscartons mit auflaufen lässt, alle 3 Touren 1 Carton. Es ist hierbei wohl zu beachten, dass die Spannung an der vorderen Rolle am Ende des Stückes nicht mehr so stark ist, als am Anfange, weil sich sonst auf der zweiten Rolle die Waare unten über einander schieben würde, wodurch Kniffe entstehen. Bei je einem Drittel des Stückes verringert man die Spannung um $^1/_3$. Die Waare bleibt nun ca. 24 Stunden aufgerollt sitzen und wird dann an den Faltetisch gebracht. Die Qualität verliert bei dieser Manipulation anfangs, erholt sich indess schon nach zweitägigem Lagern. Der Zweck dieser Behandlung ist der, ein sanftes geschmeidiges Anfühlen sowie glatte Lage zu erzielen.

Für couleurte Satins ist die Appretur im Allgemeinen dieselbe wie bei Schwarz; der einzige Unterschied besteht in der Appretur-Masse. Diese ist Gummi traganth, recht lange und gut gelöst und präparirt mit ver-

---

[13]) Bezüglich der Färbereien siehe: F. Beyer, Joclét, Dr. Maier, Dr. M. Reimann, Dr. Chr. H. Schmidt, H. Schrader, Süssmann-Winkler, Moyret u. a. Schriften. Ferner Reimann, Färberzeitung; Springmühl, Musterzeitung; Singer Teinturier, pratique etc. Smith, Practical Dyers Guide; Smith, the dyers instructor. London 1876. O'Neil, Dictionary of dying u. s. f.

dünntem Alkohol mit einem Zusatz von möglichst hellem Leim, so viel als man für die betreffende Waare für nothwendig erachtet. Die ganze Appretur-Masse muss lauwarm und compact wie Brei sein, damit sie nicht durch die Kehrseite bis zur Kette dringt. Sollte die Waare durch diese dickere Masse auf der Kehrseite etwas grau werden, so verliert sich dieses durch das spätere Dämpfen. Beim Kalandern und Pressen der couleurten Stoffe darf man nicht so viel Hitze anwenden wie bei den schwarzen.

2. Wollgewebe.

Die Appretur der Wollgewebe wird durch die verschiedenen Eigenschaften, besonders die ungleiche Walkfähigkeit der Wollsorten zunächst in zwei grosse Klassen geschieden:

a) Appretur der Kammwollgewebe,
b) Appretur der Streichwollgewebe.

Diesen beiden Klassen schliessen sich zwei weitere Klassen an:

c) Appretur der aus Kammwolle und vegetabilischen Gespinnsten gemischten Gewebe,
d) Appretur der aus Streichwolle und vegetabilischen Gespinnsten gemischten Gewebe,

obwohl die Appretur dieser beiden Gruppen von Geweben sich wesentlich nach der Wolle richtet. Im Uebrigen unterscheidet sich die Appretur der Kammwollstoffe nicht allzusehr von der mit Kammwolle gemischten Stoffe, und da die vorhandenen Unterschiede wesentlich in den Erfordernissen der Färberei liegen, so können wir hier die Gruppen a und c ebenso zusammen behandeln als die Gruppen b und d, bei welchen die Sache ähnlich liegt.

a) Kammwoll- und mit Kammwolle gemischte Gewebe.

Die Kammwoll- und damit gemischten Gewebe werden in sehr verschiedener Qualität hergestellt. Dementsprechend finden wir auch verschiedene Appreturarten. Schon in früher Zeit unterschieden sich Tuchmacher und Zeug- und Raschmacher von einander. Letztere waren die Handwerker in Kammwollzeugen. Jacobson bespricht einige Appreturmethoden für Kammwollzeuge aus seiner Zeit und nennt als von der Ausstattung der Tuchbereitungsanstalt unterschieden zwei Maschinen der Raschmacher, den „Kalander" mit einem Eisencylinder, der durch eine „glühende Kanone" geheizt werden könne, und zwei Holzcylindern, — und einen zweiten Kalander mit 3 Holzcylindern, unter deren untersten ein Steintrog stehe, worin brennende Kohlen geschüttet würden.

Solle nun z. B. Etamin oder Stämin (gewebt aus gut gewaschner und gekämmter Wolle in der Kette und ebensolcher, aber fettiger Wolle im Schuss) appretirt werden, so werde er nach Abnahme vom Stuhl mit grüner Seife gewaschen, oder in Seiflauge eingeweicht und darauf getreten oder gestampft. Darauf werde gespült und der Stoff aus der Kufe gehaspelt und auf die Kalander-Walze über dem Kohlenfeuer langsam und gleichmässig aufgerollt. Diese letzte Operation nenne man das Kareyen. Jacobson setzt hinzu: „Dieses geschieht deswegen, damit sich das Zeug nach dem Waschen, welches hier gleichfalls eine Walke vorstellen soll, von seinem allzu starken Einlaufen über diesem Kohlenfeuer gleichsam wieder ausdehne, trockne und gleich werde." Die mit Zeug bewickelte Rolle werde sodann in einem Kessel mit Wasser mehrere Stunden lang gekocht und dann gespült, abtropfen lassen und gefärbt. Nach dem Färben werde der Stoff nochmals gewaschen und careyet. Der Sommeretamin werde eine Stunde und darüber gewalkt, gewaschen, gespült und kalandert. Für letztere Operation werde er mit grosser Sorgfalt aufgewickelt. Die Kalanderung geschehe mehrere Male ev. wiederholt. Letzteres trat bei dem Stoff „Dames" sehr oft ein, um ihn hochglänzend zu machen. Es folge darauf starke Presse. In ähnlicher Weise würden auch die übrigen, damals vorkommenden Gewebe dieser Art wie Sarsche, Droguet, Drap des dames, Krepp, Rasch, Chalong, Soy, Grisette, Perkan, Concette u. s. w. bearbeitet.

Diese Jacobson'schen Mittheilungen aus der Mitte des vorigen Jahrhunderts beweisen übrigens zur Genüge, dass besonders in den Preussischen Staaten damals die Appretur mit grösster Sorgfalt behandelt wurde und dass man sich bemühte, darin nicht hinter den Fortschritten der Engländer und Franzosen zurückzubleiben. Die Mittheilungen von Anfang 1800 von Beckmann und Hermbstaedt zeigen einige wesentliche Unterschiede mit denen von Jacobson. Die Kammwollstoffe wurden damals ebenfalls gewaschen dann aber gekreppt, gesengt, karrayet und kalandert (cylindert). Das Kreppen[14] geschah für ganz dünne und gazeartige Kammwollgewebe dadurch, dass man dieselben den Dünsten kochenden Wassers aussetzte oder auch selbst mit Wasser kochte, wodurch die Fäden zusammenliefen und dem Gewebe eine krause Beschaffenheit ertheilten. Das Sengen und Karayen der Kammwollstoffe geschah, indem man die Stoffe mässig feucht über glühende Kohlen, über brennenden Weingeist oder über glühende Eisenstangen wegzog, sie auf eine Walze aufwickelte und sodann mit derselben in Wasser kochte. Hierbei wurde eine leichte Filzung erreicht. Der Kalander enthielt eine Hartholzwalze und eine Metallwalze und vertrat die Stelle der Presse für Stoffe, welche hohen Glanz haben sollten. Die Stoffe wurden auch, um die Steifigkeit und den Glanz zu erhöhen, mit Gummi oder Hausenblaselösung bestrichen oder imprägnirt. Unter den Gewebspecialien wurde Kamlot einfach kalandrirt; Merino aber gewaschen, gesengt, gefärbt und kalt kalandert; Amiens, Herbin, Bombassin, Etamin, Perkan, Grosgrain, u. a. wurden ähnlich behandelt, zum Theil aber auch geschoren. Indessen traten auch Kammwollstoffe auf, besonders geköperte (Casimir, Cachemir, Ratin), welche aus feinster Wolle gearbeitet, theils gewaschen, gewalkt und geschoren wurden, theils aber nach dem Walken gerauht, einmal geschoren

---

[14] William, Verfertigung des wollenen Krepps in Webers Beiträgen I. 1825 p. 258.

und gebürstet oder frisirt (ratinirt) wurden. Die geköperten Kammwollstoffe wie Serche, Chalong, Soy, Kalmang oder Calmück wurden gewaschen, gesengt, karayet, kalandert und gepresst. Ausserdem wurden noch façonnirte und broschirte Kammwollstoffe bereitet wie Droguet, Floret, Tabouret, Lüstrin, Wollendamast, Batavia — und velourartige, geschnittene Zeuge, wie Felbel (Velpel), Kaffa, Wollsammet, Plüsch etc., deren Appretur zum Theil ebenfalls in Waschen, Sengen oder Scheren, Karayen und Pressen, zum Theil nur in Dämpfen, Rauhen, Scheren bestand. — Die Zahl und Variation der Kammgarnstoffe hat sich mit der Zeit sehr wesentlich vermehrt. Heute, wo Kammwolle in grossem Massstabe gezüchtet wird, hat die Kammwollenbereitung sich zu einem sehr grossen und vielverzweigten Industriezweig aufgeschwungen. Die von demselben hergestellten Gewebe aber unterscheiden sich gegen die früheren ziemlich stark, indem die dünngewebten Stoffe die Oberhand gewonnen haben. Wir wollen auf die Betrachtung der Kammwollstoffe bezüglich ihrer Appretur nunmehr eingehen.

Kamelott der früheren Zeit kommt nur noch selten vor. Er wird appretirt durch Waschen, Dämpfen, Mangeln oder Kalandern und Pressen.

Glatter, moirirter und façonnirter Möbeldamast (Perkan, Wollendamast, Lasting) erhält eine Appretur durch Sengen oder Scheren, Kalandern oder Heisspressen, um den Glanz möglichst zu verstärken. Zuweilen wird auch eine Appretur mit Gummi- oder Leimlösung angewendet, um dem Stoff mehr Steifigkeit zu geben.

Moreen aus starken Garnen, meistens für Unterröcke bestimmt, wird kräftig gepresst in der Dampfpresse, auch moirirt und mit Appreturmasse versehen.

Rips wird meistens nur geschoren oder gesengt und gepresst.

Wollatlas (Kalmank), Sarsche (Serge) etc. wird geschoren oder gesengt und gepresst, mitunter auch mit Appreturmasse bestrichen.

Die Gruppe der dünneren Kammwollstoffe umfasst zunächst ganzwollene Damenkleiderstoffe, deren Appretur meistens nur ein Scheren oder Sengen und Pressen ist, sodann Merino, Paramatta, Thibet, Droguet, Armure, Satin, Wollmusselin, Beige, Mohair, Cachemir, Brillantine, Coteligne, Serge beige, Crêpe, Tamise, Grenadine, Florentine, Alpaca, Pacha, Cachemirienne, Panama, Sicilienne etc., Wollentaffet, Wollenpopline, Ternaux, — ferner aber halbwollene Merinos, Thibets etc. und Zanellas oder Italian Cloth, Coburg, Cretonne de laine, Orleans, Zephir etc. — Die Appretur der eigentlichen Damenkleiderstoffe (excl. Merino[15]) etc.) unterscheidet sich schon dadurch, dass dieselben vom Stuhl genommen eines Färbens nicht mehr bedürfen, im Uebrigen mit Seide etc. verziert auch

---

[15]) Der Unterschied, den man früher zwischen Merino und Thibet machte, dass Merino glänzend, Thibet aber matt appretirt werde, trifft heutzutage nicht mehr zu.

nicht gewaschen, sondern meistens nur gepresst oder kalandert werden, zuweilen auch geschoren oder gesengt, mit Appreturmasse versehen und gedämpft werden.

Anders steht es mit den Merinos etc. und den Unistoffen von Kammgarnen, welche von rohem Gespinnst gewebt und sodann im Stück gefärbt werden. Die meisten Kenner dieser Fabrikation behaupten, dass die Hauptschwierigkeiten derselben in der Stückfärberei[16]) lägen, indessen dürfte die Appretur nicht minder wichtig sein. Die Merinos werden nach Abnahme von den Stühlen gesengt (S. Seite 116 etc.) oder geschoren (S. Seite 291), sodann gefärbt und gewaschen und auf der Dampfpresse (S. Seite 529) gepresst, wenn sie sich kräftiger und härter anfühlen und Glanz haben sollen. Sollen sie aber milde und sanft appretirt sein, so werden sie nach dem Färben mit lauer Luft getrocknet (S. Seite 712) und schwach gepresst oder so, dass, nachdem die Dampfplatten der Presse (S. Seite 529) anfangs mit Dampf erhitzt den Druck gaben, sie durch Abstellung des Dampfes und Einführung von Wasser zur Kühlung der Gewebe benutzt werden, also kalte Presse der warmen folgt. Zur Ausführung der diversen Operationen dienen die diversen Maschinen: Sengmaschinen und zwar Platten- oder Gassengemaschinen (S. Seite 116 etc.) oder Schermaschinen (S. Seite 291); Waschmaschinen und zwar Langwaschmaschinen (S. Seite 40); Färbemaschinen, welche aus Bottichen mit Rollenführung bestehen (S. Seite 36, 40 und Seite 464), in welchen die Farbstoffe, Beize etc. sich befinden. Als Trockenmaschinen wendet man für Erzielung milden Griffs die Lufttrockenmaschinen (S. Seite 712 etc.) an, sonst auch Cylindertrockenmaschinen (S. Seite 760 etc.). War die Kette der Gewebe vor dem Weben stark geschlichtet, so benutzt man die Crabbingmaschine (S. Seite 67 cf.) zum gründlichen Auswaschen. Soll das Gewebe mit Appreturmasse versehen werden, so benutzt man die Paddingmaschinen (S. Seite 415) oder den Foulard (S. Seite 413).

An Stelle der Sengerei hat Lacroix[17]) eine Behandlung mit einem oscyllirenden Stahlblatt, dessen Kante mit Feilhauschlägen versehen ist, vorgeschlagen, um also die hervorragenden Fasern und Knoten abzufeilen. Zu gleichem Zwecke sind auch Schleifmaschinen (S. Seite 312) mit Schmirgel, Glaspapier etc. vorgeschlagen. Nach dem Färbprozess wird die Waare gedämpft (S. Seite 432).

Die Appretur der halbwollenen Stoffe wie Zanella, Orleans etc. ist der Merinoappretur ähnlich, indessen erheischt die Heterogenität der Materialien einige Besonderheiten. Wir gehen daher hier näher auf diesen

---

[16]) Siehe Schriften von Joclêt, Schrader, Prüfer, Reimann, Richter & Braun, Muth, Beckers, Gibson, Jarmain, Napier u. A.

[17]) Engl. Pat. No. 1466. 1856.

Appreturprozess ein und folgen dabei theilweise einer Abhandlung von Theodor Ludwig[18]).

Die Appretur der Orleans umfasst die Operation des Färbens und Appretirens in bunter Reihenfolge und deshalb werden die Färberei und Appretur, ebenso wie bei Merino etc., engverbunden. Früher unterschied man zwischen Orleansappretur mit Plattensengen und mit Gassengen. Das Plattensengen hat sich auch jetzt noch am meisten in diesen Anstalten erhalten. Die rohe Waare wird zu je 8 Stück etwa zusammengeheftet mit gebrühetem Zwirn, damit keine Falte durch die Nähte entstehe. Der Stoff wird dann auf eine Walze der Crabbingmaschine (S. Seite 67) aufgewickelt und gekreppt oder gekrabt. Weisse, rohe Waare zum Färben bestimmt, geht auf dem ersten Kasten durch 60—70° heisses Wasser, welches 750 Gramm calcinirten Soda und 625 Gramm Salmiakgeist aufgelöst enthält. Auf diesem Kasten geht glatte Waare ohne Walzendruck, d. h. die obere Walze wird heraufgelassen, während gemusterte Waare mit Walzendruck geht. Das Haupterforderniss ist, dass die Kreppmaschine fest steht und einen ruhigen Gang hat, denn sobald die beiden über einander liegenden Walzen sich hin- und herschieben können, entsteht auf der Waare Moiré, der sich schwer entfernen lässt. Diese Krepplauge bleibt stehen, da die Waare nochmals durch dieselbe in den nächsten Kasten geht, der mit reinem, kochendem Wasser gefüllt ist; auf diesem mittelsten Kasten dreht sich bei glatter Waare die blosse Walze als Druck, bei gemusterter Waare die Walze mit 25—50 Kilo Anhang an den Halbmonden: je dichter zusammen das Muster steht, desto mehr Anhang; bei grossen Mustern, die weit auseinander stehen und sich daher mehr der glatten Waare nähern, nur höchstens 25 Kilo Anhang. Durch diesen Kasten geht die Waare unter scharfem Kochen, so dass die Krepplauge sowohl, als das aufgelöste Fett, welches sich in der Schaf- und Baumwollfaser befand, entfernt wird. Aus diesem läuft sie in den 3. Kasten, der mit reinem kalten Wasser gefüllt ist, durch welches die Waare genommen wird. Man kann aber auch zur Abkürzung gleich den 2. Kasten ablassen, voll kaltes Wasser füllen, und die Waare über die kupfernen Wellen, auf kupferne Cylinder fest herauskreppen, auf welchen sie 8—10 Minuten bei scharfem, mindestens 3 bis 4 Atmosphären haltendem Dampfe gedämpft wird. Nach dem Dämpfen kühlt sie 6—8 Stunden aus, worauf sie in die Sengerei kommt (S. Seite 104, 113 etc.). Hier wird sie auf einer eisernen und einer kupfernen Platte (die eiserne für die Schaf- und die kupferne für die Baumwollfaser) auf der rechten Seite 3 Mal und auf der linken 1 Mal zunächst auf der eisernen Platte gesengt. Nach dem Sengen wird sie wieder auf hölzerne Wellen gewickelt, abermals auf der Kreppmaschine (alle Sorten Waare) leer, d. h. ohne Walzendruck, durch kochendes Wasser gekreppt, in kaltem Wasser heraus auf die Cylinder 3 Minuten gedämpft. Nun kommt nach einigem Auskühlen die Waare über die rothglühende kupferne Sengplatte, 2 Mal rechts, nochmals sodann durch kochendes Wasser gekreppt (glatte mit blossem Walzendruck, gemusterte mit 25 Kilo Anhang) dem aber zur Auflösung des auf der Waare befindlichen Sengstaubes 250 Gramm Salmiakgeist zugesetzt sind; schliesslich zum 3. Male leicht 1—2 Minuten gedämpft; und nun ist die Waare nach gehörigem Auskühlen fertig zum Färben. Nach dem Färben und Waschen (S. Seite 35, 37, 40, 43, 50) werden die dunklen und gewöhnlichen Farben, als: Braun, Bronce, Bordeaux, Amaranth und die verschiedenen dunklen Modefarben in der Centrifuge (S. Seite 630) geschleudert und getrocknet (S. Seite 768 cf.); helle Farben jedoch und namentlich die, welche leicht knitterig werden, als Pensé, Violett, Blau, Silbergrau, Grün, Changeants werden, nachdem sie gewaschen sind, auf der Kreppmaschine durch laues, reines Wasser be-

---

[18]) Musterzeitung 1871. 100 u. 213 u. 1876. 305.

handelt und unter scharfem Ausziehen auf Cylindern herausgekreppt, worauf sie über Nacht stehen bleiben, damit sie verlaufen, um am andern Morgen getrocknet zu werden. Nach dem Trocknen (S. Seite 768) werden die Farben, welche es vertragen (ausgenommen sind alle mit Anilin und Fuchsin, sowie Jodgrün gefärbte Waaren) auf der Lüstrirmaschine (S. Seite 776) lüstrirt, d. h. sie gehen über eine Dampfbrause und dann über eine grosse eiserne oder kupferne Trommel, welche hohe Dampfspannung hat, durch welches schnelle Trocknen bei scharfer Anspannung der Glanz der Waare wieder besser hervortritt. Nachher werden sie entweder in hydraulischen (S. Seite 529) oder Schraubenpressen (S. Seite 502) über Nacht eingesetzt. — Zu bemerken ist noch, dass bei dem jedesmaligen Dämpfen mit den Enden abgewechselt wird, so dass jedesmal das andere Ende, als beim vorhergehenden Male, auf den Dampfcylinder kommt.

Weisse Waare zum Schwefeln, die also weiss bleiben soll, wird roh ebenso gekreppt durch Soda und Salmiakgeist wie die Farbwaare, nur anstatt gedämpft, wird die Waare auf den Cylinder gewickelt und 1 Stunde in einem Bottich mit reinem Wasser gebrüht, dann auf der eisernen Platte gesengt (aber nur schwach damit sie nicht gelb wird), kochend durch 750 Gramm aufgelöste Kaliseife gekreppt, das 2. Mal gebrüht und dann ist sie fertig zum Schwefeln.

Schwarze Waare, d. h. Waare zum Schwarzfärben, wird roh ebenso behandelt, als die weisse. Nach dem Sengen auf der eisernen Platte kommt sie aber direct zum Färben, da die weitere Appretur schöner ausfällt, wenn sie nach dem Färben vorgenommen wird. Nachdem die Waare gut gewaschen ist, kommt die Waare gewickelt zur Krepperei und wird kochend durch eine Auflösung von 750 gr Rüböl mit 125 gr Kaliseife im Kreppkasten genommen mit Druck. Leer, d. h. bei abgelassener Lauge, herausgekreppt, auf dem Cylinder 5 Minuten gedämpft, lässt man die Waare auskühlen, wonach 1 Mal links und 2 Mal rechts auf der kupfernen Platte gesengt wird. Durch dieses Uebersengen nach dem Ausfärben erhält die schwarze Waare mehr Lüstre und glatteres Aussehen, als wenn sie vor dem Färben gut gesengt würde. Nach dem Sengen wird sie nochmals durch 60° warmes Wasser gekreppt und 2 Minuten gedämpft, jedoch nur feine Waare; ordinaire kann man gleich nach dem Sengen trocknen, lüstriren (S. Seite 776) und 8 Stunden halbwarm scharf pressen.

Ist eine Imprägnation mit Appreturmasse nothwendig, so bedient man sich der Paddingmaschine und der Stärckmaschine. Als solche Appreturmasse für schwarze Stoffe schlug Jeannille[19]) vor, eine Lösung aus taninhaltigen Substanzen mit Kupfervitriol und eiweissartigen Körpern versetzt.

Alpaccas oder Mohairs (Grenadines, Moreen, Canevas, Resille, Point de Venise, Byzantine) kann man zuerst ebenfalls bei 70° durch 750 gr Soda und 625 gr Salmiakgeist kochend durch den 2. Kasten der Crabbingmaschine laufen lassen. Die obere Druckwalze wird jedoch erst darauf zugelassen, wenn die Waare 6—8 Mal herum ist, sonst drückt sich der Mitläufer, welcher am Ende der Partie angeheftet ist, in die Waare ein und giebt dem Ende ein schlechtes Ansehen. Dann kreppt man sie leer heraus, lässt sie nochmals in kochendes, reines Wasser ein, bringt die Walze auch nach einigen Umdrehungen darauf, lässt in kaltem Wasser herauskreppen und im Bottich eine Stunde brühen, dann auf der eisernen Platte sengen, nochmals kochend einkreppen, kalt heraus und sodann 2 Minuten dämpfen. Solche Alpaccas, die schwarz gefärbt werden sollen, sind nun zum Färben fertig und werden nach demselben, wie die andere schwarze Waare, mit gewöhnlichem Weft-Schuss behandelt. Weisse Alpaccas zum Buntfärben werden nochmals auf der kupfernen Platte gesengt, gekreppt und leicht gedämpft. — Satins, Serge, halbwollene Atlas oder Italian

---

[19]) Dinglers polyt. Journ. Bd. 194 Seite 299. — Polyt. Centr.-Blatt 1869. 1503.

cloths werden wie Orleans appretirt, nur erhalten Satins 75 k, Serge 50 k und
Atlas auch 50 k Anhang als Druck beim Kreppen und diese Stoffe werden vielfach
auf der Paddingmaschine (S. Seite 415) mit Appreturmasse versehen. —

Die Italianclothappretur, sowie die der ähnliche Stoffe, erfordert sehr viel Aufmerksamkeit und volle Fachkenntniss. In neuerer Zeit hat die Anwendung der
Appreturmittel hierfür zugenommen, besonders solcher, die mit Silicaten componirt
sind. Die Trocknerei wird nicht mehr gern mit den Cylindertrockenmaschinen (S.
Seite 752) vorgenommen, sondern mit Trockenmaschinen nach Construction der Luft-
stromtrockenmaschine (S. Seite 722), weil dadurch die Waare milde und weich
bleibt. —

Eine andere Gruppe von Stoffen, die auf baumwoller Kette kammwollenen
Einschlag enthalten, umfasst die Cords, Chinés, Mottles, Grays, Mixed-Cords, Taffe-
tas, Mixed-Lüstres u. s. w. Diese Stoffe ordinären Genres zerfallen für die Appretur
in solche, welche nass und solche, welche trocken zu appretiren sind. Letztere
Methode wird angewendet, wenn die Farbe oder der Aufdruck, der vor der Appretur oder vor dem Weben gegeben ist, eine Behandlung mit Flüssigkeiten nicht aus-
hält. Die Mottles enthalten auf grauer oder farbiger Kette Schuss, der aus verschieden gefärbten Fäden zusammengedreht ist.

Solche Waaren werden nicht weiter gefärbt, sondern nur appretirt, wie folgt:
Die Waare wird auf der Crabbingmaschine (S. Seite 69) zunächst bei 50—60° R.
durch eine Lösung von 1 Pfd. calc. Soda und $\frac{1}{2}$ Pfd. Salmiakgeist, sodann im zweiten
Kasten durch kochendes Wasser und im dritten durch kaltes Wasser genommen. Sie
wird auf Kupfercylinder aufgewickelt, entweder in Wasser gebrüht oder gedämpft (S.
Seite 432) und sodann getrocknet. Darauf wird gesengt. Nach dem Sengen kreppt
man die Waare kochend durch ein Pfund Salmiakgeist und lässt bei 55° R in den
2. Kasten mit einfachem Walzendruck laufen, worauf sie leer herausgeht, und falls
sie so bleiben soll, getrocknet wird. Meistens aber wird ein schwacher blauer Schein
auf der Waare und ein harter Griff gewünscht, weswegen man sie vor dem Trocknen
zuerst auf der Padding-Maschine (S. Seite 414) durch eine schwache Indigo-Carmin-
lösung, mit etwas spritlöslichem Anilinblau versetzt, 2 oder 3 mal durchquetscht,
dann auf der Stärkemaschine (S. Seite 412, 413) durch eine mit Leim vermischte
Stärkeabkochung nimmt (man rechnet auf je eine Walze zu 6 oder 8 Stück $\frac{1}{2}$ Pfd
Weizenstärke und $\frac{1}{2}$ Pfd guten Leim) und hierauf schnell trocknet. (S. Seite 722.)

Waare, bei welcher der Mottle-Schuss nach dem Appretiren entweder bronze,
olive oder grau gefärbt werden soll, wird durch $\frac{3}{4}$ Pfd calcinirte Soda, $\frac{1}{2}$ Pfd Salmiakgeist 56° heiss gekreppt, kochend in den 2. Kasten gebracht, in kaltem Wasser
auf Cylinder herausgekreppt, 3 Minuten gedämpft, dann gesengt, kochend durch
reines Wasser gekreppt, bei 60° R in den 2. Kasten, in kaltem Wasser auf Cylinder herausgekreppt, abermals 2 Minuten leicht gedämpft, dann auskühlen gelassen
zum Färben. Nach dem Färben wird blos gewaschen, dann folgt entweder Hart-
machen auf der Stärkmaschine, oder Ausschleudern und Trocknen. Ist die Waare
sehr dick, so wird sie erst getrocknet, ehe man sie sengt.

Die trockene Appretur wendet man, wie schon erwähnt, gern auf Waaren
an, deren Schuss- oder Kettenfarbe leicht ausgeht, wie bei den Chinés, wo oft allerlei bunt geflammte Garne in der Kette sind, oder bei Greys, wo der Schuss weiss
und die Kette dunkel gefärbt ist, wo also der Schuss leicht von der Kette Farbe
aufnimmt und dadurch schmutzig wird. Es giebt hierfür zweierlei Verfahren:

Die Waare wird roh auf hölzerne Walzen gewickelt, an jedem Ende ein trockner Mitläufer; so lässt man sie trocken in die zuvor gut ausgetrocknete Crabbingmaschine auf die untere Walze laufen, bis der untere Mitläufer kommt; dann schnell
die Maschine ausrücken. Nun wickelt man die Waare auf einen kupfernen Cylinder,
der zuvor mit 2 oder 3 ganz trockenen Dämpftüchern umwickelt ist. Man dämpft

nun mit dem Cylinder (S. S. 432) 2 M. bei mindestens 4 Atmosph. Druck; bei geringem Druck, nassem Cylinder oder nassen Tüchern entstehen grosse schwarze Dampfflecken. Dann etwas abkühlen lassen, auf der eisernen Platte schnell sengen (3 mal); dann geht die Waare auf die Kreppmaschine bei 75° R, also ziemlich kochend, durch reines Wasser, hierauf wird im 2. Kasten durch lauwarmes, leer herausgekreppt und, falls sie nicht gehärtet wird, getrocknet.

Das andre Verfahren ist nur auf Cords anzuwenden. Die Waare wird roh über die heisse Trockenmaschine (S. Seite 766 etc.) genommen, dann 3 mal gesengt, nachdem man sie hat verkühlen lassen, vom Trocknen weg, dann ebenfalls wie beim ersten Verfahren gekreppt und getrocknet. — Schöner, d. h. glatter und griffiger, wird die Waare nach dem ersten Verfahren, jedoch sicherer ist die Anwendung des zweiten wegen Vermeidung von Flecken.

Halbwollene Stoffe wie die Zephirs werden gewaschen und getrocknet und nur wenig gepresst, nachdem sie gut gereinigt und event. gesengt worden waren. — Aus Kammgarn werden vielfach Châles (Shawls, schall) hergestellt, deren Appretur mannigfach variirt. Bestehen dieselben aus dickem, 3 oder 4 fachem Zephirgarne, so appretirt man mit Waschen, Scheren und Dämpfen. Letzteres wird so vorgenommen, dass man die Châles vom Trockenrahmen abnimmt, bevor sie noch ganz trocken sind und nun zwischen Appreturspänen auf eine Lage heisser Eisen legt, mit Appretur- und Brandpappe zudeckt und darauf heisse Eisen legt. Während die oberen Eisen belasten und drücken, verdampft die Wärme die Flüssigkeit aus den Châles und die heissen Dämpfe ziehen durch die Gespinnste nach Aussen. Ein Aufquellen der Waare resultirt daraus. — Die von feinerem Garn gefertigten Châles werden gewaschen, geschoren, getrocknet und heiss gepresst. Beim Scheren muss wohl Obacht gegeben werden auf die Frangen (Franzen), welche an den Seiten der Châles durch Zusammenknüpfen oder Zusammendrehen der herausstehenden Fäden gebildet werden, damit der Schercylinder diese nicht abschneidet. Man hat wohl auch zu diesem Behufe auf die Enden des Schercylinders Röhren aufgesetzt, welche sich je nach der Breite der Châles verschieben lassen und den Cylinder hindern an diesen Stellen zu schneiden. Zum Herstellen und Drehen der Frangen, welche beim Weben gelassen sind, hat man in neuerer Zeit Maschinen construirt und zwar zuerst in Amerika: T. Henderson[20]) (1872), W. Brooks[21]) (1874), S. Mortimer[22]) (1876). Um Frangen an Châles anzuknüpfen, dienen die Apparate und Maschinen von J. B. Lincoln[23]) (1876), W. H. Wright[24]) (1874) u. a. —

Die broschirten Châles, welche ganz mit Figuren in mehreren Farben auf einfarbigem Grunde bedeckt sind, werden, wenn die Figuren nicht mit Broschirladen hergestellt sind, sondern durch Lanciren, so dass der

---

[20]) Amer. Pat. No. 123017.

[21]) Amer. Pat. No. 147550.

[22]) Amer. Pat. No. 182590.

[23]) Amer. Pat. No. 184637.

[24]) Amer. Pat. No. 146970.

Lancirschuss unterhalb soweit flott liegt, als er nicht Figuren oberhalb
bildet, mit Hülfe der Ausschneideschermaschine (S. Seite 303) ausgeschnitten. Im Uebrigen werden sie meistens nur warm gepresst. Eine
besonderer Fabrikation bildet die der Krimmer, Astrachans und
Nouveautéplüsche für Damenmäntel. Alle diese Stoffe haben die Tendenz, Thierfelle nachzuahmen und zwar theilweise mit Hülfe der Appretur.
Krimmer wird eigentlich bereits appretirt vor dem Aufbringen auf den
Web-Stuhl, insofern die die gekräuselte Oberfläche bildenden Fäden vor
dem Scheren der Kette, auf dem Seilerrad zu Stricken zusammengedreht,
gekocht werden. Nach dieser Operation werden die Stricke wieder aufgedreht, die Einzelfäden werden in die Kette als Poile eingereiht und nun
wird der Stoff mit Ruthen gewebt. Je nachdem die Velouraugen geschnitten
oder ungeschnitten bleiben, erhält das Gewebe ein anderes Ansehen. Geschnitten kräuseln sich die Fadenenden zu Faserbüscheln auf und bedecken
die Oberfläche. Der Stoff wird dann leicht geschoren und gefärbt, getrocknet und gedämpft.

Werden die aus langen Mohairfasern bestehenden Poilefäden unge-
dreht und ungekocht verwendet und über Ruthen verwebt und geschnitten,
so entsteht Möbel- oder Wollplüsch, den man wohl durch Gauffriren mit
Figuren versieht (S. Seite 462), wofür das Gewebe linksseitig mit Leimwasser bestrichen wird. Webt man den Velour über sehr breite Ruthen,
so erhält man sehr langhaarigen Plüsch, welcher sich zur Fellimitation am
besten eignet.

Um zunächst Pelzwerk nachzuahmen, bei welchen die Haare unterhalb anders
gefärbt sind als an der Spitze, bedient man sich einer Operation, welche man das
Spitzen nennt. Dieselbe wird z. B. ausgeführt dadurch, dass die Spitzen der Haare
mit einem Stoff bekleidet werden, der die Farbe der Farbflotte nicht annimmt beim
nachherigen Ausfärben, oder dadurch, dass von den mitausgefärbten Spitzen hernach
die Farbe wieder weggebeizt wird.

Um die eigenthümliche, verschiedene Lage der Haarstriche im Fall nachzuahmen, giebt man diesen Stoffen eine derartige Behandlung. Rudolph & Fried-
laender in Berlin legen das Stück langhaarigen Plüsches in möglichst viele und kleine
Falten, binden es zusammen und kochen oder dämpfen es. Die Falten prägen sich
dann, durch das Kochen festgehalten, aus. H. Grothe construirte zu diesem Zweck
einen Rahmen, welcher einer auf den Stücken liegenden Egge gleichkam. Das auf
diese Pflöcke mit der Rechtsseite nach unten ausgebreitete Gewebe sank zwischen
diesen Pflöcken durch eigenes Gewicht ein. Nun wurde der Stoff an jedem Pflock
mit einem Bindfaden scharf abgebunden, sodann zusammengerollt und gekocht. Die
Wirkung dieser Methode bildeten rosettenartige Strichlagen des Haares. Die
Operation des Abbindens kann auch selbstredend von Arbeitern, die mit etwas Augen-
mass begabt sind und Sinn für Symmetrie haben, aus freier Hand bewerkstelligt
werden, indem man das Stück mit der Plüschseite auf einen Tisch legt und nun an
den einzelnen in Versatz gewählten Stellen unter Emporheben Unterbindungen
macht. An Stelle des Tisches braucht man auch einen mit Netz bespannten Rahmen.
Es erlaubte das Netz, dass ein Arbeiter von unten her durch die Maschen des Netzes
mit dem Finger — hier wie jene Eggenzähne wirkend — den Stoff emporhob und
ein zweiter Arbeiter um den Finger herum den Stoff mit Bindfaden abband. Bei

einigem Nachdenken sieht man, dass diese Methoden alle auf eine einzige Idee hinauslaufen; die eine wirkt von selbst gleichmässig, die andere erfordert eine gewisse Selbstständigkeit der Auffassung beim Arbeiter.

Ebenso wie man durch Versetzung der Stäbe im Rahmen verschiedene Muster und Anordnungen der Knautschpunkte erzielen kann, ebenso lässt sich das vermitteln durch Aufzeichnen dieser Dessinversetzungen mit Kreide auf der Rückseite u. s. w. Es giebt dafür eine grosse Zahl Variationen.

Da viele der Stoffe, welche so geknautscht werden sollen, gewebt sind mit baumwollener Zwirn-Grundkette, und man gut thut, diese vor dem Verweben zu färben, so liegt auf der Hand, dass bei nachherigem Kochen resp. Dämpfen sich etwas von dem Farbstoff auf der Baumwolle ablöst und leicht die Wolle anfärbt. Stücke, welche also ungefärbt geknautscht wurden, zeigten eigenthümliche Schattirungen in Grau. Waren die Bindfäden sehr fest gebunden, so waren gerade diese abgebundenen Stellen gänzlich farblos geblieben. Diese Erscheinung gab Anlass zur Herstellung gewisser Flammenmuster, die in geeigneter Behandlung Tiger- oder Leopardenfelle etc. imitiren können. Man umwindet dafür die Stellen, welche z. B. solche Flammen erhalten sollen, sehr scharf und fest mit Bindfaden und färbt dann aus. Alle fest umbundenen Stellen bleiben frei von Farbe und können nach Lösung der Bindfäden in einem anderen Bade anders abgetönt werden. Man kann hierbei das Astrachanisiren auch gleich mit dem Ausfärben verbinden unter Anwendung einer recht heissen Flotte. Die Einfachheit dieser Methode leuchtet gewiss ein. Es ist dieselbe, mit deren Hilfe die Japanesen ihre berühmten Kreppchâles machen aus Yamamai-Seiden-Gewebe. Auch sie unterbinden in Dessins geordnete Stellen und färben aus, so dass die Unterbindungen den ursprünglichen Grund conserviren. Zur Erhaltung des eigenthümlichen Kniffkrepps aber bedienen sie sich nicht des Kochens oder Dämpfens der Stoffe, sondern sie lassen die unterbundene Waare an feuchten Orten längere Zeit liegen, — bis zu 18 Monaten! Dann bleiben die Kniffe unglättbar im Stoffe. Alle Verfahrungsarten setzen nur eine Handarbeit voraus. Als der Astrachanstoff in England bekannt wurde, vermutheten die Engländer, dass zur Herstellung der Haaradern und Wolken des Astrachans Maschinen, etwa Kalander mit gravirten Walzen, in Anwendung gebracht würden. Im Uebrigen hatte bereits G. Davies 1858[25]) für Herstellung der Astrachan cloths ein Patent genommen, das indessen damals keine Beachtung fand. Diese Methode bedient sich der Ratinirmaschine (s. S. 265), um die langen Haare in gewisse Lagen zu ordnen und windet die ratinirten Stoffe um einen Dämpfcylinder (s. Seite 435) und dämpft eine Stunde lang. Der Stoff wird abgewunden, getrocknet und geklopft (s. Seite 423), sodann nochmals gedämpft und gefärbt. Später erfolgt das Spülen (s. Seite 45) und Trocknen (s. Seite 683). Das Färben kann auch vor dem Ratiniren vorgenommen werden. — An Stelle der Ratinirung wendet man auch das Gauffriren (s. Seite 462) an, um den Arstrachan zu dessiniren. Nach dem Gauffriren folgt das Dämpfen (s. Seite 433) und Trocknen unter Ausspannen (s. Seite 710, 722).

Zu den Kammwollgeweben gehören auch die Teppichwaaren. Dieselben enthalten als Oberwaare Kammgarn in geschnittenem oder ungeschnittenem Velour gewebt. Die Appretur dieser Teppiche besteht meistens allein darin, dass sie unterhalb mit Appreturflüssigkeit (Leim-, Gummi- etc. Lösung) bestrichen werden und dass sie auf grossen Cylindertrockenmaschinen mit Dampfheizung langsam getrocknet und gedämpft werden. Geschnittene Teppiche werden auch wohl leicht geschoren,

---

[25]) as a communication from abroad. 1858 No. 2562.

um die Velourdecke frei von hervorragenden Spitzen zu haben. — Die amerikanischen leichten Teppichzeuge Ingrain, Victoria etc. werden stark gedämpft, mit Leimlösung links bestrichen und gepresst. — Wir kommen endlich zu denjenigen Kammgarnstoffen, welche dem Tuche etc. für Herrenkleidung Concurrenz machen, in den leichteren Qualitäten aber beliebte Damenstoffe (Cheviotine, Marocaine, Drap feutré etc.) sind. Die Appretur dieser Kammgarnstoffe ist die folgende:

Nach dem Weben sind die Stoffe sauber von Knoten und in der Weberei vorkommenden Fehlern als Schleudern, Doppelfäden, Schussbrüchen etc. zu befreien resp. auszubessern (s. Seite 95). Hiernach wird mit einer schwachen Soda-Seifenlösung die Wäsche auf der gewöhnlichen Waschmaschine (s. Seite 45, 46) vorgenommen; worauf man entweder das Walken im Schnellloch (s. Seite 174) folgen lässt oder nach der Wäsche rahmt (s. Seite 709) und trocknet und den Stoff mit der Rechtsseite über die Sengemaschine (s. Seite 131) passiren lässt.

Durch dies sogenannte Vorsengen werden auch alle zwischen den Fäden des Gewebes vorspringenden Wollfasern getroffen und entfernt, da die Flamme in das noch offene Gewebe gut eindringen kann. Uebrigens kann dies Vorsengen auch geschehen, sobald die Waare getrocknet aus der Weberei kommt.

Es folgt nun das Walken im Schnellloch mit wenig Seife und die Wäsche auf der Waschmaschine, dann wird der Stoff wieder gerahmt und getrocknet und zum zweiten Male gesengt oder auch nur 1 bis 2 Schnitte geschoren (s. Seite 291), mehrmals stark gebürstet (s. Seite 318) und gedämpft (s. Seite 432), genoppt, gepresst (s. Seite 529) und wieder nadelfertig gedämpft (s. Seite 430).

Leichte Stoffe, welche einen festeren Griff bekommen sollen, werden mit einer Gelatinelösung mittelst der Gummirmaschine (s. Seite 411) auf der Linksseite imprägnirt. Diese Maschine kann mit einem Trockencylinder versehen werden, über welchen der Stoff hingleitend trocknet, um dann ebenfalls auf der Pressmaschine (s. Seite 541) gepresst und wie oben fertig gemacht zu werden.

b. Streichwollgewebe.

In der Mitte des vorigen Jahrhunderts legte man auf die Streichgarngewebe oder Tuchwollgewebe den allergrössten Werth. In Preussen und auch in anderen Staaten war die Waare aus Tuchwolle bezüglich Qualität, Länge, Breite, Schwere genau durch Reglements festgesetzt und sogen. Schauämter hatten über Einhaltung dieser Normen zu wachen. Das 1772 erschienene Edict für die Tuch- und Zeugmanufacturiers, welches Friedrich der Grosse als Reglement einsetzte, beleuchtet ausserordentlich eingehend das ganze Wesen der Tuchbereitung und der Wollwaarenfabrikation. Dies Edict ist äusserst lehrreich, auch für unsere Zeit noch, und sollte in geeigneter Bearbeitung Verbreitung finden.

Der erste Artikel erstreckt sich auf die Schafzucht, der zweite auf den Wollverkauf, der dritte auf die Sortirung der Wolle, der vierte auf die Bearbeitung, der fünfte auf die Verspinnung, der sechste auf das Verbot der Wollausfuhr und Einfuhr fremder Wolle. Nun folgt der zweite Theil des Reglements betreffend die Hauptsorten Tücher und der tuchartigen Zeuge, welche die Tuchmacher gleichfalls verfertigen. Zu den letzteren gehörten Friess, welcher geraucht und gebürstet wurde;

Pressboyen, welches gewalkt, gerauht und geschoren ward; Kirsey, welcher gewalken, leicht gerauht, scharf geschoren und heiss gepresst wurde; Flanelle, welche gewalkt und einmal gerauht, eventuell geschwefelt oder auch ratinirt (frisirt) wurden; Molton wurde leicht gewalkt; Kron-Serge wurde gerauht, geschoren und gepresst; Drap des Dames wurde gewalkt, gerauht, geschoren, gefärbt, ausgespült und gepresst. Für alle diese Gewebe war Wollenqualität und zum Theil Fadenstärke etc. vorgeschrieben, besonders aber Länge und Breite der Stücke. Der Walkmüller hatte einen Eid abzulegen, nur solche Tuche und Stoffe zur Walke zu nehmen, welche vorher vom Schauamt gesehen seien.

Jacobson[26]) giebt eine ausführliche Beleuchtung des Waschens, Walkens, Rauhens, Scherens und Bereitens der Tuche und anderer Wollstoffe. Seine Angaben haben auch heute noch Werth, abgesehen davon, dass die von ihm beschriebene Handarbeit heute durch Maschinenarbeit ersetzt ist. Er giebt dabei auch die Verordnungen Friedrich des Grossen für die Schönfärber, die Tuchbereiter und die Schaumeister im Wortlaut an. Sodann beschreibt er die hauptsächlichen Tuche und tuchartigen Gewebe: Kerntuch, welches in Erde und Seife gewalkt, in zwei Wassern gerauhet und geschoren werden soll; Kirsey; flammige Tuche; liniirte Marocker mit sehr starker Walke; melirte Tücher; Friess; Pressboy; Flanelle; Molton. Der spätere Beckmann giebt eine grosse Reihe[27]) solcher Stoffe an, die zu den tuchartigen gehören, wobei er allerdings diese mit den Kammwollstoffen vermischt. Wir erwähnen hierbei die Specialschrift von J. G. Scheibler[28]) und die Schrift über die feine Tuchmanufactur zu Eupen[29]), sowie die Tuchmacherkunst im Schauplatz der Künste und Handwerke[30]) und die von Harrepeter übersetzte Schrift von Roland de la Platière: Kunst des Wollenzeugfabrikanten[31]). Eine andere aus dem Französischen übersetzte Schrift erschien 1779 in Leipzig unter dem Titel: Abhandlung von Tuch- und anderen Woll-Manufacturen. Diese Schriften haben neben geschichtlichem Interesse auch noch ein technisches und practisches. In übersichtlicher Weise hat Hermbstaedt[32]) die Tuchfabrikation behandelt und darin auch die Appretur des Tuches. Er beschreibt das Noppen und erwähnt eine Noppmaschine von Westermann (1825), bespricht das Walken und die Walkmühlen und Walkmaterien, sowie die Fehler, die beim Walken entstehen. Es folgt die Besprechung des Rauhens (Handrauhen, Maschinenrauhen), des Bürstens, des Scherens, des Reckens und Streckens der Tuche und endlich des Pressens. Das Schwefeln und Decatiren

---

[26]) Schauplatz der Zeugmanufacturen in Deutschland. Bd. II. 1774.
[27]) Beckmann, Anleitung zur Technologie S. 101.
[28]) Scheibler, Anweisung für wollene Tücher zu fabriciren. 1806. Breslau.
[29]) Gotha 1706.
[30]) Bd. V. S. 125.
[31]) 1782, Nürnberg und Leipzig.
[32]) Grundriss der Technologie I. S. 64.

seien besondere Zubereitungen (frisirt, ratinirt, koutonirt oder krispirt) bilden den Schluss. Eine ausführliche Beschreibung der Tuchfabrikation hat uns Naudin 1823 geliefert. Wir haben hiervon bereits früher (S. Seite 145, 209, 272) eingehend Notiz genommen, so dass wir dorthin verweisen können. — Die neuere Zeit hat die Tuchfabrikation und die Wollen- waarenfabrikation recht sehr gegen früher verändert, vor Allem aber die Zahl der tuchartigen Gewebe vermehrt. Die Tuchfabrikation im engeren Sinne wird durch letztere wesentlich überboten. Die Appreturoperationen für die einzelnen Gewebe wechseln natürlich, wenn auch im Allgemeinen die einzelnen Arbeiten und dazu benutzten Maschinen für Tuchwollstoffe die gleichen bleiben und fast immer begreifen: Noppen, Carbonisiren, Waschen, Walken, Rauhen, Scheren, Bürsten, Rahmen und Trocknen, Pressen, Decatiren, auch wohl Schleifen und Ratiniren.

Ueber das Appretiren der glatten Tuche können wir das folgende [33]) mittheilen:

„Die meisten Tuche werden aus ungefärbten Garnen resp. Wollen gewebt, gewalkt, zum Theil in der Appretur bearbeitet und dann im Stück gefärbt. Sie werden stückfarbene Tuche genannt, im Gegensatz zu jenen, für welche die lose Wolle gefärbt wird und die dann wollfarbene heissen.

Die rationelle Behandlung der Tuche in Bezug auf das Waschen und Walken lässt sich wie folgt erreichen:

Zum Waschen und Walken [34]) ist bekanntlich klares Flusswasser dem Brunnen- wasser vorzuziehen, da letzteres wegen seines Gehalts an Kohlensäure gewisse mineralische Bestandtheile gelöst enthält, welche in Verbindung mit Seife Nieder- schläge bilden und (S. Seite 23) die zu walkenden Waaren schädlich beeinflussen können. Dennoch ist auch bei gutem Brunnenwasser und zweckentsprechender Ver- wendung desselben ein günstiges Resultat unschwer zu erreichen.

Man nehme drei bis fünf Stück Tuch, je nach der Breite der Waschmaschine (S. Seite 46) auf dieselbe, schliesse jedes einzelne durch eine flüchtige Naht zusammen, gebe pro Stück einen Eimer gefaulten Urin oder Sodalauge von höchstens 5° Bé. zum An- nässen auf die Tuche, und setze die Maschine in Betrieb. Nachdem sich diese schmutz- lösende Flüssigkeit über die Tuche gehörig vertheilt und dieselben überall gleich- mässig durchdrungen hat, wird auf jedes einzelne etwa eine Giesskanne voll mit Wasser verdünnter Seife langsam aufgegeben, wonach sich die in der Waare steckenden Fett- und Schmutztheile auflösen, von der Seife chemisch gebunden werden und die Tuche als eine dickflüssige, schmierige, grau schmutzige, schlammige Masse überziehen. Wurde so etwa ¾ Stunden gewaschen, so prüfe man jedes ein- zelne Tuch durch Abstreichen dieses Schmutzes mit dem Daumennagel der Hand, ob aller Schmutz gelöst ist und die Fäden des Gewebes klar, frisch und rund erscheinen: dann wird man die Waschflotte durch den Schmutzkasten der Maschine abfliessen lassen, auf jedes Tuch ein bis zwei Eimer warmes Dampfwasser langsam aufgiessen,

---

[33]) Naudin, Tuchappretur. 1838. Quedlinburg. — Kaeppelin, Bleichen und Ap- pretur der Wolle und Baumwollstoffe. 1870. Th. Grieben. Berlin. — Iwand & Fischer, Appretur der glatten Tuche aus Streichgarn etc. 1876. Grünberg. — Behnisch, Handbuch der Appretur. 1879. Grünberg.

[34]) Siehe Seite 133 cf., 143 cf., 147 cf.

damit sich alle noch in denselben enthaltenen Seifenrester vollständig lösen und aus den Tuchen heraustreten. Hiernach werden die Hähne der zur Waschmaschine gehörenden Kaltwasserleitung anfänglich nur ganz wenig, nach und nach aber immer mehr und mehr geöffnet, bis sie nach etwa einer halben Stunde ganz offen sind. Hierbei werden sowohl die Stopfen am Boden des Waschtroges entfernt, als der Abfluss aus dem Schmutzkasten der Waschmaschine benützt. Sobald das Wasser aus letzterem vollständig klar abfliesst, sind die Tuche als rein anzusehen und kommen zur weiteren Bearbeitung auf die Walkmaschine."

Für das Walken der Tuche sind Walken und Walkmaschinen gut, in welchen das Gewebe der geringsten schleifenden Reibung ausgesetzt ist, in welchen

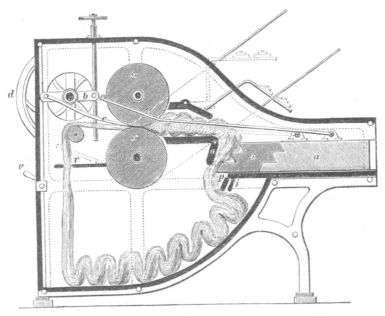

Fig. 551.

dagegen Stoss und Druck möglichst kräftig und der Qualität angemessen wirken. Es ist dies offenbar am meisten der Fall in den Stampf- und Hammerwalken (S. Seite 163), während die Walzenwalken leichter Anlass zur schleifenden Reibung geben. Um dies letztere bei Walzenwalken möglichst zu vermeiden, hat z. B. Houguenin[35] Hämmer mit Walzen verbunden. Wir geben hier die Abbildung Fig. 551 dieser Construction zur Vervollständigung der Beleuchtung der Walkmaschinen auf Seiten 159—203. xx sind die Walkwalzen; aa die Hämmer gezogen von dem Kurbelkreuz b durch cc. Als Widerlager für a dient die Platte o.

Vor dem Beginne des Walkens wird die Länge und Breite des Tuches gemessen und angemerkt. Nach diesem Masse und dem erfahrungsmässigen Walkverhältniss der betreffenden Waare regulirt der Walker die Belastung des Roulettes und des Stauchapparates der Walkmaschine. Ein vorher auf der Waschmaschine gut gereinigtes Tuch bedarf nur wenig Seife, um im Walkcylinder aufzuschäumen. Diese Seife ist sowohl zur Unterstützung des Walkprozesses an und für sich, als auch zur Abschwächung einer zu grossen Reibung des Tuches an den Maschinentheilen nöthig, da durch

[35] Polyt. Zeitung (Grothe) 1881 No. 27. D. R. P. No. 13 393.

eine solche der Filz zu hart, das Wollhaar brüchig wird, und starke Walkstreifen
entstehen. Das Entstehen der Walkstreifen lässt sich durch öfteres Herausnehmen,
Ausrichten und Verlegen der Tuche verhüten. An Walkmaschinen neuerer Systeme
sind zu diesem Zwecke Breithalter-Vorrichtungen angebracht, welche das
Verlegen der Tuche während des Ganges der Maschinen selbstthätig besorgen. Von
grossem Einfluss auf die Bildung der Walkstreifen ist der Feuchtigkeitsgrad, mit
welchem die Tuche gewalkt werden. Trockene Wollenstoffe walken gar nicht.
Wird die Feuchtigkeit in dem Stoffe zu gering, oder ist dieselbe ungleich in demselben vertheilt, so walkt er auch ungleichmässig, es entstehen dünnere und stärkere
Stellen. Der Filz der Waare wird bei wenig vorhandener Feuchtigkeit, starker
Reibung und hierdurch erhöhter Wärme hart, steif und brüchig; Walkstreifen
sind dann die natürliche Folge. Je feuchter dagegen gewalkt wird, desto mehr
schwächen sich Reibung und Wärme ab, der Walkprozess schreitet langsamer vorwärts, aber die Tuche bleiben weich und elastisch; der Filz wird kernig, weich und
leicht entwirrbar.

Durch wiederholtes Messen der Länge und Breite des Tuches und der entsprechenden Regulirung der arbeitenden Theile der Maschine sucht der Walker die
vorgeschriebene Stärke und das richtige Längen- und Breitenmass des Tuches zu
erlangen. Wenn dieses letztere erreicht ist, wird zum Fertigwaschen des Tuches
geschritten. Zu diesem Zwecke wird dasselbe mit der auf der Cylinderwalke
angegebenen Seife auf die Waschmaschine (Siehe Seite 45) genommen, mit Hin-
zugabe von etwas lauwarmem Dampfwasser im geschlossenen Waschtroge etwa eine
halbe Stunde gewaschen. Hierdurch löst sich die Seife allmälig und vollständig zu
Schaum auf. Dieser Seifenschaum wird dann durch Oeffnen der Abflusslöcher und
Schliessen des Schmutzkastens in kurzer Zeit entfernt, auch kann durch Aufgiessen von
einigen Kannen warmen Dampfwassers das Abtreiben des Seifenschaums beschleunigt
und unterstützt werden. Nach Entfernung desselben werden die Hähne der Kaltwasserleitung zuerst ganz wenig und in kurzen Zeiträumen immer mehr und mehr
geöffnet, bis das Spülwasser aus dem Schmutzkasten der Maschine klar abfliesst.
Dann werden die Ausflusslöcher durch Stopfen geschlossen, so dass sich der Waschtrog nach einiger Zeit etwa zur Hälfte mit Wasser füllt, aus welchem nun die Tuche
von der Maschine genommen und entweder zum Verlaufen und Abtropfen auf einen
Bock gehängt, oder besser auf einer Centrifuge (S. Seite 637) ausgespritzt werden.

Bei dem Walkprozess können eine Reihe Fehler eintreten; das Tuch kann sich
spröde, hart, bandig und streifig walken. Dann wird die Wirkung des Rauhens,
welche Operation nun folgt, sehr beeinträchtigt. Wir setzen nun hier voraus, dass
die dem Rauhprozess zugeführte Waare normal und gut gewalkt ist. Man bringt
die zusammengehefteten 4 Stück gewalkter, noch feuchter, aber abgetropfter Waare
auf die Rauhmaschine mit 2 Trommeln (S. Seite 210) und lässt dieselbe gegen
einander arbeiten. Ihr Bezug muss möglichst stumpfe Karden enthalten. Mit dieser
ersten Procedur entwickelt man langsam die Haardecke und geht dann über zum
Besatz der Trommeln mit besseren Karden. Nachdem die Haardecke genügend entwickelt ist, beginnt das Strichrauhen mit nicht zu scharfen Karden, wodurch die
Haare glatt auf dem Gewebe niedergelegt werden sollen. Um viel Glanz zu erzeugen,
spritzt man die Waare beim Strichrauhen etwas an, bis sie glatt und glänzend
erscheint, und giebt erst beim Abrauhen mit stumpfen Karden volles Wasser. Je
länger man Stücke in dieser halbnassen Weise rauht, desto mehr Wasserglanz und
Naturglanz erzielt man, desto fester aber wird auch das Haar auf die Grundfläche
gelegt. Locker gewalkte Waare erscheint dann nach der Schur allerdings oft leine-
wandartig; deshalb dürfte es sich empfehlen, letztere Stoffe nach dem Modus der
matten Waare zu rauhen. Bei matter Waare will man den Wasserglanz und die
feste Auflage der Haare auf das Gewebe vermeiden und will nur wenig Glanz

und wohl einen parallel geordneten, aber nicht so fest gelegten, halbvelourartigen Stapel erzielen. Diesen Zweck erreicht man am besten auf die Weise, dass man im Strich zuerst in der gewöhnlichen halbfeuchten Weise wie beim Postiren fortrauht, dann aber sofort volles Wasser giebt und den Wasserhahn permanent so lange geöffnet lässt, bis die Stücke von der Maschine genommen werden. Durch diese Fülle von Wasser wird das Haar aufgeschwemmt, und kann sich demnach nicht so fest auf das Gewebe legen. Nachdem diese Waare von der Maschine genommen und gut abgelaufen ist, kann sie gerahmt und getrocknet werden. (S. Seite 683, 722).

Bei besseren Waarenqualitäten, ganz besonders aber bei matter Waare empfiehlt es sich, dieselbe durch ein paar Satz stumpfe Karden aus den Haaren zu rauhen (indem man die Tambours auch gegen einander arbeiten lässt), und nachdem sie dann gerahmt, getrocknet und ziemlich hoch geschoren sind, können sie von Neuem auf die Rauhmaschine genommen und fertig gerauht werden. Dadurch wird die Waare feiner im Grain, und lässt sich besser während des Rauhens bezüglich der Fülle des Stapels beurtheilen.

Für den Ausfall einer tadellosen Rauherei ist es natürlich von besonderer Wichtigkeit, dass die Rauhmaschine zweckmässig construirt sei. Vor allen Dingen soll die Maschine nicht zu eng gebaut sein, die Spannwellen müssen möglichst tief, und die Breithalter so hoch als es geht liegen, damit der Anstrich der Waare gegen die Karden ein recht lang gehaltener ist, dadurch wirkt die Karde nicht so intensiv und angreifend auf das Gewebe, sondern mehr hebend und lösend, weil die Tuchfläche bei dem Angriff der mit Karden besetzten Trommel elastischer ist und mehr ausweichen kann. Zum Postiren oder Verkehrtrauhen wendet man auch Tambours mit rotirenden Karden an, zum Nichtrauhen wohl stets die gewöhnlichen Kardensätze.

Der Schwerpunkt einer rationellen Rauherei-Disposition liegt hauptsächlich in der richtigen Beurtheilung des Zeitpunktes, wo es nöthig ist, zum Strichrauhen überzugehen, und in der Wahl der richtigen Kardennummern beim Postiren, damit man einerseits nicht zwecklos auf der Waare herumschabt, andererseits aber auch nicht durch Benutzung von event. zu guten Karden die Stoffe angreift.

In neuerer Zeit ist man im Allgemeinen von dem sehr nassen Rauhen, wie es früher gehandhabt wurde, gänzlich zurückgekommen. Die Feuchtigkeit des Stoffes während des Rauhens hat den Zweck, das Wollhaar geschmeidig zu machen, damit dasselbe nicht abreisst und verstaubt, sondern damit es sich williger aus seiner Verfilzung auflösen und ordnen lässt. Das überflüssige Wasser dagegen, welches man beim Postiren benützen würde, verringert ganz wesentlich die Wirksamkeit der Karden, indem dadurch die Kardenzähne erweicht werden. Man würde hierbei im Verhältniss bedeutend mehr Aufschläge und schärfer rauhen müssen, um denselben Erfolg als beim Rauhen mit mässiger Feuchtigkeit zu erzielen.

Man netze also die zu rauhende Waare gut, lasse sie völlig von dem überflüssigen Wasser ablaufen und erhalte sie während des Rauhens durch Ansprengen mit einer Handkarde in einer derartigen Feuchtigkeit, dass sich weder Grain bildet, noch dass die Waare stäubt. Zephyr-Waaren, sehr leichte ³/₄ Tuche, geringe Mousselines, ordinaire Doubles etc. und überhaupt Waaren, deren Gewebe auch im gewalkten Zustande sehr wenig geschlossen ist, fallen sogar entschieden günstiger und feiner aus, wenn sie nur in demselben feuchten Zustande, wie während des Postirens, auch fertig Strich gerauht werden. Glätte und Glanz kann man auf solchen Stücken noch hinlänglich, ganz besonders durch die Walzenpresse (s. Seite 531) schaffen, und diese Eigenschaften dann vermittelst der Decatur (s. Seite 430) befestigen.

Feinere, gut geschlossene Waare, sowie besonders Dicktuch, die zu matter

Appretur bestimmt sind, müssen, wenn irgend möglich, zuerst aus den Haaren, vermittelst ein paar Sätzen Anfangskarden gerauht werden. Nachdem solche sogenannte Haarmänner dann trocken und ziemlich hoch geschoren sind, werden sie auf dieselbe Weise wieder zum Rauhen vorgenommen.

Bei hochfeiner, überhaupt besserer, gut geschlossener Waare, wo es darauf ankommt, das Korn ganz besonders zu verfeinern, empfiehlt es sich, die bereits aus den Haaren gerauhten Stücke nach 3 bis 4 Aufschlägen nochmals von der Rauhmaschine zu nehmen, dieselben zu rahmen, zu trocknen, auf der Longitudinal-Schermaschine (s. Seite 291) hoch zu spitzen, um sie in gut genetztem Zustande wieder auf die Rauhmaschine zu nehmen und fertig zu machen.

Bei Waaren, wo bei der Rauherei hauptsächlich nur die Kette zur Geltung kommt, wie Satins und Doeskins etc., ist ein derartiges wiederholtes Scheren weniger erforderlich, es genügt vielmehr, wenn dasselbe als Haarmann geschoren und dann fertig gerauht worden. Leichtere und geringere Köperwaaren, besonders mit ordinairem Schuss, hüte man sich, zu scharf zu rauhen, da in diesem Falle der Schuss sehr leicht mehr als nöthig in Mitleidenschaft kommt und die Waare dadurch schuppig, unnatürlich und ordinair ausfällt. In vielen Fällen dürfte es auch sehr vortheilhaft sein, solche Stoffe ebenso wie die Zephirs und leichte ³/₄ Tuche etc. nur feucht in Strich abzurauhen. Das Strichrauhen bei allen besseren und gut geschlossenen Waaren erfolgt, wie bereits oben angeführt, am besten in vollem Wasser. Ein zu lange andauerndes und mit scharfen Karden ausgeführtes Strichrauhen ist unzweckmässig, da man dadurch keine grössere Haarfülle schaffen kann.

Behnisch empfiehlt, nach dem Strichrauhen und Abrauhen, das Bürsten (s. Seite 318) des Tuches in vollem Wasser folgen zu lassen, mit welchem das Aufwickeln zum Kochen der Tuche für Mattglanz event. verbunden ist. In Ermangelung einer Tuchbürste kann dies letzte Glattstreichen der Oberfläche auch mittelst eines stumpfen Kardensatzes geschehen, und wird dann die Vorrichtung zum Wickeln der Kochwalzen an einer einfachen Rauhmaschine angebracht. Diese Vorrichtung zum Aufwickeln der Tuche auf Kochwalzen (s. Seite 433) besteht aus zwei einarmigen Hebeln, deren Drehpunkt in eisernen Stützen liegt, welche an den Gestellwänden der Rauhmaschine vor der oberen Zugwalze festgeschraubt sind. Die Hebel haben etwa 15 cm vom Drehpunkte entfernt an ihrer unteren Seite ein Lager zur Aufnahme der Kochwalze, von denen das eine zum Einschieben des Zapfens die Gestalt eines Auges haben kann, während das andere ein nach unten offenes Schlitzlager mit Vorstecher sein sollte, so dass das Einlegen und Ausheben der Walzen ohne Zeitverlust bewerkstelligt werden kann. Diese Lager müssen sich lothrecht über der Axe der oberen Zugwalze befinden. An den äussersten, etwa 60 cm von den Lagern entfernten und zu einem Haken gebogenen Enden der Hebel werden Gewichte zur Beschwerung derselben aufgehängt. Die Kochwalzen können hölzerne, 8 cm starke, mit durchgehenden eisernen Zapfen versehene Walzen oder 5 cm starke eiserne, mit dünnem Kupferblech überzogene Wellen sein, oder hohle Kupferwalzen mit Perforationen. Durch Friction der oberen Zugwalze mit der unter starkem Druck auf dieselbe niedergepressten Kochwalze wird die Bewegung dieser letzteren vermittelt. Je grösser die Hebellastung dieser Wickelvorrichtung ist, desto fester wird das Tuch auf die Walze gewickelt, desto schöner und intensiver wird der durch das nachfolgende Kochen auf der Oberfläche der Tuche erzeugte Glanz. Beim Aufwickeln der Tuche ist darauf zu sehen, dass dieselben genau gerade, d. h. Leiste auf Leiste geleitet werden. Zum Schluss wird eine 6—8 Ellen lange Leinwand- oder Flanelldecke fest über das Tuch mit aufgewickelt und das Ende derselben mit einigen Stichen festgeheftet. Das Kochen geschieht in einem grossen hölzernen Kasten, welcher zur Aufnahme von 4—8 Walzen, mit je einem Stück Tuch ausreicht. Derselbe ist oben mit einem Warmwasserzufluss-, unten mit einem Abflusshahn, sowie mit einem Dampfzuleitungsrohr versehen und so eingerichtet, dass die horizontal eingelegten Walzen weder eine die andere, noch die Wände des Wasserbehälters berühren. Das Wasser wird auf 70—75° C erwärmt. Das Kochen dauert 4—6 Stunden und dann wird langsam abgewickelt, damit das Tuch langsam und gleichmäsig abkühlt. Es wird sodann wieder auf die Rauhmaschine genommen und mit stumpfen Karden verstrichen.

Dieses Kochen ist eine mildere Form des Decatirens, und als solche bereits sehr alt (s. Seite 433). Das Decatiren wird aber auch vielfach nach dem Pressen vorgenommen. —

Nachdem die gerauhten Tuche gut abgelaufen sind, werden dieselben an den Rahmen (s. Seite 683) genommen und soviel in Länge und Breite gespannt, dass sämmtliche Falten ausgeglichen sind; andererseits ist es zwar auch nicht ungünstig, wenn die Stücke als sogenannte Halbwollen (vor der Decatur etwas in der Länge) gezogen werden. Die Waare bleibt dann nach der Decatur etwas länger nadelfertig im Ellenmass stehen, ohne verhältnissmässig an der Qualität zu verlieren.

Sobald die Stücke am Rahmen gleichmässig breit genommen sind, werden sie mit einer guten Rahmbürste zugestrichen. Das Zustreichen muss möglichst, ohne abzusetzen, in sorgfältiger und gleichmässiger Weise ausgeführt werden, denn man muss hierbei beachten, dass das Wollhaar die Eigenthümlichkeit besitzt, in derjenigen Lage dauernd zu verharren, in welche es nass gebracht und so getrocknet wird, und diese Lage kann nur dann wieder geändert werden, wenn die Waare von Neuem nass gemacht und auf irgend welche Weise auf die Haarlage eingewirkt wird. Hierauf beruht auch die Herstellung der Velours und Ratinées etc. Die Stücke müssen entweder nur soviel abgelaufen sein, dass nach dem Anschlagen, bei welcher Manipulation die nasse Seite der Waare stets oben, die abgelaufene nach unten kommt, die Feuchtigkeit sich noch gleichmässig bis zur unteren Leiste vertheilen kann. Im Uebrigen kann man die Stücke, anstatt sie zum Abtropfen hinzulegen, ausschleudern (s. Seite 622). Dabei entfernt sich die Feuchtigkeit sehr gleichmässig aus dem Stück und der Trockenprozess ist wesentlich erleichtert.

An Stelle der Rahmen können auch Rahmmaschinen (s. Seite 701, 707, 722) angewendet werden. Mit dem Rahmen kann man gleichzeitig das Carbonisiren durchführen, oder den Carbonisationsprozess hier einschalten, dessen Prinzipien und Ausführung bereits Darlegung gefunden hat (s. Seite 70—94). Die Temperatur ist bei diesem ersten Trocknen möglichst niedrig zu halten. —

Nachdem die Waare getrocknet ist, schreitet man zum Scheren. Die Arbeit des Noppens oder Knotens [36]) geht vorher (s. Seite 94). Für das Scheren benutzt man in der Tuchbereitung meistens die Longitudinalschere (s. Seite 291), weniger oft die Transversalschere (s. Seite 288). Die Aufstreichbürste und Zustreichbürsten sind in Thätigkeit. Man schneidet zunächst einige Schnitte vom Hinterende des Stückes, sodann ebensoviel vom Vorderende aus. Die letzteren sind also gegen den Strich, um die beim Scheren mit dem Strich durchgeschlüpften Spitzen zu fassen und abzuschneiden. Die verständige Benutzung der Auf- und Zustreichbürsten hat einen nicht zu unterschätzenden Einfluss auf das Gelingen der Schur glatter Waaren und ist stets so einzurichten, dass die Haardecke von der Aufstreichbürste zwar gut gehoben, aber von der Zustreichbürste wieder glatt gelegt werde. Ferner ist darauf zu achten, dass ein bestimmtes Verhältniss zwischen dem Aufstreichen der Haardecke und dem Abschneiden derselben bestehe und zwar so, dass das aufgebürstete Haar bei jedem Durchgange unter dem Schneidezeuge auch glatt abge-

---

[36]) Th. Weicke, Leitfaden für die Knoterei eder das Noppen der rohen Tuche. Mit 1 Tafel. M. 1. Grünberg.

schnitten wird. Starkes Aufbürsten und zu wenig Schur gibt eine unsaubere, pudel-
fellartige Waare. Zu leichtes Aufbürsten und starke Schur macht die Waare grau,
leer und spitzig.

Feine Tuche und glatte Waaren sollten nie auf dem Langscherer ganz fertig,
sondern. stets auf einer guten Transversalschermaschine noch ein bis zwei
Schnitte gegen den Strich geschoren werden, weil das Schneidezeug derselben unter
einem geneigteren Schnittwinkel gegen die Haardecke wirkt, wodurch eine voll-
kommenere, rundere Schur erlangt und der Haardecke so zu sagen die letzte Politur
gegeben werden soll.

Bei Vollglanzwaaren ist es vortheilhaft, dieselben während des Scherens von
Zeit zu Zeit mit Dampf zu bürsten (s. Seite 319), wodurch die Haardecke etwas
aufgelockert wird und eine elegantere Schur zu erlangen ist.

Sobald auf dem Tuche eine entsprechend kurze und runde Schur erlangt ist,
werden alle noch in demselben enthaltenen Unreinigkeiten, als Stroh und ähnliche
Substanzen, mit einem spitzen, zangenartigen Noppeisen behutsam herausgenommen.
Vorkommende Beimengungen von Leinen - und Baumwollfasern werden dagegen mittelst einer Gänsefeder mit sogen. Nopptinctur (s. Seite 93) betupft.

Nach dem Noppen bringt man die Tuche noch einmal auf die Transversalscher-
maschine (s. Seite 288), am besten auf einen Schlaffscherer (s. Seite 305), um die beim
Noppen hier und da mit aufgezogenen Härchen abzuschneiden und die Oberfläche des
Tuches sauber zu machen, wozu ein leichter Schnitt hinreicht.

Um feinere Tücher sehr feinkörnig zu machen, wendet man in neuester Zeit die
Schleifmaschine (s. Seite 312) an. Naudin führt diese Operation als mit einem
Schmirgelholz ausgeführt an als Streichen des Tuches. W. Heycock benutzte
1825 dazu einen Schleifstein in Form einer Walze. Diesen Scher- und Schleifopera-
tionen folgt das Pressen, wenn nicht etwa noch Waschen, Trocknen und Rahmen
als Zwischenoperationen sich geltend machen.

Das Pressen der Tuche hat gegen frühere Zeit, mit der alleinigen Anwendung
der Presse mit glühendem Eisen, wesentliche Verbesserung erfahren. Nichs destoweniger benutzt man diese ältere Methode sowohl mit Eisen, die direct im Feuer
(s. Seite 527) glühend gemacht sind, als mit solchen, die durch Dampf (s. Seite 528)
erhitzt sind (s. Seite 500, 526). Für letztere geben die neuesten massiven Eisenplatten
mit eingebohrten Canälen ein vorzügliches Pressplattenmaterial, wie es solider und
rationeller nicht gefunden werden mag [37]).

Die zu pressende Waare muss sorgfältig eingespänt (s. Seite 538) werden, d. h.
jede Spanfalte soll glatt und fest an den Span angezogen worden sein, die Falten
müssen genau senkrecht über einander liegen und der Kopf des Stückes (Leisten und
Ende) darf nicht zu stark hervortreten. Falls man also dickere Leisten an der Waare
hat, muss man auf der Abrechtseite mehr mit Spänen ausfüttern. Die Späne werden
zweckmässig vorgewärmt (s. Seite 540). Sobald nun die nöthigen Stücke zu einer
Presse eingespänt und die Presseisen (s. Seite 527) genügend heiss sind, kann mit
dem Einsetzen vorgegangen werden. Zu dieser Operation braucht man ausserdem
noch Brandpappen (s. Seite 539), die den Zweck haben, die Wärme der Presseisen
aufzunehmen und allmälig und gleichsam milder an die Waare abzugeben. Benutzt
man zum Einsetzen Brandpappen, so hat man ausserdem noch Pressbleche (s. Seite 539)
nöthig, da anderseits die Brandpappen sehr leicht versengen und verbrennen würden,
wenn die Pressplatten eine höhere Temperatur als die durch Dampfwärme erzeugte
besitzen. Vermittelst Dampf von 2—3 Atmosphären würden die Platten ca. 120° C,
vermittelst directen Feuers bei einer Hitze, bis der gestrichene Schwefel blau brennt,
eine Temperatur von ca. 250—260° C haben.

---

[37]) R. Dinnendahl, D. R. Patent No. 13363 1881.

Die Dampfwärme genügt, zumal bei Glanzwaaren nicht, ganz besonders wenn es darauf ankommt, ihr bei dem letzten Pressen die nöthige Consistenz zu geben. Die mit directem Feuer erwärmten Platten (S. Seite 527) müssen aber vor ihrer Anwendung bezüglich der Höhe der Temperatur und ihrer Gleichmässigkeit besonders geprüft werden, und zwar geschieht dies meistens durch Stangenschwefel; derselbe muss beim Ueberstreichen der Platten mit blauer Flamme brennen. Die Appreturmeister haben auch noch mancherlei andere Erkennungsmittel. Ist die Waare auf dem Presstisch aufgeschichtet, so lässt man den Deckel herab und fängt an zuzupressen unter geeigneter Vorsicht für die Stabilität des Stoffes. Man giebt nicht gleich den ganzen Druck, sondern presst bis zu einem gewissen Druckgrade zu und nach 1$^1/_2$—2 Stunden presst man noch bis auf den äussersten Grad. Wendet man Presswagen an (S. Seite 526), so hat man dieses Nachpressen doch noch in der Hand, da die Haltstangen mit entgegengerichteten Schraubengängen in die Schraubenmutter eintreten.

Wenn die Waare unter diesem Druck ca. 12—16 Stunden gestanden hat, kann sie ausgeräumt und ausgespänt werden, vorausgesetzt, dass sie in dieser Zeit genügend erkaltet ist. Oeffnet man die Presse zeitiger und spänt die Stücke aus, wenn sie noch sehr warm sind (Schwitzen der Waare), so verliert man einen grossen Theil der Presse wieder. Stoffe, die einigermassen in der Presse gleichmässig ausfallen sollen, müssen stets zweimal eingesetzt werden, wobei die Pressbrüche versetzt und die inneren Falten des Stückes nach aussen gebracht werden. Man spänt dass Stück also, wie der technische Ausdruck lautet, zuerst auf Tasche, das zweite mal gewöhnlich „gerade auf" ein.

An Stelle dieser Presse mit erhitzten Pressplatten benutzt man in der Tuchfabrikation Pressen mit Dampfplatten (S. Seite 529) selten, dagegen sehr viel die Cylinderpresse mit Dampfmulde (S. Seite 543). Der Cylinder kann hohl und dampfbeheizt sein oder massiv. Die Wirkung der Cylinderpesse ist für Waaren, die matt bleiben sollen, völlig ausreichend, zumal mit derselben gleich ein Abdämpfapparat verbunden werden kann, der bei Austritt der Waare aus der Mulde den Glanz des Stoffes mildern kann. Ein grosser Vorzug liegt darin, dass das Tuch ganz bruchfrei die Presse verlässt, ein bedeutendes Nebenmaterial (Späne, Brandpappe, Bleche) erspart und wenig Bedienung erheischt. Was indessen den Griff der Waare anlangt, so vermag die Cylinderpresse den festen Griff der Pressappretur nicht zu erreichen, ebenso ist Glanzwaare nur bis zu gewissem Grade darauf zu erreichen. Für letztere Absicht spielt die Filzhose des Cylinders eine interessante Rolle.

Dieser Filz dient nicht nur zur Verstärkung der Friction der Presswalze behufs regelrechter Fortbewegung des Tuches über die Pressmulde, sondern hat hauptsächlich den Zweck, den bedeutenden Druck der Walze, welcher, beiläufig bemerkt, ca. 6000 k betragen kann, elastischer zu machen. Es ist selbstredend, dass ein Gewebe, unter so hohem Druck direct zwischen zwei Metallflächen gebracht, an Haltbarkeit verlieren muss. Ferner dient der Filzüberzug zur Aufnahme des durch die heisse Mulde aus dem Tuche entweichenden Wasserdunstes, welcher die Oberfläche des Tuches blumig und flammig macht, sobald ohne Filzüberzug der Walze gepresst wird" [38].

Bei Glanzwaare wird man bei der Presse vor der Decatur immer am vortheilhaftesten Pressplatten benützen, die durch directes Feuer erhitzt sind. Durch Platten, die mit Dampf erwärmt sind, erreicht man nie den intensiven Lüstre, der ganz besonders z. B. auch zur Halbwollen-Presse nöthig ist.

Iwand spricht sich dahin aus: Für matte und halbmatte Waare genügt die Dampfwärme, für die Platten aber vollständig zu der Presse vor der Decatur, da man ja hier durch die Presse ganz anderen Zweck verfolgt als bei der Glanzwaare.

---

[38] Behnisch etc.

Das geordnete Wollhaar der Rechtsseite wird durch die Presse flach gedrückt und auf das Gewebe festgelegt; durch darauffolgendes Abdämpfen quillt aber das Wollhaar wieder an und hebt sich in Folge seiner spiralförmigen Beschaffenheit vom Fond des Gewebes in die Höhe. Der Pressglanz verschwindet natürlich in demselben Verhältnisse und macht einem matten Naturglanze Platz. Diese Eigenschaften sind es aber, die für matte Waaren vor der Decatur erforderlich sind.

Bei der Walzenpresse (S. Seite 543) wird man bei Glanzwaare, als Halbwolle, möglichst vollen Druck bei langsamem Tuchgange geben müssen, unter gleichzeitigem Betriebe des Ventilators. Matte und halbmatte Waare erfordert nur halben Druck bei schnellerem Tuchgange; hier kann der Ventilator ausser Betrieb, dagegen der Apparat zum Abdämpfen in Function gesetzt werden, der, je nachdem man die Waare ganz matt oder mit Halbglanz herstellen will, mehr oder weniger stark geöffnet werden darf.

Beim Abpressen der Rechtseite gilt für Glanzwaaren im Allgemeinen dasselbe wie bei der Halbwollenpresse. Will man also die fertiggepresste Waare etwa milder im Gefühl haben, so spänt man die Waare aus, wenn sie noch etwas warm ist, will man sie dagegen fester und steifer im Griff haben, so darf sie erst, vorausgesetzt, dass die nöthige Wärme und der gehörige Druck vorhanden waren, ausgeräumt und ausgespänt werden, wenn sie ganz erkaltet ist. —

Wir kommen zur Decatur der Waaren. Die Wirkung des Decatirens wird von Iwand und Fischer so erklärt, als ob die Wasserdämpfe die hornartige Substanz des Wollhaars erweichten und dieses dann die Neigung habe sich aufzublähen, unter Druck aber flacher gedrückt werde, dabei spröde werde, weil der Dampf einen Theil der „schmalzigen" Bestandtheile des Haars auslöse. Diese Erklärung ist ganz unhaltbar und erweist sich unter dem Mikroskop als gänzlich unzutreffend. Nicht minder unzulänglich ist die Idee von Behnisch[39]), dass die heissen Wasserdämpfe aus dem Haar Fett auflösen und diese dem Stoff ein kleistriges Gefühl und blechartiges Ansehen ertheilen. Die Wollfaser werde breit gedrückt und eines Theils ihrer Elasticität beraubt.

Es handelt sich hier lediglich um Aenderung der Flächenlage und die dadurch erzielte Lichtreflection.

Die Decatur in ihrer früheren Ausführung (S. Seite 433) ist fast verlassen. Doch übt man noch die Plattendecatur (S. Seite 428, 434) aus. Den dazu benutzten Apparat beschreiben Iwand und Fischer[40]) so:

Auf einem etwas erhöht angelegten, gemauerten Fundament ruht ein gusseiserner oben offener Dampfkasten von ca. 110 bis 115 cm Breite, 80 cm Länge und 10 cm Höhe, der in seinem Innern durch eingegossene Scheidewände von derselben Höhe in Zellen getheilt ist. Diese Zellen sind ca. 15 cm im Quadrat gross und stehen unter einander durch Oeffnungen von 2—3 cm Durchmesser vom Boden des Kastens aus mit einander in Verbindung. Der Dampfkasten wird von einem ca. 20 cm starken Holzrahmen dicht umschlossen. In der Mitte des Kastens mündet das senkrecht stehende Dampf-Zuführrohr ein. Auf diesem Stutzen ist ein Kreuzrohr aufgesteckt, dessen Arme in diagonaler Richtung bis zu den äussersten Eckzellen reichen, in welche die nach unten umgebogenen Rohrenden einmünden; gleichzeitig sind die Arme des Kreuzrohres in die Zellenwände so viel eingelassen, dass sie mit den oberen Kanten derselben abschliessen. Auf dem Holzrahmen, der den Kasten umschliesst, sind Lagen von wollenen oder baumwollenen Streifen befestigt, die als Dichtungs-Material dienen.

---

[39]) Wollengewebe 1877. No. 1.

[40]) Siehe auch Naudin, Pract. Handbuch der Tuchfabrikation Seite 69 (siehe Seite 428). Decatirofen mit directer Feuerung. — Verhandl. des Vereins für Gewerbefleiss 1825. 139. Dampfdecatiren.

Darauf kommt nun die Bodenplatte oder der sogenannte Legetisch zu sitzen. Derselbe ist gewöhnlich 160—180 cm breit, ca. 250 cm lang und von ziemlich starken hölzernen Pfosten hergestellt. Derselbe ist auf dem ganzen Flächenraum, der über die Dampfkammer zu liegen kommt, mit Löchern durchbohrt, die ca. 2 cm im Quadrat von einander entfernt sind. Auf dieser Bodenplatte werden nun wieder in regelmässiger Weise einige Lagen wollener oder baumwollener Decken ausgebreitet und darauf die Waare in der sorgfältigsten Weise sehr accurat und straff aufgetafelt, wobei die Leisten durch geeignete Vorrichtungen gut herunter gedrückt werden müssen, damit nicht zu hohe Köpfe entstehen, und also ein Zusammenschieben der Leiste gegen die Waare vermieden wird.

Zuletzt kommt die Deckplatte, die mit Schrauben und Hebeln festgelegt wird. Nun lässt man Dampf ein und zwar um so langandauernder, je mehr man Glanz erzeugen will. Nach Beendigung des Prozesses wird der Deckel gelöst und die Waare abgekühlt und umgelegt.

Die Walzendecatur (S. Seite 432, 436) ist ebenfalls bereits seit längerer Zeit im Gebrauch. Die Decatur-Walze hat im Allgemeinen einen Durchmesser von ca. 25 cm, eine Länge für gewöhnliche Waare in halber Breite von ca. 90 cm. Am oberen Ende ist die Walze etwas abgesetzt (Hals), damit beim Wickeln des ersten Stücks die Leiste dort abfallen kann. Am oberen und unteren Theile der Walze sind starke Scheiben eingelöthet, die den Boden und Deckel derselben bilden. Im Centrum dieser Scheiben ist je ein viereckiges oder rundes Loch mit Nuthe angebracht, durch welche Oeffnungen eine dazu angepasste Spindel hindurch gesteckt wird, welche nun die Axe der Walze bildet. Letztere wird vermittelst dieser Axe in die Lager eines sogenannten Wickelbockes gelegt und mit einem Mechanismus in Verbindung gebracht, wodurch entweder durch Hand- oder mechanischen Betrieb die Walze in langsam rotirende Bewegung gesetzt wird.

Der Wickelbock kann ein einfacher oder ein doppelter sein, so dass man in letzterem Falle zwei Stück gleichzeitig von den entgegengesetzten Seiten wickeln kann. Er nimmt die Walze, auf welcher der Stoff gewickelt ist, auf und ebenso die Decatirwalze. Nun wird der Stoff auf letztere aufgewickelt (S. Seite 781), diese dann mit einem Decktuche umwickelt und mit dem Dampfzulass verbunden. Das Aufwickeln muss sehr sorgfältig ausgeführt werden, damit keine Falten in der aufgewickelten Waare entstehen. Im Uebrigen ist dafür zu sorgen, dass Condensationswasser aus dem Cylinder nicht in den Stoff dringen kann, weil dadurch Wasserflecken entstehen. Davor schützt man sich einmal durch Verwendung gut von mitgerissenem Wasser befreiten Dampfes, sodann durch Vorrichtungen das Condensationswasser aus dem Decatircylinder zu entfernen und endlich durch einen das Wasser möglichst zurückhaltenden Ueberzug der Decatirwalze, der aber den Dampfaustritt nicht stört. Die Einrichtung kann aber auch der auf Seite 432 dargestellten entsprechen, wobei man beliebig lange Walzen anwenden kann. Die Decatirmaschine (S. Seite 430) will allen Anforderungen des Decatirens Rechnung tragen. — Von der Spannung des Dampfes und der Dauer der Dampfzuströmung hängt der Effect des Decatirens ab. Niedere Dampfspannung und längere Zeitdauer giebt dem Stoffe grössere Weichheit und Geschmeidigkeit.

Soll durch die Decatur den Tuchen und Stoffen ein sogen. Mattglanz gegeben werden, so ist die Behandlung derselben folgendermassen einzurichten: Die Tuche werden links und rechts scharf gepresst, auf der rechten Seite mässig duff abgedämpft und dann auf die Decaturwalze fest aufgewickelt. Die Dampfzuströmung darf etwa 5—15 Minuten dauern, je nach der Qualität und der Stärke des Dampfdruckes. Nach dem Schliessen des Dampfhahnes wird das Tuch sogleich von der Decatirwalze abgerollt und verkühlt. Durch das Abdämpfen der Rechtseite bleiben die einzelnen Wollhärchen der Oberfläche des Tuches runder und geben, durch die nachfolgende Decatur in dieser rundlichen, weniger flach gedrückten Form und in der durch die voraufgegangene Pressung hervorgerufenen gestreckten Lage festgehalten, dem Tuche ein sehr angenehm duffes, mattglänzendes Aussehen.

Für Mattglanz ist die Benutzung der Cylinderpresse mit Decatirwickelapparat von grossem Vortheile. Es wird hierbei nicht die Rechtseite nach dem Pressen abgedämpft, sondern durch Regulirung des Druckes ein dem obigen gleichkommendes Resultat erzielt, indem man die Tuche zuerst links mit starkem Drucke, dann rechts mit schwachem Drucke presst und gleichzeitig auf die Decatirwalze wickelt.

Für Vollglanz ist das Abdämpfen der Rechtsseite der Tuche nicht anwendbar. Es wird vielmehr aller Fleiss darauf verwendet, dem Tuche durch schwere und heisse Presse eine möglichst stark glänzende und glatte Oberfläche zu geben; ebenso sucht man diesen starken Pressglanz durch recht festes Wickeln der Decatirwalze und durch Dampfzuströmung von längerer Zeitdauer möglichst vollkommen auf dem Tuche zu fixiren. Ordinäre Waaren, deren weniger geschmeidiges Material der Erzeugung eines starken und dauerhaften Decatirglanzes an und für sich entgegen wirkt, lässt man nach dem Decatiren auf dem Kupfercylinder erkalten, während feine Tuche und dergleichen Waaren sofort nach dem Dämpfen abgewickelt werden.

Wird das Decatiren vor dem Pressen angewendet, so werden die Stoffe nach dem Decatiren ausgefärbt und mit Walkerde ausgewaschen, eventuell gerauht und gebürstet, mit der horizontalen Centrifugalmaschine (s. Seite 622) ausgeschleudert, gerahmt und getrocknet und dann gepresst.

An diese Uebersicht der Tuchbereitung wollen wir Bemerkungen über die Appretur ähnlicher Stoffe anschliessen. Sogen. Wintersatin erfordert wegen seiner Köper-Bildung ein schnelleres und nasseres Rauhen, weil sich die Haardecke schneller bildet, als bei der Taffetbindung des Tuchs. Im Uebrigen ist die Appretur der des Tuchs gleich.

Döskin oder Winterbuckskin soll den Köper nicht zeigen und wird mässig nass gerauht und nicht so tief geschoren als Satin. Düffel soll mit viel Wasser gewalkt, mässig nass gerauht und geschoren werden. Nach dem Scheren wird nochmals gerauht und dann fertig geschoren. Für Mattglanz wird Düffel vor dem Scheren gekocht oder schwach decatirt. Nach dem Scheren gepresst und gedämpft.

Eskimo, Doubel wird gut ausgewaschen auf der Waschmaschine (S. Seite 45), sodann gewalkt (S. Seite 161 cf.) mit viel Flüssigkeit unter öherem Herausnehmen und Umlegen, und in Seife reingewaschen. Ausschleudern (S. Seite 622). Wird zuerst links gerauht, dann allmälig mit schärferen Karden rechts. Kochen oder schwaches Decatiren. Waschen, Rauhen und Verstreichen, Scheren. Noppen. Beiderseits gepresst. Aufwickeln (S. Seite 792).

Croisée. Waschen, Walken, Rauhen, wie Tuch. Kochen oder Decatiren, Rahmen, Trocknen. Scheren. Noppen. Pressen (S. Seite 529). Für Presidents, Union Cloths etc. mit baumwollner Kette, liegt der Schwerpunkt der Appretur in der Entfaltung des in den Geweben verarbeiteten Materials und in der Verwerthung geringer Rohstoffe resp. alter Wollabfälle und Kunstwollen. Aus der Verwendung von Abfällen und Kunstwollen resultirt die geringe Walkfähigkeit dieser Wollsurrogate, welche

die Nothwendigkeit, alle Stoffe für englische Appretur so auf dem Web-
stuhle einzustellen und auszuweben, dass dieselben nur eine mässige Walke
bedürfen, bedingt, da bei starker Walke sich Banden leicht und in Menge
einstellen würden.

Handelt es sich nur um ganz geringe Sorten sogenannter englischer Waaren,
so wendet man zum Waschen und Walken derselben Sodalösung, Walkextract und
eine billige Sorte Seife an. Eine solche wird aus 2 Theilen in Wasser gelöster
calcinirter Soda, 2 Theilen Olein und 1 Theil Salmiakgeist durch vorsichtiges Auf-
kochen in einem grossen hölzernen Fasse hergestellt, und kann zum Waschen auch
für bessere Stoffe angewendet werden, während zum Walken Elain-Seife vorzuziehen
ist, da die Olein-Seife einen schwachen Olein-Geruch in den Stoffen hinterlässt.

Das Walken geschieht am besten auf der Cylinderwalke (s. Seite 192, 195)
und ist wegen der Breite der Stoffe, welche nicht unter 140 cm betragen sollte, vorsichtig zu handhaben. Sobald die vorgeschriebene Stärke und Breite der Stoffe auf
dem Walkcylinder erreicht ist, wird die während des Walkens aufgegebene Seife auf
der Waschmaschine sorgfältig gelöst und ausgespült, dann werden die Stoffe auf der
Tuchschleuder (s. Seite 622) ausgespritzt und gerahmt (s. Seite 683, 722). Ist eine
gute Klopfmaschine (s. Seite 322) zur Hand, so können die Stoffe auf dieser vor
dem Rahmen geklopft werden. Hierdurch richtet sich das Wollhaar des Filzes ein
wenig auf und lässt sich später mit Leichtigkeit zu recht gleichmässiger Höhe auf
dom Langscherer (s. Seite 291) abspitzen. Es genügen hierzu zwei Schnitte vollkommen, denn der Filz darf beim Scheeren nicht angegriffen, sondern nur gerundet
werden. Nach dem Scheren werden die Stoffe auf der Cylinderpresse (s. Seite 543)
links und rechts mit vollem Drucke gepresst und dann stark decatirt (s. Seite 531)
und auf der Walze erkalten gelassen. Die ordinären Stoffe werden hiernach genoppt,
auf der Rechtsseite noch einmal gepresst und sind dann zum Verkauf fertig.
Feinere Qualitäten werden vör dem Noppen auf der Waschmaschine mit Thon gewaschen, dann ohne Verstreichen gerahmt und noch einen leichten Schnitt geschoren,
nach dem Noppen links und rechts gepresst und schwach gedämpft. Diese feineren
Stoffe müssen entsprechend schärfer decatirt werden.

Die sogenannten Cheviotstoffe mit englischer Appretur, welche auf
der Oberfläche einzelne verstreut liegende, glänzende Härchen von bestimmter
Länge zeigen sollen, sind nach der Walke zu klopfen (S. Seite 322) und
beim Scheren mit Sorgfalt zu behandeln. Das Schneidezeug muss dabei
so hoch gestellt werden, dass die aufgerichteten glänzenden Härchen oben
bis zu der gewünschten Länge abgeschnitten werden. Diese Stoffe werden
in der Regel nicht decatirt, wenn aber eine glänzende Oberfläche verlangt
wird, geschieht das Decatiren wie oben angegeben. Nach demselben wird
jedoch mit Thon gewaschen und nochmals geklopft. In beiden Fällen
werden Cheviots nach dem Noppen scharf gepresst und nadelfertig
gedämpft.

Die Meltonstoffe, Satins, Beavers sind aus gezwirntem Garn
gewebt, stark gewalkt und gerauht und mit eingeschorenen Mustern
versehen. Die Ausführung dieser Bemusterung ist sehr einfach und auch
nicht kostspielig, da eine Cylinderpresse in jeder zeitgemäss eingerichteten
Appretur vorhanden ist. Ueber den Cylinder derselben wird die Musterungs-
schablone gehoben. Der Stoff wird mit der Rechtsseite nach oben zwischen

die Mulde und die Schablone eingeführt und unter vollem Druck langsam gepresst. Hiernach treten die in der Schablone ausgesparten Muster auf dem Stoffe stark hervor und können mit Leichtigkeit kahl geschoren werden, während auf den zusammengepressten Stellen des Stoffes die Haardecke resp. der Filz vollständig erhalten bleibt. Nach dem Einscheren der Muster wird der Stoff nass gemacht und gerahmt, event. auch geklopft und gerahmt; durch das Nassmachen erlangen die früher zusammengedrückten Stellen des Stoffes die volle Elasticität zurück und lassen die eingeschorenen Muster vertieft und klar hervortreten[41]).

Denselben Effect erreicht man auch mit Musterrauhmaschinen (Siehe Seite 253) und mit der Musterbürstmaschine (Siehe Seite 321), in annähernder Weise auch durch Scherzeuge mit Ausschnitten (S. Seite 298)[42]).

Kammgarnimitationen werden in längerer Wolle ausgeführt. Die Gewebe werden genoppt und rechts gesengt, sodann gewaschen und gewalkt. Hiernach wird nur links ein wenig gerauht, rechts aber, wenn nöthig, gesengt oder geschoren, so dass die Bindung ganz klar liegt. Es folgt Pressen (S. Seite 529) und Decatiren.

Flanelle werden gut gewaschen und mehr oder weniger stark gewalkt (S. Seite 45, 47). Es folgt ein starkes und schnelles Rauhen zur Erzielung einer wolligen Decke mit oder ohne Strich. Ist die Decke sehr stark, so können Figuren eingeschoren werden (S. Seite 253, 321), nachdem man den Velour gut aufgeklopft (S. S. 322) und gehoben hat (S. Seite 320), oder durch Einpressen und nachheriges Abscheren und Aufrichten. Die Flanelle werden schwach geschoren, gut decatirt und in der Cylinderpresse (S. Seite 543) gepresst.

Sollen unifarbige Flanelle[43]) hergestellt werden, so färbt man sie erst, nachdem sie fertig bearbeitet sind. — Ebenso Lama. —

Hierher gehört auch der Papiermacherfilz, der locker gewebt ist, aber von guter Wolle, und deshalb schon durch schwaches Walken zu-

---

[41]) Es ist dies genau das Verfahren von J. A. Mingaud, L. Beer, der Société Trotry Latouche Frères, welches 1863 in Frankreich und England patentirt wurde. Nichtsdestoweniger erhielt 1879 Joseph Giering in Crimmitschau hierauf ein deutsches R. P. No. 5775. Ebenso haben Th. Curtis & J. Haigh das Musterbürsten bereits ausgeführt, welches ebenfalls später in Deutschland patentirt ist (Engl. Patente 1859 u. 1860). — G. Whyatt liess sich 1855 ein Patent geben auf eine Methode, Streifen einzuscheren dadurch, dass bei gleichbleibender Geschwindigkeit des Gewebes der Schercylinder abwechselnd gehoben und gesenkt wird, — also flacher oder tiefer schneidet. — 1859 verbesserte J. Holroyd dieselbe. Siehe auch Seite 853. —

[42]) Stocks, Whitwam & Blackey haben 1865 ein Patent entnommen, bei welchem das Liegerblatt des Scherzeuges mit Ausschnitt versehen war und während des Scherens in verschiedenen Directionen verschoben wurde. — In Amerika hat D. C. Sumner 1880 Patente genommen für Combination des ausgeschnittenen Cylinders und Messers. — Henry Brown versah den Lieger mit Erhöhungen und Vertiefungen (indented, turrelated, castellated).

[43]) Ueber Färberei siehe die Anmerkung auf Seite 813.

sammenläuft und ein dichtes filzartiges Gefüge annimmt, welches nur leicht geschoren wird.

Pferdedecken, Kotzen etc. werden aus grober Wolle gefertigt, schwach gewalkt, aber stark gerauht und nicht geschoren. Bei den Kotzen wird nur eine Seite gerauht.

Fries, Coating wird stark gewalkt und etwas gerauht; darauf heiss gepresst, gebürstet und mit heissen Eisen geplättet, um hohen Glanz zu erzielen, der auch wohl durch Anwendung von Gummilösung, Traganth und Olivenöl künstlich erhöht wird.

Velour-Coating, hergestellt wie Coating aus starkem Garn grober Wolle in dichtem Gewebe, öfter mit Baumwollkette, wird sehr stark gewalken und sehr stark gerauht. Nun spannt man den Stoff auf dem Rahmen aus und klopft ihn stark. Man kann auch eine Klopfmaschine anwenden. Darauf bürstet man ihn und schert ihn so, dass die Haare noch dicht emporstehen und eine Art Plüsch bilden, der durch wiederholtes Klopfen und Bürsten und Dämpfen ein Velour-artiger wird. Hierher gehören auch Kastorin, Kalmuck.

Kirsey, ein grobes Tuch, wird nur gewalkt und ausgewaschen, nicht gerauht und geschoren.

Hallina, grobes Tuch mit Beimischung von Baumwolle, wird gewaschen, stark gewalkt, etwas geschoren und gepresst.

Fünfkamm, auf leinener Kette, wird gewalken und gewaschen, aber nicht geschoren und gepresst. Diesem deutschen Landstoffe ähnlich ist der englische Linsey-Woolsey, welcher zumeist nicht einmal gewalkt, sondern nur gewaschen und geschoren wird. Dieser Stoff bildet auch in Amerika die Bekleidung der arbeitenden Klassen, besonders der Landwirthschaft.

Beiderwand wird nur gewaschen und geschoren.

Cassinet wird nur gewaschen, nicht gerauht; aber geschoren auf einer Seite und heiss gepresst.

Duff, Wellington etc. sind dem Cassinet ähnlich. Diese Stoffe dienen vielfach zur Herstellung der sogenannten Waterproofs für Regenmäntel etc. Ist der Stoff dicht gestellt und von gutem Material, so genügt ein scharfes Waschen oder leichtes Walken, um das Fadengefüge so dicht zu machen, dass es wasserdicht ist. Eine Imprägnation durch Substanzen, welche die Wasserdichtigkeit veranlassen (s. Seite 378), geschieht theils durch Einlegen der Gewebe in diese Lösungen, theils durch Eintreiben derselben als Appreturmasse mit Hülfe einer Paddingmaschine (s. Seite 414), Klotzmaschine (s. Seite 413), Stärkmaschine (s. Seite 403) etc. Die Stoffe werden sodann gut gepresst aber ohne Glanz, oder es wird der Glanz durch starkes Kochen oder Decatiren gänzlich beseitigt.

Schwere Winterstoffe, Paletotstoffe wie Ratiné, Welliné, Sadowa, Flocconné, Mozambique etc. sind dicke, lose schwammige Stoffe. Dieselben werden stark gewaschen und gewalken, sodann ausgeschleudert (s. Seite 621) und noch feucht auf die Rauhmaschine gebracht (s. Seite 226) und dort allmälig stark gerauht bei gleichmässiger Feuchtigkeit. Die Bearbeitung der Klopfmaschine bringt das Haar hoch empor und zwar als lockeren Velour. Der Stoff wird vor dem Klopfen ausgeschleudert, so dass er mässig. feucht bleibt. Nach dem Klopfen bringt man das Gewebe auf den Rahmen und trocknet, ohne Recken. Es wird sodann der Velour leicht gleich geschoren und darauf ratinirt (s. Seite 266). Bei diesen Stoffen werden auch die auf Seite 293, 298, 321 angeführten Musterungen durch Scheren, Bürsten, Rauhen etc. ausgeführt. —

Buckskin nennt man heute zu Tage eine grosse Menge gemusterter Streichgarnstoffe mit Verzierungen von Seide und anderen Gespinnsten. Dieselben werden theilweise wie Tuch appretirt, theilweise bedürfen sie nur geringerer Appretur. Die Buckskins mit Seide verziert erfordern grössere Sorgfalt beim Appretiren.

Die Stücke werden genoppt und vor dem Walken mit Seife gewaschen. Die Flüssigkeit darf kein freies Alkali enthalten und nicht mehr als $2\frac{1}{2}$° B stark und 45° R warm angewendet werden. Nach dem Waschen wird getrocknet und die Stücke an einander genäht, dann die zur Erreichung des Gewichtes nöthige Wolle genommen und 20 Minuten in der Walke trocken ·laufen gelassen, die langen nicht aufgenommenen Flocken fortgenommen und zum Walken Seife zugesetzt. Kann man aus irgend einem Grunde vor dem Walken nicht waschen, so walkt man im Fett, obgleich in diesem Falle die fertige Waare niemals so glatt und glänzend ausfallen wird. Die Seife muss vollkommen kalt ohne überschüssiges Alkali ungefähr 1° B stark und 45° R warm sein. ·Man walkt die Stücke zu der nöthigen Breite und etwas in die Länge, und zwar so langsam und kalt, als möglich, um einen guten Filz zu erhalten. Dann entfernt man die Seife durch gutes Waschen und Spülen in warmem und kaltem Wasser.

Um der Waare grosse Weichheit zu geben, kann man in der Waschflüssigkeit isländisches Moos anwenden, und zwar macht man die Abkochung 3° B stark und wendet sie 45° R warm an. Man darf dabei keine Soda mit anwenden. Man kann auch die Waare eine halbe Stunde lang in Walkererde laufen lassen, nachdem sie von der Seife vollständig gereinigt ist. Wenn die Reinigung vollkommen stattgefunden hat, nehme man heraus und rauhe. Da diese Art Waare sehr kurz geschoren werden muss, damit man die Seide sieht, so muss beim Rauhen die Wolle kurz und dicht herausgezogen werden, so dass die Stücke nachher ausser der nöthigen Festigkeit sich weich und sammetartig anfühlen. Zu diesem Zwecke werden die Stücke langsam und so trocken als möglich gerauht. Nach dem Rauhen wird getrocknet und dann trocken geklopft, gut gebürstet und geschoren. Während des Scherens darf man die Scheren nicht sehr belasten und muss die Messer nach und nach tiefer stellen. Bei der letzten Stellung macht man soviel Gänge als möglich, um eine ebene und weiche Fläche auf dem Tuche herzustellen. Man schert kurz, aber nicht fadenscheinig. Nach dem Scheren wird zuerst trocken, dann mit ein wenig Dampf gebürstet, zweimal heiss gepresst und die Stücke vollständig abkühlen lassen, bevor sie aus der Presse genommen werden. Darauf folgt das Decatiren[44]).

Die Buckskins für Hosenstoffe, Tricots etc. werden gut gewalkt

---

[44]) Reimann, Färberzeitung 1872.

und gerauht und darauf zum grössten Theil tief und kahl geschoren. Das Rauhen wird nass oder trocken durchgeführt, je nach Bindung. Hierher gehören die Satins, Paupelines, Coutil, Toile nattée, Treillis etc.

Für die Fabrikation von Châles und Tüchern spielt das Streichgarn eine bedeutende Rolle. Aus ordinairem (3 und 4 Stück) Streichgarn werden die sog. Plaidtücher hergestellt, welche ungewaschen, ungewalkt und ungeschoren in eine scharfheisse Presse kommen, um Glanz und Griff zu erhalten. Aus mittelfeinem und feinem Streichgarn werden die sog. Tartans gefertigt, welche gut gewaschen, einseitig geschoren und gepresst werden. Die Lama- und Velourtücher aus gutem Material werden gewaschen, gewalkt, gerauht und gebürstet, darauf schwach gepresst und gedämpft. Reiseplaids (Cheviot Maud, Sealskin) (aus starken Garnen) werden meistens nur gewaschen und gepresst.

Im Gebiet der Damenkleiderstoffe treten Streichgarnstoffe auf, welche jenen Tartans sehr ähneln und auch gleich zubereitet sind. Nur selten werden derartige Stoffe stärker gewalkt. Dies geschieht nur, wenn diese Gewebe zu Mantelstoffen (Velours etc.) dienen sollen. Die Sommer-mantelstoffe erhalten dabei eine schwächere Appretur als die Winter-mantelstoffe. Im Allgemeinen werden beide mit einer dichten Haar-decke versehen und dies ist natürlich bei den ausgiebigeren, dicken Winter-stoffen leichter zu erzielen. Die Behandlung in Wäsche, Walke und Rauherei ist meistens die gleiche; die Schur dagegen richtet sich vielfach nach dem Dessin in Farbe oder Bindung. Bei allen Velourmäntelstoffen, in denen ein Farbenmuster zum Ausdruck kommt, ist die Art der Appretur ganz von diesem abhängig. Ein klares Farbenmuster bedingt einen kurz-geschorenen, durch Trocken-Rauhen erzeugten Velour, während jene oft sehr schönen Muster mit ineinander verschwimmenden Farbentönen einen hohen, plüschartigen, geklopften Velour nöthig machen. Es werden die Stoffe gewaschen und gut gewalkt, sodann ausgewaschen. Hierbei dürfen sie aber nicht trocken laufen, weil dies Walkstreifen erzeugen würde. Das Wasser entfernt man auf der horizontalen Centrifuge. Der noch feuchte Stoff gelangt zur Rauhmaschine. Nachdem man zunächst den Haarmann entwickelt hat, folgt das Strichrauhen. Das Postiren oder Verkehrtrauhen wird bei mässiger Feuchtigkeit des Stoffes vorgenommen, dagegen das Strichrauhen bei nasser Waare. Soll gerauhter Velour (lamaartig) herge-stellt werden, so empfiehlt es sich, nach dem Auflockern des Filzes (Verkehrtrauhen), den Stoff ohne Wasser so lange mit feststehenden Karden zu rauhen, bis die Haardecke gleichmässig, aber leicht im Strich gelegt erscheint. Soll dagegen der Velour geklopft werden, so kann mit den rotirenden Karden gerauht werden, wodurch die Haardecke ganz locker liegt und durch das nachfolgende Klopfen leichter gehoben wird.

Alle pelzartigen Stoffe, als Ratiné, Kaisermäntel- und Schlafrockstoffe können mit rotirenden Karden gerauht und in kurzer Zeit mit einer dichten Haardecke besetzt werden.

Bei Flocconéstoffen, auf denen durch Aufreissen des Oberschusses ein bestimmtes Muster zum Ausdruck kommen soll, verwendet man am besten drehbare Spindeln und feststehende Karden. (Verwendbar ist hierfür die Rauhmaschine Seite 238, bei welcher dann z. B. zwei Felder mit rotirenden Karden und zwei Felder mit feststehenden Karden garnirt sind.) Bei dem langsamen Gange des Stoffes wird der Stoff von den Karden stets am Vorder- und Hinterende am meisten angegriffen, da sich die Karden bei kaum einer halben Tour schon stark mit Flocken füllen und in Folge dessen in der Mitte des Stückes weniger scharf greifen. Man rauht aus diesem Grunde auf der gewöhnlichen Rauhmaschine (Seite 236) den Flocconé abwechselnd von den Enden und aus der Mitte, erlangt jedoch niemals einen so gleichmässigen Angriff der Karden, als dies bei der Erselius'schen Maschine (s. Seite 238) der Fall ist. Das Scheren, Noppen, Nachscheren, Bürsten und Aufwinden folgen.

Jene plüschartigen, schwammigen Velourstoffe aus Streichgarn, Cachemir, Alpaca, Cheviot, Angora etc., welche am besten mit der Velourhebemaschine (s. Seite 320) hergestellt werden, weichen in ihrer Behandlung insofern von dem vorbeschriebenen sammetartigen Velour ab, als das Aufrichten der Haardecke an Stelle des Trockenrauhens mittelst einer Metallbürste sowohl im feuchten als im trockenen Zustande der Stoffe geschieht. Werden die Stoffe im feuchten Zustande veloutirt, so wird das Wollhaar in der aufrechten Stellung durch das nachfolgende Trocknen besser festgehalten, als dies beim Veloutiren im trockenen Zustande möglich ist. Bei langhaarigen Stoffen ist es von besonderem Vortheil, wenn die Velourhebemaschine (s. Seite 320) so vor der Trockenmaschine aufgestellt wird, dass der Stoff, die erstere verlassend, von der letzteren aufgenommen und getrocknet wird, ohne in Falten gelegt und gedrückt zu werden. Als eine für derartige Stoffe sehr geeignete Trockenmaschine empfiehlt sich die Klasse der Luftgebläsetrockenmaschinen (s. Seite 721). In den Velour lassen sich natürlich Muster einscheren u. s. w.

Für das Gebiet der Teppichgewebe liefert das Streichgarn die sogen. Schotten-Teppiche. Die Appretur dieser Teppiche besteht meistens nur in Putzen, Scheren, Ausspannen und Pressen, zuweilen aber in leichtem Walken oder Waschen, Scheren und Ausspannen, während wohl auch die linke Seite mit Gummi- oder Leimlösung bestrichen wird. Ein Cylindriren auf der Cylindertrockenmaschine (s. Seite 786) ist sehr günstig für Glätte, Glanz und Frische des Aussehens.

Wir müssen hier nun die Streichgarnstoffe anführen, welche nicht gewebt, sondern durch Filzen gebildet sind. Diese Fabrikation ist zuerst in Amerika (1829) aufgekommen und sodann nach England und dem Continent von Europa verpflanzt. Dieselbe hat sehr viel Aufmerksamkeit erregt und eine grosse Anzahl Erfinder und Verbesserer sind für die Entwickelung derselben thätig gewesen. Die eigentlichen Erfinder waren Thomas R. Williams in New-Port, R. J. 1835, Harvey Stayton in Lockport, N. Y., bereits 1834, und besonders John Barker und L. Kinsley in Green County, N. Y., N: Peck und D. Taylor in Fairfield, Conn., J. Lounsbury, J. Arnoldt, J. A. Mc. Lean und G. G. Bishop in Norwalk, Conn. (1829), ferner Levi van Hoesen in Norwalk, Conn. Dieser letztere scheint die Erfindung gemacht zu haben. Er hatte wenigstens das früheste Patent, lautend auf Improvments, in making felt of wool without spinning or weaving 27. Juni 1829 [45]). Taylor und Peck, Patent vom 29. Juli 1829 lautet auf Impr. in the mode of manufacturing cloth without spinning or weaving and without crossing the wool. Das Patent Thomas R. Williams gelangte in England zur directen Einführung 1840, während Robertson 1838 und Ponsford 1839 amerikanische Erfindungen as a communication in England patentiren liess. Nun folgte eine Reihe Patente von Abbott, Hirst, Wells, Poole, Hirst & Weight (1841), Smith, Thomson, Parker 1851, Hargreave 1854, Anderson, Waystaff, Corr und Butterworth, Ferrabee 1859, Wyght, Davin, Locke, Whitehead 1859 und 1864, Shepherd, Prowse, Fullingham 1866, Latouche frères, Fontainemoreau, Albert, Manzoni, Abeilhou, Tavernier, Boyer & Picot, Fortin-Bouteillier, — während in Deutschland 1842 Th. Busse diese Filztuchfabrikation aufnahm. In Deutschland ist sie indessen zu keiner Bedeutung gekommen; mehr in Amerika, England und Frankreich. Die Fabrikation des Filztuchs ist im Wesentlichsten eine Appreturoperation. Man verwandelt die Wolle auf der Krempel in Watte oder Pelz und dieser wird auf der Filzmaschine verdichtet unter Mithülfe von Wasserdampf. Von da ab beginnen sodann die Appretur-Operationen: Walken mit heissem Seifenwasser in besonderen Walkmaschinen und Fertigwalken in der Hammer- oder Walzenwalke; Waschen; Rauhen, Scheren, Trocknen, Pressen, Decatiren, wie bei gewebtem Tuch [46]).

In neuerer Zeit ist eine Methode zur Fabrikation von Filzstoffen erneuert worden, die bereits 1841 von W. Hirst & Weight angeregt, später von Imb's Brothers und Co. (1860) wieder aufgenommen und von C. H. Liebmann später ausgebildet wurde. In neuerer Zeit hat diese Methode Anklang gefunden. Sie besteht darin, an eine Baumwoll-

---

[45]) Karmarsch hat diesen ersten Erfinder nicht aufgefunden, weil er wohl glaubte, dass die Erfindung sich schneller nach Europa verbreitet haben müsse. Die Entwicklung dieser Industrie hatte also in Amerika 10 Jahre beansprucht, bevor sie exportfähig war. — Karmarsch, Geschichte der Technol. 724.

[46]) Fortin, D. Ind. Zeit. 1863. 473. — Morel, Traité de la fabrication des Feutres. 1826. — Barlow, D. Ind. Zeit. 1864. 438. — Pol. C. Bl. 1863. 1279. — Alcan, Traité du travail de laine. T. II. — Reybaud, La laine. Paris. — Alcan, Essais sur l'industrie des matières textiles. 1847. Paris. S. 665. — Fr. Davin 1862. engl. Pat. No. 2787.

unterlage (Cannevas, Kattun) auf einer oder auf beiden Seiten Wollflocken (Kunstwolle) anzufilzen, und die Operationen sind hauptsächlich Walk- und Waschoperationen.

Im Uebrigen hat man in gleicher Idee vielfach versucht, Wollstoffe durch Auffilzen von Wollflocken (Scherhaaren S. Seite 142) eine reichere Velourdecke zu verschaffen. Beslay führte dies aus 1863; Creswell & Lister[47]) benutzten dieses Hülfsmittel bereits 1860.

3. Baumwollgewebe.

Die Baumwollindustrie spielte vor 120 Jahren noch eine untergeordnete Rolle. Baumwollgewebe wurden damals vom Leinweber angefertigt und wenn Jacobson[48]) mittheilt, dass „die Preussischen Cattunfabriken unter Friedrich dem Grossen allen Europäischen vorzuziehen und den Indianischen am nächsten kämen," so ist dies doch mit Vorsicht aufzunehmen. Man verfertigte Zitse, Cattune, Nesseltuch, Mousselin und einige andere Stoffe und bedruckte sie mit Handmodeln. Die Baumwollenindustrie nahm erst eine schnelle und grosse Entwicklung seit der Erfindung und Einführung der Spinnmaschine. Auch in Deutschland nahm die Baumwollweberei schnell zu und die Zahl ihrer Artikel. 1830 kannte man I. Coton oder Katun, Cambray oder Cambric, Zitz (Chits), Persienne, Nankin, Mousselin, Mousselinet, Ginghamet, Perkal, Jamdani; II. Kanefas, Dimitis, Piqué (Quilling), Bombasin (Basin), Bolza, Couteline, Kitai, Madras, Mogg, Orientine, Tapissendis, Imperial, Diaper, Haman, Pillows, Fustian, Jeannet, Tuft, Thikset, Gingham, Barchent (Parchent); III. Manchester (Satinet, Velvet, Velveret, Velvantin), Sammet. Die erste Klasse begreift leichte Baumwollstoffe, die zweite schwerere und die dritte velourartige. Die Appretur dieser Stoffe ad. I und II geschah durch Entschlichten, Waschen (auch durch Pantschen und Walken), Trocknen, Sengen, Bleichen, Dressiren (Bürsten, Rauhen und Schleifen), Finissiren (Einreiben mit Wachs und Glätten, Kalandern), Färben und Drucken.

In unserer Zeit ist die Zahl der Baumwollgewebegenres sehr gross, sodass wir nur die hauptsächlichsten berücksichtigen. Diese Gewebe zeigen verschiedene Feinheiten der Gespinnste und erfordern dann angemessen verschiedene Appretur und in verschiedenen Graden. Man unterscheidet nach Kaeppelin:

    a) matte,

    b) Uni-,

    c) Glacé-,

---

[47]) Engl. Pat. 1860. No. 1350.

[48]) Jacobson hat übrigens — der Erste — auf die Bearbeitung der Baumwolle durch Kämmen hingewiesen und betont, dass durch diese Bearbeitung die Baumwolle fein und zart werde und sehr schönes Gespinnst liefere. Seite 143. Bd. I.

d) Brisé-,

e) Metall-,

f) wasserdichte Appretur.

Meissner unterscheidet:

Natürlicher Appret (matt und weich). Gebrochener Appret (matt und wenig hart). Feste Appretur (matt und hart, aber mehr oder weniger elastisch). Glanz-Appretur (lüstrirt, satinirt). Harte elastische oder Organdis-Appretur (stark geleimt, aber Gewebe während dem Trocknen mittelst vibrirender Rahmen bewegt). Metall-Appretur. Sammet-Appretur. Seiden-Appretur. Krepp-Appretur. Moiré-Appretur. Mang-Appretur.

Romen[49]) theilt ein in Berücksichtigung der Oberfläche des Gewebes (event. beider Seiten):

A. 1. halb und ganz matte Appreturen;

    2. halb und ganz Glanz- auch Hochglanz-Appreturen;

    3. halb und ganz Seiden-Appreturen;

    4. sammetartige Appreturen;

    5. Barre de fer, rauhe Appreturen (halb rauh);

    6. Füll- auch Garnir-Appreturen (innen);

    7. Deck-Appreturen (oben);

    8. Brech-Appreturen;

    9. Moiré-Appreturen;

    10. Press-Appreturen;

    11. dessinirte, lüstrirte, satinirte Appreturen;

    12. Tuch-Appreturen;

    13. ein- und zweiseitige Appreturen für Druckwaaren;

    14. Metall- und Mineral-Appreturen;

    15. elastische Appreturen, harte Appreturen, Aprêts à la Tarare;

    16. weisse Waaren-Appreturen für: Leinen, Halbleinen, Baumwolle;

    17. diverse Appreturen, mehr oder weniger variirend ohne besonderen Charakter;

    18. wasserdichte Appreturen.

Nach dem Griff unterscheidet man durch das Anfühlen der appretirten Waare folgende bemerkbare Unterschiede in der Appretur:

B. 1. harte, verschiedenartig variirende Appreturen;

    2. weiche do. do. do.

    3. leichte und lockere, magere Appreturen;

    4. schwere und gefüllte, fast fettige Appreturen;

    5. feucht und leinwandartige, kalte Appreturen;

    6. knitternde, rauschende, wollige, sammetartige Appreturen;

    7. biegsame, elastische, dehnbare nicht brüchige Appreturen;

    8. steife, stehende, brüchige Appreturen.

---

[49]) Romen, Färberei, Bleicherei und Appretur der Baumwolle und Leinenwaaren. 1881. Burmester & Stempell, Berlin. S. 13.

Die **matte** Appretur (Naturell-A.) erhält das Aussehen des Gewebes fast intact in seiner Natürlichkeit. Man nimmt das feuchte Stück, wickelt es auf (S. Seite 781), breitet es dabei auch wohl aus (S. Seite 564, 591) und kalandert es (S. Seite 448). Darauf wird es **gestärkt** (S. Seite 403) unter geringer Belastung der Oberwalze mit einer Appretmasse (Stärke, event. Chinaclay, etwas Oel, Soda etc.) und trocknet auf der Cylindertrockenmaschine (S. Seite 768) oder im Trockenraum (S. Seite 659). Man kann übrigens ein wenig Gummi-, Leim- oder Dextrinlösung zur Appreturmasse geben. Nach dem Trocknen werden die Stücke eingesprengt (S. Seite 420 u. s. w.) und zwar stark gepresst beim Aufwickeln. So verbleibt die Waare über Nacht, wird dann doublirt (S. Seite 783) und aufgewickelt (S. Seite 792). In derselben Weise werden eine Menge verschiedener für Naturappret bestimmte Stoffe appretirt.

Man unterscheidet ganz matte und halbmatte Appretur. Die Waare mit ersterer Appretur zeigt die Gestalt der einzelnen Faden und Verbindungen deutlicher und klarer als die zweite. Bei halbmatter Appretur darf die Eintragung von Appreturmitteln stärker sein und es wird zum Glätten der Kalander (S. Seite 448), nachdem die Waare eingesprengt gelegen hat, benutzt.

Eine Pariser matte Appretur wurde (nach Meissner) hergestellt: Aufrollen, Ausbreiten (S. Seite 588), Einsprengen, Liegen, Aufwickeln, Durchgehen durch eine 3cylindrige Trockenmaschine und Ausbreitmaschine abwechselnd mehrere Male, zuletzt Trocknen auf der Trockenmaschine. Die böhmische Mattappretur wird erreicht: Waschen, Ausquetschen (S. Seite 607), Stärken, Trocknen (S. Seite 768), Einsprengen, Aufwickeln, Liegenlassen, Mangeln (S. Seite 477).

Die **Glanzappretur** wird ausgeführt als Halb- und als Hochglanzappretur. Die **Halbglanzappretur** erfordert geringeren Zusatz von Appreturmasse, ebenso geringeren Druck im Kalander oder Frictionskalander als der Hochglanz. Bei Letzterem müssen die Zwischenräume zwischen den Fäden ganz verschlossen sein. Das Gewebe muss gerade geführt durch den Kalander gehen, damit ein Verziehen der Faden nicht eintreten kann. Das Verfahren ist etwa so: Trocken, mehrere Male kalandern, Stärken (Appretmasse mit Leim, Wachs, Colophonium, Wasserglass zu Stärke und Chinaclay), Kalandern (Mittelwelle geheizt), Stärken (verdünnt), Trocknen, Einsprengen, Kalandern mit starker Friction.

Die **Halb- und Ganz-Seidenappretur**[50] wurde zuerst 1867 auf der Ausstellung in Paris von S. Barlow in Manchester vorgeführt, und hat sich seitdem überall, für Futterkattun, Satins, Croisés etc. besonders, eingebürgert. Die zu diesen Appreturmitteln benutzten Recepte enthalten meistens Bittersalz, welches den Seidenglanz erzielt. Die Stoffe werden **kalandert** und auch wohl **gebeetelt** (S. Seite 491) und kalandert. Sollen die Stoffe auch das **Krachen** der Seide besitzen, so müssen sie im Farbbade geeignet vorbereitet werden. —

Die Seidenglanzappretur stellt man auch in neuerer Zeit durch Anwendung von Seidenlösungen (S. Seite 383) als Appreturmasse dar. Die Behandlung auf dem Kalander verleiht der Waare sehr hohen Glanz und das Krachen und Gefühl der Seide.

Die **Sammetappretur** erstreckt sich zunächst auf die Baumwollstoffe, welche sammetartig gewebt sind, Velour haben oder durch Rauhen Velour erhalten. Baumwollener Sammet auf Ruthen gewebt, kommt selten vor. Baumwollener Plüsch drückt sich schnell flach. Baumwollener Manchester, Cords etc. ist gerissener Sammet und bildet den Gegenstand besonderer Operationen (S. Seite 852). Die Appretur dieser Stoffe erfordert Specialeinrichtungen, die später genannt werden. Sie werden nur auf der Rückseite gestärkt und stark gedämpft. In dem Aussehen dieser Manchestersammete appretirt man aber auch Satins und ähnliche starke Stoffe.

---

[50] Oestr. Ausst. Bericht IV. H. VIII. S 23.

Die Barre de fer-Appretur benutzt wenig Füllstoffe, aber Appretmittel mit Fettbestandtheilen bei kalter und warmer Presse.

Die Füllappretur erfordert viel Appreturmasse und starke Kalanderung, so dass die Fäden breitgepresst erscheinen und ihre Lücken ausgefüllt sind.

Die Deckappretur, die eigentliche Beschwerungsappretur beladet den Stoff mit Appreturmasse. Ein Theil der Masse wird bereits der Webkette auf der Sizing-machine beigegeben und später dem Gewebe der andere Theil zugefügt auf der Stärkmashine, welcher die Trockenmashine folgt (S. Seite 768). Recepte zur Appretur-masse haben wir angegeben auf Seite 360. In demselben Genre kann vielfach variirt werden[51]).

Brech-, Brisé-Appretur wird hergestellt auf der Stärkmaschine und Appretir-maschine d. h. auf dem Rahmen mit Diagonalverschiebung (S. Seite 690).

Die Moiré-Appretur wird erzeugt wie Seite 459 angegeben unter Anwendung von mehr oder weniger Appreturmasse. Verfahren: Stärken einseitig, mehrere Male; Trocknen; Einsprengen; Aufwickeln; Liegenlassen; Mangeln, Umbäumen auf ganze Breite; Mangeln; Umbäumen auf halbe Breite; Mangeln; Abwickeln; Einsprengen; doublirt gebäumt; Mangeln; Umbäumen auf andere Seite; Mangeln; Umbäumen; Mangeln. An Stelle der Kastenmangel kann die hydraulische Mangel angewendet werden oder auch der Stampfkalander.

Die Press-Appretur wird für stark mit Appreturmasse imprägnirte Stoffe ausgeführt und zwar unter Anwendung von gravirten Platten oder gravirten Walzen. Die fertigen Stoffe dienen als Buchbinder-Callico (S. Seite 370) und Aehnliches (Siehe das Gaufriren Seite 462).

Dessinirte, lüstrirte, auch satinirte Appretur sucht das Bindungsgefüge des Gewebes zu erhalten und zur Geltung zu bringen. Es ist daher starke Appretur-masse nicht am Orte, auch nicht viel Glanz und harte, steife Appretur.

Die Tuchappretur soll alle den Baumwollstoffen, welche für Männerkleidung benutzt werden, ein dem Wolltuch ähnliches Aussehen geben. Dabei greifen eine Menge Operationen Platz, unter denen auch Walken, Rauhen, Scheren, Dämpfen vertreten sind.

Für bedruckte und gefärbte Waaren werden die Appreturen je nach Qualität der Gewebe ausgeführt. Sie haben sich zu richten besonders nach dem Druck selbst, zu dessen Hervorhebung sie dienen. Es muss besonders beachtet werden, dass die Zufügung der Appreturmassen vorsichtig zu geschehen hat, damit sie nicht die Druckdessins und Farben irgend wie alteriren.

Die Mineralappreturen sollen der Oberfläche metallisches Lüstre geben (S. Seite 381).

Elastische, harte Appreturen haben den Zweck, das Gefüge des Gewebes klar zu bewahren trotz starker Imprägnation mit Appretursubstanzen. Ebenso soll der Griff weich bleiben und elastisch und doch fest sein.

Die Weisswaaren-Appretur für Baumwollstoffe sucht das Gefüge und den Habitus der Leinenwaare nachzuahmen.

Die wasserdichten Appreturen haben wir bereits auf Seite 363 u. s. w. eingehend behandelt.

Nach Anführung dieser allgemeinen Eigenschaften der Appreturwirkung betrachten wir die jetzt gebräuchlichen Baumwollgewebe.

---

[51]) Davis, Dreyfus & Holland, Sizing and Mildew in Cotton Goods. 1879. Man-chester. — Thomson, The Sizing of Cotton goods and the causes and prevention of Mildew. Manchester 1879. — Love, The art of dying, cleaning, scouring and finishing.

Das gewöhnliche Baumwolltaffetgewebe bietet eine Menge Variationen der Qualität und Bestimmung. Die unter dem Namen Nessel im Handel geführten Gewebe sind Shirting, Druckkatun, Katun (Toile de Cotton) und werden je nach Zweck bald matt appretirt (s. Seite 846), bald mit Glanz (s. Seite 846), bald mit Beschwerung (s. Seite 847) u. s. w. Hierher gehören auch die Chiffon- und Rouleauxstoffe. Die Dowlas und Stuhl-Creas werden stark gewaschen, ebenso die weissgarnigen Madapolams.

Die Bearbeitung erfordert je nachdem: das Waschen, Trocknen und Sengen und, abgesehen von dem Bleichen resp. Färben, Imprägniren mit Appreturmasse, Trocknen, Kalandern und das Pressen. Zu dieser Appretur erforderlich sind zu erachten:

die Sengmaschine (s. Seite 112—132),
die Waschmaschinen (s. Seite 48—57),
die Aufrollmaschinen (s. Seite 779—781),
die Scheermaschinen (s. Seite 298),
die Stärkmaschinen (s. Seite 403—410),
die Trocken- und Spannmaschinen (s. Seite 734—771),
die Maschinen zur Hervorbringung elastischer Appreturen (s. Seite 690, 588 u. s. w.),
die Sprengmaschinen (s. Seite 420—426),
die Kalander (s. Seite 443—475),
die Centrifugen (s. Seite 625—651),
die Messmaschinen (s. Seite 769—883),
die Faltmaschinen (s. Seite 782—789),
die Wickelmaschinen (s. Seite 789—795).

Die Shirtingappretur (für Hemden) wird vorgenommen, wie folgt: Waschen, nass auf dem Water-Kalander (s. Seite 451) (6—7 fach übereinanderlaufend kalandert), Trocknen auf der Cylindertrockenmaschine, Stärken (Appreturmasse Stärke mit Zusatz von Gelatine, Wachs, Stearin, Seife und Soda), Trocknen, Einsprengen mit Seifenwasser, Liegenlassen, Kalandern (auflaufend s. Seite 451) mit starkem Druck (oder Mangeln). [Man sehe die Angaben oben Seite 846 matte Appretur, Seite 846 Glanzappretur etc.]

Die Wahl und Zusammensetzung der Appreturmasse variirt fortwährend; die Mode wirkt schon dahin. Gute Shirtings und Kambrics, besonders die Percale werden auf wenig Appreturmasse mit einer die Oberfläche leinener Waaren copirenden Appretur versehen[52]. Ein solches Verfahren ist folgendes: Trockenmachen (oder Kalandern); Einsprengen mit Zusatz von Stärkeabkochung, welche Alaun und Leim und Carraghen enthält; Liegenlassen; Aufbäumen; Mangen für Umbäumen in Wiederholung. Solche

---

[52] Siehe darüber Heim, Baumwollappretur. Maeken, Stuttgart. — Neidel, Appretur der Baumwollenwaaren.

Methoden existiren viele. Sie variiren in der Zusammensetzung der Appreturmasse und in der Reihenfolge der Operationen. Abweichend ist z. B. die folgende: Stärken (Zusatz von viel Baryt und China Clay, Fett); Trocknen im Trockenraum; Bäumen; Mangen; Umbäumen; Mangen; Einsprengen (Zusatz von Seifenwasser); Liegenlassen aufgewickelt; mehrere Male Mangen und Umbäumen. Die dünneren und leichteren Kattune werden vielfach beschwert und reichlich mit Appreturmasse imprägnirt, sei es nun, dass sie in Glanzappretur, in Füll- oder Deckappretur gehen. Die Beschwerungsansätze sind oben Seite 358 besprochen, wo auch nähere Angaben für die Imprägnation stehen. Dahin gehört zum Theil auch die Anwendung der Cellulose[53]) zur Appreturmasse (s. Seite 386). Sind aber die Baumwollgewebe fein von Gespinnst, aber dicht gestellt, wie z. B. in Battist, Musselinbattist, so wird die Appretur mit nur wenig Appreturmasse durchgeführt und darauf gehalten, dass die Stoffe weich bleiben. Loser gewebte feine Baumwollstoffe sind Musselin, Vapeur, Zephyr, Mull, die etwas mehr Appreturmasse bekommen und eine mittlere Steifheit haben sollen. Als Appreturmasse benutzt man Haio-Thao (s. Seite 355), Apparatine (s. Seite 356), Stärkelösungen, Gummilösungen etc. — Noch dünner und durchsichtiger sind Tarlatan, Krepp, Crêpe lisse, Organdy, Linon etc. gewebt. Diese Stoffe bilden Articles de Tarare[54]) und haben eine besondere Appretur, die Brisé-Appretur. Dieselben werden stark mit Stärkelösungen unter Gypsbeimischung appretirt, sodann „ausgearbeitet" durch Zusammenwickeln in Knäueln, Klopfen, Quetschen, Kneten u. s. w., um die Appreturmasse gänzlich allen Fäden mitzutheilen und dieselben damit quasi zu überziehen. Die Appreturmasse ist Stärkelösung mit Zuckerzusatz. Nach dem Ausarbeiten wird die Waare auf horizontale Rahmen mit Diagonalbewegung (s. Seite 690) ausgespannt und getrocknet. Die eigentliche Baumwollgaze und Tüll werden ähnlich appretirt. Die Glanzgaze indessen, die für Mützen- und Hutfutter benutzt wird, wird abweichend appretirt.

Der Stoff passirt durch einen mit Schellack-Wasser-Lösung gefüllten Behälter, worin sich eine Rolle dreht, um den Stoff immer unter Flüssigkeit zu halten, von hier streicht er an einem glatten, runden Stabe vorbei, um das Ueberflüssige abzunehmen, geht dann etwa eine Länge von zwei Metern über die Feuerung und wickelt sich am anderen Ende der Maschine wieder auf. Hinter der Appretirmaschine ist ein offnes Kohlenfeuer zum Trocknen aufgestellt. Da der Stoff nun beim ersten Male nicht trocken wird, so wiederholt man dieses Trocknen zwei bis drei Mal, so lange, bis man fühlt, dass er steif ist. Bei dieser ganzen Manipulation ist wohl darauf zu achten, dass das Feuer gleichmässig brennt und nicht zu langsam übergezogen wird. Die Schellacklösung bedeckt fast alle Poren des Gewebes, diejenigen, welche nun noch geöffnet scheinen, werden durch eine Presse, die der Stoff nachträglich in einem Kalander erhält, gänzlich ausgefüllt. Der Kalander besteht wie bei jeder andern

---

[53]) Diese Idee hatte bereits Chr. Hilton 1819 angegeben.

[54]) Auch Musselin, Jaconnas etc. werden so appretirt.

Appretur aus einer Papierwalze mit einem Hohlcylinder, welcher mässig gewärmt sein muss. Der so geglättete Stoff wird nun von einer Seite mit Kautschuk-Lösung bestrichen, indem man ihn vor den Riegel bringt. Letzterer hat dieselbe Construction wie bei jeder andern Stoff-Appretur; über einem Leder-Polster befindet sich ein Lineal, welches je nachdem, loser und fester angeschraubt wird; vor das Lineal wird die dickflüssige Kautschuk-Lösung gebracht; der Stoff wird nun beim Durchziehen gleichmässig bestrichen und am andern Ende der Maschine, nachdem er einen etwa 5 Meter langen Weg in starkem Luftzug passirt hat, aufgewickelt.

Eine andere Methode ist die folgende: Man imprägnirt die Stoffe ev. vor dem Druck und im gebleichten Zustande. Die hierzu dann meist geeignete Appreturmasse ist folgende: In 80 Liter Wasser 25 Pfd. Kartoffelstärke und $12\frac{1}{2}$ Pfd. Weizenstärke mit 8 Lth. Marseiller Seife gut verkocht. Die glatt gebäumte Waare wird in der noch heissen Appreturmasse und auf einer Stärkemaschine gestärkt, wobei Falten zu vermeiden sind, dann in einem gut geheizten Trockenraum gut ausgebreitet aufgehängt, getrocknet. Hiernach findet das ev. Bedrucken mit den dazu bestimmten Farben statt, nach deren Verlüften die weitere Appretur folgt. Die Waare wird hierzu auf einem Bäumstuhl mit Einsprengvorrichtung eingesprengt und hübsch glatt gebäumt. Nachdem in einigen Stunden das eingesprengte Wasser sich der Waare gleichmässig mitgetheilt hat, wird sie entweder auf einer Glättmaschine mit Stein (S. Seite 773) oder auf dem Frictions-Kalander geglättet.

Ein Verfahren Marly, Petinet etc. Baumwollgaze zu Hutfaçons zu appretiren ist folgendes[55]): Der Petinet (Rohstoff) wird zum Zwecke seiner Verwendbarkeit für Damen-Hutfaçons chemisch gebleicht, dann, wie auch der Marly, sorglichst gestärkt und hell (lauter) vorgerichtet. Die also behandelten Stoffe werden hierauf in einen elastischen Rahmen gebracht und vorsichtig gespannt, dann aber nicht, wie in bisher üblicher Weise getrocknet, wieder gestärkt, gespannt, abermals luftgetrocknet und so fort, bis sie genügend hart geworden sind, sondern in ihrem feuchten Zustande mit trockenem, feinst geriebenem Stärkemehl (Stärkepuder) mittelst feinsten Haarsiebes dergestalt übersiebt (gepudert), dass zwar die Maschen frei und lauter bleiben, der Stärkepuder an die Gewebefäden sich jedoch so reich anlegt, wie dies mittelst vorgenannten bisherigen Verfahrens, soll die Lauterkeit und Klarheit des Gewebes nicht wesentlich beeinträchtigt werden, nie zu erzielen ist. Hierauf kommen Rahmen und Stoff, je nach ihrer räumlichen Ausdehnung, in einen grösseren oder kleineren, festen und festschliessenden Kasten, durch welchen der Länge nach ein Dampfrohr mit zahlreichen seitlichen Löchern behufs Ausströmung heissen Wasserdampfes läuft Besagter Kasten wird hierauf geschlossen und Dampf eingelassen. Diese heissen Wasserdämpfe haben folgende Wirkungen: Sie quellen die Gewebefäden auf, machen sie poröser und damit zur Aufnahme weiterer Stärkelösung geeignet; ferner bewirken sie auch, dass der nicht aufgesogene Stärkepuder gallertartig wird und sich fest anlegt.

Ist dies Alles in ausgiebigster Weise geschehen, was bei nur einiger Erfahrung sich leicht erkennen lässt, so stellt man den Dampf ab, hebt den Rahmen aus seinem Dampfbehältniss und überspritzt successive das Gewebe (mittelst irgend eines Wasserzerstäubungs-Apparates) mit zerstäubtem kalten Wasser so lange, bis die gallertartig und starr gewordene Stärkelösung anfängt, sich wieder aufzulösen und glasartig zu werden, worauf man den Rahmen nochmals in den Kasten bringt, diesen fest schliesst und das gespannte Gewebe einige Zeit bezw. so lange dem vollen Dampfdrucke aussetzt, bis dasselbe durchsichtig, klar und glasig ist. Mit Eintritt dieses Zeitpunktes ist die ganze Procedur beendet; der Rahmen wird dem Dampf-

---

[55]) G. H. Gruner, D. R. P. No. 13502 u. D. R. P. No. 13536 Apparat zur Ausführung des Prozesses.

kasten entnommen und behufs vollständigen Trocknens das Gewebe der atmosphärischen Luft ausgesetzt.

Für viele Baumwollstoffe ist Färberei und Appretur sehr innig verbunden, wie wir bereits auch für Uniwollstoffe bemerkt haben. Wir geben
hier den Gang der Operation z. B. für Kambric oder Gingham.
Der Stoff soll schwarz gefärbt und appretirt werden und wird zuerst
gesengt, dann ausgekocht und gewaschen. Es folgt nun die Färbe-
operation.

Zu diesem Zwecke kocht man pro Stück von 27 M. 3 Pfd. Schmack ab und
legt in die heisse Abkochung die Waare 4—5 Stunden lang ein, führt dieselbe dann
durch ein Eisenvitriolbad mit Zusatz von Schlemmkreide und lässt darin
wieder einige Stunden liegen. Man schreitet dann zum Ausfärben, welches in Vor-
und Gutfärben im Blauholzbade mit Zusatz von etwas Gelbholzbrühe bei 40° R.
geschieht. Dann wird ausgespült, abgetrocknet oder auch nur sehr fest ausgepresst. Das Appretiren geschieht mit einer farbigen Appreturmasse, welche man
herstellt aus der Abkochung von 2 Pfd. Blauholz und ½ Pfd. Gelbholz mit 2 Pfd.
Weizenstärke und 1 Pfd. Kartoffelstärke, 3 Loth Palmöl, 1 Loth gelbem
Wachs, ¾ Loth Kupfervitriol und ½ Loth chromsaurem Kali.

Nur die gesengte Seite der Waare lässt man durch die nicht heisse Stärke
gehen, trocknet dann ab, sprengt und lässt die Waare zweimal durch einen nicht
zu heissen Kalander hindurchgehen und presst. Nach Herausnahme aus der Presse
misst und legt man die Waare.

Es werden auch Jaconnets und dergleichen Gewebe gleichzeitig mit der Appretur gefärbt, indem die Farbebrühe der Appreturmasse beigemischt wird. Mit dieser
Masse werden die trocknen Stoffe imprägnirt durch Einweichen etc. Die Farben
werden kalt angewendet. Dem Imprägniren folgt das Trocknen auf der Cylindertrockenmaschine oder in Trockenräumen. Kalandriren vollendet die Appretur bei
starker Temperatur und Druck.

Die Appreturmasse darf niemals heiss auf gefärbte und gedruckte Calicos,
Kattune, Jaconnets u. s. w. aufgetragen werden. Bei feineren Stoffen, welche be-
druckt sind, stärkt man einseitig und lässt den Stoff mit der andern Seite auf die
Trockencylinder auflaufen (S. Seite 768). Die Stoffe werden vorher trocken auf dem
Kalander bearbeitet. Nach dem Trocknen lässt man die Waare mehrere Male durch
den Kalander (S. Seite 449).

Unter den in Köper gewebten Baumwollstoffen interessirt uns noch
besonders der Croisé. Die Croiséappretur ist eine ebenso variirte als verbreitete. Croisés kommen mit matter, mit Halbglanz-, mit Halbseidenappretur
vor, in schwerer Qualität auch in Hochglanzappretur. Je nach Qualität
werden Appreturmassen zur Imprägnation angewendet. Aehnlich werden
behandelt die Merinos, Nankin etc. Satin, engl. Leder, Jeanet,
Oriental, meistens mit Halbglanz und Seidenglanz oder auch mit Tuchappretur versehen. Diagonalstoffe wie Bast, Basin, Drill werden
je nach ihrer Dichtigkeit behandelt.

Der Barchent, Parchent, Fustian unterscheidet sich je nach der
Appretur in glatten und rauhen Barchent. Ersterer wird in verschiedenen
Qualitäten hergestellt, wobei meistens der Einschlag die rechte Seite
bildet und dort oben liegt, deshalb von feinerem Garn ist, als die Kette.

Diese glatten Barchente werden in verschiedensten Farben hergestellt, besonders in Rosa zu Unterkleidern, als Schwanboy. Die Barchente, welche als Bettgut (Inlet) benutzt werden, erhalten eine weiche Zurüstung und matte Appretur. Der Futterbarchent ist weniger dicht und wird etwas stärker appretirt. — Der rauhe Barchent (Ripps-, Piqué-, Croisé-, Serge molleton, Basin m., Tricot m.) wird auf der rechten Seite, wo der besserfasrige Einschlag oben liegt, gerauht. Man benutzt auch wohl dazu die sogen. Barchentrauhmaschinen[56]), sonst aber gewöhnliche Rauhmaschinen mit Karden oder Metallkratzen (S. Seite 240). Beaverteen (Imperial) ein gefärbter und Moleskin ein sehr dichter Barchent, werden auf beiden Seiten gerauht und gefärbt und darauf auf der rechten Seite glattgeschoren. Für diese Stoffe hat James Worrall jr.[57]) durchlagend in England gewirkt. Sein Verfahren für Beaverteens ist wie folgt: Animalisiren des Stoffes durch Padden mit Oel, Fett, Seife etc. und Trocknen auf Cylindern; Sengen über rothglühende Platten; Dämpfen; Kochen in alkalischer Lauge; Waschen; Ausquetschen oder Ausschleudern; Behandeln auf der Paddingmaschine mit Chlorkalklösung, Eintauchen in eine solche, Bleichen; Beizen mit gelatineuser Metallsalzlösung; Färben in tanninhaltigen Bädern; Waschen in Seifenlauge; Trocknen; Rauhen; Scheren. —

Beaver, Bieber wird ähnlich behandelt, aber nicht geschoren.

An diese geköperten Barchente schliessen sich an der Dimity, Wallis, Piquébarchent, Fustian[58]), Cord, Twill, Cantoon, Velvetin, Thickset etc., bei denen die Appretur denselben Verlauf hat, wie eben beschrieben. Indessen ist bei den sammetartigen Stoffen, den Baumwollsammeten (velvet, manchester, fustian, cord etc.) beim Weben ein Flor gebildet durch den Schuss, der mit Hülfe besonderer Messer und Maschinen aufgeschnitten „gerissen" werden muss. Die Enden dieses Flors werden dann mittelst Bürsten aufgefasert, so dass die sammetartige Decke auf dem Stoff entsteht. Durch Sengen und Scheren erhält man dann den nöthigen niedrigen Flor. Um das Reissen gut durchführen zu können, bestreicht man wohl die linke Seite des Gewebes mit klebrigen, gummösen Substanzen, damit die Fäden sich nicht ausziehen. Die Fabrikation dieses Stoffes hat in England sehr grosse Bedeutung; deshalb ist auch die Erfindung für die Behandlung desselben nicht müssig, sondern sehr rege gewesen. Für das Reissen oder Schneiden des Schussflors sind einige zwanzig Maschinen patentirt, so an Wells & Scholefield 1834, J. Walker 1846, R. Roberts 1850, C. J. Schofield 1852, Dawson, Burley, Drieu u. a. Erst die Maschine von Joseph Renshaw[59]) ent-

---

[56]) D. Gew. Zeitung 1862. S. 361.

[57]) Engl. P. 1854 No. 1831; 1855 No. 1042 u. No. 1041; 1853 No. 732 u. No. 768; 1861 No. 1458; 1857 No. 292; 1860 No. 2993; 1866 No. 3194; 1863 No. 3173.

[58]) Fustian Manufacturing. By a Practical Man. Manchester.

[59]) Engl. Pat. No. 2307, 1856; No. 672, 1863; No. 11254, 1846; No. 1823, 1860.

sprach den Anforderungen und nützte dadurch dieser Specialindustrie sehr bedeutend. Ferner erreichte G. Burley 1857 gute Erfolge. Renshaw verbesserte auch die Bürstmaschine zum Aufbürsten des gerissenen Flors, indem er vor- und rückwärts arbeitende Bürsten einstellte, — und verband mit seiner Reissmaschine einen Apparat um den Flor mit Wachs zu bestreichen, um den Glanz zu erhöhen. Um Muster, beim Aufreissen hervorzubringen hat J. Burch 1865 vorgeschlagen, die Muster, welche durch ungerissene Stellen gebildet werden sollen, niederzupressen und dann zu reissen. Nachher wird der Stoff gedämpft, um die Pressung aufzuheben. Für den weiteren Appreturprozess hat Worrall, wie bereits bemerkt, tonangebend gewirkt. Worrall schlug auch vor, das Scheren mit einem Musterschercylinder vorzunehmen, einzelne Streifen ungeschoren zu lassen etc. In dieser Richtung waren auch Whyatt, Mingaud u. A. thätig. Die Maschinen zum Rauhen dieser Stoffe beschäftigten ebenfalls sehr viele Erfinder wie Brearley, Curtis & Haigh, Renton, Ripley, May, Argence, Clapham, Taylor u. A. Clapham (1866) schlug vor, durch einen erhitzten gravirten Cylinder Muster einzupressen in den Flor und sodann den nicht niedergepressten Flor abzuscheren, oder aber in einen hohlen Dessincylinder einen Schercylinder zu legen, welcher die durch die Ausschnitte des Dessins im Mustercylinder hindurchragenden Haare abschneidet.

Zu diesen Genres der Baumwollstoffe gehören dem Gewebe nach die Frottirtücher, Bathblanket, Towelcloth und die Lappetartikel. Erstere werden in ungeschnittenem oder geschnittenem Velour gewebt. Bei letzteren wird ein Theil der Flottfäden fortgeschnitten.

Unter den gemusterten Baumwollenstoffen heben wir den Piqué hervor, der eine sehr sorgsame Appretur verlangt, so dass die eingewebten Ornamente, Reliefs und Waffeln voll zur Geltung kommen. Hierbei erwähnen wir auch die Brillantines, Damaste, Maree, Oxford, Cretonne etc. Eine besondere Specialität dieser Genre ist die der Java- und Netzstoffe in halbgebleicht oder grau, Natté, Crêpe.

Endlich sei noch auf die Baumwollstoffe mit dichten Oberflächen in farbigem Auftrag wie Wachstuch, amer. Leder, Kamptulicon, Linoleum etc. hingewiesen, deren nähere Besprechung bereits Seite 371 cf. erfolgt ist, sowie auf die Ausrüstungen der Baumwollstoffe mit Metallfarben (S. Seite 380), mit Perlen- und Stickereiimitationen (S. Seite 386).

4. Leinen- und Hanfgewebe.

Die Fabrikation leinener Gewebe war eine der ältesten Textilthätigkeiten. Trotzdem blieb die Appretur der Leinengewebe am längsten in einer gewissen Einfachheit der Operation verharren.

Im vorigen Jahrhundert herrschte durchweg die Rasenbleiche und daneben existirten einige provinzielle Methoden, denen man oft sehr viel

Bedeutung zuschrieb, um die Leinen zuzubereiten. So z. B. glaubte man lange, dass das Walken der Leinenzeuge in Buttermilch, wie es in Holland Mitte des vorigen Jahrhunderts gebräuchlich war, die Güte und Weisse der holländischen Bleiche bedinge. Das holländische Verfahren war: Einweichen in schwache Lauge; Einweichen in starke Lauge von Asche; Waschen mit schwarzer Seife; Ausspülen; Walken mit Buttermilch; Ausbreiten auf dem Rasen (8 Tage); Einlaugen; Seifenbad; Walken mit Buttermilch etc. wiederholt. Als besondere Leinwandsorte galt Batist und Cammertuch (Schier, Schlayer, Klar) und ausserdem verfertigte man Spitzen aus Flachsgarn. Die guten Creasleinen wurden weissgarnig gewebt, sodann geklärt, gewaschen und gekrumpfen, damit sie nicht zusammenschrumpften bei der Wäsche. Die gröberen Creas wurden nicht geklärt. Herrenhuter Creasleinen wurde weich appretirt.

Gegen 1830 waren zu diesen wenigen Genres noch hinzugetreten: Linon, Creas, Leinen-Atlas, Leinendamast, Diaper, Zwillich (Drell, Drillich, Dreylich), Segeltuch, Packleinen, Plutilles (Cholets), Tüll, Spitzen.

Hierzu kommen in unserer Zeit noch Hosenleinen, Mangeltuchleinen, Sackleinen, Velourleinen und einige andere Genres.

Die Appretur der Halbleinenstoffe, gemischt aus Baumwolle und Leinen vollzieht sich meistens wie Baumwollappretur entsprechender Qualität.

Die Appretur [60]) der Leinen beginnt mit dem Auswaschen des vom Webstuhl gekommenen Gewebes, wozu man die Pantschmaschine resp. Pantschhämmer anwendet. Es folgt dann die Operation des Bleichens, vom häufigen Auswaschen, Schlagen, Bäuchen etc. unterbrochen. Die Bleichoperation [61]) geht nach irischer Methode wie folgt vor sich:

Irische Methode ohne Rasenbleiche.

1. Gährung in schwach alkalischer Lauge während 36 Stunden.
2. Mit 30 kg Aetzkalk gekocht; gewaschen.
3. Mit 25 kg Kalk gekocht; gewaschen.
4. Säurebad von 11 kg Schwefelsäure auf 1500 l Wasser; gewaschen.
5. Fünfmal wiederholtes Kochen mit 30 kg Soda; gewaschen und jedesmal 3 bis 4 Tage lang auf den Rasen gelegt.
6. Säurebad, 9 kg Vitriolöl auf 1500 l Wasser; gewaschen.
7. Mit 25 kg Soda gekocht; gewaschen.
8. Bleichbad von $1\frac{1}{4}^0$ Indigoprobe; gewaschen.

---

[60]) v. Kurrers Schriften über Bleichen etc.

[61]) Ueber die Leinenbleiche der Neuzeit, besonders die irische sind die Ansichten sehr verschieden. E. Lang in Blaubeuren hält sie für schädlich der Haltbarkeit des Leinens und warnt davor, dem Leinen eine grössere Weisse und in kürzerer Zeit auf Kosten der Haltbarkeit zu ertheilen. O. Rabe räth ebenfalls nur zu vorsichtiger und sorgsamer Anwendung der neuen Methoden. — Zwei Gutachten. 1877. Beilage zu No. 473 des Leinenindustriellen. Irische Leinen werden indessen jetzt auch in deutschen Anstalten gebleicht und appretirt.

9. Zweimal wiederholtes Kochen mit 25 kg Soda, Waschen und 3 bis 4 Tage Rasenbleiche.

10. Bleichbad von 2° Indigoprobe; gewaschen.

11. Mit 25 kg Soda gekocht; gewaschen.

12. Bleichbad von 6° Indigoprobe; gewaschen.

13. Säurebad von 9 kg Vitriolöl auf 1500 l Wasser.

14. Behandlung mit Seife auf dem Seifenhobel und letztes Waschen.

Irische Methode mit Rasenbleiche.

1. Das Zeug wird 36 Stunden lang in einer kalten schwach alkalischen Lauge eingeweicht und dann gewaschen.

2. In einer Lösung, die 30 kg kaustische Soda auf 4500 l Wasser enthält 6 Stunden gebäucht und dann gewaschen.

3. In Bleichflüssigkeit, deren Stärke sich nach der Qualität und Farbe der Stoffe richtet, 15 Stunden lang eingeweicht.

4. 6 Stunden lang in ein Bad von Schwefelsäure oder Salzsäure von 1,017 spec. Gew. gelegt und gewaschen.

5. 4 Stunden lang in kaustischer Sodalauge gebäucht wie oben und gewaschen.

6. 14 lang Stunden in ein Bleichbad gelegt wie oben und gewaschen.

7. Ein zehnstündiges Säurebad und gewaschen.

8. Auf einem Brette mit brauner Seife gerieben und endlich gewaschen.

Die Leinenfärberei und Leinendruckerei übergehen wir hier.

Die gebleichten Leinen werden gestärkt (S. Seite 403), wobei der Ansatz der Appreturmasse wesentlich je nach Absicht der Fabrikanten wechselt. Oft wird Wachs, Stearin, Talg zur Stärkelösung gesetzt, um Griff und Glanz zu verbessern. Nach dem Stärken getrocknet, werden die Leinen etwas eingesprengt (S. Seite 420) und nun auf Bäume gewickelt in die Mangel (S. Seite 477) gebracht. Hier erzeugt man Glätte und Glanz, — oft auch absichtlich oder nicht absichtlich Moiré (S. S. 459). An Stelle der Mangel kann der Kalander angewendet werden, besser aber die hydraulische Cylindermangel [62]) (S. Seite 483). Soll die Appretur sanfter und milder sein, so wendet man den Stosskalander oder Beatle an (S. Seite 489). Oefter benutzt man auch die Schermaschine (S. Seite 300), um die hervorstehenden Fasern zu entfernen. Einzelne Stoffe wie Mangeltuchleinen erhalten eine sehr glänzende und glatte Appretur.

Als velourartige Leinenstoffe sind die Towels oder Frottirhandtücher und Decken zu betrachten.

Die Hanffasergewebe werden behandelt wie die Flachsfasergewebe entsprechenden Genres. Bei den Hanfgeweben für Säcke werden starke Kalanderwirkungen angewendet, um die Fäden möglichst breit zu quetschen und die Lücken zu verdichten.

---

[62]) Wir haben auf Seite 486 behauptet, dass man mit der hydraulischen Cylindermangel Moiré nicht erzeugen könne. Dies bezieht sich aber nur auf die frühere Construction derselben, nicht auf die neuere; vielmehr lässt sich z. B. mit der Gebauerschen Cylindermangel (s. Seite 483) vorzüglicher Moiré herstellen.

5. Jutegewebe.

Die Jutegewebe spielen erst seit den 50er Jahren eine Rolle. Seitdem aber ist ihre Industrie stetig gewachsen, umsomehr als man seit einigen Jahren angefangen hat, auch feinere Stoffe aus Jute zu fertigen. Uns interessirt hier wesentlich die Bearbeitung des Jutegewebes, um ihm mehr Weichheit zu geben, als es nach dem Weben besitzt. Für die Durchführung des Appreturprozesses auf Jutegewebe dienen Maschinen und Apparate, die, wenn sie auch im Prinzip den beschriebenen Maschinen gleichen, doch in den Dimensionen wesentlich abweichen von denselben. Man benutzt[63]):

> Aufrollmaschinen,
> Dämpfmaschinen,
> Cylindertrockenmaschinen,
> Kalander, Glätt- und Quetschmaschinen,
> Hydraulische Presse,
> Messmaschine.

Bei der Appretur der Jutegewebe werden im Allgemeinen Waschprozesse vermieden. Appreturmassen werden nur in einzelnen Fällen angewendet. Dagegen sucht man durch Kalandern und auch durch besondere Glätt- und Quetschmaschinen die Fäden des Gewebes breit zu drücken und die Fasern in einander zu schieben und so die Zwischenräume sorgfältig auszufüllen. Es ist dies besonders wichtig für die Sackfabrikation aus Jutegewebe, um den vollen Schluss der Fadenverbindung zu erzielen. Es gleicht diese Operation einem trockenen Walken mit dem Unterschiede, dass eine gleitende Reibung unter grossem Druck mittelst Oscyllation des reibenden Stempels hervorgebracht wird. Die Kalander werden mit 5 und mehr schweren Walzen angewendet (S. Seite 458, 470). Im Uebrigen wird das Jutegewebe jetzt vielfach gefärbt und bedruckt.

Das Bleichen der Jute gelingt mit Anwendung von unterchlorigsaurer Magnesia und Soda, Waschen und Aussetzen der Luft in Abwechslung und Wiederholung. Ein anderes Verfahren benutzt ein Chlorbad von 3 bis 5 Th. Chlorkalk auf 100 Th. Wasser in Abwechslung mit einem Sodabade. — Endlich wendet man auch ein gemischtes Bad an, welches aus 25 Proc. Aetzkali und Chlorkalk besteht. Die Temperatur darf nicht über 40°R steigen. — Zum Färben zeigt sich die Jute tauglicher als Hanf und Flachs.

Die Behandlung von Jutegewebe durch Kochen (2 Stunden) in einer

---

[63]) Solche Maschinen werden besonders gut geliefert von den Dundee-Firmen, so von Robertson & Orchar, Thomson Brothers & Co. (früher John Kerr & Co.), Urqhart, Lindsay & Co. u. A. In Deutschland hat C. G. Hauboldt jr. in Chemnitz besonders den Kalanderbau für Jutegewebe mit grossem Erfolge durchgesetzt.

Lösung von Aetzalkalien (60 — 80° Tw.) ertheilt den Jutefasern eine Art Kräuselung und macht sie wollähnlich. Nach diesem Bade folgt ein Auswaschen in einem schwachen Bade von Schwefelsäure zur Neutralisation des Alkalis, sodann ein Ausspülen in Wasser und Trocknen [64]. Dieses Verfahren kann mit Erfolg angewendet werden für Jutegewebe, welche durch die Appretur, besonders im Kalander Schluss und Dichtigkeit erlangen sollen.

---

[64] Monach's Prozess. — Knight, American Mechan. Dictionary S. 1221.

Register.

Maschinen-Fabrik

Specialität

für

Textil - Industrie.

Unsere

Bleicherei-, Färberei-

und

Appretur-Anstalten

in denen wir sämmtliche Maschinen praktisch vor Augen haben, befähigen uns, dieselben fortgesetzt zu verbessern und neue Erfindungen zu machen.

Wir liefern

nach eigenen bewährten Systemen

sämmtliche

Bleich-, Farb- und Appretur-Maschinen,

welche zum grössten Theil sowohl in vielen Staaten patentirt, als auch weit und breit im In- und Ausland von den bedeutensten Firmen eingeführt sind. Ueber unsere Leistungsfähigkeit stehen uns die **vorzüglichsten Atteste** zur Seite und empfehlen wir:

Bleichmaschinen:

Universal-Ableger für Bleichwaaren,
Ausquetschmaschinen für Waare in Strangform,
Aufbäumstühle, dreiwalzige,
Centrifugen neuester Construction.
Dampfdruck-Kochkessel, System Fr. Gebauer,
Dampfkochfässer, gusseiserne,
Garntrockenmaschinen,
Garnwaschmaschinen,
Gas-Sengemaschinen, D. R.-Patent, (Siehe Fig. 56, 63, 64),
Gasolin-Apparate,
Heftmaschinen,
Krahne (zum Herausnehmen der Garne),
Kalk-, Chlor-, Soda- und Säuremaschinen, D. R.-Patent,
Rollerei (Garnbleichmaschine),
Strangausbreit- und Aufbäummaschinen,

Waschmaschinen für Waare in Strangform (Siehe Fig. 16),
Water- oder Nasskalander (Siehe Fig. 370),
Wasserpumpe (doppelt wirkend).

Färbereimaschinen:

Ausquetschmaschinen (für Waare in breitem Zustand),
Farbholz-Kochapparate (doppelte und einfache),
Dämpfapparate,
Farbholzraspeln,
Graufärbmaschinen,
Jigger mit Druckwalze und ohne Druckwalze,
Indigomühlen,
Kettenfärbmaschinen,
Klotzmaschinen,
Küpen-Einrichtungen,
Netz- und Spülmaschinen (S. Fig. 239),

Appreturmaschinen:

Appreturbrech- od. Breitmachmaschinen (Siehe Fig. 385),

Combinirte Doublir-, Mess- und Lege-maschinen, D. R. - Patent,

Frictions-Kalander, Moirir-Kalan-der,

Combinirte Einspreng- und Ausbreit-maschinen,

Doublirmaschinen, D. R.-Patent,

Einsprengmaschinen,

Egalisir- und Breitstreckmaschinen, D. R.-Patent (Siehe Fig. 382—384),

Gasheizapparate für Kalander-Cylinder (Siehe Fig. 277),

Hydraulische Pressen (Siehe Fig. 287 bis 290),

Hydraulische Walzen - Mangeln, D. R.-Patent,

Mangelbäumstühle, einfache u. doppelte,

Mess- und Legemaschinen mit gera-dem Tisch, D.R.-Patent (S. Fig. 548),

Roll-Kalander,

Stärk- oder Appretirmaschinen, System Fr. Gebauer,

Trockenmaschinen aller Art,

Kastenmangeln (Siehe Fig. 282).

Diverse Maschinen:

Dampfmaschinen aller Art und Grösse,

Wechselgetriebe mit kegelförmigen Reibungsrädern, D.R.-Patent (Siehe Fig. 65),

Mechanische Ausbreiter,

Ausbreitschienen,

Complette Wellenleitungen,

Ventilatoren, Exhaustoren,

Complette Dampfheizungen für Trocken-böden,

Dampf-Wasserleitungen,

Condensatoren,

Ventile und Hähne,

Hirnholzwalzen, D. R.-Patent,

Transportwagen zum Transport fertiger Waare,

Condensations-Wasserableiter in ver-schiedenen Grössen,

Walzen aller Art, Kalanderwalzen aller Art.

Vacuum-Apparat zum continuirlichen Betrieb beim Bleichen, Waschen etc.

Ganze Fabrik-Einrichtungen übernehmen wir
unter Garantie praktischer Ausführung.

Sämmtliche Maschinen sind in unsern Etablissements in Betrieb zu besichtigen.

Actien-Gesellschaft

für

Stückfärberei, Appretur und Maschinenfabrikation

früher

Fr. Gebauer, Charlottenburg.

NB. Der unterzeichnete Verfasser dieses Werkes hat für von ihm eingerichtete oder vergrösserte Fabriken von dieser Firma eine Reihe obengenannter Maschinen bezogen und spricht über selbige seine **grösste Zufriedenheit** aus.

Civilingenieur Dr. H. Grothe in Berlin.

H. Thomas'sche Maschinenbau-Anstalt

Preis-Medaillen.

Leipzig 1850.
London 1851.
Paris 1855.

Rudolph & Kühne

24 Pank-Strasse Berlin N. Pank-Strasse 24.

(Alle Maasse sind Millimeter.)

Preis-Medaillen.

London 1862.
Paris 1867.
Wien 1873.
Fortschritts-Medaille
Leipzig 1880.

A. Scheermaschinen und Trockenmaschinen.

1. Quer-Scheermaschinen (Transversales). (S. Fig. 181.) a) *Strammscheerer*, 1151 Schnittbreite, mit 6 fedr. Cylinder oder zum Scheeren von Shawls und Tüchern bis 1883 Waarenbreite zwischen den Frangen. b) *Schlaffscheerer*, 1151 Schnittbreite (System Levis) mit 6 fedr. Cylinder.

2. Längen-Scheermaschinen (Longitudinales). (S. Fig. 184.)

A. *Für Wollen-Waaren.* 1. 811 Schnittbreite für $^4/_4$ Waaren, mit 8 fedr. Cylinder, 2 Bürstwalzen etc. 2. 1046 Schnittbreite für $^6/_4$ Waaren, mit 10 fedr. Cylinder, 2 Bürstwalzen etc. 3. 1569 Schnittbreite für $^9/_4$ Waaren, mit 12 fedr. Cylinder, 3 Bürstwalzen, neue wesentlich vervollkommnete Construction für Tuche, Doubles, Velours, Ratinées, Buxkings; ferner für 1674, 1935, 2092 Schnittbreite. 4. Longitudinales mit 2 Schneidezeugen, jedes mit 12 fedr. Cylinder, 4 Bürstwalzen, complet bei 1569, 1674, 1935, 2092 Schnittbreite.

B. *Für Baumwollen- und Leinen-Waaren.* 1020 Schnittbreite, mit 2 Schneidezeugen, scheert per Stunde 1000 bis 1200 Meter Waare, wesentlich vervollkommnete Construction mit 2 oder 4 Bürsten; Ferner 1543 Schnittbreite, genau wie vorstehende Longitudinale, mit 2 Schneidezeugen, scheert 600 bis 800 Meter pr. Stunde mit 2 oder 4 Bürsten.

C. *Für Teppiche und Wollen-Plüsch* mit 811, 1046, 1569, 1674, 1935, 2092, 2750 Schnittbreite.

D. *Für Shawls und Tücher.* a) Waare mit Frangen nur in der Kette. 1. Ausschneide-Maschine der Lancees der Linksseite, (Decoupir-Maschine) 1935 Schnittbreite. 2. Longitudinales zum Scheeren der Rechtsseite, 1935 Schnittbreite. b) Waare mit Frangen in Schuss und Kette. 1. Longitudinales zum Scheeren von Shawls und Tüchern, 1674 zwischen Frangen oder 1674 zwischen den Leisten und 1674 zwischen Frangen oder 1805 zwischen den Leisten. 2. Longitudinales zum Scheeren von Shawls und Tücher, 1831 zwischen Frangen oder 1831 zwischen den Leisten und 1831 zwischen Frangen oder 1962 zwischen den Leisten. Die Breite der Frangen ist bei vorstehenden Maschinen mit 131 angenommen.

E. *Für Seidenhut-Plüsch.* 811 Schnittbreite, mit Messing-Streichen-Walze, neueste vervollkommnete Construction.

3. Patentirte Flocken-Schneidemaschine zur Herstellung von Scheerhaaren: mit 10 fedr. Cylinder, Untertisch mit 7 Messern, 610 Schnittfläche.

4. Velour-Vorrichtungen zu Scheermaschinen, bestehend aus Messing-Streichen-Walze mit Schnurscheibenbetrieb.

5. Schleif-Maschinen (D. R.-P. 5328) zum Geradeschleifen der Cylinder der Scheermaschinen und der Walzen der Krempelmaschinen; sowie solche zum Einschleifen der Schneidezeuge ausserhalb der Scheermaschinen; sowie zum Einschleifen der Messer auch auf der unteren Seite.

6. Lineale von Guss-Stahl zum Gebrauch bei den Schneidezeugen der Scheermaschinen für 811, 1046, 1151, 1569, 1674, 1935, 2092 Schneidezeuge mit Holzkasten zu den Linealen.

H. Thomas'sche Maschinenbau - Anstalt

Rudolph & Kühne

24 Pank-Strasse **Berlin N.** Pank-Strasse 24.

(Alle Maasse sind Millimeter.)

7. Spann-, Rahm- und Trockenmaschinen *mit Luftheizung für Gewebe jeglicher Art;* dazu 1. ein geräuschloser Flügel - Ventilator mit Deckenvorgelege. 2. ein schmiedeeiserner Heizkessel mit den Dampfanschlüssen, sowie der Windrohrleitung zwischen Ventilator, Heizkessel und Trockenmaschine. 3. die eigentliche Trockenmaschine mit 1 conischen und 4 Trockenfeldern, Aufgebebock mit Reckvorrichtung zum Längsrecken der Waare; verstellbarer Bürste für Strichwaare; Aufwickel - oder Täfel - Vorrichtung; sowie Deckenvorgelege; complet betriebsfähig von 50 bis 1,00, 0,50 bis 1,67, 0,50 bis 2,00 Meter in der Breite verstellbar (s. Fig. 487 und 490).

8. Leim- oder Schlichtmaschine in Verbindung mit vorstehender Trockenmaschine für baumwollene Waaren, inclusive Regulir - Vorrichtung.

8a. Tuch-Einspreng-Maschine besonderer Construction.

9. Trocken-Maschinen für geschorene Ketten inclusive Ventilator nebst Deckenvorgelege; für halbe Breite und für ganze Breite.

10. Leimmaschinen zu vorstehender Kettentrockenmaschine.

11. Tuchschleif-Maschinen *mit 2 Tambours und Bürste.*

B. Diverse Appreturmaschinen.

1. Walz-Walken. System Lacroix mit 1 Tambour und 3 Roulettes für 2 Stück Waare hintereinander (S. Fig. 98) oder für 2 Stück Waare nebeneinander.

Die Lacroix-Walzen erhalten am Tambour starke Metallplatten von hartem Rohguss und Walkschuhe ganz von Messing mit vorgenieteter Hartgussplatte.

Wasch-Walke mit 2 breiten Roulettes und langem Walkkanal zum Walken von leichtwalkenden Stoffen, Doubles, Velours, Tricots, Flanelle etc. (s. Fig. 47)

2. Wasch-Maschinen in Eisengestell mit eisernem Aufsatz und 2 Walzen, 1255 breit und so eingerichtet, dass keine Schmiere der Lager in die Maschine laufen kann (s. Fig. 45).

3. Centrifugal-Trocken-Maschinen mit 2 Frictionsscheiben für Hand- oder Maschinenbetrieb mit kupfernem Kessel, 680 dmtr.; für Maschinenbetrieb mit kupfernem Kessel, 940 dmtr. incl. Deckenvorgelege mit Oberbetrieb oder mit Unterbetrieb. Dieselben für Carbonisationszwecke aussen und innen, sowie in den Löchern verbleit.

3a. Horizontal-Schleuder-Maschinen.

4. Rauh-Maschinen a. mit einer Trommel, doppeltem Anstrich und 18 herausnehmbaren Holz - Stäben; eingerichtet für **rotirende Karden** (s. Fig. 144) mit selbstthätiger Reinigungsbürste. b. *mit einer Trommel* für 18 Rauhstäbe, für 1569 breite Waare, zum Hin- und Her - Rauhen (s. Fig. 134). c. *mit 2 Trommeln,* mit Riemen- oder Räderbetrieb wesentlich vervollkommneter Construction; 4fachem Anstrich der Karden und selbstthätiger Spannung der Waare für 1569 breite Waare (s. Fig. 145).

Die Rauhmaschinen können sowohl mit **eiserner**, als auch mit **hölzerner** Trommel oder eingerichtet für **rotirende Karden** mit herausnehmbaren Holz - Stäben geliefert werden.

d. *Vorsatz-Maschinen* mit einer Trommel für rotirende Karden und verstellbaren Anstrich. e. *Postir - Maschine* vor Doppel - Rauhmaschinen zum Quer - Rauhen. f. *Rauhmaschine* für baumwollene Waaren mit 2 Trommeln mit Kratzenbelag, 4fachem Anstrich und Linksbetrieb zum Reinigen (s. Fig. 153).

5. Karden-Putzer in Eisengestell, mit Bürstwalze aus vegetabilischen Fasern, für 1569 (⁹/₄) breite Rauh - Stäbe.

6. Bürst-Maschinen für Wollen - Waaren in Eisengestell; horizontal gebaut; mit einer Bürsttrommel, besetzt mit 10 Bürsten bester Qualität (s. Fig. 205), ohne Dampfkasten oder mit kupfernen Dampfkasten zum Bürsten mit Dampf *Bürst - Maschinen nach englischem System* mit 1 und 2 Tambours.

H. Thomas'sche Maschinenbau-Anstalt

Rudolph & Kühne

24 Pank-Strasse Berlin N. Pank-Strasse 24.

(Alle Maasse sind Millimeter.)

7. **Bürst-Maschinen für Seiden-Plüsch** zum Strichbürsten und zum Schräge-bürsten bis 785 Breite.

8. **Klopf-Maschinen** nach neuester verbesserter Construction in Eisengestell mit Vorrichtung, dass die Klopfstäbe auf der Waare **nicht** liegen bleiben: mit 16 bis 20 Klopfstöcken.

9. **Velour-Hebe-Maschinen** in Eisengestell mit Metallbürste für 1569 breite Waare (s. Fig. 209).

10. **Ratinir- und Frisir-Maschinen** zur Erzeugung der Ratinées und Undulées in neuester Construction ganz in Eisengestell mit 5 verschiedenen Tischbe-wegungen, jede verstellbar von 0 bis 26.

10a. **Velour-Vorrichtung** mit Metallbürste zu derselben.

11. **Hydraulische Pressen.** A. *Für Tuche und Wollen-Waaren.* a. 150,000 Ko. Wasserdruck, Tischfläche 628 lang, 942 breit; auch zum Wagen-betriebe eingerichtet mit Presswagen, mit 4 geschmiedeten Balken und 4 Doppel-Ankern (s. Fig. 317). b. 250,000 K. Wasserdruck, Tischfläche 628 lang, 942 breit etc.

   B. *Für Shawls und Tücher.* 250,000 Ko. Wasserdruck, Tischfläche 942 lang, 1883 breit, zum Wagenbetriebe eingerichtet.

   C. *Für leichtere Waaren.* 50,000 Ko Wasserdruck, Tischfläche 785 lang 942 breit.

12. **Doppel-Druckpumpe** zu den vorstehenden hydraulischen Pressen für Hand-betrieb oder Maschinenbetrieb.

13. **Drehscheibe** aus Eisen für die Presswagen.

14. **Dampf-Platten-Ofen** zum Erwärmen der Pressplatten mit Drehkrahn und 1 oder 2 Cylindern.

15. **Platten-Ofen mit directer Feuerung** aus Gusseisen.

16. **Vollständiger Decatir-Apparat:** bestehend aus einer kupfernen Haube mit Sicherheits-Ventilen, mit eisernem Untersatz incl. aller Verschraubungen und 2 Hähnen, mit Wickel-Maschine, um 2 Stücke in halber Breite gleich-zeitig aufzuwickeln oder um in voller Breite bis 1569 aufzuwickeln; kupferne Decatir-Walze 837 oder 1569 breit; Winde zum Hochheben der Haube.

17. **Appretur- oder Beschwerungs-Maschinen** für Wollenwaaren mit eisernen Quetschwalzen, um das Beschwerungsmaterial gleichmässig zu vertheilen (s. Fig. 236).

18. **Gas-Senge-Maschinen** für Kammgarnstoffe incl. Ventilator mit 1 oder 2 Brennern.

19. **Carbonisations-Oefen.** D. R.-Patent A. No. 6905.

   A. *Für Wolle, Lumpen etc.* mit 2 Kammern zum Vortrocknen, resp. zum Carbonisiren; je mit 6 Heizrohrsystemen; Ventilator mit Deckenvorgelege; Schienengeleise; ein Wagen dazu mit 18 Drathhorden.

   B. *Für Gewebe,* mit 2 Kammern zum Vortrocknen, resp. Carbonisiren; incl. Ventilator mit Deckenvorgelege etc. (s. Fig. 33).

   Dieselben Oefen wie vorstehend statt der Dampfheizrohrsysteme mit einer Calorifère für direkte Feuerung.

20. **Shoddy- und Mungo-Wölfe.**

21. **Klopf-Wölfe** für Wolle und Lumpen mit Ventilator und mechanischem Auf-gebetisch mit Quetschvorrichtung zum Zerkleinern der carbonisirten Kletten.

schrauben und eiserner Bäumtrommel mit Bremsbelastung; *Mangel-Bäumstühle; Ausbreitschrauben* mit Metallgewinden zum Ausstreichen der Falten und Sahlleisten, und *Mechanische Ausbreiter* mit auseinandergehenden Riefschienen; *Breitstreckmaschinen* mit gewellten Walzen zum Breitstrecken der Waare; *Klopf-* und *Bürstmaschinen* mit horizontaler oder vertikaler Zeugführung; *Bürstmaschinen* mit 2 oder 4 rotirenden Bürsten; *Einsprengmaschine* mit rotirender Bürste und hölzerner oder kupferbezogener eiserner Bäumtrommel; *Chlormaschinen* mit einer elastischen Walze und einer glatten oder molettirten Metallwalze, auch mit Dämpfvorrichtung; *Dickstärkmaschine* zum Stärken der Waare von beiden Seiten, mit 2 oder 3 leichten Walzen, mit Entlastung mittelst Bufferhebel; *Stärkmaschinen* zum Zweiseitig- und zum Einseitigstärken, mit 2 oder 3 Walzen von Holz, Cocusfasern oder Metall und mit Doppelhebeldruck; *Stärkapparat* leichter Construction zum Zweiseitig- oder Einseitigstärken; *Frictions-Stärkmaschine* zum Zweiseitigoder Einseitigstärken, mit 2 Walzen und Doppelhebeldruck; *Einseitig-Stärkmaschinen* mit glatter oder molettirter Metallwalze; *Einseitig-Frictions-Stärkmaschine* ohne Anwendung von Druck; *Combinirte Einseitig-* und *Einseitig-Frictions-Stärkmaschine; Stärke-Kochapparate* für Hochdruck; *Streckrahmen* mit 2 laufenden Ketten ohne Ende, mit Nadeln oder mit Klemmen und mit Luftheizung; *Streckrahmen* mit 2 ruhenden Ketten, mit Hin- und Herbewegung; *Trockenmaschinen* mit Cylindern von Weissblech oder Kupfer zum einseitigen oder zweiseitigen Trocknen der Waare, und mit Anordnung der Cylinder in horizontalen oder vertikalen Reihen; *Trockenmaschinen* mit grossen Kupfertrommeln oder mit zerlegbaren und abgedrehten gusseisernen Trommeln bis 4 m Durchmesser; *Planscheibenvorlege* mit eiserner Planscheibe und Papierrolle zum Reguliren der Geschwindigkeit bei Appretir-- und Trocken-Maschinen; *Klebe-Apparat* mit gehobelter Dampfplatte und Bügeleisen; *Rollkalander* leichterer Bauart mit 2 Holz- oder Papierwalzen und einem eisernen Heizcylinder; *Roll-*

kalander stärkerer Bauart mit Doppelhebeldruck, mit Walzen von Papier, Cocusfasern, Jute oder Garn und mit heizbaren Stahlgusscylindern, dreiwalzig und mehrwalzig bis zu 220 cm Breite; *Glätt-(Frictions-)Kalander* mit einem Heizcylinder, einer Papierwalze und einer eisernen Walze zum Glänzen und Rollen mit Frictionsausrückung oder mit Dampfvorlege; *Fünfwalziger Glätt-* und *Rollkalander* stärkster Bauart mit 2 Doppelhebelsystemen; *Musterkalander* verschiedener Bauart, zwei- oder dreiwalzig mit Hebeldruck oder Schraubendruck; *Moirirkalander* mit Moirircylinder von Stahl und 2 Papierwalzen; *Zweiwalziger Kalander* für Seidenappret mit einem Heizcylinder und einer Papierwalze; *Nasskalander* leichterer Bauart mit 2 Walzen von Holz oder Cocusfasern und 1 Metallwalze; *Nasskalander* stärkerer Bauart mit Doppelhebeldruck, mit Walzen von Cocusfasern, Jute oder Garn und mit Metallwalzen, dreiwalzig und mehrwalzig bis zu 220 cm Breite; *Einlassvorrichtungen* für 2 Waarenzüge mit Doppellauf; *Frictions-Ausrückungen* verschiedener Construction zum stossfreien Ein- und Ausrücken der Kalander; *Kalander-Walzen* von Papier, Cattun, Jutegewebe, Baumwollengarn, Cocusfasern, Filz, Gummi, Phosphorbronze, Hartguss, Stahlgusseisen und Gusseisen; *Continue-Appretureinrichtungen,* bestehend aus Kalander, Chlormaschine, Stärkmaschine, Trockenmaschine, Einsprengmaschine etc. mit Planscheibenbetrieb, auch mit Dampfvorlege; *Kastenmangel* nach schlesischer Bauart; *Hydraulische Pressen* in allen Grössen, auch mit Presscylindern von Stahlgusseisen und mit Wagenbetrieb; *Hydraulische Pressen* mit hohlen Dampfplatten oder massiven schmiedeeisernen Platten mit Wärmapparat; *Presspumpen; Schraubenpresse* in Eisen; *Lege-* und *Messmaschine* für rohe appretirte, auch doublirte Waare; *Rectometer* (Messapparat) zum Aufnadeln der Waare von Hand.

Dampfvorgelege bis zu 20 Pferdekraft mit 1 oder 2 Cylindern, liegend, stehend oder geneigt angeordnet; *Dampfmaschinen: Wellenleitungen, Rohrleitungen, Eiserne Bau-Constructionen.*

Zweite Abtheilung:

Maschinen zur Tapeten-, Buntpapier- und Papierfabrikation

sowie für

Buch- und Kupferdruck.

Die

Maschinenfabrik von Oscar Schimmel & Co.

in Chemnitz

beschäftigt sich speciell mit dem Bau von Spinnereimaschinen und als
Nebenbranche mit der Anfertigung ihrer

Doppelkurbel-Walkmaschinen

für leichte Stoffe und Wäschewaschanstalten.

(Siehe Fig. 87—90.)

Die Preise ihrer höchst elegant und sauber ausgeführten Maschinen, welche
sich seit dem 20jährigen Bestehen der Fabrik durch ihre gute Construction und
soliden Bau, ganz allgemein eingeführt haben, sind verhältnissmässig sehr billig
und haben diesen Maschinen auch im Ausland schon seit mehreren Jahren guten
Eingang verschafft, wie auch der ausländischen Concurrenz im Inlande in jeder
Beziehung das Geschäft benommen.

Für **Streichgarnspinnerei** sind die Preise der Maschinen von **Oscar
Schimmel & Co.,** wie folgt:

1 **Reisswolf** 1,130 Mtr. Tambourbreite mit eingeschraubten Stahlstiften,
Cylinderzuführung . . . . *M.* 835 —.
1 **Spiralreiss-** und **Klopfwolf** für das Oeffnen und Reinigen trockener,
namentlich gefärbter Wollen . . . . *M.* 1190 —.
1 **Klettenwolf** zum Oeffnen und Entkletten der Schafwolle, tägliche
Production 3 Centner . . . . *M.* 2060 —.
1 dergl. mit täglicher Production·von 5 Centnern . . . . *M.* 2440 —.
1 **Trümmerwolf** zum Oeffnen der in der Spinnerei und Tuchfabrik ab-
fallenden Fadenenden und Gewebetheilchen . . . . . . *M.* 900 —.
1 grosser **Mungo-Wolf** zum Reissen von gewalkten Tuchlumpen . . . *M.* 1125 —.
1 **Kunstwollkrempel** (Patent Dr. Grothe — Werner) zum Oeffnen von
Faden und vorgerissenen Lumpen, carbonisirten Geweben . . *M.* 2000 —.
1 Assortiment **Krempeln**, 1250 mm Drahtbreite, bestehend aus einer
Reisskrempel mit Klettenapparat, Volanthaube, Vliesstrommel,
einer Pelzkrempel mit Vliesstrommel und 1 Vorspinnkrempel
mit Flortheilapparat. Die Tamboure sind 1,050 Mtr. Durchmesser, jede Krempel hat 5 Paar Arbeiter und Wender,
Volant mit Flugwollwalze, Kaliber I. . . . . *M.* 5520 —.
Dasselbe Sortiment in grossen Walzendurchmessern Tambour 1,200
Mtr., die 5 Arbeiter à 0,200 Mtr. Durchmesser Kaliber II. . *M.* 6150 —.
1 Verbesserte **Handfeinspinnmaschine**, 240 Spindeln . . . . *M.* 1725 —.
1 **Selfactor** (D. R.-P.) für Streichgarn-, Shoddy-, Mungo-, Vigogne-
Spinnerei, mit patentirter 3facher Spindelgeschwindigkeit,
360 Spindeln 47 mm Theilung . . . . *M.* 4260 —.

Centrifugal-Trockenmaschinen

mit 700 — 1000 mm. Kesseldiameter mit oberen oder mit unteren Antrieb

ca. *M.* 825 — 1320.

Spülmaschinen, Doppelkurbelwalken, Mangeln, Trockenmaschinen, Plättmaschinen für Wäschewaschanstalten.

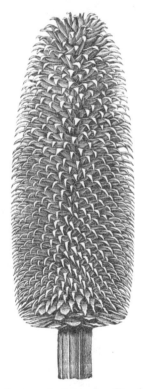

Verlagsbuchhandlung von Julius Springer in Berlin N., Monbijouplatz 3.

Technologie der Gespinnstfasern.

Vollständiges Handbuch

der Spinnerei, Weberei und Appretur.

Herausgegeben von

Dr. Hermann Grothe,

Ingenieur und Docent etc., eh. Weberei- und Spinnerei-Director.

Mit zahlreichen in den Text gedruckten Holzschnitten und lithogr. Tafeln.

ERSTER BAND:

Streichgarnspinnerei und Kunstwoll-Industrie.

Mit 547 in den Text gedruckten Holzschnitten und 35 Tafeln.

Elegant gebunden: 36 Mark.

Wird auch in drei Abtheilungen einzeln abgegeben.

I. ABTHEILUNG:

Die Wolle und das Wollewaschen.

Mit 125 Holzschnitten und einer lithographirten Tafel. — Preis 5 Mark.

II. ABTHEILUNG:

Das Krempeln der Wolle.

Mit 250 Holzschnitten und 7 Tafeln. — Preis 9 Mark.

III. ABTHEILUNG:

Die eigentlichen Spinnmaschinen und das Verspinnen der Wolle und Kunstwolle.

Mit 173 Holzschnitten und 27 Tafeln. — Preis 20 Mark.

Die Maschinen

zur

Appretur, Färberei und Bleicherei,

deren Bau und practische Behandlung.

Handbuch

für

Maschinenbauer, Appreturen, Färbereien, Webereien und Bleichereien,

zum

Gebrauche für technische Lehranstalten und zum Selbstunterricht

von

G. Meissner.

Ingenieur der Maschinenfabrik von Karl A. Specker in Wien.

Text mit Atlas complet in Mappe

Preis 30 M.

Zu beziehen durch jede Buchhandlung.

Additional information of this book

(Die Appretur der Gewebe; 978-3-642-50574-4;
978-3-642-50574-4_OSFO1) is provided:

http://Extras.Springer.com

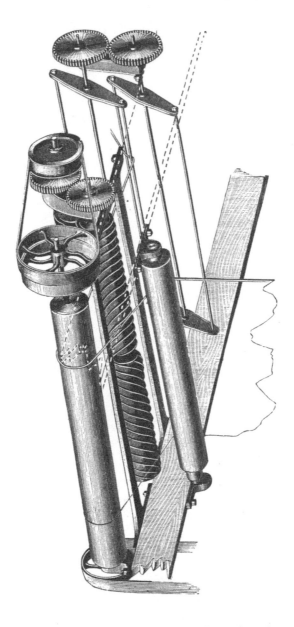

Fig. 359.

Walzen mit Spiralcannelés von William Bröch.

Schlag-Ausbreitmaschine.

Additional information of this book

(Die Appretur der Gewebe; 978-3-642-50574-4;

978-3-642-50574-4_OSFO2) is provided:

http://Extras.Springer.com

Printed in the United States
By Bookmasters